装配式建筑技术手册

（混凝土结构分册）

设计篇

江　苏　省　住　房　和　城　乡　建　设　厅
江苏省住房和城乡建设厅科技发展中心　　编著

中国建筑工业出版社

图书在版编目（CIP）数据

装配式建筑技术手册. 混凝土结构分册. 设计篇 / 江苏省住房和城乡建设厅，江苏省住房和城乡建设厅科技发展中心编著. — 北京 ：中国建筑工业出版社，2021.4

ISBN 978-7-112-25963-2

Ⅰ.①装… Ⅱ.①江… ②江… Ⅲ.①装配式混凝土结构-结构设计-技术培训-手册 Ⅳ.①TU3-62

中国版本图书馆 CIP 数据核字（2021）第 041048 号

责任编辑：张 磊 宋 凯 王砾瑶 张智芊
责任校对：李美娜

装配式建筑技术手册（混凝土结构分册）设计篇

江苏省住房和城乡建设厅
江苏省住房和城乡建设厅科技发展中心 编著

*

中国建筑工业出版社出版、发行(北京海淀三里河路 9 号)
各地新华书店、建筑书店经销
北京鸿文瀚海文化传媒有限公司制版
北京建筑工业印刷厂印刷

*

开本：787 毫米×1092 毫米 1/16 印张：38¼ 字数：923 千字
2021 年 5 月第一版 2021 年 5 月第一次印刷
定价：**118.00** 元

ISBN 978-7-112-25963-2
(36754)

《装配式建筑技术手册（混凝土结构分册）》编写委员会

主　　任： 周　岚　顾小平

副 主 任： 刘大威　陈　晨

编　　委： 路宏伟　张跃峰　韩建忠　刘　涛　张　赟　赵　欣

主　　编： 刘大威

副 主 编： 孙雪梅　田　炜

参编人员： 江　淳　俞　锋　韦　笑　丁惠敏　祝一波　庄　玮

审查委员会

娄　宇　樊则森　栗　新　田春雨　王玉卿
郭正兴　汤　杰　朱永明　鲁开明

设计篇

编写人员：胡　宏　陈乐琦　赵宏康　赵学斐　曲艳丽
卞光华　郭　健　李昌平　张　梁　张　奕
廖亚娟　杨承红　黄心怡　李　宁

生产篇

编写人员：诸国政　沈鹏程　江　淳　朱张峰　于　春
仲跻军　陆　峰　张后禅　丁　杰　王　儇
颜廷鹏　吴慧明　金　龙　陆　敏

施工篇

编写人员：程志军　王金卿　贺鲁杰　李国建　陈耀钢
任超洋　周建中　朱　峰　白世烨　韦　笑
张　豪　张周强　施金浩　张　庆　吉晔晨
汪少波　陈　俊　张　军

BIM 篇

编写人员：张　宏　吴大江　卞光华　章　杰　诸国政
汪丛军　叶红雨　罗佳宁　刘　沛　王海宁
陶星宇　苏梦华　汪　深　周佳伟　沈　超
张睿哲

序

建筑业作为支柱产业，长期以来支撑着我国国民经济的发展。在我国全面建成小康社会、实现第一个百年奋斗目标的历史阶段，坚持高质量发展、推进以人为核心的新型城镇化、推动绿色低碳发展是当前建设领域的重要任务。当前建筑业还存在大而不强，建造方式粗放，与先进制造技术、新一代信息技术融合不够，建筑行业转型升级步伐亟需加快等问题，以装配式建筑为代表的新型建筑工业化，是促进建设领域节能减排、提升建筑品质的重要手段，也是推动建筑业转型升级的重要途径。

发展装配式建筑，应引导从业人员在产品思维下，以设计、生产、施工建造等全产业链协同模式，通过技术系统集成，实现装配式建筑技术合理、成本可控、质量优越。

江苏是建筑业大省，建筑业规模持续位居全国第一，长期以来在推动装配式建筑的政策引导、技术提升、标准完善等方面做了大量基础性工作，取得了显著成效。江苏省住房和城乡建设厅、江苏省住房和城乡建设厅科技发展中心编著的《装配式建筑技术手册（混凝土结构分册）》，把握装配式建筑系统性、集成性的产品特点，以实际应用为目的，在总结提炼大量装配式混凝土建筑优秀工程案例的基础上，对建造各环节进行整体把握、对重要节点进行具体阐述。本书采取图文结合的形式，既有对现行国家标准的深化和细化，又有对当前装配式混凝土建筑成熟技术体系、构造措施和施工工艺工法的总结提炼。全书体例新颖、通俗易懂，具有较强的实操性和指导性，可作为装配式混凝土建筑全产业链从业人员的工具书，对于相应专业的高校师生也有很好的借鉴、参考和学习价值。相信本书的出版，将为推动新型建筑工业化发展发挥积极作用。

全国工程勘察设计大师
教 授 级 高 级 工 程 师

2021 年 2 月

前 言

2021年是"十四五"开局之年，中国已进入新的发展阶段，住房和城乡建设是落实新发展理念、推动高质量发展的重要载体和主要战场。建筑业在与先进制造业、新一代信息技术深度融合发展方面有着巨大的潜力，以"标准化设计、工厂化生产、装配化施工、成品化装修、信息化管理、智能化应用"为特征的装配式建筑，因有利于节约能源资源、有利于提质增效，近年来取得了长足发展。

江苏省作为首批国家建筑产业现代化试点省份，装配式建筑的项目数量多、类型丰富，开展了大量的相关创新实践。为提升装配式建筑从业人员技术水平，保障装配式建筑高质量发展，江苏省住房和城乡建设厅、江苏省住房和城乡建设厅科技发展中心组织编著了《装配式建筑技术手册（混凝土结构分册）》，在梳理、细化现行标准的基础上，总结提炼大量工程实践应用，系统呈现当前装配式混凝土建筑的成熟技术体系、构造措施和施工工艺工法，便于技术人员学习和查阅，是一套具有实际指导意义的工具书。

本手册共分"设计篇"、"生产篇"、"施工篇"及"BIM篇"四个分篇。"设计篇"系统梳理了装配式混凝土建筑一体化设计方面的理念、流程和经验做法；"生产篇"针对预制混凝土构件、加气混凝土墙板、陶粒混凝土墙板等主要预制构件产品，提出了科学合理的构件生产工艺工法与质量控制措施；"施工篇"总结了较为成熟的装配式混凝土建筑施工策划、施工方案及施工工艺，提出了施工策划、施工方案、施工安全等方面的重点控制要点；"BIM篇"创新引入了层级化系统表格的表达方式，归纳总结了装配式建筑BIM技术应用的理念和方法。

"设计篇"主要由南京长江都市建筑设计股份有限公司、江苏筑森建筑设计股份有限公司、江苏省建筑设计研究院有限公司和启迪设计集团股份有限公司编写。

"生产篇"主要由南京大地建设集团有限公司、南京工业大学、常州砼筑建筑科技有限公司、江苏建华新型墙材有限公司和苏州旭杰建筑科技股份有限公司编写。

"施工篇"主要由龙信建设集团有限公司、中亿丰建设集团股份有限公司、江苏中南建筑产业集团有限责任公司、江苏华江建设集团有限公司和江苏绿建住工科技有限公司编写。

"BIM篇"主要由东南大学、南京工业大学、中通服咨询设计研究院有限公司、江苏省建筑设计研究院有限公司、中亿丰建设集团股份有限公司、江苏龙腾工程设计股份有限公司和南京大地建设集团有限公司编写。

本手册力求以突出装配式建筑的系统性、集成性为编制原则，以实际应用为目的，采取图表形式描述，通俗易懂，具有较好的实操性和指导性。本手册的编写凝聚了所有参编人员和专家的集体智慧，是共同努力的成果。由于编写时间紧，篇幅长，内容多，涉及面广，加之水平和经验有限，手册中仍难免有疏漏和不妥之处，敬请同行专家和广大读者朋友不吝赐教、斧正批评。

本书编委会

2021 年 2 月

目录

第1章 概述 …… 1

1.1 基本概念 …… 1

1.1.1 装配式建筑 …… 1

1.1.2 装配式混凝土结构 …… 1

1.2 装配整体式混凝土建筑结构体系 …… 2

1.2.1 常见结构体系 …… 2

1.2.2 特点及适用范围 …… 2

1.2.3 常用预制构件、部品部件 …… 2

1.3 设计基本要求 …… 7

1.3.1 集成设计 …… 7

1.3.2 一体化设计 …… 8

1.3.3 标准化设计 …… 8

1.4 建设工作流程与协同要点 …… 8

1.4.1 建设流程 …… 8

1.4.2 协同要点 …… 9

1.4.3 结构设计流程 …… 11

1.5 预制构件深化设计要点 …… 13

1.5.1 预制构件深化图设计文件内容 …… 13

1.5.2 预制构件深化设计说明 …… 14

1.5.3 预制构件深化设计图纸要点 …… 15

1.6 本章小结 …… 16

第2章 技术策划 …… 18

2.1 主要策划内容 …… 18

2.1.1 项目策划要点 …… 18

2.1.2 指标计算 …… 21

2.1.3 技术体系选择 …… 33

2.1.4 施工策划 …… 35

2.2 方案对比与成本测算 …… 40

2.2.1 按江苏省标准实施的项目 …… 40

2.2.2 按国家标准实施的装配率项目 …… 42

2.3 本章小结 …… 45

第 3 章　常用材料 …… 46
3.1　结构主材 …… 46
3.1.1　混凝土 …… 46
3.1.2　钢筋 …… 47
3.1.3　钢材 …… 49
3.2　连接材料 …… 50
3.2.1　钢筋套筒灌浆连接材料 …… 50
3.2.2　钢筋浆锚搭接连接材料 …… 62
3.2.3　钢筋套筒机械连接材料 …… 67
3.2.4　预制保温墙体连接件 …… 71
3.2.5　预埋吊件 …… 88
3.3　保温材料 …… 90
3.4　防水材料 …… 94
3.4.1　防水密封胶 …… 94
3.4.2　止水材料 …… 99
3.4.3　堵漏材料 …… 100
3.5　其他材料 …… 102
3.5.1　混凝土外加剂 …… 102
3.5.2　脱模剂 …… 102
3.6　本章小结 …… 104
第 4 章　装配式混凝土建筑设计 …… 106
4.1　标准化设计方法 …… 106
4.1.1　模数化设计 …… 106
4.1.2　模块化设计 …… 110
4.1.3　卫生间模块化设计 …… 112
4.1.4　厨房模块化设计 …… 117
4.1.5　居室模块化设计 …… 123
4.1.6　交通体模块化设计 …… 127
4.2　标准化设计要点 …… 130
4.2.1　总平面设计 …… 130
4.2.2　建筑平面设计 …… 131
4.2.3　建筑立面与剖面设计 …… 132
4.2.4　部品标准化设计 …… 137
4.3　装配式外围护系统 …… 140
4.3.1　预制外墙板 …… 140
4.3.2　预制外墙板板缝构造 …… 140
4.3.3　变形缝构造 …… 143

4.3.4 屋面及女儿墙构造 …… 144
4.3.5 外门窗 …… 145
4.3.6 幕墙 …… 147
4.4 装配式混凝土建筑保温节能设计 …… 148
4.4.1 外墙节能设计要求 …… 148
4.4.2 外门窗节能设计要求 …… 150
4.5 其他部品部件 …… 154
4.5.1 其他（主要）部品部件分类 …… 154
4.5.2 内隔墙板 …… 154
4.5.3 装配式栏杆、扶手 …… 157
4.5.4 排气道 …… 157
4.5.5 集成厨卫 …… 158
4.5.6 外装饰部件设计 …… 160
4.6 本章小结 …… 160
第5章 结构整体设计与相关构造深化 …… 162
5.1 一般规定 …… 162
5.1.1 结构设计内容 …… 162
5.1.2 关于采用现浇混凝土部位的规定 …… 162
5.1.3 适用高度 …… 163
5.1.4 高宽比 …… 169
5.1.5 抗震设计规定 …… 171
5.1.6 层间位移角限值 …… 173
5.1.7 平面布置及规则性 …… 174
5.2 整体结构分析 …… 177
5.2.1 整体分析 …… 177
5.2.2 关键部位承载力计算 …… 186
5.3 钢筋连接设计 …… 190
5.3.1 套筒灌浆连接 …… 191
5.3.2 浆锚搭接 …… 192
5.4 预制构件布置方法 …… 195
5.4.1 预制构件布置的原则 …… 195
5.4.2 预制构件布置的内容 …… 195
5.4.3 叠合楼板布置 …… 196
5.4.4 预制梁柱布置 …… 197
5.4.5 预制剪力墙布置 …… 201
5.4.6 预制楼梯布置 …… 203
5.5 预制构件生产、运输、安装阶段承载力验算 …… 203

5.5.1 脱模设计 …… 203
5.5.2 吊点设计 …… 204
5.5.3 堆放、运输设计 …… 207
5.5.4 施工装置设计 …… 208
5.5.5 预制构件生产、运输、安装阶段验算示例 …… 211
5.6 预埋件及其他 …… 223
5.6.1 一般规定 …… 223
5.6.2 计算分析 …… 224
5.6.3 构造措施 …… 226
5.6.4 计算实例 …… 228
5.7 一般构造要求 …… 228
5.7.1 混凝土保护层厚度 …… 228
5.7.2 钢筋及预埋件锚筋的锚固长度 …… 230
5.8 本章小结 …… 244
第6章 楼盖设计 …… 246
6.1 叠合板设计 …… 246
6.1.1 一般规定 …… 246
6.1.2 板端与板侧支座设计 …… 247
6.1.3 板缝设计 …… 250
6.1.4 构件设计 …… 253
6.2 其他预制楼盖设计 …… 270
6.2.1 预应力混凝土实心板 …… 270
6.2.2 预应力混凝土空心板 …… 271
6.2.3 预应力混凝土双T板 …… 273
6.3 本章小结 …… 275
第7章 框架结构及框架支撑结构设计 …… 276
7.1 装配整体式框架结构体系 …… 276
7.1.1 一般规定 …… 276
7.1.2 节点设计 …… 278
7.1.3 构件构造设计 …… 286
7.1.4 节点构造设计 …… 292
7.2 预制预应力混凝土装配整体式框架结构体系 …… 299
7.2.1 一般规定 …… 300
7.2.2 节点设计 …… 300
7.2.3 构件构造设计 …… 300
7.2.4 节点构造设计 …… 304
7.3 混凝土框架-支撑结构 …… 310

7.3.1 普通钢支撑 …… 310
7.3.2 屈曲约束支撑 …… 311
7.4 本章小结 …… 321
第 8 章 剪力墙结构设计 …… 322
8.1 装配整体式剪力墙结构 …… 322
8.1.1 一般规定 …… 322
8.1.2 预制剪力墙设计 …… 323
8.1.3 预制剪力墙竖向接缝连接设计 …… 330
8.1.4 预制剪力墙水平接缝连接设计 …… 335
8.1.5 连梁与预制剪力墙的连接设计 …… 342
8.2 叠合剪力墙结构 …… 345
8.2.1 概述 …… 345
8.2.2 一般规定 …… 345
8.2.3 材料 …… 346
8.2.4 结构分析 …… 347
8.2.5 作用及作用组合 …… 347
8.2.6 承载力设计 …… 347
8.2.7 连接设计 …… 348
8.2.8 构造设计 …… 349
8.3 本章小结 …… 359
第 9 章 预制外挂墙板及其他构件设计 …… 361
9.1 预制混凝土外挂墙板 …… 361
9.1.1 一般规定 …… 361
9.1.2 运动模式 …… 363
9.1.3 连接节点构造 …… 365
9.1.4 墙板构造 …… 369
9.1.5 墙板受力分析 …… 371
9.1.6 板缝计算 …… 379
9.1.7 防水构造 …… 381
9.1.8 案例分析 …… 384
9.2 其他预制构件 …… 388
9.2.1 预制飘窗 …… 388
9.2.2 预制楼梯 …… 397
9.2.3 预制阳台板 …… 404
9.2.4 预制空调板 …… 413
9.3 本章小结 …… 414

第 10 章　设备设计 …… 415
10.1　一般规定 …… 415
10.1.1　基本要求 …… 415
10.1.2　设备设计的内容 …… 415
10.1.3　机电管线、设备设置基本原则 …… 415
10.1.4　建筑设备管线综合 …… 417
10.1.5　预制构件上孔洞、沟槽预留 …… 418
10.1.6　预制构件埋设物汇总及设计要点 …… 418
10.1.7　施工作业方式 …… 420
10.2　给水排水系统及管线设计 …… 420
10.2.1　公共区域给水排水管道设计 …… 420
10.2.2　给水管道设计 …… 421
10.2.3　排水管道设计 …… 424
10.2.4　整体卫浴、整体厨房的给水排水管道设计 …… 426
10.2.5　预留、预埋 …… 428
10.2.6　管道支吊架 …… 431
10.2.7　设计文件编制深度 …… 432
10.3　供暖通风空调系统及管线设计 …… 435
10.3.1　供暖系统及管线设计 …… 435
10.3.2　通风空调系统及管线设计 …… 440
10.3.3　设备、管道及配件施工安装 …… 442
10.3.4　预留、预埋 …… 444
10.3.5　设计文件编制深度 …… 446
10.4　电气系统及管线设计 …… 449
10.4.1　总体要求 …… 449
10.4.2　电气设备 …… 451
10.4.3　电气管线设计 …… 454
10.4.4　防雷与接地 …… 461
10.4.5　电气防火 …… 464
10.4.6　整体卫浴间 …… 464
10.4.7　整体厨房 …… 465
10.4.8　构件制作和检验 …… 465
10.4.9　施工隐检及验收 …… 466
10.4.10　设计文件编制深度 …… 466
10.5　本章小结 …… 469
第 11 章　装配化装修设计 …… 471
11.1　一般规定和设计流程 …… 471

11.1.1 一般规定 …… 471
11.1.2 装配化装修的设计原则 …… 472
11.1.3 装配化装修设计流程 …… 472
11.2 装配化装修部品系统及集成设计 …… 473
11.2.1 装配化装修部品组成与菜单式设计 …… 473
11.2.2 隔墙系统 …… 475
11.2.3 墙面系统 …… 478
11.2.4 吊顶系统 …… 480
11.2.5 楼地面系统 …… 483
11.2.6 集成门窗系统 …… 486
11.2.7 集成卫浴系统 …… 488
11.2.8 集成厨房系统 …… 492
11.2.9 集成收纳系统 …… 495
11.2.10 设备与管线系统 …… 496
11.3 本章小结 …… 499
第12章 项目案例 …… 500
12.1 南京上坊某保障性住房项目 …… 500
12.1.1 工程概况 …… 500
12.1.2 结构设计及分析 …… 501
12.1.3 主要构件及节点设计 …… 503
12.1.4 相关构件及节点施工现场图 …… 505
12.1.5 围护及部品件的设计 …… 509
12.1.6 工程总结及思考 …… 513
12.2 南京丁家庄二期保障性住房A28地块项目 …… 514
12.2.1 工程概况 …… 514
12.2.2 结构设计及分析 …… 515
12.2.3 主要构件及节点设计 …… 518
12.2.4 相关构件及节点施工现场图 …… 522
12.2.5 围护及部品件的设计 …… 522
12.2.6 工程总结及思考 …… 525
附录A 装配式混凝土结构抗震审查技术要点（框架、剪力墙） …… 527
附录B 江苏省装配式建筑（混凝土结构）施工图审查导则 …… 540
B.1 建筑专业审查要点 …… 540
B.2 结构专业审查要点 …… 542
B.2.1 基本要求 …… 542
B.2.2 框架 …… 548

B.2.3 剪力墙 …… 553
B.2.4 其他 …… 556
附录 C 图表索引 …… 560
C.1 表索引 …… 560
C.2 图索引 …… 576
附录 D 参考标准、规范 …… 586
附录 E 江苏省各地主要补助政策 …… 589

第 1 章 概述

装配式建筑是由结构系统、外围护系统、内装系统、设备与管线系统的主要部分采用预制部品部件集成的建筑，本技术手册将针对这四大系统进行编写，其中结构系统将针对装配整体式混凝土结构进行编写。

1.1 基本概念

1.1.1 装配式建筑

国务院办公厅《关于大力发展装配式建筑的指导意见》（国办发〔2016〕71 号）中，将装配式建筑定义为："用预制部品部件在工地装配而成的建筑。"这一定义在国家标准《装配式建筑评价标准》GB/T 51129—2017 中得以沿用，在条文说明中解释为："装配式建筑是一个系统工程，是将预制部品部件通过系统集成的方法在工地装配，实现建筑主体结构构件预制、非承重围护墙和内隔墙非砌筑并全装修的建筑，装配式建筑包括装配式混凝土建筑、装配式钢结构建筑、装配式木结构建筑及装配式混合结构建筑等。"

国家标准《装配式混凝土建筑技术标准》GB/T 51231—2016、《装配式钢结构建筑技术标准》GB/T 51232—2016 和《装配式木结构建筑技术标准》GB/T 51233—2016 中，装配式建筑被定义为"结构系统、外围护系统、内装系统、设备与管线系统的主要部分采用预制部品部件集成的建筑"。国家标准在条文说明中进一步解释："装配式建筑是一个系统工程，是将预制部品部件通过模数协调、模块组合、接口连接、节点构造和施工工法等用装配式集成的方法，在工地高效、可靠装配并做到建筑围护、主体结构、机电装修一体化的建筑。"

虽然装配式建筑的表述有所不同，但在其定义里，均体现了装配式建筑的内涵特征，即：标准化设计、工厂化生产、装配化施工、一体化装修、信息化管理、智能化应用。

2020 年武汉火神山、雷神山医院作为 COVID-19 疫情而临时搭建的医院，采用装配化箱式房。由于两座医院均采用标准化设计，最大限度地采用成熟的装配化施工的工业化成品，大幅减少现场作业工作量，整个工期仅 10 天左右（图 1-1）。

1.1.2 装配式混凝土结构

由预制混凝土构件通过可靠的连接方法进行连接所形成的整体受力结构，称为装配式混凝土结构。按照受力性能与设计理念的不同，装配式混凝土结构又可分为装配整体式混凝土结构和全装配混凝土结构。装配整体式混凝土结构通过连接节点

图 1-1　火神山医院施工进度[1]

的合理设计与构造，使其整体受力性能与现浇混凝土结构基本相同，通过“整体”达到“等同现浇”的要求；全装配混凝土结构的各预制构件间主要通过螺栓连接、焊接连接、预应力筋压接等干性连接形成整体受力结构，其受力性能与现浇混凝土结构不同，其强度、刚度等特征与现浇混凝土结构有着明显的差别。

本手册结构体系依据《装配式混凝土结构技术规程》JGJ 1—2014 编制，要求与现浇混凝土结构在可靠度、耐久性及整体性等基础上等同。

1.2　装配整体式混凝土建筑结构体系

1.2.1　常见结构体系

现有装配整体式混凝土建筑结构体系详见图 1-2、表 1-1。

1.2.2　特点及适用范围

各类装配整体式混凝土建筑结构的特点及适用建筑类型详见表 1-2，其中预制预应力混凝土装配整体式框架结构体系应用的优势详见表 1-3。

1.2.3　常用预制构件、部品部件

装配整体式混凝土建筑常用的预制构件、部品部件详见表 1-4。

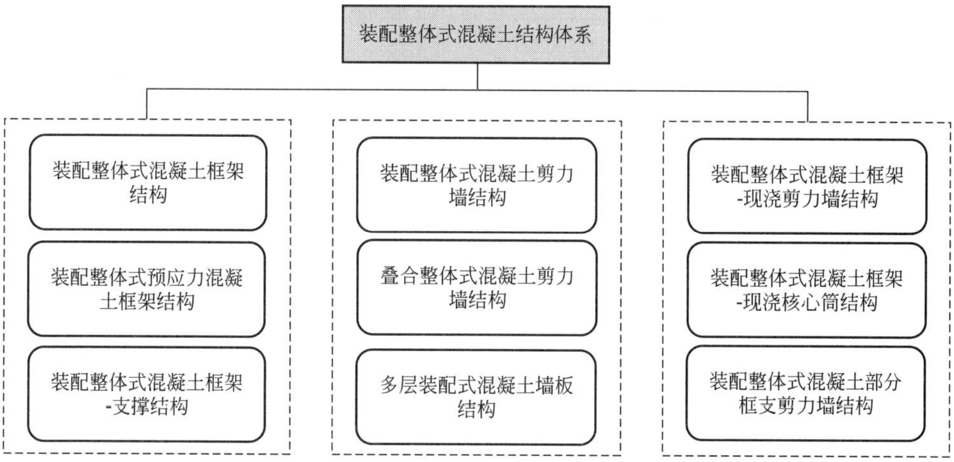

装配整体式混凝土结构体系

装配整体式混凝土框架结构
装配整体式预应力混凝土框架结构
装配整体式混凝土框架-支撑结构

装配整体式混凝土剪力墙结构
叠合整体式混凝土剪力墙结构
多层装配式混凝土墙板结构

装配整体式混凝土框架-现浇剪力墙结构
装配整体式混凝土框架-现浇核心筒结构
装配整体式混凝土部分框支剪力墙结构

图 1-2 装配整体式混凝土建筑结构体系分类[2]

江苏省主要装配式混凝土结构技术 **表 1-1**

序号	技术名称	结构形式	做法特点	标准名称
1	世构体系	框架、框剪	采用预制预应力混凝土叠合梁和叠合板、预制或现浇钢筋混凝土柱及剪力墙，通过后浇节点连接形成的装配整体式结构。其特点在于节点区设置了U形筋，U形筋的目的是通过在键槽区域与钢绞线的搭接从而实现节点两端的连接，提高节点和结构的抗震性能	《预制预应力混凝土装配整体式框架结构技术规程》JGJ 224—2010 《预制预应力混凝土装配整体式结构技术规程》DGJ32/TJ 199—2016
2	NPC 体系	框剪、剪力墙	由墙板、叠合楼板、楼梯及阳台等混凝土预制构件组成，在施工现场拼装后，采用墙板间竖向连接缝现浇、上下墙板间主要竖向受力钢筋浆锚连接以及楼面梁板叠合现浇形成整体的一种结构形式。其核心技术为竖向钢筋采用约束浆锚连接技术	《预制装配整体式剪力墙结构体系技术规程》DGJ32/TJ 125—2011
3	润泰体系	框架、框剪	由预制钢筋混凝土柱、叠合梁、非预应力叠合板、现浇剪力墙等组成，柱与柱之间的连接钢筋采用灌浆套筒连接，通过后浇钢筋混凝土节点将预制构件连成整体	《装配整体式混凝土框架结构技术规程》DGJ32/TJ 219—2017
4	装配整体式自保温混凝土结构体系	剪力墙	集预制、节能为一体的建筑结构体系。该体系是一种能够将承重墙、围护墙和隔热保温叠合浇筑为一体，将隔热保温材料层置于墙体内部，大大延长其使用寿命，且能基本阻断冷、热桥的工厂化生产的新型预制结构体系	《装配整体式自保温混凝土建筑技术规程》GJ32/TJ 133—2011

各类装配整体式混凝土建筑结构的特点及适用建筑类型　　表 1-2

结构类型	结构特点	适用建筑类型	
		经济适用高度	适用范围
剪力墙结构	无梁柱外露，结构自重大，建筑平面布置局限性大，较难获得大的建筑空间	适用于高层建筑	住宅、公寓、宿舍、酒店等
框架结构	平面布置灵活，装配效率高，是最适合进行装配化的结构形式，但其适用高度较低	适用于低层、多层建筑	厂房、仓库、停车场、商场、教学建筑、办公建筑、商业建筑
框架-剪力墙结构	弥补了框架结构侧向位移大的缺点，又不失框架结构空间布置灵活的优点	适用于高层建筑	商场、教学建筑、办公建筑、教学建筑、医院病房、旅馆建筑以及住宅等
框架-核心筒结构	比框架结构、剪力墙结构、框架-剪力墙结构具有更高的强度和刚度，可适用于更高的建筑	适用于高层以及超高层建筑	
框架-钢支撑结构	弥补了框架结构侧向位移大、框架-剪力墙结构存在装配与现浇交叉作业的缺点，又不失空间布置灵活、使用建筑更高的优点	适用于高层建筑	

预制预应力混凝土装配整体式框架结构体系应用优势　　表 1-3

优点	具体内容
节省工程造价	采用预应力高强钢筋及高强混凝土，可降低梁、板结构高度，减小建筑物自重
缩短工期	梁端锚固钢筋仅在键槽内预留，避免了节点处钢筋容易碰撞、钢筋穿插、绑扎困难的问题，现场施工安装方便快捷
提高材料周转率	梁、板现场施工均不需要模板，提高了现场材料的周转率
改善构件抗裂性能	预应力叠合梁、板较传统叠合梁、板抗裂性有较大提高，有效避免构件因施工运输不当而出现裂缝的情况

装配整体式混凝土结构的主要预制构件、部品部件　　表 1-4

系统	序号	名称	图片	
结构系统	1	预制竖向承重构件	 预制实心剪力墙	 预制夹心保温剪力墙

续表

系统	序号	名称	图片	
结构系统	1	预制竖向承重构件	 双面叠合剪力墙	 预制柱
	2	预制板	 叠合板	 预应力混凝土带肋叠合板
			 预应力混凝土空心板(SP 板)	 预应力混凝土双 T 板
	3	预制梁	 预制叠合梁	 预制叠合梁(带键槽)

续表

系统	序号	名称	图片	
结构系统	4	预制阳台	 预制叠合阳台板	 全预制阳台板
	5	预制楼梯	 预制双跑楼梯	 预制剪刀楼梯
围护系统	6	外围护	 预制飘窗	 预制混凝土外填充墙板
			 预制混凝土外挂墙板	 (单元式)玻璃幕墙

续表

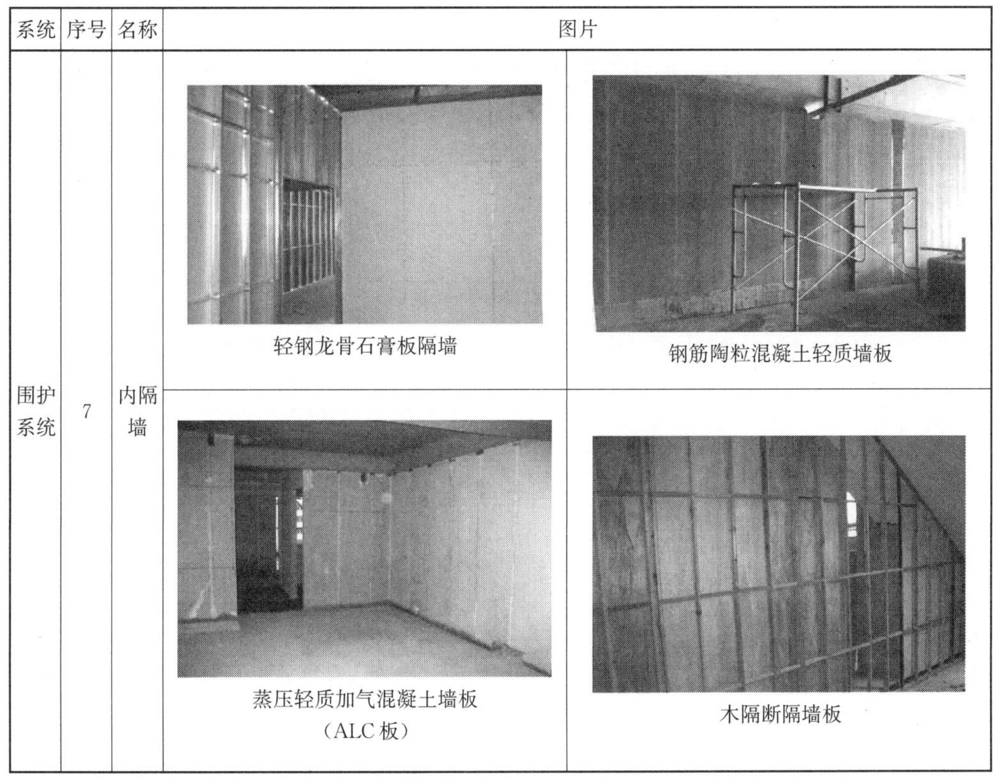

系统	序号	名称	图片	
围护系统	7	内隔墙	轻钢龙骨石膏板隔墙	钢筋陶粒混凝土轻质墙板
			蒸压轻质加气混凝土墙板（ALC 板）	木隔断隔墙板

1.3 设计基本要求

1.3.1 集成设计

装配式建筑的关键在于技术的集成，通过将主体结构、围护结构、设备与管线和内装部品等集成为一个完整的系统，达到各项技术的最优组合，实现提高质量、减少现场人工、节约资源、增加效益的目的。集成设计的要求详见表 1-5。

建筑集成设计要求 **表 1-5**

序号	项目	内容	设计要点
1	主体结构	不同预制率下构件设计时考虑连接技术、生产与施工安装效率	预制构件集成设计
2	围护结构	预制结构墙板采用墙体、保温、隔热、装饰系统集成技术，满足结构、保温、防渗、装饰要求	承重、保温、防水、防火、装饰一体化外墙设计
3	设备与管线	机电设备管线采用系统集成技术，管线集中布置，管线及点位预留、预埋设计到位，管线系统安装方便	集成高效机电设计
4	室内装修	室内采用部品部件、管线、装修系统集成技术，满足隔声、敷设、装饰要求	干式工法内装设计

1.3.2 一体化设计

为充分考虑四大系统之间的集成，装配式建筑设计应是一个完整、系统的设计。机电、装修和土建设计都是系统设计的重要组成部分，应统筹规划设计、部品部件生产、施工建造和运营维护，进行建筑、结构、机电设备、室内装修等一体化设计，才能实现其整体优势。详见表 1-6。

一体化设计设计要求 **表 1-6**

序号	设计要求
1	各设计专业之间进行了协同设计，能够完整描述设计项目，真实反映设计信息，统筹项目全过程
2	各专业设计充分考虑了应用的产品生产和施工建造的经济性、便利性和可行性
3	室内装修设计与建筑设计同步，并具有完整的室内装修设计图

1.3.3 标准化设计

标准化设计是将不同功能的空间模块（如户型模块、交通核模块等）进行标准化（包括模数和尺寸），然后通过多样化组合的一种设计方法。标准化设计是实现生产与施工工艺标准化的前提，采用标准化的设计方法，可以实现工业化大规模生产，提高建筑的品质，降低成本。标准化设计要求详见表 1-7。

标准化设计要求[10] **表 1-7**

序号	评价指标及要求
1	采用模数、模块化的设计方法，在单体建筑中重复使用最多的三个基本单元（户型）的数量之和占对应总数量的比例不低于 70%
2	采用标准化构件，提高构件重复使用率，项目中同一种构件类型数量不少于 50 件的占项目所有类型的构件总数量的比例不低于 60%

1.4 建设工作流程与协同要点

1.4.1 建设流程

与现浇混凝土建筑的建设流程（图 1-3）相比，装配式混凝土建筑的建设流程（图 1-4）更全面、更精细、更综合，强调了建筑的一体化设计和协同设计。

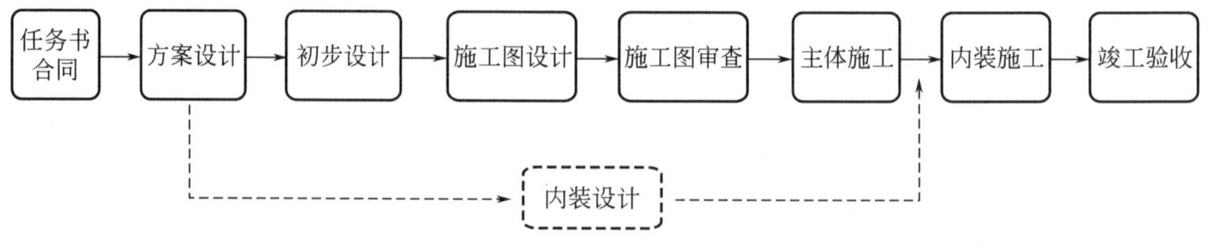

图 1-3 现浇混凝土建筑的建设流程图

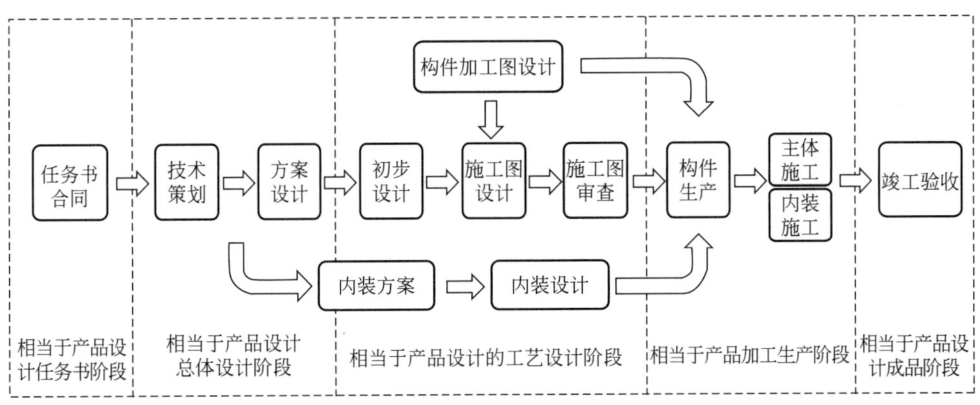

图 1-4　装配式混凝土建筑建设流程图

1.4.2　协同要点

与现浇建筑相比，装配式建筑在设计过程中需要前置考虑的协同因素详见表 1-8。

装配式建筑设计前置协同因素[8]　　　　**表 1-8**

阶段	前置因素
技术策划	政策、规范、规程规定、建设要求(土地出让条件等)
	技术目标(结构体系、保温体系、预制装配率等)
	相关厂家
	构件运输:距离、路线、限值(重量、长度、高度、时间)
	塔吊选型和布置(构件重量、起吊半径)
方案	甲方确认:技术体系、材料、技术指标
	工程概算及优化
扩初	经甲方确认和完成政府报批报建文本
	甲方确认:构件重量、规格、施工工艺、机电系统、连接方式
施工图	窗框大样、栏杆形式、机电点位、装修点位、外立面预埋、连接件、工艺预埋
	内装设计(点位、布线、留槽、留洞)
	经甲方确认的二次深化设计图纸包括门窗、栏杆、百叶、雨棚、钢结构、幕墙(包括干挂石材)等
	相关招采:材料、总包等
	工程预算
构件深化设计	施工工艺预埋(脚手架、模板、塔吊、人货梯等)
	运输、装卸、安装及成品保护方案
构件加工前	厂家及总包单位工艺复核
	设计牵头的施工组织一体化设计
材料供应商	套筒、灌浆料(套筒直径、钢筋排布)
	门窗、栏杆提资
	外饰面(幕墙、干挂石材)的预埋件

续表

阶段	前置因素
构件加工	产能
	工期
施工组织	场地(堆放、地下室加固)
	现场模板选择
	是否免除外脚手架
	人货梯、塔吊附着、卸货平台等在预制构件上的留洞、预埋件(建议尽量避开预制构件)、放线孔

在装配式混凝土建筑的建设流程中，需要建设、设计、构件生产和施工等单位的精心配合与协同工作，详见图 1-5。

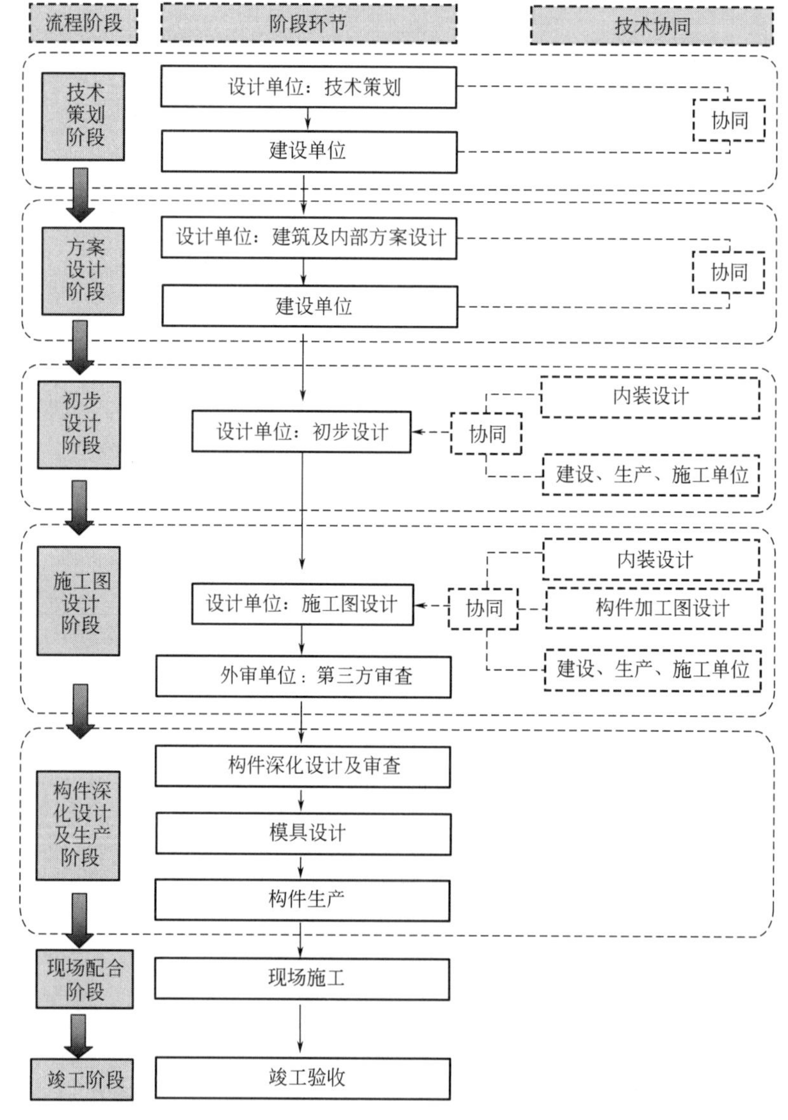

图 1-5　技术协同贯穿装配式设计流程（EPC 项目）[4]

装配式建筑应利用信息化技术手段实现建筑的协同设计，保证室内装修设计、建筑结构、机电设备及管线、生产、施工形成有机结合的完整系统，不仅应加强设计阶段的建设、设计、制作、施工各方之间的协同，还应加强建筑、结构、设备、装修等专业之间的协同配合。建筑专业协同各专业设计的主要内容详见图 1-6。

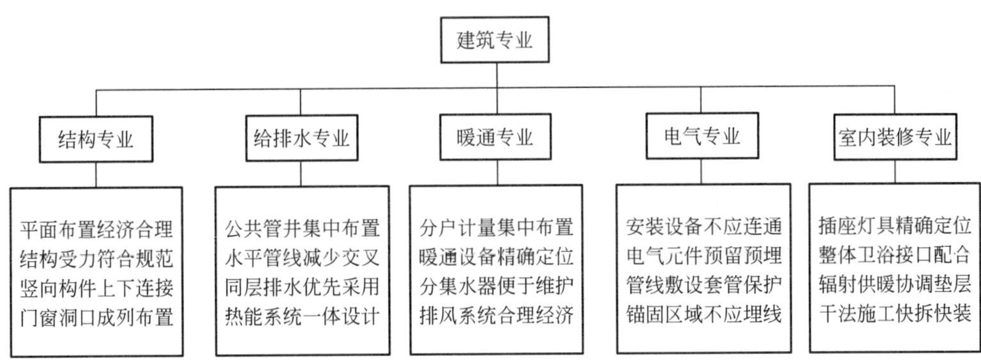

图 1-6　建筑专业协同设计技术要点[5]

深化设计整合了所有专业图纸信息，并融合现场施工、构件生产阶段所需的预埋件，使构件在生产、运输、安装等阶段顺利施工，减少或者杜绝可能出现的设计变更是装配式建筑设计中特有的一个设计阶段。装配式建筑设计各阶段协同要点详见表 1-9。

各阶段协同要点　　表 1-9

序号	阶段	协同要点
1	方案设计阶段	协助确定建筑平面方案，如预制构件的拆分对外立面、外饰面材料、建筑面积、容积率、保温形式等的影响
2	施工图设计阶段	应综合考虑后期预制构件深化设计的需求，进行结构方案的布置，例如：暗柱位置、楼板开洞、梁板布置、梁高、板厚、配筋等
3	深化设计阶段	预制构件的深化设计应与暖通、给排水、机电、装修等各专业沟通商定预制构件的细部构造，避免出现各专业图纸信息有可能出现的碰撞与冲突，增加设计负担
4		预制构件的深化设计应考虑构件的生产、堆放、运输、施工、运维等各个环节的可操作性，如构件的生产流程、构件脱模、构件生产平台尺寸、构件起吊设备、构件运输条件、构件生产方式等

1.4.3　结构设计流程

装配式建筑的结构专项协同设计流程详见图 1-7，结构设计应用流程详见图 1-8。

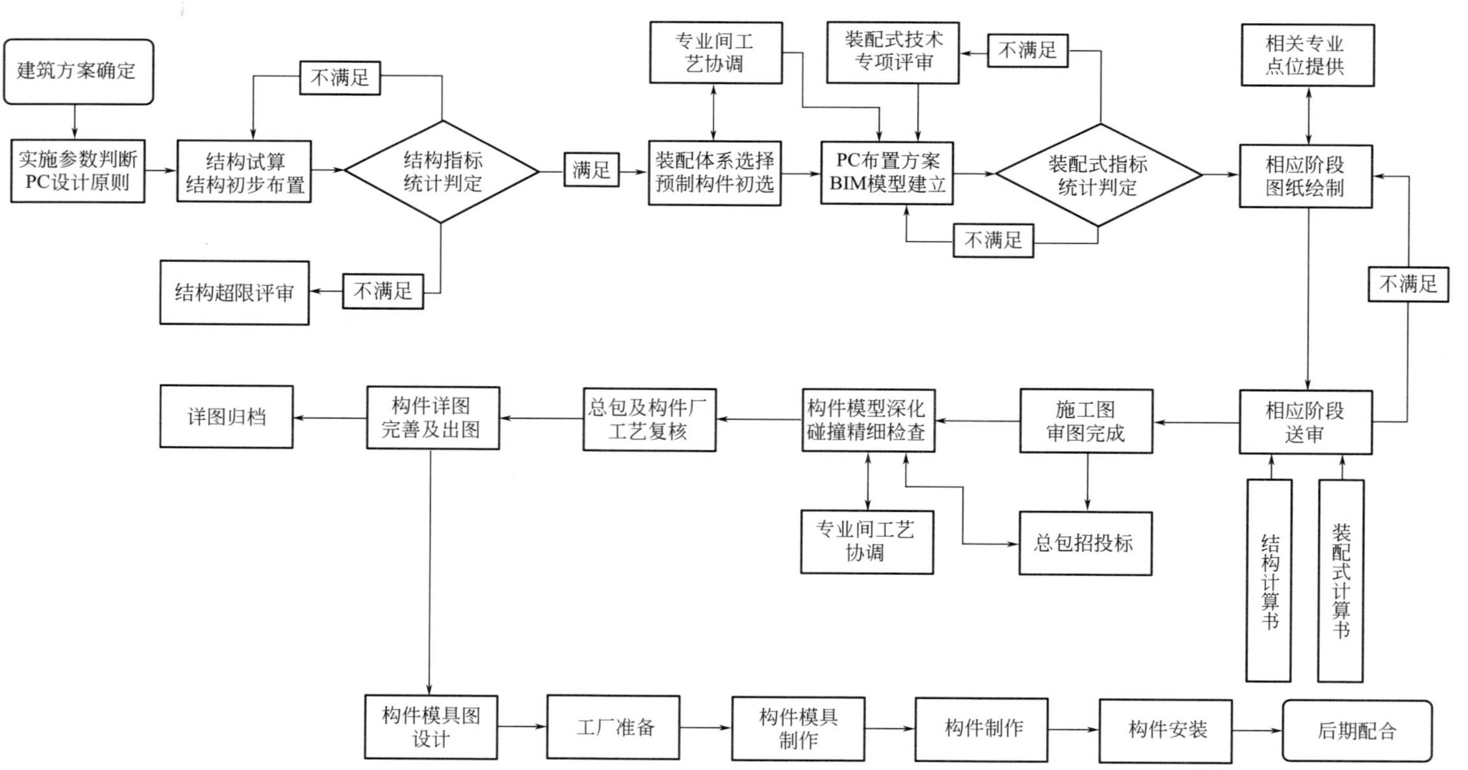

图 1-7 装配式建筑结构专业全过程服务流程[8]

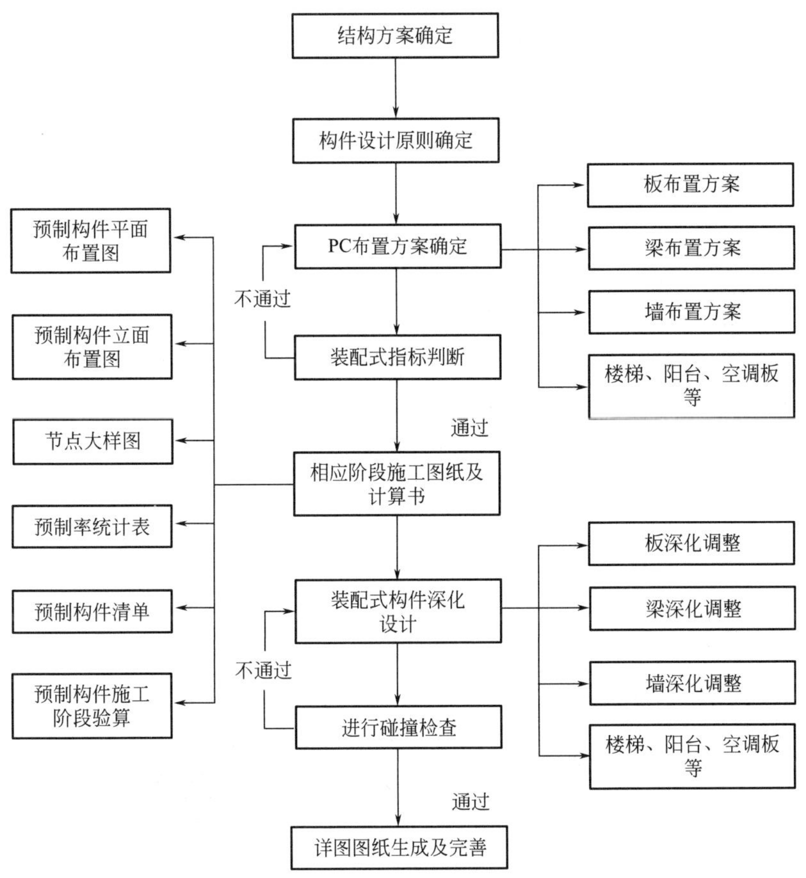

图 1-8　结构设计阶段流程图[6]

1.5　预制构件深化设计要点

1.5.1　预制构件深化图设计文件内容

预制构件深化图设计文件包括的内容详见表 1-10。

预制构件深化图设计文件内容　　　　**表 1-10**

序号	内容
1	图纸目录及数量表、构件生产说明、构件安装说明
2	预制构件平面布置图、构件模板图、构件配筋图、连接节点详图、墙身构造详图、构件细部节点详图、构件吊装详图、构件预埋件埋设详图，以及合同要求的全部图纸
3	与预制构件相关的生产、脱模、运输、安装等受力验算。计算书不属于必须交付的设计文件，但应归档保存

1.5.2 预制构件深化设计说明

预制构件深化设计说明详见表1-11。

预制构件深化设计说明 **表1-11**

<table>
<tr><th>序号</th><th colspan="3">内容</th></tr>
<tr><td>1</td><td colspan="3">工程概况中应说明工程地点、采用装配式建筑的结构类型、单体采用的预制构件类型及布置情况、预制构件的使用范围及预制构件的使用位置</td></tr>
<tr><td>2</td><td colspan="3">设计依据应包括工程施工图设计全称、建设单位提出的预制构件加工图设计有关的符合标准、法规的书面委托文件、设计所执行的主要法规和所采用的主要标准规范和图集(包括标准名称、版本号)</td></tr>
<tr><td>3</td><td colspan="3">构件加工图的图纸编号按照分类编制时，应有图纸编号说明；预制构件的编号，应有构件编号原则说明</td></tr>
<tr><td rowspan="5">4</td><td colspan="2" rowspan="5">预制构件设计</td><td>预制构件的基本构造、材料基本组成</td></tr>
<tr><td>标明各类构件的混凝土强度等级、钢筋级别及种类、钢材级别、连接方式，采用型钢连接时应标明钢材的规格以及焊接材料级别</td></tr>
<tr><td>连接材料的基本信息和技术要求</td></tr>
<tr><td>各类构件表面成型处理的基本要求</td></tr>
<tr><td>防雷接地引下线的做法</td></tr>
<tr><td rowspan="12">5</td><td rowspan="12">预制构件主材</td><td>混凝土</td><td>各类构件混凝土的强度等级，且应注明各类构件对应楼层的强度等级</td></tr>
<tr><td rowspan="3">钢筋</td><td>钢筋种类、钢绞线或高强钢丝种类及对应的产品标准，有特殊要求需单独注明</td></tr>
<tr><td>各类构件受力钢筋的最小保护层厚度</td></tr>
<tr><td>预应力预制构件的张拉控制应力、张拉顺序、张拉条件，对张拉的测试要求等</td></tr>
<tr><td rowspan="5">预埋件</td><td>钢材的牌号和质量等级，以及所对应的产品标准；有特殊要求需单独注明</td></tr>
<tr><td>预埋铁件的防腐、防火做法及技术要求</td></tr>
<tr><td>钢材的焊接方法及相应的技术要求，焊缝质量等级及焊缝质量检查要求</td></tr>
<tr><td>其他预埋件应注明材料的种类、类别、性能以及使用注意事项，有耐久性要求的应注明使用年限以及执行的对应标准</td></tr>
<tr><td>应注明预埋件的支座偏差和预埋在构件上位置偏差的控制要求</td></tr>
<tr><td rowspan="2">其他</td><td>保温材料的品种规格、材料导热系数、燃烧性能等要求</td></tr>
<tr><td>夹心保温构件应明确拉结件的材料性能、布置原则、锚固深度以及产品的操作要求；需要拉结件厂家补充的内容应明确技术要求，确定技术接口的深度</td></tr>
<tr><td rowspan="5">6</td><td colspan="2" rowspan="5">预制构件生产技术</td><td>预制构件生产中养护要求或执行标准，以及构件脱模起吊、成品保护的要求</td></tr>
<tr><td>面砖或石材饰面的材料要求</td></tr>
<tr><td>构件加工隐蔽工程检查的内容或执行的相关标准</td></tr>
<tr><td>预制构件质量检验执行的标准，对有特殊要求的应单独说明</td></tr>
<tr><td>钢筋套筒连接应说明相应的检测方案</td></tr>
</table>

续表

<table>
<tr><th>序号</th><th colspan="3">内容</th></tr>
<tr><td rowspan="4">7</td><td colspan="2" rowspan="4">预制构件的堆放与运输</td><td>预制构件堆放的场地及堆放方式的要求</td></tr>
<tr><td>构件堆放的技术要求与措施</td></tr>
<tr><td>构件运输的要求与措施</td></tr>
<tr><td>异性构件的堆放与运输应提出明确要求及注意事项</td></tr>
<tr><td rowspan="8">8</td><td rowspan="8">现场施工要求</td><td rowspan="4">安装</td><td>应要求施工单位制定构件进场验收、堆放、安装等专项要求</td></tr>
<tr><td>构件吊具、吊装螺栓、吊装角度的基本要求</td></tr>
<tr><td>预制构件安装精度、质量控制、施工检测等要求</td></tr>
<tr><td>构件吊装顺序的基本要求(如先吊装竖向构件再吊装水平构件,外挂墙板宜从低层向高层安装等)</td></tr>
<tr><td rowspan="2">连接</td><td>主体结构装配中钢筋连接用钢筋套筒、约束浆锚连接,以及其他涉及结构钢筋连接方式的操作要求和执行的相应标准</td></tr>
<tr><td>装饰性挂板以及其他构件连接的操作要求或执行的标准</td></tr>
<tr><td rowspan="2">防水措施</td><td>构件板缝防水施工的基本要求</td></tr>
<tr><td>板缝防水的注意要点(如密封胶的最小厚度、密封胶对接处的处理等)</td></tr>
</table>

1.5.3 预制构件深化设计图纸要点

预制构件深化设计深度要求详见表 1-12。

预制构件深化设计深度要求 **表 1-12**

<table>
<tr><th>序号</th><th>内容</th><th>说明</th></tr>
<tr><td>1</td><td>预制构件平面布置图</td><td>包括竖向承重构件平面图、水平构件平面图、非承重装饰构件平面图、屋面层平面图(当屋面采用预制结构时)、预埋件平面布置图</td></tr>
<tr><td>2</td><td>预制构件装配立面图</td><td>包括各立面预制构件的布置位置、编号、层高线等</td></tr>
<tr><td rowspan="6">3</td><td rowspan="6">模板图</td><td>预制构件主视图、侧视图、背视图、俯视图、仰视图、门窗洞口剖面图</td></tr>
<tr><td>标注预制构件的外轮廓尺寸、缺口尺寸、预埋件的定位尺寸</td></tr>
<tr><td>各视图中标注预制构件表面的工艺要求(如模板面、人工压光面、粗糙面);表面有特殊要求应标明饰面做法(如清水混凝土、彩色混凝土、喷砂、瓷砖、石材等);有瓷砖或石材饰面的构件应绘制排版图</td></tr>
<tr><td>预埋件、吊钩及预留孔用不同图例表达,并在构件视图中注明预埋件编号</td></tr>
<tr><td>构件信息表包括构件编号、数量、混凝土体积、构件重量、钢筋保护层、混凝土强度</td></tr>
<tr><td>预埋件信息表包括预埋件及吊钩编号、名称、规格、单块板的数量等</td></tr>
</table>

续表

序号	内容	说明
4	配筋图	绘制预制构件配筋的主视图、剖面图；当采用夹心保温构件时，应分别绘制内叶板配筋图、外叶板配筋图
		标注钢筋与构件外边线的定位尺寸、钢筋间距、钢筋外露长度、构件连接用钢筋套筒以及其他钢筋连接用预留必须明确标注尺寸及外露长度，叠合类构件应标明外露桁架钢筋的高度
		钢筋应按类别及尺寸分别编号，在视图中引出标注
		配筋表应标明编号、直径、级别、钢筋外形、钢筋加工尺寸、单块板中钢筋重量、备注等。需要直螺纹连接的钢筋应标明套丝长度及精度等级
5	预埋件图	包括了材料要求、规格、尺寸、焊缝高度、焊接材料、套丝长度、精度等级、预埋件名称、尺寸标注
		表达预埋件的局部埋设大样及要求，包括预埋件位置、埋设深度、外露高度、加强措施、局部构造做法
		预埋件的防腐防火做法及要求
		有特殊要求的预埋件应在说明中注释
		预埋件的名称、比例

1.6 本章小结

本章介绍了装配式建筑的基本概念，阐述了装配式建筑的内涵和主要特征；介绍了装配整体式混凝土结构常见的结构体系及其特点与适用范围，并分类展示了常用预制构件、部品部件；介绍了装配式建筑设计的基本要求，采用集成设计、一体化设计与标准化设计的方法，引导装配式建筑的绿色建造；本章结合流程图表介绍了装配式建筑的建设工作流程与协同要点，给出了装配式建筑设计建造与现浇建筑的关键不同点，为装配式建筑的规模推广提供基础；最后针对装配式建筑特有的环节——预制构件深化设计，给出了预制构件深化设计文件、设计说明及设计深度的具体要求。

参考文献

[1] 十天十夜火神山 [J]. 施工企业管理，2020 (3)：25-27.

[2] 中华人民共和国住房和城乡建设部. 装配式混凝土建筑技术标准 GB/T 51231—2016 [S]. 北京：中国建筑工业出版社，2017.

[3] 中国建筑标准设计研究院. 装配式建筑系列标准应用实施指南 [M]. 北京：中国计划出版社，2016.

[4] 住房和城乡建设部住宅产业化促进中心. 大力推广装配式建筑必读——技术·标准·成本与效益 [M]. 北京：中国建筑工业出版社，2016.

[5] 中国建筑标准设计研究院. 装配式住宅建筑设计标准 18J820 [S]. 北京：中国计划出版

社，2018.
[6] 北京构力科技有限公司，上海中森建筑与工程设计顾问有限公司.装配式剪力墙结构设计方法及实例应用 [M].北京：中国建筑工业出版社，2018.
[7] 南京长江都市建筑设计股份有限公司.南京市装配式混凝土建筑设计文件编制深度规定 [M].2019.
[8] 赵瑞阳.基于BIM的装配式流程介绍及实际案例详解.PKPM系列南京会议课件.2019.
[9] 徐其功.装配式混凝土结构设计 [M].北京：中国建筑工业出版社，2017.
[10] 江苏省住房和城乡建设厅.江苏省装配式建筑综合评定标准 DB32/T 3753—2020 [S].南京：江苏凤凰科学技术出版社，2020.

第 2 章　技术策划

装配式建筑工程中，项目的全过程一体化设计管控对项目的实施起到十分重要的作用，政策理解、产品策划、标准化设计、技术体系、构件厂家和施工组织策划等都会对项目实施产生较大的影响，因此在项目前期进行合理的装配式建筑专项技术策划，是装配式建筑设计的一个关键设计环节。

2.1　主要策划内容

2.1.1　项目策划要点

在项目策划阶段应充分关注装配式项目的技术管控敏感点，项目策划的要点详见图 2-1、表 2-1。

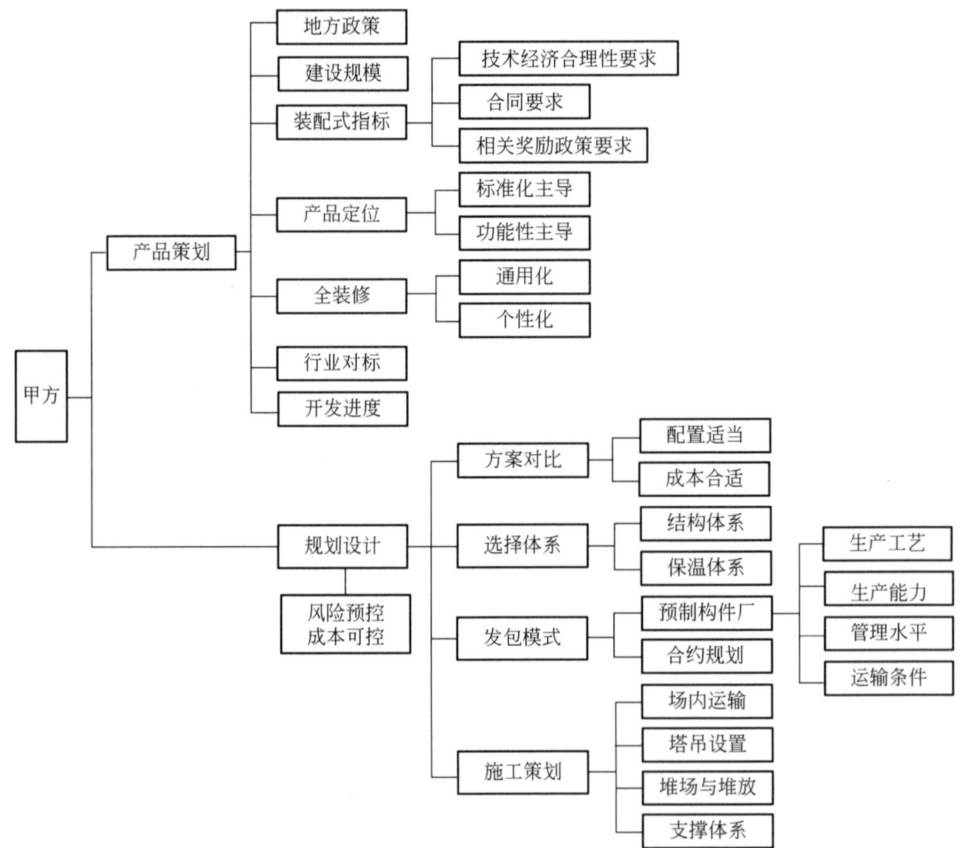

图 2-1　项目策划要点[1]

项目策划的关注点 **表 2-1**

<table>
<tr><th colspan="2">关注点</th><th colspan="2">内容</th></tr>
<tr><td rowspan="7">产品策划</td><td>政策</td><td colspan="2">了解当地政策实施情况。住宅开发技术策划中应关注各地政策对房屋销售流程的影响，江苏省各地主要补助政策详见附录 E</td></tr>
<tr><td rowspan="2">地块落实指标</td><td colspan="2">土地出让合同上明确要求须落实的指标，如“三板”应用比例、预制装配率、装配率等</td></tr>
<tr><td colspan="2">为享受当地装配式相关鼓励政策，主动要求达到更多、更高的相关要求指标</td></tr>
<tr><td>产品定位</td><td colspan="2">以标准化为主导的产品与以功能性为主导的产品有较大的成本差异</td></tr>
<tr><td>全装修</td><td colspan="2">通用化与个性化的装修方案对预制构件的影响</td></tr>
<tr><td>行业对标</td><td colspan="2">借鉴当地同类产品成功案例的相关操作内容，了解当地可采用的技术体系情况</td></tr>
<tr><td>开发进度</td><td colspan="2">从项目立案到第一块构件的吊装，理想状况下需要 6～8 个月的时间</td></tr>
<tr><td rowspan="8">规划设计</td><td>多方案对比</td><td colspan="2">选择成本合适的组合方案</td></tr>
<tr><td rowspan="4">技术体系选择</td><td colspan="2">合理选择产品的结构体系，对于复杂、不宜采用装配式混凝土结构的建筑，可考虑采用钢结构</td></tr>
<tr><td rowspan="3">选择合适的保温体系</td><td>内保温可与管线、装修一体化结合，达到主体与管线分离，但会减少业主实际使用面积</td></tr>
<tr><td>外保温是常用保温形式，但需注意质量控制杜绝外墙保温剥落问题</td></tr>
<tr><td>夹心保温可完成外墙保温一体化(三合一夹心保温外墙)，但其节点设计时需注意规避结露、热桥等问题</td></tr>
<tr><td>预制构件厂</td><td colspan="2">资金实力、产品质量、实际产能及运输距离与路线的调研</td></tr>
<tr><td>发包模式</td><td colspan="2">平行分包、专项一体化分包、设计-施工总承包、工程总承包</td></tr>
<tr><td>施工策划</td><td colspan="2">产业工人情况、管理人员配置、场地运输条件、塔吊的配置、构件堆场与堆放、脚手架模板支撑体系选用</td></tr>
</table>

设计单位在策划阶段应关注的内容详见表 2-2。

设计单位关注内容 **表 2-2**

序号	关注内容
1	项目用地规划条件
2	建设单位需求，包括项目功能定位、户型、平面布局和建筑形态以及建设周期要求等
3	项目采用的结构技术体系、建筑围护系统、建筑内装系统、设备管线等内容，预制构件、建筑部品系列
4	项目指标要求：预制装配率、“三板”应用比例、装配率
5	项目标准化设计要求：基本户型种类和重复使用率，各类预制构件、建筑部品规格数量和重复使用率
6	在总平面布置、单元平面布置及标准模块的确定、建筑形式构成及预制外墙组合设计、体型系数控制、建筑各部位采用的预制构件或建筑部品规划、保温节能方案等环节，都应有体现装配式建筑特点的相关设计
7	信息化技术应用：设计阶段建筑信息模型生成交付标准、技术接口、应用功能、范围、规则等

标准化、模块化设计是实现建筑“少构件，多组合”的重要基础。以住宅建筑为例，标准化、模块化设计的主要内容详见图 2-2。

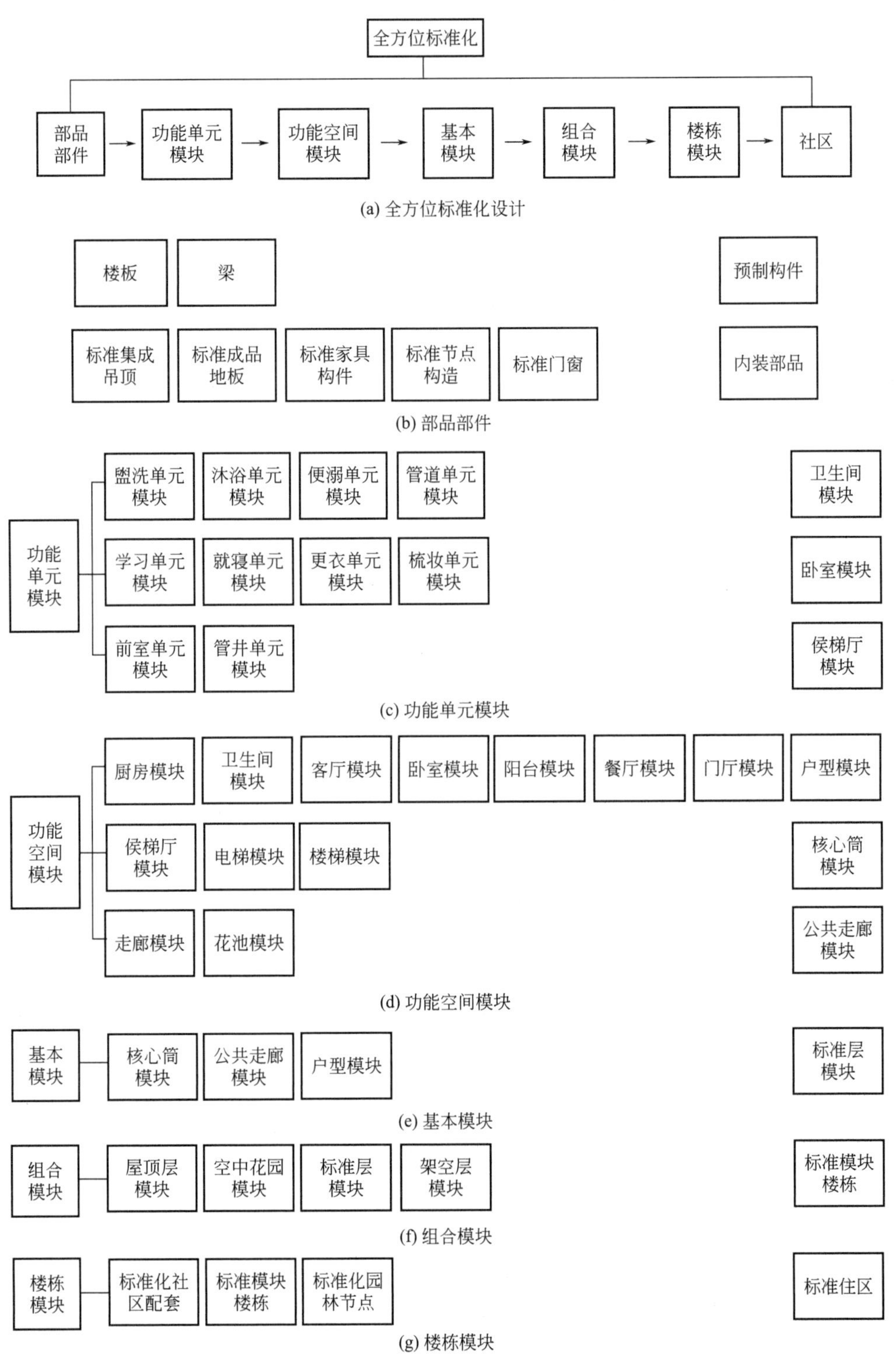

图 2-2　标准化、模块化设计体系

住宅模块化设计的目的在于通过对套型的过厅、餐厅、卧室、厨房、卫生间等多个功能模块的分析研究，将单个功能模块或多个功能模块进行组合设计，用较大的功能模块来满足多个并联度高的功能模块要求，通过将不同功能模块设计集成在一个套型中，来满足全生命周期灵活使用的多种可能。如小户型考虑单元演变为三口之家，双拼形成三代同堂，详见图 2-3。

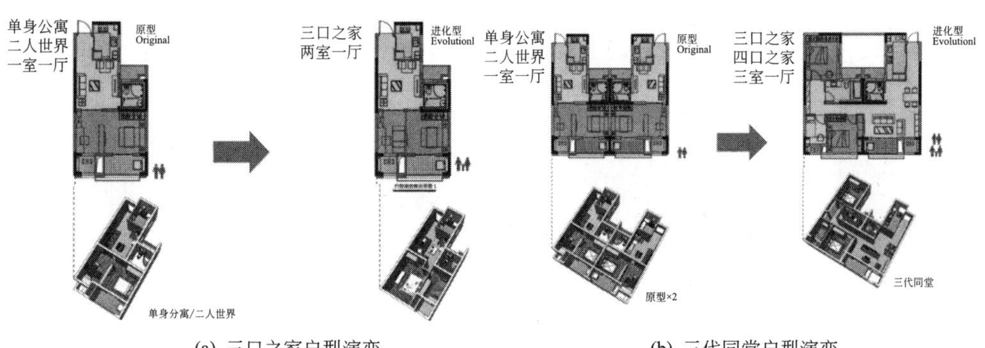

(a) 三口之家户型演变　　(b) 三代同堂户型演变

图 2-3　户型模块的多样化设计

注：资料来源南京长江都市建筑设计股份有限公司设计的南京丁家庄二期 A28 地块项目。

标准的户型模块可以组合形成多样化的组合平面模块见图 2-4、图 2-5，组合平面模块可以通过色彩变化、部品部件重组等方式再组合形成多样化的立面效果，打破建筑呆板的边界轮廓和体量。

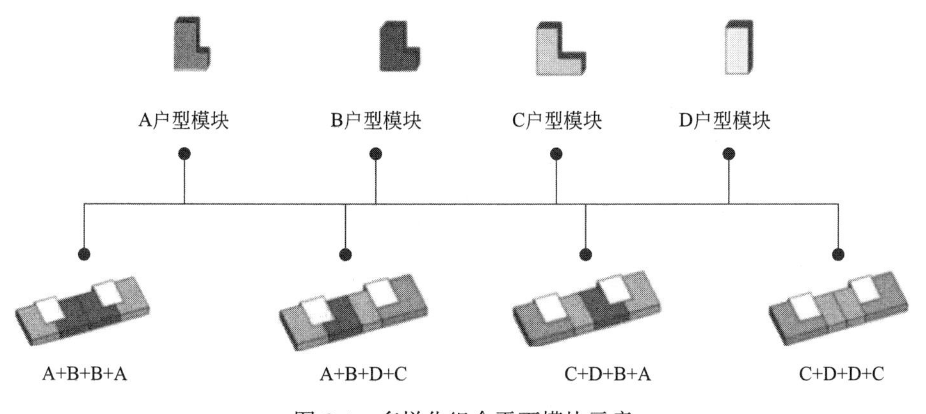

图 2-4　多样化组合平面模块示意

2.1.2　指标计算

1. 预制装配率

(1) 计算公式

根据《江苏省装配式建筑综合评定标准》DB32/T 3753—2020，预制装配率按下式计算（表 2-3～表 2-6）。

$$Z = \alpha_1 Z_1 + \alpha_2 Z_2 + \alpha_3 Z_3$$

(a) 南京上坊保障性住房6-05栋项目

(b) 南京丁家庄二期A28地块项目

图 2-5 多样化组合立面风格模块

注：项目介绍详见第 12 章。

式中：Z——预制装配率；

Z_1——主体结构预制构件的应用占比；

Z_2——装配式外围护和内隔墙构件的应用占比；

Z_3——装修和设备管线的应用占比；

α_1——主体结构的预制装配率计算权重系数；

α_2——装配式外围护和内隔墙构件的预制装配率计算权重系数；

α_3——装修和设备管线的预制装配率计算权重系数。

预制装配率计算权重系数 **表 2-3**

分项	α_1	α_2	α_3
混凝土结构	0.5	0.25	0.25
钢结构、木结构	0.4	0.3	0.3
混合结构	0.45	0.25	0.3

Z_1 项计算规则 **表 2-4**

<table>
<tr><th>结构类型</th><th colspan="2">计算公式</th></tr>
<tr><td rowspan="4">装配式混凝土结构</td><td colspan="2">$Z_1=(0.6\times q_{竖向}+0.4\times q_{水平})\times 100\%$</td></tr>
<tr><td colspan="2">$q_{竖向}=\frac{V_{1竖向}}{V_{竖向}}\times 100\%$</td></tr>
<tr><td>剪力墙结构楼盖</td><td>$q_{水平}=\left(0.75\frac{A_{1板类}}{A_{板类}}+0.25\frac{A_{1梁类}}{A_{梁类}}\right)\times 100\%$</td></tr>
<tr><td>其他结构楼盖</td><td>$q_{水平}=\left(0.65\frac{A_{1板类}}{A_{板类}}+0.35\frac{A_{1梁类}}{A_{梁类}}\right)\times 100\%$</td></tr>
</table>

续表

<table>
<tr><th>结构类型</th><th>计算公式</th></tr>
<tr><td>装配式混凝土结构</td><td>$q_{竖向}$——混凝土结构主体结构中预制竖向构件体积占比；
$q_{水平}$——混凝土结构主体结构中预制水平构件面积占比；
$V_{1竖向}$——混凝土结构主体结构中预制竖向构件体积之和；
$V_{竖向}$——混凝土结构主体结构中竖向构件总体积；
$A_{1板类}$——混凝土结构主体结构中预制或免模板浇筑的水平板类构件水平投影面积之和；
$A_{板类}$——混凝土结构主体结构中水平板类构件水平投影总面积；
$A_{1梁类}$——混凝土结构主体结构中预制梁类构件水平投影面积之和；
$A_{梁类}$——混凝土结构主体结构中梁类构件水平投影总面积</td></tr>
<tr><td rowspan="2">装配式混合结构</td><td>$$Z_1=\left(0.3\times\frac{A_{1楼板、墙板}}{A_{楼板、墙板}}+0.7\times\frac{L_{1梁}+10\times L_{1柱、支撑}}{L_{梁}+10\times L_{柱、支撑}}\right)\times 100\%$$</td></tr>
<tr><td>$A_{1楼板、墙板}$——混合结构主体结构中预制或免模板浇筑的楼板水平投影面积和墙板单侧竖向投影面积之和；
$A_{楼板、墙板}$——混合结构主体结构中楼板水平投影面积和墙板单侧竖向投影面积之和；
$L_{1梁}$——混合结构主体结构中预制或免模板浇筑的梁的长度之和；
$L_{梁}$——混合结构主体结构中梁的长度之和；
$L_{1柱、支撑}$——混合结构主体结构中预制或免模板浇筑的柱、支撑构件的长度之和；
$L_{柱、支撑}$——混合结构主体结构中柱、支撑构件的长度之和</td></tr>
<tr><td rowspan="2">装配式钢结构、装配式木结构</td><td>$Z_1=100\%$</td></tr>
<tr><td>需满足楼板采用免支撑、免模板技术，楼梯采用预制混凝土楼梯、钢楼梯或木楼梯，阳台采用预制(或叠合)混凝土阳台、钢制阳台或木制阳台</td></tr>
</table>

Z_2 项计算规则 **表 2-5**

<table>
<tr><th>公式</th><th>备注</th></tr>
<tr><td>$$Z_2=\frac{A_{2外围护}+A_{2内隔墙}}{A_{外围护}+A_{内隔墙}}\times 100\%$$</td><td>$A_{2外围护}$——装配式外围护构件的墙面面积之和；
$A_{外围护}$——非承重外围护构件的墙面面积之和；
$A_{2内隔墙}$——装配式内隔墙构件的墙面面积之和；
$A_{内隔墙}$——非承重内隔墙构件的墙面面积之和</td></tr>
</table>

Z_3 项计算规则 **表 2-6**

<table>
<tr><th>公式</th><th>备注</th></tr>
<tr><td>$$Z_3=35\%q_{全装修}+(0.25q_{卫生间、厨房}+0.3q_{干式}+0.1q_{管线})\times 100\%$$</td><td>$q_{全装修}$——满足居住建筑全装修，公共建筑公共部位全装修时 $q_{全装修}$ 取 1；
$q_{卫生间、厨房}$——集成卫生间和集成厨房的应用占比；
$q_{干式}$——干式工法楼地面的应用占比；
$q_{管线}$——管线分离的应用占比</td></tr>
</table>

续表

公式	备注
$q_{\text{卫生间、厨房}}=\dfrac{\text{集成卫生间、集成厨房的水平投影面积}}{\text{卫生间和厨房的总面积}}$	
$q_{\text{干式}}=\dfrac{\text{干式工法楼地面水平投影面积}}{\text{楼地面水平投影总面积}}$	
$q_{\text{管线}}=\dfrac{\text{管线分离的单元(户型)的投影面积}}{\text{对应单元(户型)的总面积}}$	

(2) 案例计算

1) 钢筋混凝土剪力墙结构

某 34 层住宅项目，采用装配整体式剪力墙结构，项目总平面详见图 2-6，技术配置详见表 2-7，预制装配率计算结果详见表 2-8。

图 2-6　项目总平面图

注：项目来源南京长江都市建筑设计股份有限公司。

技术配置表　　**表 2-7**

系统分类		技术配置选项	本项目实施情况
主体结构系统	竖向构件	预制剪力墙	
	水平构件	非预应力混凝土叠合板	●
		混凝土叠合阳台板	●
		混凝土叠合梁	
		预制混凝土梯段板	●

续表

系统分类		技术配置选项	本项目实施情况
围护墙和内隔墙	外围护构件	预制填充墙	●
		预制飘窗	
		预制混凝土阳台隔板	●
	内隔墙构件	钢筋陶粒混凝土轻质墙板	●
装修和设备管线		全装修	●
		集成式卫生间	
		集成式厨房	
		楼地面干式铺装	●
		管线分离	

预制装配率计算表 **表 2-8**

技术配置选项			项目实施情况	体积或面积	对应部分总体积或面积	比例	权重		$\alpha_i Z_i$
主体结构	竖向构件	预制剪力墙		0.00	3305.23		0.6	0.5	10.33%
	水平构件	预制梁		0.00	2275.49		0.1		
		预制楼板	2～34F	10637.30	15652.50	68.84%	0.3		
		预制楼梯	3～34F	474.38	488.76				
		总计		11111.68	16141.25				
外围护和内隔墙	装配式外围护		3～34F	2651.35	7654.21	78.34%	0.25		19.58%
	蒸压钢筋陶粒混凝土轻质墙板		1～34F	15438.92	15438.92				
	总计			18090.27	23093.13				
装修和设备管线	全装修		1～34F			100%	0.35	0.25	15.48%
	集成式厨房			0.00	926.16		0.25		
	集成式卫生间			0.00	733.72				
	总计			0.00	1659.88				
	楼地面干式铺装		1～34F	9830.08	10962.28	89.67%	0.3		
	管线分离						0.1		
预制装配率							45.39%		

2）钢框架-混凝土核心筒结构

某 29 层公寓项目，采用装配式钢框架-混凝土核心筒结构，项目总平面详见图 2-9，应用的技术配置详见表 2-9，预制装配率计算结果详见表 2-10、图 2-7～图 2-11。

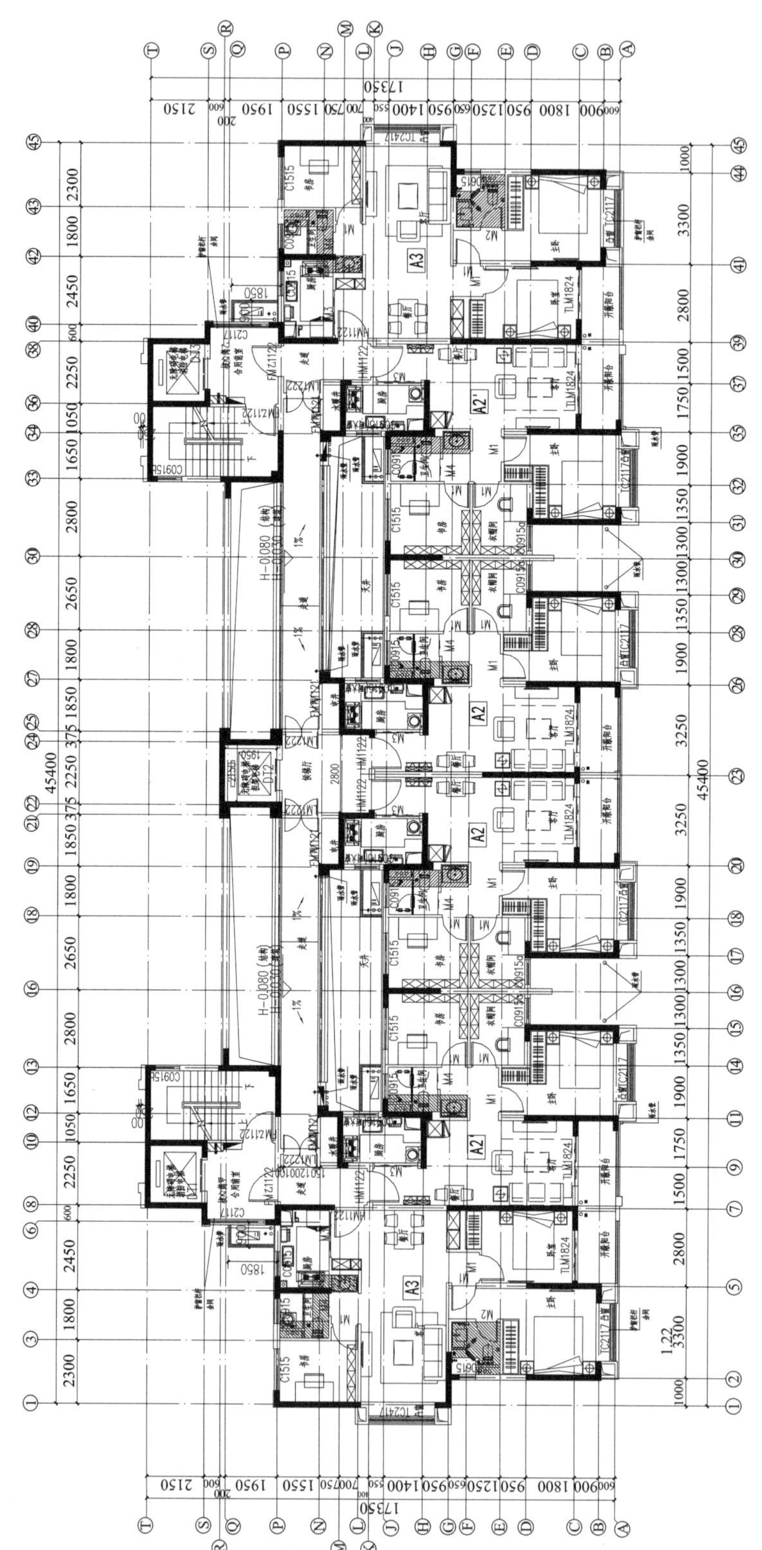

图 2-7 标准层建筑平面图

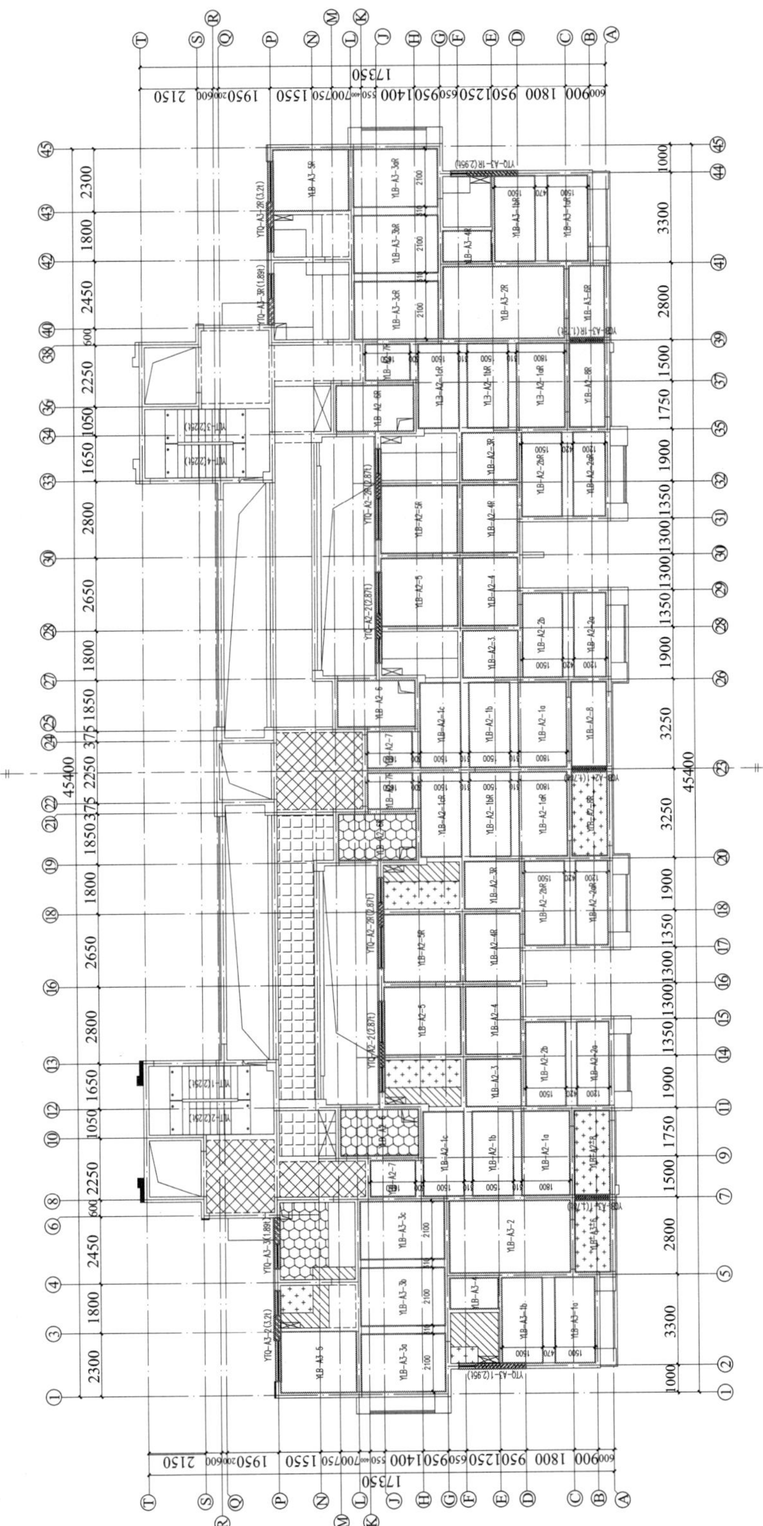

图 2-8　预制构件平面布置图

图 2-9　项目总平面图

技术配置表　　　　**表 2-9**

系统分类		技术配置选项	本项目实施情况
主体结构	竖向构件	钢管混凝土柱	●
	水平构件	钢梁	●
		混凝土叠合板	●
		预制梯段板	
围护墙和内隔墙	外围护构件	预制外墙挂板	●
		单元式幕墙	●
	内隔墙构件	轻钢龙骨石膏板隔墙	●
		钢筋陶粒混凝土轻质墙板	●
装修和设备管线		全装修	●
		集成式卫生间	●
		集成式厨房	●
		楼地面干式铺装	●
		管线分离	●

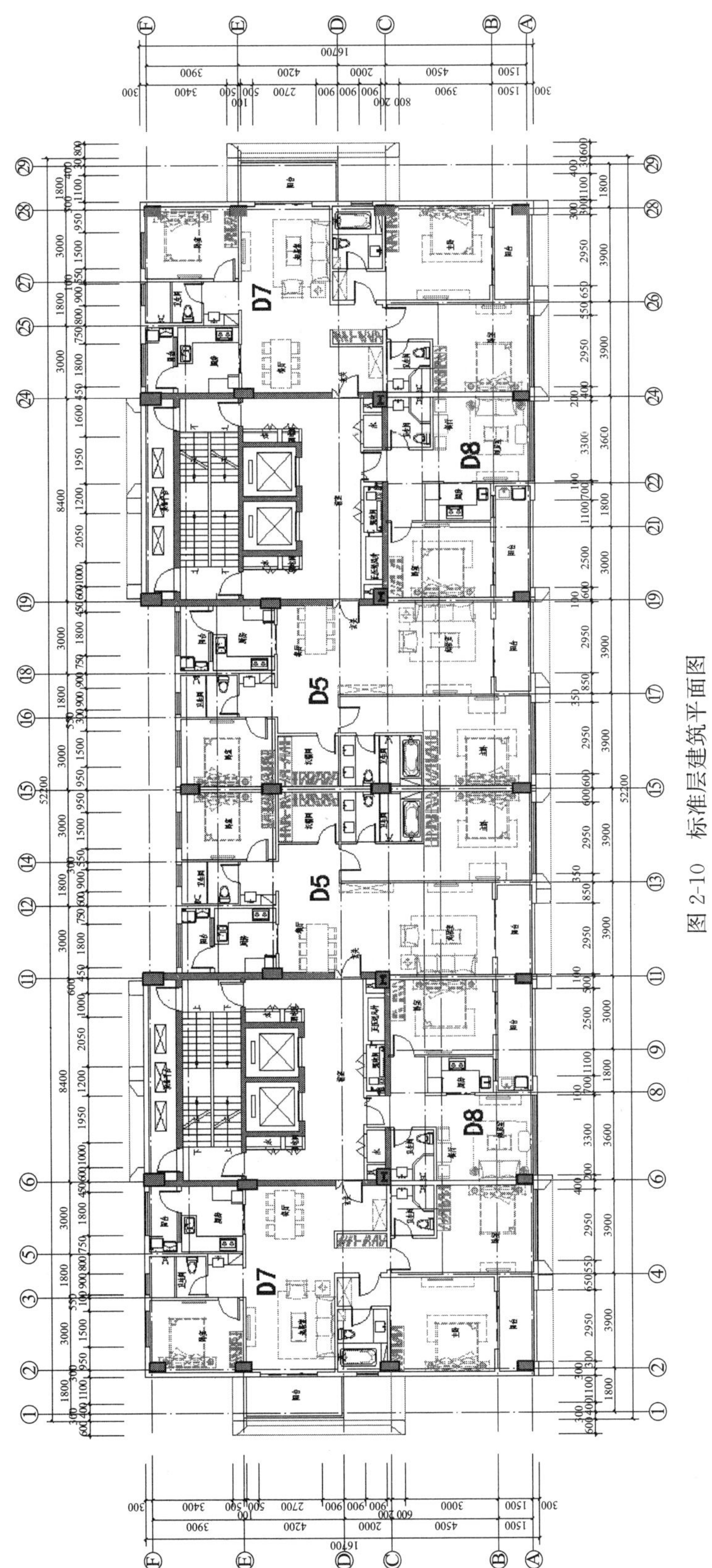

图 2-10 标准层建筑平面图

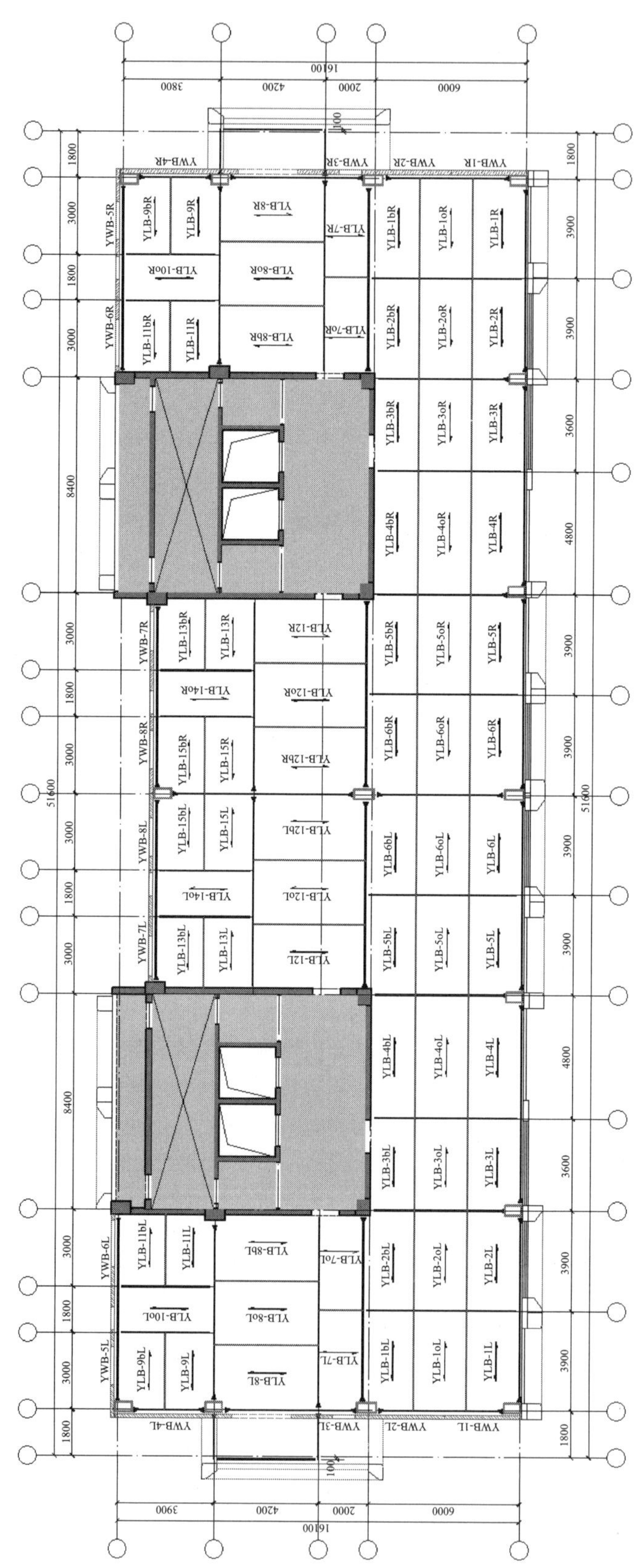

图 2-11　预制构件平面布置图

预制装配率计算表 **表 2-10**

<table>
<tr><th colspan="2">技术配置选项</th><th>项目实施情况</th><th>长度或面积</th><th>对应部分总长度或面积</th><th>比例</th><th colspan="2">权重</th><th>$\alpha_i Z_i$</th></tr>
<tr><td rowspan="8">主体结构</td><td>型钢柱</td><td>1～29F</td><td>0</td><td>978</td><td rowspan="4">67.76%</td><td rowspan="4">0.7</td><td rowspan="8">0.45</td><td rowspan="8">29.87%</td></tr>
<tr><td>钢管混凝土柱</td><td>1～29F</td><td>1467</td><td>1467</td></tr>
<tr><td>合计</td><td></td><td>1467</td><td>2445</td></tr>
<tr><td>钢梁</td><td>2～29F</td><td>8493.44</td><td>9735.08</td></tr>
<tr><td>钢板剪力墙</td><td>1～29F</td><td>0</td><td>8359.74</td><td rowspan="4">63.15%</td><td rowspan="4">0.3</td></tr>
<tr><td>钢筋桁架叠合板</td><td>2～29F</td><td>19066.09</td><td>20615.77</td></tr>
<tr><td>预制混凝土楼梯</td><td>1～29F</td><td>0</td><td>1218</td></tr>
<tr><td colspan="2">合计</td><td>19066.09</td><td>30193.51</td></tr>
<tr><td rowspan="3">外围护和内隔墙</td><td>单元式幕墙</td><td>1～29F</td><td>8760.84</td><td>8760.84</td><td rowspan="3">98.70%</td><td rowspan="3" colspan="2">0.25</td><td rowspan="3">24.67%</td></tr>
<tr><td>轻钢龙骨石膏板隔墙</td><td>1～29F</td><td>24613.93</td><td>25054.57</td></tr>
<tr><td colspan="2">合计</td><td>33374.77</td><td>33815.41</td></tr>
<tr><td rowspan="6">装修和设备管线</td><td>全装修</td><td>1～29F</td><td></td><td></td><td>100%</td><td>0.35</td><td></td><td rowspan="6">28.17%</td></tr>
<tr><td>集成式厨房</td><td>2～29F</td><td>786.24</td><td>786.24</td><td rowspan="3">100%</td><td rowspan="3">0.25</td><td rowspan="5">0.3</td></tr>
<tr><td>集成式卫生间</td><td>2～29F</td><td>1982.4</td><td>1982.4</td></tr>
<tr><td colspan="2">合计</td><td>2768.64</td><td>2768.64</td></tr>
<tr><td>楼地面干式铺装</td><td>1～29F</td><td>11545.8</td><td>13444.69</td><td>85.88%</td><td>0.3</td></tr>
<tr><td>管线分离</td><td>1～29F</td><td>13970</td><td>17150</td><td>81.46%</td><td>0.1</td></tr>
<tr><td colspan="7">预制装配率</td><td colspan="2">82.72%</td></tr>
</table>

2."三板" 应用比例

2017 年江苏省出台了《省住房城乡建设厅 省发展改革委 省经信委 省环保厅 省质监局关于在新建建筑中加快推广应用预制内外墙板预制楼梯板预制楼板的通知》（苏建科〔2017〕43 号）文件，为加快采用装配式建筑成熟技术，积极稳妥地推动全省建筑产业现代化发展，要求在全省范围内新建建筑中推广应用"三板"，单体建筑中强制应用的"三板"总比例不得低于 60%。"三板"应用比例计算方法详见表 2-11。

"三板" 应用比例计算方法 **表 2-11**

<table>
<tr><th>类别</th><th>计算公式</th><th colspan="2">说明</th></tr>
<tr><td>混凝土结构</td><td>$\frac{a+b+c}{A+B+C}+\gamma\times\frac{\varepsilon}{E}\geqslant 60\%$</td><td rowspan="2">$A$——楼板总面积；
B——楼梯总面积；
C——内隔墙总面积；
D——外墙板总面积；
E——鼓励应用部分总面积（外墙板、阳台板、遮阳板、空调板）；
γ——鼓励应用部分折减系数，取 0.25</td><td rowspan="2">a——预制楼板总面积；
b——预制楼梯总面积；
c——预制内隔墙总面积；
d——预制外墙板总面积；
ε——鼓励应用部分预制总面积（预制外墙板、预制阳台板、预制遮阳板、预制空调板）</td></tr>
<tr><td>钢结构</td><td>$\frac{c+d}{C+D}\geqslant 60\%$</td></tr>
</table>

3. 装配率

《装配式建筑评价标准》GB/T 51129—2017 把装配率作为评价指标。由装配式建筑评分表 2-12 可见，装配率主要分为主体结构 Q_1、围护墙和内隔墙 Q_2、装修和设备管线 Q_3 三项，每项的评价分值分别为 50 分、20 分、30 分，分值的分配也反映了各项在装配式建筑评价中所占的比重。

$$P=\frac{Q_1+Q_2+Q_3}{100-Q_4}\times 100\%$$

式中：P——装配率；

Q_1——主体结构指标实际得分值；

Q_2——围护墙和内隔墙指标实际得分值；

Q_3——装修和设备管线指标实际得分值；

Q_4——评价项目中缺少的评价项分值总和。

装配式建筑评分表 **表 2-12**

评价项		评价要求	评价分值	最低分值
主体结构（50 分）	柱、支撑、承重墙、延性墙板等竖向承重构件	35%≤比例≥80%	20～30*	20
	梁、板、楼梯、阳台、空调板等构件	70%≤比例≥80%	10～20*	
围护墙和内隔墙（20 分）	非承重围护墙非砌筑	比例≥80%	5	10
	围护墙与保温、隔热、装饰一体化	50%≤比例≥80%	2～5*	
	内隔墙非砌筑	比例≥50%	5	
	内隔墙与管线、装修一体化	50%≤比例≥80%	2～5*	
装修和设备管线（30 分）	全装修	—	6	6
	干式工法楼面、地面	比例≥70%	3～6*	—
	集成卫生间	70%≤比例≥90%	3～6*	
	集成厨房	70%≤比例≥90%	3～6*	
	管线分离	50%≤比例≥70%	4～6*	

注：表中带“*”向的分值采用“内插法”计算，计算结果取小数点后一位。

装配率各子项计算方法详见表 2-13。

装配率各子项计算方法 **表 2-13**

评价项	应用比例计算公式	说明
竖向承重构件	V_{1a}/V	V_{1a}——柱、支撑承重墙、延性墙板等主体结构竖向构件中预制混凝土体积之和
		V——柱、支撑承重墙、延性墙板等主体结构竖向构件中混凝土体积之和
水平构件	A_{1b}/A	A_{1b}——各楼层中预制装配梁、板、楼梯、阳台、空调板等构件的水平投影面积之和
		A——各楼层建筑平面总面积
非承重围护墙非砌筑	A_{2a}/A_{w1}	A_{2a}——各楼层非承重围护墙中非砌筑墙体的外表面积之和计算时可不扣除门、窗及预留洞口等的面积
		A_{w1}——各楼层非承重围护墙外表面总面积，计算时可不扣除门、窗及预留洞口等的面积

续表

评价项	应用比例计算公式	说明
外围护墙与保温、隔热、装饰一体化	A_{2b}/A_{w2}	A_{2b}——各楼层围护墙采用墙体、保温、隔热、装饰一体化的墙面外表面积之和，计算时可不扣除门、窗及预留洞口等的面积；
		A_{w2}——各楼层围护墙外表面总面积，计算时可不扣除门、窗及预留洞口等的面积
内隔墙非砌筑	A_{2c}/A_{w3}	A_{2c}——各楼层内隔墙中非砌筑墙体的墙面面积之和，计算时可不扣除门、窗及预留洞口等的面积
		A_{w3}——各楼层内隔墙墙面总面积，计算时可不扣除门、窗及预留洞口等的面积
内隔墙与管线、装修一体化	A_{2d}/A_{w3}	A_{2d}——各楼层内隔墙采用墙体、管线、装修一体化的墙面面积之和，计算时可不扣除门、窗及预留洞口等的面积
		A_{w3}——各楼层内隔墙墙面总面积，计算时可不扣除门、窗及预留洞口等的面积
干式工法楼面、地面	A_{3a}/A	A_{3a}——各楼层采用干式工法楼面、地面的水平投影面积之和
		A——各楼层建筑平面总面积
集成厨房	A_{3b}/A_k	A_{3b}——各楼层厨房墙面、顶面和地面采用干式工法的面积之和
		A_k——各楼层厨房的墙面、顶面和地面的总面积
集成卫生间	A_{3c}/A_b	A_{3c}——各楼层卫生间墙面、顶面和地面采用干式工法的面积之和
		A_b——各楼层卫生间墙面、顶面和地面的总面积
管线分离	L_{3d}/L	L_{3d}——各楼层管线分离的长度，包括裸露于室内空间以及敷设在地面架空层、非承重墙体空腔和吊顶内的电气、给水排水和采暖管线长度之和
		L——各楼层电气、给水排水和采暖管线的总长度

2.1.3 技术体系选择

技术体系不同于结构体系，是与生产工艺密切相关的，详见表 2-14。不同体系的应用范围不一样，价格差异也较大。

常见技术体系 **表 2-14**

项目	技术体系		特点
预制楼板	桁架钢筋叠合板	双向板	板板拼缝处不易出现裂缝，大跨度板节省钢筋
		单向板	生产、施工简便
	预应力叠合板		节省材料
	预应力双 T 板		取消次梁
预制梁	全预制梁		
	叠合梁		结构整体性强

续表

项目	技术体系		特点
预制阳台	全预制阳台	全预制板式阳台	悬挑长度不大于 1.5m
		全预制梁式阳台	悬挑长度可以较大
	叠合阳台	叠合板式阳台	
		叠合梁式阳台	
预制楼梯	板式楼梯		生产简便，安装方便快捷
	梁式楼梯		重量轻，便于吊装(适用于大跨度)
预制剪力墙	双面叠合剪力墙		
	夹心保温剪力墙	哈芬拉结件	
		FRP 拉结件	
	全预制剪力墙		
预制飘窗	外挂式飘窗		保温效果好
	内嵌式飘窗		保温、防水效果好
	多块预制板组装式飘窗		构件形式简单，生产方便
预制外填充墙	预制外挂式填充墙		
	预制内嵌式填充墙		
内隔墙	陶粒混凝土隔墙		
	蒸压加气轻质混凝土隔墙		
	轻钢龙骨石膏板隔墙		
	GRC 硅酸盐水泥隔墙		
预制外墙饰面	清水混凝土		
	涂漆		
	装饰面砖反打		
竖向连接	灌浆套筒连接	全灌浆套筒	
		半灌浆套筒	
	金属波纹管浆锚连接		
	机械套筒连接	挤压套筒	
		锥螺纹套筒	
		直螺纹套筒	
连接方式	逐根连接		连接可靠，质量检测较难
	集束连接		施工简便，质量检测方便
保温方式	夹心保温		成本高、外墙保温防水效果好，后期需重新打胶
	外保温		外保温易脱落、成本低
	内保温		用户二次装修不便、施工方便、成本低
窗框做法	预埋钢附框		外墙防水效果好，成品保护简单
	预埋塑钢、铝合金窗框料		外墙防水效果好，成品保护困难
	现场后打窗框		人工成本高、效率低、成本低

2.1.4 施工策划

策划阶段需要关注的有构件运输方式、塔吊选型与场地布置、构件堆场与堆放以及装配式支撑体系几方面内容。

1.运输

运输方面需要关注点详见表 2-15，运输方案表详见表 2-16。常用的平板车参数详见表 2-17。

运输关注点　　表 2-15

	关注点	要求
场内运输	场内道路宽度、回转半径	转弯半径≥12～13m，双车道宽度≥6m，单车道宽度≥4m
	场内运输道路承载问题	道路地面硬度化，浇筑 200mm 厚 C20 混凝土或平铺 20mm 厚钢板或顶板加固
	工地大门宽度满足构件大型车辆转弯进出	进入现场主大门道路设置至少 8m 宽
	以循环道路为优	避免场地区内掉头，少设置断头路
场外运输	对主要道路、桥洞等限额、限高进行排查	

运输方案表　　表 2-16

运输时间	运输目的	运输内容	运输量	运输路线	运输要求	验收人

平板车参数　　表 2-17

类型	长度(m)	宽度(m)	高度(m)	重量(t)
小平板车	16	3	0.9	35
大平板车	23			45

2.塔吊

塔吊需关注起重机的选择、布置原则及附着形式，详见表 2-18。

塔吊关注点　　表 2-18

分项	关注点
起重机械选择	兼顾满足最重、最远预制构件及堆场之间的起重能力(计算确定)
	塔吊设备费用
	塔吊附墙现浇结构(需和结构计算确认)
	群塔防碰撞问题
	塔吊与堆场、道路布置的关系

续表

分项	关注点
布置原则	一般一栋楼布置一台塔吊
附着形式	通过阳台窗洞与室内剪力墙附着
	外挂板上预留孔洞，附着杆通过孔洞与建筑外围剪力墙附着
	预埋钢梁方式锚固

3. 构件堆场与堆放

构件堆场与堆放关注点详见表 2-19。

构件堆场与堆放关注点 **表 2-19**

关注点		要求
堆场布置	避免等构件的时间	现场应预留一层构件堆放所要求的面积
	预制构件堆放位置，满足塔吊起重范围	仅预制水平构件时，构件单重宜控制在 2t 以下，有竖向构件时构件单重不宜大于 5t
		仅预制水平构件时，构件单重宜控制在 2t 以下，有竖向构件时构件单重不宜大于 5t
	考虑合适的堆放方式和工具	叠合板、阳台板和空调板等构件宜平放，叠放层数不宜超过 6 层；长期存放时，应采取措施控制预应力构件起拱和叠合板翘曲变形
		预制柱、梁等细长构件宜平放且用两条垫木支撑
		预制内外墙板、挂板宜采用专用支架直立存放，支架应有足够的强度和刚度，薄弱构件、构件薄弱部位和门窗洞口应采取防止变形开裂的临时加固措施
	标识标牌	不同预制构件堆场分别贴上对应类型的标识标牌
	每栋楼对应一个构件堆场	塔吊全覆盖构件堆场
	重量大的构件堆放在离塔吊近的位置	
	堆场做硬化处理和排水措施，人行宽度 1m 左右	对预制构件堆场场地路基压实度不应小于 90%，面层建议采用 15cm 厚的 C30 混凝土做硬化处理，并配置适量双向布置的钢筋
	不占用施工现场消防场地	
成品保护	转运次数	预制构件的转运次数不宜多于 3 次，以减少构件在运输及堆放过程中的损伤

4. 装配式支撑体系比选

装配式支撑体系的比选主要包括外防护体系的比选（表 2-20）、模板支撑体系的比选（表 2-21）以及楼板支撑体系的比选（表 2-22）。

外防护体系比选 **表 2-20**

名称	优点	缺点
外挂架	1　可循环用于其他项目。 2　安装、提升、拆除简便，人工成本小。 3　外挂架支点均设置在预制外墙板上，且不用开洞，适用于有预制外墙类型的建筑项目	1　一次性投入大，中高层项目的分摊成本高。 2　设计及加工工作量较大。 3　不适用于外立面较多异形构件、外立面没有预制构件的项目
夹具式防护	搭设、拆除简便，需要的材料少，成本最省	1　抗冲击能力小。 2　在吊装外墙时，会出现防护空缺期，需搭设防护平台配合
液压提升架（导轨式爬架）	1　提升过程简便，需要的人工成本小，可以节省大量架体材料。 2　安全性高，避免高空安装、拆除作业，可以构建爬模体系。 3　爬升速度快，爬升 1 层只需 1h，提高工效	1　安装及拆卸较为麻烦。 2　外墙上对穿孔较多，对外墙防水不利。 3　对外立面形状的要求比外挂架更高
三脚架防护架加吊篮架	搭设操作简单、成本较低、稳定性较好	在外墙上预留了较多的对穿孔，对后期外墙防水的处理不利，且提升过程烦琐
落地式脚手架	材料普遍，工人熟练度较高	1　需要的材料较多。 2　不适用于高层建筑。适用于搭设高度 20m，高度超过 20m 时，底部采用双立杆，可使搭设高度提高到 40～50m。 3　搭设、拆除复杂，人工成本高。持续重复高空搭拆作业，坠人、坠物隐患大。 4　搭设、拆除一层，需要 2d。 5　占用塔式起重机时间长，影响施工进度
门式脚手架	搭设、拆除简便	稳定性较差，只适用于低层建筑
悬挑脚手架（每段高度 20m）	1　材料普遍。 2　对地面没有承载力要求	1　需要的材料较多。 2　搭设、拆除复杂，人工成本高，持续重复高空搭拆作业，坠人、坠物隐患大。 3　搭设拆除一层，需要 2d。 4　占用塔式起重机时间长，影响施工进度。 5　外墙需预留孔洞固定钢梁，影响构件完整性

模板支撑体系比选　　表 2-21

名称	优点	缺点
铝模板	1　自重小。成品重量不到 25kg/m^2，是市场上自重最小的金属模板，降低了施工荷载。 2　现场施工效率高。铝合金模板标准化程度高，具有快拆模板结构优势；循环周期短，管理成本小。 3　在高层中满足较高周转率时，优势明显突出。一套完整的铝合金建筑模板在合理规范施工的情况下，能达到 300 次以上的周转次数，摊销成本低。 4　施工质量高。铝合金模板板面大，拼缝较少，拆除模板后混凝土的成型质量能满足清水及饰面混凝土的相关要求，节约了混凝土表面装饰抹灰费用。 5　施工现场整洁。铝合金模板采用单支撑结构系统，支撑间距大（1.2m 左右），且全部配件可多次使用，现场基本没有垃圾，干净整洁有序。 6　回收价值高。铝模板使用后的残片可以回收再利用，是模板产业发展的新趋势	1　使用范围比较窄，对于多层和小高层建筑中，尤其结构形式复杂特殊的情况下，铝合金模板造价高于传统木模板，一般建筑低于 30 层时不予考虑使用铝合金模板。 2　在模板设计过程中，必须充分了解图纸内容，现场施工过程中不可随便修改规格尺寸。因此铝合金模板工程需要参建各方较好地配合沟通。同时为了满足业主的特殊需求，设计方需要不断深化设计，保证模板正常施工。 3　采用购买方式，前期投入成本过高。铝合金模板在初次使用购买费用明显高于传统木模板费用，直接导致大部分施工单位在模板工程选取中放弃铝模板，因此首次使用过高的成本投入直接影响铝模板推广使用。 4　铝合金模板在首次使用时，铝材表面与混凝土会起一些化学反应，产生较小的气泡，直接影响混凝土成型的表面质量。同时在周转使用中，这些化学反应可能持续存在，有可能导致混凝土成型质量偏低
塑料模板	1　自重小，安装、拆卸、转运方便。 2　模板表面平滑、光洁，无需涂刷脱模剂，保养费用减少。 3　可钻、锯，易于加工，施工方便。 4　使用后的废旧板、边角料可回收且再生，进一步节约成本，减少污染。 5　模板周转次数可达 30 次以上。 6　具有防腐、防水及防化学侵蚀等功能	1　强度小、刚度低。由于塑料模板材质原因，市场上塑料模板承载力较低，一般用于楼板的施工，并且现场施工还要控制次梁彼此之间的距离才能满足相关施工规范要求，用于其他部位的施工，如垂直构件墙柱，由于荷载较大，采用塑料模板四周必须做成钢框，中间局部布置钢肋，面板可采用塑料材质，以此满足要求。 2　塑料模板易受温度变化的影响。由于塑料热力系数远超过木材及建筑用钢，特别容易受到气温变化影响，发生较为明显的热胀冷缩现象。例如夏天施工有时候昼夜温差可达 40℃，若温度较高时进行施工，膨胀量超过 1%。 3　电焊渣易烫坏塑料模板。为减少焊渣的破坏，应加强防护措施，且在原材料中应加入阻燃剂
木模板	1　自重小，为常用材料，安装拆卸转运加工方便。 2　应对设计变更能力强，适应性强	1　刚度差、混凝土成型后观感质量不高。 2　抗混凝土侧压力不强，易爆模。 3　当木模板用于墙体施工时，由于对拉孔距不能过大，导致混凝土表面遗留较多的孔眼痕迹，装修时孔眼封堵较困难。 4　模板堆放占用空间大，废料处置多，不利于绿色施工。 5　周转次数较少，对木材资源造成了极大的浪费

楼板支撑体系比选　　表 2-22

名称	优点	缺点
扣件式脚手架	1　承载力较大。脚手架的单管立柱的承载力可达 15～35kN。 2　装拆方便，搭设灵活。钢管长度易调整，扣件连接简便，可适应各种平面、立面的建筑物与构筑物用脚手架。 3　经济性好。加工简单，一次投资费用低；如果精心设计脚手架几何尺寸，注意提高钢管周转使用率，则材料用量也可取得较好的经济效果。扣件钢管架折合每平方米建筑用钢量约 15kg	1　扣件(特别是螺杆)容易丢失。 2　节点处的杆件为偏心连接，靠抗滑力传递荷载和内力，降低了其承载能力。 3　扣件节点的连接质量受扣件本身质量和工人操作的影响显著
碗扣式脚手架	1　能根据具体施工要求，组成不同组架尺寸、形状和承载能力的单、双排脚手架，支撑架，支撑柱，物料提升架，爬升脚手架，悬挑架等多种功能的施工装备。也可用于搭设施工棚、料棚、灯塔等构筑物。特别适合于搭设曲面脚手架和重载支撑架。 2　常用杆件中最长为 3130mm，重 17.07kg，整架拼拆速度比常规快 3～5 倍，拼拆快速省力，工人用一把铁锤即可完成全部作业，避免了螺栓操作带来的诸多不便。 3　通用性强、承载力大，架体承载力比同等情况的扣件式钢管脚手架提高 15%以上。安全可靠，易于加工、运输和管理	1　横杆为几种尺寸的定型杆，立杆上碗扣节点按 0.6m 间距设置，使构架尺寸受到限制。 2　U 形连接件容易丢失。 3　价格较高
盘扣式脚手架	1　搭设、拆除简便。 2　可适用于各种水平预制构件及现浇构件的支撑。 3　容易管理。全部杆件系列化、标准化，便于仓储、运输和堆放。 4　架体稳定性	1　搭设架体时需要的材料较多，而市场上立杆和横杆规格较少。 2　在搭设梁底支撑时，在梁底标高位置没有圆盘，无法搭设横杆，还需要用到传统钢管。 3　有插销零散配件，损耗量大。 4　承插节点的连接质量受扣件本身质量和工人操作的影响较大
三脚独立支撑	1　搭设、拆除速度比盘扣式支撑更简便，更能节省人工。 2　材料周转快。 3　有些部件可以提前拆除，减少工作量。 4　支撑布置间距大，施工可利用空间大	不适合搭设现浇构件及悬挑构件的架体支撑

2.2 方案对比与成本测算

2.2.1 按江苏省标准实施的项目

1.按预制装配率指标实施的项目

预制装配率中各技术配置项的施工成本及工艺难度对比详见表 2-23。

预制装配率中各技术配置项对比[1] **表 2-23**

技术配置选项		项目实施情况	权重	实施成本	工艺难度
主体结构预制构件 Z_1	竖向结构构件		0.5	高	一般
	水平结构构件			一般	低
装配式外围护和内隔墙构件 Z_2	外围护构件		0.25	高	高
	内隔墙构件			低	低
装修和设备管线 Z_3	集成式厨房		0.25	高	一般
	集成式卫生间			高	一般
	干式工法楼地面			一般	低
	管线分离			高	一般

低、中、高预制装配率对应的技术配置详见表 2-24。

低、中、高预制装配率对应的技术配置表 **表 2-24**

	配置标准 V_1(低预制率)	配置标准 V_2	配置标准 V_3
预制外剪力墙		√	√
预制内剪力墙		√	√
预制水平构件	√	√	√
预制外围护构件	√	√	√
集成式厨房			√
集成式卫生间			√
干式工法楼地面	√	√	√
管线分离			
预制装配率	50%	60%	70%

本节案例选取本章 2.1.2 节的钢筋混凝土剪力墙结构计算案例，案例技术配置如表 2-7 所示，部品部件增量成本测算明细详见表 2-25。

部品部件增量成本测算明细　　表 2-25

序号	费用项目	单位	单价差			增量成本（元/m^2）
			现浇	装配	差价	
1	主体结构					78
1.1	叠合板	元/m^3	2515	4183	1668	68
1.2	楼梯	元/m^3	1688	4217	2529	10
2	围护墙和内隔墙					192
2.1	蒸压钢筋陶粒混凝土轻质墙板	元/m^3	655	2087	1432	95
2.2	非承重外墙	元/m^3	1344	4199	2855	97
3	装修和设备管线					
3.1	楼地面干式铺装		—	—	—	—
合计						270

2.按“三板”政策实施的项目成本测算

“三板”中各预制构件类型的施工成本及工艺难度对比详见表 2-26，“三板”应用比例达到 60%时，增量成本的测算详见表 2-27～表 2-29。

“三板”中各预制构件类型对比[1]　　**表 2-26**

技术选项		实施成本	工艺难度	优先级
必选项“三板”	装配式内隔墙	低	低	◇◇◇◇◇
	预制楼梯	一般	一般	◇◇◇◇
	预制楼板	一般	低	◇◇◇
鼓励项	预制外墙板	高	一般/高	◇
	预制阳台板	高	一般	◇◇
	预制遮阳板	一般	低	◇◇◇
	预制空调板	一般	低	◇◇◇

“三板”比例 60%时增量成本测算[1]　　**表 2-27**

内容	单位增量	说明
部品部件	102	详见表 2-28
现浇结构	27	
施工现场措施	14	详见表 2-29
专项设计咨询	15	
合计	158	

部品部件增量成本测算明细[1] 表 2-28

序号	费用项目	单位	单价差			增量成本（元/m^2）
			现浇	装配	差价	
1	主体结构					76
1.1	叠合板	元/m^3	2515	4183	1668	56
1.2	楼梯	元/m^3	1688	4217	2529	20
2	围护墙和内隔墙					26
2.1	ALC 内墙	元/m^3	655	1287	632	26
合计						102

施工现场措施费测算明细[1] 表 2-29

序号	费用项目	单位	单价差		增量成本(元/m^2)
			现浇	装配	
1	施工道路	元/m^2	10	13	3
2	堆放硬化	元/m^2	0	5	5
3	塔吊	元/m^2	41	47	6
合计			51	65	14

2.2.2 按国家标准实施的装配率项目

1. 技术配置方案

《装配式建筑评价标准》GB/T 51129—2017 的评价体系分为认定评价与等级评价（A 级、AA 级、AAA 级）两种方式，等级评价时需满足竖向承重预制构件应用比例不小于 35%的要求。本节列举了不同评价等级对应的 6 种技术配置方案，详见表 2-30。

本节认定等级分三个技术配置方案，方案一在满足各项最低要求的情况下，优先选择做 Q_1 项。在主体结构不做竖向构件的情况下，方案二优先选择做 Q_2 项，方案三优先选择做 Q_3 项。方案四（A 级）、方案五（AA 级）、方案六（AAA 级）的技术配置方案在满足各项最低要求的情况下，优先满足成本、工艺要求较低、较容易满足要求的技术。

2. 案例说明

本节案例技术配置如表 2-30 中方案一所示，若非承重外墙采用预制混凝土外围护墙体，增量成本测算详见表 2-31，若非承重外墙采用装配式轻质外墙系统时，增量成本测算详见表 2-32～表 2-35。

不同评价等级对应的技术配置方案

表 2-30

技术配置项		认定						A 级		AA 级		AAA 级	
		方案一		方案二		方案三		方案四		方案五		方案六	
		得分	应用比例	得分	应用比例	得分	应用比例	得分	应用比例	得分	应用比例	得分	应用比例
主体结构 Q_1	竖向承重构件预制	20	35%	—	—	—	—	20	35%	20	35%	24	53%
	水平构件预制	14	74%	20	80%	20	80%	18	78%	20	80%	20	80%
围护墙和内隔墙 Q_2	围护墙体非砌筑	5	80%	5	80%	5	80%	5	80%	5	80%	5	80%
	内隔墙非砌筑	5	50%	5	50%	5	50%	5	50%	5	50%	5	50%
	围护墙体一体化施工	—	—	4	70%	—	—	—	—	—	—	5	80%
	内隔墙体一体化施工	—	—	—	—	—	—	—	—	4	70%	5	80%
装修和设备管线 Q_3	全装修	6		6		6		6		6		6	
	干法楼面、地面	—	—	6	70%	6	70%	6	70%	6	70%	6	70%
	集成厨房	—	—	—	—	4	76%	—	—	6	90%	6	90%
	集成卫生间	—	—	—	—	—	—	—	—	—	—	6	90%
	管线分离	—	—	4	50%	4	50%	—	—	4	50%	4	50%
装配率		50		50		50		60		76		92	

增量成本测算一[1] **表 2-31**

内容	单方增量	说明
部品部件	571	详见表 2-32
现浇结构	53	
施工现场措施	53	详见表 2-33
专项设计咨询	15	
合计	692	

部品部件增量成本测算一[1] **表 2-32**

序号	费用项目	单位	单价差			增量成本（元/m^2）
			现浇	装配	差价	
1	主体结构					313
1.1	承重墙	元/m^3	1657	4573	2916	196
1.2	叠合板	元/m^3	2515	4183	1668	56
1.3	楼梯	元/m^3	1688	4217	2529	20
1.4	阳台	元/m^3	2209	4479	2271	36
1.5	空调板	元/m^3	2542	4523	1981	5
2	围护墙和内隔墙					258
2.1	非承重外墙	元/m^3	1374	4199	2824	79
2.2	飘窗	元/m^3	1443	4930	3487	153
2.3	ALC 内墙	元/m^3	655	1287	632	26
3	装修和设备管线					
合计						571

施工现场措施费测算明细[1] **表 2-33**

序号	费用项目	单位	单价差		增量成本(元/m^2)
			现浇	装配	
1	施工道路	元/m^2	10	13	3
2	堆放硬化	元/m^2	0	5	5
3	塔吊	元/m^2	41	86	45
合计			51	104	53

增量成本测算二[1] **表 2-34**

内容	单方增量	说明
部品部件	375	详见表 2-35
现浇结构	53	
施工现场措施	53	详见表 2-33
专项设计咨询	15	
合计	497	

部品部件增量成本测算二[1] 表 2-35

序号	费用项目	单位	单价差			增量成本（元/m^2）
			现浇	装配	差价	
1	主体结构					313
1.1	承重墙	元/m^3	1657	4573	2916	196
1.2	叠合板	元/m^3	2515	4183	1668	56
1.3	楼梯	元/m^3	1688	4217	2529	20
1.4	阳台	元/m^3	2209	4479	2271	36
1.5	空调板	元/m^3	2542	4523	1981	5
2	围护墙和内隔墙					61
2.1	非承重外墙	元/m^3	655	1544	889	36
2.2	ALC 内墙	元/m^3	655	1287	632	26
3	装修和设备管线					
合计						375

2.3 本章小结

为统筹安排规划设计、构件部品生产、施工建造和运营维护各个环节，装配式混凝土建筑在方案设计前应进行前期的技术策划，确定项目的技术选型与装配式建设目标，并进行经济性与可建造性分析。本章从建设单位角度对装配式建筑的一体化技术管控着重进行了分析，希望可以为装配式项目的技术管控提供一些思路。本章主要介绍了装配式建筑技术策划时需考虑的地方政策、建设规模、装配式指标、产品定位、全装修方案、行业对标、开发进度、规划设计等内容，并对相关指标、技术体系、施工策划、成本测算做了说明，列举了不同评价等级对应的技术配置方案。

参考文献

[1] 裴永辉. 装配式混凝土建筑技术管理与成本控制 [M]. 北京：中国建材工业出版社，2019.

[2] 中华人民共和国住房和城乡建设部. 装配式建筑评价标准 GB/T 51129—2017 [S]. 北京：中国建筑工业出版社，2017.

[3] 江苏省住房和城乡建设厅. 江苏省装配式建筑综合评定标准 DB32/T 3753—2020 [S]. 南京：江苏凤凰科学技术出版社，2020.

第 3 章　常用材料

3.1　结构主材

装配式混凝土建筑的结构主材包括混凝土、钢筋及钢板等。装配式混凝土建筑对结构主材的力学性能、耐久性能往往提出比现浇建筑更高一些的要求。《装配式混凝土结构技术规程》JGJ 1—2014 明确提出：装配式结构宜采用高强混凝土、高强钢筋。

3.1.1　混凝土

1. 混凝土强度

装配式混凝土建筑中采用的混凝土强度等级一般不低于 C30，其力学性能指标和耐久性要求应符合现行国家标准《混凝土结构设计规范》GB 50010 的规定。不同强度等级混凝土的强度标准值和设计值见表 3-1。当采用强度等级不低于 C60 的混凝土时，其性能应满足现行行业标准《高强混凝土应用技术规程》JGJ/T 281 的要求。

混凝土强度标准值和设计值（N/mm^2）[1]　　**表 3-1**

强度	混凝土强度等级										
	C30	C35	C40	C45	C50	C55	C60	C65	C70	C75	C80
轴心抗压强度标准值 f_{ck}	20.1	23.4	26.8	29.6	32.4	35.5	38.5	41.5	44.5	47.4	50.2
轴心抗拉强度标准值 f_{tk}	2.01	2.20	2.39	2.51	2.64	2.74	2.85	2.93	2.99	3.05	3.11
轴心抗压强度设计值 f_c	14.3	16.7	19.1	21.1	23.1	25.3	27.5	29.7	31.8	33.8	35.9
轴心抗拉强度设计值 f_t	1.43	1.57	1.71	1.80	1.89	1.96	2.04	2.09	2.14	2.18	2.22

2. 混凝土弹性模量

装配式混凝土建筑中所采用的混凝土受拉和受压的弹性模量 E_c 应符合现行国家标准《混凝土结构设计规范》GB 50010 的相关规定，见表 3-2。

混凝土的弹性模量（$\times 10^4 N/mm^2$）[1]　　**表 3-2**

混凝土强度等级	C30	C35	C40	C45	C50	C55	C60	C65	C70	C75	C80
E_c	3.00	3.15	3.25	3.35	3.45	3.55	3.60	3.65	3.70	3.75	3.80

注：1. 当有可靠试验依据时，弹性模量可根据实测数据确定；
2. 当混凝土中掺有大量矿物掺合料时，弹性模量可按规定龄期根据实测数据确定。

3. 预制构件混凝土强度

预制构件混凝土强度等级应符合我国现行行业标准《装配式混凝土结构技术规程》JGJ 1 和《预制预应力混凝土装配整体式框架结构技术规程》JGJ 224 的相关规定，见表 3-3 和表 3-4。

预制构件混凝土强度等级要求[2,3] **表 3-3**

预制构件类型	混凝土强度等级
预制构件	不宜低于 C30
预制预应力构件	不宜低于 C40，且不应低于 C30

预制预应力混凝土装配整体式框架结构的混凝土强度等级要求[3] **表 3-4**

名称	叠合板		叠合梁		预制柱	节点键槽以外部分	现浇剪力墙、柱
	预制板	叠合层	预制梁	叠合层			
混凝土强度等级	C40 及以上	C30 及以上	C40 及以上	C30 及以上	C30 及以上	C30 及以上	C30 及以上

4. 相关连接材料性能要求

装配式混凝土建筑中预制构件之间需要安全可靠的连接，相关连接材料的强度等级应符合我国现行行业标准《装配式混凝土结构技术规程》JGJ 1 和《预制预应力混凝土装配整体式框架结构技术规程》JGJ 224 的相关规定，见表 3-5。

相关连接材料的主要性能要求 **表 3-5**

序号	材料	使用部位	主要性能要求	参见标准
1	后浇混凝土	预制构件节点及接缝处	强度等级不应低于预制构件的混凝土强度等级	《装配式混凝土结构技术规程》JGJ 1
2	坐浆材料	多层剪力墙结构中墙板水平接缝	强度等级值应大于被连接构件的混凝土强度等级值	《装配式混凝土结构技术规程》JGJ 1
3	无收缩细石混凝土	预制预应力混凝土装配整体式框架结构键槽节点	强度等级应比预制构件混凝土强度等级高一级且不低于 C45	《预制预应力混凝土装配整体式框架结构技术规程》JGJ 224

3.1.2 钢筋

1. 钢筋强度

装配式混凝土建筑中常采用的钢筋类型有普通钢筋和预应力筋，也可采用高强钢筋。普通钢筋宜采用 HRB400、HRB500、HRBF400 、HRBF500、HRB400E、HRB500E 等热轧带肋钢筋，高强钢筋宜采用 HRB600、HRB600E 等热轧带肋钢筋，钢筋性能指标应符合现行国家标准《钢筋混凝土用钢第 2 部分：热轧带肋钢筋》GB/T 1499.2 的规定。预应力筋主要分为预应力钢丝、钢绞线和预应力螺纹钢筋等几种类型。钢筋的选用应符合现行国家标准《混凝土结构设计规范》GB 50010 的相关规定。

普通钢筋及高强钢筋的强度标准值和设计值见表 3-6。

普通钢筋高强钢筋强度标准值和设计值（N/mm²）[1,4] **表 3-6**

牌号	符号	公称直径 d(mm)	屈服强度标准值 f_{yk}	极限强度标准值 f_{stk}	抗拉强度设计值 f_y	抗压强度设计值 f'_y
HPB300	AΦ	6～14	300	420	270	270
HRB400	CΦ	6～50	400	540	360	360
HRB400E						
HRBF400	C^F $Φ^F$					
HRB500	DΦ	6～50	500	630	435	435
HRB500E						
HRBF500	D^F $Φ^F$					
HRB600	Φ	6～50	600	730	520	490
HRB600E				750		

预应力筋强度标准值和设计值见表 3-7。

预应力筋强度标准值和设计值（N/mm²）[1] **表 3-7**

种类		符号	公称直径 d(mm)	屈服强度标准值 f_{pyk}	极限强度标准值 f_{ptk}	抗拉强度设计值 f_{py}	抗压强度设计值 f'_{py}
中强度预应力钢丝	光面 螺旋肋	$ϕ^{PM}$ $ϕ^{HM}$	5、7、9	620	800	510	410
				780	970	650	
				980	1270	810	
预应力螺纹钢筋	螺纹	$ϕ^T$	18、25、32、40、50	785	980	650	400
				930	1080	770	
				1080	1230	900	
消除应力钢丝	光面 螺旋肋	$ϕ^P$	5	—	1570	1110	410
				—	1860	1320	
			7	—	1570	1110	
		$ϕ^H$	9	—	1470	1040	
				—	1570	1110	
钢绞线	1×3 (三股)	$ϕ^S$	8.6、10.8、12.9	—	1570	1110	390
				—	1860	1320	
				—	1960	1390	
	1×7 (七股)		9.5、12.7、15.2、17.8	—	1720	1220	
				—	1860	1320	
				—	1960	1390	
			21.6	—	1860	1320	

注：1. 极限强度标准值为 1960N/mm² 的钢绞线作后张预应力配筋时，应有可靠的工程经验；
2. 当预应力筋的强度标准值不符合表中的规定时，其强度设计值应进行相应的比例换算。

设计取值时应注意：

（1）钢筋的强度标准值应具有不小于95%的保证率。

（2）当构件中配有不同种类的钢筋时，每种钢筋应采用各自的强度设计值。

（3）对轴心受压构件，当采用HRB500、HRBF500钢筋时，钢筋的抗压强度设计值 f'_y 应取400N/mm²。横向钢筋的抗拉强度设计值 f_{yv} 应按表3-6中 f_y 的数值采用；但用作受剪、受扭、受冲切承载力计算时，其数值大于360N/mm² 时应取360N/mm²。

（4）对轴心受压构件，HRB600、HRB600E钢筋的抗压强度设计值 f'_y 应取400N/mm²。当用作受剪、受扭、受冲切承载力计算时，横向钢筋的抗拉强度设计值 f_{yv} 应取360N/mm²。当用作围箍约束混凝土的间接配筋时，横向钢筋的抗拉强度设计值 f_{yv} 可不受此限制[4]。

2. 钢筋的弹性模量

普通钢筋和预应力筋的弹性模量 E_s 可按表3-8采用。高强钢筋的弹性模量 E_s 可取 2.0×10^5 N/mm² 或采用实测的弹性模量[4]。

钢筋的弹性模量（$\times10^5$ N/mm²）[1] **表3-8**

牌号或种类	弹性模量 E_s
HPB300	2.10
HRB400、HRB500、HRBF400、HRBF500、预应力螺纹钢筋	2.00
消除应力钢丝、中强度预应力钢丝	2.05
钢绞线	1.95

3.1.3 钢材

装配式混凝土建筑中采用的钢材的力学性能指标和耐久性要求等应符合现行国家标准《钢结构设计标准》GB 50017的相关规定。钢材的设计用强度指标应根据钢材牌号、厚度或直径按表3-9采用。

钢材的设计用强度指标（N/mm²）[5,6] **表3-9**

钢材牌号		钢材厚度或直径(mm)	强度设计值			屈服强度 f_y	抗拉强度 f_u
			抗拉、抗压、抗弯 f	抗剪 f_v	端面承压（刨平顶紧）f_{ce}		
碳素结构钢	Q235	≤16	215	125	320	235	370
		>16,≤40	205	120		225	
		>40,≤100	200	115		215	
低合金高强度结构钢	Q355	≤16	305	175	400	355	470
		>16,≤40	295	170		345	
		>40,≤63	290	165		335	
		>63,≤80	280	160		325	
		>80,≤100	270	155		315	

续表

钢材牌号		钢材厚度或直径(mm)	强度设计值			屈服强度 f_y	抗拉强度 f_u
			抗拉、抗压、抗弯 f	抗剪 f_v	端面承压(刨平顶紧) f_{ce}		
低合金高强度结构钢	Q390	≤16	345	200	415	390	490
		>16,≤40	330	190		380	
		>40,≤63	310	180		360	
		>63,≤100	295	170		340	
	Q420[c]	≤16	375	215	440	420	520
		>16,≤40	355	205		410	
		>40,≤63	320	185		390	
		>63,≤100	305	175		370	
	Q460[c]	≤16	410	235	470	460	550
		>16,≤40	390	225		450	
		>40,≤63	355	205		430	
		>63,≤100	340	195		410	

注：1. 表中钢材直径指实芯棒材直径，厚度指计算点的钢材或钢管壁厚度，对轴心受拉和轴心受压构件指截面中较厚板件的厚度；

2. [c] 只适用于型钢和棒材；

3. 冷弯型材和冷弯钢管，其强度设计值应按现行有关国家标准的规定采用；

4. 本表依据《低合金高强度结构钢》GB/T 1591—2018，以 Q355 替代 Q345 钢材牌号，提高了低合金高强度结构钢的屈服强度。

3.2 连接材料

装配式混凝土建筑中钢筋的连接主要采用钢筋套筒灌浆连接、钢筋浆锚搭接和钢筋套筒机械连接等方式。涉及的主要连接材料有套筒和灌浆料等。此外，在装配式混凝土建筑中还经常采用的连接材料有用于拉结夹心保温外墙内外叶墙板的拉结件以及预制混凝土构件中的预埋吊件等。

3.2.1 钢筋套筒灌浆连接材料

钢筋套筒灌浆连接是在金属套筒中插入单根带肋钢筋并注入灌浆料拌合物，通过拌合物硬化形成整体并实现传力的钢筋对接连接，简称套筒灌浆连接。钢筋连接用灌浆套筒采用铸造工艺或机械加工工艺制造，用于钢筋套筒灌浆连接的金属套筒，简称灌浆套筒。套筒灌浆连接的钢筋常采用符合现行国家标准《钢筋混凝土用钢 第 2 部分：热轧带肋钢筋》GB 1499.2 的 500MPa 级及以下的热轧带肋钢筋。和《钢筋混凝土用余热处理钢筋》GB 13014 要求的带肋钢筋。钢筋直径不宜小于 12mm，且不宜大于 40mm。

1. 灌浆套筒

灌浆套筒可按照结构形式和加工方式进行分类，见表 3-10。灌浆套筒的原材料及加工工艺主要分为两种：铸造灌浆套筒材料宜选用球墨铸铁，材料性能见表 3-11；机械加工灌浆套筒原材料宜选用优质碳素结构钢、碳素结构钢、低合金高强度结构钢、合金结构钢、冷拔或冷轧精密无缝钢管、结构用无缝钢管，材料性能见表 3-12。可以看出，各类钢制灌浆套筒的材料性能不仅多出了屈服强度指标，断后伸长率指标也高于球墨铸铁。在相同条件下，断后伸长率越高，意味着材料延性越好，受力越安全。

灌浆套筒的分类[7] **表 3-10**

分类方式	名称	
结构形式	全灌浆套筒	整体式全灌浆套筒(图 3-1a)
		分体式全灌浆套筒(图 3-1b)
	半灌浆套筒	整体式半灌浆套筒(图 3-1c)
		分体式半灌浆套筒(图 3-1d)
加工方式	铸造成型	—
	机械加工成型	切削加工
		压力加工(如滚压工艺,图 3-1e)

球墨铸铁灌浆套筒的材料性能[7] **表 3-11**

项目	材料	抗拉强度 R_m (MPa)	断后伸长率 A (%)	球化率 (%)	硬度 (HBW)
性能指标	QT500	≥500	≥7	≥85	170～230
	QT550	≥550	≥5		180～250
	QT600	≥600	≥3		190～270

机械加工灌浆套筒常用钢材材料性能[7] **表 3-12**

项目	性能指标					
材料	45 号圆钢	45 号圆管	Q390	Q355	Q235	40Cr
屈服强度 R_{eL}(MPa)	≥355	≥335	≥390	≥355	≥235	≥785
抗拉强度 R_m(MPa)	≥600	≥590	≥490	≥470	≥375	≥980
断后伸长率 A(%)	≥16	≥14	≥18	≥20	≥25	≥9

注：1. 当屈服现象不明显时，用规定塑性延伸强度 $R_{P0.2}$ 代替；
2. 本表依据《低合金高强度结构钢》GB/T 1591—2018，以 Q355 替代 Q345 钢材牌号，提高了低合金高强度结构钢的屈服强度。

规范对铸造成型和机械加工成型灌浆套筒的最小壁厚和尺寸偏差进行了规定，见表 3-13、表 3-14。从表中可以看出，机械加工成型灌浆套筒筒壁更薄，允许的尺寸偏差更小，体现了机械加工成型灌浆套筒的材质、尺寸精度更容易保证的特点。

灌浆套筒计入负公差后的最小壁厚[7] 表 3-13

连接钢筋公称直径(mm)	12～14	16～40
铸造成型灌浆套筒(mm)	3	4
机械加工成型灌浆套筒(mm)	2.5	3

灌浆套筒尺寸偏差[7] 表 3-14

项目	灌浆套筒尺寸偏差					
	铸造灌浆套筒			机械加工灌浆套筒		
钢筋直径(mm)	10～20	22～32	36～40	10～20	22～32	36～40
内、外径允许偏差(mm)	±0.8	±1.0	±1.5	±0.5	±0.6	±0.8
壁厚允许偏差(mm)	±0.8	±1.0	±1.2	±12.5% t 或±0.4 较大者取其中较大者		
长度允许偏差(mm)	±2.0			±1.0		
最小内径允许偏差(mm)	±1.5			±1.0		
剪力槽两侧凸台顶部轴向宽度允许偏差(mm)	±1.0			±1.0		
剪力槽两侧凸台径向高度允许偏差(mm)	±1.0			±1.0		
直螺纹精度	《普通螺纹 公差》GB/T 197 中 6H 级			《普通螺纹 公差》GB/T 197 中 6H 级		

灌浆套筒根据接头两端的连接方式可以分为全灌浆套筒、半灌浆套筒，根据筒体的组成方式又可以分为整体式和分体式。

全灌浆套筒指筒体两端均采用灌浆方式连接钢筋的灌浆套筒。整体式全灌浆套筒筒体由一个单元组成，分体式全灌浆套筒筒体由两个单元通过螺纹连接成整体。

半灌浆套筒指筒体一端采用灌浆方式连接，另一端采用非灌浆方式连接钢筋的灌浆套筒。整体式半灌浆套筒筒体由一个单元组成，分体式半灌浆套筒由相互独立的灌浆端筒体和螺纹连接单元组成。

半灌浆套筒按照非灌浆一端的机械连接方式，又分为直接滚轧直螺纹半灌浆套筒、剥肋滚轧直螺纹半灌浆套筒和镦粗直螺纹半灌浆套筒。

各类灌浆套筒示意图，见图 3-1。

灌浆套筒在选用时应符合现行行业标准《钢筋套筒灌浆连接应用技术规程》JGJ 355、《钢筋连接用灌浆套筒》JG/T 398 的有关规定，参见表 3-15。

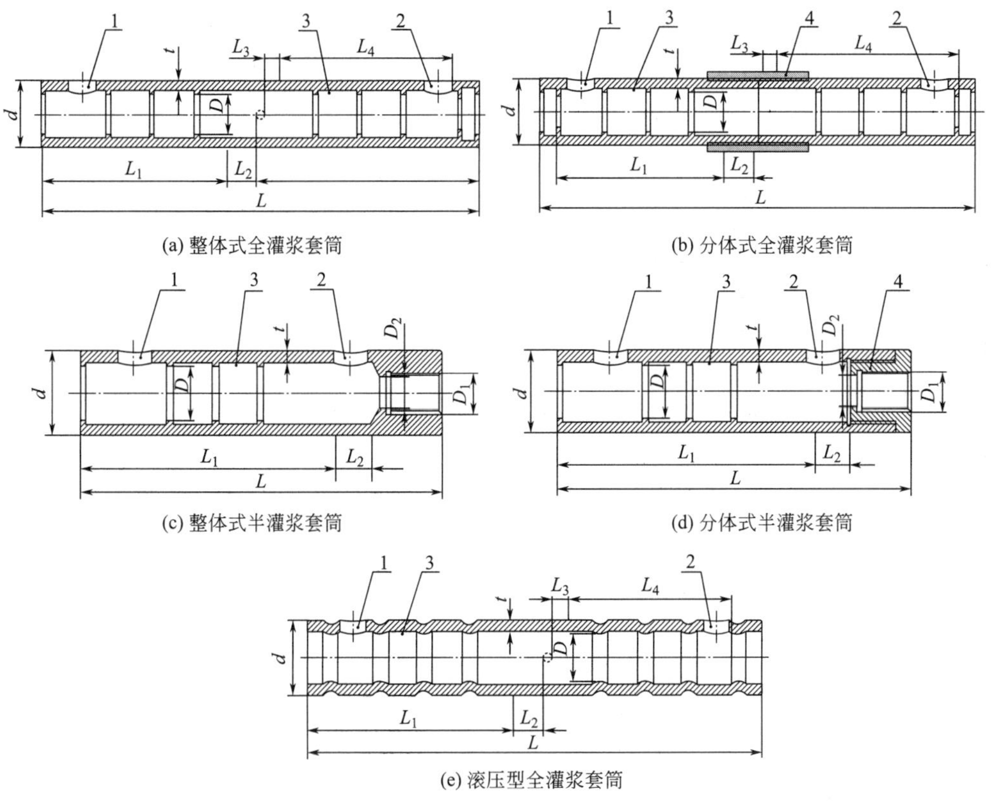

(a) 整体式全灌浆套筒　(b) 分体式全灌浆套筒

(c) 整体式半灌浆套筒　(d) 分体式半灌浆套筒

(e) 滚压型全灌浆套筒

1——灌浆孔；

2——排浆孔；

3——剪力槽；

4——连接套筒；

L ——灌浆套筒总长；

L_1——注浆端锚固长度；

L_2——装配端预留钢筋安装调整长度；

L_3——预制端预留钢筋安装调整长度；

L_4——排浆端锚固长度；

t——灌浆套筒名义壁厚；

d——灌浆套筒外径；

D——灌浆套筒最小内径；

D_1——灌浆套筒机械连接端螺纹的公称直径；

D_2——灌浆套筒螺纹端与灌浆端连接处的通孔直径

注：1. D 不包括灌浆孔、排浆孔外侧因导向、定位等比锚固段环形突起内径偏小的尺寸；

2. D 可以为非等截面；

3. 图（a）和图（e）中间虚线部分为竖向全灌浆套筒设计的中部限位挡片或档杆；

4. 当灌浆套筒为竖向连接套筒时，套筒注浆端锚固长度 L_1 为从套筒端面至档销圆柱面深度减去调整长度 20mm；当灌浆套筒为水平连接套筒时，套筒注浆端锚固长度 L_1 为从密封圈内侧端面位置至档销圆柱面深度减去调整长度 20mm。

图 3-1　灌浆套筒示意图[7]

灌浆套筒基本规定[7]　　**表 3-15**

项目	具体要求
一般规定	全灌浆套筒中部、半灌浆套筒排浆孔位置计入最大负公差后筒体拉力最大区段的抗拉承载力和屈服承载力的设计值，应符合下列规定： 1）设计抗拉承载力不应小于被连接钢筋抗拉承载力标准值的 1.15 倍； 2）设计屈服承载力不应小于被连接钢筋屈服承载力标准值

续表

项目	具体要求
一般规定	灌浆套筒生产应符合产品设计要求，灌浆套筒尺寸应根据被连接钢筋牌号、直径及套筒原材料的力学性能，按规定的力学计算和力学性能要求确定，套筒灌浆连接接头性能应符合《钢筋套筒灌浆连接应用技术规程》JGJ 355 的规定
	灌浆套筒长度应根据试验确定，且灌浆连接端的钢筋锚固长度不宜小于 8 倍钢筋公称直径，其锚固长度不包括钢筋安装调整长度和封浆挡圈段长度，全灌浆套筒中间轴向定位点两侧应预留钢筋安装调整长度，预制端不宜小于 10mm，装配端不宜小于 20mm
	灌浆套筒封闭环剪力槽宜符合表 3-16 的规定，其他非封闭环剪力槽结构型式的灌浆套筒应通过灌浆接头试验确定，并满足灌浆套筒的力学性能规定，且灌浆套筒结构的锚固性能不应低于同等灌浆接头封闭环剪力槽的作用
	半灌浆套筒螺纹端与灌浆端连接处的通孔直径设计不宜过大，螺纹小径与通孔直径差不应小于 1mm，通孔的长度不应小于 3mm
	灌浆套筒最小内径与被连接钢筋的公称直径的差值应符合表 3-17 的规定
	分体式全灌浆套筒和分体式半灌浆套筒的分体连接部分的力学性能和螺纹副配合应符合下列规定： 1)设计抗拉承载力不应小于被连接钢筋抗拉承载力标准值的 1.15 倍； 2)设计屈服承载力不应小于被连接钢筋屈服承载力标准值； 3)螺纹副精度应符合《普通螺纹 公差》GB/T 197 中 H6/f6 的规定
	灌浆套筒使用时螺纹副的旋紧力矩应符合表 3-18 的规定
外观	铸造灌浆套筒内外表面不应有影响使用性能的夹渣、冷隔、砂眼、缩孔、裂纹等质量缺陷
	机械加工灌浆套筒外表面可为加工表面或无缝钢管、圆钢的自然表面。表面应无目测可见裂纹等缺陷，端面和外表面的边棱处应无尖棱、毛刺
	灌浆套筒表面允许有锈斑或浮锈，不应有锈皮
	滚压型灌浆套筒滚压加工时，灌浆套筒内外表面不应出现微裂纹等缺陷
	灌浆套筒表面应有符合规定的标记和标识

灌浆套筒封闭环剪力槽[7] **表 3-16**

连接钢筋直径(mm)	12～20	22～32	36～40
剪力槽数量(个)	≥3	≥4	≥5
剪力槽两侧凸台轴向宽度(mm)	≥2		
剪力槽两侧凸台径向高度(mm)	≥2		

灌浆套筒最小内径与被连接钢筋公称直径的差值[7] **表 3-17**

连接钢筋公称直径(mm)	12～25	28～40
灌浆套筒最小内径与被连接钢筋公称直径的差值(mm)	≥10	≥15

灌浆套筒螺纹副旋紧力矩值[7] **表 3-18**

<table>
<tr><th>钢筋公称直径(mm)</th><th>12～16</th><th>18～20</th><th>22～25</th><th>28～32</th><th>36～40</th></tr>
<tr><td>铸造灌浆套筒的螺纹副旋紧扭矩(N·m)</td><td>≥80</td><td rowspan="2">≥200</td><td rowspan="2">≥260</td><td rowspan="2">≥320</td><td rowspan="2">≥360</td></tr>
<tr><td>机械加工灌浆套筒的螺纹副旋紧扭矩(N·m)</td><td>≥100</td></tr>
</table>

注：扭矩值是直螺纹连接处最小安装拧紧扭矩值。

2. 钢筋连接用套筒灌浆料

钢筋连接用套筒灌浆料是以水泥为基本材料，配以细骨料，以及混凝土外加剂和其他材料组成的干混料，简称“套筒灌浆料”。套筒灌浆料加水搅拌后具有良好的流动性、早强、高强、微膨胀等性能，填充在套筒和带肋钢筋间隙内，形成钢筋套筒灌浆连接接头。

套筒灌浆料根据灌浆施工和养护时灌浆部位适用环境温度的不同，分为常温型套筒灌浆料和低温型套筒灌浆料。常温型套筒灌浆料适用于灌浆施工及养护过程中24h内灌浆部位环境温度不低于5℃，材料性能指标见表3-19。低温型套筒灌浆料适用于灌浆施工及养护过程中24h内灌浆部位环境温度范围为－5～10℃，材料性能指标见表3-20。套筒灌浆料应按产品设计（说明书）要求的用水量进行配制。拌合用水应符合《混凝土用水标准》JGJ 63的规定。

常温型套筒灌浆料的性能指标[8]　　表3-19

检测项目		性能指标
流动度(mm)	初始	≥300
	30min	≥260
抗压强度(MPa)	1d	≥35
	3d	≥60
	28d	≥85
竖向膨胀率(%)	3h	0.02～2
	24h和3h差值	0.02～0.40
28d自干燥收缩(%)		≤0.045
氯离子含量(%)		≤0.03
泌水率(%)		0

注：氯离子含量以灌浆料总量为基准。

低温型套筒灌浆料的性能指标[8]　　表3-20

检测项目		性能指标
－5℃流动度(mm)	初始	≥300
	30min	≥260
8℃流动度(mm)	初始	≥300
	30min	≥260
抗压强度(MPa)	－1d	≥35
	－3d	≥60
	－7d＋21d①	≥85
竖向膨胀率(%)	3h	0.02～2
	24h和3h差值	0.02～0.40
28d自干燥收缩(%)		≤0.045
氯离子含量②(%)		≤0.03
泌水率(%)		0

注：1. ①－1d代表在负温养护1d，－3d代表在负温养护3d，－7d＋21d代表在负温养护7d转标养21d；
2. ②氯离子含量以灌浆料总量为基准。

3. 钢筋套筒灌浆连接接头

钢筋套筒灌浆连接接头由灌浆套筒、硬化后的灌浆料、连接钢筋三者共同组成。接头应根据我国现行行业标准《钢筋套筒灌浆连接应用技术规程》JGJ 355 的规定进行型式检验，使其满足强度、变形性能、抗疲劳性能的要求，见表 3-21。

套筒灌浆连接接头的主要性能要求[7,9]　　表 3-21

项目	具体要求
强度	钢筋套筒灌浆连接接头的极限抗拉承载力不应小于被连接钢筋抗拉承载力标准值的 1.15 倍
	钢筋套筒灌浆连接接头的屈服承载力不应小于被连接钢筋屈服承载力的标准值
	当接头拉力达到连接钢筋抗拉荷载标准值的 1.15 倍而未发生破坏时，可停止试验
	接头破坏时 $f_{mst}^0 \geqslant 1.15 f_{stk}$
变形性能	钢筋套筒灌浆连接接头的变形性能应符合表 3-22 的规定
抗疲劳性能	灌浆套筒用于有疲劳性能要求的钢筋套筒灌浆连接接头时，其疲劳性能应符合《钢筋机械连接技术规程》JGJ 107 的规定

注：接头破坏指断于钢筋、断于套筒、套筒开裂、钢筋从套筒中拔出、钢筋外露螺纹部分破坏、钢筋镦粗过渡段破坏或套筒内螺纹部分拉脱以及其他连接组件破坏；

f_{mst}^0——接头试件实测抗拉强度；

f_{stk}——钢筋抗拉强度标准值。

钢筋套筒灌浆连接接头的变形性能[7]　　表 3-22

项目		变形性能
对中和偏置单向拉伸	残余变形(mm)	$u_0 \leqslant 0.10(d \leqslant 32)$ $u_0 \leqslant 0.14(d > 32)$
	最大力总伸长率(%)	$A_{sgt} \geqslant 6.0$
高应力反复拉压	残余变形(mm)	$u_{20} \leqslant 0.3$
大变形反复拉压	残余变形(mm)	$u_4 \leqslant 0.3$ 且 $u_8 \leqslant 0.6$

注：u_0——接头试件加载至 0.6 倍钢筋屈服强度标准值并卸载后在规定标距内的残余变形；

u_{20}——接头经高应力反复拉压 20 次后的残余变形；

u_4——接头经大变形反复拉压 4 次后的残余变形；

u_8——接头经大变形反复拉压 8 次后的残余变形；

A_{sgt}——接头试件的最大力总伸长率。

4. 灌浆套筒产品技术参数示例

根据国家标准的要求，现对国内几种灌浆套筒产品常用的技术参数举例说明。

（1）北京思达建茂[10]

思达建茂灌浆套筒有半灌浆套筒和全灌浆套筒两种类型，如图 3-2 所示。

灌浆套筒材料采用优质碳素结构钢或合金结构钢，抗拉强度≥600 MPa，屈服强度≥355 MPa，断后伸长率≥16%。主要技术参数见表 3-23～表 3-25。

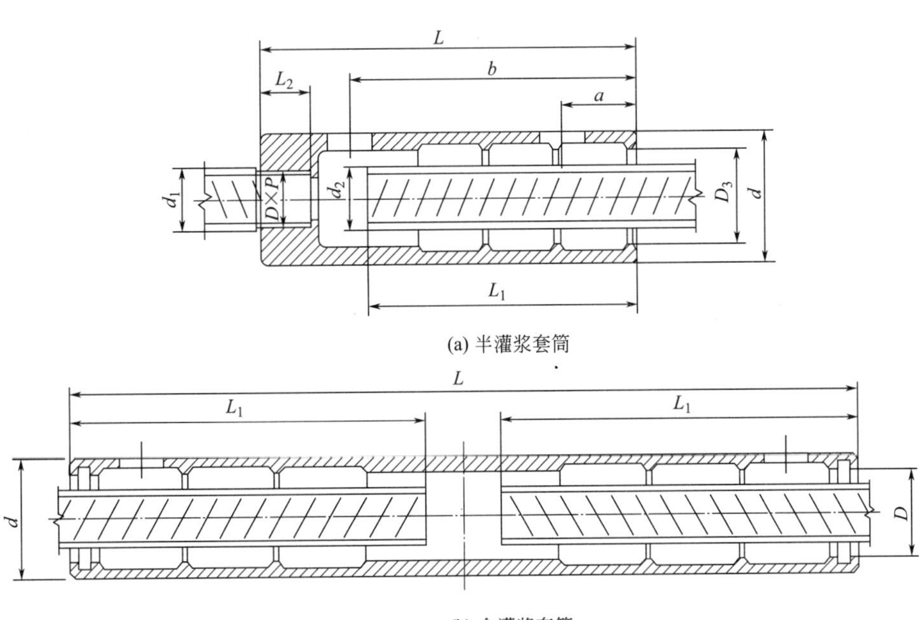

(a) 半灌浆套筒

(b) 全灌浆套筒

图 3-2 思达建茂（JM）灌浆套筒示意图[10]

思达建茂（JM）标准半灌浆套筒主要技术参数[10]　　　　表 3-23

套筒型号	螺纹端连接钢筋直径 d_1（mm）	灌浆端连接钢筋直径 d_2（mm）	套筒外径 d（mm）	套筒长度 L（mm）	灌浆端钢筋插入口孔径 D_3（mm）	灌浆孔位置 a（mm）	出浆孔位置 b（mm）	灌浆端连接钢筋插入深度 L_1（mm）	内螺纹公称直径 D（mm）	内螺纹螺距 P（mm）	内螺纹牙型角（°）	内螺纹孔深度 L_2（mm）	螺纹端与灌浆端通孔直径（mm）
GT 12	ϕ12	ϕ12，ϕ10	ϕ32	140	ϕ23±0.2	30	104	96_{0}^{+15}	M12.5	2.0	75°	19	≤ϕ8.8
GT 14	ϕ14	ϕ14，ϕ12	ϕ34	156	ϕ25±0.2	30	119	112_{0}^{+15}	M14.5	2.0	60°	20	≤ϕ10.5
GT 16	ϕ16	ϕ16，ϕ14	ϕ38	174	ϕ28.5±0.2	30	134	128_{0}^{+15}	M16.5	2.0	60°	22	≤ϕ12.5
GT 18	ϕ18	ϕ18，ϕ16	ϕ40	193	ϕ30.5±0.2	30	151	144_{0}^{+15}	M18.7	2.5	60°	25.5	≤ϕ15
GT 20	ϕ20	ϕ20，ϕ18	ϕ42	211	ϕ32.5±0.2	30	166	160_{0}^{+15}	M20.7	2.5	60°	28	≤ϕ17
GT 22	ϕ22	ϕ22，ϕ20	ϕ45	230	ϕ35±0.2	30	181	176_{0}^{+15}	M22.7	2.5	60°	30.5	≤ϕ19
GT 25	ϕ25	ϕ25，ϕ22	ϕ50	256	ϕ38.5±0.2	30	205	200_{0}^{+15}	M25.7	2.5	60°	33	≤ϕ22
GT 28	ϕ28	ϕ28，ϕ25	ϕ56	292	ϕ43±0.2	30	234	224_{0}^{+20}	M28.9	3.0	60°	38.5	≤ϕ23
GT 32	ϕ32	ϕ32，ϕ28	ϕ63	330	ϕ48±0.2	30	266	256_{0}^{+20}	M32.7	3.0	60°	44	≤ϕ26
GT 36	ϕ36	ϕ36，ϕ32	ϕ73	387	ϕ53±0.2	30	316	306_{0}^{+20}	M36.5	3.0	60°	51.5	≤ϕ30
GT 40	ϕ40	ϕ40，ϕ36	ϕ80	426	ϕ58±0.2	30	350	340_{0}^{+20}	M40.2	3.0	60°	56	≤ϕ34

注：1. 本表为标准套筒的尺寸参数；

2. 竖向连接异径钢筋的套筒：

（1）灌浆端连接钢筋直径小时，采用本表中螺纹连接端钢筋的标准套筒，灌浆端连接钢筋的插入深度为该标准套筒规定的深度 L_1 值；

（2）灌浆端连接钢筋直径大时，采用变径套筒，套筒参数见表 3-24。

思达建茂（JM）异径钢筋半灌浆套筒主要技术参数[10]　　表 3-24

套筒型号	螺纹端连接钢筋直径 d_1 (mm)	灌浆端连接钢筋直径 d_2 (mm)	套筒外径 d (mm)	套筒长度 L (mm)	灌浆端钢筋插入口孔径 D_3 (mm)	灌浆孔位置 a (mm)	出浆孔位置 b (mm)	灌浆端连接钢筋插入深度 L_1 (mm)	内螺纹公称直径 D (mm)	内螺纹螺距 P (mm)	内螺纹牙型角 (°)	内螺纹孔深度 L_2 (mm)	螺纹端与灌浆端通孔直径 (mm)
GT 14/12	ϕ12	ϕ14	ϕ34	156	ϕ25±0.2	30	119	112_{0}^{+15}	M12.5	2.0	75°	19	≤ϕ8.8
GT 16/14	ϕ14	ϕ16	ϕ38	174	ϕ28.5±0.2	30	134	128_{0}^{+15}	M14.5	2.0	60°	20	≤ϕ10.5
GT 18/16	ϕ16	ϕ18	ϕ40	193	ϕ30.5±0.2	30	151	144_{0}^{+15}	M16.5	2.0	60°	22	≤ϕ12.5
GT 20/18	ϕ18	ϕ20	ϕ42	211	ϕ32.5±0.2	30	166	160_{0}^{+15}	M18.7	2.5	60°	25.5	≤ϕ15
GT 22/20	ϕ20	ϕ22	ϕ45	230	ϕ35±0.2	30	181	176_{0}^{+15}	M20.7	2.5	60°	28	≤ϕ17
GT 25/22	ϕ22	ϕ25	ϕ50	256	ϕ38.5±0.2	30	205	200_{0}^{+15}	M22.7	2.5	60°	30.5	≤ϕ19
GT 28/25	ϕ25	ϕ28	ϕ56	292	ϕ43±0.2	30	234	240_{0}^{+20}	M25.7	2.5	60°	33	≤ϕ22
GT 32/28	ϕ28	ϕ32	ϕ63	330	ϕ48±0.2	30	266	256_{0}^{+20}	M28.9	3.0	60°	38.5	≤ϕ23
GT 36/32	ϕ32	ϕ36	ϕ73	387	ϕ53±0.2	30	316	306_{0}^{+20}	M32.7	3.0	60°	44	≤ϕ26
GT 40/36	ϕ36	ϕ40	ϕ80	426	ϕ58±0.2	30	350	340_{0}^{+20}	M36.5	3.0	60°	51.5	≤ϕ30

注：1. 本表为竖向连接异径钢筋时，灌浆端连接钢筋直径大，且连接钢筋直径相差一级的变径套筒参数；套筒型号标识：灌浆连接端的钢筋直径在前，螺纹连接端的钢筋直径在后，直径数字之间用“/”分开，例如：灌浆端连接钢筋为 25mm，螺纹端连接钢筋直径为 20mm，则型号标识为 GT 25/20；

2. 对于灌浆端连接钢筋直径大，且钢筋直径差超过一级的变径套筒，套筒参数按以下原则设计：套筒外径，长度及灌浆连接端各参数均与灌浆端连接钢筋的标准套筒相同，套筒螺纹连接端的内螺纹参数与连接的相应小直径钢筋的标准套筒的内螺纹参数相同。

思达建茂（JM）全灌浆套筒主要技术参数[10]　　表 3-25

套筒型号简写	套筒型号标识	连接钢筋直径 d_1 (mm)	外径 d (mm)	套筒长度 L (mm)	灌浆端口孔径 D (mm)	灌浆孔位置 a (mm)	排浆孔位置 b (mm)	现场施工钢筋插入深度 L_1 (mm)	工厂安装钢筋插入深度 L_2 (mm)
GT 12L	JM GTJQ4 12L	12,10	44	245	32	30	219	96～121	111～116
GT 14L	JM GTJQ4 14L	14,12	46	275	34	30	249	112～137	125～130
GT 16L	JM GTJQ4 16L	16,14	48	310	36	30	284	128～154	143～148
GT 18L	JM GTJQ4 18L	18,16	50	340	38	30	314	144～170	157～162
GT 20L	JM GTJQ4 20L	20,18	52	370	40	40	344	160～185	172～177
GT 22L	JM GTJQ4 22L	22,20	54	405	42	40	379	176～202	190～195
GT 25L	JM GTJQ4 25L	25,22	58	450	46	40	424	200～225	212～217
GT 28L	JM GTJQ4 28L	28,25	62	500	50	40	474	224～251	236～241
GT 32L	JM GTJQ4 32L	32,28	66	565	54	40	539	256～284	268～273
GT 36L	JM GTJQ4 36L	36,32	74	630	62	40	604	288～315	300～305
GT 40L	JM GTJQ4 40L	40,36	82	700	70	40	674	320～345	340～345

注：适用于抗拉强度≥540 MPa，屈服强度≥400MPa 的各类带肋钢筋。

（2）上海利物宝[11]

上海利物宝的灌浆套筒主要产品是球墨铸铁全灌浆套筒。根据使用部位的不同分为普通套筒形式和梁用套筒形式。其中梁用套筒又根据不同的结构型式分为整体式和分体式。如图 3-3～图 3-5 所示。其主要技术参数见表 3-26～表 3-28。

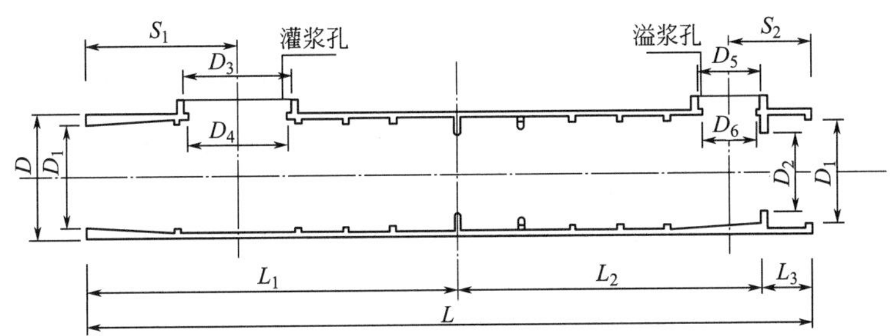

图 3-3 利物宝全灌浆套筒示意图[11]

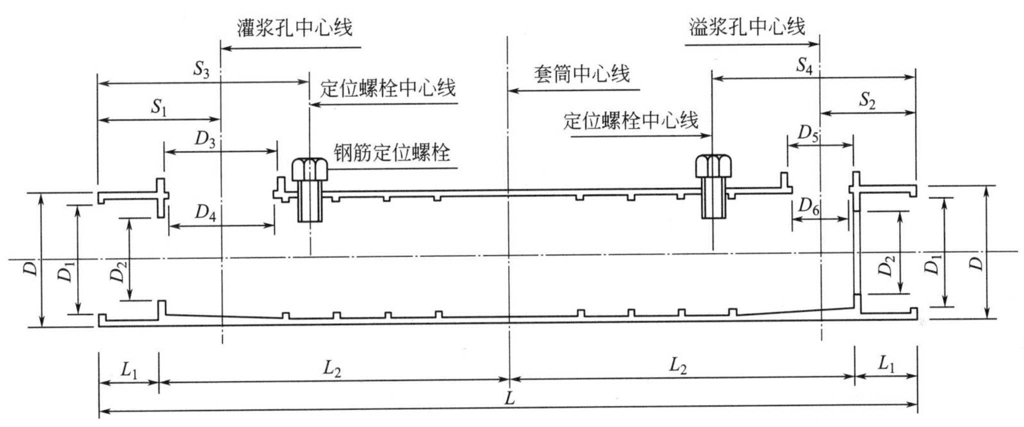

图 3-4 利物宝梁用整体式全灌浆套筒示意图[11]

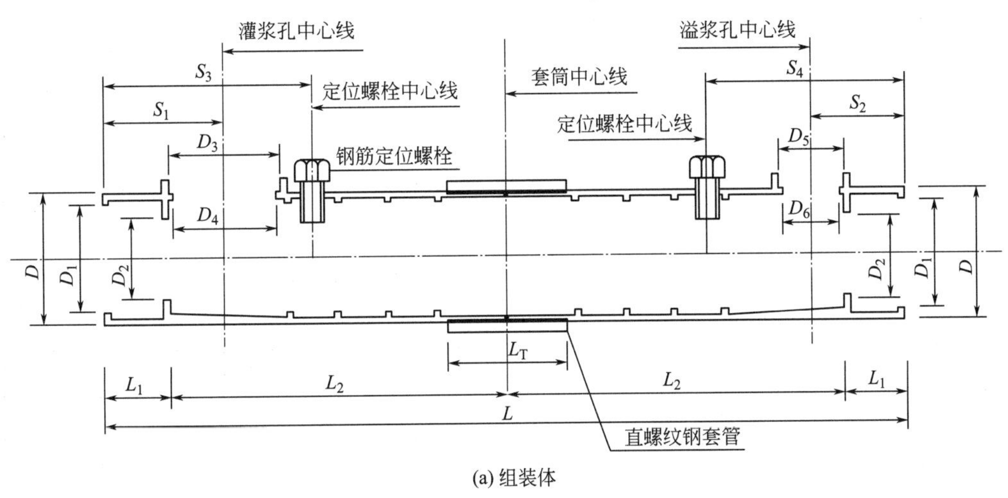

图 3-5 利物宝梁用分体式全灌浆套筒示意图[11]（一）

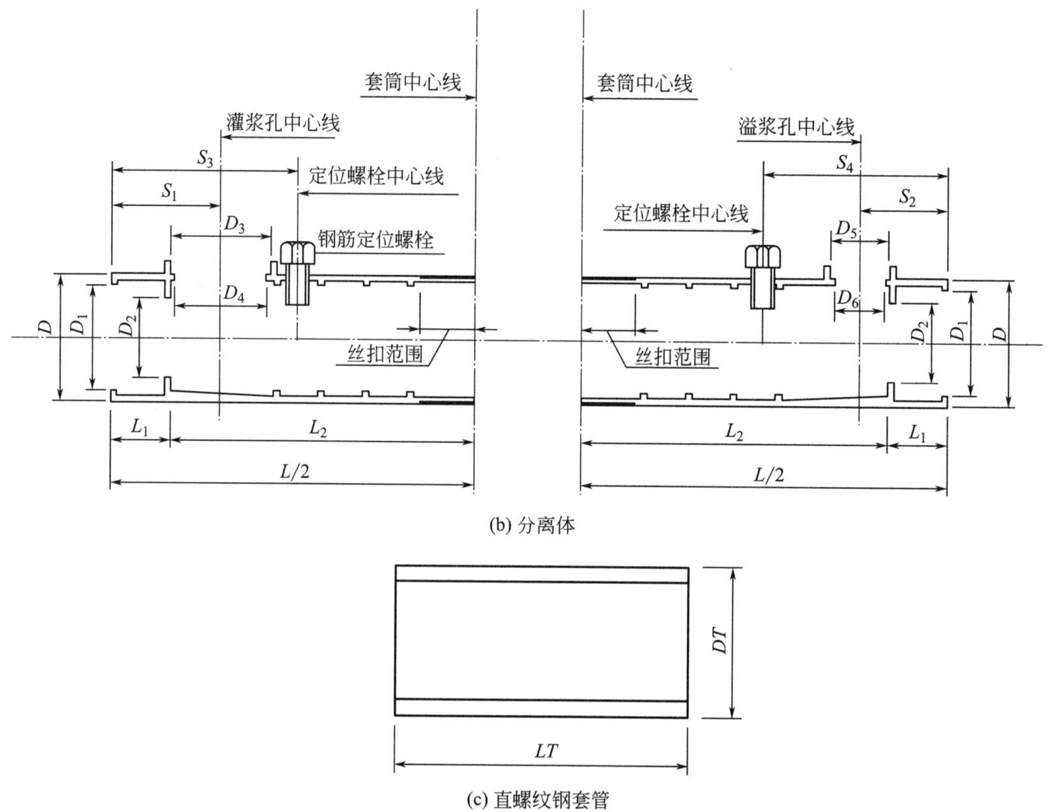

(b) 分离体

(c) 直螺纹钢套管

图 3-5　利物宝梁用分体式全灌浆套筒示意图[11]（二）

利物宝全灌浆套筒主要技术参数[11]　　**表 3-26**

型号	连接钢筋公称直径(mm)	规格尺寸(mm)										
		L	L_1	L_2	L_3	D	D_1	D_2	D_3/D_4	D_5/D_6	S_1	S_2
GT4 12	12	250	120	110	20	44	32	16	25/22	16/13	46.5	28
GT4 14	14	280	135	125	20	46	34	18	25/22	16/13	46.5	28
GT4 16	16	310	150	140	20	48	36	20	25/22	16/13	46.5	28
GT4 18	18	350	170	160	20	50	38	22	25/22	16/13	46.5	28
GT4 20	20	370	180	170	20	52	40	24	25/22	16/13	46.5	28
GT4 22	22	410	200	190	20	54	42	26	25/22	16/13	46.5	28
GT4 25	25	460	225	215	20	58	46	30	25/22	16/13	46.5	28
GT4 28	28	505	250	235	20	62	50	32	25/22	16/13	46.5	28
GT4 32	32	570	280	270	20	66	54	36	25/22	16/13	46.5	28
GT4 36	36	630	310	300	20	74	62	40	25/22	16/13	46.5	28
GT4 40	40	700	345	335	20	82	70	44	25/22	16/13	46.5	28

利物宝梁用整体式全灌浆套筒主要技术参数[11] **表 3-27**

型号	连接钢筋公称直径(mm)	规格尺寸(mm)									
		L	L_1	L_2	D	D_1	D_2	D_3/D_4	D_5/D_6	S_1/S_2	S_3/S_4
GT4 12	12	250	20	105	44	32	16	25/22	16/13	46.5/28	64/60
GT4 14	14	280	20	120	46	34	18	25/22	16/13	46.5/28	64/60
GT4 16	16	310	20	135	48	36	20	25/22	16/13	46.5/28	64/60
GT4 18	18	350	20	155	50	38	22	25/22	16/13	46.5/28	64/60
GT4 20	20	370	20	165	52	40	24	25/22	16/13	46.5/28	64/60
GT4 22	22	410	20	185	54	42	26	25/22	16/13	46.5/28	64/60
GT4 25	25	460	20	205	58	46	30	25/22	16/13	46.5/28	64/60
GT4 28	28	505	20	232.5	62	50	32	25/22	16/13	46.5/28	64/60
GT4 32	32	570	20	265	66	54	36	25/22	16/13	46.5/28	64/60
GT4 36	36	630	20	295	74	62	40	25/22	16/13	46.5/28	64/60
GT4 40	40	700	20	330	82	70	44	25/22	16/13	46.5/28	64/60

利物宝梁用分体式全灌浆套筒主要技术参数[11] **表 3-28**

型号	连接钢筋公称直径(mm)	套筒各部分尺寸(mm)										直螺纹钢套管尺寸(mm)	
		L	L_1	L_2	D	D_1	D_2	D_3/D_4	D_5/D_6	S_1/S_2	S_3/S_4	LT	DT
GT4 18	18	350	20	155	50	38	22	25/22	16/13	46.5/28	64/60	75	60
GT4 20	20	370	20	165	52	40	24	25/22	16/13	46.5/28	64/60	80	62
GT4 22	22	410	20	185	54	42	26	25/22	16/13	46.5/28	64/60	90	64
GT4 25	25	460	20	205	58	46	30	25/22	16/13	46.5/28	64/60	100	68
GT4 28	28	505	20	232.5	62	50	32	25/22	16/13	46.5/28	64/60	115	74
GT4 32	32	570	20	265	66	54	36	25/22	16/13	46.5/28	64/60	130	78
GT4 36	36	630	20	295	74	62	40	25/22	16/13	46.5/28	64/60	145	86
GT4 40	40	700	20	330	82	70	44	25/22	16/13	46.5/28	64/60	160	94

(3) 深圳现代营造[12]

深圳市现代营造科技有限公司研发了“砼的”牌球墨铸铁灌浆套筒产品，主要有半灌浆套筒和全灌浆套筒两种类型，如图 3-6～图 3-8 所示。其主要技术参数见表 3-29、表 3-30。

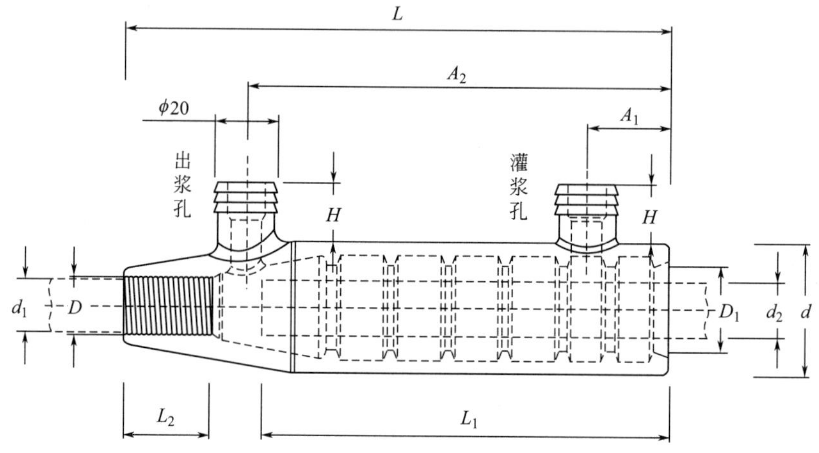

图 3-6　现代营造半灌浆套筒示意图[12]

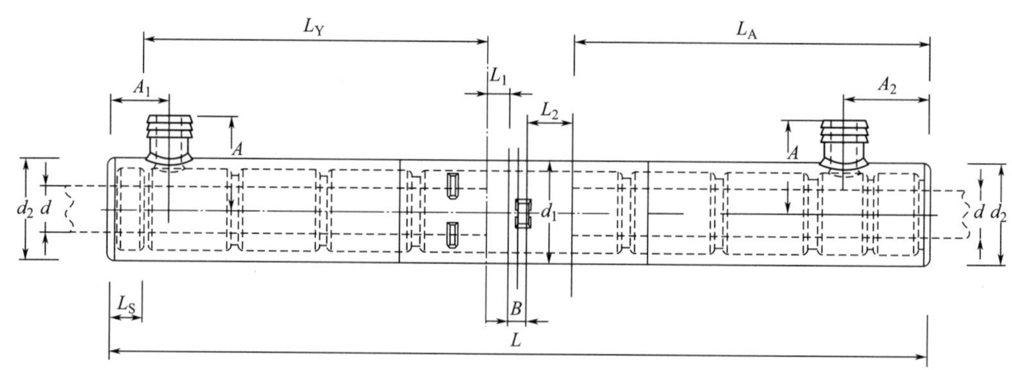

图 3-7　现代营造 12～20mm 全灌浆套筒示意图[12]

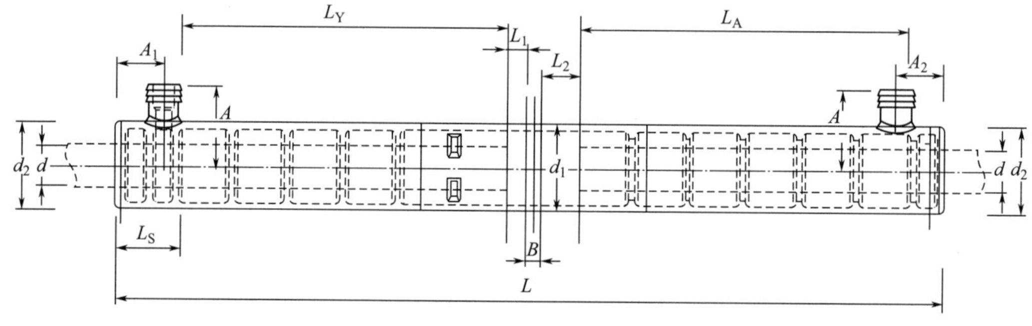

图 3-8　现代营造 22～40mm 全灌浆套筒示意图[12]

3.2.2　钢筋浆锚搭接连接材料

钢筋浆锚搭接连接是在预制混凝土构件中预留孔道，在孔道中插入需搭接的钢筋，并灌注水泥基灌浆料而实现的钢筋搭接连接方式。

现代营造半灌浆套筒主要技术参数[12]　　**表 3-29**

序号	套筒型号	螺纹连接端钢筋直径 d_1/d_2 (mm)	套筒总长度 L (mm)	套筒外径 d (mm)	套筒灌浆段最小内径 D_1 (mm)	出浆孔中心位置 A_2 (mm)	灌浆端钢筋插入深度 L_1 (mm)	钢筋插入深度公差 (mm)	螺纹孔公称直径 D (mm)	螺纹孔螺距 P (mm)	螺纹孔深度 $L_2 \geqslant$ (mm)	壁厚 (mm)
1	GTZB 4-12C	12	134	36	22	101	96	−0/+20	13	2.0	18	4
2	GTZB 4-14C	14	153	38	24	117	112	−0/+20	14.7	2.0	21	4
3	GTZB 4-16C	16	172	40	26	133	128	−0/+20	16.7	2.0	24	4
4	GTZB 4-18C	18	191	42	28	149	144	−0/+20	19	2.5	27	4
5	GTZB 4-20C	20	210	44	30	165	160	−0/+20	21	2.5	30	4
6	GTZB 4-22C	22	234	48	32	181	176	−0/+20	23	2.5	33	5～4 渐变
7	GTZB 4-25C	25	262	53	35	205	200	−0/+20	26	3.0	37.5	6～4 渐变
8	GTZB 4-28C	28	291	61	43	229	224	−0/+20	29	3.0	42	6～4 渐变
9	GTZB 4-32C	32	329	65	47	261	256	−0/+20	33	4.0	48	6～4 渐变
10	GTZB 4-36C	36	367	71	51	293	288	−0/+20	37	4.0	54	7～4 渐变
11	GTZB 4-40C	40	405	75	55	325	320	−0/+20	41	4.0	60	7～4 渐变

注：1. 所有灌浆套筒均采用 QT 550-5（延伸率≥5%）或 QT 600-3（延伸率≥3%）材质制造，适用钢筋规格为 400MPa 及以下强度级别的钢筋纵向连接；
2. 螺纹孔牙型角 60°，螺纹孔深度≥1.5 倍钢筋直径；
3. 灌浆孔中心位置 A_1=26mm；
4. 灌/出浆口高度 H=18mm；
5. 灌/出浆口外径 ϕ=20mm。

现代营造全灌浆套筒主要技术参数[12] **表 3-30**

序号	套筒型号	钢筋公称直径 d (mm)	预装端面至锚固计算位长度 Ls (mm)	预装端 $8d$ 锚固长度 L_Y (mm)	中间限位块/限位螺栓 B (mm)	安装端 $8d$ 锚固长度 L_A (mm)	安装端面至锚固计算位长度 (mm)	套筒总长 L (mm)	中段外径 d_1 (mm)	两端外径 d_2 (mm)	预装端钢筋插入深度 (mm)	安装端钢筋插入深度 (mm)	灌/出浆口距套筒中心线 A (mm)	中段壁厚 T_1 (mm)
1	GTZQ 4-12A	12	15	96	3	96	0	240	36	36	111+10/−0	96+20/−0	36	4
2	GTZQ 4-14A	14	15	112	3	112	0	272	38	38	127+10/−0	112+20/−0	37	4
3	GTZQ 4-16A	16	15	128	3	128	0	304	40	40	143+10/−0	128+20/−0	38	4
4	GTZQ 4-18A	18	15	144	3	144	0	336	43	42	159+10/−0	144+20/−0	39.5	4.5
5	GTZQ 4-20A	20	15	160	3	160	0	368	45	44	175+10/−0	160+20/−0	40.5	4.5
6	GTZQ 4-22A	22	36	176	8	176	19	445	48	46	212+10/−0	195+20/−0	42	5
7	GTZQ 4-25A	25	36	200	8	200	19	493	53	49	236+10/−0	219+20/−0	44.5	6
8	GTZQ 4-28A	28	36	224	8	224	19	541	63	58	260+10/−0	243+20/−0	49.5	7
9	GTZQ 4-32A	32	36	256	8	256	19	605	68	63	292+10/−0	275+20/−0	52	7.5
10	GTZQ 4-36A	36	36	288	8	288	19	669	75	68	324+10/−0	307+20/−0	55.5	9
11	GTZQ 4-40A	40	36	320	8	320	19	733	80	73	356+10/−0	339+20/−0	58	9.5

注：1. 所有灌浆套筒均采用QT 550-5（延伸率≥5%）或QT 600-3（延伸率≥3%）材质制造，适用钢筋规格为400MPa及以下强度级别的钢筋纵向连接；
2. 出浆口中心线距套筒左端面 A_1=27mm（型号：12～20）/26mm（型号：22～40）；
3. 灌浆口中心线距套筒右端面 A_2=39mm（型号：12～20）/26mm（型号：22～40）；
4. 预装端调整间隙 L_1=10mm，安装端调整间隙 L_2=20mm；
5. 灌/出浆口高度 H=18mm；
6. 中间限位块/限位螺栓 B=3mm（型号：12～20）/8mm（型号：22～40）；
7. 灌/出浆口外径 ϕ=20mm。

钢筋浆锚搭接连接是装配整体式剪力墙结构竖向构件纵向受力钢筋连接采用的主要技术之一。见图 3-9。其在预制混凝土墙板的钢筋混合连接中也有应用，即边缘构件竖向钢筋采用套筒灌浆连接，竖向分布钢筋采用浆锚搭接连接。钢筋混合连接方式兼顾了可靠受力性能、便利施工操作性及造价经济性等优点。

考虑钢筋浆锚搭接连接技术本质上仍然属于搭接连接，一定程度上影响钢筋传力性能，近年来又提出了对浆锚搭接连接的重要改进方案，见图 3-10。改进型钢筋浆锚搭接连接在搭接连接钢筋的外周设置螺旋箍筋，加强对搭接部位混凝土形成局部约束，进一步改善钢筋搭接传力性能。

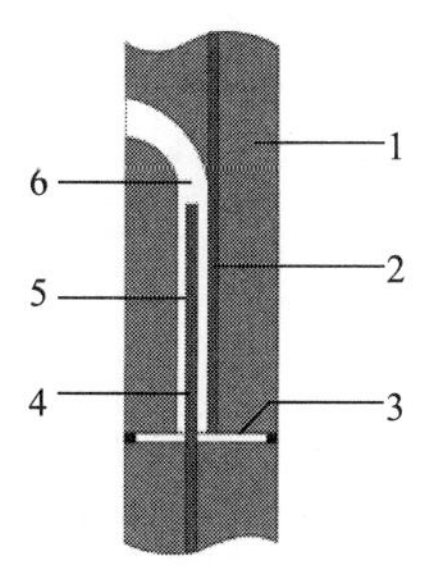

1——预制墙板；2——墙板预埋钢筋；
3——坐浆层；4——浆锚钢筋；
5——金属波纹管；6——灌浆料

图 3-9 钢筋浆锚搭接连接构造示意图[13]

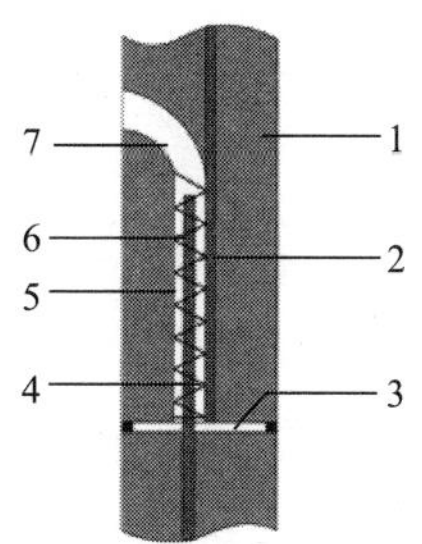

1——预制墙板；2——墙板预埋钢筋；3——坐浆层；
4——浆锚钢筋；5——金属波纹管；
6——螺旋箍筋；7——灌浆料

图 3-10 采用改进型钢筋浆锚搭接连接构造示意图[13]

钢筋浆锚搭接连接及其改进方案涉及的主要材料有金属波纹管、螺旋箍筋、灌浆料及坐浆料等。

1. 金属波纹管

金属波纹管的应用是实现钢筋浆锚搭接连接及保证其可靠性的关键。通过波纹管波形咬边扣压构造，增强灌浆料与钢筋、灌浆料与波纹管、波纹管与混凝土的粘结传力性能，实现了钢筋内力的有效传递，保证了结构的整体性。

金属波纹管应采用镀锌钢带卷制而成其尺寸和性能应符合《预应力混凝土用金属波纹管》JG/T 225 的规定[13]。钢带厚度宜根据金属波纹管的规格及刚度指标要求确定，不同规格的标准型及增强型金属波纹管的钢带厚度不应小于表 3-31 的要求。

圆管规格与钢带厚度对应关系表[14] **表 3-31**

公称内径（mm）		40	45	50	55	60	65	70	75	80	85	90	95[a]	96	102	108	114	120	126	132
最小钢带厚度（mm）	标准型	0.28	0.28	0.30	0.30	0.30	0.30	0.30	0.30	0.35	0.35	0.35	0.35	0.40	0.40	0.40	0.40	0.40	0.40	0.40
	增强型	0.30	0.30	0.35	0.35	0.35	0.35	0.40	0.40	0.40	0.45	0.45	—	0.50	0.50	0.50	0.50	0.50	0.50	0.60

注：1. 表中未列公称内径大于 132mm 的圆管钢带厚度应根据性能要求进行调整。
2. [a] 公称内径 95mm 的金属波纹圆管仅用作连接管。

金属波纹管选用时需符合如下规定：

（1）外观。金属波纹管外观应清洁，内外表面应无锈蚀、油污、附着物、孔洞和不规则的褶皱，咬口无开裂、脱扣。

（2）尺寸。预埋金属波纹管的直线段长度应大于浆锚钢筋长度 30mm，孔道上部应根据灌浆要求设置合理弧度；预埋金属波纹管的内径不宜小于 40mm 和 2.5d（d 为伸入孔道的连接钢筋直径）的较大值；为保证浆锚接头的可靠性，金属波纹管的波纹高度不应小于 3mm[13]。金属波纹管的内径尺寸及其允许偏差应符合《预应力混凝土用金属波纹管》JG/T 225 的规定，见表 3-32。

金属波纹圆管尺寸允许偏差[14] **表 3-32**

公称内径(mm)	40	45	50	55	60	65	70	75	80	85	90	95[a]	96	102	108	114	120	126	132
允许偏差	±0.5												±1.0						

注：1. 表中未列尺寸的规格由供需双方协议确定。
2. [a] 公称内径 95mm 的金属波纹圆管仅用作连接管。

（3）抗外荷载性能。金属波纹管承受规定的局部横向荷载或均布荷载时，波纹管不应出现开裂、脱扣现象，变形量应符合《预应力混凝土用金属波纹管》JG/T 225 的规定，见表 3-33。

金属波纹管抗局部横向荷载性能和抗均布荷载性能[14] **表 3-33**

截面形状			圆形
局部横向荷载(N)	标准型		800
	增强型		
均布荷载(N)	标准型		$F=0.31d_n^2$
	增强型		
δ	标准型	$d_n\leqslant 75$mm	$\leqslant 0.20$
		$d_n>75$mm	$\leqslant 0.15$
	增强型	$d_n\leqslant 75$mm	$\leqslant 0.10$
		$d_n>75$mm	$\leqslant 0.08$

注：F——均布荷载值，N；
d_n——圆管公称内径，mm；
δ——变形比，$\delta=\frac{\Delta D}{d_n}$ ΔD——圆管径向变形量，mm。

（4）抗渗漏性能。在承受表 3-33 规定的局部横向荷载作用后或在规定的弯曲情况下，金属波纹管不应渗出水泥浆。

2. 螺旋箍筋

螺旋箍筋主要用于改进型钢筋浆锚搭接连接，设置在搭接连接钢筋的外周，加强对搭接部位混凝土形成局部约束，进一步改善钢筋搭接传力性能。

螺旋箍筋可选用 HPB300 级、HRB400 级热轧钢筋，宜采用圆环形，沿金属波纹管直线段全范围布置。螺旋箍筋开始与结束位置应有水平段，长度不小于一圈半[13]。

3. 灌浆料和坐浆料

钢筋浆锚搭接连接接头和改进型钢筋浆锚搭接连接接头采用的灌浆料应符合《装配式混凝土结构技术规程》JGJ 1 的规定。见表 3-34。

钢筋浆锚搭接连接接头用灌浆料性能要求[2]　　表 3-34

项目		性能指标
泌水率(%)		0
流动度(mm)	初始值	≥200
	30min 保留值	≥150
竖向膨胀率(%)	3h	≥0.02
	24h 与 3h 的膨胀率之差	0.02～0.5
抗压强度(MPa)	1d	≥35
	3d	≥55
	28d	≥80
氯离子含量(%)		≤0.06

预制构件连接处坐浆料强度及收缩性能应满足设计要求。当设计无具体要求时，应符合下列规定：

(1) 承受内力的连接处坐浆料强度不应低于连接处构件混凝土强度设计值的较大值。

(2) 非承受内力的连接处坐浆料可采用水泥砂浆，其强度等级不应低于 M15。

3.2.3 钢筋套筒机械连接材料

钢筋机械连接是指通过钢筋与连接件或其他介入材料的机械咬合作用或钢筋端面的承压作用，将一根钢筋中的力传递至另一根钢筋的连接方法。常见的连接方式有螺纹连接和挤压连接。螺纹连接是将钢筋端头表面特制的螺纹和套筒表面的螺纹咬合形成整体，通过钢筋与套筒表面螺纹之间的机械啮合力来传递轴向拉力。挤压连接是在套筒外面施加机械力挤压套筒使套筒产生塑性变形与钢筋的横肋紧密啮合，从而达到传递受力和钢筋连接的目的。见图 3-11、图 3-12。

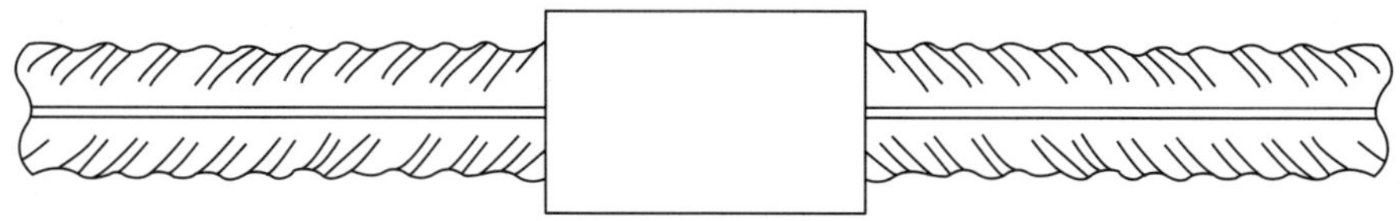

图 3-11　钢筋套筒螺纹连接示意图

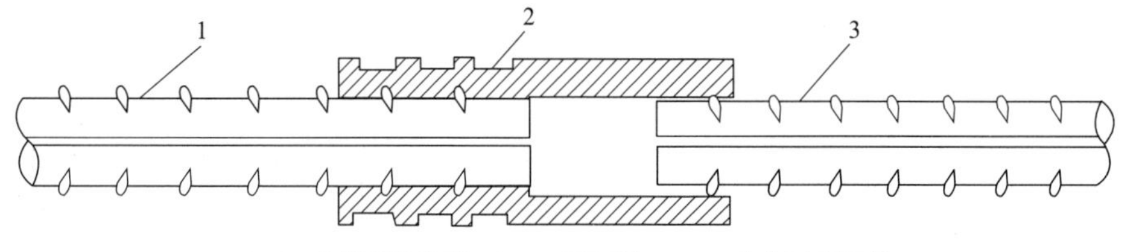

1——已挤压的钢筋；2——钢套筒；3——未挤压的钢筋

图 3-12　钢筋套筒挤压连接示意图

机械连接钢筋用的各部件，包括套筒和其他组件。其中最常用的是套筒，即用于传递钢筋轴向拉力或压力的钢套管的总称。混凝土结构中钢筋机械连接用的套筒主要有直螺纹套筒、锥螺纹套筒和挤压套筒。直螺纹套筒又可以分为镦粗直螺纹套筒、剥肋滚轧直螺纹套筒和直接滚轧直螺纹套筒。见表 3-35。主要适用于连接符合国家现行标准《钢筋混凝土用钢 第 2 部分：热轧带肋钢筋》GB 1499.2 及《钢筋混凝土用余热处理钢筋》GB 13014 规定的直径为 12～50mm 的各类钢筋。预制构件采用 HRB600 钢筋时，钢筋机械连接接头构造要求应通过专门试验确定。

钢筋机械连接套筒分类及示意图[15]　　　**表 3-35**

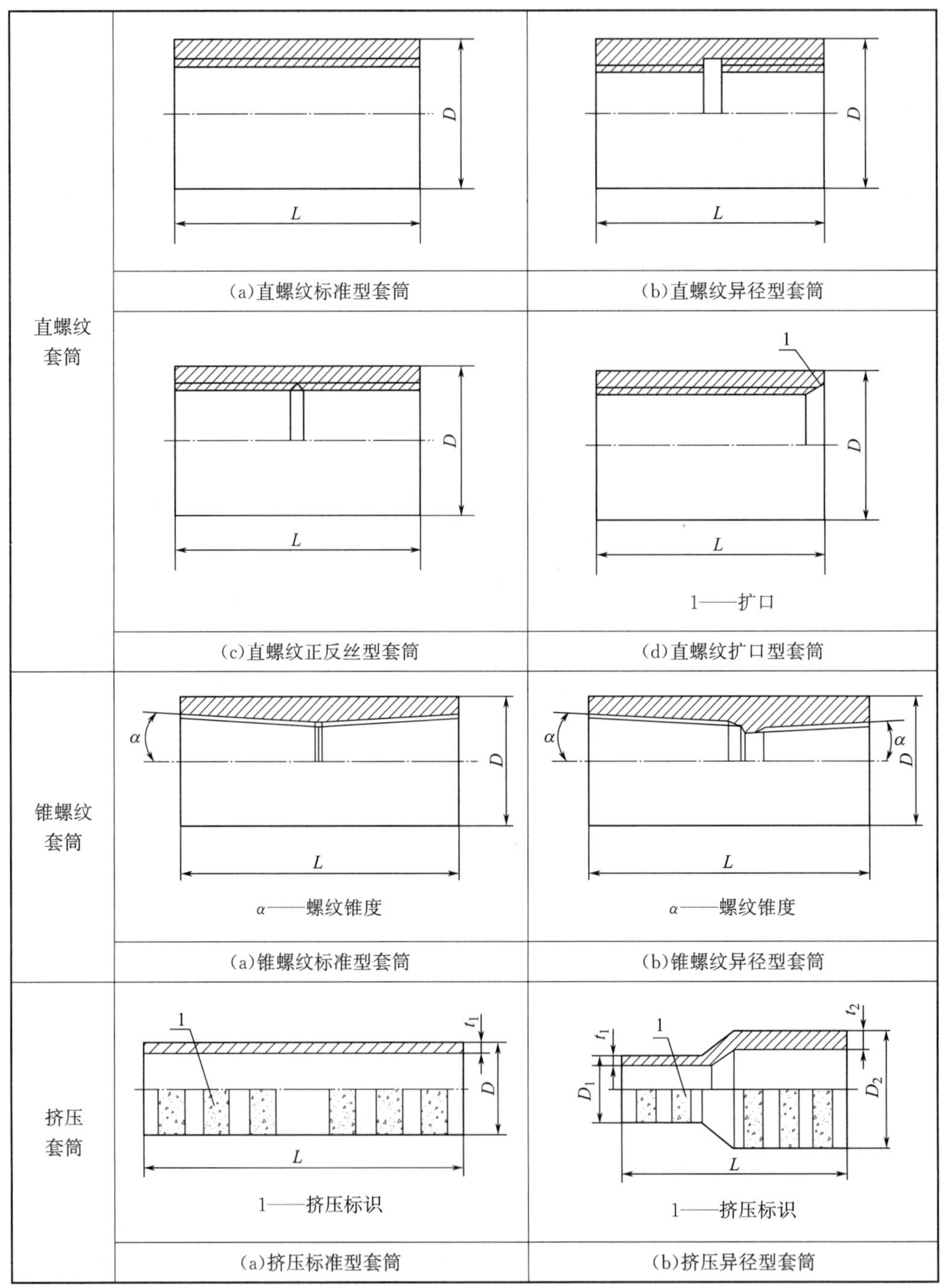

套筒的原材料选择、外观控制、尺寸及偏差应符合现行行业标准《钢筋机械连接用套筒》JG/T 163 的规定，见表 3-36。

钢筋机械连接套筒材料及性能要求[15]　　　　**表 3-36**

项目	套筒类型	
	螺纹套筒	挤压套筒
原材料	1　宜采用牌号为 45 号的圆钢、结构用无缝钢管，其外观及力学性能应符合《优质碳素结构钢》GB/T 699、《结构用无缝钢管》GB/T 8162 和《无缝钢管尺寸、外形、重量及允许偏差》GB/T 17395 的规定； 2　当采用 45 号钢的冷拔或冷轧精密无缝钢管时，应进行退火处理，并应符合《冷拔或冷轧精密无缝钢管》GB/T 3639 的相关规定，其抗拉强度不应大于 800 MPa，断后伸长率 δ_5 不宜小于 14%。45 号钢的冷拔或冷轧精密无缝钢管的原材料应采用牌号为 45 号的管坯钢，并符合《优质碳素结构钢热轧和锻制圆管坯》YB/T 5222 的规定； 3　采用各类冷加工工艺成型的套筒，宜进行退火处理，且套筒设计时不应利用经冷加工提高的强度减少套筒横截面面积； 4　套筒原材料可选用经接头型式检验证明符合《钢筋机械连接技术规程》JGJ 107 中接头性能规定的其他钢材； 5　需要与型钢等钢材焊接的套筒，其原材料应符合可焊性的要求	根据被连接钢筋的牌号选用适合压延加工的钢材，宜选用牌号为 10 号和 20 号的优质碳素结构钢或牌号为 Q235 和 Q275 的碳素结构钢，其外观及力学性能应符合《碳素结构钢》GB/T 700、《热轧钢棒尺寸、外形、重量及允许偏差》GB/T 702 和《结构用无缝钢管》GB/T 8162 的规定，且实测力学性能应符合表 3-37 的规定
套筒外观	1　套筒外表面可为加工表面或无缝钢管、圆钢的自然表面； 2　应无肉眼可见裂纹或其他缺陷； 3　套筒表面允许有锈斑或浮锈，不应有锈皮； 4　套筒外圆及内孔应有倒角； 5　套筒表面应有符合规定的标记和标志	1　套筒表面可为加工表面或无缝钢管、圆钢的自然表面； 2　应无肉眼可见裂纹； 3　套筒表面不应有明显起皮的严重锈蚀； 4　套筒外圆及内孔应有倒角； 5　套筒表面应有挤压标识和符合规定的标记和标志
套筒尺寸及偏差	1　螺纹套筒尺寸应根据被连接钢筋的牌号、直径及套筒原材料的力学性能，按套筒力学性能要求由设计确定； 2　圆柱形直螺纹套筒的尺寸偏差应符合表 3-38 的规定，螺纹精度应符合相应的设计规定； 3　当圆柱形套筒原材料采用 45 号钢时，实测套筒尺寸不应小于《钢筋机械连接用套筒》JG/T 163 所规定的最小值； 4　锥螺纹套筒的尺寸偏差应符合表 3-39 的规定，螺纹精度应符合相应的设计规定； 5　非圆柱形套筒的尺寸偏差应符合相应的设计规定	1　标准型挤压套筒尺寸应根据被连接钢筋的牌号、直径、套筒原材料的力学性能和挤压工艺参数，按套筒力学性能要求由设计确定。挤压套筒的尺寸允许偏差应符合表 3-40 的规定； 2　对异径型挤压套筒，其尺寸及偏差应符合相应的设计规定
承载力	套筒实测受拉承载力不应小于被连接钢筋受拉承载力标准值的 1.1 倍	

挤压套筒原材料的力学性能[15]　　　　**表 3-37**

项目	性能指标
屈服强度(MPa)	205～350
抗拉强度(MPa)	335～500

续表

项目	性能指标
断后伸长率 δ_5(%)	≥20
硬度(HRBW)	50～80

圆柱形直螺纹套筒的尺寸允许偏差[15]　　表 3-38

外径 D 允许偏差(mm)		螺纹公差	长度 L 允许偏差(mm)
加工表面	非加工表面	应符合《普通螺纹 公差》GB/T 197 中 6H 的规定	±1.0
±0.50	20<D≤30,±0.5; 30<D≤50,±0.6; D>50,±0.80		

锥螺纹套筒的尺寸允许偏差[15]　　表 3-39

外径 D(mm)		长度 L(mm)
D≤50	±0.50	±1.0
D>50	±0.80	

标准型挤压套筒尺寸允许偏差[15]　　表 3-40

外径 D(mm)	允许偏差		
	外径 D(mm)	壁厚 t(mm)	长度 L(mm)
≤50	±0.5	$+0.12t$ $-0.10t$	±2.0
>50	±0.01D	$+0.12t$ $-0.10t$	±2.0

钢筋机械连接接头是钢筋机械连接的全套装置，设计应满足强度及变形性能的要求。接头性能应包括单向拉伸、高应力反复拉压、大变形反复拉压和疲劳性能。接头根据极限抗拉强度、残余变形、最大力下总伸长率以及高应力和大变形条件下反复拉压性能，分为Ⅰ级、Ⅱ级、Ⅲ级三个等级，其性能应符合《钢筋机械连接技术规程》JGJ 107 的相关规定。见表 3-41、表 3-42。

钢筋机械连接接头极限抗拉强度[16]　　表 3-41

接头等级	Ⅰ级	Ⅱ级	Ⅲ级
极限抗拉强度	$f_{mst}^0 \geq f_{stk}$　钢筋拉断 或 $f_{mst}^0 \geq 1.10 f_{stk}$　连接件破坏	$f_{mst}^0 \geq f_{stk}$	$f_{mst}^0 \geq 1.25 f_{yk}$

注：1. f_{mst}^0——接头试件实测极限抗拉强度；f_{stk}——钢筋极限抗拉强度标准值；f_{yk}——钢筋屈服强度标准值；

2. 钢筋拉断指断于钢筋母材、套筒外钢筋丝头和钢筋镦粗过渡段；

3. 连接件破坏指断于套筒、套筒纵向开裂或钢筋从套筒中拔出以及其他连接组件破坏；

4. Ⅰ级、Ⅱ级、Ⅲ级接头应能经受规定的高应力和大变形反复拉压循环，且在经历拉压循环后，其极限抗拉强度仍应符合本表的规定。

钢筋机械连接接头变形性能[16]　　表 3-42

接头等级		Ⅰ级	Ⅱ级	Ⅲ级
单向拉伸	残余变形（mm）	$u_0 \leqslant 0.10(d \leqslant 32)$ $u_0 \leqslant 0.14(d > 32)$	$u_0 \leqslant 0.14(d \leqslant 32)$ $u_0 \leqslant 0.16(d > 32)$	$u_0 \leqslant 0.14(d \leqslant 32)$ $u_0 \leqslant 0.16(d > 32)$
	最大力下总伸长率（%）	$A_{sgt} \geqslant 6.0$	$A_{sgt} \geqslant 6.0$	$A_{sgt} \geqslant 3.0$
高应力反复拉压	残余变形（mm）	$u_{20} \leqslant 0.3$	$u_{20} \leqslant 0.3$	$u_{20} \leqslant 0.3$
大变形反复拉压	残余变形（mm）	$u_4 \leqslant 0.3$ 且 $u_8 \leqslant 0.6$	$u_4 \leqslant 0.3$ 且 $u_8 \leqslant 0.6$	$u_4 \leqslant 0.6$

注：u_0——接头试件加载至 $0.6f_{yk}$ 并卸载后在规定标距内的残余变形；
u_{20}——接头试件按《钢筋机械连接技术规程》JGJ 107 规定的加载制度经高应力反复拉压 20 次后的残余变形；
u_4——接头试件按《钢筋机械连接技术规程》JGJ 107 规定的加载制度经大变形反复拉压 4 次后的残余变形；
u_8——接头试件按《钢筋机械连接技术规程》JGJ 107 规定的加载制度经大变形反复拉压 8 次后的残余变形；
A_{sgt}——接头试件的最大力下总伸长率。

钢筋机械连接接头的抗疲劳性能应满足下列要求：

（1）对直接承受重复荷载的结构构件，设计应根据钢筋应力幅提出接头的抗疲劳性能要求。

（2）当设计无专门要求时，剥肋滚轧直螺纹钢筋接头、镦粗直螺纹钢筋接头和带肋钢筋套筒挤压接头的疲劳应力幅限值不应小于现行国家标准《混凝土结构设计规范》GB 50010 中普通钢筋疲劳应力幅限值的 80%。

3.2.4　预制保温墙体连接件

预制保温墙体是由内、外叶混凝土板、保温层和连接件组成的预制混凝土夹心保温墙体，内、外叶墙板之间由连接件连接为整体，如图 3-13 所示。连接件是涉及建筑安全和正常使用的重要构件，需具备以下性能[10]：

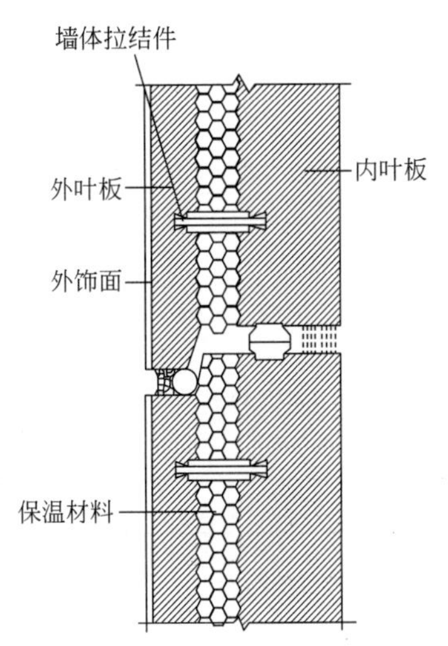

图 3-13　预制保温墙体构造示意图[10]

（1）在内叶板和外叶板中锚固牢固，在荷载的作用下不能被拉出。

（2）有足够的强度，在荷载的作用下不能被拉断、剪断。

（3）有足够的刚度，在荷载的作用下不能变形过大，导致外叶板位移。

（4）导热系数尽可能小，减少热桥。

（5）具有耐久性。

（6）具有防锈蚀性。

（7）具有防火性能。

（8）埋设方便。

预制保温墙体连接件按材料分主要有非金属和金属两大类。以纤维增强塑料连接件（以下简称 FRP 连接件）为代表的非金属连接件具有强度高、耐腐蚀性好、隔热性好及抗疲劳性好等特点。金属连接件多采用以德国哈芬和芬兰佩克的产品为代表的不锈钢连接件。采用不锈钢连接件时，其材料力学性能指标应符合表 3-43 的要求。

不锈钢连接件材料力学性能指标[17]　　**表 3-43**

项目	指标要求
屈服强度	≥380 MPa
拉伸强度	≥500 MPa
拉伸弹模	≥190GPa
抗剪强度	≥300MPa

1. FRP 连接件

FRP 连接件以纤维为增强项，热固性树脂为基本项，通过拉挤工艺成型。FRP 连接件主要由 FRP 连接杆和套环两部分组成。连接杆在两端形成切口，增强在内、外叶墙板中的锚固作用。连接杆中部的套环由两端端板和环身组成，用于连接件在预制保温墙体中的定位。如图 3-14 所示[18]。

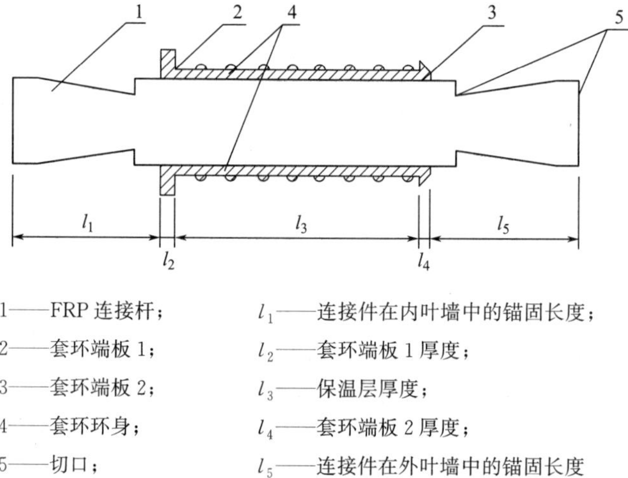

图 3-14　FRP 连接件示例构造示意图[18]

FRP 连接件的主要类型见表 3-44。

FRP 连接件的主要类型[18]　　**表 3-44**

分类方式	类型
按纤维种类	玻璃纤维增强塑料连接件
	玄武岩纤维增强塑料连接件
按横截面形状	棒状 FRP 连接件（截面长宽比不宜大于 2）
	片状 FRP 连接件（截面长宽比宜大于 2）

FRP 连接件的组成材料及要求见表 3-45。

FRP 连接件的组成材料及要求[18] **表 3-45**

部件/部位	使用材料	材料要求
FRP 连接杆	纤维	无碱玻璃纤维无捻粗纱应符合《玻璃纤维无捻粗纱》GB/T 18369 的要求
		玄武岩纤维无捻粗纱应符合《玄武岩纤维无捻粗纱》GB/T 25045 的要求
		纤维体积含量不宜低于 60%
	树脂	环氧树脂应符合《双酚 A 型环氧树脂》GB/T 13657 的要求
		乙烯基酯树脂应符合《纤维增强塑料用液体不饱和聚酯树脂》GB/T 8237 的要求
套环	工程塑料或短纤维增强塑料	—
切口	采用基体树脂或氟碳漆封边	封边材料应涂抹均匀，保证切口无裸露

FRP 连接件在内叶墙和外叶墙中的锚固长度不宜小于 30mm。FRP 连接件在保温层中的横截面面积（不含套环面积）不应小于 $50mm^2$，横截面任一方向尺寸（边长或直径）不宜小于 3mm。FRP 连接件各处横截面尺寸的允许偏差应符合表 3-46 的要求，加工尺寸允许偏差应符合表 3-47 的要求。

连接件的横截面尺寸允许偏差 **表 3-46**

规定尺寸 I	允许偏差
$I \leqslant 12$	$^{+0.2}_{0}$
$12 < I \leqslant 38$	$^{+0.3}_{0}$
$38 < I \leqslant 50$	$^{+0.4}_{0}$
$50 < I \leqslant 100$	$^{+0.6}_{0}$

连接件的加工尺寸允许偏差 **表 3-47**

项目	允许偏差
长度	$^{+1.5}_{0}$
槽宽	+1.0
槽深	+0.5

FRP 连接件的力学性能和耐久性能应满足我国现行行业标准《预制保温墙体用纤维增强塑料连接件》JG/T561 的规定，见表 3-48。

FRP 连接件的力学性能和耐久性能[18]　　　　**表 3-48**

<table>
<tr><td colspan="2" rowspan="3">项目</td><td colspan="5">指标要求</td></tr>
<tr><td colspan="5">保温层厚度 l_3(mm)</td></tr>
<tr><td>15≤l_3≤30</td><td>30<l_3≤50</td><td>50<l_3≤70</td><td>70<l_3≤90</td><td>90<l_3≤120</td></tr>
<tr><td rowspan="5">力学性能</td><td>抗拔承载力标准值 R_{tk}(kN)</td><td colspan="5">≥6.0</td></tr>
<tr><td>抗剪承载力标准值 R_{vk}(kN)</td><td>≥1.1</td><td>≥1.0</td><td>≥0.9</td><td>≥0.8</td><td>≥0.7</td></tr>
<tr><td>拉伸强度标准值 f_{tk}(MPa)</td><td colspan="5">≥700</td></tr>
<tr><td>拉伸弹性模量 E(GPa)</td><td colspan="5">≥40</td></tr>
<tr><td>层间剪切强度标准值 f_{vk}(MPa)</td><td colspan="5">≥30</td></tr>
<tr><td colspan="2">耐久性能</td><td colspan="5">FRP 连接件材料的残余拉伸强度和残余层间剪切强度不应低于初始值的 50%</td></tr>
</table>

注：1. FRP 连接件的弯曲强度和弯曲弹性模量应满足产品说明书中对于弯曲强度和弯曲弹性模量的要求；
2. FRP 连接件拉伸强度标准值、层间剪切强度标准值和弯曲强度标准值应具有 95%的保证率，拉伸弹性模量和弯曲弹性模量应取平均值；
3. 当预制保温墙体的保温层厚度大于 120mm 时，所采用的 FRP 连接件的抗拔承载力和抗剪承载力应有可靠的试验依据。

2. 德国哈芬金属连接件

以德国哈芬为代表的金属连接件，主要材质为不锈钢，具有力学性能好、耐久性好、安全性好、导热系数高等特点。

哈芬 SP（产品组）的拉结件按形状分，有筒形、片状、夹形等；按作用分，有支承拉结件、抗扭拉结件/水平拉结件、限位拉结件。不同类型的拉结件组合成 MVA、MVA-FA、FA-FA、SPA-SPA 等支承系统。MVA 支承系统，由处于饰面层重心位置的筒形拉结件和一个片状（抗扭）拉结件组成；MVA-FA 支承系统中有 MVA 和 FA 两个支承拉结件，筒形拉结件同时也用作水平支承拉结件；FA-FA 和 SPA-SPA 支承系统有两个竖向支承拉结件和一个水平支承拉结件，当墙板因运输需要而旋转时，通常安装有两个水平支承拉结件。

支承拉结件主要用于承载饰面层自重荷载所产生的竖向力，还应考虑偏心荷载（意料中或意料外）以及风力、变形等产生的水平荷载。MVA 系统中的抗扭拉结件需承载偏心力（意料中或意料外）。FA 和 SPA 系统中，水平拉结件的作用是承载横向作用力，如墙板斜挂在升降机上所产生的力，升降过程中的冲击力、平面内的水平地震荷载或风荷载。水平拉结件的尺寸必须足以承载夹芯墙板运输过程中因旋转而产生的荷载。限位拉结件承载垂直作用于夹芯墙板表面的作用力，这种力会因为温度变形、风力或脱模而产生（图 3-15、表 3-49）。

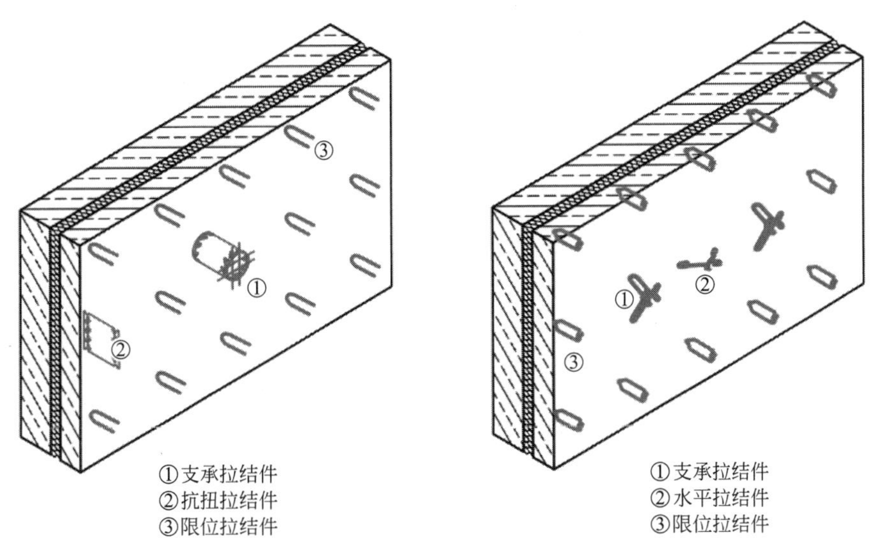

图 3-15　哈芬 SP 夹芯墙板拉结件支承系统示意图

哈芬 SP 夹芯墙板主要拉结件类型　　　　**表 3-49**

拉结件类型	示意图
MVA	
FA	

续表

拉结件类型	示意图
SPA-1	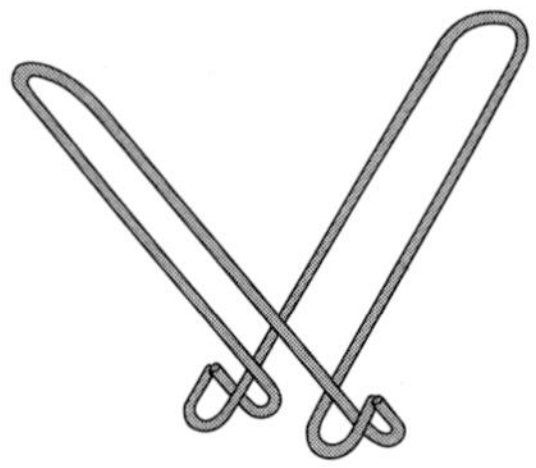
SPA-2	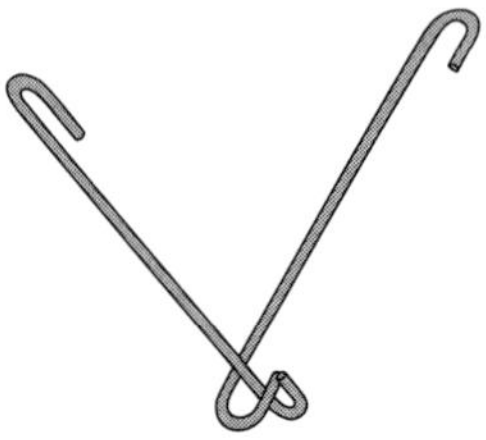
SPA-B	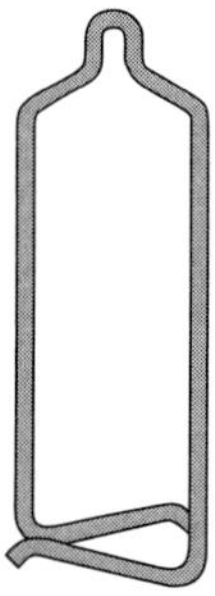
SPA-N	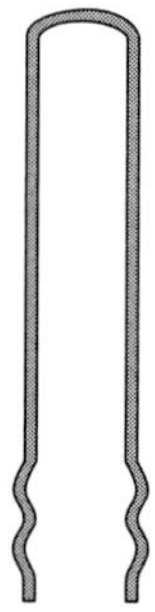
SPA-A	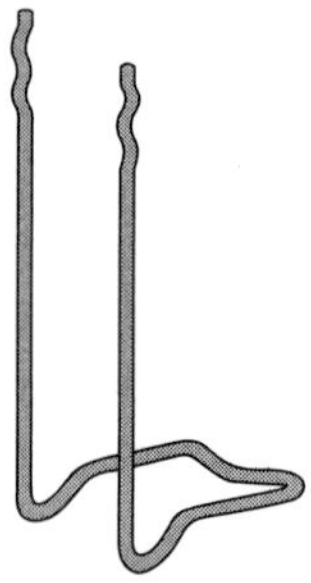

采用哈芬拉结件的预制夹芯墙板，其混凝土等级、钢筋牌号和最小配筋率应满足表 3-50 要求。

哈芬拉结件适用的预制夹芯墙板材料要求　　　表 3-50

	MVA/FA 拉结件	SPA 拉结件
混凝土等级	饰面板≥C30/37 承载板≥C30/37	饰面板≥C30/37 承载板≥C30/37
配筋牌号	HRB400、HRBF400	HRB400、HRBF400
最小配筋率	单层钢筋网≥188mm^2/m， 如果 f 或 c≥10cm，须为两层钢筋	单层钢筋网 130mm^2/m

哈芬支承拉结件的产品类型及主要参数详见表 3-51。

哈芬限位拉结件的产品类型及主要参数详见表 3-51～表 3-64。

表中内容引自哈芬官网，仅供参考。

哈芬限位拉结件的主要类型　　　表 3-51

产品类型	特征	示意图	
SPA-N	U 形弯曲钢丝，直径为 3.0mm、4.0mm、5.0mm、6.5mm。波纹状末端和闭合端都嵌入混泥土中	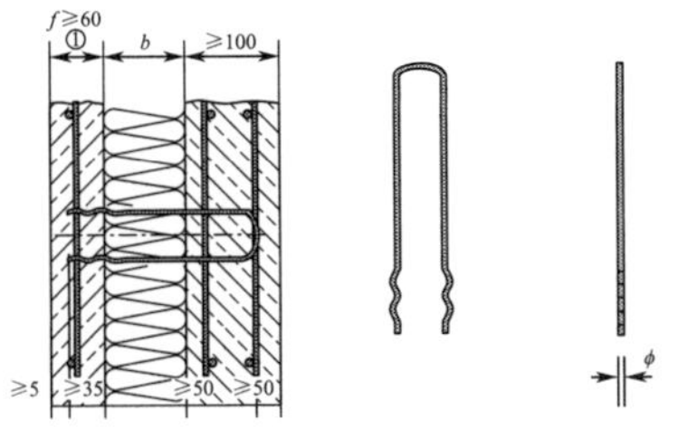	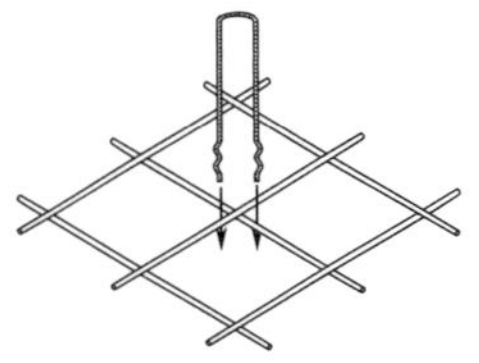
SPA-B	弯曲钢丝，直径为 3.0mm、4.0mm、5.0mm。安装时要挂在钢筋网上进行固定，两端均嵌入混泥土中	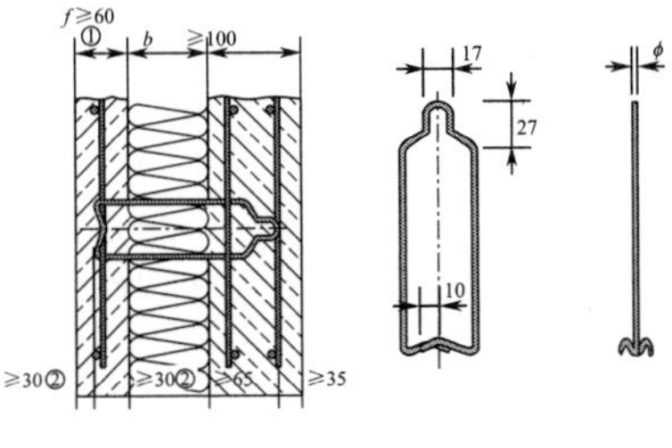	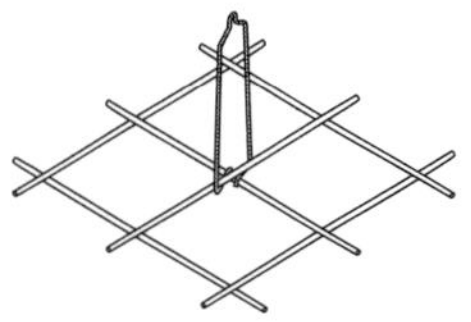
SPA-A	U形端弯曲至 90°的 N 形拉结件，钢丝直径为 3.0mm、4.0mm、5.0mm。波纹端嵌入混凝土，另一端固定于钢筋网上	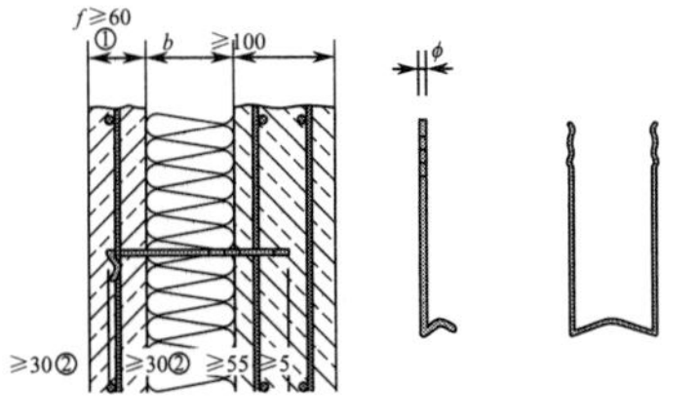	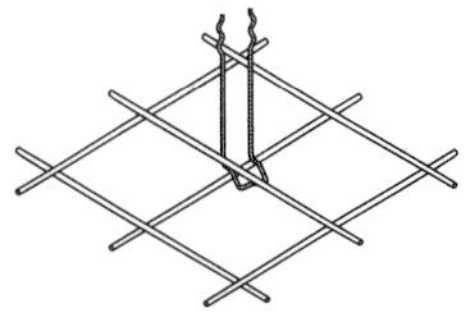

注：1. 根据 EN1992-1-1/NA：2013-04，板厚 f_{min}≥70mm。

2. ≥35 适用于 f≥70mm。

3. 可用拉结高度见表 3-52。

哈芬限位拉结件的可用拉结高度 *H*（mm） **表 3-52**

拉结类型	圆钢-ϕ03		圆钢-ϕ04		圆钢-ϕ05		圆钢-ϕ06	
	订单号 0274.010-	*H*	订单号 0274.020-	*H*	订单号 0274.030-	*H*	订单号 0274.040-	*H*
SPA-N	00001	120						
	00002	140						
	00003	160	00001	160				
	00004	180	00002	180				
	00005	200	00003	200				
			00004	220				
			00005	240	00001	240		
					00002	260		
					00003	280		
					00004	300		
					00005	320		
							00001	340
							00002	360
							00003	380
							00004	400
							00005	420
SPA-B	订单号 0273.010-	*H*	订单号 0273.020-	*H*	订单号 0273.030-	*H*		
	00001	160	00001	160				
	00002	180	00002	180				
			00003	200				
			00004	220				
			00005	240	00001	240		
					00002	260		
					00003	280		
					00004	300		
					00005	320		
SPA-A	订单号 0272.010-	*H*	订单号 0272.030-	*H*	订单号 0272.050-	*H*		
	00001	120						
	00002	140						
	00003	160	00001	160				
	00004	180						
			00002	200	00001	200		
			00003	250	00002	250		
					00003	280		
					00004	320		

哈芬支承拉结件的主要类型[19] **表 3-53**

产品类型	主要参数		示意图
SP-MVA 筒形支承 拉结件	直径 D	表 3-48	
	高度 H	表 3-49	
	最小锚固深度 a 混凝土保护层最小厚度 c_{nom}	表 3-50	
	附加钢筋	表 3-51	
SP-FA 片状支承 拉结件	长度 L	表 3-52	
	高度 H	表 3-53	
	最小锚固深度 a 混凝土保护层最小厚度 c_{nom}	表 3-54	
	附加钢筋	表 3-55	
SP-SPA 夹形支承 拉结件	高度 H 和长度 L	表 3-56	
	最小锚固深度 a 和高度 H	表 3-57	
	附加钢筋	表 3-58	

哈芬筒形支承拉结件 MVA 的直径 D（mm） **表 3-54**

拉结件类型	订单号 0771.010-	$H=150$	订单号 0771.010-	$H=175$	订单号 0771.010-	$H=200$	订单号 0771.010-	$H=225$	订单号 0771.010-	$H=260$
MVA	00101	51	00107	51	00117	51	00127	51	00137	51
	00102	76	00108	76	00118	76	00128	76	00138	76
	00103	102	00109	102	00119	102	00129	102	00139	102
	00104	127	00110	127	00120	127	00130	127	00140	127
	00105	153	00111	153	00121	153	00131	153	00141	153
	00106	178	00112	178	00122	178	00032	178	00042	178
			00113	204	00123	204	00033	204	00043	204
			00114	229	00124	229	00034	229	00044	229
			00115	255	00125	255	00035	255	00045	255
			00116	280	00126	280	00036	280	00046	280

哈芬筒形支承拉结件 MVA 的高度 H（mm） **表 3-55**

f	b											
	30	40	50	60	70	80	90	100	110	120	130	140
60①	150	150	175	175	175	200	200	225	225	225	260	260
70	150	150	175	175	200	200	200	225	260	260	260	260
80	150	175	175	200	200	200	225	260	260	260	260	—
90～120	150	175	175	200	200	200	225	260	260	260	—	—

注：1. 根据 EN 1992-1-1/NA：2013-04，板厚 $f_{min}\geqslant 70$；

2. $H\geqslant 2a+b$；

3. b、f 见图 3-15。

哈芬筒形支承拉结件 MVA 的最小锚固深度 a 和混凝土保护层最小厚度 c_{nom}（mm）

表 3-56

f	b=30～90		b=100～140	
	a	c_{nom}	a	c_{nom}
60①	50	10	50	10
70	55	15	60	10
80	60	20	65	15
90～120	60	30	70	20

注：1. ①根据 EN 1992-1-1/NA：2013-04，板厚 f_{min}≥70；

2. 拉结件最小埋深（a）取决于饰面层的厚度（f）和保温层的厚度（b）a、b、f 见图 3-16。

哈芬筒形支承拉结件 MVA 的附加钢筋（mm） **表 3-57**

拉结筒状拉结件	ϕD		符号	拉结钢筋 HRB400，HRBF400
ϕD t=1.5 H	51			2×2ϕ6 l=500
	76			
	102			
	127	S_L=40	S_L l	2×4ϕ6 l=700 所需其他钢筋：2×4ϕ8 l=700 与钢筋网切面交叉
	153			
	178			
	204	S_L=80		
	229			
	255			
	280			

注：附加钢筋在承重层和饰面层内都需要放置。其长度和数量取决于 MVA 拉结件的直径 ϕD。

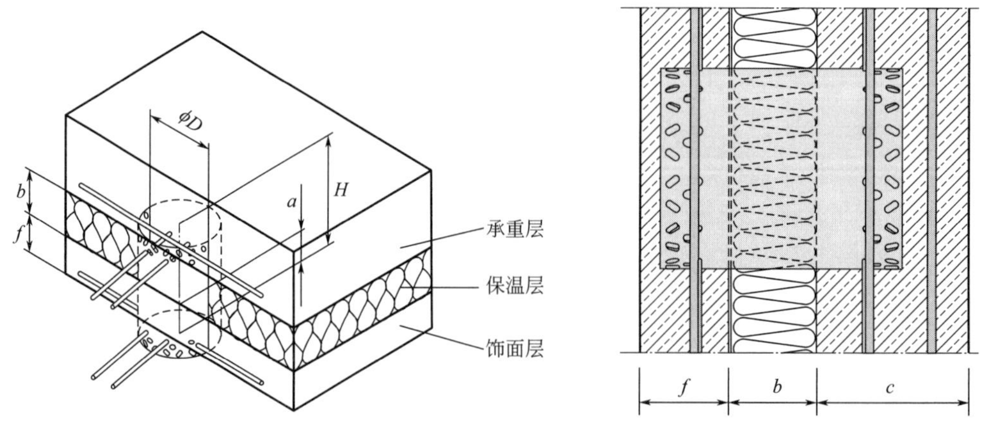

图 3-16　哈芬筒形支承拉结件 MVA 连接示意图[19]

哈芬片状支承拉结件 FA 的长度 L（mm） **表 3-58**

拉结件类型	订单号 0771.010-	$H=150$	订单号 0771.010-	$H=175$	订单号 0771.010-	$H=200$	订单号 0771.010-	$H=225$
FA-1	00001	40	00011	40	00021	40	00031	40
	00002	80	00012	80	00022	80	00032	80
	00003	120	00013	120	00023	120	00033	120
	00004	160	00014	160	00024	160	00034	160
	00005	200	00015	200	00025	200	00035	200
	00006	240	00016	240	00026	240	00036	240
	00007	280	00017	280	00027	280	00037	280
	00008	320	00018	320	00028	320	00038	320
	00009	360	00019	360	00029	360	00039	360
	00010	400	00020	400	00030	400	00040	400
FA-2	订单号 0771.020-	$H=175$	订单号 0771.020-	$H=200$	订单号 0771.020-	$H=225$	订单号 0771.020-	$H=260$
	00001	40	00011	40	00021	40	00031	40
	00002	80	00012	80	00022	80	00032	80
	00003	120	00013	120	00023	120	00033	120
	00004	160	00014	160	00024	160	00034	160
	00005	200	00015	200	00025	200	00035	200
	00006	240	00016	240	00026	240	00036	240
	00007	280	00017	280	00027	280	00037	280
	00008	320	00018	320	00028	320	00038	320
	00009	360	00019	360	00029	360	00039	360
	00010	400	00020	400	00030	400	00040	400
FA-3	订单号 0771.030-	$H=260$	订单号 0771.030-	$H=280$	订单号 0771.030-	$H=300$	订单号 0771.030-	$H=350$
	00001	80	00010	80	00018	80	00026	80
	00002	120	00011	120	00019	120	00033	120
	00003	160	00012	160	00020	160	按需定制	160
	00004	200	00013	200	00021	200	00027	200
	00005	240	00014	240	00022	240	00028	240
	00006	280	00016	280	00023	280	00029	280
	00007	320	00017	320	00024	320	00030	320
	00008	360	00039	360	00025	360	00031	360
	00009	400	00040	400	按需定制	400	00032	400

哈芬片状支承拉结件 FA 的高度 *H*（mm） 表 3-59

f	*b*														
	30	40	50	60	70	80	90	100	120	140	160	180	200	230	250
60①	150	150	175	175	175	200	200	225	225	260	280	300*	325*	350*	375*
70～120	150	150	175	175	200	200	200	225	260	260	280	300*	325*	350*	375*

注：1. ①根据 EN 1992-1-1/NA：2013-04，板厚 f_{min}≥70；

2. *按需定制；

3. $H \geqslant 2a+b$；

4. *b*、*f* 见图 3-17。

哈芬片状支承拉结件 FA 的最小锚固深度 *a* 和混凝土保护层最小厚度 c_{nom}（mm）

表 3-60

f	*b*＝30～250	
	a	c_{nom}
60①	50	10
70～120	55	15

注：1. ①根据 EN 1992-1-1/NA：2013-04，板厚 f_{min}≥70。

2. *a*、*b*、*f* 见图 3-16。

3. 平板连接件在结构层及外叶板中的最小锚固深度（a）为 55mm。

哈芬片状支承拉结件 FA 的附加钢筋（mm） 表 3-61

片状拉结件	长度 *L*	符号	拉结钢筋 HRB400，HRBF400
L H	80		2×4ϕ6 *l*＝400
	120		2×5ϕ6 *l*＝400
	160，200，240，280		2×6ϕ6 *l*＝400
	320，360，400		2×7ϕ6 *l*＝400

注：附加钢筋在承重层和饰面层内都需要放置。其数量取决于拉结件的大小。

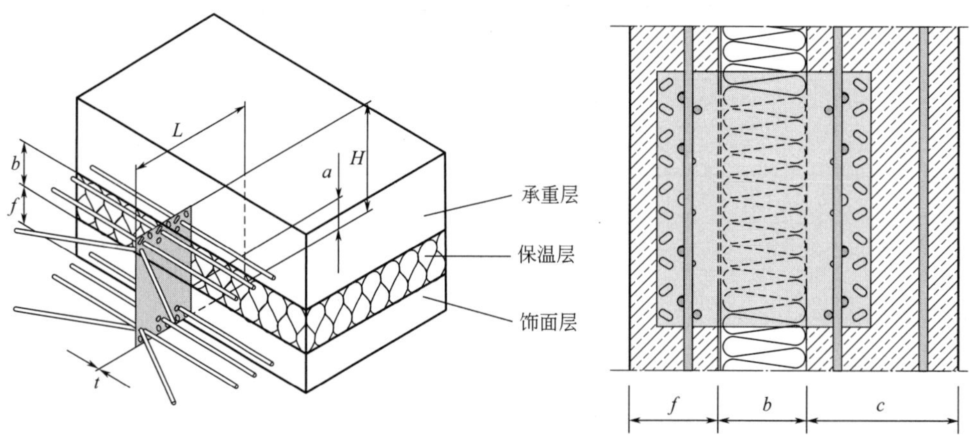

图 3-17　哈芬片状支承拉结件 FA 连接示意图[19]

哈芬夹形支承拉结件 SPA 的高度 *H* 和长度 *L*（mm）　　**表 3-62**

拉结件类型	圆钢-ϕ05			圆钢-ϕ07			圆钢-ϕ09			圆钢-ϕ10		
	订单号 SPA-1 0270. SPA-2 0271.	*H*	*L*	订单号 SPA-1 0270. SPA-2 0271.	*H*	*L*	订单号 SPA-10270. SPA-20271.	*H*	*L*	订单号 SPA-10270. SPA-20271.	*H*	*L*
SPA-1/SPA-2	010-00001	160	265	010-00003	160	260						
	010-00002	180	305	010-00004	180	300						
	010-00110	200	345	010-00005	200	340						
				010-00006	220	380	010-00138①	220	375			
				010-00007	240	420	010-00139①	240	415			
				010-00008	260	460	010-00111	260	455			
							010-00112	280	495			
							010-00113	300	535			
							010-00114	320	575			
							010-00115	340	615	010-00015	340	610
							010-00116	360	655	010-00016	360	650
										010-00103	380	690
										010-00105	400	730
										010-00107	420	770
										010-00109	440	810

注：①仅针对 SPA-1 有效。有关 SPA-2 的订单号，参见哈芬价目表。

哈芬夹形支承拉结件 SPA 的最小锚固深度 *a* 和高度 *H*（mm）　　表 3-63

类型	商品名称			
	SP-SPA-1-05	SP-SPA-1-07	SP-SPA-1-09	SP-SPA-1-10
	SP-SPA-2-05	SP-SPA-2-07	SP-SPA-2-09	SP-SPA-2-10
ϕ	5.0	6.5	8.5	10.0
b	30～70	40～150	60～250	200～300
a_v	≥49	≥50	≥53	≥54
a_T	≥55	≥55	≥55	≥55
H	a_v+b+a_T	a_v+b+a_T	a_v+b+a_T	a_v+b+a_T
f①	≥60	≥60	≥60	≥60

注：1. ①根据 EN 1992-1-1/NA：2013-04，板厚 f_{min}≥70；

2. 符号参见图 3-18。

哈芬夹形支承拉结件 SPA 的附加钢筋（mm）　　表 3-64

类型	SPA-1-05	SPA-1-07	SPA-1-09	SPA-10
r	1ϕ8 l=450	1ϕ8 l=450	1ϕ8 l=700	1ϕ8 l=700
s	1ϕ8 l=700	1ϕ8 l=700	1ϕ10 l=700①	1ϕ10 l=700①
类型	SPA-2-05	SPA-2-07	SPA-2-09	SPA-2-10
r	2ϕ8 l=450	2ϕ8 l=450	2ϕ8 l=700	2ϕ8 l=700
s	2ϕ8 l=700	2ϕ8 l=700	2ϕ10 l=700①	2ϕ10 l=700①

注：1. ①L>500 时 l=900，当 L>800 时 l=1100；

2. r、s 参见图 3-17；

3. 附加钢筋须在承重层和饰面层内都要放置。其长度和直径取决于拉给件的尺寸。

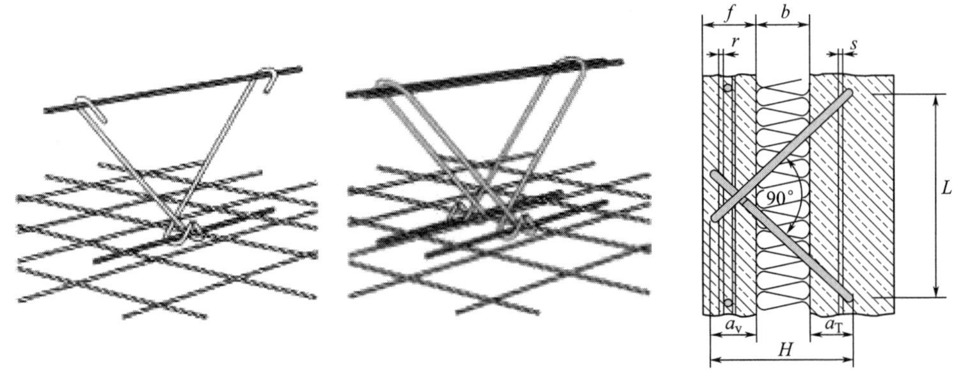

图 3-18　哈芬夹形支承拉结件 SPA 连接示意图[19]

3. 芬兰佩克连接件

芬兰佩克钢筋桁架与销钉连接件，用于连接预制夹心保温墙体的内、外叶板。最常用于保温层厚度为 40～390 mm，推荐尺寸为最高 3m、最宽 7m 的预制墙板。

钢筋桁架与销钉连接件采用不锈钢丝和钢筋弯曲焊接而成，穿过保温层，两侧锚固于预制夹心保温墙体的内、外叶板。产品包括四种连接件：斜对角连接件、PPA 过梁连接件、PPI 针式连接件、PDQ 针式连接件。

斜对角连接件采用单片桁架结构，包括不锈钢斜腹杆和不锈钢/钢筋弦杆。

PPA 过梁连接件主要用于混凝土板高度在局部无法满足斜对角连接件适用要求时（窗过梁或下部高度过低）的单个连接件。其腹筋由不锈钢制成。

PPI 和 PDQ 针式连接件是常与斜对角连接件组合使用以限制垂直于外层板变形（如翘曲）的单个连接件。

产品类型及主要参数详见表 3-65～表 3-68。

本节内容引自佩克官网，仅供参考。

芬兰佩克常用连接件的主要类型[20] **表 3-65**

<table>
<tr><th>产品类型</th><th colspan="2">主要参数</th><th colspan="2">示意图</th></tr>
<tr><td rowspan="5">斜对角
连接件</td><td>标准高度 h</td><td rowspan="5">表 3-60</td><td rowspan="5"> 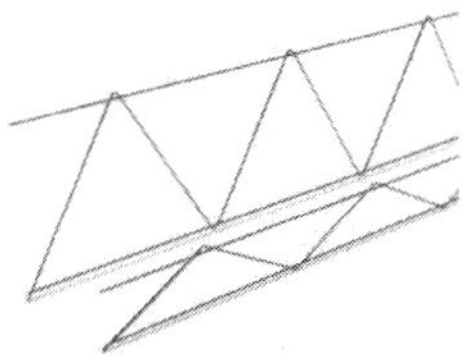</td><td rowspan="5"> 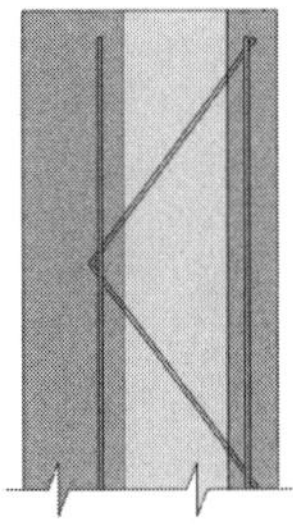</td></tr>
<tr><td>推荐保温厚度</td></tr>
<tr><td>长度 l_{Tie}</td></tr>
<tr><td>弯折角度 α</td></tr>
<tr><td>重量</td></tr>
<tr><td rowspan="5">PPA 过梁
连接件</td><td>标准高度 h</td><td rowspan="5">表 3-61</td><td rowspan="5"> 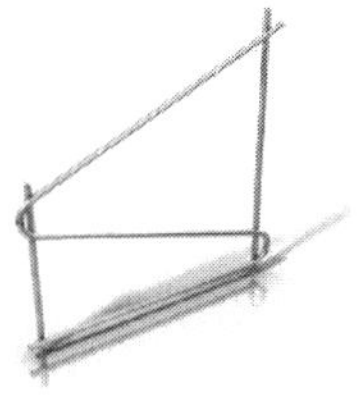</td><td rowspan="5"> 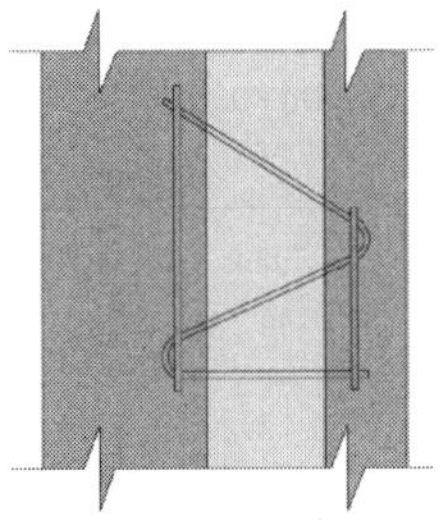</td></tr>
<tr><td>推荐保温厚度</td></tr>
<tr><td>长度 l</td></tr>
<tr><td>弯折角度 α</td></tr>
<tr><td>重量</td></tr>
<tr><td rowspan="3">PPI&PDQ
针式
连接件</td><td>长度 l_{pin}</td><td rowspan="3">表 3-62</td><td rowspan="3"> </td><td rowspan="3"> 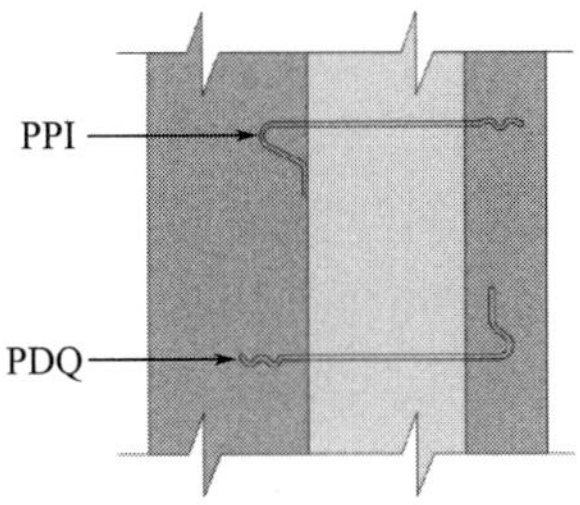PPI
PDQ</td></tr>
<tr><td>推荐保温厚度</td></tr>
<tr><td>重量</td></tr>
</table>

芬兰佩克斜对角连接件的参数 **表 3-66**

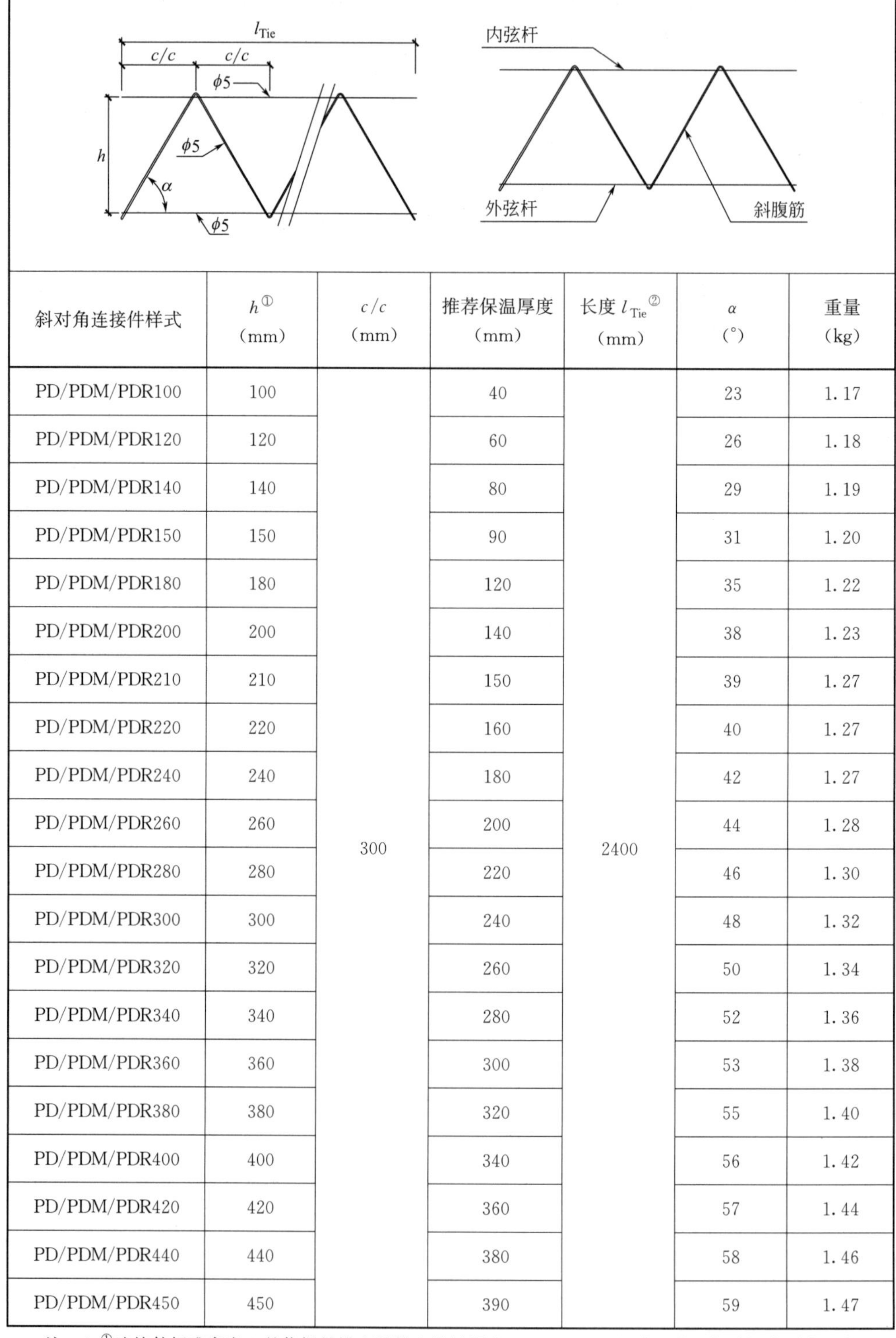

斜对角连接件样式	h[①]（mm）	c/c（mm）	推荐保温厚度（mm）	长度 l_{Tie}[②]（mm）	α（°）	重量（kg）
PD/PDM/PDR100	100	300	40	2400	23	1.17
PD/PDM/PDR120	120		60		26	1.18
PD/PDM/PDR140	140		80		29	1.19
PD/PDM/PDR150	150		90		31	1.20
PD/PDM/PDR180	180		120		35	1.22
PD/PDM/PDR200	200		140		38	1.23
PD/PDM/PDR210	210		150		39	1.27
PD/PDM/PDR220	220		160		40	1.27
PD/PDM/PDR240	240		180		42	1.27
PD/PDM/PDR260	260		200		44	1.28
PD/PDM/PDR280	280		220		46	1.30
PD/PDM/PDR300	300		240		48	1.32
PD/PDM/PDR320	320		260		50	1.34
PD/PDM/PDR340	340		280		52	1.36
PD/PDM/PDR360	360		300		53	1.38
PD/PDM/PDR380	380		320		55	1.40
PD/PDM/PDR400	400		340		56	1.42
PD/PDM/PDR420	420		360		57	1.44
PD/PDM/PDR440	440		380		58	1.46
PD/PDM/PDR450	450		390		59	1.47

注：1. ①连接件标准高度 h 的依据是锚入混凝土层的深度 30＋30mm。尺寸 h 是两侧弦杆中到中距离。
2. ②斜对角连接件的标准长度 l_{Tie} 为 2400mm。连接件可按 300mm 的倍数进行生产。

芬兰佩克 PPA 过梁连接件的参数 **表 3-67**

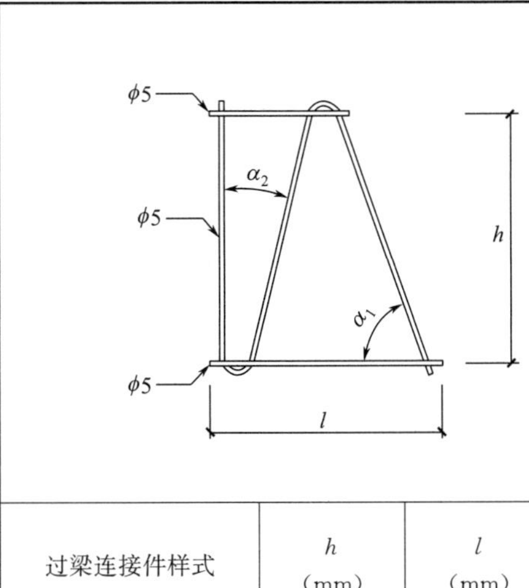

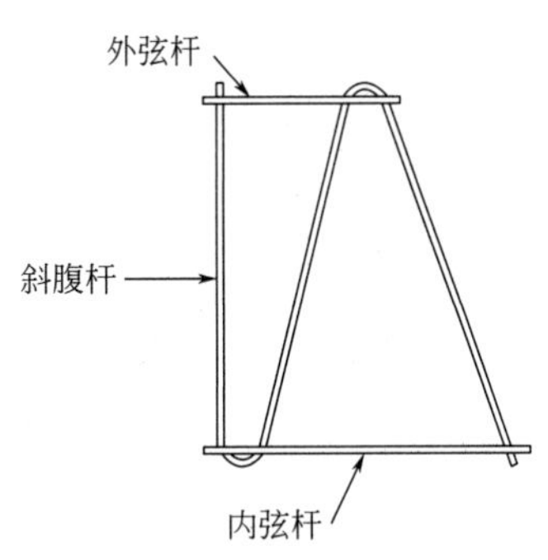

过梁连接件样式	h (mm)	l (mm)	推荐保温厚度 (mm)	α_1 (°)	α_2 (°)	重量 (kg)
PPA150	150	250	90	59	23	0.16
PPA180	180		120	63	20	0.17
PPA200	200		140	65	18	0.18
PPA210	210		150	66	17	0.18
PPA220	220		160	67	16	0.19
PPA240	240		180	69	15	0.20
PPA260	260		200	70	14	0.21
PPA280	280		220	71	13	0.21
PPA300	300	300	240	67	15	0.24
PPA320	320		260	68	14	0.25
PPA340	340		280	69	13	0.25
PPA360	360	350	300	65	14	0.28
PPA380	380		320	66	13	0.28
PPA400	400		340	67	13	0.29
PPA420	420	400	360	65	15	0.32
PPA440	440		380	66	14	0.33
PPA450	450		390	66	14	0.33

芬兰佩克 PPI、PDQ 针式连接件的参数　　表 3-68

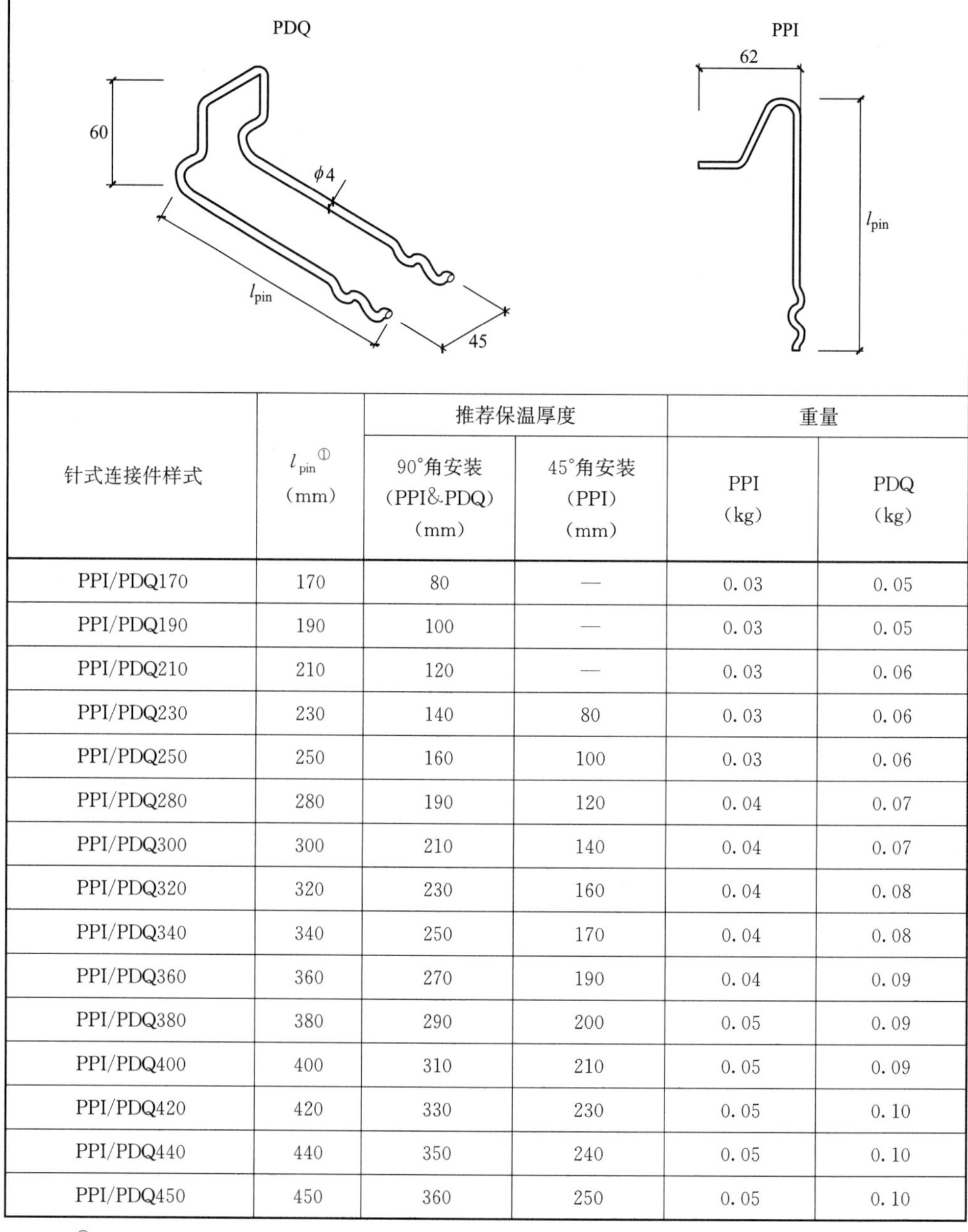

针式连接件样式	l_{pin} ① (mm)	推荐保温厚度		重量	
		90°角安装 (PPI&PDQ) (mm)	45°角安装 (PPI) (mm)	PPI (kg)	PDQ (kg)
PPI/PDQ170	170	80	—	0.03	0.05
PPI/PDQ190	190	100	—	0.03	0.05
PPI/PDQ210	210	120	—	0.03	0.06
PPI/PDQ230	230	140	80	0.03	0.06
PPI/PDQ250	250	160	100	0.03	0.06
PPI/PDQ280	280	190	120	0.04	0.07
PPI/PDQ300	300	210	140	0.04	0.07
PPI/PDQ320	320	230	160	0.04	0.08
PPI/PDQ340	340	250	170	0.04	0.08
PPI/PDQ360	360	270	190	0.04	0.09
PPI/PDQ380	380	290	200	0.05	0.09
PPI/PDQ400	400	310	210	0.05	0.09
PPI/PDQ420	420	330	230	0.05	0.10
PPI/PDQ440	440	350	240	0.05	0.10
PPI/PDQ450	450	360	250	0.05	0.10

注：①针式连接件长度可按 10mm 的倍数进行生产。

3.2.5 预埋吊件

装配式混凝土建筑的预制构件在工厂生产，然后运到建筑施工现场使用，因此多了预制构件脱模、转移、吊装等工序，为完成此类工序而生的预埋吊件因此成为装配式混凝土建筑重要的连接材料之一。

吊具或吊索具是起重设备或吊物主体与被吊物体之间的连接件的统称，是起重吊运工具和被吊物品之间起柔性连接作用的工具之一。一般由预埋吊件和吊装连接件两部分组成。预埋吊件应满足构件吊装的性能要求，且在试验中抗拉拔性能优异，以确保吊装等工序的安全和便利。常用预埋吊件见表 3-69。

建筑常用预埋吊件的主要类型　　表 3-69

类型	非专用预埋吊件	专用预埋吊件[19]			
	吊环	圆锥头吊钉	扁钢吊钉	套筒吊钉	套筒吊钉(改进型)
材料	未经冷加工的HPB300 级钢筋	特殊钢材	特殊质量的扁钢	特殊钢材	
系统构成	吊环锚入混凝土并应焊接或绑扎在钢筋骨架上，与吊具配合使用	圆锥头吊装锚栓与可拆除的拆模器一起浇筑到混凝土中，万向吊头可快速简单地连接到锚栓，用于吊装和运输	由浇筑在预制混凝土板块中的扁钢吊钉，拆模器和吊头构成	套筒吊钉系统由圆形的钢筋吊钉腿和内螺纹套筒组成，将吊装设备拧入套筒，即可进行吊装运输	
特点	可与各种成熟的吊具配合使用	可以承受来自各个方向的荷载	可以承受来自各个方向的荷载	吊钉类型多	套筒吊钉体型非常纤细，特别适用于预制薄壁组件
	吊环的 U 形钢筋伸出构件表面对脱模造成一定困难	安全、快速、高效	环状吊头可通过吊钉头部的孔与之连接，吊头可以通过手动或远程遥控进行释放		增加了内部套筒保护装置，套筒有一个螺旋式螺帽，以防止灰尘进入
	吊环制作过程中的弯折对钢筋造成一定损伤，具有安全隐患	吊钉头部铸造成配套的通用吊具适合的形状	环状吊头和吊钉固定搭配使用，不会发生吊头和吊钉误配的情况		
		无需突出构件表面	无需突出构件表面	无需突出构件表面	无需突出构件表面
		吊钉及所需配件类型多样	吊钉可防止剪力造成的混凝土破坏		需使用特殊的吊装器或翻转吊装器进行吊装
		吊头耐磨损，耐用	吊钉类型多		通过可拧入的适配器与通用吊具快速连接
		精度要求较高	精度要求较高	精度要求较高	精度要求较高
适用范围	经计算确定	10 种荷载等级，荷载范围 1.3～45t；可吊装各种预制构件	15 种荷载等级，荷载范围 0.7～26t	适用于楼板吊装	9 种荷载等级，荷载范围 1.3～25t；适用于薄壁构件；可用于板件吊装

续表

类型	非专用预埋吊件	专用预埋吊件[19]			
	吊环	圆锥头吊钉	扁钢吊钉	套筒吊钉	套筒吊钉(改进型)
示意图					

目前，国内与预埋吊件相关的标准尚在编制中，实际工程应用中参数不统一。业内一般采用国家关于混凝土施工设计及安全的标准做参考，满足相关规范提出的受力及荷载计算、吊装方法、吊点位置等基本设计要求，而后根据混凝土预制构件的尺寸、形状、配筋，以及吊具系统的选用，进一步进行深化设计或验算。

3.3 保温材料

保温材料一般是指导热系数小于或等于 0.12W/(m·K) 的材料。装配式混凝土建筑中使用的保温材料与传统混凝土建筑基本一致。按照材料的成分大体可分为无机保温材料、有机保温材料和复合保温材料。各类常见建筑保温材料及其主要性能参数详见表 3-70。

保温材料保温性能的优劣，主要取决于热传导性能的高低（指标为导热系数），其热传导性能越低（即导热系数越小），保温性能便越好。保温材料的优劣还取决于耐水性、自重和防火等级。如果保温材料的耐水性差，使得吸水率增大，会导致材料保温性能的急剧降低以及自重的增大。具有较轻的自重和良好防火性的保温材料对建筑物安全性能的提高作用很大。装配式混凝土建筑中预制混凝土夹心保温墙体中的保温材料在选用时，同样要综合权衡保温材料的热传导性能、自重、耐水性和防火等级。见表 3-64～表 3-66。夹心外墙板中的保温材料，其导热系数不宜大于 0.040W/(m.K)，体积比吸水率不宜大于 0.3%，燃烧性能不应低于国家标准《建筑材料及制品燃烧性能分级》GB 8624 中 B2 级的要求。夹心外墙板接缝处填充用保温材料的燃烧性能应满足国家标准《建筑材料及制品燃烧性能分级》GB 8624 中 A 级的要求[2]。

通过对比无机保温材料与有机保温材料的主要性能（表 3-71），可以看出，两者在自重及保温、防水、防火性能等方面均各有利弊。近年来，随着有机保温材料合成技术的进步，针对既有无机和有机保温材料进行材料改性以期达到更好材料性能的努力渐显成效。我国先后开发出复合保温板、饰面复合保温板和防火保温装饰一体化板等复合保温材料。建筑常用复合保温材料及性能要求，见表 3-72。

建筑常用保温材料材料性能、热工性能、燃烧性能指标汇总 **表 3-70**

名称		表观密度 (kg/m³)	抗压强度 (MPa)	抗拉强度 (MPa)	吸水率 (%)	导热系数 [W/(m·K)]	蓄热系数 [W(m²·K]	墙体修正系数	屋面修正系数	燃烧性能等级	备注
岩棉板	幕墙系统用	≥100	—	≥0.0075	憎水率 ≥98.0	0.040	0.70	1.30	—	不低于 A_2 (A)级	苏 JG/T 046—2012①
	薄抹灰系统用	≥140	≥0.04 (≥50mm)	≥0.010							
发泡水泥板		200～230	≥0.50	≥0.10	≤10.0	≤0.065	1.07	1.20	—	A 级	DGJ 32/TJ-174—2014
EPS板	033 级	18～22	≥0.10②	≥0.10	≤3.0	≤0.033	0.36②	1.20②	—	B_1 级	JGJ 144—2019
	039 级					≤0.039				不低于 B_2 级	
XPS 板		25～35	≥0.15②	≥0.10	≤1.5	≤0.030	0.54②	1.15②	1.25②		JGJ 144—2019
PUR 板		≥35	≥0.15②	≥0.10	≤3.0	≤0.024	0.36②	1.20②	1.35②		JGJ 144—2019
复合材料保温板		≤280	≥0.40	≥0.10	≤10.0	≤0.060	1.07	1.20	1.25	A 级	DGJ32/TJ 204—2016

注：1. ①：《岩棉外墙外保温系统应用技术规程》（苏 JG/T 046—2012）已废止。根据苏建科函［2015］45 号文件规定其有效期延续至相应地方标准实施之日。本表参数仅供参考。

2. ②：参考现行工程建设标准《江苏省居住建筑热环境和节能设计标准》DGJ32/J71—2014。

无机保温材料与有机保温材料的主要性能比较 **表 3-71**

分类	无机保温材料	有机保温材料
优点	能够达到 A 级防火,具有极佳的温度稳定性和化学稳定性,与建筑墙体同寿命	质量轻
	施工简便	可加工性好
	工程成本低	导热系数低,保温效果好
		耐水性好
		安装简单、机械性能好
缺点	容重稍微偏大	不耐老化
	保温隔热效果稍差	变形系数大
	抗撞击和受压强度稍差	燃烧等级相对低,容易产生毒气(表 3-66)
	吸湿性大	

建筑常用复合保温材料 **表 3-72**

项目	复合材料保温板	保温装饰板
定义	以胶凝材料、保温填料为主要原料,添加功能性外加剂,经搅拌、成型、养护、切割等工艺制成的匀质材料保温板	在工厂预制成型,集保温功能和装饰功能于一体的板状材料。由保温芯材板、面板、饰面层构成,根据需要设置底板
优点	取材容易、制作简单、价格低廉	工厂预制,清洁施工
	不燃、无毒、无放射物	耐候、耐冻融,产品稳定性好
	与水泥制品粘结较好	提升装饰效果,解决墙体开裂问题
	抗拉、抗压强度、防水、透气等性能均满足外保温的要求	施工难度低,施工环境限制小
		造价适中,综合成本低
		适用范围广
缺点	密度较大、导热系数较高	漆面材料易出现色差
	材料吸水率较高	石材类饰面排版要求高
	严格限制厚度或加强连接,防止保温材料脱落坠落	存储运输条件要求高
	禁止采用烧结瓷砖饰面,防止瓷砖脱落坠落	对面板自重要求高
		保温材料、面板材料、胶粘材料间相容性要求高
适用范围	墙体保温、屋面保温	外墙外保温与装饰
性能指标	见表 3-73	见表 3-74

复合材料保温板性能指标[22] 表 3-73

项目	性能指标
干密度(kg/m³)	≤280
导热系数(25℃)[W/(m·K)]	≤0.06
抗压强度(MPa)	≥0.40
抗拉强度(MPa)	≥0.10
吸水率(体积分数)(%)	≤10.0
干燥收缩值(mm/m)	≤1.50
软化系数	≥0.80
燃烧性能等级	A 级

保温装饰板性能指标[23] 表 3-74

项目		性能指标	
		Ⅰ型板	Ⅱ型板
面密度(kg/m²)		≤20	20～30
耐冻融		不得出现面板出现裂缝、空鼓或脱落，以及饰面层起泡或剥落等情况	
面板与保温芯材板拉伸粘结强度(MPa)	原强度	≥0.10,破坏界面在保温芯材板上	
	耐水		
	耐冻融		
外观		颜色均匀一致,表面平整,无破损	
表面涂层耐酸性(48h)		无异常	
表面涂层耐碱性(96h)		无异常	
表面涂层耐老化(h)		≥1000	
表面涂层附着力(级)		≤1	
锚固件组合单元承载力(kN)		≥0.15	≥0.30

保温装饰一体化外墙外保温系统是近年来逐渐兴起的一种新的外墙外保温做法。它的核心技术特点就是通过工厂预制成型等技术手段，将保温材料与面层保护材料（同时带有装饰效果）复合而成，具有保温和装饰双重功能。施工时可采用聚合物胶浆粘贴、聚合物胶浆粘贴与锚固件固定相结合、龙骨干挂/锚固等方法。保温装饰一体化外墙外保温系统的产品构造形式多样。保温材料可为 XPS、EPS、PUR 等有机泡沫保温塑料，也可以是无机保温板。面层材料主要有天然石材（如大理石等）、彩色面砖、彩绘合金板、铝塑板、聚合物砂浆＋涂料或真石漆、水泥纤维压力板（或硅酸钙）＋氟碳漆等。复合技术一般采用有机树脂胶粘贴加压成型，或聚氨酯直接发泡粘结，也有采用聚合物砂浆直接复合[21]。

3.4 防水材料

装配式混凝土建筑中常用的防水材料一般有防水卷材、防水涂料、防水砂浆、防水密封胶、止水材料、堵漏材料等几大类别。其中，防水卷材、防水涂料、防水砂浆等材料与传统现浇混凝土建筑中的应用基本一致，本书不再赘述。

装配式混凝土建筑采用工厂预制构件、现场装配而成，存在较多构件间的水平、竖向接缝或预制构件与现浇连接的施工缝，装配式混凝土建筑结构由于受到温度伸缩（干缩）、地震台风、结构荷载、不均匀沉降等作用产生位移接缝及内外饰面的非位移接缝，选用合适的密封材料是保证装配式建筑耐久安全使用的重要因素。因此，适用于装配式混凝土建筑的防水密封胶、止水材料和堵漏材料等是本节重点阐述的内容。

3.4.1 防水密封胶

凡具备防水特定功能（防止液体、气体、固体的侵入，起到水密、气密作用）的密封材料称之为防水密封材料。防水密封材料按其形态可分为定形密封材料和非定形密封材料两大类。多数非定形密封材料是以橡胶、树脂等高分子合成材料为基料制成的。建筑中常用的各种防水密封胶，如聚硫防水密封胶、聚氨酯防水密封胶、硅橡胶防水密封胶等均属于非定形密封材料。防水密封胶已成为解决防水密封的关键性材料，在整个防水密封材料中占主导地位。

防水密封胶是装配式混凝土预制外墙接缝的第一道防水屏障，胶体本身的质量和性能至关重要。《装配式混凝土结构技术规程》JGJ 1—2014 中第 4.3.1 条对外墙接缝处的密封材料做出了明确规定：密封胶应与混凝土具有相容性，以及规定的抗剪切和伸缩变形能力；密封胶尚应具有防霉、防水、防火、耐候等性能；硅酮、聚氨酯、聚硫建筑密封胶应分别符合国家现行标准《硅酮和改性硅酮建筑密封胶》GB/T 14683、《聚氨酯建筑密封胶》JC/T 482、《聚硫建筑密封胶》JC/T 483 的规定[2]。

1. 聚硫防水密封胶

聚硫密封胶是以液态聚硫胶为主要成分的非定形密封材料。聚硫密封胶是由聚硫橡胶和金属过氧化物等硫化剂反应，在常温下形成弹性体，可用于活动较大的接缝。随着大型墙板建筑体系的发展，聚硫密封胶在可动接缝防水密封中表现出它的价值。聚硫密封胶具有优异的耐候性、耐久性，能很好地粘结各种建筑材料，产品无毒。广泛用于建筑工程中的混凝土收缩、沉降等变形缝的粘结密封[24]。聚硫建筑密封胶的性能应满足《聚硫建筑密封胶》JC/T 483 的规定，见表 3-75。

2. 聚氨酯防水密封胶（PU 胶）

聚氨酯密封胶是以聚氨基甲酸酯为主要成分的非定形密封材料。聚氨酯密封胶的发展迄今已有 30 多年的历史，现已取代了用量最大的聚硫密封胶的地位。聚氨酯密封胶的主要特点见表 3-76。

聚硫建筑密封胶的物理力学性能[25] **表 3-75**

序号	试验项目		技术指标		
			20HM	25LM	20LM
1	密度(g/cm^3)		规定值±0.1		
2	流动性	下垂度(N型)(mm)	≤3		
		流平性(L型)	光滑平整		
3	表干时间(h)		≤24		
4	适用期(h)		≥2		
5	弹性恢复率(%)		≥70		
6	拉伸模量(MPa)	23℃	＞0.4或＞0.6	＞0.4或＞0.6	≤0.4和≤0.6
		−20℃			
7	定伸粘结性		无破坏		
8	浸水后定伸粘结性		无破坏		
9	冷拉-热压后的粘结性		无破坏		
10	质量损失率(%)		≤5		

注：适用期允许采用供需双方商定的其他指标值。

聚氨酯密封胶的主要特点[24] **表 3-76**

项目	优点	缺点
聚氨酯密封胶	1 优良的耐磨性； 2 低温柔软性； 3 性能可调节范围较广； 4 机械强度高； 5 粘结性好； 6 弹性好； 7 具有优良的复原性，可适用于动态接缝； 8 耐候性好，使用寿命可达15～20年； 9 耐油性能优良； 10 耐生物老化； 11 价格适中	1 不能长期耐热； 2 浅色配方容易受紫外线光老化； 3 单组分胶贮存稳定性受包装及外界影响较大，通常固化较慢； 4 高温热环境下可能产生气泡和裂纹

聚氨酯密封胶主要用于混凝土预制板的连接及施工缝的填充密封，门窗的木框四周与墙的混凝土之间的密封嵌缝，建筑物上轻质结构（如幕墙）的粘贴嵌缝，阳台、浴室等设施的防水嵌缝，空调及其他体系连接处的密封，隔热双层玻璃、隔热窗框的密封等。聚氨酯密封胶一般分为单组分和双组分两种基本类型，见表 3-77。装配式外墙接缝防水采用聚氨酯密封胶时，其性能应满足《混凝土接缝用建筑密封胶》JC/T 881 和《聚氨酯建筑密封胶》JC/T 482 的相关规定，见表 3-78。

聚氨酯防水密封胶的主要类型[24] 表 3-77

名称	特点	适用范围
单组分聚氨酯防水密封胶	1 湿气固化型，施工方便但固化较慢； 2 性能可调范围宽、适应性强； 3 耐磨性能好，机械强度高； 4 粘结性能好； 5 弹性好，具有优良的复原性，可用于动态接缝； 6 低温柔性好，耐候性好，耐油性好，耐生物老化； 7 价格适中	混凝土预制板的连接及施工缝的填充密封，门窗的木框四周与墙的混凝土之间的密封嵌缝，建筑物上轻质结构的粘贴嵌缝，阳台、游泳池、浴室等设施的防水嵌缝，空调及其他体系连接处的嵌缝密封
双组分聚氨酯防水密封胶	1 反应固化型，固化快、性能好，但使用时需配制，工艺较复杂； 2 性能可调节范围较广； 3 优良的耐磨性，机械强度高； 4 粘结性好； 5 弹性好，具有优良的复原性，适合动态接缝和变形缝、伸缩缝； 6 低温柔性好，耐候性好，耐油性优良，耐生物老化； 7 价格低廉	混凝土预制件等建材的连接及施工缝的填充密封

聚氨酯建筑密封胶的物理力学性能[26] 表 3-78

试验项目		技术指标		
		20HM	25LM	20LM
密度(g/cm^3)		规定值±0.1		
流动性	下垂度(N型)(mm)	≤3		
	流平性(L型)	光滑平整		
表干时间(h)		≤24		
挤出性①(mL/min)		≥80		
适用期②(h)		≥1		
弹性恢复率(%)		≥70		
拉伸模量(MPa)	23℃	>0.4或>0.6	≤0.4和≤0.6	
	−20℃			
定伸粘结性		无破坏		
浸水后定伸粘结性				
冷拉-热压后的粘结性				
质量损失率(%)		≤7		

注：1. ①此项仅适用于单组分产品；

2. ②此项仅适用于多组分产品，允许采用供需双方商定的其他指标值。

3. 硅橡胶防水密封胶

有机硅橡胶是以聚硅氧烷为主要成分的非定形密封材料。有机硅橡胶分为单组分和双组分两种基本类型。近年来单组分硅橡胶密封胶在建筑方面的应用发展很快，它可用作预制件的嵌缝密封材料、防水堵漏材料以及金属窗框上镶嵌玻璃的密封料。有机硅橡胶有高模量、中模量和低模量之分，不同模量的有机硅橡胶密封胶，在建筑中的应用部位各不相同。其中低模量有机硅橡胶密封胶主要应用于建筑物的非结构型密封部位，如预制混凝土墙板。

装配式外墙防水密封胶常采用的硅橡胶防水密封胶有：硅酮建筑密封胶（SR胶）和改性硅酮建筑密封胶（MS胶）。其性能应满足现行行业标准《混凝土接缝用建筑密封胶》JC/T 881《硅酮和改性硅酮建筑密封胶》GB/T 14683 的相关规定，见表 3-79 和表 3-80。

硅酮建筑密封胶（SR胶）的理化性能[27]　　表 3-79

序号	项目		技术指标							
			50LM	50HM	35LM	35HM	25LM	25HM	20LM	20HM
1	密度(g/cm^3)		规定值±0.1							
2	下垂度(mm)		≤3							
3	表干时间①(h)		≤3							
4	挤出性(mL/min)		≥150							
5	适用期②		供需双方商定							
6	弹性恢复率(%)		≥80							
7	拉伸模量(MPa)	23℃ -20℃	≤0.4 和 ≤0.6	>0.4 或 >0.6	≤0.4 和 ≤0.6	>0.4 或 >0.6	≤0.4 和 ≤0.6	>0.4 或 >0.6	≤0.4 和 ≤0.6	>0.4 或 >0.6
8	定伸粘结性 浸水后定伸粘结性 冷拉-热压后粘结性 紫外线辐照后粘结性③ 浸水光照后粘结性④		无破坏							
9	质量损失率(%)		≤8							
10	烷烃增塑剂⑤		不得检出							

注：①允许采用供需双方商定的其他指标值；②仅适用于多组分产品；③仅适用于 Gn 类产品；④仅适用于 Gw 类产品；⑤仅适用于 Gw 类产品。

改性硅酮建筑密封胶（MS胶）的理化性能[27]　　表 3-80

序号	项目	技术指标				
		25LM	25HM	20LM	20HM	20LM-R
1	密度(g/cm^3)	规定值±0.1				
2	下垂度(mm)	≤3				
3	表干时间(h)	≤24				
4	挤出性①(mL/min)	≥150				

续表

序号	项目		技术指标				
			25LM	25HM	20LM	20HM	20LM-R
5	适用期[②](min)		≥30				
6	弹性恢复率(%)		≥70	≥70	≥60	≥60	—
7	定伸永久变形(%)		—	—	—	—	>50
8	拉伸模量(MPa)	23℃	≤0.4 和	>0.4 或	≤0.4 和	>0.4 或	≤0.4 和
		−20℃	≤0.6	>0.6	≤0.6	>0.6	≤0.6
9	定伸粘结性 浸水后定伸粘结性 冷拉-热压后粘结性		无破坏				
10	质量损失率(%)		≤5				

注：1.①仅适用于单组分产品；

2.②仅适用于多组分产品；允许采用供需双方商定的其他指标值。

(1) 硅酮建筑密封胶（SR 胶）

硅酮建筑密封胶（silicone sealant for building）以聚硅氧烷为主要成分、室温固化的单组分和多组分密封胶，按固化体系分为酸性和中性[27]。

硅酮建筑密封胶按用途分为三类：

1) F 类——建筑接缝用；

2) Gn 类——普通装饰装修镶装玻璃用，不适用于中空玻璃；

3) Gw 类——建筑幕墙非结构性装配用，不适用于中空玻璃。

(2) 改性硅酮建筑密封胶（MS 胶）

改性硅酮建筑密封胶（modified silicone sealant for building）以端硅烷基聚醚为主要成分、室温固化的单组分和多组分密封胶[3-27]，也称 MS 密封胶。开发、生产和应用改性硅酮密封是为了解决硅酮密封胶无法克服石材污染和涂饰性的问题。

改性硅酮建筑密封胶按用途分为两类：

1) F 类——建筑接缝用；

2) R 类——干缩位移接缝用，常见于装配式预制混凝土外挂墙板接缝。

MS 聚合物的低黏度、低模量，赋予 MS 胶良好的操作性、触变性、挤出性、低温柔性等优异性能，并具有优异的耐候性、耐老化性、易涂刷等优点。MS 胶是所有密封胶里黏度最低、受温度影响最小、唯一可采用吸胶法施工的密封胶，也是模量最低的密封胶，双组分设计，配以专用双组分胶枪使得多余胶量可重复利用，施工损耗更低，更经济。除玻璃外的几乎所有材质，MS 胶均能实现可靠粘接。位移变形能力优于单组分/双组分的聚氨酯密封胶和常见的单组分硅酮密封胶。不污染墙面，后期维修简易、可靠且综合成本低。具有完美的易涂装性，易满足外墙色彩设计要求。健康环保，综合性能优异。是最适合于装配式建筑的密封胶[28]。改性硅酮（MS）胶的性能特点详见图 3-19。

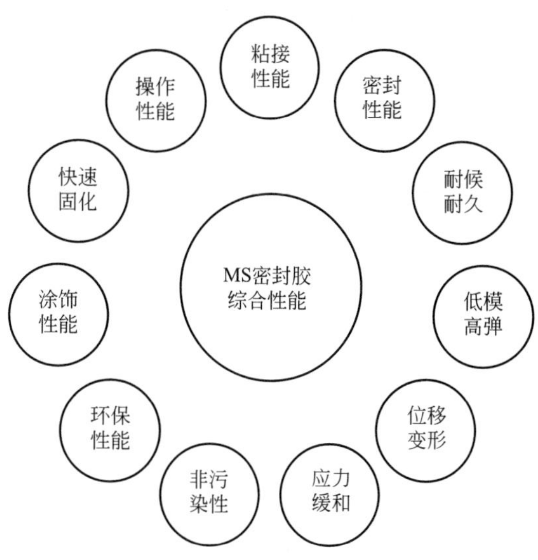

图 3-19 改性硅酮（MS）胶的性能特点[29]

密封胶按位移能力分为四个主要级别（表 3-81），按弹性模量可分为高模量（HM）和低模量（LM）两个次级别。通常用于装配式混凝土建筑预制外墙板接缝的防水密封胶可选用位移能力不低于 25%的低模量耐候性建筑密封胶。

密封胶级别[27] **表 3-81**

级别	试验拉压幅度(%)	位移能力(%)
50	±50	50.0
35	±35	35.0
25	±25	25.0
20	±20	20.0

3.4.2 止水材料

防水密封材料中的定形密封材料是具有一定形状和尺寸的密封材料。随着高分子工业的发展，塑料和橡胶制品的柔性止水条的应用逐渐增多。止水条通常埋置在混凝土中，不受阳光和空气的影响，所以不易老化，可以认为它们具有和混凝土结构相同的使用寿命。

装配式建筑预制外墙板接缝处的密封止水条是一种条带状防水密封材料。一般采用三元乙丙橡胶、氯丁橡胶或硅橡胶等高分子材料制成，技术要求应满足现行国家标准《高分子防水材料 第 2 部分：止水带》GB 18173.2 中 J 型的规定，直径宜为 20～30mm，见表 3-82。

预制外墙板的接缝在用防水密封胶填缝之前，通常会设置连续的背衬材料。背衬材料一方面起到控制密封胶填缝的深度和饱满度，另一方面也是防水的第二道屏障，增加防水的可靠性。背衬材料宜选用发泡闭孔聚乙烯塑料棒或发泡氯丁橡胶，直径应不小于缝宽的 1.5 倍，密度宜为 24～48kg/m^3。

止水带的物理性能[30] **表 3-82**

序号	项目			指标	
				J	
				JX	JY
1	硬度(邵尔 A)(度)			60±5	40～70①
2	拉伸强度(MPa)		≥	16	16
3	拉断伸长率(%)		≥	400	400
4	压缩永久变形(%)	70℃×24h,25%	≤	30	30
		23℃×168h,25%	≤	20	15
5	撕裂强度(kN/m)		≥	30	20
6	脆性温度(℃)		≤	−40	−50
7	热空气老化 70℃×168h	硬度变化(邵尔 A)(度)	≤	+6	+10
		拉伸强度(MPa)	≥	13	13
		拉断伸长率(%)	≥	320	300
8	臭氧老化 50×10^{-8}:20%,(40±2)℃×48h			无裂纹	

注：1. ①该橡胶硬度范围为推荐值，供不同沉管隧道工程 JY 类止水带设计参考使用；
2. 沉管隧道接头缝用止水带，用 J 表示：可卸式止水带，用 JX 表示；压缩式止水带，用 JY 表示。

3.4.3 堵漏材料

预制混凝土夹心保温墙体的外墙接缝，常采取结构防水、材料防水、构造防水相结合的处理方式。结构防水是对墙板四边与现浇梁、柱等施工接缝处，用水泥基渗透结晶材料以处理消除新旧混凝土施工缝的渗漏风险。

水泥基渗透结晶型防水材料应具有良好的渗透性、裂缝自愈性、抗渗性及与潮湿基面的粘结性。此类材料中的活性化学物质起着渗透结晶的作用，可使混凝土和砂浆表面或内部出现的微细裂纹自动愈合，从而赋予混凝土、砂浆持续的防水性。水泥基渗透结晶型防水材料按使用方法分为水泥基渗透结晶型防水涂料和水泥基渗透结晶型防水剂，其性能应符合现行国家标准《水泥基渗透结晶型防水材料》GB 18445 的相关规定，见表 3-83、表 3-84。

水泥基渗透结晶型防水涂料的物理力学性能[31] **表 3-83**

序号	试验项目		性能指标
1	外观		均匀、无结块
2	含水率(%)	≤	1.5
3	细度,0.63mm 筛余(%)	≤	5
4	**氯离子含量(%)**	**≤**	**0.10**

续表

序号	试验项目			性能指标
5	施工性	加水搅拌后 20min		刮涂无障碍
6	抗折强度(MPa),28d		≥	2.8
7	抗压强度(MPa),28d		≥	15.0
8	**湿基面粘结强度(MPa),28d**		**≥**	**1.0**
9	砂浆抗渗性能	带涂层砂浆的抗渗压①(MPa),28d		报告实测值
		抗渗压力比(带涂层)(%),28d	**≥**	**250**
		去除涂层砂浆的抗渗压力①(MPa),28d		报告实测值
		抗渗压力比(去除涂层)(%),28d	**≥**	**175**
10	**混凝土抗渗性能**	带涂层混凝土的抗渗压力①(MPa),28d		报告实测值
		抗渗压力比(带涂层)(%),28d	**≥**	**250**
		去除涂层混凝土的抗渗压力①(MPa),28d		报告实测值
		抗渗压力比(去除涂层)(%),28d	**≥**	**175**
		带涂层混凝土的第二次抗渗压力(MPa),56d	**≥**	**0.8**

注：1. ①基准砂浆和基准混凝土28d抗渗压力应为$0.4^{+0.0}_{-0.1}$MPa，并在产品质量检验报告中列出；
2. 序号4、8、9和10中的抗渗压力比、带涂层混凝土的第二次抗渗压力为强制性的，其余为推荐性的。

水泥基渗透结晶型防水剂的物理力学性能[31]　　表 3-84

序号	试验项目			性能标准
1	外观			均匀,无结块
2	含水率(%)		≤	1.5
3	细度,0.63mm筛余(%)		≤	5
4	**氯离子含量(%)**		**≤**	**0.10**
5	总碱量(%)			报告实测值
6	减水率(%)		<	8
7	含气量(%)		≤	3.0
8	凝结时间差	初凝(min)	>	−90
		终凝(h)		—
9	**抗压强度比(%)**	**7d**	**≥**	**100**
		28d	**≥**	
10	**收缩率比(%),28d**		**≤**	**125**

续表

序号	试验项目		性能标准
11	混凝土抗渗性能	掺防水剂混凝土的抗渗压力[①](MPa),28d	报告实测值
		抗渗压力比(%),28d ≥	**200**
		掺防水剂混凝土的第二次抗渗压力(MPa),56d	报告实测值
		第二次抗渗压力比(%),56d ≥	**150**

注：1. [①]基准混凝土 28d 抗渗压力应为 $0.4^{+0.0}_{-0.1}$MPa，并在产品质量检验报告中列出；

2. 序号 4、9、10 和 11 中的抗渗压力比和第二次抗渗压力为强制性的，其余为推荐性的。

3.5 其他材料

3.5.1 混凝土外加剂

1. 内掺外加剂

内掺外加剂是指混凝土拌和前或拌和过程中掺入用以改善混凝土性能的物质。包括减水剂、引气剂、早强剂、速凝剂、防水剂、阻锈剂、膨胀剂、防冻剂等。

预制混凝土构件所用的内掺外加剂与现浇混凝土常用的外加剂品种基本一致，只是不用泵送剂，也不用像商品混凝土那样为远途运输混凝土而添加延缓混凝土凝结时间的外加剂。预制混凝土构件最常用的外加剂包括减水剂、引气剂、早强剂、防水剂等。

2. 外涂外加剂

外涂外加剂是预制混凝土构件为形成与后浇混凝土接触界面的粗糙面而使用的缓凝剂，涂刷或喷涂在要形成粗糙面的模具表面，延缓该处混凝土凝结。构件脱模后，用压力水枪将未凝结的水泥浆料冲去，形成粗糙面。

为保证粗糙面形成的均匀性，宜选用外涂外加剂专业厂家的产品。

3.5.2 脱模剂

混凝土制品用脱模剂是喷涂（刷涂）于模具工作面，起隔离作用，在拆模时能使混凝土与模具顺利脱离，保持混凝土形状完整及模具无损的材料（液体或可溶解成液体的固体材料）。混凝土预制构件在生产中采用的脱模剂需满足以下要求：[32]

（1）良好的脱模性能；

（2）涂敷方便、成膜快、拆模后易清洗；

（3）不影响混凝土表面装饰效果；

（4）不污染钢筋，对混凝土无害；

（5）保护模板、延长模板使用寿命；

（6）具有较好的稳定性；

（7）根据不同施工条件，能满足耐雨水冲刷、耐热、耐冻等特殊要求；

（8）脱模剂除具有脱模性能外，最好兼有养护、封闭模板及装饰等多种功能；

(9) 能一涂多用，降低成本。

我国常用的脱模剂有水质类脱模剂、乳化类脱模剂、溶剂类脱模剂、树脂类脱模剂等，选用时脱模剂应符合现行行业标准《混凝土制品用脱模剂》JC/T 949 的要求，见表 3-85。

常用脱模剂种类及基本要求[32,33] **表 3-85**

种类	水质类脱模剂	乳化类脱模剂	溶剂类脱模剂	树脂类脱模剂
定义	用皂脚、石灰水、滑石粉、脂肪酸钠皂、海藻酸钠等原材料制成的脱模剂	采用石油隔离润滑材料、乳化剂、成膜材料、稳定剂、防腐防锈剂及消泡剂等助剂乳化而成。我国大量采用水包油型	由金属皂(如脂肪酸锆皂、癸酸锆等)或石蜡用溶剂(如汽油、煤油、苯、松节油、柴油等)溶制而成	由甲基硅树脂、不饱和聚酯树脂、环氧树脂加上固化剂制成的脱模剂
特点	配制简单,使用方便,成本低。普遍用于预制构件的底模、胎模等,有较好的脱模性能,构件表面平整光洁无油污,不影响装饰	制备简单,价格低廉,易施工(可涂刷或喷涂),易清模	适用于钢模、木模,冬夏使用皆宜	脱模效果好
	掺有滑石粉的脱模剂,粉尘大,劳动条件差	脱模效果好,构件外观光洁,不影响装饰	脱模效果好,有耐水冲刷能力	涂一次可连续脱模 3～5 次,有的可达 10 次,如不饱和聚酯树脂和硅油脱模剂
	呈碱性的脱模剂(如海藻酸钠),长期使用会使模板锈蚀	模板不锈蚀,钢筋、混凝土表面及操作者不受污染	成本较高	成本较高
	涂刷后要避免雨水冲刷,雨季露天施工时慎用	有一定耐雨淋能力	对混凝土表面有一定污染	清模较为困难
	负温下易冻结,不宜使用	负温下慎用		有的产品有微毒
基本要求	应无毒、无刺激性气味,不应对混凝土表面及混凝土性能产生有害影响			
匀质性	应符合表 3-86 规定			
施工性能	应符合表 3-87 规定			

脱模剂匀质性指标[33] **表 3-86**

检验项目		指标
匀质性	密度(g/mL)	液体产品应在生产厂控制值的±0.02g/mL 以内
	黏度(s)	液体产品应在生产厂控制值的±2s 以内
	pH 值	产品应在生产厂控制值的±1 以内
	固体含量	1 液体产品应在生产厂控制值的相对量的 6%以内； 2 固体产品应在生产厂控制值的相对量的 10%以内
	稳定性	产品稀释至使用浓度的稀释液无分层离析，能保持均匀状态

脱模剂施工性能指标[33] **表 3-87**

检验项目		指标
施工性能	干燥成膜时间	10～50min
	脱模性能	能顺利脱模，保持棱角完整无损，表面光滑；混凝土黏附量不大于 $5g/m^2$
	耐水性能①	按试验规定水中浸泡后不出现溶解、粘手现象
	对钢模具锈蚀作用	对钢模具无锈蚀危害

注：1.①脱模剂在室内使用时，耐水性能可不检。

3.6 本章小结

本章主要介绍了装配式混凝土建筑中常用的结构主材、连接材料、保温防水材料等，收集整理了设计关注的常用材料的主要性能及相关参数，重点介绍了装配式混凝土建筑中一些新材料应用的情况、技术及标准的发展情况、有代表性的企业产品等，以供广大设计人员及相关技术人员参考和查阅。

参考文献

[1] 中华人民共和国住房和城乡建设部. 混凝土结构设计规范 GB 50010—2010 [S]. 北京：中国建筑工业出版社，2010.

[2] 中华人民共和国住房和城乡建设部. 装配式混凝土结构技术规程 JGJ 1—2014 [S]. 北京：中国建筑工业出版社，2014.

[3] 中华人民共和国住房和城乡建设部. 预制预应力混凝土装配整体式框架结构技术规程 JGJ 224—2010 [S]. 北京：中国建筑工业出版社，2011.

[4] 上海市住房和城乡建设管理委员会. 热轧带肋高强钢筋应用技术规程 DG/TJ 08-2236—2017 [S]. 上海：同济大学出版社，2017.

[5] 中华人民共和国住房和城乡建设部. 钢结构设计标准 GB 50017—2017 [S]. 北京：中国建筑工业出版社，2018.

[6] 国家市场监督管理总局 中国国家标准化管理委员会. 低合金高强度结构钢 GB/T 1591—2018 [S]. 北京：中国质检出版社，2018.

[7] 中华人民共和国住房和城乡建设部. 钢筋连接用灌浆套筒 JG/T 398—2019 [S]. 北京：中国标准出版社，2019.

[8] 中华人民共和国住房和城乡建设部. 钢筋连接用套筒灌浆料 JG/T 408—2019 [S]. 北京：中

国标准出版社，2019.
[9] 中华人民共和国住房和城乡建设部. 钢筋套筒灌浆连接应用技术规程 JGJ 355—2015 [S]. 北京：中国建筑工业出版社，2015.
[10] 郭学明. 装配式混凝土结构建筑的设计、制作与施工 [M]. 北京：机械工业出版社，2018.
[11] 企业资料. 利物宝全灌浆套筒技术参数 [Z]. 2015.
[12] 深圳现代营造企业资料. http：//www. xdyz. com. cn/.
[13] 江苏省住房和城乡建设厅. 装配整体式混凝土剪力墙结构技术规程 DGJ32/TJ 125—2016 [S]. 南京：江苏凤凰科学技术出版社，2016.
[14] 中华人民共和国住房和城乡建设部. 预应力混凝土用金属波纹管 JG/T 225—2007 [S]. 北京：中国标准出版社，2007.
[15] 中华人民共和国住房和城乡建设部. 钢筋机械连接用套筒 JG/T 163—2013 [S]. 北京：中国标准出版社，2013.
[16] 中华人民共和国住房和城乡建设部. 钢筋机械连接技术规程 JGJ 107—2016 [S]. 北京：中国建筑工业出版社，2016.
[17] 上海市住房和城乡建设管理委员会. 装配整体式混凝土居住建筑设计规程 DG/TJ 08-2071—2016 [S]. 上海：同济大学出版社，2016.
[18] 中华人民共和国住房和城乡建设部. 预制保温墙体用纤维增强塑料连接件 JG/T 561—2019 [S]. 北京：中国建筑工业出版社，2019.
[19] 哈芬企业资料. https：//www. halfen. com/cn/.
[20] 佩克企业资料. http：//www. peikko. cn/.
[21] 刘运学，盛忠章，韩喜林. 有机保温材料及应用 [M]. 哈尔滨：哈尔滨工业大学出版社，2015.
[22] 江苏省住房和城乡建设厅. 复合材料保温板外墙外保温系统应用技术规程 DGJ32/TJ 204—2016 [S]. 南京：江苏凤凰科学技术出版社，2016.
[23] 江苏省住房和城乡建设厅. 保温装饰板外墙外保温系统技术规程 DGJ32/TJ 86—2013 [S]. 南京：江苏科学技术出版社，2014.
[24] 沈春林. 新型建筑防水材料手册 [M]. 北京：中国建材工业出版社，2015.
[25] 中华人民共和国国家级属和改革委员会. 聚硫建筑密封胶 JC/T 483—2006 [S]. 北京：中国建材工业出版社，2003.
[26] 中华人民共和国国家级属和改革委员会. 聚氨酯建筑密封胶 JC/T 482—2003 [S]. 北京：中国建材工业出版社，2003.
[27] 中华人民共和国国家质量监督检验检疫总局 中国国家标准化管理委员会. 硅酮和改性硅酮建筑密封胶 GB/T 14683—2017 [S]. 北京：中国标准出版社，2017.
[28] 朱卫如，燕冰. 装配式建筑用改性硅酮密封胶特点与应用要求 [J]. 中国建筑防水，2018 (02)：19-23.
[29] 朱卫如. 装配式建筑密封防水系统 [J]. 混凝土世界，2019，116 (02)：38-45.
[30] 中华人民共和国国家质量监督检验检疫总局 中国国家标准化管理委员会. 高分子防水材料 第 2 部分：止水带 GB 18173. 2—2014 [S]. 北京：中国标准出版社，2014.
[31] 中华人民共和国国家质量监督检验检疫总局 中国国家标准化管理委员会. 水泥基渗透结晶型防水材料 GB 18445—2012 [S]. 北京：中国标准出版社，2012.
[32] 卡葆芝. 混凝土脱模剂 [J]. 混凝土与水泥制品，1989.
[33] 中华人民共和国国家发展和改革委员会. 混凝土制品用脱模剂 JC/T 949—2005 [S]. 北京：中国建材工业出版社，2005.

第 4 章　装配式混凝土建筑设计

装配式混凝土建筑设计在满足建筑使用功能和性能的前提下，采用模数化、模块化、系列化的标准化设计方法，实行“少规格、多组合”的设计原则，将建筑的各种构配件、部品和连接构造技术实行标准化设计与模块化组合，建立合理、可靠、可行的建筑技术通用体系，实现建筑的装配化建造。

4.1　标准化设计方法

标准化设计是装配式建筑从设计前期至设计完成全过程应遵循的技术原则，主要是采用模数化、模块化及系列化的设计方法。通过模数化、模块化的设计研究，以及具有典型性住宅卫生间、厨房、居室及交通体的模块化设计详解，为设计人员进行标准化设计提供技术方法和参考。

4.1.1　模数化设计

模数化设计是装配式混凝土建筑标准化设计、工业化生产的基础，是将建筑构成单元或功能空间模块的功能尺寸、生产尺寸、比例尺寸等进行模数设计整合，建立建筑与部品设计尺寸的标准体系，采用相应的导出模数应用方法，将建筑主体结构、建筑内装修以及部品部件等相互间的尺寸协调，实现模块组合的标准化设计。

建筑模数标准体系按照模块化设计层级的不同，分类为建筑模数数列和部品模数数列，两者之间具有十进制关系，应用时可相互借用。

1. 建筑模数数列

建筑模数是指建筑设计中选定的标准尺寸单位，设计适用范围详见表 4-1。建筑模数作为尺度协调中的增值单位，以 100mm 为基本模数（1M）的数值，整个建筑物及部件的模数化尺寸，应是基本模数的倍数。住宅建筑导出模数数列分别为：基本模数数列为 nM（n 为自然数）；扩大模数数列为 3M、6M、12M、15M、30M、60M 共六个；分模数数列为 1/10M、1/5M、1/2M 共三个。建筑模数数列表详见表 4-2。

建筑模数化设计适用范围　　**表 4-1**

序号	适用范围	说明
1	建筑平面设计	宜采用扩大模数数列
2	建筑层高、门窗洞口高度、预制构件及部品的规格	宜采用基本模数数列
3	建筑部件及连接节点	梁、柱、墙等部件截面尺寸宜采用基本模数数列 构造节点和分部部件接口尺寸宜采用分模数数列

建筑模数数列表 **表 4-2**

模数	扩大模数					尺寸进级单位	基本模数	分模数		
	60M	30M	15M	12M	6M	3M	1M	M/2	M/5	M/10
导出模数（mm）	6000	3000	1500	1200	600	300	100	50	20	10
						300	100			10
					600	600	200		20	20
						900	300			30
				1200	1200	1200	400		40	40
			1500			1500	500	50		50
					1800	1800	600		60	60
						2100	700			70
				2400	2400	2400	800		80	80
						2700	900			90
		3000	3000		3000	3000	1000	100	100	100
						3300	1100			110
				3600	3600	3600	1200		120	120
						3900	1300			130
					4200	4200	1400		140	140
			4500			4500	1500	150		150
				4800	4800	4800	1600		160	160
						5100	1700			170
					5400	5400	1800		180	180
						5700	1900			190
	6000	6000	6000	6000	6000	6000	2000	200	200	200
						6300	2100			
					6600	6600	2200		220	
						6900	2300			
				7200	7200	7200	2400		240	
			7500			7500	2500	250		
					7800		2600		260	
							2700			
				8400	8400		2800		280	
							2900			
		9000	9000		9000		3000	300	300	
							3100			
				9600	9600		3200		320	
							3300			

续表

模数	扩大模数					尺寸进级单位	基本模数	分模数		
导出模数（mm）							3400		340	
			10500				3500	350		
				10800			3600		360	
									380	
	12000	12000	12000	12000				400	400	
		15000						450		
	18000	18000						500		
		21000						550		
	24000	24000						600		
		27000						650		
	30000	30000						700		
		33000						750		
	36000	36000						800		
								850		
								900		
								950		
								1000		

注：表格来源《公共租赁住房居室工业化建造体系理论与实践》李桦、宋兵著。

2. 部品模数数列

部品模数是基于建筑模数的导出，在模块化设计体系中，部品作为低一层级的模块，必须具有与建筑空间匹配的通用接口和尺寸，因此就需要为部品模块建立起与建筑系统空间尺寸相协调的规格体系，经过理论探讨和设计实践，确定以“1/10×3M=30mm”为进级单位的部品模数体系，满足部品及产品设计对小尺寸的需求。部品模数详见表 4-3。

部品模数数列表 **表 4-3**

模数	部品尺寸进级单位	分模数	基本模数	部品分模数			
导出模数（mm）	3m=3M/10	M/5	M/10=m	3M/100	M/20	M/50	M/100
	30	20	10	3	5	2	1
	30		10	3			1
	60	20	20	6		2	2
	90		30	9			3
	120	40	40	12		4	4

续表

模数	部品尺寸进级单位	分模数	基本模数	部品分模数			
导出模数（mm）	150		50	15	5		5
	180	60	60	18		6	6
	210		70	21			7
	240	80	80	24		8	8
	270		90	27			9
	300	100	100	30	10	10	10
	330		110	33			
	360	120	120	36		12	
	390		130	39			
	420	140	140	42		14	
	450		150	45	15		
	480	160	160	48		16	
	510		170	51			
	540	180	180	54		18	
	570		190	57			
	600	200	200	60	20	20	
	630		210	63			
	660	220	220	66		22	
	690		230	69			
	720	240	240	72		24	
	750		250	75	25		
	780	260	260			26	
	810		270				
	840	280	280			28	
	870		290				
	900	300	300		30	30	
	930		310				
	960	320	320			32	
	990		330				
	1020	340	340				
	1050		350				
	1080	360	360				
	1110						
	1140	380					

续表

模数	部品尺寸进级单位	分模数	基本模数	部品分模数			
导出模数（mm）	1170						
	1200	400					
	1230					86	
	1260						
	1290						
	1320						
	1350						
	1350 以上尺寸可以采用 3M=300 为建筑及部品的尺寸进级单位						

注：表格来源《公共租赁住房居室工业化建造体系理论与实践》李桦、宋兵著。

4.1.2　模块化设计

模块化设计是在模数协调的基础上，将功能空间构成要素按照使用合理性进行空间组合与尺度固化，形成功能模块，并按照建筑空间系统关系分层级进行模块分解与重组设计，由下而上层级组合形成合理完善的模块系统，最终实现整体建筑的标准化。

在公共建筑的模块化设计中，主要是将各类型建筑中的基本单元与功能空间组合成标准模块（如标准办公室、酒店标准客房、医院标准病房、学校标准教室等），以及尽可能将交通核心筒、楼梯间、管道井、卫生间及立面外窗等同类型功能空间与部件统一规格成为单一模块，增加通用性和重复率。

以南京岱山初级中学设计为例（图 4-1），在教学楼部分设计中，将普通教室统一规格成为教室标准模块，将楼梯统一尺寸，成为楼梯标准模块，大大减少了预制构件的规格种类，提高了标准化程度，节省了建设成本。

在住宅建筑的模块化设计中，模块系统涵盖楼栋单元、套型、厨房、卫生间、交通体、部品等。套型模块是住宅设计的基本标准模块，由起居室、卧室、餐厅、厨房、卫生间、阳台等功能子模块组成。设计时应在满足居住需求的前提下，对各子模块进行适宜的部品布置和空间尺度控制，达到功能完善高效、边界完整通用的要求，具有较好的模块组合条件。通过灵活布置与集约组合的方法，在较大的结构单元空间内，将关联子模块组合成功能完整的套型标准模块。

住宅楼层单元平面由套型模块和交通体模块组成。交通体模块主要由楼梯间、电梯井、前室、公共廊道、候梯厅、设备管道井、加压送风井等各功能子模块组成，设计时应合理确定各子模块的空间尺寸以及相互间的合理布局，做到空间集约、组合规整，高效使用。

以南京丁家庄保障房 A28 项目模块化设计为例（图 4-2、图 4-3），项目建筑由

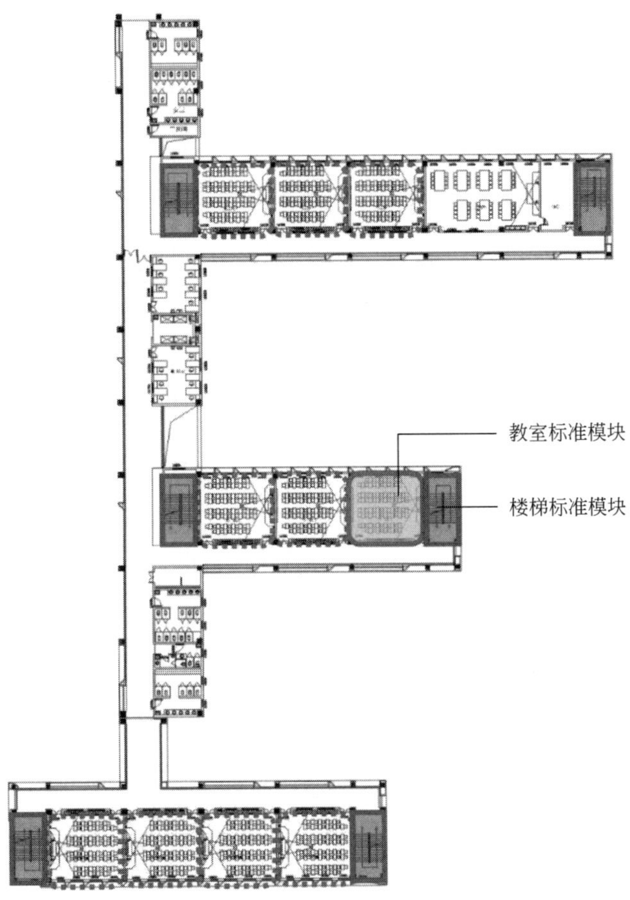

图 4-1　教室标准单元的模块化设计

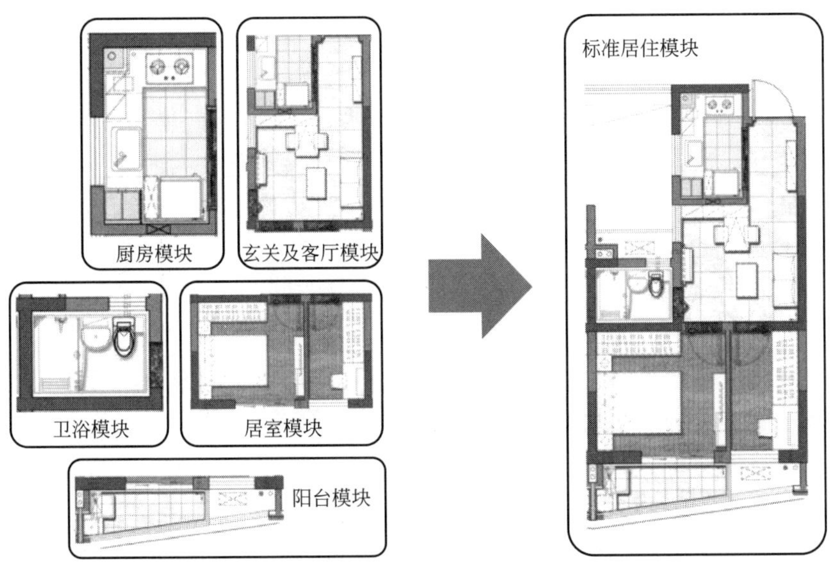

图 4-2　住宅标准套型的模块化设计

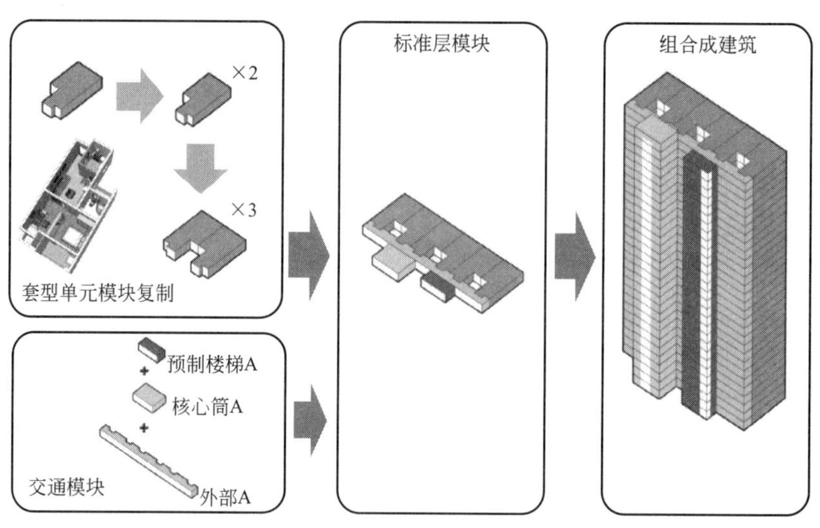

图 4-3　住宅建筑楼栋的模块化设计

6 栋 27～30 层的高层公租房建筑组成，其平面构成由各功能模块按照空间层级系统逐级组合，居住套型模块内将厨房模块、门厅及客厅模块、卫浴模块、居室模块和阳台模块组合，形成标准套型模块；将标准套型模块按照平面布局要求，采用复制、对称的方法，与交通体模块组合形成楼层平面模块；根据建筑高度要求组合成 27 层和 30 层的标准楼栋建筑单体；结合底部三层的裙房商业体，最终组合成为标准化程度很高的大型公租房建筑群体。

建筑功能或单元空间的模块化应进一步形成系列化，系列化是对同一类建筑功能或空间模块内部的组合形式和主要参数规格进行科学规划的一种标准化设计，是标准化的高级形式，经过市场分析与技术经济比较，将模块内各组成部分的主要参数按一定规律排列起来，形成系列化模块产品，使模块在其品种、规格尽可能少的情况下，适应多样化的需要。

对于量大面广的住宅类建筑设计，模块化设计是重要的设计方法，特别是住宅卫生间、厨房、居室、交通体等功能部位，其设计模块化及系列化是提升住宅建筑整体标准化程度的主要内容。

4.1.3　卫生间模块化设计

住宅卫生间功能模块包括如厕、洗浴、盥洗、洗衣、出入、管道竖井等（表 4-4），设计时应根据套型定位及一般使用频率和生活习惯进行合理布局，遵循模数协调的标准，形成标准化的卫生间模块，满足功能要求并实现工厂化生产及现场的干法施工，优先选用同层排水的整体式卫生间。

模块化分解的最终目的是模块的重组，以保障房为例，卫生间中的如厕、洗浴、盥洗、洗衣、出入、管道竖井各模块具有多种组合方式，决定了保障房卫生间的基本空间格局（表 4-5、表 4-6），集成式卫生间平面优先净尺寸详见表 4-7。

卫生间主要功能模块及概念图形 **表 4-4**

主要功能模块	图例			说明
如厕	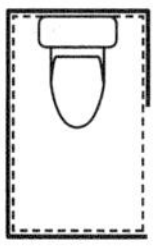			此模块中配置坐便器、手纸盒
洗浴	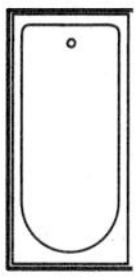			此模块中配置浴缸、淋浴房、花洒/龙头、浴帘/隔断、浴液支架、浴巾支架、地漏
盥洗	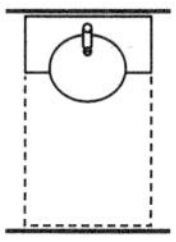	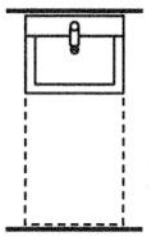		此模块中配置柱式洗面盆、台式洗面盆、混水龙头、镜面(箱)、置物架、储物柜、毛巾杆
洗衣	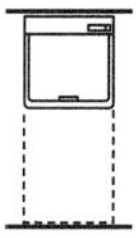			此模块中配置给水龙头、排水地漏、储物柜(架)
出入	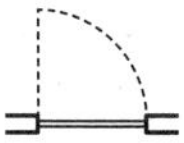	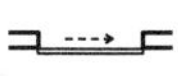	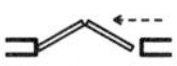	根据居室卫生间需要选择相对应模块
管道竖井				此模块中包括管井、风井、检查口

注：表格来源《公共租赁住房居室工业化建造体系理论与实践》李桦、宋兵著。

保障房卫生间主要模块的组织模式 **表 4-5**

说明	组合模式	参考图例
一字形模式： 主要模块成“一”字形排列布局。适用于相对进深较小空间，包括：(1)三件套；(2)三件套+洗衣模块	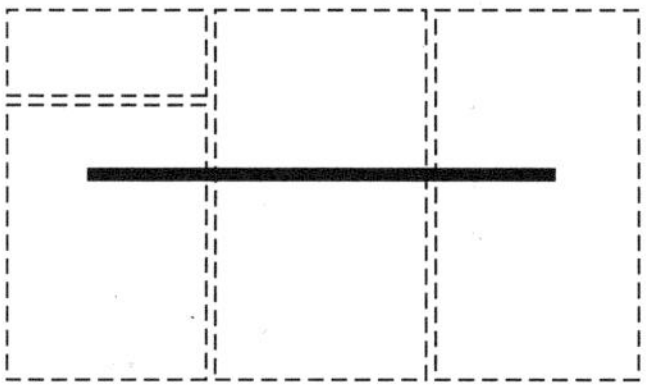	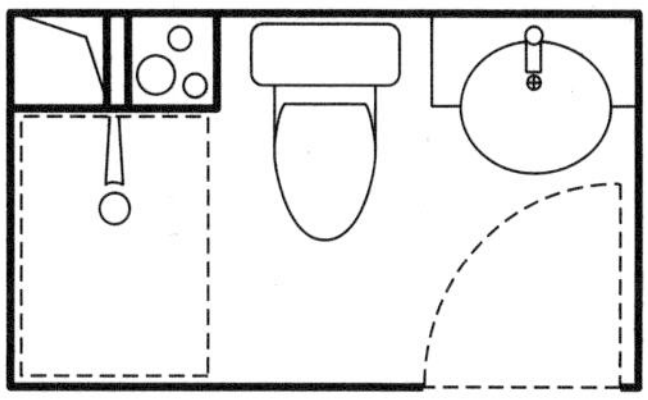
L形模式： 主要模块成“L”形布局。适用于相对进深较大面宽较小的空间，包括：(1)三件套；(2)三件套+洗衣模块	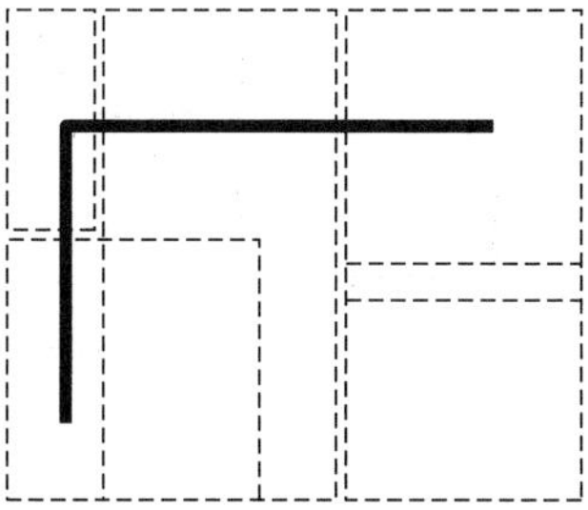	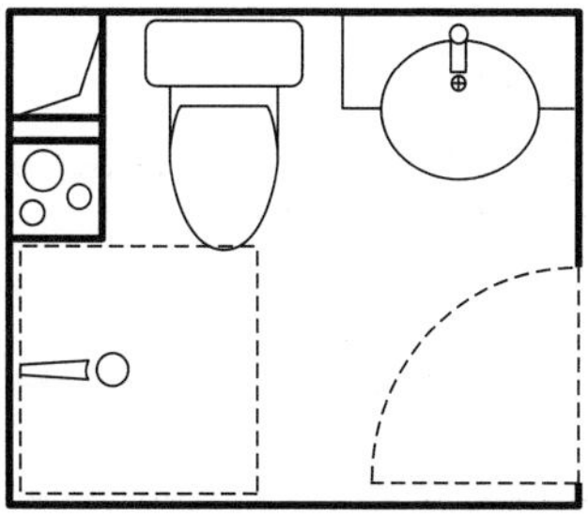

续表

说明	组合模式	参考图例
H形模式： 主要模块成对称排列于卫生间两侧；适用于面积较小的空间	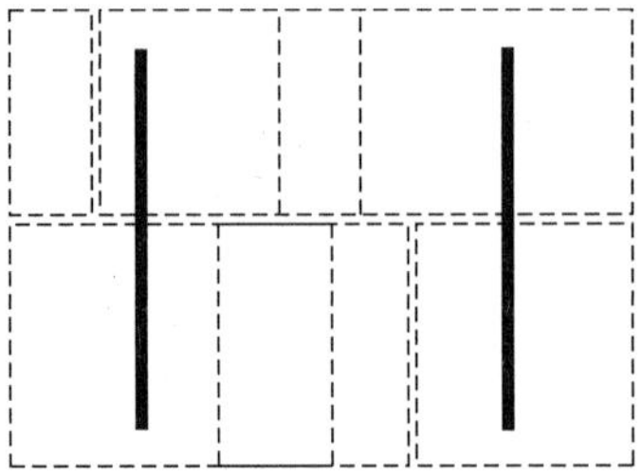	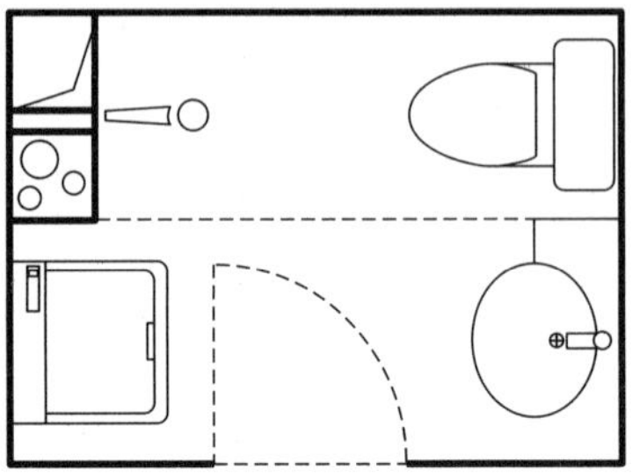
2+1形模式： 如厕和洗浴模块布置于封闭的卫生间，盥洗模块布置于卫生间外，往往与公共空间连通	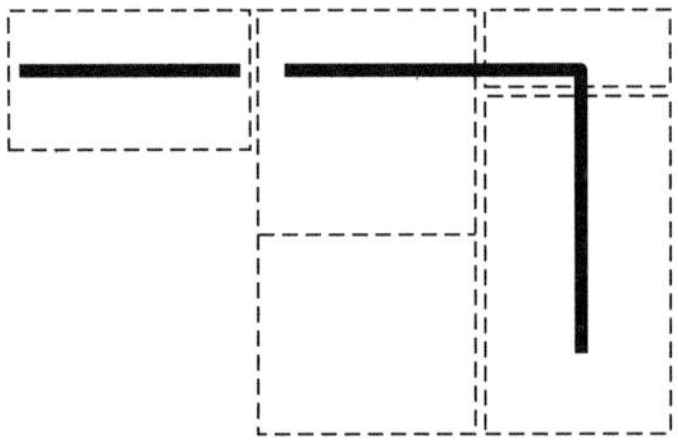	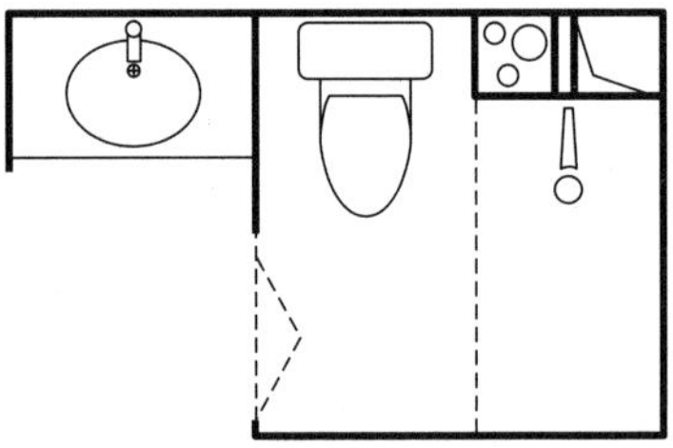
3+1形模式： 如厕、洗浴、洗衣模块布置于卫生间，盥洗模块布置于卫生间外，往往与公共空间连通	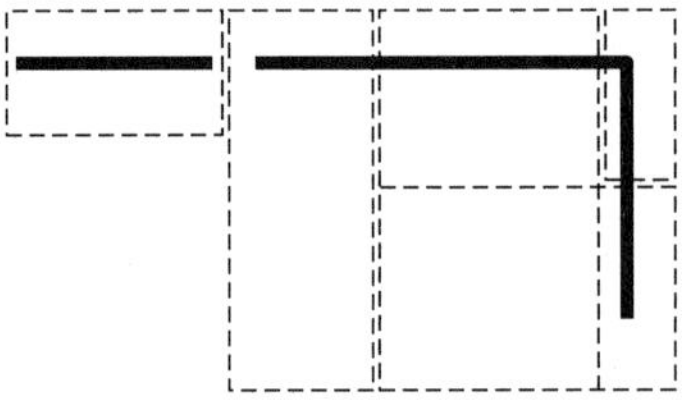	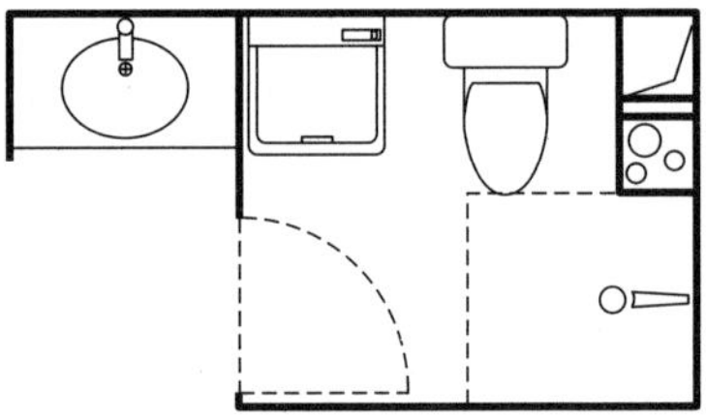
U形模式： 主要功能模块成围合布局；适用于面宽较小空间	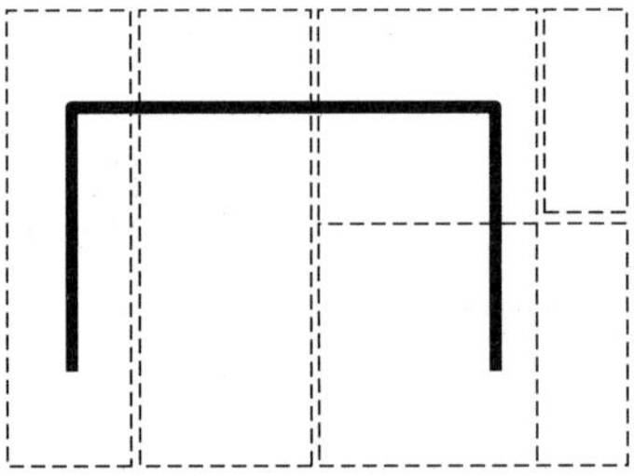	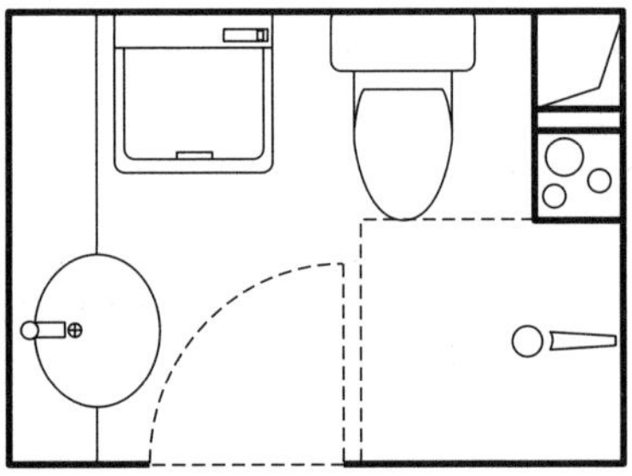
不典型模式： 卫生间形状不成标准矩形，如：当卫生间在入口处时，周边没有收纳空间条件，需要借用部分卫生间	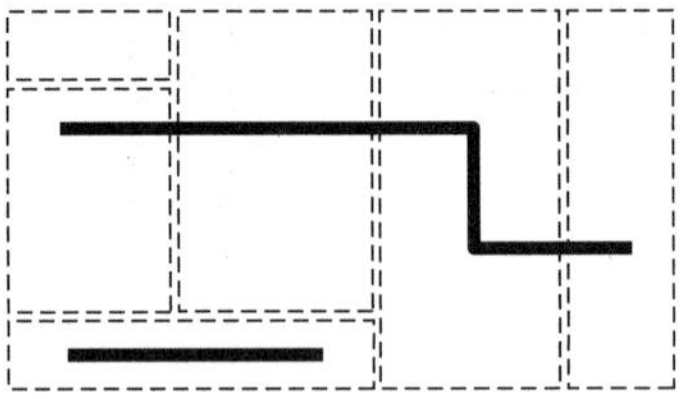	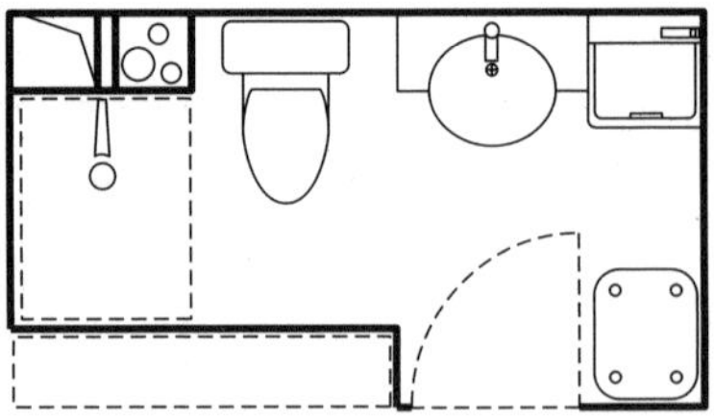

保障房卫生间单体功能模块尺寸标准（mm）　　　表 4-6

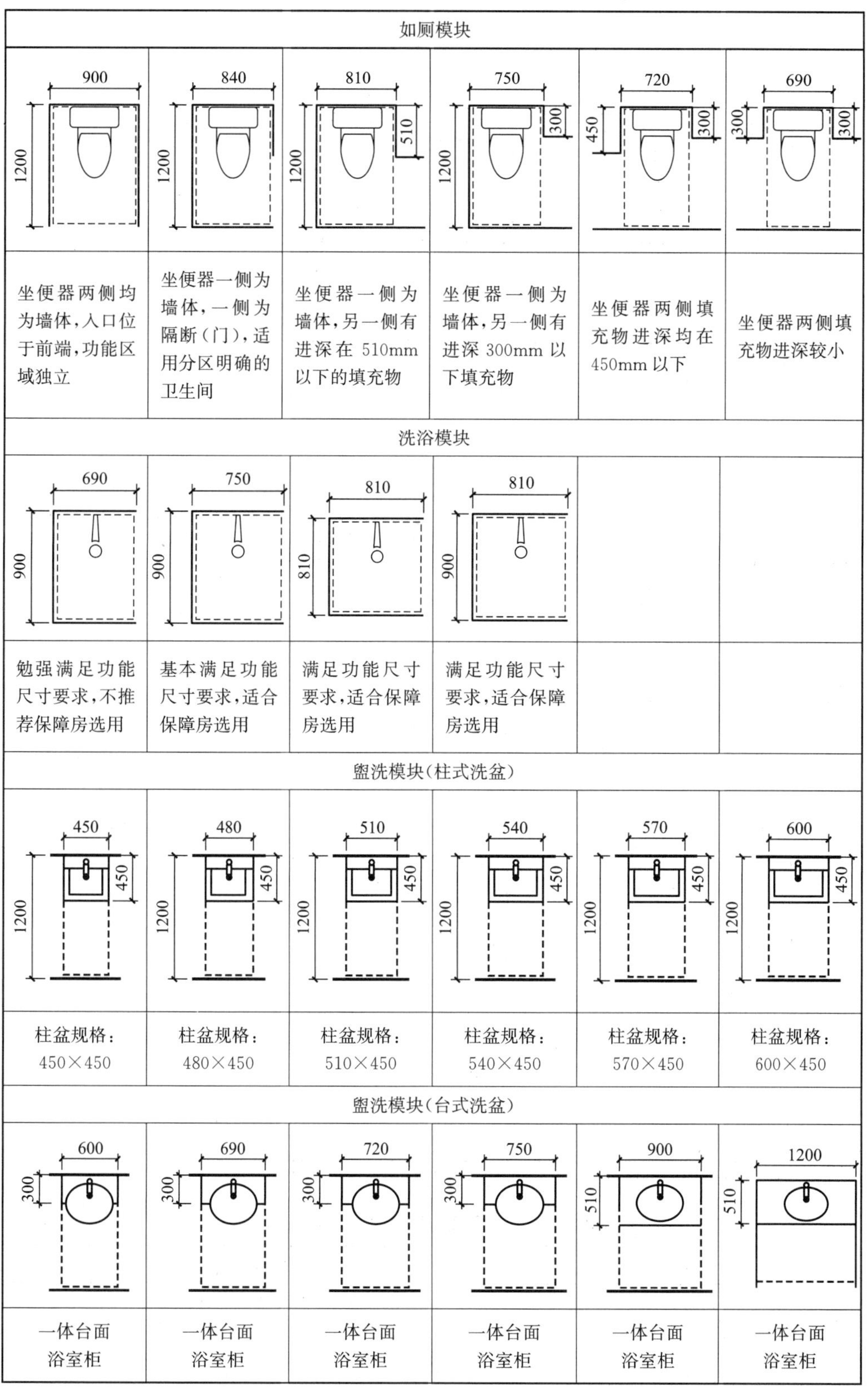

如厕模块					
900 1200	840 1200	810 1200 510	750 1200 300	720 450 300	690 300 300
坐便器两侧均为墙体，入口位于前端，功能区域独立	坐便器一侧为墙体，一侧为隔断（门），适用分区明确的卫生间	坐便器一侧为墙体，另一侧有进深在 510mm 以下的填充物	坐便器一侧为墙体，另一侧有进深 300mm 以下填充物	坐便器两侧填充物进深均在 450mm 以下	坐便器两侧填充物进深较小
洗浴模块					
690 900	750 900	810 810	810 900		
勉强满足功能尺寸要求，不推荐保障房选用	基本满足功能尺寸要求，适合保障房选用	满足功能尺寸要求，适合保障房选用	满足功能尺寸要求，适合保障房选用		
盥洗模块（柱式洗盆）					
450 1200 450	480 1200 450	510 1200 450	540 1200 450	570 1200 450	600 1200 450
柱盆规格：450×450	柱盆规格：480×450	柱盆规格：510×450	柱盆规格：540×450	柱盆规格：570×450	柱盆规格：600×450
盥洗模块（台式洗盆）					
600 300	690 300	720 300	750 300	900 510	1200 510
一体台面浴室柜	一体台面浴室柜	一体台面浴室柜	一体台面浴室柜	一体台面浴室柜	一体台面浴室柜

续表

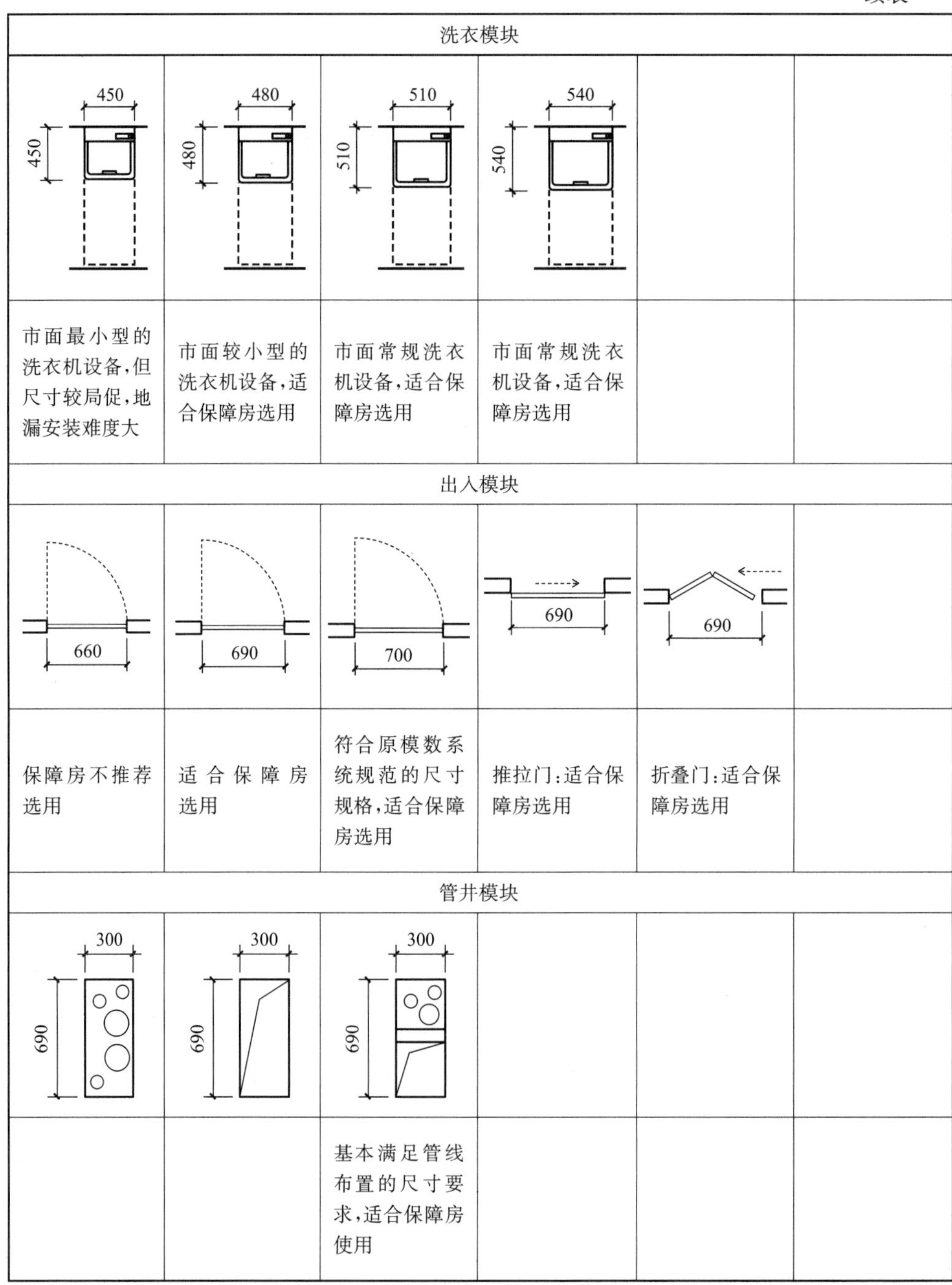

洗衣模块					
450 450	480 480	510 510	540 540		
市面最小型的洗衣机设备，但尺寸较局促，地漏安装难度大	市面较小型的洗衣机设备，适合保障房选用	市面常规洗衣机设备，适合保障房选用	市面常规洗衣机设备，适合保障房选用		
出入模块					
660	690	700	690	690	
保障房不推荐选用	适合保障房选用	符合原模数系统规范的尺寸规格，适合保障房选用	推拉门：适合保障房选用	折叠门：适合保障房选用	
管井模块					
300 690	300 690	300 690			
		基本满足管线布置的尺寸要求，适合保障房使用			

注：表格来源《公共租赁住房居室工业化建造体系理论与实践》李桦、宋兵著。

集成卫生间平面优先净尺寸（mm×mm）　　表 4-7

平面布置	宽度×长度
如厕	1000×1200、1200×1400(1400×1700)
洗浴(淋浴)	900×1200、1000×1400(1200×1600)
洗浴(淋浴+盆浴)	1300×1700、1400×1800(1600×2000)

续表

平面布置	宽度×长度
如厕、盥洗	1200×1500、1400×1600(1600×1800)
如厕、洗浴(淋浴)	1400×1600、1600×1800(1600×2000)
如厕、盥洗、洗浴(淋浴)	1400×2000、1500×2400、1600×2200、1800×2000(2000×2200)
如厕、盥洗、洗浴、洗衣	1600×2600、1800×2800、2100×2100

注：1. 括号内数值适用于无障碍卫生间；
2. 集成式卫生间内空间尺寸允许偏差为±5mm；
3. 表格来源《工业化住宅尺寸协调标准》JGJ/T 445—2018。

在模块组合中应考虑以下因素：

(1) 排列顺序应符合一般使用频率和生活习惯；

(2) 各模块与管道竖井模块的位置应考虑管线安装的方便；

(3) 模块组织应充分考虑空间的复合利用；

(4) 尽量避免坐便器正对卫生间入口等违背常规习惯的布局方式。

4.1.4 厨房模块化设计

住宅厨房功能空间主要包括橱柜、冰箱、管井、出入四个基本功能模块，其中核心的部品是橱柜，一般分为上柜和下柜，可以继续分解为烹饪、操作和洗涤三个部品子模块，厨房的收纳功能由上下橱柜共同承担。以保障房为例，设计时应根据套型定位合理布置，优选适宜的尺寸数列进行以室内完成面控制的模数协调设计，满足功能要求并实现工厂化生产及现场的干法施工。装配式住宅设计应优选整体式厨房。厨房各主要功能模块标准尺寸系列详见表 4-8。

厨房各主要功能模块标准尺寸系列（mm） **表 4-8**

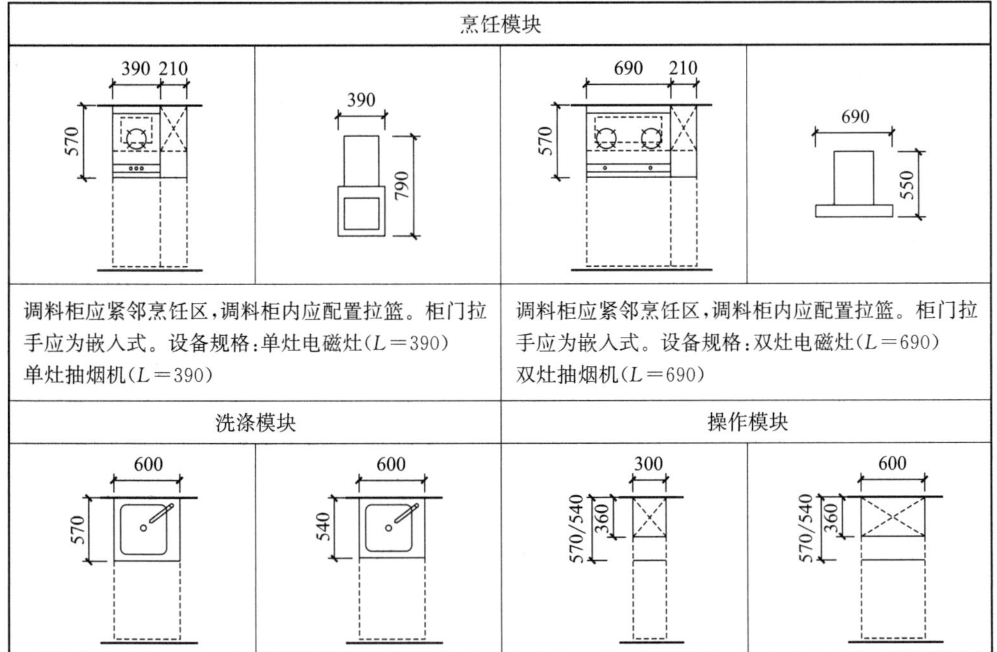

烹饪模块			
390 210 570	390 790	690 210 570	690 550
调料柜应紧邻烹饪区，调料柜内应配置拉篮。柜门拉手应为嵌入式。设备规格：单灶电磁灶($L=390$) 单灶抽烟机($L=390$)		调料柜应紧邻烹饪区，调料柜内应配置拉篮。柜门拉手应为嵌入式。设备规格：双灶电磁灶($L=690$) 双灶抽烟机($L=690$)	
洗涤模块		操作模块	
600 570	600 540	300 360 570/540	600 360 570/540

续表

洗涤模块		操作模块	
1　应配置单槽不锈钢洗涤池。 2　洗涤池内径规格：480×420	1　应配置单槽不锈钢洗涤池。 2　洗涤池内径规格：420×390	1　进深尺寸以570或540为宜。 2　上下柜柜门规格一致，可互换	1　进深尺寸以570或540为宜。 2　上下柜柜门规格一致，可互换
冰箱模块	管井模块	出入模块	
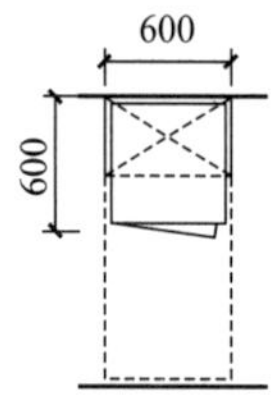 600 600	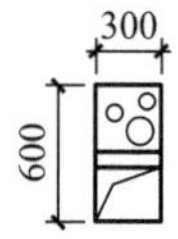 300 600	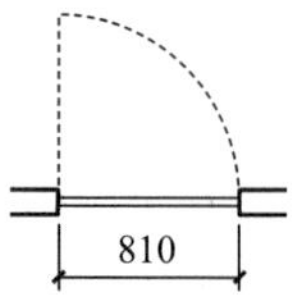 810	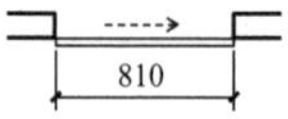 810
市面较小型的冰箱设备，适合保障房选用	宜采用装配式管井，检查口应方便维修	适合保障房选用	推拉门：适合保障房选用

注：表格来源《公共租赁住房居室工业化建造体系理论与实践》李桦、宋兵著。

厨房主要有两种空间布局形式，一种是封闭式厨房（K形），另一种是开敞式厨房（餐厅+厨房复合的DK形和起居+餐厅+厨房复合的LDK形）。厨房空间的模块组合基本为四种类型：一字形、L形、H形和U形。

厨房集成橱柜有多种组合模式，在保障房厨房中，由于特定的空间条件限制，一般橱柜会采用一字形和L形两种基本布局方式。橱柜各子模块的组合过程中，应考虑几个方面的因素：

（1）排列顺序应符合一般使用习惯；

（2）管井模块与其他功能模块位置应考虑管线安装的方便；

（3）厨房收纳设计应符合使用要求和最大化利用橱柜空间。

厨房橱柜标准规格详见表4-9。保障房厨房标准化组合模式详见表4-10。集成式厨房平面优先净尺寸详见表4-11。

厨房橱柜标准规格（mm）　　　　表4-9

类型	图例	说明
一字形橱柜	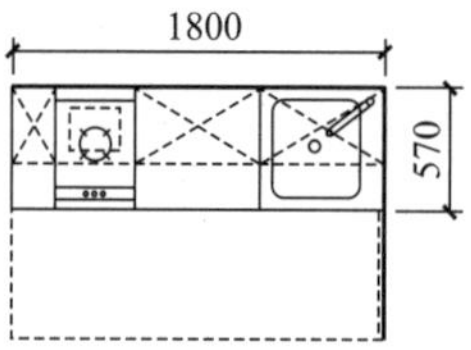 1800 570	一字形橱柜适合保障房选用 橱柜台面宽度尺寸以570或540为宜
	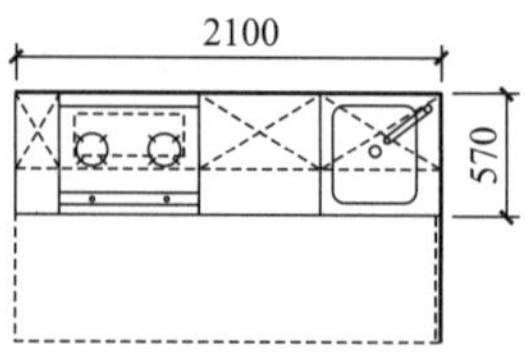 2100 570	一字形橱柜适合保障房选用 橱柜台面宽度尺寸以570或540为宜

续表

类型	图例	说明
一字形橱柜	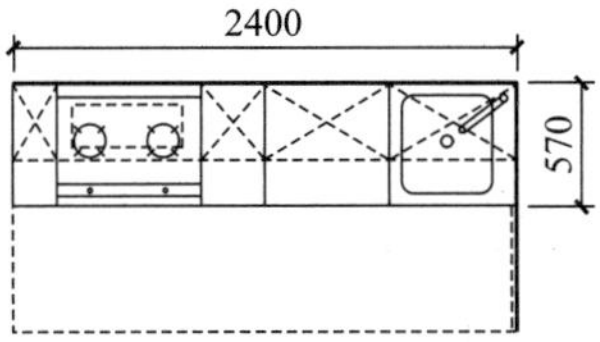	一字形橱柜适合保障房选用 橱柜台面宽度尺寸以 570 或 540 为宜
L 形橱柜	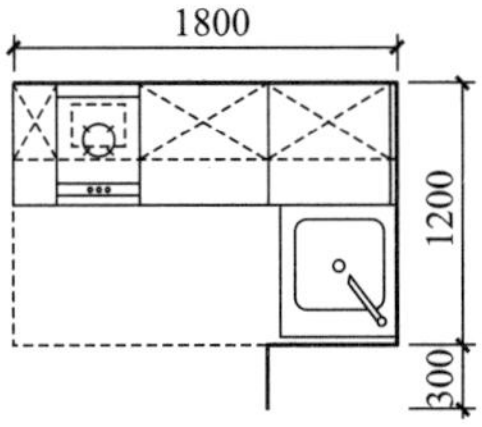	L 形橱柜适合保障房选用 橱柜台面宽度尺寸以 570 或 540 为宜
	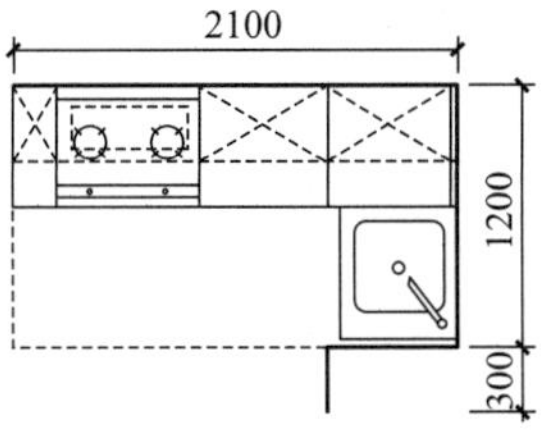	L 形橱柜适合保障房选用 橱柜台面宽度尺寸以 570 或 540 为宜

注：表格来源《公共租赁住房居室工业化建造体系理论与实践》李桦、宋兵著。

保障房厨房标准化组合模式参考图例（mm） **表 4-10**

<table>
<tr><th>类别</th><th>序号</th><th>模块尺寸系列</th><th colspan="2">基本模式</th><th colspan="2">扩展模式</th></tr>
<tr><td rowspan="3">单面布置厨房</td><td rowspan="3">1</td><td rowspan="2">600×1500</td><td colspan="2">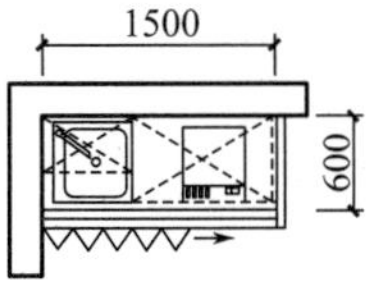</td><td colspan="2">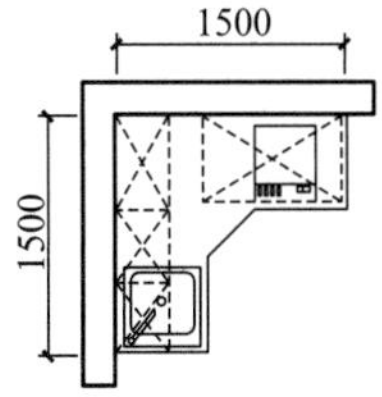</td></tr>
<tr><td colspan="2">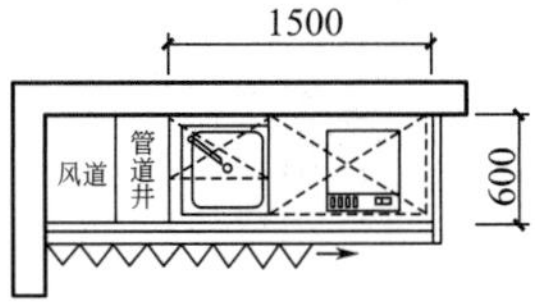</td><td colspan="2">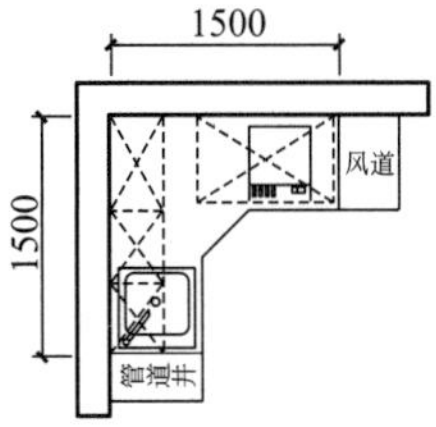</td></tr>
<tr><td>特性</td><td>壁柜型</td><td>LDK 形</td><td>L 形</td><td>LDK 形</td></tr>
</table>

续表

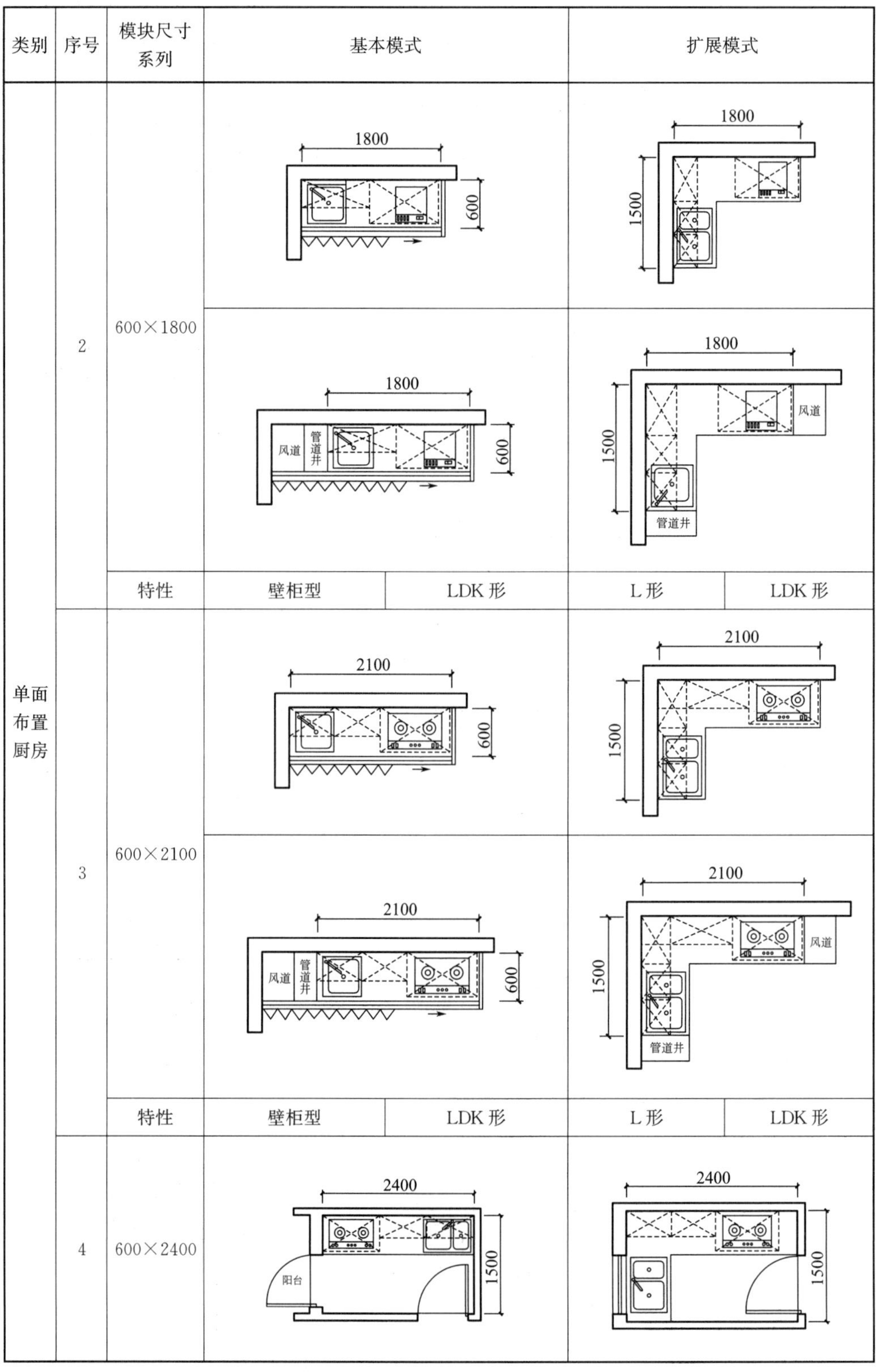

类别	序号	模块尺寸系列	基本模式		扩展模式	
单面布置厨房	2	600×1800				
		特性	壁柜型	LDK 形	L 形	LDK 形
	3	600×2100				
		特性	壁柜型	LDK 形	L 形	LDK 形
	4	600×2400				

续表

类别	序号	模块尺寸系列	基本模式		扩展模式	
单面布置厨房	4	600×2400	2400 1500 风道 管道井 阳台		2400 1500 风道 管道井	
		特性	一字形	K形	L形	K形
双面布置厨房	5	600×2700	2700 1500 阳台		2700 1500	
			2700 1500 风道 管道井 阳台		2700 1500 风道 管道井	
		特性	一字形	K形	L形	K形
	6	600×3000	3000 1500 阳台		2700 1500	
			3000 1500 风道 管道井 阳台		3000 1500 风道 管道井	
		特性	一字形	K形	L形	K形
	7	1500×2100	2100 1500			

续表

类别	序号	模块尺寸系列	基本模式		扩展模式	
	7	1500×2100	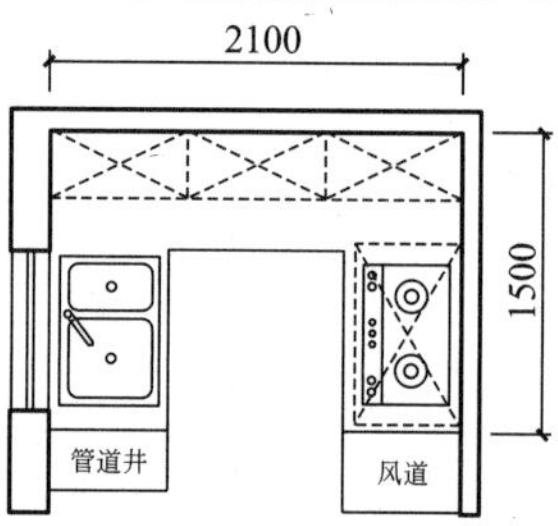 2100 1500 管道井 风道			
		特性	U形	LDK形		
	8	1500×2400	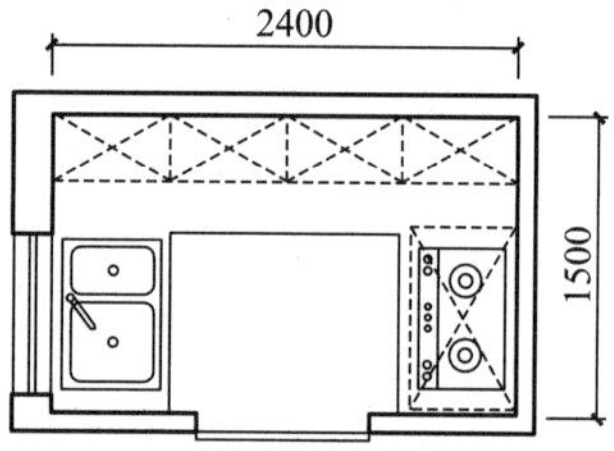 2400 1500		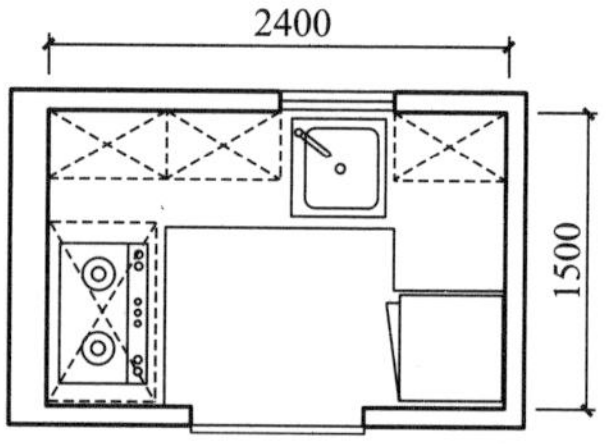 2400 1500	
双面布置厨房			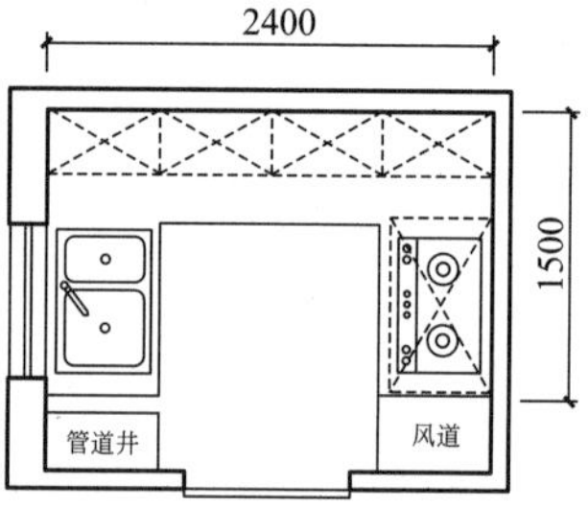 2400 1500 管道井 风道		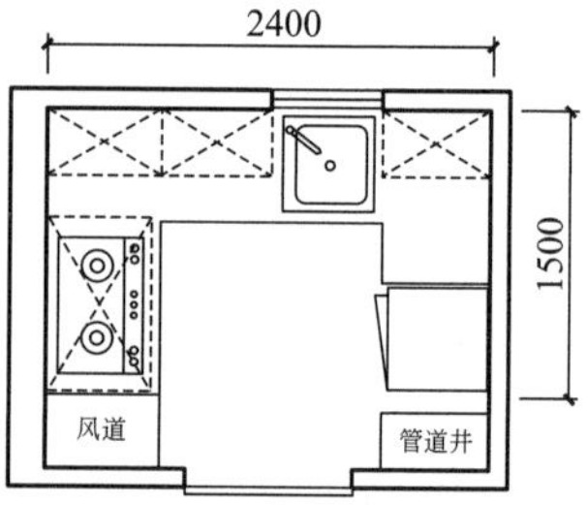 2400 1500 风道 管道井	
		特性	U形	K形	U形	K形
	9	1500×2700	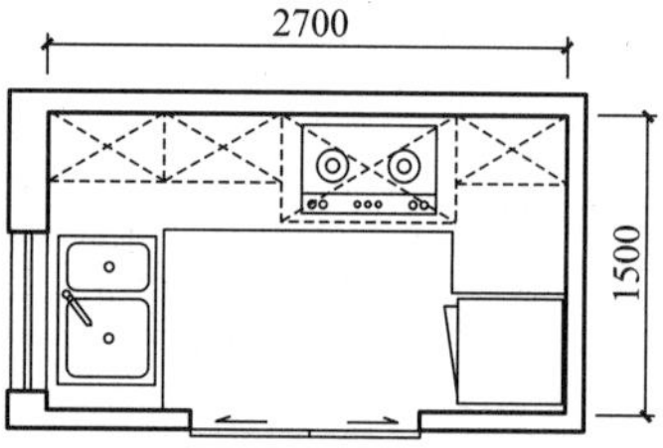 2700 1500			
			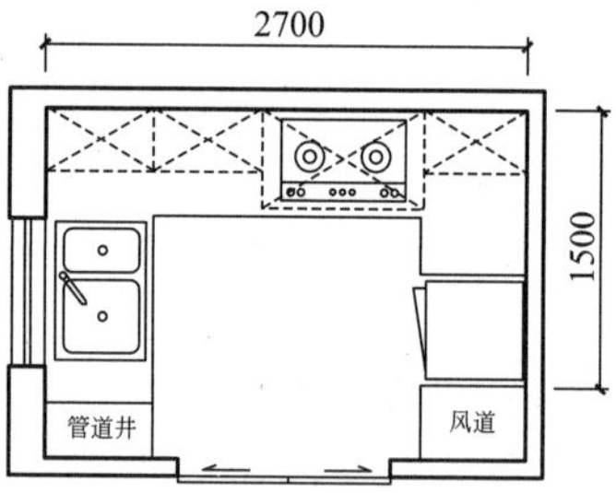 2700 1500 管道井 风道			
		特性	U形	K形		

续表

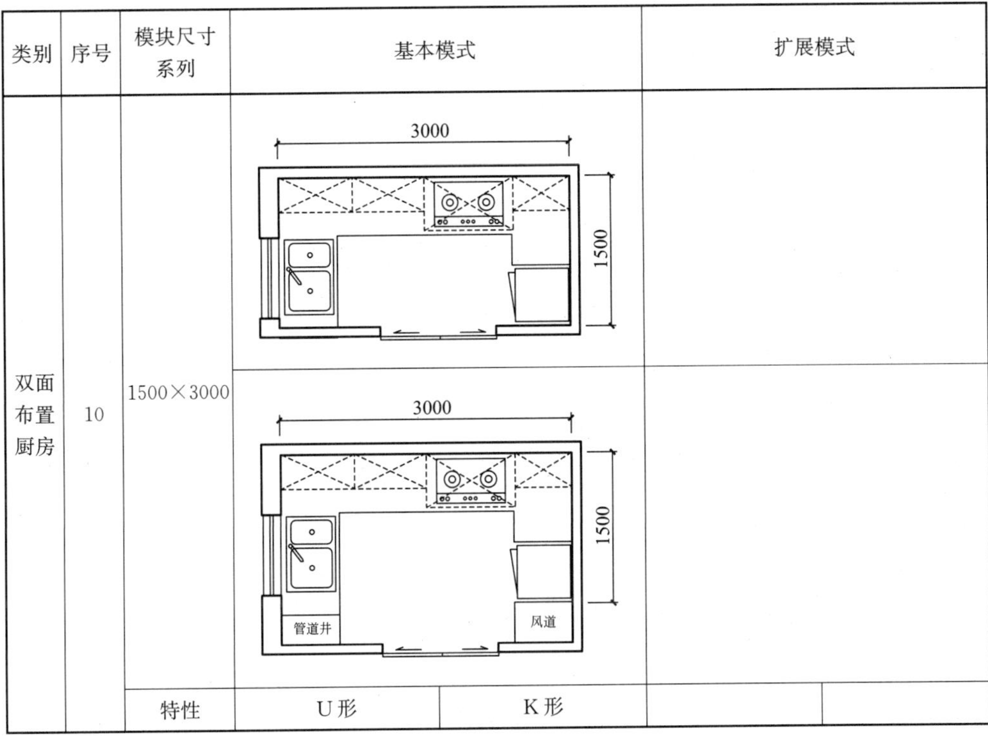

类别	序号	模块尺寸系列	基本模式		扩展模式	
双面布置厨房	10	1500×3000	(图)			
			(图)			
		特性	U形	K形		

注：表格来源《保障性住房厨房标准化设计和部品体系集成》文林峰主编。

集成式厨房平面优先净尺寸（mm×mm）　　表 4-11

平面布置	宽度×长度
单排形布置	1500×2700、1500×3000(2100×2700)
双排形布置	1800×2400、2100×2400、2100×2700、2100×3000(2400×2700)
L形布置	1500×2700、1800×2700、1800×3000(2100×2700)
U形布置	1800×3000、2100×2700、2100×3000(2400×2700)(2400×3000)

注：1. 括号内数值适用于无障碍卫生间；
2. 集成式卫生间内空间尺寸允许偏差为±5mm；
3. 表格来源《工业化住宅尺寸协调标准》JGJ/T 445—2018。

4.1.5 居室模块化设计

住宅居室的模块化设计是将居室功能空间分解为不同层级的通用模块，居室功能模块包括门厅、起居室、餐厅、卧室等，以及作为居室扩展空间的生活阳台等，通过建立各层级模块的标准尺寸，组合成不同的居室布置模式，适应各类使用者的生活需求，门厅平面优先净尺寸详见表 4-12，起居室（厅）平面优先净尺寸详见表 4-13，餐厅平面优先净尺寸详见表 4-14，卧室平面优先净尺寸详见表 4-15，阳台平面优先净尺寸详见表 4-16，独立式收纳空间平面优先净尺寸详见表 4-17，入墙式收纳空间平面优先净尺寸详见表 4-18。

门厅平面优先净尺寸（mm）　　表 4-12

项目	优先净尺寸
宽度	1200、1600、1800、2100
深度	1800、2100、2400

注：表格来源《工业化住宅尺寸协调标准》JGJ/T 445—2018。

起居室（厅）平面优先净尺寸（mm）　　表 4-13

项目	优先净尺寸
开间	2700、2800、3000、3200、3400、3600、3800、3900、4200、4500、4800
进深	3000、3300、3600、3900、4200、4500、4800、5100、5400、5700

注：表格来源《工业化住宅尺寸协调标准》JGJ/T 445—2018。

餐厅平面优先净尺寸（mm）　　表 4-14

项目	优先净尺寸
开间	2100、2400、2600、2700、3000、3300
进深	2700、3000、3300、3600

注：表格来源《工业化住宅尺寸协调标准》JGJ/T 445—2018。

卧室平面优先净尺寸（mm）　　表 4-15

项目	优先净尺寸
开间	2400、2600、2700、2800、3000、3200、3300、3600、3800、3900、4200
进深	2700、3000、3300、3600、3900、4200、4500、4800、5100

注：表格来源《工业化住宅尺寸协调标准》JGJ/T 445—2018。

阳台平面优先净尺寸（mm）　　表 4-16

项目	优先净尺寸
宽度	阳台宽度优先尺寸宜与主体结构开间尺寸一致
深度	1000、1200、1400、1600、1800

注：表格来源《工业化住宅尺寸协调标准》JGJ/T 445—2018。

独立式收纳空间平面优先净尺寸（mm×mm）　　表 4-17

平面布置	宽度×长度
L 形布置	1200×2400、1200×2700、1500×1500、1500×2700
U 形布置	1800×2400、1800×2700、2100×2400、2100×2700、2400×2700

注：表格来源《工业化住宅尺寸协调标准》JGJ/T 445—2018。

入墙式收纳空间平面优先净尺寸（mm）　　表 4-18

项目	优先净尺寸
深度	350、400、450、600、900
长度	900、1050、1200、1350、1500、1800、2100、2400

注：表格来源《工业化住宅尺寸协调标准》JGJ/T 445—2018。

以保障房为例，设计时应将各功能模块形成系列化的尺寸体系，应满足两种以上的家具布置形式，同时居室的尺寸设计应与结构构件尺寸相统一。保障房适用标准化户型详见表 4-19。

保障房适用标准化户型参考图例　　　　表 4-19

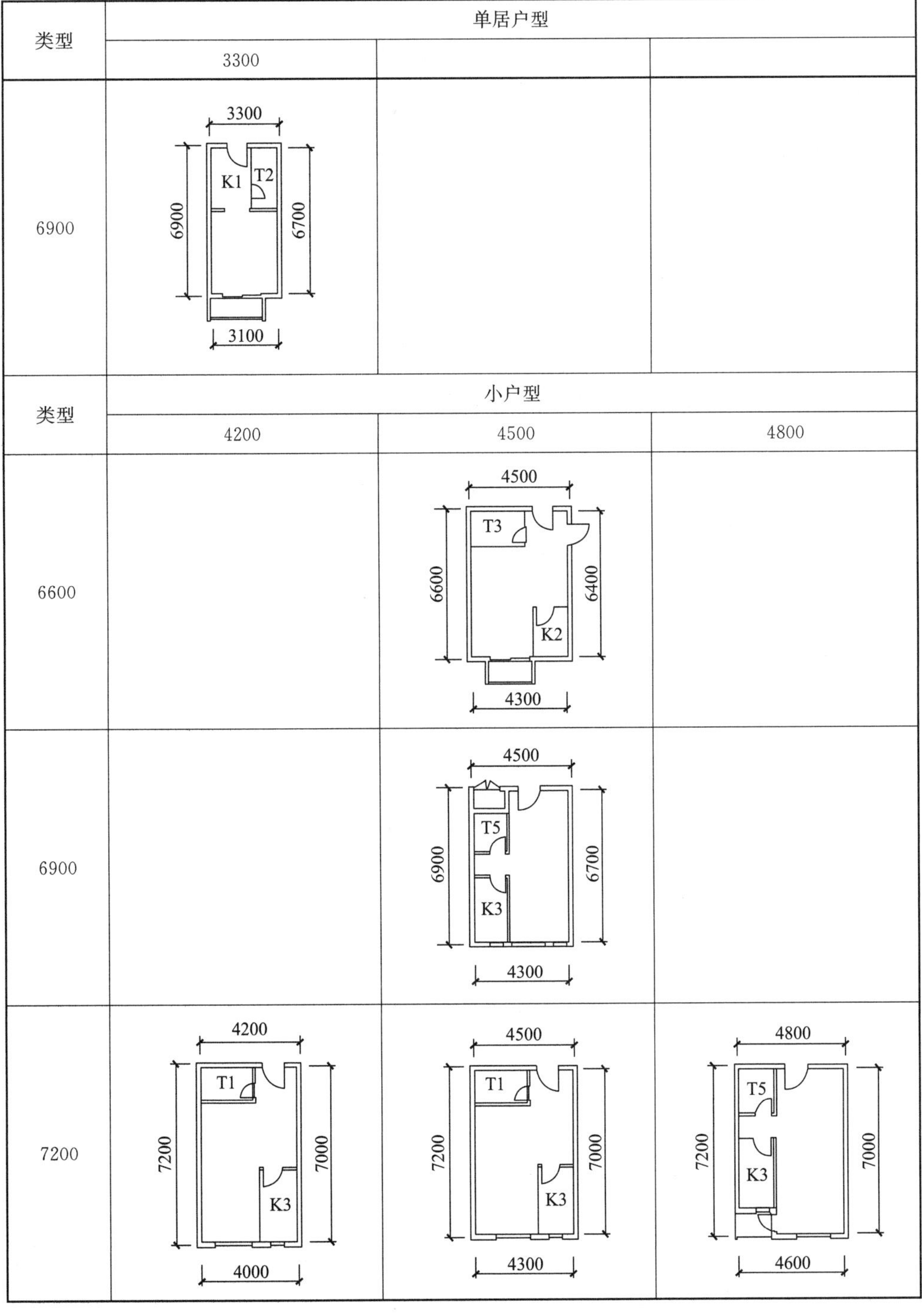

类型	单居户型		
	3300		
6900	3300 K1 T2 6900 6700 3100		
类型	小户型		
	4200	4500	4800
6600		4500 T3 6600 6400 K2 4300	
6900		4500 T5 6900 6700 K3 4300	
7200	4200 T1 7200 7000 K3 4000	4500 T1 7200 7000 K3 4300	4800 T5 7200 7000 K3 4600

续表

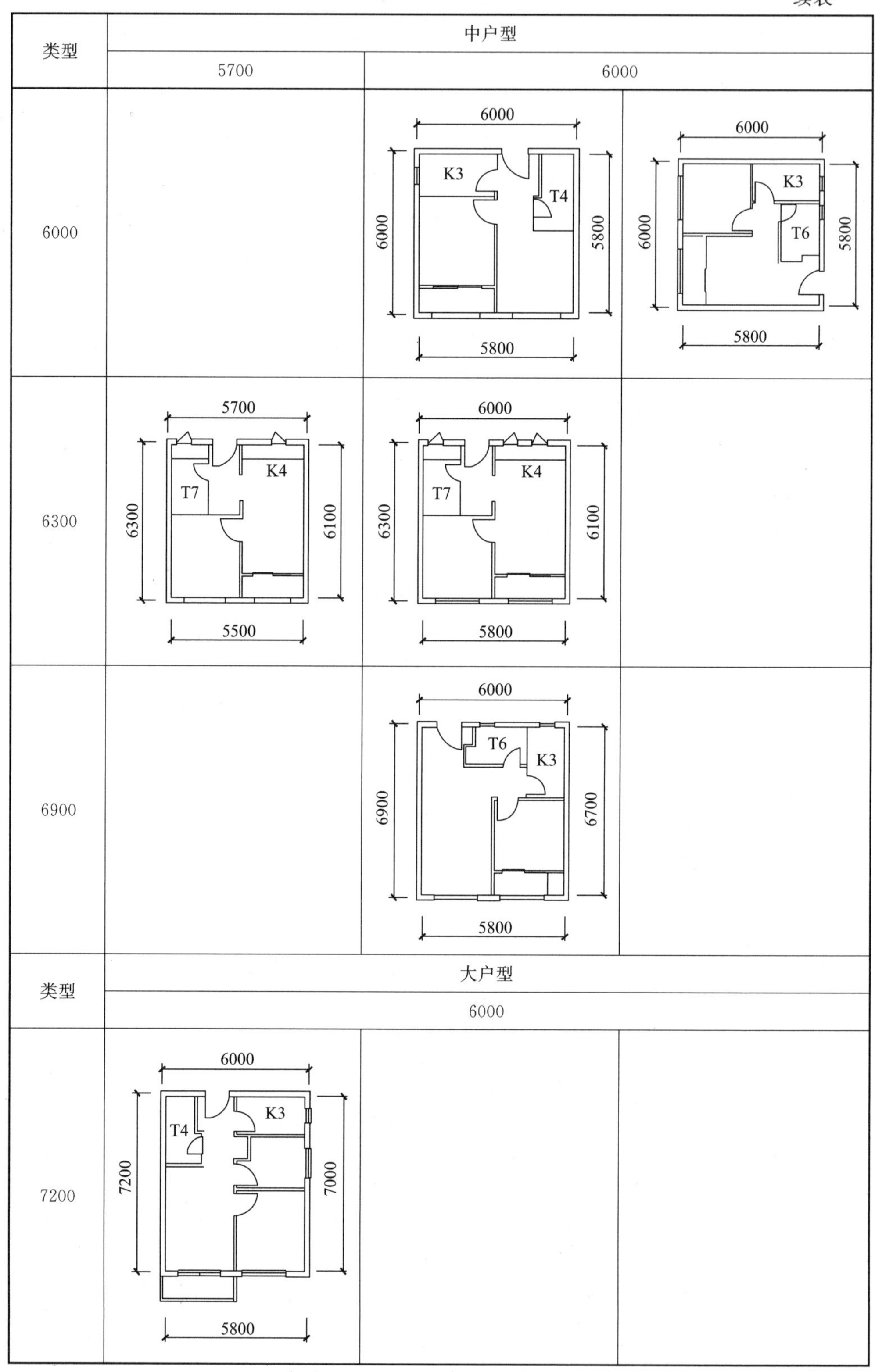

类型	中户型		
	5700	6000	
6000			
6300			
6900			
类型	大户型		
	6000		
7200			

续表

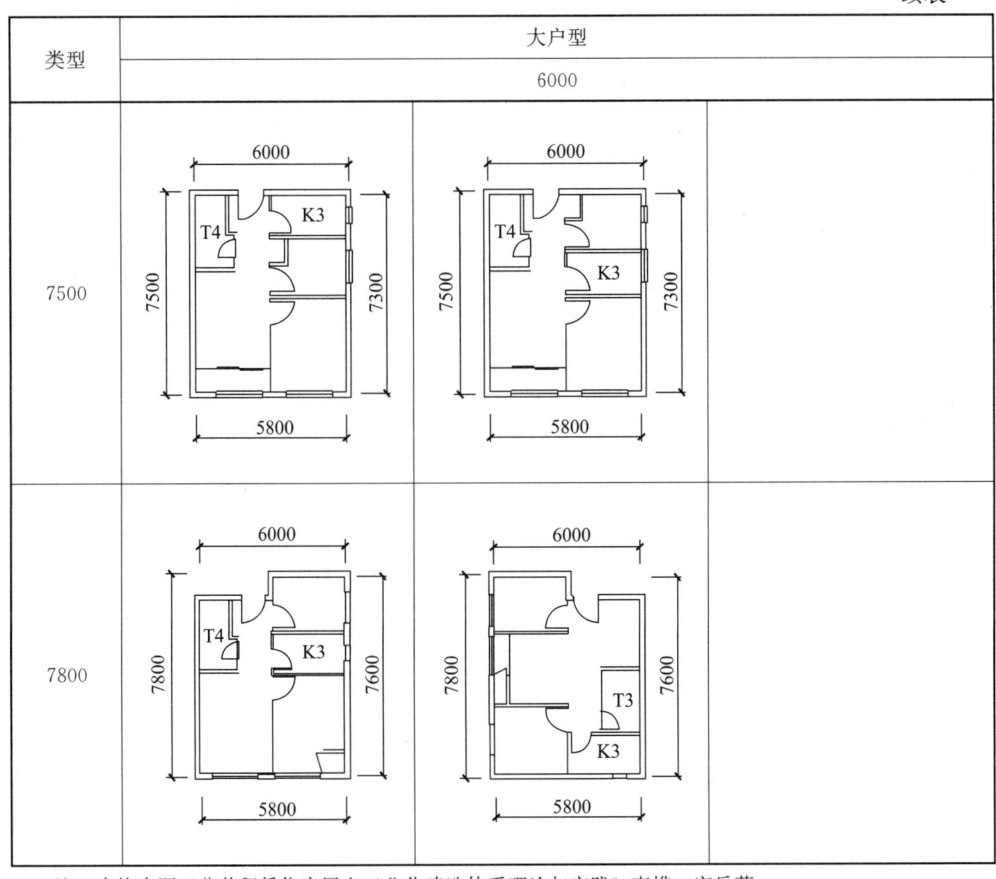

注：表格来源《公共租赁住房居室工业化建造体系理论与实践》李桦、宋兵著。

4.1.6 交通体模块化设计

交通体模块主要由楼梯间、电梯井、前室、公共廊道、候梯厅、设备管井、加压送风井等各功能子模块组成，设计时应合理确定各子模块的空间尺寸以及相互间的合理布局，做到空间集约、组合规整，并与结构空间相适应，减少建筑成本。

在住宅设计中，楼梯间模块的开间及进深的轴线尺寸应采用扩大模数 2M、3M 的整数倍数，梯段宽度应采用基本模数的整数倍数。建筑层高为 2800mm、2900mm、3000mm 时，双跑楼梯、单跑剪刀楼梯和单跑楼梯间开间、进深及楼梯梯段宽度优先尺寸详见表 4-20～表 4-22。

双跑楼梯间开间、进深及楼梯梯段宽度优先尺寸（mm）　　　表 4-20

平面尺寸 / 层高	开间轴线尺寸	开间净尺寸	进深轴线尺寸	进深净尺寸	梯段宽度尺寸	每跑梯段踏步数
2800	2700	2500	4500	4300	1200	8
2900	2700	2500	4800	4600	1200	9
3000	2700	2500	4800	4600	1200	9

注：表格来源《工业化住宅尺寸协调标准》JGJ/T 445—2018。

单跑剪刀楼梯间开间、进深及楼梯梯段宽度优先尺寸（mm） 表 4-21

平面尺寸 层高	开间轴线尺寸	开间净尺寸	进深轴线尺寸	进深净尺寸	梯段宽度尺寸	两梯段水平净距离	每跑梯段踏步数
2800	2800	2600	6800	6600	1200	200	16
2900	2800	2600	7000	6800	1200	200	17
3000	2800	2600	7400	7200	1200	200	18

注：1. 表中尺寸确定均考虑了住宅楼梯梯段一边设置靠墙扶手；
2. 表格来源《工业化住宅尺寸协调标准》JGJ/T 445—2018。

单跑楼梯间开间、进深、楼梯梯段、楼梯水平段优先尺寸（mm） 表 4-22

平面尺寸 层高	开间轴线尺寸	开间净尺寸	进深轴线尺寸	进深净尺寸	梯段宽度尺寸	水平段宽度尺寸	每跑梯段踏步数
2800	2700	2500	6600	6400	1200	1200	16
2900	2700	2500	6900	6700	1200	1200	17
3000	2700	2500	7200	7000	1200	1200	18

注：1. 表中尺寸确定均考虑了住宅楼梯梯段一边设置栏杆扶手；
2. 表格来源《工业化住宅尺寸协调标准》JGJ/T 445—2018。

住宅电梯井道模块通常采用 800kg、1000kg、1050kg 三类电梯，开间及进深的轴线尺寸应采用扩大模数 2M、3M 的整数倍数，电梯井道开间、进深优先尺寸详见表 4-23。

电梯井道开间、进深优先尺寸（mm） 表 4-23

平面尺寸 载重(kg)	开间轴线尺寸	开间净尺寸	进深轴线尺寸	进深净尺寸
800	2100	1900	2400	2200
1000	2400	2200	2400	2200
1000	2200	2000	2800	2600
1050	2400	2200	2400	2200

注：1. 住宅用担架电梯可采用 1000kg 深型电梯，轿厢净尺寸为 1100mm 宽、2100mm 深；也可采用 1050kg 电梯，轿厢净尺寸为 1600mm 宽、1500mm 深或 1500mm 宽、1600mm 深；
2. 表格来源《工业化住宅尺寸协调标准》JGJ/T 445—2018。

走道宽度净尺寸不应小于 1200mm，优先尺寸宜为 1200mm、1300mm、1400mm。

候梯厅深度净尺寸不应小于 1500mm，优先尺寸宜为 1500mm、1600mm、1700mm、1800mm、2400mm（三合一前室电梯厅）。

公共管井的净尺寸应根据设备管线布置需求确定，并满足基本模数的整数倍数。

以南京江北桥林共有产权房 G26 项目为例，其交通体采用模块化设计，各子模块依据功能使用要求，采用模数化尺寸进行合理组合，特别是对设备管井模块进行了精细化布置，取得最优的经济性空间尺度，最后形成集约高效的交通体模块。在整个住宅区均采用一种交通体模块，采用一种尺寸和形式作为通用协同边界与各类套型模块拼接，组合成多样的楼层标准模块，降低了建造成本，体现出标准化的优势（图 4-4～图 4-6）。

图 4-4　南京江北桥林共有产权房 G26 项目交通体模块设计

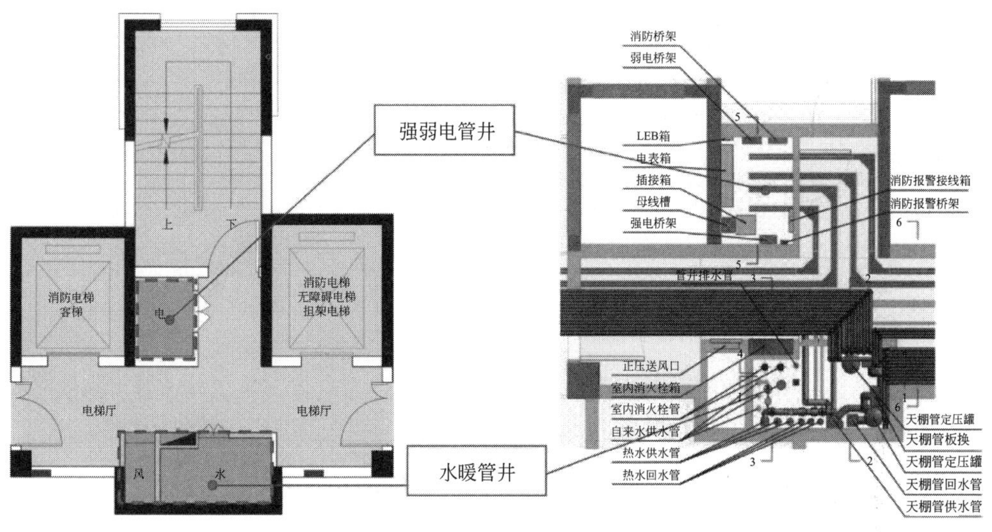

图 4-5　南京江北桥林共有产权房 G26 项目管井模块精细化设计

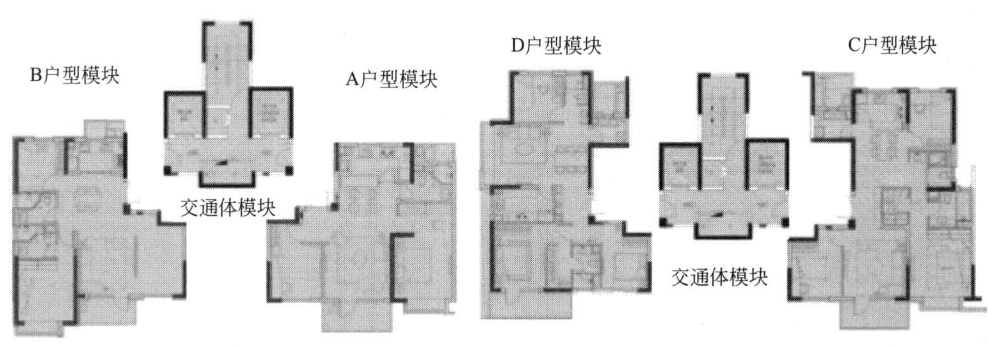

图 4-6　南京江北桥林共有产权房 G26 项目楼层平面组合设计

4.2 标准化设计要点

标准化设计是装配式建筑从设计前期至设计完成全过程应遵循的技术原则和应用方法，设计人员在前期方案设计中就应建立标准化设计思维，依据《装配式建筑评价标准》GB/T 51129 的要求，在建筑布局、结构选型、围护构件及内装部品等方面，充分考虑各专业各分部的标准化应用要求，为后续设计的标准化提供系统性的良好基础。前期方案主要的标准化设计内容详见表 4-24。

前期方案主要的标准化设计内容　　表 4-24

项目	主要内容
建筑方案	1　标准化的居住户型单元和公共建筑基本功能单元的规格尽可能少、相对数量多些（如住宅户型、写字楼标准办公间、酒店标准间、医院标准病房、学校标准教室等），其利用率争取超过总数量的 70%以上（单体建筑中基本单元重复使用数量最多的三种规格占总基本单元数量的比例）； 2　外观设计中标准化门窗数量争取超过总数量的 70%以上（单体建筑中重复率最高的三种规格外窗数量之和占外窗总数量的比例）； 3　共用设备管线集中设置管道井或管线架空层，同时设备管线与结构相分离，以实现设备管线的持续更新改造
主体结构	同一项目预制柱体截面尽可能统一，采用 1～2 种截面尺寸；预制梁截面 2～3 种；叠合板板厚统一采用 60mm+70mm 或 80mm，相似的楼梯尺寸和形式尽可能一致，建筑其他预制构件尽可能规整统一，对于规格简单的构件用一个规格构件数量控制。标准构件应用比例超过 60%（单体建筑中数量不少于 50 件的同一构件数量之和占总预制构件数量的比例）
围护构件	内外围护结构尽量采用标准化的成品板材，应考虑板材的成品尺寸及模数进行柱网开间与进深净尺寸控制，提高板材的利用率，减少板材的现场切割浪费
内装部品	采用模块化的集成厨房、集成卫生间、集成储物柜等成品化安装，提高标准化部品的设计和使用

4.2.1 总平面设计

装配式建筑的总平面设计应在符合城市总体规划要求，满足国家规范及建设标准要求的同时配合现场施工方案，充分考虑构件运输通道、吊装及预制构件临时堆场的设置（表 4-25）。

总平面设计要点　　表 4-25

序号	设计要点	图例
1	在前期规划与方案设计阶段，各专业设计应前期介入，结合预制构件的生产运输条件和工程经济性，规划好装配式建筑实施的技术路线、实施部位及规模	

续表

序号	设计要点	图例
2	在总平面设计中应考虑预制构件及设备的运输通道、堆放以及起重设备所需空间，在不具备临时堆场的情况下，应尽早结合施工组织，为吊装和施工预留好现场条件	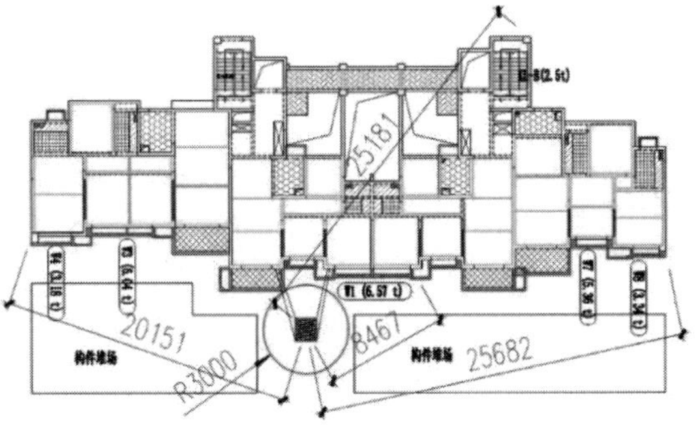 施工场地布置（华润国际社区）
3	建筑体型外轮廓宜规整，体型系数小，平面交接处不应出现"细腰连接"，平面轮廓不宜出现较大的凹凸不平。 实例：南京浦口巩固六号地块青年人才公寓平面采用条式布局，交通核心体考虑结构的均衡，采用对称布置的方式，提高了结构合理性和平面形体的规整程度	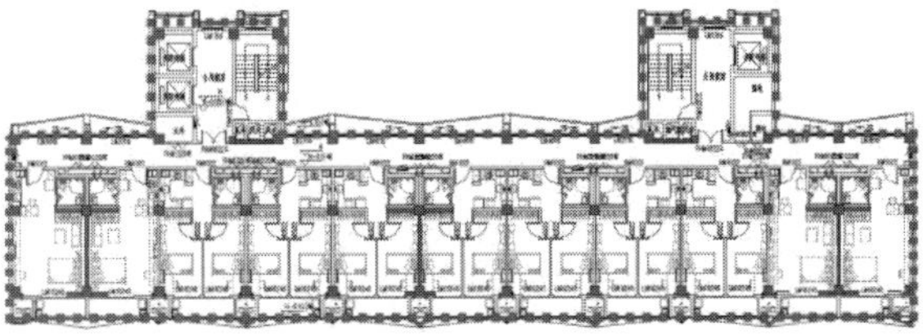 形体应规则合理

4.2.2 建筑平面设计

装配式混凝土建筑平面设计除满足建筑使用功能需求外，应考虑有利于装配式混凝土结构建筑建造的要求（表 4-26）。

建筑平面设计要点 **表 4-26**

	设计要点	图例
1	装配式建筑平面设计应尽量采用大开间结构形式，宜采用大开间、大进深的结构布置方式，尽量减少室内小次梁，宜采取长墙肢剪力墙布置，内部墙肢位置宜尽量对齐，从而有利于减少构件的数量，提高生产效率和现场安装及施工效率。 实例：南京江北桥林共有产权房 G26 项目套型平面采用在一个结构体单元内，分隔客厅和书房，可根据住户的不同需求，灵活调整相互尺寸，有利于空间的多种使用	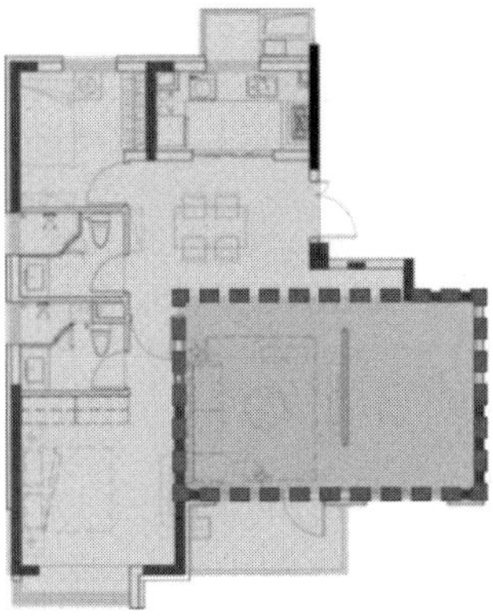 虚线框内为一个结构框架单元

续表

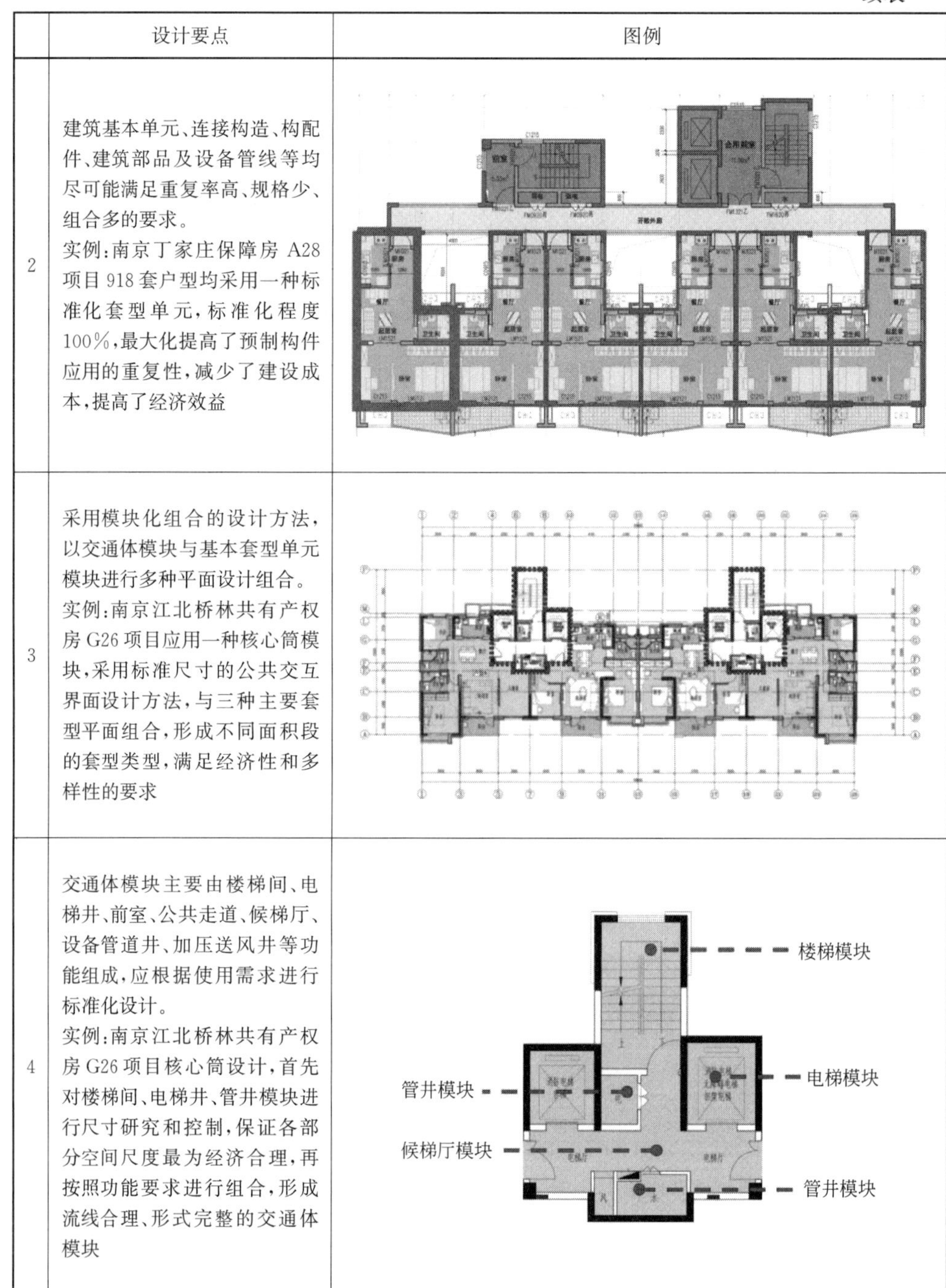

	设计要点	图例
2	建筑基本单元、连接构造、构配件、建筑部品及设备管线等均尽可能满足重复率高、规格少、组合多的要求。 实例：南京丁家庄保障房A28项目918套户型均采用一种标准化套型单元，标准化程度100%，最大化提高了预制构件应用的重复性，减少了建设成本，提高了经济效益	
3	采用模块化组合的设计方法，以交通体模块与基本套型单元模块进行多种平面设计组合。 实例：南京江北桥林共有产权房G26项目应用一种核心筒模块，采用标准尺寸的公共交互界面设计方法，与三种主要套型平面组合，形成不同面积段的套型类型，满足经济性和多样性的要求	
4	交通体模块主要由楼梯间、电梯井、前室、公共走道、候梯厅、设备管道井、加压送风井等功能组成，应根据使用需求进行标准化设计。 实例：南京江北桥林共有产权房G26项目核心筒设计，首先对楼梯间、电梯井、管井模块进行尺寸研究和控制，保证各部分空间尺度最为经济合理，再按照功能要求进行组合，形成流线合理、形式完整的交通体模块	

4.2.3 建筑立面与剖面设计

1. 建筑立面设计

装配式混凝土建筑的立面设计，应采用标准化的设计方法，依据“少规格、多组合”的设计原则，最大限度考虑采用标准化预制构件，并尽量减少立面预制构件的规格种类。立面设计应利用标准化构件的重复、旋转、对称等多种方法组合，以及外墙肌理和色彩的变化，展现出多种设计逻辑和造型风格，实现建筑立面既有规律性的统一，又有韵律性的个性变化。建筑立面设计要点详见表 4-27。

建筑立面设计要点 **表 4-27**

序号	设计要点	图例
1	立面设计应根据造型要求最大限度考虑采用预制构件与外窗种类,并依据“少规格、多组合”的设计原则,尽量减少立面预制构件及外窗的规格和种类。 实例:南京丁家庄保障房 A28 项目外立面采用一种阳台结构构件与标准外窗,通过形体划分、虚实对比、形式曲折的造型方法,在最少预制构件的基础上,取得了简洁挺拔、简约生动的外形特色	
2	建筑立面应规整,外墙宜无凸凹,立面开洞统一,减少装饰构件,尽量避免复杂的外墙构件,建筑立面呈现整齐划一、简洁精致、富有装配式建筑特点的韵律效果。 实例:南京浦口巩固六号地青年人才公寓采用规则的平面形式,利用标准化尺寸的梯形阳台结构板进行错位摆放,与规格统一的空调机位穿孔铝板组合,创造出富有韵律的立面造型	
3	建筑竖向尺寸应符合模数化要求,层高、门窗洞口、立面分格等尺寸应尽可能协调统一。 实例:南京江北桥林共有产权房 G26 项目立面设计,采用标准统一的开窗尺度、阳台形式、颜色材质,运用阳台构件与竖向装饰构件组合,创造形式现代、比例和谐的立面风格,改变了装配式建筑平淡、呆板的传统认知	

续表

序号	设计要点	图例
4	门窗洞口宜上下对齐、成列布置，其平面位置和尺寸应满足结构受力及预制构件设计要求，门窗应采用标准化部件。 实例：装配式建筑要求的规则性并不是不能变化，而是通过标准化的思维进行审美创造，国外某学生宿舍建筑立面采用方格网的构成形式，将窗洞口的尺度与结构框架尺度形成较好的美学比例，体现出规则性美感	
5	建筑的立面风格应与构件组合的接缝相协调，做到建筑效果和结构合理性的统一。 实例：南京万科上坊保障房6-05项目外立面采用同层高的ALC成品板材作为围护结构，墙面分格按照标准板600mm宽进行划分，同时在成品板预制斜凹线，组合后的效果体现了结构与建筑的内外理性融合	
6	设计应结合装配式建筑的特点立面组合多样化，通过系列化标准单元进行丰富的组合，产生以统一性为基础的复杂性，带来建筑形体的多样化。 实例：建筑造型体的标准单元可以是阳台单元，也可以是窗体、空调板等，某建筑以阳台为组合模块，采用错位设置，以及材质、色彩的对比，创造出丰富生动的立面形式	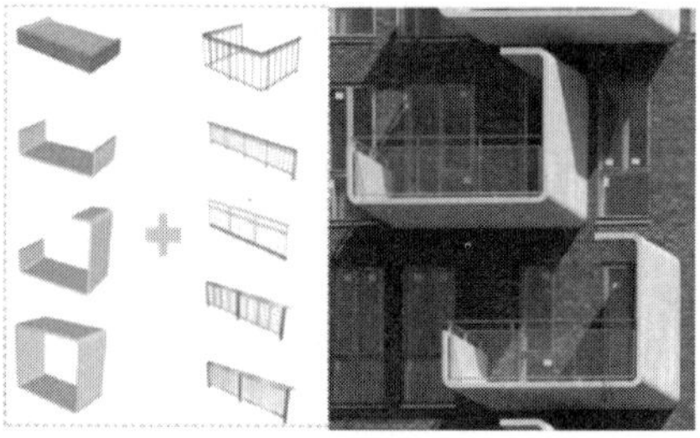

续表

序号	设计要点	图例
7	在总平面布局上利用建筑群体布置产生围合空间的变化，用标准化的单体结合环境设计组合出多样化的群体空间，实现建筑群体的多样性组合。 实例：某项目建筑群以建筑单体为模块，在总平面布局上采用对称和扭转布置，避免建筑组合的单调排布，形成丰富多样的住区空间	
8	利用立面构件凸凹产生的光影效果，改善体型立面的单调感。 实例：南京岱山初级中学项目围护结构采用双层 ALC 板材组合造型，形成了立体化的立面形式，利用构件组合体的凸凹，形成了丰富的光影效果，创造出富有韵律的动感形式	
9	利用不同色彩和质感在局部的变化中实现建筑立面的多样化设计。 实例：某项目建筑在规则形式基础上加入变化的色彩，创造出生动活泼的建筑立面特点，在统一规格的预制构件上加入色彩的变化，是装配式建筑多样性创造较为经济的一种策略	

续表

序号	设计要点	图例
10	采用一体化集成技术，将多种造型构件集合成为一个造型单元，一次安装到位，自成特色。 实例：南京江北健康城项目立面采用两层高 GRC 构件组合体为单元围护系统，融合了节能窗体、光伏板、保温等功能内容，形成了一体化的集成单元模块，体现出装配式的优势，具有良好的特色造型效果	

2. 建筑剖面设计

装配式混凝土建筑剖面设计主要考虑建筑层高及净高，设计时应根据建筑功能、主体结构、设备管线及室内装修等要求，确定合理的层高及净高尺寸（参见《装配式混凝土建筑技术标准》GB/T 51231—2016 第 4.3.7 条）。以建筑地面做法为例，传统做法和装配式建筑 CSI 做法不同，直接影响到建筑层高，影响装配式建筑层高的因素如表 4-28 所示。装配式建筑 CSI 内装体系的层高设计与传统做法的比较详见图 4-7。

影响装配式建筑层高的因素　　表 4-28

影响因素	说明	图例
室内净高	地面完成面（有架空层的按架空层完成面）至吊顶地面之间的垂直距离。室内净高要求越高，对应的层高就越高。室内的净高除了满足建设项目使用的要求外，应符合《民用建筑设计统一标准》GB 50352—2019 及各个专业相关的建筑设计规范的要求。其中，普通住宅层高应不低于 2.8m，不高于 3.00m，设有户式中央空调及集中新风或地暖系统的住宅，层高不应超过 3.6m，卧室、起居室（厅）的室内净高度不应低于 2.4m，厨房、卫生间的室内净高不应低于 2.2m；办公建筑、酒店建筑标准层高一般控制在 3.6～3.9m 范围内，底层或裙楼部分因功能要求加大层高的，应控制在 4.8m 范围内。具体层高要求应符合各地规划要求	

续表

影响因素	说明	图例
楼板厚度	结构选型、开间尺寸不同，楼板的厚度不同。现浇楼板的厚度一般为 120mm、140mm，做 PC 叠合楼板后会增加至 140mm、160mm 厚	
吊顶高度	吊顶的高度：吊顶的高度主要取决于机电管线与梁占用的空间高度。建筑专业应与结构专业、机电专业及内装修进行一体化设计，合理布置吊顶内的机电管线，避免交叉，尽量减小空间占用，协同确定室内吊顶高度。吊顶高度一般约为 100～200mm	
地面架空	架空的高度主要取决于给水排水管道占用的空间高度。架空的高度一般约为 150～200mm	地面干式铺装

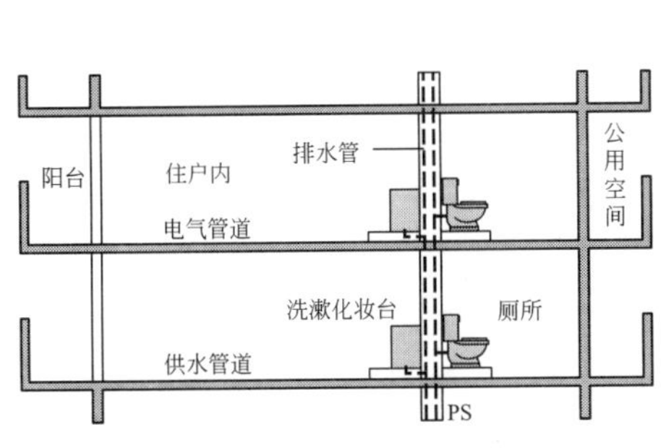

(a)建筑传统做法

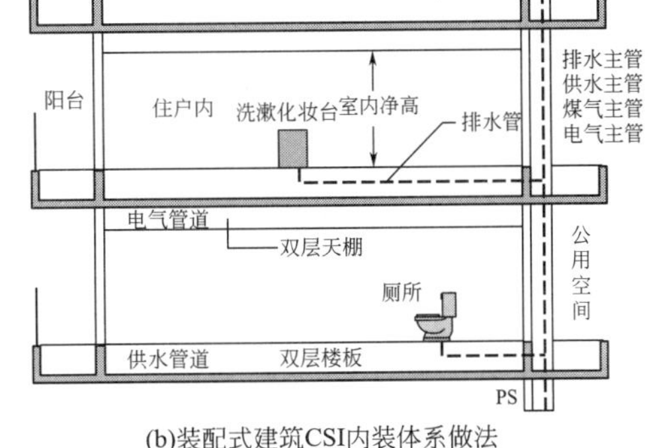

(b)装配式建筑CSI内装体系做法

图 4-7 装配式建筑 CSI 内装体系的层高设计比较

4.2.4 部品标准化设计

部品是建筑功能空间的组成部分，是工业化产品在建设现场的集成，建筑可以按某种方式分解为若干部品模块，如预制柱、梁、叠合板、楼梯部品及内装部品等，部品模块可以继续分解为产品模块，部品决定了空间中各构成元素的组织关系，也是各元素按既定要求进行集合的过程，部品标准化设计就是通过部品体系的构建，可以使建筑系统的分解和集合在定位及尺寸精度方面得到控制，如住宅内装部品体系分为八大系统，见表 4-29。

住宅工业化内装部品体系列表 **表 4-29**

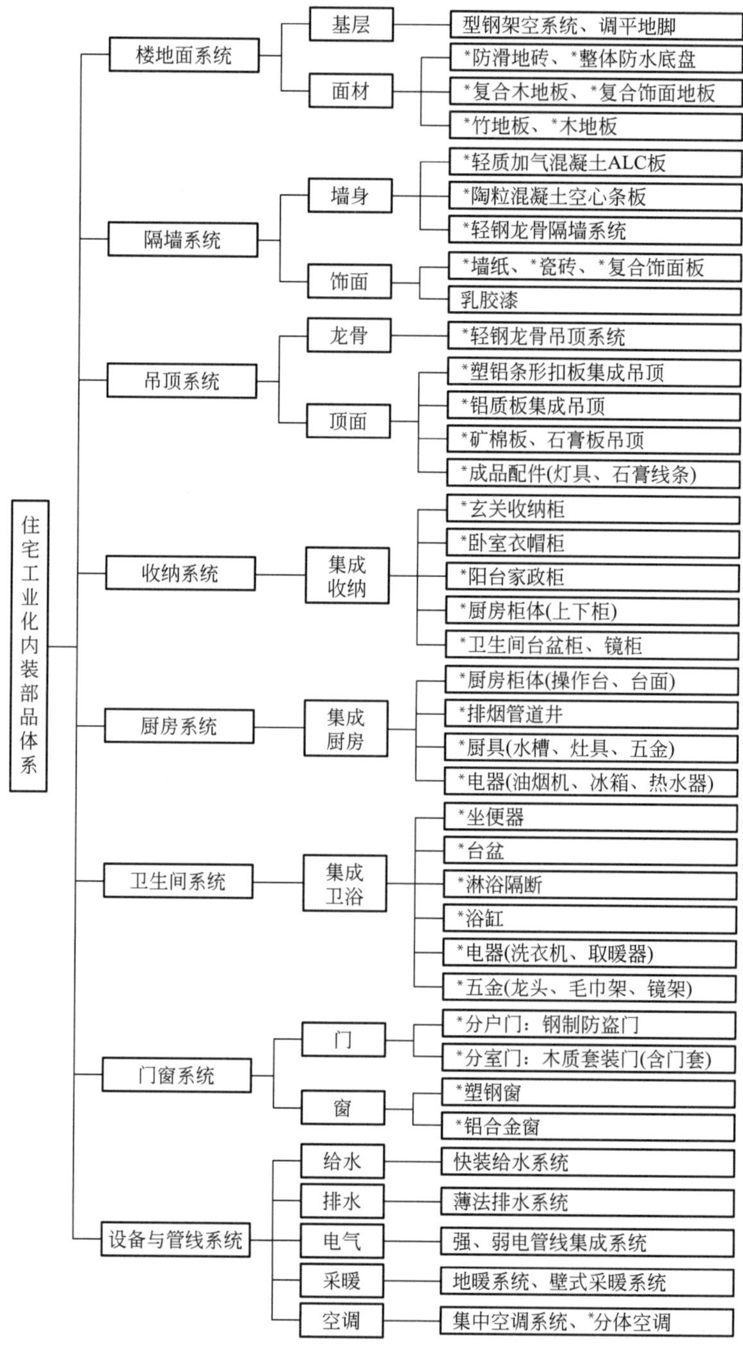

注：带“*”号表示为工业化生产部品部件。

为便于建筑部品的标准化设计与选型，应依据部品体系建立部品标准化库，如内装部品部件标准化库（图 4-8）、预制构件标准化库（图 4-9），尽可能采用标准化产品以提高设计效率。在内装设计上尽可能选择功能系统集成化产品，以实现空间的集约化和体系化，方便快速安装和后期更换；对于相同类型的预制构件设计，应运用最大公约数原理，按照模数协调准则，通过将整体设计下的构件尺寸归并优化设计，做到规格少重复多，降低制作成本，实现部品构件的标准化设计，便于模具标准化以及生产工艺和装配工法标准化。

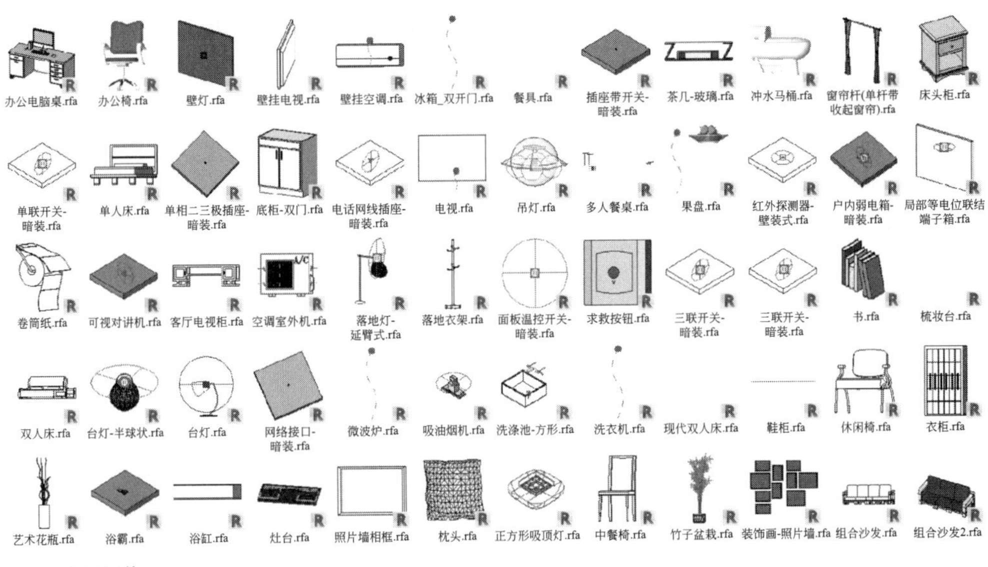

注：来源网络。

图 4-8　内装部品部件标准化库

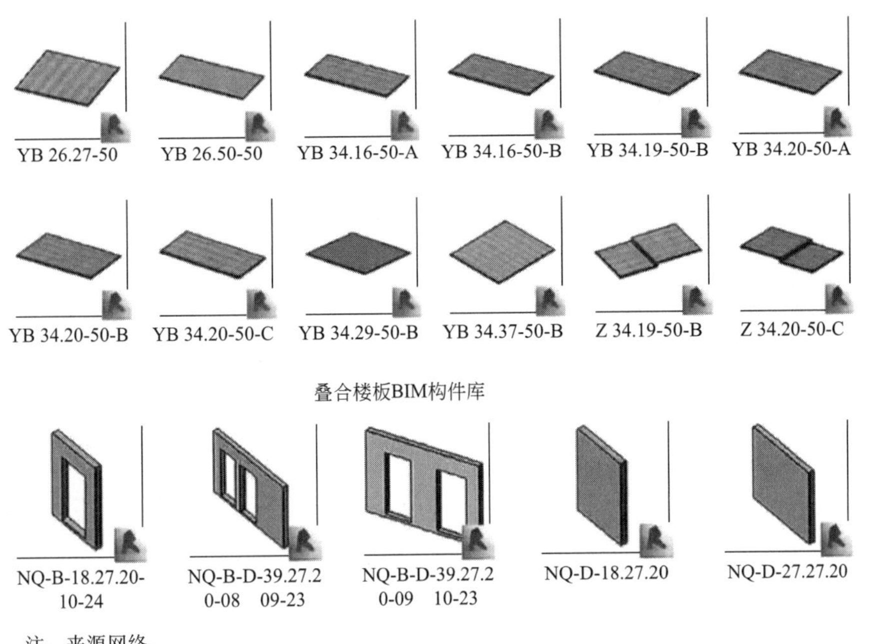

注：来源网络。

图 4-9　预制构件的标准化库

4.3 装配式外围护系统

装配式外围护系统是由建筑外墙、屋面、外门窗及其他部品部件等组合而成，用于分隔建筑室内外环境的部品部件的整体，外围护系统的组成详见图 4-10。

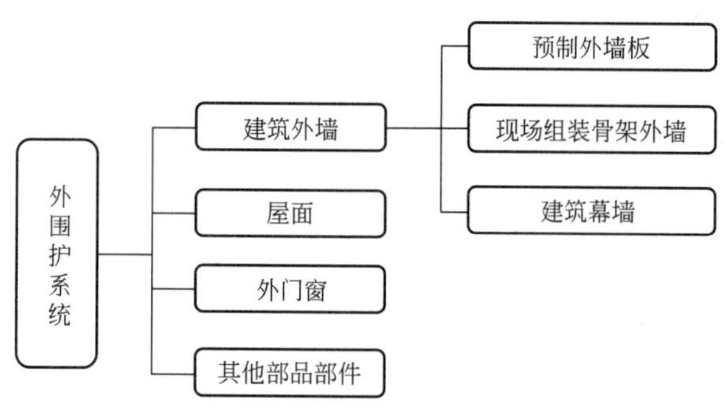

图 4-10 外围护系统的组成

4.3.1 预制外墙板

预制外墙板的分类详见图 4-11。

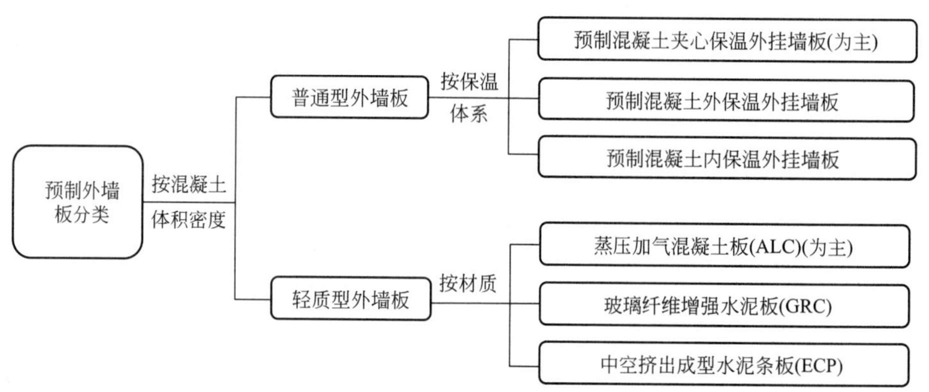

图 4-11 预制外墙板分类

4.3.2 预制外墙板板缝构造

预制外墙板板缝应采用构造防水为主，材料防水为辅的做法（表 4-30）。

防水类型 **表 4-30**

名称	说明	举例
构造防水	是采取合适的构造形式阻断水的通路，以达到防水的目的	水平缝：可将下层墙板的上部做成凸起的挡水台和排水坡，嵌在上层墙板下部的凹槽中，上层墙板下部设披水构造。 垂直缝：设置槽口等

续表

名称	说明	举例
材料防水	防水材料阻断水的通路，以达到防水和增加抗渗漏能力的目的	连接缝外贴聚酯无纺布或 JS 防水、水泥基灌浆料填实

外墙板接缝宽度在设计时应根据极限温度变形、风荷载及地震作用下的层间位移、密封材料最大拉伸-压缩变形量及施工图安装误差等因素设计计算，并宜控制在 10～30mm 范围内；接缝胶厚度应按缝宽尺寸的 1/2 且不小于 8mm。

嵌缝材料应在延伸率、耐久性、耐热性、抗冻性、粘结性、抗裂性等方面满足接缝部位的防水要求。主要采用发泡芯棒与密封胶。

挑出外墙的阳台、雨篷等构件的周边应在板底设置滴水线。

以预制混凝土夹心保温外挂墙板为例介绍各缝的节点构造：

1. 水平缝构造

（1）板缝水平缝防水：宜采用高低缝或企口缝构造，外墙板水平缝构造示意如图 4-12 所示。

（2）板缝水平防火构造：板缝防火构造是板缝之间塞填防火材料。板缝塞填防火材料的长度与耐火极限的要求和缝的宽度有关，需要通过计算确定。对有防火要求的板缝，墙板保温材料的边缘应当用 A 级防火保温材料（图 4-12）。

（3）层间防火构造是外墙挂板与楼板或梁之间的缝隙的防火封堵（图 4-12）。

2. 垂直缝构造

（1）垂直缝防水构造：采用平口或槽口构造。外墙板垂直缝构造如图 4-13 所示。

（2）板柱缝隙防火构造：是外墙挂板与柱或内墙之间缝隙的防火构造（图 4-13～图 4-15）。

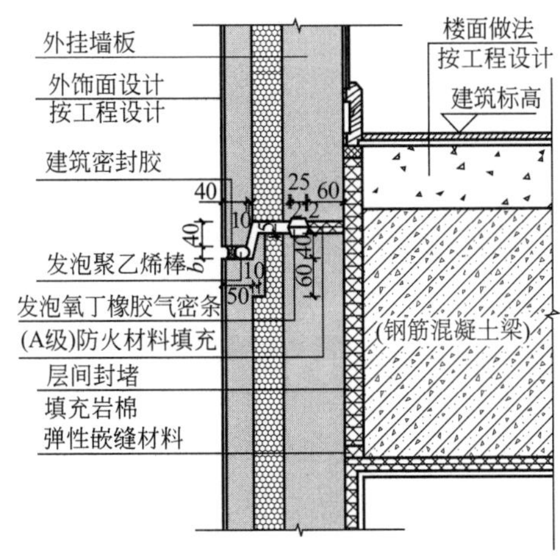

图 4-12　外墙挂板水平缝纵剖面构造

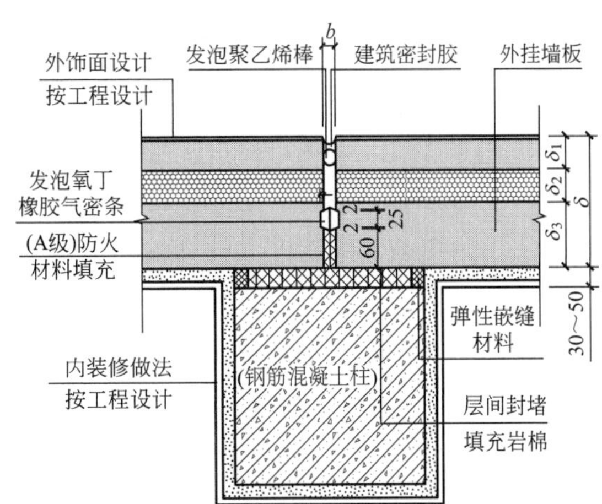

图 4-13　外墙挂板垂直缝横剖面构造

3. 外墙挂板阳角及阴角处构造

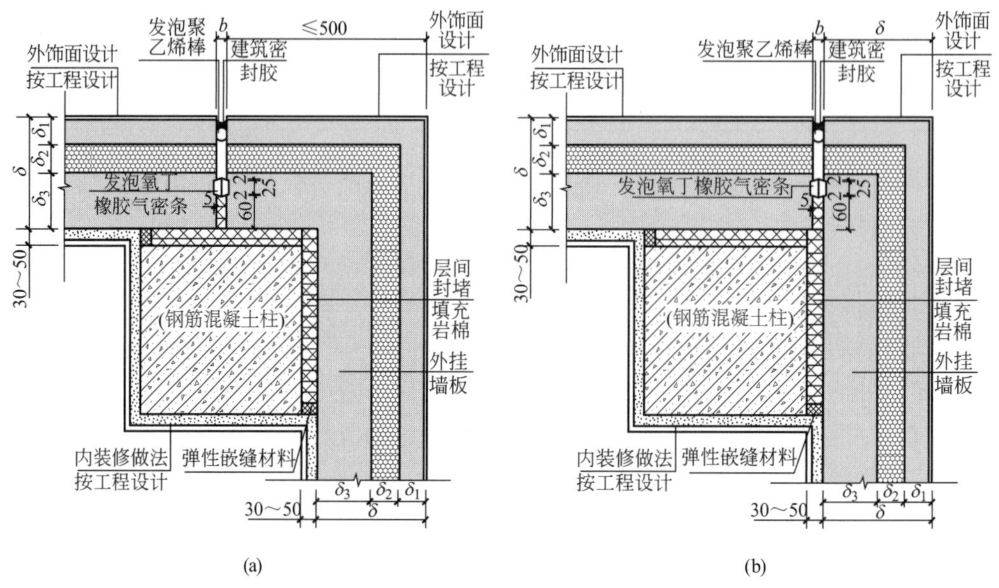

图 4-14 外墙挂板阳角处构造

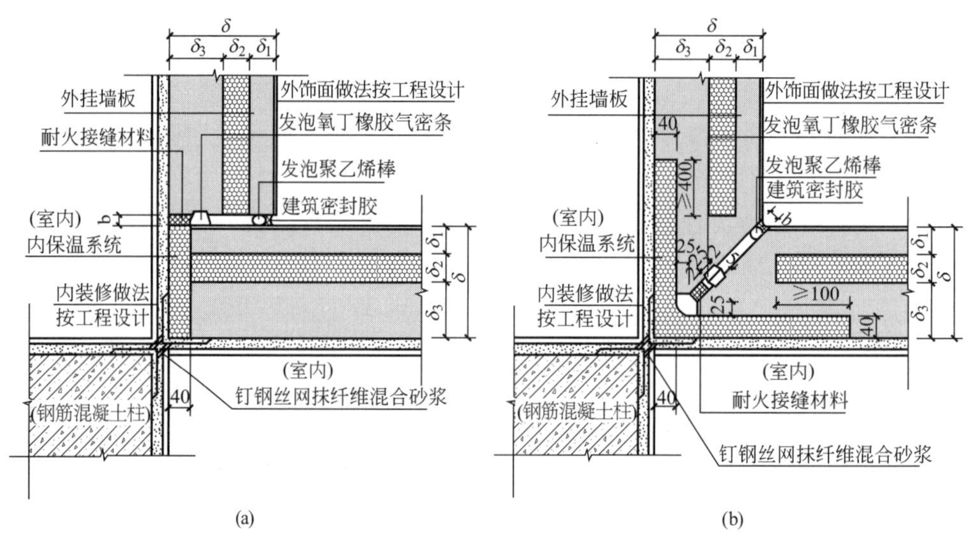

图 4-15 外墙挂板阴角处构造

4. 其他缝的构造

（1）其他斜缝、T 形缝、十字缝及变形缝等，应针对具体部位同样做相应的防水防火处理。

（2）与水平夹角小于 30°的斜缝按水平缝构造设计，其余斜缝按垂直缝构造设计。

（3）预制外墙板立面接缝不宜形成 T 形缝，外墙板十字缝部位每隔 2～3 层应设置排水管引水处理（图 4-16），板缝内侧应增设气密条密封构造，经实际验证其

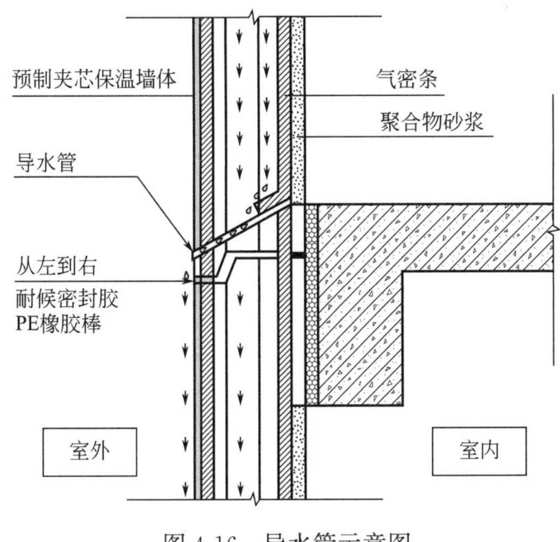

图 4-16　导水管示意图

防水性能比较可靠。当垂直缝下方为门窗等其他构件时，应在其上部设置引水外流排水管。

4.3.3　变形缝构造

预制外墙变形缝的构造设计应符合建筑相应部位的设计要求，有防火要求的建筑变形缝应设置阻火带，采取合理的防火措施，有防水要求的建筑变形缝应安装止水带，采取合理的防排水措施，有节能要求的建筑变形缝应填充保温材料，满足建筑设计要求。如图 4-17 所示预制混凝土夹心保温外挂墙板交接变形缝，其中成品变形缝配件可参考《变形缝建筑构造》14J936 选型。

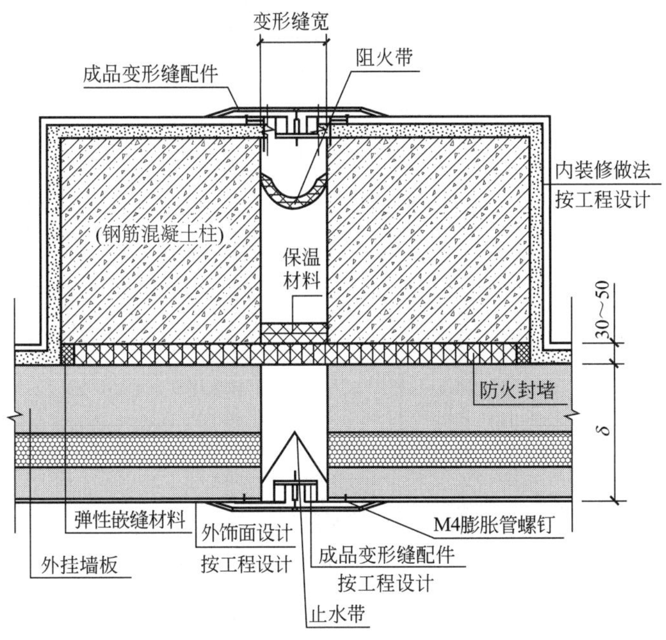

图 4-17　变形缝处外墙板交接构造

4.3.4 屋面及女儿墙构造

对于装配式建筑而言，女儿墙分为三种情况，详见表 4-31。如墙墙身构造如图 4-18。

装配式女儿墙分类 **表 4-31**

名称	PC 盖顶板	PC 折板盖板	金属盖板
图片	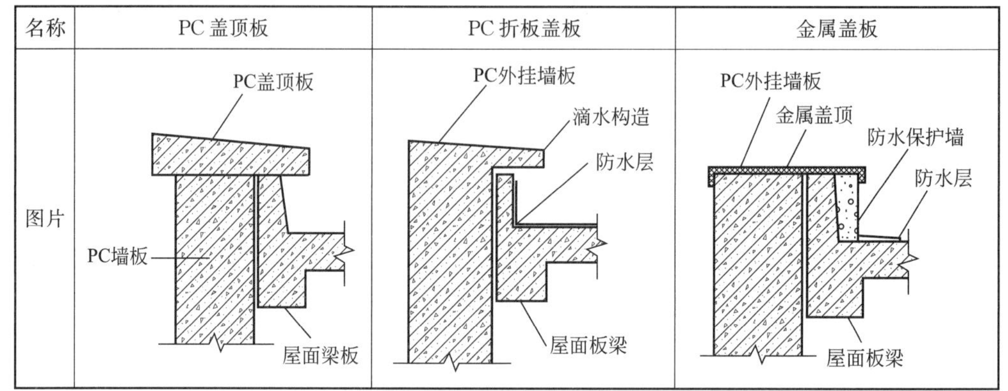		

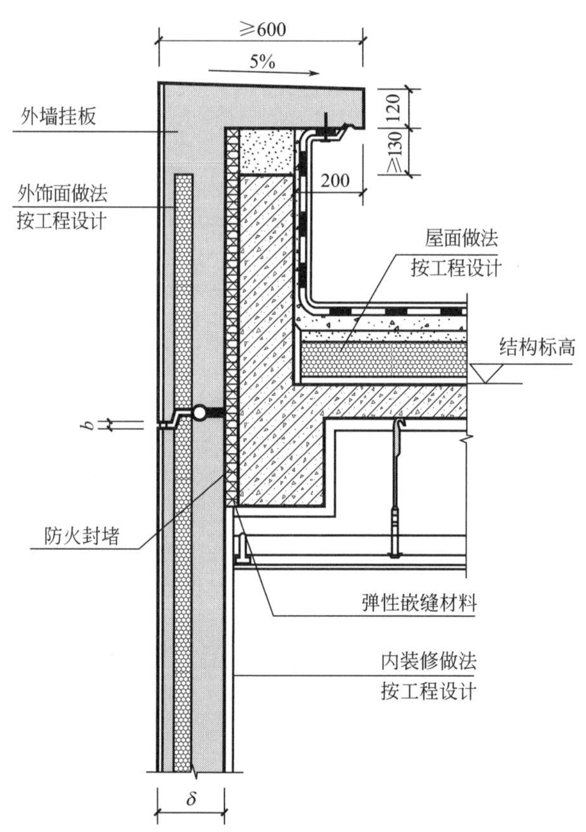

图 4-18 女儿墙墙身剖面

屋面防水层的整体性受结构变形与温度变形叠加的影响，变形超过防水层的延伸极限时就会造成开裂及漏水。应注意以下几点详见表 4-32。

屋面防水注意事项 **表 4-32**

序号	注意事项
1	叠合板屋盖，应采取增强结构整体刚度的措施，采用细石混凝土找平层；基层刚度较差时，宜在混凝土内加钢筋网片
2	屋面应形成连续的完全封闭的防水层
3	选用耐候性好、适应变形能力强的防水材料
4	防水材料应能够承受因气候条件等外部因素作用引起的老化
5	防水层不会因基层的开裂和接缝的移动而损坏破裂

屋面应根据现行国家标准《屋面工程技术规范》GB 50345 中规定的屋面防水等级进行防水设防，并应具有良好的排水功能，宜设置有组织排水系统。

4.3.5 外门窗

如表 4-33 所示。

《装配式混凝土建筑技术标准》GB/T 51231 规定 **表 4-33**

<table>
<tr><td rowspan="4">装配式混凝土建筑外门窗设计</td><td colspan="2">外门窗应采用在工厂生产的标准化系列产品，并应采用带有披水板等的外门窗配套系列部品</td></tr>
<tr><td colspan="2">外门窗应可靠连接，门窗洞口与外门框接缝处的气密性能、水密性能和保温性能不应低于外门窗的有关性能</td></tr>
<tr><td rowspan="2">预制外墙中外门窗宜采用企口或预埋件等方法固定，外门窗可采用预装法或后装法设计，并满足下列要求</td><td>采用预装法时，外门窗框应在工厂与预制外墙整体成型</td></tr>
<tr><td>采用后装法时，预制外墙的门窗洞口应设置预埋件</td></tr>
</table>

1. 预装法外窗

窗户与预制墙板一体化制作，窗框在混凝土浇筑时锚固其中，两者之间无后填塞缝隙，密闭性、防渗性和保温性好，窗户包括玻璃都可以在工厂安装好，现场作业简单。

外窗与无保温墙板一体化节点如图 4-19 所示。

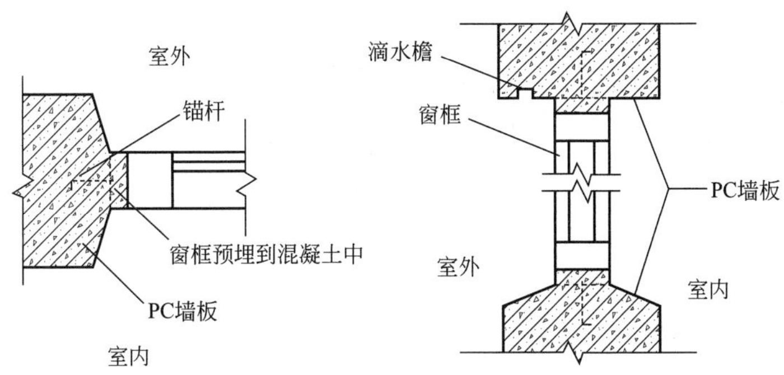

图 4-19 外窗与无保温墙板一体化节点

外窗与夹心保温墙板一体化节点如图 4-20 所示。

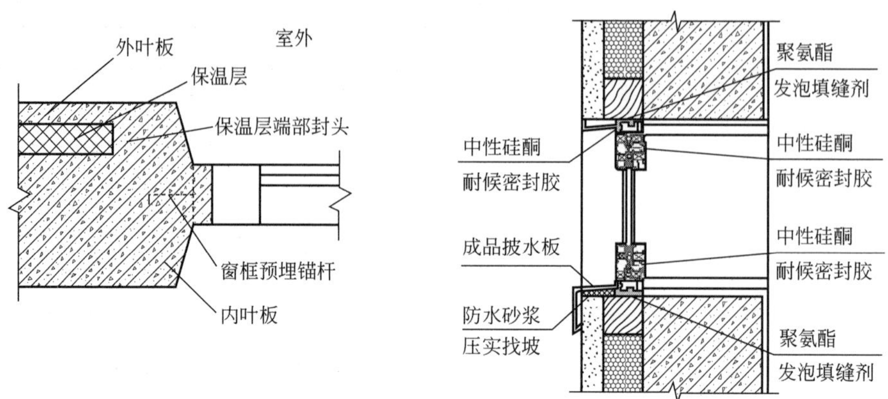

图 4-20　外窗与夹心保温墙板一体化节点

2. 后安装法外窗

窗户后安装节点，对于没有保温层或外墙内保温构件，做法与现浇混凝土建筑窗户安装做法一样。对于夹心保温构件，窗户安装节点与现浇混凝土结构不一样，需要预埋安装窗框的木砖。

后安装窗户的预制夹心保温外墙板，窗户位置一般在保温层处，带翼缘的夹心保温柱、梁和窗户位置靠外的夹心保温柱、梁的窗户位置也在保温层处，如图 4-21 所示。

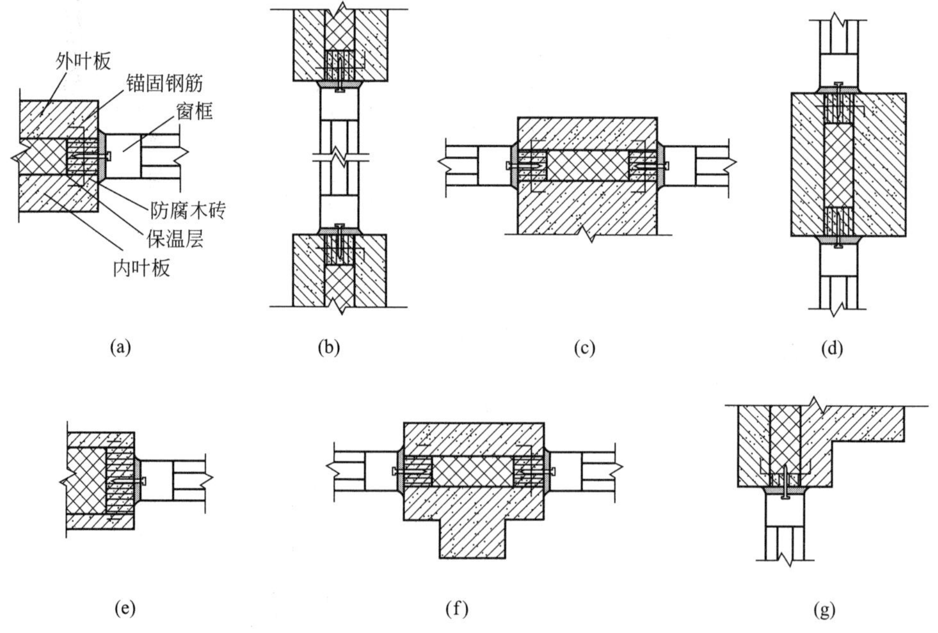

(a) 夹心保温板平剖面；(b) 夹心保温板立剖面；(c) 夹心保温柱；(d) 夹心保温梁；
(e) 保温层厚度大于窗框；(f) 带翼缘柱；(g) 带翼缘梁

图 4-21　外窗后安装窗框位置在保温层处安装节点

3. 装配式住宅建筑门窗洞口的常用尺寸

如表 4-34、表 4-35 所示。

门洞口常用净尺寸（mm）和净面积（m^2）系列表　　表 4-34

洞高＼洞宽	900	1000	1200	1400	1500	1600	1800	2100	2400
2000	1.80	2.00	2.40	2.80	3.00	3.20	3.60	—	—
2100	1.89	2.10	2.52	2.94	3.15	3.36	3.78	4.41	5.04
2200	1.98	2.20	2.64	3.08	3.30	3.52	3.94	4.62	5.28
2300	2.07	2.30	2.76	3.22	3.45	3.68	4.12	4.83	5.52
2400	2.16	2.40	2.86	3.36	3.60	3.84	4.30	5.04	5.76
2500	2.25	2.50	3.00	—	—	—	—	—	—

注：表格来源《装配式住宅建筑设计标准》18J820。

窗洞口常用净尺寸（mm）和净面积（m^2）系列表　　表 4-35

洞高＼洞宽	600	900	1200	1500	1800	2100	2400	2700	3000
600	0.36	0.54	0.72	0.90	1.08	1.26	1.44	1.62	1.80
900	0.54	0.81	1.08	1.35	1.62	1.89	2.16	2.43	2.70
1200	0.72	1.08	1.44	1.80	2.16	2.52	2.88	3.24	3.60
1500	0.90	1.35	1.80	2.25	2.70	3.15	3.60	4.05	4.50
1800	1.08	1.62	2.16	2.70	3.24	3.78	4.32	4.86	5.40
2100	1.26	1.89	2.52	3.15	3.78	4.41	5.04	5.67	6.30
2400	1.44	2.16	2.88	3.60	4.32	5.04	5.76	6.48	7.20

注：表格来源《装配式住宅建筑设计标准》18J820。

4.3.6 幕墙

建筑幕墙是建筑外围护结构的一种，由面板和支承结构体系组成的，可相对主体结构有一定位移能力或自身有一定变形能力、不承担主体结构所作用的建筑外围护结构或装饰性结构，是具有防水、保温隔热、防火、隔声等性能，与建筑装饰功能集成一体的建筑外围护系统。

1. 幕墙设计分类

幕墙设计分类详见表 4-36。

幕墙设计分类　　表 4-36

幕墙分类	内容
按面板所用材料分类	玻璃幕墙、金属幕墙、石材幕墙、人造板幕墙等
按施工方法分类	单元式幕墙和构件式（框架式）幕墙；装配式混凝土建筑可以根据建筑物的使用要求、建筑造型合理选择幕墙形式，当条件许可时，优先选择单元式幕墙系统
按形式分类	有框幕墙：包括明框幕墙、半隐框幕墙和全隐框幕墙
	无框幕墙：全玻璃幕墙和点支式玻璃幕墙

2. 单元式幕墙

单元式幕墙是由各种墙面板与支承框架在工厂制成完成的幕墙结构基本单位，直接安装在主体结构上的建筑幕墙。

单元式幕墙代表了装配式现代建筑施工发展的方向，单元式幕墙与框架幕墙的主要区别在于加工组装方式不同。单元式玻璃幕墙主要是在工厂加工完成，施工现场工作量减少，可以有效地缩短施工工期。建筑幕墙常规施工工艺如图 4-22 所示。

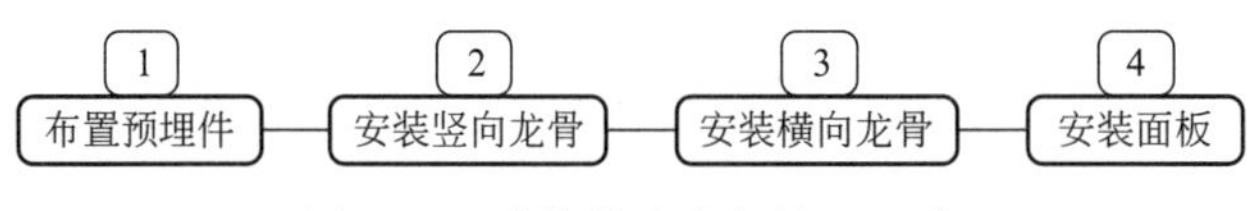

图 4-22　建筑幕墙常规施工工艺

而单元式幕墙则是把后三个工序 2、3、4 集合为一次性板块运输到现场安装。

3. 单元式幕墙节点设计

单元式幕墙一般采用型材对插连接形式组成组合来完成接缝，也就是并不在整体杆件上接缝，而是靠相邻框对插组成合杆完成接缝。以常用单元式玻璃幕墙为例，如图 4-23 所示。

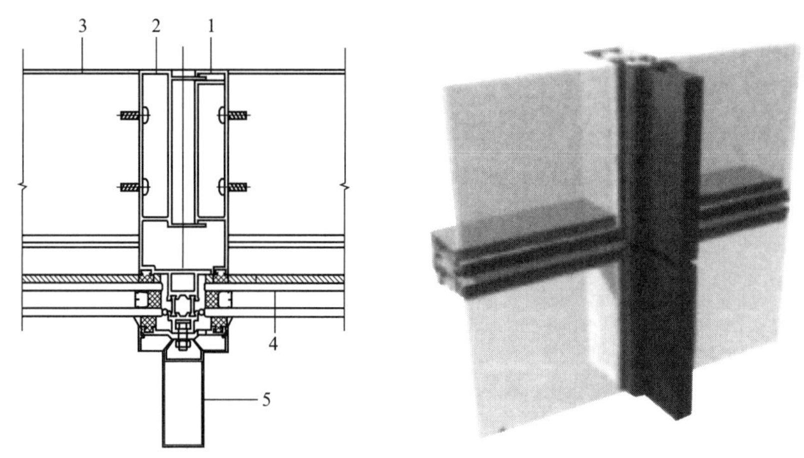

1——竖向公型材；2——竖向母型材；3——横型材；4——玻璃；5——铝线条

图 4-23　单元式玻璃幕墙节点及效果小样

4.4　装配式混凝土建筑保温节能设计

4.4.1　外墙节能设计要求

装配式混凝土建筑预制外墙的保温隔热性能应符合国家建筑节能设计标准和江苏省节能设计标准（《江苏省居住建筑热环境和节能设计标准》DGJ32J 71、《江苏省公共建筑节能设计标准》DGJ32J 96）的要求。

以外挂墙板为例，外挂墙板按保温类型可分为：夹心保温系统、内保温系统、外保温系统三种类型。墙身保温构造详见图 4-24。

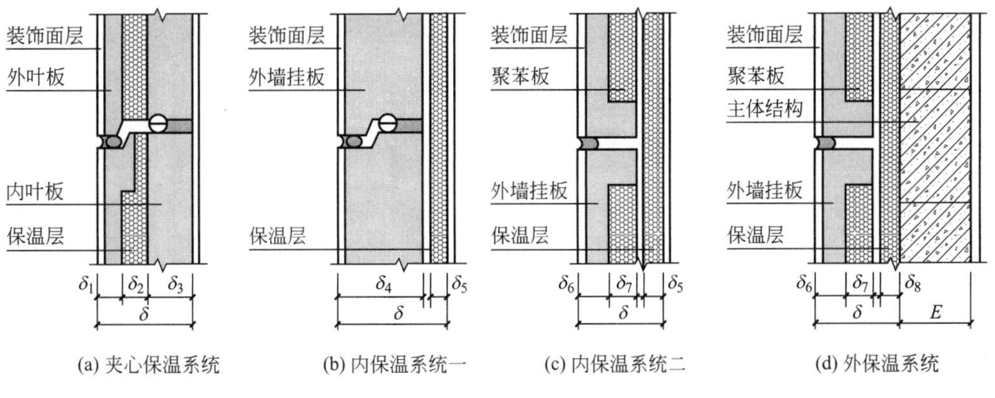

(a) 夹心保温系统　(b) 内保温系统一　(c) 内保温系统二　(d) 外保温系统

图 4-24　墙身保温构造

外挂墙板应采用预制外墙主断面的平均传热系数作为其热工设计值，其热工性能指标见表 4-37～表 4-39。

夹心保温系统墙身的热工性能指标　**表 4-37**

分类	外墙挂板墙身 δ			热阻值 R (m²×K/W)			传热系数 K [W/(m²×K)]		
	外叶板厚(mm)	保温层厚(mm)	内叶板厚(mm)	保温层类型			保温层类型		
	δ_1	δ_2	δ_3	EPS	XPS	岩棉	EPS	XPS	岩棉
夹心保温系统	60	40	80	1.21	1.56	1.12	0.83	0.64	0.89
	60	50	80	1.45	1.90	1.34	0.69	0.53	0.75
	60	60	80	1.69	2.23	1.56	0.59	0.45	0.64
	60	80	80	2.18	2.90	2.01	0.46	0.35	0.50
	60	100	80	2.67	3.56	2.45	0.37	0.28	0.41

内保温系统墙身的热工性能指标　**表 4-38**

分类	外墙挂板墙身 δ		热阻值 R (m²×K/W)			传热系数 K [W/(m²×K)]		
	外墙挂板厚(mm)	保温层厚(mm)	保温层类型			保温层类型		
	δ_4	δ_5	EPS	XPS	岩棉	EPS	XPS	岩棉
内保温系统一	140	40	1.21	1.56	1.12	0.83	0.64	0.89
	160	50	1.46	1.91	1.35	0.68	0.52	0.74
	180	50	1.47	1.92	1.36	0.68	0.52	0.74
	200	60	1.73	2.26	1.60	0.58	0.44	0.63
	220	60	1.74	2.28	1.61	0.57	0.44	0.62
	220	80	2.23	2.94	2.05	0.45	0.34	0.49
	220	100	2.72	3.61	2.50	0.37	0.28	0.40

续表

分类	外墙挂板墙身 δ			热阻值 R (m^2×K/W)			传热系数 K [W/(m^2×K)]		
	外墙挂板(mm)	聚苯板厚(mm)	保温层厚(mm)	保温层类型			保温层类型		
	δ_6	δ_7	δ_5	EPS	XPS	岩棉	EPS	XPS	岩棉
内保温系统二	60	80	40	3.11	4.18	2.85	0.32	0.24	0.35
	60	80	50	3.36	4.52	3.07	0.30	0.22	0.33
	60	100	40	3.60	4.85	3.30	0.28	0.21	0.30
	60	100	50	3.84	5.18	3.52	0.26	0.19	0.28

外保温系统墙身的热工性能指标　　表 4-39

分类	外墙挂板墙身 δ			热阻值 R (m^2×K/W)			传热系数 K [W/(m^2×K)]		
	外墙挂板(mm)	聚苯板厚(mm)	保温层厚(mm)	保温层类型			保温层类型		
	δ_6	δ_7	δ_8	EPS	XPS	岩棉	EPS	XPS	岩棉
外保温系统	60	80	40	3.11	4.18	2.85	0.32	0.24	0.35
	60	80	50	3.36	4.52	3.07	0.30	0.22	0.33
	60	100	40	3.60	4.85	3.30	0.28	0.21	0.30
	60	100	50	3.84	5.18	3.52	0.26	0.19	0.28

注：1. 表 4-37～表 4-39 外保温系统中聚苯板材料为挤塑聚苯板（XPS），是外墙挂板构件成型时使用，热工计算已将此厚度计入热工性能计算之内；

2. 表 4-37～表 4-39 中普通混凝土 λ=1.74W/（m·K），发泡聚苯乙烯 033 级（EPS）λ=0.033W/（m·K），挤塑聚苯乙烯（XPS）λ=0.030W/（m·K），岩棉保温层干密度为 70～200kg/m^3 的岩棉板，λ=0.040W/（m·K）（表 3-64）；

3. 图 4-24（c）、图 4-24（d）的热工计算，应依据具体工程肋宽设计要求确定平均热阻值 R 和传热系数 K 值；

4. 表 4-37～表 4-39 中围护墙热阻值也可依据具体工程进行修正。例岩棉板（墙体）修正系数 1.30（表 3-64）；

5. 表 4-37～表 4-39 来源《预制混凝土外墙挂板（一）》16J110-2+16G333。

4.4.2 外门窗节能设计要求

在建筑外围护系统中，门窗部分由于需要承担观景、采光、出入等功能需求，所以属于保温隔热的薄弱环节，此篇章介绍江苏省居住类建筑标准化外窗系统。

1. 标准化外窗

对组成外窗的型材、玻璃、五金件、密封件、配套件等进行定型，生产过程标准化，规格尺寸按照《居住建筑标准化外窗系统应用技术规程》DGJ32/J 157—2017 实施标准化，产品性能不低于该规程和工程设计要求的成品窗。

2. 标准化外窗系统

标准化外窗（包括外遮阳一体化窗、内置遮阳一体化窗、中置遮阳一体化双层窗）与预先安装在门窗洞口中的标准化附框、附框压条等组合安装。其中标准化附框与土建施工同步，预埋或预先安装在门窗洞口中，此做法适用于装配式预制混凝土后装法外窗。

3.外窗主要规格和开启形式

(1)标准化外窗洞口尺寸

标准化外窗系统中标准外窗主要以单樘窗和有单樘标准化窗组合的窗，洞口尺寸见表 4-40。

居住建筑标准化外窗系统洞口尺寸　　表 4-40

洞口高度 H(cm)	洞口宽度 B(cm)
120	60、90、120、150
150	60、90、120、150、180
160	60、90、120、150、180
170	60、90、120、150、180
180	60、90、120、150、180
210	60、90、120、150、180

注：洞口宽度 60cm 用于平开、上悬、上下提拉窗；洞口宽度 90cm 用于上悬、上下提拉窗；洞口高度 210cm 和对应的宽度尺寸仅用于由单樘标准化窗组合的飘窗。

(2)标准化外窗开启形式

1)单窗

以洞口宽 600mm 单窗为例，详见表 4-41。

单窗开启形式　　表 4-41

洞口宽系列	600mm			
C120				600 600
	外(内)平开窗	下悬内平开窗	上悬窗	提拉窗

2)组合窗

以洞口宽 2400mm 为例详见表 4-42。

组合窗开启形式　　表 4-42

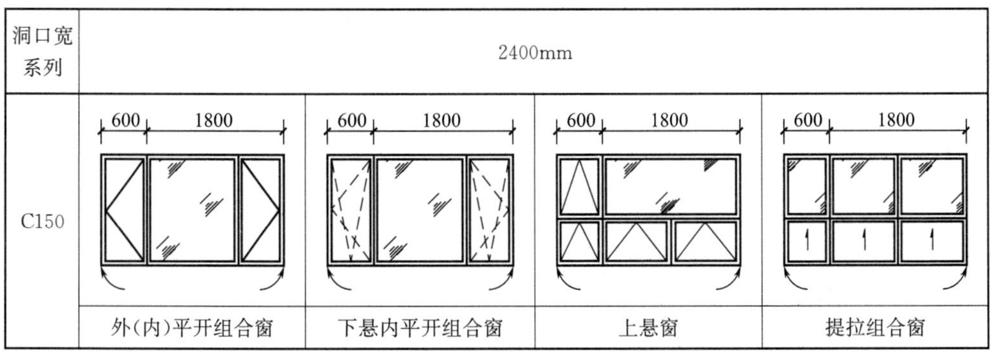

洞口宽系列	2400mm			
C150	600　1800	600　1800	600　1800	600　1800
	外(内)平开组合窗	下悬内平开组合窗	上悬窗	提拉组合窗

续表

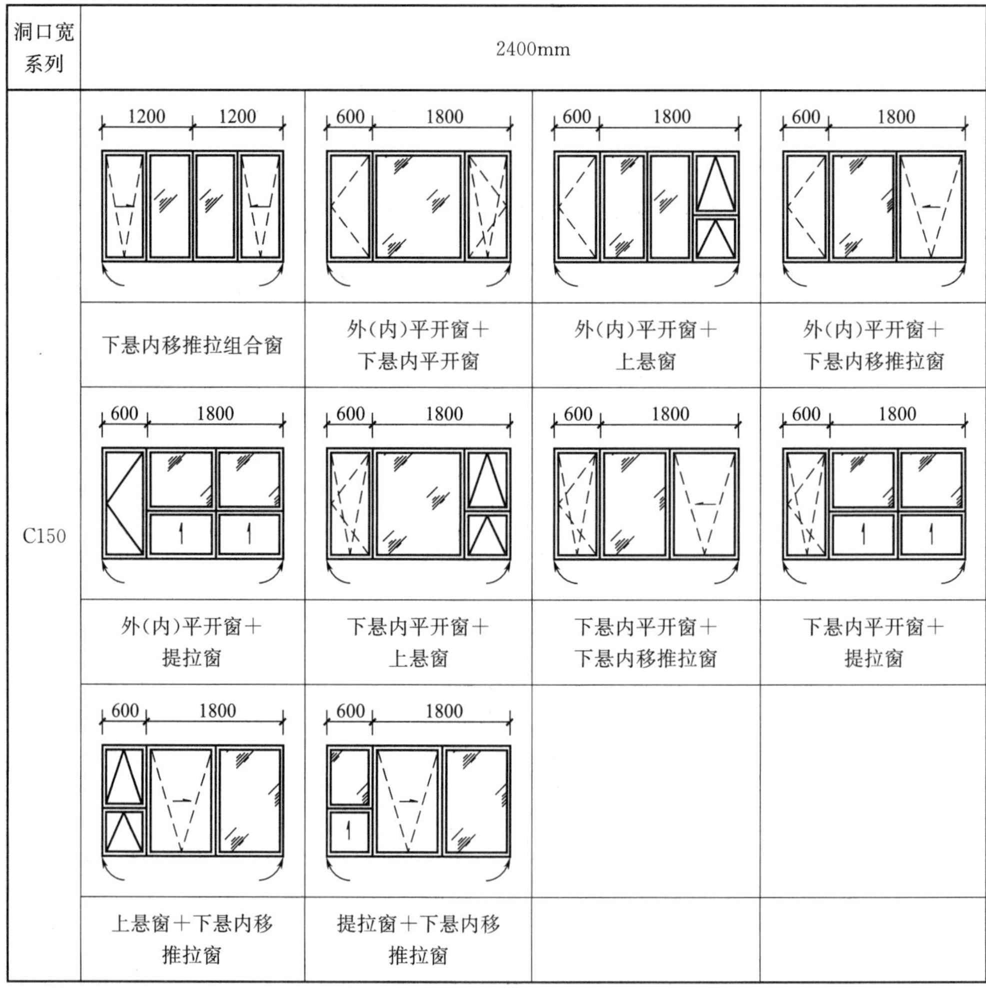

洞口宽系列	2400mm			
C150	下悬内移推拉组合窗	外(内)平开窗+下悬内平开窗	外(内)平开窗+上悬窗	外(内)平开窗+下悬内移推拉窗
	外(内)平开窗+提拉窗	下悬内平开窗+上悬窗	下悬内平开窗+下悬内移推拉窗	下悬内平开窗+提拉窗
	上悬窗+下悬内移推拉窗	提拉窗+下悬内移推拉窗		

注：图中窗扇角度可为 90°、120°、135°、180°。

4. 外窗保温节点构造

外窗后安装窗框位置在保温层处安装节点参见图 4-21。

5. 标准化外窗和遮阳一体化外窗热工性能表，如表 4-43 所示。

标准化外窗和遮阳一体化外窗热工性能表　　表 4-43

外窗类型	开启形式	玻璃配置(mm)	K	SC	SD		备注
铝合金外窗、铝木复合外窗(以铝为主体)	单层推拉窗	5+6Ar+5+6Ar+5	2.4	0.78	0.20	铝或织物卷帘	110 系列
	单层推拉窗	6 高透 Low-E+12A+6	2.4	0.62	0.20	铝或织物卷帘	110 系列
	单层推拉窗	6 高透 Low-E+12Ar+6	2.2	0.62	0.20	铝或织物卷帘	110 系列
	单层推拉窗	6 高透 Low-E+12Ar+6(暖边)	2.0	0.62	0.20	铝或织物卷帘	110 系列
	单层推拉窗	5 高透 Low-E+19A+5(高性能暖边)	2.2	0.62	0.30	内置遮阳百叶	110 系列
	单层推拉窗	5 高透 Low-E+19Ar+5(高性能暖边)	2.0	0.62	0.30	内置遮阳百叶	110 系列
	双层推拉窗	5+12A+5+70+5+12A+5	2.0	0.69	0.30	内置遮阳百叶	160 系列

续表

外窗类型	开启形式	玻璃配置(mm)	*K*	*SC*	*SD*		备注
铝合金外窗、铝木复合外窗（以铝为主体）	双层推拉窗	5+12Ar+5+70+5+12Ar+5	1.8	0.69	0.30	内置遮阳百叶	160系列
	内外平开窗	6高透Low-E+12A+6	2.2	0.62	0.20	铝或织物卷帘	63系列
	内外平开窗	6高透Low-E+12Ar+6	2.0	0.62	0.20	铝或织物卷帘	63系列
	内外平开窗	6高透Low-E+12Ar+6(暖边)	1.8	0.62	0.20	铝或织物卷帘	63系列
	内外平开窗	5+6A+5+6A+5	2.4	0.78	0.20	铝或织物卷帘	70系列
	内外平开窗	5+6Ar+5+6Ar+5	2.2	0.78	0.20	铝或织物卷帘	70系列
	内外平开窗	5高透Low-E+6Ar+5+6Ar+5	2.0	0.62	0.20	铝或织物卷帘	70系列
	内外平开窗	5+19Ar+5(高性能暖边)	2.4	0.82	0.30	内置遮阳百叶	70系列
	内外平开窗	5高透Low-E+19A+5(高性能暖边)	2.0	0.62	0.30	内置遮阳百叶	70系列
	内外平开窗	5高透Low-E+19Ar+5(高性能暖边)	1.8	0.62	0.30	内置遮阳百叶	70系列
塑料外窗、玻璃钢外窗、铝木复合外窗（以木为主体）	单层推拉窗	5+6A+5+6A+5	2.4	0.78	0.20	铝或织物卷帘	108系列
	单层推拉窗	5+6Ar+5+6Ar+5	2.2	0.78	0.20	铝或织物卷帘	108系列
	单层推拉窗	6高透Low-E+12A+6	2.2	0.62	0.20	铝或织物卷帘	108系列
	单层推拉窗	6高透Low-E+12Ar+6	2.0	0.62	0.20	铝或织物卷帘	108系列
	单层推拉窗	6高透Low-E+12Ar+6(暖边)	1.8	0.62	0.20	铝或织物卷帘	108系列
	单层推拉窗	5+19Ar+5(高性能暖边)	2.4	0.82	0.30	内置遮阳百叶	108系列
	单层推拉窗	5高透Low-E+19A+5(高性能暖边)	2.0	0.62	0.30	内置遮阳百叶	108系列
	单层推拉窗	5高透Low-E+19Ar+5(高性能暖边)	1.8	0.62	0.20	内置遮阳百叶	108系列
	内外平开窗	6+12Ar+6(暖边)	2.4	0.80	0.30	铝或织物卷帘	58系列
	内外平开窗	6高透Low-E+12A+6	2.0	0.62	0.30	铝或织物卷帘	58系列
	内外平开窗	6高透Low-E+12Ar+6	1.8	0.62	0.20	铝或织物卷帘	58系列
	内外平开窗	5+6A+5+6A+5	2.2	0.78	0.20	铝或织物卷帘	70系列
	内外平开窗	5+6Ar+5+6Ar+5	2.0	0.78	0.20	铝或织物卷帘	70系列
	内外平开窗	5高透Low-E+6Ar+5+6Ar+5	1.8	0.62	0.20	铝或织物卷帘	70系列
	内外平开窗	5+19A+5(高性能暖边)	2.4	0.82	0.30	内置遮阳百叶	70系列
	内外平开窗	5+19Ar+5(高性能暖边)	2.2	0.82	0.20	内置遮阳百叶	70系列
	内外平开窗	5高透Low-E+19A+5(高性能暖边)	1.9	0.62	0.20	内置遮阳百叶	70系列
	内外平开窗	5高透Low-E+19Ar+5(高性能暖边)	1.7	0.62	0.20	内置遮阳百叶	70系列

注：1. 铝合金型材穿条式隔热条宽度不应小于24mm，浇注式隔热胶宽度不应小于15.9mm；

2. 表中*SC*为玻璃遮阳系数设计选用值，东、西、南三向住宅室内空间外窗玻璃（冬季）遮阳系数检测值不应小于0.6；*SD*值为活动外遮阳系数设计选用值，*K*为传热系数，实际检测值不应大于相应表中参数值；

3. 在表中采用推拉窗时，应注意选用经构造改进并通过职能部门组织的专家论证的标准化外窗；

4. 表中型材系列为最小系列；

5. 具体表格内容数据详见《居住建筑标准化外窗系统图集》苏J 50—2015。

4.5 其他部品部件

4.5.1 其他（主要）部品部件分类

主要部品部件分类 **表 4-44**

序号	内容	备注
1	内隔墙板	详见本章 4.5.2
2	楼盖设计	详见第 6 章
3	预制楼梯	详见章节 9.2.2
4	预制阳台	详见章节 9.2.3
5	预制空调板	详见章节 9.2.4
6	预制飘窗	详见章节 9.2.1
7	栏杆	详见本章 4.5.3
8	排气道	详见本章 4.5.4
9	集成厨卫	详见本章 4.5.5 及章节 11.2.7～11.2.8

4.5.2 内隔墙板

现以江苏省市场上常用的内隔墙板为例分类：

墙板分类及特点 **表 4-45**

分类	说明	特点
陶粒混凝土墙板	陶粒混凝土墙板是采用陶粒混凝土做成的板，包括蒸压和挤压两种类型。 陶粒混凝土墙板分为单层板、双层板构造。图 4-25 陶粒混凝土墙板示意图及陶粒混凝土墙板实物照片，图 4-26 陶粒混凝土墙板丁字形连接构造图	陶粒混凝土隔墙板具有强度高、板材薄、防潮、防火、隔声和保温等优良性能，并具有良好的可加工性，施工简便，湿作业少，安装效率高，各类建筑的分隔墙，防水性能优于蒸压加气混凝土墙板
蒸压加气混凝土板隔墙板	蒸压加气混凝土板隔墙（简称 ALC 板），是以粉煤灰（或硅砂）、水泥、石灰等为主原料，经过高压蒸汽养护而成的多气孔混凝土成型板材，内设经防腐处理的钢筋网片。 图 4-27 ALC 墙板示意图及蒸压加气混凝土板隔墙实物照片，图 4-28 ALC 板墙体与主体连接构造图	ALC 轻质混凝土隔墙板自重轻，可在楼板上自由布置墙体，对结构整体刚度影响小；具有很好的隔声性能和防火性能，是一种适宜推广的绿色环保材料；其安装快捷、无砌筑、无抹灰的特点可缩短工期、提高效率

续表

分类	说明	特点
轻钢龙骨石膏板隔板	轻钢龙骨隔墙采用薄壁型钢做骨架，两侧铺钉饰面板，这种隔墙是机械化程度较高的一种干作业墙体。 图 4-29 轻钢龙骨石膏板示意图及轻钢龙骨石膏板实物照片，图 4-30 日本最高 PC 住宅分户墙剖面图，其分户墙两侧采用双层石膏板	轻钢龙骨石膏板内隔墙具有重量轻、成本低、劳动强度小、施工速度快、布设管线及维修方便、装饰美观，以及防火、隔声性能好等特点，在国外应用非常普遍

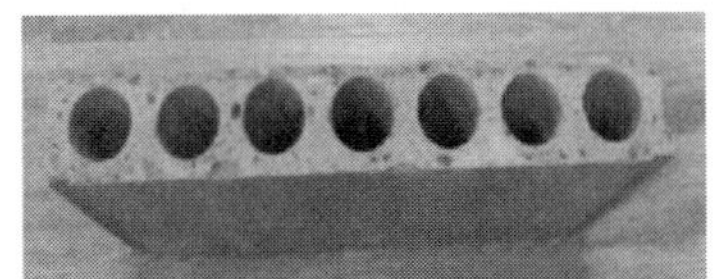

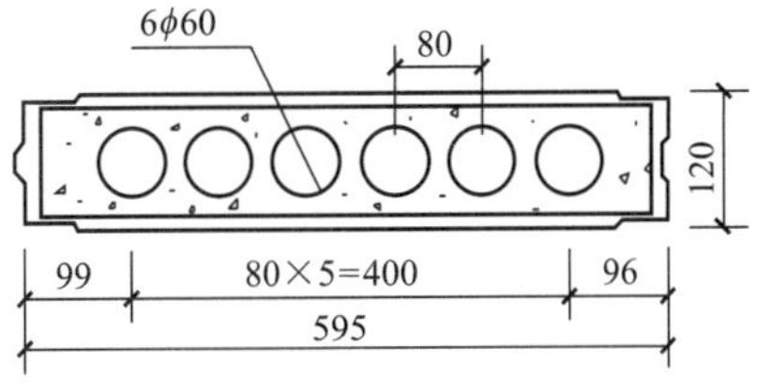

图 4-25　陶粒混凝土墙板示意图及实物照片

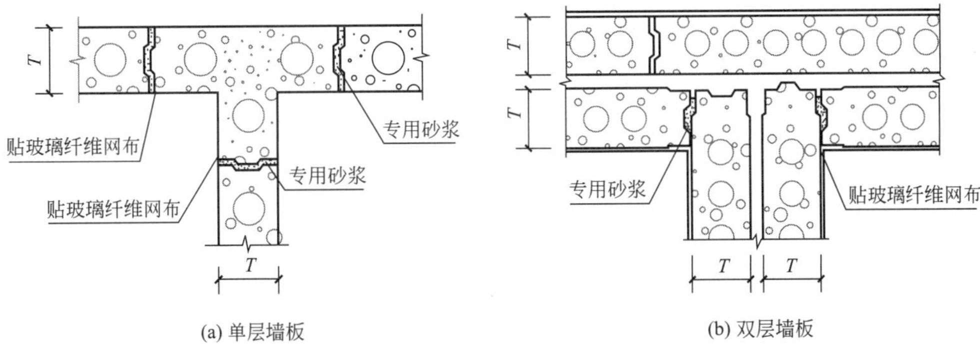

图 4-26　陶粒混凝土墙板丁字形连接构造图

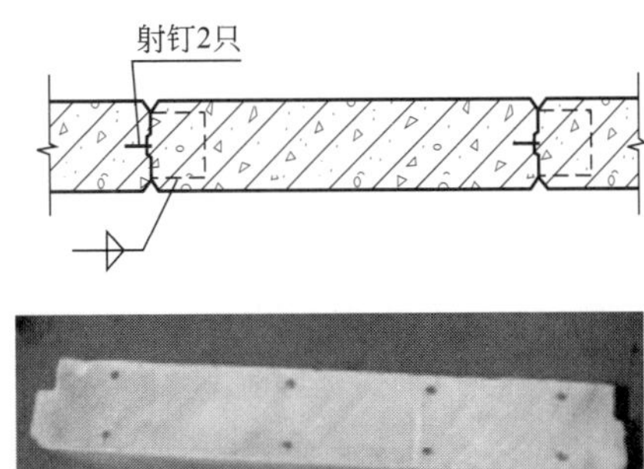

图 4-27　ALC 墙板示意图及实物照片

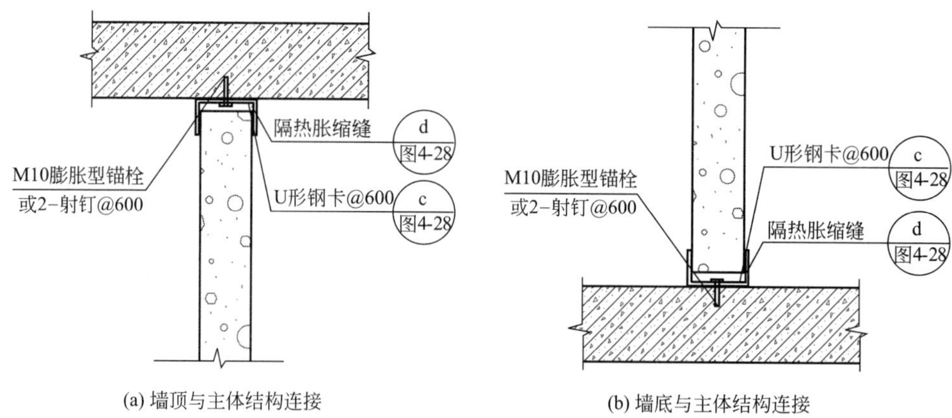

(a) 墙顶与主体结构连接

(b) 墙底与主体结构连接

类型	简图	应用及要求			
U形钢卡	L/2 d L 板厚 $b+2d$ ； d b 板厚 $b+2d$	热镀锌、Q235			
		板长 H (mm)	L (mm)	b (mm)	d (mm)
		$H\leqslant3000$	80	45	1.2
		$3000<H\leqslant4500$	100	48	1.4
		$4500<H\leqslant5500$	120	50	1.6
		$H>5500$	160	50	1.8

(c) U形钢卡

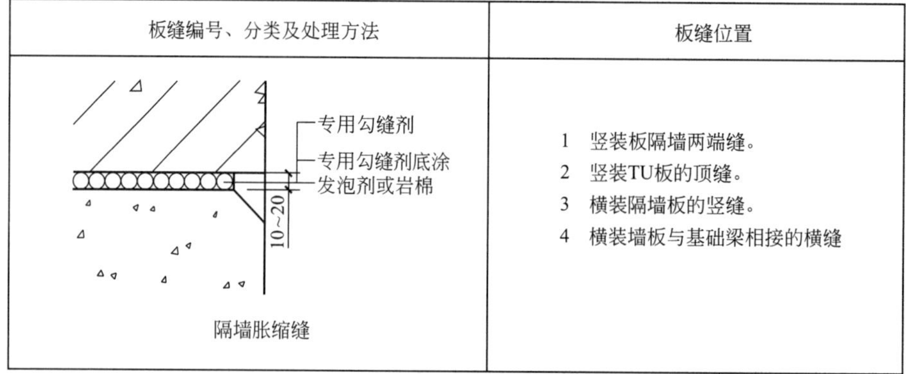

板缝编号、分类及处理方法	板缝位置
专用勾缝剂 专用勾缝剂底涂 发泡剂或岩棉 10~20 隔墙胀缩缝	1 竖装板隔墙两端缝。 2 竖装TU板的顶缝。 3 横装隔墙板的竖缝。 4 横装墙板与基础梁相接的横缝

(d) 隔墙胀缩缝

图 4-28 ALC 板墙体与主体连接构造图

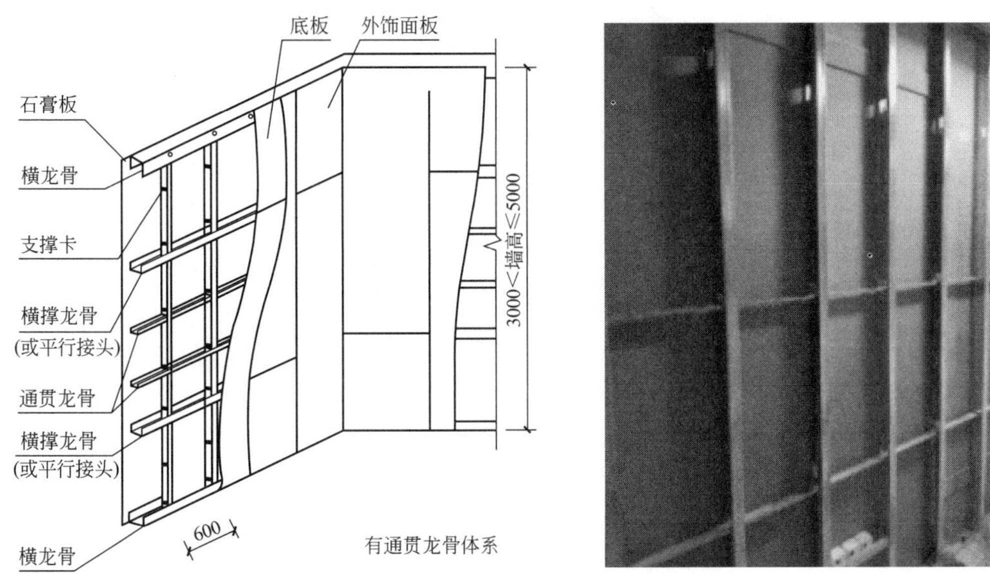

图 4-29　轻钢龙骨石膏板示意图及实物照片

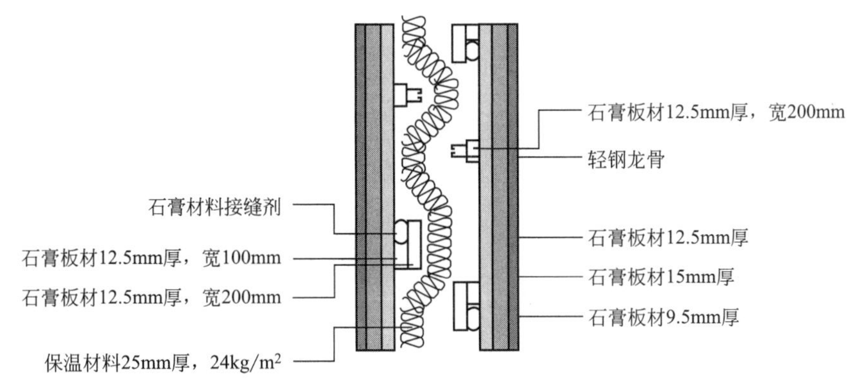

图 4-30　日本最高 PC 住宅分户墙剖面图

4.5.3　装配式栏杆、扶手

阳台、外廊、室内回廊、内天井、上人屋面及室内外楼梯等栏杆应符合《民用建筑设计统一标准》GB 50352—2019 的相关要求。

装配式建筑中的装配式金属栏杆、扶手、每个栏杆防护单元立杆的底部设置有开了螺栓孔的垫板，通过垫板用螺栓和螺母与预埋在建筑主体结构内预埋件固定连接。有现场组装产品精度高，安装速度快，可重复循环利用等优点参见图 4-31。

4.5.4　排气道

装配式混凝土建筑住宅厨房、卫生间等共用排气道系统设计及选用，可参考国家标准设计图集《住宅排气道（一）》16J916-1，节选几组排气道平面布置图，详见图 4-32 排气道平面布置，图 4-33 住宅厨房烟道实物。装配式混凝土建筑公共建

图 4-31　装配式栏杆、扶手实景图

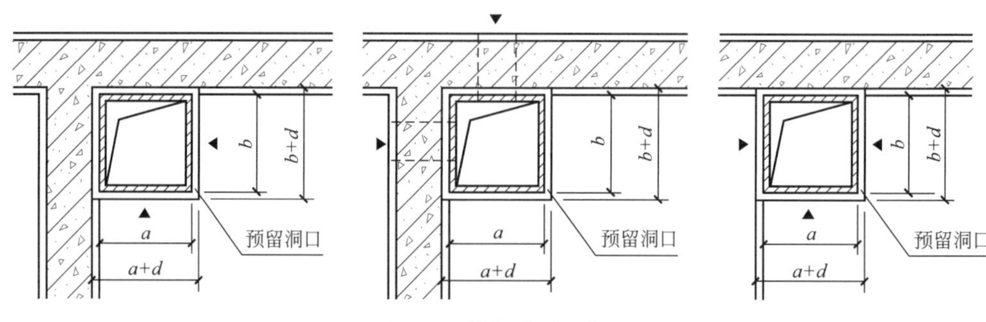

图 4-32　排气道平面布置

图 4-33　住宅厨房烟道实物

筑内排气道需满足暖通专业计算要求。

4.5.5　集成厨卫

1. 集成厨房

集成式厨房是由工厂生产的楼地面、吊顶、墙面、橱柜和厨房设备及管线等集成并主要采用干式工法装配而成的厨房。

装配式建筑国家标准提出了集成式设计原则，集成式厨房是装配式建筑中一个很重要的部品，因此《装配式混凝土建筑技术标准》GB/T 51231—2016 的条文说明中给出了集成式厨房的常用优选尺寸与设计和选用，详见表 4-46、表 4-47。

集成式厨房的优选尺寸（mm） **表 4-46**

厨房家具布置形式	厨房最小净宽度	厨房最小净长度
单排型	1500(1600)/2000	3000
双排型	2200/2700	2700
L形	1600/2700	2700
U形	1900/2100	2700
壁柜型	700	2100

集成式厨房设计和选用 **表 4-47**

功能选择	具有良好的储藏、洗涤、加工、烹饪功能
空间布置或选型	适用于小户型的单排型
	适用于中户型的L形
	适用于较大户型的双排型
	适用于大户型的U形
其他要素	厨房与窗户的关系
	易清洁材料的选用
	防滑地面的选用
	与整体装饰风格的一致性
	收口的重要性

2.集成卫生间

国家标准《装配式混凝土建筑技术标准》GB/T 51231—2016 中给出集成式卫生间的定义为“由工厂生产的楼地面、墙面（板）、吊顶和洁具设备及管线等集成并主要采用干式工法装配而成的卫生间。”集成式卫生间设计应符合以下规定：表 4-48。

集成式卫生间设计规定 **表 4-48**

宜采用干湿分离的布置方式
应综合考虑洗衣机、排气扇(管)、暖风机等的设置
应在给水排水、电气管线等系统连接处设置检修口
应做等电位连接

装配式建筑国家标准《装配式混凝土建筑技术标准》GB/T 51231—2016 条文说明中给出了集成式卫生间的常用优选尺寸，详见表 4-49、表 4-50。

集成式卫生间的优选尺寸（mm） **表 4-49**

卫生间平面布置形式	卫生间最小净宽度	卫生间最小净长度
单设便器卫生间	900	1600
设便器、洗面器两间洁具	1500	1550
设便器、洗浴器两间洁具	1600	1800

续表

卫生间平面布置形式	卫生间最小净宽度	卫生间最小净长度
设三件洁具(喷淋)	1650	2050
设三件洁具(浴缸)	1750	2450
设三件洁具无障碍卫生间	1950	2550

集成式卫生间设计和选用　　表 4-50

功能合理,考虑周到	让用户使用起来非常方便
空间布置合理	既紧凑,又有舒适感
美观	符合消费者的偏好
节约	节约用水
尺寸	质量符合运输和安装的条件

4.5.6 外装饰部件设计

装饰混凝土外挂墙板是在普通的混凝土表层，通过色彩、色调、质感、款式、纹理、肌理和不规则线条的创意设计、图案与颜色的有机组合，创造出各种天然大理石、花岗石、砖、瓦、木等天然材料的装饰效果。详见表 4-51 外挂板装饰面层分类。

外挂板装饰面层分类　　表 4-51

分类	内容
面砖饰面	采用反打一次成型工艺制作,面砖的背面宜设置燕尾槽,其黏结性能应满足《建筑工程饰面砖粘结强度检验标准》JGJ/T 110—2017
石材饰面	采用反打一次成型工艺制作,石材的厚度应不小于 25mm,石材背面应采用不锈钢卡件与混凝土实现机械锚固,石材的质量及连接件固定数量应满足设计要求
涂料饰面	应采用装饰性强、耐久性好的涂料,宜优先选用聚氨酯、硅树脂、氟树脂等耐候性好的材料
清水混凝土饰面	属于一次浇筑成型,不做任何外装饰,直接采用现浇混凝土的自然表面效果作为饰面,因此不同于普通混凝土,其表面平整光滑、色泽均匀、棱角分明、无碰损和污染,只是在表面涂一层或两层透明的保护剂,显得十分天然,质朴,庄重

4.6 本章小结

本章从装配式建筑标准化设计、建筑构造设计、保温节能设计以及其他部品部件设计入手，介绍了装配式建筑设计与现浇混凝土结构建筑设计的不同。本章重点介绍了标准化设计的方法和要点，通过模数化、模块化的设计研究，以及具有典型性住宅卫生间、厨房、居室及交通体的模块化设计详解，并通过解析总平面设计、建筑平面设计、建筑立面与剖面设计以及部品标准设计的要点，为设计人员进行标准化设计提供技术方法和参考。

本章装配式建筑构造设计部分主要涉及预制外墙板及接缝构造、变形缝构造、屋面女儿墙构造、外门窗和幕墙，重点介绍了预制外墙的板缝构造设计；装配式混凝土建筑保温节能设计小节针对建筑外围护系统中的薄弱环节，重点介绍了外门窗节能设计的要求；其他部品部件小节主要介绍了装配式建筑中常用的内隔墙板及其连接构造要求。

参考文献

[1] 汪杰.装配式混凝土建筑设计与应用［M］.南京：东南大学出版社，2018.

[2] 郭学明.装配式混凝土结构建筑的设计制作与施工［M］.北京：机械工业出版社，2017.

[3] 郭学明.装配式建筑概论［M］.北京：机械工业出版社，2018.

[4] 张晓娜.装配式混凝土建筑——建筑设计与集成设计200问［M］.北京：机械工业出版社，2018.

[5] 中建科技有限公司，中建装配式建筑设计研究院有限公司，中国建筑发展有限公司.装配式混凝土建筑设计［M］.北京：中国建筑工业出版社，2017.

第 5 章　结构整体设计与相关构造深化

装配整体式混凝土建筑结构设计的基本原则是基于“等同现浇原则”，即通过采用可靠的湿连接技术与必要的构造措施，使装配整体式混凝土结构与现浇混凝土结构达到基本相同的力学性能，进而可以采用现浇结构的分析方法进行装配整体式混凝土结构的内力分析和设计计算。装配整体式混凝土结构分析必须从结构设计一开始就贯彻落实装配整体式混凝土建筑结构的相关设计规定，并贯穿整个结构设计过程。本章主要介绍装配整体式混凝土结构与现浇混凝土结构不同的设计内容，其余同现浇混凝土结构的设计要求。

5.1　一般规定

5.1.1　结构设计内容

结构设计的主要内容详见表 5-1。

结构设计的主要内容　　表 5-1

序号	设计内容	说明
1	选择适宜的结构体系	综合考虑建筑功能需要、项目环境条件、有关标准的规定等因素
2	确定建筑的最大适用高度和最大高宽比	根据标准的规定和已选定的结构体系确定
3	结构整体分析计算	将装配式混凝土结构的有关规定，如抗震的有关规定、附加承载力计算、有关系数的调整等，应用于结构设计过程中
4	确定预制构件布置形式	选定可靠的结构连接方式，进行结构构件布置设计
5	预制构件结构设计	对预制构件进行生产、运输、安装等各个环节的承载力及抗裂验算，设计各阶段采用的预埋件

5.1.2　关于采用现浇混凝土部位的规定

关于采用现浇混凝土部位的规定详见表 5-2。

关于采用现浇混凝土部位的规定　　表 5-2

类型	带转换层的装配整体式结构	高层装配整体式混凝土结构	楼盖
强制采用现浇混凝土	部分框支剪力墙结构底部框支层及相邻上一层		

续表

<table>
<tr><th>类型</th><th>带转换层的装配整体式结构</th><th>高层装配整体式混凝土结构</th><th>楼盖</th></tr>
<tr><td rowspan="4">宜采用现浇混凝土</td><td rowspan="4">部分框支剪力墙以外结构中的转换梁、转换柱</td><td>地下室</td><td>结构转换层</td></tr>
<tr><td>剪力墙结构底部加强部位的剪力墙</td><td>平面复杂或开洞较大的楼层</td></tr>
<tr><td>抗震设防烈度为 8 度时，高层装配整体式剪力墙结构中的电梯井筒</td><td>作为上部结构嵌固部位的地下室楼层</td></tr>
<tr><td>框架结构首层柱</td><td>屋面层</td></tr>
</table>

5.1.3 适用高度

1. 装配整体式混凝土结构的房屋最大适用高度

根据《装配式混凝土建筑技术标准》GB/T 51231—2016 第 5.1.2 条的规定，装配整体式混凝土结构房屋的最大适用高度详见表 5-3。

装配整体式混凝土结构房屋的最大适用高度（m）　　表 5-3

<table>
<tr><th rowspan="3">结构类型</th><th colspan="4">抗震设防烈度</th></tr>
<tr><th rowspan="2">6 度</th><th rowspan="2">7 度</th><th colspan="2">8 度</th></tr>
<tr><th>0.2g</th><th>0.3g</th></tr>
<tr><td>装配整体式框架结构</td><td>60</td><td>50</td><td>40</td><td>30</td></tr>
<tr><td>装配整体式框架-现浇剪力墙结构</td><td>130</td><td>120</td><td>100</td><td>80</td></tr>
<tr><td>装配整体式框架-现浇核心筒结构</td><td>150</td><td>130</td><td>100</td><td>90</td></tr>
<tr><td>装配整体式剪力墙结构</td><td>130(120)</td><td>110(100)</td><td>90(80)</td><td>70(60)</td></tr>
<tr><td>装配整体式部分框支剪力墙结构</td><td>110(100)</td><td>90(80)</td><td>70(60)</td><td>40(30)</td></tr>
<tr><td>双面叠合剪力墙结构</td><td>90</td><td>80</td><td>60</td><td>50</td></tr>
</table>

注：1. 房屋高度指室外地面到主要屋面的高度，不包括局部突出屋顶的部分；
2. 部分框支剪力墙结构指地面以上有部分框支剪力墙的剪力墙结构，不包括仅个别框支墙的情况；
3. 对装配整体式剪力墙结构和装配整体式部分框支剪力墙结构，当预制剪力墙构件底部承担的总剪力大于该层总剪力的 80%时，最大适用高度应取表中括号内的数值。

2. 装配整体式混凝土结构与现浇混凝土结构最大适用高度的比较

装配整体式混凝土结构与现浇混凝土结构最大适用高度的比较详见表 5-4、表 5-5。

装配式混凝土结构与现浇结构房屋的最大适用高度区别　　表 5-4

序号	结构类型	装配与现浇的区别
1	框架结构	除 8 度(0.3g)装配比现浇降低 5m，其他装配与现浇一样
2	框架-现浇剪力墙结构	装配与现浇一样

续表

序号	结构类型	装配与现浇的区别
3	竖向构件全部为现浇且楼盖采用叠合梁板	装配与现浇一样
4	剪力墙结构	装配比现浇降低 10～20m

装配整体式混凝土结构与现浇混凝土结构最大适用高度的比较（m）　　表 5-5

结构类型		非抗震设计		抗震设防烈度														
				6 度			7 度			8 度						9 度
										0.2g			0.3g			
		Ⅰ	Ⅱ	《装规》	Ⅰ	Ⅱ	《装规》	Ⅰ	Ⅱ	《装规》	Ⅰ	Ⅱ	《装规》	Ⅰ	Ⅱ	Ⅰ
框架		70		60			50			40			30	35		—
框架-剪力墙		150	170	130		160	120		140	100		120	80		100	50
剪力墙	全部落地剪力墙	150	180	130(120)	140	170	110(100)	120	150	90(80)	100	130	70(60)	80	110	60
	部分框支剪力墙	130	150	110(100)	120	140	90(80)	100	120	70(60)	80	100	40(30)	50	80	不应采用
筒体	框架-核心筒	160	220	150		210	130		180	100		140	90		120	70
	筒中筒	200	300	—	180	280	—	150	230	—	120	170	—	100	150	80
板柱-剪力墙		110		—	80		—	70		—	55		—	40		不应采用

注：1. 依据《装配式混凝土结构技术规程》JGJ 1—2014 第 5.1.2 条、《高层建筑混凝土结构技术规程》JGJ 3—2010 3.3.1 条的规定，表中《装规》为《装配式混凝土结构技术规程》JGJ 1—2014，Ⅰ为《高层建筑混凝土结构技术规程》中 A 级高度建筑，Ⅱ为《高层建筑混凝土结构技术规程》中 B 级高度建筑；
2. 表中框架-剪力墙的剪力墙部分全部为现浇，框架-核心筒部分的核心筒全部为现浇；
3. 房屋高度指室外地面到主要屋面的高度，不包括局部突出屋顶的部分；
4. 部分框支剪力墙结构指地面以上有部分框支剪力墙的剪力墙结构，不包括仅个别框支墙的情况；
5. 对装配整体式剪力墙结构和装配整体式部分框支剪力墙结构，当预制剪力墙构件底部承担的总剪力大于该层总剪力的 80%时，最大适用高度应取表中括号内的数值；
6. 对装配整体式剪力墙结构和装配整体式部分框支剪力墙结构，当剪力墙边缘构件竖向钢筋采用浆锚搭接连接时，房屋最大适用高度应比表中数值降低 10m。

3.《装配式混凝土建筑技术标准》GB/T 51231 与地方标准关于适用高度的比较

《装配式混凝土建筑技术标准》GB/T 51231 与地方标准关于适用高度的比较详见表 5-6、表 5-7。

《装配式混凝土建筑技术标准》GB/T 51231 与地方标准关于适用高度的比较（m） **表 5-6**

<table>
<tr><th rowspan="3">结构类型</th><th>非抗震设计</th><th colspan="9">抗震设防烈度</th></tr>
<tr><th rowspan="2">广东省《装配式混凝土建筑结构技术规程》DBJ 15—107</th><th colspan="3">6 度</th><th colspan="3">7 度</th><th colspan="3">8 度(0.2g)</th></tr>
<tr><th>《装配式混凝土建筑技术标准》GB/T 51231</th><th>广东省《装配式混凝土建筑结构技术规程》DBJ 15—107</th><th>辽宁省《装配式混凝土结构设计规程》DB21/T 2572</th><th>《装配式混凝土建筑技术标准》GB/T 51231</th><th>广东省《装配式混凝土建筑结构技术规程》DBJ 15—107</th><th>辽宁省《装配式混凝土结构设计规程》DB21/T 2572</th><th>《装配式混凝土建筑技术标准》GB/T 51231</th><th>广东省《装配式混凝土建筑结构技术规程》DBJ 15—107</th><th>辽宁省《装配式混凝土结构设计规程》DB21/T 2572</th></tr>
<tr><td>装配整体式框架结构</td><td>70</td><td colspan="3">60</td><td colspan="3">50</td><td>40</td><td>30</td><td>40</td></tr>
<tr><td>装配整体式框架-现浇剪力墙结构</td><td>150</td><td colspan="3">130</td><td colspan="3">120</td><td>100</td><td>90</td><td>100</td></tr>
<tr><td>装配整体式剪力墙结构</td><td>140(130)</td><td colspan="2">130(120)</td><td>120</td><td colspan="2">110(100)</td><td>100</td><td>90(80)</td><td>80(70)</td><td>80</td></tr>
<tr><td>装配整体式部分框支剪力墙结构</td><td>120(110)</td><td colspan="2">110(100)</td><td>60</td><td colspan="2">90(80)</td><td>60</td><td>70(60)</td><td>60(50)</td><td>50</td></tr>
<tr><td>装配整体式框架-现浇核心筒结构</td><td>160</td><td colspan="3">150</td><td colspan="3">130</td><td>100</td><td>90</td><td>100</td></tr>
<tr><td>装配整体式框架-钢支撑结构</td><td>120</td><td>—</td><td>110</td><td>80</td><td>—</td><td>100</td><td>70</td><td>—</td><td>70</td><td>55</td></tr>
<tr><td>装配整体式密柱框架筒结构</td><td>—</td><td>—</td><td>—</td><td>150</td><td>—</td><td>—</td><td>130</td><td>—</td><td>—</td><td>100</td></tr>
</table>

注：1. 房屋高度指室外地面到主要屋面的高度，不包括局部突出屋顶的部分；

2. 对装配整体式剪力墙结构和装配整体式部分框支剪力墙结构，当预制剪力墙构件底部承担的总剪力大于该层总剪力的 80%时，最大适用高度应取表中括号内的数值；

3. 辽宁省《装配式混凝土结构设计规程》DB21/T 2572—2016 第 6.1.1 条和广东省《装配式混凝土建筑结构技术规程》DBJ 15-107—2016 第 6.1.1 条对《装配式混凝土建筑技术标准》GB/T 51231—2016 中没有规定的装配整体式框架-钢支撑结构、装配整体式筒体结构进行了补充。

《装配式混凝土建筑技术标准》GB/T 51231 与地方标准关于双面叠合剪力墙结构适用高度的比较（m） 表 5-7

<table>
<tr><td colspan="2" rowspan="2">分项</td><td rowspan="2">非抗震设计</td><td rowspan="2">6 度</td><td rowspan="2">7 度</td><td colspan="2">8 度</td></tr>
<tr><td>0.2g</td><td>0.3g</td></tr>
<tr><td colspan="2">《装配式混凝土建筑技术标准》GB/T 51231</td><td></td><td>90</td><td>80</td><td>60</td><td>50</td></tr>
<tr><td colspan="2">山东省《预制双面叠合混凝土剪力墙结构技术规程》DB37/T 5133</td><td></td><td></td><td>80</td><td>60</td><td>50</td></tr>
<tr><td colspan="2">浙江省《叠合板式混凝土剪力墙结构技术规程》DB 33/T 1120</td><td>80</td><td>80</td><td>60</td><td></td><td></td></tr>
<tr><td colspan="2">湖南省《装配整体式混凝土叠合剪力墙结构技术规程》DBJ43/T 342、湖北省《装配整体式混凝土叠合剪力墙结构技术规程》DB42/T 1483</td><td></td><td>90</td><td>80</td><td></td><td></td></tr>
<tr><td rowspan="2">上海市《装配整体式叠合剪力墙结构技术规程》DG/TJ 08—2266</td><td>全落地叠合剪力墙</td><td></td><td></td><td>80</td><td>60</td><td></td></tr>
<tr><td>部分框支叠合剪力墙</td><td></td><td></td><td>60</td><td>50</td><td></td></tr>
</table>

注：1. 依据山东省《预制双面叠合混凝土剪力墙结构技术规程》DB37/T 5133—2019 第 4.1.8 条、浙江省《叠合板式混凝土剪力墙结构技术规程》DB 33/T 1120—2016 第 4.2.1 条、湖南省《装配整体式混凝土叠合剪力墙结构技术规程》DBJ43/T 342—2019 第 6.1.1 条、湖北省《装配整体式混凝土叠合剪力墙结构技术规程》DB42/T 1483—2018 第 10.1.1 条、上海市《装配整体式叠合剪力墙结构技术规程》DG/TJ 08-2266—2018 第 6.1.1 条。

2. 山东省《预制双面叠合混凝土剪力墙结构技术规程》DB37/T 5133—2019 规定：高层叠合剪力墙结构房屋的最大适用高度在 7 度设防地区提高至 100m，8 度（0.20g）设防地区提高至 80m 时，应进行结构抗震性能化设计，叠合剪力墙结构的高宽比不应超过表 5-13 的限值，并同时满足表 8-27 的要求。

3. 湖南省《湖南省装配整体式混凝土叠合剪力墙结构技术规程》DBJ43/T 342—2019 规定：叠合剪力墙结构房屋的最大高宽比 6 度、7 度设防时不宜超过 6，并且满足表 8-27 的条件时，叠合剪力墙结构房屋的最大适用高度在 6 度、7 度设防地区可增大至 100m。

4. 建筑高度分界

建筑高度 15m、24m、30m、40m、50m、60m、70m、80m、90m、100m、110m、120m、130m 和 150m 是结构设计中的重要分界，详见表 5-8。

建筑高度分界 表 5-8

<table>
<tr><td>建筑高度</td><td>内容</td><td>依据</td></tr>
<tr><td>15m</td><td>防震缝最小宽度为 100mm 时的建筑高度分界</td><td>《建筑抗震设计规范》GB 50011—2010-6.1.4</td></tr>
<tr><td rowspan="3">24m</td><td>不超过 8 层的一般民用框架和框架-抗震墙房屋，地基基础抗震承载力验算建筑高度分界</td><td>《建筑抗震设计规范》GB 50011—2010-4.2.1</td></tr>
<tr><td>抗震墙结构底部加强部位可取底部一层分界</td><td>《建筑抗震设计规范》GB 50011—2010-6.1.10</td></tr>
<tr><td>单跨框架控制强弱的分界高度</td><td>《建筑抗震设计规范》GB 50011—2010-6.1.5</td></tr>
</table>

续表

建筑高度	内容	依据
30m	8度(0.3g)装配整体式框架结构的最大高度限值	《装配式混凝土建筑技术标准》GB/T 51231—2016-5.1.2
	8度(0.3g)装配整体式部分框支剪力墙结构的预制剪力墙构件底部承担的总剪力大于该层总剪力的80%时的最大高度限值	《装配式混凝土建筑技术标准》GB/T 51231—2016-5.1.2
40m	抗震计算采用底部剪力法、采用振型分解反应谱法建筑高度分界	《建筑抗震设计规范》GB 50011—2010-5.1.2
	8度(0.2g)装配整体式框架结构的最大高度限值	《装配式混凝土建筑技术标准》GB/T 51231—2016-5.1.2
	8度(0.3g)装配整体式部分框支剪力墙结构的预制剪力墙构件底部承担的总剪力不大于该层总剪力的50%时的最大高度限值	《装配式混凝土建筑技术标准》GB/T 51231—2016-5.1.2
50m	7度装配整体式框架结构的最大高度限值	《装配式混凝土建筑技术标准》GB/T 51231—2016-5.1.2
60m	6度装配整体式框架结构的最大高度限值	《装配式混凝土建筑技术标准》GB/T 51231—2016-5.1.2
	8度(0.3g)装配整体式剪力墙结构的预制剪力墙构件底部承担的总剪力大于该层总剪力的80%时的最大高度限值	《装配式混凝土建筑技术标准》GB/T 51231—2016-5.1.2
	8度(0.2g)装配整体式部分框支剪力墙结构的预制剪力墙构件底部承担的总剪力大于该层总剪力的80%时的最大高度限值	《装配式混凝土建筑技术标准》GB/T 51231—2016-5.1.2
70m	8度(0.3g)装配整体式剪力墙结构的预制剪力墙构件底部承担的总剪力不大于该层总剪力的50%时的最大高度限值	《装配式混凝土建筑技术标准》GB/T 51231—2016-5.1.2
	8度(0.2g)装配整体式部分框支剪力墙结构的预制剪力墙构件底部承担的总剪力不大于该层总剪力的50%时的最大高度限值	《装配式混凝土建筑技术标准》GB/T 51231—2016-5.1.2
80m	8度Ⅲ、Ⅳ类场地采用时程分析的建筑高度分界	《建筑抗震设计规范》GB 50011—2010-5.1.2
	8度(0.3g)装配整体式框架-现浇剪力墙结构的最大高度限值	《装配式混凝土建筑技术标准》GB/T 51231—2016-5.1.2
	8度(0.2g)装配整体式剪力墙结构的预制剪力墙构件底部承担的总剪力大于该层总剪力的80%时的最大高度限值	《装配式混凝土建筑技术标准》GB/T 51231—2016-5.1.2
	7度装配整体式部分框支剪力墙结构的预制剪力墙构件底部承担的总剪力大于该层总剪力的80%时的最大高度限值	《装配式混凝土建筑技术标准》GB/T 51231—2016-5.1.2

续表

建筑高度	内容	依据
90m	8度(0.3g)装配整体式框架-现浇核心筒结构的最大高度限值	《装配式混凝土建筑技术标准》GB/T 51231—2016-5.1.2
	8度(0.2g)装配整体式剪力墙结构的预制剪力墙构件底部承担的总剪力不大于该层总剪力的50%时的最大高度限值	《装配式混凝土建筑技术标准》GB/T 51231—2016-5.1.2
	7度装配整体式部分框支剪力墙结构的预制剪力墙构件底部承担的总剪力不大于该层总剪力的50%时的最大高度限值	《装配式混凝土建筑技术标准》GB/T 51231—2016-5.1.2
100m	8度Ⅰ、Ⅱ类场地和7度采用时程分析的建筑高度分界	《建筑抗震设计规范》GB 50011—2010-5.1.2
	8度(0.2g)装配整体式框架-现浇剪力墙结构的最大高度限值	《装配式混凝土建筑技术标准》GB/T 51231—2016-5.1.2
	8度(0.2g)装配整体式框架-现浇核心筒结构的最大高度限值	《装配式混凝土建筑技术标准》GB/T 51231—2016-5.1.2
	7度装配整体式剪力墙结构的预制剪力墙构件底部承担的总剪力大于该层总剪力的80%时的最大高度限值	《装配式混凝土建筑技术标准》GB/T 51231—2016-5.1.2
	6度装配整体式部分框支剪力墙结构的预制剪力墙构件底部承担的总剪力大于该层总剪力的80%时的最大高度限值	《装配式混凝土建筑技术标准》GB/T 51231—2016-5.1.2
110m	7度装配整体式剪力墙结构的预制剪力墙构件底部承担的总剪力不大于该层总剪力的50%时的最大高度限值	《装配式混凝土建筑技术标准》GB/T 51231—2016-5.1.2
	6度装配整体式部分框支剪力墙结构的预制剪力墙构件底部承担的总剪力不大于该层总剪力的50%时的最大高度限值	《装配式混凝土建筑技术标准》GB/T 51231—2016-5.1.2
120m	8度大型公共建筑设置建筑结构的地震反应观测系统高度分界	《建筑抗震设计规范》GB 50011—2010-3.11.1
	7度装配整体式框架-现浇剪力墙结构的最大高度限值	《装配式混凝土建筑技术标准》GB/T 51231—2016-5.1.2
	6度装配整体式剪力墙结构的预制剪力墙构件底部承担的总剪力大于该层总剪力的80%时的最大高度限值	《装配式混凝土建筑技术标准》GB/T 51231—2016-5.1.2
130m	6度装配整体式框架-现浇剪力墙结构的最大高度限值	《装配式混凝土建筑技术标准》GB/T 51231—2016-5.1.2
	7度装配整体式框架-现浇核心筒结构的最大高度限值	《装配式混凝土建筑技术标准》GB/T 51231—2016-5.1.2
	6度装配整体式剪力墙结构的预制剪力墙构件底部承担的总剪力不大于该层总剪力的50%时的最大高度限值	《装配式混凝土建筑技术标准》GB/T 51231—2016-5.1.2
150m	6度装配整体式框架-现浇核心筒结构的最大高度限值	《装配式混凝土建筑技术标准》GB/T 51231—2016-5.1.2

5.1.4 高宽比

1.装配整体式混凝土结构的最大高宽比

装配整体式混凝土结构的最大高宽比详见表 5-9。

装配整体式混凝土结构的最大高宽比 **表 5-9**

结构类型	非抗震设计	抗震设防烈度	
		6 度、7 度	8 度
装配整体式框架结构	5	4	3
装配整体式框架-现浇剪力墙结构	6	6	5
装配整体式剪力墙结构	6	6	5
装配整体式框架-现浇核心筒结构	—	7	6

注：依据《装配式混凝土建筑技术标准》GB/T 51231—2016 第 5.1.3 条、《装配式混凝土结构技术规程》JGJ 1—2014 第 6.1.2 条。

2.装配整体式混凝土结构与现浇混凝土结构最大高宽比的比较

装配整体式混凝土结构与现浇混凝土结构最大高宽比的比较详见表 5-10、表 5-11。

装配式混凝土结构与现浇结构高宽比的区别 **表 5-10**

序号	结构类型	装配与现浇的区别
1	框架结构、框架-现浇核心筒结构	装配与现浇一样
2	剪力墙结构、框架-现浇剪力墙结构	在非抗震设计情况下，装配比现浇要小； 在抗震设计情况下，装配与现浇一样
3	其他结构	仅现浇结构有规定

装配整体式混凝土结构与现浇混凝土结构的最大高宽比较 **表 5-11**

结构类型	非抗震设计		抗震设防烈度			
			6 度、7 度		8 度	
	《装配式混凝土结构技术规程》JGJ 1	《高层建筑混凝土结构技术规程》JGJ 3	《装配式混凝土建筑技术标准》GB/T 51231	《高层建筑混凝土结构技术规程》JGJ 3	《装配式混凝土建筑技术标准》GB/T 51231	《高层建筑混凝土结构技术规程》JGJ 3
框架	5	5	4	4	3	3
框架-现浇剪力墙	6	7	6	6	5	5
剪力墙	6	7	6	6	5	5
框架-现浇核心筒	—	8	7	7	6	6

注：依据《装配式混凝土建筑技术标准》GB/T 51231—2016 第 5.1.3 条、《装配式混凝土结构技术规程》JGJ 1—2014 第 6.1.2 条、《高层建筑混凝土结构技术规程》JGJ 3—2010 第 3.3.2 条。

3.《装配式混凝土结构技术规程》JGJ 1 与地方标准关于高宽比的比较

《装配式混凝土结构技术规程》JGJ 1 与地方标准关于高层装配整体式混凝土结

构最大高宽比的比较详见表 5-12。

《装配式混凝土结构技术规程》JGJ 1 与地方标准关于高层装配整体式混凝土结构最大高宽比的比较　　表 5-12

<table>
<tr><th rowspan="3">结构类型</th><th colspan="2">非抗震设计</th><th colspan="6">抗震设防烈度</th></tr>
<tr><th colspan="3">6 度、7 度</th><th colspan="3">8 度</th></tr>
<tr><th>《装配式混凝土结构技术规程》JGJ 1</th><th>广东省《装配式混凝土建筑结构技术规程》DBJ 15—107</th><th>《装配式混凝土结构技术规程》JGJ 1</th><th>广东省《装配式混凝土建筑结构技术规程》DBJ 15—107</th><th>辽宁省《装配式混凝土结构设计规程》DB21/T 2572</th><th>《装配式混凝土结构技术规程》JGJ 1</th><th>广东省《装配式混凝土建筑结构技术规程》DBJ 15—107</th><th>辽宁省《装配式混凝土结构设计规程》DB21/T 2572</th></tr>
<tr><td>装配整体式框架结构</td><td colspan="2">5</td><td colspan="3">4</td><td colspan="3">3</td></tr>
<tr><td>装配整体式框架-现浇剪力墙结构</td><td colspan="2">6</td><td colspan="2">6</td><td>7</td><td colspan="2">5</td><td>6</td></tr>
<tr><td>装配整体式框架-现浇核心筒结构</td><td>—</td><td>8</td><td colspan="3">7</td><td colspan="3">6</td></tr>
<tr><td>装配整体式剪力墙结构</td><td colspan="2">6</td><td colspan="3">6</td><td colspan="3">5</td></tr>
<tr><td>装配整体式框架-斜撑结构</td><td>—</td><td>5</td><td>—</td><td colspan="2">5</td><td>—</td><td colspan="2">4</td></tr>
<tr><td>装配整体式密柱框架筒结构</td><td>—</td><td>—</td><td>—</td><td>—</td><td>7</td><td>—</td><td>—</td><td>6</td></tr>
<tr><td>装配整体式框架-钢支撑结构</td><td>—</td><td>—</td><td>—</td><td>—</td><td>4</td><td>—</td><td>—</td><td>3</td></tr>
<tr><td>叠合板式剪力墙结构</td><td>—</td><td>—</td><td>—</td><td>—</td><td>5</td><td>—</td><td>—</td><td>4</td></tr>
<tr><td>装配整体式框撑剪力墙结构</td><td>—</td><td>—</td><td>—</td><td>—</td><td>6</td><td>—</td><td>—</td><td>5</td></tr>
</table>

注：辽宁省《装配式混凝土结构设计规程》DB21/T 2572—2016 第 6.1.2 条和广东省《装配式混凝土建筑结构技术规程》DBJ 15-107—2016 第 6.1.2 条对《装配式混凝土建筑技术标准》JGJ 1—2014 中没有规定的装配整体式框架-钢支撑结构、装配整体式筒体结构进行了补充规定。

《装配式混凝土结构技术规程》JGJ 1 与地方标准关于双面叠合剪力墙结构最大高宽比的比较详见表 5-13。

《装配式混凝土结构技术规程》JGJ 1 与地方标准关于双面叠合剪力墙结构最大高宽比的比较　　表 5-13

抗震设防烈度	7 度	8 度
山东省《预制双面叠合混凝土剪力墙结构技术规程》DB37/T 5133	6	5
浙江省《叠合板式混凝土剪力墙结构技术规程》DB 33/T 1120	6	
上海市《装配整体式叠合剪力墙结构技术规程》DG/TJ 08	6	5

注：依据山东省《预制双面叠合混凝土剪力墙结构技术规程》DB37/T 5133—2019 第 4.1.6 条、浙江省《叠合板式混凝土剪力墙结构技术规程》DB 33/T 1120—2016 第 4.2.2 条、上海市《装配整体式叠合剪力墙结构技术规程》DG/TJ 08-2266—2018 第 6.1.2 条的规定。

5.1.5 抗震设计规定

1. 抗震设防范围

依据《装配式混凝土结构技术规程》JGJ 1—2014 第 1.0.2 条，抗震设防范围详见表 5-14。

抗震设防范围 **表 5-14**

本地区抗震设防烈度	抗震设防类别			
	甲类	乙类	丙类	丁类
6 度	专门论证	适用		
7 度	专门论证	适用		
8 度	专门论证	适用		
9 度	专门论证			

2. 抗震设防标准

抗震设防标准详见表 5-15、表 5-16。

不同抗震设防类别建筑的抗震设防标准 **表 5-15**

建筑类别	确定地震作用时的设防标准			确定抗震措施时的设防标准		
	6 度	7 度	8 度	6 度	7 度	8 度
乙类	6	7	8	7	8	9
丙类	6	7	8	6	7	8
丁类	6	7	8	6	6	7

注：依据《建筑抗震设计规范》GB 50011—2010 第 3.1.2 条。

确定结构抗震措施时的设防标准 **表 5-16**

抗震设防类别	本地区抗震设防烈度		确定抗震措施时的设防标准				
			Ⅰ类		Ⅱ类	Ⅲ、Ⅳ类	
			抗震措施	构造措施	抗震措施	抗震措施	构造措施
乙类	6 度	0.05g	7	6	7	7	7
	7 度	0.10g	8	7	8	8	8
		0.15g	8	7	8	8	8+
	8 度	0.20g	9	8	9	9	9
		0.30g	9	8	9	9	9+
丙类	6 度	0.05g	6	6	6	6	6
	7 度	0.10g	7	6	7	7	7
		0.15g	7	6	7	7	8
	8 度	0.20g	8	7	8	8	8
		0.30g	8	7	8	8	9

续表

<table>
<tr><th rowspan="3">抗震设防类别</th><th rowspan="3" colspan="2">本地区抗震设防烈度</th><th colspan="5">确定抗震措施时的设防标准</th></tr>
<tr><th colspan="2">Ⅰ类</th><th>Ⅱ类</th><th colspan="2">Ⅲ、Ⅳ类</th></tr>
<tr><th>抗震措施</th><th>构造措施</th><th>抗震措施</th><th>抗震措施</th><th>构造措施</th></tr>
<tr><td rowspan="5">丁类</td><td>6 度</td><td>0.05g</td><td>6</td><td>6</td><td>6</td><td>6</td><td>6</td></tr>
<tr><td rowspan="2">7 度</td><td>0.10g</td><td>6</td><td>6</td><td>6</td><td>6</td><td>6</td></tr>
<tr><td>0.15g</td><td>6</td><td>6</td><td>6</td><td>6</td><td>7</td></tr>
<tr><td rowspan="2">8 度</td><td>0.20g</td><td>7</td><td>7</td><td>7</td><td>7</td><td>8</td></tr>
<tr><td>0.30g</td><td>8</td><td>8</td><td>8</td><td>8</td><td>8</td></tr>
</table>

注：1. 当本地抗震设防烈度为 8 度且抗震等级为一级时，应采取比一级更高的抗震措施；

2. 依据《装配式混凝土结构技术规程》JGJ 1—2014 第 6.1.4 条、《建筑抗震设计规范》GB 50011—2010 第 3.3.2 条和第 3.3.3 条。

装配整体式混凝土结构应根据设防类别、烈度、结构类型和房屋高度确定其抗震等级，根据《装配式混凝土建筑技术标准》GB/T 51231—2016 第 5.1.4 条的规定，装配整体式混凝土结构的抗震等级按表 5-17 确定。

装配整体式混凝土结构的抗震等级　　表 5-17

<table>
<tr><th rowspan="2" colspan="2">结构类型</th><th colspan="8">抗震设防烈度</th></tr>
<tr><th colspan="2">6 度</th><th colspan="3">7 度</th><th colspan="3">8 度</th></tr>
<tr><td rowspan="3">装配整体式框架结构</td><td>高度(m)</td><td>≤24</td><td>>24</td><td>≤24</td><td colspan="2">>24</td><td>≤24</td><td colspan="2">>24</td></tr>
<tr><td>框架</td><td>四</td><td>三</td><td>三</td><td colspan="2">二</td><td>二</td><td colspan="2">一</td></tr>
<tr><td>大跨度框架</td><td colspan="2">三</td><td colspan="3">二</td><td colspan="3">一</td></tr>
<tr><td rowspan="3">装配整体式框架-现浇剪力墙结构</td><td>高度(m)</td><td>≤60</td><td>>60</td><td>≤24</td><td>>24 且≤60</td><td>>60</td><td>≤24</td><td>>24 且≤60</td><td>>60</td></tr>
<tr><td>框架</td><td>四</td><td>三</td><td>四</td><td>三</td><td>二</td><td>三</td><td>二</td><td>一</td></tr>
<tr><td>剪力墙</td><td>三</td><td>三</td><td>三</td><td>二</td><td>二</td><td>二</td><td>一</td><td>一</td></tr>
<tr><td rowspan="2">装配整体式框架-现浇核心筒结构</td><td>框架</td><td colspan="2">三</td><td colspan="3">二</td><td colspan="3">一</td></tr>
<tr><td>核心筒</td><td colspan="2">二</td><td colspan="3">二</td><td colspan="3">一</td></tr>
<tr><td rowspan="2">装配整体式剪力墙结构</td><td>高度(m)</td><td>≤70</td><td>>70</td><td>≤24</td><td>>24 且≤70</td><td>>70</td><td>≤24</td><td>>24 且≤70</td><td>>70</td></tr>
<tr><td>剪力墙</td><td>四</td><td>三</td><td>四</td><td>三</td><td>二</td><td>三</td><td>二</td><td>一</td></tr>
<tr><td rowspan="4">装配整体式部分框支剪力墙结构</td><td>高度(m)</td><td>≤70</td><td>>70</td><td>≤24</td><td>>24 且≤70</td><td>>70</td><td>≤24</td><td>>24 且≤70</td><td rowspan="4"></td></tr>
<tr><td>现浇框支框架</td><td>二</td><td>二</td><td>二</td><td>二</td><td>一</td><td>一</td><td>一</td></tr>
<tr><td>底部加强部位剪力墙</td><td>三</td><td>二</td><td>三</td><td>二</td><td>一</td><td>二</td><td>一</td></tr>
<tr><td>其他区域剪力墙</td><td>四</td><td>三</td><td>四</td><td>三</td><td>二</td><td>三</td><td>二</td></tr>
<tr><td colspan="2">多层装配式墙板结构</td><td colspan="2">四</td><td colspan="3">四</td><td colspan="3">三</td></tr>
</table>

注：1. 大跨度框架指跨度不小于 18m 的框架；

2. 高度不超过 60m 的装配整体式框架-现浇核心筒结构按装配整体式框架-现浇剪力墙的要求设计时，应按表中装配整体式框架-现浇剪力墙结构的规定确定其抗震等级。

双面叠合剪力墙结构的抗震等级在《装配式混凝土建筑技术标准》GB/T 51231 中没有明确，湖南、山东、浙江等地对其做了要求，详见表 5-18。

丙类叠合剪力墙结构抗震等级　　　　表 5-18

<table>
<tr><td colspan="2">抗震设防烈度</td><td colspan="2">6 度</td><td colspan="3">7 度</td><td colspan="3">8 度</td></tr>
<tr><td rowspan="2">湖南</td><td>高度(m)</td><td>⩽70</td><td>>70</td><td>⩽24</td><td>>24 且⩽70</td><td>>70</td><td>⩽24</td><td>>24 且⩽60</td><td>>60</td></tr>
<tr><td>抗震等级</td><td>四</td><td>三</td><td>四</td><td>三</td><td>二</td><td>三</td><td>二</td><td>一</td></tr>
<tr><td rowspan="2">山东</td><td>高度(m)</td><td></td><td></td><td>⩽24</td><td>>24 且⩽70</td><td>>70</td><td>⩽24</td><td>>24 且⩽60</td><td>>60</td></tr>
<tr><td>抗震等级</td><td></td><td></td><td>四</td><td>三</td><td>二</td><td>三</td><td>二</td><td>一</td></tr>
<tr><td rowspan="2">浙江</td><td>高度(m)</td><td>⩽60</td><td>>60</td><td>⩽24</td><td colspan="2">>24</td><td>⩽24</td><td colspan="2">>24</td></tr>
<tr><td>抗震等级</td><td>四</td><td>三</td><td>四</td><td colspan="2">三</td><td>三</td><td colspan="2">二</td></tr>
</table>

注：1. 依据湖南省《装配整体式混凝土叠合剪力墙结构技术规程》DBJ43/T 342—2019 第 6.1.3 条、山东省《预制双面叠合混凝土剪力墙结构技术规程》DB 37/T 5133—2019 第 4.1.10 条、浙江省《叠合板式混凝土剪力墙结构技术规程》DB 33/T 1120—2016 第 4.3.2 条；

2. 浙江省《叠合板式混凝土剪力墙结构技术规程》DB 33/T 1120—2016 第 4.3.3 条、4.3.4 条规定乙类建筑提高一度确定抗震措施时，如果房屋高度超过提高一度后对应的房屋最大适用高度，则应采取比对应的抗震等级更有效的抗震构造措施。叠合板式混凝土剪力墙结构中跨高比不小于 5 的连梁可按框架梁设计，其抗震等级与所连接的剪力墙的抗震等级相同。

3. 抗震调整系数 γ_{RE}

构件及节点的承载力抗震调整系数详见表 5-19。

构件及节点的承载力抗震调整系数　　　　表 5-19

<table>
<tr><td rowspan="3">结构构件类别</td><td colspan="5">正截面承载力计算</td><td>斜截面承载力计算</td><td rowspan="3">受冲切承载力计算、接缝受剪承载力计算</td><td rowspan="3">考虑竖向地震作用组合</td><td rowspan="3">预埋件锚筋截面计算</td></tr>
<tr><td rowspan="2">受弯构件</td><td colspan="2">偏心受压柱</td><td rowspan="2">偏心受拉构件</td><td rowspan="2">剪力墙</td><td rowspan="2">各类构件及框架节点</td></tr>
<tr><td>轴压比小于 0.15</td><td>轴压比不小于 0.15</td></tr>
<tr><td>γ_{RE}</td><td>0.75</td><td>0.75</td><td>0.8</td><td>0.85</td><td>0.85</td><td>0.85</td><td>0.85</td><td>1.0</td><td>1.0</td></tr>
</table>

注：依据《装配式混凝土结构技术规程》JGJ 1—2014 第 6.1.11 条。

5.1.6 层间位移角限值

按弹性方法计算的风荷载或多遇地震标准值作用下的楼层层间最大位移 Δu 与层高 h 之比的限值宜按表 5-20 采用。装配整体式框架结构和剪力墙结构的层间位移角限值均与现浇结构相同。对多层装配式剪力墙结构，当按现浇结构计算而未考虑墙板间接缝的影响时，计算得到的层间位移会偏小，因此加严其层间位移角限值。结构弹塑性层间位移角限值宜按表 5-21 采用。

弹性层间位移角限值 **表 5-20**

结构类型	$\Delta u/h$
装配整体式框架结构	1/550
装配式整体式框架-现浇剪力墙结构 装配整体式框架-现浇核心筒结构	1/800
装配整体式剪力墙结构 装配整体式部分框支剪力墙结构	1/1000
双面叠合剪力墙结构	1/1000
多层装配式剪力墙结构	1/1200

注：1. 上海市《装配整体式混凝土公共建筑设计规程》DGJ 08-2154—2014 规定，装配式整体式框架-现浇剪力墙结构、装配整体式框架-现浇核心筒结构的嵌固端上一层弹性层间位移角限值 1/2000，装配整体式剪力墙结构、装配整体式部分框支剪力墙结构的嵌固端上一层弹性层间位移角限值 1/2500；

2. 辽宁省《装配整体式剪力墙结构设计规程》DB21/T 2000—2012 规定，装配整体式剪力墙结构、装配整体式部分框支剪力墙结构的弹性层间位移角限值 1/1100。

弹塑性层间位移角限值 **表 5-21**

结构类型	$\Delta u/h$ 限值
装配整体式框架结构	1/50
装配整体式框架-现浇剪力墙结构、装配整体式框架-现浇核心筒结构	1/100
装配整体式剪力墙结构、装配整体式部分框支剪力墙结构	1/120

5.1.7 平面布置及规则性

1. 平面布置

装配整体式混凝土结构的平面不宜过长、平面突出部分的长度 l 不宜过大、宽度 b 不宜过小（图 5-1），宜满足表 5-22 的要求。

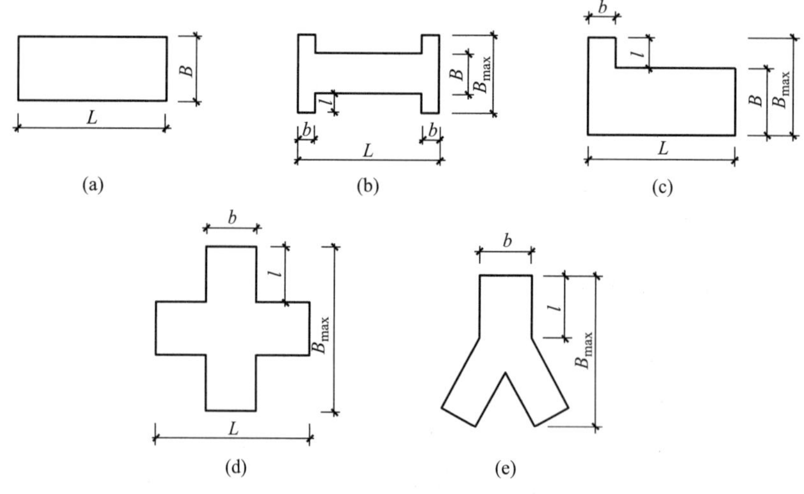

图 5-1 建筑平面示例

平面尺寸及凸出部位比例限值 表 5-22

抗震设防烈度	L/B	l/B_{max}	l/b
6 度、7 度	≤6.0	≤0.35	≤2.0
8 度	≤5.0	≤0.35	≤1.5

注：依据《装配式混凝土结构技术规程》JGJ 1—2014 第 6.1.5 条。

装配整体式混凝土结构的平面不宜采用角部重叠或细腰形平面布置（图 5-2），宜满足表 5-23 的要求。

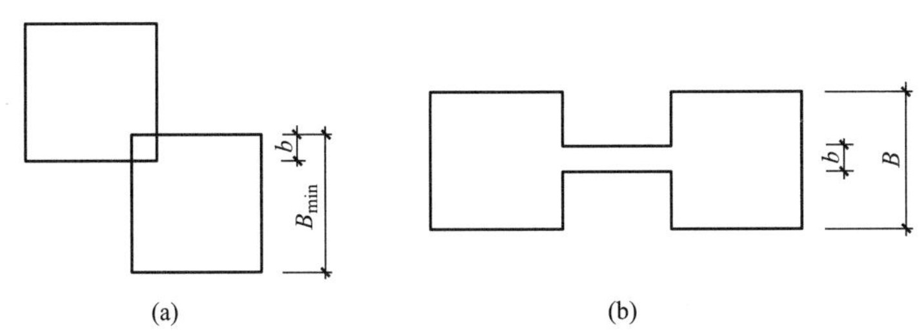

图 5-2 角部重叠和细腰形平面示意

角部重叠和细腰形平面尺寸比例限值 表 5-23

名称	b/B	b/B_{min}
限值	≥0.4	≥1/3

注：依据《装配式混凝土结构技术规程》JGJ 1—2014 第 6.1.5 条、广东省标准《装配式混凝土建筑结构技术规程》DBJ 15-107—2016 第 6.1.5 条的规定。

2. 规则性

装配整体式混凝土结构对其规则性的要求严于现浇混凝土结构，应尽量避免采用不规则的平面及竖向布置。建筑若为不规则结构，应根据不规则类型有针对性的采取表 5-24、表 5-25 中的方法进行设计。

平面布置不规则的主要措施 表 5-24

不规则类型	定义	说明	措施方法
扭转不规则	在具有偶然偏心的规定水平力作用下，楼层两端抗侧力构件弹性水平位移（或层间位移）的最大值与平均值的比值大于 1.2	扭转会造成结构边缘构件的剪力较大、预制构件水平接缝的开裂和破坏、叠合板的面内应力较大、引起楼板与竖向构件接缝处的面内剪力	采用空间结构计算模型，并计入扭转影响，在具有偶然偏心的规定水平力作用下，楼层两端抗侧力构件弹性水平位移（或层间位移）的最大值与平均值的比值不宜大于 1.5
凹凸不规则	平面凹进的尺寸大于相应投影方向总尺寸的 30%	对于外伸较长、角部重叠和细腰形的平面，凹角部位楼板内会产生应力集中，中央狭窄部分楼板内应力也很大	采用符合楼板平面内实际刚度变化的计算模型、根据实际情况分块计算扭转位移比、加厚叠合楼板的现浇层及构造配筋、改用现浇楼板、在外伸端部设置刚度较大的抗侧力构件
楼板局部不连接	楼板的尺寸和平面刚度急剧变化，如有效楼板宽度小于该层楼板典型宽度的 50%、开洞面积大于该层楼面面积的 30%、较大的楼层错层		

竖向布置不规则的主要措施 **表 5-25**

不规则类型	定义	说明	措施方法
侧向刚度不规则	该层的侧向刚度小于相邻上一层的 70%，或小于其上相邻三个楼层侧向刚度平均值的 80%；除顶层或出屋面小建筑外，局部收进的水平向尺寸大于相邻下一层的 25%	竖向不规则会造成结构地震力和承载力沿竖向的突变，装配式混凝土结构在突变处的构件接缝更容易发生破坏	突变位置可局部采用现浇结构
竖向抗侧力构件不连续	竖向抗侧力构件（柱、抗震墙、抗震支撑）的内力由水平转换构件（梁、桁架等）向下传递		
楼层承载力突变	抗侧力结构的层间受剪承载力小于相邻上一层的 80%		

装配式建筑不适宜采用特别不规则的建筑，参考《超限高层建筑工程抗震设防专项审查技术要点》满足表 5-26 与表 5-27 情况之一者，即为特别不规则。

同时具有下列三项及以上不规则的高层建筑工程 **表 5-26**

序号		不规则类型	含义	备注
1	(1)	扭转不规则	考虑偶然偏心的扭转位移比大于 1.2	参见《建筑抗震设计规范》GB 50011—2010-3.4.3
	(2)	偏心布置	偏心率大于 0.15 或相邻层质心相差大于相应边长 15%	参见《高层民用建筑钢结构技术规程》JGJ 99-3.2.2
2	(1)	凹凸不规则	平面凹凸尺寸大于相应边长 30%等	参见《建筑抗震设计规范》GB 50011—2010-3.4.3
	(2)	组合平面	细腰形或角部重叠形	参见《高层建筑混凝土结构技术规程》JGJ 3—2010-3.4.3
3		楼板不连续	有效宽度小于 50%，开洞面积大于 30%，错层大于梁高	参见《建筑抗震设计规范》GB 50011—2010-3.4.3
4	(1)	刚度突变	相邻层刚度变化大于 70%或连续三层变化大于 80%	参见《建筑抗震设计规范》GB 50011—2010-3.4.3
	(2)	尺寸突变	竖向构件位置缩进大于 25%，或外挑大于 10%和 4m	参见《高层建筑混凝土结构技术规程》JGJ 3—2010-3.5.5
5		构件间断	上下墙、柱、支撑不连续，含加强层、连体类	参见《建筑抗震设计规范》GB 50011—2010-3.4.3
6		承载力突变	相邻层受剪承载力变化大于 80%	参见《建筑抗震设计规范》GB 50011—2010-3.4.3
7		其他不规则	如局部的穿层柱、斜柱、夹层、个别构件错层或转换	已计入 1～6 项者除外

注：1. 深凹进平面在凹口设置连梁，其两侧的变形不同时仍视为凹凸不规则，不按楼板不连续中的开洞对待；

2. 序号（1）、（2）不重复计算不规则项；

3. 局部的不规则，视其位置、数量等对整个结构影响的大小判断是否计入不规则的一项。

具有一项及以上特别不规则的高层建筑工程　　　　表 5-27

序号	不规则类型	含义
1	扭转偏大	裙房以上的较多楼层，考虑偶然偏心的扭转位移比大于 1.4
2	抗扭刚度弱	扭转周期比大于 0.9，混合结构扭转周期比大于 0.85
3	层刚度很小	本层侧向刚度小于相邻上层的 50%
4	高位框支转换	框支墙体的转换构件位置：7 度超过 5 层，8 度超过 3 层
5	厚板转换	7～9 度设防的厚板转换结构
6	塔楼偏置	单塔质心或多塔合质心与大底盘（主楼及裙房）的质心偏心距大于底盘相应边长的 20%
7	复杂连接	各部分层数、刚度、布置不同的错层
		连体两端塔楼高度、体型或者沿大底盘某个主轴方向的振动周期显著不同的结构
8	多重复杂	结构同时具有带转换层、带加强层、错层、连体和多塔类 3 种（不允许同时具有 4 种及以上）

注：仅前后错层或左右错层属于表 5-26 中的一项不规则，多数楼层同时前后、左右错层属于本表的复杂连接。

5.2　整体结构分析

5.2.1　整体分析

装配整体式混凝土结构的设计应符合现行国家标准《混凝土结构设计规范》GB 50010 的要求，并应符合下列原则：应采取有效措施加强结构整体性；装配整体式结构宜采用高强混凝土、高强钢筋；装配整体式结构的节点和接缝应受力明确、构造可靠，便于施工并应满足承载力、延性和耐久性等要求；应根据连接节点和接缝的构造方式和性能，确定结构的整体计算模型。

在装配整体式结构中，为保证结构性能和变形行为与现浇混凝土结构等同，"干式连接"仅允许在结构抗侧力体系梁跨中二分之一区域和抗重力体系中使用。若"干式连接"在装配整体式框架结构抗侧力体系梁中二分之一区域外使用，需要有试验证明"干式连接"性能与现浇混凝土结构类似，"干式连接"的强度和变形曲线需由试验确定。在全装配式结构中，结构抗侧力体系的关键部位采用"干式连接"，此时结构整体性能和变形行为与现浇混凝土结构有较大差异。本节讨论范围仅限于装配整体式结构。关于全装配式结构的具体设计方法可以参考现行广东省标准《装配式混凝土建筑结构设计规程》DBJ 15-107—2016。

1. 分析原则

当采取了可靠的节点连接方式和合理的构造措施后，装配整体式混凝土结构性能可以等同现浇混凝土结构[12]。这里所说"等同现浇"指承载力等同、延性等同、刚度等同、适用条件等同。

对于装配整体式混凝土结构，应根据连接节点和接缝的构造方式和性能，确定结构的整体计算模型。当受力钢筋采用安全可靠的连接方式，且预制构件与后浇混凝土之间以及预制构件与现浇混凝土之间的接缝处，采用粗糙面、键槽等构造措施时，结构整体性能与现浇结构类同，设计中可以采用与现浇混凝土结构相同的方法进行结构分析，并根据相关规定对计算结果进行适当的调整。预制墙板之间如果为整体式拼缝（拼缝后浇混凝土，拼缝两侧钢筋直接连接或锚固在拼缝混凝土中），可将拼缝两侧预制墙板和拼缝作为同一墙肢建模计算，预制墙板之间如果没有现浇拼缝，则应作为两个独立的墙肢建模计算[13]。

如果采用相关标准、图集中均未涉及的新式节点连接构造，应该进行必要的理论和试验研究及论证。

2. 荷载与作用取值

装配整体式混凝土结构计算采用的荷载效应组合表达式与现浇混凝土结构相同，需要注意的是荷载分项系数应按表 5-28 选用[8]。

荷载分项系数取值表[8] **表 5-28**

作用分项系数	当作用效应对承载力不利时	当作用效应对承载力有利时
γ_G	1.3	≤1.0
γ_Q	1.5	0

对于平面长度大于 40m 以及室内外温差超过 5℃的情况，需要考虑温度作用对结构受力的影响，应采取相应的处理措施，如表 5-29 所示。

针对温度作用效应采取的措施[9] **表 5-29**

需要考虑温度作用效应的情况	相应处理措施
平面长度大于 40m	宜考虑温度作用下对周边剪力墙及楼板的影响
室内外温差超过 5℃	需考虑温度作用对外墙板的水平或竖向缝宽影响，温差每增加 5℃，水平或竖向缝宽度增加 0.9mm

对于层数大于 10 层的高层建筑，对阳台板、空调板、挑檐等悬挑构件进行设计和构造时，尚应考虑地震作用及上浮风荷载影响[11]。

装配整体式结构应进行施工阶段和使用阶段的计算和验算，其中施工阶段计算和验算时可不考虑地震作用，但应考虑风荷载组合[11]。

装配整体式结构存在较多的预制构件接缝，应采取有效措施加强结构的整体性，对于在偶然作用下，可能导致连续倒塌的装配整体式结构，应根据现行国家标准《混凝土结构设计规范》GB 50010 的要求进行防连续倒塌设计[1]。

3. 设计与分析方法

装配整体式混凝土结构设计需满足现行国家标准《建筑结构可靠性设计统一标准》GB 50068 的规定。不同阶段设计方法表达式详见表 5-30。

不同设计阶段设计方法表达及注意事项　　　　表 5-30

设计方法	验算阶段	验算公式	注意事项
承载能力极限状态	正常使用阶段	$\gamma_0 S_d \leqslant R_d$	γ_0 为结构重要性系数，应按各有关建筑结构设计规范的规定采用；S_d 为荷载组合的效应设计值；R_d 结构构件抗力的设计值，应按各有关建筑结构设计规范的规定确定
	构件吊装阶段	$S_d = \alpha\gamma_G S_{G1k}$	α 为动力系数，详见 5.5.2 节；γ_G 为永久荷载分项系数；S_{G1k} 为按预制构件自重荷载标准值计算的荷载效应值[12]
	构件安装、施工阶段	$S_d = \gamma_G S_{G1k} + \gamma_G S_{G2k} + \gamma_Q S_{Qk}$	S_{G2k} 为按叠合面自重荷载标准值计算的荷载效应值；γ_G 为可变荷载分项系数；S_{Qk} 为施工活荷载和使用阶段可变荷载标准值在计算截面产生的效应值中的较大值[12]
正常使用极限状态	正常使用阶段	$S_d \leqslant C$	使用阶段结构挠度验算应考虑荷载长期作用的影响，取构件长期刚度进行计算
	构件安装、施工阶段		施工阶段构件挠度验算可不考虑荷载长期作用的影响，取构件短期刚度进行验算，此时挠度限值按使用上对挠度有较高要求的构件进行取值

结构分析时可采用表 5-31 所列方法进行。

装配整体式结构分析方法及特点比较[1,2,12,16,17]　　　　表 5-31

分析方法	适用范围
线弹性分析	承载能力极限状态及正常使用极限状态的作用效应分析
弹性时程分析	重点设防类或结构高度高于 30m 的装配整体式框架结构作为补充验算
弹塑性分析	罕遇地震作用下结构整体分析、抗震性能化设计

进行抗震性能化设计时，结构在设防烈度地震及罕遇地震作用下的内力及变形分析，可根据结构受力状态采用弹性分析方法或弹塑性分析方法。弹塑性分析时，宜根据节点和接缝在受力全过程中的特性进行节点和接缝的模拟。材料的非线性行为可根据现行国家标准《混凝土结构设计规范》GB 50010 确定，节点和接缝的非线性行为可根据试验研究确定[2]。

4. 周期折减系数

装配整体式结构整体计算时周期折减系数根据不同体系类型的取值范围见表 5-32。刚性外围护墙和内隔墙与主体结构柔性连接时，结构整体计算时周期不折减[18]。计算中应考虑墙体接缝对整体计算的影响，对周期折减系数做适当调整[12]。

周期折减系数取值[9] **表 5-32**

体系名称		建议周期折减系数
内浇外挂装配式混凝土结构体系	点支承式	1
	线支承式	0.8～1.0
全受力外墙装配整体式混凝土剪力墙结构体系		1
内嵌夹心外墙装配整体式混凝土剪力墙结构体系		0.65～0.85

5. 楼盖刚度

在结构内力和位移计算时，对现浇楼盖和后浇混凝土叠合层厚度不小于 60mm 的叠合楼盖，均可假定楼盖在其自身平面内为无限刚性，并应采取措施保证楼板平面内的整体刚度；当有楼板跨度较大、平面复杂、开有较大洞口等原因使板在平面内产生较明显的变形时，应按弹性楼板假定计算[11,19,20]。

叠合楼盖楼面梁的刚度可计入翼缘作用予以增大，可采用《混凝土结构设计规范》GB 50010—2010 第 5.2.4 条计算。针对不同楼面及梁构造做法，楼面梁刚度增大系数取值可参考表 5-33。无后浇层的装配式楼盖对梁刚度增大作用较小，设计中可以忽略。

楼面梁刚度增大系数[1,12,17] **表 5-33**

梁构造类别		梁刚度增大系数	
		叠合楼板或现浇板	无叠合层的预制板
边梁	无洞预制外墙与边梁全长连接	1.7～2.0	1.5
	无洞预制外墙梁端与梁脱开距离不小于梁高	1.4～1.7	1.2
	半跨开洞预制外墙与边梁全长连接	1.6～1.9	1.4
	半跨开洞预制外墙与边梁脱开距离不小于梁高	1.3～1.6	1.1
	全跨开洞预制外墙与边梁全长连接	1.5～1.8	1.3
	全跨开洞预制外墙与边梁脱开距离不小于梁高	1.2～1.5	1.0
中梁		1.3～2.0	1.0

装配整体式剪力墙结构内力和变形计算时，抗震设计的叠合梁刚度可予以折减，折减系数不宜小于 0.5；竖向荷载作用下，可考虑叠合梁端塑性变形内力重分布对梁端负弯矩乘以调幅系数进行调幅，调幅系数可取 0.8～0.9，并应采取有效的构造措施满足正常使用极限状态的要求[11,19]。

6. 装配整体式结构整体计算时相关调整参数

当同一层内既有预制又有现浇抗侧力构件时，地震设计状况下宜对现浇抗侧力构件在地震作用下的弯矩和剪力进行适当放大。如同一层内既有现浇墙肢也有预制墙肢的装配整体式剪力墙结构，现浇墙肢水平地震作用弯矩、剪力宜乘以不小于 1.1 的增大系数，如图 5-3、图 5-4 所示。

7. 常用分析设计软件

满足目前现行规范、规程构造要求的装配整体式结构，其计算分析可以按“等同现浇”的原则进行分析计算，因此可以采用目前常用的各类设计软件对装配整体

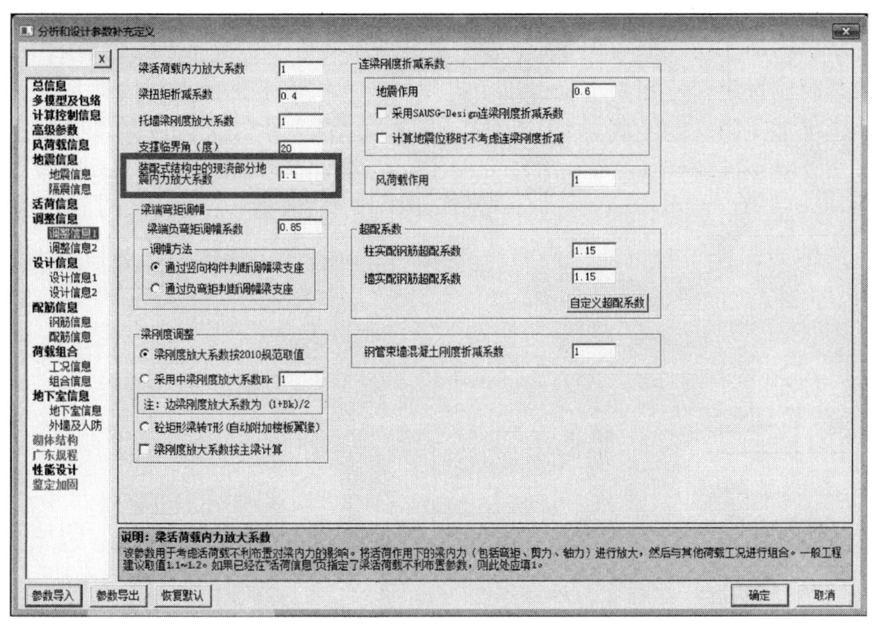

图 5-3　设计参数输入（PKPM）——现浇部分地震内力放大系数

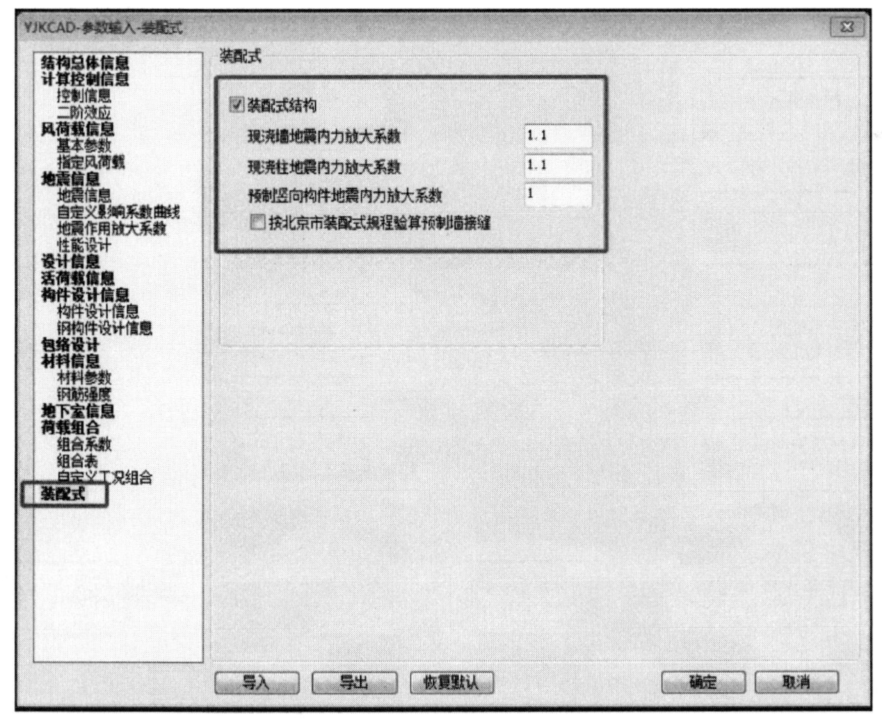

图 5-4　设计参数输入（YJK）——装配整体式结构现浇部分地震内力放大系数

式结构进行设计计算，如 PKPM、YJK 等。采用的各种参数与现浇结构计算基本相同。

装配整体式结构的大部分部品、结构部件需要在工厂进行加工再运至现场进行拼装，要求的加工精度或者说工厂施工精度非常高，接头位置的浆锚搭接孔位、套筒连接套筒位置定位一定要准确，以免出现现场无法安装的问题。因此装配整体式结构详图（加工图）的绘制需要基于 BIM 平台的专业软件来完成，以提高绘图和设计效率，减少因绘图人员经验不足或设计修改引起的错误。最好能与预制构件加工工厂生产加工信息化管理系统对接，达到无纸化加工，避免加工时人工二次录入可能带来的错误，同时也能提高效率。PKPM-PC、YJK 装配式软件应用流程如图 5-5、图 5-6 所示。

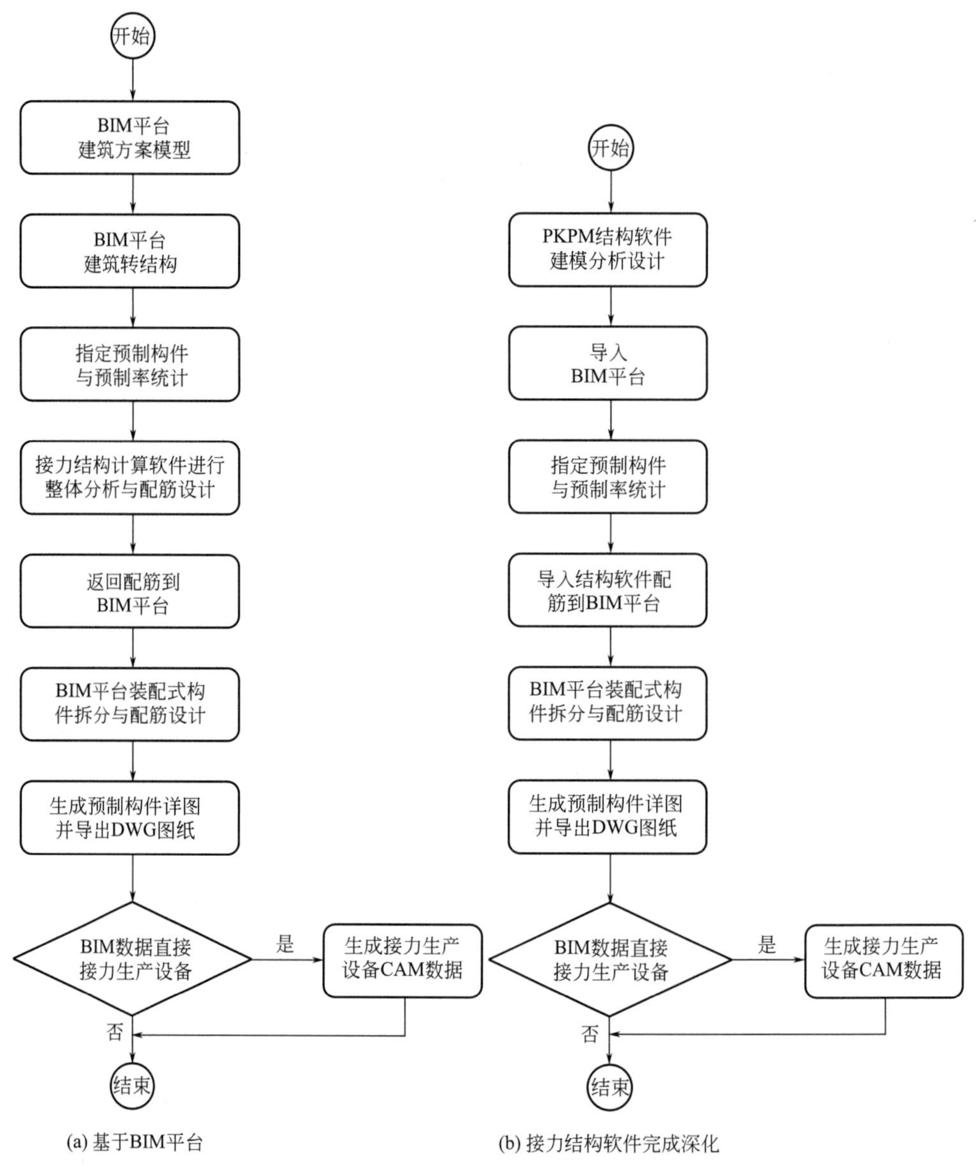

图 5-5　PKPM-PC 装配式软件应用流程

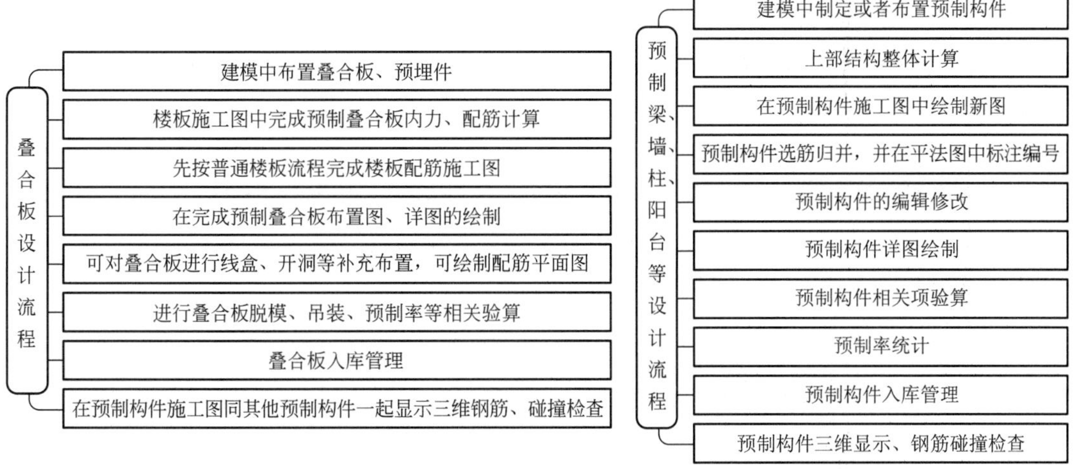

图 5-6　YJK 装配式软件应用流程

注：图中入库管理指设计单位或设计小组内部预制构件库的管理。

PKPM-PC、YJK 装配式软件在对装配整体式结构进行整体计算时在相应的对话菜单中提供了与装配式体系相关的选项菜单，如图 5-7 所示。YJK 软件在参数输入对话框最后增加了一个页面“装配式”，只有在此选项卡中勾选“装配式结构”软件才会按照装配整体式结构相关构造规定进行结构计算分析，如图 5-4 所示。

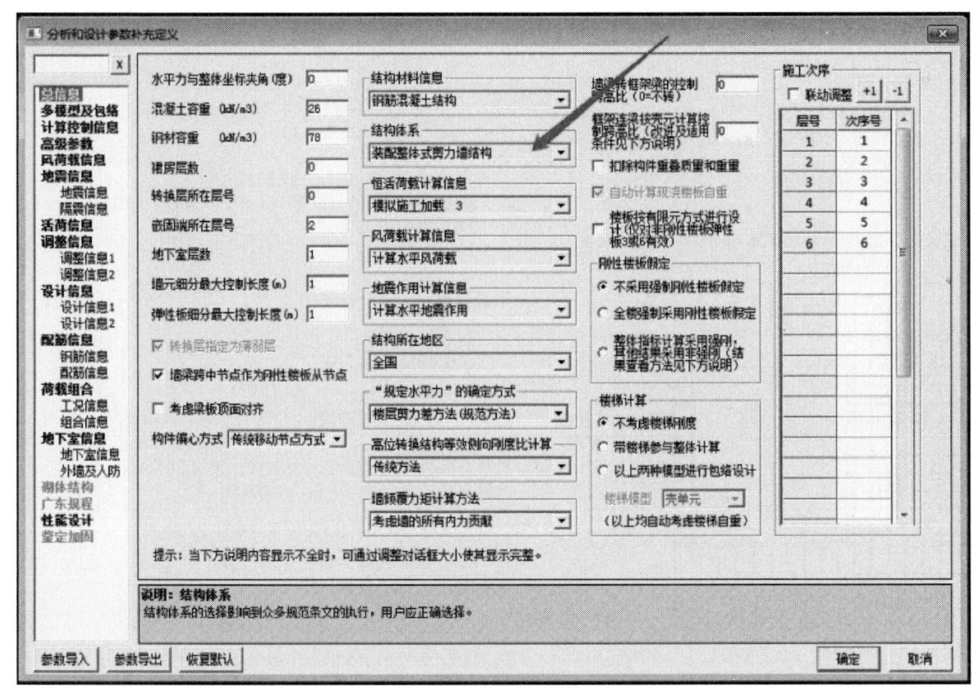

图 5-7　设计参数输入（PKPM）——装配整体式结构体系输入

PKPM-PC 设计软件在完成接力 PM 整体分析后，可对预制构件进行脱模、吊装等验算。针对 PKPM-PC v1. 2. 1 版本，可在“施工图设计”模块中选择“短暂工况验算”中的“单构件验算”按钮进行预制构件的脱模、吊装等验算，如图 5-8 所示。选择预制构件前需要右击要选择的区域，选择“隐藏已选同类实体”，以去掉叠合构件上部的现浇层，然后即可选择预制构件进行验算，验算结果如图 5-9、图 5-10 所示。

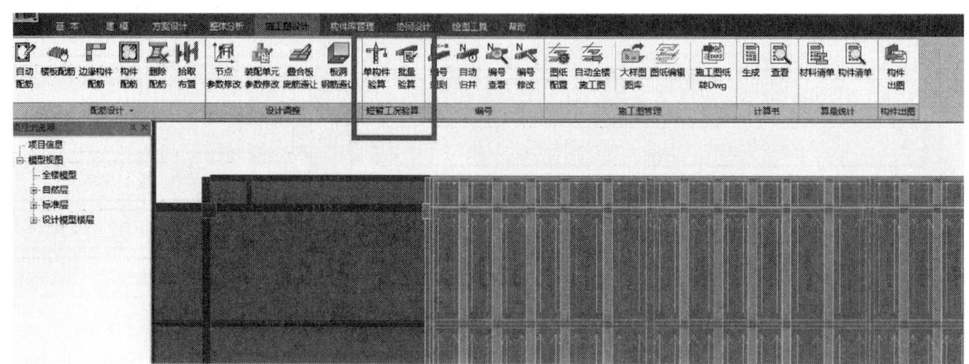

图 5-8　软件（PKPM）预制构件脱模、吊装验算界面

叠合板DBS1-75-4015基本信息

设计长度

上侧缩进

支座中心线

板宽边距

设计宽度

预制板厚度

倒角1

拼缝定位线

右侧出头

板长边距

倒角1 倒角2

叠合板示意图

脱模验算

1) 脱模荷载1(自重*脱模动力系数+脱模吸附力)

自重G_k=0.316509×25×1.1=8.70398kN；(含重力放大系数)

叠合板上表面积S=4.53145nm^2；

脱模荷载Load1=8.70398×1.2+4.53145×1.5=17.242kN；

2)脱模荷载2(自重*1.5)

脱模荷载Load2=8.70398×1.5=13.056kN；

综上，脱模荷载Load=17.242kN；

3) 单个吊件承载力：Lg=−1；

综上：

吊件承载力L=−1.#IND＞17.242满足条件！

注：此处吊件承载力按《混凝土设计规范》GB 50010—2010第9.7.6条进行计算。

吊装验算

(1)重心偏移

1)长度方向重心偏移量：d_X=−22.0735≤50(mm)，满足要求！

2)宽度方向重心偏移量：d_X=6.22244≤50(mm)，满足要求！

综上：

重心偏移距离满足要求！

(2)吊装重量

1)吊装荷载(重力*吊装动力系数):Lg=13.056kN；

2)单个吊件承载力:Lg=−1.#INDkN；

综上：

吊件承载力L=−1.#IND＞13.056，满足要求！

注：此处吊件承载力按《混凝土设计规范》GB 50010—2010第9.7.6条进行计算。

(3)施工安全系数

全部吊件承载力：W_t=−1；

施工安全系数：−1.#IND/13.056=−1.#IND＞5，满足条件！

吊装验算通过！

图 5-9　软件（PKPM）计算预制构件脱模、吊装验算结果界面

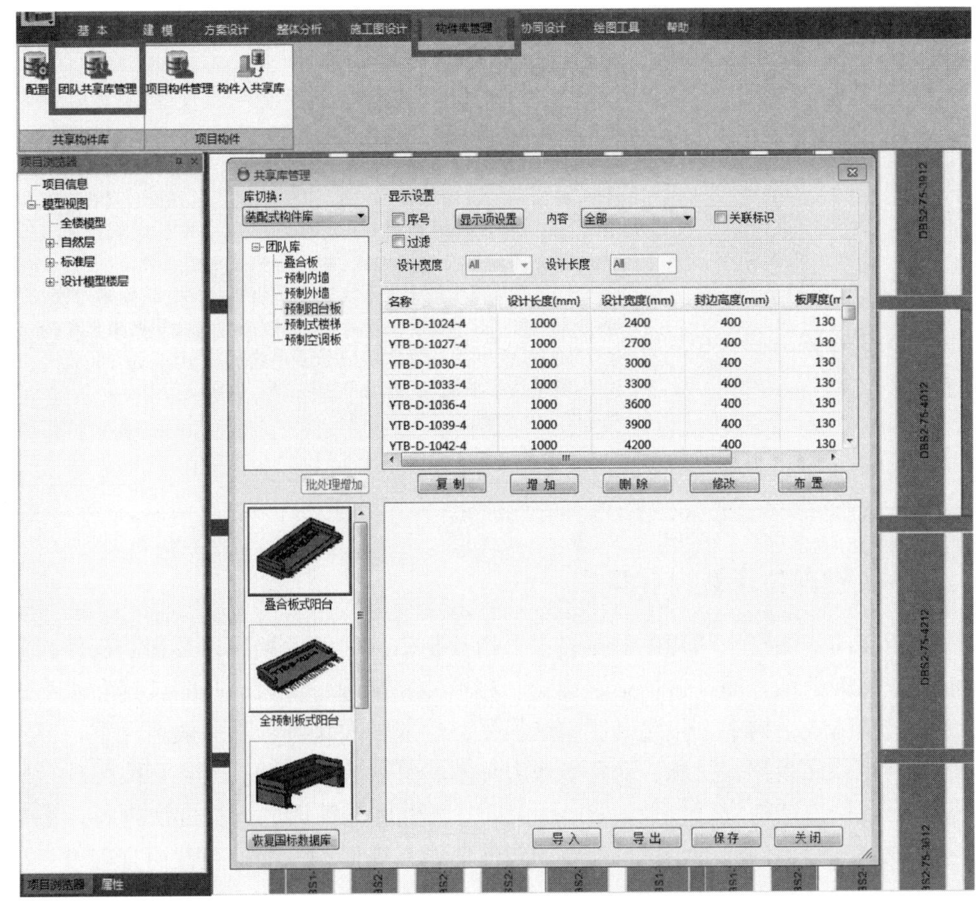

图 5-10　共享库设置与管理

针对目前常用的设计软件，如 PKPM、YJK，软件主要特点及对比见表 5-34。

装配整体式结构设计软件对比[21,22]　　　　**表 5-34**

软件名称	技术基础	设计流程	软件特点	适用范围
PKPM	以 BIM 平台下预制构件库为设计基础，如图 5-10 所示（预制构件库为设计单位或设计小组内部的构件库）	图 5-5	设立了单独存储和管理的、团队共享的装配式构件库，并以此为核心提供多种设计工具。系统中提供国标图集数据，包括叠合板、预制剪力墙、预制外墙板、预制楼梯、叠合阳台、预制阳台、预制空调板等。用户可以通过构件参数化编辑界面来修改和增加不同尺寸和钢筋排布的装配式构件	提供了预制混凝土构件的脱模、吊装过程的计算工具，如图 5-8 所示，实现整体结构分析及相关内力调整、连接设计、三维分解与预拼装、碰撞检查、构件详图、材料统计、BIM 数据直接接力到生产加工设备。目前仅提供四边简支和四边固定两种边界条件下的叠合板模型

续表

软件名称	技术基础	设计流程	软件特点	适用范围
YJK	依托 Revit 进行 BIM 及装配式建筑的协同设计	图 5-6	提供了预制混凝土构件的脱模、运输、吊装过程的单构件计算，整体结构分析及相关内力调整、构件及连接设计功能。可实现三维构件分解、施工图及详图设计、构件加工图、材料清单、多专业协同、构件预拼装、施工模拟及碰撞检查、构件库建立，与工厂生产管理系统集成，预制构件信息和数字机床自动生产线的对接，可直接读取结构平面图、梁平法配筋图、剪力墙平法配筋图以及水暖、电气平面图上灯具等布置信息，减少钢筋输入工作，快速完成预制构件加工详图	软件对 L 形房间自动按照双向板布置，并且不能避让柱子；单向板按密缝布置，双向板按有现浇板缝的构造处理；目前软件对预制柱、预制梁只支持矩形截面的设计

5.2.2 关键部位承载力计算

装配整体式混凝土结构中的接缝主要指预制构件之间的接缝以及预制构件与后浇混凝土之间的结合面，包括梁端接缝、柱顶柱底接缝、剪力墙竖向接缝和水平缝等。装配整体式结构中，接缝是影响结构受力性能的关键部位。一般情况下，节点及接缝的正截面受拉、受压、受弯承载力可不验算。当需要验算时，可按照现行国家标准《混凝土结构设计规范》GB 50010 关于构件正截面的计算方法进行，混凝土强度取接缝及构件混凝土材料强度的较低值，钢筋面积取穿过正截面且有可靠锚固的钢筋面积。

预制构件之间接缝的受剪承载力一般都需要进行验算。不同规范、规程对接缝的受剪承载力的验算公式汇总于表 5-35。

接缝受剪承载力计算规定[1,14,23] **表 5-35**

设计状况	计算公式	系数取值		
持久设计状况	$\gamma_j \gamma_0 V_{jd} \leqslant V_u$	水平接缝内力增大系数 γ_j	《装配式混凝土结构技术规程》JGJ 1—2014	1.0
			《装配整体式剪力墙结构设计规程》DB21/T 2000—2012	1.2
			《装配式剪力墙结构设计规程》DB11/1003—2013	1.1
地震设计状况	$V_{jdE} \leqslant V_{uE}/\gamma_{RE}$	接缝承载力抗震调整系数 γ_{RE}	《装配式混凝土结构技术规程》JGJ 1—2014	详见表 5-18
			《装配整体式剪力墙结构设计规程》DB21/T 2000—2012	1.0
			《装配式剪力墙结构设计规程》DB11/1003—2013	受剪取 1.0，其他取 0.85

续表

设计状况	计算公式	系数取值		
地震设计状况	$V_{j\mathrm{dE}} \leqslant V_{\mathrm{uE}}/\gamma_{\mathrm{RE}}$	接缝内力调整系数 $\gamma_{j\mathrm{E}}$	《装配式混凝土结构技术规程》JGJ 1—2014	规范无此系数
			《装配整体式剪力墙结构设计规程》DB21/T 2000—2012	一级取1.6，二级取1.4，三级、四级取1.2
			《装配式剪力墙结构设计规程》DB11/1003—2013	1.1

梁、柱端部箍筋加密区及剪力墙底部加强部位接缝受剪承载力按式（5-1）计算，不同规范对不同抗震等级情况下的接缝受剪承载力增大系数 η_j 的取值详见表5-36。

$$\eta_j V_{\mathrm{mua}} \leqslant V_{\mathrm{uE}} \tag{5-1}$$

梁端、柱端加密区及剪力墙底部加强区接缝受剪承载力增大系数 η_j 取值的比较　　表5-36

抗震等级			一级	二级	三级	四级
接缝受剪承载力增大系数 η_j	《装配式混凝土结构技术规程》JGJ 1—2014		1.2	1.2	1.1	1.1
	《装配整体式剪力墙结构设计规程》DB21/T 2000—2012		1.6	1.4	1.2	1.2
	《装配式剪力墙结构设计规程》DB11/ 1003—2013(用于底部加强区)	抗剪连接	—	1.4	1.3	1.2
		其他连接	—	1.1	1.1	1.0

为使接缝可靠传递剪力，预制构件与后浇混凝土、灌浆料、坐浆材料的结合面应设置粗糙面、键槽。粗糙面和键槽的设置要求详见第6章、第7章、第8章相关说明。

1. 框架结构梁柱节点核心区验算

装配整体式结构节点核心区的抗震验算要求详见表5-37。

一、二、三级框架梁柱节点核心区组合的剪力设计值应按下列公式确定：

$$V_j = \frac{\eta_{j\mathrm{b}} \sum M_{\mathrm{b}}}{h_{\mathrm{b0}} - a'_{\mathrm{s}}}\left(1 - \frac{h_{\mathrm{b0}} - a'_{\mathrm{s}}}{H_{\mathrm{c}} - h_{\mathrm{b}}}\right) \tag{5-2}$$

式中：$\eta_{j\mathrm{b}}$ 为强节点系数，现行国家标准《建筑抗震设计规范》GB 50011与上海市规程《装配整体式混凝土居住建筑设计规程》DG/TJ 08—2071对此系数取值有所不同，参见表5-37；其余参数含义详见《建筑抗震设计规范》GB 50011。

节点核心区受剪承载力验算要求强节点系数取值对比[4,15]　　表5-37

规范		抗震等级一级		抗震等级二级		抗震等级三级		抗震等级四级	
		节点核心区抗剪承载力验算要求	强节点系数	节点核心区抗剪承载力验算要求	强节点系数	节点核心区抗剪承载力验算要求	强节点系数	节点核心区抗剪承载力验算要求	强节点系数
建筑抗震设计规范	框架结构	需要验算	1.5	需要验算	1.35	需要验算	1.2	可不验算	—
	其他结构	需要验算	1.35	需要验算	1.2	需要验算	1.1	可不验算	—

续表

规范	抗震等级一级		抗震等级二级		抗震等级三级		抗震等级四级	
	节点核心区抗剪承载力验算要求	强节点系数	节点核心区抗剪承载力验算要求	强节点系数	节点核心区抗剪承载力验算要求	强节点系数	节点核心区抗剪承载力验算要求	强节点系数
装配整体式混凝土居住建筑设计规程	—	—	需要验算	1.2	可不验算	—	可不验算	—

节点核心区截面抗震受剪承载力应采用下列公式验算：

$$V_j \leqslant \frac{1}{\gamma_{RE}}\left(1.1\eta_j f_t b_j h_j + 0.05\eta_j N \frac{b_j}{b_c} + f_{yv} A_{svj} \frac{h_{b0}-a'_s}{s}\right) \tag{5-3}$$

式中，η_j 为正交梁的约束影响系数，与现浇框架不同的是预制梁节点核心区不应考虑直交梁对节点核心区抗剪的有利影响，故取 $\eta_j=1.0$；其余参数含义详见《建筑抗震设计规范》GB 50011。

2. 叠合梁端竖向接缝受剪承载力验算

叠合梁端竖向接缝主要包括框架梁与节点区的接缝、梁自身连接的接缝以及次梁与主梁的接缝等几种类型。叠合梁端受剪承载力计算示意如图 5-11 所示。

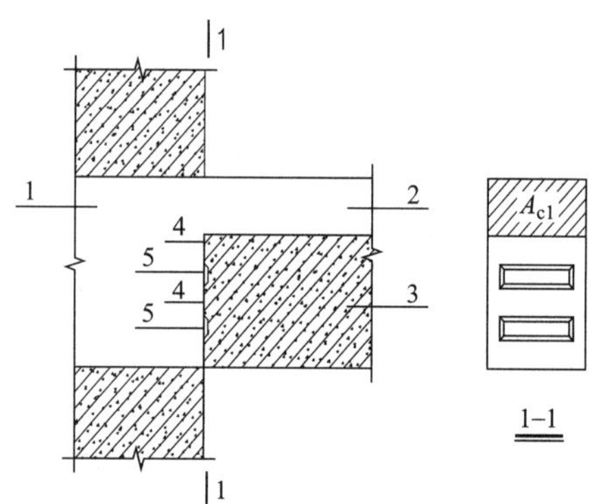

1——后浇节点区；2——后浇混凝土叠合层；3——预制梁；4——预制键槽根部截面；5——后浇键槽根部截面

图 5-11　叠合梁端受剪承载力计算参数示意图

不同规范对于叠合梁端竖向接缝受剪承载力设计值汇总对比详表 5-38。叠合梁端竖向接缝受剪承载力计算过程详见本书 7.1.2 节相关内容。

叠合梁端竖向接缝受剪承载力设计值计算公式　　表 5-38

规范 \ 设计状况		持久设计状况	短暂设计状况	地震设计状况
普通混凝土叠合梁	《装配式混凝土结构技术规程》JGJ 1—2014	$V_u = 0.07f_cA_{c1} + 0.10f_cA_k + 1.65A_{sd}\sqrt{f_cf_y}$		$V_u = 0.04f_cA_{c1} + 0.06f_cA_k + 1.65A_{sd}\sqrt{f_cf_y}$
	《装配整体式混凝土公共建筑设计规程》DGJ 08-2154—2014			

续表

设计状况 / 规范		持久设计状况	短暂设计状况	地震设计状况
普通混凝土叠合梁	《装配式剪力墙结构设计规程》DB11/ 1003—2013	$V_u=0.1f_cA_{c1}+0.15f_cA_k$ $V_u=1.85A_{sd}\sqrt{f_cf_y}$	两者取小值	$V_u=1.85A_{sd}\sqrt{f_cf_y}$
型钢混凝土叠合梁	《装配整体式混凝土公共建筑设计规程》DGJ 08-2154—2014	$V_u=0.07f_cA_{c1}+0.10f_cA_k+1.65A_{sd}\sqrt{f_cf_y}+0.58f_st_wh_w$		$V_u=0.04f_cA_{c1}+0.06f_cA_k+1.65A_{sd}\sqrt{f_cf_y}+0.58f_st_wh_w$
预应力混凝土叠合梁	《装配整体式混凝土公共建筑设计规程》DGJ 08-2154—2014	$V_u=0.07f_cA_{c1}+0.10f_cA_k+1.65A_{sd}\sqrt{f_cf_y}+0.05N_{P0}$		$V_u=0.04f_cA_{c1}+0.06f_cA_k+1.65A_{sd}\sqrt{f_cf_y}+0.05N_{P0}$

3. 预制柱底水平接缝受剪承载力验算

在非抗震设计时，柱底剪力通常较小，不需要验算。地震参与组合的工况下，混凝土自然粘接面及粗糙面的受剪承载力丧失较快，计算中不考虑其作用。

在地震设计状况下，预制柱底水平接缝受剪承载力设计值可按表 5-39 中所列公式计算。具体计算过程详见本书 7.1.2 节。

预制柱底水平接缝受剪承载力设计值计算　　表 5-39

柱受力情况 / 柱类型	预制柱受压	预制柱受拉
普通混凝土预制柱	$V_{uE}=0.8N+1.65A_{sd}\sqrt{f_cf_y}$	$V_{uE}=1.65A_{sd}\sqrt{f_cf_y\left[1-\left(\frac{N}{A_{sd}f_y}\right)^2\right]}$
型钢混凝土预制柱	$V_{uE}=0.8N+1.65A_{sd}\sqrt{f_cf_y}+\frac{0.58}{\lambda}f_st_wh_w$	$V_{uE}=1.65A_{sd}\sqrt{f_cf_y\left[1-\left(\frac{N}{A_{sd}f_y}\right)^2\right]}+\frac{0.58}{\lambda}f_st_wh_w$

对于预制混凝土异形柱，应仅考虑验算方向柱肢截面的承载力，并按预制柱受压情况验算。

4. 柱顶接缝验算

预制柱顶水平接缝受剪承载力验算可参照柱底水平接缝受剪承载力验算方法，其中剪力 V 及轴力 N 均取柱顶接缝位置的相应的内力设计值。

5. 预制剪力墙水平拼缝承载力验算

剪力墙接缝受剪承载力验算时计算单元的选取分为三种情况：不开洞或开小洞口整体墙，作为一个计算单元；小开口整体墙可以作为一个计算单元，各墙肢联合抗剪；开口较多的单肢及多肢墙，各墙肢作为单独的计算单元。

目前我国现行国家及地方规范、规程，对预制剪力墙水平拼缝受剪承载力设计值可参考表 5-40 中提供的公式计算，同时，水平拼缝的受剪承载力不应小于预制剪力墙板自身的抗剪承载力。预制剪力墙水平拼缝承载力验算过程详见第 8 章。

预制剪力墙水平拼缝受剪承载力 **表 5-40**

<table>
<tr><td colspan="2">规范</td><td colspan="2">水平拼缝受剪承载力计算公式</td></tr>
<tr><td rowspan="2">《装配式混凝土结构技术规程》JGJ 1—2014</td><td>普通混凝土剪力墙</td><td colspan="2">$V_{uE}=0.6f_yA_{sd}+0.8N \quad \eta_jV_{mua}\leqslant 0.6f_yA_{sd}+0.8N$</td></tr>
<tr><td>6 层及 6 层以下丙类装配式剪力墙</td><td colspan="2">$V_{uE}=0.6f_yA_{sd}+0.6N$</td></tr>
<tr><td colspan="2">《装配式剪力墙结构设计规程》DB11/ 1003—2013</td><td colspan="2">$V_{uE}=0.6(f_yA_{sd}+f_vA_n)+0.8N$</td></tr>
<tr><td colspan="2" rowspan="2">《装配整体式剪力墙结构设计规程》DB21/T 2000—2012</td><td>持久、短暂设计状况</td><td>地震设计状况</td></tr>
<tr><td>$V_{uE}=0.45\beta_cf_tA_c+0.7f_yA_{sd}+0.7N\leqslant 0.25f_cA_c$</td><td>$V_{uE}=0.7f_yA_{sd}+0.7N\leqslant 0.25f_cA_c$</td></tr>
<tr><td colspan="2" rowspan="3">《预制装配整体式剪力墙结构体系技术规程》DGJ32/TJ 125—2011</td><td>持久、短暂设计状况</td><td>地震设计状况</td></tr>
<tr><td>$V_{uE}\leqslant 0.6f_yA_{sd}+0.6N$
$N\leqslant 0.6f_cbh_0$</td><td>$V_{uE}\leqslant 0.8\times(0.6f_yA_{sd}+0.6N)/\gamma_{RE}$
$N\leqslant 0.6f_cbh_0$</td></tr>
<tr><td colspan="2">剪力墙底部加强部位尚应按下式计算
$\eta_jV_{mua}\leqslant 0.6f_yA_{sd}+0.8N$ η_j 取 1.2（抗震等级一、二级），1.1（抗震等级三、四级）</td></tr>
</table>

6. 预制剪力墙竖向接缝承载力验算

楼层内相邻预制剪力墙之间应采用整体式接缝连接，即采用后浇段连接，并应符合下列规定：后浇段内设置竖向钢筋，竖向钢筋配筋率不应小于墙体竖向分布筋配筋率，且不宜小于 2ϕ12；预制剪力墙的水平分布钢筋在后浇段内的锚固、连接应符合现行国家标准《混凝土结构设计规范》GB 50010 的有关规定。当预制剪力墙满足以上要求时，通过连接节点合理的构造措施，将装配整体式结构连接成一个整体，能保证其结构性能具有与现浇混凝土结构等同的整体性、延性、承载力和耐久性能，此时接缝受剪承载力与整浇混凝土结构接近，不必计算竖向接缝的受剪承载力。

如有特殊情况需要验算预制剪力墙板竖向接缝抗剪承载力，可参考下式计算，其中 N 取 0。

持久、短暂设计状况：

$$V_{uE}=0.45\beta_cf_tA_c+0.7f_yA_{sd}+0.7N\leqslant 0.25f_cA_c \tag{5-4}$$

地震设计状况：

$$V_{uE}=0.7f_yA_{sd}+0.7N\leqslant 0.25f_cA_c \tag{5-5}$$

5.3 钢筋连接设计

装配整体式结构中，节点及接缝处的纵向钢筋连接宜根据接头受力、施工工艺等要求选用机械连接、套筒灌浆连接、浆锚搭接连接、焊接连接、绑扎搭接连接等连接方式，并应符合现行国家有关标准的规定[1]。其中机械连接、焊接连接、绑扎搭接连接方式与现浇混凝土结构要求相同，可参照相关标准要求确定其构造要求，套筒灌浆连接、浆锚搭接连接方式为装配式混凝土结构特有的连接方式，以下对这两种连接方式做详细介绍。

5.3.1 套筒灌浆连接

钢筋套筒灌浆连接原理及采用的灌浆套筒和灌浆料材料性能要求详见本书3.2.1、3.2.4节。

1. 原理

套筒灌浆连接的原理是在金属套筒中插入单根带肋钢筋并注入灌浆料拌合物，套筒具有套箍作用，同时灌浆料硬化后具有微膨胀性，增强与钢筋、套筒内壁之间的径向正应力，从而增加钢筋与灌浆料粗糙表面的摩擦力，使得钢筋、灌浆料、套筒形成整体并实现传力。

2. 基本规定

钢筋套筒灌浆连接接头采用的套筒应符合现行行业标准《钢筋连接用灌浆套筒》JG/T 398的规定。钢筋套筒灌浆连接接头采用的灌浆料应符合现行行业标准《钢筋连接用套筒灌浆料》JG/T 408的规定。当装配式混凝土结构采用符合《钢筋套筒灌浆连接应用技术规程》JGJ 355—2015相应要求的套筒灌浆连接接头时，全部构件纵向受力钢筋可在同一截面上连接，混凝土结构中全截面受拉构件同一截面不宜全部采用钢筋套筒灌浆连接。套筒灌浆连接基本规定详见表5-41。

套筒灌浆连接基本规定 **表5-41**

控制项			基本规定
连接钢筋直径			不宜大于30mm
灌浆套筒灌浆端最小内径与连接钢筋公称直径的差值	被连接钢筋直径	12～25	≥10
		28～40	≥15
套筒外侧钢筋的混凝土保护层厚度			预制剪力墙：≥15mm
			预制柱：≥20mm
套筒净距			≥25且≥套筒直径
钢筋锚固深度			≥$8d_s$ （如果用小于8倍的产品，可将产品型式检验报告作为应用依据）
混凝土强度等级			不宜低于C30

注：1. d_s为插入钢筋公称直径（全灌浆套筒两个灌浆端均宜满足$8d_s$的要求，半灌浆套筒灌浆端宜满足$8d_s$的要求）；

2. 不同直径的钢筋连接时，按灌浆套筒灌浆端钢筋锚固的深度要求确定钢筋锚固长度，如用直径规格20mm的灌浆套筒连接直径18mm的钢筋时，如灌浆套筒的设计锚固深度为8倍钢筋直径，则直径18mm的钢筋应按160mm的锚固长度考虑，而不是144mm[24]。

钢筋套筒灌浆连接验收应满足《钢筋套筒灌浆连接应用技术规程》JGJ 355—2015的相关要求。

3. 设计要点

套筒灌浆连接的设计应注意表5-42的构造要求。

套筒灌浆连接设计构造要求 **表 5-42**

	构造要求
钢筋及套筒强度	钢筋的强度等级不应高于灌浆套筒规定的连接钢筋等级
钢筋及套筒规格	接头连接钢筋的直径规格不应大于灌浆套筒规定的连接钢筋直径规格，且不宜小于灌浆套筒规定的连接钢筋直径规格一级以上，不应小于灌浆套筒规定的连接钢筋直径规格二级以上
钢筋锚固长度	构件插入灌浆套筒钢筋的外露长度应根据灌浆套筒标志锚固长度、构件连接接缝宽度与施工偏差
其他构造要求	构件配筋方案应根据灌浆套筒外径、长度和灌浆施工要求确定；竖向构件配筋设计应结合灌浆孔、出浆孔位置；底部设置键槽的预制柱，应在键槽处设置排气孔

剪力墙竖向钢筋灌浆套筒连接构造要求 **表 5-43**

	构造要求
边缘构件区域	每根竖向钢筋应各自连接
非边缘构件区域	可另设连接钢筋，连接钢筋可为单排，间距不宜大于 400mm，受拉承载力设计值不应小于上下层被连接钢筋受拉承载力设计值较大值的 1.1 倍，另设的连接钢筋在预制剪力墙板内的长度不应小于 l_1；连接钢筋自下层预制墙板向上伸出，与上层预制墙板相应的钢筋通过灌浆套筒连接

5.3.2 浆锚搭接

钢筋浆锚搭接连接是将预制构件的受力钢筋在特制的预留孔洞内进行搭接的技术。构件安装时，将需搭接的钢筋插入孔洞内至设定的搭接长度，通过灌浆孔向孔洞内灌入灌浆料，灌浆料凝结硬化后，完成两根钢筋的搭接。其中，预制构件受力钢筋在螺旋箍筋约束孔道中进行搭接的技术，称为钢筋约束浆锚搭接连接[27-30]。浆锚搭接连接施工方便，造价较低，根据《混凝土结构设计规范》GB 50010 对钢筋连接和锚固的要求，为保证结构延性，在结构抗震性能比较重要且钢筋直径较大的剪力墙边缘构件中不宜采用。

1. 原理

钢筋浆锚搭接连接的工作原理与灌浆套筒原理类似，都是利用灌浆料本身的微膨胀性，增强钢筋与套筒或预留孔洞内壁之间的径向正应力，从而增加钢筋与灌浆料粗糙表面的摩擦力，实现钢筋应力的传递，不同的是灌浆套筒利用的是钢套筒的套箍作用，而钢筋浆锚搭接则是利用预制混凝土构件预留孔洞提供的套箍作用。显然混凝土和可能存在的箍筋对钢筋所能提供的径向约束远不如钢套筒高，故钢筋浆锚搭接适用的连接钢筋直径较套筒灌浆连接的钢筋直径要小，预留锚固长度要长。

浆锚搭接连接用灌浆料性能要求详见本书 3.2.4 节，当浆锚搭接连接预留孔道采用预埋波纹管的方式成型时，波纹管的性能要求详见本书 3.2.3 节。

2. 基本规定

纵向钢筋采用浆锚搭接连接时，对预留孔成孔工艺、孔道形状和长度、构造要求、灌浆料和被连接钢筋，应进行力学性能以及适用性的试验验证，经鉴定确认安全后方可采用；必要时尚应对预制构件进行连接性能的试验验证。直径大于 20mm 的钢筋不宜采用浆锚搭接连接，直接承受动力荷载构件的纵向钢筋不应采用浆锚搭接连接。当约束搭接钢筋直径大于 25mm 且需要与进行疲劳验算的纵筋连接时，应进行系统的试验研究并采取可靠的构造措施。

预制剪力墙板竖向钢筋采用浆锚搭接连接时一般构造要求详见表 5-44。

预制剪力墙板竖向钢筋采用浆锚搭接时的构造要求　　表 5-44

控制项	基本规定
连接钢筋数量	竖向钢筋应逐根连接，连接钢筋面积应计算确定，且不应小于 1.1 倍墙体竖向钢筋实配面积
连接钢筋长度	竖向连接钢筋的长度应通过计算确定，预留浆锚管的长度应大于主筋搭接长度 30mm，镀锌金属波纹浆锚管的内径应不小于墙主筋直径+15mm
插筋孔要求	插筋孔直径宜取 40mm 和 2.5 倍连接钢筋直径的较大值，插筋孔边到墙板边的距离不宜小于 25mm
灌浆孔与出浆孔要求	预留插筋孔下部应设置灌浆孔，灌浆孔中心至预制墙板底边的距离宜为 25mm，预制墙板预留插筋孔上部应设置出浆孔，出浆孔中心宜高于插筋孔顶面，灌浆孔和出浆孔直径宜为 20mm，应布置于预制墙板的同一侧面，且在预制墙板表面宜均匀布置
约束浆锚搭接连接螺旋箍筋相关要求	螺旋箍筋两端并紧不宜少于两圈，螺旋箍筋的混凝土保护层厚度不应小于 15mm，螺旋箍筋距灌浆孔边不宜小于 5mm

3. 设计要点

节点及接缝处钢筋采用约束浆锚搭接连接，位于同一连接区段内的钢筋搭接接头面积百分率为 100%时（图 5-12），受拉钢筋搭接长度可按下式计算：

$$l_1=\zeta_1\zeta_2 l_a \tag{5-6}$$

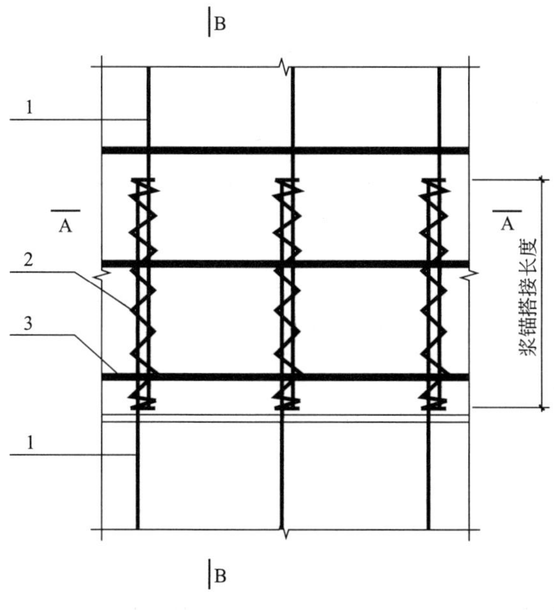

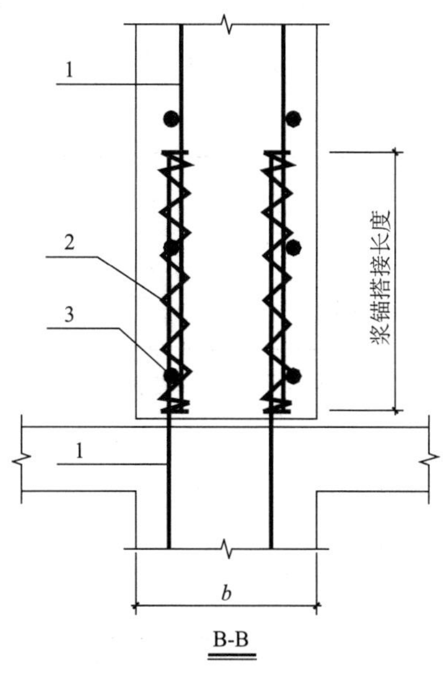

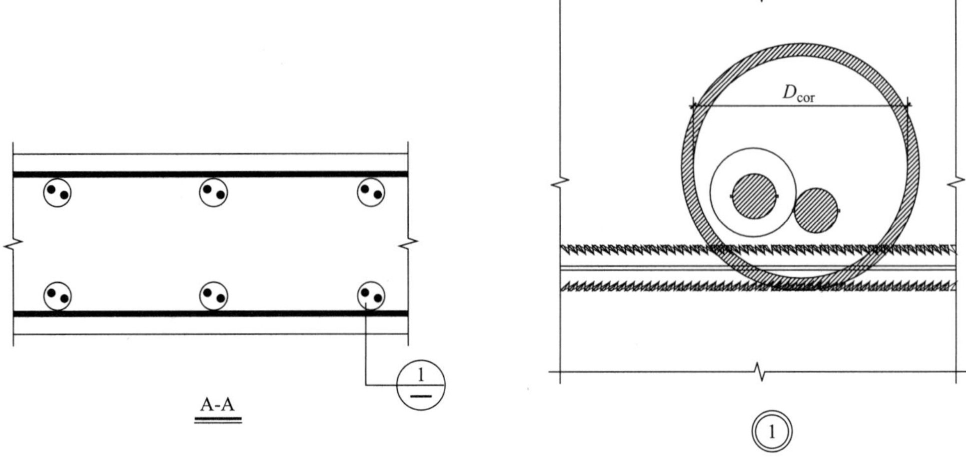

1——纵筋；2——约束螺旋箍筋；3——水平钢筋；b——截面宽度；D_{cor}——螺旋箍筋环内径

图 5-12　约束浆锚钢筋搭接连接构造示意

式中各参数取值要求详表 5-45。

约束浆锚搭接连接计算参数取值　　**表 5-45**

参数	参数取值要求
l_1	应按较大搭接钢筋直径计算，不小于受拉钢筋抗震锚固长度，且不应小于 300mm
ζ_1	对接头面积百分率为 100%的情况取 1.6
ζ_2	对设置约束螺旋箍筋的浆锚搭接节点取 0.9； 对未设置约束螺旋箍筋的浆锚搭接节点取 1.0
l_a	按现行国家规范《混凝土结构设计规范》GB 50010 计算，抗震设计时取 l_{aE}，当充分利用钢筋抗压强度时，锚固长度不应小于受拉锚固长度的 0.7 倍

约束浆锚搭接连接约束螺旋箍筋最小配筋要求详见表 5-46。

约束螺旋箍筋最小配筋　　**表 5-46**

搭接钢筋直径 / 螺旋箍参数	8	10	12	14	16	18	20	22	25	$d \leqslant 14$			$14 < d \leqslant 18$		
	Ⅰ	Ⅰ	Ⅰ	Ⅰ	Ⅰ	Ⅰ	Ⅰ	Ⅰ	Ⅰ	Ⅱ					
										一级抗震	二级、三级抗震	四级抗震	一级抗震	二级、三级抗震	四级抗震
螺旋箍筋直径	4	4	4	4	4	4	4	4	6	6	6	6/4	8	6	6
螺旋箍筋螺距	80	80	50	80	70	60	50	40	40	50	75	100/50	40	40	50
螺旋箍筋最小内径	35	40	55	50	55	60	65	70	80	—	—	—	—	—	—

注：Ⅰ为《装配整体式剪力墙结构设计规程》DB21/T 2000—2012，Ⅱ为《预制装配整体式剪力墙结构体系技术规程》DGJ32/TJ 125—2011。

上下层相邻预制剪力墙的竖向钢筋采用波纹管浆锚搭接连接应符合下列规定：波纹管直径不小于 30mm，厚度不小于 0.3mm；波纹管混凝土保护层厚度不小于 20mm，边距不小于 30mm，间距不宜大于 200mm；连接钢筋直径和波纹管直径的关系见表 5-47。

连接钢筋直径与波纹管直径的关系（mm）　　表 5-47

钢筋直径	8	10	12	14	16	18	20
波纹管直径	35	40	40	40	40	40	40

5.4 预制构件布置方法

装配式建筑是将预制构件通过可靠的连接构成整体结构的建筑，其设计与全现浇建筑有很大不同。预制构件布置得是否合理是装配式建筑设计成功与否的关键。预制构件的布置应在项目前期策划、方案设计、初步设计、施工图设计以及预制构件深化设计阶段分步、分阶段完成，并按照布置结果进行结构整体分析，应杜绝“先按全现浇结构进行设计、直到构件深化设计阶段才进行预制构件布置”的错误做法。

预制构件的布置，应遵循“少规格，多组合、兼顾合理分布及单件重量”的原则进行。布置预制构件应在熟悉预制构件制作生产、现场吊装及吊装组织、各专业设计和影响造价因素等的基础上进行。

5.4.1 预制构件布置的原则

影响预制构件布置的因素包括：建筑功能和外观、结构的合理性、制作运输安装环节的可行性和便利性等。预制构件布置不仅是技术工作，也包含对约束条件的核查及造价分析，应由建筑、结构、预算、制作工厂、运输及安装各个环节的技术人员协作完成。通常预制构件布置应遵循表 5-48 所示原则进行。

预制构件布置原则　　表 5-48

项次	布置原则
1	符合现行国家标准《装配式混凝土建筑技术标准》GB/T 51231 和行业标准《装配式混凝土结构技术规程》JGJ 1 等的要求
2	在较小内力部位拼接，连接等同现浇，确保结构安全
3	有利于建筑功能的实现
4	符合环境条件和制作、施工条件，便于实现
5	经济合理

5.4.2 预制构件布置的内容

预制构件布置的内容详见表 5-49。

预制构件布置的内容 **表 5-49**

类别	预制构件布置内容	备注
总体布置	确定现浇与预制的范围、边界	建筑外立面构件的布置以建筑外观和功能需求为主,应同时满足结构、制作、运输、施工条件和成本因素。建筑外立面以外部件的布置,主要从结构的合理性、实现的可能性和成本因素考虑
	确定结构构件的连接部位	
	确定后浇区与预制构件之间的关系	
	确定构件之间的分缝位置,如柱、梁、墙、板构件的分缝位置	
节点设计	预制构件与预制构件、预制构件与现浇混凝土之间的连接,包括确定连接方式和连接构造设计	构件之间无碰撞,采用抗震性能好的节点形式
构件设计	将预制构件的钢筋进行精细化排布、设备件进行准确定位、吊点进行脱模承载力和吊装承载力验算,使每个构件均能够满足生产、运输、安装和使用的要求	预制构件单件重量不宜超过 5t

5.4.3 叠合楼板布置

影响叠合楼板布置的因素汇总于表 5-50。

影响叠合楼板布置的因素 **表 5-50**

序号	影响因素	备注
1	建筑平面的规则性	平面不规则处往往存在楼板应力集中且板形状复杂不易预制,宜采用现浇楼板
2	预制板吊装过程中受力、变形等的限制	需进行施工过程受力验算
3	运输长度的限制	
4	吊装重量限制	
5	模数化、标准化的因素	

叠合楼板布置通常按表 5-51 所示规则进行。

叠合楼板布置规则 **表 5-51**

项次	叠合楼板布置规则	备注
1	按照模数协调原则,优化预制板的尺寸和形状,减少预制板的种类	
2	叠合楼板现浇层厚度不小于 70mm(预制板部分一般厚度为 60mm)	对于住宅工程,现浇层厚度宜取 80mm,以利于机电管线施工
3	单向板优先	
4	拼接短缝应垂直于长边	
5	构件接缝应选在应力较小的部位	
6	板宽种类尽可能少,同一房间内宜进行等宽布置,板宽度不大于 2.5m(最大宽度不宜大于 3m)	预制板的模板种类由板宽决定,与出筋的间距也相关。 控制最大板宽有利于卡车运输

续表

项次	叠合楼板布置规则	备注
7	电梯前室处楼板如电气管线密集，可采用现浇	
8	卫生间楼板如采用降板设计，可采用现浇	

叠合楼板根据拼缝类型以及受力情况按表 5-52 进行分类。

叠合楼板布置分类　　　　表 5-52

类型	密拼单向叠合板	带接缝双向叠合板	无接缝叠合板
受力模式	单向板	双向板	单向板或双向板
示意图			
备注	按单向板计算、导荷	按双向板计算、导荷	大板块受起重能力限制不宜采用；长宽比不大于 3 的四边支承叠合板可按双向板设计

注：1——预制板；2——梁或墙；3——分离式接缝（密拼）；4——后浇整体式接缝。

5.4.4　预制梁柱布置

表 5-53 给出了预制梁柱常用的连接方式。

预制梁柱连接方式　　　　表 5-53

项次	内容	示意图
方式一	梁预制，柱与梁柱节点现浇；或梁、柱预制，梁柱节点现浇	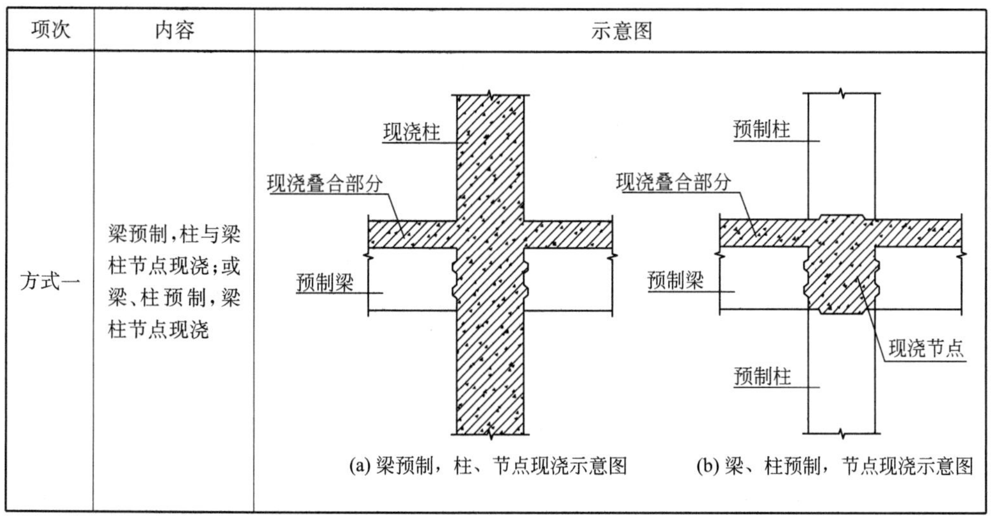 (a) 梁预制，柱、节点现浇示意图　(b) 梁、柱预制，节点现浇示意图

续表

项次	内容	示意图
方式二	梁柱节点与梁或柱共同预制，节点内钢筋在构件制作阶段完成布置	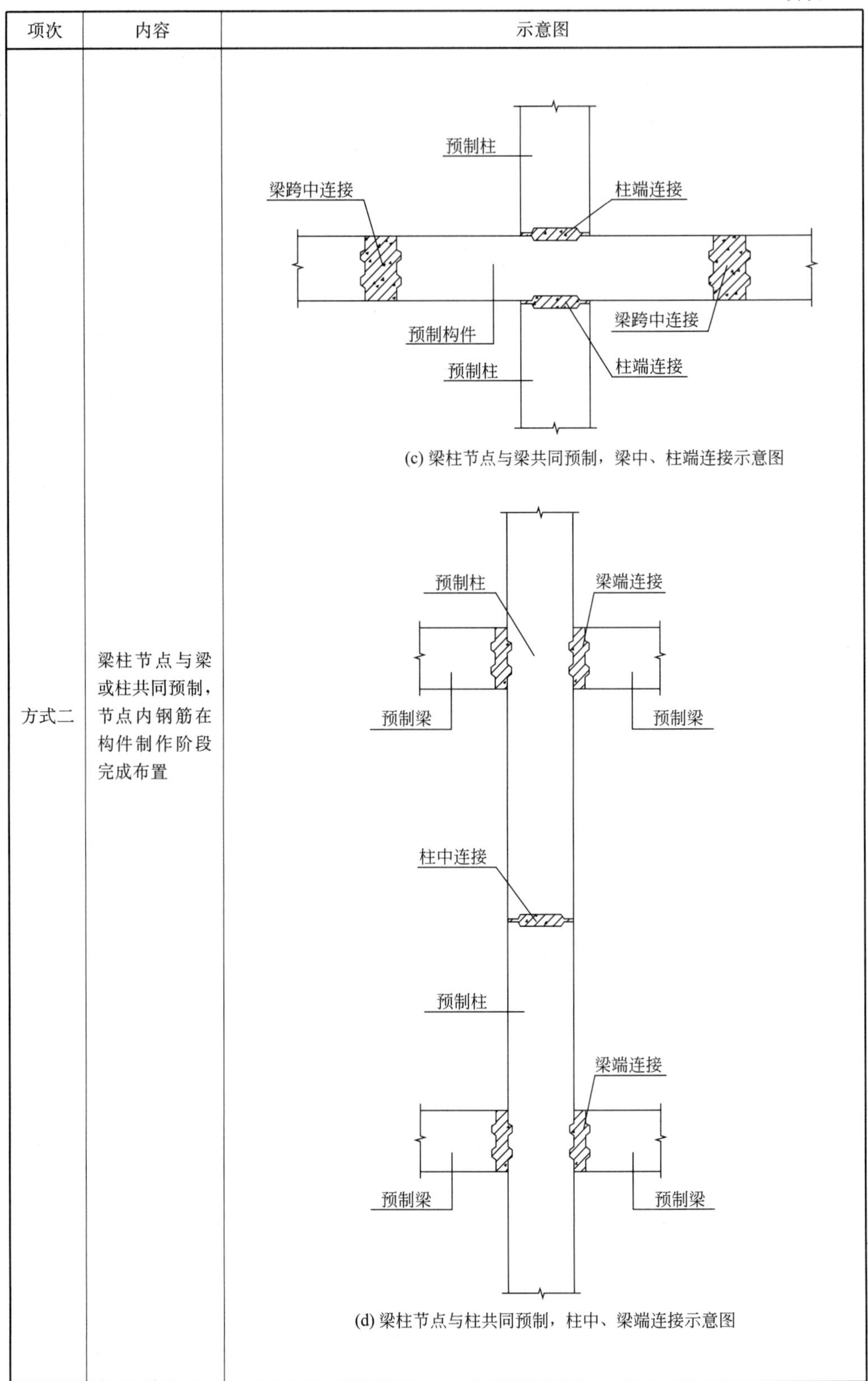 (c) 梁柱节点与梁共同预制，梁中、柱端连接示意图 (d) 梁柱节点与柱共同预制，柱中、梁端连接示意图

续表

项次	内容	示意图
方式三	梁柱共同预制成T形、十字形或双十字形构件，现场连接	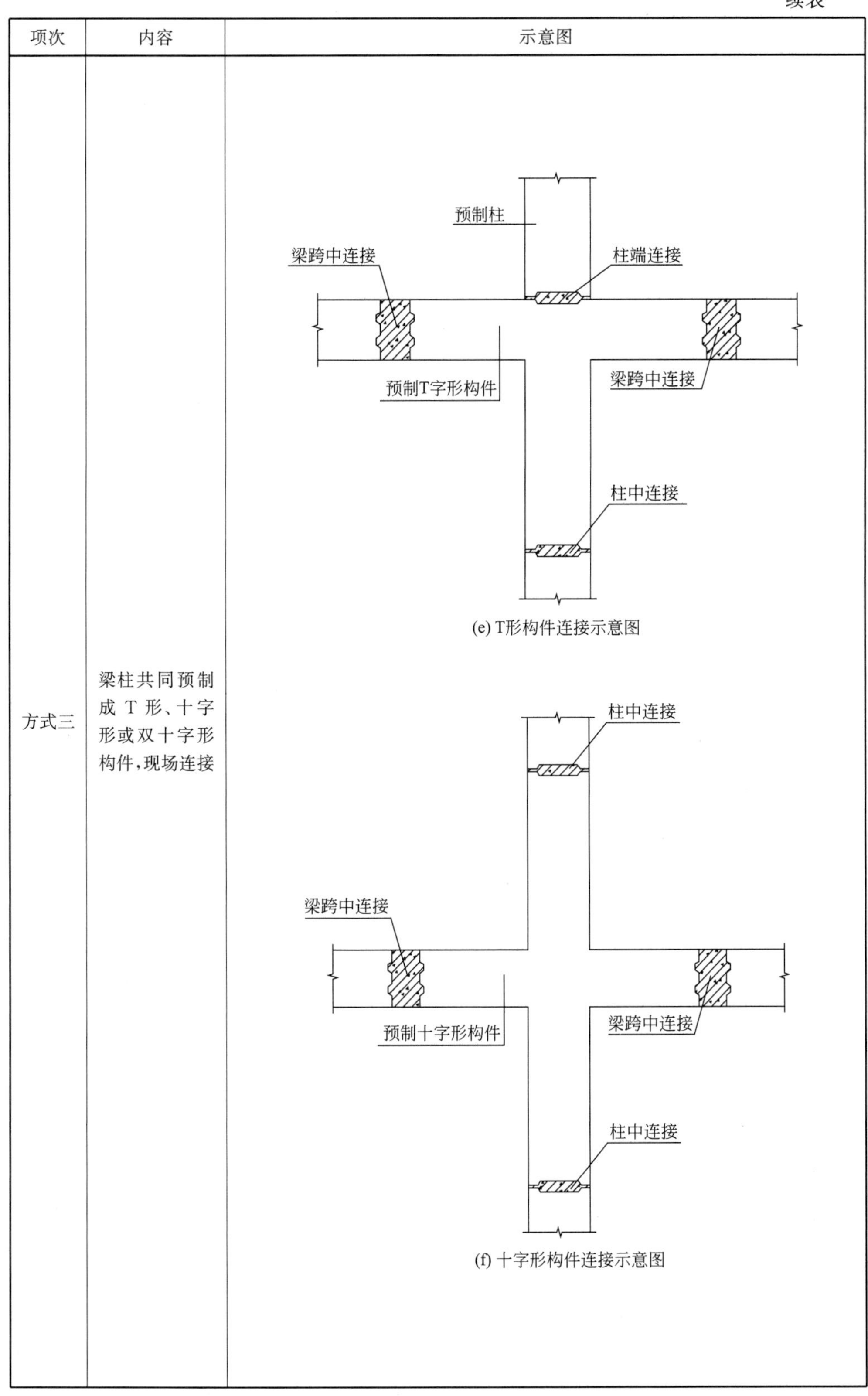

(e) T形构件连接示意图

(f) 十字形构件连接示意图

续表

项次	内容	示意图
方式三	梁柱共同预制成T形、十字形或双十字形构件，现场连接	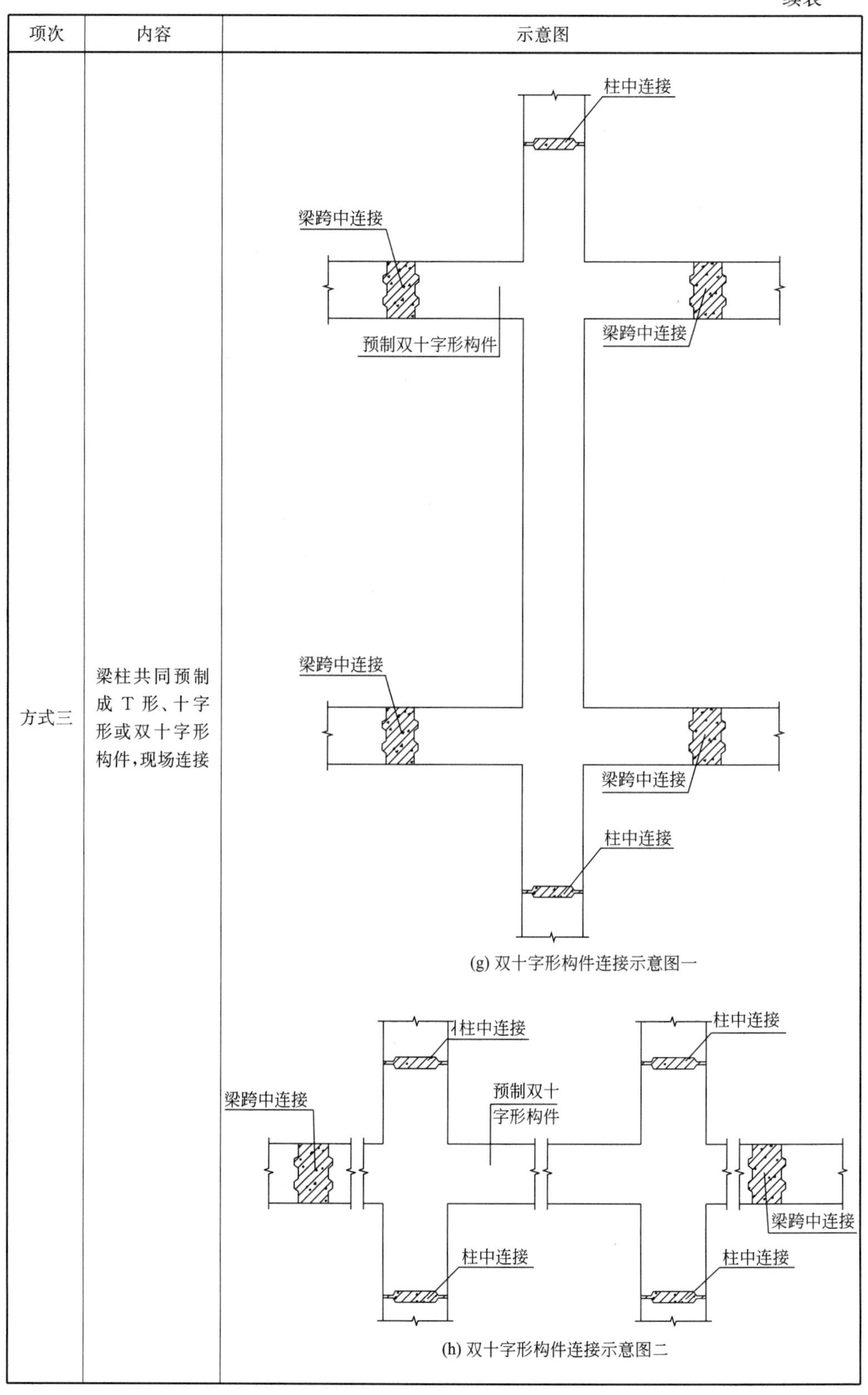

(g) 双十字形构件连接示意图一

(h) 双十字形构件连接示意图二

预制梁柱布置通常按表 5-54 所示规则进行。

预制梁柱布置规则 **表 5-54**

项次	预制梁柱布置规则	备注
1	预制构件单件重量不宜超过 5t	同时应注意形状、尺寸利于车辆运输
2	当纵横方向梁相交时，主方向梁多数选择现浇，次方向梁做叠合梁	
3	高层建筑柱梁结构体系套筒连接节点应避开塑性铰位置，即：柱、梁结构一层柱脚、最高层柱顶、梁端部和受拉边柱，不应做套筒连接	

5.4.5 预制剪力墙布置

表 5-55 给出了预制剪力墙常用的连接方式。

预制剪力墙常用连接方式 **表 5-55**

项次	内容	示意图
方式一	边缘构件现浇，非边缘构件预制	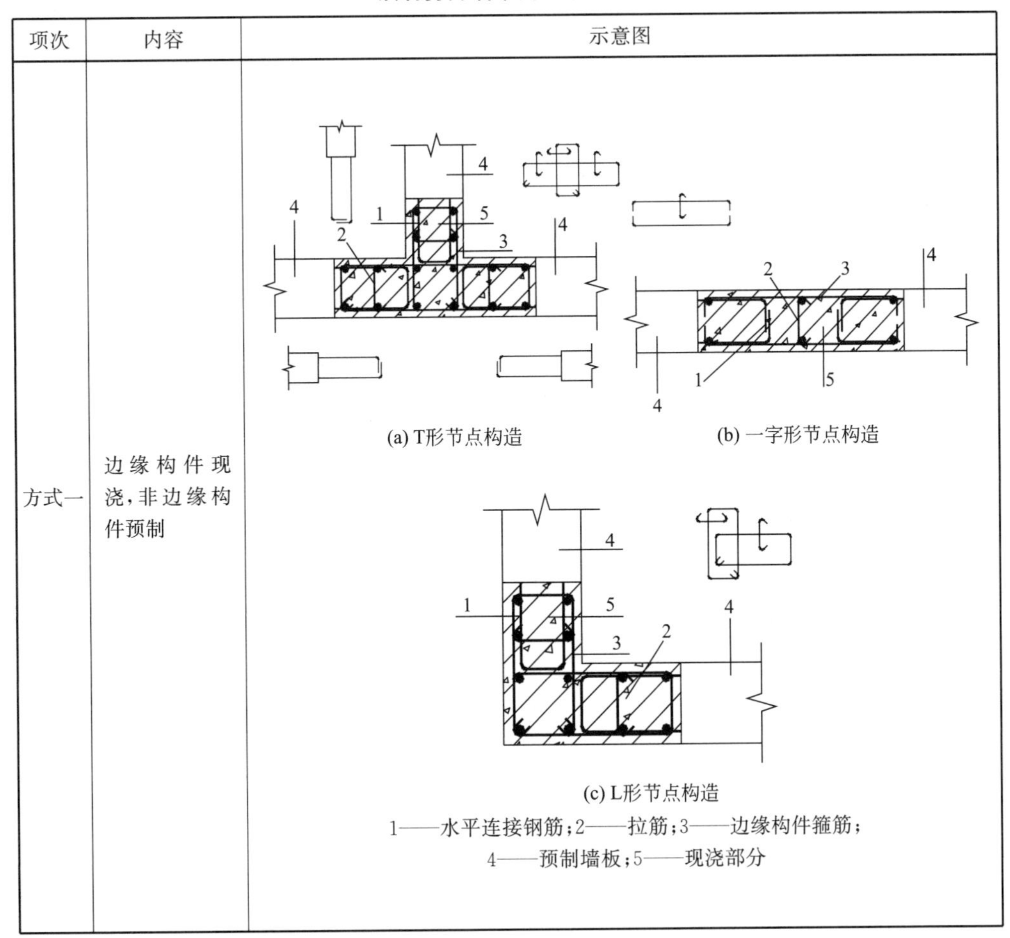 (a) T形节点构造　(b) 一字形节点构造 (c) L形节点构造 1——水平连接钢筋；2——拉筋；3——边缘构件箍筋； 4——预制墙板；5——现浇部分

续表

项次	内容	示意图
方式二	边缘构件部分预制，水平钢筋预留半圆形连接	(d) 一字形节点构造 1——构件钢筋；2——预制墙板；3——现浇部分

预制剪力墙布置要求如表 5-56 所示。

预制剪力墙布置要求 **表 5-56**

项次	平面	立面
1	遵循模数协调原则，优化预制构件的尺寸和形状，减少预制构件的种类	
2	建筑平面布局形状宜规则，除楼梯间、电梯间局部有凹凸外，南北侧墙体、东西山墙尽可能采用直线型，避免出现厨房、卫生间局部内收、豁口狭小的户型	外墙尽可能采用混凝土构件，当外墙长度超过6m时可设置窗洞口，窗下墙可根据具体情况确定是否采用混凝土构件，在刚度许可的情况下，窗下墙尽可能不设计为连梁，可采用预制墙板（与下部、侧边结构构件单边连接或点连接，对主体结构不构成约束）
3	户型设计尽量将阳台、空调板等“突出墙面”，避免凹入主体结构范围内，不宜做转角窗	预制剪力墙宜根据建筑开间和进深尺寸划分，竖向连接宜在各层层高处进行，高度不宜大于层高
4	预制剪力墙的水平连接应保证门窗洞口的完整性，以便于部品标准化生产	当采用预制墙板时，预制墙板可与底部连梁采用钢筋灌浆套筒单排连接
5	预制剪力墙结构布置时，尽量避免带转角（如T形、L形、十字形等）。预制构件应以平面构件为主	
6	剪力墙结构布置时，在开关插座、管线集中等处尽可能不布置混凝土墙体	电梯间墙体宜采用现浇混凝土结构；厨房、卫生间等可采用填充墙（蒸压加气混凝土墙板等），以利于管线施工
7	建筑内部尽可能少布置跨度较小的梁，如果楼板跨度在3m以内，厨房卫生间隔墙底部可不做梁，采用楼板局部增大荷载进行计算	
8	外墙连梁不宜与垂直方向的梁连接，内部梁应避免在纵横方向汇交于一个节点	
9	空调板可整块板预制，伸出支座钢筋，钢筋锚固进入叠合楼板现浇层内	
10	墙板现浇段长度一般不小于400mm	

同层排水的楼板需降板至少 300mm，剪力墙在此处需预留豁口。

5.4.6 预制楼梯布置

预制楼梯布置方法如表 5-57 所示。

预制楼梯布置方法 **表 5-57**

项次	布置方法	备注
1	剪刀楼梯宜整段作为一个楼梯板进行布置	
2	预制楼梯梁需在楼梯间剪力墙上预留孔洞，孔洞尺寸需考虑楼梯梁倾斜吊装时放入所需的空隙，预制剪力墙孔洞处可设置垫片来调整楼梯梁高度	洞口应避开边缘构件位置，墙体竖向分布钢筋切断后在周边进行补强
3	预制楼梯的楼梯梁应后移约一个踏步宽，一般情况下楼梯梁后移 300mm	
4	楼梯板宜采用一端铰接一端滑动的连接方式，也可采用一端固定（现浇）一端滑动的连接方式	一端铰接时，可采用螺栓连接，在预制楼梯和梯梁挑耳上预留孔洞，后插螺栓灌浆；一端滑动时，可采用梯板端部预埋钢板，焊接钢筋锚固在平台板现浇面层内；一端固定（计算可按照铰接计算）时，预制楼梯板伸出钢筋，锚固在平台板现浇面层内
5	楼梯板侧边与剪力墙宜预留缝隙 20mm，如果剪力墙安装精度能够保证，也可预留 10mm 缝隙后封堵	缝隙一般可采用胶粉聚苯颗粒砂浆封堵
6	楼梯板搁置在梯梁上至少 100mm，预留缝隙 20mm	楼梯梁挑耳长度一般不小于 120mm
7	楼梯板栏杆一般采用隔一个踏步或者隔两个踏步预留栏杆插孔	

5.5 预制构件生产、运输、安装阶段承载力验算

由于在制作、施工安装阶段的荷载、受力状态和计算模式经常与使用阶段不同，且预制构件的混凝土强度在此阶段有时尚未达到设计强度，因此，很多情况下预制构件的截面及配筋设计，不是使用阶段的设计计算起控制作用，而是生产、运输和安装阶段的设计计算起控制作用，故应特别注意预制构件在生产、运输、安装等短暂设计状况下的承载能力的验算，对预制构件在脱模、翻转、起吊、运输、堆放、安装等生产和施工过程中的安全性进行分析。

预制构件进行脱模、起吊、运输、安装等制作和施工阶段承载力和裂缝控制验算时，结构重要性系数 γ_0 可取 0.9[23]。

5.5.1 脱模设计

1. 脱模强度

预制构件脱模起吊时，预制构件的混凝土立方体抗压强度应满足设计要求及表 5-58 的要求。

预制构件脱模时混凝土立方体抗压强度要求 **表 5-58**

预制构件类型	混凝土强度要求	规范依据
通用要求	≥15MPa	《装配式混凝土结构技术规程》JGJ 1—2014
外墙板、楼板等较薄预制构件	≥20MPa	《预制混凝土构件制作与验收规程》DB21/T 1872—2011
梁、柱等较厚预制构件	≥30MPa	
预应力混凝土及需要移动的构件	不宜小于设计强度 75%	《预制装配整体式剪力墙结构体系技术规程》DGJ32/TJ 125—2011

2.脱模荷载

预制构件进行脱模验算时，等效静力荷载标准值应取构件自重标准值乘以动力系数，对于板式构件尚应考虑脱模吸附力，等效静力荷载标准值不宜小于构件自重标准值的 1.5 倍。动力系数与脱模吸附力应符合下列规定：动力系数不宜小于 1.2；脱模吸附力应根据构件和模具的实际状况取用，且不宜小于 1.5kN/m^2。脱模吸附力也可以采用脱模吸附系数乘以构件自重，脱模吸附系数可按表 5-59 确定。

脱模吸附系数表 **表 5-59**

预制构件形式	模具表面光洁度	
	涂阻滞剂外露骨料	涂油光滑模板
带活动侧模的平板、无槽口和槽边	1.2	1.3
带活动侧模的平板、有槽口和槽边	1.3	1.4
凹槽板	1.4	1.6
雕塑面板	1.5	1.7

5.5.2 吊点设计

1.不同工况下的吊点布置

为保证预制构件平稳起吊，叠合楼板宜设置 4 个以上吊点，墙板、梁至少设置 2 个以上吊点。一般情况下预制墙板吊点位置如图 5-13 所示。

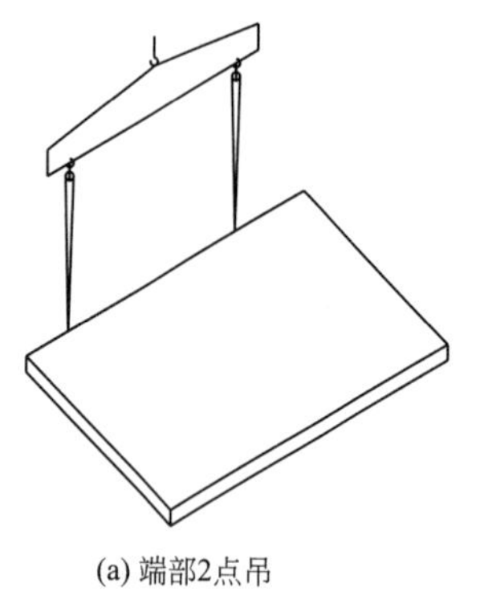

(a) 端部2点吊

(b) 单排2点吊

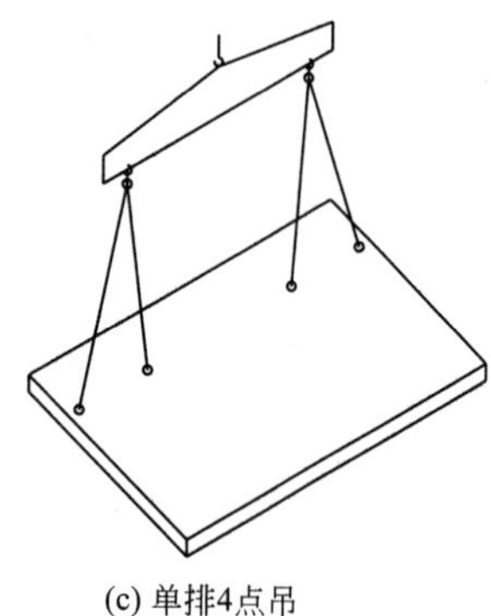

(c) 单排4点吊

图 5-13 预制墙板吊点示意（一）

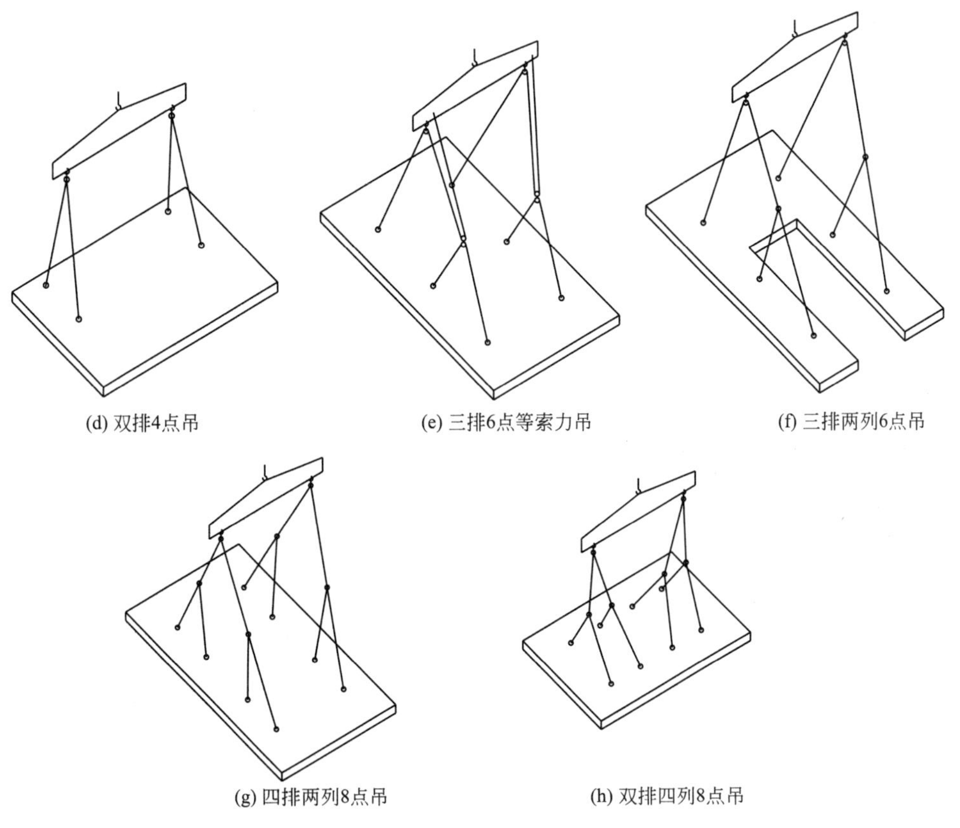

图 5-13　预制墙板吊点示意（二）

（1）平吊吊点

构件平吊指构件的轴线或中面在吊装过程中保持水平状态。结构中水平构件大多采用平吊方式吊装，如叠合板、预制梁等。而预制墙板、预制柱、预制桩等竖向构件在脱模起吊或运输装卸时也会采用平吊方式。构件平吊的关键是确定吊点的位置，应考虑吊点位置能保证构件混凝土应力或钢筋应力在限值范围之内。对于叠合梁和叠合板的预制部分，往往只在梁底和板底配置有纵向钢筋，因此应严格控制吊装时负弯矩的大小，使构件上表面不得开裂。对于预制柱、预制桩，大多是对称配筋，且水平吊装的受力与构件最终受力状态有很大区别，对等截面柱，当一点起吊时，应使$|M_{\max}|=|-M_{B}|$，据此求得吊点位置距柱顶约 0.293L（L 为柱长），同理，当两点起吊时，应使$|M_{\max}|=|-M_{A}|=|-M_{B}|$，吊点位置应分别距柱两端 0.207$L$，如图 5-14 所示[12]。预制墙板平吊吊点布置如图 5-13（d）～图 5-13（h）所示。

吊运平卧制作的混凝土屋架时，宜平稳一次就位，并应根据屋架跨度、刚度确定吊索绑扎形式及加固措施。

对于几何不对称或有凸出截面的构件，它们需要增加附加吊点或辅助吊线，以使吊装阶段获得均匀的支点力。可采用“紧线器”作为辅助吊线；如构件中有小的横截面或大的悬臂端，需要设置钢结构的“吊装靠梁”以提高这些区域的强度。构

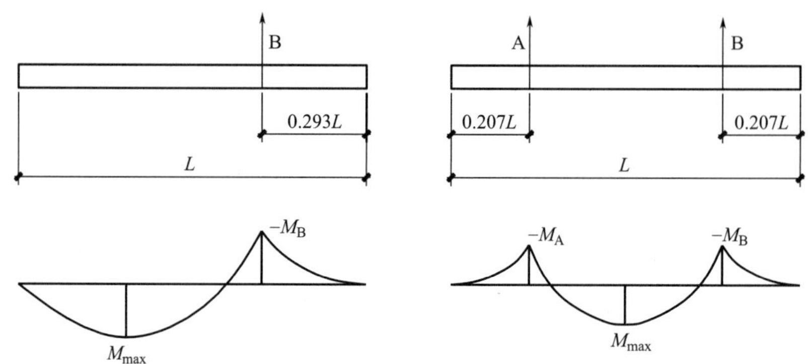

图 5-14　等截面柱吊点布置示意图

件吊装时采取的加强措施如图 5-15 所示。

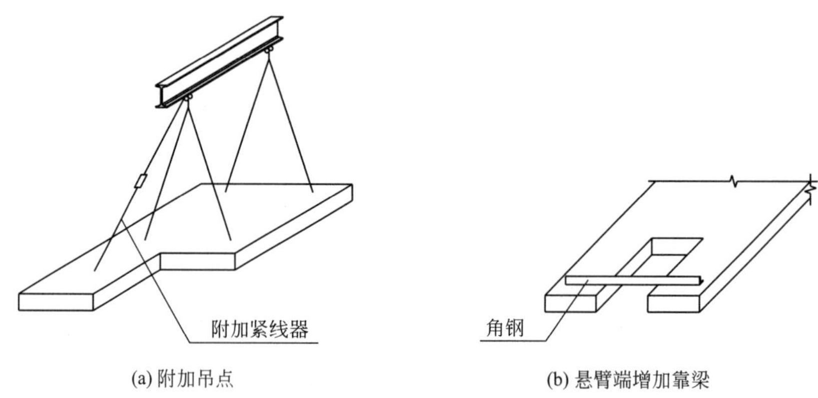

图 5-15　构件吊装时的加强措施示意

（2）翻转吊点

平躺制作、运输、堆放的竖向构件，如墙板、柱、剪力墙、桩等，在施工现场需要将其翻转、扶正并进行垂直吊装、就位。根据构件的尺寸、形状以及吊装设备的能力等确定起吊方式。对于墙板，常用的翻转起吊方式如图 5-13（a）～图 5-13（c）所示。翻转起吊时，支点端可以设置砂垫对构件加以保护。

2. 翻转、运输、吊运和安装荷载

预制构件在翻转、运输、吊运、安装等短暂设计状况下的施工验算，应将构件自重标准值乘以动力系数后作为等效静力荷载标准值。预制构件翻转、运输、吊运和安装阶段验算时动力系数可按表 5-60 取值。水平叠合构件安装阶段应考虑叠合层混凝土自重以及不小于 1.5kN/m^2 的施工活荷载；竖向预制构件安装阶段应考虑当地风荷载作用，竖向预制叠合剪力墙板尚应考虑叠合层混凝土浇筑时对预制墙板的侧向灌浆压力。

预制构件验算时动力系数取值　　**表 5-60**

阶段	动力系数
构件翻转、安装过程中就位、构件运输、吊运	根据实际情况确定，且不宜小于 1.5

续表

阶段	动力系数
构件翻转及安装过程中就位、临时固定	1.2
双面叠合剪力墙空腔中浇筑混凝土时对预制混凝土墙板的作用	≥1.2

3. 吊装阶段验算

构件应进行吊装过程中的承载力、挠度和裂缝宽度验算，合理确定吊点位置。当不满足吊装要求时，应采取加强措施。

预制构件中的预埋吊件宜按 5.6.3 节公式进行验算。

吊装阶段可按表 5-61 的公式验算预制构件强度。预制柱施工吊装阶段应验算预制柱下端榫头受压承载力。当预制梁在吊装阶段斜截面抗裂验算不满表 5-61 的要求时，应在梁下设施工临时支撑。

预制构件吊装阶段构件验算 **表 5-61**

验算内容	验算公式	符号含义
正截面边缘的混凝土法向压应力标准值	$\sigma_{cc} \leqslant 0.8f'_{ck}$	σ_{cc}、σ_{ct} 分别为吊装环节在荷载标准组合作用下产生的构件正截面边缘法向压、拉应力，可按构件毛截面计算；σ_s 为吊装环节在荷载标准组合作用下受拉钢筋应力，应按开裂截面计算；f'_{ck}、f'_{tk} 分别为与吊装阶段的混凝土立方体抗压强度相应的抗压强度、抗拉强度标准值；f'_{yk} 为受拉钢筋强度标准值 V_1 为施工吊装阶段梁端剪力设计值；b 为梁端部宽度；a 为施工吊装阶段梁端反力作用点到预制梁边缘的距离
正截面边缘的混凝土法向拉应力标准值	$\sigma_{ct} \leqslant 1.0f'_{tk}$	
吊装过程中允许出现裂缝的钢筋混凝土构件开裂截面处受拉钢筋的应力标准值	$\sigma_s \leqslant 0.7f'_{yk}$	
预制梁施工吊装阶段斜截面抗裂	$V_1 \leqslant \dfrac{0.8f'_{tk}bh_0}{0.5+\dfrac{a}{h_0}}$	

5.5.3 堆放、运输设计

预制构件应根据施工要求选择堆放和运输方式。预制构件堆放和运输设计需满足表 5-62 的要求，详细要求见施工专篇。

预制构件堆放、运输设计要求 **表 5-62**

		设计要求
预制构件堆放	场地要求	场地应平整、坚实，并应有良好的排水措施
	码放要求	应保证最下层构件与地面之间留有一定空隙并垫实； 预埋吊件宜向上，标示宜朝向堆垛间的通道； 桁架预制板堆放应使钢筋桁架朝上，严禁倒置； 垫木或垫块在构件下的位置宜与脱模、吊装时的起吊位置一致； 重叠堆放构件时，每层构件的垫木或垫块应在同一垂直线上； 堆垛层数应根据构件与垫木或垫块的承载能力及堆垛的稳定性确定，且不应大于 6 层，必要时应设置防止构件倾覆的支架； 堆放预应力构件时，应根据构件起拱值的大小和堆放时间采取相应的措施； 屋架堆放时，可将几榀屋架绑扎成整体以增加稳定性

续表

		设计要求
预制构件运输	吊运要求	应根据预制构件形状、尺寸、重量和作业半径等要求选择吊具和其中设备，所采用的吊具和起重设备及施工操作应符合有关现行国家标准及产品应用技术手册的有关规定；应采取措施保证起重设备的主钩位置、吊具及构件重心在竖直方向上重合；吊索与构件水平夹角不宜小于60°，不应小于45°；对尺寸较大或形状复杂的预制构件，宜采用有分配梁或分配桁架的吊具；吊运过程应平稳，不应有偏斜和大幅度摆动；吊运过程中，应设专人指挥，操作人员应位于安全可靠位置，不应有人员随预制构件一同起吊
	运输过程要求	预制混凝土梁、楼板和阳台板宜采用平放运输；外墙板宜采用竖直立放运输，柱可采用平放运输，当采用立放运输时应防止倾覆，预制混凝土梁、柱构件运输时平放不宜超过2层； 宜选用低平板车，并采用专用托架，构件与托架绑扎牢固； 采用靠放架直立堆放的墙板宜对称靠放、饰面朝外，构件上部宜采用木垫块隔离，倾斜角度不宜小于80°(85°)[11]，运输时构件应采取固定措施； 采用叠层平放的方式堆放或运输构件时，应采取防止构件产生裂缝的措施； 连接止水条、高低口、墙体转角等薄弱部位，应采用定型垫块或专用式附套件做加强保护

5.5.4 施工装置设计

预制构件安装就位后应及时采取临时固定措施。预制构件与吊具的分离应在校准定位及临时固定措施安装完毕后进行。临时固定措施的拆除应在装配整体式结构能达到后续施工要求的承载力、刚度及稳定性要求后进行。施工装置详细要求见施工专篇。

预制构件中的预埋吊件及临时支撑系统宜按下式进行计算：

$$K_c S_c \leqslant R_c \tag{5-7}$$

式中，K_c 为施工安全系数，可按表5-63取值，当有可靠经验时，可根据实际情况适当增减，对复杂或特殊情况，宜通过试验确定。

预埋件及临时支撑的施工安全系数　　表5-63

项目	施工安全系数 K_c
临时支撑	2
临时支撑的连接件 预制构件中用于连接临时支撑的预埋件	3
普通预埋件	4
多用途预埋件	5

采用临时支撑时，应符合下列规定：每个预制构件的临时支撑不宜少于2道；对预制墙板的支撑，其支撑点距离板底的距离不宜小于板高的2/3，且不应小于板高的1/2；构件安装就位后，可通过临时支撑对构件的位置和垂直度进行微调；临时支撑顶部标高应符合设计规定，尚应考虑支撑系统自身在施工荷载下的变形。

1.竖向构件调整标高支点

预制柱、墙安装前，应在预制构件及其支撑构件间设置垫片，并应符合下列规定：宜采用钢质垫片；可通过垫片调整预制构件的底部标高，可通过在构件底部四角加塞垫片调整构件安装的垂直度；垫片处的混凝土局部受压应按下式进行验算：

$$F_1 \leqslant 2f'_c A_1 \tag{5-8}$$

式中，F_1 代表作用在垫片上的压力值，可取 1.5 倍构件自重；A_1 代表垫片的承压面积，可取所有垫片的面积和；f'_c 代表预制构件安装时，预制构件及其支撑构件的混凝土轴心抗压强度设计值的较小值。

为了便于安装预制墙板，在外墙板上需预先埋设用于现场调节标高、水平位置及垂直度的一些预埋件，这些埋件详细构造要求见施工专篇。

2. 叠合梁、板临时支撑

叠合梁、板的预制部分应根据施工荷载进行承载力和裂缝验算，确定合理的临时支撑，常用定型独立钢支柱及工具式支架如图 5-16、图 5-17 所示。叠合梁、板临时支撑的构造要求见表 5-64。

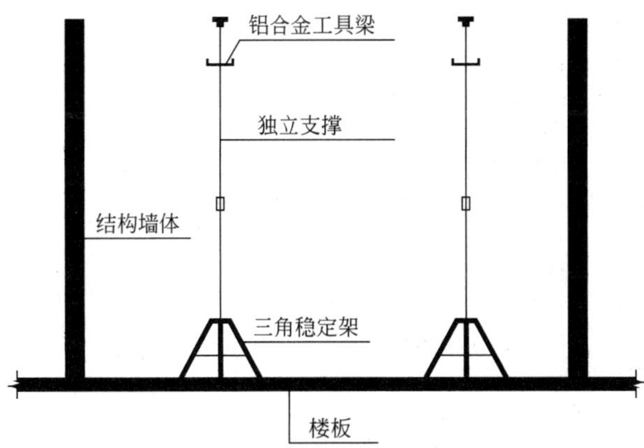

图 5-16　定型独立钢支柱示意

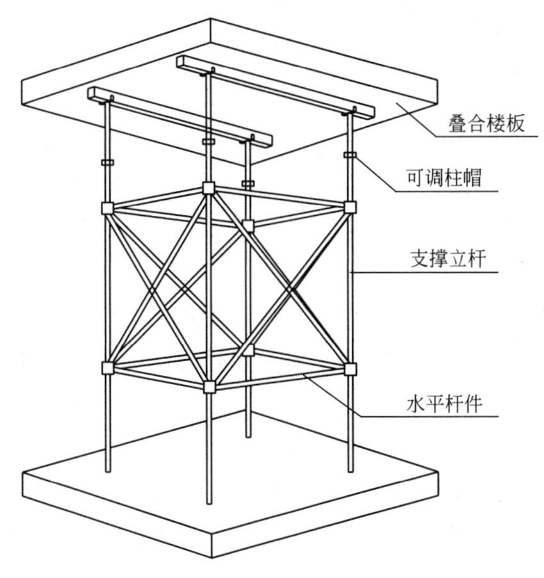

图 5-17　工具式支架示意

叠合梁、板临时支撑构造要求 **表 5-64**

实施阶段		相关规定	规范依据
设计	间距	≤1.8m	《装配式混凝土建筑结构技术规程》DBJ 15-107—2016
		一般在 2kN/m^2 的施工荷载条件下≤2.0m	钢筋桁架叠合板应用技术规程征求意见稿
		≤1.5m	徐其功，装配式混凝土结构设计
	距墙、柱、梁边净距	≤0.5m	《装配式混凝土建筑结构技术规程》DBJ 15-107—2016
		≤0.5m	《钢筋桁架叠合板应用技术规程》(征求意见稿)
		≤0.6m	徐其功.《装配式混凝土结构设计》
安装		预制构件混凝土的强度达到设计强度的 100%后方可进行施工安装；水平构件就位的同时，应立即安装临时支撑；对跨度不小于 4000mm 的叠合板，板中部应加设临时支撑起拱，起拱高度不应大于板跨 3‰；首层支撑架体的地基应平整坚实，宜采取硬化措施，支撑架体立杆下宜设置垫块；叠合板临时支撑应沿板受力方向安装在板边，使临时支撑上部垫板位于两块叠合板板缝中间位置，以确保叠合板板底拼缝间的平整度；桁架预制板下的支撑架顶部的支托梁宜垂直于桁架预制板的主受力方向；临时支撑的布置方向应与叠合板桁架钢筋的方向垂直；竖向连续支撑层数不应少于 2 层且上下层支撑宜对准；支撑应根据施工方案设置，支撑标高除应符合设计规定外，尚应考虑支撑系统本身的施工变形，临时支撑架体搭设完成后应对其标高进行校对；临时支撑架体不得与防护外架相连接；桁架预制板竖向支撑点位置应靠近起吊点；临时固定和永久固定措施相结合，一次性完成	《装配式混凝土建筑结构技术规程》DBJ 15-107—2016 《预制装配整体式剪力墙结构体系技术规程》DGJ32/TJ 125—2011 《钢筋桁架叠合板应用技术规程》(征求意见稿) 徐其功.《装配式混凝土结构设计》
拆除		临时固定措施可以在不影响结构承载力、刚度和稳定性前提下分段拆除，对拆除方法、时间、顺序，可事先通过验算制定方案	《钢筋桁架叠合板应用技术规程》(征求意见稿)

3. 竖向构件临时斜支撑

混凝土预制墙板或叠合墙板安装时拉结螺杆间距应保证预制剪力墙板在风荷载或混凝土浆料侧压力作用下的弯矩小于不考虑叠合钢筋作用时墙板混凝土的开裂弯矩，即 $M_{max} \leqslant M'_{cr}$。

应根据竖向构件平面布置及吊装顺序图，对竖向构件进行吊装就位，竖向构件吊装就位后应立即安装斜支撑，每个竖向构件用不少于 2 根斜支撑进行固定，斜支撑安装在竖向构件的同一侧面，斜支撑与楼面水平夹角不应小于 60°(图 5-18)。

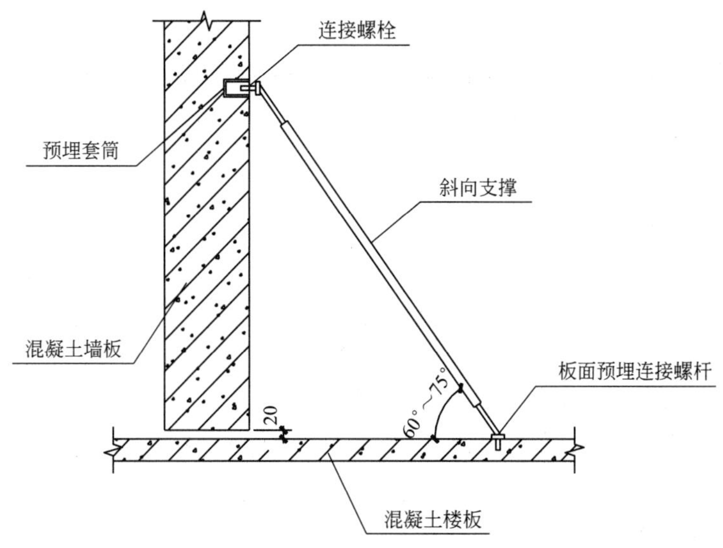

图 5-18　竖向预制构件与楼面临时固定

5.5.5　预制构件生产、运输、安装阶段验算示例

本节以预制叠合剪力墙板、预制叠合楼板为例介绍预制构件脱模、存放、安装及现场浇筑混凝土等各工况下验算步骤及方法，其余预制构件相应验算可参考此过程[31]。

1. 脱模阶段配筋及裂缝控制验算

【例 5-1】 已知墙板截面尺寸如图 5-19 所示，混凝土强度等级 C30，钢筋强度等级 HRB400，脱模预埋件采用 C 级螺栓 M20，$L=120$mm，共四组，每组 2 个，工程地点：南京，验算墙板脱模阶段配筋、裂缝宽度以及预埋件。

（1）相关荷载计算

模板吸附面积 $A_m=10.2528\text{m}^2$

窗面积 $A_c=0\text{m}^2$

板混凝土体积 $V=2.0506\text{m}^3$

板自重 $G_k=25\times2.0506=51.264$kN

脱模荷载标准值（自重×动力系数+模板吸附力）$=51.264\times1.2+10.2528\times1.5=76.896$kN

脱模荷载标准值（自重×1.5）$=51.264\times1.5=76.896$kN

脱模荷载标准值取大值 76.896kN，设计值为 $0.9\times76.896\times1.3=89.97$kN

脱模验算计算简图如图 5-20 所示。

$$h_0=200-32=168\text{mm}$$

$$b=3.56\text{m}$$

$$L=2.88\text{m}$$

$$L_1=L_3=0.5\text{m}$$

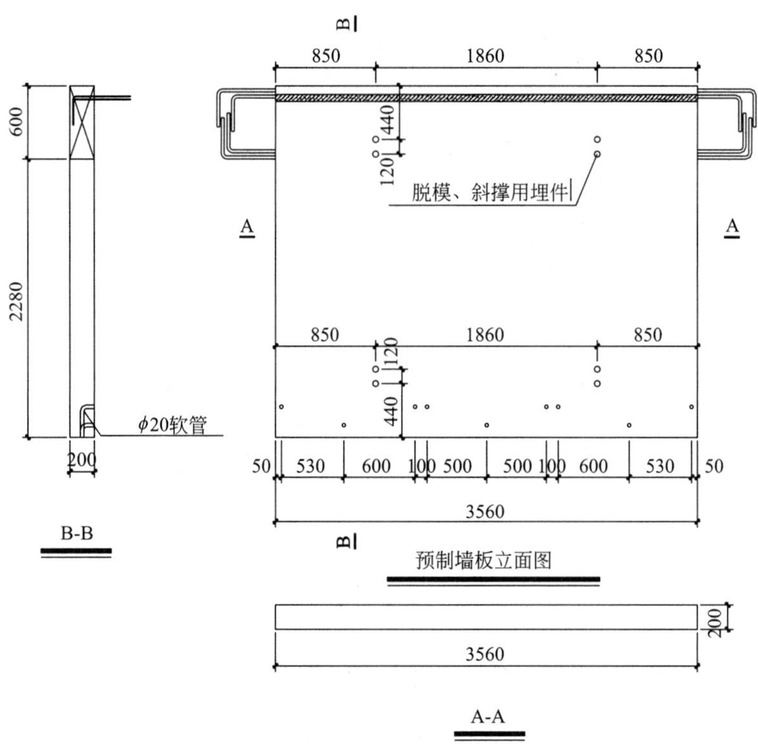

图 5-19　计算用墙板信息图

$$L=1.88\text{m}$$

脱模阶段均布线荷载设计值为 $q_t=89.97/2.88=31.24\text{kN/m}$

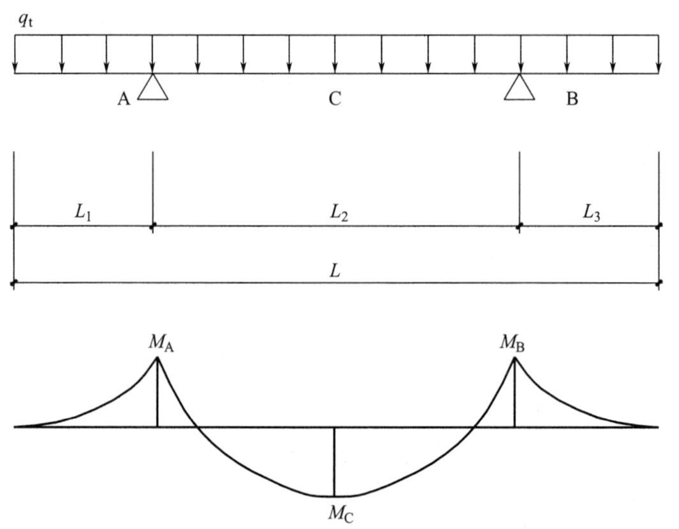

图 5-20　墙板脱模验算计算简图

（2）控制截面内力计算

$$M_A=M_B=1/2q_tL_1^2=1\times31.24\times0.5^2/2=3.905\text{kN}\cdot\text{m}$$

$M_C = 1/8q_tL_2^2 - 1/2(M_A + M_B) = 1 \times 31.24 \times 1.88^2/8 - 3.605 = 9.90\text{kN} \cdot \text{m}$

最大弯矩 $M_{max} = M_C = 9.90\text{kN} \cdot \text{m}$

(3) 配筋及钢筋应力验算

$$A_s = \frac{M_{max}}{(h_0 - a_s)f_y} = \frac{9.90 \times 10^6}{(168-32) \times 360} = 202.14\text{mm}^2$$

最小配筋率 0.15%，选用钢筋 $\phi 8@200$，

实配钢筋面积：$A_s = 18 \times 50.3 = 905.4\text{mm}^2 > 202.14\text{mm}^2$

受拉钢筋等效应力：

$$\sigma_{sq} = \frac{M_c/1.3}{0.87h_0A_s} = \frac{9.90 \times 10^6/1.3}{0.87 \times 168 \times 905.4} = 62.34\text{MPa} < 0.7f_{yk} = 280\text{MPa}$$

受拉钢筋等效应力满足规范要求。

(4) 裂缝宽度验算

受力特征系数 $\alpha_{cr} = 1.9$；混凝土保护层厚度 $c = 32\text{mm}$；钢筋弹性模量 $E_s = 2.0 \times 10^5\text{MPa}$；受拉钢筋等效直径 $d_{eq} = 8\text{mm}$；混凝土轴心抗拉强度标准值 $0.7f_{tk} = 0.7 \times 2.01 = 1.4\text{MPa}$；$f_y = 360\text{MPa}$

有效受拉钢筋配筋率：

$$\rho_{te} = \frac{A_s}{0.5bh} = \frac{905.4}{0.5 \times 3560 \times 200} = 0.25\% < 0.01\text{，取 } \rho_{te} = 0.01$$

受拉钢筋应变不均匀系数：

$$\psi = 1.1 - 0.65\frac{f_{tk}}{\rho_{te}\sigma_s} = 1.1 - 0.65 \times \frac{2.01}{0.01 \times 62.34} < 0\text{，取 } \psi = 0.2$$

最大裂缝宽度：

$$w_{max} = \alpha_{cr}\psi\frac{\sigma_s}{E_s}\left(1.9c + 0.08\frac{d_{eq}}{\rho_{te}}\right) = 1.9 \times 0.2 \times \frac{62.34}{2.0 \times 10^5}\left(1.9 \times 32 + 0.08 \times \frac{8}{0.01}\right)$$
$$= 0.014\text{mm} < 0.2\text{mm}$$

裂缝宽度满足规范要求。

(5) 预埋螺栓验算

脱模荷载设计值为 83.05kN，螺杆设计承载力（单组 2 个 M20 螺栓）：

$$2N_t^b = 2 \times \frac{\pi d_e^2}{4}f_t^b = 2 \times \frac{3.14 \times 17.65^2}{4} \times 170 = 83.2\text{kN} > 83.05\text{kN}$$

由已知条件及图 5-19 计算用墙板信息图可知，螺栓长度 $L = 120\text{mm}$，间距 120mm。埋件设计共 4 组，每组 2 只 M20 螺栓，$L = 120\text{mm}$，按 2 组承担全部脱模荷载，预埋件满足承载力要求。

螺杆埋深范围内混凝土锥体拉拔承载力验算可借鉴日本的经验公式：

$$P_u = \phi f_t A_c \tag{5-9}$$

式中，A_c 为埋件影响面积，按 45°破坏锥体投影面积计算，如图 5-21 所示设螺栓长度 L，螺栓间距 $2D$，则 $A_c = 2\pi L^2 - L^2\left(2\arctan\left(\frac{\sqrt{L^2-D^2}}{D}\right) - \frac{2D\sqrt{L^2-D^2}}{L^2}\right)$，当 $D \geqslant L$ 时，$A_c = 2\pi L^2$；ϕ 为长期荷载作用时取 0.4，短期荷载作用时取 0.6。

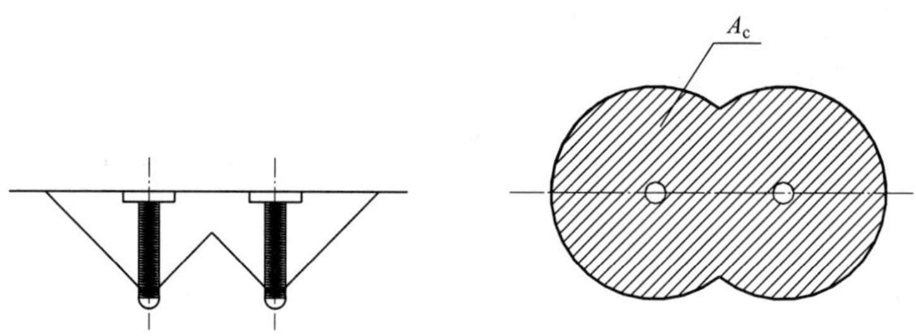

图 5-21　埋件影响面积计算简图

本例中单组埋件影响面积为：

$$A_c = 2\pi L^2 - L^2\left(2\arctan\left(\frac{\sqrt{L^2-D^2}}{D}\right) - \frac{2D\sqrt{L^2-D^2}}{L^2}\right)$$

$$= 2\times 3.14\times 120^2 - 120^2\times\left(2\times\arctan\left(\frac{\sqrt{120^2-60^2}}{60}\right) - \frac{2\times 60\sqrt{120^2-60^2}}{120^2}\right)$$

$$= 72743\text{mm}^2$$

单组埋件混凝土拉拔承载力：$P_u = \phi f_t A_c = 0.6\times 1.43\times 72789 = 62.45\text{kN}$

按 2 组埋件承担全部脱模荷载，$2P_u = 124.90\text{kN} > 89.97\text{kN}$，混凝土锥体拉拔承载力满足要求。

2. 构件翻转时配筋验算及钢筋应力验算

预制构件翻转通常以构件顶部预留的吊装点为翻转吊点，构件底端为旋转支撑点。对于一些异形板或高度较大的板，常规翻转方法经计算不可行时，需根据实际情况制定相应翻转方案。

【例 5-2】 条件同例 5-1，进行构件翻转阶段验算。

预制墙板翻转阶段计算简图如图 5-22 所示。

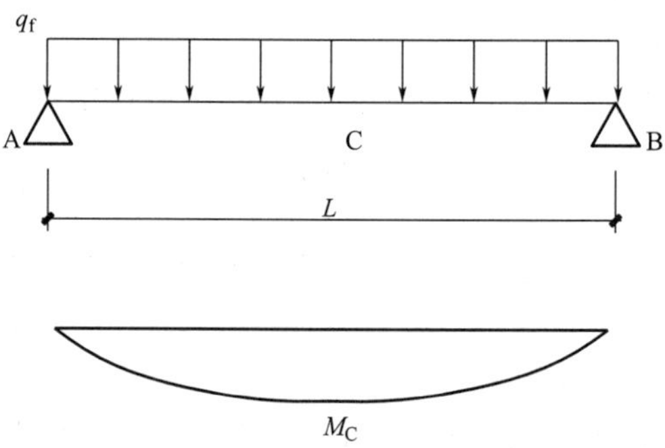

图 5-22　预制墙板翻转阶段计算简图

翻转阶段荷载计算

翻转荷载标准值（自重×动力系数）=51.264N×1.2=61.517kN

翻转荷载设计值：1.3×61.517=79.97kN

翻转阶段均布荷载设计值：$q_f=79.97/2.88=27.77\text{kN/m}$

控制截面内力计算

$$M_{max}=1/8q_fL^2=1\times27.77\times2.88^2/8=28.79\ \text{kN}\cdot\text{m}$$

受拉钢筋面积验算

$$A_s=\frac{M_{max}}{(h_0-a_s)f_y}=\frac{28.79\times10^6}{(168-32)\ \times360}=588.03\text{mm}^2$$

实配钢筋面积：$A_s=18\times50.3=905.4\text{mm}^2>588.03\text{mm}^2$

受拉钢筋等效应力验算

$$\sigma_{sq}=\frac{M_c/1.3}{0.87h_0A_s}=\frac{28.79\times10^6/1.3}{0.87\times168\times905.4}=167.35\text{MPa}<0.7f_{yk}=280\text{MPa}$$

受拉钢筋等效应力满足规范要求。

3. 预制构件存放与运输过程验算

预制构件水平存放时宜取脱模点为支撑点，此种情况满足脱模阶段验算即可，若选用非脱模点为支撑点时，需根据实际计算模型另行计算；预制构件垂直放置时，通常采用可靠固定支架，一般无需验算。预制构件吊运过程验算同构件脱模阶段的验算。

4. 预制构件安装阶段验算

预制构件现场安装阶段需考虑风荷载作用，对于留有竖向后浇段的预制构件尚应考虑后浇混凝土对预制墙板的侧压力作用。

【例 5-3】 条件同例 5-1，进行预制构件安装阶段验算。

荷载计算

墙板所在楼层高度为 24m，工程地点：南京；风荷载标准值：0.4kN/m^2；地面粗糙度类别为 B 类，墙板侧面风荷载标准值：

$$w_k=\beta_z\mu_s\mu_zw_0=1.0\times1.3\times1.31\times0.4=0.68\text{kN/m}^2$$

墙板迎风面总风荷载设计值：$S_w=1.5\times10.2528\times0.68=10.46\text{kN}$

墙板安装阶段计算简图如图 5-23 所示。

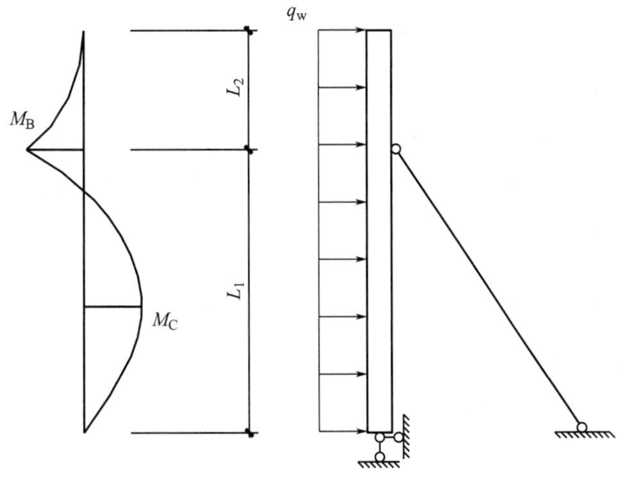

图 5-23　墙板安装阶段计算简图

$$L=2.88\text{m},\ L_1=2.35\text{m},\ L_2=0.5\text{m}$$

墙板沿高度均布风荷载：$q_w=10.46/2.88=3.63\text{kN/m}$

控制截面内力计算

$$M_B=1/2q_wL_2^2=1\times3.63\times0.5^2/2=0.45\text{kN}\cdot\text{m}$$

$$M_C=\frac{1}{8}q_wL_1^2\left(1-\frac{L_2^2}{L_1^2}\right)^2=\frac{1}{8}\times3.63\times2.35^2\times\left(1-\frac{0.5^2}{2.35^2}\right)^2=2.28\text{kN}\cdot\text{m}$$

最大弯矩 $M_{max}=M_C=2.28\text{kN}\cdot\text{m}$

受拉钢筋面积验算

$$A_s=\frac{M_{max}}{(h_0-a_s)f_y}=\frac{2.28\times10^6}{(168-32)\times360}=46.57\text{mm}^2$$

实配钢筋面积：$A_s=18\times50.3=905.4\text{mm}^2>46.57\text{mm}^2$

受拉钢筋等效应力验算

$$\sigma_{sq}=\frac{M_c/1.3}{0.87h_0A_s}=\frac{2.28\times10^6/1.3}{0.87\times168\times905.4}=13.3\text{MPa}<0.7f_{yk}=280\text{MPa}$$

对于叠合楼板，需对其临时支撑状态进行承载力验算。叠合楼板施工状况验算可采用有限元简化计算，取单跨四点支撑楼板，考虑横加钢筋的刚度贡献，施工荷载取 1.5kN/m^2，支撑间距可取 1.4～1.6m，如图 5-24 所示。

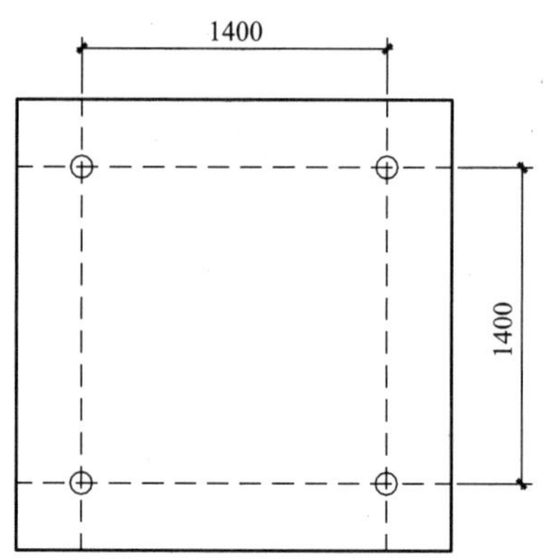

图 5-24　单跨四点支撑楼板计算示意图

5. 预埋件验算

【例 5-4】 已知钢筋桁架叠合板截面尺寸如图 5-25 所示，叠合板厚 60mm，混凝土强度等级 C30，钢筋强度等级 HRB400，采用 4 组 HPB300 级钢筋加工的 ϕ16 吊钩，验算叠合板脱模阶段吊钩承载力。

荷载计算：

叠合板模板吸附面积 $A_m=4.82\times2.3=11.086\text{m}^2$

洞口面积 $A_c=0\text{m}^2$

板混凝土体积 $V=0.665\text{m}^3$

板自重 $G_k=25\times0.665=16.629\text{kN}$

脱模荷载标准值（自重×动力系数＋模板吸附力）＝16.629×1.2＋11.086×

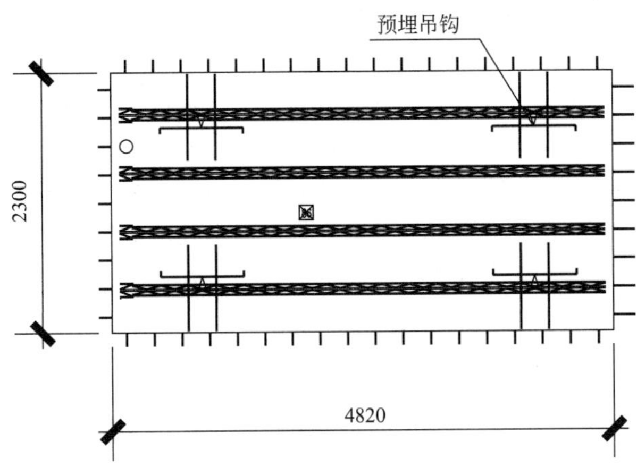

图 5-25　钢筋桁架叠合板平面图

1.5=36.58kN

脱模荷载标准值（自重×1.5）=16.629×1.5=24.94kN

脱模荷载标准值取大值 36.58kN，设计值为 0.9×36.58×1.3=42.8kN

吊钩验算时按 3 个吊钩进行验算，每个吊钩承载荷载：43.8/3=14.27kN

单个吊钩钢筋应力：

$$\sigma=\frac{14.27\times10^3}{201.1\times2}=35.48\text{MPa}<65\text{MPa}$$

吊钩应力满足承载力要求。

6. 预制桁架筋叠合楼板桁架筋验算

【例 5-5】已知钢筋桁架叠合板截面尺寸如图 5-26 所示，叠合板厚 130mm，预制板厚 60mm，桁架筋高度 $H=80$mm，混凝土强度等级 C30，钢筋强度等级 HRB400，采用桁架筋作为脱模吊点，桁架筋上弦筋 $\phi12$，板内筋 $\phi8$，下弦筋 $\phi6$，斜筋 $\phi6$，验算叠合板脱模阶段桁架筋承载力。

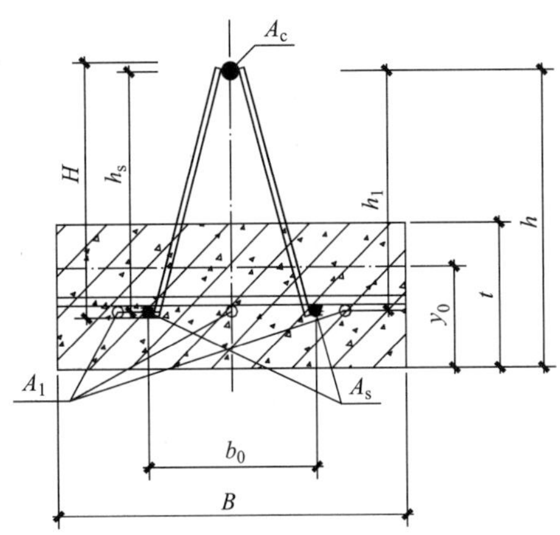

图 5-26　钢筋桁架叠合板计算示意图

计算方法参照上海市标准《装配整体式混凝土居住建筑设计规程》DG/TJ 08-

2071—2016 第 9.3 节关于叠合剪力墙截面特性的计算过程。

（1）桁架筋截面特性分析计算

$H=80$mm；$h_1=72$mm；$h_s=71$mm；$t=60$mm；$h=91$mm；$t_0=15$mm；

上弦筋单肢面积：$A_c=113.1\text{mm}^2$；板内筋合面积：$A_1=50.3\times3=150.9\text{mm}^2$；

下弦筋合面积：$A_s=28.3\times2=56.6\text{mm}^2$；斜筋单肢面积：$A_f=28.3\text{mm}^2$

楼板长：$l_0=4020$mm，$a=600$mm，$a_0=526$mm，$b_0=74$mm

$$\alpha_E=E_s/E_c=2.0\times10^5/3.0\times10^4=6.67$$

$$b_a=(0.5-0.3a_0/l_0)a_0=(0.5-0.3\times526/4020)\times526=242.35\text{mm}$$

等效组合梁有效宽度：

$$B=\sum b_a+b_0=242.35\times2+74=558.7\text{mm}$$

中性轴距板底距离：

$$y_0=h-\frac{[Bt(h-t/2)+(A_1h_1+A_sh_s)(\alpha_E-1)]}{[Bt+(A_1+A_s)(\alpha_E-1)+A_c\alpha_E]}$$

$$=91-\frac{558.7\times60\times(91-30)+(150.9\times72+56.6\times71)\times(6.67-1)}{558.7\times60+(150.9+56.6)\times(6.67-1)+113.1\times6.67}$$

$$=31\text{mm}$$

截面惯性矩（含叠合筋合成截面）：

$$I_0=A_c\alpha_E(h-y_0)^2+(\alpha_E-1)\{[y_0-(h-h_1)]^2A_1+[y_0-(h-h_s)]^2A_s\}+(y_0-t/2)^2Bt+Bt^3/12$$

$$=113.1\times6.67\times(91-31)^2+[(31-91+72)^2\times150.9+(31-91+71)^2\times56.6]\times(6.67-1)+(31-60/2)^2\times562.7\times60+(562.7\times60^3)/12$$

$$=13040157.6\text{mm}^4$$

截面抵抗矩（含叠合筋合成截面）

中性轴上侧：

$$W_c=I_x/(h-y_0)=13040157.6/(91-31)=217336\text{mm}^3$$

中性轴下侧：

$$W_c=I_x/y_0=13040157.6/31=420650\text{mm}^3$$

（2）钢筋桁架叠合板容许弯矩值计算

1）叠合板混凝土开裂容许弯矩（考虑叠合筋作用）：

$$M_{cr}=W_tf_t=420650\times1.43=0.6\text{kN}\cdot\text{m}$$

2）脱模时混凝土开裂容许弯矩（脱模强度取混凝土强度设计值 70%）：

$$M_{crt}=W_t\times0.7f_t=420650\times0.7\times1.43=0.42\text{kN}\cdot\text{m}$$

3）叠合筋上弦筋屈服容许弯矩：

$$M_{ty}=\frac{1}{1.5}W_cf_{yk}/\alpha_E=(217336\times400)/(1.5\times6.67)=8.69\text{kN}\cdot\text{m}$$

4）叠合筋上弦筋失稳容许弯矩：

$$M_{tc}=A_c\sigma_{sc}h_s$$

$$i_r=\frac{d}{4}=12/4=3\text{mm}；\lambda=l/i_r=200/3=66.7$$

$$\sigma_{sc}=f_{yk}-\eta\lambda=400-2.1286\times66.7=258\text{MPa}$$

$$M_{tc}=113.1\times258\times71=2.07\text{kN}\cdot\text{m}$$

5）叠合筋下弦筋及板内分布筋屈服容许弯矩：

$$M_{cy}=(A_1f_{1yk}h_1+A_sf_{syk}h_s)/1.5$$

$$=(150.6\times400\times72+56.6\times300\times71)/1.5=3.69\text{kN}\cdot\text{m}$$

6）叠合筋斜筋失稳容许剪力：

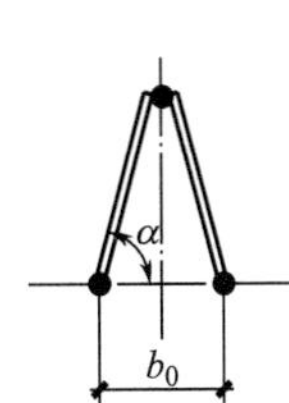

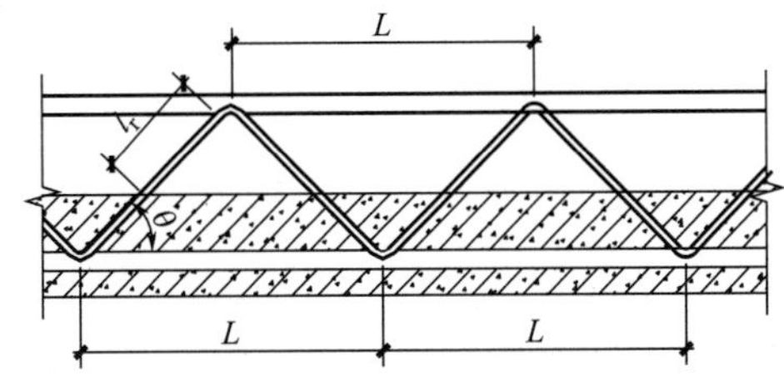

图 5-27　钢筋桁架叠合板斜筋失稳剪力计算参数图示

$\theta=39.3°$；$\alpha=73.2°$（θ、α 含义如图 5-27 所示）；$\sigma_{sr}=f_{yk}-\eta\lambda$；$\lambda=0.7l_r/i_r$；$\eta=0.998$

$$l_r=\sqrt{H^2+(b_0/2)^2+(l/2)^2}-t_R/\sin\theta/\sin\alpha$$

$$=\sqrt{80^2+(72/2)^2+(200/2)^2}-45/0.633/0.957=62.3\text{mm}$$

$$\lambda=\frac{0.7\times62.3}{1.5}=29.07;\ i_r=\frac{d}{4}=1.5\text{mm}$$

$$\sigma_{sr}=f_{yk}-\eta\lambda=300-0.998\times29.07=270.99\text{MPa}$$

$$N=\sigma_{sr}A_f=270.99\times28.3=7.67\text{kN}$$

$$V=\frac{2}{1.5}N\cdot\sin\theta\cdot\sin\alpha=\frac{2}{1.5}\times7.67\times0.633\times0.957=6.194\text{kN}$$

（3）验算结果满足条件

以桁架钢筋作为脱模吊点时应进行桁架筋上弦筋受拉屈服、上弦筋失稳及斜筋失稳验算，验算结果应满足以下要求：

1）组合梁上弦筋受拉、受压弯矩小于上弦筋屈服弯矩，即 $M_{max}\leqslant M_{cr}$；

2）组合梁上弦筋受压弯矩小于上弦筋失稳弯矩，即 $M_{max}\leqslant M_{tc}$；

3）组合梁下弦筋受拉、受压弯矩小于下弦筋屈服弯矩，即 $M_{max}\leqslant M_{cy}$；

4）组合梁支座剪力小于斜筋失稳剪力，即 $V_{max}\leqslant V_{tc}$。

7. 预制阳台生产及吊装验算

按持久状况设计的预制阳台板一般均能满足其在生产、制作、运输、吊装、施工等短暂设计状况下的承载力、裂缝与挠度要求。预制阳台吊点往往设置在构件周边，吊点重心宜与阳台质心保持一致，重心可根据 SketchUp 软件三维建模配合插件确定，吊点布置如图 5-28 所示，图中脱模（吊装）吊点 a_1 取值可参考图集《预制钢筋混凝土阳台板、空调板及女儿墙》15G 368-1。

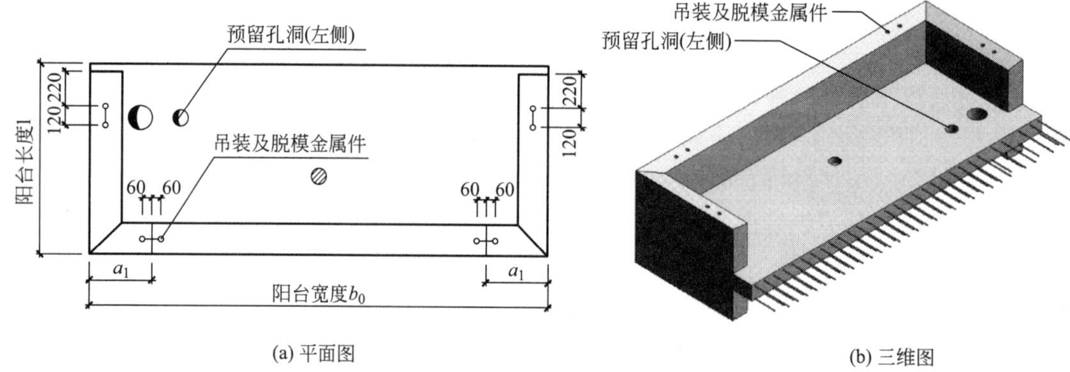

(a) 平面图　(b) 三维图

图 5-28　预制阳台吊点布置示意图

(1) 埋件容许承载力计算

普通 C 级螺母+螺栓埋件在混凝土中的受拉承载力可参考《钢筋混凝土结构预埋件》16G362 或《混凝土结构构造手册》中锚筋端部加焊端锚板的情况进行计算，取如下三种强度的最小值为埋件的受拉承载力设计值：

1) 锚筋（螺栓）强度：$N_{u1}=0.8\alpha_b f_y A_s$；

2) 拉锥体强度：$N_{u2}=0.6f_t n\pi(l_e+b_e)l_e A_c/A=0.6f_t A_c$；

3) 端锚板局部承压强度：$N_{u3}=n\beta f_c A_l$。

螺母埋件无端锚板，故无需计算此强度。

以单组 S32×2 埋件为例，计算埋件在脱模以及吊装工况下的容许承载力，S32 埋件所用螺母为 M20（O），$L=120$mm。其余型号埋件容许承载力可见表 5-65。

S32×2，间距 120mm（按完整拉锥体破坏计算，可按图 5-21 计算）

$$N_{u1}=\text{螺杆截面抗拉强度}=2N_t^b=2\times\frac{\pi d_e^2}{4}f_t^b=2\times\frac{3.14\times17.65^2}{4}\times170=83.2\text{kN}$$

$$N_{u2}=0.6f_t A_c=0.6\times1.43\times72789.34=62.45\text{kN}$$

其中影响面积：$A_C=72789.34\text{mm}^2$

1) 在吊装工况下，预制构件混凝土强度达到设计强度

$$F_u=N_{u2}=62.45\text{kN}<N_{u1}=83.2\text{kN}$$

故吊装埋件（S32×2，间距 120mm）在吊装支撑工况下的容许承载力为 62.45kN；

2) 在脱模工况下，考虑预制构件混凝土强度仅达到设计值的 75%

$F_u=0.75N_{u2}=62.45\times0.75=46.84\text{kN}<N_{u1}=83.2\text{kN}$

故吊装埋件（S32×2，间距 120mm）在脱模工况下的容许承载力为 46.84kN。

S32×2，间距 120mm（按 200mm 宽度范围内拉锥体破坏计算，如图 5-29 所示）

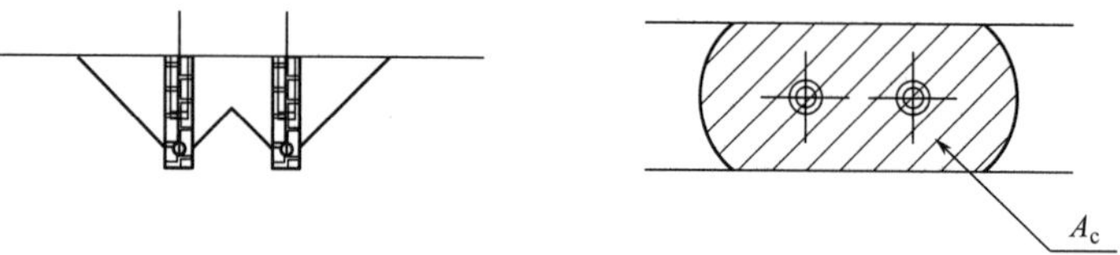

图 5-29　200mm 宽度范围内拉锥体破坏影响面积示意图

N_{u1}＝螺杆截面抗拉强度$=2N_t^b=2\times\frac{\pi d_e^2}{4}f_t^b=2\times\frac{3.14\times17.65^2}{4}\times170=83.2\text{kN}$

$N_{u2}=0.6f_tA_c=0.6\times1.43\times65637.69=56.32\text{kN}$

其中影响面积：$A_C=65637.69\text{mm}^2$

1）在吊装工况下，预制构件混凝土强度达到设计强度

$F_u=N_{u2}=56.32\text{kN}<N_{u1}=83.2\text{kN}$

故吊装埋件（S32×2，间距120mm）在吊装支撑工况下的容许承载力为56.32kN；

2）在脱模工况下，考虑预制构件混凝土强度仅达到设计值的75%

$F_u=0.75N_{u2}=56.32\times0.75=42.24\text{kN}<N_{u1}=83.2\text{kN}$

故吊装埋件（S32×2，间距120mm）在脱模工况下的容许承载力为42.24kN。

埋件承载力容许值（未考虑安全系数）　　表5-65

埋件承载力容许值（未考虑安全系数）								
混凝土拉锥体破坏类型	吊件编号	锚固深度L（mm）	影响面积A_C（mm^2）	螺杆材料强度（kN）	混凝土拉锥体强度（kN）		埋件承载力（kN）	
					100%强度	75%强度	混凝土100%强度	混凝土75%强度
完整拉锥体破坏	S15×1	200	125663.71	41.6	107.82	80.86	41.60	41.60
	S23×1	75	17671.46	41.6	15.16	11.37	15.16	11.37
	S32×1	120	45238.93	41.6	38.82	29.11	38.82	29.11
	S15×2	200	202192.62	83.2	173.48	130.11	83.20	83.20
	S23×2	75	33503.53	83.2	28.75	21.56	28.75	21.56
	S32×2	120	72789.34	83.2	62.45	46.84	62.45	46.84
200mm宽范围内拉锥体破坏	S15×1	200	76528.92	41.6	65.66	49.25	41.60	41.60
	S32×1	120	41637.69	41.6	35.73	26.79	35.73	26.79
	S15×2	200	116528.92	83.2	99.98	74.99	83.20	74.99
	S32×2	120	65637.69	83.2	56.32	42.24	56.32	42.24

（2）埋件选用原则

1）脱模埋件选用

脱模荷载取以下两者的大值：

脱模荷载①＝构件自重×动力系数＋模板吸附力＝构件自重×动力系数＋脱模吸附力设计值×吸附面积

脱模荷载②＝构件自重×1.5

2）吊装埋件选用

吊装荷载＝构件自重×1.5

3）埋件承载力计算

预制阳台埋件吊装及脱模工况承载力计算时均需考虑安全系数为5的情况，埋件承载力计算见表5-66、表5-67。

最终埋件选用应先根据构件荷载情况确定最不利工况，再从对应工况埋件承载力表中选用。

埋件承载力选用表（吊装工况，混凝土 100%强度）　　表 5-66

埋件承载力选用表(吊装工况,混凝土 100%强度)(kN)						
混凝土拉锥体破坏类型	吊件编号	埋件承载力(kN)	安全系数	埋件个(组)数		
				2	3	4
完整拉锥体破坏	S15×1	41.60	5	16.64	24.96	33.28
	S23×1	15.16		6.06	9.10	12.13
	S32×1	38.82		15.53	23.29	31.05
	S15×2	83.20		33.28	49.92	66.56
	S23×2	28.75		11.50	17.25	23.00
	S32×2	62.45		24.98	37.47	49.96
200mm 宽范围内拉锥体破坏	S15×1	41.60		16.64	24.96	33.28
	S32×1	35.73		14.29	21.44	28.58
	S15×2	83.20		33.28	49.92	66.56
	S32×2	56.32		22.53	33.79	45.05

埋件承载力选用表（脱模工况，混凝土 75%强度）　　表 5-67

埋件承载力选用表(脱模工况,混凝土 75%强度)(kN)						
混凝土拉锥体破坏类型	吊件编号	埋件承载力(kN)	安全系数	埋件个(组)数		
				2	3	4
完整拉锥体破坏	S15×1	41.60	5	16.64	24.96	33.28
	S23×1	11.37		4.55	6.82	9.10
	S32×1	29.11		11.64	17.47	23.29
	S15×2	83.20		33.28	49.92	66.56
	S23×2	21.56		8.62	12.94	17.25
	S32×2	46.84		18.74	28.10	37.47
200mm 宽范围内拉锥体破坏	S15×1	41.60		16.64	24.96	33.28
	S32×1	26.79		10.72	16.08	21.44
	S15×2	74.99		29.99	44.99	59.99
	S32×2	42.24		16.90	25.34	33.79

（3）预制阳台板吊装

为确保吊装的安全性及平稳性，预制阳台板吊装时宜使用专用型钢扁担，起吊时，绳索与型钢扁担的水平夹角宜为 55°～65°，如图 5-30 所示。

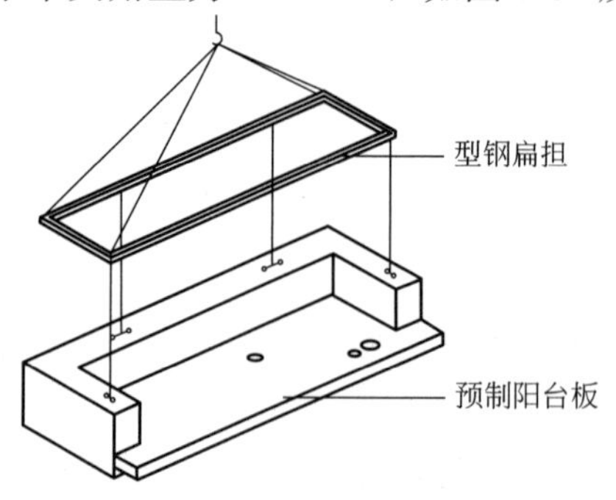

图 5-30　预制阳台板吊装示意

5.6 预埋件及其他

预埋件一般由锚板和锚筋焊接而成，根据预埋件受力情况大小，可以选用不同的锚筋形式。预埋件受力较小时可以采用圆锚筋预埋件，预埋件受力较大时，锚筋可采用角钢，当作用在预埋件上的剪力较大时，可采用直锚筋与抗剪钢板组成的预埋件。根据预埋件受力情况，可以分为：受拉预埋件、受剪预埋件、拉弯剪预埋件、压剪压弯剪预埋件以及构造预埋件。装配式建筑连接节点一般为钢筋连接、现场浇筑混凝土或灌浆料的“湿连接”，预埋件作为主要传力构件使用情况较少，如连接外墙板、幕墙构件等，而用于临时固定安装的构造预埋件的情况较多。

5.6.1 一般规定

用于固定连接件的预埋件与预埋吊件、临时支撑用预埋件不宜兼用；当兼用时，应同时满足各种工况要求，预制构件中预埋件的验算应符合现行国家标准《混凝土结构设计规范》GB 50010、《钢结构设计标准》GB 50017 和《混凝土结构工程施工规范》GB 50666 等有关规定。预制构件表面设置的连接、安装用预埋钢板和内置螺母等宜凹入构件表面以下 15mm；待安装连接施工完成后填实抹平。预埋件的构造要求详见表 5-68。

预埋件构造要求 **表 5-68**

受力类型		锚筋	锚板	混凝土
非抗震	材料	应采用 HRB400 级或 HPB300 级钢筋，严禁采用冷加工钢筋	宜采用 Q235B、Q355B 级钢	对受力预埋件，当锚筋采用 HPB300 级时，混凝土强度等级不应低于 C20，当锚筋采用 HRB400 级或角钢时，混凝土强度等级不应低于 C25
	数量	受力预埋件直锚筋不宜少于 4 根，且不宜多于 4 层；受剪预埋件的直锚筋可采用 2 根，但应对称的布置在剪力作用线的两侧	—	—
	直径或厚度	受力预埋件锚筋直径不宜小于 8mm，亦不宜大于 25mm；构造预埋件锚筋直径不宜小于 6mm	受力预埋件锚板厚度应根据受力情况计算确定，且不宜小于锚筋直径的 60%；受拉和受弯预埋件的锚板厚度宜大于锚筋间距的 1/8	—
	其他	吊环钢筋锚入混凝土的深度不应小于 $30d$ 并应焊接或绑扎在钢筋骨架上，d 为吊筋直径。在构件的自重标准值作用下，每个吊环按 2 个截面计算的钢筋应力不应大于 65N/mm^2；当在一个构件上设有 4 各吊环时，应按 3 各吊环进行计算	—	—

续表

受力类型	锚筋	锚板	混凝土
抗震	直锚钢筋截面面积可按计算面积增大25%，且应适当增大锚板厚度；锚筋锚固长度应符合有关规定并增加10%，当不能满足时，应采取有效措施，在靠近锚板2.5d～3d处宜设置一根直径不小于10mm的封闭箍筋（d为封闭箍筋直径），并与锚筋贴紧扎牢，以提高受剪承载力和约束端部混凝土的作用；预埋件不宜设置在塑性铰区，不能避免时应采取有效措施，对有抗震要求的重要预埋件不宜采用锚筋的方式，而宜采用锚筋穿透构件后固定在背面锚板上的夹板式双面锚固方式		

5.6.2 计算分析

1.锚筋总面积

由锚板和对称布置的直锚筋或对称布置的弯折锚筋与直锚筋所组成的受力预埋件，直锚筋总面积 A_s 以及弯折锚筋总面积 A_{sb} 可按表5-69计算确定。

锚筋面积计算 **表5-69**

预埋件类型		锚筋面积	说明
仅配置直锚筋	剪力、法向拉力和弯矩共同作用	$A_s \geqslant \frac{V}{\alpha_r\alpha_v f_y}+\frac{N}{0.8\alpha_b f_y}+\frac{M}{1.3\alpha_r\alpha_b f_y z}$ $A_s \geqslant \frac{N}{0.8\alpha_b f_y}+\frac{M}{0.4\alpha_r\alpha_b f_y z}$，两者取大值	当 $M<0.4Nz$ 时取 $M=0.4Nz$。 上述公式中，α_v、α_b 应按下列公式计算： $\alpha_v=(4.0-0.08d)\sqrt{\frac{f_c}{f_y}}$ $\alpha_b=0.6+0.25\frac{t}{d}$ 当 $\alpha_v>0.7$ 时，取 $\alpha_v=0.7$；当采用防止锚板弯曲变形的措施时，可取 $\alpha_b=1.0$
	剪力、法向压力和弯矩共同作用	$A_s \geqslant \frac{V-0.3N}{\alpha_r\alpha_v f_y}+\frac{M-0.4Nz}{1.3\alpha_r\alpha_b f_y z}$ $A_s \geqslant \frac{M-0.4Nz}{0.4\alpha_r\alpha_b f_y z}$，两者取大值	
同时配置弯折锚筋及直锚筋		$A_{sb} \geqslant 1.4\frac{V}{f_y}-1.25\alpha_v A_s$	α_v 计算同直锚筋预埋件计算。A_s 为直锚筋面积，当直锚筋按构造要求设置时，A_s 应取0

2.锚板厚度及锚筋布置要求

锚板厚度及锚筋配置要求应满足图5-31、图5-32、图5-33及表5-70、表5-71的要求，抗剪钢板的尺寸应满足以下要求：$h_v \leqslant 4t_v$ 且 $h_v \leqslant 50$mm，$t_v \geqslant 10$mm。带抗剪钢板的预埋件，当无垂直压力时，锚板厚度 t 应比表5-70中的要求适当增加。

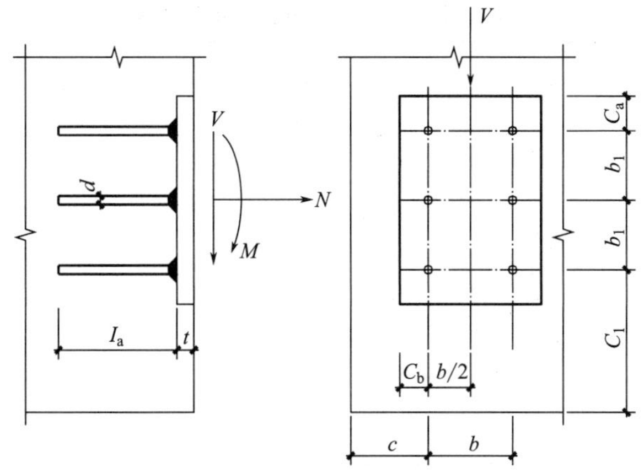

图 5-31 锚筋配置要求示意图

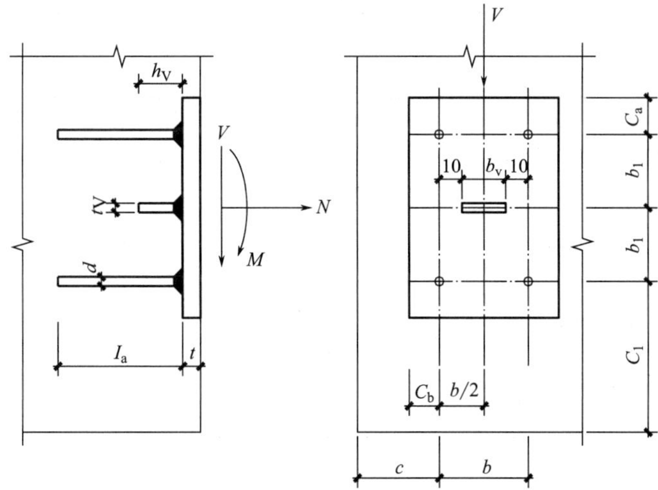

图 5-32 锚筋及抗剪钢板配置要求示意图

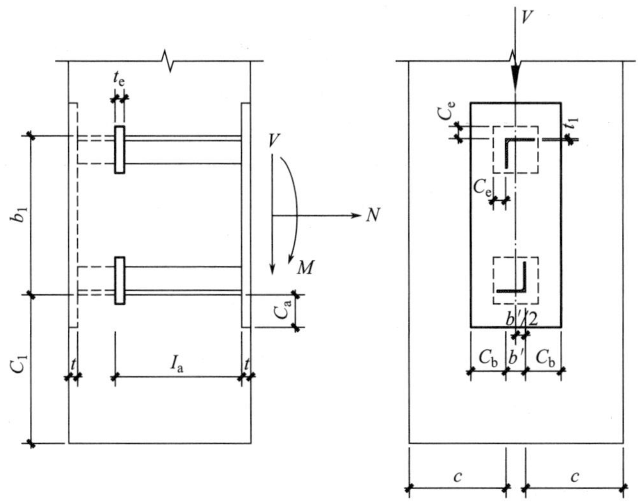

图 5-33 角钢锚筋配置要求示意图

锚板厚度及锚筋至锚板边距离要求　　　　表 5-70

<table>
<tr><th rowspan="2">锚筋类型</th><th rowspan="2">预埋件受力情况</th><th rowspan="2">锚板厚度 t</th><th colspan="2">锚筋末端锚板</th><th colspan="2">锚筋边距</th></tr>
<tr><th>t_e</th><th>C_e</th><th>C_a</th><th>C_b</th></tr>
<tr><td rowspan="2">锚筋或锚筋加抗剪钢板</td><td>受拉、受剪、拉弯剪及使锚筋受拉的压弯、压弯剪预埋件</td><td>计算确定，$\geqslant 0.6d$ 且宜 $\geqslant b/16$</td><td colspan="2" rowspan="2">—</td><td colspan="2" rowspan="2">$\geqslant 2d$ 及 20mm 且 $\leqslant 12t$</td></tr>
<tr><td>受剪、受压、压剪及不使锚筋受拉的压弯、压弯剪预埋件</td><td>$\geqslant 0.6d$ 及 6mm</td></tr>
<tr><td rowspan="2">角钢锚筋</td><td>受拉、受剪、拉弯剪及使锚筋受拉的压弯、压弯剪预埋件</td><td>$\geqslant 1.5t_1$ 及 8mm</td><td rowspan="2">$\geqslant 1.5t_1$</td><td rowspan="2">$\geqslant$10mm</td><td>$\geqslant$25mm</td><td>$\geqslant$25mm</td></tr>
<tr><td>受剪、受压、压剪及不使锚筋受拉的压弯、压弯剪预埋件</td><td>$\geqslant \sqrt{W_{min}/b}$ 及 8mm</td><td>$\geqslant 3.5t$</td><td>$\geqslant 3t$</td></tr>
</table>

注：表中 W_{min} 表示角钢对横轴最小截面抵抗矩。

锚筋配置要求　　　　表 5-71

<table>
<tr><th rowspan="2">锚筋类型</th><th rowspan="2">预埋件受力情况</th><th colspan="2">横向尺寸</th><th colspan="2">纵向尺寸</th></tr>
<tr><th>b</th><th>c</th><th>b_1</th><th>c_1</th></tr>
<tr><td rowspan="2">锚筋或锚筋加抗剪钢板</td><td>受拉、受剪、拉弯剪及使锚筋受拉的压弯、压弯剪预埋件</td><td>$\geqslant 3d$ 及 45mm 且 $\leqslant 16t$</td><td>$\geqslant 3d$ 及 45mm</td><td colspan="2">$\geqslant 3d$ 及 45mm</td></tr>
<tr><td>受剪、受压、压剪及不使锚筋受拉的压弯、压弯剪预埋件</td><td>$\geqslant 3d$ 及 45mm 且 $\leqslant$300</td><td>$\geqslant 3d$ 及 45mm</td><td>$\geqslant 6d$ 及 70mm 且 $\leqslant$300</td><td>$\geqslant 6d$ 及 70mm</td></tr>
<tr><td rowspan="2">角钢锚筋</td><td>受拉、受剪、拉弯剪及使锚筋受拉的压弯、压弯剪预埋件</td><td>—</td><td>$\geqslant 1.75b'$</td><td>$\geqslant 3b'$</td><td>$\geqslant 3b'$</td></tr>
<tr><td>受剪、受压、压剪及不使锚筋受拉的压弯、压弯剪预埋件</td><td>—</td><td>$\geqslant 1.75b'$</td><td>$\geqslant 3b'$</td><td>$\geqslant 7b'$</td></tr>
</table>

5.6.3 构造措施

1. 锚筋及抗剪钢板焊接要求

直锚筋、弯折锚筋以及抗剪钢板与锚板之间的焊接要求见表 5-72。

锚筋及抗剪钢板焊接要求　　　　表 5-72

<table>
<tr><th>锚筋形式</th><th colspan="2">焊接方式</th><th colspan="2">焊脚尺寸</th><th>其他要求</th></tr>
<tr><td rowspan="3">直锚筋</td><td>锚筋直径 $\leqslant$20mm</td><td>压力埋弧焊</td><td>锚筋直径 $\leqslant$18mm</td><td>$\geqslant$3mm</td><td rowspan="3">—</td></tr>
<tr><td rowspan="2">锚筋直径 $>$20mm</td><td rowspan="2">穿孔塞焊</td><td>锚筋直径 $\geqslant$20mm</td><td>$\geqslant$4mm</td></tr>
<tr><td colspan="2">手工焊时，焊缝高度不宜小于 6mm 和 $0.5d$（HPB300 级钢筋）或 $0.6d$（HRB400 级钢筋）</td></tr>
<tr><td>弯折锚筋</td><td colspan="2">搭接电弧焊，双面角焊缝</td><td colspan="2">—</td><td>弯折锚筋弯折点应避开焊缝，其距离不小于 $2d$ 和 30mm</td></tr>
<tr><td>抗剪钢板</td><td colspan="2">双面角焊缝</td><td colspan="2">$\geqslant 0.7t_v$ 且 $\leqslant \min(4t_v, 50mm)$</td><td>—</td></tr>
</table>

2. 预埋件附加构造措施

对于设置在构件无配筋部分的预埋件，应在构件素混凝土中增配局部构造钢筋，以保证预埋件锚筋的锚固性能及与构件的整体作用。位于受拉构件或受弯构件受拉区的预埋件，其受拉锚筋可能与裂缝平行时，对于受拉构件中的预埋件，可采取措施以增强锚筋的锚固强度，如图 5-34 所示；对于受弯构件中的预埋件，可将锚筋延长到受压区，并设短钢筋加强锚固，如图 5-35 所示；受剪预埋件位于受弯构件受拉区时，应采用吊筋将剪力传到受压区，如图 5-36 所示。

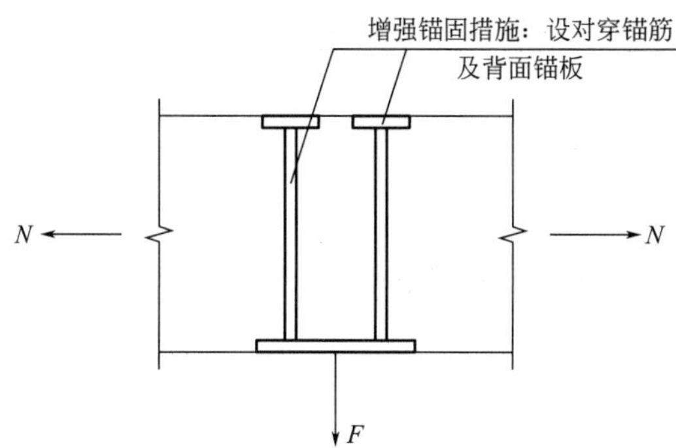

图 5-34　受拉构件预埋件增强锚固措施构造示意图

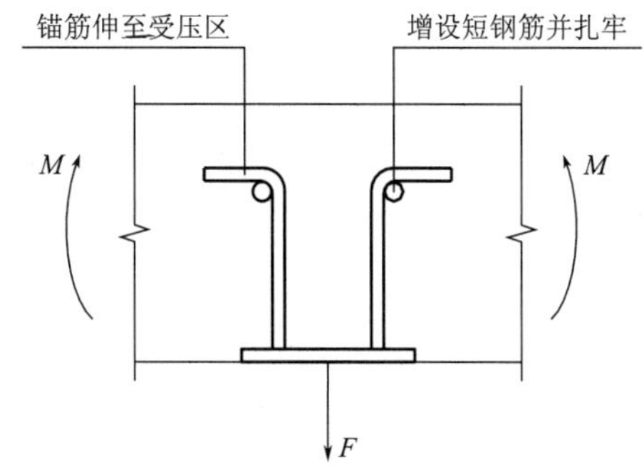

图 5-35　受弯构件预埋件增强锚固措施构造示意图

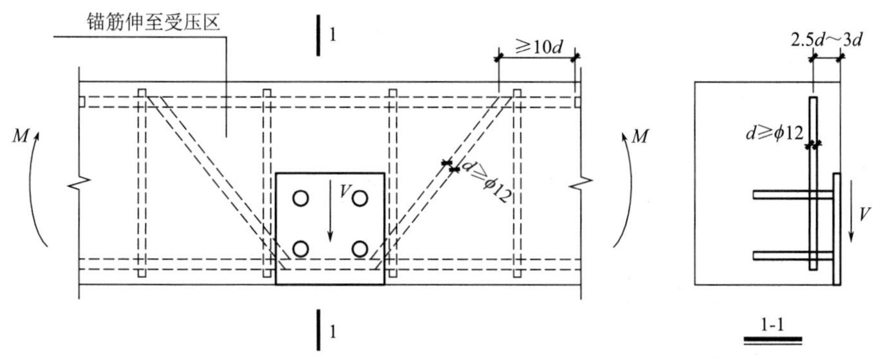

图 5-36　受弯预埋件附加吊筋构造示意图

5.6.4 计算实例

已知如图5-37所示的压弯剪预埋件（常用于预制梁端或预制板端），构件混凝土强度等级为C30，锚筋为HRB400级钢筋，锚板为Q235B级钢。作用于预埋件上的压力为N_c=200kN，剪力V=70kN，弯矩M=20kN·m，求预埋件所配锚筋能否满足要求[26]。

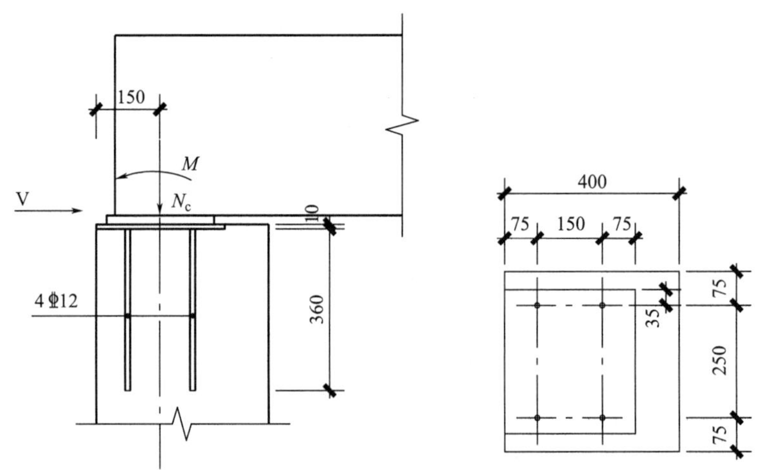

图5-37 直锚筋压弯剪预埋件

由于预埋件与垫板焊接，加强了锚板的弯曲刚度，锚板可按无弯曲变形考虑，可取$\alpha_b=1$。锚筋为两排，$\alpha_r=1$。

$$\alpha_v=(4-0.08d)\sqrt{\frac{f_c}{f_y}}=(4-0.08\times12)\times\sqrt{\frac{14.3}{300}}=0.664\leqslant0.7$$

$0.5f_cA=0.5\times14.3\times300\times320=686\ \text{kN}>N_c$，锚板尺寸满足要求。

$$V_{u0}=k_1\alpha_r\alpha_v f_y A_s=1\times1\times0.664\times300\times452=90\text{kN}$$

$$\frac{V-0.3N}{V_{u0}}=\frac{70-0.3\times200}{90}=0.11<0.7$$

$$A_s=\frac{M-0.4Nz}{0.4\alpha_a\alpha_b f_y z}=\frac{20\times10^6-0.4\times200\times10^3\times150}{0.4\times1\times1\times300\times150}=444\text{mm}^2<452\text{mm}^2$$

预埋件所配锚筋满足要求。

5.7 一般构造要求

5.7.1 混凝土保护层厚度

1.预制构件的混凝土保护层厚度

预制构件的混凝土保护层厚度（图5-38）应符合表5-73的要求。钢筋机械和钢筋套筒灌浆连接接头处的混凝土保护层厚度详见图5-39、图5-40。

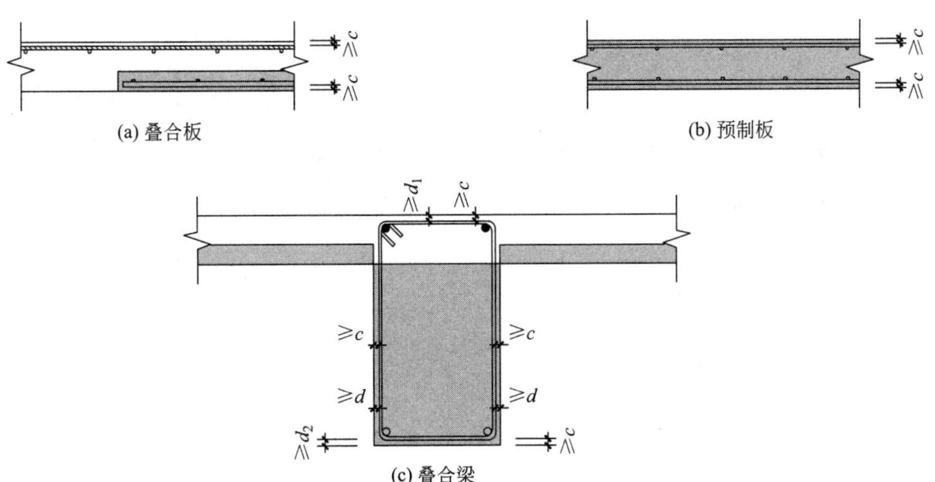

图 5-38　预制构件的混凝土保护层厚度

注：图中 d_1、d_2 分别为梁上部和下部纵向钢筋的公称直径，d 为两者的较大值。

预制构件混凝土保护层的最小厚度 c（mm）　　表 5-73

环境类别	板	梁
一	15	20
二 a	20	25
二 b	25	35
三 a	30	40
三 b	40	50

注：1. 表中混凝土保护层厚度指最外层钢筋外边缘至混凝土表面的距离，适用于设计使用年限为 50 年的混凝土结构；
2. 构件中受力钢筋的保护层厚度不应小于钢筋的公称直径；
3. 设计使用年限为 100 年的混凝土结构，一类环境中，最外层钢筋的保护层厚度不应小于表中数值的 1.4 倍；二、三类环境中，应采取专门的有效措施；
4. 对采用工厂化生产的预制构件，当有充分依据时，可适当减少混凝土保护层的厚度；
5. 当梁中钢筋的保护层厚度大于 50mm 时，宜对保护层混凝土采用有效的构造措施进行拉结，防止混凝土开裂剥落、下坠。

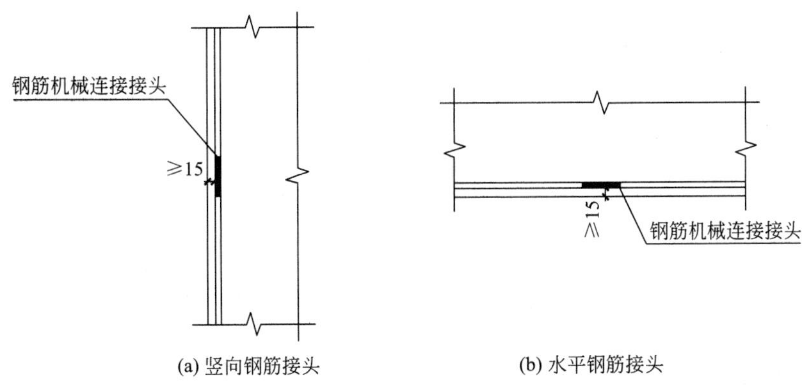

图 5-39　钢筋机械连接接头处的混凝土保护层厚度

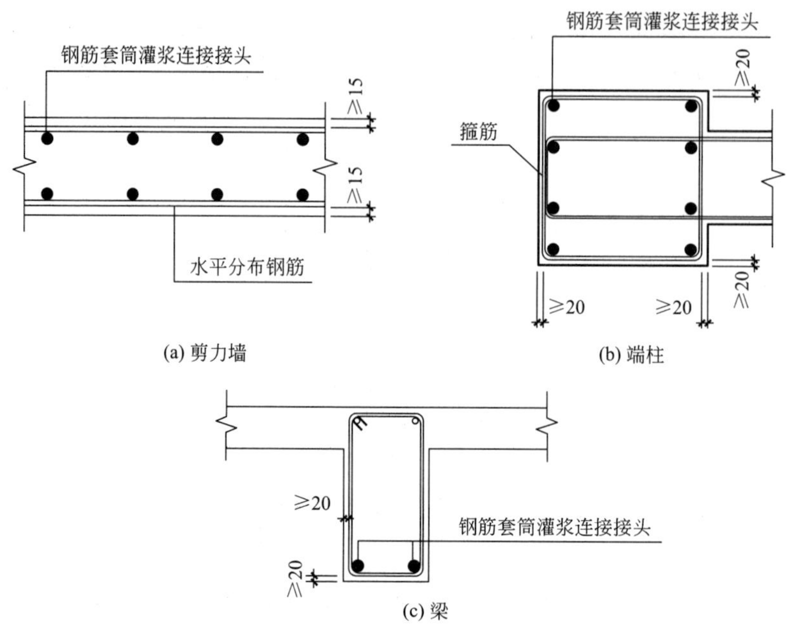

图 5-40　钢筋套筒灌浆连接接头处的混凝土保护层厚度

2. 钢筋机械连接接头处的混凝土保护层厚度

3. 钢筋套筒灌浆连接接头处的混凝土保护层厚度

5.7.2　钢筋及预埋件锚筋的锚固长度

1. 锚固长度计算公式

钢筋的锚固长度计算公式详见表 5-74。

钢筋的锚固长度计算公式　　**表 5-74**

锚固形式		计算公式	依据
受拉钢筋基本锚固长 l_{ab}	普通钢筋	$l_{ab}=\alpha\frac{f_y}{f_t}d$	《混凝土结构设计规范》GB 50010—2010-8.3.1
	预应力钢筋	$l_{ab}=\alpha\frac{f_{py}}{f_t}d$	
预埋件锚筋基本锚固长度 l_{ab}		$l_{ab}=\alpha\frac{f_y}{f_t}d$	《混凝土结构设计规范》GB 50010—2010-8.3.1
纵向受拉钢筋的抗震基本锚固长度 l_{abE}		$l_{abE}=\zeta_{aE}l_{ab}$	《混凝土结构设计规范》GB 50010—2010-11.6.7
受拉钢筋锚固长度 l_a（≥200mm）		$l_a=\zeta_a l_{ab}$	《混凝土结构设计规范》GB 50010—2010-8.3.1
纵向受拉钢筋的抗震锚固长度 l_{aE}		$l_{aE}=\zeta_{aE}l_a$	《混凝土结构设计规范》GB 50010—2010-11.1.7
纵向受压钢筋抗震锚固长度		$0.7l_{ab}(0.7l_{aE})$	《混凝土结构设计规范》GB 50010—2010-8.3.4

续表

锚固形式	计算公式	依据
纵向受拉普通钢筋包括弯钩以及锚固端头在内的锚固长度	$0.6l_{ab}(0.6l_{aE})$	《混凝土结构设计规范》GB 50010—2010-8.3.3
框架梁纵向钢筋90°弯折锚固时水平投影锚固长度	$0.4l_{ab}(0.4l_{aE})$	《混凝土结构设计规范》GB 50010—2010-11.6.7

注：1. 混凝土强度等级高于C60时，按C60计算钢筋的锚固长度；

2. α ——锚固钢筋的外形系数，按表5-75取用；

3. ζ_{aE} ——纵向受拉钢筋抗震锚固长度修正系数，对一级、二级抗震等级取1.15，对三级抗震等级取1.05，对四级抗震等级取1.0；

4. ζ_a ——锚固长度修正系数，对普通钢筋按表5-76取用，当多于一项时，可按连乘计算，但不应小于0.6；对预应力筋，可取1.0；

5. 钢筋弯钩锚固的形式和技术要求详见表5-77；

6. 当图5-41所示钢筋的平直长度＞$12d$时，称为钢筋的弯折，钢筋弯折的弯弧内径D可按表5-79取用；

7. 钢筋机械锚固的形式和技术要求详见表5-80。

锚固钢筋的外形系数 α　　　　表5-75

钢筋类型	光圆钢筋	带肋钢筋	螺旋肋钢丝	三股钢绞线	七股钢绞线
α	0.16	0.14	0.13	0.16	0.17

注：光圆钢筋末端应做180°弯钩，弯后平直段长度不应小于$3d$，但为受压钢筋时可不做弯钩。

锚固长度修正系数 ξ_a　　　　表5-76

锚固条件		ξ_a	
带肋钢筋公称直径＞25mm		1.10	
环氧树脂涂层带肋钢筋		1.25	
施工中宜受扰动的钢筋		1.10	
锚固区保护层厚度	$3d$	0.80	中间按内插取值（d为锚固钢筋直径）
	$5d$	0.70	
实际配筋面积大于设计计算面积		$A_{设计配筋}/A_{实际配筋}$	

注：当实际配筋面积大于设计计算面积时，锚固长度修正系数取设计计算面积与实际配筋面积的比值，但对有抗震设防要求及直接承受动力荷载的结构构件，不应计入此项系数。

钢筋弯钩锚固的形式和技术要求　　　　表5-77

锚固形式	技术要求
90°弯钩	末端90°弯钩，弯后直段长度$12d$
135°弯钩	末端135°弯钩，弯后直段长度$5d$

注：弯钩的弯钩内径大小与钢筋的牌号及钢筋直径有关，钢筋内径D宜满足表5-78～表5-80的要求。

钢筋弯钩的弯钩内径 D　　　　表5-78

钢筋牌号	钢筋直径		
	6～25	28～40	＞40～50
HPB300	$2.5d$		

续表

钢筋牌号	钢筋直径		
	6～25	28～40	>40～50
HRB335、HRBF335	4*d*	4*d*	5*d*
HRB400、HRBF400、RRB400	4*d*	5*d*(4*d*)	6*d*(4*d*)
HRB500、HRBF500	6*d*	7*d*	8*d*

注：1. 依据《混凝土结构工程施工质量验收规范》GB 50204—2015 第 5.3.1 条、《混凝土结构构造手册》（第四版）表 1.9.1 的规定；
2. 括号内数字用于 RRB400 级钢筋。

钢筋弯折的弯弧内径 *D*　　　表 5-79

钢筋类别		弯弧内直径
梁上部纵向钢筋	*D*≤25	12*d*
	D>25	16*d*
光圆钢筋		2.5*d*
335MPa 级、400MPa 级带肋钢筋	*D*≤25	4*d*
	D>25	6*d*
500MPa 级带肋钢筋	*D*≤25	6*d*
	D>25	7*d*

注：参考《装配式混凝土结构连接节点构造》G310-1～2 的规定。

钢筋机械锚固的形式和技术要求　　　表 5-80

锚固形式	技术要求
一侧贴焊钢筋	末端一侧贴焊长 5*d* 同直径钢筋
两侧贴焊钢筋	末端两侧贴焊长 3*d* 同直径钢筋
焊端锚板	末端与厚度 *d* 的锚板穿孔塞焊
螺栓锚头	末端旋入螺栓锚头

注：1. 焊缝和螺纹长度应满足承载力要求；
2. 螺栓锚头和焊接锚板的承压净面积不应小于锚固钢筋面积的 4 倍；
3. 螺栓锚头的规格应符合相关标准的要求；
4. 螺栓锚头和焊接锚板的钢筋净距不宜小于 4*d*，否则应考虑群锚效应的不利影响；
5. 截面角部的弯钩和一侧贴焊锚筋的布筋方向宜向截面内侧偏置；
6. 受压钢筋不应采用末端弯钩和一侧贴焊锚筋的锚固措施。

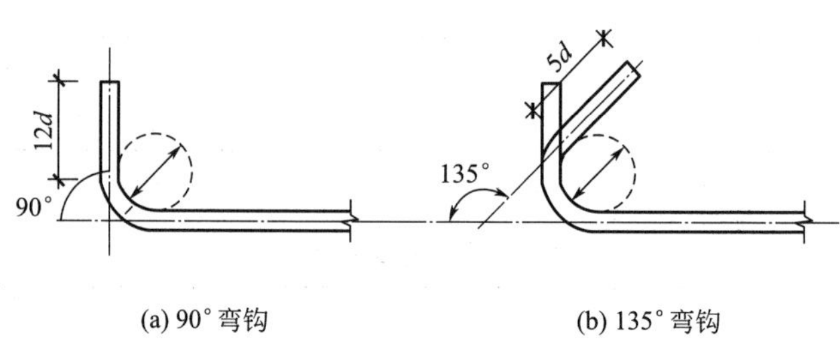

(a) 90° 弯钩　　(b) 135° 弯钩

图 5-41　钢筋弯钩锚固的形式和技术要求表

2. 钢筋锚固板锚固

《钢筋锚固板应用技术规程》JGJ 256 对钢筋锚固板（图 5-42）的使用做了补充和进一步的完善，更为详细的规定了钢筋锚固板的形式和技术要求。

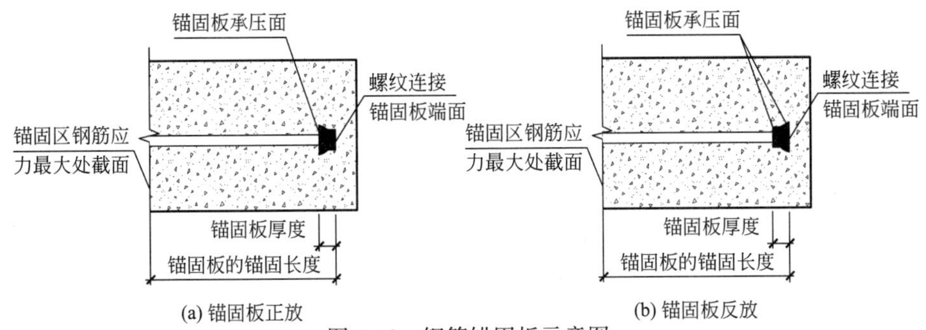

图 5-42　钢筋锚固板示意图

注：1. 钢筋锚固板为钢筋与锚固板的组装件；
2. 锚固板厚度不应小于锚固钢筋公称直径。

（1）锚固板分类

根据《钢筋锚固板应用技术规程》JGJ 256—2011 第 3.1.1 条，锚固板可按表 5-81 分类。

锚固板分类　　表 5-81

分类方法	类别
按材料分	球墨铸铁锚固板、钢板锚固板、锻钢锚固板、铸钢锚固板
按形状分	圆形、方形、长方形
按厚度分	等厚、不等厚
按连接方式分	螺纹连接锚固板、焊接连接锚固板
按受力性能分	部分锚固板、全锚固板

注：1. 锚固板是设置于钢筋端部用于锚固钢筋的承载板；
2. 锚固板的形状指锚固板承受压力的面在钢筋轴线方向的投影面形状；
3. 等厚锚固板指沿厚度方向截面一致的锚固板；不等厚锚固板指沿厚度方向截面不一致的锚固板；
4. 部分锚固板依靠锚固长度范围内钢筋与混凝土的粘结作用和锚固板承压面的承压作用共同承担钢筋规定锚固力；全锚固板全部依靠锚固板承压面的承压作业承担钢筋锚固力；
5. 部分锚固板承压面积不应小于锚固钢筋公称面积的 4.5 倍，锚固板尺寸详见表 5-82；
6. 采用部分锚固板锚固的钢筋公称直径不宜大于 40mm；
7. 锚固板塞焊应符合图 5-43 的要求。

常用钢筋锚固板尺寸选用表　　表 5-82

常用钢筋直径(mm)	部分锚固板最小承压面积(mm^2)	部分锚固板最小厚度(mm)
8	230	8
10	360	10
12	510	12
14	700	14
16	910	16

续表

常用钢筋直径(mm)	部分锚固板最小承压面积(mm^2)	部分锚固板最小厚度(mm)
18	1150	18
20	1420	20
22	1710	22
25	2210	25
28	2770	28
32	3620	32

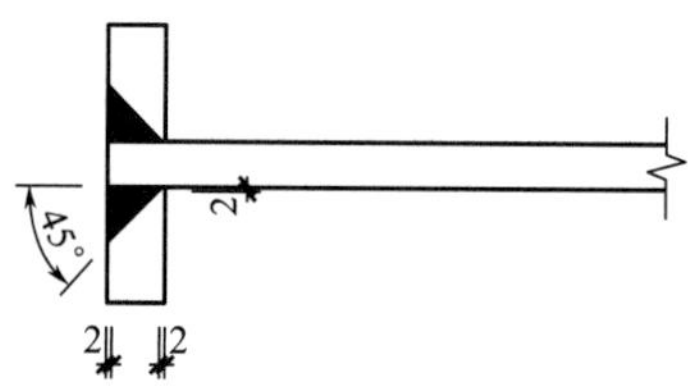

图 5-43　锚固板穿孔塞焊尺寸图

(2) 钢筋锚固板对混凝土等级的要求

根据《钢筋锚固板应用技术规程》JGJ 256—2011 第 4.1.1 条，钢筋锚固板锚固区的混凝土强度等级可按表 5-83 取用。

使用锚固板时的钢筋牌号与对应混凝土强度等级　　　表 5-83

钢筋强度级别	锚固区混凝土强度等级要求
335MPa 级钢筋	≥C25
400MPa 级钢筋	≥C30
500MPa 级钢筋	≥C35

(3) 钢筋锚固板对锚固区钢筋间距及混凝土保护层厚度的要求

根据《钢筋锚固板应用技术规程》JGJ 256—2011 第 4.1.1 条、第 4.2.1 条的规定，使用部分锚固板时锚固区钢筋的净间距以及钢筋的混凝土保护层厚度（图 5-44）需满足表 5-84 的要求。

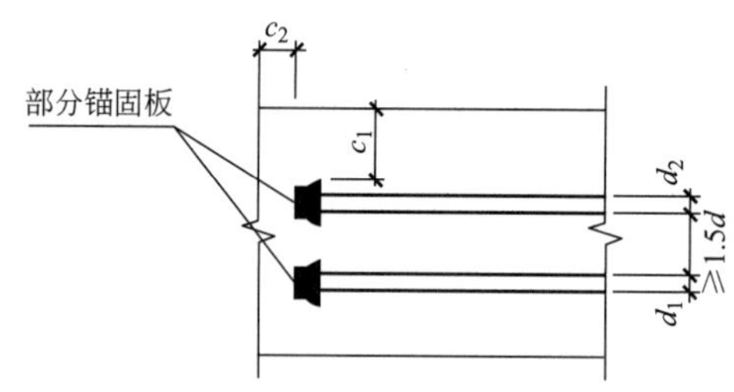

图 5-44　使用部分锚固板时锚固区钢筋的净间距及保护层厚度要求

注：d 取 d_1 和 d_2 的较大值。

使用部分锚固板时钢筋净间距及混凝土保护层厚度的要求　　　　表 5-84

类别	基本要求				
钢筋净间距	$1.5d$				
钢筋保护层的最小厚度	在锚固长度范围内受力钢筋的保护层厚度不宜小于 $1.5d$				
锚固板侧面保护层的最小厚度(c_1)	环境类别				
	一	二 a	二 b	三 a	三 b
	15	20	25	30	40
钢筋端面保护层的最小厚度(c_2)	根据表 5-73 确定				

注：1. d 为钢筋直径；
2. 设计使用年限为 50 年的混凝土结构，锚固板侧面和端面的保护层厚度应符合本表的规定；
3. 设计使用年限为 100 年的混凝土结构，一类环境中，锚固板侧面和端面的保护层厚度不应小于表中数值的 1.4 倍；二、三类环境中，应采取专门的有效措施；
4. 有特殊要求时，可对锚固板采取附加的防腐措施以满足耐久性要求。

(4) 钢筋锚固板锚固长度

采用部分锚固板时钢筋锚固板的锚固长度按表 5-85 取用。

钢筋锚固板锚固长度　　　　表 5-85

部位	长度	依据
一般情况	$0.4l_{ab}(0.4l_{abE})$	《钢筋锚固板应用技术规程》JGJ 256—2011-4.1.1
纵向钢筋不承受反复拉压	$0.3l_{ab}(0.3l_{abE})$	《钢筋锚固板应用技术规程》JGJ 256—2011-4.1.1
深梁的简支端支座	$0.45l_{ab}(0.45l_{abE})$	《钢筋锚固板应用技术规程》JGJ 256—2011-4.1.2

注：1. 纵向钢筋不承受反复拉压且锚固长度范围内钢筋的混凝土保护层厚度不小于 $2d$、混凝土强度等级满足表 5-83 的要求时，钢筋锚固板的锚固长度方可减小；
2. 梁、柱、拉杆等构件的纵向受拉主筋采用锚固板锚固于与其正交或斜交的柱、板等边缘构件时，锚固长度处满足表中要求外，宜将钢筋锚固板延伸至边缘构件对侧纵向主筋内边，详见图 5-45；
3. 简支单跨深梁和连续深梁在简支支座处的锚固要求详见图 5-46。

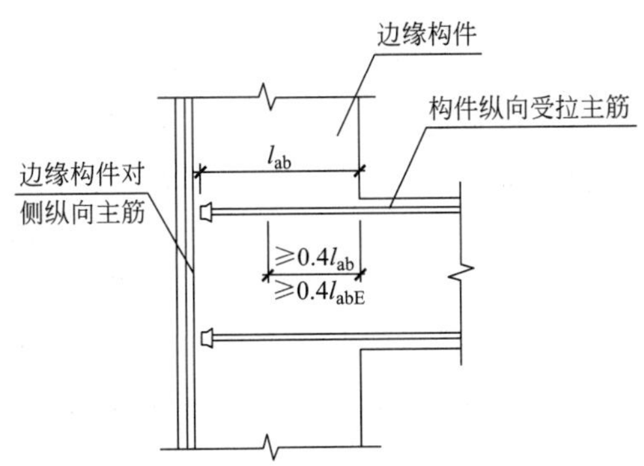

图 5-45　钢筋锚固板在边缘构件中的锚固示意图

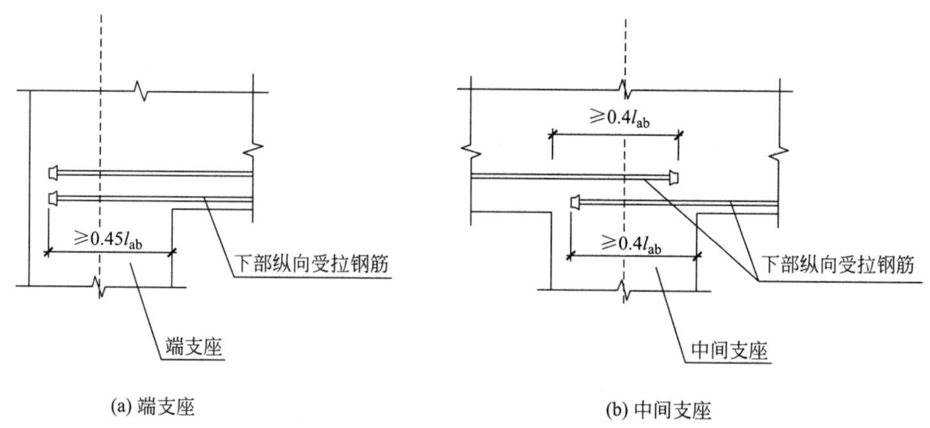

(a) 端支座　　　　(b) 中间支座

图 5-46　简支深梁下部纵向受拉钢筋锚固示意图

根据《钢筋锚固板应用技术规程》JGJ 256—2011 第 4.1.3 条、《装配式混凝土结构技术规程》JGJ 1—2014 第 7.3.8 条的规定，框架节点中采用钢筋锚固板时，需符合图 5-47 的要求。

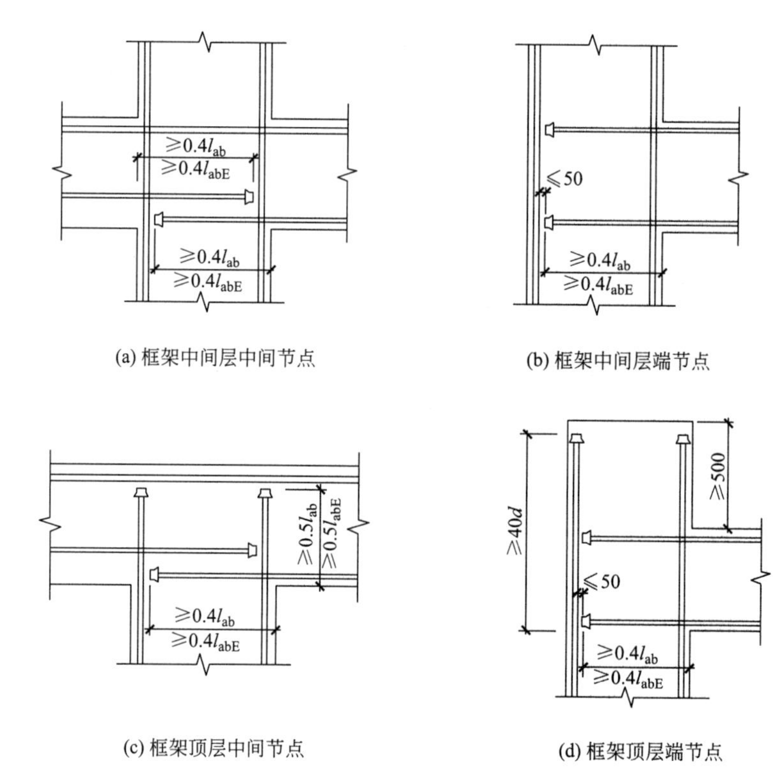

(a) 框架中间层中间节点　　　　(b) 框架中间层端节点

(c) 框架顶层中间节点　　　　(d) 框架顶层端节点

图 5-47　钢筋锚固板在框架节点的锚固示意图

3. 锚固长度选用表

(1) 普通受拉钢筋基本锚固长度 l_{ab}、锚固长度 l_a

普通受拉钢筋基本锚固长度 l_{ab}、锚固长度 l_a 详见表 5-86。

普通受拉钢筋基本锚固长度 l_{ab}、锚固长度 l_a **表 5-86**

钢筋牌号	基本锚固长度 l_{ab}、锚固长度 l_a	混凝土强度等级								
		C20	C25	C30	C35	C40	C45	C50	C55	C60
HPB300	基本锚固长度 l_{ab}、锚固长度修正系数 $\xi_a=1$ 时钢筋锚固长度 l_a	40d	34d	31d	28d	26d	24d	23d	22d	22d
	施工中宜受扰动的钢筋 l_a	44d	38d	34d	31d	28d	27d	26d	25d	24d
	环氧树脂涂层钢筋 l_a	49d	43d	38d	35d	32d	30d	29d	28d	27d
HRB335 HRBF335	基本锚固长度 l_{ab}、锚固长度修正系数 $\xi_a=1$ 时钢筋锚固长度 l_a	39d	33d	30d	27d	25d	24d	23d	22d	21d
	钢筋直径＞25mm 或施工中宜受扰动的钢筋 l_a	42d	37d	33d	30d	27d	26d	25d	24d	23d
	环氧树脂涂层钢筋 l_a	48d	42d	37d	34d	31d	30d	28d	27d	26d
HRB400 HRBF400 RRB400	基本锚固长度 l_{ab}、锚固长度修正系数 $\xi_a=1$ 时钢筋锚固长度 l_a		40d	36d	32d	30d	28d	27d	26d	25d
	钢筋直径＞25mm 或施工中宜受扰动的钢筋 l_a		44d	39d	36d	33d	31d	30d	29d	28d
	环氧树脂涂层钢筋 l_a		50d	44d	41d	37d	35d	34d	33d	31d
HRB500 HRBF500	基本锚固长度 l_{ab}、锚固长度修正系数 $\xi_a=1$ 时钢筋锚固长度 l_a		48d	43d	39d	36d	34d	33d	31d	30d
	钢筋直径＞25mm 或施工中宜受扰动的钢筋 l_a		53d	47d	43d	40d	38d	36d	35d	33d
	环氧树脂涂层钢筋 l_a		60d	54d	49d	45d	43d	41d	39d	38d

注：当锚固钢筋的保护层厚度不大于 5d 时，锚固长度范围内应配置横向构造钢筋，其直径不应小于 $d/4$；对梁、柱、斜撑等构件间距不应大于 5d，对板、墙等平面构件要求可适当放松，但其间距不应大于 10d，且均不应大于 100mm，此处 d 为锚固钢筋的直径。

（2）普通受拉钢筋抗震锚固长度 l_{aE}

普通受拉钢筋抗震锚固长度 l_{aE} 详见表 5-87。

普通受拉钢筋抗震锚固长度 l_{aE} 表 5-87

钢筋牌号	钢筋种类	混凝土强度等级与抗震等级	C20 一、二级抗震等级	C20 三级抗震等级	C25 一、二级抗震等级	C25 三级抗震等级	C30 一、二级抗震等级	C30 三级抗震等级	C35 一、二级抗震等级	C35 三级抗震等级	C40 一、二级抗震等级	C40 三级抗震等级	C45 一、二级抗震等级	C45 三级抗震等级	C50 一、二级抗震等级	C50 三级抗震等级	C55 一、二级抗震等级	C55 三级抗震等级	C60 一、二级抗震等级	C60 三级抗震等级
HPB335 HRBF335	普通钢筋	$d \leqslant 25$	44*d*	40*d*	38*d*	35*d*	34*d*	31*d*	31*d*	28*d*	29*d*	26*d*	27*d*	25*d*	26*d*	24*d*	25*d*	23*d*	24*d*	22*d*
		$d > 25$	49*d*	44*d*	42*d*	39*d*	38*d*	34*d*	34*d*	31*d*	31*d*	29*d*	30*d*	27*d*	29*d*	26*d*	28*d*	25*d*	26*d*	24*d*
	环氧树脂涂层钢筋	$d \leqslant 25$	55*d*	51*d*	48*d*	44*d*	43*d*	39*d*	39*d*	36*d*	36*d*	33*d*	34*d*	31*d*	32*d*	30*d*	30*d*	31*d*	29*d*	30*d*
		$d > 25$	61*d*	56*d*	53*d*	48*d*	47*d*	43*d*	43*d*	39*d*	39*d*	36*d*	37*d*	34*d*	36*d*	32*d*	34*d*	31*d*	33*d*	30*d*
	施工中宜受扰动的钢筋		49*d*	44*d*	42*d*	39*d*	38*d*	34*d*	34*d*	31*d*	31*d*	29*d*	30*d*	27*d*	29*d*	26*d*	28*d*	25*d*	26*d*	24*d*
HRB400 HRBF400 RRB400	普通钢筋	$d \leqslant 25$			46*d*	42*d*	41*d*	37*d*	37*d*	34*d*	34*d*	31*d*	33*d*	30*d*	31*d*	28*d*	30*d*	27*d*	29*d*	26*d*
		$d > 25$			51*d*	46*d*	45*d*	41*d*	41*d*	37*d*	38*d*	34*d*	36*d*	33	34	31	33	30	32	29
	环氧树脂涂层钢筋	$d \leqslant 25$			57*d*	52*d*	51*d*	47*d*	47*d*	43*d*	43*d*	39*d*	41*d*	37*d*	39*d*	35*d*	37*d*	34*d*	36*d*	33*d*
		$d > 25$			63*d*	58*d*	56*d*	51*d*	51*d*	47*d*	47*d*	43*d*	45*d*	41*d*	43*d*	39*d*	41*d*	38*d*	39*d*	36*d*
	施工中宜受扰动的钢筋				51*d*	46*d*	45*d*	41*d*	41*d*	37*d*	38*d*	34*d*	36*d*	33*d*	34*d*	31*d*	33*d*	30*d*	32*d*	29*d*
HRB500 HRBF500	普通钢筋	$d \leqslant 25$			46*d*	51*d*	49*d*	45*d*	45*d*	41*d*	41*d*	38*d*	39*d*	36*d*	37*d*	34*d*	36*d*	33*d*	35*d*	32*d*
		$d > 25$			61*d*	56*d*	54*d*	50*d*	49*d*	45*d*	45*d*	42*d*	43*d*	39*d*	41*d*	38*d*	40*d*	36*d*	38*d*	35*d*
	环氧树脂涂层钢筋	$d \leqslant 25$			69*d*	63*d*	62*d*	56*d*	56*d*	51*d*	52*d*	47*d*	49*d*	45*d*	47*d*	43*d*	45*d*	41*d*	43*d*	40*d*
		$d > 25$			76*d*	70*d*	68*d*	62*d*	62*d*	56*d*	57*d*	52*d*	54*d*	49*d*	51*d*	47*d*	50*d*	45*d*	48*d*	44*d*
	施工中宜受扰动的钢筋				61*d*	56*d*	54*d*	50*d*	49*d*	45*d*	45*d*	42*d*	43*d*	39*d*	41*d*	38*d*	40*d*	36*d*	38*d*	35*d*

注：四级抗震等级受拉钢筋锚固长度 $l_{aE}=l_a$ 其值详见表 5-87。

（3）预埋件锚筋基本锚固长度

锚筋基本锚固长度 l_{ab} 详见表 5-88。

锚筋基本锚固长度 l_{ab} **表 5-88**

预埋件受力情况	锚筋类型	混凝土强度等级				
		C20	C25	C30	C35	≥C40
受拉、受剪、拉弯剪及使锚筋受拉的压弯、压弯剪预埋件	HPB300 级钢筋	40d	34d	31d	28d	26d
	HRB400 级钢筋	—	40d	36d	33d	30d
	角钢	—	6b'			
受剪、受压、压剪及不使锚筋受拉的压弯、压弯剪预埋件	HPB300 级钢筋及 HRB400 级钢筋	15d				
	角钢	4b'，当肢宽 b'>80mm 时，取 6b'				
构造预埋件	HPB300 级钢筋	20d				

注：1. HPB300 级光面钢筋末端应做 180°弯钩，但为受压钢筋时可不做弯钩；

2. 对于受拉、受剪、拉弯剪及使锚筋受拉的压弯、压弯剪预埋件，当 HRB400 级带肋钢筋的直径大于 25mm 时，表内规定值应乘以修正系数 1.1；

3. 当构件混凝土在施工过程中易受扰动（如滑膜施工）时，受拉钢筋锚固长度应乘以修正系数 1.1；

4. 当 HPB300 级及 HRB400 级受拉锚筋锚固区混凝土保护层厚度大于锚筋直径的 3 倍且配有横向构造钢筋时，锚固长度可以乘以修正系数 0.8；

5. 除构造需要的锚固长度外，当受拉锚筋实际配筋面积大于设计计算值时，如有充分依据和可靠措施，其锚固长度可以乘以设计计算面积与实际配筋面积的比值。对有抗震设防要求及直接承受动力荷载的预埋件，不得采用此项修正。

（4）框架梁纵向钢筋 90°弯折锚固时满足水平投影长度的适用边柱截面尺寸

框架梁纵向钢筋 90°弯折锚固时满足水平投影长度的适用边柱截面尺寸详见表 5-89。

框架梁纵向钢筋 90°弯折锚固时满足水平投影长度的适用边柱截面尺寸[34]

表 5-89

抗震等级	边柱截面尺寸 b_c(mm)	梁纵向钢筋直径 d(mm)								
		12	14	16	18	20	22	25	28	32
一、二级	300	√	√	√						
三、四级		√	√	√	√					
一、二、三级	350	√	√	√	√	√				
四级		√	√	√	√	√	√			
一、二级	400	√	√	√	√	√	√			
三级		√	√	√	√	√	√			
四级		√	√	√	√	√	√	√		
一、二级	450	√	√	√	√	√	√	√		
三、四级		√	√	√	√	√	√	√		
一、二级	500	√	√	√	√	√	√	√	√	
三、四级		√	√	√	√	√	√	√	√	
一、二级	550	√	√	√	√	√	√	√	√	
三、四级		√	√	√	√	√	√	√	√	√
一、二、三级	600	√	√	√	√	√	√	√	√	√
四级		√	√	√	√	√	√	√	√	√
一、二级	650	√	√	√	√	√	√	√	√	
三、四级		√	√	√	√	√	√	√	√	√
一、二级	≥700	√	√	√	√	√	√	√	√	√
三、四级		√	√	√	√	√	√	√	√	√

注：1. 表中混凝土强度等级为 C30，右上角第一条折线内用于 HRB400 级钢筋，右上角第二条折线内用于 HRB500 级钢筋；

2. 依据《混凝土结构设计规范》GB 50010—2010 第 9.3.4 条、第 11.6.7 条规定，《高层建筑混凝土结构技术规程》JGJ 3—2010 第 6.5.5 条规定。

（5）楼面梁纵向钢筋 90°弯折锚固时满足水平投影长度的适用墙厚（HRB400）

楼面梁纵向钢筋 90°弯折锚固时满足水平投影长度的适用墙厚详见表 5-90。

楼面梁纵向钢筋 90°弯折锚固时满足水平投影长度的适用墙厚（HRB400）[34] 表 5-90

墙厚 b_w（mm）	抗震等级	梁纵向钢筋直径(mm),C30					梁纵向钢筋直径(mm),C35						梁纵向钢筋直径(mm),C40					
		12	14	16	18	20	12	14	16	18	20	22	12	14	16	18	20	22
180	一、二级																	
	三级						√						√					
	四级						√						√	√				
200	一、二级						—						—					
	三级	√					√						√	√				
	四级	√					√	√					√	√				
220	一、二级	—					—						—	√				
	三级	√					√	√					√	√	√			
	四级	√	√				√	√	√				√	√	√			
250	一、二级	—	√				—	√					—	√	√			
	三级	√	√				√	√	√				√	√	√	√		
	四级	√	√	√			√	√	√	√			√	√	√	√		
280	一、二级	—	√	√			—	√	√				—	√	√	√		
	三级	√	√	√			√	√	√	√			√	√	√	√	√	
	四级	√	√	√	√		√	√	√	√	√		√	√	√	√	√	√
300	一、二级	—	√	√			—	√	√	√			—	√	√	√	√	
	三级	√	√	√	√		√	√	√	√	√		√	√	√	√	√	√
	四级	√	√	√	√	√	√	√	√	√	√	√	√	√	√	√	√	√

注：依据《混凝土结构设计规范》GB 50010—2010 第 8.3.1 条、第 11.6.7 条规定，《高层建筑混凝土结构技术规程》JGJ 3—2010 第 7.1.6 条规定。

4. 钢筋的搭接长度

钢筋的搭接长度计算公式详见表 5-91。

钢筋的搭接长度计算公式　　表 5-91

搭接长度类别	计算公式	依据
纵向受拉钢筋绑扎搭接接头的搭接长度 l_1	$l_1=\zeta_1 l_a$	《混凝土结构设计规范》GB 50010—2010-8.4.4
纵向受拉钢筋绑扎搭接接头的抗震搭接长度 l_{lE}	$l_{lE}=\zeta_1 l_{aE}$	《混凝土结构设计规范》GB 50010—2010-11.1.7

注：1. 纵向受拉钢筋搭接长度修正系数 ξ_1 按表 5-92 取用，当纵向搭接钢筋接头面积百分率为表的中间值时，修正系数可按内插取值；

2. 纵向受拉钢筋的搭接长度 l_1 根据抗震等级按表 5-94～表 5-95 取用。

纵向受拉钢筋搭接长度修正系数　　表 5-92

纵向搭接钢筋接头面积百分率(%)	≤25	50	100
ζ_1	1.2	1.4	1.6

注：位于同一连接区域内的钢筋搭接接头面积百分率详见图 5-48。

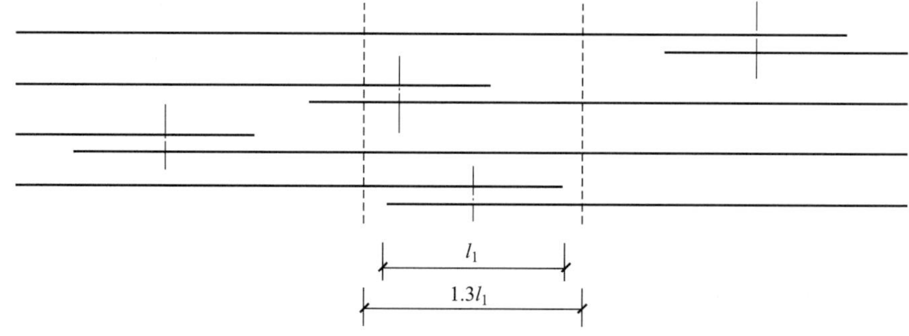

图 5-48　同一连接区段内纵向受拉钢筋的绑扎搭接接头

注：1　同一连接区段内纵向钢筋搭接接头面积百分率，为该区段内有连接接头的纵向受拉钢筋截面面积与全部纵向钢筋截面面积的比值（当直径相同时，图示钢筋连接接头面积百分率为 50%）；

2　纵向受力钢筋搭接区段内的箍筋应满足图 5-49 的要求。

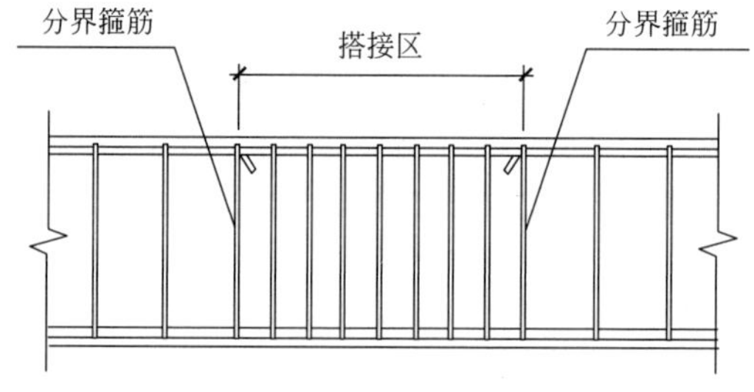

图 5-49　纵向受力钢筋搭接区箍筋构造示意图

注：1. 本图用于梁、柱类构件搭接区箍筋设置；

2. 搭接区内箍筋直径不小于 $d/4$（d 为搭接钢筋最大直径），间距不应大于 100 及 $5d$（d 为搭接钢筋最小直径）；

3. 当受压钢筋直径大于 25mm 时，尚应在搭接接头两端外 100mm 范围内各设置两道箍筋。

受拉钢筋绑扎搭接最小长度 l_1 详见表 5-93～表 5-95。

非抗震及四级抗震等级结构受拉钢筋绑扎搭接最小长度 l_l　　表 5-93

钢筋牌号	混凝土强度等级		C20	C25	C30	C35	C40	C45	C50	C55	C60
HPB300	同一连接区段内的钢筋搭接接头面积百分率(%)	≤25	47*d*	41*d*	37*d*	33*d*	31*d*	29*d*	28*d*	27*d*	26*d*
		50	55*d*	48*d*	43*d*	39*d*	36*d*	34*d*	32*d*	31*d*	30*d*
		100	63*d*	55*d*	49*d*	44*d*	41*d*	39*d*	37*d*	36*d*	34*d*
HRB335 HRBF335		≤25	46*d*	40*d*	36*d*	33*d*	30*d*	28*d*	27*d*	26*d*	25*d*
		50	54*d*	46*d*	42*d*	38*d*	35*d*	33*d*	32*d*	30*d*	29*d*
		100	61*d*	53*d*	47*d*	43*d*	40*d*	38*d*	36*d*	35*d*	33*d*
HRB400 HRBF400 RRB400		≤25		48*d*	43*d*	39*d*	36*d*	34*d*	32*d*	31*d*	30*d*
		50		56*d*	50*d*	45*d*	42*d*	40*d*	38*d*	36*d*	35*d*
		100		64*d*	57*d*	52*d*	48*d*	45*d*	43*d*	42*d*	40*d*
HRB500 HRBF500		≤25		58*d*	52*d*	47*d*	43*d*	41*d*	39*d*	38*d*	36*d*
		50		68*d*	60*d*	55*d*	50*d*	48*d*	46*d*	44*d*	42*d*
		100		77*d*	69*d*	62*d*	57*d*	55*d*	52*d*	50*d*	48*d*

注：1. 表中的搭接长度是按锚固长度修正系数 $\xi_a=1$ 编制的，使用本表时，搭接长度尚应根据不同的锚固条件乘以锚固长度修正系数后取用；

2. HPB300 及 RRB400 级钢筋仅用于非抗震设防的普通钢筋的搭接；

3. 搭接长度不应小于 300mm。

一、二级抗震等级结构受拉钢筋绑扎搭接长度 l_{aE}　　表 5-94

钢筋牌号	混凝土强度等级		C20	C25	C30	C35	C40	C45	C50	C55	C60
HRB335 HRBF335	同一连接区段内的钢筋搭接接头面积百分率(%)	≤25	53*d*	46*d*	41*d*	37*d*	34*d*	33*d*	31*d*	30*d*	29*d*
		50	62*d*	54*d*	48*d*	43*d*	40*d*	38*d*	36*d*	35*d*	34*d*
HRB400 HRBF400		≤25		55*d*	49*d*	45*d*	41*d*	39*d*	37*d*	36*d*	34*d*
		50		64*d*	57*d*	52*d*	48*d*	45*d*	43*d*	42*d*	40*d*
HRB500 HRBF500		≤25		67*d*	59*d*	54*d*	50*d*	47*d*	45*d*	43*d*	42*d*
		50		78*d*	69*d*	63*d*	58*d*	55*d*	52*d*	50*d*	48*d*

注：1. 表中的搭接长度是按锚固长度修正系数 $\xi_a=1$ 编制的，使用本表时，搭接长度尚应根据不同的锚固条件乘以锚固长度修正系数后取用；

2. 搭接长度不应小于 300mm。

三级抗震等级结构受拉钢筋绑扎搭接长度 l_{lE}　　表 5-95

钢筋牌号	混凝土强度等级		C20	C25	C30	C35	C40	C45	C50	C55	C60
HRB335 HRBF335	同一连接区段内的钢筋搭接接头面积百分率(%)	≤25	49*d*	42*d*	37*d*	34*d*	31*d*	30*d*	28*d*	27*d*	26*d*
		50	57*d*	49*d*	44*d*	40*d*	37*d*	35*d*	33*d*	32*d*	31*d*
HRB400 HRBF400		≤25		50*d*	45*d*	41*d*	38*d*	36*d*	34*d*	33*d*	32*d*
		50		59*d*	52*d*	48*d*	44*d*	42*d*	40*d*	38*d*	37*d*
HRB500 HRBF500		≤25		61*d*	54*d*	49*d*	45*d*	43*d*	41*d*	40*d*	38*d*
		50		71*d*	63*d*	57*d*	53*d*	50*d*	48*d*	46*d*	44*d*

注：1. 表中的搭接长度是按锚固长度修正系数 $\xi_a=1$ 编制的，使用本表时，搭接长度尚应根据不同的锚固条件乘以锚固长度修正系数后取用；

2. 搭接长度不应小于 300mm。

5.8 本章小结

装配式混凝土建筑是工厂预制、现场拼装的工业化产品，目前为方便设计采用“等同现浇”的原则进行结构设计计算，但由于拼接接缝的存在，装配式混凝土建筑的一些整体计算指标、整体结构分析方法、预制构件布置方法、部分计算参数等要求与现浇混凝土建筑有所不同，实际设计时应予以注意。装配式混凝土建筑结构设计的关键是预制构件的连接设计，预制构件的连接构造与计算是保证“等同现浇”原则的基础。此外，装配式混凝土建筑建造过程是由工厂加工、运输、安装等工序组成，因此，除按使用功能要求对装配式建筑整体结构及构件进行设计计算外，尚需对预制构件脱模、运输、安装各阶段进行承载力及正常使用极限状态设计验算，保证结构构件各阶段安全。

参考文献

[1] 中华人民共和国住房和城乡建设部. 装配式混凝土结构技术规程 JGJ 1—2014 [S]. 北京：中国建筑工业出版社，2014.

[2] 中华人民共和国住房和城乡建设部. 装配式混凝土建筑技术标准 GB/T 51231—2016 [S]. 北京：中国建筑工业出版社，2017.

[3] 中华人民共和国住房和城乡建设部. 建筑结构荷载规范 GB 50009—2012 [S]. 北京：中国建筑工业出版社，2012.

[4] 中华人民共和国住房和城乡建设部. 建筑抗震设计规范（2016 年版）GB 50011—2010 [S]. 北京：中国建筑工业出版社，2010.

[5] 中华人民共和国住房和城乡建设部. 混凝土结构设计规范 GB 50010—2010 [S]. 北京：中国建筑工业出版社，2010.

[6] 中华人民共和国住房和城乡建设部. 高层建筑混凝土结构技术规程 JGJ 3—2010 [S]. 北京：中国建筑工业出版社，2010.

[7] 中华人民共和国住房和城乡建设部. 混凝土结构工程施工规范 GB 50666—2011 [S]. 北京：中国建筑工业出版社，2012.

[8] 中华人民共和国住房和城乡建设部. 建筑结构可靠性设计统一标准 GB 50068—2018 [S]. 北京：中国建筑工业出版社，2018.

[9] 焦柯. 装配式混凝土结构高层建筑 BIM 设计方法与应用 [M]. 北京：中国建筑工业出版社，2018.

[10] 徐其功. 装配式混凝土结构设计 [M]. 北京：中国建筑工业出版社，2017.

[11] 江苏省住房和城乡建设厅. 预制装配整体式剪力墙结构体系技术规程 DGJ32/TJ 125—2010 [S].

[12] 广东省住房和城乡建设厅. 装配式混凝土建筑结构技术规程 DBJ 15-107—2016 [S]. 北京：中国城市出版社，2016.

[13] 中国建筑科学研究院. 建筑产业现代化混凝土结构技术指南 [M]. 北京：中国建筑科学研究院，2014.

[14] 辽宁省住房和城乡建设厅. 装配整体式剪力墙结构设计规程 DB21/T 2000—2012 [S].

[15] 同济大学. 装配整体式混凝土居住建筑设计规程 DG/TJ 08-2071—2016 [S]. 上海：同济大

学出版社，2016.
[16] 同济大学. 装配整体式混凝土公共建筑设计规程 DGJ 08-2154—2014 [S]. 上海：同济大学出版社，2014.
[17] 深圳市住房和建设局. 预制装配整体式钢筋混凝土结构技术规范 SJG 18—2009 [S].
[18] 辽宁省质量技术监督局. 装配整体式混凝土结构技术规程 DB21/T 1868—2010 [S].
[19] 山东省住房和城乡建设厅. 装配整体式混凝土结构设计规程 DB37/T 5018—2014 [S]. 北京：中国建筑工业出版社，2014.
[20] 钢筋桁架叠合楼板应用技术规程 CECS×××征求意见稿 [S].
[21] 中国建筑科学研究院（PKPM CAD 工程部）. 装配式建筑设计软件 PKPM-PC（2016 年版）用户手册与技术条件 [M]. 中国建筑科学研究院建研科技股份有限公司，2016.
[22] 北京盈建科软件股份有限公司. 装配式结构设计软件 YJK-AMCS 用户手册 [M]. 北京盈建科软件股份有限公司，2018.
[23] 北京市建筑设计研究院有限公司. 装配式剪力墙结构设计规程 DB 11/1003—2013 [S].
[24] 中华人民共和国住房和城乡建设部. 钢筋套筒灌浆连接应用技术规程 JGJ 355—2015 [S]. 北京：中国建筑工业出版社，2015.
[25] 辽宁省住房和城乡建设厅. 预制混凝土构件制作与验收规程 DB21/T 1872—2011 [S].
[26] 中国有色工程有限公司. 混凝土结构构造手册（第五版）[M]. 北京：中国建筑工业出版社，2016.
[27] 姜洪斌等. 预制混凝土结构插入式预留孔灌浆钢筋锚固性能 [J]. 哈尔滨工业大学学报，2011，43（4）：28-31.
[28] 倪英华. 约束浆锚连接极限搭接长度试验研究 [D]. 哈尔滨：哈尔滨工业大学，2014.
[29] 丁浩爽. 考虑波纹管组合钢筋约束浆锚连接的搭接长度试验研究 [D]. 沈阳：沈阳建筑大学，2016.
[30] 余琼等. 不同搭接长度下套筒约束浆锚搭接接头力学试验研究 [J]. 湖南大学学报（自然科学版），2017（9）：82-91.
[31] 上海市建筑建材市场管理总站. 装配整体式混凝土建筑深化设计指南（剪力墙结构）[S]. 2017.
[32] 江苏省《装配式建筑（混凝土）施工图审查导则》.
[33] 刘海成，郑勇. 装配式剪力墙结构深化设计、构件制作与施工安装技术指南 [M]. 北京：中国建筑工业出版社，2016.
[34] 陈长兴. 混凝土结构设计随手查 [M]. 北京：中国建筑工业出版社，2018.

第 6 章　楼盖设计

装配整体式混凝土结构常用的楼盖包括叠合楼盖、全预制楼盖以及现浇楼盖。叠合楼盖是在预制混凝土底板上配置板面钢筋，预制底板与后浇混凝土层可靠连接形成整体受力的楼盖，包括桁架钢筋混凝土叠合楼板、预应力混凝土叠合楼板、预应力带肋叠合楼板。全预制楼盖包括预应力混凝土空心板、预应力混凝土双 T 板。现浇楼盖详见第 5 章，本章不再讨论。

楼盖设计的主要内容包括：(1) 根据规范要求和工程实际情况，确定现浇楼盖和预制楼盖的范围，并选用楼盖类型；(2) 预制楼盖布置；(3) 根据所选楼板类型及其与支座的关系，确定计算简图，进行结构分析和计算；(4) 楼板连接节点、板缝构造设计；(5) 支座节点设计；(6) 预制构件深化图设计；(7) 施工安装阶段预制板临时支撑的布置和要求。本章主要涉及 (4) ～ (6) 部分内容，其余部分详见第 5 章。

6.1　叠合板设计

6.1.1　一般规定

1. 尺寸规定

预制楼盖的尺寸规定详见表 6-1、表 6-2。

预制楼盖厚度模数和优选尺寸　　**表 6-1**

项目	优选模数	可选模数	优选尺寸(mm)
楼盖厚度	M/2	M/5	130、140、150、180、200、250

叠合板的厚度规定　　**表 6-2**

序号	分项	厚度
1	预制板	不宜小于 60mm
2	后浇混凝土叠合层	不应小于 60mm
		在屋面层和平面受力复杂楼层不应小于 100mm

注：依据《装配式混凝土结构技术规程》JGJ 1—2014 第 6.6.2 条、《装配式混凝土建筑技术标准》GB/T 51231—2016 第 5.5.2 条。

2. 结合面的构造规定

结合面的构造规定详见表 6-3。

结合面的构造规定 **表 6-3**

部位		规定
粗糙面的面积		不宜小于结合面的 80%
凹凸深度	预制板与后浇混凝土叠合层之间	不应小于 4mm
	采用后浇带式整体接缝时，接缝处桁架预制板板侧与后浇混凝土之间	不宜小于 4mm
	板端支座处桁架预制板侧面	不宜小于 4mm

注：依据《装配式混凝土结构技术规程》JGJ 1—2014 第 6.5.5 条、《钢筋桁架混凝土叠合板应用技术规程》T/CECS 715—2020 第 5.2.7 条。

3. 预制板倒角

倒角的设置利于施工时的接缝处理，可防止在正常使用状态下接缝开裂，详见表 6-4。

预制板倒角示意图 **表 6-4**

倒角部位	示意图	依据
密拼接缝预制板侧倒角	≥15；≥15；≥10；≥10	《钢筋桁架混凝土叠合板应用技术规程》T/CECS 715—2020 第 5.3.7
密拼接缝单向板板侧倒角	20；20；10；10	《桁架钢筋混凝土叠合板（60mm）厚底板》15G366-1
后浇接缝双向板板侧倒角	20；20；40	

4. 钢筋间距

钢筋间距优选尺寸详见表 6-5。

钢筋间距优选尺寸 **表 6-5**

项目		优选模数	可选模数	优选尺寸(mm)
预制底板钢筋焊接网	受力钢筋	M/2	—	100、(150)、200
	分布钢筋	M/2	—	200、(250)、300

注：考虑到板钢筋与梁箍筋的模数协调，括号内尺寸用于板支座为现浇梁的情况。

6.1.2 板端与板侧支座设计

1. 板端支座连接构造

(1) 板端伸入支座

板端伸入支座构造示意图详见图 6-1。

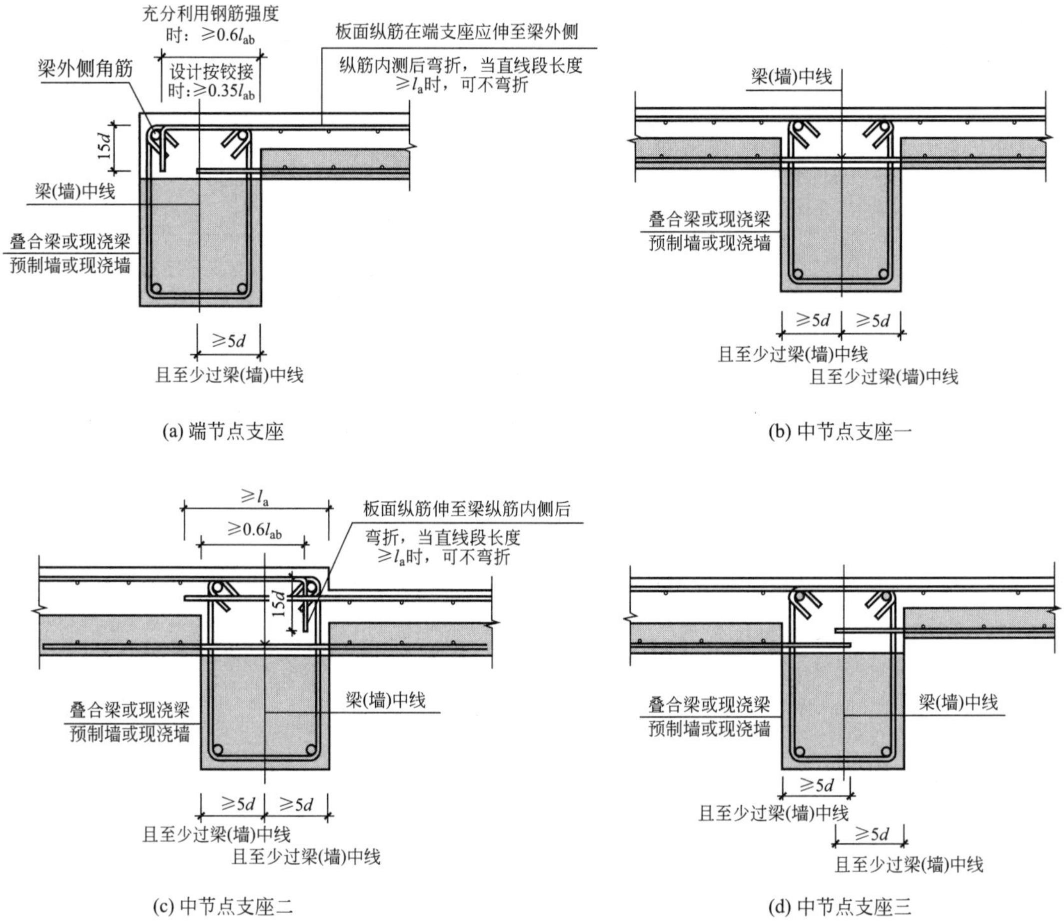

(a) 端节点支座

(b) 中节点支座一

(c) 中节点支座二

(d) 中节点支座三

图 6-1　板端支座构造示意图[1]

（2）板端不伸入支座

预制板底钢筋不伸入支座（图 6-2）的构造要求应符合表 6-6 的规定。

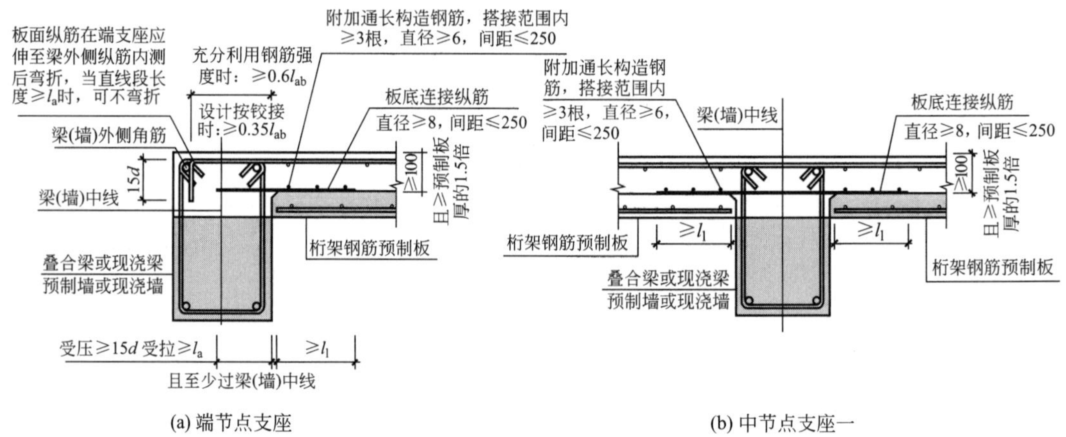

(a) 端节点支座

(b) 中节点支座一

图 6-2　无外伸纵筋的板端支座构造示意[1]（一）

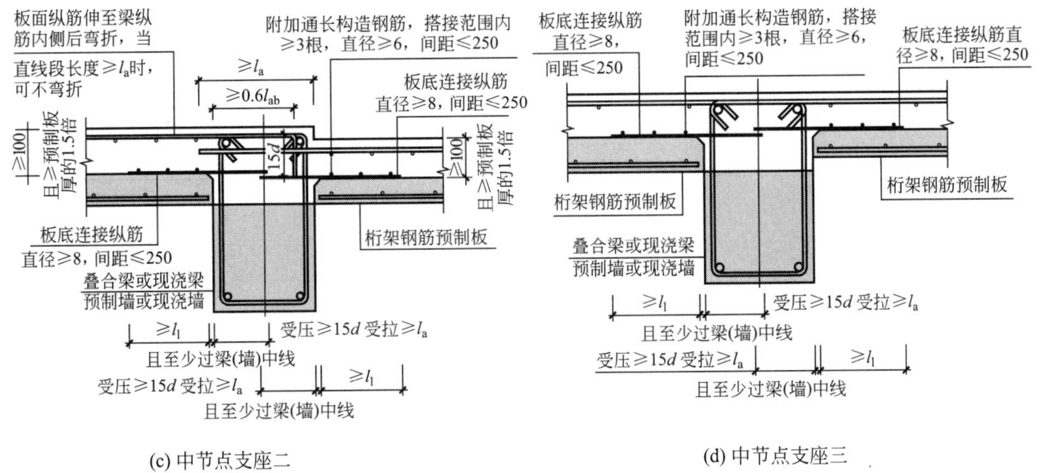

(c) 中节点支座二

(d) 中节点支座三

图 6-2 无外伸纵筋的板端支座构造示意[1]（二）

板底钢筋不伸入板端支座的构造要求 **表 6-6**

序号	《装配式混凝土建筑技术标准》GB/T 51231—2016	《钢筋桁架混凝土叠合板应用技术规程》T/CECS 715—2020
1	桁架钢筋混凝土叠合板的后浇混凝土叠合层厚度不小于 100mm 且不小于预制板厚度的 1.5 倍	后浇混凝土叠合层厚度不应小于桁架预制板厚度的 1.3 倍，且不应小于 75mm
2	附加钢筋面积应通过计算确定，且不应少于受力方向跨中板底受力钢筋面积的 1/3	支座处应设置垂直于板端的桁架预制板纵筋搭接钢筋，搭接钢筋截面积应按表 6-7 的要求计算确定，且不应小于桁架预制板内跨中同方向受力钢筋面积的 1/3
3	附加钢筋直径不宜小于 8mm，间距不宜大于 250mm	搭接钢筋直径不宜小于 8mm，间距不宜大于 250mm；搭接钢筋强度等级不应低于与其平行的桁架预制板内同向受力钢筋的强度等级
4	当附加钢筋为构造钢筋时，伸入楼板的长度不应小于与板底钢筋的受压搭接长度，伸入支座的长度不应小于 15d 且宜伸过支座中心线；当附加钢筋承受拉力时，伸入楼板的长度不应小于与板底钢筋的受拉搭接长度，伸入支座的长度不应小于受拉钢筋锚固长度	对于端节点支座，搭接钢筋伸入后浇叠合层锚固长度 l_s 不应小于 1.2l_a，并应在支承梁或墙的后浇混凝土中锚固，锚固长度不应小于 l_s'；当板端支座承担负弯矩时，支座内锚固长度 l_s'不应小于 15d 且宜伸至支座中心线；当节点区承受正弯矩时，支座内锚固长度 l_s'不应小于受拉钢筋锚固长度 l_a
5		对于中节点支座，搭接钢筋在节点区应贯通，且每侧伸入后浇叠合层锚固长度 l_s 不应小于 1.2l_a
6	横向分布钢筋在搭接范围内不宜少于 3 根，且钢筋直径不宜小于 6mm，间距不宜大于 250mm	垂直于搭接钢筋的方向应布置横向分布钢筋，在一侧纵向钢筋的搭接范围内应设置不少于 2 道横向分布钢筋，且钢筋直径不宜小于 6mm
7		当搭接钢筋紧贴叠合面时，板端顶面应设置倒角，倒角不宜小于 15mm×15mm

注：依据《装配式混凝土建筑技术标准》GB/T 51231—2016 第 5.5.3 条、《钢筋桁架混凝土叠合板应用技术规程》T/CECS 715—2020 第 5.4.6 条。

2. 板端计算要求

（1）板端正截面受弯承载力计算

板端正截面受弯承载力计算要求 **表 6-7**

序号	规定
1	符合现行国家标准《混凝土结构设计规范》GB 50010 的规定
2	板端截面承担负弯矩作用时，截面高度取桁架叠合板厚度
3	板端截面承担正弯矩作用且板端构造符合表 6-6 的规定时，支座处桁架预制板的纵筋搭接钢筋可作为受拉纵筋，有效截面高度取搭接钢筋中心线到叠合层上表面的距离

注：依据《钢筋桁架混凝土叠合板应用技术规程》T/CECS 715—2020 第 5.4.1 条。

（2）板端受剪承载力计算

板端受剪承载力计算应满足公式（6-1）的规定：

$$V_s \leqslant V_R \tag{6-1}$$

$$V_R = 0.07 f_c A_{c2} + 1.65 A_{sd} \sqrt{f_c f_y} \tag{6-2}$$

式中：V_s——板端剪力设计值；

V_R——板端受剪承载力设计值；

A_{c2}——桁架叠合板后浇混凝土叠合层截面面积；

A_{sd}——垂直穿过桁架叠合板板端竖向接缝的所有钢筋面积，包括叠合层内的纵向钢筋、支座处的搭接钢筋。

3. 单向板板侧支座连接构造

单向板板侧支座构造示意详见图 6-3。

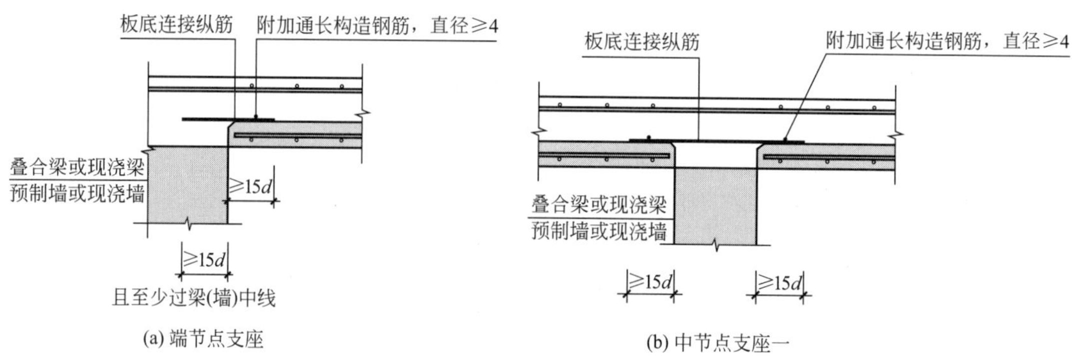

图 6-3　单向板板侧支座构造示意[1]

6.1.3　板缝设计

板缝类型详见表 6-8。

板缝类型 **表 6-8**

序号	板缝类型	图例	特点	适用范围
1	后浇带式整体接缝	图 6-4	可有效传递内力	双向板、单向板

续表

序号	板缝类型	图例	特点	适用范围
2	密拼式整体接缝	图 6-6	可有效传递内力且施工安装简便	双向桁架叠合板
3	密拼式分离接缝	图 6-8	施工安装简便	单向板

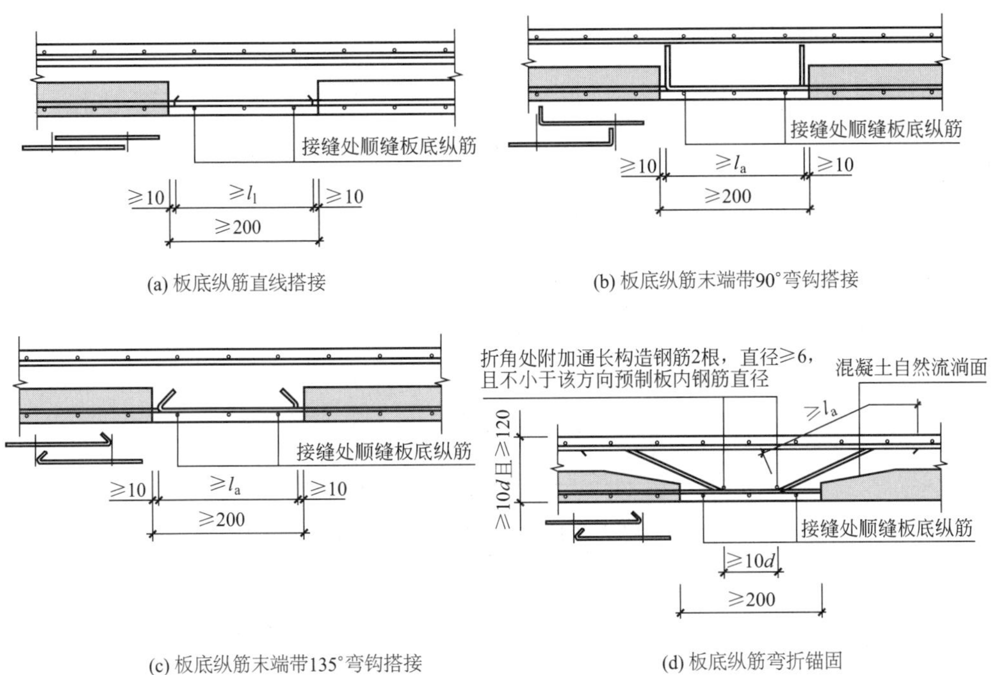

图 6-4　双向叠合板后浇带接缝构造示意[2]

图 6-5　后浇带接缝现场施工图

1. 后浇带式整体接缝

2. 密拼式整体接缝

（1） 密拼式整体接缝构造要求

密拼式整体接缝的构造要求详见表 6-9。

密拼式整体接缝的构造要求 **表 6-9**

分项	构造要求
板厚	后浇混凝土叠合层厚度不宜小于桁架预制板厚度的 1.3 倍，且不应小于 75mm
搭接钢筋	垂直于接缝，总受拉承载力设计值应不小于桁架预制板底纵向钢筋总受拉承载力设计值
	直径不应小于 8mm，且不应大于 14mm
	搭接钢筋与桁架预制板底板纵向钢筋对应布置，搭接长度不应小于 $1.6l_a$，且搭接长度应从距离接缝最近一道钢筋桁架的腹杆钢筋与下弦钢筋交点起算
横向分布钢筋	垂直于搭接钢筋，在搭接范围内不宜少于 3 根
	钢筋直径不宜小于 6mm，间距不宜大于 250mm
接缝处的桁架钢筋	平行于接缝，在一侧纵向钢筋的搭接范围内，应设置不少于 2 道钢筋桁架，且上弦钢筋的间距不宜大于桁架叠合板板厚的 2 倍，且不宜大于 400mm；靠近接缝的桁架上弦钢筋到桁架预制板接缝边的距离不宜大于桁架叠合板板厚，且不宜大于 200mm
	桁架钢筋腹杆钢筋应满足式(6-3)和式(6-4)的要求

注：1. l_a 为按较小直径钢筋计算的受拉钢筋锚固长度，d 为附加钢筋直径；

2. 根据《钢筋桁架混凝土叠合板应用技术规程》T/CECS 715—2020 第 5.3.2 条、5.3.3 条的规定。

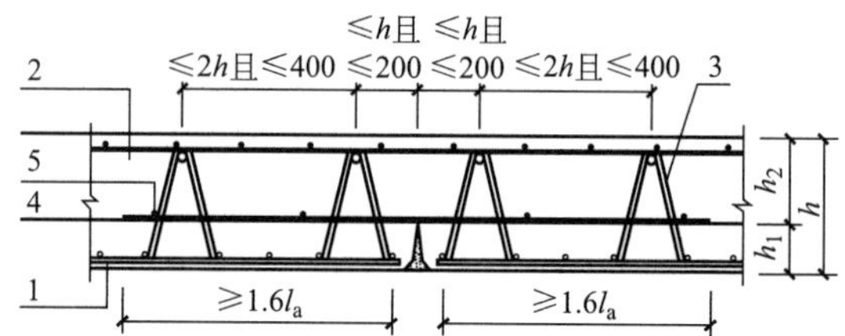

1——桁架预制板；2——后浇叠合层；3——钢筋桁架；4——接缝处的搭接钢筋；5——横向分布钢筋

图 6-6 钢筋桁架平行于接缝的构造示意

$$F_a \leqslant cf_tA_{ch} + nf_yA_{sv}(\mu\cos\alpha + \sin\alpha)\sin\beta \tag{6-3}$$

$$F_a \leqslant nf_yA_{sv}\sin\alpha\sin\beta \tag{6-4}$$

式中：F_a——接缝处纵向钢筋的拉力设计值（kN），取为桁架预制板纵筋和接缝处搭接钢筋受拉力的较小值，即 $F_a=\min(f_yA_{s1}, f_yA_{s2})$；

A_{s1}，A_{s2}——分别为桁架预制板纵筋、接缝处搭接钢筋的面积（mm^2）；

A_{ch}——接缝一侧钢筋搭接范围内混凝土水平叠合面有效抗剪面积（mm^2）；

A_{sv}——单根钢筋桁架的腹杆钢筋面积（mm^2）；

n——接缝一侧搭接钢筋搭接范围内的钢筋桁架数量；

c，μ——与叠合面粗糙度相关的系数，当粗糙面符合表 6-3 的规定时，分别取为 0.45 和 0.70。

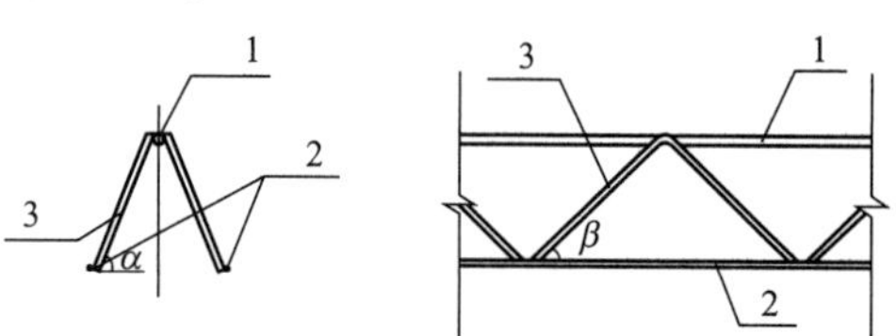

1——上弦钢筋；2——下弦钢筋；3——腹杆钢筋

图 6-7 钢筋桁架的几何参数

(2) 钢筋桁架叠合板密拼式整体接缝计算要求

依据《钢筋桁架混凝土叠合板应用技术规程》T/CECS 715—2020 的规定，当采用密拼式整体接缝时，接缝处搭接钢筋在荷载效应准永久组合作用下的应力应符合式（6-5）、式（6-6）的要求。

$$\sigma_{sq} \leqslant 0.6 f_{yk} \tag{6-5}$$

$$\sigma_{sq} = \frac{M_q}{0.87 A_s h_{20}} \tag{6-6}$$

式中：σ_{sq} ——接缝处搭接钢筋在荷载效应准永久组合作用下的应力（MPa）；

h_{20} ——后浇层混凝土的有效高度（mm）。

桁架叠合板的密拼式整体接缝正截面受弯承载力计算时，截面高度取叠合层混凝土厚度，受拉钢筋取接缝处的搭接钢筋。

3. 密拼式分离接缝

密拼式分离接缝（图 6-8）的构造要求详见表 6-10。

密拼式分离接缝的构造要求　　表 6-10

分项	构造要求
附加钢筋	接缝处紧贴桁架预制板顶面宜设置垂直于接缝的附加钢筋，附加钢筋伸入两侧后浇混凝土叠合板的锚固长度不应小于 15d，d 为附加钢筋直径
	附加钢筋截面面积不宜小于桁架预制板中该方向钢筋面积，附加钢筋直径不应小于 6mm，间距不宜大于 250mm
横向分布钢筋	垂直于附加钢筋的方向应布置横向分布钢筋，在搭接范围内不宜少于 3 根，横向分布钢筋直径不应小于 6mm，间距不宜大于 250mm

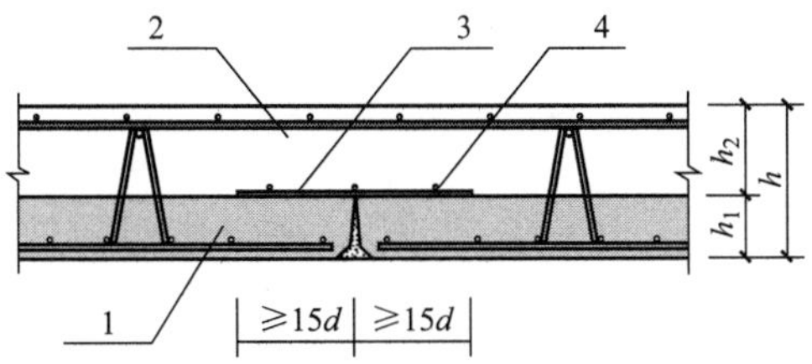

1——预制板；2——后浇叠合层；3——附加钢筋；4——横向分布钢筋

图 6-8　密拼式分离接缝构造示意

6.1.4　构件设计

1. 钢筋桁架

(1) 尺寸规定

钢筋桁架（图 6-9）的尺寸大小需符合表 6-11 的规定。

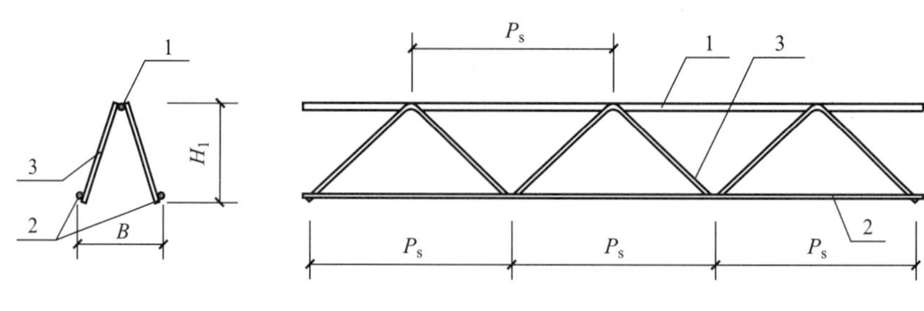

1——上弦钢筋；2——下弦钢筋；3——腹杆钢筋

图 6-9 钢筋桁架示意

钢筋桁架的尺寸规定 **表 6-11**

尺寸	要求
设计高度 H_1	不宜小于 70mm，不宜大于 400mm，且宜以 10mm 为模数
设计宽度 B	不宜小于 60mm，不宜大于 1100mm，且宜以 10mm 为模数
腹杆钢筋和上(下)弦钢筋相邻焊点的中心间距 P_s	宜取 200mm，且不宜大于 200mm

注：根据《钢筋桁架混凝土叠合板应用技术规程》T/CECS 715—2020 第 4.1.2 条的规定。

(2) 布置规定

钢筋桁架的布置要求详见表 6-12。

钢筋桁架的布置要求 **表 6-12**

序号	布置要求
1	钢筋桁架宜沿桁架预制板的长边方向布置(沿主要受力方向布置)
2	钢筋桁架上弦筋至桁架预制板板边的水平距离不宜大于 300mm，桁架上弦筋的间距不宜大于 600mm
3	钢筋桁架下弦钢筋下表面距离桁架预制板叠合面不应小于 35mm；钢筋桁架上弦钢筋上表面距离桁架预制板叠合面不应小于 35mm(图 6-10)
4	钢筋桁架上弦钢筋在持久设计状况下参与受力计算时，上弦钢筋宜与桁架叠合板内同方向受力钢筋位于同一平面
5	当采用密拼式整体接缝时，钢筋桁架的布置尚应符合表 6-9 的要求

注：1. 依据《钢筋桁架混凝土叠合板应用技术规程》T/CECS 715—2020 第 5.2.5 条；
2. 括号内为《装配式混凝土结构技术规程》JGJ 1—2014 第 6.6.7 条的规定。

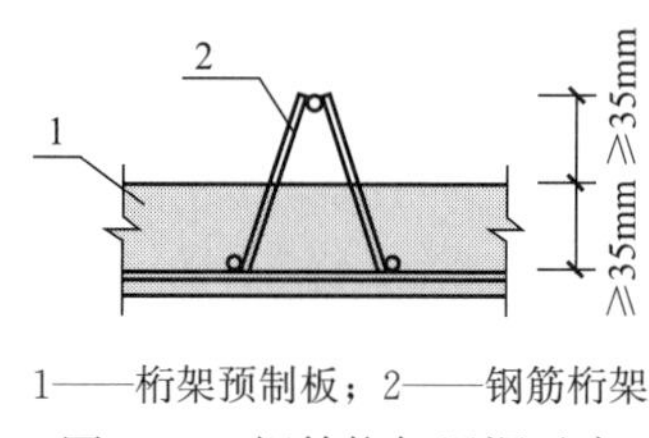

1——桁架预制板；2——钢筋桁架

图 6-10 钢筋桁架埋深示意

(3) 有关钢筋桁架兼做吊点的规定

钢筋桁架兼做吊点的要求详见表 6-13。

钢筋桁架兼做吊点的要求　　　　表 6-13

序号	要求
1	吊点应选择在上弦钢筋焊点所在位置，焊点不应脱焊；吊点位置应设置明显标识
2	起吊时，吊钩应穿过上弦钢筋和两侧腹杆钢筋，吊索与桁架预制板水平夹角不应小于 60°
3	钢筋桁架下弦钢筋位于板内纵向钢筋上方时，应在吊点位置钢筋桁架下弦钢筋上方设置至少两根附加钢筋，附加钢筋直径不宜小于 8mm，在吊点两侧的长度不宜小于 150mm（图 6-11）
4	当符合第 1～3 款的规定时，吊点承载力标准值可按表 6-14 采用，安全系数 $K_c=4$；当不符合上述规定时，吊点的承载力应通过试验确定，且其安全系数应符合现行国家标准《混凝土结构工程施工规范》GB 50666 的规定

注：依据《钢筋桁架混凝土叠合板应用技术规程》T/CECS 715—2020 第 5.2.9 条。

吊点承载力标准值　　　　表 6-14

腹杆钢筋类别	承载力标准值(kN)
HPB300、HRB400、HRB500、CRB550 或 CRB600H	20
CPB550	15

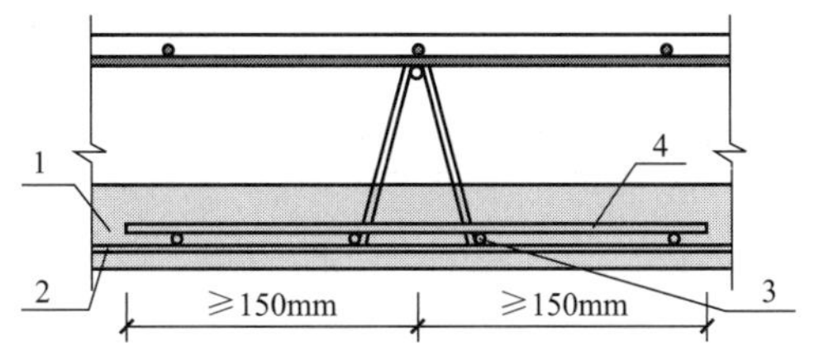

1——预制板；2——预制板内纵向钢筋；3——下弦钢筋；4——附加钢筋

图 6-11　吊点处附加钢筋示意

2.预制板优选尺寸

预制板的优选尺寸详见表 6-15、表 6-16。

双向预制板优选尺寸　　　　表 6-15

预制板宽优选尺寸(mm)	预制板跨优选尺寸(mm)
1200、1500、1800、2000、2400、2500	3000、3300、3600、3900、4200、4500、4800、5100、5400、6000

单向预制板优选尺寸　　　　表 6-16

预制板宽优选尺寸(mm)	预制板跨优选尺寸(mm)
1200、1500、1800、2000、2400、2500	2400、2700、3000、3300、3600、3900、4200

3.没有桁架钢筋的普通叠合板

当未设置桁架钢筋时，一些情况下（表 6-17）叠合板的预制板与后浇混凝土叠合层之间应设置抗剪构造钢筋（图 6-12）。

设置抗剪构造钢筋的要求　**表 6-17**

序号	条件	设置范围
1	单向叠合板跨度大于 4.0m 时	距支座 1/4 跨范围内应设抗剪构造钢筋
2	双向叠合板短向跨度大于 4.0m 时	距四边支座 1/4 短跨范围内
3	悬挑叠合板	全范围
4	悬挑板的上部纵向受力钢筋锚固于相邻叠合板	上部纵向受力钢筋在相邻叠合板的后浇混凝土锚固范围内

注：1. 抗剪构造钢筋宜采用马镫形状，间距不宜大于 400mm，钢筋直径 d 不应小于 6mm；

2. 马镫钢筋宜伸到叠合板上、下部纵向钢筋处，预埋在预制板内的总长度不应小于 $15d$，水平段长度不应小于 50mm；

3 依据《装配式混凝土结构技术规程》JGJ 1—2014 第 6.6.8 条、第 6.6.9 条。

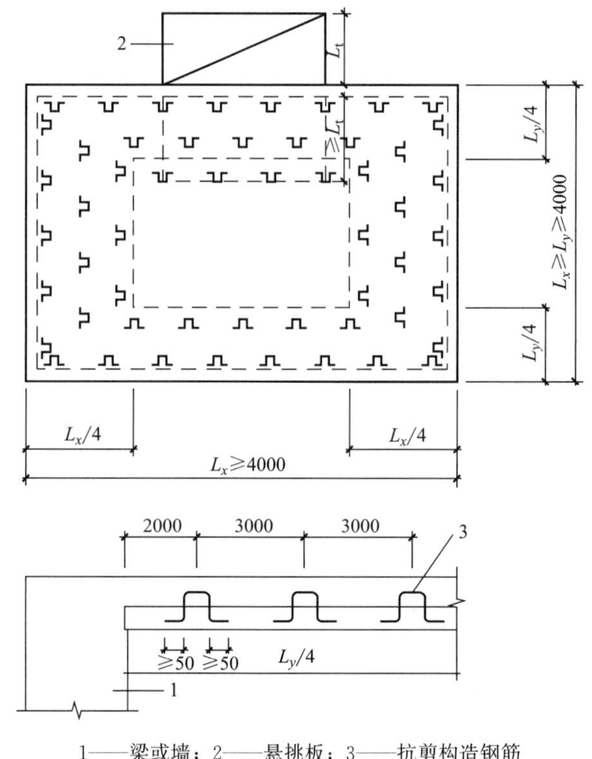

1——梁或墙；2——悬挑板；3——抗剪构造钢筋

图 6-12　叠合板置抗剪构造钢筋示意

当叠合面未配置抗剪钢筋且叠合面粗糙度符合构造要求时，依据辽宁省《装配式混凝土结构设计规程》DB21/T 2572—2019 的规定，叠合面受剪强度应符合下式要求。

$$V/bh_0 \leqslant 0.4\ (\mathrm{N/mm^2})$$

式中：V——竖向荷载作用下支座剪力设计值（N）；

b——叠合面的宽度（mm）；

h_0——叠合面对有效高度（mm）。

4. 预制板孔洞

预制板孔洞应在制作时预留，孔洞不得切断预制板钢筋，如无法避让应按图 6-13 调整补强。

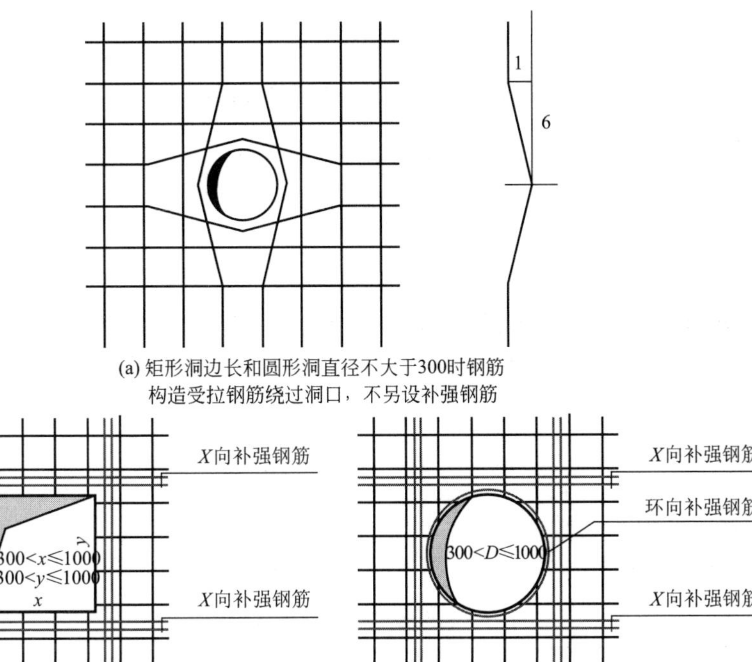

图 6-13　叠合板开孔钢筋构造

5. 桁架钢筋叠合板模板与配筋大样图

桁架钢筋叠合板模板与配筋大样图详见图 6-14。

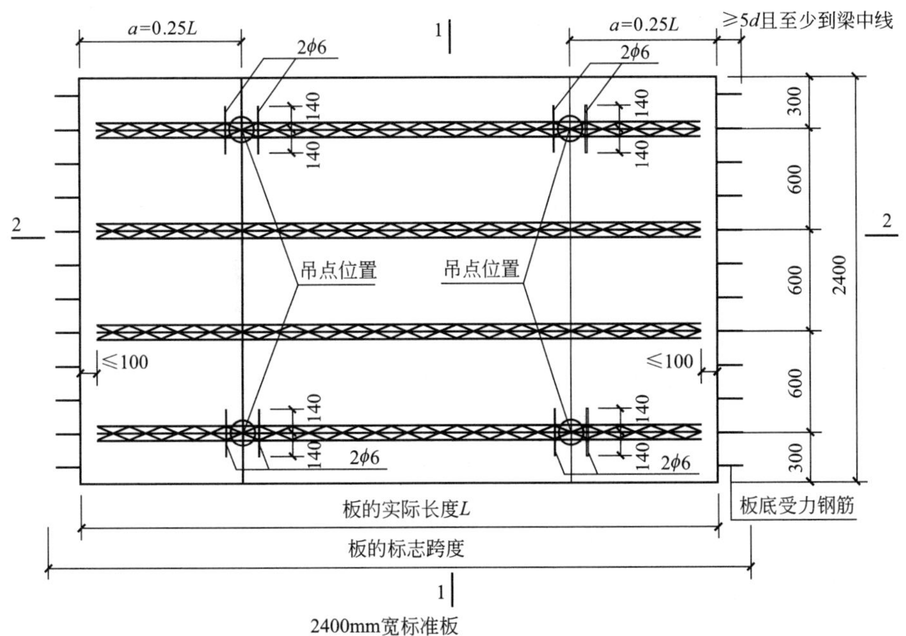

图 6-14　桁架钢筋叠合板模板与配筋大样图[3]（一）

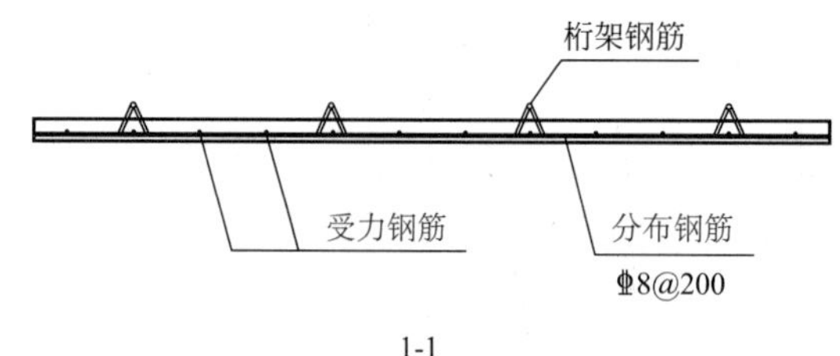

1-1

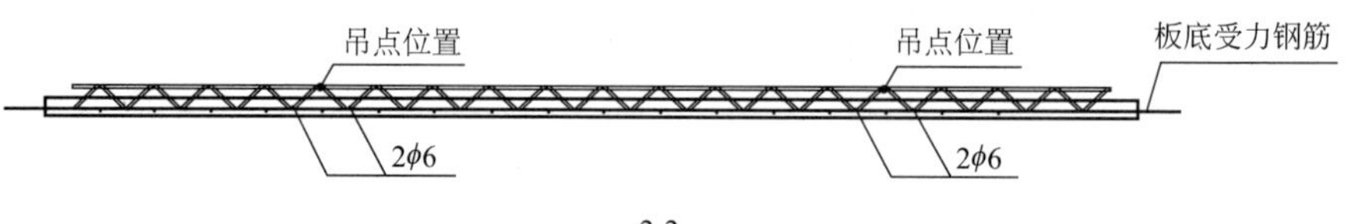

2-2

图 6-14　桁架钢筋叠合板模板与配筋大样图[3]（二）

6.叠合板安装阶段计算

叠合板安装阶段应按两个阶段计算，详见表 6-18。

叠合板安装阶段验算条件　　表 6-18

验算阶段		边界条件	计算截面	荷载条件
叠合层混凝土未达到设计强度	板跨中有临时支撑	连续多跨梁，端部为简支	预制板厚	预制楼板自重、叠合层自重以及本阶段施工活荷载
	板跨中没有临时支撑	简支梁		
叠合层混凝土强度达到设计强度	板跨中有临时支撑	连续梁，应整体参与计算	预制板与叠合层总厚度	叠合层自重、预制楼板自重、面层、吊顶等自重以及本阶段施工活荷载
	板跨中没有临时支撑			

注：施工阶段不加支撑的桁架预制板，应按现行国家规范《混凝土结构设计规范》GB 50010 的有关规定进行两阶段受力计算；进行后浇叠合层施工阶段验算时，叠合板的施工活荷载不宜小于 1.5kN/m²。

施工过程中不允许出现裂缝的桁架预制板，正截面边缘的混凝土法向拉应力应符合下列规定：

$$\sigma_{ct}=M_k/W_{cc}-N_k/A_c\leqslant 1.0f'_{tk} \tag{6-7}$$

施工过程中允许出现裂缝的桁架预制板，正截面边缘的混凝土法向拉应力限值可适当放松，但开裂截面处受拉钢筋的应力应符合下列规定：

$$\sigma_{st}=M_k/[0.87(A_1+A_s)h_0]\leqslant 0.7f_{yks} \tag{6-8}$$

上弦筋拉应力或压应力应符合下列规定：

$$\sigma_{s2}=(M_k/W_s-N_k/A_c)/\alpha_E\leqslant f_{yk2}/1.5 \tag{6-9}$$

$$\sigma_{st}=M_k/(\varphi_2A_2h_s)\leqslant f_{yk2} \tag{6-10}$$

下弦筋及板内钢筋应符合下列规定：

$$A_1f_{yk1}h_1+A_sf_{yks}h_s\leqslant M_k/1.5 \tag{6-11}$$

格构钢筋应符合下列规定：

$$\sigma_{s3}=V_k/(2\varphi_3 A_3 \sin\alpha \sin\beta) \leqslant f_{yk3}/1.5 \tag{6-12}$$

式中，σ_{ct} 为短暂设计状况下，在荷载标准组合作用下产生的构件正截面边缘混凝土拉应力，垂直桁架的截面宜按桁架与混凝土的组合截面计算；σ_{st} 为各施工环节在荷载标准组合作用下的下弦筋及板内钢筋拉应力，应按开裂截面计算；σ_{s2} 为各施工环节在荷载标准组合作用下的下弦筋拉应力或压应力；σ_3 为各施工环节在荷载标准组合作用下的格构筋压应力；f'_{tk}为与各施工环节的混凝土立方体抗压强度相对应的抗拉强度标准值，按现行国家规范《混凝土结构设计规范》GB 50010—2010 表 4.1.3 以线性内插法确定；f_{yk1}，f_{yk2}，f_{yk3}，f_{yks} 分别为下弦筋、上弦筋、格构钢筋以及板内钢筋的屈服强度标准值；A_c 为混凝土截面面积，垂直于桁架的截面宜按等效组合截面计算；A_1，A_2，A_3，A_s 分别为双肢下弦筋、上弦筋、单肢格构钢筋和板内钢筋的截面面积；h_0 为混凝土截面有效高度；h_s 为上弦筋、下弦筋的形心距离；W_{ct} 为混凝土截面受拉边缘弹性抵抗矩，垂直于桁架的截面宜按等效组合截面计算；W_s 为组合截面上弦筋受拉或受压弹性抵抗矩；α_E 为钢筋与桁架预制板混凝土的弹性模量之比；N_k 为作用在截面上的预应力筋合理标准值；M_k 为各施工环节在荷载标准组合作用下组合截面弯矩标准值，包括预应力筋合力对等效截面形心的偏心弯矩；V_k 为各施工环节在荷载标准组合作用下组合截面剪力标准值；φ_2，φ_3 分别为上弦筋、格构钢筋轴心受压稳定系数，按现行国家规范《钢结构设计标准》GB 50017 确定，上弦筋计算长度取上弦筋焊接节点距离，格构钢筋计算长度取 0.7 倍格构钢筋自由端长度；α，β 分别为格构钢筋垂直于桁架方向和平行于桁架方向的倾角。

参考现行国家规范《混凝土结构工程施工规范》GB 50666 中关于桁架预制板的验算方法。施工验算控制指标为限值混凝土受拉、受压应力，桁架钢筋弦杆钢筋受拉屈服应力、受压屈曲应力、格构钢筋屈服应力，板内受拉钢筋受拉屈服应力等，并在计算中考虑了安全系数。桁架预制板截面最大弯矩出现在各吊点（负弯矩）和相邻吊点中间处（正弯矩），吊点位置决定了正负弯矩值的大小。

7. 桁架钢筋叠合板配筋

如表 6-19 所示。

桁架钢筋混凝土叠合板规格尺寸表　　表 6-19

厚度(mm)	标志跨度(m)
60mm 预制钢筋混凝土底板＋70mm 现浇钢筋混凝土叠合层	2.4、2.7、3.0、3.3、3.6、3.9、4.2、4.5、4.8
60mm 预制钢筋混凝土底板＋80mm 现浇钢筋混凝土叠合层	2.4、2.7、3.0、3.3、3.6、3.9、4.2、4.5、4.8、5.1、5.4
60mm 预制钢筋混凝土底板＋90mm 现浇钢筋混凝土叠合层	5.7、6.0

8. 案例计算

对标志跨度 6.0m、150mm 厚（60mm 底板＋90mm 现浇层）的桁架钢筋混凝土叠合板取最不利情况进行设计及验算。设计参数详见表 6-20，荷载计算详见表 6-21。

设计参数 表 6-20

预制钢筋混凝土底板厚度 $h_{底}$(mm)	60	现浇钢筋混凝土叠合层厚度 $h_{叠}$(mm)	90
叠合板厚度 h(mm)	150	保护层厚度 c(mm)	15
C30 混凝土抗压强度设计值 f_c (N/mm^2)	14.3	C30 混凝土抗拉强度标准值 f_{tk} (N/mm^2)	2.01
HRB400 级钢筋抗拉强度设计值 f_y (N/mm^2)	360	弹性模量 E (N/mm^2)	2.0×10^5
预制钢筋混凝土底板混凝土自重产生的均布永久荷载标准值 g_{1k}(kN/m^2)	25×0.06=1.50	现浇钢筋混凝土叠合层混凝土自重产生的均布永久荷载标准值 g_{2k}(kN/m^2)	25×0.09=2.25
附加恒载 g_{3k}(kN/m^2)	2.0	计算跨度 l_0(mm)	6000
施工阶段作用在预制钢筋混凝土底板上的均布活荷载标准值 q_{1k}(kN/m^2)	1.5	使用阶段作用在钢筋桁架混凝土叠合板上的均布荷载标准值 q_{2k}(kN/m^2)	3.5
最大裂缝宽度允许值(mm)	0.3	板的挠度限值	$l_0/200$

荷载计算 表 6-21

施工阶段荷载的基本组合	$\max\begin{Bmatrix}1.2(g_{1k}+g_{2k})+1.4q_{1k}\\1.35(g_{1k}+g_{2k})+1.4\times0.7q_{1k}\end{Bmatrix}$	使用阶段荷载的基本组合	$\max\begin{Bmatrix}1.2(g_{1k}+g_{2k}+g_{3k})+1.4q_{2k}\\1.35(g_{1k}+g_{2k}+g_{3k})+1.4\times0.7q_{2k}\end{Bmatrix}$
施工阶段荷载的标准组合	$g_{1k}+g_{2k}+q_{1k}$	使用阶段荷载的标准组合	$g_{1k}+g_{2k}+g_{3k}+q_{2k}$
施工阶段荷载的准永久组合	$g_{1k}+g_{2k}+0.5q_{1k}$	使用阶段荷载的准永久组合	$g_{1k}+g_{2k}+g_{3k}+0.5q_{2k}$

注：依据《建筑结构荷载规范》GB 50009—2012。

根据上述公式可得预制板的荷载组合值如表 6-22 所示。

预制钢筋混凝土底板荷载组合表 表 6-22

施工阶段	基本组合(kN/m)	6.60
	标准组合(kN/m)	5.25
	准永久组合(kN/m)	4.50
使用阶段	基本组合(kN/m)	11.80
	标准组合(kN/m)	9.25
	准永久组合(kN/m)	7.50

预制钢筋混凝土底板与现浇钢筋混凝土叠合层混凝土完全粘结成整体，在施工阶段有足够的支撑，按连续单向板考虑，荷载按均布荷载设计值进行计算。连续板考虑塑性内力重分布及两种混凝土收缩差的影响。板的跨中及支座弯矩按

式（6-13）进行计算，可得使用阶段的各组合弯矩值，详见表 6-24。

$$M = \alpha q l_0^2 \tag{6-13}$$

式中：M ——单位板宽内弯矩设计值；

α ——弯矩系数，按表 6-23 取值；

q ——单位板宽内荷载基本组合设计值。

弯矩系数表　　表 6-23

弯矩位置	边跨跨中	边跨内支座	中跨跨中	中跨支座
弯矩系数	0.0714	−0.0909(−0.1)	0.0625	−0.0714

注：依据《钢筋混凝土连续梁和框架考虑内力重分布设计规程》CECS 51：93。

使用阶段组合内力弯矩值 M　　表 6-24

弯矩位置	边跨跨中	边跨内支座	中跨跨中	中跨支座
基本组合(kN·m)	30.33	−38.61(−42.48)	26.550	−30.33
标准组合(kN·m)	23.78	−30.27(−33.300)	20.81	−23.78
准永久组合(kN·m)	19.28	−24.54(−27.000)	16.88	−19.28

（1）配筋计算

根据荷载的基本组合设计值，对钢筋桁架混凝土叠合板的截面进行配筋计算，详见表 6-25。

截面配筋　　表 6-25

截面		边跨跨中	边跨内支座	中跨跨中	中跨支座
弯矩设计值(kN·m)		30.33	−38.61 (−42.480)	26.550	−30.331
配筋(mm^2)	计算配筋面积	695	904 (1006)	602	695
	实际配筋	10@100	10@80 (10@70)	10@100	10@110
	实际配筋面积	785	982(1122)	785	714
配筋率 ρ(%) (ρ_{min}=0.179%)		0.524	0.655 (0.748)	0.524	0.476

注：依据《混凝土结构设计规范》GB 50010—2010 第 6.2.10 条中公式计算。

（2）使用阶段验算

根据荷载的标准组合设计值、准永久组合设计值，对钢筋桁架混凝土叠合板的挠度、裂缝宽度进行验算，详见表 6-26、表 6-27。

使用阶段裂缝宽度验算　　表 6-26

截面	边跨跨中	中跨跨中
弯矩准永久值 M_q(kN·m)	19.28	16.88

续表

截面	边跨跨中	中跨跨中
$A_s(mm^2)$	785	785
$\Omega_{max}(mm)$	0.124	0.092
裂缝宽度规范允许值 0.3mm	满足要求	

注：依据《混凝土结构设计规范》GB 50010—2010 第 7.1.2 条、7.1.4 条。

叠合板边跨按一端固支一端铰支计算，中跨按两端固支计算。

使用阶段挠度验算 **表 6-27**

截面	边跨跨中	边跨跨中
$B_s(10^{11})$	26.1971	28.8801
$B(10^{11})$	13.0985	14.4401
$\Delta(mm)$	22.97	8.76
挠度限值 $L/200=30mm$	满足要求	

注：依据《混凝土结构设计规范》GB 50010—2010 第 7.2.2 条、7.2.3 条。

（3）脱模阶段钢筋桁架混凝土底板验算

脱模时考虑叠合筋作用的混凝土开裂荷载，取混凝土强度最大值的 70%，截面承载力计算以单根叠合筋和钢筋混凝土板组成的等效组合梁为单位进行。依据《装配整体式混凝土住宅体系设计规程》DG/TJ 08-2071—2010 第 9.3.3 条，钢筋桁架混凝土叠合板板底混凝土开裂许容弯矩 $M_{crt}=W_t 0.7f_t$，钢筋桁架混凝土叠合板上弦筋屈服许容弯矩 $M_{ty}=\frac{1}{1.5}W_c f_{yk}/\alpha_E$，其中：

W_t——等效组合梁截面混凝土受拉边缘弹性抵抗矩（含叠合筋合成截面）；

M_{ty}——等效组合梁截面上弦筋受拉/受压弹性抵抗矩。

则钢筋桁架混凝土叠合板（图 6-15）板底混凝土开裂许容弯矩 $M_{cr}=0.44kN\cdot mm$，钢筋桁架混凝土叠合板上弦筋屈服许容弯矩 $M_{ty}=6.3kN\cdot m$。

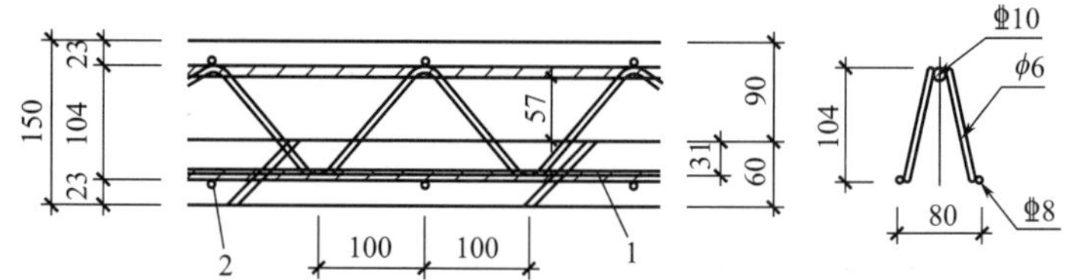

图 6-15 钢筋桁架对应 60mm 预制底板＋90mm 叠合现浇层

按两端挑出简支梁进行计算，考虑 1.5 的起吊动力系数，$1.5kN/m^2$ 的脱模吸附力。

板自重 $q=0.06\times25\times0.6=0.9kN/m$、脱模荷载为 $1.5\times0.6=0.9kN/m$，

$F=1.5\times0.9+0.9=2.25kN/m$。

根据计算简图（图 6-16）可知，钢筋桁架叠合板底板负弯矩最大值为 $2.531kN\cdot m$ 小于叠合筋上弦筋屈服许容弯矩 $M_{ty}=6.3kN\cdot m$，预制钢筋混凝土

底板板底弯矩最大值为 0kN・m，小于板底混凝土开裂许容弯矩 0.44kN・m。脱模阶段满足要求。

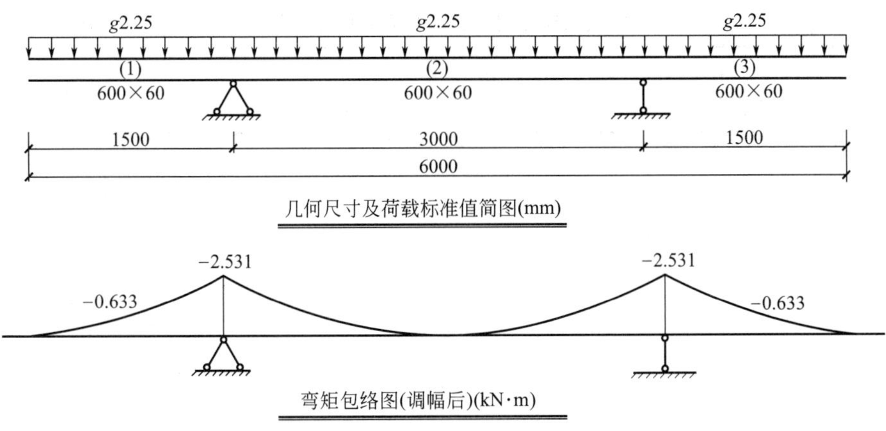

图 6-16　脱模阶段计算简图

（4）吊装阶段钢筋桁架混凝土底板验算

吊装阶段混凝土强度等级为 C30，则钢筋桁架混凝土叠合板混凝土开裂许容弯矩 M_{cr}=0.63kN・m，钢筋桁架混凝土叠合板上弦筋屈服许容弯矩 M_{ty}=6.3kN・m。

按两端挑出简支梁进行计算，考虑 1.5 的起吊动力系数。

板自重 q=0.06×25×0.6=0.9kN/m，F=1.5×0.9=1.35kN/m。

根据计算简图（图 6-17）可知，预制钢筋混凝土底板负弯矩最大值为 1.519kN・m 小于叠合筋上弦筋屈服许容弯矩 M_{ty}=6.3kN・m，预制钢筋混凝土底板板底弯矩最大值为 0kN・m 小于板底混凝土开裂许容弯矩 0.63kN・m。吊装阶段满足要求。

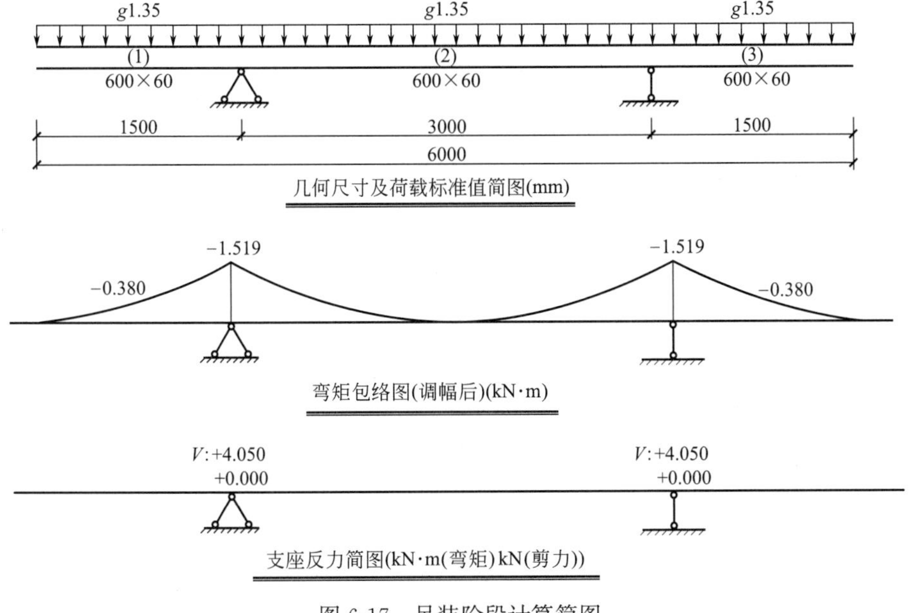

图 6-17　吊装阶段计算简图

9. 桁架钢筋混凝土叠合板预制底板配筋表

桁架钢筋混凝土叠合板预制底板配筋表详见表 6-28。

桁架钢筋混凝土叠合板预制底板配筋表 **表 6-28**

预制底板厚度(mm)	现浇叠合层厚度(mm)	跨度(mm)	附加荷载(kN/m²)	可变荷载(kN/m²)	预制底板配筋	
					中间跨	边跨
60	70	2400	1.0	2.0	8@200	8@200
			1.0	2.5	8@200	8@200
			1.0	3.5	8@200	8@200
			1.5	2.0	8@200	8@200
			1.5	2.5	8@200	8@200
			1.5	3.5	8@200	8@200
			2.0	2.0	8@200	8@200
			2.0	2.5	8@200	8@200
			2.0	3.5	8@200	8@200
60	70	2700	1.0	2.0	8@200	8@200
			1.0	2.5	8@200	8@200
			1.0	3.5	8@200	8@200
			1.5	2.0	8@200	8@200
			1.5	2.5	8@200	8@200
			1.5	3.5	8@200	8@200
			2.0	2.0	8@200	8@200
			2.0	2.5	8@200	8@200
			2.0	3.5	8@200	8@200
60	70	3000	1.0	2.0	8@200	8@200
			1.0	2.5	8@200	8@200
			1.0	3.5	8@200	8@200
			1.5	2.0	8@200	8@200
			1.5	2.5	8@200	8@200
			1.5	3.5	8@200	8@200
			2.0	2.0	8@200	8@200
			2.0	2.5	8@200	8@200
			2.0	3.5	8@200	8@200
60	70	3300	1.0	2.0	8@200	8@200
			1.0	2.5	8@200	8@200
			1.0	3.5	8@200	8@200
			1.5	2.0	8@200	8@200
			1.5	2.5	8@200	8@200
			1.5	3.5	8@200	8@200

续表

预制底板厚度(mm)	现浇叠合层厚度(mm)	跨度(mm)	附加荷载(kN/m²)	可变荷载(kN/m²)	预制底板配筋	
					中间跨	边跨
60	70	3300	2.0	2.0	8@200	8@200
			2.0	2.5	8@200	8@200
			2.0	3.5	8@200	8@200
60	70	3600	1.0	2.0	8@200	8@200
			1.0	2.5	8@200	8@200
			1.0	3.5	8@200	8@200
			1.5	2.0	8@200	8@200
			1.5	2.5	8@200	8@200
			1.5	3.5	8@200	8@150
			2.0	2.0	8@200	8@200
			2.0	2.5	8@200	8@200
			2.0	3.5	8@200	8@150
60	70	3900	1.0	2.0	8@200	8@200
			1.0	2.5	8@200	8@200
			1.0	3.5	8@200	8@150
			1.5	2.0	8@200	8@200
			1.5	2.5	8@200	8@150
			1.5	3.5	8@150	8@150
			2.0	2.0	8@200	8@150
			2.0	2.5	8@200	8@150
			2.0	3.5	8@150	8@150
60	70	4200	1.0	2.0	8@200	8@150
			1.0	2.5	8@200	8@150
			1.0	3.5	8@150	8@150
			1.5	2.0	8@200	8@150
			1.5	2.5	8@150	8@150
			1.5	3.5	8@150	8@150
			2.0	2.0	8@150	8@150
			2.0	2.5	8@150	8@150
			2.0	3.5	10@200	10@200
60	70	4500	1.0	2.0	8@150	8@150
			1.0	2.5	10@200	10@200
			1.0	3.5	10@200	10@200
			1.5	2.0	8@150	8@150

续表

预制底板厚度(mm)	现浇叠合层厚度(mm)	跨度(mm)	附加荷载(kN/m²)	可变荷载(kN/m²)	预制底板配筋	
					中间跨	边跨
60	70	4500	1.5	2.5	10@200	10@200
			1.5	3.5	10@200	10@150
			2.0	2.0	10@200	10@200
			2.0	2.5	10@200	10@200
			2.0	3.5	10@200	10@150
60	70	4800	1.0	2.0	10@200	10@200
			1.0	2.5	10@200	10@200
			1.0	3.5	10@200	10@150
			1.5	2.0	10@200	10@200
			1.5	2.5	10@200	10@150
			1.5	3.5	10@150	10@150
			2.0	2.0	10@200	10@200
			2.0	2.5	10@200	10@150
			2.0	3.5	10@200	10@150
60	80	2400	1.0	2.0	8@200	8@200
			1.0	2.5	8@200	8@200
			1.0	3.5	8@200	8@200
			1.5	2.0	8@200	8@200
			1.5	2.5	8@200	8@200
			1.5	3.5	8@200	8@200
			2.0	2.0	8@200	8@200
			2.0	2.5	8@200	8@200
			2.0	3.5	8@200	8@200
60	80	2700	1.0	2.0	8@200	8@200
			1.0	2.5	8@200	8@200
			1.0	3.5	8@200	8@200
			1.5	2.0	8@200	8@200
			1.5	2.5	8@200	8@200
			1.5	3.5	8@200	8@200
			2.0	2.0	8@200	8@200
			2.0	2.5	8@200	8@200
			2.0	3.5	8@200	8@200
60	80	3000	1.0	2.0	8@200	8@200
			1.0	2.5	8@200	8@200
			1.0	3.5	8@200	8@200

续表

预制底板厚度(mm)	现浇叠合层厚度(mm)	跨度(mm)	附加荷载(kN/m²)	可变荷载(kN/m²)	预制底板配筋	
					中间跨	边跨
60	80	3000	1.5	2.0	8@200	8@200
			1.5	2.5	8@200	8@200
			1.5	3.5	8@200	8@200
			2.0	2.0	8@200	8@200
			2.0	2.5	8@200	8@200
			2.0	3.5	8@200	8@200
60	80	3300	1.0	2.0	8@200	8@200
			1.0	2.5	8@200	8@200
			1.0	3.5	8@200	8@200
			1.5	2.0	8@200	8@200
			1.5	2.5	8@200	8@200
			1.5	3.5	8@200	8@200
			2.0	2.0	8@200	8@200
			2.0	2.5	8@200	8@200
			2.0	3.5	8@200	8@200
60	80	3600	1.0	2.0	8@200	8@200
			1.0	2.5	8@200	8@200
			1.0	3.5	8@200	8@200
			1.5	2.0	8@200	8@200
			1.5	2.5	8@200	8@200
			1.5	3.5	8@200	8@200
			2.0	2.0	8@200	8@200
			2.0	2.5	8@200	8@200
			2.0	3.5	8@200	8@200
60	80	3900	1.0	2.0	8@200	8@200
			1.0	2.5	8@200	8@200
			1.0	3.5	8@200	8@150
			1.5	2.0	8@200	8@200
			1.5	2.5	8@200	8@200
			1.5	3.5	8@200	8@150
			2.0	2.0	8@200	8@200
			2.0	2.5	8@200	8@150
			2.0	3.5	8@200	8@150
60	80	4200	1.0	2.0	8@200	8@200
			1.0	2.5	8@200	8@150

续表

预制底板厚度(mm)	现浇叠合层厚度(mm)	跨度(mm)	附加荷载(kN/m²)	可变荷载(kN/m²)	预制底板配筋	
					中间跨	边跨
60	80	4200	1.0	3.5	8@150	8@150
			1.5	2.0	8@200	8@150
			1.5	2.5	8@200	8@150
			1.5	3.5	8@150	8@150
			2.0	2.0	8@200	8@150
			2.0	2.5	8@150	8@150
			2.0	3.5	10@200	10@200
60	80	4500	1.0	2.0	8@200	8@150
			1.0	2.5	8@150	8@150
			1.0	3.5	10@200	10@200
			1.5	2.0	8@150	8@150
			1.5	2.5	8@150	8@150
			1.5	3.5	8@150	8@150
			2.0	2.0	10@200	10@200
			2.0	2.5	8@150	8@150
			2.0	3.5	10@200	10@200
60	80	4800	1.0	2.0	10@200	10@200
			1.0	2.5	10@200	10@200
			1.0	3.5	10@200	10@150
			1.5	2.0	10@200	10@200
			1.5	2.5	10@200	10@200
			1.5	3.5	10@200	10@150
			2.0	2.0	10@200	10@200
			2.0	2.5	10@200	10@150
			2.0	3.5	10@150	10@150
60	80	5100	1.0	2.0	10@200	10@200
			1.0	2.5	10@200	10@150
			1.0	3.5	10@150	10@150
			1.5	2.0	10@200	10@150
			1.5	2.5	10@200	10@150
			1.5	3.5	10@150	10@150

续表

预制底板厚度(mm)	现浇叠合层厚度(mm)	跨度(mm)	附加荷载(kN/m^2)	可变荷载(kN/m^2)	预制底板配筋	
					中间跨	边跨
60	80	5100	2.0	2.0	10@200	10@150
			2.0	2.5	10@150	10@150
			2.0	3.5	10@150	10@150
60	80	5400	1.0	2.0	10@200	10@150
			1.0	2.5	10@200	10@150
			1.0	3.5	10@150	10@100
			1.5	2.0	10@200	10@150
			1.5	2.5	10@150	10@150
			1.5	3.5	10@150	10@100
			2.0	2.0	10@200	10@150
			2.0	2.5	10@150	10@150
			2.0	3.5	10@150	10@100
60	90	5700	1.0	2.0	10@200	10@150
			1.0	2.5	10@150	10@150
			1.0	3.5	10@150	10@100
			1.5	2.0	10@150	10@150
			1.5	2.5	10@150	10@150
			1.5	3.5	10@150	10@100
			2.0	2.0	10@150	10@150
			2.0	2.5	10@150	10@100
			2.0	3.5	10@100	10@100
60	90	6000	1.0	2.0	10@150	10@100
			1.0	2.5	10@150	10@100
			1.0	3.5	10@100	10@100
			1.5	2.0	10@150	10@100
			1.5	2.5	10@150	10@100
			1.5	3.5	10@100	10@100
			2.0	2.0	10@150	10@100
			2.0	2.5	10@100	10@100
			2.0	3.5	10@100	10@100

6.2 其他预制楼盖设计

6.2.1 预应力混凝土实心板

如表 6-29、图 6-18～图 6-26 所示。

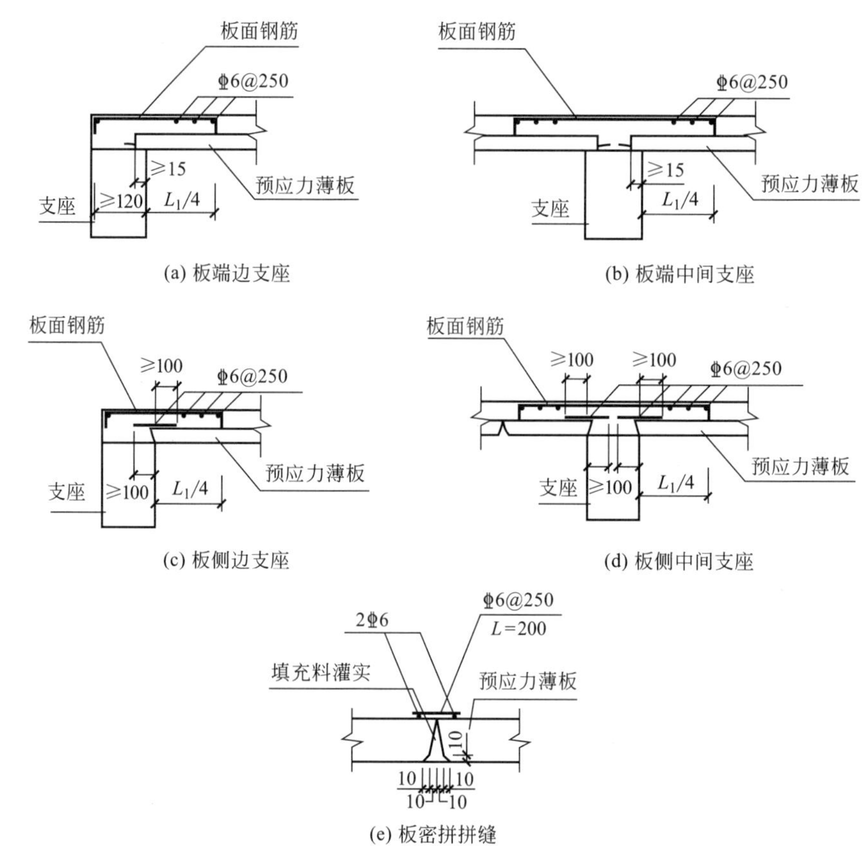

图 6-18 预应力混凝土实心板支座节点[4]

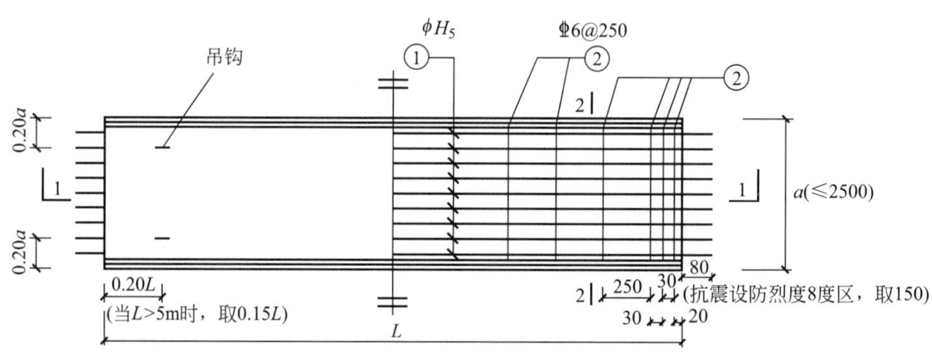

图 6-19 预应力混凝土实心板模板图[4]（一）

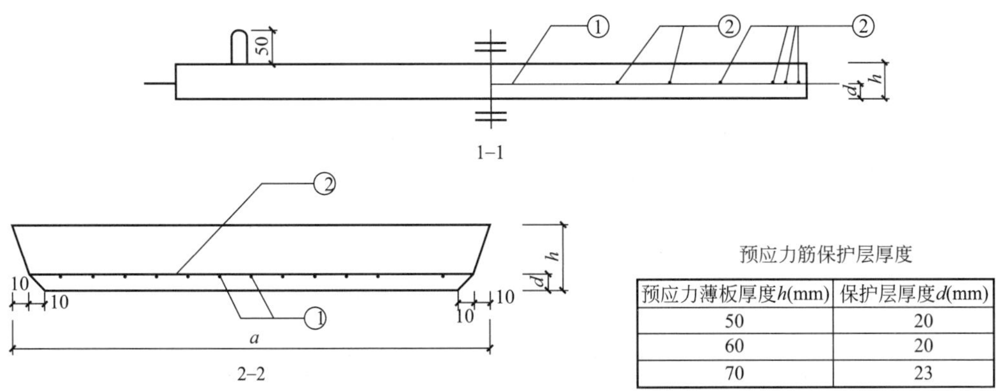

预应力筋保护层厚度

预应力薄板厚度h(mm)	保护层厚度d(mm)
50	20
60	20
70	23

图 6-19　预应力混凝土实心板模板图[4]（二）

6.2.2　预应力混凝土空心板

1. 板端支座设计

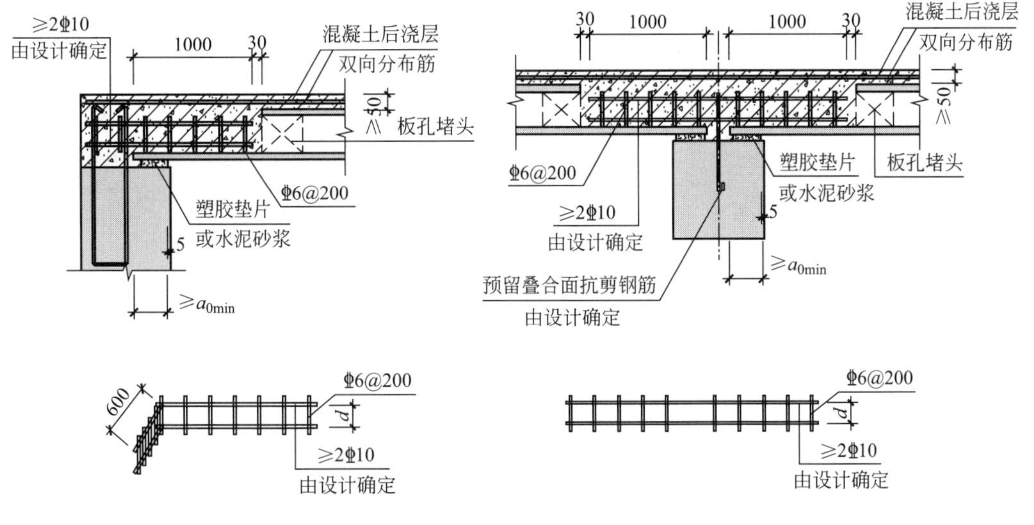

(a) 预应力混凝土空心板板端边支座一　　(b) 预应力混凝土空心叠合板板端中间支座一

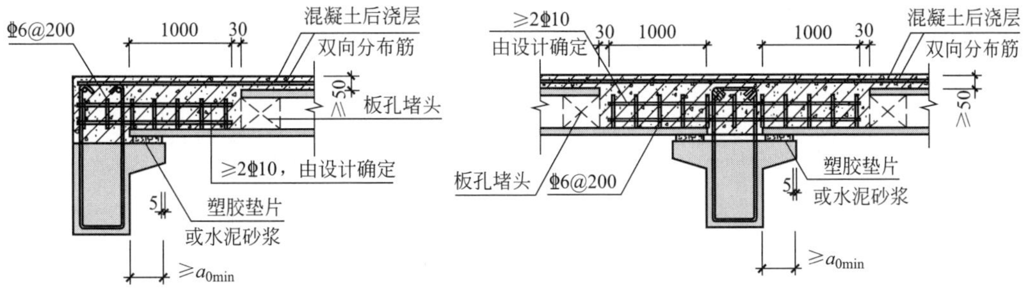

图 6-20　预应力混凝土空心板板端支座构造示意图[1]（一）

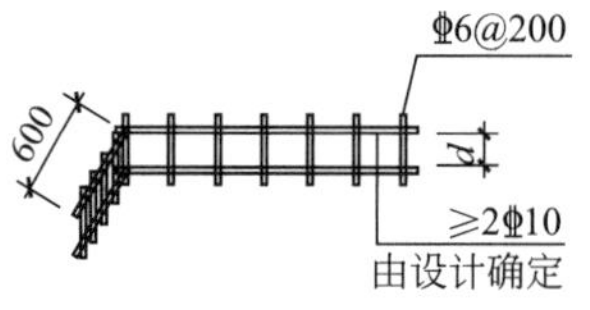

(c) 预应力混凝土空心板板端边支座二

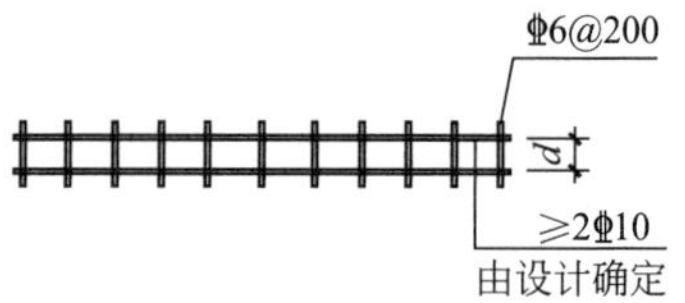

(d) 预应力混凝土空心叠合板板端边支座二

图 6-20　预应力混凝土空心板板端支座构造示意图[1]（二）

支座处最小支承长度 a_{min}（mm）　　**表 6-29**

板跨长度 L（m）	$L \leqslant 10$	$L > 10$
最小支承长度 a_{min}（mm）	80	100

2. 板侧设计

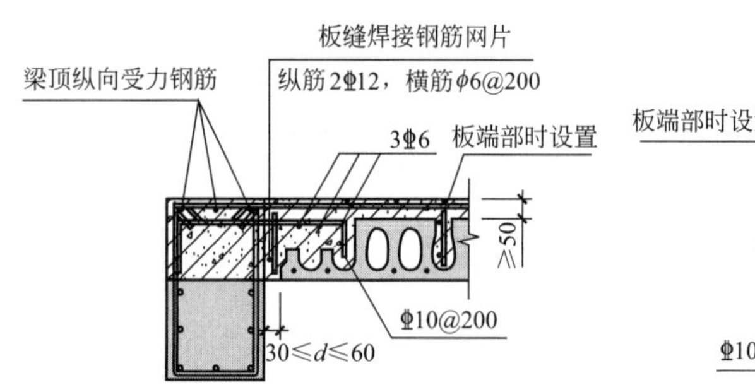

(a) 预应力混凝土空心板板侧边支座一
(仅适用于缝宽30~60mm)

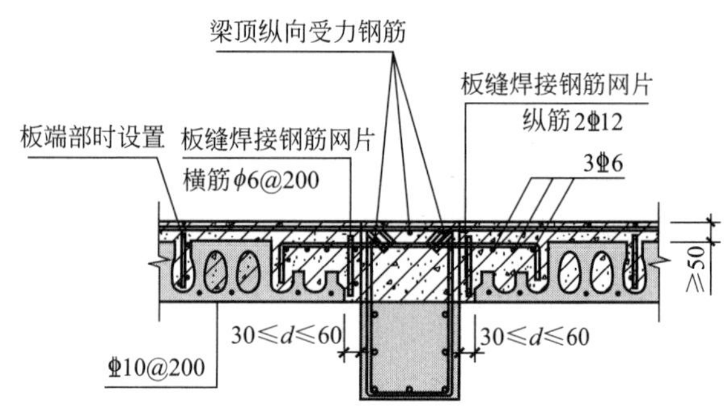

(b) 预应力混凝土空心叠合板板侧中间支座一
(仅适用于缝宽30~60mm)

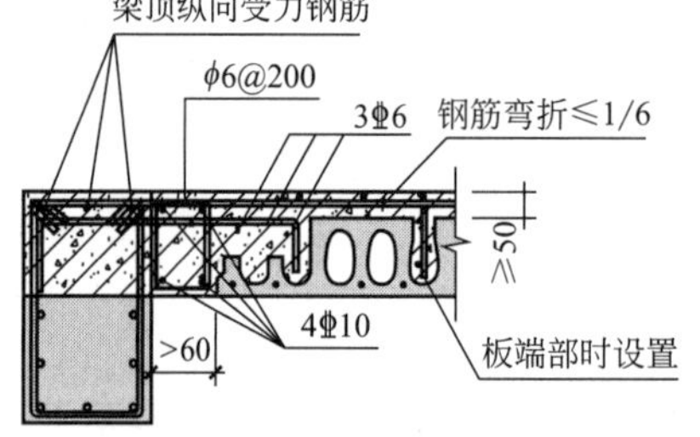

(c) 预应力混凝土空心板板侧边支座二
(仅适用于缝宽大于60mm)

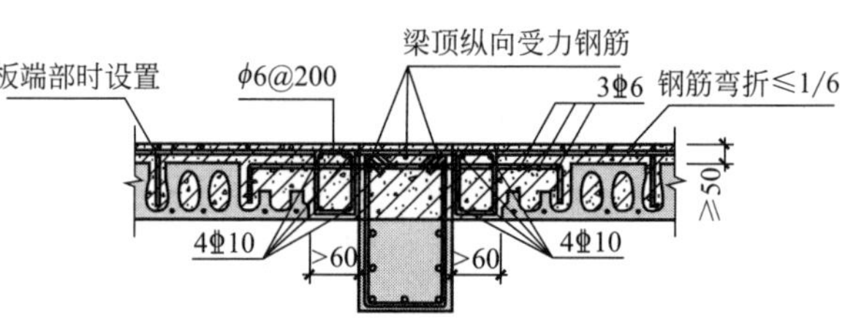

(d) 预应力混凝土空心叠合板板侧边支座二
(仅适用于缝宽大于60mm)

图 6-21　预应力混凝土空心板板侧构造示意图[1]

6.2.3 预应力混凝土双T板

1. 板端支座设计

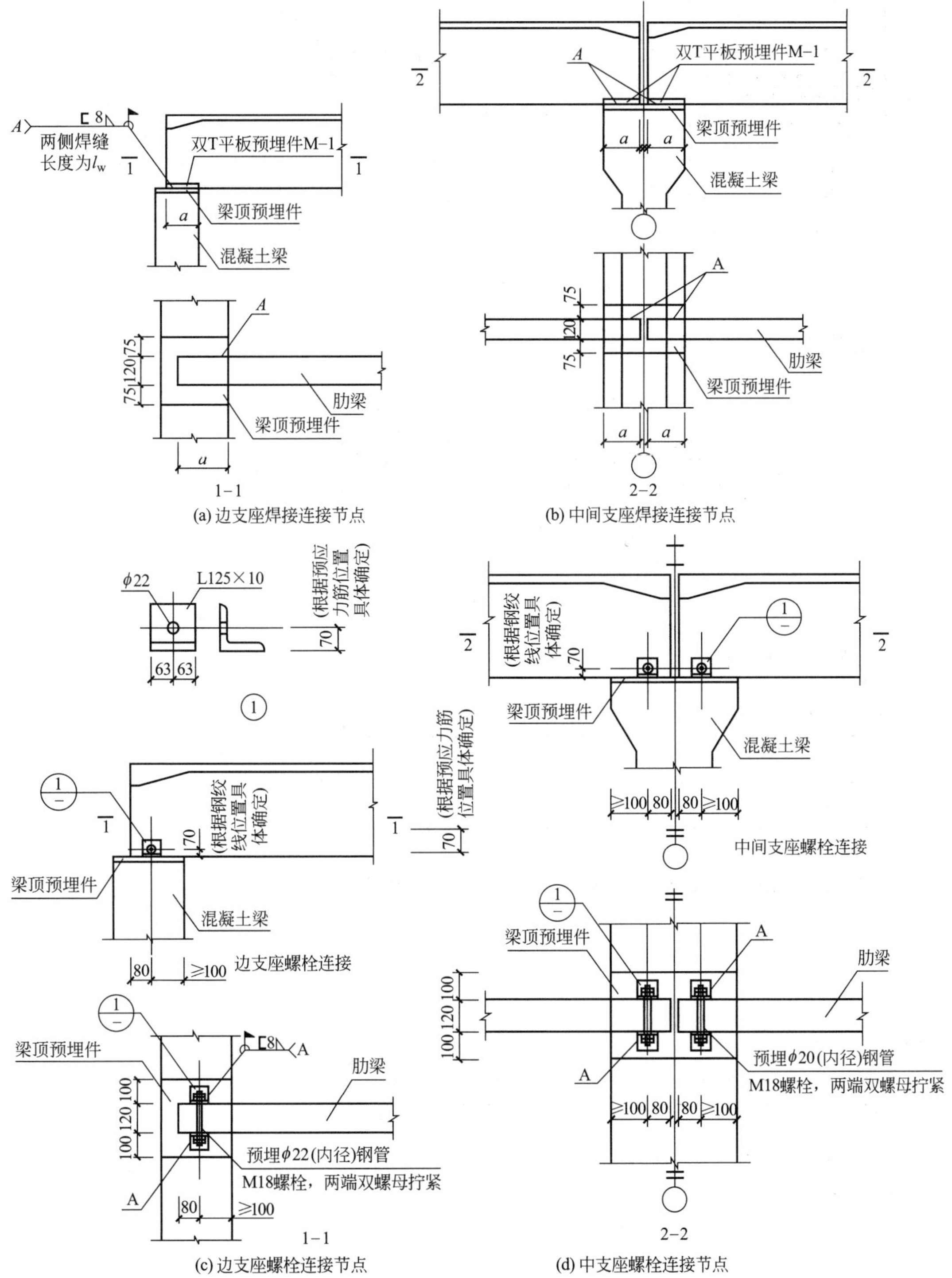

图 6-22　板端支座连接构造[5]

2. 板侧支座连接构造

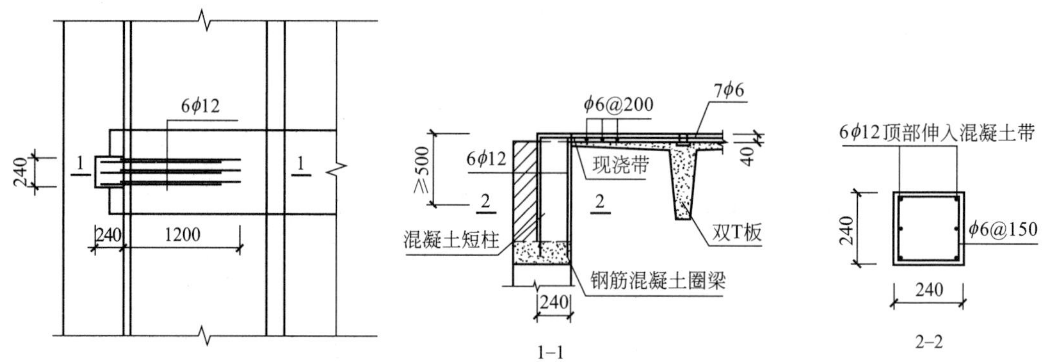

图 6-23　板侧支座连接构造[5]

3. 板缝设计

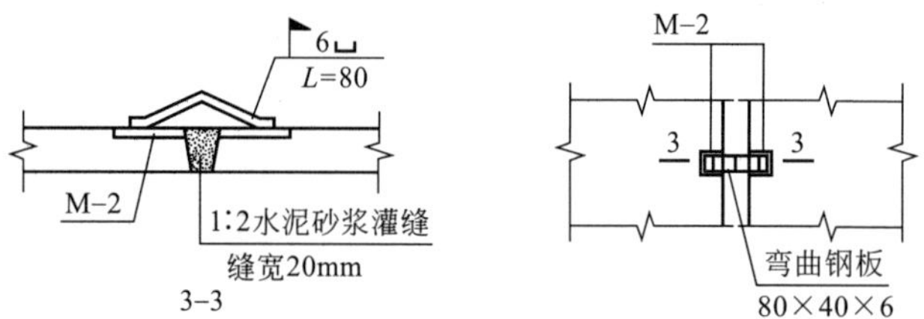

图 6-24　预制双 T 板板缝节点图[5]

4. 构件模板图及配筋图

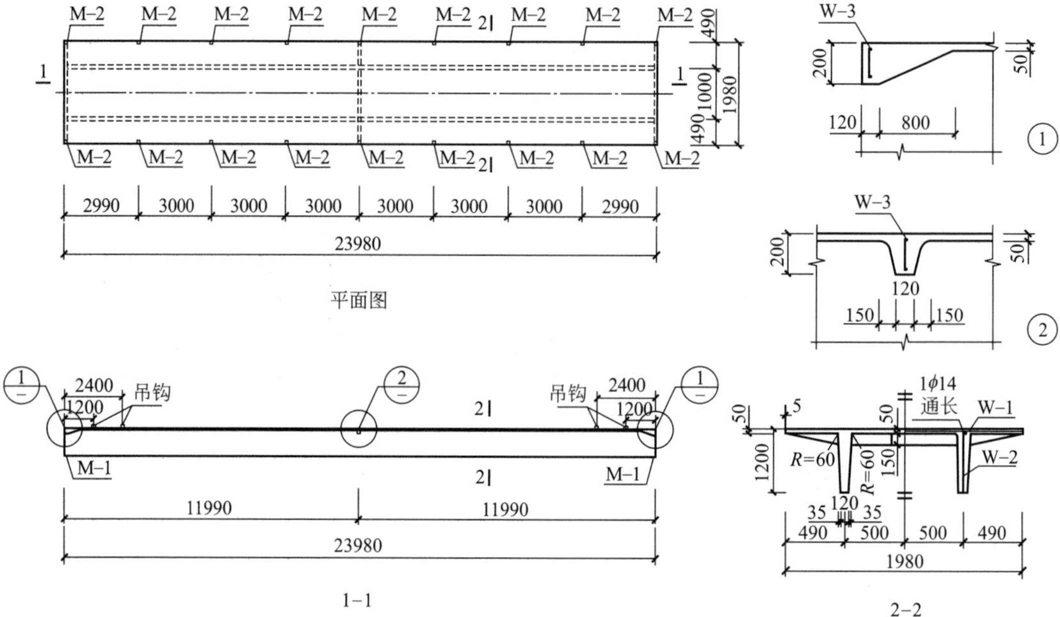

图 6-25　预制双 T 板模板图[5]

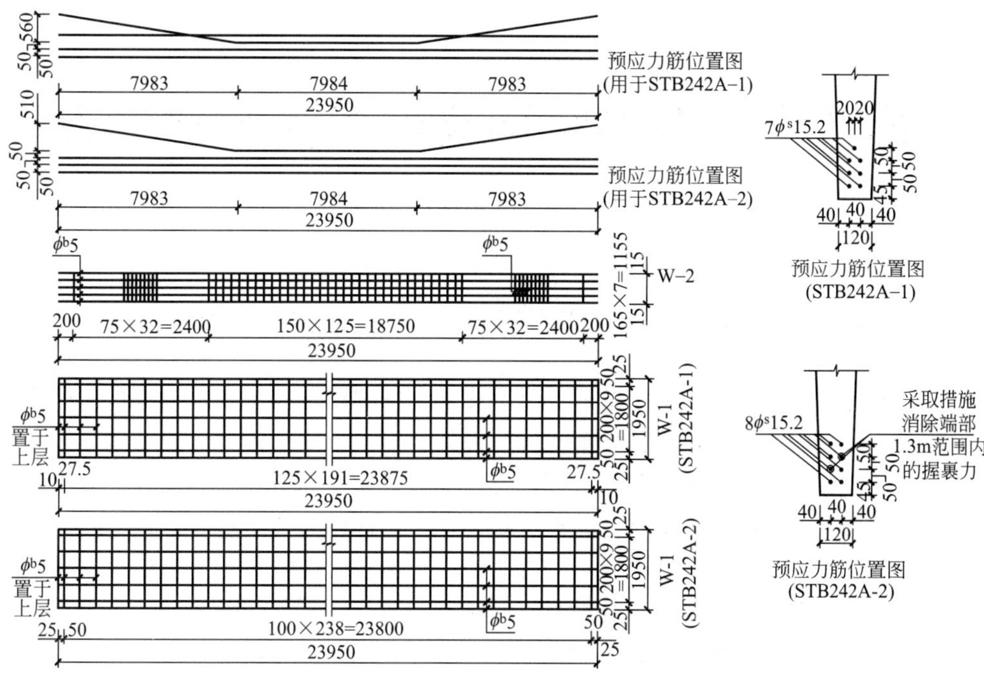

图 6-26　预制双 T 板配筋图[5]

6.3　本章小结

本章涵盖了工程中常用的几种预制楼盖，包括叠合楼盖（预制叠合楼板、预应力混凝土实心板）、全预制楼盖（预应力混凝土空心板（SP 板）、预应力混凝土双 T 板）。除了给出各类楼盖的连接节点构造示意图供设计人员参考使用外，本章还给出了典型节点的设计计算要求，并结合案例计算，展示了叠合板的设计及验算方法，最后详细给出了桁架钢筋混凝土叠合板的预制底板配筋表。

参考文献

［1］上海市住房和城乡建设管理委员会. 装配式混凝土结构连接节点构造图集 2019 沪 G106 ［S］. 上海：同济大学出版社，2019.

［2］中国建筑标准设计研究院. 装配式混凝土结构连接节点构造 15G310-1 ［S］. 北京：中国计划出版社，2019.

［3］南京长江都市建筑设计股份有限公司. 钢筋桁架混凝土叠合板　苏 G25—2015 ［S］. 南京：江苏凤凰科学技术出版社，2015.

［4］江苏省建筑设计研究院有限公司. 预应力混凝土叠合板　苏 G11—2016 ［S］. 南京：江苏凤凰科学技术出版社，2016.

［5］江苏省建筑设计研究院有限公司. 预应力混凝土双 T 板　苏 G12—2016 ［S］. 南京：江苏凤凰科学技术出版社，2016.

［6］《钢筋桁架混凝土叠合板应用技术规程》T/CECS 715—2020 ［S］.

第7章 框架结构及框架支撑结构设计

7.1 装配整体式框架结构体系

装配整体式混凝土框架结构是全部或部分框架梁、柱采用预制构件构建成的装配整体式混凝土结构，简称装配整体式框架结构。装配整体式框架结构根据构件预制工艺及框架节点施工工艺的不同，可分为节点现浇和节点预制两种主要形式。其中，采用节点现浇的装配整体式框架结构，梁、柱均从节点处断开，节点连接构造可与现浇框架结构的节点相同，构件制作工艺简单，质量可靠。采用节点预制的装配整体式框架结构，节点可与柱身一起预制，节点侧面预留钢筋与梁筋连接，并于梁端设置后浇段；或与梁整体预制（莲藕梁），于跨中附近设置后浇段，构件制作工艺较为复杂，吊装难度大。考虑到我国现阶段构件预制技术及现场施工水平的限制，工程实践中，节点现浇的装配整体式框架结构应用更为普遍。

装配整体式框架结构的设计应依照相关规范及规程要求执行；其中：结构整体计算分析与预制构件布置应满足第5章相关内容要求；楼盖设计应满足第6章相关内容要求。装配整体式框架结构设计过程中应根据工程实际情况因地制宜，合理策划制定装配整体式结构方案，通过准确的计算分析得出结构整体性能参数及构件配筋等结果，经判定结果合理后，再进一步开展节点及构造设计。

本节主要针对除其他章节要求外的节点承载力补充计算（7.1.2）及相关构造设计（7.1.3、7.1.4）进行阐述，其他未述部分参照其他相关章节执行。

7.1.1 一般规定

1.结构设计一般规定

装配整体式框架结构的设计除应满足第5章相关内容的规定外，尚应符合表7-1的要求。

装配整体式框架结构设计一般规定 **表7-1**

序号	基本要求	依据
1	装配整体式多层框架不宜采用单跨框架结构；装配整体式高层框架以及乙类建筑的装配整体式多层框架不应采用单跨框架结构	《装配整体式混凝土框架结构技术规程》DGJ32/TJ 219—2017、《装配式混凝土结构技术规程》JGJ 1—2014
2	楼梯间的布置不应导致结构平面显著不规则，并应对楼梯构件进行抗震承载力验算	
3	装配整体式框架结构用于抗震设防烈度8度地区的3层（含3层）以上建筑，宜采用减隔震技术进行设计	

续表

序号	基本要求	依据
4	装配整体式高层框架结构首层柱宜采用现浇混凝土，顶层宜采用现浇楼盖	《装配整体式混凝土框架结构技术规程》DGJ32/TJ 219—2017、《装配式混凝土结构技术规程》JGJ 1—2014
5	一、二、三级抗震等级时，需验算梁柱节点核心区抗剪承载力，四级抗震等级可不验算；节点核心区抗震受剪承载力验算和构造应符合现行国家标准《混凝土结构设计规范》GB 50010 和《建筑抗震设计规范》GB 50011 中的相关规定	
6	预制柱水平接缝处不宜出现拉力	

2. 纵筋连接方式

装配整体式框架结构纵筋连接方式除应满足国家现行相关标准外，尚应符合表 7-2 的规定。

构件纵筋连接形式的相关规定[1,2] **表 7-2**

连接形式	示意图	基本要求
套筒灌浆连接	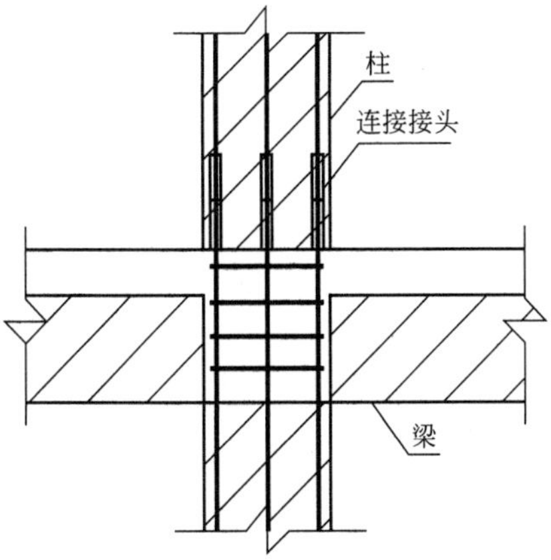 柱 连接接头 梁	1 纵向钢筋采用套筒灌浆连接时，应在构件生产前进行接头抗拉强度试验，每种规格接头试件不应少于 3 个； 2 连接钢筋应采用带肋钢筋； 3 套筒区箍筋尺寸与非套筒区不同，且箍筋间距应加密； 4 当房屋高度大于 12m 或层数超过 3 层时，预制柱的纵向钢筋宜采用套筒灌浆连接； 5 预制柱中钢筋接头处套筒外侧箍筋的混凝土保护层厚度不应小于 20mm，套筒间的净距不应小于 25mm
浆锚搭接连接	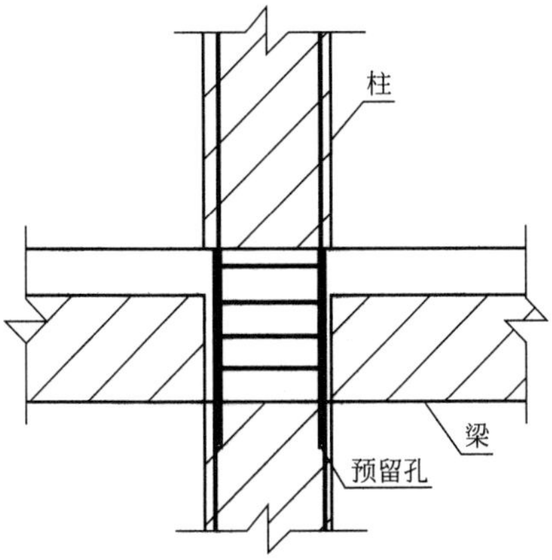 柱 梁 预留孔	1 纵向钢筋采用套筒灌浆连接时，应对预留孔成孔工艺、孔道形状和长度、构造要求、灌浆料和被连接钢筋进行力学性能以及适用性试验验证； 2 连接钢筋应采用带肋钢筋； 3 直径大于 20mm 的钢筋不宜采用浆锚搭接连接； 4 直接承受动力荷载的构件不应采用浆锚搭接连接
焊接连接		在装配整体式框架结构中，仅用于非结构构件的连接

续表

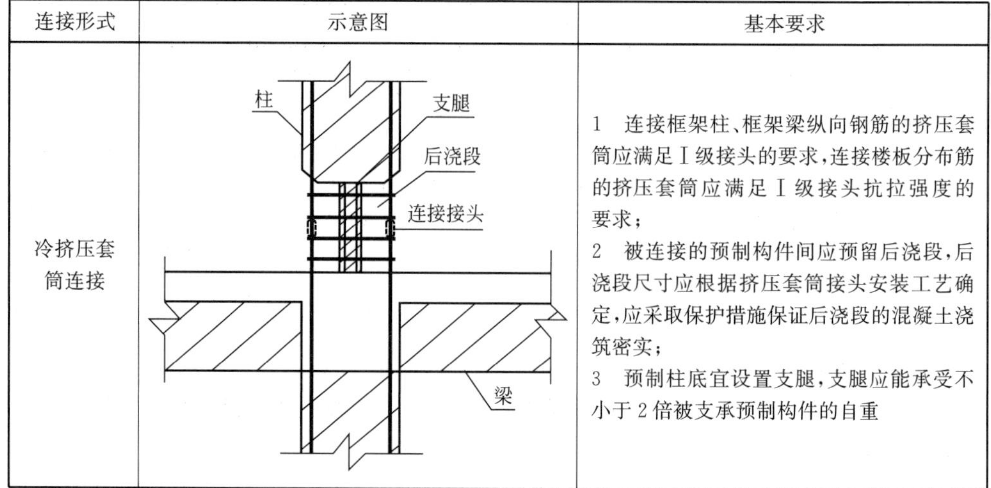

<table>
<tr><th>连接形式</th><th>示意图</th><th>基本要求</th></tr>
<tr><td>冷挤压套筒连接</td><td></td><td>1　连接框架柱、框架梁纵向钢筋的挤压套筒应满足Ⅰ级接头的要求，连接楼板分布筋的挤压套筒应满足Ⅰ级接头抗拉强度的要求；
2　被连接的预制构件间应预留后浇段，后浇段尺寸应根据挤压套筒接头安装工艺确定，应采取保护措施保证后浇段的混凝土浇筑密实；
3　预制柱底宜设置支腿，支腿应能承受不小于2倍被支承预制构件的自重</td></tr>
</table>

注：当采用套筒灌浆连接时，应符合《钢筋套筒灌浆连接应用技术规程》JGJ 355的规定；当采用机械连接时，应符合《钢筋机械连接技术规程》JGJ 107的连接；当采用焊接连接时，应符合《钢筋焊接及验收规程》JGJ 18的规定。

7.1.2　节点设计

1. 接缝承载力计算

(1) 计算公式

叠合梁端竖向接缝和预制柱底水平接缝受剪承载力计算应符合表7-3的规定。

接缝受剪承载力要求　　　　**表7-3**

<table>
<tr><th>部位</th><th>规范依据</th><th>持久设计状况</th><th>短暂设计状况</th><th>地震设计状况</th></tr>
<tr><td rowspan="3">叠合梁端竖向接缝</td><td>《装配式混凝土结构技术规程》JGJ 1—2014</td><td colspan="2" rowspan="2">$V_u=0.07f_cA_{c1}+0.10f_cA_k+1.65A_{sd}\sqrt{f_cf_y}$</td><td rowspan="2">$V_u=0.04f_cA_{c1}+0.06f_cA_k+1.65A_{sd}\sqrt{f_cf_y}$</td></tr>
<tr><td>《装配整体式混凝土公共建筑设计规程》DGJ 08-2154—2014</td></tr>
<tr><td>《装配式剪力墙结构设计规程》DB11/1003—2013</td><td colspan="2">$V_u=0.1f_cA_{c1}+0.15f_cA_k$
$V_u=1.85A_{sd}\sqrt{f_cf_y}$，两者取小值</td><td>$V_u=1.85A_{sd}\sqrt{f_cf_y}$</td></tr>
<tr><td>预制柱底水平接缝</td><td>《装配式混凝土结构技术规程》JGJ 1—2014</td><td colspan="2"></td><td>$V_{uE}=0.8N+1.65A_{sd}\sqrt{f_cf_y}$（柱受压）
$V_{uE}=1.65A_{sd}\sqrt{f_cf_y\left[1-\left(\frac{N}{A_{sa}f_y}\right)^2\right]}$（柱受拉）</td></tr>
</table>

注：A_{c1}——叠合梁端截面后浇混凝土叠合层截面面积；f_c——预制构件混凝土轴心抗压强度设计值；f_y——垂直穿过结合面钢筋抗拉强度设计值；A_k——各键槽的根部截面面积之和，按后浇键槽根部截面和预制键槽根部截面分别计算，并取两者的较小值；A_{sd}——垂直穿过结合面所有钢筋的面积，包括叠合层内的纵向钢筋；N——与剪力设计值V相应的垂直于结合面的轴向力设计值，取绝对值进行计算；V_{uE}——地震设计状况下接缝受剪承载力设计值。

(2) 计算实例（以《装配式混凝土结构技术规程》JGJ 1 为参考）

【例 7-1】 已知矩形截面预制梁，如图 7-1 所示。其中，$b=200\text{mm}$，$h=500\text{mm}$，$h_3=150\text{mm}$，$d_1=40\text{mm}$，$d_2=50\text{mm}$，$d_3=50\text{mm}$，预制键槽间距为 d，预制键槽个数为 2，键槽深度取为 30mm，键槽端部斜面与水平方向的夹角为 30°，现浇键槽高为 $2h_1$，预制键槽高为 $h_2+d_2+30\tan30°$。混凝土强度等级为 C30（$f_c=14.3\text{N/mm}^2$），垂直于预制梁截面的纵向钢筋选用 HRB400（$f_y=360\text{N/mm}^2$），梁截面的配筋率取为 0.6%。

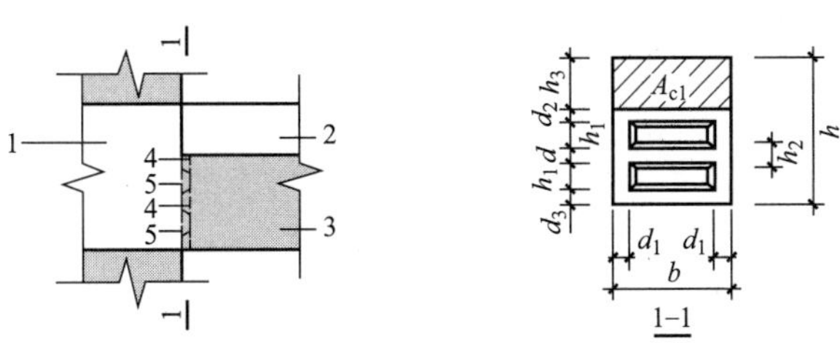

1——现浇节点区；2——现浇混凝土叠合层；

3——预制梁；4——预制键槽根部；5——现浇键槽根部截面

图 7-1 叠合梁端受剪承载力计算参数示意

求预制梁端部持久设计状况截面抗剪承载力最大值 V_{max}。

【解】 当预制键槽根部面积与现浇键槽根部面积相等时，截面抗剪承载力最大，即 $V_u=V_{max}$。

列式如下：

$$2h_1+h_2-2\times30\times\tan30°=h-50\times2-150$$
$$2h_1=h_2+50+30\times\tan30°$$

由上式得：$h_1=87.99\text{mm}$，$h_2=108.66\text{mm}$

考虑到构件制作精度要求，h_1 高度取整：

(1) 当 $h_1=85\text{mm}$ 时，带入上式，得 $h_2=124.64\text{mm}$

$2h_1=170\text{mm}<h_2+50+17.32=181.96\text{mm}$；

(2) 当 $h_1=90\text{mm}$ 时，带入上式，得 $h_2=104.64\text{mm}$

$2h_1=180\text{mm}>h_2+50+17.32=171.96\text{mm}$；

(3) 当 $h_1=95\text{mm}$ 时，带入上式，得 $h_2=94.64\text{mm}$

$2h_1=190\text{mm}>h_2+50+17.32=161.96\text{mm}$；

故取 $h_1=90\text{mm}$，键槽间距 $d=h_2-2\times30\tan30°=70\text{mm}$，此时

$A_k=(200-40\times2)\times171.96=20635.2\text{mm}^2$。

由表 7-3 知，预制梁端部竖向接缝在持久设计工况下截面抗剪承载力最大值：

$V_{max}=0.07\times14.3\times200\times150+0.1\times14.3\times20635.2+1.65\times200\times500\times0.6\%\times\sqrt{(14.3\times360)}=130.57\text{kN}$

2. 梁端键槽设置建议值

参照《装配式混凝土结构技术规程》JGJ 1 叠合梁端竖向接缝承载力计算公式，表 7-4 给出了不同截面高度梁的键槽设置建议值。

预制梁端部预制键槽设置建议值 **表 7-4**

预制梁高$(h-h_3)$(mm)		350	400	450	500	550	600	650
预制键槽个数		2	2	2	2	2	2	2
预制键槽高度 h_1(mm)		90	100	115	125	140	150	165
预制键槽间距 d(mm)		70	100	120	150	170	200	220
预制键槽边距(mm)	左右边距 d_1	50	50	50	50	50	50	50
	上边距 d_2	50	50	50	50	50	50	50
	下边距 d_3	50	50	50	50	50	50	50
键槽根部高度最小值(mm)		172	200	222	250	272	300	322
预制梁高$(h-h_3)$(mm)		700	750	800	850	900	950	1000
预制键槽个数		2	3	3	3	3	3	3
预制键槽高度 h_1(mm)		175	130	140	150	155	165	175
预制键槽间距 d(mm)		250	130	140	150	167.5	177.5	187.5
预制键槽边距(mm)	左右边距 d_1	50	50	50	50	50	50	50
	上边距 d_2	50	50	50	50	50	50	50
	下边距 d_3	50	50	50	50	50	50	50
键槽根部高度最小值(mm)		350	390	416.6	436.6	465	491.6	511.6

注：1. 表中数据用于梁宽＞200mm、叠合层厚度取 150mm 的情况；

2. 梁宽 b=200mm 时，预制键槽边距 d_1 取 40mm。

在混凝土等级为 C30，钢筋等级为 HRB400，叠合层厚度取 150mm 的条件下，参照《装配式混凝土结构技术规程》JGJ 1，不同截面尺寸、不同配筋率的梁在键槽 A_k 最大时，梁端部持久设计工况下的最大抗剪承载力如表 7-5～表 7-10 所示，地震设计工况下的最大抗剪承载力如表 7-11～表 7-16 所示。

持久设计工况下预制梁端部截面抗剪承载力最大值（全截面纵筋配筋率 0.6%） **表 7-5**

b(mm) \ V_{max}(kN) \ h(mm)	500	550	600	650	700	750	800
200	130.57	142.49	153.36	165.27	176.14	188.06	198.93
250	163.21	178.11	191.70	206.59	220.18	235.07	248.66
300	200.77	219.45	236.38	255.06	271.99	290.67	307.60
350	238.33	260.79	281.07	303.53	323.81	346.26	366.54
400	275.89	302.13	325.76	351.99	375.62	401.86	425.48
b(mm) \ V_{max}(kN) \ h(mm)	850	900	950	1000	1050	1100	1150
200	210.84	224.81	236.48				
250	263.56	281.01	295.60	308.77	323.74	338.32	351.49

续表

h(mm) V_{max}(kN) b(mm)	850	900	950	1000	1050	1100	1150
300	326.28	348.37	366.63	383.01	401.79	420.05	436.42
350	389.00	415.73	437.67	457.25	479.83	501.77	521.35
400	451.72	483.09	508.70	531.49	557.88	583.50	606.28

持久设计工况下预制梁端部截面抗剪承载力最大值（全截面纵筋配筋率0.9%） 表7-6

h(mm) V_{max}(kN) b(mm)	500	550	600	650	700	750	800
200	166.09	181.55	195.98	211.44	225.87	241.33	255.76
250	207.61	226.94	244.97	264.30	282.33	301.67	319.69
300	254.05	278.05	300.31	324.31	346.58	370.58	392.84
350	300.49	329.16	355.65	384.32	410.82	439.49	465.99
400	346.93	380.27	411.00	444.34	475.07	508.40	539.13
h(mm) V_{max}(kN) b(mm)	850	900	950	1000	1050	1100	1150
200	271.22	288.74	303.96				
250	339.03	360.93	379.95	397.56	416.97	435.99	453.60
300	416.84	444.26	467.85	489.56	513.66	537.25	558.95
350	494.66	527.60	555.76	581.56	610.35	638.51	664.31
400	572.47	610.94	643.66	673.55	707.05	739.77	769.66

持久设计工况下预制梁端部截面抗剪承载力最大值（全截面纵筋配筋率1.2%） 表7-7

h(mm) V_{max}(kN) b(mm)	500	550	600	650	700	750	800
200	201.60	220.62	238.60	257.61	275.59	294.61	312.58
250	252.00	275.78	298.24	322.02	344.49	368.26	390.73
300	307.32	336.65	364.24	393.57	421.16	450.49	478.08
350	362.64	397.53	430.24	465.12	497.84	532.72	565.43
400	417.96	458.40	496.23	536.68	574.51	614.95	652.79
h(mm) V_{max}(kN) b(mm)	850	900	950	1000	1050	1100	1150
200	331.60	352.67	371.44				

续表

h(mm) / V_{max}(kN) / b(mm)	850	900	950	1000	1050	1100	1150
250	414.50	440.84	464.30	486.35	510.20	533.66	555.71
300	507.41	540.16	569.08	596.11	625.54	654.45	681.48
350	600.32	639.48	673.85	705.86	740.88	775.25	807.26
400	693.23	738.80	778.63	815.62	856.21	896.04	933.03

持久设计工况下预制梁端部截面抗剪承载力最大值（全截面纵筋配筋率1.5%） 表7-8

h(mm) / V_{max}(kN) / b(mm)	500	550	600	650	700	750	800
200	237.12	259.69	281.21	303.78	325.31	347.88	369.41
250	296.40	324.61	351.52	379.73	406.64	434.85	461.76
300	360.60	395.25	428.17	462.83	495.74	530.40	563.32
350	424.79	465.89	504.82	545.92	584.85	625.95	664.88
400	488.99	536.54	581.47	629.02	673.96	721.50	766.44
h(mm) / V_{max}(kN) / b(mm)	850	900	950	1000	1050	1100	1150
200	391.98	416.60	438.92				
250	489.97	520.75	548.65	575.14	603.43	631.33	657.82
300	597.97	636.05	670.30	702.65	737.41	771.66	804.01
350	705.98	751.36	791.94	830.17	871.40	911.98	950.21
400	813.98	866.66	913.59	957.68	1005.38	1052.31	1096.41

持久设计工况下预制梁端部截面抗剪承载力最大值（全截面纵筋配筋率1.8%） 表7-9

h(mm) / V_{max}(kN) / b(mm)	500	550	600	650	700	750	800
200	272.63	298.76	323.83	349.96	375.03	401.15	426.23
250	340.79	373.44	404.79	437.44	468.79	501.44	532.79
300	413.87	453.85	492.10	532.08	570.33	610.31	648.56
350	486.95	534.26	579.41	626.72	671.86	719.18	764.32
400	560.02	614.67	666.71	721.36	773.40	828.05	880.09

续表

h(mm) V_{max}(kN) b(mm)	850	900	950	1000	1050	1100	1150
200	452.35	480.53	506.40				
250	565.44	600.66	633.00	663.93	696.66	729.00	759.93
300	688.54	731.94	771.52	809.20	849.29	888.86	926.54
350	811.64	863.23	910.03	954.47	1001.92	1048.72	1093.16
400	934.74	994.52	1048.55	1099.75	1154.55	1208.58	1259.78

持久设计工况下预制梁端部截面抗
剪承载力最大值（全截面纵筋配筋率 2.1%）　　表 7-10

h(mm) V_{max}(kN) b(mm)	500	550	600	650	700	750	800
200	308.15	337.82	366.45	396.13	424.76	454.43	483.06
250	385.19	422.28	458.07	495.16	530.94	568.04	603.82
300	467.14	512.46	556.03	601.34	644.91	690.22	733.79
350	549.10	602.63	653.99	707.52	758.88	812.41	863.77
400	631.06	692.81	751.95	813.70	872.85	934.60	993.74
h(mm) V_{max}(kN) b(mm)	850	900	950	1000	1050	1100	1150
200	512.73	544.46	573.88				
250	640.91	680.57	717.35	752.72	789.89	826.67	862.04
300	779.11	827.84	872.74	915.75	961.16	1006.06	1049.07
350	917.30	975.11	1028.12	1078.78	1132.44	1185.46	1236.11
400	1055.49	1122.37	1183.51	1241.81	1303.72	1364.85	1423.15

地震设计工况下预制梁端部截面
抗剪承载力最大值（全截面纵筋配筋率 0.6%）　　表 7-11

h(mm) V_{max}(kN) b(mm)	500	550	600	650	700	750	800
200	105.90	115.89	125.25	135.24	144.61	154.60	163.96
250	132.37	144.86	156.56	169.05	180.76	193.25	204.95
300	161.80	177.26	191.69	207.15	221.58	237.04	251.47
350	191.22	209.67	226.81	245.25	262.39	280.84	297.98
400	220.65	242.07	261.93	283.35	303.21	324.64	344.50

续表

b(mm) \ V_{max}(kN) \ h(mm)	850	900	950	1000	1050	1100	1150
200	173.95	185.17	195.01				
250	217.44	231.47	243.77	255.22	267.75	280.06	291.51
300	266.93	284.45	299.67	313.76	329.29	344.50	358.59
350	316.43	337.44	355.57	372.29	390.82	408.95	425.67
400	365.92	390.42	411.47	430.83	452.35	473.40	492.75

地震设计工况下预制梁端部截面抗剪承载力最大值（全截面纵筋配筋率0.9%） **表7-12**

b(mm) \ V_{max}(kN) \ h(mm)	500	550	600	650	700	750	800
200	141.41	154.95	167.87	181.41	194.33	207.87	220.79
250	176.77	193.69	209.84	226.77	242.91	259.84	275.98
300	215.07	235.86	255.61	276.41	296.16	316.95	336.70
350	253.37	278.04	301.39	326.05	349.41	374.07	397.43
400	291.68	320.21	347.17	375.70	402.66	431.18	458.15
b(mm) \ V_{max}(kN) \ h(mm)	850	900	950	1000	1050	1100	1150
200	234.33	249.10	262.49				
250	292.91	311.38	328.12	344.01	360.98	377.73	393.62
300	357.50	380.34	400.89	420.30	441.16	461.71	481.12
350	422.09	449.31	473.66	496.60	521.34	545.69	568.62
400	486.67	518.28	546.44	572.89	601.51	629.67	656.13

地震设计工况下预制梁端部截面抗剪承载力最大值（全截面纵筋配筋率1.2%） **表7-13**

b(mm) \ V_{max}(kN) \ h(mm)	500	550	600	650	700	750	800
200	176.93	194.02	210.49	227.58	244.05	261.14	277.61
250	221.16	242.53	263.11	284.48	305.06	326.43	347.01
300	268.34	294.47	319.54	345.67	370.74	396.86	421.94
350	315.53	346.40	375.98	406.85	436.42	467.30	496.87
400	362.71	398.34	432.41	468.04	502.10	537.73	571.80

续表

b(mm) \ V_{max}(kN) \ h(mm)	850	900	950	1000	1050	1100	1150
200	294.71	313.03	329.97				
250	368.38	391.29	412.47	432.80	454.21	475.40	495.73
300	448.06	476.24	502.11	526.85	553.04	578.91	603.65
350	527.75	561.19	591.75	620.91	651.86	682.43	711.58
400	607.43	646.14	681.40	714.96	750.68	785.94	819.50

地震设计工况下预制梁端部截面抗剪承载力最大值（全截面纵筋配筋率 1.5%） **表 7-14**

b(mm) \ V_{max}(kN) \ h(mm)	500	550	600	650	700	750	800
200	212.45	233.09	253.11	273.75	293.77	314.42	334.44
250	265.56	291.36	316.39	342.19	367.22	393.02	418.05
300	321.62	353.07	383.47	414.92	445.33	476.78	507.18
350	377.68	414.77	450.56	487.65	523.44	560.53	596.31
400	433.74	476.48	517.64	560.38	601.55	644.28	685.45
b(mm) \ V_{max}(kN) \ h(mm)	850	900	950	1000	1050	1100	1150
200	355.08	376.96	397.46				
250	443.85	471.20	496.82	521.59	547.44	573.06	597.84
300	538.63	572.13	603.33	633.40	664.91	696.11	726.18
350	633.41	673.06	709.84	745.21	782.38	819.16	854.53
400	728.18	773.99	816.36	857.02	899.85	942.21	982.87

地震设计工况下预制梁端部截面抗剪承载力最大值（全截面纵筋配筋率 1.8%） **表 7-15**

b(mm) \ V_{max}(kN) \ h(mm)	500	550	600	650	700	750	800
200	247.96	272.16	295.73	319.93	343.50	367.69	391.26
250	309.95	340.20	369.66	399.91	429.37	459.62	489.08
300	374.89	411.67	447.40	484.18	519.91	556.69	592.42
350	439.83	483.14	525.14	568.45	610.45	653.76	695.76
400	504.77	554.61	602.88	652.72	700.99	750.83	799.10

续表

b(mm) \ V_{max}(kN) \ h(mm)	850	900	950	1000	1050	1100	1150
200	415.46	440.89	464.94				
250	519.32	551.11	581.17	610.38	640.67	670.73	699.94
300	629.20	668.02	704.55	739.95	776.79	813.32	848.71
350	739.07	784.94	827.94	869.52	912.90	955.90	997.48
400	848.94	901.85	951.32	999.09	1049.02	1098.48	1146.25

地震设计工况下预制梁端部截面抗剪承载力最大值（全截面纵筋配筋率 2.1%） **表 7-16**

b(mm) \ V_{max}(kN) \ h(mm)	500	550	600	650	700	750	800
200	283.48	311.23	338.35	366.10	393.22	420.97	448.09
250	354.35	389.03	422.93	457.62	491.52	526.21	560.11
300	428.17	470.27	511.33	553.43	594.49	636.60	677.66
350	501.99	551.51	599.73	649.25	697.47	746.99	795.20
400	575.81	632.75	688.12	745.06	800.44	857.38	912.75
b(mm) \ V_{max}(kN) \ h(mm)	850	900	950	1000	1050	1100	1150
200	475.84	504.82	532.42				
250	594.80	631.02	665.52	699.17	733.90	768.40	802.05
300	719.76	763.92	805.77	846.50	888.66	930.52	971.24
350	844.73	896.81	946.03	993.82	1043.42	1092.64	1140.43
400	969.69	1029.71	1086.28	1141.15	1198.18	1254.75	1309.62

7.1.3 构件构造设计

1. 梁构造设计

纵筋最小间距应满足表 7-17 相关要求。

梁纵筋最小间距规定 **表 7-17**

部位	示意图	规定
梁上部纵筋	保护层厚度；$\geqslant 30$，$\geqslant 1.5d$；c；$\geqslant 25$，$\geqslant d$；S_2	$S_1 \geqslant \max\{25, d\}$； $S_2 \geqslant \max\{30, 1.5d\}$

续表

部位	示意图	规定
梁下部纵筋	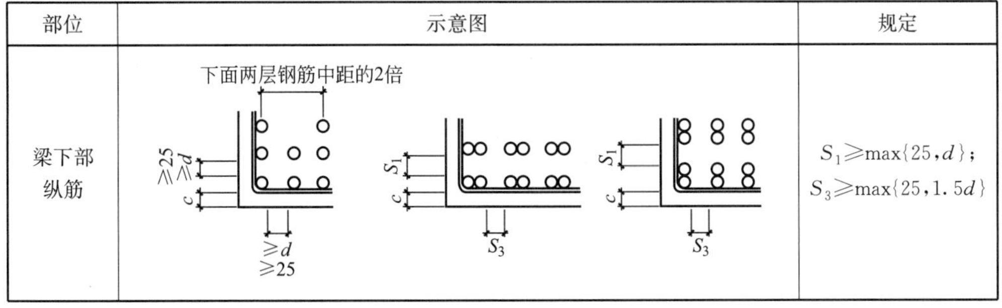	$S_1 \geqslant \max\{25, d\}$； $S_3 \geqslant \max\{25, 1.5d\}$

注：d 为梁纵筋最大直径（mm）；c 为保护层厚度（mm）；S_1 为层净距（mm）；S_2 为上部钢筋净距（mm）；S_3 为下部钢筋净距（mm）。

梁下部不伸入支座钢筋构造应满足表 7-18 的相关要求。

不伸入支座的梁下部纵筋构造规定　　表 7-18

示意图	规定	备注
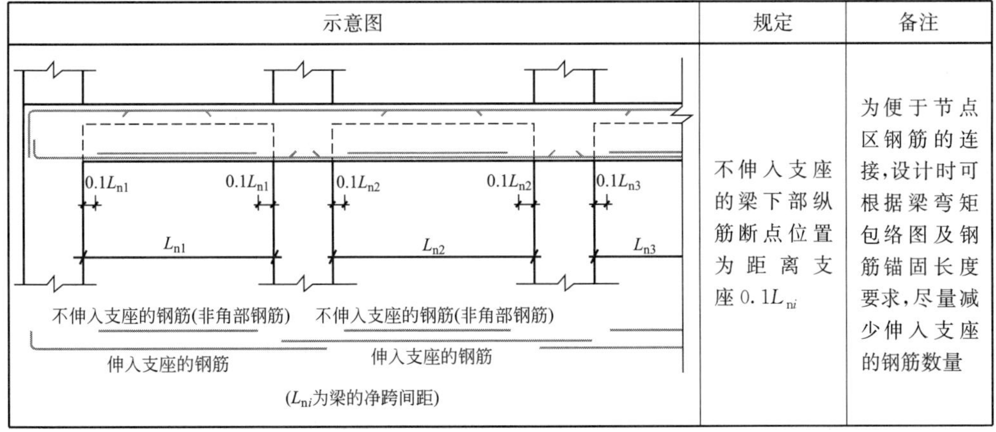(L_{ni}为梁的净跨间距)	不伸入支座的梁下部纵筋断点位置为距离支座 $0.1L_{ni}$	为便于节点区钢筋的连接，设计时可根据梁弯矩包络图及钢筋锚固长度要求，尽量减少伸入支座的钢筋数量

截面及箍筋构造应满足表 7-19 的相关要求。

叠合梁截面及箍筋基本构造要求　　表 7-19

分项	示意图	构造要求	备注
粗糙面		梁顶应设置粗糙面，梁端宜设置粗糙面，比例不低于 80%，且凹凸深度不小于 6mm	
键槽	C　2　1　2　≥50　2　C　≤30°　J　$3t \leqslant w \leqslant 10t$　$t \geqslant 30$　2–2	预制梁端应设置键槽，键槽的深度不宜小于 30mm，宽度不宜小于深度的 3 倍且不宜大于深度的 10 倍；键槽可贯通截面，当不贯通时槽口距离截面边缘不宜小于 50mm；键槽间距宜等于键槽宽度；键槽端部斜面倾角不宜大于 30°	键槽的尺寸和数量可按表 7-4 采用

续表

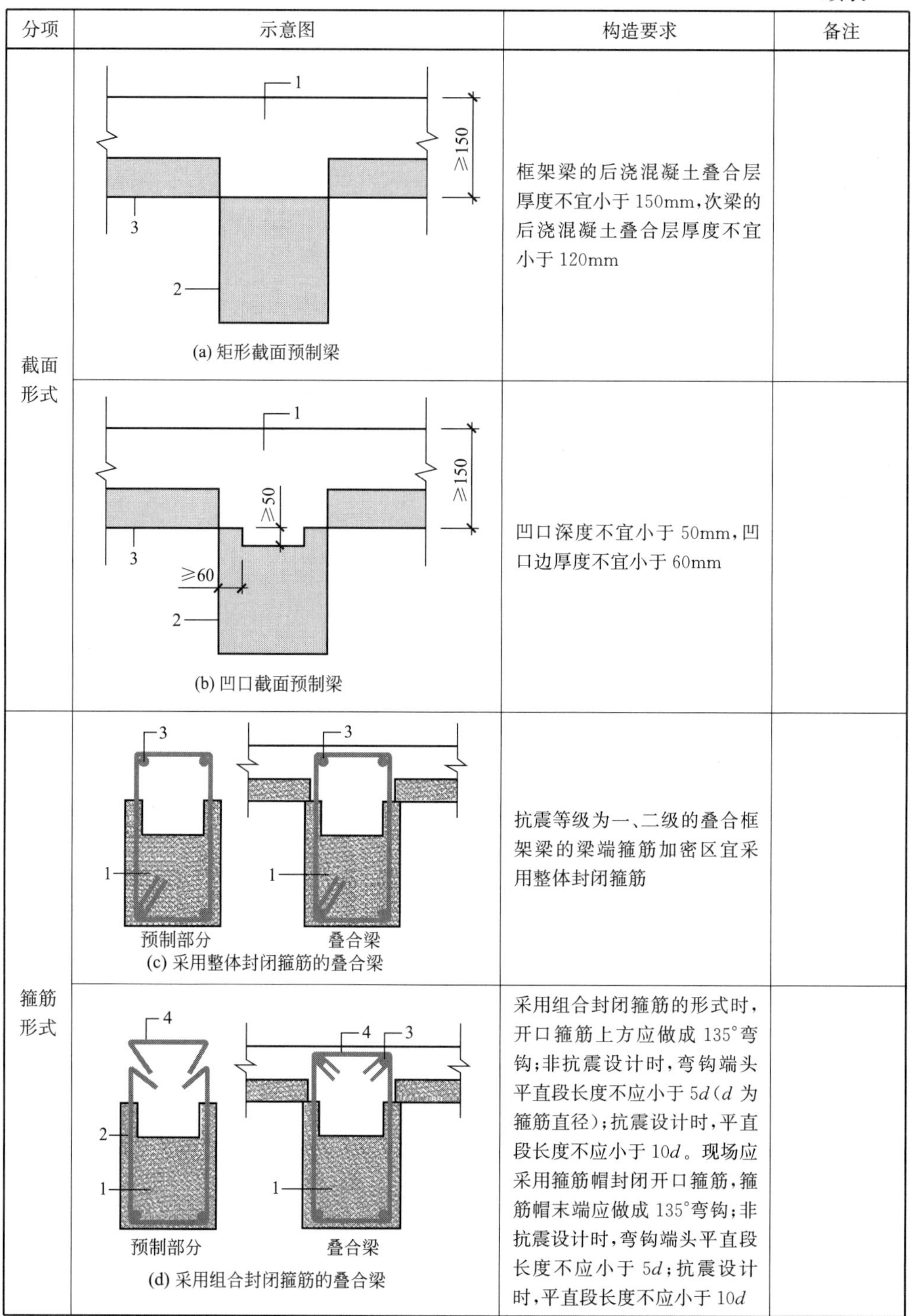

分项	示意图	构造要求	备注
截面形式	(a) 矩形截面预制梁	框架梁的后浇混凝土叠合层厚度不宜小于150mm，次梁的后浇混凝土叠合层厚度不宜小于120mm	
	(b) 凹口截面预制梁	凹口深度不宜小于50mm，凹口边厚度不宜小于60mm	
箍筋形式	(c) 采用整体封闭箍筋的叠合梁	抗震等级为一、二级的叠合框架梁的梁端箍筋加密区宜采用整体封闭箍筋	
	(d) 采用组合封闭箍筋的叠合梁	采用组合封闭箍筋的形式时，开口箍筋上方应做成135°弯钩；非抗震设计时，弯钩端头平直段长度不应小于5d（d为箍筋直径）；抗震设计时，平直段长度不应小于10d。现场应采用箍筋帽封闭开口箍筋，箍筋帽末端应做成135°弯钩；非抗震设计时，弯钩端头平直段长度不应小于5d；抗震设计时，平直段长度不应小于10d	

注：当叠合梁的纵筋间距及箍筋肢距较小导致安装困难时，可适当增大钢筋直径并增加纵筋间距及箍筋肢距。在梁裂缝宽度满足规范要求的前提下，框架梁加密区内的箍筋肢距应符合下列构造要求：一级抗震等级不宜大于200mm和20倍箍筋直径的较大值，且不应大于300mm；二、三级抗震等级，不宜大于250mm和20倍箍筋直径的较大值，且不应大于350mm；四级抗震等级不宜大于300mm，且不应大于400mm。[1]

叠合梁对接连接构造应满足表 7-20 的相关要求。

叠合梁对接连接构造要求[1]　　　　**表 7-20**

示意图	构造要求	备注
1——预制梁；2——梁钢筋连接接头；3——后浇段	1 连接处应设置后浇段，后浇段的长度应满足梁下部纵向钢筋连接作业的空间需求。 2 梁下部纵向钢筋在后浇段内宜采用机械连接、套筒灌浆连接或焊接连接。 3 后浇段内的箍筋应加密，箍筋间距不应大于 $5d$（d 为纵向钢筋直径），且不应大于 100mm	当梁的下部纵向钢筋在后浇段内采用直螺纹接头连接时（被连钢筋直径不宜小于 18mm），一般只能采用加长丝扣型直螺纹接头，滚轧直螺纹加长接头在安装中会存在一定困难，且无法达到Ⅰ级接头的性能目标

叠合梁构件可参照图 7-2 进行深化设计。

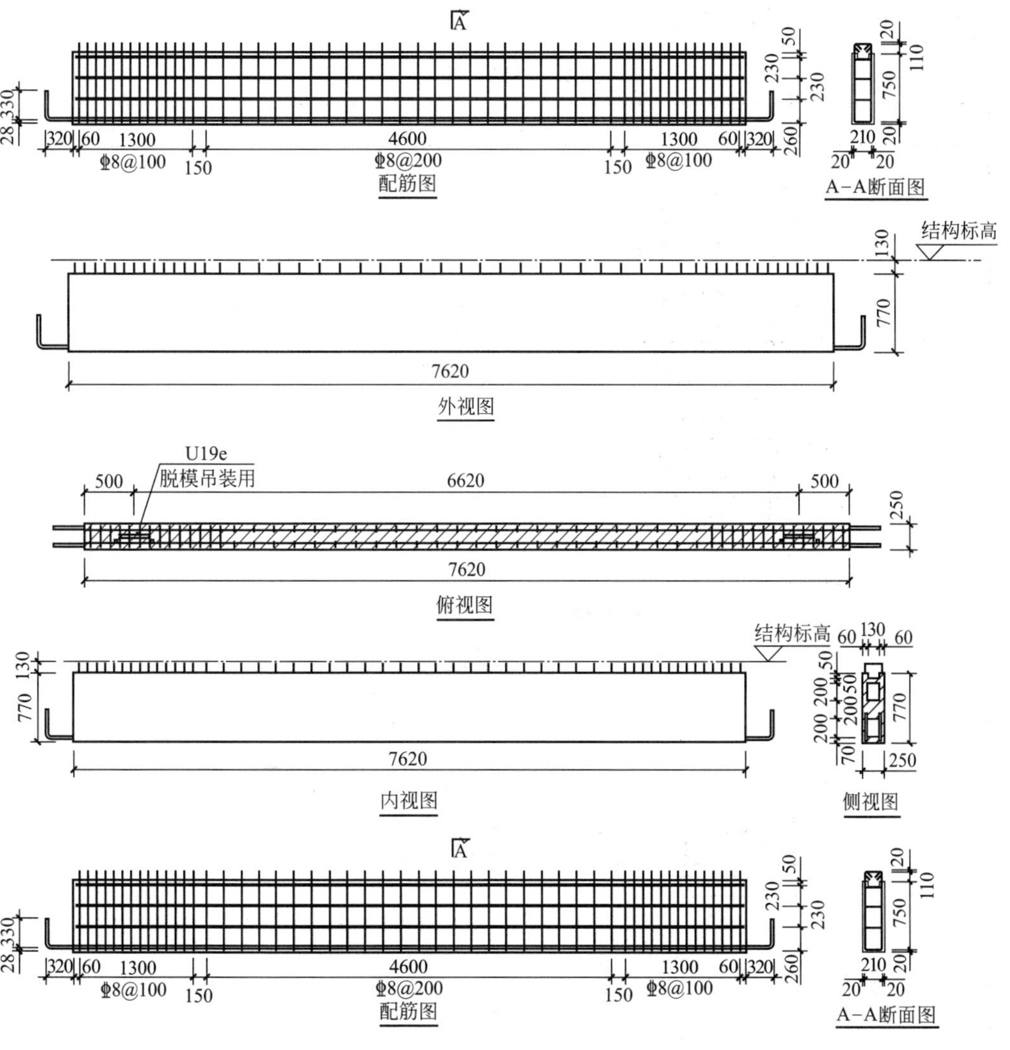

图 7-2　叠合梁深化示意

2. 柱构造设计

预制柱基本构造要求详见表 7-21。

预制柱基本构造要求 **表 7-21**

序号	构造要求
1	柱纵向受力钢筋直径不宜小于 20mm
2	矩形柱截面宽度或圆柱直径不宜小于 400mm，且不宜小于同方向梁宽的 1.5 倍
3	上下预制柱相连处，柱纵向受力钢筋应贯穿后浇节点区
4	柱底接缝宜设置在楼面标高处，接缝厚度宜为 20mm，并应采用灌浆料填实
5	预制柱顶部应设置粗糙面，底部宜设置粗糙面，且凹凸深度不小于 6mm

注：预制柱的设计应符合现行国家标准《混凝土结构设计规范》GB 50010 的要求。

预制柱底部构造要求详见表 7-22。

预制柱底部构造要求 **表 7-22**

分项	示意图	构造要求	备注
箍筋配置	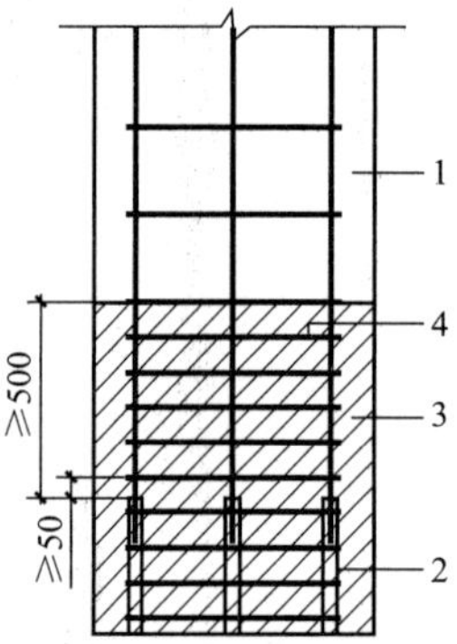 1——预制柱；2——套筒灌浆连接接头；3——箍筋加密区(阴影区域)；4——加密区箍筋 (a)套筒灌浆连接时柱底箍筋示意	1　柱纵向受力钢筋在柱底采用套筒灌浆连接时，柱箍筋加密区长度不应小于纵向受力钢筋连接区域长度与 500mm 之和； 2　套筒上端第一道箍筋距离套筒顶部不应大于 50mm	
	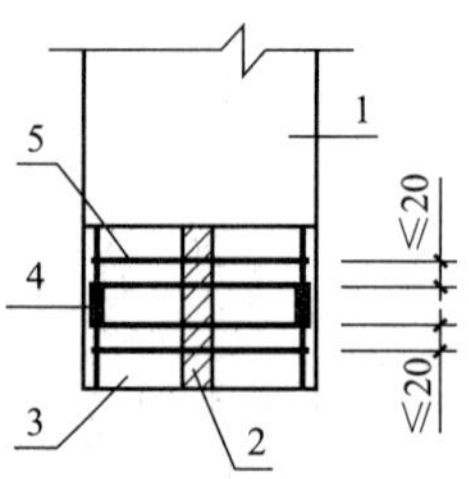 1——预制柱；2——支腿；3——柱底后浇段；4——挤压套筒；5——箍筋 (b)挤压套筒连接时柱底现浇段箍筋示意	1　柱纵向受力钢筋在柱底采用挤压套筒连接时，套筒上端第一道箍筋距离套筒顶部不应大于 20mm，柱底部第一道箍筋距离柱底面不应大于 50mm，箍筋间距不宜大于 75mm[1]； 2　后浇段内的箍筋尚应满足框架柱箍筋加密区的构造要求及配箍特征值见《建筑抗震设计规范》GB 50011—2010 第 6.3.9 条的要求[1]	

续表

分项	示意图	构造要求	备注
键槽	897；897；排气软管；1076；717；A；717；1076	预制柱的底部应设置键槽且应均匀布置，键槽深度不宜小于 30mm，键槽端部斜面倾角不宜大于 30°	柱底键槽的种类此处提供的为米字形布置，当采用其他布置方式时应注意便于灌浆密实度控制
排气软管	排气软管；700；A-A剖面图	预制柱之间的纵筋通过灌浆套筒连接，为了使灌浆时内部空气更容易排出，在柱中心设置排气软管	预制柱灌浆时，排气软管可作为排气使用，同时也可兼做灌浆饱满度观察所用，排气管出口侧一般设置于建筑物内侧以便于观察

预制柱构件可参照图 7-3 进行深化设计。

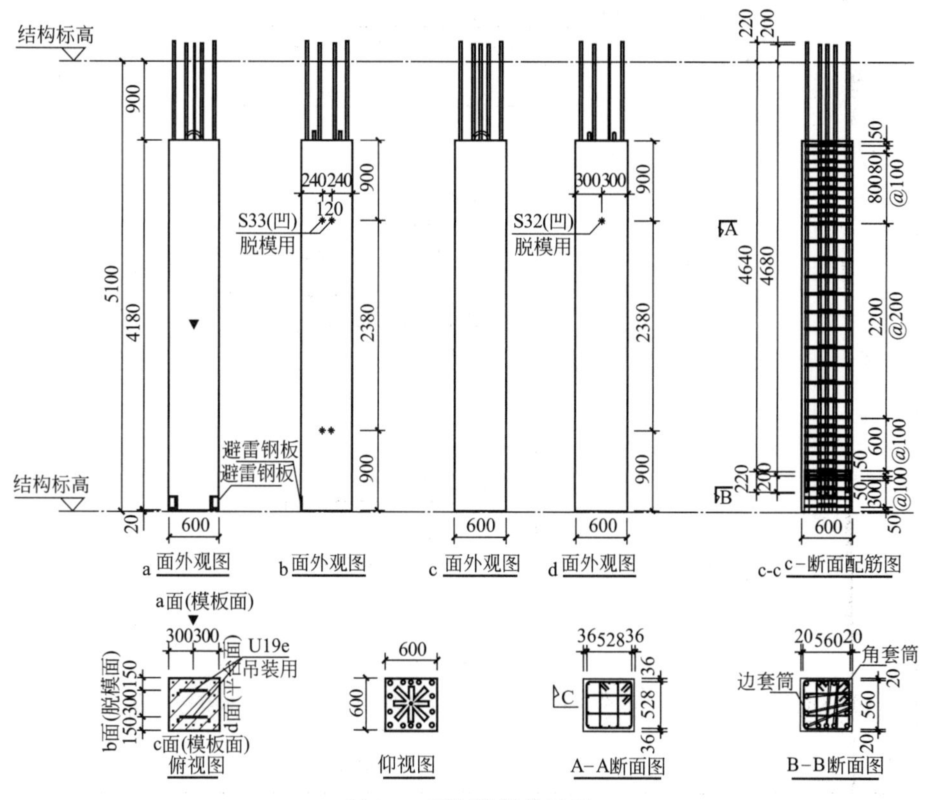

图 7-3　预制柱深化示意

7.1.4 节点构造设计

1. 节点连接构造设计要求

装配整体式框架结构构件的节点连接构造设计及纵筋锚固构造应满足表 7-23 的规定。

节点连接构造设计及纵筋锚固构造要求　　　表 7-23

部位		示意图	纵筋锚固构造要求
中间层	中节点	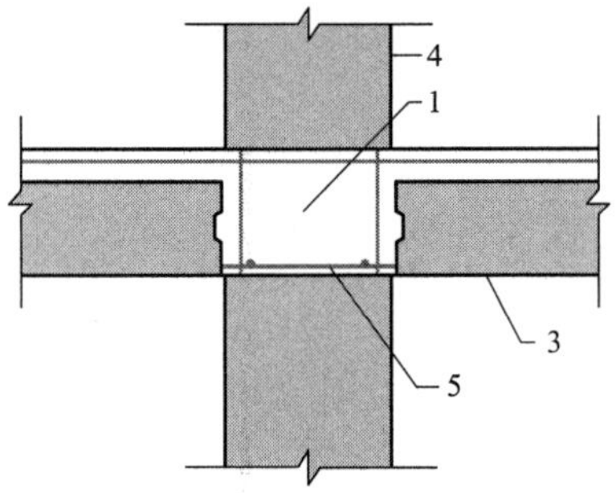 (a)梁下部纵向受力钢筋锚固	节点两侧的梁下部纵向受力钢筋宜锚固在后浇节点区内；梁的上部纵向受力钢筋应贯穿后浇节点区
		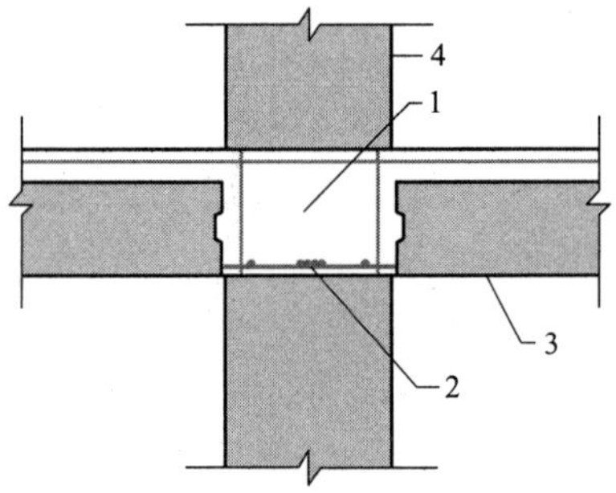 1——后浇区；2——梁下部纵向受力钢筋连接；3——预制梁；4——预制柱；5——梁下部纵向受力钢筋锚固 (b)梁下部纵向受力钢筋连接	可采用机械连接或焊接的方式直接连接；梁的上部纵向受力钢筋应贯穿后浇节点区
	端节点	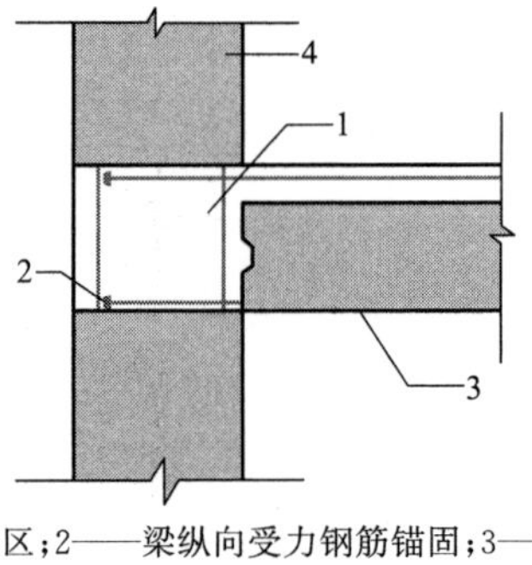 1——后浇区；2——梁纵向受力钢筋锚固；3——预制梁；4——预制柱 (c)梁下部纵向受力钢筋锚固	当柱截面尺寸不满足梁纵向受力钢筋的直线锚固要求时，宜采用锚固板锚固，也可采用 90°弯折锚固

续表

<table>
<tr><th colspan="2">部位</th><th>示意图</th><th>纵筋锚固构造要求</th></tr>
<tr><td rowspan="3">顶层</td><td rowspan="2">中节点</td><td>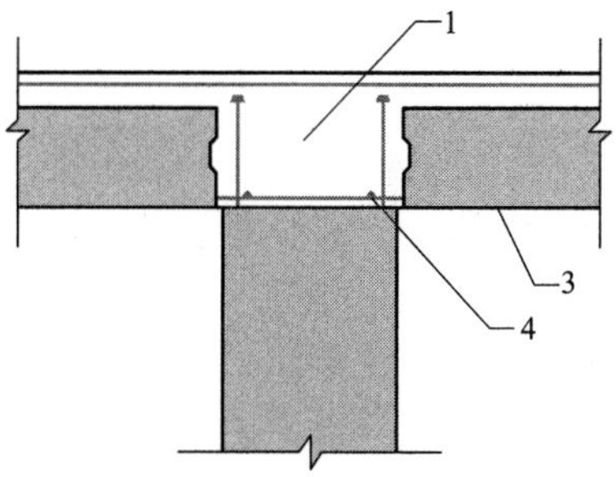
(d)梁下部纵向受力钢筋锚固</td><td rowspan="2">梁纵向受力钢筋的构造应符合本表第1条的规定。柱纵向受力钢筋宜采用直线锚固；当梁截面尺寸不满足直线锚固要求时，宜采用锚固板锚固</td></tr>
<tr><td>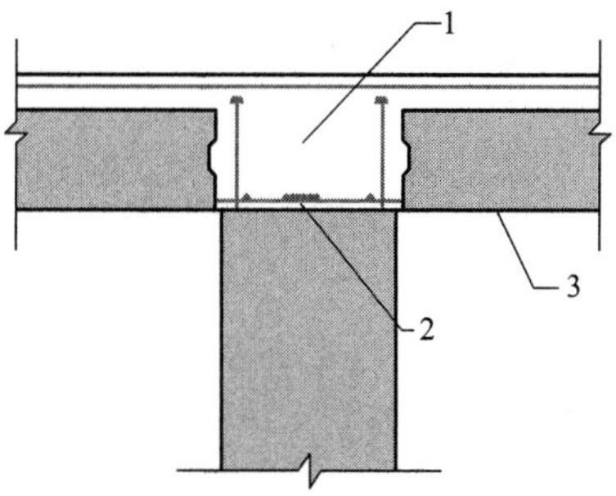
1——后浇区；2——梁下部纵向受力钢筋连接；3——预制梁；4——梁下部纵向受力钢筋锚固
(e)梁下部纵向受力钢筋连接</td></tr>
<tr><td>端节点</td><td>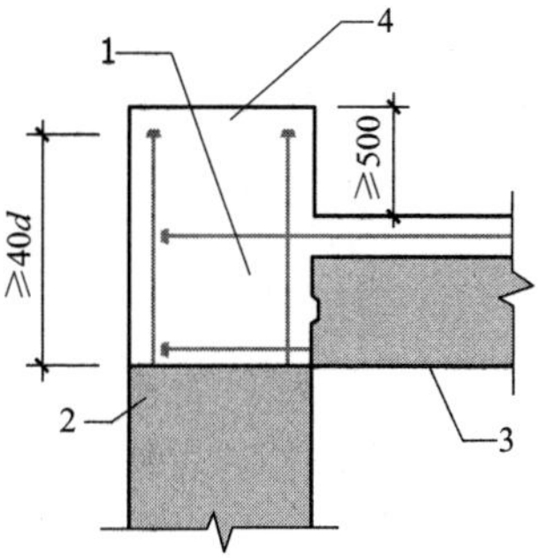
(f)柱向上伸长</td><td>柱宜伸出屋面并将柱纵向受力钢筋锚固在伸出段内，伸出段长度不宜小于500mm，伸出段内箍筋间距不应大于5d（d为柱纵向受力钢筋直径），且不应大于100mm；柱纵向钢筋宜采用锚固板锚固，锚固长度不应小于40d；梁上部纵向受力钢筋宜采用锚固板锚固</td></tr>
</table>

续表

部位		示意图	纵筋锚固构造要求
顶层	端节点	1.5l_{abE} 1——后浇区；2——梁下部纵向受力钢筋锚固；3——预制梁；4——柱延伸段；5——梁柱外侧钢筋搭接 (g)梁柱外侧钢筋搭接	柱外侧纵向受力钢筋也可与梁上部纵向受力钢筋在后浇节点区搭接，柱内侧纵向受力钢筋宜采用锚固板锚固

注：梁、柱纵向钢筋在后浇节点区内采用直线锚固、弯折锚固或机械锚固的方式时，其锚固长度及构造要求应符合现行国家标准《混凝土结构设计规范》GB 50010 中的有关规定；当梁、柱纵向钢筋采用锚固板时，应符合现行行业标准《钢筋锚固板应用技术规程》JGJ 256 中的有关规定。

2. 柱-柱连接构造设计

装配整体式框架结构预制柱采用灌浆套筒连接时的节点构造可参照表 7-24 进行设计。

柱-柱连接节点构造设计 **表 7-24**

节点部位	节点做法	备注
柱-柱	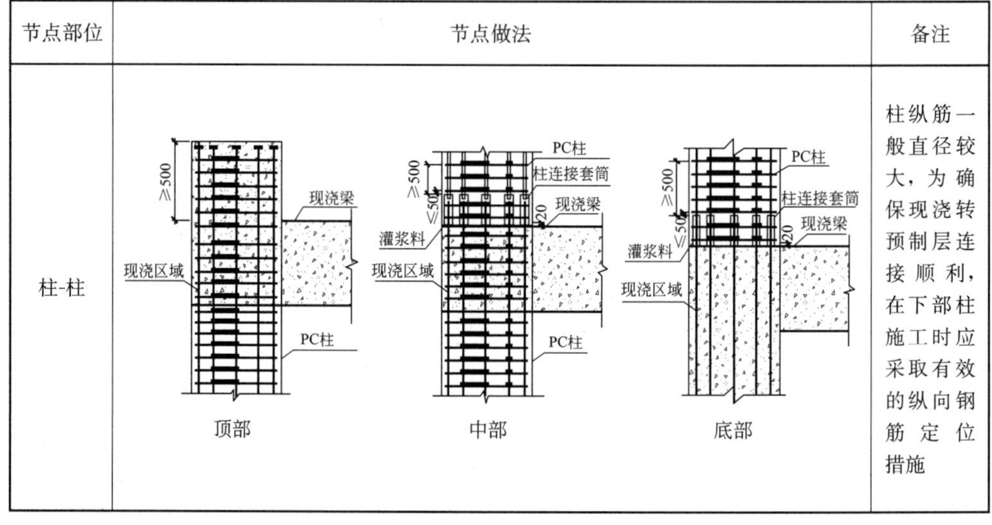	柱纵筋一般直径较大，为确保现浇转预制层连接顺利，在下部柱施工时应采取有效的纵向钢筋定位措施

3. 梁-柱连接构造设计

装配整体式框架结构预制梁柱的连接节点构造可参照表 7-25 进行设计。

梁-柱连接节点构造要求　　表 7-25

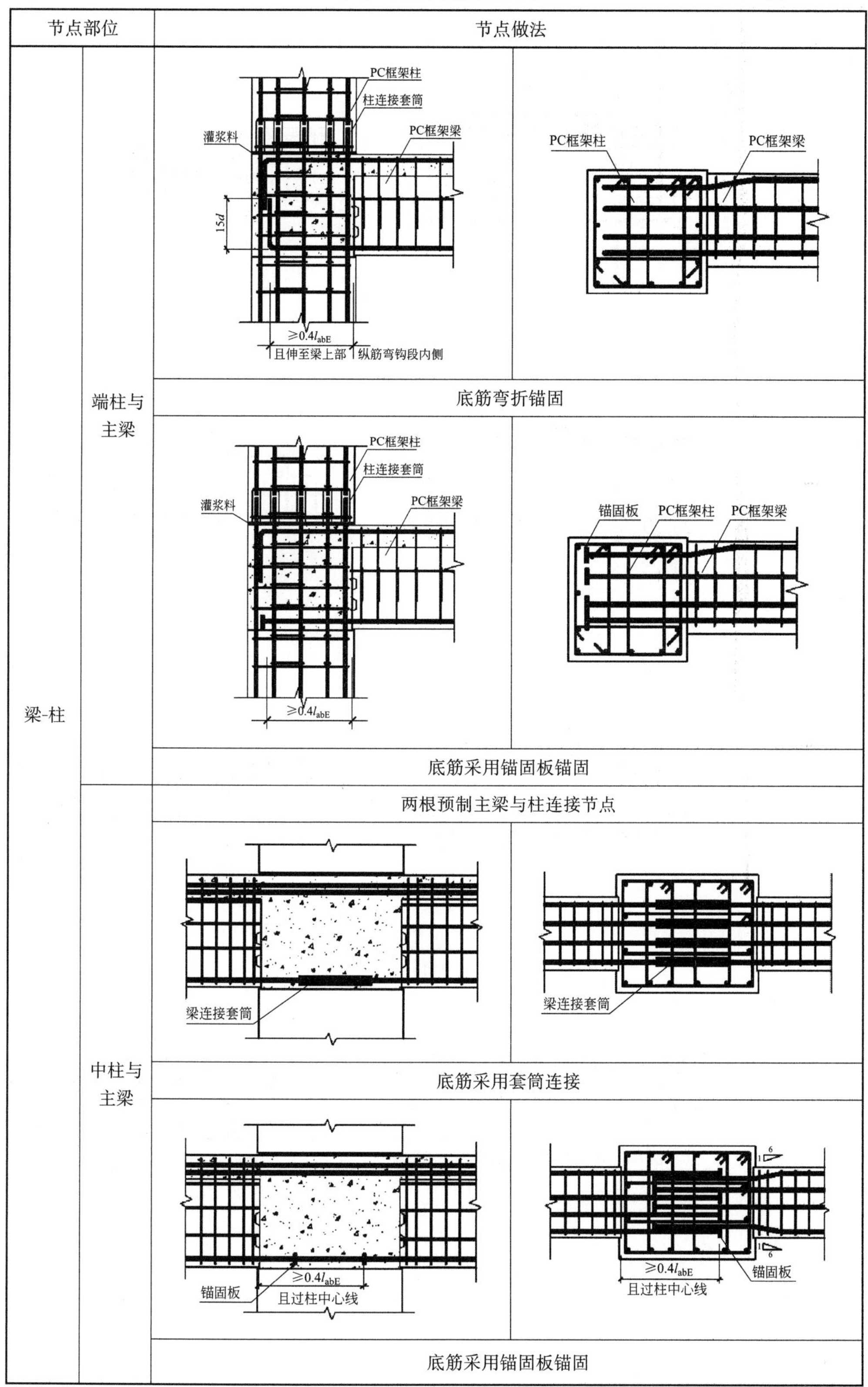

节点部位		节点做法
梁-柱	端柱与主梁	（图）
		底筋弯折锚固
		（图）
		底筋采用锚固板锚固
	中柱与主梁	两根预制主梁与柱连接节点
		（图）
		底筋采用套筒连接
		（图）
		底筋采用锚固板锚固

续表

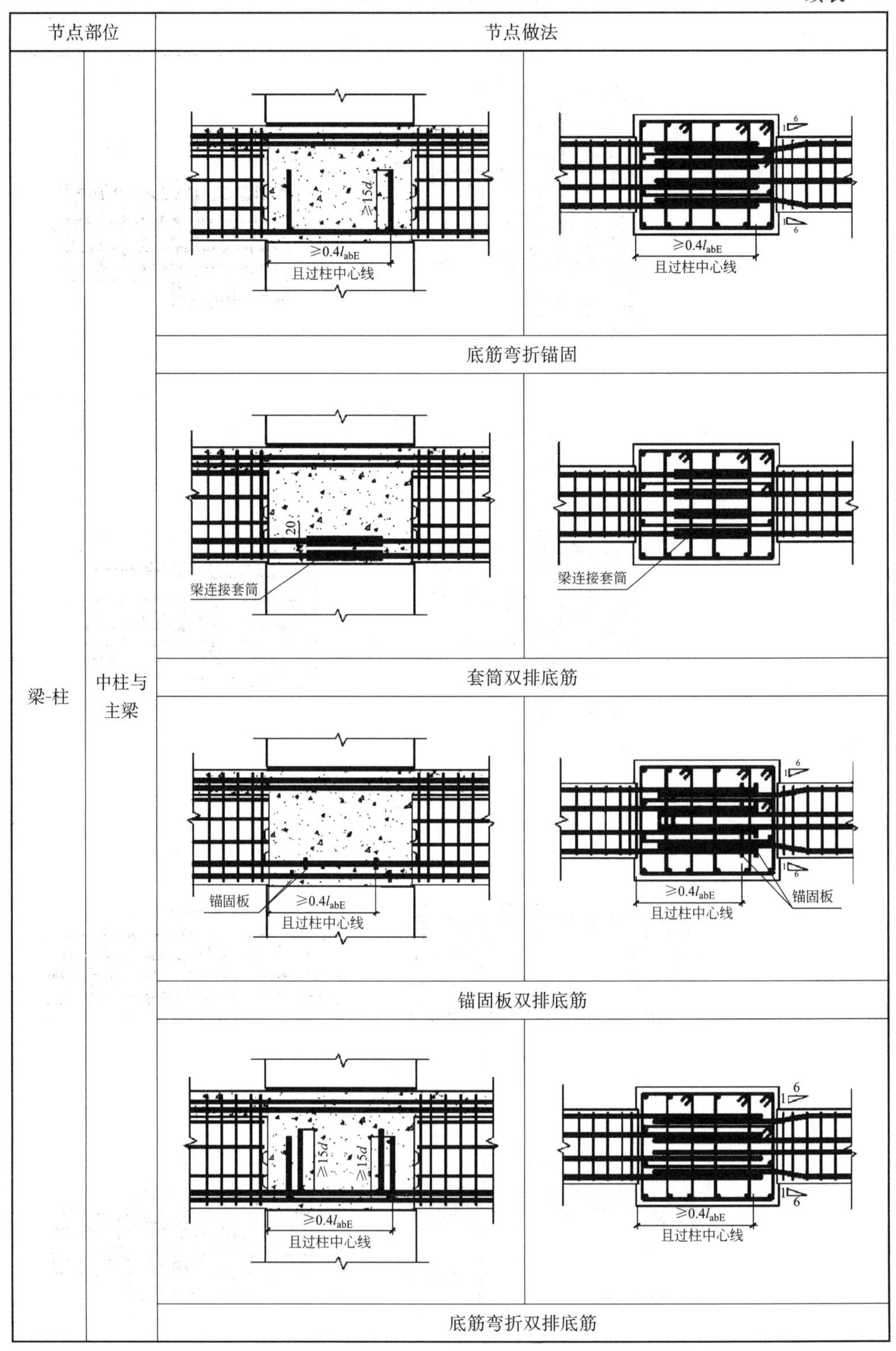

节点部位		节点做法
梁-柱	中柱与主梁	底筋弯折锚固
		套筒双排底筋
		锚固板双排底筋
		底筋弯折双排底筋

续表

节点部位		节点做法
梁-柱	中柱与主梁	四根预制主梁与柱连接节点 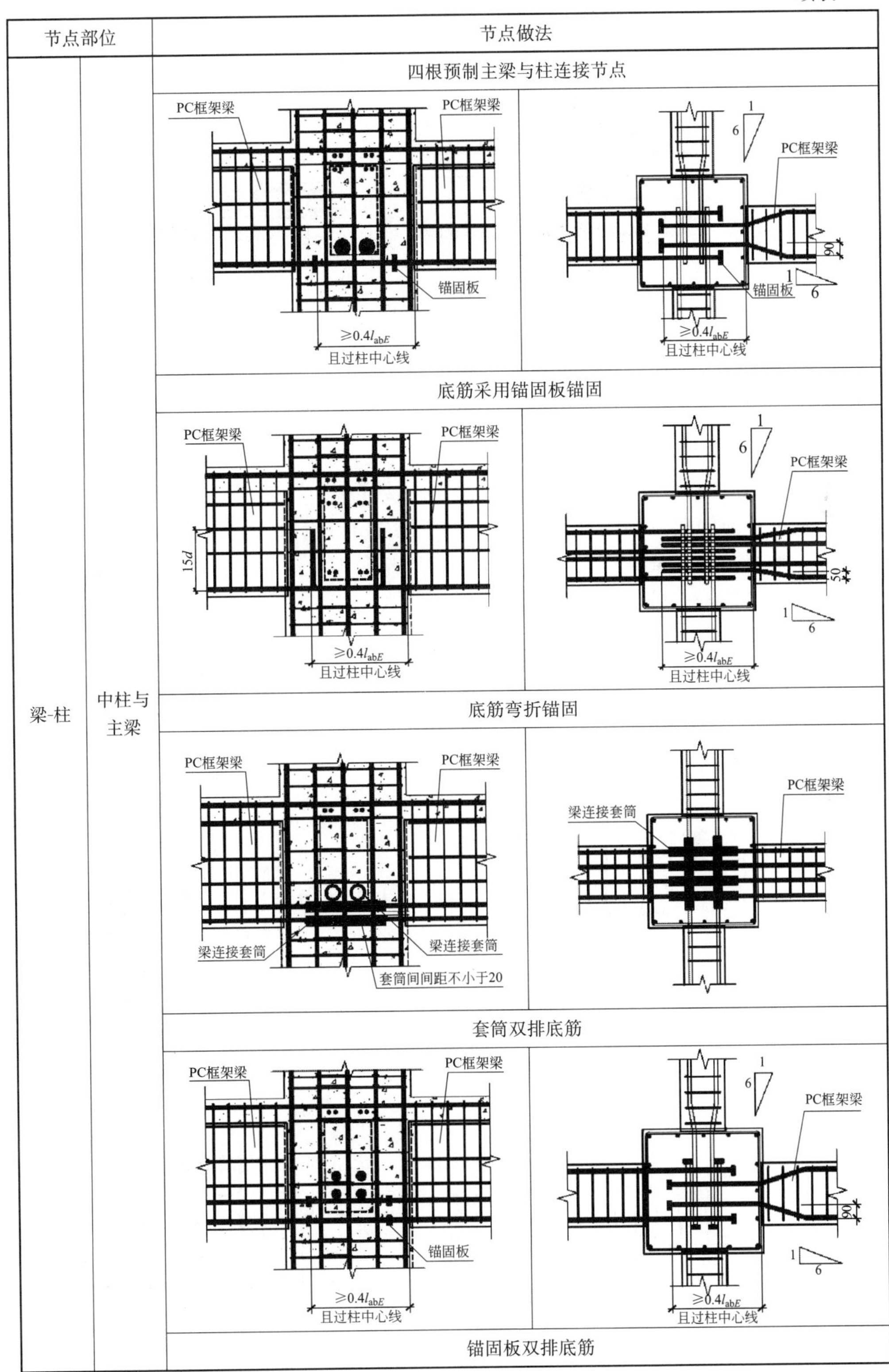 底筋采用锚固板锚固 底筋弯折锚固 套筒双排底筋 锚固板双排底筋

续表

节点部位		节点做法
梁-柱	中柱与主梁	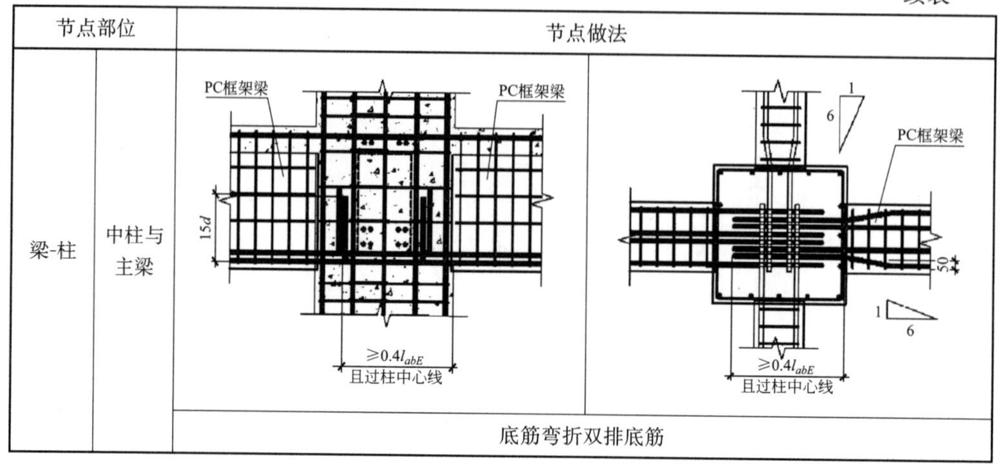
		底筋弯折双排底筋

4. 梁-梁连接构造设计

次梁与主梁宜采用铰接连接，也可采用刚接连接。当采用刚接连接并采用后浇段连接的形式时，连接节点构造可参照表 7-26 进行设计。当采用铰接连接时，可采用企口连接；当次梁不直接承受动力荷载且跨度不大于 9m 时，可采用钢企口连接，钢企口连接构造可参照表 7-27 进行设计。

梁-梁连接节点（刚接）构造要求 **表 7-26**

节点部位		节点做法
梁-梁	次梁与端部主梁	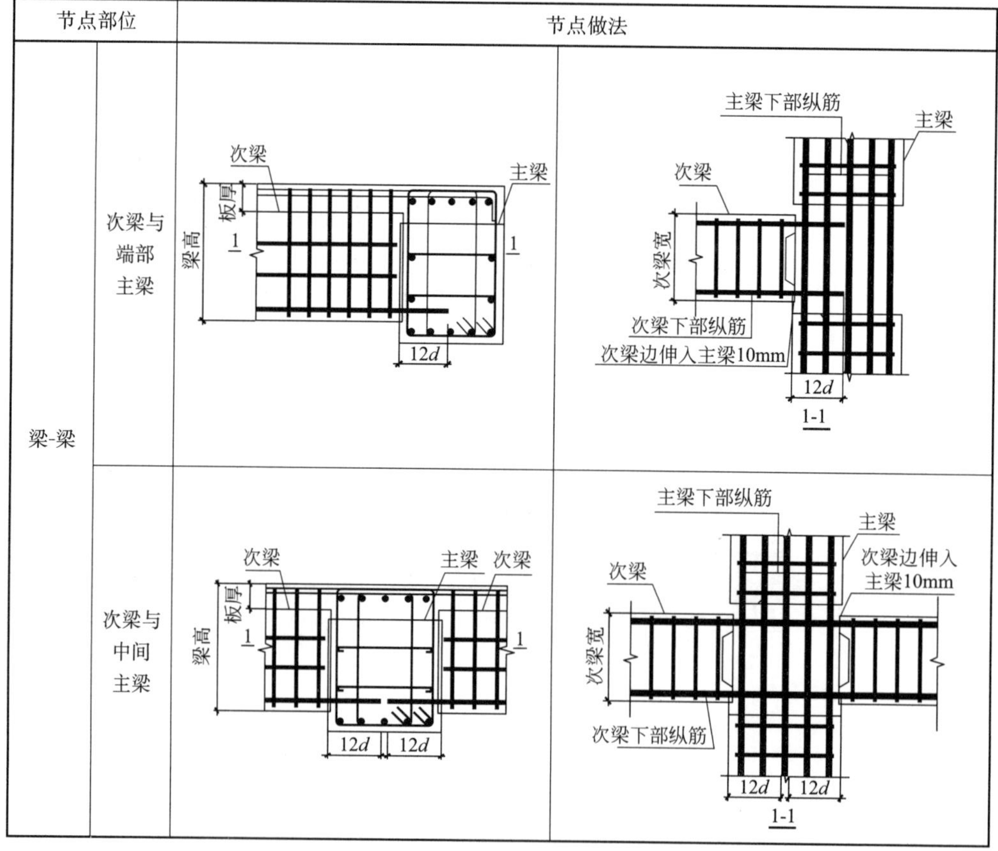
	次梁与中间主梁	

钢企口连接构造要求 **表 7-27**

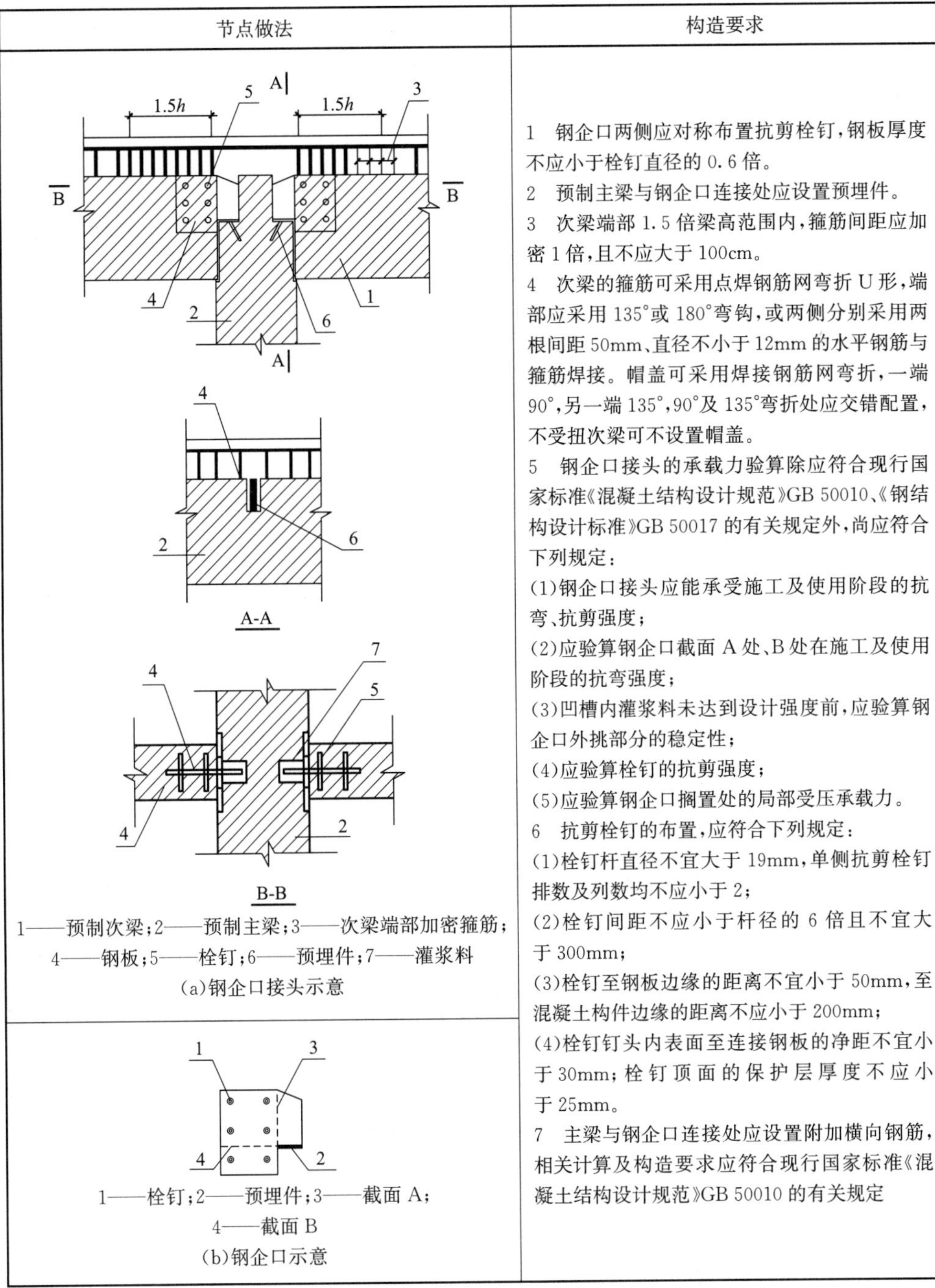

节点做法	构造要求
A-A B-B 1——预制次梁；2——预制主梁；3——次梁端部加密箍筋；4——钢板；5——栓钉；6——预埋件；7——灌浆料 (a)钢企口接头示意	1 钢企口两侧应对称布置抗剪栓钉，钢板厚度不应小于栓钉直径的 0.6 倍。 2 预制主梁与钢企口连接处应设置预埋件。 3 次梁端部 1.5 倍梁高范围内，箍筋间距应加密 1 倍，且不应大于 100cm。 4 次梁的箍筋可采用点焊钢筋网弯折 U 形，端部应采用 135°或 180°弯钩，或两侧分别采用两根间距 50mm、直径不小于 12mm 的水平钢筋与箍筋焊接。帽盖可采用焊接钢筋网弯折，一端 90°，另一端 135°，90°及 135°弯折处应交错配置，不受扭次梁可不设置帽盖。 5 钢企口接头的承载力验算除应符合现行国家标准《混凝土结构设计规范》GB 50010、《钢结构设计标准》GB 50017 的有关规定外，尚应符合下列规定： (1)钢企口接头应能承受施工及使用阶段的抗弯、抗剪强度； (2)应验算钢企口截面 A 处、B 处在施工及使用阶段的抗弯强度； (3)凹槽内灌浆料未达到设计强度前，应验算钢企口外挑部分的稳定性； (4)应验算栓钉的抗剪强度； (5)应验算钢企口搁置处的局部受压承载力。 6 抗剪栓钉的布置，应符合下列规定： (1)栓钉杆直径不宜大于 19mm，单侧抗剪栓钉排数及列数均不应小于 2； (2)栓钉间距不应小于杆径的 6 倍且不宜大于 300mm； (3)栓钉至钢板边缘的距离不宜小于 50mm，至混凝土构件边缘的距离不应小于 200mm； (4)栓钉钉头内表面至连接钢板的净距不宜小于 30mm；栓钉顶面的保护层厚度不应小于 25mm。 7 主梁与钢企口连接处应设置附加横向钢筋，相关计算及构造要求应符合现行国家标准《混凝土结构设计规范》GB 50010 的有关规定
1——栓钉；2——预埋件；3——截面 A；4——截面 B (b)钢企口示意	

7.2 预制预应力混凝土装配整体式框架结构体系

预制预应力混凝土装配整体式框架结构是由预制或现浇钢筋混凝土柱、预制预应力混凝土叠合梁、板通过键槽节点连接形成的装配整体式框架结构。键槽节点是在预制梁端预留键槽，预制梁的纵筋与伸入节点的U形钢筋在其中搭接，使用强度等级高一级且不低于C45的无收缩或微膨胀细石混凝土填平键槽，然后利用叠合层的后浇混凝土将梁上部钢筋等浇筑在一起形成的梁柱节点。与常规装配整体式框架结构体系相比，预制预应力混凝土装配整体式框架结构体系具有如下优势：

（1）节省工程造价。采用预应力高强钢筋及高强混凝土，可降低梁、板结构高度，减小建筑物自重，也可降低梁、板含钢量。

（2）缩短工期。预制预应力混凝土框架结构体系的关键技术在于采用键槽节点，避免了传统装配结构梁柱节点施工时所需的预埋、焊接等复杂工艺，且梁端锚固筋仅在键槽内预留，现场施工安装方便快捷。

（3）提高材料周转率。梁、板现场施工均不需要模板，板下支撑立杆间距可加大到2.0～2.5m，提高了现场材料的周转率。

（4）改善构件抗裂性能。预应力叠合梁、板较传统叠合梁、板抗裂性有较大提高，有效避免构件因施工运输不当而出现裂缝的情况。

预制预应力混凝土装配整体式框架结构设计过程可参照装配整体式框架结构，并应满足第5章相关内容的要求。

由于预制预应力混凝土装配整体式框架结构柱的设计构造与装配整体式框架结构，本节主要针对相关构造设计（7.2.3、7.2.4）进行阐述，未述部分参照其他相关章节执行。

7.2.1 一般规定

预制预应力混凝土装配整体式框架结构的设计除应满足第5章及本章7.1节相关内容的规定外，尚应符合表7-28的相关要求。

预制预应力混凝土装配整体式框架结构设计一般规定　　表7-28

序号	基本要求	依据
1	6度三级框架节点核芯区，可不进行抗震验算，但应符合抗震构造措施的要求；一、二级及7度三级框架核芯区，应按现行国家标准《建筑抗震设计规范》GB 50011中的规定进行抗震验算	《预制预应力混凝土装配整体式框架结构技术规程》JGJ 224—2017

7.2.2 节点设计

预制柱底水平接缝及预应力混凝土叠合梁端部竖向接缝受剪承载力计算参照7.1.2节相关规定。

7.2.3 构件构造设计

1.梁构造设计

（1）截面及配筋构造

截面及配筋构造应满足表7-29的相关要求。

预应力混凝土叠合梁截面及配筋的基本构造要求　　　　表 7-29

<table>
<tr><th>分项</th><th colspan="2">构造要求</th></tr>
<tr><td>截面形式</td><td colspan="2">同装配整体式框架结构叠合梁，详见表 7-19</td></tr>
<tr><td>底部纵筋</td><td colspan="2">1　梁底角部应设置普通钢筋，两侧应设置腰筋；
2　梁端部应设置保证钢绞线位置的带孔模板；
3　钢绞线的分布宜分散、对称；其混凝土保护层厚度（指钢绞线外边缘至混凝土表面的距离）不应小于 55mm；下部纵向钢绞线水平方向的净间距不应小于 35mm；各层钢绞线之间的净间距不应小于 25mm；
4　梁跨度较小时可不配置预应力筋；
5　采用先张法预应力技术</td></tr>
<tr><td rowspan="2">箍筋形式</td><td> 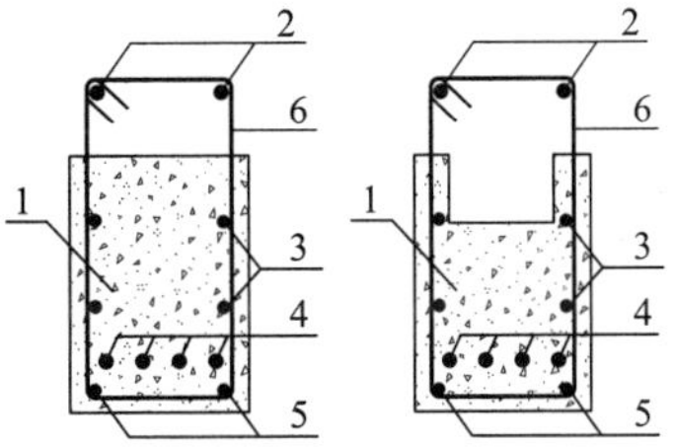（a）采用组合封闭箍筋</td><td>抗震等级为一、二级的叠合框架梁的梁端箍筋加密区宜采用整体封闭箍筋；当叠合梁受扭时宜采用整体封闭箍筋</td></tr>
<tr><td> 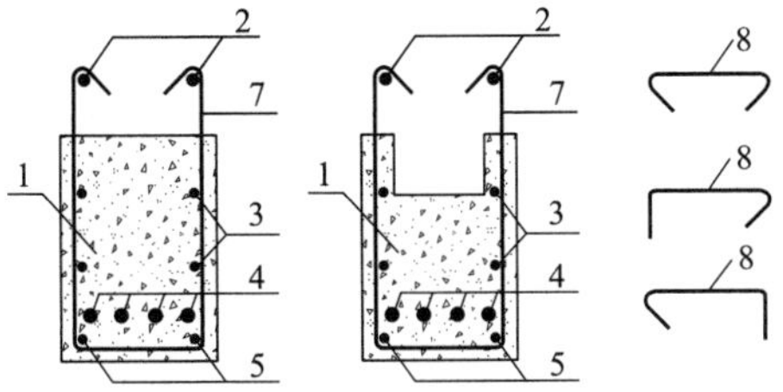1——预制梁；2——叠合梁上部钢筋；3——腰筋（按设计确定）；4——钢绞线；5——普通钢筋；6——封闭箍筋；7——开口箍筋；8——箍筋帽
（b）采用普通封闭箍筋</td><td>开口箍筋上方应设置 135°弯钩，框架梁弯钩平直段长度不应小于 10d（d 为箍筋直径），次梁弯钩平直段长度不应小于 5d；箍筋帽两端宜设置 135°弯钩，也可一端 135°另一端 90°弯钩，但 135°弯钩和 90°弯钩应沿纵向受力钢筋方向交错设置，框架梁弯钩平直段长度不应小于 10d（d 为箍筋直径），次梁 135°弯钩平直段长度不应小于 5d，90°弯钩平直段长度不应小于 10d</td></tr>
<tr><td>加密区箍筋间距</td><td colspan="2">一级抗震等级，不宜大于 200mm 和 20 倍箍筋直径的较大值，且不应大于 300mm；二、三级抗震等级，不宜大于 250mm 和 20 倍箍筋直径的较大值，且不应大于 350mm；四级抗震等级，不宜大于 300mm，且不应大于 400mm</td></tr>
</table>

（2）次梁端部设计

预制预应力混凝土装配整体式框架结构中的预制次梁通常采用吊筋形式的缺口梁方式与主梁连接，次梁端部配筋及尺寸要求应符合表 7-30、表 7-31 的要求。

1）次梁端部配筋计算

次梁端部配筋计算　　　　表 7-30

<table>
<tr><th>示意图</th><th>分项</th><th>配筋计算</th></tr>
<tr><td rowspan="4"> 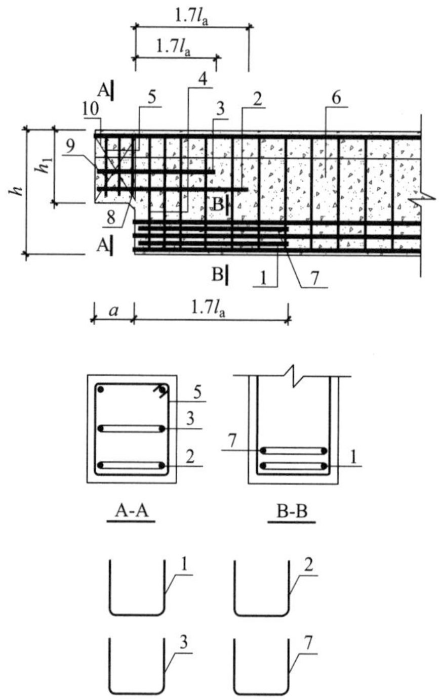1、7——梁底 U 形筋，可放两排(A_{l1}、A_{l2})；
2——凸出部位梁底纵筋(A_{t1})；3——凸出部位腰筋(A_{t2})；4——吊筋(A_v)；
5——凸出部位箍筋(A_{v1})；
6——预制次梁；8——垂直裂缝；
9、10——斜裂缝</td><td>缺口梁梁端受剪截面尺寸</td><td>$N \leqslant 0.25\beta_c b h_{10} f_c$
式中：N——缺口梁梁端支座反力设计值(N)；
b——缺口梁截面宽度(mm)；
β_c——混凝土强度影响系数，当混凝土强度等级不超过 C50 时，取 $\beta_c=1.0$；
h_{10}——缺口梁端部截面有效高度(mm)</td></tr>
<tr><td>缺口梁端部吊筋的截面面积 A_v</td><td>$A_v \leqslant \frac{1.2N}{f_{yv}}$
式中：f_{yv}——箍筋抗拉强度设计值(N/mm^2)</td></tr>
<tr><td>缺口梁凸出部位梁底纵筋的截面面积 A_{t1} 和腰筋的截面面积 A_{t2}</td><td>$A_{t1}=\frac{Ne}{0.85f_y z_1}+\frac{1.2H+0.5N}{f_y}$
$A_{t2}=0.5A_{t1}$
式中：e——缺口梁梁端支座反力与吊筋合力点之间的距离(mm)。反力作用点位置：梁底有预埋钢板可取为预埋钢板中点，无预埋钢板可取为梁端凸出部位的中点；
z_1——可取 $0.85h_{10}$；
H——梁底有预埋钢板可取 $0.2N$，无预埋钢板可取 $0.65N$，另有计算的除外；
f_y——钢筋抗拉强度设计值(N/mm^2)</td></tr>
<tr><td>缺口梁凸出部位箍筋间距及截面面积 A_{v1}</td><td>$A_{v1,max}=\frac{1.2N-0.7bh_{10}f_t}{f_{yv}}$
$A_{v1,min} \geqslant \max\{0.5A_{v1,max}, 0.24bh_1 f_t/f_{yv}\}$
式中：f_t——混凝土抗拉强度设计值(N/mm^2)</td></tr>
</table>

2）次梁端部构造要求

次梁端部构造要求 **表 7-31**

分项	构造要求
缺口尺寸	端部高度 h_1 不宜小于 0.5 倍的叠合梁截面高度 h，挑出部分长度 a 可取缺口梁端部高度 h_1，缺口拐角处宜做斜角
凸出部位纵筋及腰筋	可做成 U 形，从垂直裂缝伸入梁内的延伸长度可取为 $1.7la$；腰筋间距不宜大于 100mm，不宜小于 50mm，最上排腰筋与梁顶距离不应小于 $h_0/3$
凸出部位箍筋及吊筋	应为封闭箍筋，距梁边距离不应大于 40mm，A_v 应配置在 $h_1/2$ 的范围内
次梁底部纵筋在梁端的锚固	可采用水平 U 形钢筋与其搭接的方式，水平 U 形钢筋的直段长度可取为 $1.7l_a$，截面面积不小于梁底普通钢筋及预应力筋换算为普通钢筋的面积之和的 1/3

（3）计算实例

【例 7-2】 已知：矩形截面次梁，$b=200$mm，$h=600$mm，采用吊筋形式缺口梁与主梁连接，叠合层 $h_d=130$mm。梁端支座反力设计值 $N=100$kN，梁底无预埋钢板。混凝土强度等级为 C40（$f_c=19.1\text{N/mm}^2$，$f_t=1.71\text{N/mm}^2$），箍筋采用 HPB300（$f_{yv}=270\text{N/mm}^2$），纵筋采用 HRB400（$f_y=300\text{N/mm}^2$）。

求：次梁端部尺寸及配筋。

【解】 1）缺口梁端部高度 h_1、挑出部分长度 a。

$h_1 \geqslant 0.5\times600=300$mm，取 $h_1=300$mm，$h_{10}=250$mm，$a=h_1=300$mm

$$N<0.25\beta_c bf_c h_{10}=0.25\times1.0\times200\times19.1\times250=239\text{kN}$$

2）缺口梁端部吊筋的截面面积 A_v。

$$A_v=\frac{1.2N}{f_{yv}}=\frac{1.2\times100000}{270}=445\text{mm}^2$$

A_v 应配置在 $h_1/2=150$mm 的范围内，取 $3\phi10@50$（2 肢箍）（$A_v=471\text{mm}^2$）

3）缺口梁凸出部位梁底纵筋的截面面积 A_{t1} 和腰筋的截面面积 A_{t2}。

$e=150$mm，$H=0.65N=0.65\times100=65$kN，$z_1=0.85h_{10}=0.85\times250=213$kN

$$A_{t1}=\frac{Ne}{0.85f_y z_1}+\frac{1.2H+0.5N}{f_y}=\frac{100000\times150}{0.85\times360\times213}+\frac{1.2\times65000+0.5\times100000}{360}$$
$$=586\text{mm}^2$$

$$A_{t2}=0.5A_{t1}=0.5\times586=293\text{mm}^2$$

取 220（$A_{t1}=628\text{mm}^2$），214（$A_{t2}=308\text{mm}^2$）。

4）缺口梁凸出部位箍筋截面面积 A_{v1}。

$$A_{v1,max}=\frac{1.2N-0.7bh_{10}f_t}{f_{yv}}=\frac{1.2\times100000-0.7\times200\times250\times1.71}{270}=223\text{mm}^2$$

$$A_{v1,min}=\max\{0.5A_{v1,max},\ 0.24bh_1f_t/f_{yv}\}$$
$$=\max\{0.5\times223,\ 0.24\times200\times300\times1.71/270\}=112\text{mm}^2$$

缺口梁凸出部位箍筋间距不大于 100mm，且距梁边距离不应大于 40mm，取

3ϕ8@100（2 肢箍）（A_{v1}=302mm^2）。

2. 柱构造设计

预制柱的构造设计参照 7.1.3 节，一次成型预制柱尚应符合表 7-32 要求。

一次成型预制柱基本构造要求 **表 7-32**

示意图	构造要求
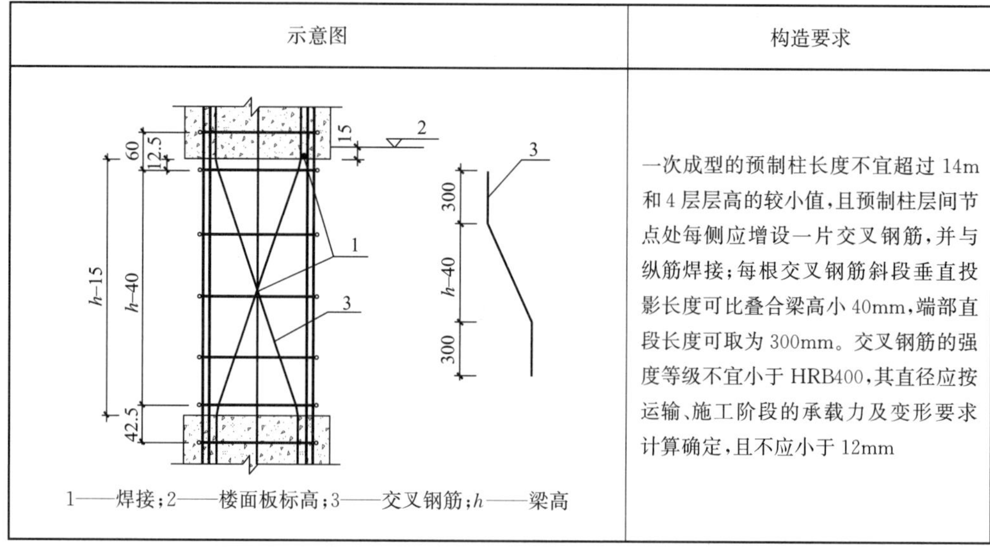 1——焊接；2——楼面板标高；3——交叉钢筋；h——梁高	一次成型的预制柱长度不宜超过 14m 和 4 层层高的较小值，且预制柱层间节点处每侧应增设一片交叉钢筋，并与纵筋焊接；每根交叉钢筋斜段垂直投影长度可比叠合梁高小 40mm，端部直段长度可取为 300mm。交叉钢筋的强度等级不宜小于 HRB400，其直径应按运输、施工阶段的承载力及变形要求计算确定，且不应小于 12mm

3. 纵筋锚固

预制预应力混凝土装配整体式框架结构构件纵筋锚固构造应满足表 7-33 的规定。

纵筋锚固构造要求 **表 7-33**

构件	锚固要求
梁	梁底部钢绞线只需在键槽内锚固，弯锚长度不应小于 210mm，底部普通纵筋可在键槽内通过机械套筒连接钢筋锚固在节点内
柱	同装配整体式框架结构中预制柱的锚固构造要求，详见表 7-23

注：表中钢筋锚固长度同时均需满足《混凝土结构设计规范》GB 50010 的要求。

7.2.4 节点构造设计

1. 柱-基础连接构造设计

采用杯形基础时，应符合现行国家标准《建筑地基基础设计规范》GB 50007 的相关规定；当采用预留孔插筋法时，预制柱与基础的连接尚应符合表 7-34 的规定。

2. 柱-柱连接构造设计

预制预应力混凝土装配整体式框架结构预制柱间的连接构造除应满足 7.1 节相关内容的规定外，尚应满足表 7-35 的要求。

预留孔插筋法的构造要求　　　　表 7-34

示意图	构造要求	
1——基础梁；2——基础；3——箍筋；4——基础插筋；5——预留孔	预留孔长度	长度应大于柱主筋搭接长度
	预留孔材质	宜选用封底镀锌波纹管，封底应密实不应漏浆
	预留孔孔径	管内径不应小于柱主筋外切圆直径 10mm
	灌浆材料	宜选用无收缩灌浆料，1d 龄期的强度不宜低于 25MPa，28d 龄期的强度不宜低于 60MPa

柱-柱连接节点构造要求　　　　表 7-35

示意图	要求
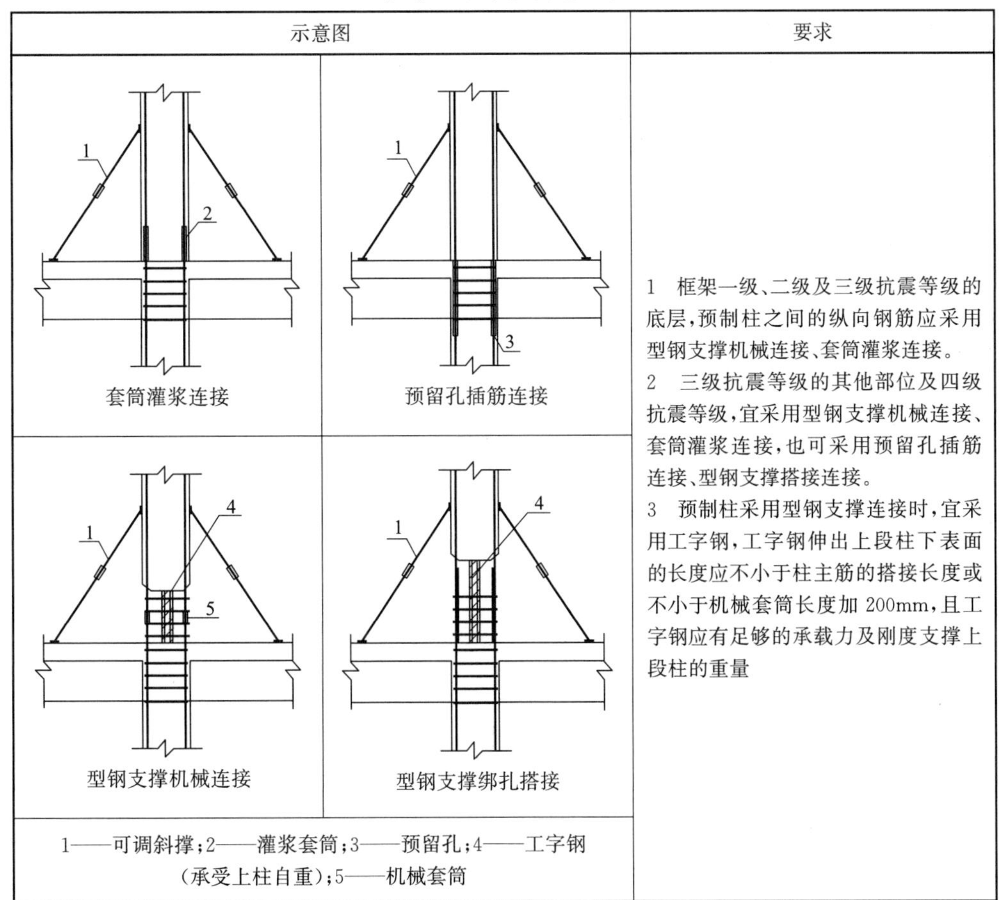 1——可调斜撑；2——灌浆套筒；3——预留孔；4——工字钢（承受上柱自重）；5——机械套筒	1　框架一级、二级及三级抗震等级的底层，预制柱之间的纵向钢筋应采用型钢支撑机械连接、套筒灌浆连接。 2　三级抗震等级的其他部位及四级抗震等级，宜采用型钢支撑机械连接、套筒灌浆连接，也可采用预留孔插筋连接、型钢支撑搭接连接。 3　预制柱采用型钢支撑连接时，宜采用工字钢，工字钢伸出上段柱下表面的长度应不小于柱主筋的搭接长度或不小于机械套筒长度加 200mm，且工字钢应有足够的承载力及刚度支撑上段柱的重量

3. 梁-柱连接构造设计

(1) 键槽节点

梁柱键槽节点分为带壁键槽节点和无壁键槽节点。带壁键槽节点是在梁端键槽两侧及底部预留键槽壁，厚度宜取 40mm，具体构造详见表 7-36。无壁键槽节点是梁端预留键槽为全现浇，现场施工时需在键槽位置设置模板，安装好键槽部位的箍筋和 U 形钢筋后方可浇筑键槽混凝土，具体构造详见表 7-37。

带壁键槽节点构造要求 **表 7-36**

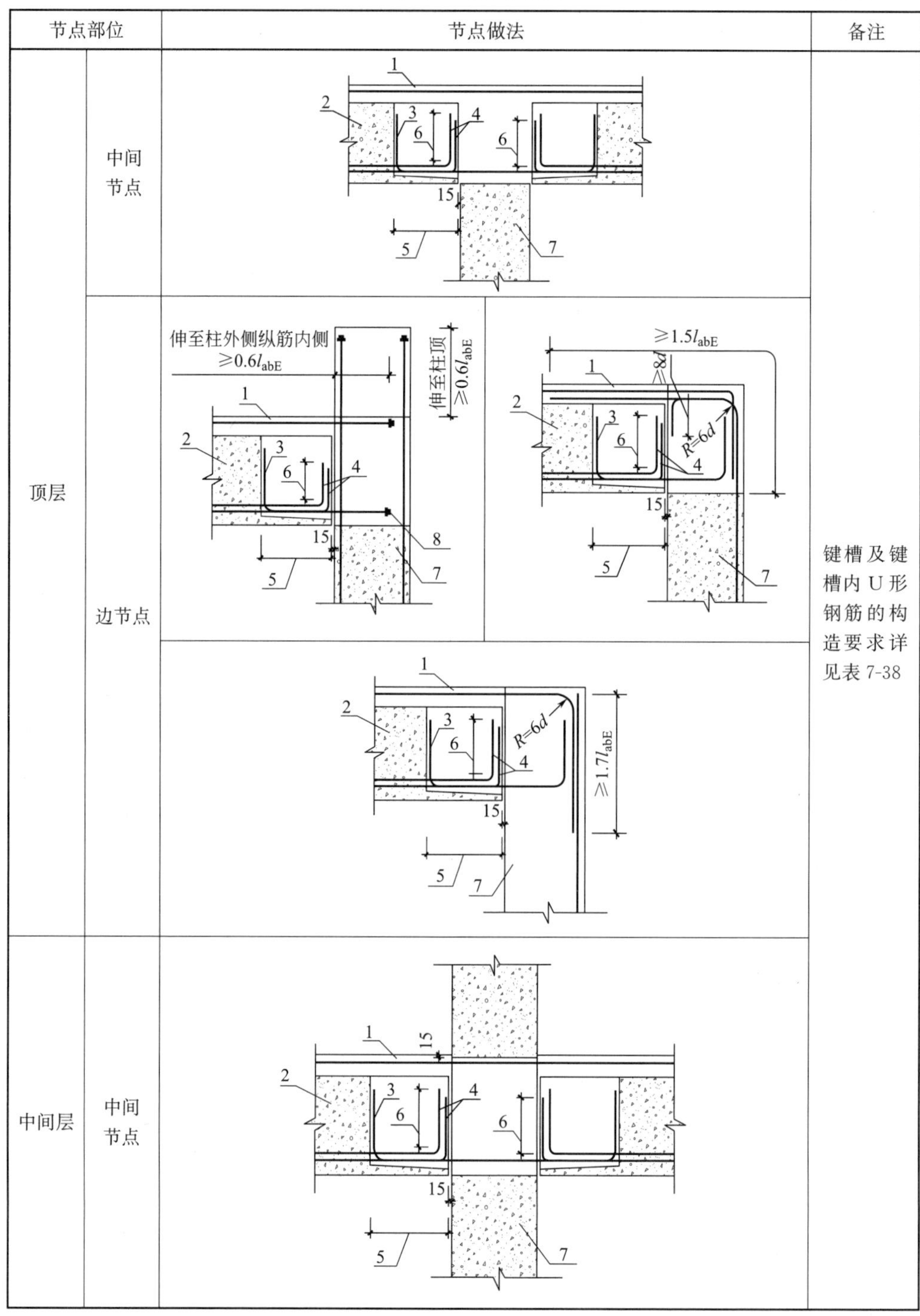

续表

节点部位		节点做法		备注
中间层	边节点	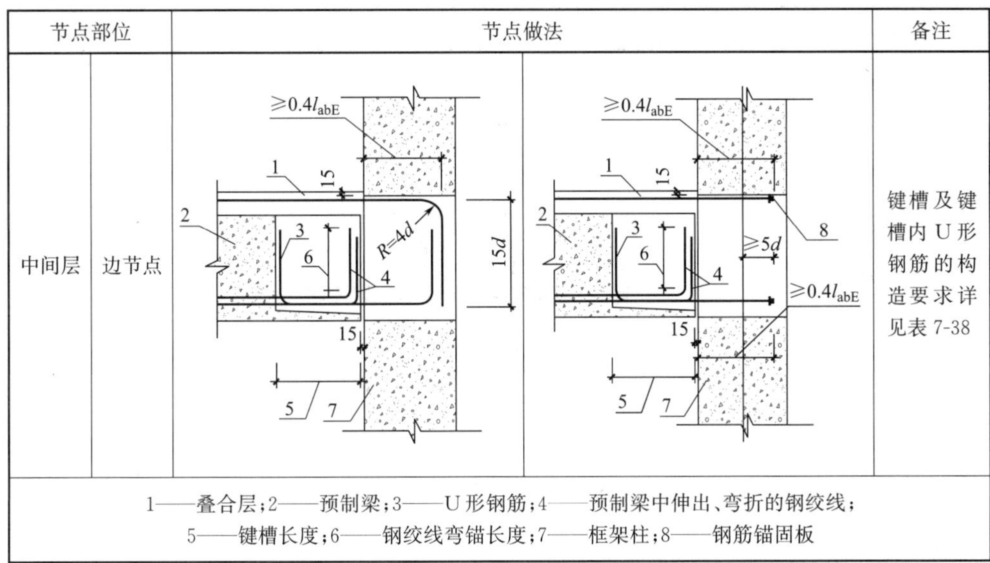		键槽及键槽内U形钢筋的构造要求详见表7-38
1——叠合层；2——预制梁；3——U形钢筋；4——预制梁中伸出、弯折的钢绞线；5——键槽长度；6——钢绞线弯锚长度；7——框架柱；8——钢筋锚固板				

无壁键槽节点构造要求 **表7-37**

节点部位		节点做法		备注
顶层	中间节点			键槽及键槽内U形钢筋的构造要求详见表7-38
	边节点			

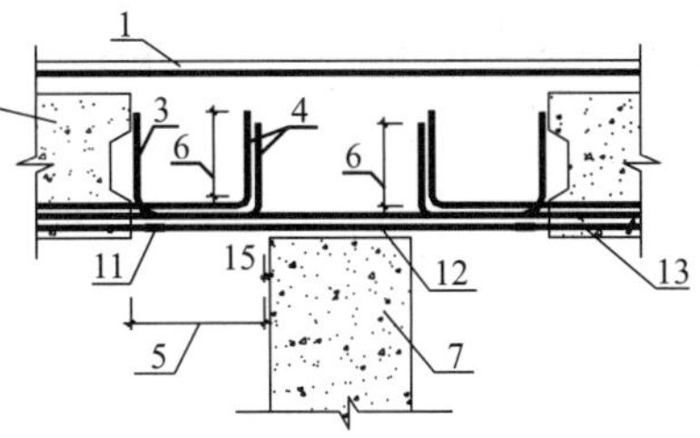

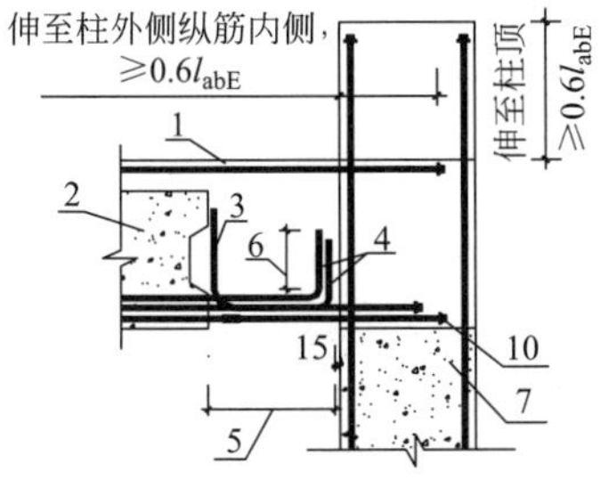

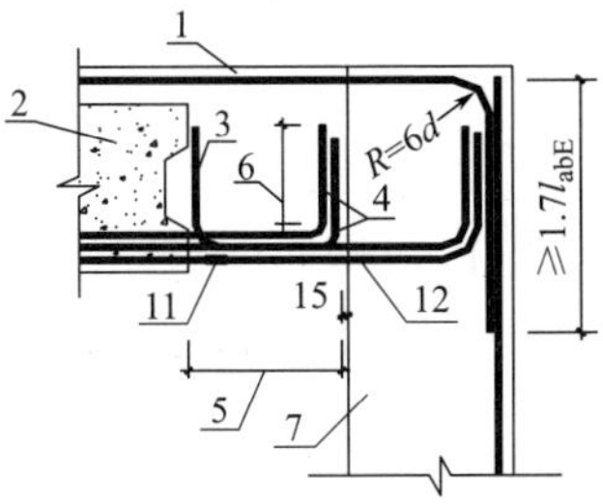

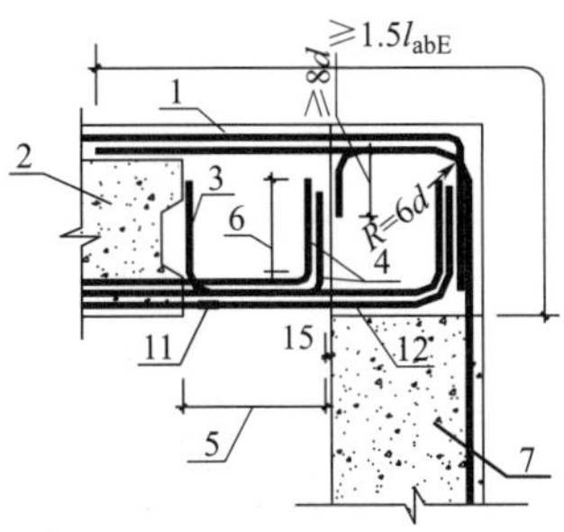

续表

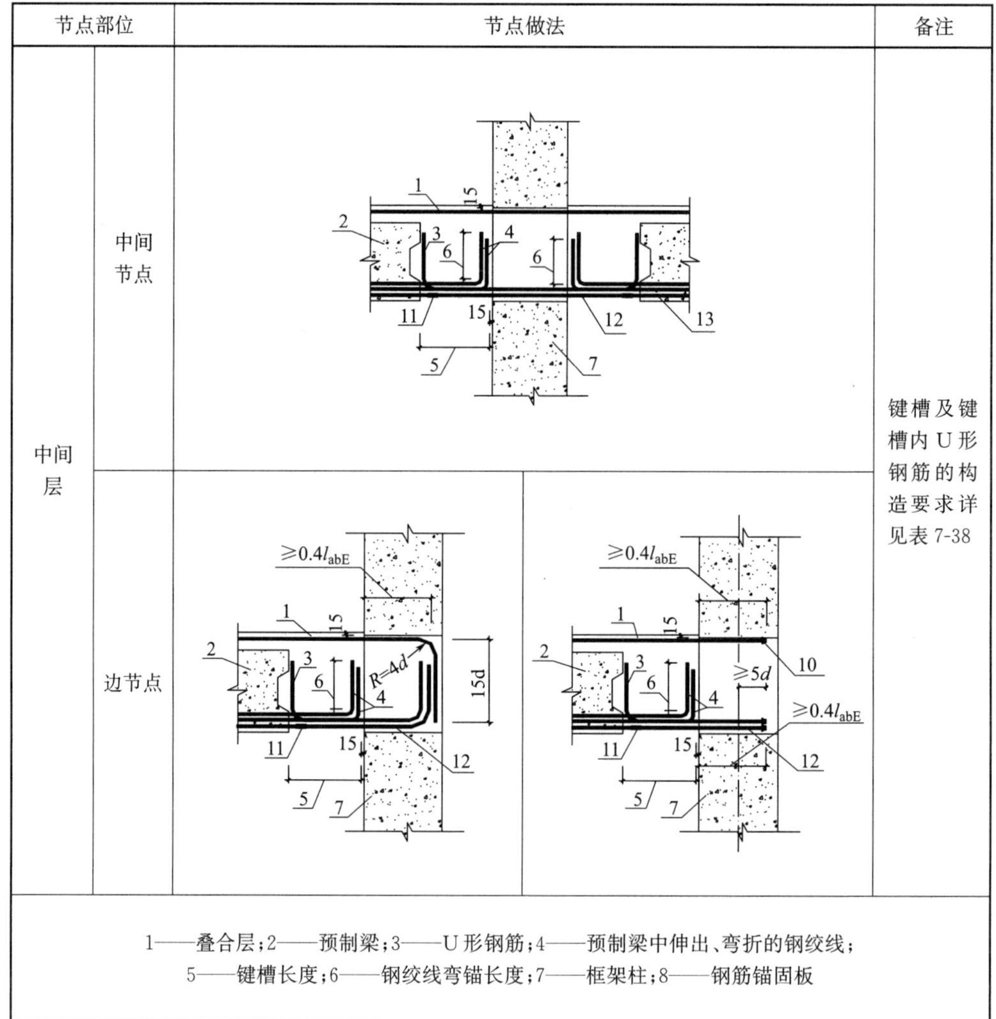

节点部位		节点做法		备注
中间层	中间节点			键槽及键槽内U形钢筋的构造要求详见表7-38
	边节点			
1——叠合层；2——预制梁；3——U形钢筋；4——预制梁中伸出、弯折的钢绞线；5——键槽长度；6——钢绞线弯锚长度；7——框架柱；8——钢筋锚固板				

(2) 梁端键槽及U形钢筋

梁端键槽及U形钢筋构造设计要求详表7-38。

梁端键槽和键槽内U形钢筋的构造要求　　　表7-38

项次		构造要求
键槽	长度(mm)	$0.5l_{le}$+50与400的较大值
	厚度(mm)	宜取40
U形钢筋	平直段长度(mm)	取$0.5l_{le}$与350的较大值
	直径(mm)	不应小于12，不宜大于20
	钢筋等级	应采用HRB400、HRB500或HRB335级钢筋
	锚固长度	满足《混凝土结构设计规范》GB 50010的规定

续表

U形钢筋示意图
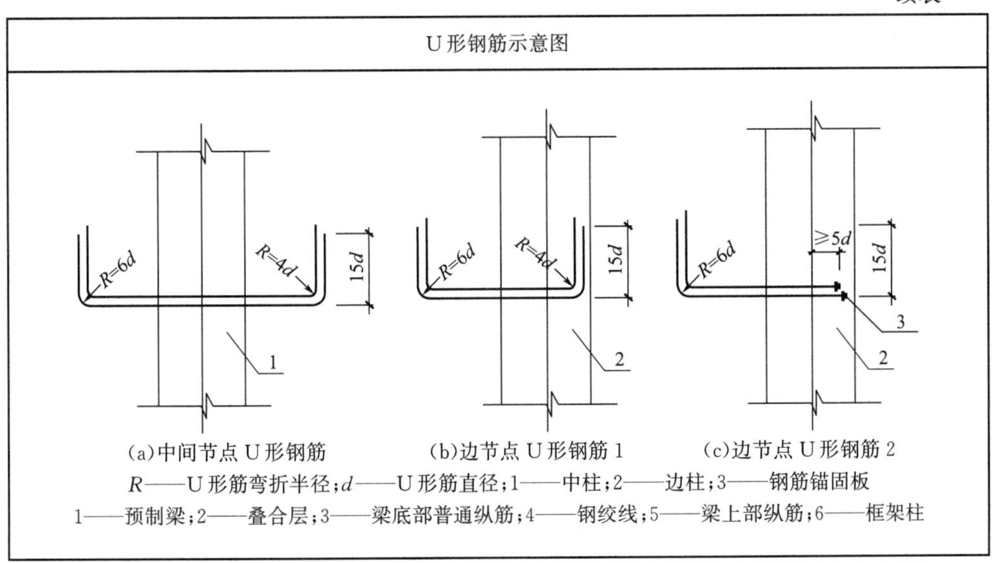

(a)中间节点U形钢筋　(b)边节点U形钢筋1　(c)边节点U形钢筋2

R——U形筋弯折半径；d——U形筋直径；1——中柱；2——边柱；3——钢筋锚固板

1——预制梁；2——叠合层；3——梁底部普通纵筋；4——钢绞线；5——梁上部纵筋；6——框架柱

注：1. 表中 l_{le} 为U形钢筋搭接长度；
2. U形钢筋采用弯锚时，在边节点处钢筋水平长度未伸过柱中心时不得向上弯折。

4. 梁-梁连接构造设计

梁-梁连接节点构造设计要求详见表7-39。

梁-梁连接节点构造要求　　表7-39

节点部位		节点做法
梁-梁	次梁与边主梁	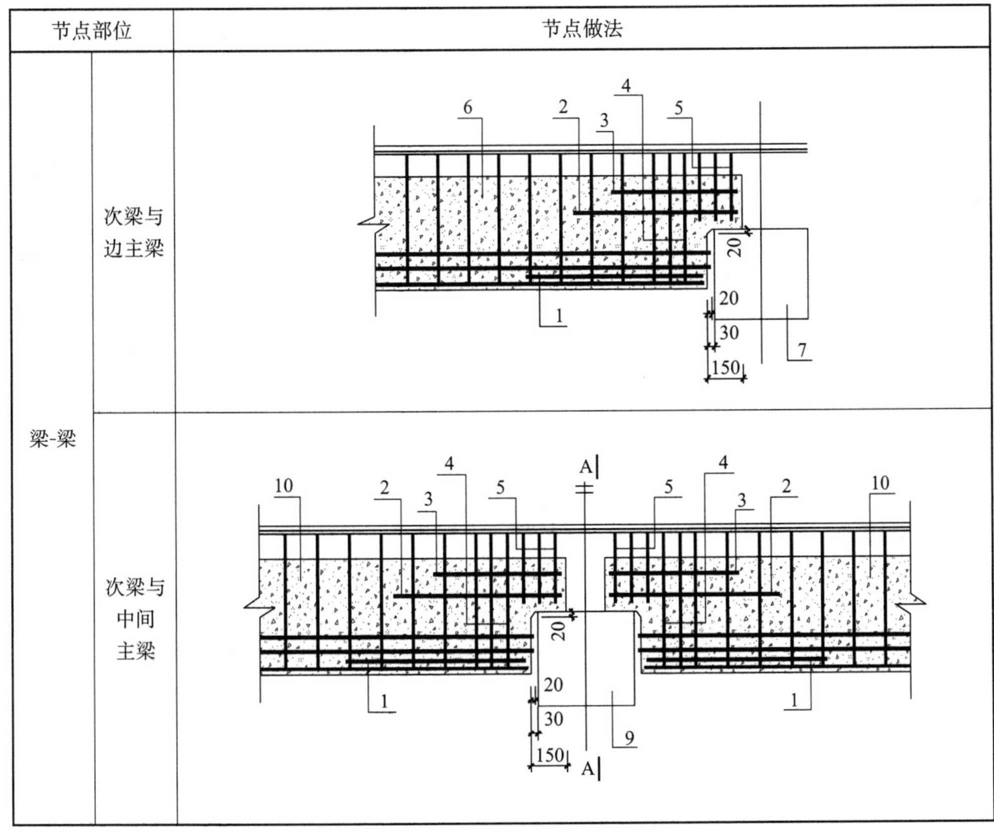
	次梁与中间主梁	

续表

节点部位		节点做法
梁-梁	次梁与中间主梁	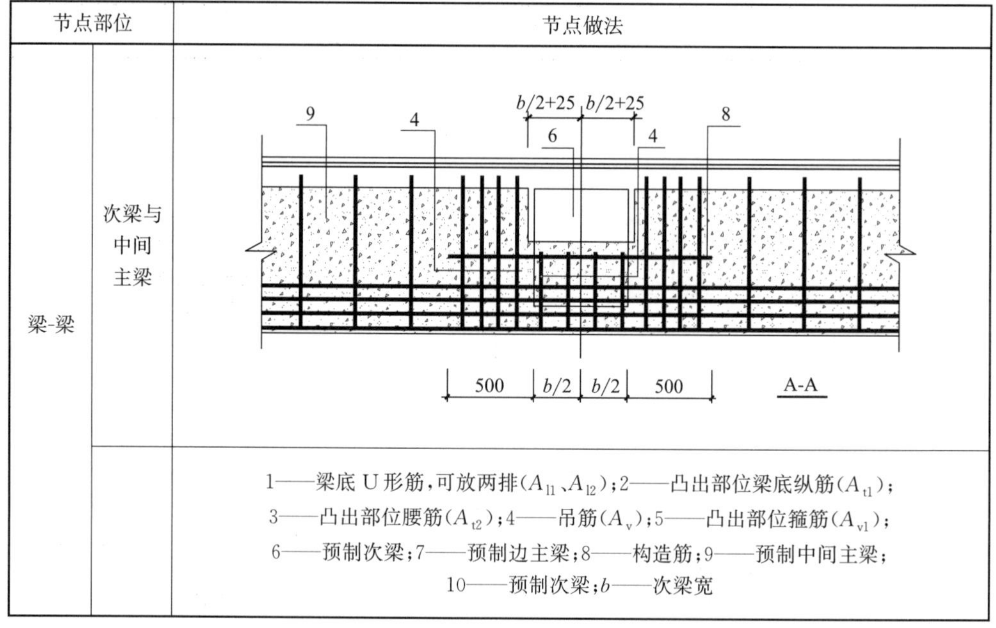
		1——梁底 U 形筋，可放两排(A_{l1}、A_{l2})；2——凸出部位梁底纵筋(A_{t1})；3——凸出部位腰筋(A_{t2})；4——吊筋(A_v)；5——凸出部位箍筋(A_{v1})；6——预制次梁；7——预制边主梁；8——构造筋；9——预制中间主梁；10——预制次梁；b——次梁宽

7.3 混凝土框架-支撑结构

7.3.1 普通钢支撑

抗震设防烈度为 6～8 度且房屋高度超过《建筑抗震设计规范》GB 50011—2010 第 6.1.1 条规定的钢筋混凝土框架结构最大适用高度时，可采用钢支撑-混凝土框架组成抗侧力体系的结构。框架-支撑结构的布置原则如表 7-40 所示，框架-支撑结构的抗震设计要求如表 7-41 所示。

框架-支撑结构布置原则 **表 7-40**

序号	布置原则
1	应在结构的两个主轴方向同时设置支撑
2	钢支撑宜上下连续布置，当受建筑方案影响无法连续布置时，宜在邻跨延续布置
3	钢支撑宜采用交叉支撑，也可采用人字支撑或 V 形支撑；采用单支撑时，两方向的斜杆应基本对称布置
4	钢支撑在平面内的布置应避免导致扭转效应；钢支撑之间无大洞口的楼、屋盖的长宽比，宜符合《建筑抗震设计规范》GB 50011—2010 第 6.1.6 条对抗震墙间距的要求；楼梯间宜布置钢支撑
5	底层的钢支撑框架按刚度分配的地震倾覆力矩应大于结构总地震倾覆力矩的 50%

注：参考《建筑抗震设计规范》GB 50011—2010 附录 G。

框架-支撑结构抗震设计要求 **表 7-41**

序号	抗震设计要求
1	结构的阻尼比不应大于 0.045,也可按混凝土框架部分和钢支撑部分在结构总变形能所占的比例折算为等效阻尼比
2	钢支撑框架部分的斜杆,可按端部铰接杆计算。当支撑斜杆的轴线偏离混凝土柱轴线超过柱宽 1/4 时,应考虑附加弯矩
3	混凝土框架部分承担的地震作用,应按框架结构和支撑框架结构两种模型计算,并宜取两者的较大值
4	钢支撑-混凝土框架的层间位移限值,宜按框架和框架-抗震墙结构内插

注：参考《建筑抗震设计规范》GB 50011—2010 附录 G。

7.3.2 屈曲约束支撑

1.设计思路

对于普通支撑来说，地震作用超过支撑屈服荷载后，支撑发生整体或局部屈曲，会在该层形成薄弱层而造成结构破坏。另外，普通支撑往往由稳定控制，支撑长细比的限制条件又造成支撑截面过大，需要增大与之相连接的梁柱截面尺寸，进而导致地震作用较大，造价提升。防屈曲支撑在中震或大震作用下均能实现拉压状态下全截面充分屈服耗散地震能量，原来通过主体结构梁端形成塑性铰的耗能方式转变为只在防屈曲支撑部件上集中耗能，使主体结构大部分保持弹性，降低结构的地震损伤，较好地保护主体结构，给震后修复带来方便。框架-屈曲约束支撑结构的优势如表 7-42 所示，框架-传统支撑结构与框架-屈曲约束支撑结构的对比如表 7-43 所示，框架-屈曲约束支撑结构设计流程如图 7-4 所示。

框架-屈曲约束支撑结构的优势 **表 7-42**

序号	结构的优势
1	承载能力比普通支撑提高 2～10 倍
2	屈曲约束支撑受拉与受压承载力差异很小,可大大减小与支撑相邻构件的内力
3	中震或大震作用下均能实现拉压状态下全截面充分屈服耗散地震能量
4	可减小支撑的截面面积,节约工程造价

框架-传统支撑结构与框架-屈曲约束支撑结构对比 **表 7-43**

地震作用	框架＋传统支撑		框架＋屈曲约束支撑	
	主体结构	支撑结构	主体结构	屈曲约束支撑
小震	弹性	弹性	弹性	弹性
中震	塑性	屈曲	弹性	塑性(耗能)
大震	修复地震中的受损构件		更换损坏的屈曲约束支撑即可	

框架-屈曲约束支撑结构分析流程如表 7-44 所示。框架-屈曲约束支撑结构体系设计相关规范要求如表 7-45 所示。

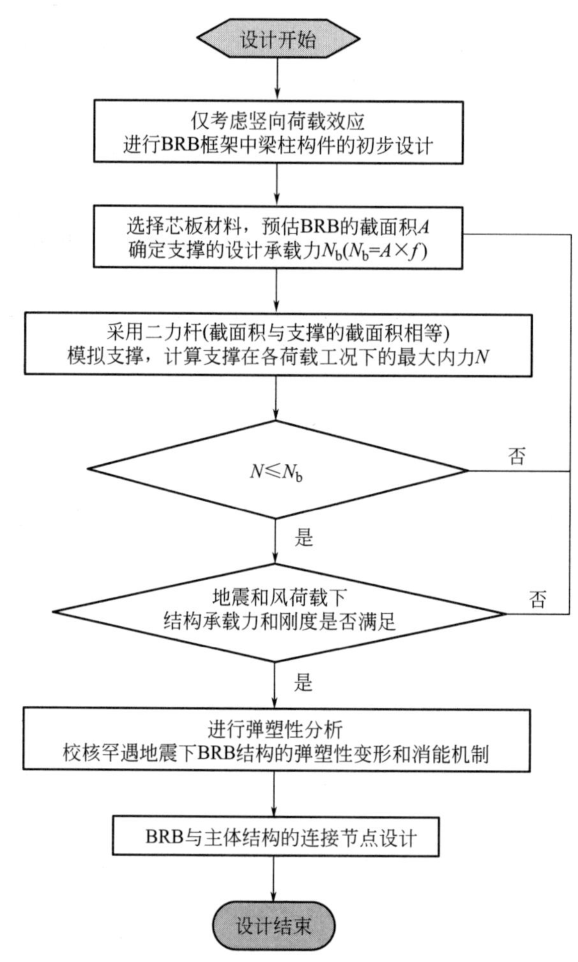

图 7-4　框架-屈曲约束支撑结构设计流程

注：BRB 为屈曲约束支撑 Buckling restrained brace 英文简称。

框架-屈曲约束支撑结构各阶段分析流程　　表 7-44

序号	阶段	分析流程
1	弹性阶段	初选支撑截面和所用钢材的强度等级，建立结构计算模型，建模方式与框架-普通支撑结构的建模方式相同
2		进行结构弹性阶段的分析，在确保结构刚度满足设计要求的情况下，提取支撑弹性阶段的最大内力 N_{max}
3		若 $N_{max} \leqslant N_b$（N_b 为支撑的设计承载力，$N_b = A \times f$），所选支撑截面满足要求
4		若不满足，调整支撑的截面积重新进行分析、验算，直至满足 $N_{max} \leqslant N_b$ 时结束
5	弹塑性阶段	根据支撑的简化滞回模型，利用结构计算软件进行结构的静力或动力弹塑性分析

框架-屈曲约束支撑结构体系设计相关规范要求　　表 7-45

前提条件	设计体系	规范规定	适用高度
底层的支撑框架按刚度分配的地震倾覆力矩不大于结构总地震倾覆力矩的 50%	框架结构	《建筑消能减震技术规程》JGJ 297—2013 第 1.0.1 条文说明规定：消能器一般属非承重构件，其功能仅在结构变形过程中发挥耗能作用，一般情况下不承担结构竖向荷载作用，即增设消能器不改变主体结构的竖向受力体系，故消能减震技术不受结构类型、形状、层数、高度等条件的限制。 《建筑消能减震技术规程》JGJ 297—2013 第 3.1.2 条文说明：消能器不会改变主体结构的基本形式，主体结构设计仍按主体结构设计规范和标准执行	50m
底层的支撑框架按刚度分配的地震倾覆力矩大于结构总地震倾覆力矩的 50%	框架-支撑结构	《超限高层建筑工程抗震设计指南》(第二版)第 3. 2. 1 条"钢筋混凝土框架结构房屋，其高度不宜超过表 3.1.1 的最大适用高度。超过时宜改用框架-剪力墙结构，或改用带支撑的框架结构(含阻尼支撑)"。 《建筑消能减震技术规程》JGJ 297—2013 第 6.1.3 条文说明：消能减震结构采用屈曲约束支撑时，当屈曲约束支撑的布置符合现行国家标准《建筑抗震设计规范》GB 50011 中钢支撑布置的规定时，其建筑适用的最大高度可按采用钢支撑建筑要求取值。 当按钢支撑-框架结构设计时，根据《建筑抗震设计规范》GB 50011—2010 附录 G 的相关要求：其适用的最大高度不宜超过本规范第 6.1.1 条钢筋混凝土框架结构和框架-抗震墙结构二者最大适用高度的平均值。钢支撑框架应在结构的两个主轴方向同时设置。混凝土框架部分承担的地震作用，应按框架结构和支撑框架结构两种模型计算，并宜取二者的较大值。钢支撑-混凝土框架的层间位移限值，宜按框架和框架-抗震墙结构内插	85m

屈曲约束支撑框架体系与普通支撑框架体系的设计方法基本相同，但在支撑布置、构件验算、节点设计等方面具有不同点。详见表 7-46。

屈曲约束支撑设计特点　　表 7-46

设计项目	普通支撑框架	屈曲约束支撑框架
支撑布置	可选用 X 形支撑布置	不可选用 X 形支撑布置
构件验算	小震和风荷载作用下需要进行稳定承载力验算	小震和风荷载作用下只进行强度验算，产品本身已经满足稳定性要求
节点设计	根据支撑抗拉屈服承载力设计	根据支撑极限承载力设计
弹塑性时程分析	应采用拉压不对称滞回模型	可采用简单双线型滞回模型

2. 支撑类型

屈曲约束支撑的主要类型如表 7-47 所示。

屈曲约束支撑类型　　　　表 7-47

类型	作用	适用条件	芯板材料
耗能型	既能保证构件不屈曲，还能保证芯板屈服后的耗能能力	既要用于提高结构刚度、承载力，又要用于结构的耗能构件	低屈服强度钢材（钢材牌号为 Q160LY 和 Q225LY）或普通低碳钢（Q235 钢）
承载型	仅约束构件的屈曲	仅用于提高结构的刚度及承载力	普通低碳钢（Q235 钢）或其他高强钢（Q345 钢、Q390 钢、Q420 钢）

耗能型屈曲约束支撑芯板材料共有两大系列，分别是低屈服点钢系列和低碳钢系列。耗能型屈曲约束支撑并不要求一定采用低屈服点钢材，只要材料性能满足要求，即可达到屈曲约束支撑基本的性能要求。承载型屈曲约束支撑可采用普通低碳钢和其他高强钢。屈曲约束支撑芯板材料性能要求见表 7-48。

屈曲约束支撑芯板屈服段钢材性能指标　　　　表 7-48

屈曲约束支撑类型	屈强比	伸长率	冲击功韧性	屈服强度波动范围
耗能型屈曲约束支撑	≤0.8	≥30%	≥27J（常温）	Q160LY（140～180MPa） Q225LY（205～245MPa） Q235（235～295MPa）
屈曲约束支撑型阻尼器	≤0.8	≥40%	≥27J（0℃）	Q100LY（80～120MPa） Q160LY（140～180MPa） Q225LY（205～245MPa）
承载型屈曲约束支撑	≤0.8	≥20%	≥27J（常温）	Q235（≥235MPa） Q345（≥345MPa）
	≤0.85	≥20%	≥27J（常温）	Q390（≥390MPa） Q420（≥420MPa）

注：低屈服点钢材命名参考现行国家规范《建筑用低屈服强度钢板》GB/T 28905 的规定。

屈曲约束支撑的主要截面类型如图 7-5 所示，一字形屈曲约束支撑构造如图 7-6 所示。

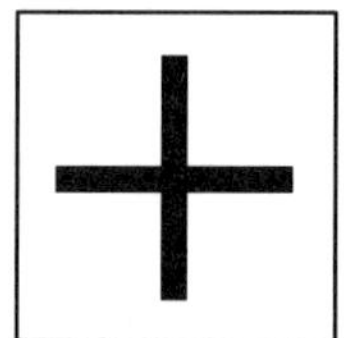

图 7-5　屈曲约束支撑截面类型

3. 支撑布置

屈曲约束支撑应布置在能最大限度地发挥其耗能作用的部位，同时不影响建筑功能，并满足结构整体受力的需要。屈曲约束支撑可依照以下原则进行布置：

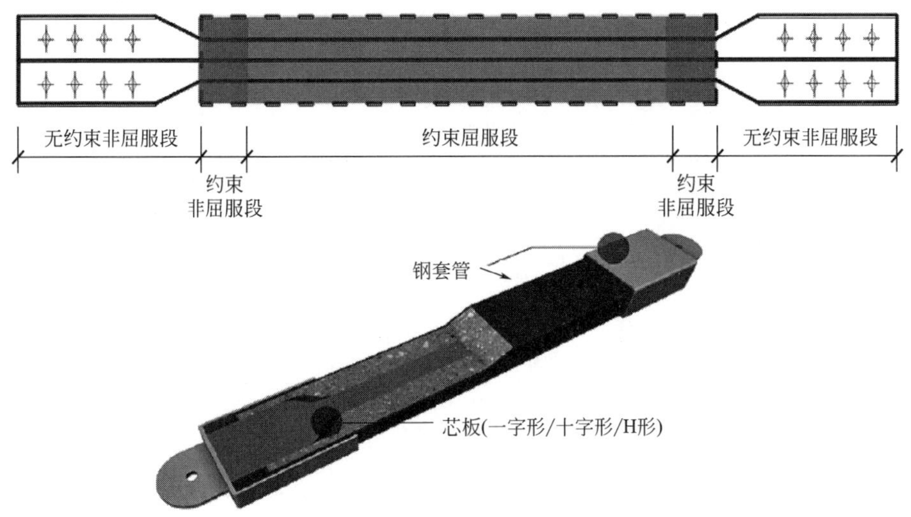

图 7-6　一字形屈曲约束支撑构造

（1）地震作用下产生较大支撑内力的部位。

（2）地震作用下层间位移较大的楼层。

（3）宜沿结构两个主轴方向分别设置。

（4）可采用单斜撑、人字形或 V 形支撑布置（图 7-7），也可采用偏心支撑的布置形式，当采用偏心支撑布置的时候，设计中应保证支撑先于框架梁屈服。

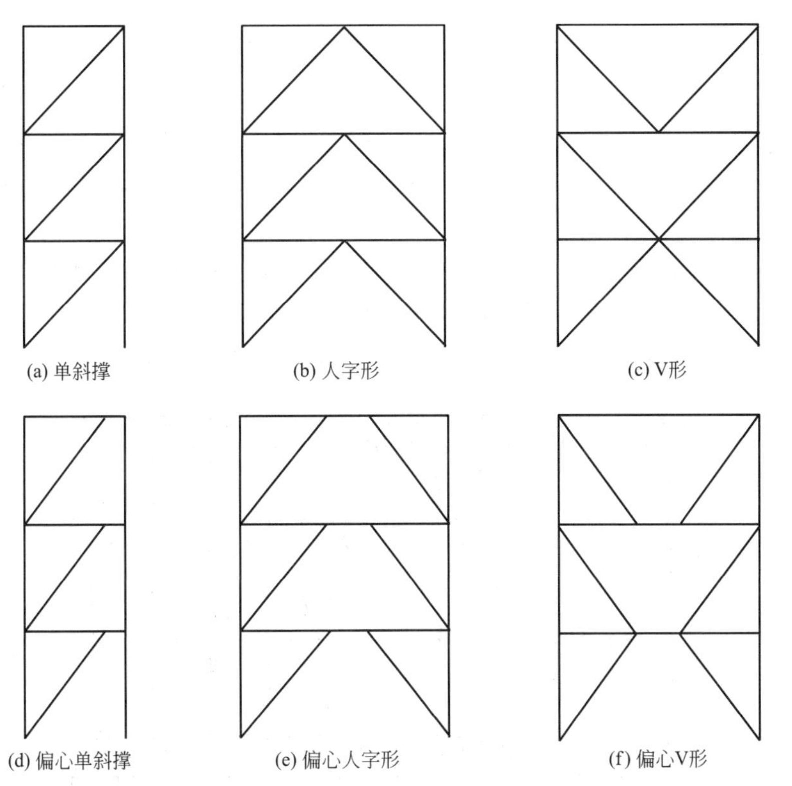

图 7-7　屈曲约束支撑布置

4. 屈曲约束支撑常用规格

屈曲约束支撑的常用规格如表 7-49 所示。

屈曲约束支撑常用规格 **表 7-49**

BRB 型号	有效刚度（kN/m）	屈服力（kN）	屈服后刚度比	屈服指数	长度（mm）	屈服位移（mm）	极限承载力（kN）	极限位移（mm）
LK-BRB1	80000	200	0.02	10	3000	3	300	30
LK-BRB2	48000	200	0.02	10	5000	5	300	50
LK-BRB3	30000	200	0.02	10	8000	8	300	80
LK-BRB4	20000	200	0.02	10	12000	12	300	120
LK-BRB5	96000	400	0.02	10	5000	5	600	50
LK-BRB6	90000	600	0.02	10	8000	8	900	80
LK-BRB7	120000	800	0.02	10	8000	8	1200	80
LK-BRB8	100000	1000	0.02	10	12000	12	1500	120
LK-BRB9	600000	1500	0.02	10	3000	3	2250	30
LK-BRB10	480000	2000	0.02	10	5000	5	3000	50
LK-BRB11	600000	2500	0.02	10	5000	5	3750	50
LK-BRB12	300000	3000	0.02	10	12000	12	4500	120
LK-BRB13	840000	3500	0.02	10	5000	5	5250	50

5. 案例分析

某办公楼项目结构地上 18 层，1 层层高 5.2m，2 层层高 4.25m，3 层层高 4.15m，4 层层高 4.2m，5～13 层层高均为 3.9m，14、15 层层高 4.2m，16、17 层层高 3.5m，18 层层高 3m，房屋主体结构高度为 66.4m。图 7-8 为结构标准层平面视图。结构为框架-支撑结构体系，为提高结构整体抗震性能，采用屈曲约束支撑进行减震设计。结构地震设计相关参数如表 7-50 所示。屈曲约束支撑布置如图 7-9 所示，相关参数如表 7-51 所示。表 7-52 给出了结构的基本周期。

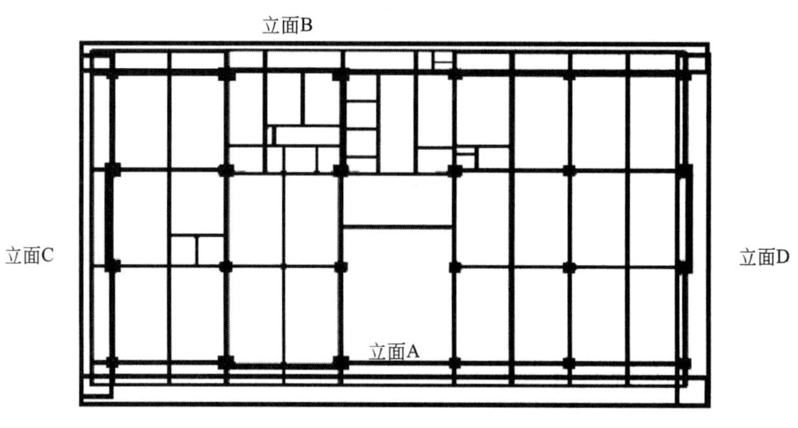

图 7-8　结构平面布置图

地震设计相关参数 **表 7-50**

抗震设防烈度	7 度
基本地震加速度	0.1g
设计地震分组	第一组
水平地震影响系数最大值	多遇地震:0.08
时程分析加速度最大值	罕遇地震:220gal
场地类别	Ⅱ类
场地特征周期	多遇地震:0.40s

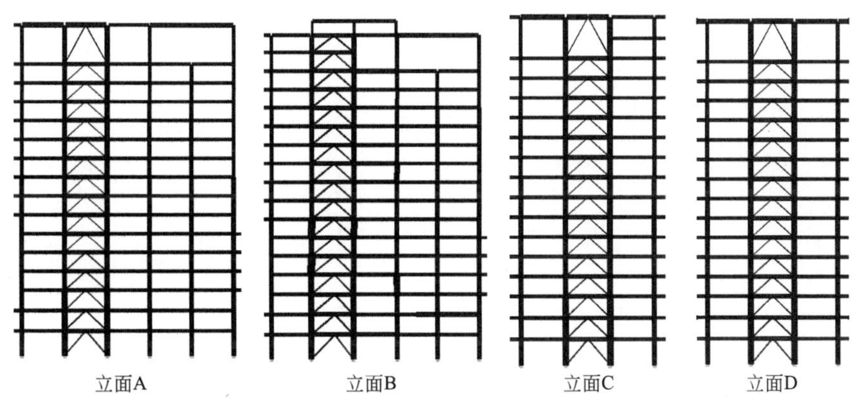

图 7-9 屈曲约束支撑布置位置立面视图

屈曲约束支撑相关参数 **表 7-51**

楼层	支撑型号（UBB-屈服力-屈服位移）	支撑总长度（mm）	支撑截面积（mm^2）	屈服力（kN）	BRB 芯材等效截面积（mm^2）	个数
1	UBB-3000-2.0	6877	67600	3000	12766	8
2	UBB-2500-2.9	6190	36100	2500	10638	8
3	UBB-2500-2.9	6122	36100	2500	10638	8
4	UBB-2500-2.9	6156	36100	2500	10638	8
5	UBB-2500-2.9	5955	36100	2500	10638	8
6	UBB-1500-4.3	5955	19600	1500	6383	8
7	UBB-1500-4.3	5955	19600	1500	6383	8
8	UBB-1500-4.3	5955	19600	1500	6383	8
9	UBB-1500-4.3	5955	19600	1500	6383	8
10	UBB-1000-2.9	5955	19600	1000	4255	8
11	UBB-1000-2.9	5955	19600	1000	4255	8
12	UBB-1000-2.9	5955	19600	1000	4255	8
13	UBB-1000-2.9	5955	19600	1000	4255	8

续表

楼层	支撑型号 (UBB-屈服力-屈服位移)	支撑总长度 (mm)	支撑截面积 (mm^2)	屈服力 (kN)	BRB 芯材等效截面积 (mm^2)	个数
14	UBB-1000-2.9	6156	19600	1000	4255	8
15	UBB-1000-2.9	6156	19600	1000	4255	8
16	UBB-1000-2.9	5861	19600	1000	4255	4
17	UBB-1000-4.3	8661	19600	1000	4255	8

结构周期 **表 7-52**

阶数	YJK 周期	ETABS 周期	周期误差 (ETABS-YJK)/YJK	YJK 平动系数
1	2.06	2.04	−0.84%	1.00(0.00+1.00)
2	2.02	2.00	−0.97%	1.00(1.00+0.00)
3	1.47	1.46	−0.65%	0.03(0.02+0.01)
4	0.62	0.61	−0.92%	1.00(0.01+0.99)
5	0.61	0.60	−1.11%	1.00(0.99+0.01)
6	0.44	0.43	−0.80%	0.02(0.01+0.01)

(1) 小震弹性分析

结构小震楼层剪力及层间位移角如图 7-10 和图 7-11 所示，框架承担楼层剪力比例如图 7-12 所示。

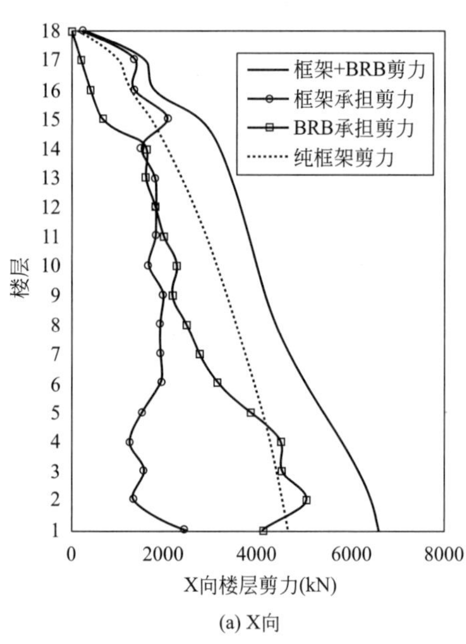

(a) X向

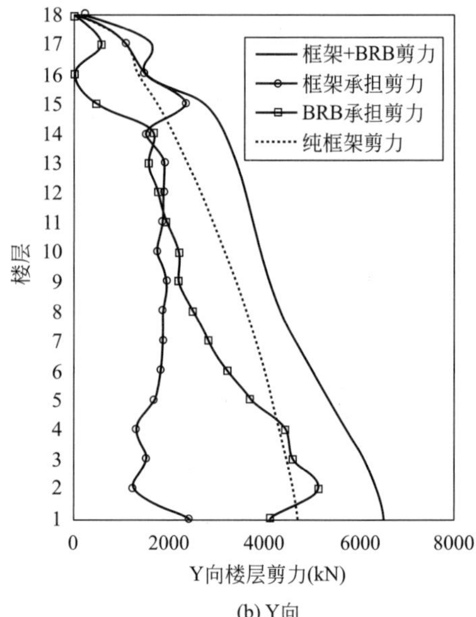

(b) Y向

图 7-10 楼层剪力对比

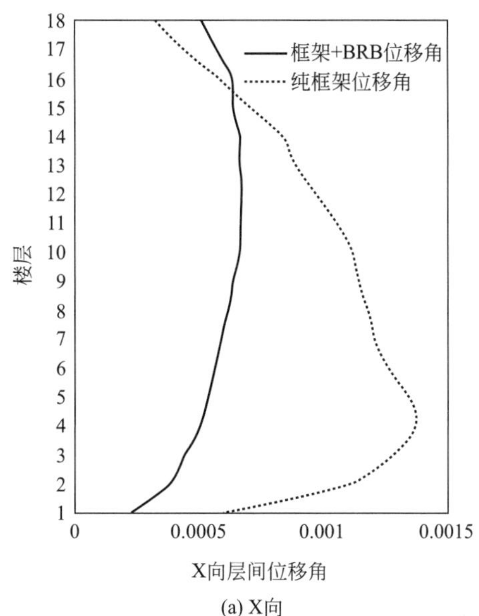

(a) X向

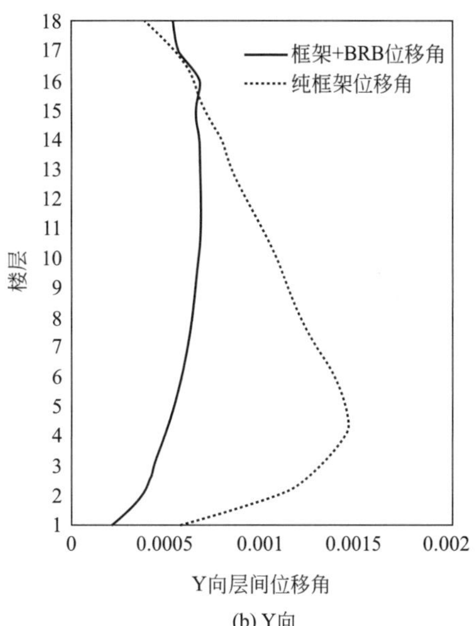

(b) Y向

图 7-11 层间位移角

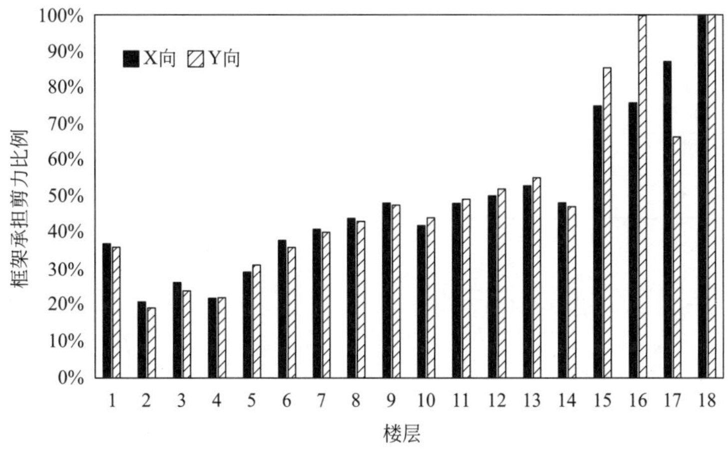

图 7-12 框架承担楼层剪力比例

(2) 中震、大震弹塑性分析

采用有限元软件进行结构在中震和罕遇地震作用下的弹塑性分析，按照规范要求应选取两组天然地震波和一组人工波，如图 7-13 所示。中震时地震波峰值调整为 100gal，罕遇地震时地震波峰值调整为 220gal。

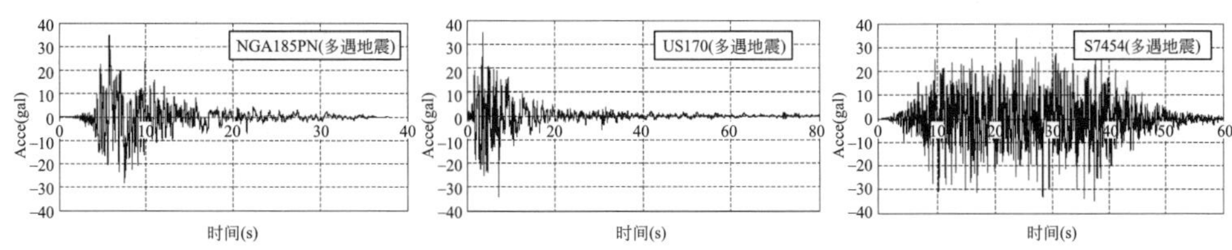

图 7-13 地震波时程曲线

表 7-53 给出了中震等效阻尼比，表 7-54 给出了大震等效阻尼比。图 7-14 给出了大震层间位移角。

中震结构等效阻尼比　　表 7-53

	X 向			Y 向		
	XNGA185	XUS170	XS7454	YNGA185	YUS170	YS7454
振型阻尼耗能比例	26.928%	29.403%	50.094%	34.947%	35.343%	49.104%
BRB 耗能比例	8.415%	7.524%	5.643%	7.920%	7.227%	5.346%
BRB/振型阻尼	0.313	0.256	0.113	0.227	0.204	0.109
BRB 附加阻尼	1.406%	1.152%	0.507%	1.020%	0.920%	0.490%
总阻尼比	5.906%	5.652%	5.007%	5.520%	5.420%	4.990%
平均值	5.522%			5.310%		

大震结构等效阻尼比　　表 7-54

	X 向			Y 向		
	XNGA185	XUS170	XS7454	YNGA185	YUS170	YS7454
振型阻尼耗能比例	31.793%	40.943%	54.397%	34.955%	48.960%	55.927%
BRB 耗能比例	35.853%	30.355%	29.101%	44.686%	34.945%	33.823%
BRB 振型阻尼	1.128	0.741	0.535	1.278	0.714	0.605
BRB 附加阻尼	5.075%	3.336%	2.407%	5.753%	3.212%	2.722%
总阻尼比	9.575%	7.836%	6.907%	10.253%	7.712%	7.222%
平均值	8.106%			8.395%		

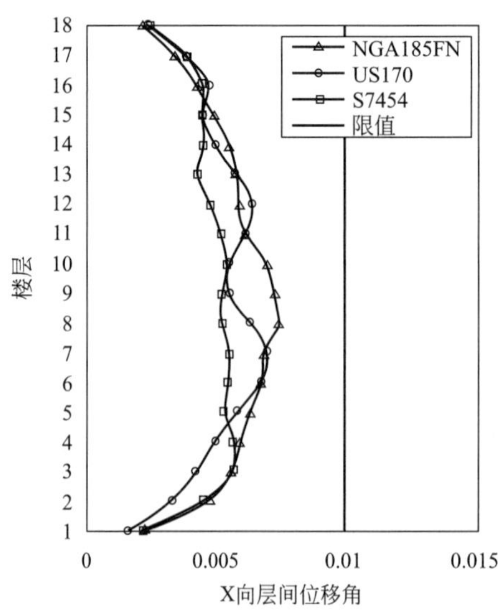

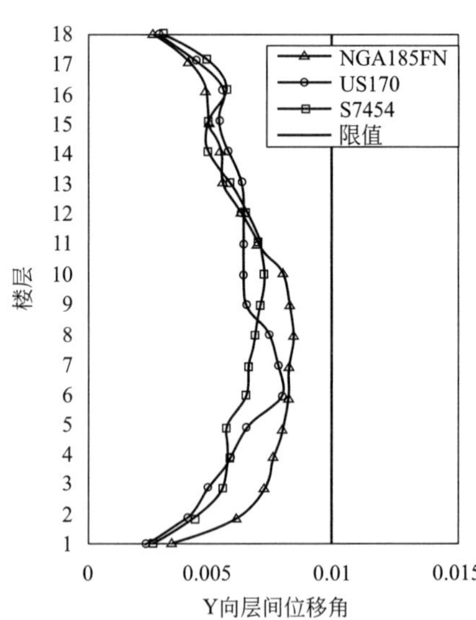

图 7-14　大震结构层间位移角

7.4 本章小结

本章重点叙述了装配整体式框架结构体系、预制预应力混凝土装配整体式框架结构体系及框架支撑结构体系的一般设计要求。给出了相关节点设计与构件的构造设计及计算方法，参照《装配式混凝土结构技术规程》JGJ 1 叠合梁端竖向接缝承载力计算公式，给出了不同截面高度梁的键槽设置建议值，并提供了计算案例供设计参考。另外给出了框架-支撑结构的设计流程，重点阐述了框架-屈曲约束支撑结构的设计方法。考虑到各项目参建各方的能力参差不齐，在设计过程中，应充分考虑各阶段参建各方落地实施的能力，合理设计关键部位的相关工艺做法，应以确保成品质量为首要原则，不可照搬硬套。

参考文献

[1] 田玉香. 装配式混凝土建筑结构设计及施工图审查要点解析［M］. 北京：中国建筑工业出版社，2018.

[2] 郭学明. 装配式混凝土结构建筑的设计、制作与施工［M］. 北京：机械工业出版社，2017.

[3] 同济大学. TJ 屈曲约束支撑应用技术规程 DBJ/CT 105—2011［S］. 上海：同济大学出版社，2011.

[4] 国家标准建筑抗震设计规范管理组. 建筑抗震设计规范 GB 50011—2010 统一培训教材［M］. 北京：地震出版社，2010.

第 8 章　剪力墙结构设计

8.1　装配整体式剪力墙结构

装配整体式混凝土剪力墙结构是全部或部分剪力墙采用预制墙板构建成的装配整体式混凝土结构，简称装配整体式剪力墙结构。本节适用于预制墙板水平接缝采用套筒灌浆连接、浆锚搭接连接、挤压套筒连接（预留后浇段）作为竖向钢筋连接方式且竖向接缝采用现浇方式连接（水平分布筋的连接可采用焊接、搭接等连接方式）的装配整体式剪力墙结构[1-5]；装配整体式叠合剪力墙结构详见本章 8.2 节。当采用其他连接方式的装配整体式剪力墙结构时，应有充分的技术依据并符合相关现行技术标准的规定[6]。

8.1.1　一般规定

装配整体式剪力墙结构的房屋最大适用高度、高宽比限值、平面、竖向布置及规则性、应采用现浇混凝土的部位、抗震性能化设计、防连续倒塌设计、结构分析等应符合本手册第 5 章相关内容的规定，楼盖设计应符合第 6 章相关内容的规定。

此外，装配整体式剪力墙结构的设计尚应符合表 8-1 的规定。

装配整体式剪力墙结构设计的一般规定[1-4]　　**表 8-1**

分项	基本要求
结构布置	应沿两个方向布置剪力墙；且结构沿两个主轴方向的动力特性宜相近
	剪力墙平面布置宜简单、规则，自下而上宜连续布置，避免层间侧向刚度突变
	剪力墙门窗洞口宜上下对齐、成列布置，形成明确的墙肢和连梁
	抗震等级为一、二、三级的剪力墙底部加强部位不应采用错洞墙，结构全高均不应采用叠合错洞墙
	内墙采用部分预制、部分现浇的结构形式时，现浇剪力墙的布置宜均匀、对称，应对预制剪力墙形成可靠拉结[4]
	装配整体式剪力墙结构伸缩缝的最大间距不宜大于 60m
	楼面梁不宜与预制剪力墙在剪力墙平面外单侧连接；当楼面梁与剪力墙在平面外单侧连接时，宜采用铰接，可采用在剪力墙上设置挑耳的方式
短肢剪力墙结构	抗震设计时，高层装配式剪力墙结构不应全部采用短肢剪力墙；抗震设防烈度为 8 度时，不宜采用具有较多短肢剪力墙的剪力墙结构。 当采用具有较多短肢剪力墙的剪力墙结构时，应符合下列规定： (1)在规定的水平地震作用下，短肢剪力墙承担的力矩不宜大于结构底部总地震倾覆力矩的 50%； (2)房屋适用高度应比本手册表 5-3 规定的装配整体式剪力墙结构的最大适用高度适当降低，抗震设防烈度为 7 度和 8 度时宜分别降低 20m

续表

分项	基本要求
结构分析	抗震设计时，对同一层内既有现浇墙肢也有预制墙肢的装配整体式剪力墙结构，现浇墙肢水平地震作用弯矩、剪力宜乘以不小于 1.1 的增大系数

注：1. 短肢剪力墙是指截面厚度不大于 300mm、各肢截面高度与厚度之比的最大值大于 4 但不大于 8 的剪力墙；

2. 具有较多短肢剪力墙的剪力墙结构是指，在规定的水平地震作用下，短肢剪力墙承担的底部倾覆力矩不小于结构底部总地震倾覆力矩的 30%的剪力墙结构。

8.1.2 预制剪力墙设计

预制剪力墙的设计除应符合本手册第 5 章相关内容的规定外，尚应符合本节所述的要求。

1. 预制墙板截面形状和尺寸

预制剪力墙宜优先采用一字形，也可采用 L 形、T 形或 U 形等整体预制形式[1-4]（图 8-1）。

预制剪力墙设有门窗洞口时，洞口宜居中布置，洞口两侧的墙肢宽度不应小于 200mm，洞口上方连梁高度不宜小于 250mm（图 8-2）。

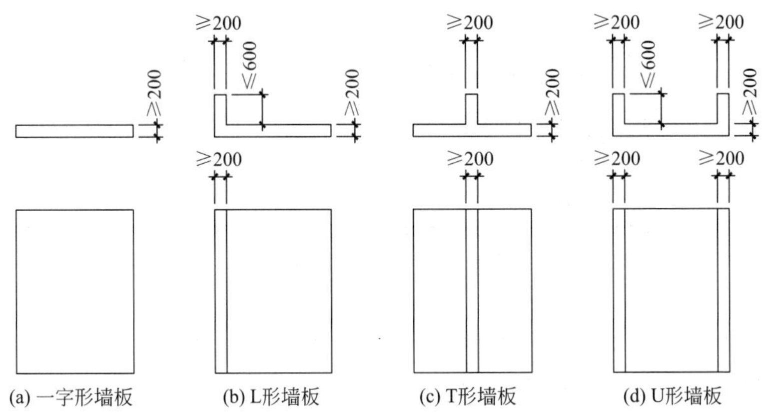

图 8-1　预制墙板截面类型

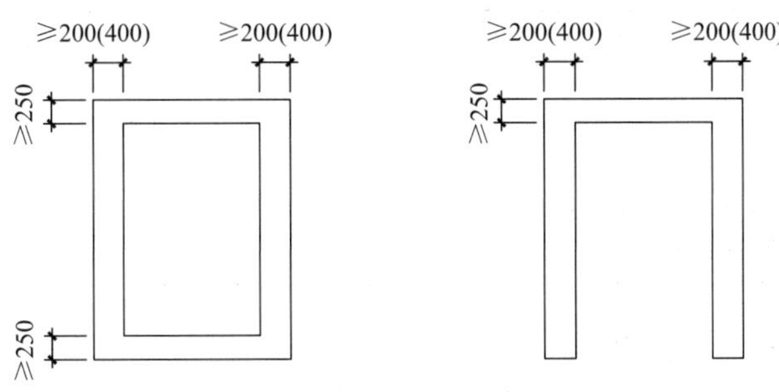

图 8-2　预制墙板尺寸要求

注：括号中数值依据北京市《装配式剪力墙结构设计规程》DB11/1003—2013 第 6.2.1 条的规定。

2. 预制剪力墙开洞构造

当需要在预制剪力墙或预制剪力墙的连梁开洞时，应符合表 8-2 的要求。

预制剪力墙及预制连梁开洞的构造要求[2] **表 8-2**

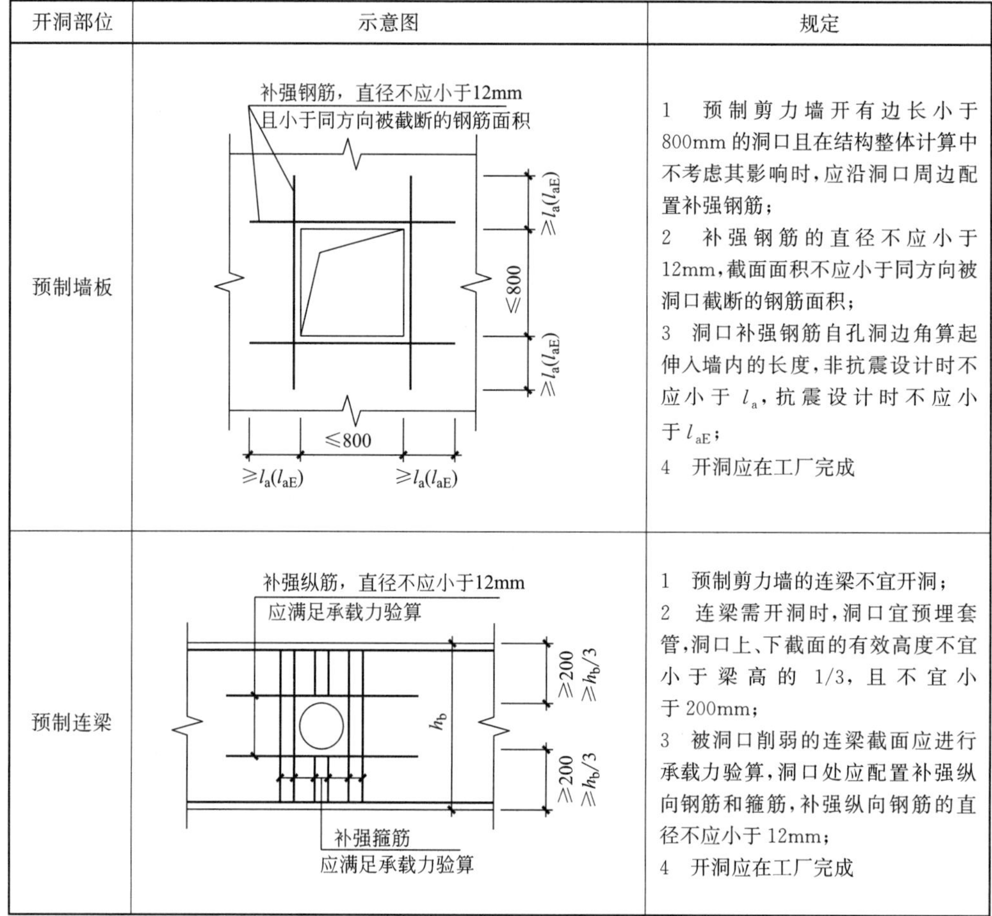

开洞部位	示意图	规定
预制墙板	补强钢筋，直径不应小于12mm且小于同方向被截断的钢筋面积；$\geqslant l_a(l_{aE})$；$\leqslant 800$；$\geqslant l_a(l_{aE})$	1 预制剪力墙开有边长小于800mm的洞口且在结构整体计算中不考虑其影响时，应沿洞口周边配置补强钢筋； 2 补强钢筋的直径不应小于12mm，截面面积不应小于同方向被洞口截断的钢筋面积； 3 洞口补强钢筋自孔洞边角算起伸入墙内的长度，非抗震设计时不应小于 l_a，抗震设计时不应小于 l_{aE}； 4 开洞应在工厂完成
预制连梁	补强纵筋，直径不应小于12mm 应满足承载力验算；$\geqslant 200$ $\geqslant h_b/3$；h_b；补强箍筋 应满足承载力验算	1 预制剪力墙的连梁不宜开洞； 2 连梁需开洞时，洞口宜预埋套管，洞口上、下截面的有效高度不宜小于梁高的1/3，且不宜小于200mm； 3 被洞口削弱的连梁截面应进行承载力验算，洞口处应配置补强纵向钢筋和箍筋，补强纵向钢筋的直径不应小于12mm； 4 开洞应在工厂完成

3. 端部无边缘构件的预制墙板构造

端部无边缘构件的预制剪力墙，应符合表 8-3 的构造要求。

端部无边缘构件的预制剪力墙的构造要求[2] **表 8-3**

分项	规定	示意图
纵筋	宜在端部配置 2 根直径不小于 12mm 的竖向构造钢筋	竖向构造钢筋2根，直径不小于12mm 拉筋直径不宜小于6mm 竖向间距不宜大于250mm
拉筋	沿该钢筋竖向应配置拉筋，拉筋直径不宜小于 6mm、间距不宜大于 250mm	

4. 预制剪力墙结合面构造

预制剪力墙与后浇混凝土、灌浆料、坐浆材料的结合面应设置粗糙面或键槽，并应符合表 8-4 和图 8-3 的要求。

预制剪力墙结合面设置粗糙面和键槽的构造要求[2,4]　　表 8-4

部位	构造要求	示意图
预制剪力墙顶面与底面	预制剪力墙顶面与底面应设置粗糙面； 粗糙面的面积不宜小于结合面的 80%，凹凸深度不应小于 6mm(4mm)	预制墙板顶面 C J 或 C　J 或 C 预制墙侧面　预制墙侧面 预制墙板底面 C
预制剪力墙侧面	预制剪力墙侧面与后浇混凝土的结合面应设置粗糙面，也可设置键槽(图 8-3)；键槽深度 t 不宜小于 20mm，宽度 w 不宜小于深度的 3 倍且不宜大于深度的 10 倍，键槽间距宜等于键槽宽度，键槽端部斜面倾角不宜大于 30°	

注：1. () 括号内数值依据北京市《装配式剪力墙结构设计规程》DB11/1003—2013 的规定；
2. 依据《装配式混凝土结构技术规程》JGJ 1—2014 第 8.3.4 条，预制剪力墙相邻下层为现浇剪力墙时，下层现浇剪力墙顶面亦应设置粗糙面。

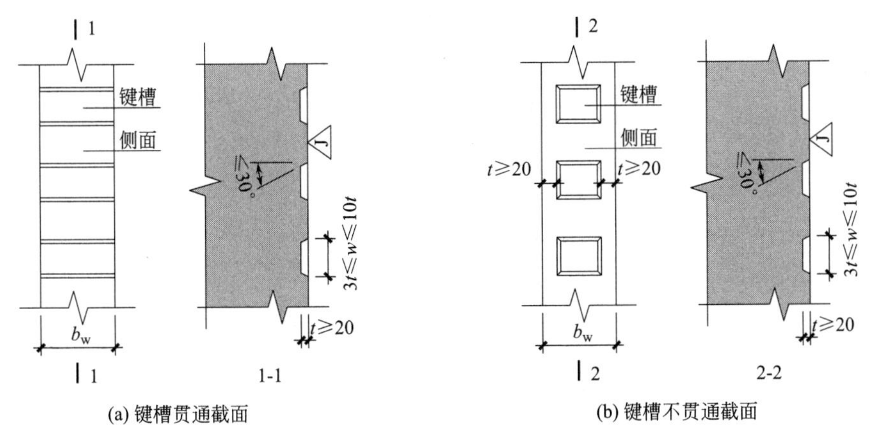

图 8-3　预制剪力墙侧面键槽构造示意

5. 预制剪力墙竖向钢筋连接区构造

(1) 套筒灌浆连接

当采用套筒灌浆连接时，预制剪力墙竖向钢筋连接部位构造应符合表 8-5 的要求。

(2) 浆锚搭接连接

当采用浆锚搭接连接时，预制剪力墙竖向钢筋连接部位构造应符合表 8-7 的要求。

预制剪力墙套筒灌浆连接部位的构造要求[1,2,4] **表 8-5**

分项	示意图	构造要求
水平分布钢筋加密构造	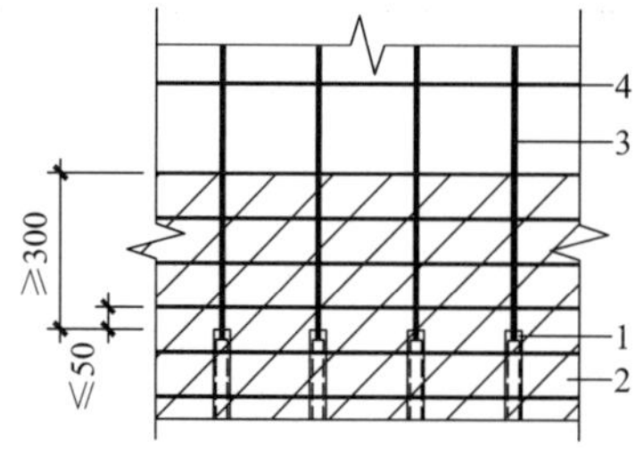 ≥300；≤50；1——灌浆套筒；2——水平分布钢筋加密区域(阴影区域)；3——竖向钢筋；4——水平分布钢筋	1　自套筒底部至套筒顶部并向上延伸 300mm 范围内，预制剪力墙的水平分布筋应加密； 2　加密区水平分布筋的最大间距及最小直径应符合表 8-6 的规定； 3　套筒上端第一道水平分布钢筋距离套筒顶部不应大于 50mm

加密区水平分布钢筋的要求 **表 8-6**

抗震等级	最大间距(mm)	最小直径(mm)
一、二级	100	8
三、四级	150	8

预制剪力墙浆锚搭接连接部位的构造要求[1,3,4] **表 8-7**

分项	示意图	构造要求
竖向钢筋连接区水平分布钢筋加密构造	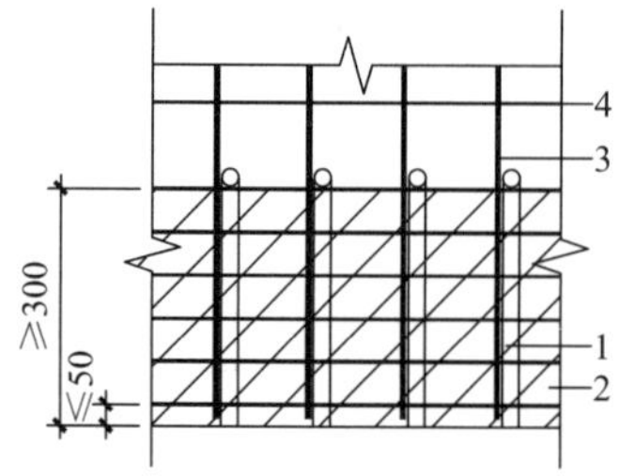 ≥300；≤50；1——预留灌浆孔道；2——水平分布钢筋加密区域(阴影区域)；3——竖向钢筋；4——水平分布钢筋	1　加密范围自剪力墙底部至预留灌浆孔道顶部，且不应小于 300mm； 2　加密区水平分布筋的最大间距及最小直径应符合表 8-6 的规定； 3　最下层水平分布钢筋距离墙身底部不应大于 50mm
竖向分布钢筋连接区拉筋加密构造	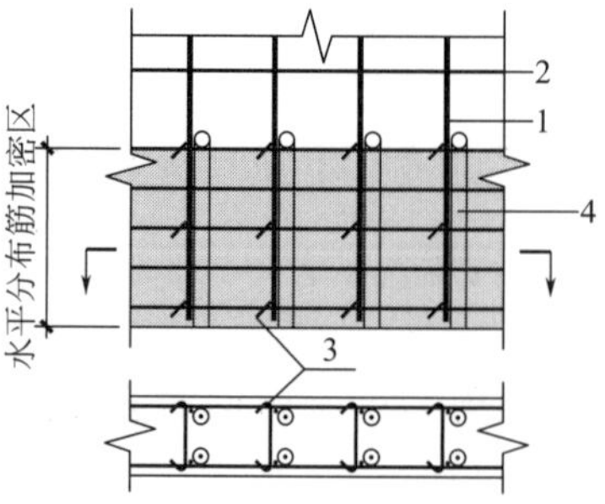 水平分布筋加密区；1——竖向钢筋；2——水平分布钢筋；3——拉筋；4——预留灌浆孔道	1　剪力墙竖向分布钢筋连接长度范围内未采取有效横向约束措施时，水平分布钢筋加密范围内的拉筋应加密； 2　拉筋沿竖向的间距不宜大于 300mm 且不少于 2 排； 3　拉筋沿水平方向的间距不宜大于竖向分布钢筋间距，直径不应小于 6mm； 4　拉筋应紧靠被连接钢筋，并钩住最外层水平分布钢筋

续表

分项	示意图	构造要求
边缘构件连接区加密水平封闭箍筋约束构造	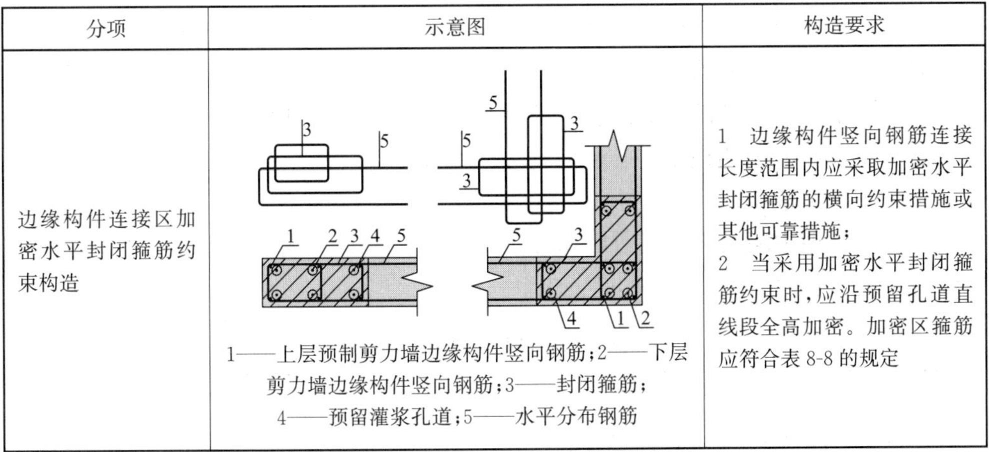 1——上层预制剪力墙边缘构件竖向钢筋；2——下层剪力墙边缘构件竖向钢筋；3——封闭箍筋；4——预留灌浆孔道；5——水平分布钢筋	1　边缘构件竖向钢筋连接长度范围内应采取加密水平封闭箍筋的横向约束措施或其他可靠措施； 2　当采用加密水平封闭箍筋约束时，应沿预留孔道直线段全高加密。加密区箍筋应符合表 8-8 的规定

边缘构件浆锚搭接连箍筋加密区的构造要求　　**表 8-8**

抗震等级	箍筋最大间距(mm)	箍筋最大肢距(mm)	箍筋最小直径(mm)	备注
一级	75	s 和 200 的较小值	10	1　s 为边缘构件竖向钢筋间距； 2　宜采用焊接封闭箍筋
二级	100	s 和 200 的较小值	10	
三级	100	s 和 200 的较小值	8	
四级	150	s 和 200 的较小值	8	

(3) 挤压套筒连接

上下层预制剪力墙竖向钢筋采用挤压套筒连接时，预制剪力墙应符合表 8-9 的要求。

挤压套筒连接预制剪力墙的构造要求[1,7]　　**表 8-9**

示意图	规定
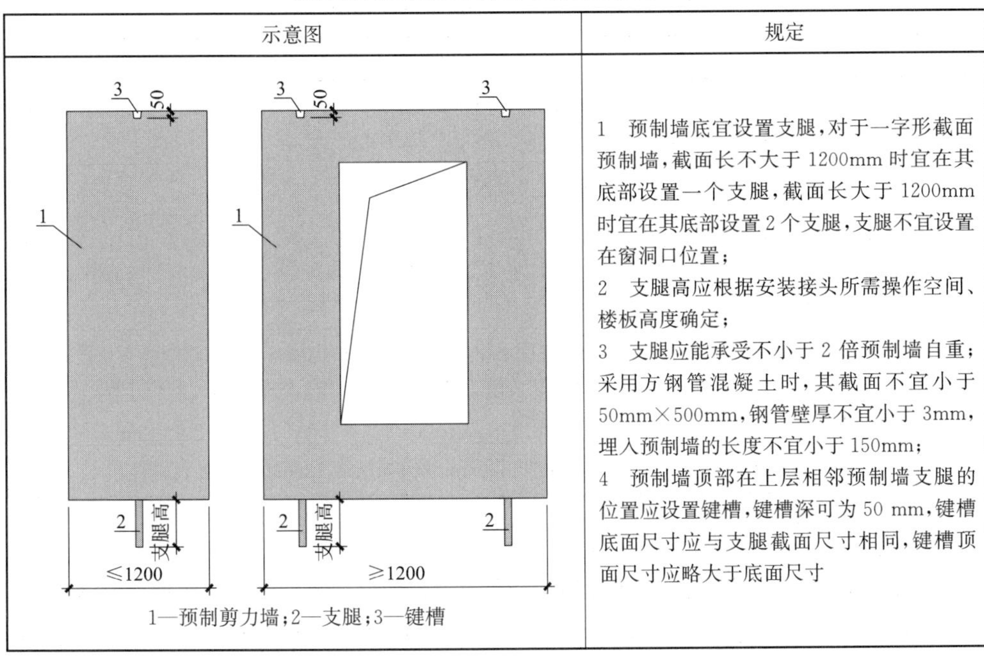 1—预制剪力墙；2—支腿；3—键槽	1　预制墙底宜设置支腿，对于一字形截面预制墙，截面长不大于 1200mm 时宜在其底部设置一个支腿，截面长大于 1200mm 时宜在其底部设置 2 个支腿，支腿不宜设置在窗洞口位置； 2　支腿高应根据安装接头所需操作空间、楼板高度确定； 3　支腿应能承受不小于 2 倍预制墙自重；采用方钢管混凝土时，其截面不宜小于 50mm×500mm，钢管壁厚不宜小于 3mm，埋入预制墙的长度不宜小于 150mm； 4　预制墙顶部在上层相邻预制墙支腿的位置应设置键槽，键槽深可为 50 mm，键槽底面尺寸应与支腿截面尺寸相同，键槽顶面尺寸应略大于底面尺寸

6. 预制夹心剪力墙板设计

装配整体式剪力墙结构宜采用预制夹心外墙板。预制夹心外墙板包括预制夹心外挂墙板和预制夹心剪力墙板，其保温、防水、热工、防火、隔声等性能要求详见本手册第 3 章和第 4 章的相关内容，预制夹心外挂墙板设计详见本手册第 9 章的相关内容，本节主要阐述预制夹心剪力墙板的设计要求。

（1）基本组成构造

预制夹心剪力墙板由内、外叶墙板、夹心保温层、连接件及饰面层组成，其基本组成构造应符合表 8-10 的规定。

预制夹心剪力墙板基本组成构造[14] **表 8-10**

基本组成构造					构造示意图
内叶墙板①	夹心保温②	外叶墙板③	连接件④	饰面层⑤	
钢筋混凝土（按剪力墙设计）	保温材料	钢筋混凝土	1 纤维增强塑料(FRP)连接件； 2 不锈钢连接件	1 无饰面； 2 面砖； 3 其他饰面	① ② ③ ④ ⑤

（2）预制夹心剪力墙板设计构造的基本要求

预制夹心剪力墙板的内、外叶墙板的设计构造应符合表 8-11 的规定。

预制夹心剪力墙板设计构造的基本要求[2,4,14] **表 8-11**

序号	规定
1	预制夹心剪力墙内叶墙板应按剪力墙设计，其预制墙板设计、结合面构造、竖向和水平接缝连接设计等均应符合本章对普通预制剪力墙的设计与构造要求
2	外叶墙板按围护墙板设计，且与相邻外叶墙板不连接
3	内、外叶墙板之间应设置防塌落构造。宜设置不少于两根不锈钢钢筋或普通钢筋预埋件连接，不锈钢钢筋或普通钢筋的直径根据外叶墙板的自重并考虑一定动力系数计算确定。当采用普通钢筋时，应采取必要的防腐措施
4	预制夹心剪力墙板边缘不宜采用混凝土封边。当预制夹心剪力墙板边缘采用混凝土封边时，应符合下列要求：(1)应采取必要的加强措施防止墙板开裂；(2)热工性能应满足本手册第 3 章和第 4 章相关要求；(3)应设置有效的排水构造
5	预制夹心剪力墙板的保温层厚度不宜小于 30mm，且不宜大于 120mm

（3）预制夹心剪力墙板拼缝构造

当采用构造防水或构造与材料相结合的防排水系统时，预制夹心剪力墙板水平和竖向拼缝构造应符合图 8-4（a）和图 8-4（b）的要求；预制夹心剪力墙板每隔三层的竖缝顶部应设置排水管图 8-4（c），板缝内侧增设密封构造，排水管内径不应小于 8mm，排水管坡向外墙面，排水坡度不小于 5%。

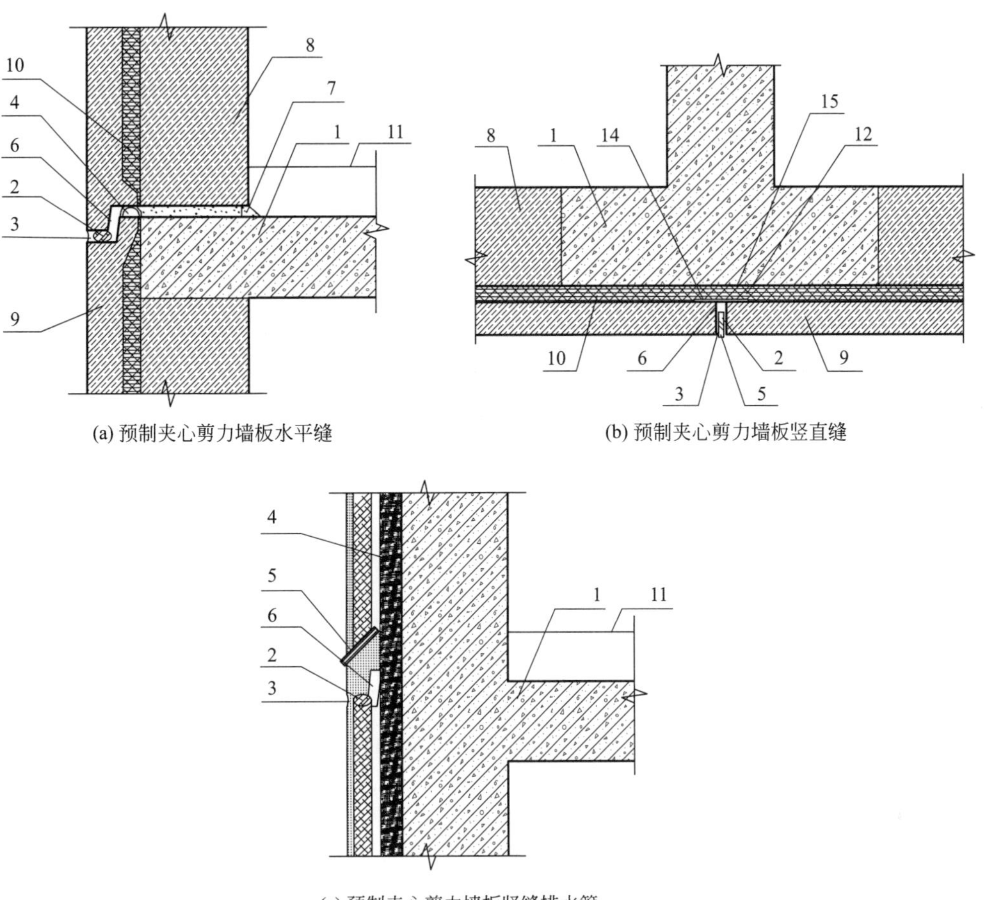

(a) 预制夹心剪力墙板水平缝

(b) 预制夹心剪力墙板竖直缝

(c) 预制夹心剪力墙板竖缝排水管

1——现浇部分；2——背衬材料；3——防水密封胶；4——止水条；5——排水管；6——减压空腔；7——防水砂浆；8——内叶板；9——外叶板；10——夹心保温材料；11——楼层完成面；12——墙板连接件；13——聚合物砂浆；14——胶带贴缝；15——现场附加保温层

图 8-4 预制夹心保温剪力墙板接缝构造示意图

（4）内外叶墙板连接件

预制夹心剪力墙板应采用连接件将内叶墙板和外叶墙板可靠连接。连接件宜采用纤维增强塑料（FRP）连接件或不锈钢连接件，其材料性能应符合本手册第 3 章的相关规定，并应符合表 8-12 的要求。

预制夹心剪力墙内、外叶墙板连接件的设计要求[14]　　表 8-12

序号	基本要求
1	单个纤维增强塑料(FRP)连接件的抗拔承载力和抗剪承载力宜根据试验确定,并考虑环境影响和蠕变断裂的影响。纤维增强塑料(FRP)连接件宜采用片状或棒状形式
2	不锈钢连接件的抗拔承载力和抗剪承载力宜根据试验确定,并考虑一定的安全系数后取用。不锈钢连接件宜采用桁架形式

续表

序号	基本要求
3	预制夹心剪力墙板中的棒状和片状连接件宜采用矩形布置，桁架式连接件宜采用等间距布置。连接件间距按设计要求确定，连接件距墙体边缘的距离宜为 100～200mm。当有可靠试验依据时，也可采用其他长度间距和边端距

（5）采用 FRP 连接件的预制夹心剪力墙板构造

当采用 FRP 连接件时，预制夹心剪力墙板应符合表 8-13 的规定。

采用 FRP 连接件的预制夹心剪力墙板的构造要求[14]　　表 8-13

序号	基本要求
1	预制夹心剪力墙板的外叶墙板厚度一般不小于 60mm
2	当外叶墙板外侧为面砖并采用反打工艺做装饰面时，外叶墙板厚度可取 55mm
3	连接件在墙体单侧混凝土板叶中的锚固长度不宜小于 30mm，其端部距墙板表面距离不宜小于 25mm

注：当采用不锈钢连接件时，其端部距墙板表面距离及外叶墙板厚度可适当减小。

8.1.3　预制剪力墙竖向接缝连接设计

1. 竖向接缝设计的一般规定

楼层内相邻预制剪力墙之间应采用整体式竖向接缝（后浇混凝土段）连接，且应符合表 8-14 的规定。

预制剪力墙竖向接缝设计的一般规定[1,2]　　表 8-14

接缝位置	示意图	一般规定
纵横墙交接处的约束边缘构件区域	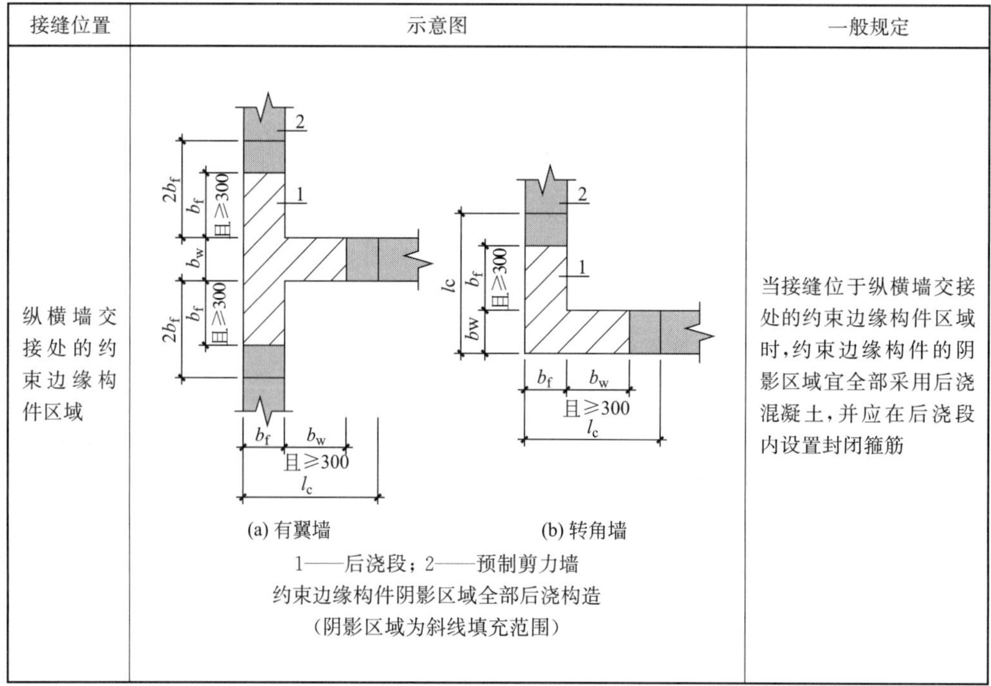 (a) 有翼墙　(b) 转角墙 1——后浇段；2——预制剪力墙 约束边缘构件阴影区域全部后浇构造 （阴影区域为斜线填充范围）	当接缝位于纵横墙交接处的约束边缘构件区域时，约束边缘构件的阴影区域宜全部采用后浇混凝土，并应在后浇段内设置封闭箍筋

续表

接缝位置	示意图	一般规定
纵横墙交接处的构造边缘构件区域	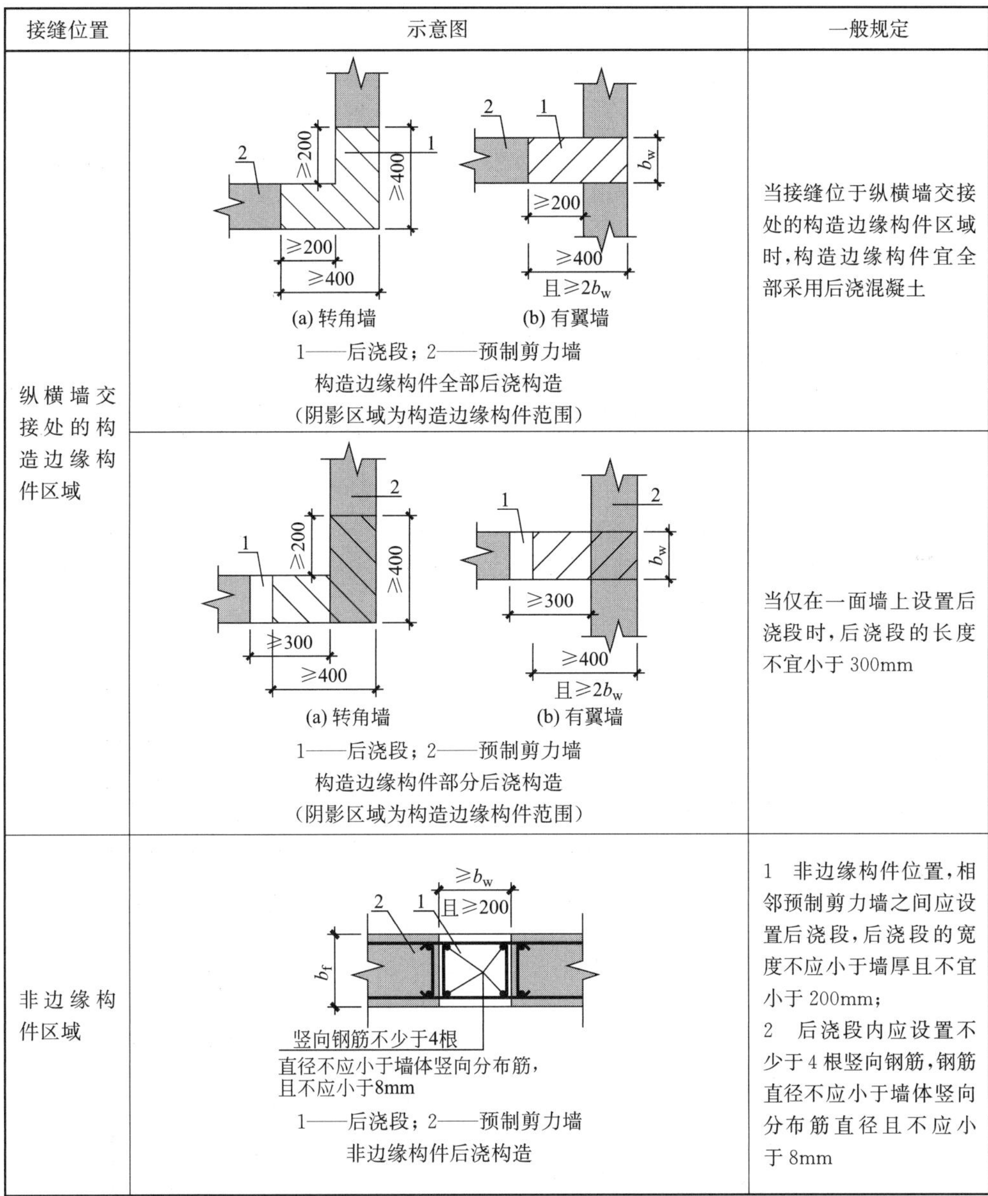 (a) 转角墙 (b) 有翼墙 1——后浇段；2——预制剪力墙 构造边缘构件全部后浇构造 （阴影区域为构造边缘构件范围）	当接缝位于纵横墙交接处的构造边缘构件区域时，构造边缘构件宜全部采用后浇混凝土
	(a) 转角墙 (b) 有翼墙 1——后浇段；2——预制剪力墙 构造边缘构件部分后浇构造 （阴影区域为构造边缘构件范围）	当仅在一面墙上设置后浇段时，后浇段的长度不宜小于 300mm
非边缘构件区域	竖向钢筋不少于4根 直径不应小于墙体竖向分布筋，且不应小于8mm 1——后浇段；2——预制剪力墙 非边缘构件后浇构造	1　非边缘构件位置，相邻预制剪力墙之间应设置后浇段，后浇段的宽度不应小于墙厚且不宜小于 200mm； 2　后浇段内应设置不少于 4 根竖向钢筋，钢筋直径不应小于墙体竖向分布筋直径且不应小于 8mm

2. 竖向接缝水平钢筋的连接设计

(1) 基本要求

预制剪力墙竖向接缝水平钢筋的连接设计应符合表 8-15 的要求。

预制剪力墙竖向接缝水平钢筋连接设计的基本要求[1-4,11]　　表 8-15

序号	一般要求
1	预制剪力墙的水平分布钢筋在后浇段内的锚固、连接应符合现行国家标准《混凝土结构设计规范》GB 50010 的有关规定

续表

序号	一般要求
2	预制墙板水平分布钢筋在后浇段内的连接，当采用机械连接时，应符合《钢筋机械连接技术规程》JGJ 107 的规定；当采用焊接连接时，应符合《钢筋焊接及验收规程》JGJ 18 的规定
3	竖向接缝在满足表 8-14 的规定时，预制墙板的水平分布筋可在同一截面采用 100%搭接连接，钢筋搭接长度允许采用 $1.2l_a$ 或 $1.2l_{aE}$
	采用矩形环套搭接连接的形式时，钢筋搭接长度允许采用 $0.6l_a$ 或 $0.6l_{aE}$
	采用预留弯钩与矩形环套搭接连接的形式时，钢筋搭接长度允许采用 $0.8l_a$ 或 $0.8l_{aE}$
	非边缘构件后浇段内采用半圆形环套搭接连接的形式时，钢筋搭接长度允许采用 $0.6l_a$ 或 $0.6l_{aE}$，半圆形环套搭接连接的钢筋最小半径应通过计算确定
4	预制墙板两侧水平分布钢筋的伸出长度、间距和端部做法宜采用统一的标准做法

（2）节点构造设计

后浇段内水平钢筋连接设计方案应结合工程实际，考虑竖向钢筋的布置要求、施工工艺的方便可操作性，绘制节点详图。预制剪力墙竖向接缝钢筋的连接构造可参照图 8-5～图 8-8 的典型构造形式。

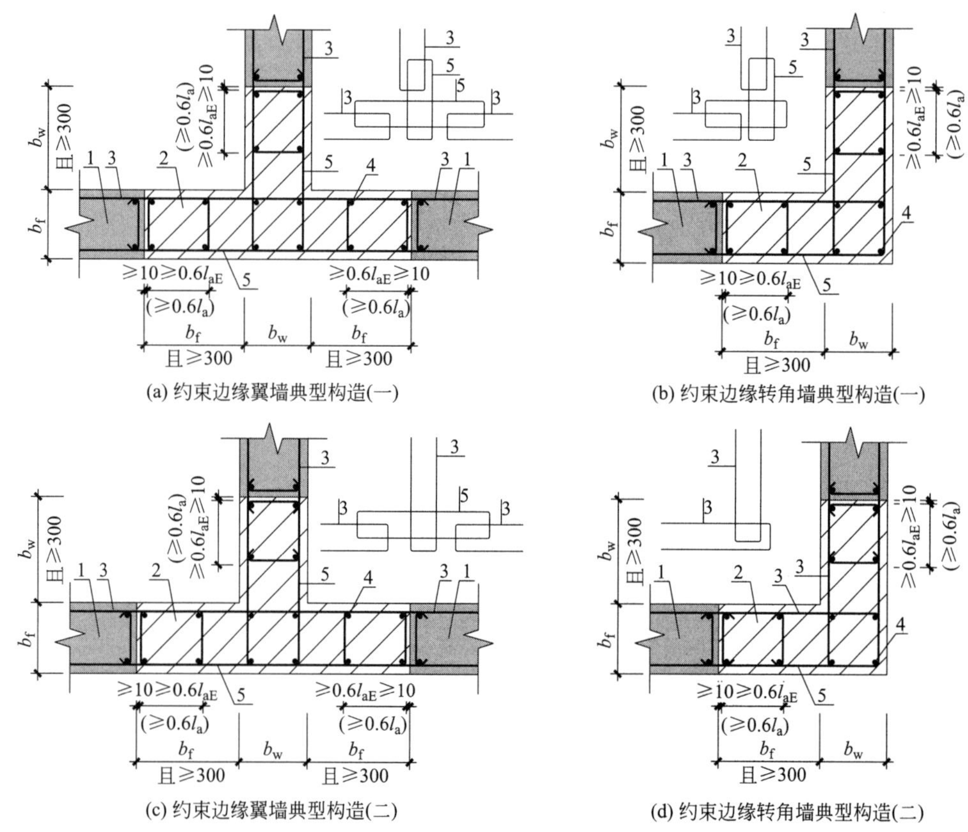

图 8-5　预制剪力墙竖向接缝的钢筋连接典型构造示意（约束边缘构件）（一）

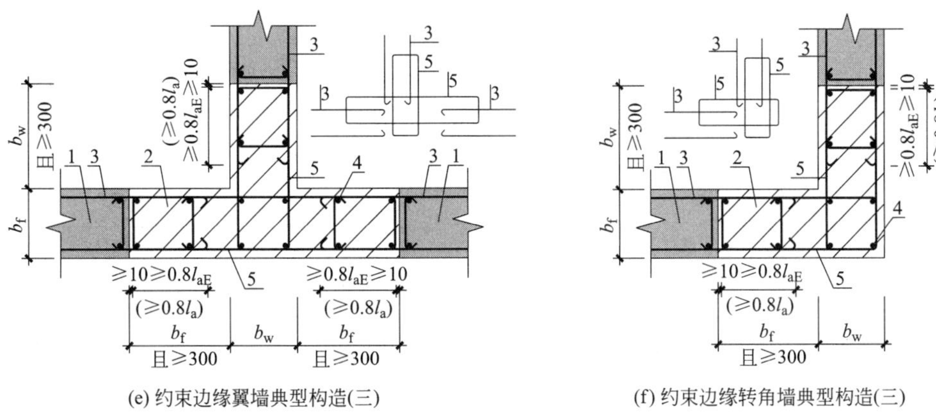

1——预制剪力墙；2——约束边缘构件后浇段；3——水平分布筋；4——边缘构件竖向钢筋；5——附加连接封闭箍筋

图 8-5　预制剪力墙竖向接缝的钢筋连接典型构造示意（约束边缘构件）（二）

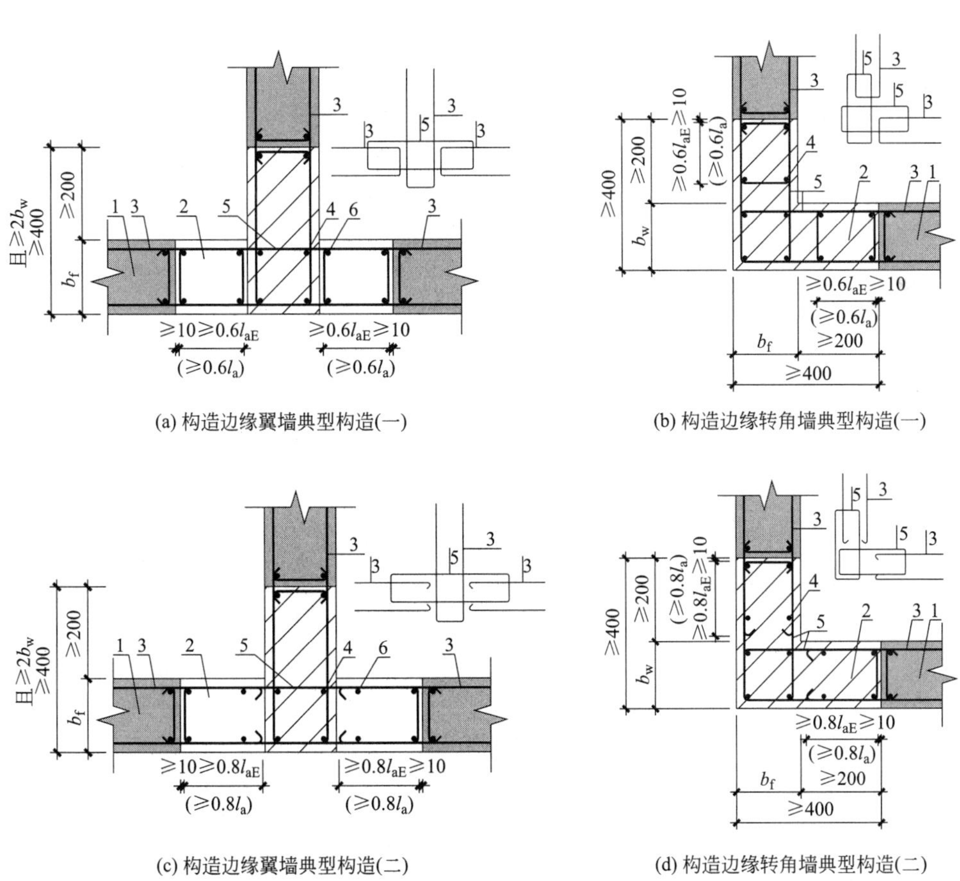

图 8-6　预制剪力墙竖向接缝的钢筋连接典型构造示意（构造边缘构件）（一）

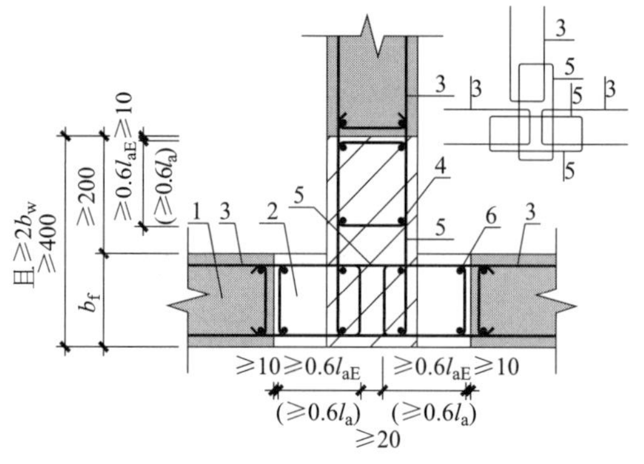

(e) 构造边缘翼墙典型构造(三)

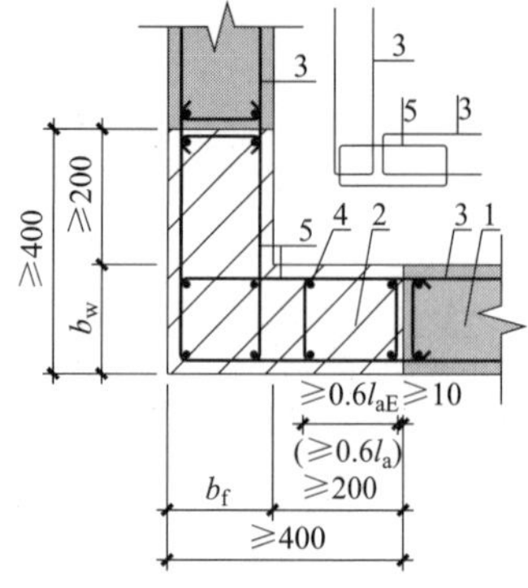

(f) 构造边缘转角墙典型构造(三)

1——预制剪力墙；2——后浇段；3——水平分布筋；4——边缘构件竖向钢筋；
5——附加连接封闭箍筋；6——竖向分布钢筋

图 8-6　预制剪力墙竖向接缝的钢筋连接典型构造示意（构造边缘构件）（二）

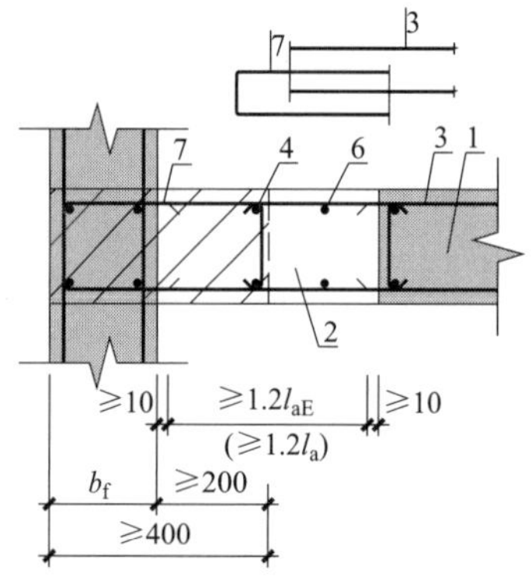

(a) 部分后浇构造边缘翼墙典型构造(一)

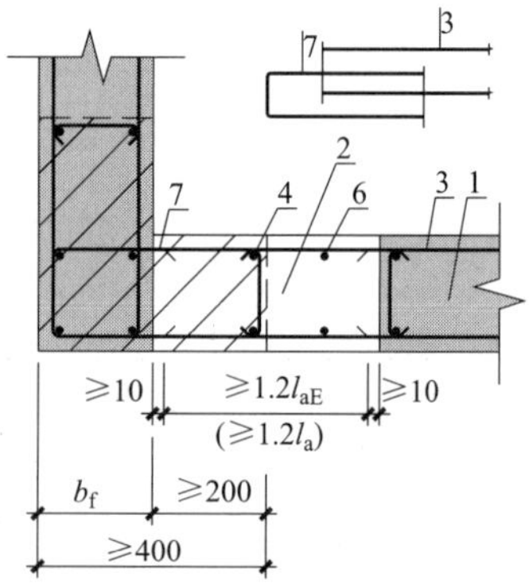

(b) 部分后浇构造边缘转角墙典型构造(一)

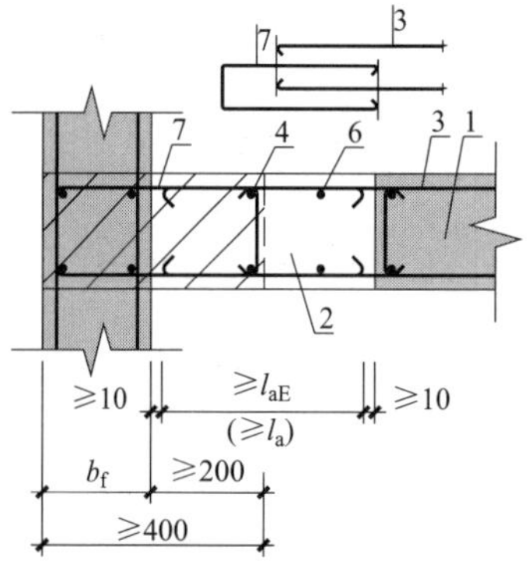

(c) 部分后浇构造边缘翼墙典型构造(二)

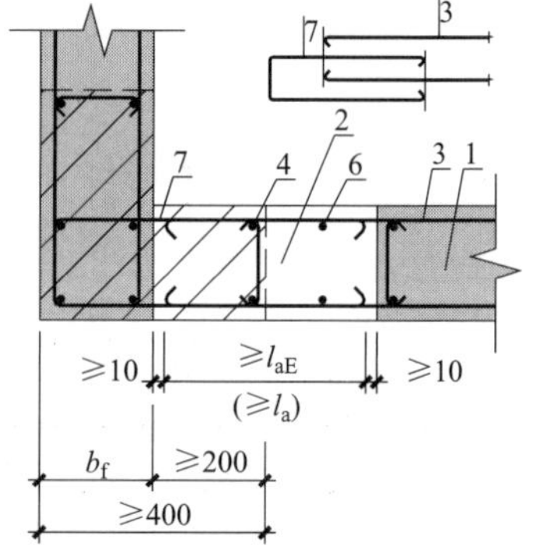

(d) 部分后浇构造边缘转角墙典型构造(二)

图 8-7　预制剪力墙竖向接缝的钢筋连接典型构造示意（部分后浇构造边缘构件）（一）

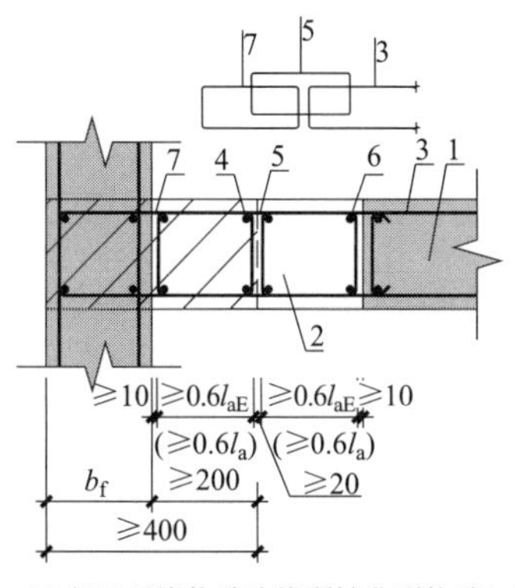
(e) 部分后浇构造边缘翼墙典型构造(三)

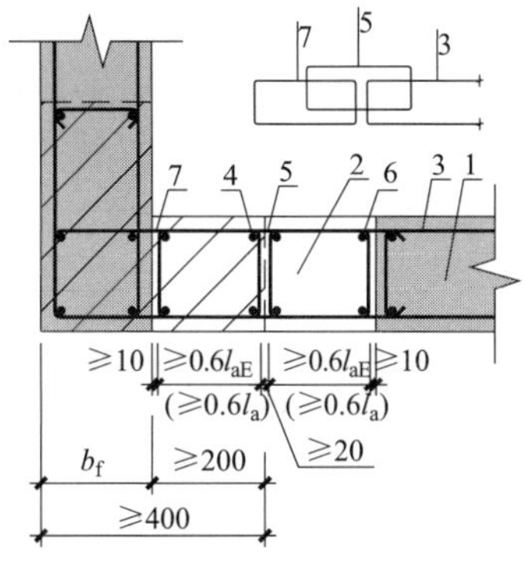
(f) 部分后浇构造边缘转角墙典型构造(三)

1——预制剪力墙；2——后浇段；3——水平分布筋；4——边缘构件竖向钢筋；
5——附加连接封闭箍筋；6——竖向分布钢筋；7——边缘构件预留连接钢筋（箍筋）

图 8-7　预制剪力墙竖向接缝的钢筋连接典型构造示意（部分后浇构造边缘构件）（二）

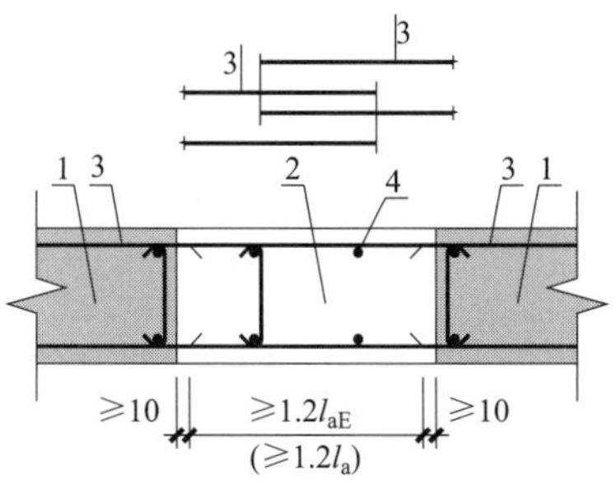
(a) 非边缘构件典型构造(一)

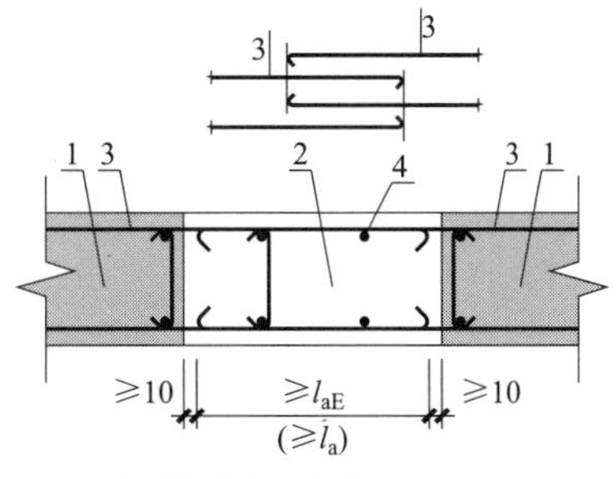
(b) 非边缘构件典型构造(二)

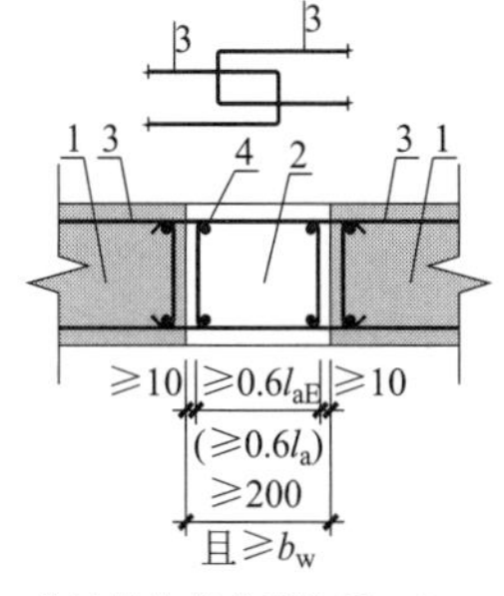
(c) 非边缘构件典型构造(三)

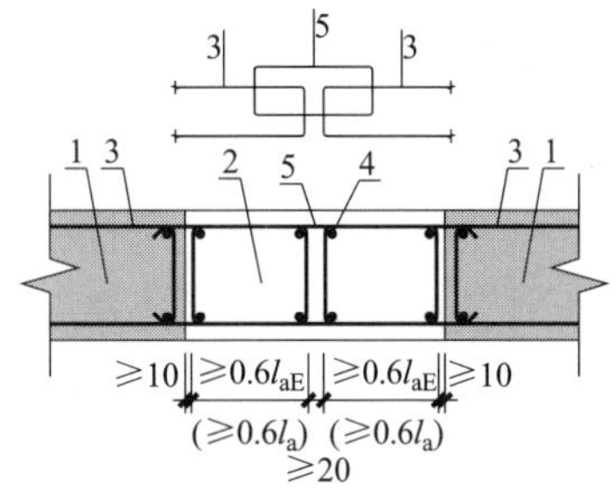
(d) 非边缘构件典型构造(四)

1——预制剪力墙；2——后浇段；3——水平分布筋；
4——竖向分布钢筋；5——附加连接封闭箍筋

图 8-8　预制剪力墙竖向接缝的钢筋连接典型构造示意（非边缘构件）

8.1.4　预制剪力墙水平接缝连接设计

1. 水平接缝设计的一般规定

（1）预制剪力墙顶部接缝

依据《装配式混凝土结构技术规程》JGJ 1—2014 第 8.3.2 和 8.3.3 条的规定，在各层楼面位置，预制剪力墙顶部应设置后浇钢筋混凝土圈梁或水平后浇带，并应符合表 8-16 的规定。

预制剪力墙顶部后浇圈梁和水平后浇带的构造要求　　　　表 8-16

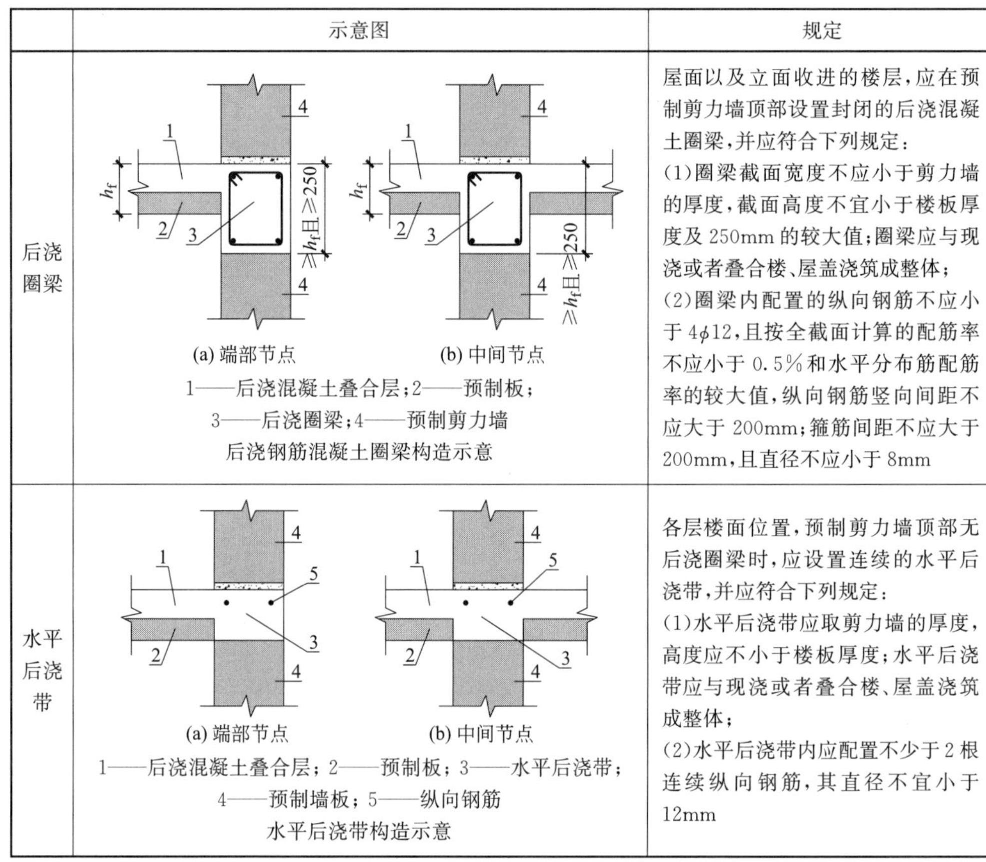

	示意图	规定
后浇圈梁	 (a) 端部节点　(b) 中间节点 1——后浇混凝土叠合层；2——预制板； 3——后浇圈梁；4——预制剪力墙 后浇钢筋混凝土圈梁构造示意	屋面以及立面收进的楼层，应在预制剪力墙顶部设置封闭的后浇混凝土圈梁，并应符合下列规定： (1)圈梁截面宽度不应小于剪力墙的厚度，截面高度不宜小于楼板厚度及 250mm 的较大值；圈梁应与现浇或者叠合楼、屋盖浇筑成整体； (2)圈梁内配置的纵向钢筋不应小于 4ϕ12，且按全截面计算的配筋率不应小于 0.5%和水平分布筋配筋率的较大值，纵向钢筋竖向间距不应大于 200mm；箍筋间距不应大于 200mm，且直径不应小于 8mm
水平后浇带	 (a) 端部节点　(b) 中间节点 1——后浇混凝土叠合层；2——预制板；3——水平后浇带； 4——预制墙板；5——纵向钢筋 水平后浇带构造示意	各层楼面位置，预制剪力墙顶部无后浇圈梁时，应设置连续的水平后浇带，并应符合下列规定： (1)水平后浇带应取剪力墙的厚度，高度应不小于楼板厚度；水平后浇带应与现浇或者叠合楼、屋盖浇筑成整体； (2)水平后浇带内应配置不少于 2 根连续纵向钢筋，其直径不宜小于 12mm

(2) 预制剪力墙底部接缝

依据《装配式混凝土结构技术规程》JGJ 1—2014 第 8.3.4 条的规定，预制剪力墙底部接缝宜设置在楼面标高处，并应符合表 8-17 的规定。

预制剪力墙底部接缝的构造要求　　　　表 8-17

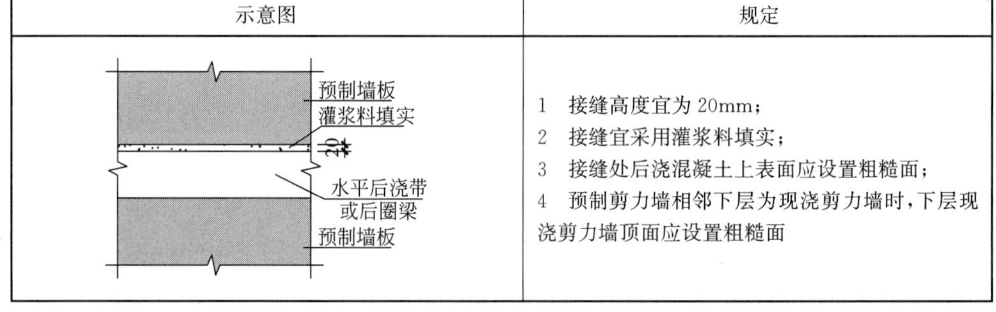

示意图	规定
	1　接缝高度宜为 20mm； 2　接缝宜采用灌浆料填实； 3　接缝处后浇混凝土上表面应设置粗糙面； 4　预制剪力墙相邻下层为现浇剪力墙时，下层现浇剪力墙顶面应设置粗糙面

2. 水平接缝承载力验算

预制剪力墙水平接缝的承载力验算参见本手册第 5 章的相关内容要求。其中，依据《装配式混凝土结构技术规程》JGJ 1—2014 第 8.3.7 条的规定，在地震设计状况下，剪力墙水平接缝的受剪承载力应按下式计算：

$$V_{uE}=0.6f_yA_{sd}+0.8N \tag{8-1}$$

式中：V_{uE}——剪力墙水平接缝受剪承载力设计值（N）；

f_y——垂直穿过结合面的竖向钢筋抗拉强度设计值（N/mm^2）；

A_{sd}——垂直穿过结合面的竖向钢筋面积（mm^2）；

N——与剪力设计值 V 相应的垂直于结合面的轴向力设计值（N），压力时取正值，拉力时取负值；当大于 $0.6f_cbh_0$ 时，取为 $0.6f_cbh_0$；此处 f_c 为混凝土轴心抗压强度设计值，b 为剪力墙厚度，h_0 为剪力墙截面有效高度。

【例 8-1】选取一实际工程中的预制剪力墙，墙体构件施工图如图 8-9 所示。钢筋采用 HRB400，$f_y=360N/mm^2$；剪力墙结合面的抗剪钢筋为 11 根 C16，钢筋面积 $A_s=2212mm^2$。由整体计算分析模型查得剪力墙轴向力设计值为 $N=1857.0kN$，与之相应的剪力墙底部剪力设计值为 $V=1047.5kN$。

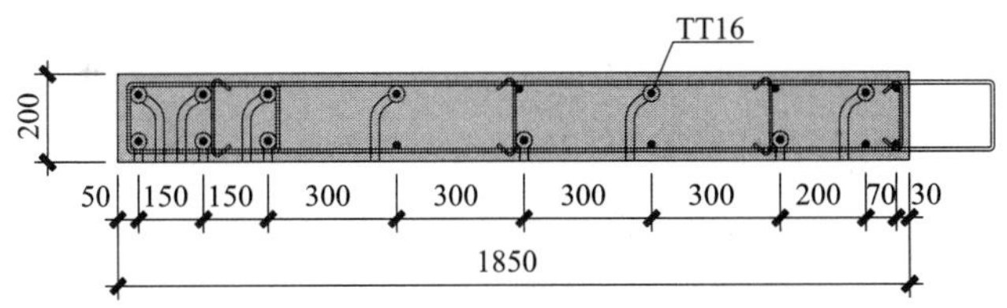

图 8-9　墙体构件施工图

根据式（8-1），剪力墙水平接缝的受剪承载力设计值：

$$V_{uE}=0.6f_yA_{sd}+0.8N=0.6\times360\times2212/1000+0.8\times1857=1963.1kN\geqslant1047.5kN$$

满足要求。

3. 水平接缝竖向钢筋的连接设计

（1）基本要求

预制剪力墙水平接缝竖向钢筋的连接设计应符合表 8-18 的要求。

预制剪力墙水平接缝竖向钢筋连接设计的基本要求[1,2]　　**表 8-18**

分项	一般要求
边缘构件的竖向钢筋	1　边缘构件内的竖向钢筋应逐根连接； 2　抗震等级为一级的剪力墙以及二、三级底部加强部位的剪力墙，宜采用套筒灌浆连接
竖向分布钢筋	1　竖向分布钢筋宜采用双排连接，当采用“梅花形”部分连接时，应符合表 8-19、表 8-20 和表 8-21 的要求； 2　除下列情况外，墙体厚度不大于 200mm 的丙类建筑预制剪力墙的竖向分布钢筋可采用单排连接，采用单排连接时，应符合表 8-19 和表 8-20 的要求，且在计算分析时不应考虑剪力墙平面外刚度及承载力。 (1)抗震等级为一级的剪力墙；轴压比大于 0.3 的抗震等级为二、三、四级的剪力墙； (2)一侧无楼板的剪力墙； (3)一字形剪力墙、一端有翼墙连接但剪力墙非边缘构件区长度大于 3m 的剪力墙以及两端有翼墙连接但剪力墙非边缘构件区长度大于 6m 的剪力墙

注：预制剪力墙相邻下层为现浇剪力墙时，预制剪力墙与下层现浇剪力墙中钢筋的连接亦应符合本表的规定。

(2) 套筒灌浆连接

上下层预制剪力墙竖向钢筋采用套筒灌浆连接时，应符合表 8-19 的要求。

预制剪力墙竖向钢筋套筒灌浆连接的构造要求[1,2] **表 8-19**

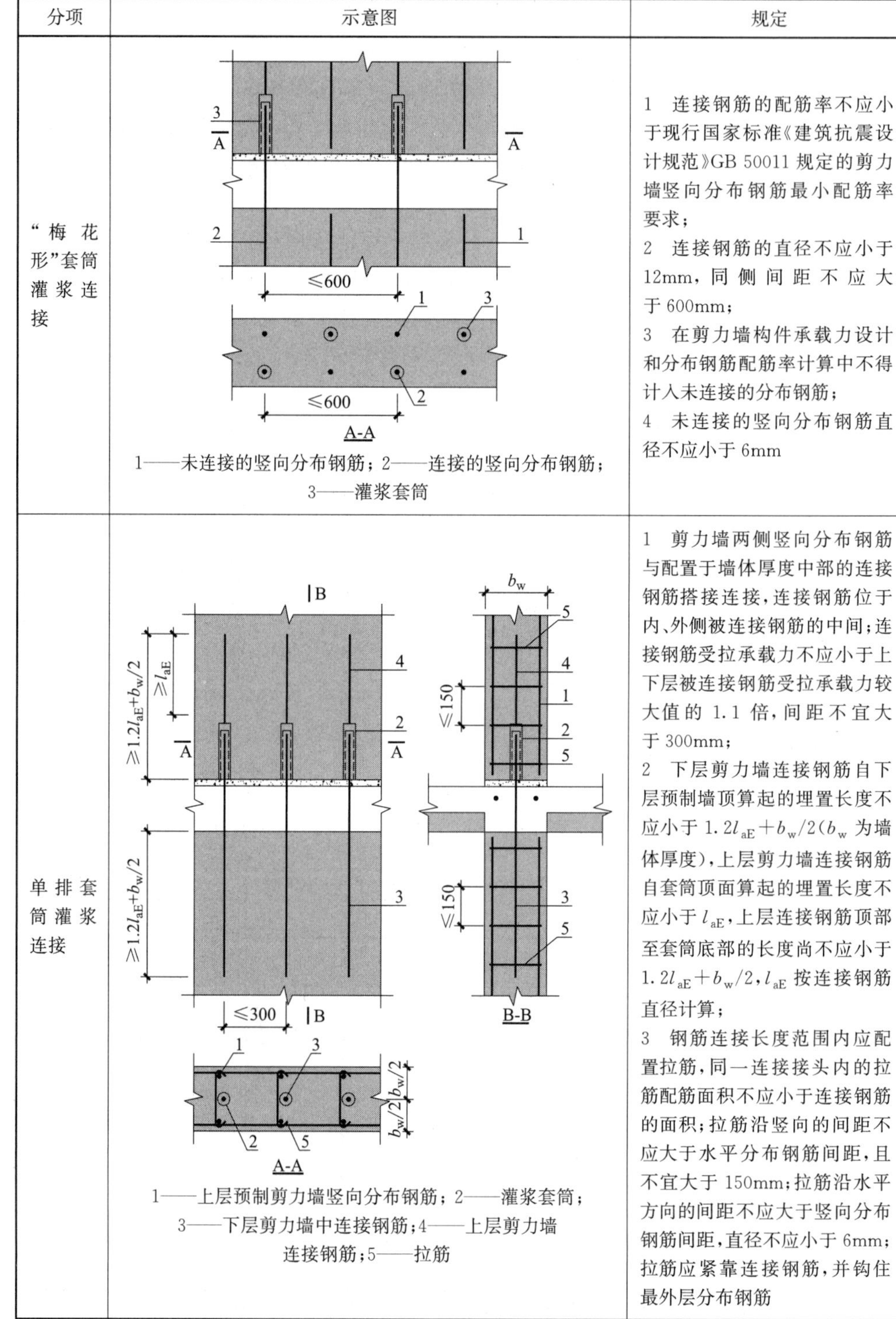

分项	示意图	规定
“梅花形”套筒灌浆连接	A-A 1——未连接的竖向分布钢筋；2——连接的竖向分布钢筋；3——灌浆套筒	1 连接钢筋的配筋率不应小于现行国家标准《建筑抗震设计规范》GB 50011 规定的剪力墙竖向分布钢筋最小配筋率要求； 2 连接钢筋的直径不应小于 12mm，同侧间距不应大于 600mm； 3 在剪力墙构件承载力设计和分布钢筋配筋率计算中不得计入未连接的分布钢筋； 4 未连接的竖向分布钢筋直径不应小于 6mm
单排套筒灌浆连接	B-B A-A 1——上层预制剪力墙竖向分布钢筋；2——灌浆套筒；3——下层剪力墙中连接钢筋；4——上层剪力墙连接钢筋；5——拉筋	1 剪力墙两侧竖向分布钢筋与配置于墙体厚度中部的连接钢筋搭接连接，连接钢筋位于内、外侧被连接钢筋的中间；连接钢筋受拉承载力不应小于上下层被连接钢筋受拉承载力较大值的 1.1 倍，间距不宜大于 300mm； 2 下层剪力墙连接钢筋自下层预制墙顶算起的埋置长度不应小于 $1.2l_{aE}+b_w/2$（b_w 为墙体厚度），上层剪力墙连接钢筋自套筒顶面算起的埋置长度不应小于 l_{aE}，上层连接钢筋顶部至套筒底部的长度尚不应小于 $1.2l_{aE}+b_w/2$，l_{aE} 按连接钢筋直径计算； 3 钢筋连接长度范围内应配置拉筋，同一连接接头内的拉筋配筋面积不应小于连接钢筋的面积；拉筋沿竖向的间距不应大于水平分布钢筋间距，且不宜大于 150mm；拉筋沿水平方向的间距不应大于竖向分布钢筋间距，直径不应小于 6mm；拉筋应紧靠连接钢筋，并钩住最外层分布钢筋

(3) 浆锚搭接连接

采用浆锚搭接连接时，应符合表 8-20 的要求。

预制剪力墙竖向钢筋浆锚搭接连接的构造要求[1]　　　表 8-20

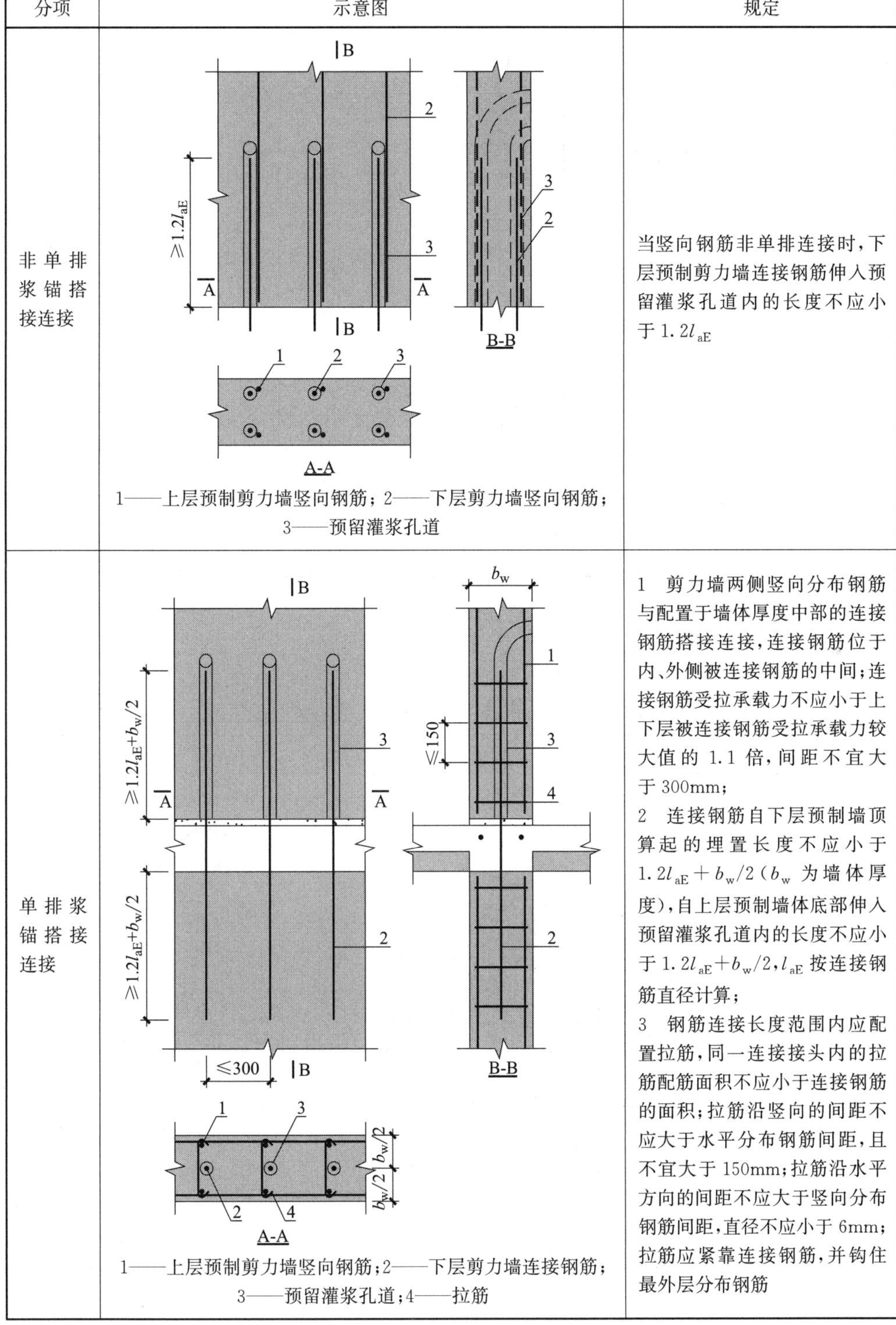

分项	示意图	规定
非单排浆锚搭接连接	1——上层预制剪力墙竖向钢筋；2——下层剪力墙竖向钢筋；3——预留灌浆孔道	当竖向钢筋非单排连接时，下层预制剪力墙连接钢筋伸入预留灌浆孔道内的长度不应小于 $1.2l_{aE}$
单排浆锚搭接连接	1——上层预制剪力墙竖向钢筋；2——下层剪力墙连接钢筋；3——预留灌浆孔道；4——拉筋	1 剪力墙两侧竖向分布钢筋与配置于墙体厚度中部的连接钢筋搭接连接，连接钢筋位于内、外侧被连接钢筋的中间；连接钢筋受拉承载力不应小于上下层被连接钢筋受拉承载力较大值的 1.1 倍，间距不宜大于 300mm； 2 连接钢筋自下层预制墙顶算起的埋置长度不应小于 $1.2l_{aE}+b_w/2$（b_w 为墙体厚度），自上层预制墙体底部伸入预留灌浆孔道内的长度不应小于 $1.2l_{aE}+b_w/2$，l_{aE} 按连接钢筋直径计算； 3 钢筋连接长度范围内应配置拉筋，同一连接接头内的拉筋配筋面积不应小于连接钢筋的面积；拉筋沿竖向的间距不应大于水平分布钢筋间距，且不宜大于 150mm；拉筋沿水平方向的间距不应大于竖向分布钢筋间距，直径不应小于 6mm；拉筋应紧靠连接钢筋，并钩住最外层分布钢筋

续表

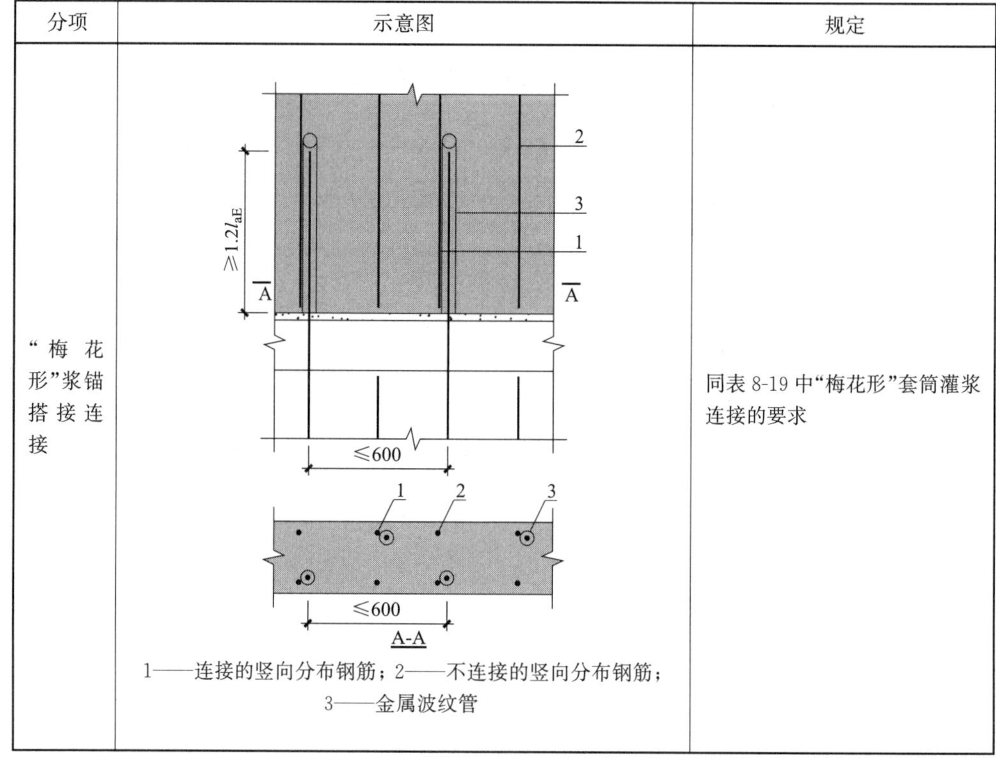

分项	示意图	规定
“梅花形”浆锚搭接连接	≥1.2l_{aE}；A；A；1；2；3；≤600；≤600；A-A 1——连接的竖向分布钢筋；2——不连接的竖向分布钢筋；3——金属波纹管	同表 8-19 中“梅花形”套筒灌浆连接的要求

(4) 挤压套筒连接

采用挤压套筒连接时，应符合表 8-21 的基本规定。

预制剪力墙竖向钢筋挤压套筒连接的构造要求[8] **表 8-21**

分项	示意图	规定
一般规定	1；4；3；楼板顶面；2；板厚；≤20；≤50；支腿高度 1——预制剪力墙；2——墙底后浇段；3——挤压套筒；4——水平钢筋	1 连接剪力墙边缘构件纵向钢筋的挤压套筒接头应满足Ⅰ级接头的要求，连接剪力墙竖向分布钢筋的挤压套筒接头应满足Ⅰ级接头抗拉强度的要求； 2 预制剪力墙底后浇段内的水平钢筋直径不应小于 10mm 和剪力墙水平分布钢筋直径的较大值，间距不宜大于 100mm； 3 楼板顶面以上第一道水平钢筋距楼板顶面不宜大于 50mm；套筒上端第一道水平钢筋距套筒顶部不宜大于 20mm

续表

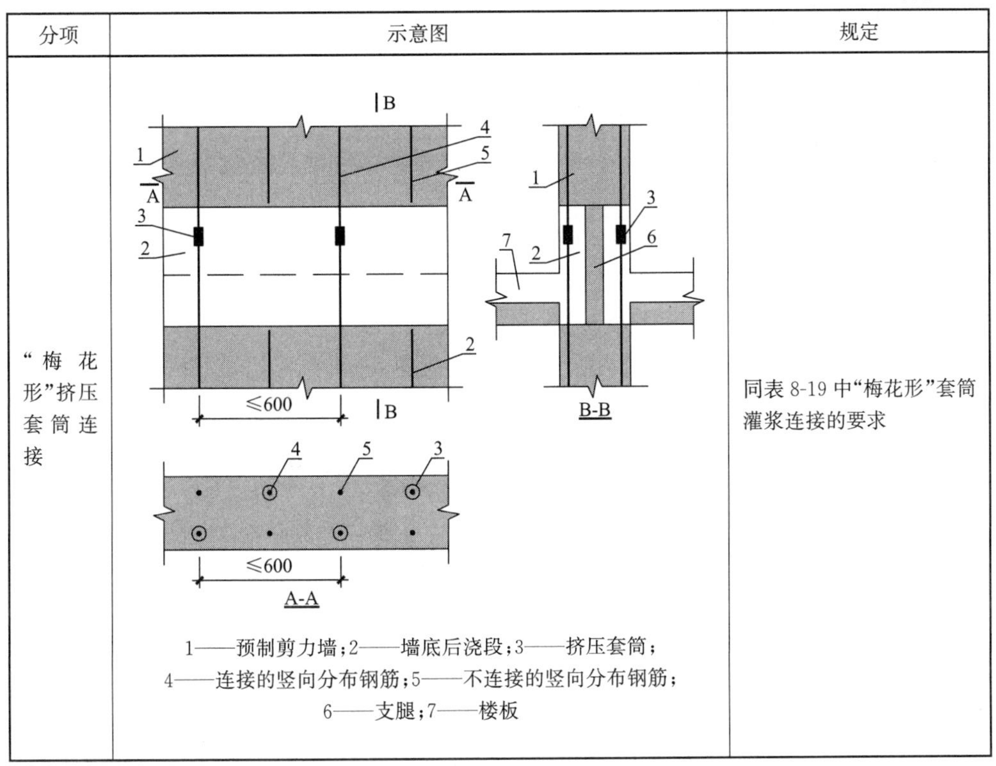

分项	示意图	规定
“梅花形”挤压套筒连接	 1——预制剪力墙；2——墙底后浇段；3——挤压套筒； 4——连接的竖向分布钢筋；5——不连接的竖向分布钢筋； 6——支腿；7——楼板	同表 8-19 中“梅花形”套筒灌浆连接的要求

注：钢筋挤压套筒连接不宜采用单排的连接形式。

（5）节点构造设计

上下层预制剪力墙间的水平接缝处竖向钢筋的连接设计方案，应同时考虑水平钢筋的布置和连接要求，接缝构造设计应考虑施工工艺方便可操作，并结合工程实际绘制节点详图。采用套筒灌浆连接时的典型节点构造可参照图 8-10。

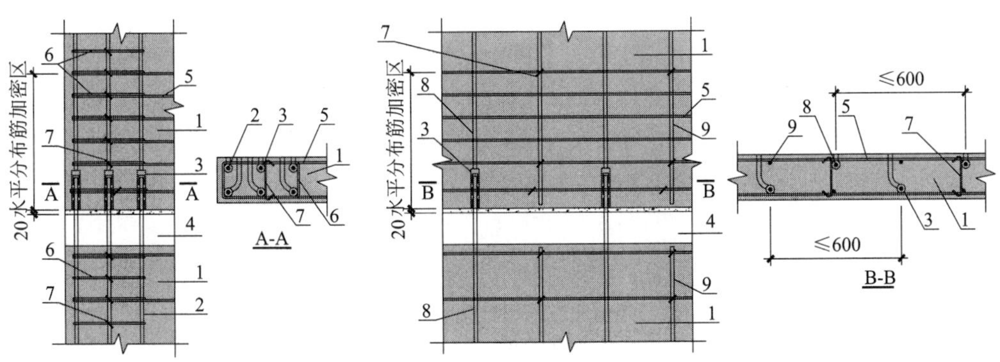

(a) 预制剪力墙边缘构件竖向钢筋连接构造

(b) 预制剪力墙竖向分布钢筋“梅花形”连接构造

1——预制剪力墙；2——边缘构件竖向钢筋；3——灌浆套筒；4——水平后浇段或后浇圈梁；5——预制剪力墙水平分布筋；6——边缘构件箍筋；7——拉筋；8——连接的竖向分布钢筋；9——不连接的竖向分布钢筋

图 8-10　预制剪力墙水平接缝竖向钢筋套筒灌浆连接典型节点构造示意

8.1.5　连梁与预制剪力墙的连接设计

1. 叠合连梁设计

预制剪力墙洞口上方的预制连梁宜与后浇圈梁或水平后浇带形成叠合连梁（图 8-11），叠合连梁的配筋及构造要求应符合现行国家标准《混凝土结构设计规范》GB 50010 的有关规定。

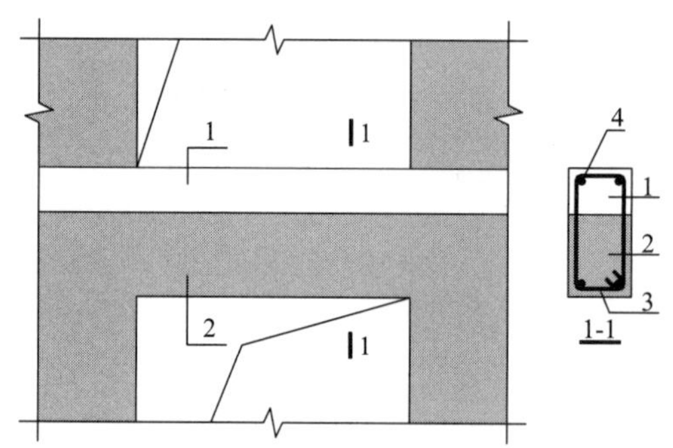

1——后浇圈梁或后浇带；2——预制连梁；3——箍筋；4——纵向钢筋

图 8-11　预制剪力墙叠合连梁构造示意

2. 预制剪力墙洞口下墙设计

当预制剪力墙洞口下方有墙时，宜将洞口下墙作为单独的连梁进行设计（图 8-12）（在结构计算程序如 STAWE、YJK 等中，可采用双连梁的方式进行建模和分析、设计）。

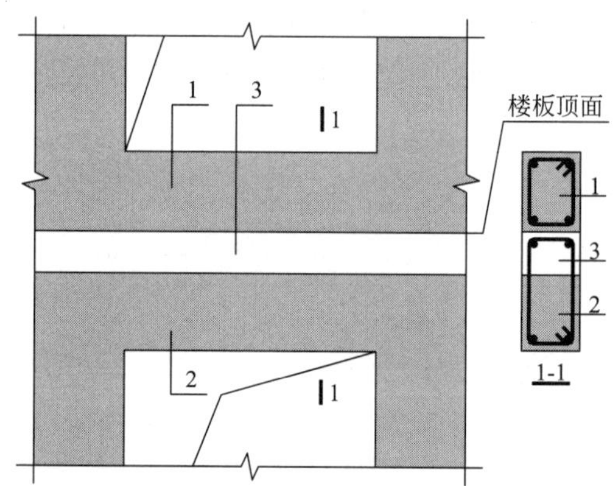

1——洞口下墙；2——预制连梁；3——后浇圈梁或水平后浇带

图 8-12　预制剪力墙洞口下墙与叠合连梁的关系示意

3. 预制连梁与预制剪力墙的连接

预制叠合连梁与预制剪力墙的连接应符合表 8-22 的要求。

预制连梁与预制剪力墙连接的设计与构造要求[2] **表 8-22**

<table>
<tr><th>序号</th><th colspan="2">规定</th><th>示意图</th></tr>
<tr><td>1</td><td colspan="2">预制叠合连梁的预制部分宜与剪力墙整体预制，也可在跨中拼接或在端部与预制剪力墙拼接</td><td>—</td></tr>
<tr><td>2</td><td colspan="2">当预制叠合连梁在跨中拼接时，可按本手册第 7 章第 7.1.3 节的规定进行接缝的构造设计</td><td>参见表 7-20</td></tr>
<tr><td>3</td><td colspan="2">应按本手册第 7.1.2 节的规定进行叠合连梁端部接缝的受剪承载力计算</td><td>图 7-1</td></tr>
<tr><td rowspan="2">4</td><td rowspan="2">预制叠合连梁端部与预制剪力墙在平面内拼接</td><td>当墙端边缘构件采用后浇混凝土时，连梁纵向钢筋应在后浇段中可靠锚固或连接</td><td>(图 8-13a)或(图 8-13b)</td></tr>
<tr><td>当预制剪力墙端部上角预留局部后浇节点区时，连梁的纵向钢筋应在局部后浇节点区内可靠锚固或连接</td><td>(图 8-13c)或(图 8-13d)</td></tr>
</table>

注：连梁端部钢筋锚固构造复杂，设计中要尽量避免预制连梁在端部与预制剪力墙连接。

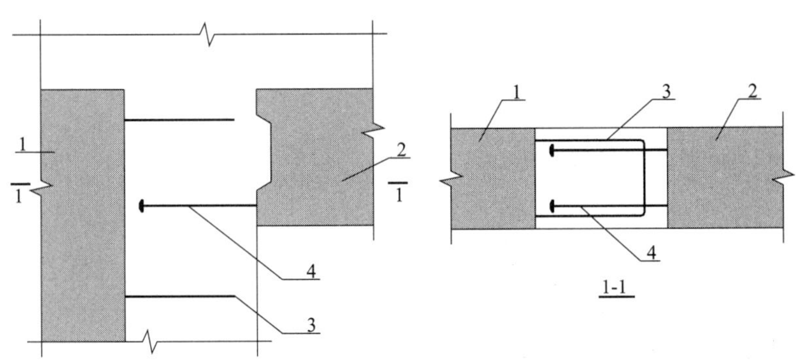

(a) 预制连梁钢筋在后浇段内锚固构造示意

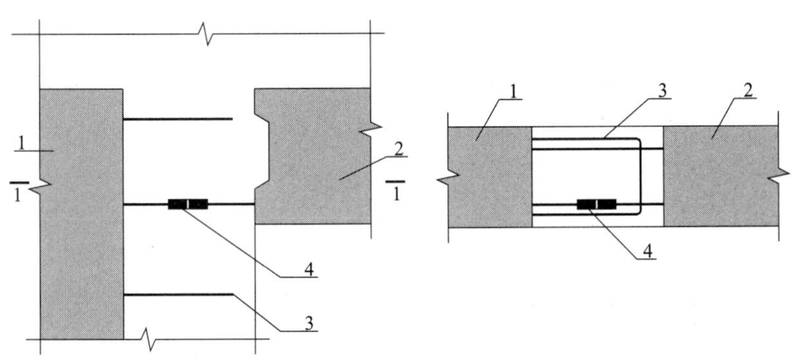

(b) 预制连梁钢筋在后浇段内与预制剪力墙预留钢筋连接构造示意

图 8-13 同一平面内预制连梁与预制剪力墙连接构造示意（一）

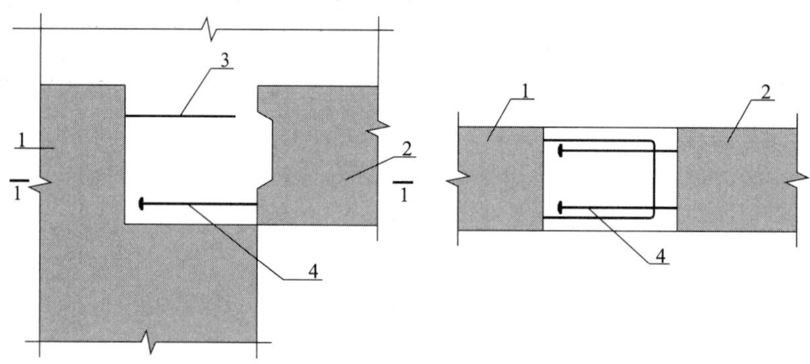

(c) 预制连梁钢筋在预制剪力墙局部后浇节点区内锚固构造示意

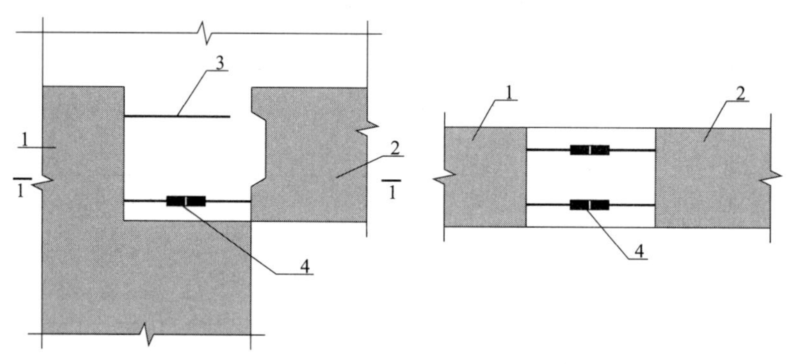

(d) 预制连梁钢筋在预制剪力墙局部后浇节点区内与墙板预留钢筋连接构造示意

1——预制剪力墙；2——预制连梁；3——边缘构件箍筋；
4——连梁下部纵向受力钢筋锚固或连接

图 8-13　同一平面内预制连梁与预制剪力墙连接构造示意（二）

4. 后浇连梁与预制剪力墙的连接

当采用后浇连梁时，应符合表 8-23 的构造要求。

后浇连梁与预制剪力墙连接的构造要求[2]　　　　**表 8-23**

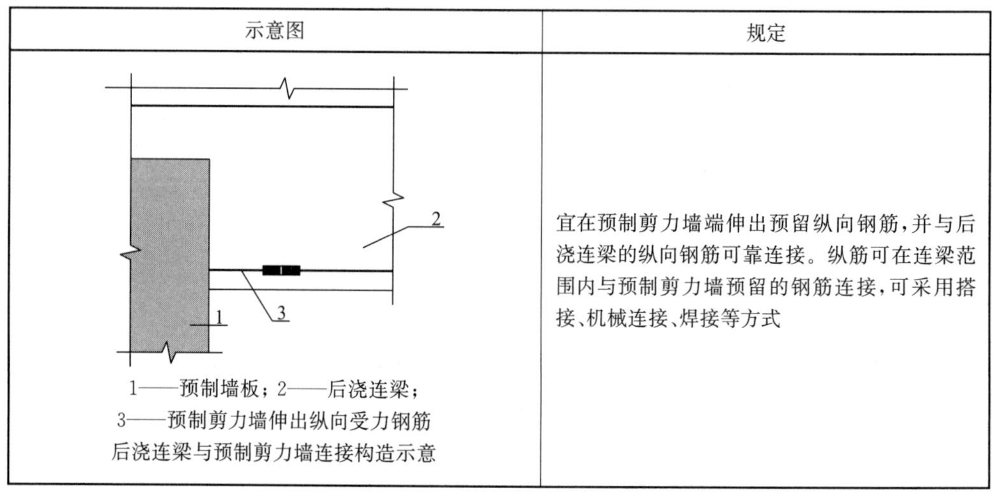

示意图	规定
1——预制墙板；2——后浇连梁； 3——预制剪力墙伸出纵向受力钢筋 后浇连梁与预制剪力墙连接构造示意	宜在预制剪力墙端伸出预留纵向钢筋，并与后浇连梁的纵向钢筋可靠连接。纵筋可在连梁范围内与预制剪力墙预留的钢筋连接，可采用搭接、机械连接、焊接等方式

8.2 叠合剪力墙结构

8.2.1 概述

叠合剪力墙是沿厚度方向分为多层，采用部分预制、部分现浇工艺生产的装配整体式钢筋混凝土剪力墙，其预制部分称为预制墙板，在工厂制作、养护、拼装成型，运到施工现场后，在中间空腔内浇筑混凝土形成整体结构。叠合剪力墙结构包括双面叠合剪力墙结构和夹心保温叠合剪力墙结构两种形式（表 8-24）。

叠合剪力墙的两种形式 **表 8-24**

形式	做法	共性点
双面叠合剪力墙	由两块预制混凝土墙板通过桁架钢筋或其他形式的连接钢筋连接成具有中间空腔的构件，现场安装固定后，在中间空腔内浇筑混凝土形成整体受力的叠合式结构	可同时省去现场内、外侧模板
夹心保温叠合剪力墙	外侧带有保温层的外叶预制混凝土墙板、内叶预制混凝土墙板与中间空腔后浇混凝土共同组成的叠合剪力墙，其中内叶预制混凝土墙板和中间空腔后浇混凝土整体受力，外叶预制混凝土墙板不参与结构受力，仅对保温层起保护作用	

8.2.2 一般规定

叠合剪力墙结构的最大适用高度、最大高宽比、抗震等级的相关规定均详见第 5.1 节。

叠合剪力墙结构平面和竖向布置应按表 8-25 的规定进行。

叠合剪力墙结构布置要求 **表 8-25**

平面布置要求	竖向布置要求
平面形状宜简单、规则、对称，质量和刚度均匀分布	剪力墙门窗洞口宜上下对齐、成列布置，形成明确的墙肢和连梁，避免造成墙肢宽度相差悬殊的洞口布置
剪力墙应沿两个主轴方向或其他方向双向均匀布置，两个方向的侧向刚度不宜相差过大，不应采用仅单向设墙的结构布置	

叠合剪力墙结构底部加强部位的剪力墙宜采用现浇混凝土。

山东省地标中规定了高层叠合剪力墙墙肢的轴压比不宜超过表 8-26 的限值。

高层叠合剪力墙墙肢轴压比限值 **表 8-26**

抗震等级	一级	二、三级
山东省《预制双面叠合混凝土剪力墙结构技术规程》DB37/T 5133—2019	0.50	0.60

注：当预制墙板的混凝土与后浇混凝土强度等级不同时，取两者强度的平均值。（《预制双面叠合混凝土剪力墙结构技术规程》DB37/T 5133—2019）。预制墙板的厚度与后浇混凝土的厚度不同时，可取两者厚度的加权平均值。

山东省标准《预制双面叠合混凝土剪力墙结构技术规程》DB37/T 5133—2019规定：高层叠合剪力墙结构房屋的最大适用高度在7度设防地区提高至100m，8度（0.20g）设防地区提高至80m时，应进行结构抗震性能化设计，并同时满足表8-27所列条件。

湖南省标准《湖南省装配整体式混凝土叠合剪力墙结构技术规程》DBJ 43/T 342—2019规定：当满足表8-27所列条件时，叠合剪力墙结构房屋的最大适用高度在6、7度设防地区可提高至100m。

叠合剪力墙结构高度调整条件 **表8-27**

山东省	湖南省
叠合剪力墙结构的高宽比不应超过表5-9～表5-13的限值	最大高宽比6度、7度设防时不宜超过6
底部加强区的剪力墙应采用现浇混凝土	底部加强区的剪力墙采用现浇剪力墙，层数在《高层建筑混凝土结构技术规程》JGJ 3规定的基础上增加一层，约束边缘构件范围延伸至底部加强区部位以上二层
叠合剪力墙墙肢轴压比限值应比表8-26的数值降低0.10	边缘构件应设置封闭箍筋并应采用现浇混凝土，边缘构件纵筋及箍筋的实际配筋量均应按计算结果放大1.2倍配置
叠合剪力墙墙肢的水平缝受剪应满足中震不屈服的性能化设计目标	7度设防时，叠合剪力墙的轴压比限值按照《高层建筑混凝土结构技术规程》JGJ 3中剪力墙的轴压比限值降低0.1
边缘构件应设置封闭箍筋并采用现浇混凝土	

作为上部结构嵌固部位的楼层、结构转换层、屋顶层、结构复杂或开大洞的楼层等均应采用现浇楼盖。

8.2.3 材料

叠合剪力墙结构混凝土材料应按表8-28的要求采用。

叠合剪力墙结构对混凝土材料的要求 **表8-28**

预制构件	空腔内后浇混凝土
强度不应低于C30	强度不应低于预制混凝土构件，宜高于预制混凝土构件一个强度等级(5MPa)
	可浇筑自密实混凝土，自密实混凝土应符合现行行业标准《自密实混凝土应用技术规程》JGJ/T 283的规定
	当采用普通混凝土时，混凝土粗骨料的最大粒径不宜大于20 mm，并应采取保证后浇混凝土浇筑质量的措施
用于地下室外墙时，混凝土抗渗等级不应低于P6，并应符合现行国家标准《地下工程防水技术规范》GB 50108的有关规定	

钢筋应符合现行国家标准《混凝土结构设计规范》GB 50010的有关规定，受力钢筋宜采用HRB400钢筋；预制混凝土墙板中宜采用符合现行行业标准《钢筋焊接网混凝土结构技术规程》JGJ 114有关规定的焊接钢筋网，焊接网表面不得有影

响使用的缺陷。

8.2.4 结构分析

在各种设计状况下，叠合剪力墙结构可采用与现浇混凝土结构相同的方法进行结构分析，其承载能力极限状态及正常使用极限状态的作用效应分析可采用弹性方法。相关调整列于表 8-29。

与叠合剪力墙结构分析相关的调整系数 **表 8-29**

序号	调整系数
1	对同一层内既有现浇墙肢也有叠合墙肢的叠合剪力墙结构，现浇墙肢水平地震作用下的弯矩、剪力宜乘以不小于 1.1 的增大系数
2	在结构内力与位移计算时，应考虑现浇楼板和叠合楼板对梁刚度的增大作用，中梁可根据翼缘情况近似取为 1.3～2.0 的增大系数，边梁可根据翼缘情况取 1.0～1.5 的增大系数
3	内力和变形计算时，应计入填充墙对结构刚度的影响。当采用轻质墙板填充墙时，可采用周期折减的方法考虑其对结构刚度的影响，周期折减系数可取 0.8～1.0

8.2.5 作用及作用组合

叠合剪力墙结构的作用及作用组合应符合现行国家标准和行业标准《建筑结构荷载规范》GB 50009、《建筑抗震设计规范》GB 50011、《高层建筑混凝土结构技术规程》JGJ 3、《混凝土结构设计规范》GB 50010、《混凝土结构工程施工规范》GB 50666 及《装配式混凝土结构技术规程》JGJ 1 的有关规定，在双面叠合剪力墙空腔中浇筑混凝土时，应验算预制混凝土墙板的稳定性。

叠合剪力墙用作地下室外墙时，应按承载力极限状态计算叠合剪力墙预制混凝土墙板的竖向分布钢筋和水平缝处的竖向连接钢筋；按正常使用极限状态进行正截面裂缝宽度验算，并满足现行国家标准《混凝土结构设计规范》GB 50010 的要求。

8.2.6 承载力设计

叠合剪力墙的计算条件按表 8-30 采用。

叠合剪力墙的计算条件 **表 8-30**

类别	计算截面厚度	单层墙体高度
双面叠合剪力墙	取全截面厚度	根据叠合剪力墙的边界条件、截面厚度、受力和稳定性计算确定
夹心保温叠合剪力墙	取内叶预制混凝土墙板厚度与后浇混凝土厚度之和	

叠合剪力墙正截面轴心受压承载力计算应按《混凝土结构设计规范》GB 50010 的有关规定进行计算。矩形、T 形、I 形偏心受压及偏心受拉叠合剪力墙墙肢的正截面受压或受拉承载力和斜截面受剪承载力应按《建筑抗震设计规范》GB 50011、

《高层建筑混凝土结构技术规程》JGJ 3 的有关规定进行计算。

采用叠合剪力墙作地下室外墙时，应分别计算叠合剪力墙的竖向分布筋和水平接缝处的接缝连接钢筋，并按正常使用极限状态进行裂缝宽度验算。叠合剪力墙竖向连接钢筋应按平面外受弯构件计算确定，且其抗拉承载力不应小于叠合剪力墙单侧预制混凝土墙板内竖向分布钢筋抗拉承载力的 1.1 倍。

预制构件的配筋构造应综合考虑结构整体性和便于工厂化生产及现场连接。

8.2.7 连接设计

叠合剪力墙连接设计原则如表 8-31、图 8-14 所示。

叠合剪力墙连接设计原则 **表 8-31**

项次	设计原则
1	满足承载力、刚度、延性和耐久性等要求
2	连接方式应能保证结构的整体性，且传力可靠、构造简单、施工方便
3	连接节点和接缝应受力明确、构造可靠

叠合剪力墙水平缝处的受剪承载力要求与 8.1.3 节相同。

偏心受压截面叠合剪力墙水平接缝处正截面承载力可按组成墙肢分别计算，各墙肢的计算应符合下列规定。

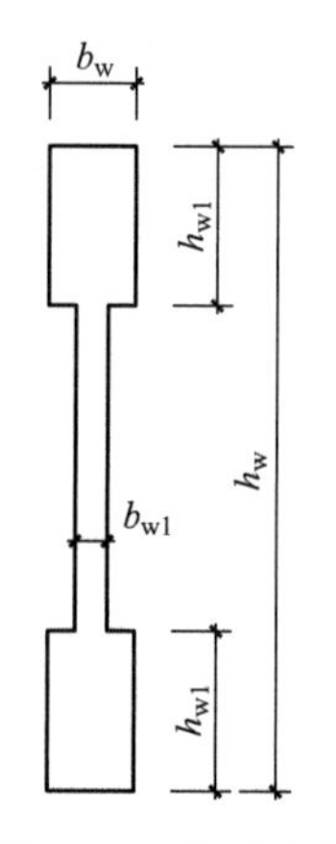

图 8-14 截面尺寸

持久、短暂设计状况：

$$N \leqslant A_s' f_y' - A_s \sigma_s - N_{sw} + N_c$$

$$N\left(e_0 + h_{w0} - \frac{h_w}{2}\right) \leqslant A_s' f_y' (h_{w0} - a_s') - M_{sw} + M_c$$

当 $x > h_{w1}$ 时：$N_c = \alpha_1 f_c b_w h_{w1} + \alpha_1 f_c (x - h_{w1}) b_{w1}$

$$M_c = \alpha_1 f_c b_w h_{w1}\left(h_{w0} - \frac{h_{w1}}{2}\right) + \alpha_1 f_c b_{w1}(x - h_{w1})\left(h_{w0} - \frac{x - h_{w1}}{2} - h_{w1}\right)$$

当 $x < h_{w1}$ 时：$N_c = \alpha_1 f_c b_w x$

$$M_c = \alpha_1 f_c b_w x\left(h_{w0} - \frac{x}{2}\right)$$

当 $x < \xi_b h_{w0}$ 时：$\sigma_s = f_y$

$$N_{sw} = (h_{w0} - 1.5x) b_w f_{yw} \rho_w$$

$$M_{sw} = \frac{1}{2}(h_{w0} - 1.5x)^2 b_w f_{yw} \rho_w$$

当 $x > \xi_b h_{w0}$ 时：$\sigma_s = \frac{f_y}{\xi_b - \beta_1}\left(\frac{x}{h_{w0}} - \beta_1\right)$

$$N_{sw} = 0$$

$$M_{sw} = 0$$

$$\xi_b=\frac{\beta_1}{1+\dfrac{f_y}{E_s\varepsilon_{cu}}}$$

式中：A_s——受拉区纵向钢筋截面面积；

A_s'——受压区纵向钢筋截面面积；

a_s'——受压区端部钢筋合力点到受压区边缘的距离；

b_w——I 形截面腹板宽度；

e_0——偏心距，$e_0=M/N$；

f_y——受拉钢筋强度设计值；

f_y'——受压钢筋强度设计值；

f_{yw}——混凝土轴心抗拉强度设计值；

F_c——混凝土轴心抗压强度设计值；

h_{w1}——I 形截面受压区翼缘的高度；

h_{w0}——I 形截面有效高度，$h_{w0}=h_w-a_s'$；

ρ_w——竖向分布钢筋配筋率，计算面积时不考虑预制部分的面积；

α_1——受压区混凝土矩形应力图的应力与混凝土轴心抗压强度设计值的比值。当混凝土强度等级不超过 C50 时取 1.0；当混凝土强度等级为 C80 时取 0.94；当混凝土强度等级在 C50 和 C80 之间时，可按线性内插取值；

β_1——受压区混凝土矩形应力图高度调整系数，当混凝土强度等级不超过 C50 时取 0.8；当混凝土强度等级为 C80 时取 0.74；当混凝土强度等级在 C50 和 C80 之间时，可按线性内插取值；

ξ_b——界限相对受压区高度。计算时，按现浇混凝土强度等级确定；

ε_{cu}——混凝土极限压应变，应按现行国家标准《混凝土结构设计规范》GB 50010 的有关规定使用。当预制和现浇混凝土强度等级不同时，取现浇混凝土等级对应的极限压应变。

地震设计工况时，以上公式右端应除以承载力抗震调整系数 γ_{RE}，γ_{RE} 取 0.85。当采用叠合连梁与叠合剪力墙边缘构件连接时，应进行叠合连梁梁端竖向接缝的受剪承载力计算。

用作固定连接的预埋件与吊件、临时支撑的预埋件不宜兼用；当兼用时，应同时满足各种设计工况要求。预制构件中预埋件的验算应符合现行国家标准《混凝土结构设计规范》GB 50010、《钢结构设计标准》GB 50017 和《混凝土结构工程施工规范》GB 50666 等的相关规定。

8.2.8 构造设计

1. 双面叠合剪力墙的构造设计

(1) 双面叠合剪力墙墙身的构造要求

双面叠合剪力墙墙身的构造要求如表 8-32 所示。

双面叠合剪力墙的构造要求　　表 8-32

	双面叠合剪力墙	单叶预制墙板	备注
墙肢	厚度不宜小于 200mm	厚度不宜小于 50mm	预制墙板内、外叶内表面应设置粗糙面，粗糙面凹凸深度不应小于 4mm
空腔净距	不宜小于 100mm		
配筋	宜选用不低于 HRB400 级的热轧钢筋		
混凝土保护层厚度	预制混凝土墙板应符合现行国家标准《混凝土结构设计规范》GB 50010 的规定		
	内、外叶预制混凝土墙板的钢筋位于中间空腔一侧的保护层厚度不宜小于 10mm		
竖向和水平分布钢筋的配筋率	二、三级时不应小于 0.25%		
	四级和非抗震设计时不应小于 0.20%		
	顶层叠合剪力墙、长形平面房屋的楼梯间和电梯间叠合剪力墙、端开间纵向叠合剪力墙以及端山墙的水平和竖向分布钢筋的配筋率均不应小于 0.25%		钢筋间距不应大于 200mm
分布钢筋间距	不宜大于 250mm		
分布钢筋直径	竖向钢筋直径不应小于 10mm，水平钢筋直径不应小于 8mm		预制板设置的水平和竖向分布筋距预制部分边缘的水平距离不应大于 40mm
	不宜大于叠合剪力墙截面宽度的 1/10		
地下室外墙	后浇混凝土的厚度不应小于 200mm		

双面叠合剪力墙结构可采用双面叠合连梁或普通叠合连梁（图 8-15），也可采用现浇混凝土连梁。当双面叠合双肢剪力墙与连梁整体制作时，连梁宜采用双面叠合连梁。连梁配筋及构造应符合现行国家标准及行业标准《混凝土结构设计规范》GB 50010 和《装配式混凝土结构技术规程》JGJ 1 的有关规定。

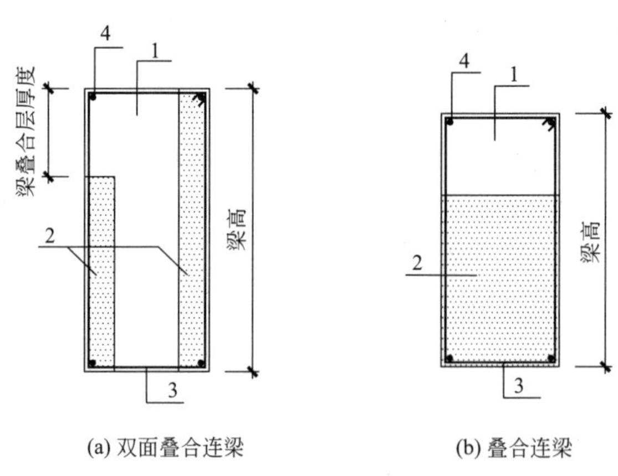

(a) 双面叠合连梁　　(b) 叠合连梁

1——后浇部分；2——预制部分；3——连梁箍筋；4——连梁纵筋

图 8-15　预制叠合连梁示意图

楼层内相邻双面叠合剪力墙之间应采用整体式接缝连接；后浇混凝土与预制墙板应通过水平连接钢筋连接，水平连接钢筋的间距宜与预制墙板中水平分布钢筋的间距相同，且不宜大于 200mm；水平连接钢筋的直径不应小于叠合剪力墙预制板中水平分布钢筋的直径。

双面叠合剪力墙承受集中荷载时，宜设置现浇混凝土扶壁柱或暗柱。现浇混凝土梁与壁柱或暗柱相交处应有可靠连接。

（2）双面叠合剪力墙边缘构件的构造要求

叠合剪力墙两端和洞口两侧应设置边缘构件，其中二、三级叠合剪力墙应在底部加强部位及相邻上一层设置约束边缘构件，其余情况设置构造边缘构件。

双面叠合剪力墙结构约束边缘构件内的配筋及构造要求应符合现行国家标准及行业标准《建筑抗震设计规范》GB 50011、《高层建筑混凝土结构技术规程》JGJ 3 的有关规定，并应符合下列规定：

1）约束边缘构件（图 8-16）阴影区域应全部采用后浇混凝土，并在后浇段内设置封闭箍筋；其中暗柱阴影区域可采用叠合暗柱或现浇暗柱；

2）约束边缘构件非阴影区的拉筋可由叠合墙板内的与墙身分布筋可靠连接的桁架钢筋代替，桁架钢筋的面积、直径、间距应满足拉筋的相关规定。

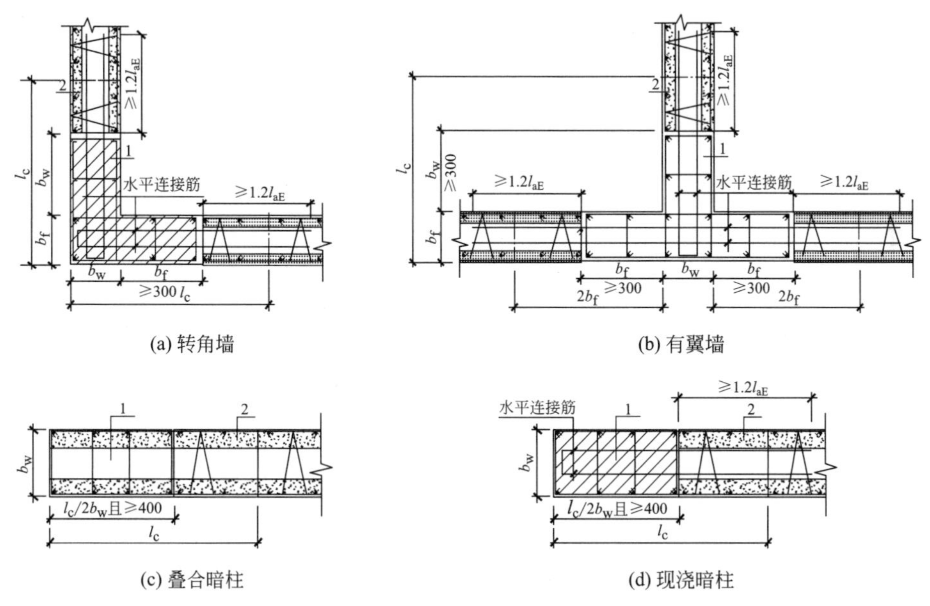

l_c——约束边缘构件沿墙肢长度；1——后浇段；2——双面叠合剪力墙

图 8-16 约束边缘构件

双面叠合剪力墙构造边缘构件内的配筋及构造要求应符合现行国家标准及行业标准《建筑抗震设计规范》GB 50011 和《高层建筑混凝土结构技术规程》JGJ 3 的有关规定。构造边缘构件（图 8-17）宜全部采用后浇混凝土，并在后浇段内设置封闭箍筋；暗柱可采用叠合暗柱或现浇暗柱，宜优先采用现浇暗柱。

非边缘构件与相邻双面叠合剪力墙之间应设置后浇段，两侧墙体与后浇段之间应采用水平连接钢筋连接，相关构造规定详见表 8-33。

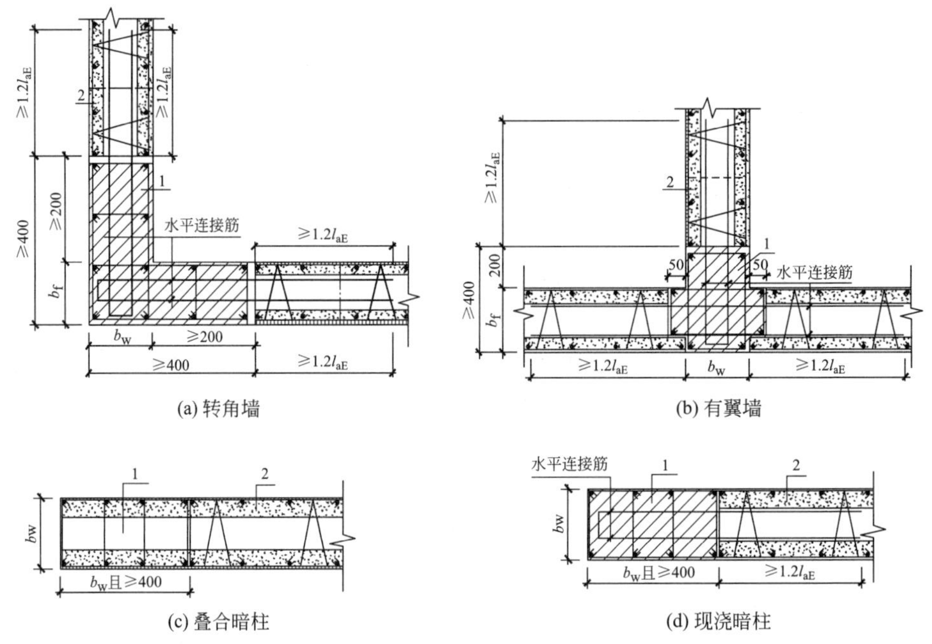

1——后浇段；2——双面叠合剪力墙

图 8-17　构造边缘构件

非边缘构件与墙身的连接构造　　**表 8-33**

项次	后浇段	水平连接钢筋
1	宽度不应小于墙厚且不宜小于 200mm	在双面叠合剪力墙中的锚固长度不应小于 $1.2l_{aE}$(图 8-18)
2	后浇段内应设置不少于 4 根竖向钢筋，钢筋直径不应小于墙体竖向分布筋直径且不应小于 10mm	间距宜与叠合剪力墙预制墙板中水平分布钢筋的间距相同，且不宜大于 200mm
3		直径不应小于叠合剪力墙预制墙板中水平分布钢筋的直径

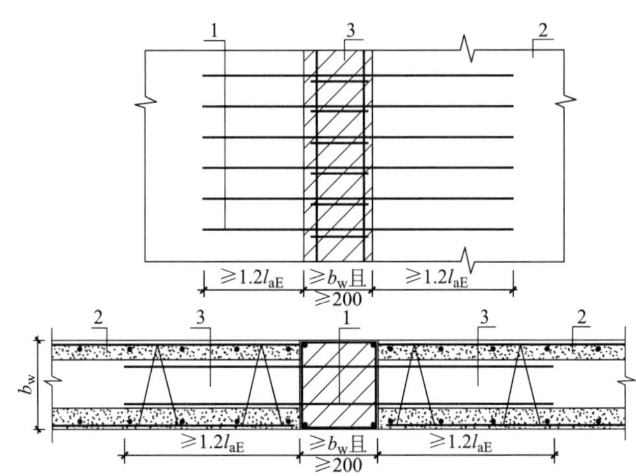

1——连接钢筋；2——预制部分；3——现浇部分

图 8-18　水平连接钢筋搭接构造

(3) 双面叠合剪力墙连接的构造要求

叠合剪力墙之间的水平缝宜设置在楼面标高处，水平接缝处应设置竖向连接钢筋，连接钢筋应通过计算确定，且截面面积不应小于预制混凝土墙板内的竖向分布钢筋面积，并应符合表 8-34 所示要求。

双面叠合剪力墙水平接缝构造要求 **表 8-34**

项次	构造要求
1	底部加强部位连接钢筋应交错布置，上下端头错开位置不应小于 500mm(图 8-19)
2	非底部加强部位连接钢筋在上下层墙板中的锚固长度不应小于 $1.2l_{aE}$(图 8-20)
3	非抗震设计时，连接钢筋锚固长度不应小于 $1.2l_a$
4	竖向连接钢筋的间距不应大于预制墙板中竖向分布钢筋的间距，且不宜大于 200mm
5	竖向连接钢筋的直径不应小于预制墙板中竖向钢筋的直径
6	水平缝高度不宜小于 50mm，也不宜大于 70mm，水平缝处后浇混凝土应与墙中间空腔内混凝土一起浇筑密实

注：l_a、l_{aE} 分别为非抗震设计和抗震设计时受拉钢筋的锚固长度，应符合现行国家标准《混凝土结构设计规范》GB 50010 的规定。

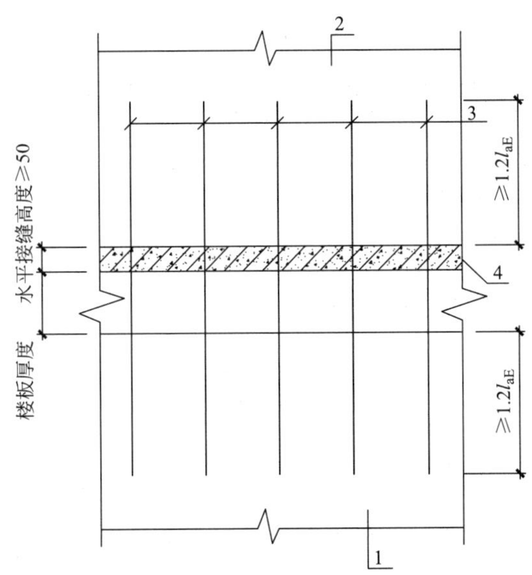

1——下层叠合剪力墙；2——上层叠合剪力墙；
3——竖向连接钢筋

图 8-19 底部加强部位竖向连接钢筋搭接构造

叠合暗柱水平缝处的竖向连接钢筋截面面积不应小于暗柱范围内预制混凝土墙板的竖向分布钢筋面积，且竖向连接钢筋搭接长度不应小于 $1.6l_{aE}$。

双面叠合剪力墙水平接缝处的正截面承载力计算可考虑预制混凝土墙板的受压作用，但不应考虑预制混凝土墙板的受拉作用。

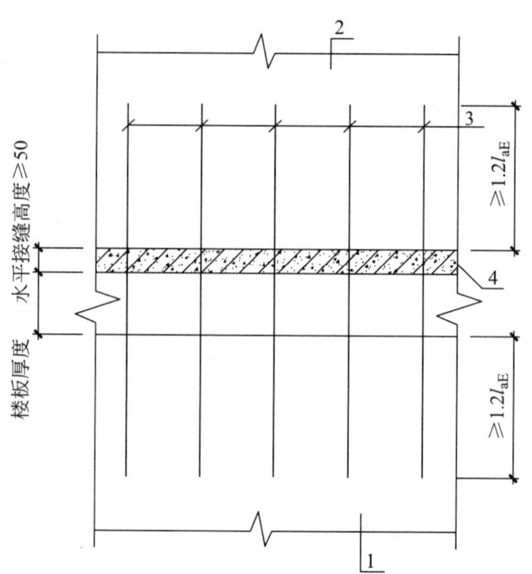

1——下层叠合剪力墙；2——上层叠合剪力墙；

3——竖向连接钢筋；4——楼层水平接缝

图 8-20　竖向连接钢筋搭接构造

对于采用钢筋桁架的双面叠合剪力墙，钢筋桁架的设置应满足运输、吊装和现浇混凝土施工的要求，并应符合表 8-35 的规定。

带桁架筋的叠合剪力墙钢筋桁架构造要求　　表 8-35

项次	构造要求
1	宜竖向设置，单片叠合剪力墙墙肢内不应少于 2 榀
2	中心间距不宜大于 400mm，且不宜大于竖向分布筋间距的 2 倍
3	距叠合剪力墙预制墙板边的水平距离不宜大于 150mm
4	上、下弦钢筋中心至预制混凝土墙板内侧的距离不应小于 15mm
5	上弦钢筋直径不宜小于 10mm，下弦钢筋及腹杆钢筋直径不宜小于 6mm
6	应与两层分布筋网片可靠连接，连接方式可采用焊接

双面叠合剪力墙开有高度和宽度均不大于 300mm 的洞口时，钢筋可绕过洞口（图 8-21）；开有高度和宽度均不大于 800mm 的洞口时，应沿洞口每边设置不小于两根直径 10mm 的补强钢筋，其截面面积不小于被洞口切断的钢筋面积，补强钢筋自洞口边锚入预制混凝土墙板内的长度不应小于 l_a 或 l_{aE}（图 8-22）。

叠合剪力墙与混凝土基础连接处，竖向连接钢筋伸入叠合剪力墙空腔内的搭接长度不宜小于 $1.6l_{aE}$（图 8-23）。

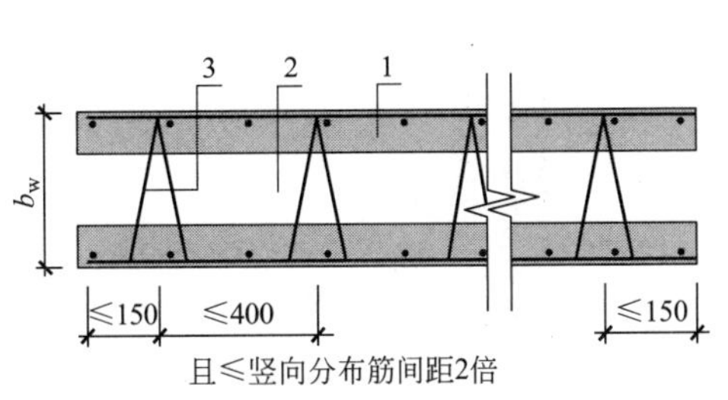

1——预制部分；2——现浇部分；3——钢筋桁架

图 8-21 双面叠合剪力墙中桁架筋桁架的预制布置要求

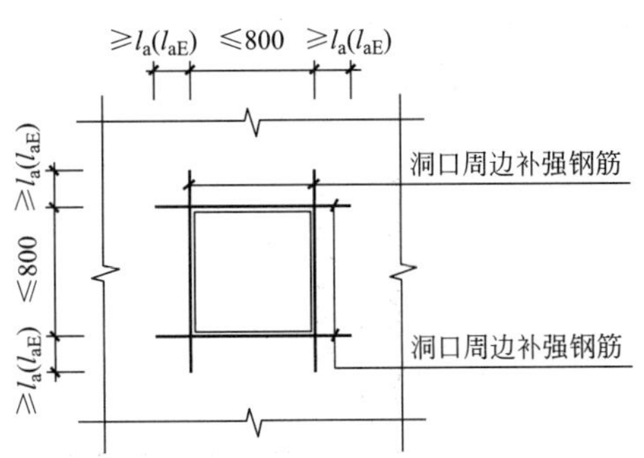

图 8-22 预制混凝土墙板洞口补强钢筋

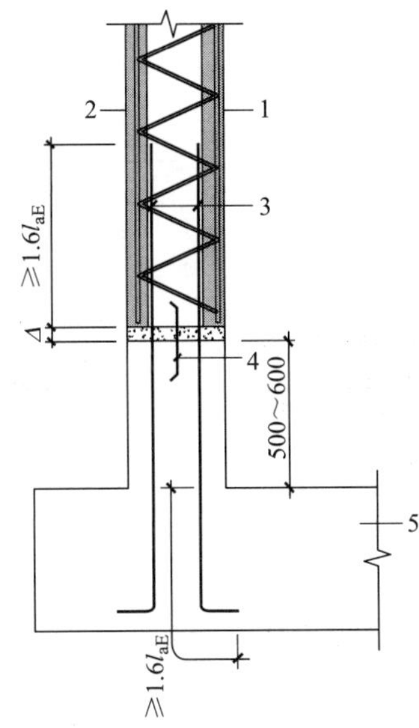

1——内叶预制混凝土墙板；2——外叶预制混凝土墙板；3——竖向连接钢筋；4——止水钢板；5——基础；Δ——水平缝高度

图 8-23 地下室叠合剪力墙外墙构造示意

内隔墙与叠合剪力墙主体结构宜采用柔性连接，相应的连接节点应进行刚度与承载力验算，并满足耐久性要求。

楼面梁不宜与叠合剪力墙在剪力墙平面外单侧连接；当楼面梁与叠合剪力墙在平面外单侧连接时，宜采用铰接。

2. 夹心保温叠合剪力墙的构造设计

夹心保温单面叠合剪力墙的后浇混凝土厚度不宜小于 150mm。

夹心保温叠合剪力墙的约束边缘构件阴影区域宜全部采用后浇混凝土，并宜在后浇段内设置封闭箍筋（图 8-24）。预制混凝土墙板内与墙身分布筋可靠连接的桁架钢筋可代替约束边缘构件非阴影区的拉筋，钢筋桁架斜腹筋的面积、直径、间距应满足拉筋的有关规定。约束边缘构件内的配筋及构造要求应符合现行国家标准及行业标准

《建筑抗震设计规范》GB 50011 和《高层建筑混凝土结构技术规程》JGJ 3 的有关规定。外叶预制混凝土墙板的竖向接缝宽度不应小于 15mm，且不应大于 30mm。

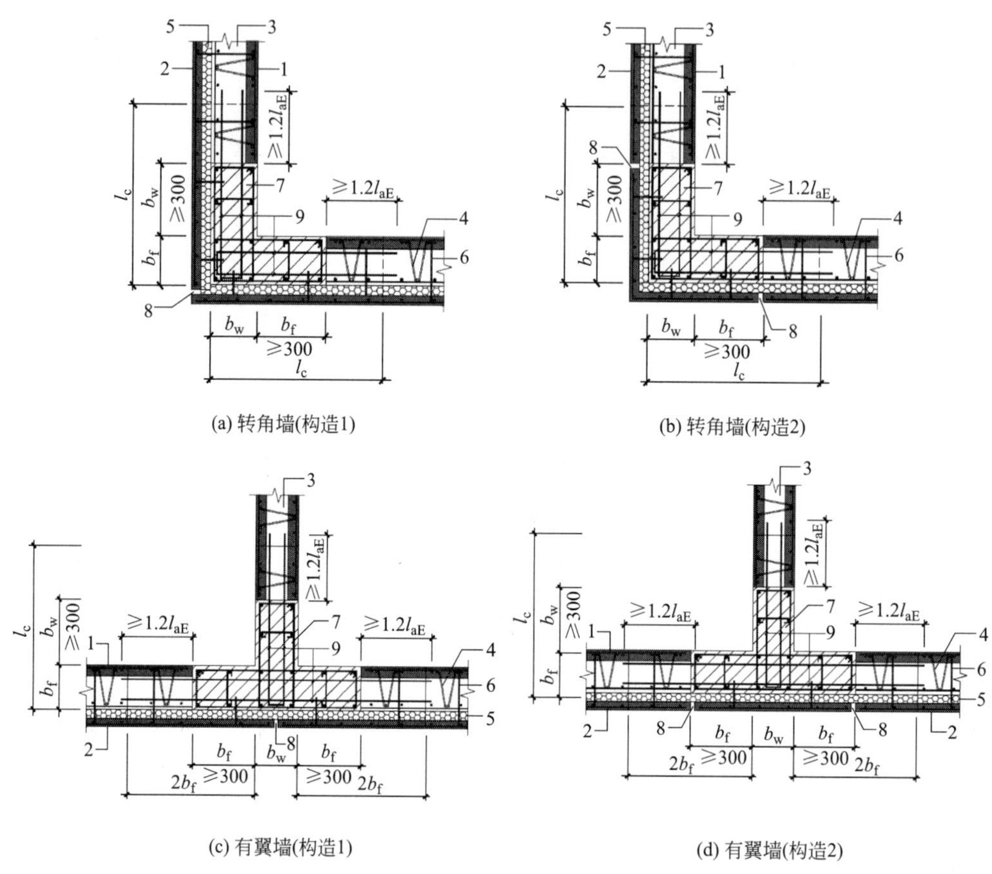

图 8-24 夹心保温叠合剪力墙的约束边缘构件（一）

夹心保温叠合剪力墙构造边缘构件宜全部采用后浇混凝土，并宜在后浇段内设置封闭箍筋（图 8-25）。构造边缘构件内的配筋及构造要求应符合现行国家标准及行业标准《建筑抗震设计规范》GB 50011 和《高层建筑混凝土结构技术规程》JGJ3 的有关规定。外叶预制混凝土墙板的竖向接缝宽度不应小于 15mm，且不应大于 30mm。

保温连接件插入内、外叶预制混凝土墙板的最小锚固长度为 30mm，保护层厚度不应小于 20mm。

其他构造设计要求与双面叠合剪力墙相同。

3. 叠合剪力墙与楼盖的连接构造设计

叠合剪力墙结构的楼面梁可采用现浇、预制或叠合梁。

梁与墙、板与墙的连接节点应传力可靠、构造合理，满足承载力、变形、延性和耐久性等要求。

楼面梁采用叠合梁时，叠合梁两端竖向接缝的受剪承载力、构造设计按现行行业标准《装配混凝土结构技术规程》JGJ 1 的有关规定进行。

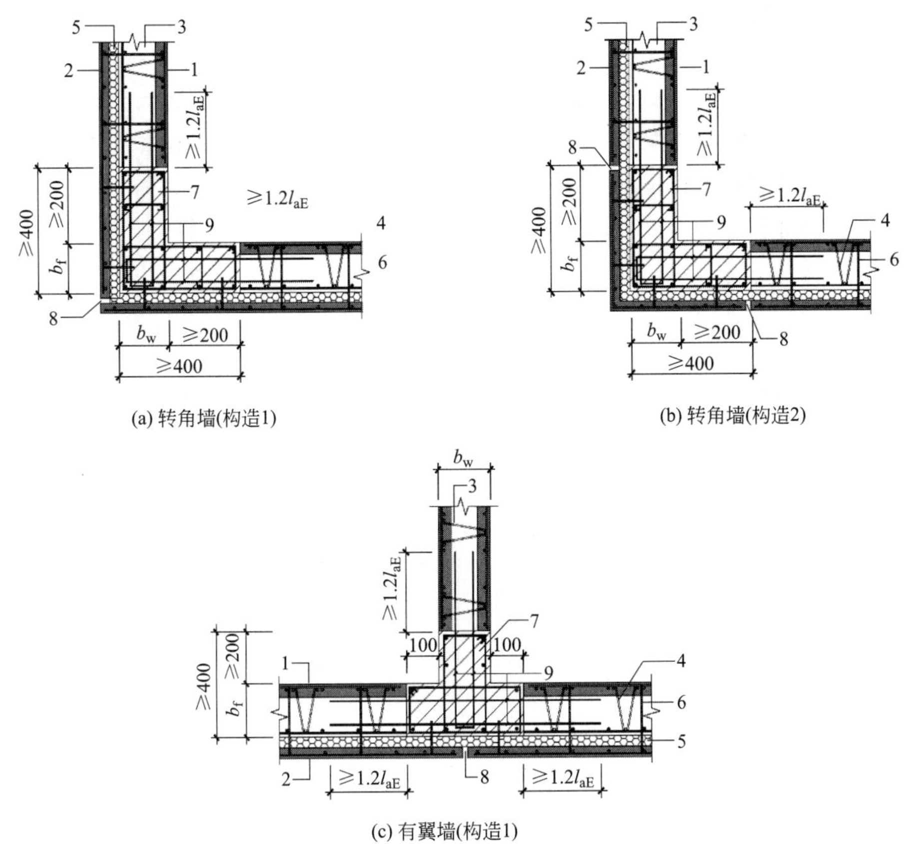

1——内叶预制混凝土墙板；2——外叶预制混凝土墙板；3——后浇混凝土；
4——钢筋桁架；5——保温层；6——保温连接件；7——后浇段；
8——竖向接缝；9——水平连接钢筋

图 8-25　夹心保温叠合剪力墙的约束边缘构件（二）

采用预应力混凝土空心叠合板、带混凝土肋或钢板肋预应力混凝土叠合楼板时，宜按单向板进行设计，板之间宜采用密拼方式。

现浇屋面板与叠合剪力墙相连时，屋面板支座处纵向钢筋应符合下列要求：

（1）现浇板底纵向钢筋宜从板端伸出并锚入支承墙的后浇混凝土中，锚固长度不应小于 5d（d 为纵向受力钢筋直径），且宜伸过支座中心线（图 8-26）；

（2）板中节点处，附加钢筋直径不应小于预制混凝土墙板中竖向分布钢筋的直径，间距不应大于预制混凝土墙板中竖向分布钢筋的间距，且不宜大于 200mm。附加钢筋水平段长度不应小于 15d（d 为纵向受力钢筋直径）。

叠合楼板支座处的纵向受力钢筋应符合下列要求：

（1）叠合楼板板端支座处，预制板内的下部纵向受力钢筋宜从板端伸出并锚入支承墙的后浇混凝土中，锚固长度不应小于 5d（d 为纵向受力钢筋直径），且宜伸过支座中心线（图 8-27）。

（2）叠合楼板中间支座处，板支座处上部受力钢筋应拉通布置，预制板内的下部受力钢筋宜从板端伸出并锚入支承梁或墙的后浇混凝土中，锚固长度不应小于

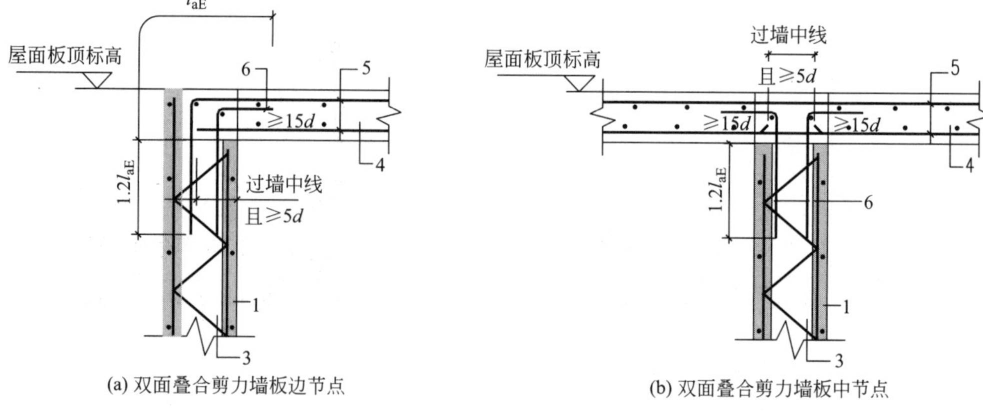

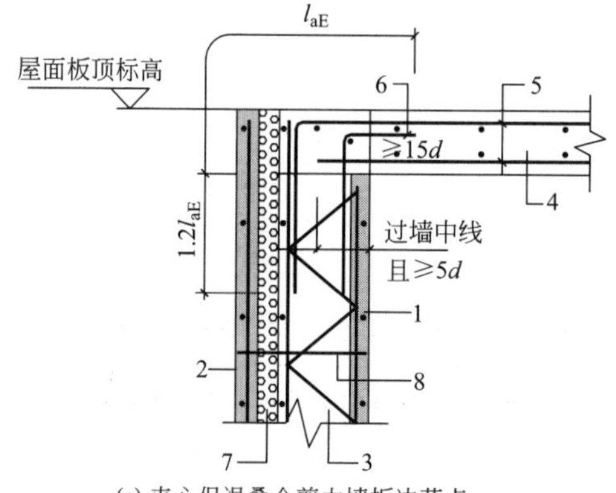

图 8-26　现浇屋面板与叠合剪力墙相连支座构造示意

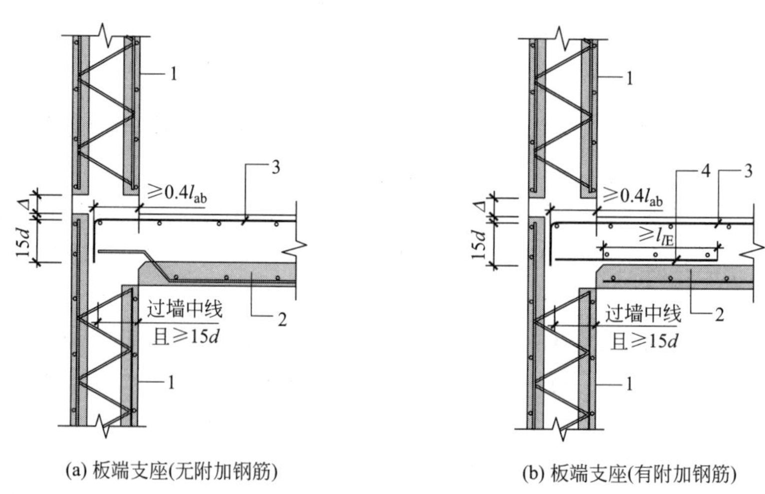

图 8-27　双面叠合剪力墙板端支座构造示意

$5d$（d 为纵向受力钢筋直径），且宜伸过支座中心线。当预制板内的纵向受力钢筋不伸入支座时，宜在预制板端部顶面设置附加钢筋，附加钢筋截面面积不应小于预制板内的同向钢筋面积，间距不宜大于 300mm；附加钢筋在后浇混凝土叠合层内的锚固长度应满足搭接长度 l_{lE} 的要求（图 8-28），叠合剪力墙两侧的预制底板内纵向受力钢筋面积不同时，附加钢筋面积不应小于两者钢筋面积的较大值。

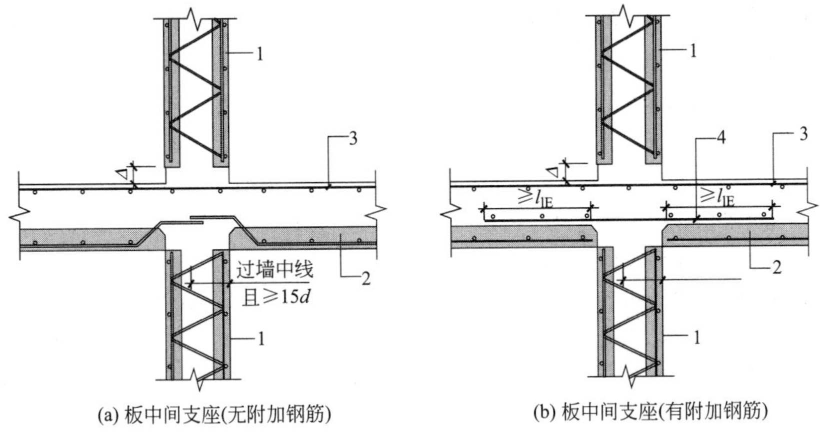

图 8-28　双面叠合剪力墙中间支座构造示意

（3）夹心保温叠合剪力墙的叠合楼板板端支座处，当预制板内的纵向受力钢筋伸入墙的后浇混凝土中时，锚固长度不应小于 5d 且宜伸过支座中心线；当预制板内的纵向受力钢筋不伸入支座时，宜在预制板端部顶面设置附加钢筋，附加钢筋截面面积不应小于预制板内的同向钢筋面积，间距不宜大于 300mm；附加钢筋在后浇混凝土叠合层内的锚固长度不应小于 15d，在支座内锚固长度不应小于 5d（d 为附加钢筋直径）且宜伸过支座中心线（图 8-29）。

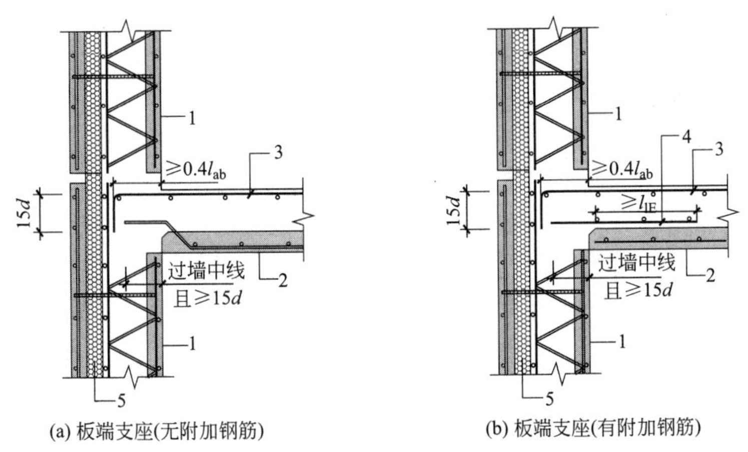

图 8-29　夹心保温叠合剪力墙板端支座构造示意

8.3　本章小结

本章主要叙述了装配整体式剪力墙结构体系和装配整体式叠合剪力墙结构体系的设计方法及相关构造要求。其中装配整体式剪力墙结构给出了预制墙板截面形状和尺寸、预制剪力墙开洞构造、端部无边缘构件的预制墙板构造、夹心预制外墙板构造、预制剪力墙竖向钢筋连接区构造、预制剪力墙竖向接缝连接设计、预制剪力墙水平接缝连接设计、连梁与预制剪力墙的连接设计等。装配整体式叠合剪力墙结构体系主要给出了最大适用高度、承载力设计、连接设计及构造设计。本章参考相关规范、图集给出了大量剪力墙连接部位的构造详图及相关接缝的计算分析案例供设计人员参照和选用。

参考文献

[1] 中华人民共和国住房和城乡建设部. 装配式混凝土建筑技术标准 GB/T 51231—2016 [S]. 北京：中国建筑工业出版社，2017.

[2] 中华人民共和国住房和城乡建设部. 装配式混凝土结构技术规程 JGJ 1—2014 [S]. 北京：中国建筑工业出版社，2014.

[3] 南通建筑工程总承包有限公司. 预制装配整体式剪力墙结构体系技术规程 DGJ32/TJ 125—2011 [S]. 南京：江苏科学技术出版社，2011.

[4] 北京市建筑设计研究院有限公司. 装配式剪力墙结构设计规程 DB11/1003—2013 [S].

[5] 辽宁省质量技术监督局. 装配整体式剪力墙结构设计规程 DB21/T 2000—2012 [S].

[6] 中华人民共和国住房和城乡建设部. 装配式环筋扣合锚接混凝土剪力墙结构技术标准 JGJ/T 430-2018 [S]. 北京：中国建筑工业出版社，2018.

[7] 清华大学. 钢筋机械连接装配式混凝土结构技术规程 CECS 444：2016 [S]. 北京：中国计划出版社，2016.

[8] 山东省住房和城乡建设厅. 预制双面叠合混凝土剪力墙结构技术规程 DB37/T 5133—2019 [S].

[9] 湖南省住房和城乡建设厅. 湖南省装配整体式混凝土叠合剪力墙结构技术规程 DBJ 43/T 342—2019 [S]. 北京：中国建筑工业出版社，2019.

[10] 安徽省住房和城乡建设厅. 叠合板式混凝土剪力墙结构技术规程 DB33/T 1120—2016 [S].

[11] 中国建筑标准设计研究院. 装配式建筑系列标准应用实施指南（装配式混凝土结构建筑）[M]. 北京：中国计划出版社，2016.

[12] 田玉香. 装配式混凝土建筑结构设计及施工图审查要点解析 [M]. 北京：中国建筑工业出版社，2018.

[13] 汪杰等. 装配式混凝土建筑设计与应用 [M]. 南京：东南大学出版社，2018.

第 9 章　预制外挂墙板及其他构件设计

装配式混凝土结构中的非结构预制构件是指主体结构梁、柱、剪力墙、楼板以外的预制混凝土构件，包括预制混凝土外挂墙板、预制阳台板、预制空调板、预制楼梯、预制飘窗等。预制混凝土外挂墙板适用于工业与民用建筑的外墙工程，在国外广泛应用于混凝土框架结构、钢结构的公共建筑、住宅建筑和工业建筑中。本章重点介绍预制混凝土外挂墙板的相关规定、构造措施及设计方法，同时介绍了预制飘窗、预制楼梯、预制阳台板、预制空调板的常用类型、受力原理及预埋件的选用原则。

9.1　预制混凝土外挂墙板

9.1.1　一般规定

近几年，预制混凝土外挂墙板在国内也得到了一定程度的应用（图 9-1、图 9-2）。预制混凝土外挂墙板具有如下优势：（1）在工厂采用工业化生产，具有施工速度快、质量好、维修费用低的特点；（2）利用混凝土可塑性强的特点，可充分表达设计师的意愿，建筑外墙根据工程需要具有独特的表现力；（3）可设计成集外饰、保温、墙体围护于一体的夹层保温外墙板。

图 9-1　济南万科金域国际项目

图 9-2　北京市政府办公楼项目

预制混凝土外挂墙板与主体结构的连接节点形式可分为点支承连接和线支承连接，具体如表 9-1 所示。

预制混凝土外挂墙板与主体结构连接形式 **表 9-1**

连接方式	点支承	线支承
构造特点	外挂墙板与主体结构通过不少于两个独立支承点传递荷载，并通过支承点的位移实现外挂墙板适应主体结构变形能力的柔性支承方式。采用点支承的外挂墙板与主体结构的连接宜设置 4 个支承点：当下部两个为承重节点时，上部两个宜为非承重节点（下承式）；相反，当上部两个为承重节点时，下部两个宜为非承重节点（上承式）	外挂墙板局部与主体结构通过现浇段连接的支承方式。外挂墙板与主体结构采用线支承连接时，宜在墙板顶部与主体结构支承构件之间采用后浇段连接，墙板的底端应设置不少于 2 个仅对墙板有平面外约束的连接节点，墙板的侧边与主体结构应不连接或仅设置柔性连接
优势	外挂墙板能释放自身温度作用产生的节点内力，并适应主体结构的变形，从而不产生附加内力。点支承外挂墙板具有墙板构件和连接节点受力明确，能完全适应主体结构变形，施工安装简便且精度和质量可控等优点	墙板与主体结构间不存在缝隙，对建筑使用功能影响较小
劣势	点支承外挂墙板与主体结构连接节点数量有限，且通常连接节点在破坏时的延性十分有限，因此应对连接节点的设计合理性、加工和施工质量予以重视	由于线支承外挂墙板与支承构件之间采用现浇混凝土段连接，因此墙板构件通常会对支承构件的刚度和受力状态产生一定的影响，在支承构件设计过程中应予以考虑

外挂墙板的接缝宜与建筑立面分格线位置相对应，并应结合表 9-2 所列因素合理确定墙板分格形式和尺寸。

预制混凝土外挂墙板立面划分原则 **表 9-2**

序号	划分原则
1	建筑外立面效果与外门窗形式
2	建筑防排水要求
3	构件加工、运输、安装的最大尺寸和重量限值
4	外挂墙板支承系统形式
5	外挂墙板接缝宽度及墙板变形要求

预制混凝土外挂墙板主要板型划分及选用情况如表 9-3 所示。

预制混凝土外挂墙板板型选用 **表 9-3**

外挂墙板立面划分	立面特征简图	模型简图	常用尺寸
整版间	FL FL FL H B		板宽 $B \leqslant 6.0\text{m}$ 板高 $H \leqslant 5.4\text{m}$

续表

外挂墙板立面划分	立面特征简图	模型简图	常用尺寸
横条板	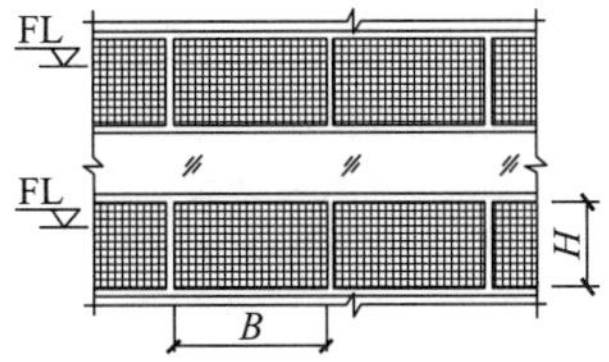	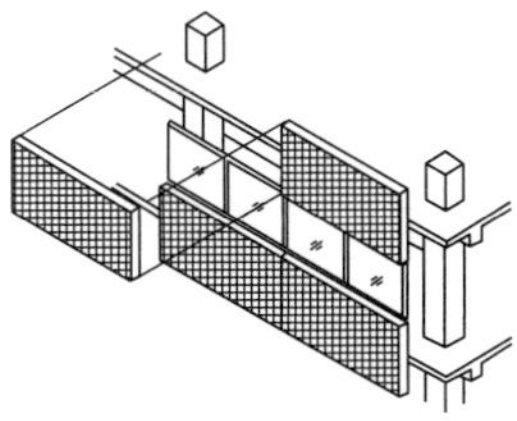	板宽 $B \leqslant 9.0$m 板高 $H \leqslant 2.5$m
竖条板	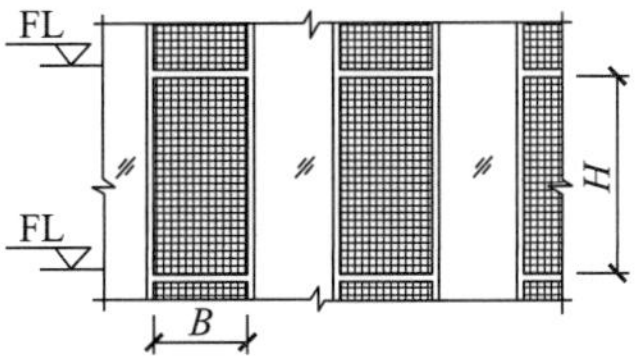	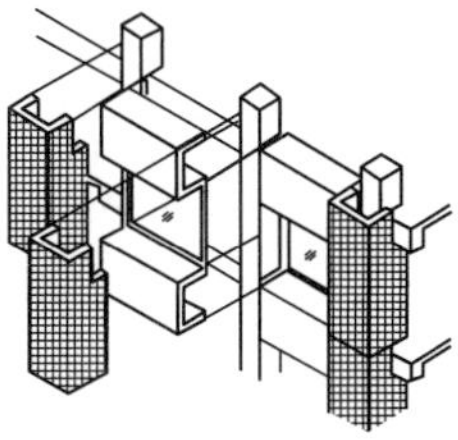	板宽 $B \leqslant 2.5$m 板高 $H \leqslant 6.0$m
装饰板	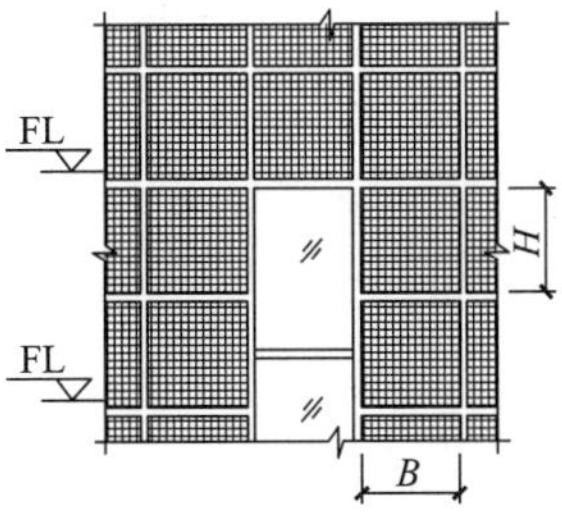	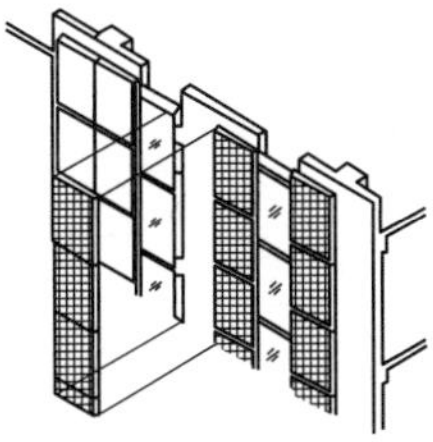	板宽 $B \leqslant 2.5$m 板高 $H \leqslant 6.0$m

注：参考《预制混凝土外挂墙板》16J110-2 16G333。

9.1.2 运动模式

预制混凝土外挂墙板运动模式的选择原则如表 9-4 所示。

预制混凝土外挂墙板运动模式选择原则 **表 9-4**

运动模式	运动简图	选择原则
线支承	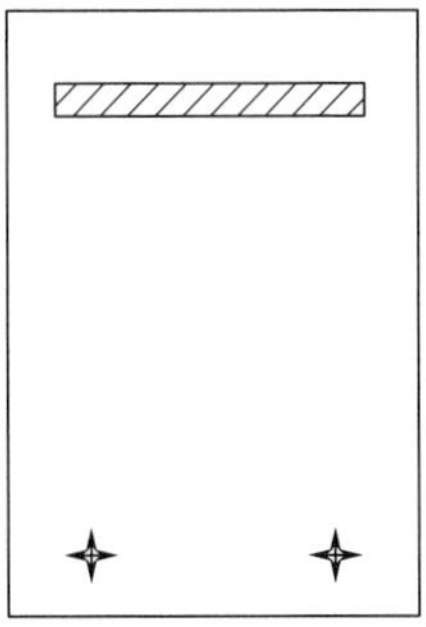	外挂墙板适用于混凝土结构且对防水、隔声要求较高的建筑

续表

运动模式		运动简图	选择原则
点支承	平移式		外挂墙板适用于整间板，适合板宽大于板高的情况
	旋转式		外挂墙板适用于整间板和竖条板，适合板宽不大于板高的情况
	固定式		外挂墙板适用于横条板和装饰板

注：预制混凝土外挂墙板运动模式的选择还需要考虑建筑功能的要求。

旋转式外挂墙板在风荷载或地震作用下会发生平面内旋转，墙板与主体结构之间的填充材料则因外挂墙板反复性旋转存在松动的风险，对于后期缝隙处防水、隔声、防烟的处理存在隐患，因此，旋转式外挂墙板多用于公共建筑。

平移式墙板相对于下层的梁和楼板无相对位移，墙板下端和楼板之间缝隙后期可采用水泥砂浆填实，上下层之间的防水、隔声、防烟问题可有效解决。

不同连接方式预制混凝土外挂墙板与主体结构的相对变形如表 9-5 所示。

不同连接方式外挂墙板与主体结构的相对变形　　表 9-5

	平移式(线支撑)	旋转式	固定式
弯曲变形结构中的墙板			
剪切变形结构中的墙板			

9.1.3　连接节点构造

预制混凝土外挂墙板的连接构造是保证其发生相应运动模式的前提，本手册给出了平移式（表 9-6）、旋转式（表 9-7）、固定式（表 9-8）三种运动模式的连接节点构造。

预制混凝土外挂墙板与主体结构的连接方式（平移式）　　表 9-6

连接部位	节点构造
下部节点	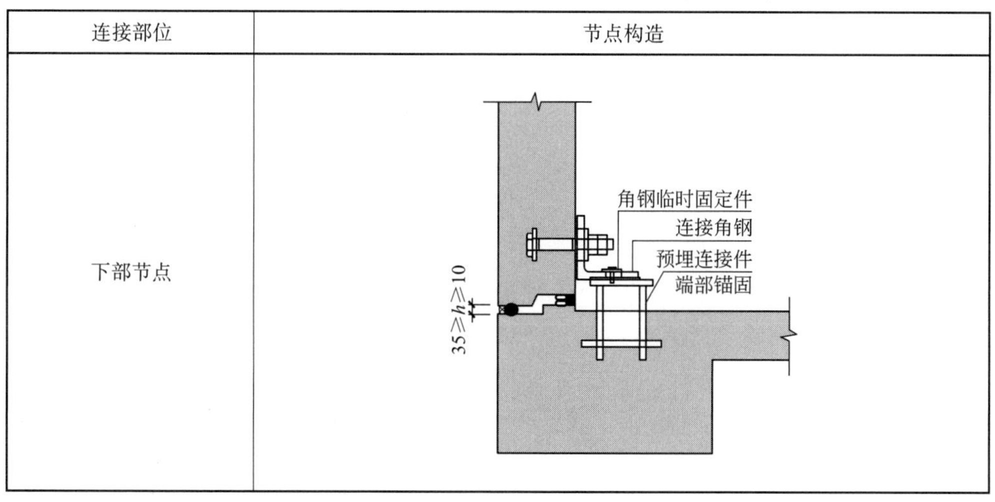

续表

连接部位	节点构造
上部节点	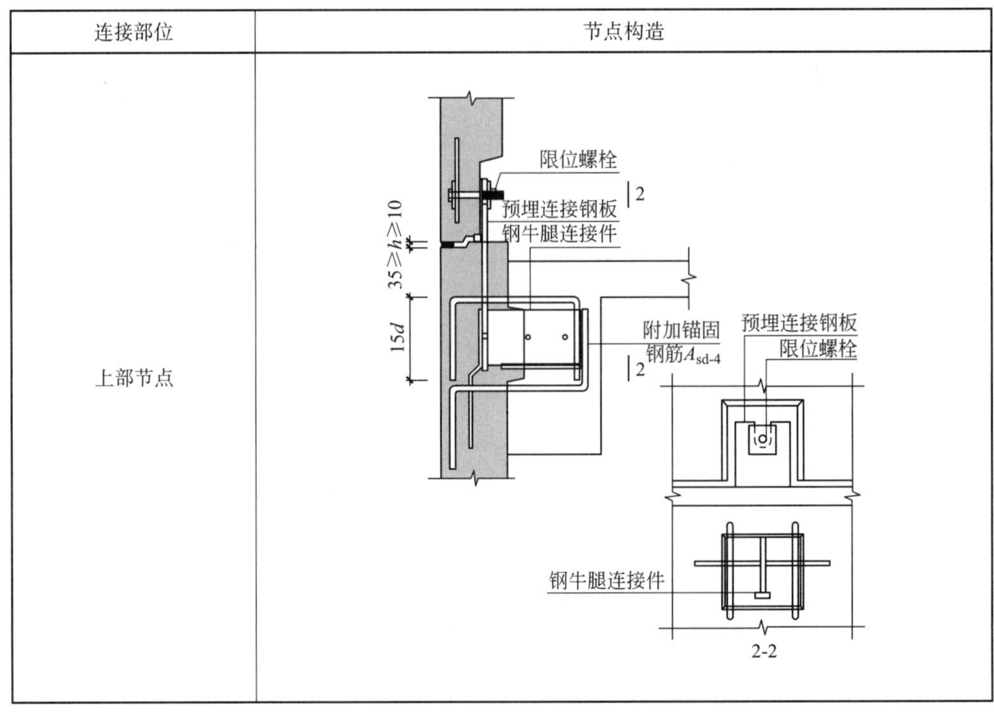

预制混凝土外挂墙板与主体结构的连接方式（旋转式）　表 9-7

连接部位	节点构造
下部节点（一）	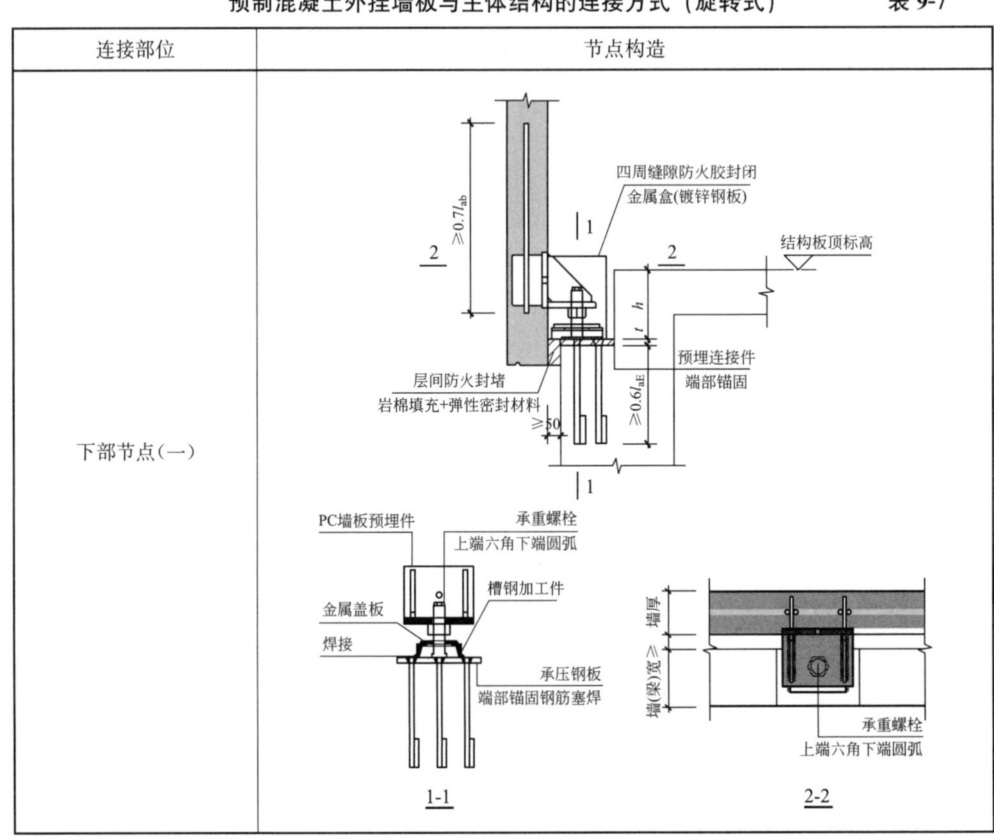

续表

连接部位	节点构造
下部节点(二)	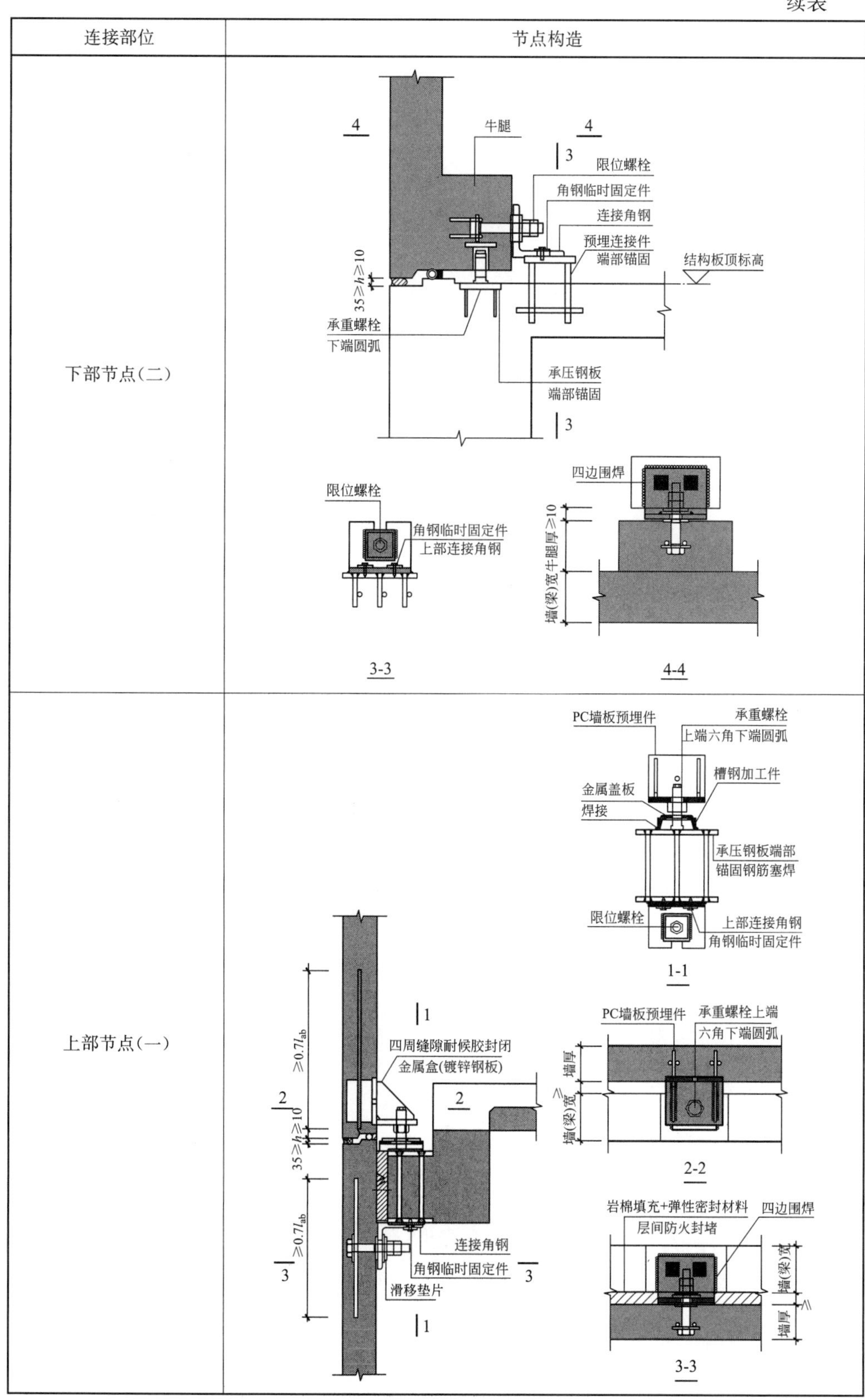
上部节点(一)	

续表

连接部位	节点构造
上部节点（二）	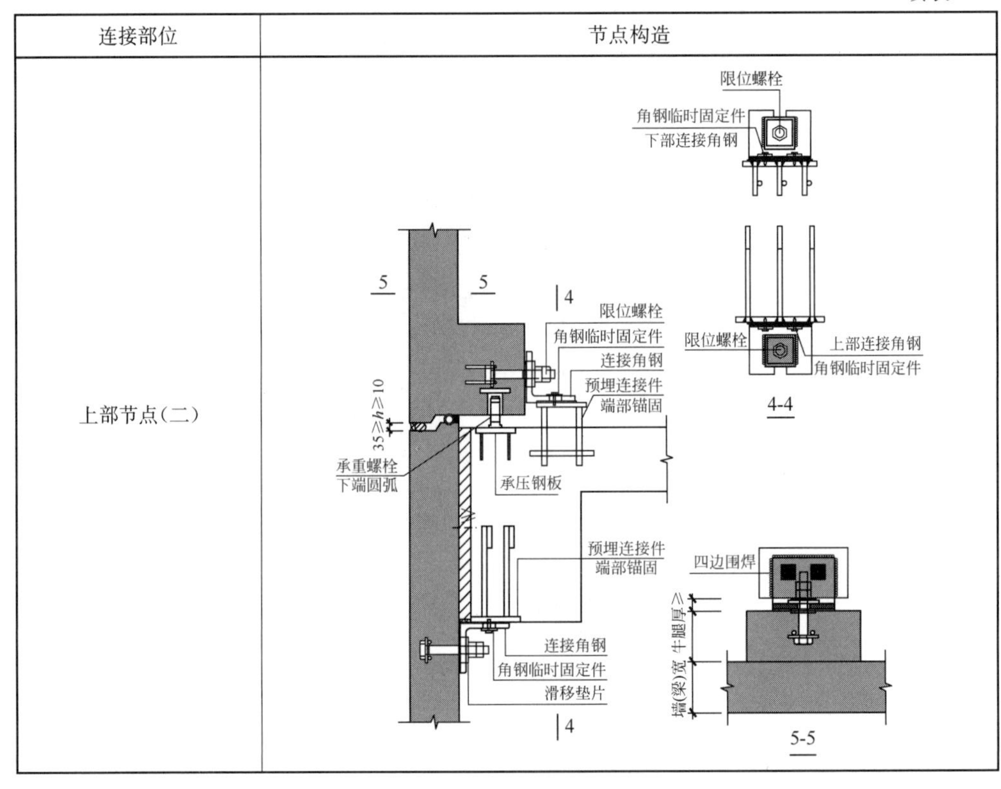

预制混凝土外挂墙板与主体结构的连接方式（固定式）　　表 9-8

连接部位	节点构造
层间腰板	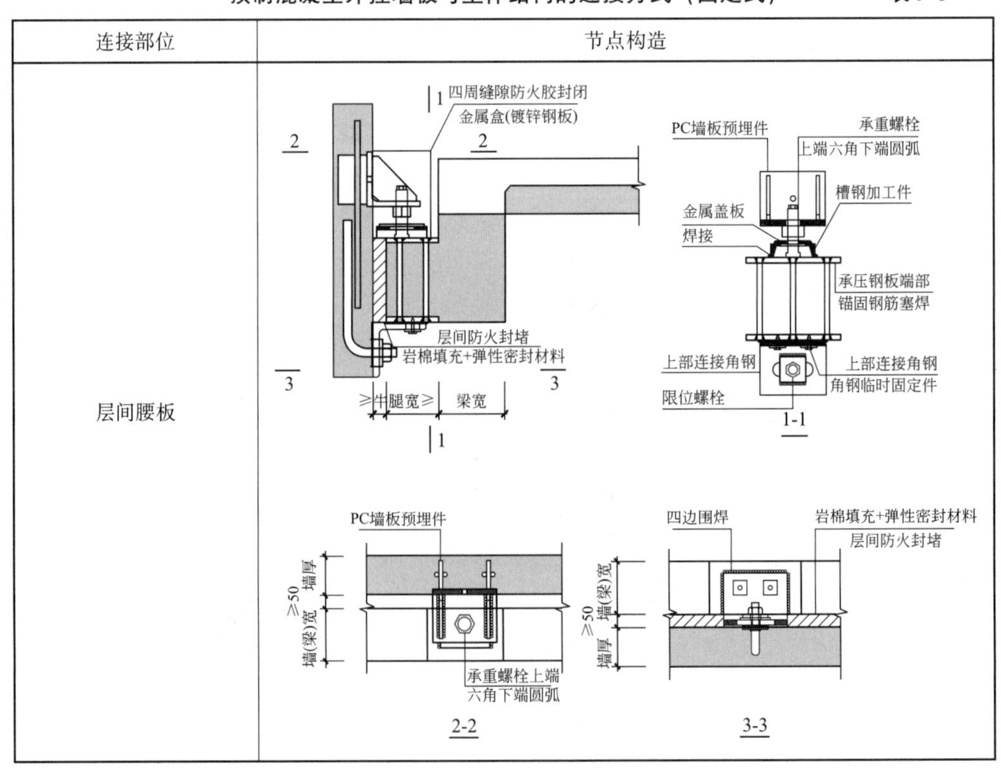

续表

连接部位	节点构造
顶层女儿墙	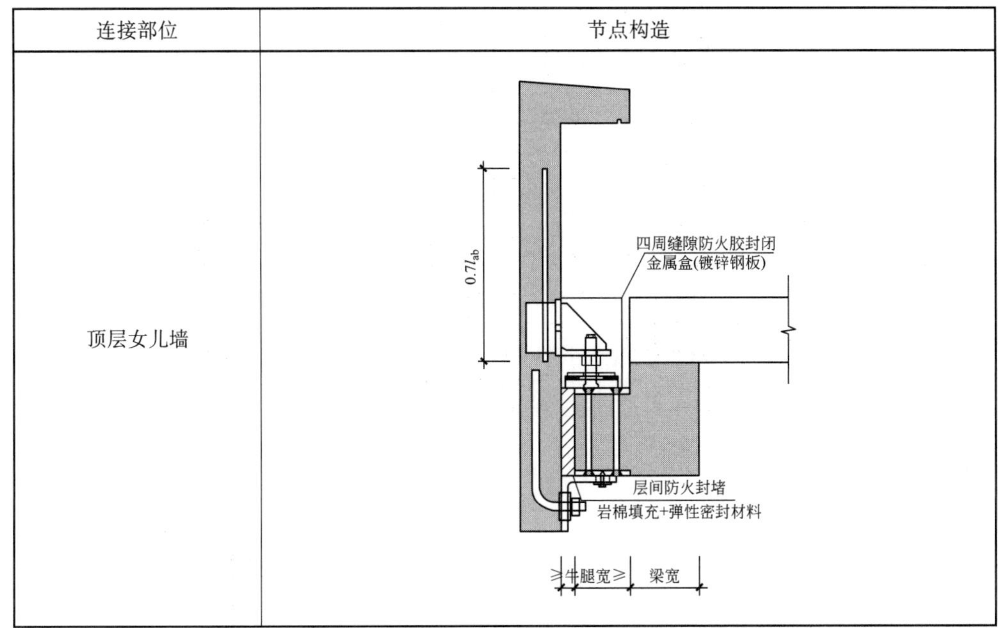

9.1.4 墙板构造

预制混凝土外挂墙板（无洞口）模板及配筋如图 9-3、图 9-4 所示。

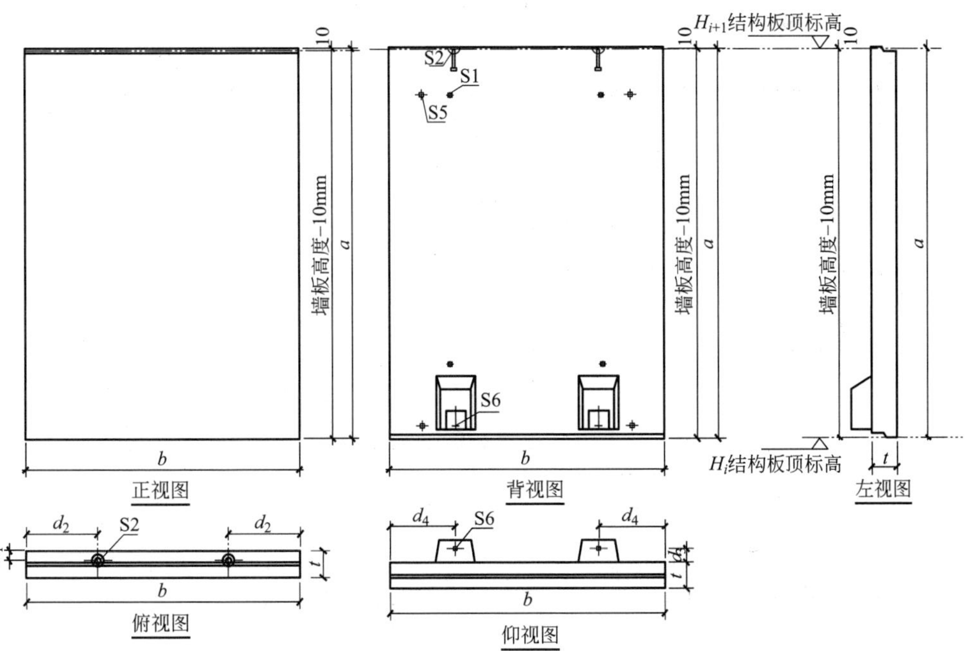

图 9-3　预制混凝土外挂墙板模板图（无洞口墙板）

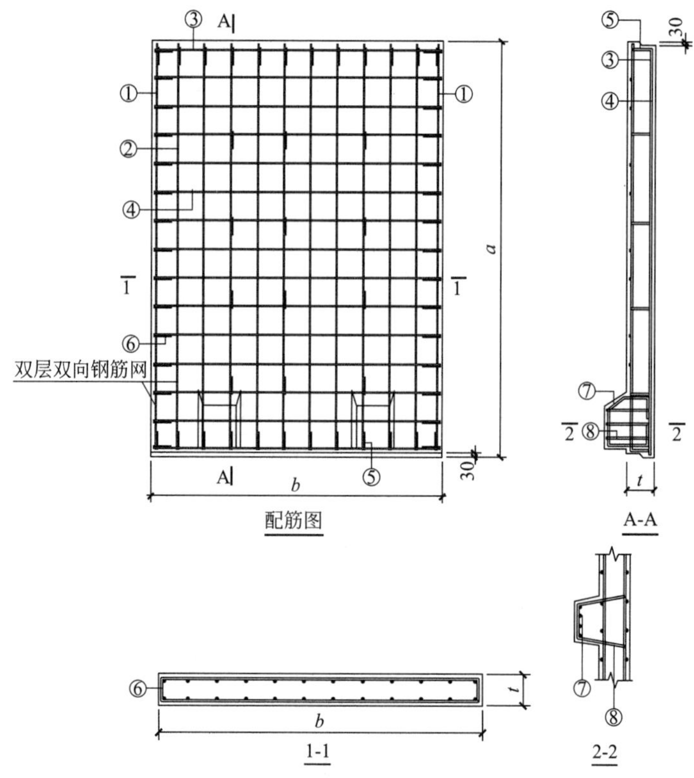

图 9-4　预制混凝土外挂墙板配筋图（无洞口墙板）

预制混凝土外挂墙板（有洞口）模板及配筋如图 9-5、图 9-6 所示。

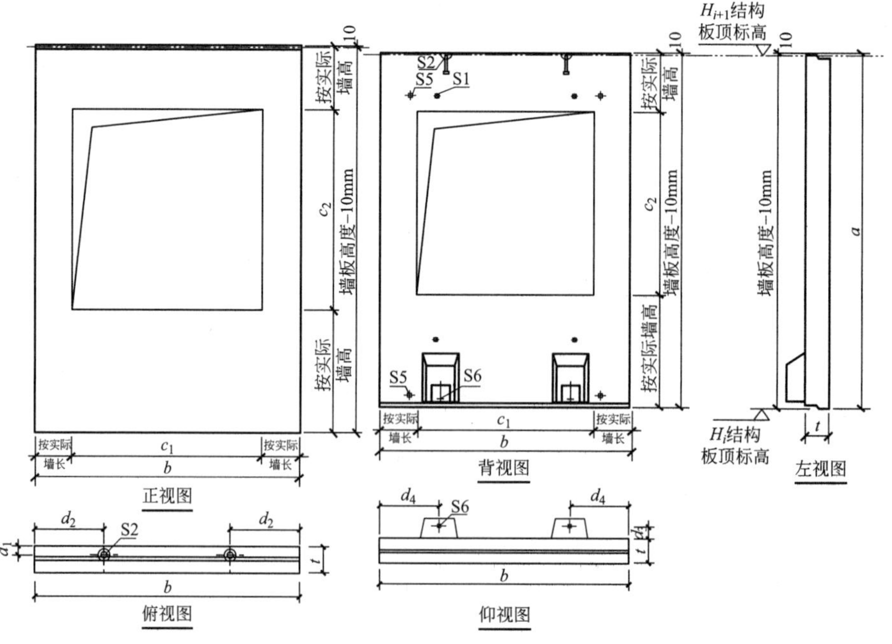

图 9-5　预制混凝土外挂墙板模板图（有洞口墙板）

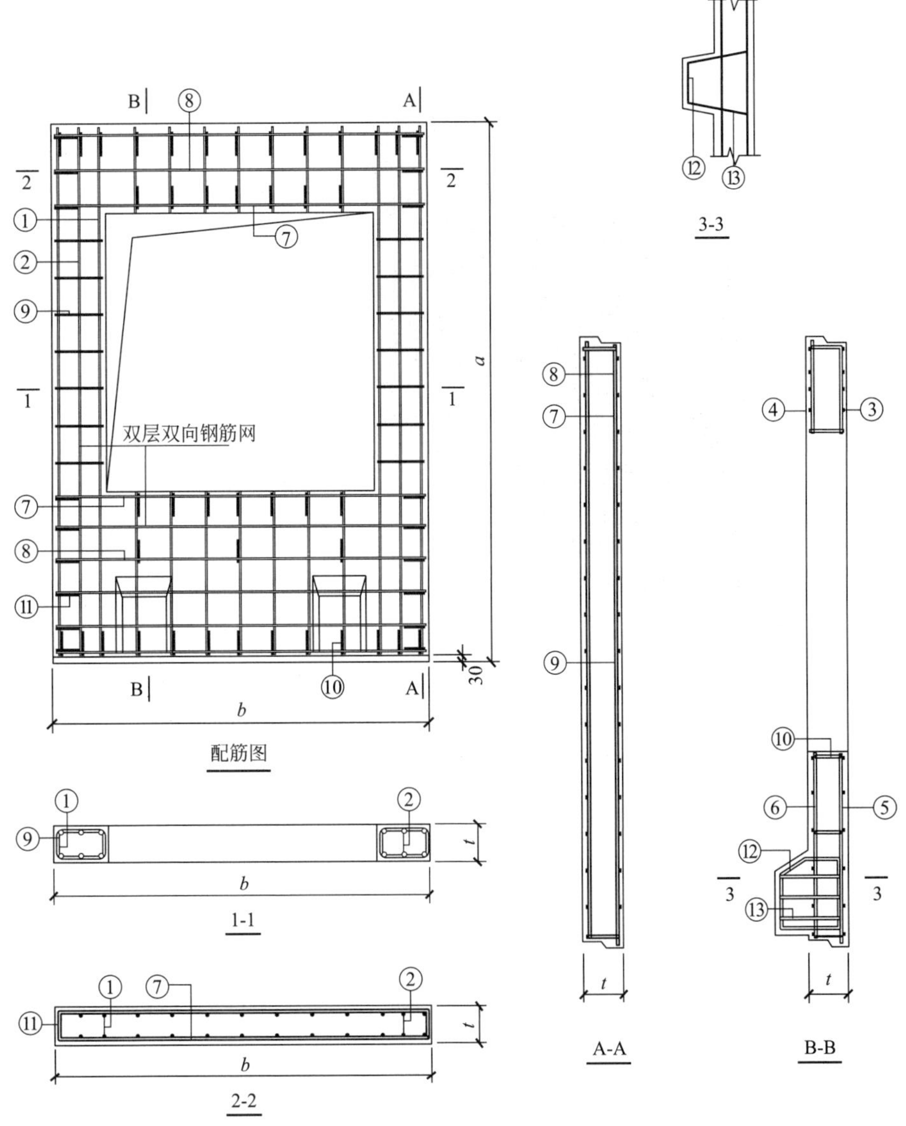

图 9-6　预制混凝土外挂墙板配筋图（有洞口墙板）

9.1.5　墙板受力分析

本节墙板受力分析主要参考《预制混凝土外挂墙板应用技术标准》JGJ/T 458—2018 的相关要求。

1. 节点计算

旋转式预制混凝土外挂墙板不同受力工况下的受力分析如表 9-9 所示。

旋转式预制混凝土外挂墙板节点受力分析 **表 9-9**

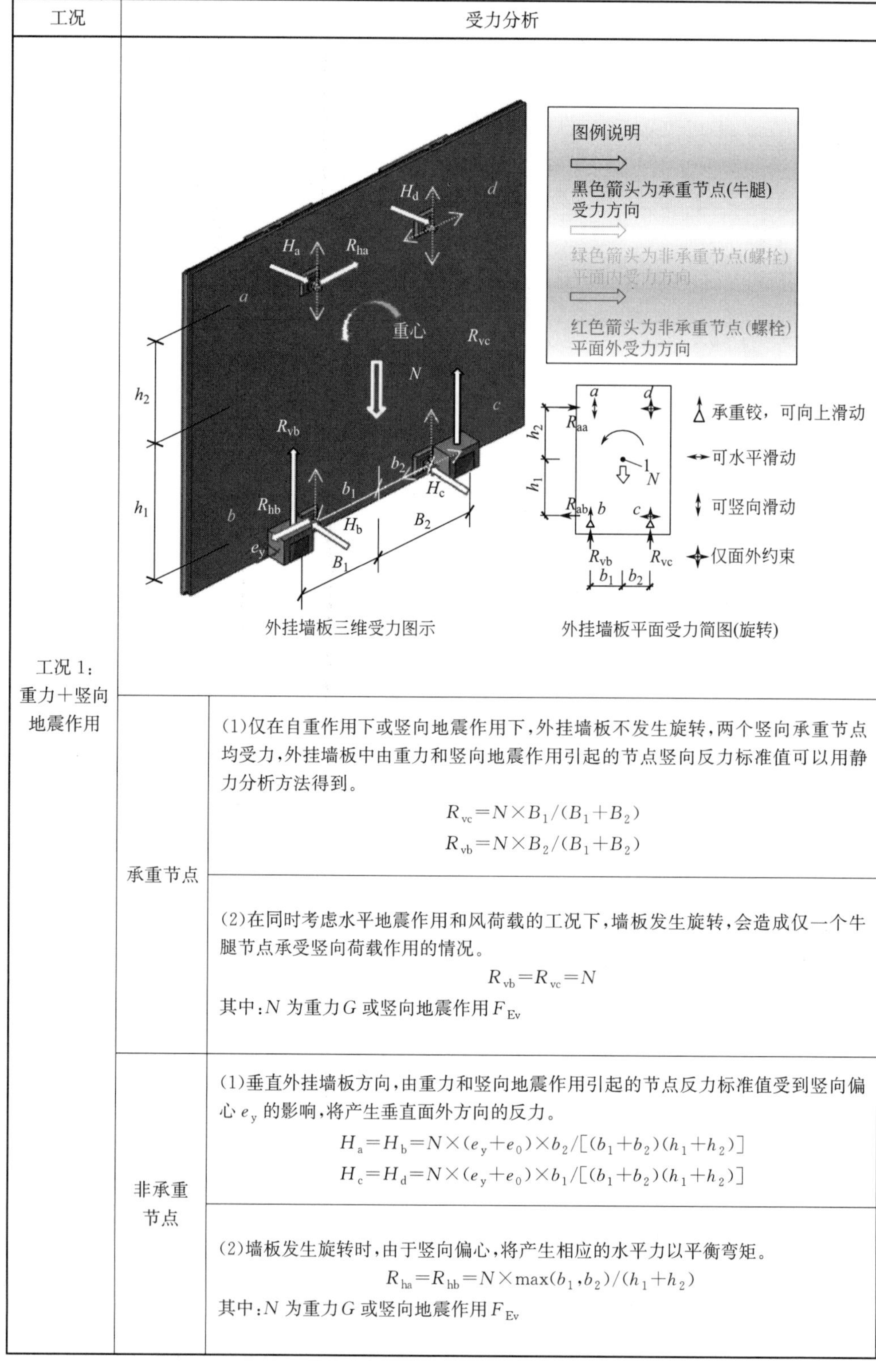

外挂墙板三维受力图示　　外挂墙板平面受力简图(旋转)

工况		受力分析
工况 1：重力+竖向地震作用	承重节点	(1)仅在自重作用下或竖向地震作用下，外挂墙板不发生旋转，两个竖向承重节点均受力，外挂墙板中由重力和竖向地震作用引起的节点竖向反力标准值可以用静力分析方法得到。 $R_{vc}=N\times B_1/(B_1+B_2)$ $R_{vb}=N\times B_2/(B_1+B_2)$
		(2)在同时考虑水平地震作用和风荷载的工况下，墙板发生旋转，会造成仅一个牛腿节点承受竖向荷载作用的情况。 $R_{vb}=R_{vc}=N$ 其中：N 为重力 G 或竖向地震作用 F_{Ev}
	非承重节点	(1)垂直外挂墙板方向，由重力和竖向地震作用引起的节点反力标准值受到竖向偏心 e_y 的影响，将产生垂直面外方向的反力。 $H_a=H_b=N\times(e_y+e_0)\times b_2/[(b_1+b_2)(h_1+h_2)]$ $H_c=H_d=N\times(e_y+e_0)\times b_1/[(b_1+b_2)(h_1+h_2)]$
		(2)墙板发生旋转时，由于竖向偏心，将产生相应的水平力以平衡弯矩。 $R_{ha}=R_{hb}=N\times\max(b_1,b_2)/(h_1+h_2)$ 其中：N 为重力 G 或竖向地震作用 F_{Ev}

<table>
<tr><th>工况</th><th colspan="2">受力分析</th></tr>
<tr><td rowspan="3">工况 2：平面内水平地震作用</td><td colspan="2">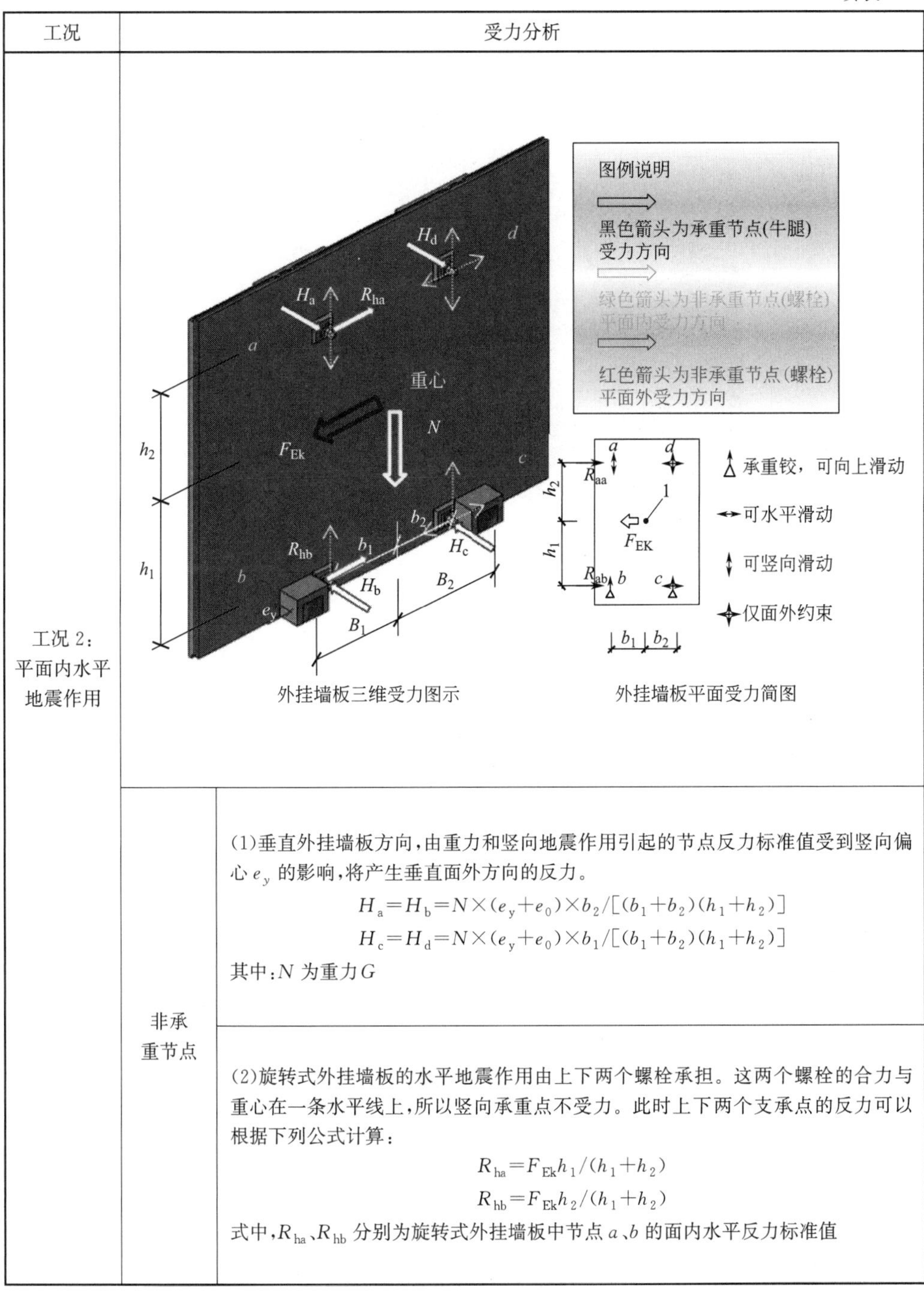

外挂墙板三维受力图示　　外挂墙板平面受力简图</td></tr>
<tr><td rowspan="2">非承重节点</td><td>(1)垂直外挂墙板方向，由重力和竖向地震作用引起的节点反力标准值受到竖向偏心 e_y 的影响，将产生垂直面外方向的反力。
$$H_a=H_b=N\times(e_y+e_0)\times b_2/[(b_1+b_2)(h_1+h_2)]$$
$$H_c=H_d=N\times(e_y+e_0)\times b_1/[(b_1+b_2)(h_1+h_2)]$$
其中：N 为重力 G</td></tr>
<tr><td>(2)旋转式外挂墙板的水平地震作用由上下两个螺栓承担。这两个螺栓的合力与重心在一条水平线上，所以竖向承重点不受力。此时上下两个支承点的反力可以根据下列公式计算：
$$R_{ha}=F_{Ek}h_1/(h_1+h_2)$$
$$R_{hb}=F_{Ek}h_2/(h_1+h_2)$$
式中，R_{ha}、R_{hb} 分别为旋转式外挂墙板中节点 a、b 的面内水平反力标准值</td></tr>
</table>

续表

工况	受力分析
工况 3：平面外水平地震作用或风荷载作用	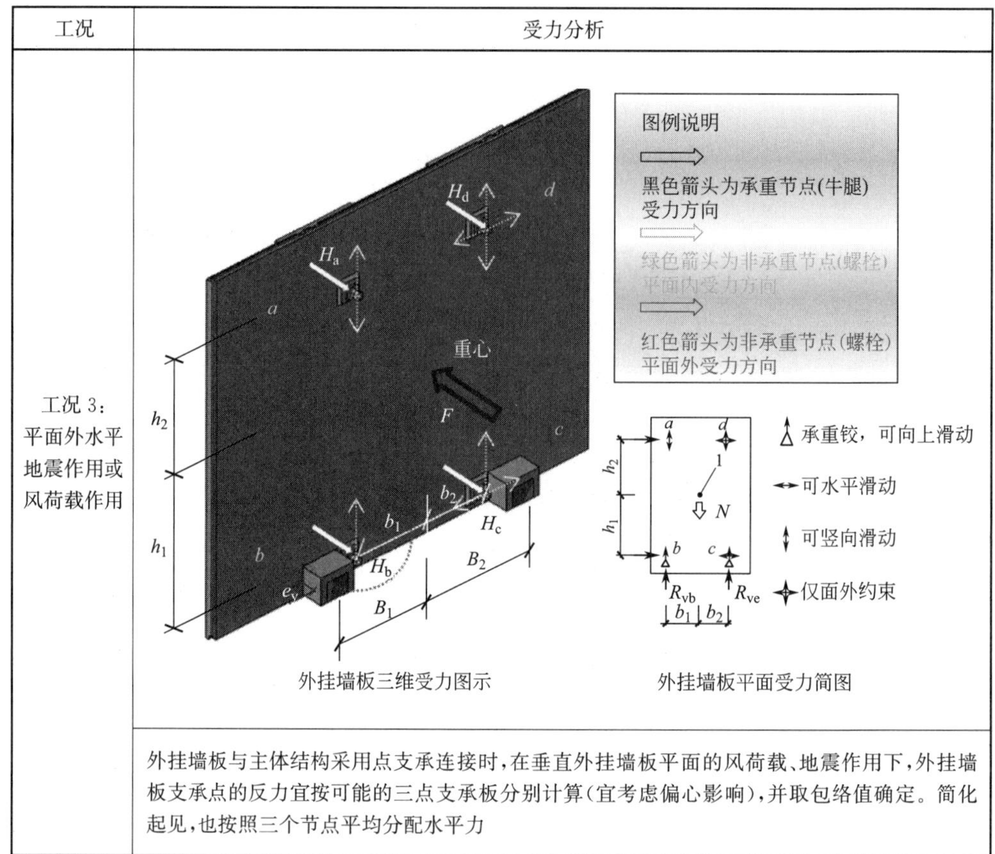 外挂墙板三维受力图示　外挂墙板平面受力简图
	外挂墙板与主体结构采用点支承连接时，在垂直外挂墙板平面的风荷载、地震作用下，外挂墙板支承点的反力宜按可能的三点支承板分别计算(宜考虑偏心影响)，并取包络值确定。简化起见，也按照三个节点平均分配水平力

平移式预制混凝土外挂墙板不同受力工况下的受力分析如表 9-10 所示。

平移式预制混凝土外挂墙板节点受力分析　　表 9-10

工况	受力分析
工况 1：重力+竖向地震作用	图例说明 绿色箭头为平面内水平力(x轴) 红色箭头为平面外水平力(y轴) 蓝色箭头为平面内竖向力(z轴) 承重铰，可向上滑动 可水平滑动 可竖向滑动 仅面外约束 外挂墙板三维受力图示　外挂墙板平面受力简图

续表

<table>
<tr><th>工况</th><th colspan="2">受力分析</th></tr>
<tr><td rowspan="3">工况 1：
重力＋竖向
地震作用</td><td rowspan="2">承重节点</td><td>(1)仅在自重作用下或竖向地震作用下，外挂墙板不发生旋转，两个竖向承重节点均受力，外挂墙板中由重力和竖向地震作用引起的节点竖向反力标准值可以用静力分析方法得到。
$$R_{vb}=N\times b_2/(b_1+b_2)$$
$$R_{vc}=N\times b_1/(b_1+b_2)$$
其中：N 为重力 G 或竖向地震作用 F_{Ev}</td></tr>
<tr><td>(2)垂直外挂墙板方向，由重力和竖向地震作用引起的节点反力标准值受到竖向偏心 e_y 的影响，将产生垂直面外方向的反力。
$$H_b=N\times(e_y+e_0)\times b_2/[(b_1+b_2)(h_1+h_2)]$$
$$H_c=N\times(e_y+e_0)\times b_1/[(b_1+b_2)(h_1+h_2)]$$
其中：N 为重力 G 或竖向地震作用 F_{Ev}</td></tr>
<tr><td>非承重
节点</td><td>垂直外挂墙板方向，由重力和竖向地震作用引起的节点反力标准值受到竖向偏心 e_y 的影响，将产生垂直面外方向的反力。
$$H_a=N\times(e_y+e_0)\times b_2/[(b_1+b_2)(h_1+h_2)]$$
$$H_d=N\times(e_y+e_0)\times b_1/[(b_1+b_2)(h_1+h_2)]$$
其中：N 为重力 G 或竖向地震作用 F_{Ev}</td></tr>
<tr><td>工况 2：
平面内水平
地震作用</td><td colspan="2">图例说明
绿色箭头为平面内水平力(x轴)
红色箭头为平面外水平力(y轴)
蓝色箭头为平面内竖向力(z轴)

外挂墙板三维受力图示　　外挂墙板平面外受力简图</td></tr>
</table>

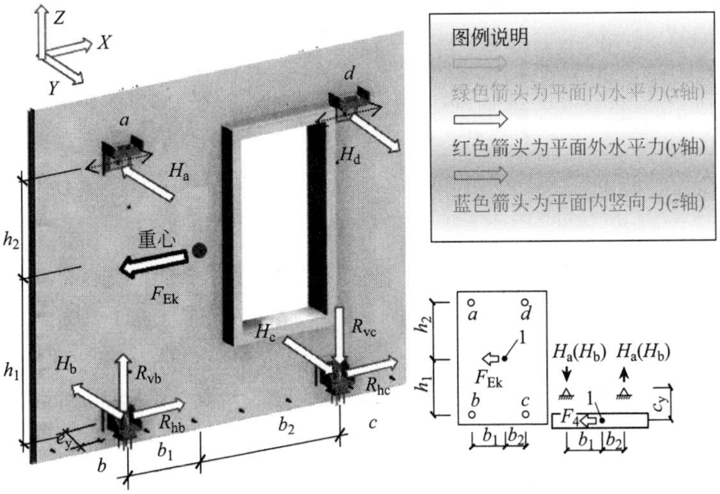

续表

工况	受力分析	
工况 2：平面内水平地震作用	承重节点	(1)在水平地震作用下，偏于安全的认为水平作用引起的水平力由其中一个牛腿承担 $R_{hb}=R_{hc}=F_{Ek}$
		(2)水平地震力产生的力矩会引起牛腿附加轴向力 $R_{vb}=-R_{vc}=F_{Ek}\cdot h_1/(b_1+b_1)$
		(3)垂直外挂墙板方向，由水平地震力引起的节点反力标准值受到竖向偏心 e_y 的影响，将产生垂直面外方向的反力 $H_b=H_c=F_{Ek}\cdot(e_y+e_0)\cdot\dfrac{h_2}{(b_1+b_2)(h_1+h_2)}$
	非承重节点	$H_a=H_d=F_{Ek}\cdot(e_y+e_0)\cdot\dfrac{h_1}{(b_1+b_2)(h_1+h_2)}$ 其中：F_{Ek} 为水平地震作用标准值
工况 3：平面外水平地震作用或风荷载作用	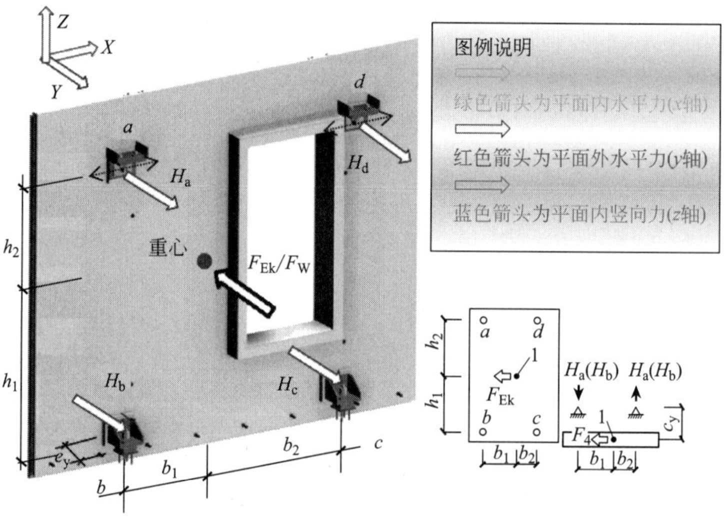 外挂墙板三维受力图示　　外挂墙板平面外受力简图	
	外挂墙板与主体结构采用点支承连接时，在垂直外挂墙板平面的风荷载、地震作用下，外挂墙板支承点的反力宜按可能的三点支承板分别计算（宜考虑偏心影响），并取包络值确定。简化起见，也按照三个节点平均分配水平力	

2. 墙板计算

(1) 无洞口外挂墙板

在垂直于外挂墙板平面的风荷载和地震作用下，当支承点的边距均不大于该方向边长的 25%时，点支承外挂墙板的支座和跨中弯矩设计值 M 可按公式（9-1）估算，挠度值可按公式（9-2）估算。

$$M=M_i q l_y^2 \tag{9-1}$$

$$\Delta = f\frac{q_k l_y^4}{D} \tag{9-2}$$

式中：M_i——弯矩系数，包括 M_x、M_y，M_{0x}、M_{0y} 按表 9-11 确定：M_x 和 M_y 分别为跨中板块 x 方向和 y 方向的弯矩系数，M_{0x} 和 M_{0y} 分别为支座板块 x 方向和 y 方向的弯矩系数；

f——挠度系数，按表 9-11 确定；

D——按荷载标准组合计算的预制混凝土外挂墙板构件的短期刚度。当采用非夹心保温墙板或非组合夹心保温墙板时，可按现行国家标准《混凝土结构设计规范》GB 50010 的相关规定计算；

q——垂直于墙板平面的均布荷载设计值；

q_k——按荷载标准组合计算的垂直于墙板平面的均布荷载；

l_x——墙板 X 方向支承点间的长度；

l_y——墙板 Y 方向支承点间的长度。

四点支承无洞口外挂墙板的弯矩系数 M_i 及挠度系数 f　　表 9-11

l_x/l_y	f	M_x	M_y	M_{ox}	M_{oy}
0.50	0.01420	0.0197	0.1222	0.0576	0.1303
0.55	0.01453	0.0254	0.1213	0.0650	0.1317
0.60	0.01497	0.0319	0.1205	0.0728	0.1335
0.65	0.01555	0.0391	0.1194	0.0810	0.1354
0.70	0.01629	0.0471	0.1182	0.0897	0.1375
0.75	0.01723	0.0558	0.1170	0.0990	0.1397
0.80	0.01840	0.0652	0.1158	0.1087	0.1422
0.85	0.02153	0.0754	0.1144	0.1191	0.1447
0.90	0.02153	0.0863	0.1130	0.1299	0.1474
0.95	0.02357	0.0978	0.1115	0.1413	0.1503
1.00	0.02597	0.1100	0.1100	0.1533	0.1533

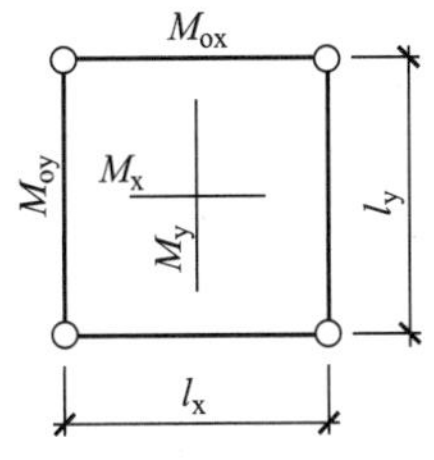

(2) 有洞口外挂墙板

四点支承开洞外挂墙板在垂直于平面内的风荷载和地震作用下，当面外荷载设计值 q 为均布荷载，门窗洞口沿水平方向位居墙板正中，且 $L'<l_0$ 时墙板面内最大弯矩设计值可按表 9-12 的规定估算，如图 9-7 所示。

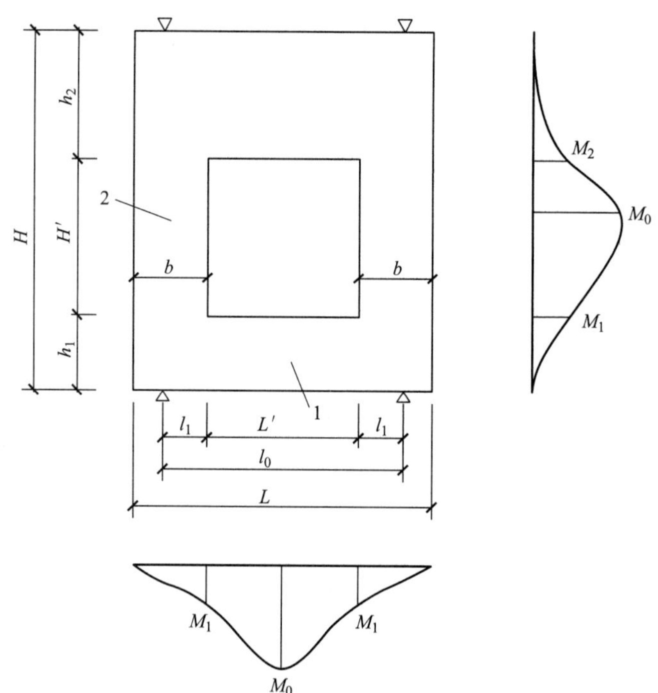

图 9-7 有洞口墙板计算示意图

四点支承开洞外挂墙板弯矩设计值 **表 9-12**

工况	最大弯矩	
当 $L'\leqslant H'$ 时	每延米纵板跨中	$M_0=\left(\frac{LH^2}{16}-\frac{L^{\beta}}{48}\right)\frac{q}{b}$
	每延米上横板跨中	$M_0=\left\{\frac{2h_2l_0^2+4k_2\alpha\gamma+H'\beta(2\alpha-\beta)}{16}+\frac{2L^{\beta}}{48}\right\}\frac{q}{h_2}$
	每延米下横板跨中	$M_0=\left\{\frac{2h_1l_0^2+4k_1\alpha\gamma+H'\beta(2\alpha-\beta)}{16}+\frac{2L^{\beta}}{48}\right\}\frac{q}{h_1}$
当 $L'>H'$ 时	每延米纵板跨中	$M_0=\left\{\frac{LH^2}{16}-\frac{3L'-2H'}{12}\left(\frac{H}{2}-h_1\right)\left(\frac{H}{2}-h_2\right)\right\}\frac{q}{b}$
	每延米上横板跨中	$M_0=\left\{\frac{2h_2l_0^2+2k_2\gamma(\alpha+l_0)+H'\beta(2\alpha-\beta)}{16}-\frac{kH^{\beta}}{24}\right\}\frac{q}{h_2}$
	每延米下横板跨中	$M_0=\left\{\frac{2h_1l_0^2+2k_1\gamma(\alpha+l_0)+H'\beta(2\alpha-\beta)}{16}-\frac{kH^{\beta}}{24}\right\}\frac{q}{h_1}$

3. 施工验算

预制混凝土外挂墙板施工阶段的验算荷载取值如表 9-13 所示。

施工荷载验算工况　　表 9-13

工况	荷载取值
脱模	脱模起吊时，构件和模板之间的吸附力取构件自重乘以动力系数（≥1.2）与吸附力（≥1.5kN/m²）之和，且不小于构件自重的 1.5 倍
吊装	吊装过程动力系数取 1.5
运输	运输过程动力系数取 1.5，路面条件较差适当提高

预埋件可按下式验算

$$K_c S_c \leqslant R_c \tag{9-3}$$

式中：K_c——施工安全系数，预埋件取 3；

S_c——施工阶段荷载标准组合作用下的效应值；

R_c——按材料强度标准值计算或根据试验确定的承载力。

9.1.6　板缝计算

外挂墙板板缝宽度应考虑立面分格、温度变形、风荷载及地震作用下的板缝变形量、密封材料最大拉伸-压缩变形量及施工安装误差等因素的影响，根据《预制混凝土外挂墙板应用技术标准》JGJ/T 458—2018，板缝宽度 w_s 可按表 9-14 的规定计算。

不同工况下板缝宽度计算　　表 9-14

不同工况	板缝宽度计算公式
当接缝仅发生拉压变形时	$w_s \geqslant \frac{D}{\varepsilon}+d_c$
当接缝仅发生剪切变形时	$w_s \geqslant \frac{\delta}{\sqrt{\varepsilon^2+2\varepsilon}}+d_c$
当接缝发生拉剪组合变形时	$w_s \geqslant \frac{D+\sqrt{D^2(1+\varepsilon)^2+\delta^2(2\varepsilon+\varepsilon^2)}}{2\varepsilon+\varepsilon^2}+d_c$
当接缝发生压剪组合变形时	$w_s \geqslant \frac{D+(1-\varepsilon)\sqrt{D^2+\delta^2(2\varepsilon-\varepsilon^2)}}{2\varepsilon-\varepsilon^2}+d_c$

注：w_s 为外挂墙板接缝宽度计算值（mm），D 为板缝宽度方向板缝变形量（mm），δ 为垂直板缝宽度方向板缝变形量（mm），ε 为密封材料的拉伸变形能力，d_c 为施工误差。

外挂墙板沿板缝宽度方向的板缝变形量 D 和垂直板缝宽度方向的板缝变形量 δ 应符合表 9-15 的规定。

板缝变形量组合工况　　表 9-15

工况	板缝变形计算公式	参数说明	
密封胶受长期荷载作用	$D=d_G+d_T$	d_G	外挂墙板节点施工完成后新增恒载作用下板缝宽度方向的板缝变形量（mm）；对于水平缝应取上下相邻外挂墙板之间的竖向变形值之差，夹心保温墙板应取外叶板处的竖向变形值之差；对于垂直缝取 0；
	$\delta=\delta_G+\delta_T$	d_T	温度作用下板缝宽度方向的板缝变形量

续表

<table>
<tr><th colspan="2">工况</th><th>板缝变形计算公式</th><th>参数说明</th></tr>
<tr><td rowspan="5">密封材料受短期荷载作用</td><td>温度作用控制</td><td>$D=d_G+d_T+\psi_c d_W$
$\delta=\delta_G+\delta_T+\psi_c\delta_W$</td><td rowspan="5">$d_W$ 风荷载作用下板缝宽度方向的板缝变形量；
d_E 多遇地震作用下板缝宽度方向的板缝变形量；
δ_G 外挂墙板节点施工完成后新增恒载作用下垂直板缝宽度方向的板缝变形量（mm）水平缝应取 0；垂直缝应取左右相邻外挂墙板之间的竖向变形值之差；
δ_T 温度作用下垂直板缝宽度方向的板缝变形量（mm），应取板缝两侧墙板的温度变形差，当板缝两侧墙板的支承方式和尺寸大小相同时取 0；
δ_W 风荷载作用下垂直板缝宽度方向的板缝变形量（mm）；
δ_E 多遇地震作用下垂直板缝宽度方向的板缝变形量（mm）；
ψ_c 组合值系数，取 0.6</td></tr>
<tr><td rowspan="2">风荷载控制</td><td>$D=d_G+d_W+\psi_c d_T$</td></tr>
<tr><td>$\delta=\delta_G+\delta_W+\psi_c\delta_T$</td></tr>
<tr><td rowspan="2">多遇地震作用控制</td><td>$D=d_G+d_E+\psi_c d_T$</td></tr>
<tr><td>$\delta=\delta_G+\delta_E+\psi_c\delta_T$</td></tr>
</table>

相邻外挂墙板的接缝对齐时，风荷载作用下板缝宽度方向的板缝变形量 d_W 与垂直板缝方向的变形量 δ_W，地震作下板缝宽度方向的板缝变形量 d_E 与垂直板缝方向的变形量 δ_E 可按表 9-16 的规定计算。

板缝变形量计算 **表 9-16**

<table>
<tr><th colspan="3">板缝部位</th><th>板缝变形量计算公式</th><th>参数说明</th></tr>
<tr><td rowspan="6">板缝方向的变形量 d_W 或 d_E</td><td rowspan="2">平移式外挂墙板和线支承外挂墙板的竖直缝</td><td>建筑角部竖直缝</td><td>$d_W, d_E=\theta_{i,s}h_i$</td><td rowspan="6">h_i 第 i 层外挂墙板的高度；
θ_i 风荷载或地震作用下沿板缝宽度方向第 i 层的弹性层间位移角；
$\theta_{i,s}$ 风荷载或地震作用下沿角部竖直缝宽度方向第 i 层的弹性层间位移角；
$\theta_{i,v}$ 风荷载或地震作用下沿垂直于角部竖直缝宽度方向第 i 层的弹性层间位移角；
φ_i 支承外挂墙板的主体梁板变形引起的竖缝两侧墙板沿同一方向的转角差；</td></tr>
<tr><td>其余部位竖直缝</td><td>$d_W, d_E=\varphi_i h_i$</td></tr>
<tr><td rowspan="2">旋转式外挂墙板竖直缝</td><td>建筑角部竖直缝</td><td>$d_W, d_E=\max(\theta_{i,s},\theta_{i,v})\cdot h_i\left(\frac{h'_i+h''_i}{h-h'_i-h''_i}\right)$</td></tr>
<tr><td>其余部位竖直缝</td><td>$d_W, d_E=0$</td></tr>
<tr><td rowspan="2">水平缝</td><td>最大受拉变形</td><td>$d_W, d_E=\max(\Delta_{z,j}-\Delta_{z,i-1},\Delta_{y,i}-\Delta_{y,i-1})$</td></tr>
<tr><td>最大受压变形</td><td>$d_W, d_E=\min(\Delta_{z,j}-\Delta_{z,i-1},\Delta_{y,i}-\Delta_{y,i-1})$</td></tr>
</table>

续表

板缝部位			板缝变形量计算公式	参数说明	
垂直板缝宽度方向的板缝变形 δ_w 或 δ_E	平移式外挂墙板和线支承外挂墙板	建筑角部竖直缝	$\delta_W,\delta_E=\theta_{i,v}h_i$	h'_i	第 $i+1$ 层楼板顶标高与墙板上部面外节点连接件的标高差；
		其余部位竖直缝	$\delta_W,\delta_E=0$	h''_i	外挂墙板下部面外节点连接件标高与第 i 层楼板标高差；
		水平缝	$\delta_W,\delta_E=\theta_i h_i$	$\Delta_{z,i}$	支承外挂墙板的主体梁板变形引起的第 i 层墙板在左端点处的竖向变形值；
	旋转式外挂墙板	建筑角部竖直缝	$\delta_W,\delta_E=\max(\theta_{i,s},\theta_{i,v})\dfrac{b_{i,\max}h_i}{h_i-h'_i-h''_i}$	$\Delta_{y,i}$	支承外挂墙板的主体梁板变形引起的第 i 层墙板在右端点处的竖向变形值；
		其余部位竖直缝	$\delta_W,\delta_E=\dfrac{\theta_i L_i h_i}{h_i-h'_i-h''_i}$	L_i	第 i 层竖直缝两侧墙板的旋转不动点的距离的最大值，墙板宽度和连接点布置完全相同的两相邻墙板之间的竖直缝计算时可取为墙板宽度；
		水平缝	$\delta_W,\delta_E=\dfrac{\theta_i h_i(h'_i+h'')}{h_i-h'_i-h''_i}$	$b_{i,\max}$	第 i 层角部竖直缝两侧墙板宽度的最大值

9.1.7 防水构造

预制外挂墙板之间水平缝的构造宜采用高低缝或者企口缝构造。预制外挂墙板之间水平缝和竖向缝的防水宜采用空腔构造防水和材料防水相结合的方法，防水空腔应设置必要的排水措施，导水管宜设置在十字缝上部的垂直缝中，竖向间距不宜超过 3 层，当垂直缝下方因门窗等开口部位被隔断时，应在开口部位上方垂直缝处设置导水管等排水措施。预制外墙接缝防水应采用耐候性密封胶，接缝处的填充材料应与拼缝接触面粘结牢固，并能适应建筑物层间位移、外墙板的温度变形和干缩变形等，其最大变形量、剪切变形性能等均应满足设计要求。接缝密封材料及辅助材料的主要性能指标应符合表 9-17 的要求。

预制装配结构外墙接缝密封材料及辅助材料的主要性能指标　　表 9-17

序号	密封材料及辅助材料的主要性能要求
1	硅烷改性硅酮建筑密封胶(MS胶)主要性能指标应符合现行国家标准《硅硐和改性硅酮建筑密封胶》GB/T 14683 的规定
2	聚氨酯建筑密封胶(PU胶)主要性能指标应符合现行行业标准《聚氨酯建筑密封胶》JC/T 482 的规定
3	三元乙丙橡胶、氯丁橡胶、硅橡胶橡胶空心气密条主要性能指标应符合现行国家标准《高分子防水材料第 2 部分:止水带》GB 18173.2 中 J 型产品的规定

预制混凝土外挂墙板常用的防水构造可分为一道防水与二道防水，如表 9-18 所示。

防水措施　　表 9-18

	一道防水	二道防水
防水构造	防火填充材料 发泡聚乙烯棒 密封胶 室外　室内 板厚	防火填充材料 发泡聚乙烯棒 密封胶 气密条 室外　室内 板厚
优缺点	优点:施工方便,造价低。 缺点:密封胶易老化,外挂墙板易漏水;维护成本高	优点:试验和工程实践证明防水性能优于一道材料防水;内侧防水材料不受天气和光线影响,耐久性好。 缺点:内侧材料防水较难施工;工期长,成本高

预制混凝土外挂墙板，垂直缝宜选用构造防水与材料防水结合的两道防水构造，水平缝宜选用构造防水与材料防水结合的两道防水构造，常用两道防水构造如表 9-19 所示，排水做法如图 9-8 所示。

两道防水构造　　表 9-19

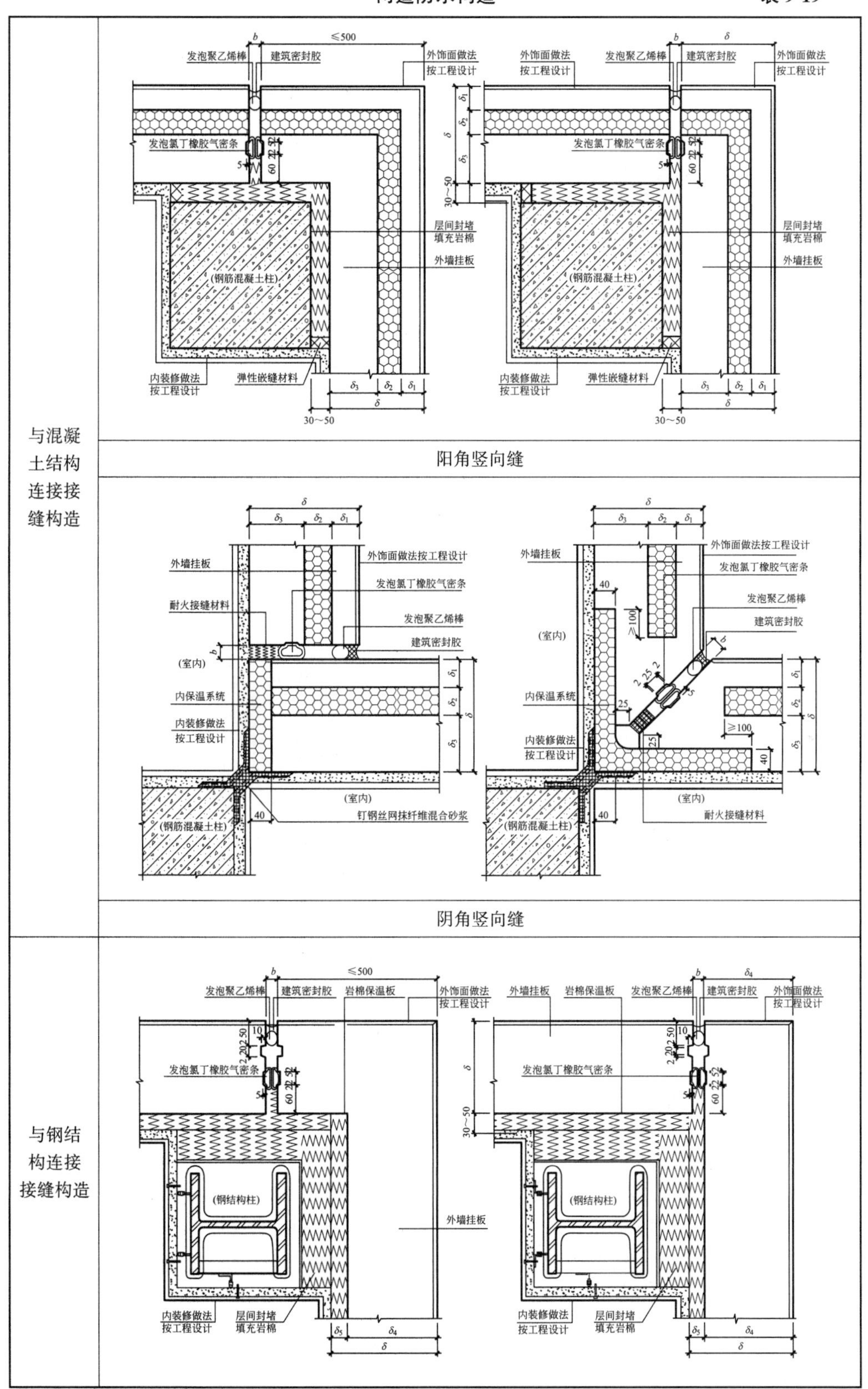
与混凝土结构连接接缝构造
发泡聚乙烯棒
建筑密封胶
外饰面做法按工程设计
发泡氯丁橡胶气密条
层间封堵填充岩棉
外墙挂板
(钢筋混凝土柱)
内装修做法按工程设计
弹性嵌缝材料
≤500
30～50
阳角竖向缝
外墙挂板
耐火接缝材料
(室内)
内保温系统
内装修做法按工程设计
外饰面做法按工程设计
钉钢丝网抹纤维混合砂浆
≥100
阴角竖向缝
与钢结构连接接缝构造
岩棉保温板
(钢结构柱)

续表

与混凝土结构连接接缝构造	阳角竖向缝
	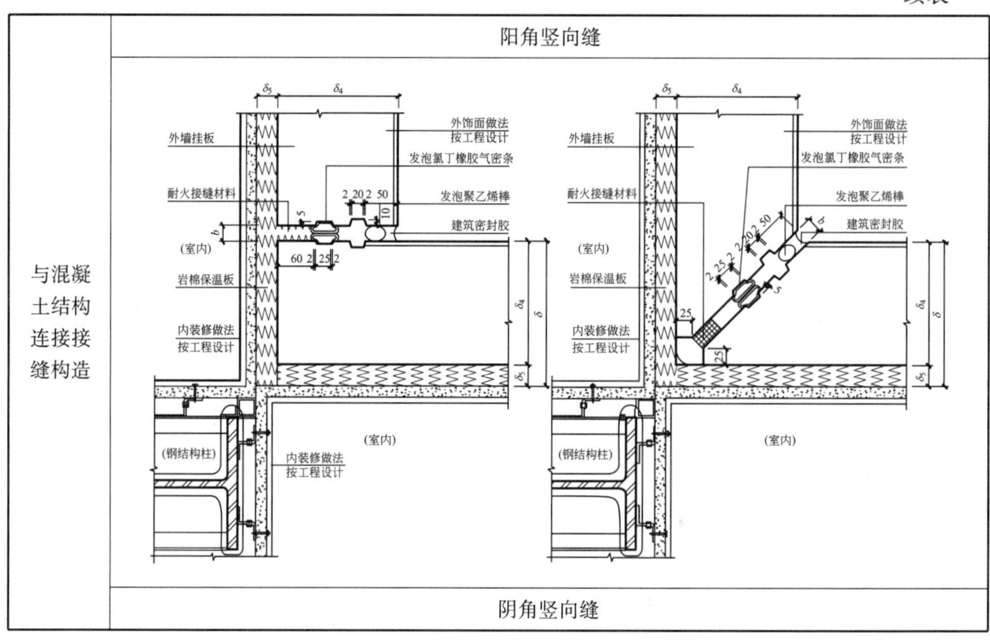
	阴角竖向缝

注：参考《预制混凝土外挂墙板》16J110-216G333。

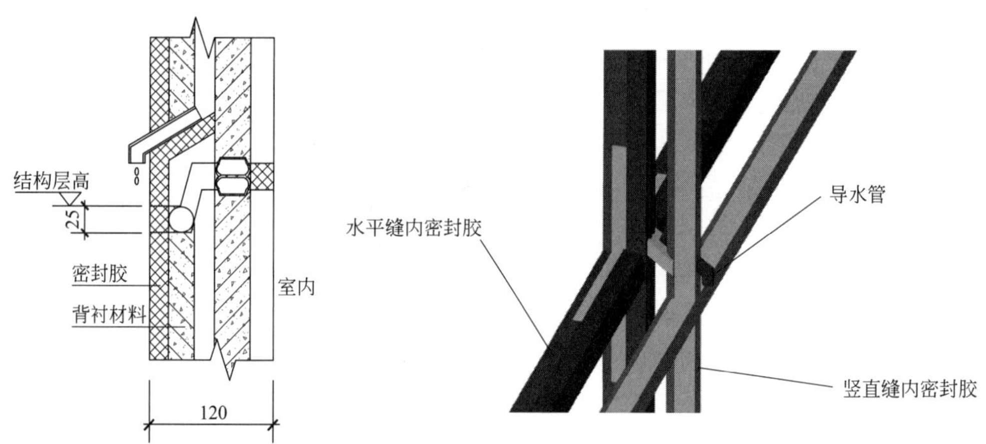

图 9-8 排水做法

9.1.8 案例分析

1. 墙板应力计算

某建筑外墙采用预制混凝土外挂墙板，建筑高度 100m，混凝土强度等级为 C40。建筑抗震设防烈度为 7 度（0.1g），外挂墙板尺寸如图 9-9 所示，节点构造如图 9-10 所示。墙板厚度为 150mm，配双向双层钢筋 $\phi 8@150$，单层配筋率 0.279%。

墙板净面积 $A_k = 4.38 \times 3.275 = 14.345\text{m}^2$

墙板重量 $G_k = 0.15 \times 25 \times 14.345 = 53.8\text{kN}$

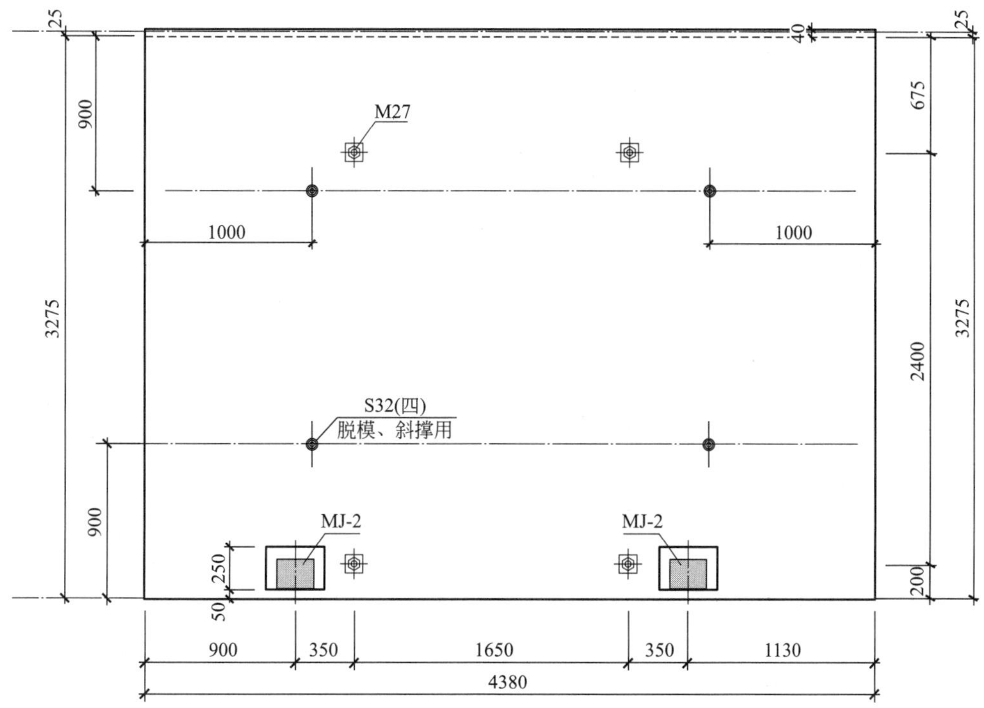

图 9-9　预制混凝土外挂墙板构造

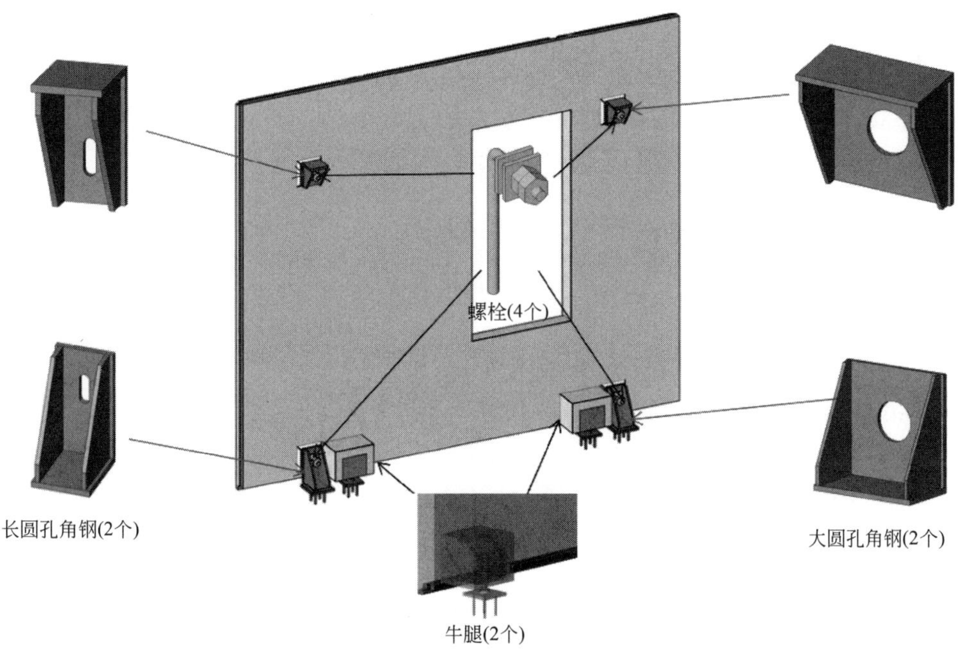

图 9-10　预制混凝土外挂墙板连接节点构造

水平地震作用

垂直于板身的水平地震作用按照《装配式混凝土建筑技术标准》GB/T 51231—2016 计算。

$$F_{Ehk}=\beta_E\times\alpha_{max}\times G_k= 5.0\times0.08\times53.8=21.77kN$$

式中：F_{Ehk}——施加于外挂墙板重心处的水平地震作用标准值；

β_E——动力放大系数，根据《装配式混凝土结构技术规程》JGJ 1—2014 可取 5；

α_{max}——水平地震影响系数最大值，7 度（0.1g）取 0.08；

G_k——外挂墙板的重力荷载标准值。

竖向地震作用

$$F_{Evk}=0.65F_{Ehk}=14.15kN$$

风荷载地震作用

计算风荷载时，建筑高度取 100m。外挂板属于围护构件，根据《建筑结构荷载规范》GB 50009—2012 相关规定，垂直作用于外挂墙板表面上的风荷载标准值，应按下述公式计算。

$$W_k=\beta_{gz}\mu_{s1}\mu_z w_0=1.5\times2.0\times2.0\times0.45= 2.7kN/m^2$$

$$F_{wk}=W_k\times A_k=2.7\times14.345=39.02kN$$

式中：W_k——垂直作用在外挂板表面上的风荷载标准值（kN/m^2）；

β_{gz}——高度 Z 处的阵风系数，地面粗糙度类别为 B，按照《建筑结构荷载规范》GB 50009—2012 表 8.6.1 阵风系数为 1.50；

μ_{s1}——风荷载局部体型系数，依据《装配式混凝土结构技术规程》JGJ 1—2014 第 10.2.3 条和《建筑结构荷载规范》GB 50009—2012 第 8.3.3、8.3.5 条，结合相关规范，取 2.0；

μ_z——风压高度变化系数，按照《建筑结构荷载规范》GB 50009—2012 表 8.2.1 取为 2.0；

w_0——基本风压，取 $0.45kN/m^2$。

荷载组合

F=1.3×水平地震作用+0.2×1.4×风荷载

$F=1.3F_{Ehk}+0.2\times1.4F_{wk}=1.3\times21.77+0.2\times1.4\times39.02=39.27kN$

F=1.4×风荷载

$F=1.4F_{wk}=1.4\times39.02=54.62kN$

取较大值 54.62kN，等效均布荷载为 $3.80kN/m^2$。

墙板应力计算

$l_x=1780mm$

$l_y=2430mm$

$l_x/l_y=0.73$

查表 9-11，$M_{ix}=0.0558$，$M_{iy}=0.1170$，$M_{0x}=0.099$，$M_{0y}=0.1397$。

跨中板块

$$M_x=0.0558\times3.78\times2.43^2=1.245kN\cdot m$$

$$\sigma_x=M_x y_0/I=0.52MPa<1.71MPa$$

$$M_y=0.1170\times3.78\times1.78^2=1.401kN\cdot m$$

$$\sigma_y=M_y y_0/I=0.59MPa<1.71MPa。$$

支座板块

$$M_{0x}=0.099\times3.78\times2.432=2.21\text{kN}\cdot\text{m}$$

$$\sigma_{0x}=M_{0x}y_0/E=0.92\text{MPa}<1.71\text{MPa}$$

$$M_{0y}=0.1397\times3.78\times1.782=1.67\text{kN}\cdot\text{m}$$

$$\sigma_{0y}=M_{0y}y_0/E=0.70\text{MPa}<1.71\text{MPa}$$

外挂墙板混凝土的拉应力小于 C40 混凝土拉应力设计值 1.71MPa，墙体不开裂。

2.施工吊装验算

脱模预埋件布置如图 9-11 所示，吊装预埋件布置如图 9-12 所示。

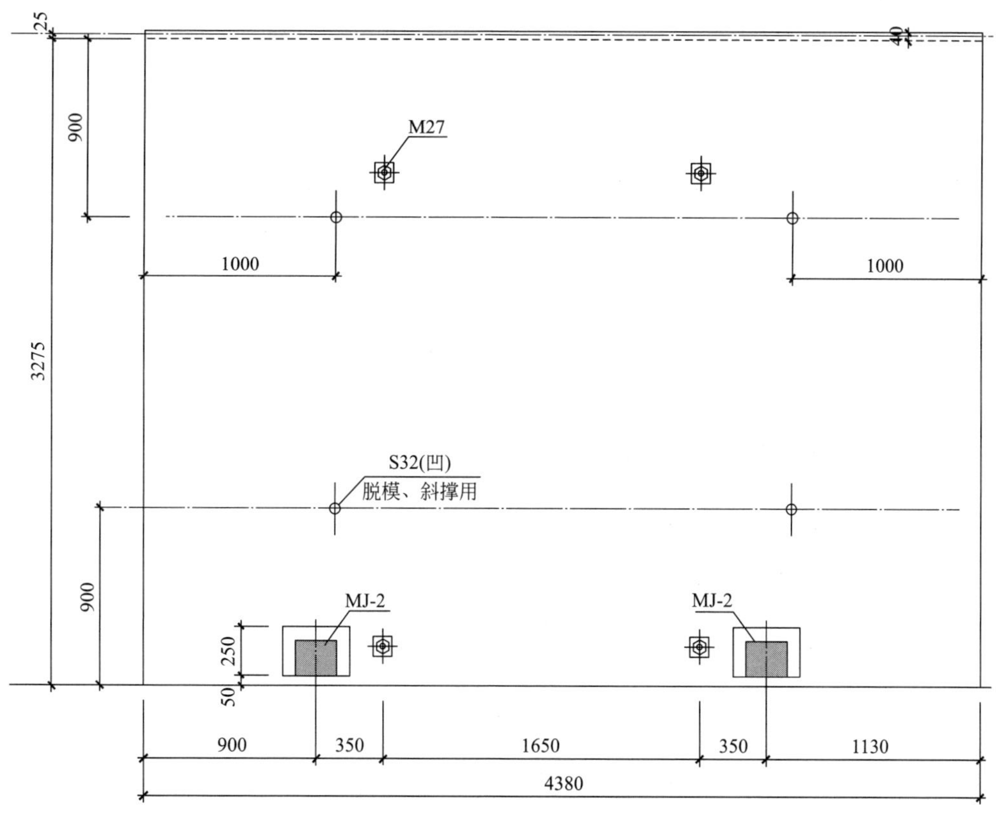

图 9-11　脱模预埋件

墙板净面积　$A_k=4.38\times3.275=14.345\text{m}^2$

墙板重量　$G_k=0.15\times25\times14.345=53.8\text{kN}$

脱模　$F=\max\{1.2G_k+1.5A_k,\ 1.5G_k\}=86.07\text{kN}$

吊装　$F=1.5G_k=80.7\text{kN}$

运输　$F=1.5G_k=80.7\text{kN}$

脱模时，考虑三个螺栓受力的不利工况。验算如下：

$$F=86.07\text{kN}$$

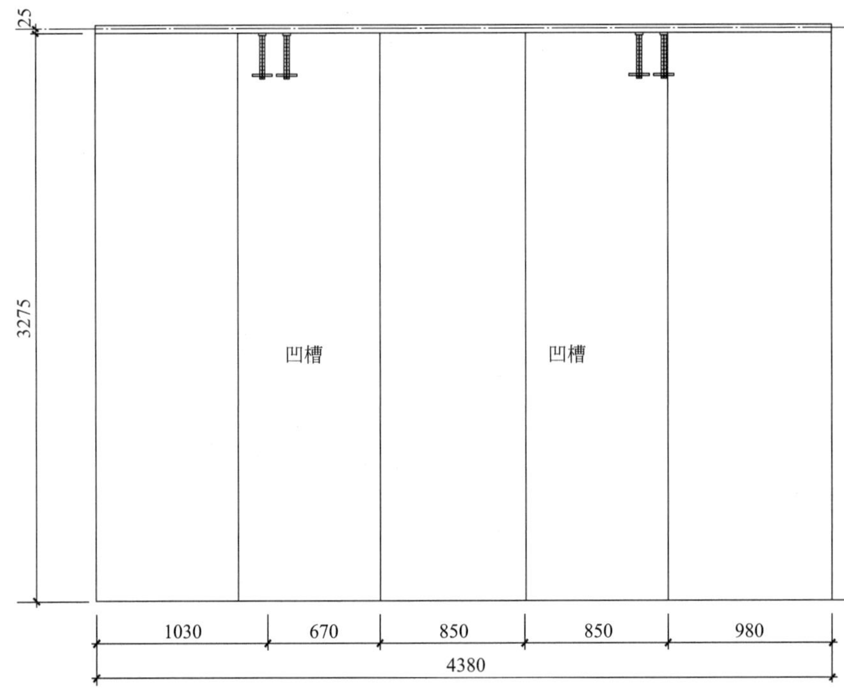

图 9-12　吊装预埋件

$$N=F/3=28.69\text{kN}$$

根据式 9-3，安全系数取了，$3\times N=86.07\text{kN}$

螺栓受拉承载力（4.8 级螺栓，M24）

$N_t^b=\dfrac{\pi d_e^2}{4}f_y^k=3.14\times 21.2^2\times 320/4=113\text{kN}>86.07\text{kN}$。

吊装时，按照 2 个螺栓共同受力考虑。验算如下：

$F=80.7\text{kN}$　$N=F/2=40.35\text{kN}$　$3\times N=121.05\text{kN}$。

螺栓受拉承载力（4.8 级螺栓，M27）

$N_t^b=A_e f_y^k=459\times 320=146\text{kN}>121.05\text{kN}$。

9.2　其他预制构件

本节主要包括预制飘窗、预制楼梯、预制阳台、空调板。常见的预制飘窗包括组装式和整体式，预制楼梯包括双跑楼梯和剪刀楼梯，预制阳台包括板式和梁式预制阳台。

9.2.1　预制飘窗

1. 预制飘窗类型

飘窗为凸出墙面窗户的俗称，在一些地区受消费者喜欢。尽管装配式建筑不宜做凸出墙面的构件，但随着装配式建筑的不断发展，预制飘窗的应用是无法回避的如图 9-15 所示。预制飘窗的分类如表 9-20 所示。

预制飘窗分类 **表 9-20**

飘窗类型	制作	优缺点
组装式	墙体与闭合性窗户板分别预制，然后组装在一起	制作简单，拆解后单个构件重量较好控制（一般不超过 4t），如图 9-13 所示
整体式	整个飘窗一体预制完成	制作相对复杂，且重量较大（一般 4～6t），但整体性好，如图 9-14 图 9-15 所示

图 9-13 组装式预制飘窗

图 9-14 整体式预制飘窗

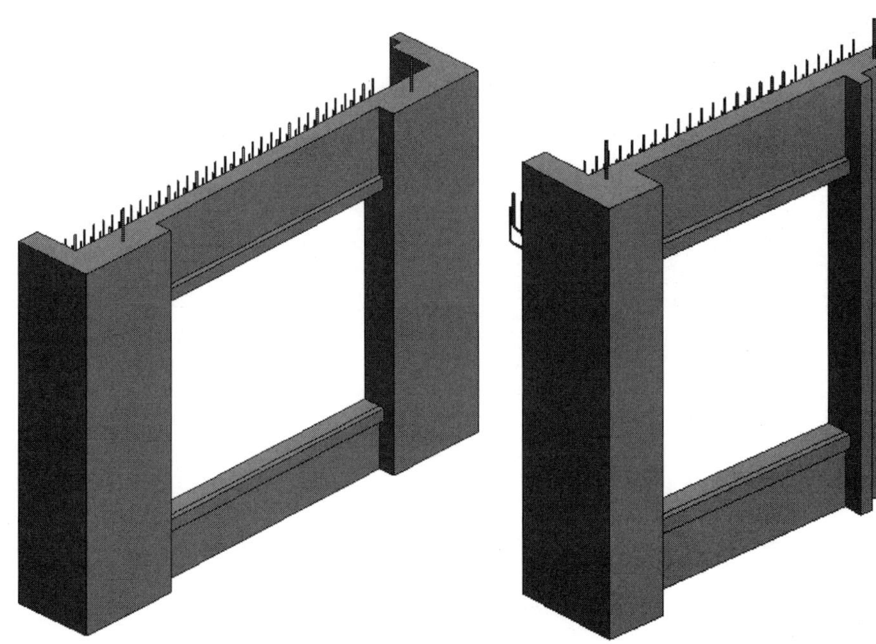

图 9-15 整体式预制飘窗示意图

2. 预制飘窗结构计算要点

预制飘窗结构计算要点如下：

（1）整体式飘窗墙体部分与预制外围护墙基本一样，只是荷载中增加了悬挑出墙体的偏心荷载，包括重力荷载和活荷载。

（2）整体式飘窗悬挑窗台板部分与阳台板、空调板等悬挑板的计算简图类似。

（3）整体式飘窗安装吊点的设置须考虑偏心因素。组装式飘窗须设计可靠的连接节点。

3.节点设计

绘制预制凸窗水平缝详图（图 9-16）时需要考虑以下方面：

（1）当凸窗首层吊装时，下部与现浇结构需预留 20mm 水平缝，该缝可采用盲孔灌浆填充。

（2）凸窗生产时分别预埋 ϕ20 软管注浆孔和出浆孔，出浆孔一般高于注浆孔 200mm。

（3）灌浆前，墙两侧缝隙和分仓可采用嵌缝防水砂浆 20mm 厚封堵，也可采用双层 PE 棒加耐候胶组合材料，以保证水平接缝中灌浆料填充饱满。

（4）墙底现浇面嵌缝砂浆处，事先在混凝土初凝前勾槽 10mm×5mm，可增加嵌缝砂浆的稳固性。

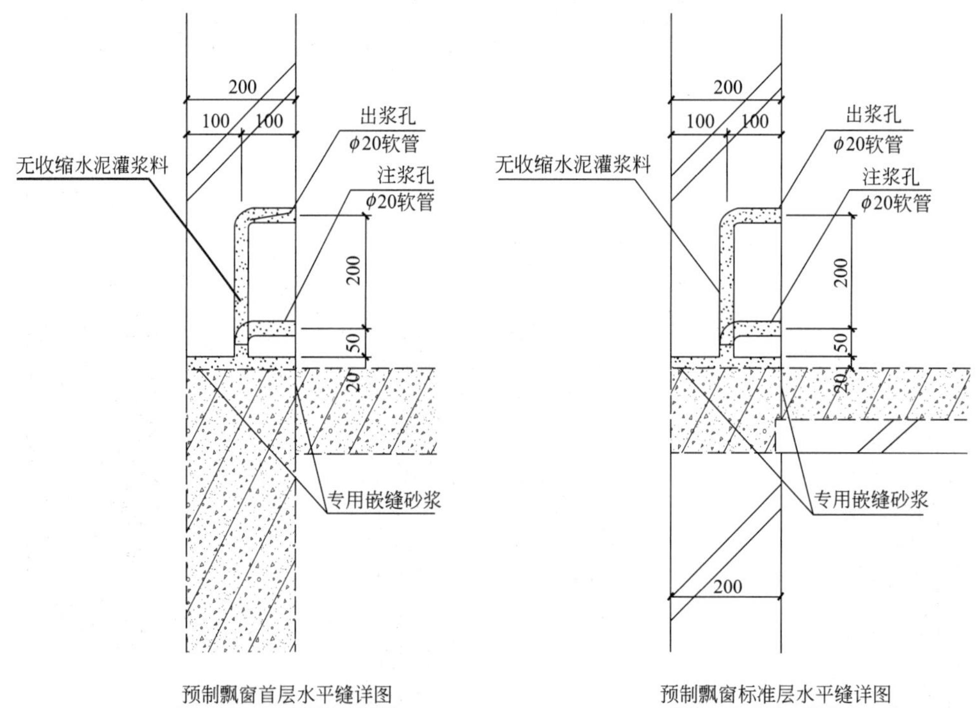

图 9-16　预制飘窗水平缝详图

灌浆作业从注浆孔注入，当较高的出浆孔出浆时，及时封堵出浆孔；当全部出浆孔出浆且封堵完成，注浆作业结束。

组装式飘窗及整体式飘窗的节点设计要点对比如表 9-21 所示。组装式飘窗水平缝连接节点如图 9-17 所示，整体式飘窗水平缝连接节点如图 9-18 所示。

节点设计要点对比表　　表 9-21

飘窗类型	说明	设计要点
组装式	凸窗的预制部分分解为外围护和飘窗盖板等预制构件组装而成	1　组装式与主体结构的连接设计，一般为梁下现浇悬挑板与凸窗板连接，预制凸窗板相应位置伸出水平筋通过现浇板锚入结构梁内，将凸窗的竖向荷载传递至主体结构。 2　组装式飘窗的窗台板，一般可设计为预制盖板，盖板一端搭在预制凸窗板上，另一端锚固在上反梁上，使凸窗内的现浇混凝土模板可重复使用。 3　预制飘窗板的板拼缝处，可采用企口空腔防水节点，也可采用盲孔灌浆防水节点
整体式	凸窗的预制部分是立体结构件，包括上下的平板部分和现浇梁的混凝土外墙模板	1　凸窗板与主体结构的连接设计，一般为上下悬挑板的伸出筋按锚固要求确定伸出尺寸，锚入结构梁中作为结构主要传力方式。 2　凸窗混凝土外墙模板部分设计，考虑现浇梁外侧支模施工困难，混凝土外墙模板部分即可做现浇构件的外模板，又能保证立面的整体性。 3　出于施工模板拉结和控制裂缝的考虑，混凝土外墙模板和凸窗两侧竖板内侧预埋拉结螺母，现场采用分体式接驳螺杆，浇筑混凝土施工结束后，拆除外部螺杆。 4　预制凸窗窗口设置混凝土反坎，外墙保温、窗框、防水措施在反坎处交汇

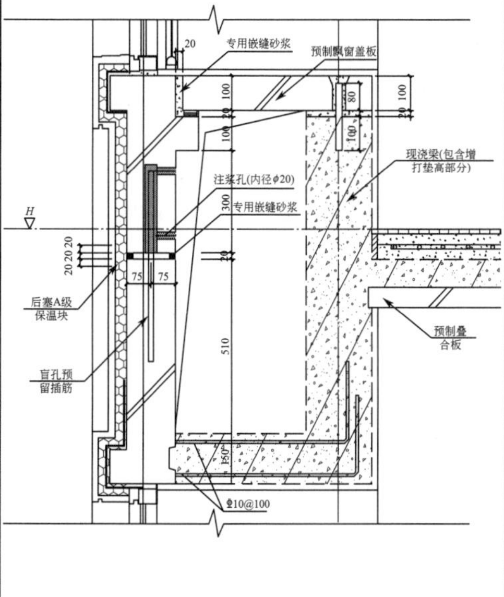

图 9-17　组装式飘窗水平缝连接节点

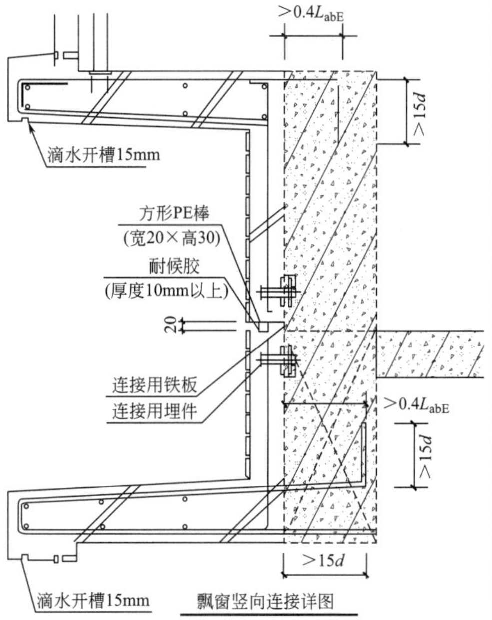

图 9-18　整体式飘窗水平缝连接节点

4. 预制外墙窗框预埋

带窗外墙工厂预制时，外墙窗框安装在钢模内与外墙混凝土浇筑为一体，这样的预埋窗框，可以使浇捣混凝土后窗框和混凝土更好地啮合在一起，解决了门窗渗漏问题。

绘制预埋窗框详图需要注意以下几点：

（1）预埋窗框一般采用铝合金材质，埋入混凝土深度需要大于 20mm，且框内侧设置预埋锚固件，窗框节点和锚固件做法需要参考生产商家提供的窗节点详图。

（2）混凝土墙在窗周处截面设计时需考虑保温板和装饰面厚度的影响。在窗口底部外侧窗台上，由混凝土面或水泥砂浆抹灰层构成的保温基层直接向外找坡，通常做不少于 5mm 的散水坡面。当采用内保温时，在窗口内侧需预留满足保温要求的企口。

（3）窗外侧顶部需要设置滴水槽或鹰嘴。

（4）窗框工厂预埋后，在堆放、运输、吊装及施工期间，需采取临时防护措施，防止碰撞后变形及破损。

5. 预制外墙窗副框预埋

预制外墙采用塑钢窗时，窗框可采用预埋副钢框的方式，副钢框通常采用镀锌方钢管与墙体内分布钢筋焊接固定。副钢框与洞口之间的伸缩缝内腔采用闭孔泡沫塑料、发泡聚苯乙烯等弹性材料分层填塞。窗洞口内外侧与副框之间缝隙应采用水泥砂浆或麻刀白灰浆填实。

6. 构件安装

飘窗在竖向构件中相对特殊一些，窗口外侧有向外凸出部分，造成了飘窗整体起吊时不易平衡。在施工安装过程中不同阶段需要的注意点如表 9-22 所示，预制飘窗的安装如图 9-19 所示。

安装节点注意要点 **表 9-22**

安装阶段	安装注意点
现场存储阶段	1 制定好存储方案，一般会采取平放或者立放两种形式，平放时在起吊前需要翻转，立放时需要采取墙体面斜支、凸出面下侧顶支的形式，以确保飘窗稳定。 2 飘窗在现场竖直存放时要注意，在凸起部位下面加支撑或者垫块，使之保持平衡稳定
起吊安装阶段	1 由于预制构件有外凸部分（通常≤500mm），导致起吊后墙体不垂直，有一定的倾斜，但是角度并不大，对吊装施工并不会造成非常严重的影响。 2 构件起吊后在竖直方向上，由于构件高度一般在 3.0m 左右，所以虽然倾斜角度较小，但整体偏差尺寸较大，视觉冲击较大；在水平方向上，两排套筒间距在 150mm 左右，尺寸偏差很小，只有 10～20mm，因此对套筒与钢筋对准不会有太大影响。 3 吊装过程中，下一层飘窗凸出部位最前端两侧要加塑料垫块，通常使用 20～30mm 的垫片，两侧各放一块，避免下落过程中飘窗下端面前端与下层飘窗上端面前端磕碰，同时保证在飘窗就位后使整体向内少量倾斜。这样，在调整飘窗垂直度的时候斜支撑调长外顶，要比调短内拉更好，避免将地脚预埋件拉出。 4 在调整飘窗垂直度前，用撬棍配合将前端塑料垫块取出
安装完成后	需要对窗户做好保护措施，比如在窗框表面套上塑料保护套（考虑到玻璃在施工过程中易碎，且较难保护，因此不建议在墙体出厂时将玻璃安装好）

(a) D形挡板安装

(b) 预制飘窗吊装

(c) 斜撑安装

(d) 飘窗下部板板连接件

(e) PC板与现浇段的连接螺杆安装

(f) 外墙耐候胶

图 9-19　预制飘窗安装

7. 预制飘窗大样示例

预制飘窗三维模型图（图 9-20）对应的预制飘窗大样图如图 9-21、图 9-22、图 9-23 所示。

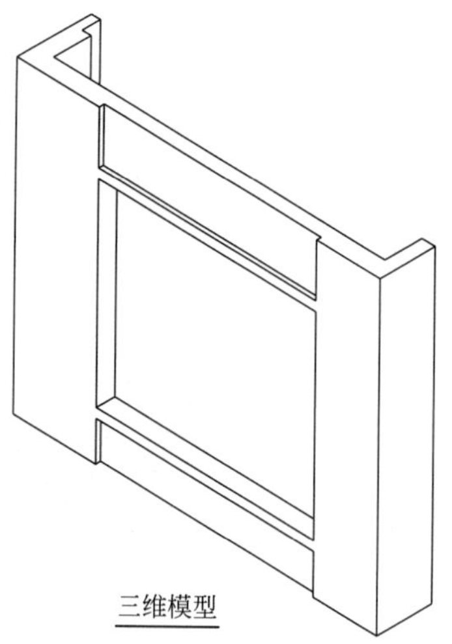

图 9-20　预制飘窗三维模型图

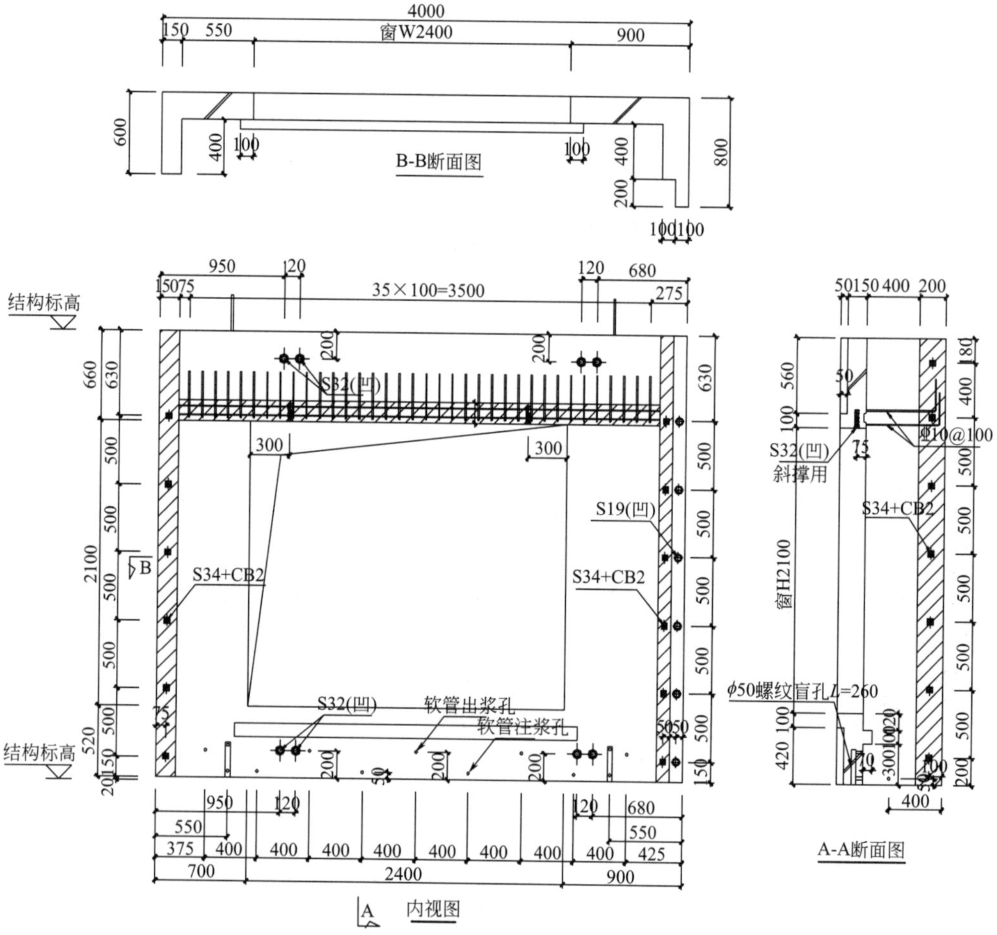

图 9-21　预制飘窗模板图一

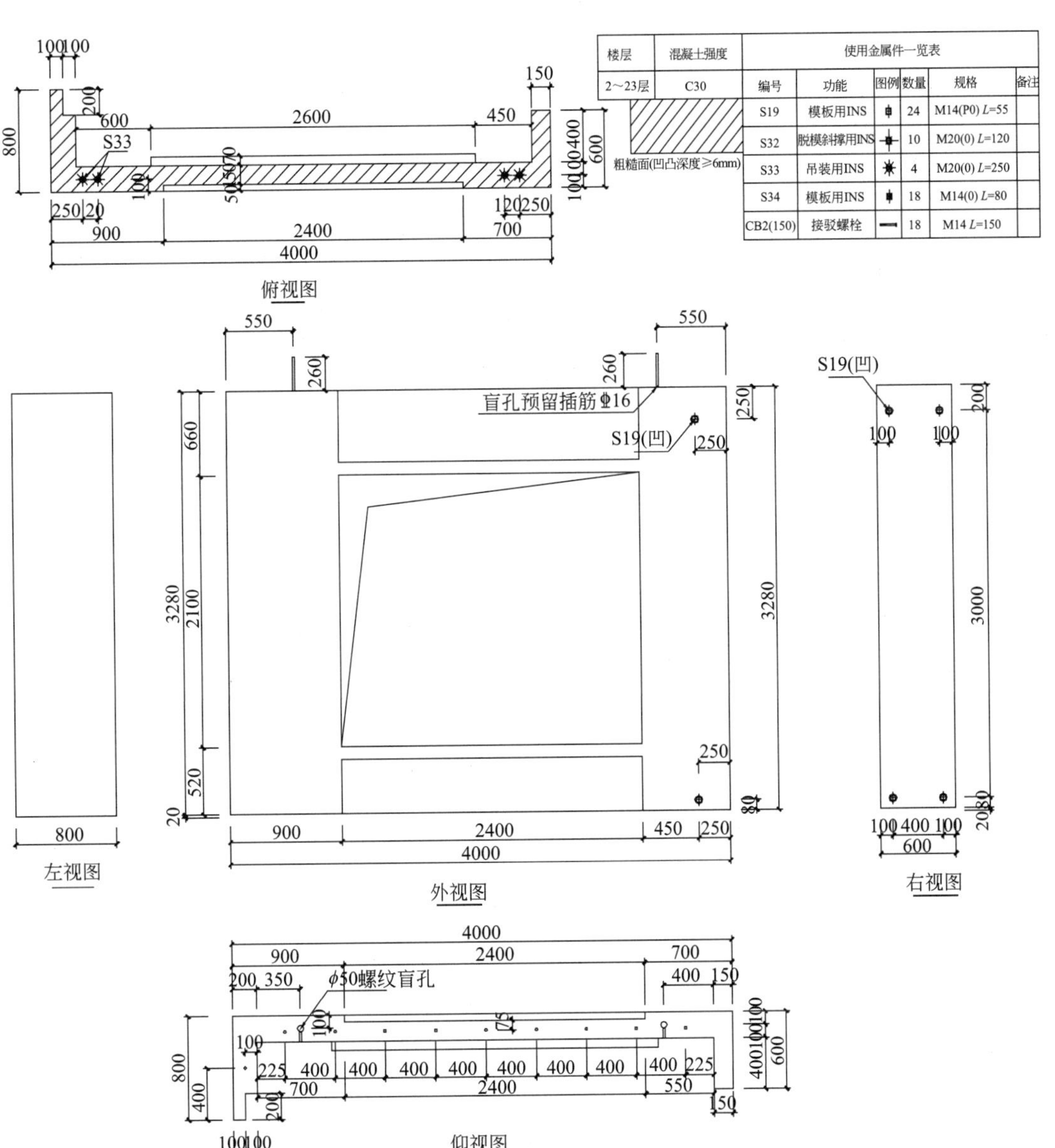

楼层	混凝土强度	使用金属件一览表					
2～23层	C30	编号	功能	图例	数量	规格	备注
		S19	模板用INS		24	M14(P0) L=55	
		S32	脱模斜撑用INS		10	M20(0) L=120	
		S33	吊装用INS		4	M20(0) L=250	
		S34	模板用INS		18	M14(0) L=80	
		CB2(150)	接驳螺栓		18	M14 L=150	

图 9-22　预制飘窗模板图二

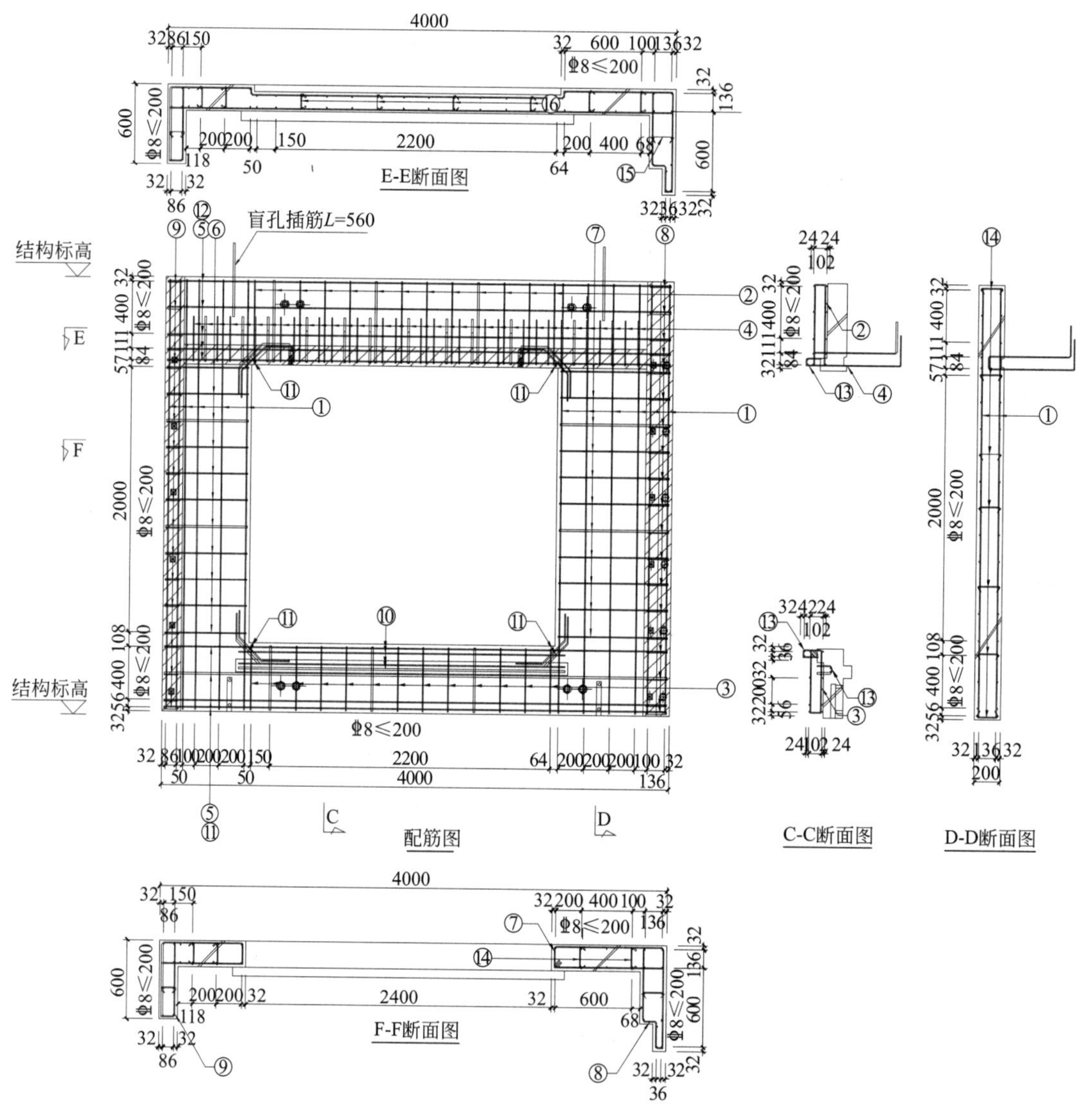

图 9-23　预制飘窗配筋图

9.2.2　预制楼梯

1. 楼梯类型

常用预制楼梯的类型如表 9-23 所示。

常用预制楼梯类型　　　　**表 9-23**

楼梯样式	层高 H (m)	楼梯间净宽 L_a (mm)	梯井宽度 D(mm)	梯段板水平投影长 (mm)	梯段板宽 B(mm)	踏步数 (级)	踏步宽 b (mm)	踏步高 h (mm)	梯段板重量(t)
双跑楼梯	2.8	2500	70	2620	1195	16	260	175	1.72
	2.9	2500	70	2880	1195	18	260	161.1	1.92
	3.0	2500	70	2880	1195	18	260	166.6	1.95
剪刀楼梯	2.8	2500	140	4900	1160	16	260	175	4.34
		2600	140	4900	1210	16	260	175	4.50
	2.9	2500	140	5160	1160	17	260	170.6	4.64
		2600	140	5160	1210	17	260	170.6	4.83
	3.0	2500	140	5420	1160	18	260	166.7	4.98
		2600	140	5420	1210	18	260	166.7	5.20

2. 楼梯图示

双跑楼梯与剪刀楼梯示意如图 9-24 所示。双跑楼梯与剪刀楼梯三维图如图 9-25 所示。

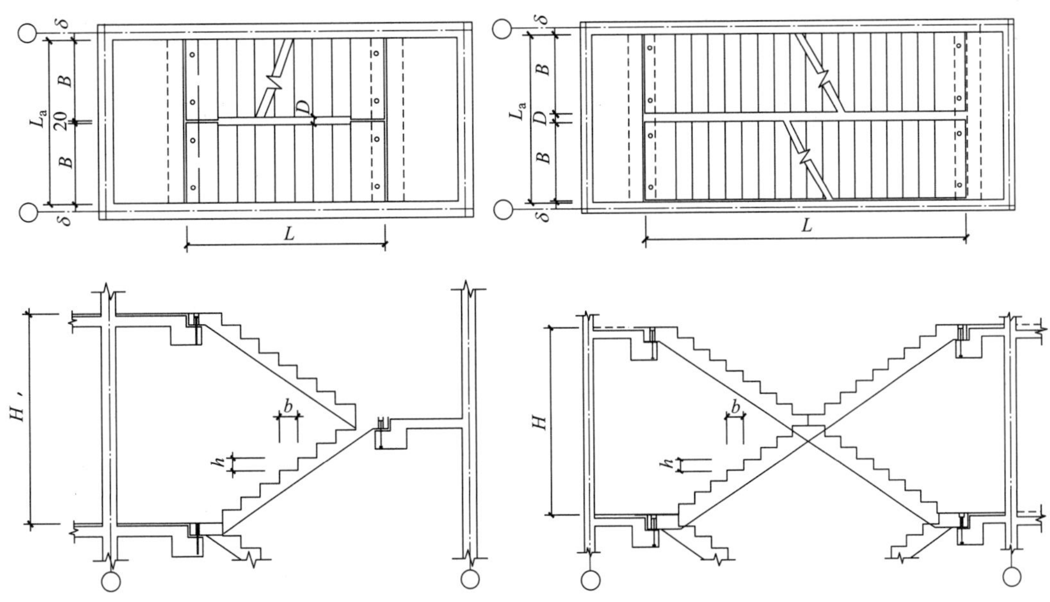

H——层高；h——踏步高；b——踏步宽；L——预制混凝土梯段板水平投影长度；L_a——楼梯间宽度；B——预制混凝土梯段板宽度；D——梯井宽度；δ——楼梯间墙内预留粉刷层厚度，一般按 20mm 考虑

图 9-24　双跑楼梯与剪刀楼梯示意图

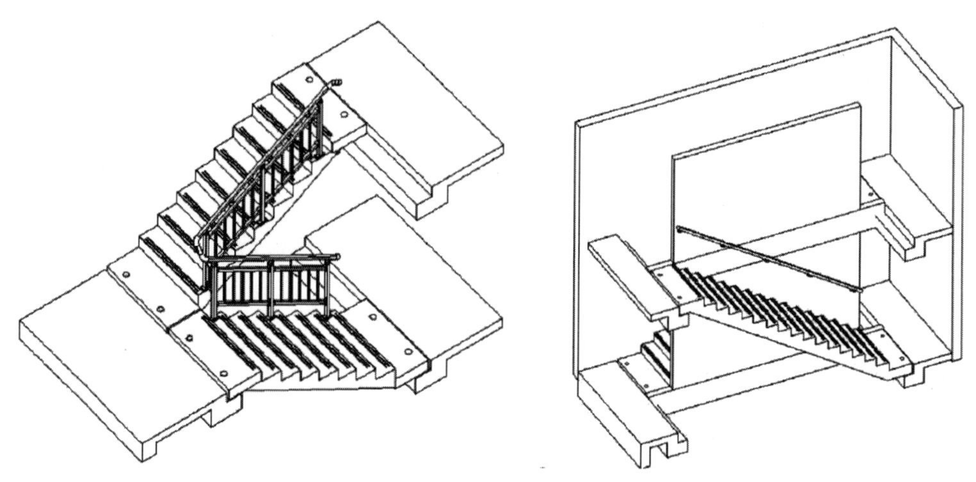

图 9-25　双跑楼梯与剪刀楼梯三维图

3. 预制楼梯连接节点

预制楼梯与支承构件之间一般采用简支连接方式，上端设置固定铰，下端设置滑动铰，如图 9-26 所示。

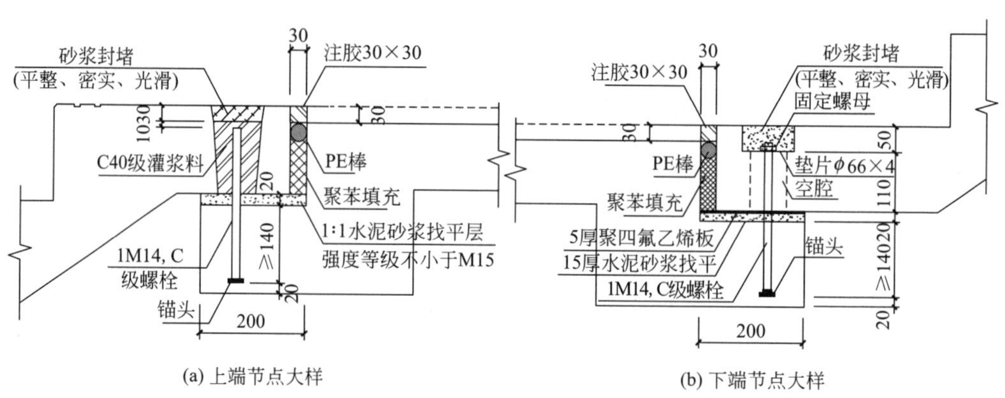

(a) 上端节点大样　　(b) 下端节点大样

图 9-26　预制楼梯节点详图[5]

预制楼梯的连接节点设计需考虑的因素详见表 9-24，楼梯端部最小搁置长度如表 9-25 所示。

连接节点设计考虑因素　　　　**表 9-24**

项目	考虑因素
楼梯间面层厚度	预制楼梯的安装标高应考虑现浇板面的面层厚度 h 的影响
滑移缝宽度	预制楼梯的滑动变形能力需满足结构层间位移的要求。由于不同结构形式的结构，在地震下的层间位移限值的要求不同，导致同一层高的结构其位移量限值也不同，一般框架结构控制缝宽约为 50mm，剪力墙结构控制约为 30mm
楼梯搁置长度	预制楼梯端部在支承构件上的最小搁置长度不小于表 9-25 中的数值

最小搁置长度 **表 9-25**

抗震设防烈度	6 度	7 度	8 度
最小搁置长度(mm)	75	75	100

注：根据《装配式混凝土结构技术规程》JGJ 1—2014 第 6.5.8 条的规定。

4. 楼梯计算

(1) 计算说明

算例取 2.8m 层高 2.5m 净宽双跑楼梯。梯段板水平长度＝2620mm，踏步高＝175mm，踏步宽＝260mm（两端踏步宽＝400mm，高＝180mm），水平踏步数＝7 个，梯梁宽度＝200mm。

(2) 正常使用阶段计算

板厚按 1/25 取，2620×1/25＝104.8mm，故本楼梯板厚取 120mm。

活荷载标准值 $Q_k=3.5\text{kN/m}$，其他水平均布恒载标准值 $G_{1k}=0.3\text{kN/m}$

梯板总重 $G_{2k}=[25\times(0.5bh+T\sqrt{b^2+h^2})]\times n+0.18\times0.4\times2\times25$

$=\{25\times[0.26\times0.175/2+0.12\times(0.26^2+0.175^2)^{1/2}]\}\times7+0.18\times0.4\times2\times25=14.162\text{kN}$

水平均布恒荷载标准值 $G_k=G_{2k}/L_n+G_k=14.162/2.62+0.3=5.71\text{kN/m}$

由可变荷载效应控制的组合 $S_1=1.2G_k+1.4Q_k=1.2\times5.71+1.4\times3.5=11.752\text{kN/m}$

由永久荷载效应控制的组合 $S_2=1.35G_k+1.4\times0.7Q_k=1.35\times5.71+1.4\times0.7\times3.5=11.14\text{kN/m}$

均布荷载设计值 $q=\max(S_1, S_2)=11.752\text{kN/m}$

跨中弯矩设计值 $M=ql^2/8=11.752\times2.62^2/8=10.084\text{kN}\cdot\text{m}$

纵筋面积 $A_s=M/0.9f_yh_0=10.084\times10^6/0.9\times360\times95=328\text{mm}^2$

纵筋最小配筋率 $\rho_{\min}=\max(0.2\%, 0.45f_t/f_y)=0.2\%$

$$A_{s\min}=0.2\%\times1000\times120=240\text{mm}^2$$

梯段板板底配筋 ϕ10@200。

(3) 跨中挠度验算

准永久组合弯矩值 $M_q=M_{gk}+M_{qk}=(G_k+0.4Q_k)\times L_0^2/8=(5.71+0.4\times3.5)\times2.62^2/8=6.10\text{kN}\cdot\text{m}$

构件纵向受拉钢筋应力 $\sigma_s=M_q/(0.87\times h_0\times A_s)=6.10\times10^6/(0.87\times95\times393)=187.80\text{N/mm}$

按有效受拉混凝土截面面积计算的纵向受拉钢筋配筋率

$$A_{te}=0.5bh=0.5\times1000\times120=60000\text{mm}^2$$

$$\rho_{te}=A_s/A_{te}=393/60000=0.655\%$$

裂缝间纵向受拉钢筋应变不均匀系数 $\psi=1.1-0.65f_{tk}/(\rho_{te}\times\sigma_s)$

$=1.1-0.65\times2.01/(0.655\%\times187.8)=0.038<0.2$，取 0.2。

钢筋弹性模量与混凝土模量的比值 $\alpha_E=E_s/E_c=6.667$

纵向受拉钢筋配筋率 $\rho=A_s/(b\times h_0)=393/95000=0.413\%$

短期刚度 $B_s=E_s\times A_s\times h_0^2/[1.15\psi+0.2+6\alpha_E\times\rho/(1+3.5\gamma_f)]$

$=2\times10^5\times393\times95^2/[1.15\times0.2+0.2+6\times6.667\times0.413\%/(1+3.5\times0.0)]$

$=1754.3\text{kN/m}^2$

考虑荷载长期效应组合对挠度影响增大，影响系数 $\rho'=0$ 时，$\theta=2.0$

受弯构件的长期刚度 $B=B_s/\theta=1754.3/2=877.15\text{kN/m}^2$

受弯构件挠度 $f_{max}=5\times(G_k+0.4Q_k)\times L_0{}^4/384B=5\times(5.71+0.4\times3.5)\times2.62^4/(384\times887.15)=4.92\text{mm}$

挠度限值 $f_0=L_0/200=2620/200=13.1\text{mm}$

$f_{max}=4.92\text{mm}\leqslant f_0=13.1\text{mm}$，满足要求。

(4) 裂缝宽度验算

其中 $v_i=1.0$，$c_s=15<20$，取 20。

$\rho_{te}=0.655\%<1.0\%$，取 1.0%。

钢筋根数 $n=1000/s=1000/200=5$

受拉区纵向钢筋的等效直径 $d_{eq}=10$

裂缝间纵向受拉钢筋应变不均匀系数 $\psi=1.1-0.65\times f_{tk}/(\rho_{te}\times\sigma_s)$

$=1.1-0.65\times2.01/(1\%\times187.8)=0.404$

最大裂缝宽度 $\omega_{max}=\alpha_{cr}\times\psi\times(\sigma_s/E_s)\times(1.9\times c_s+0.08\times d_{eq}/\rho_{te})$

$=1.9\times0.404\times(187.8/2.0\times10^5)\times(1.9\times20+0.08\times10/0.01)=0.085\text{mm}\leqslant0.3\text{mm}$，满足要求。

5. 预制楼梯详图

预制楼梯详图如图 9-27～图 9-29 所示。

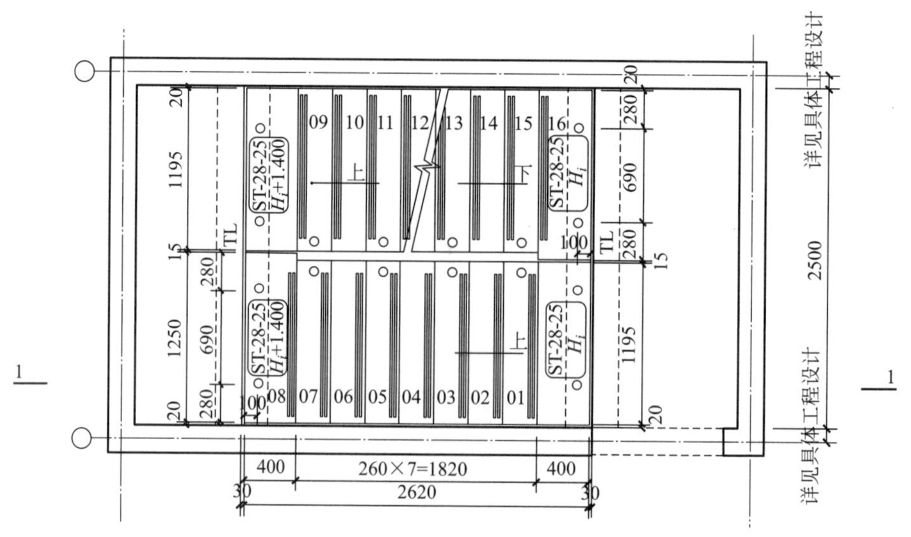

(a) 平面布置图

图 9-27 ST-28-25 安装图（一）

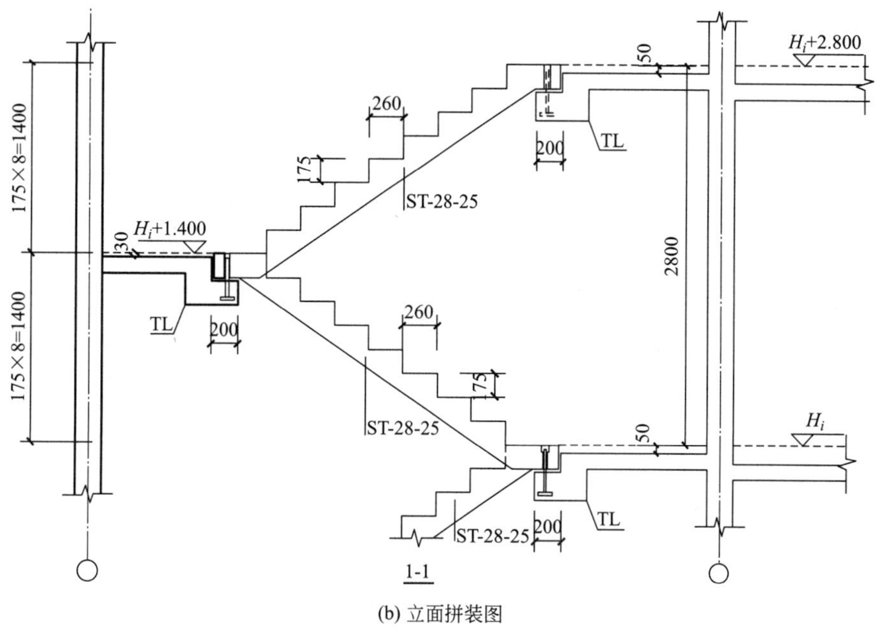

(b) 立面拼装图

图 9-27　ST-28-25 安装图（二）

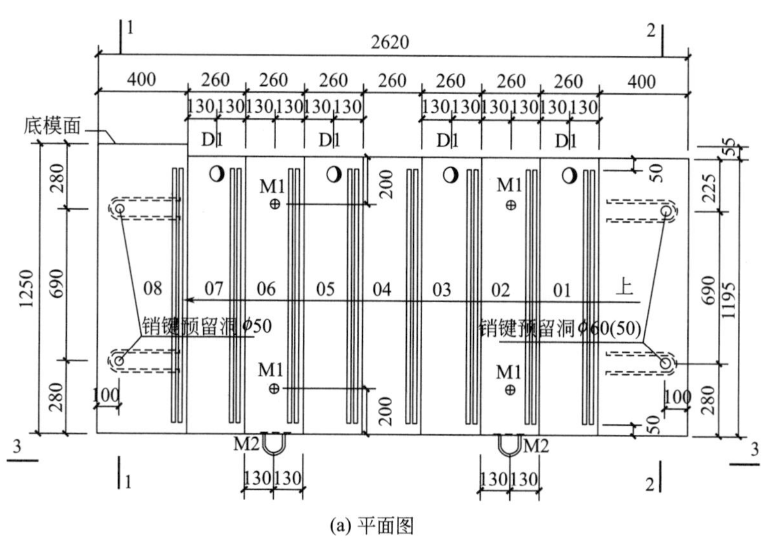

(a) 平面图

图 9-28　ST-28-25 模板图（一）

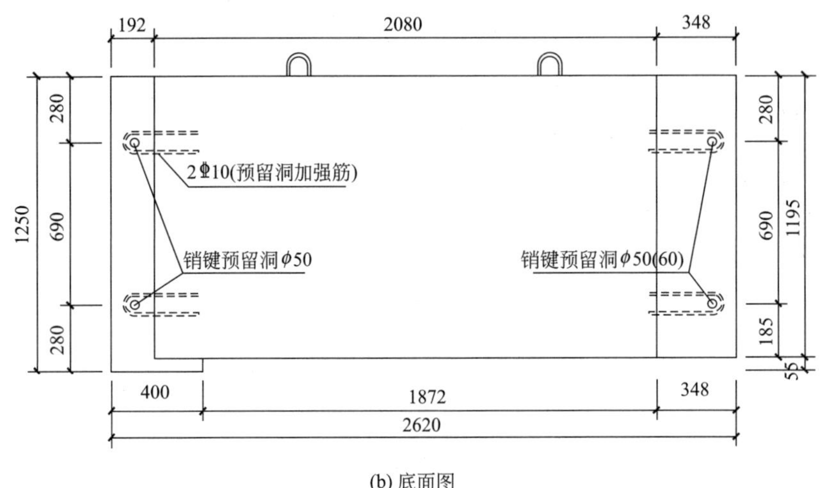

(b) 底面图

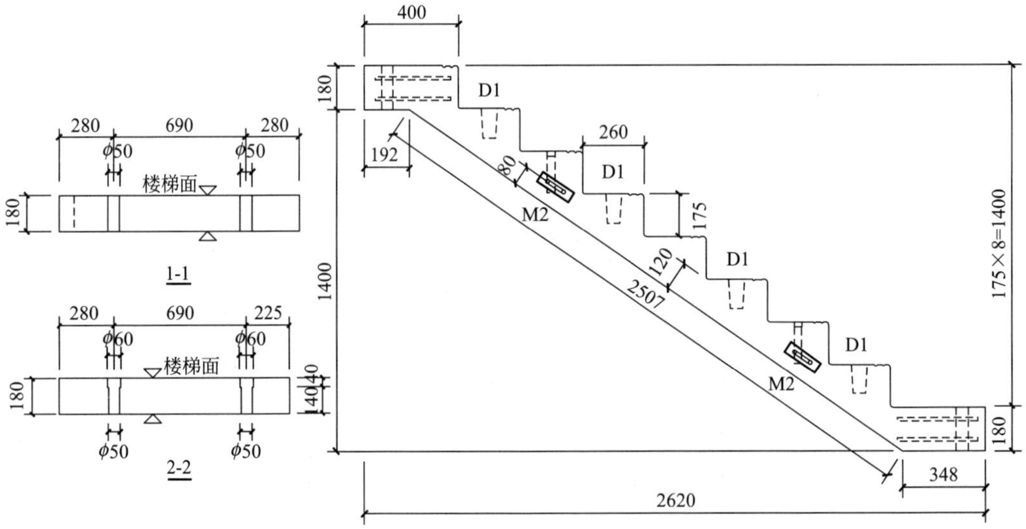

(c) 剖面图

图 9-28　ST-28-25 模板图（二）

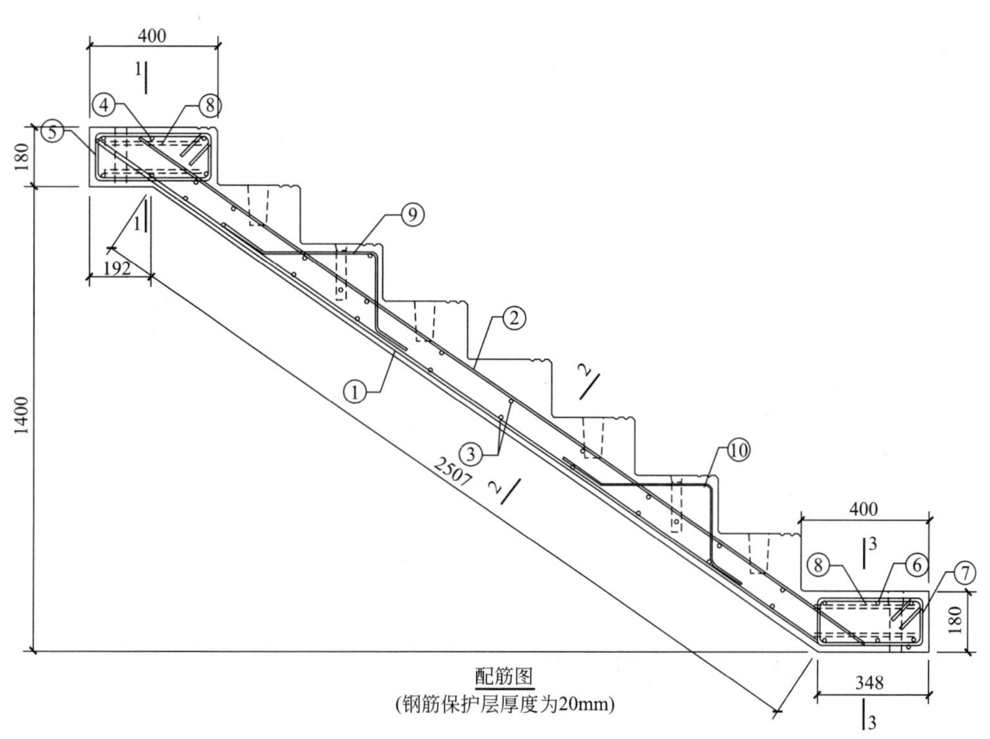

配筋图

(钢筋保护层厚度为20mm)

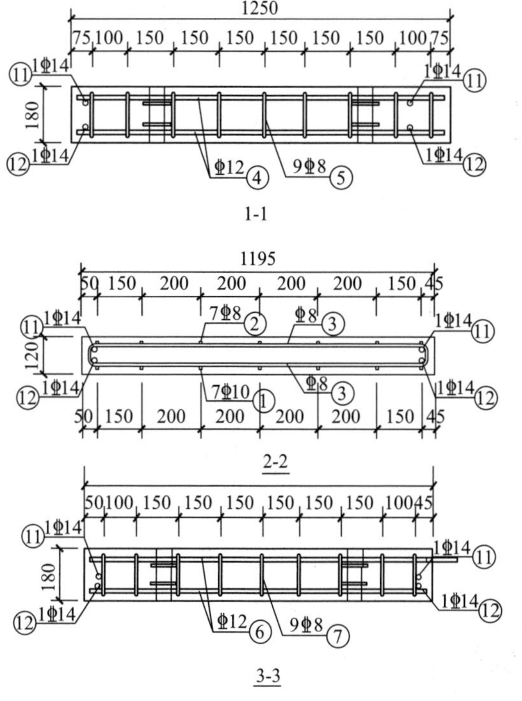

钢筋明细表

编号	数量	规格	形状	备注	重量 (kg)	钢筋总重 (kg)	混凝土 (m^3)
①	7	Φ10	2700 321	下部纵筋	13.05		
②	7	Φ8	2728	上部纵筋	7.54		
③	20	Φ8	80 1155 80	上、下分布筋	10.39		
④	6	Φ12	1210	边缘纵筋1	7.73		
⑤	9	Φ8	360 140	边缘纵筋1	3.56		
⑥	6	Φ12	1155	边缘纵筋2	6.16		
⑦	9	Φ8	328 140	边缘纵筋2	3.33	73.32	0.6524
⑧	8	Φ10	280	加强筋	3.31		
⑨	8	Φ8	100 327 213 100	吊点加强筋	2.34		
⑩	2	Φ8	1155	吊点加强筋	0.92		
⑪	2	Φ14	150 2703 275	边缘加强筋	7.57		
⑫	2	Φ14	2700 368	边缘加强筋	7.42		

图 9-29 ST-28-25 配筋图

9.2.3 预制阳台板

1. 阳台类型

预制阳台板为悬挑构件，根据工艺可分为叠合式和全预制式两种类型，其中，全预制预制板又分为全预制板式和全预制梁式（图 9-30～图 9-32）。

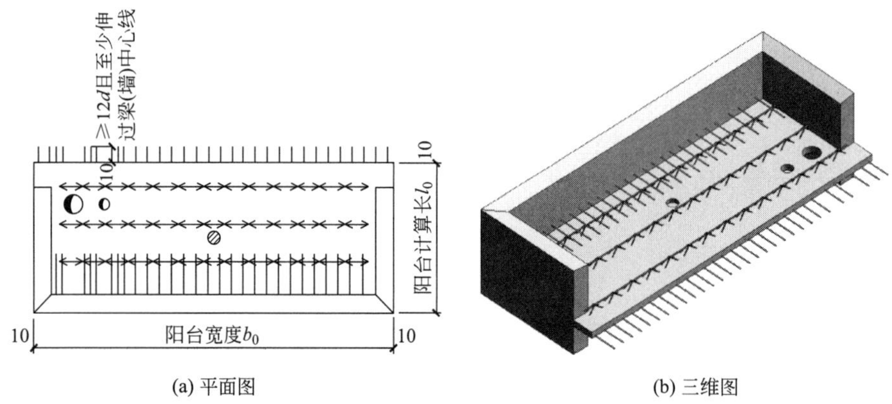

图 9-30　叠合式阳台（《预制钢筋混凝土阳台板、空调板及女儿墙》15G368-1）

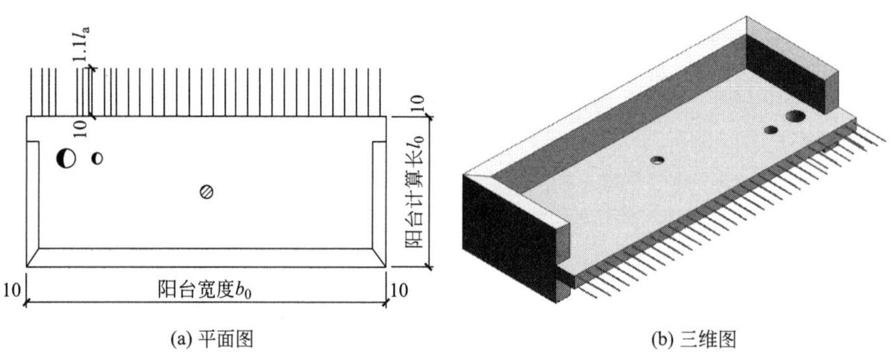

图 9-31　全预制板式阳台（《预制钢筋混凝土阳台板、空调板及女儿墙》15G368-1）

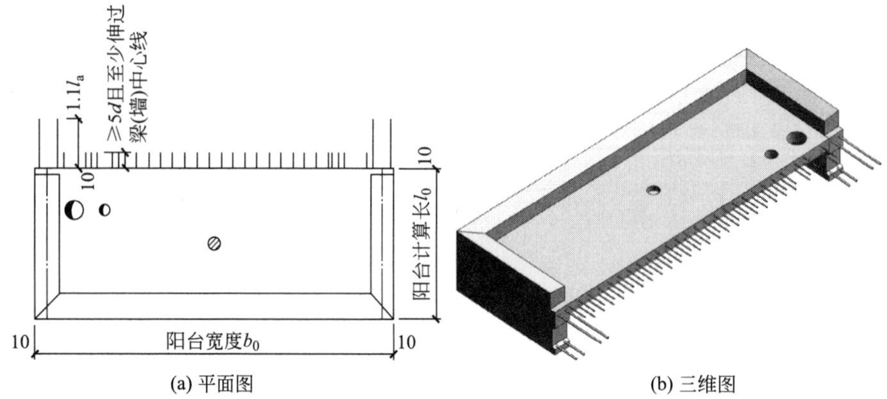

图 9-32　全预制梁式阳台（《预制钢筋混凝土阳台板、空调板及女儿墙》15G368-1）

2. 阳台受力原理及计算简图

(1) 梁式阳台受力原理：阳台板及其上的荷载，通过挑梁传递到主体结构的梁、墙、柱上，阳台板可与挑梁整体现浇。另外，为了承受阳台栏杆及其上的荷载，挑梁端部设置边梁，边梁一般都与阳台一起现浇。

(2) 板式阳台受力原理：阳台板采用现浇悬挑板，其根部与主体结构的梁板整浇在一起，板上荷载通过悬挑板传递到主体结构的梁板上。

阳台计算简图示例如图 9-33 所示。

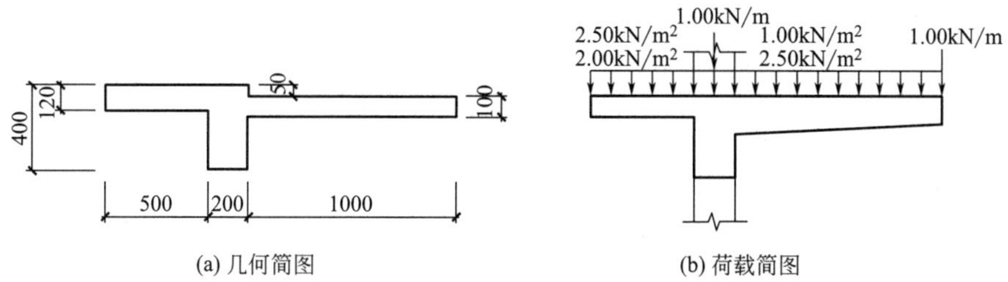

图 9-33 阳台计算简图示例

3. 预制阳台板连接节点

(1) 叠合式阳台板连接节点

叠合式阳台板连接节点如图 9-34 所示。

(2) 全预制板式阳台板连接节点

全预制板式阳台连接节点如图 9-35 所示。

(3) 全预制梁式阳台板连接节点

全预制梁式阳台连接节点如图 9-36 所示。

4. 预制阳台板构造要求

关于阳台板等悬挑板《装配式混凝土结构技术规程》JGJ 1 规定：阳台板、空调板宜采用叠合构件或预制构件。预制构件应与主体结构可靠连接；叠合构件的负弯矩钢筋应在相邻叠合板的后浇混凝土中可靠锚固，叠合构件中预制板底钢筋的锚固应符合下列规定：

(1) 当板底为构造配筋时，其钢筋应符合下列规定：板端支座处，预制板内的纵向受力钢筋宜从板端伸出并锚入支承梁或墙的后浇混凝土中，锚固长度不应小于 $5d$ (d 为纵向受力钢筋直径)，且宜伸过支座中心线，如图 9-37 所示；

(2) 当板底为计算要求配筋时，钢筋应满足受拉钢筋的锚固要求。阳台板为非抗震构件，根据《混凝土结构设计规范》GB 50010，受拉钢筋的锚固长度根据锚固条件按公式计算，且不应小于 200mm，其中为锚固长度修正系数，为受拉钢筋的基本锚固长度，受拉钢筋锚固长度与基本锚固长度均可参见《混凝土结构施工图平面整体表示方法制图规则和构造详图》16G101-1。

除上述规定外，阳台板构造设计尚应符合以下要求：

(1) 预制阳台板与后浇混凝土结合处应做粗糙面。

(2) 阳台设计时应预留安装阳台栏杆的孔洞（如排水孔、设备管道孔等）和预埋件等。

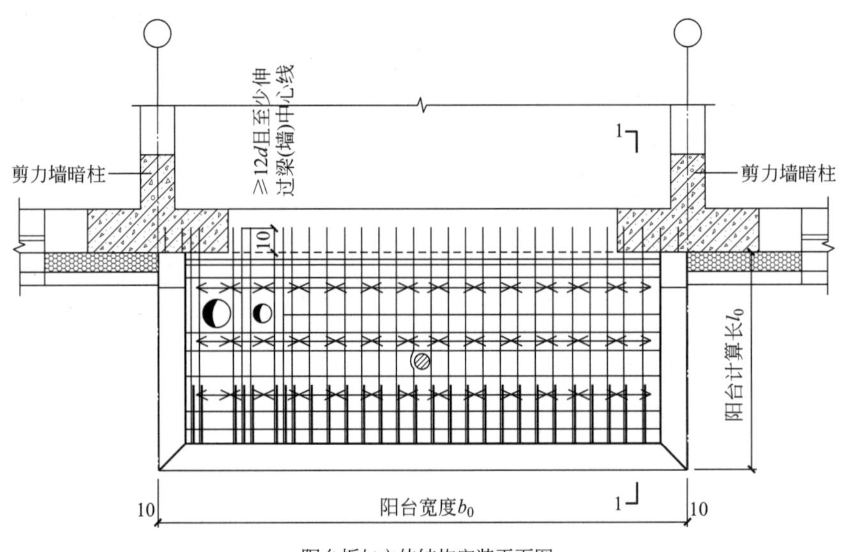

阳台板与主体结构安装平面图

注：图中所示板过附加加强钢筋，一般用于采用夹心保温剪力墙外墙板情况。

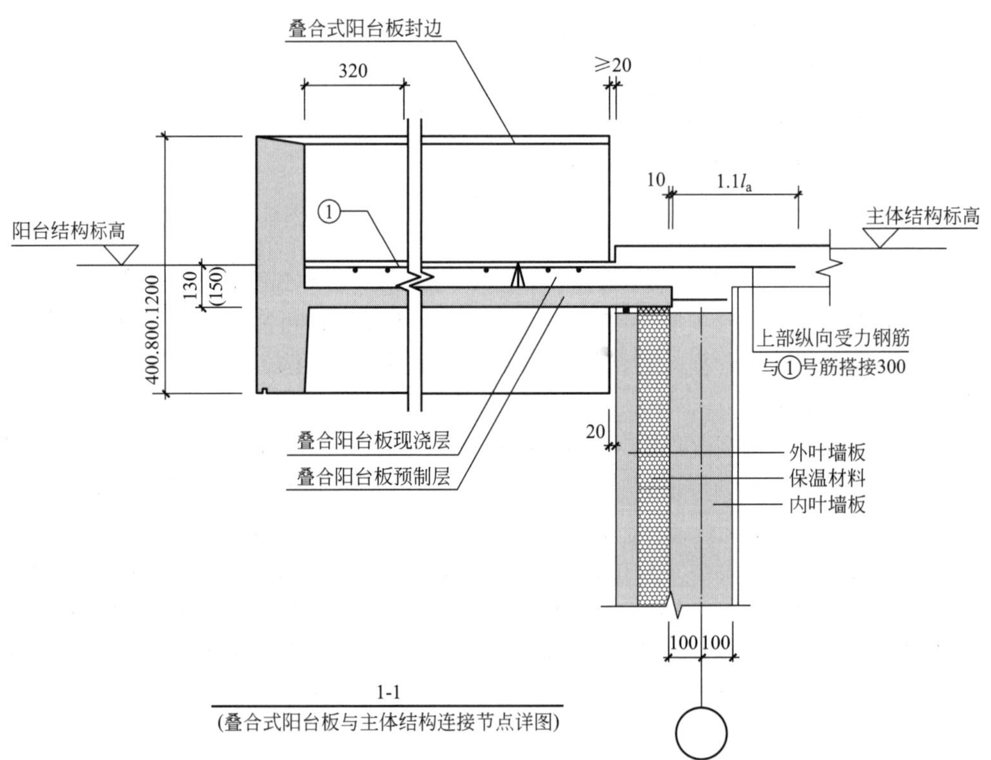

1-1
(叠合式阳台板与主体结构连接节点详图)

图 9-34　叠合式阳台板连接节点（《预制钢筋混凝土阳台板、空调板及女儿墙》15G368-1）

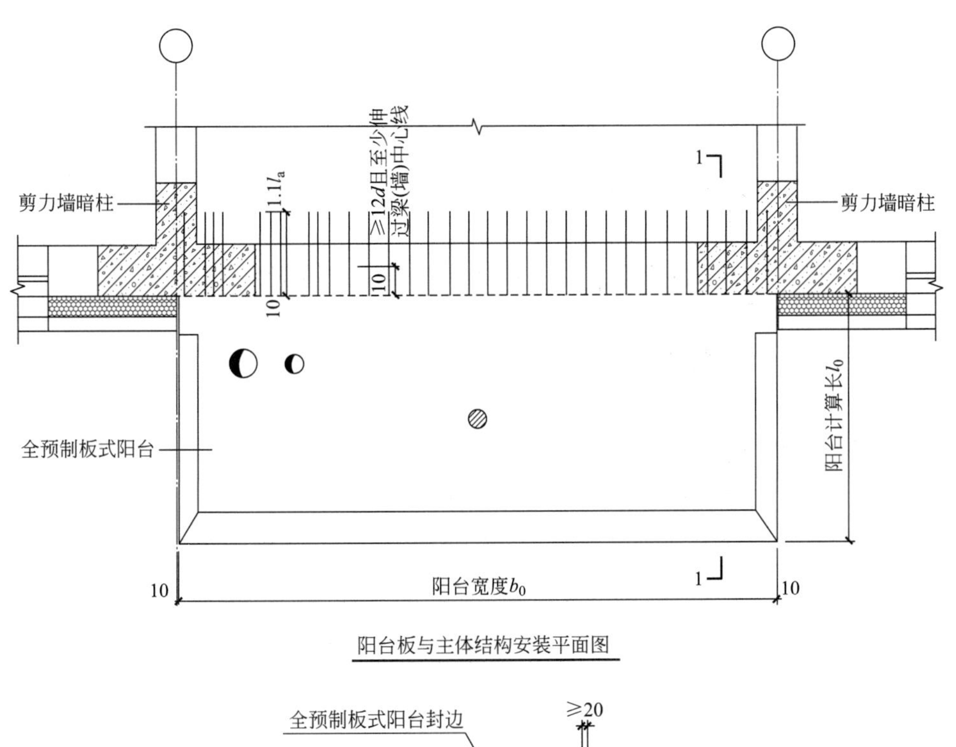

阳台板与主体结构安装平面图

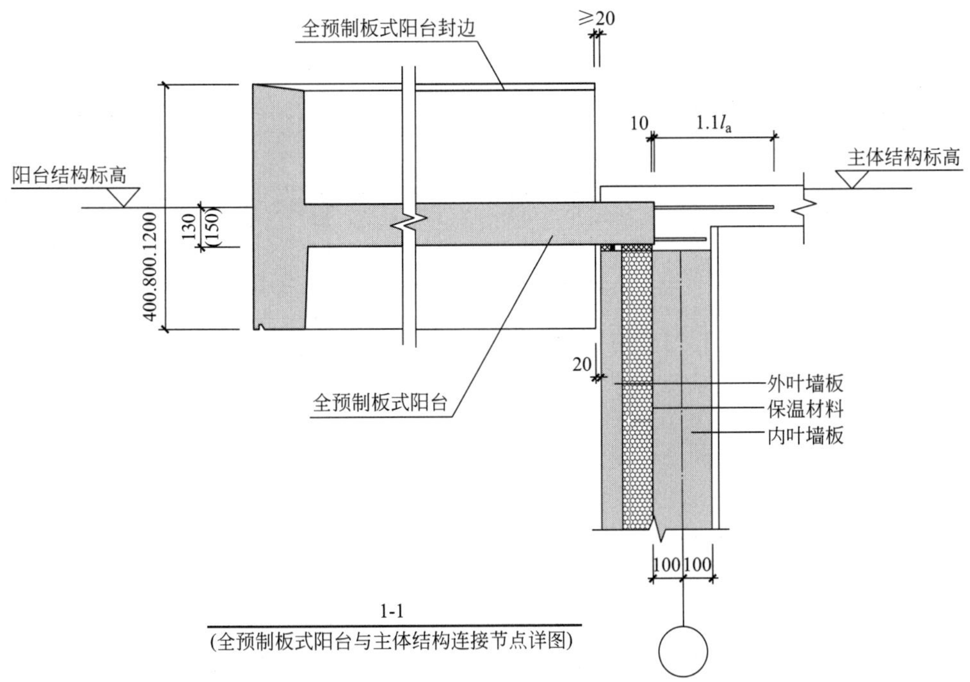

1-1
(全预制板式阳台与主体结构连接节点详图)

图 9-35　全预制板式阳台板连接节点（《预制钢筋混凝土阳台板、空调板及女儿墙》15G368-1）

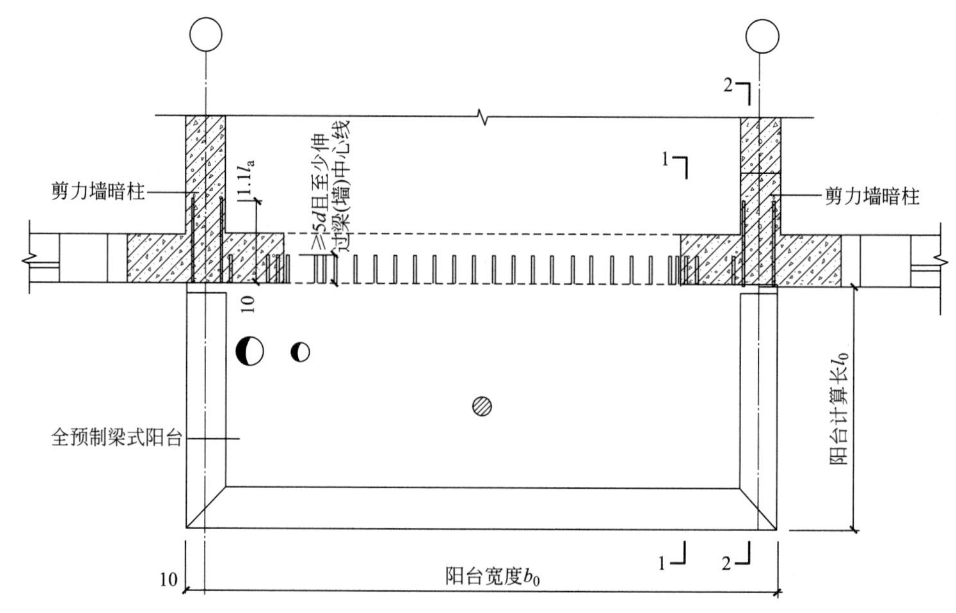

阳台板与主体结构安装平面图

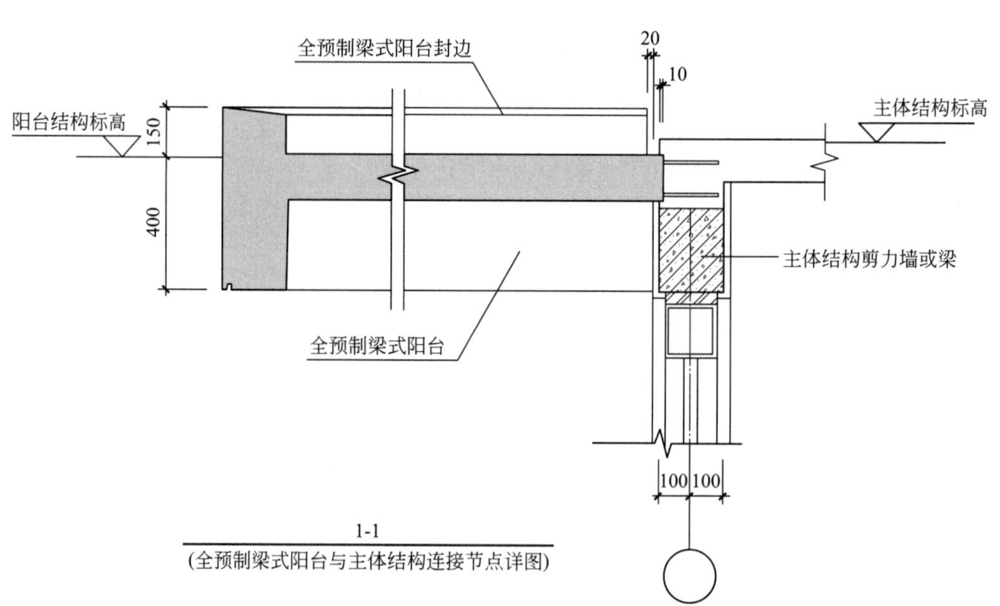

1-1
(全预制梁式阳台与主体结构连接节点详图)

图 9-36　全预制梁式阳台板连接节点
(《预制钢筋混凝土阳台板、空调板及女儿墙》15G368-1)(一)

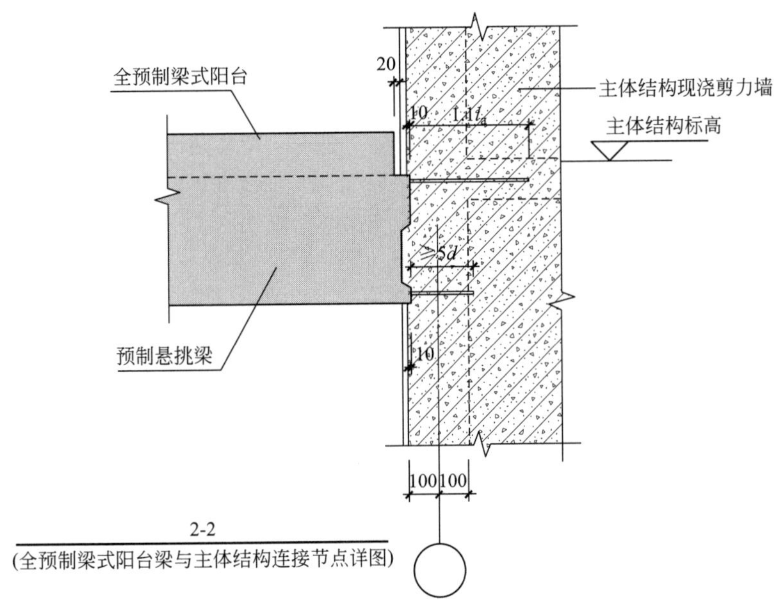

图 9-36　全预制梁式阳台板连接节点

（《预制钢筋混凝土阳台板、空调板及女儿墙》15G368-1）（二）

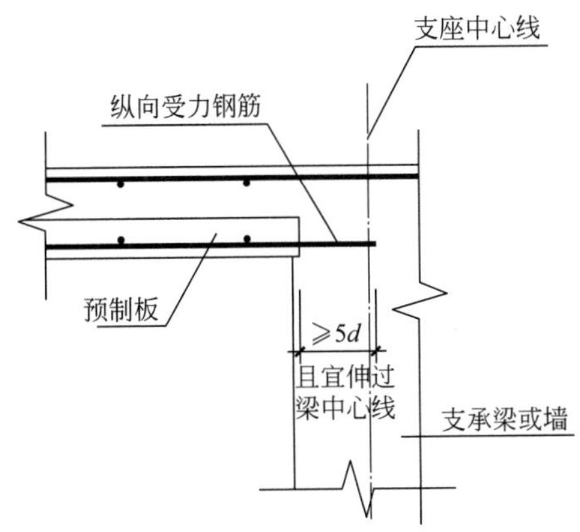

图 9-37　叠合板端支座构造示意（《装配式混凝土结构技术规程》JGJ 1）

（3）预制阳台板安装时需设置支撑，防止构件倾覆，待预制阳台与连接部位的主体结构混凝土强度达到要求强度 100%时，并应在装配整体式结构能达到后续施工承载要求后，方可拆除支撑。

5. 阳台大样示例

叠合式阳合板、全预制板式阳台板，全预制梁式阳台板设计大样如图 9-38，图 9-39，图 9-40 所示。

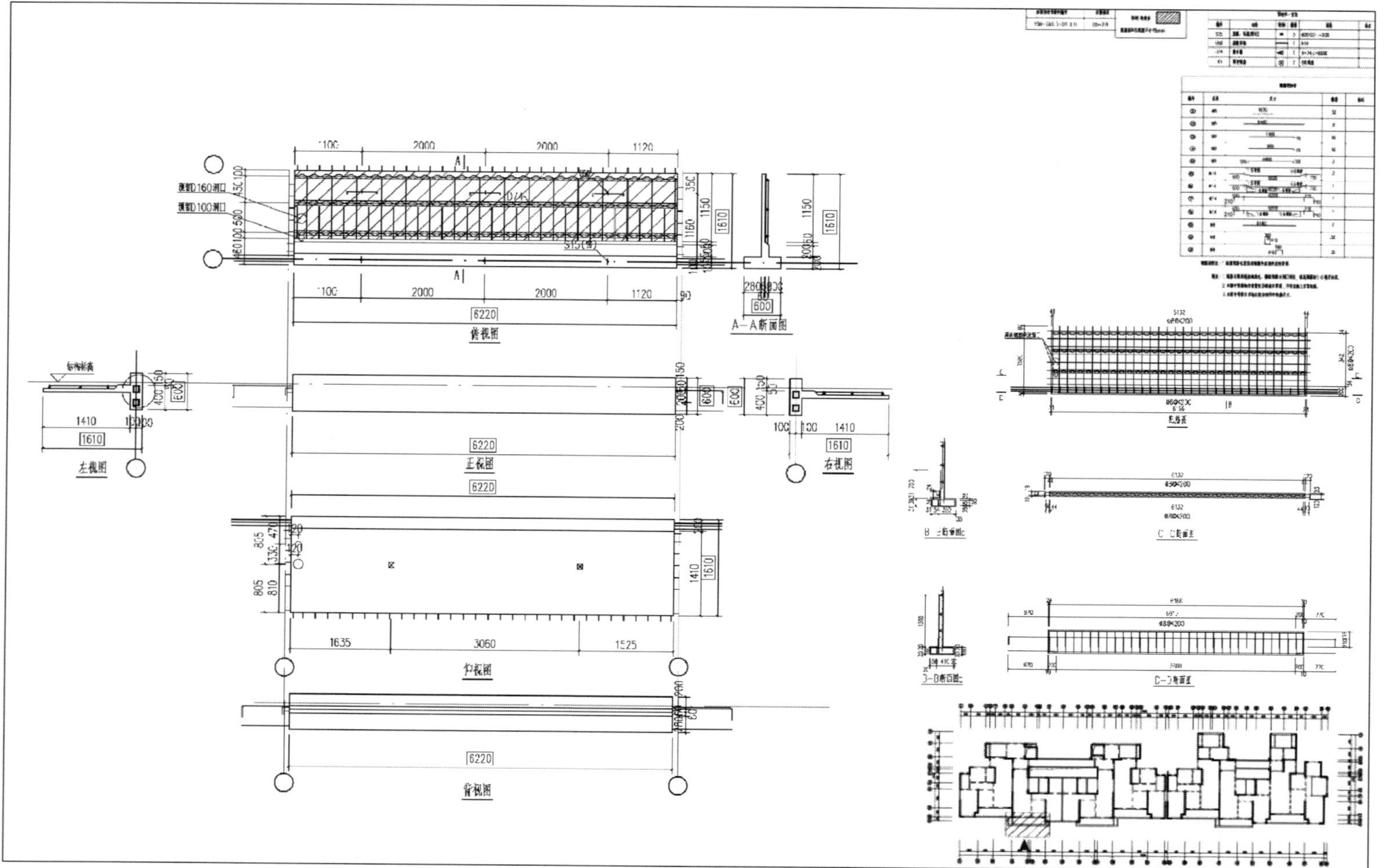

图 9-38 叠合式阳台板大样示例

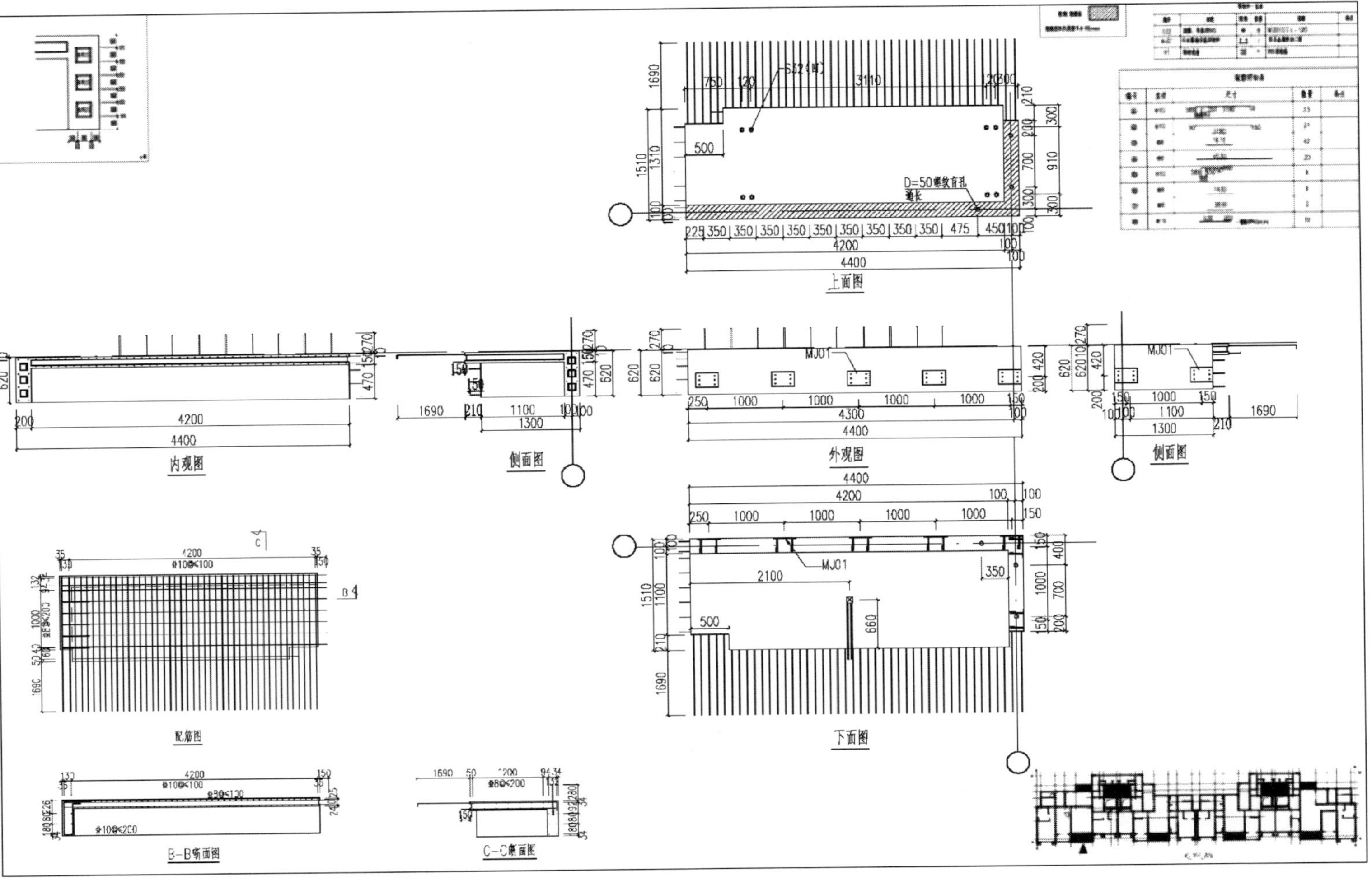

图 9-39 全预制板式阳台板大样示例

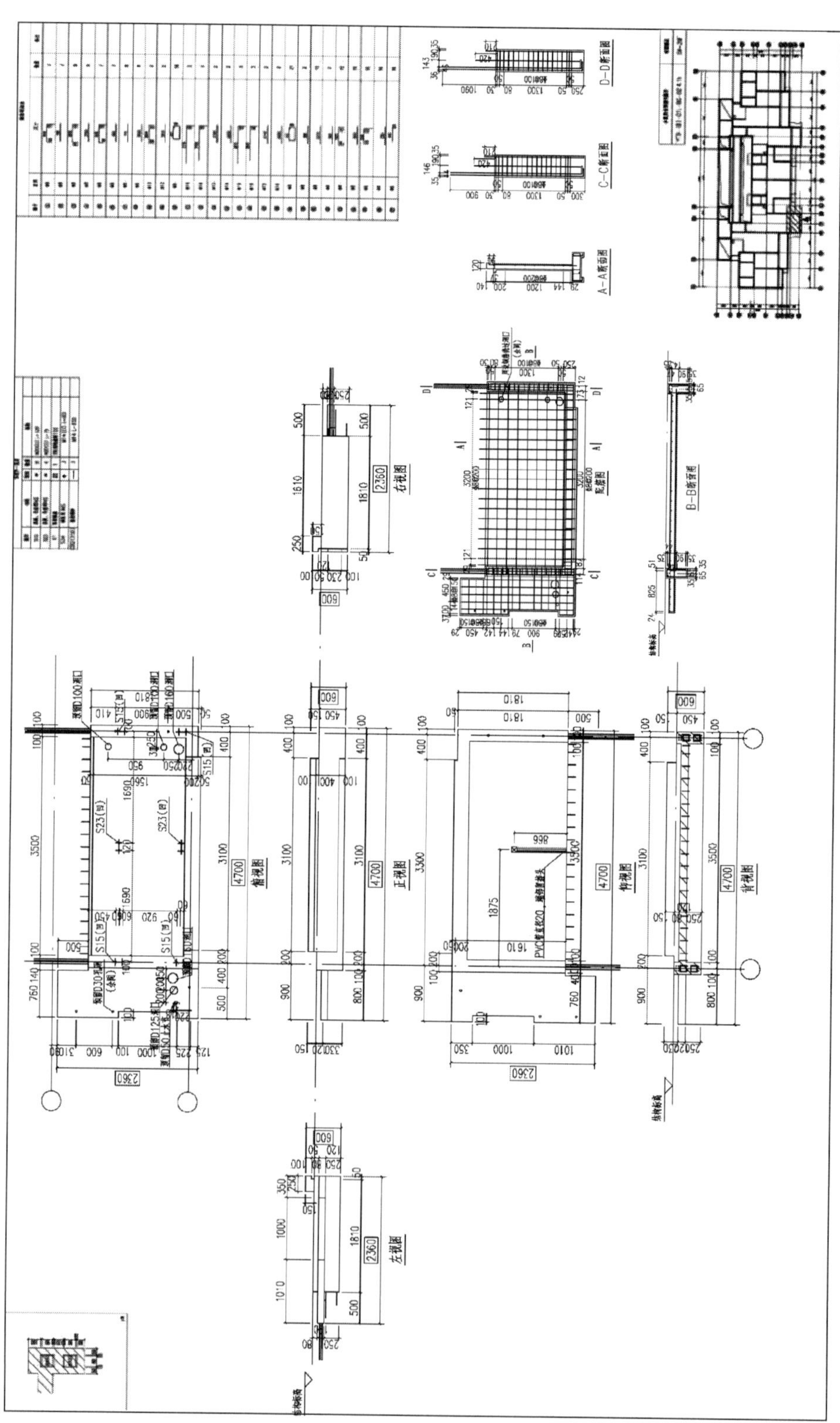

图 9-40 全预制梁式阳台板大样示例

9.2.4 预制空调板

空调板与阳台板同属于悬挑式板式构件，计算简图和节点与阳台板基本一致，主要构造及节点如图 9-41～图 9-44。

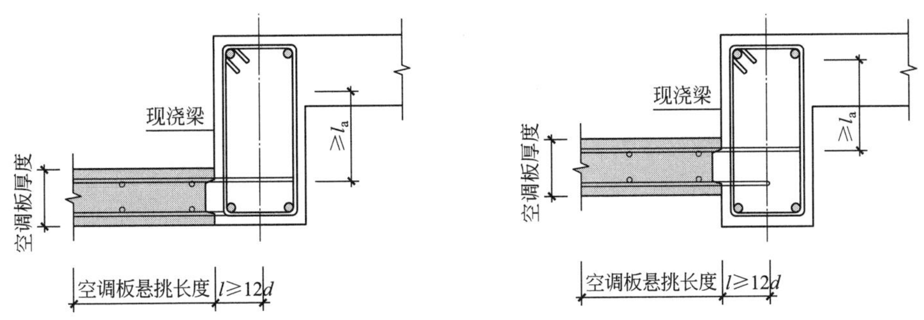

图 9-41 空调板与现浇梁连接构造

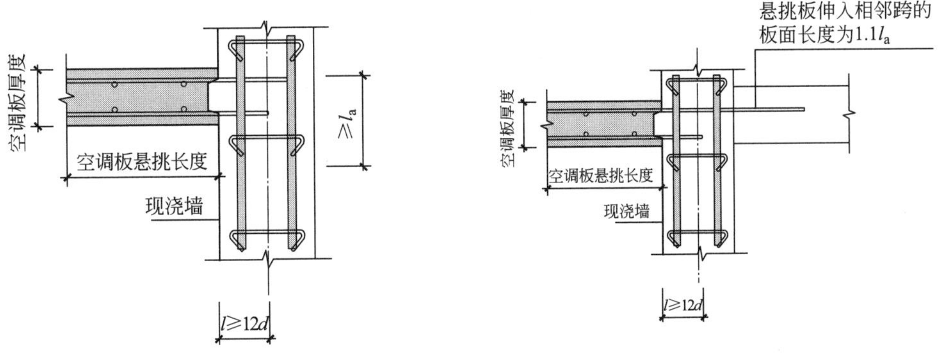

图 9-42 空调板与现浇墙体连接构造

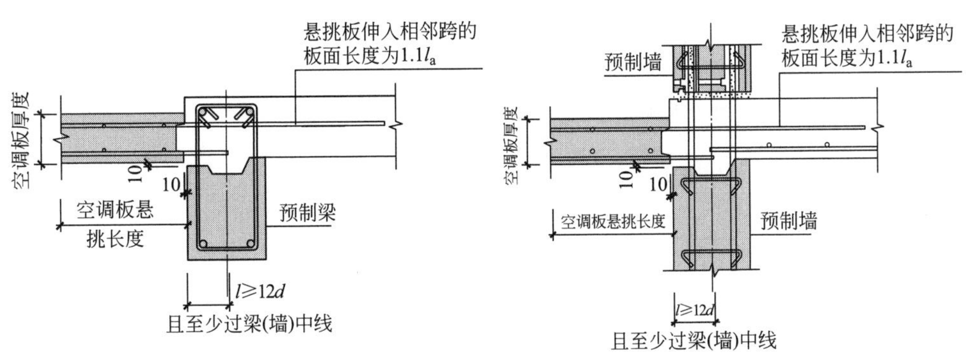

图 9-43 空调板与预制梁连接构造

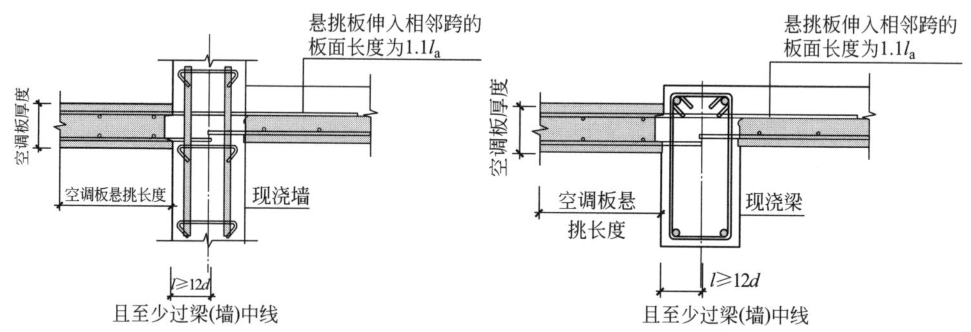

图 9-44　空调板与水平预制结构连接构造

9.3　本章小结

本章重点介绍了预制混凝土外挂墙板的相关设计内容，包含外挂墙板的板型划分原则及其相应的适用尺寸，外挂墙板平移式、转动式、固定式三种运动模式的适用范围以及与主体结构连接节点大样，结合《预制混凝土外挂墙板应用技术标准》JGJ/T 458—2018 的相关规定详细分析了三种运动模式下预制混凝土外挂墙板连接节点的受力形式以及板缝宽度的计算方法，同时给出了外挂墙板的防水构造大样图。本章此外还介绍了飘窗、预制楼梯、预制阳台板、预制空调板的常用类型、受力原理及预埋件的选用原则，并根据相关规范和图集给出了部分预制构件的大样图供设计人员参考。

参考文献

[1] 许瑛. 装配式建筑预制混凝土外挂墙板设计研究 [J]. 建筑技艺，2016 (10)：82-84.

[2] 吴金虎，卢家森，许正东，等. 预制混凝土外挂墙板上承式节点设计方法 [J]. 建筑结构，2014 (13)：47-51.

[3] 曹石，舒赣平，林坤洪，等. 一种新型装配式钢结构外挂墙板连接节点的受力性能分析和设计方法 [J]. 建筑结构，2017 (10)：46-52.

[4] 顾杰. 预制外挂墙板优化设计及力学性能研究 [D]. 南京：东南大学，2016.

[5] 南京长江都市建筑设计股份有限公司. 预制装配式住宅楼梯设计图集　苏 G26—2015 [S]. 南京：江苏凤凰科学技术出版社，2015.

第 10 章　设备设计

设备管线系统的装配式设计是装配式建筑设计的重要组成部分。做好预制构件的管线预留预埋、运用预制管道系统、实现管线分离技术等，都是装配式建筑不可或缺的重要一环。尤其随着近年来整体厨房、整体卫浴、架空地板等技术的大量运用，工业化理念的设备管线设计也得到行业内广泛推广认可且发展迅速。本章对水、电、暖等各设备系统相关装配式设计的要求进行基本介绍。

10.1　一般规定

10.1.1　基本要求

装配式混凝土结构建筑机电设计除应符合现行国家和地方相关规范、标准和规程的要求外，还应满足现行装配式混凝土结构建筑的设计、施工及验收规范，标准和规程的要求。近年来，各地及相关行业相继出版了一系列有关装配式混凝土结构建筑的规程及行业标准，但此类型建筑机电设计相关的国家规范、标准仍有待补充。

10.1.2　设备设计的内容

本章设备设计参考《装配式建筑系列标准应用实施指南（装配式混凝土结构建筑）》[1] 进行编写，主要设备设计内容如表 10-1 所示。

设备设计的主要内容　　表 10-1

序号	设计内容	说明
1	预制构件预留孔洞设计	设备及其管线和预留孔洞(管道井)设计应做到构配件规格化和模数化,符合装配整体式混凝土建筑的整体要求,避免遗漏
2	给水排水系统及管线设计	厨房、卫生间、屋面、消火栓等管线与结构构件的协同设计以及集成式厨卫的接口设计
3	供暖通风空调系统及管线设计	楼道、客厅、卧室、厨卫等管线与结构构件协同设计,风口、管线与内装协同设计
4	电气系统及管线设计	插座、空调、照明、电线等管线与结构构件协同设计,管线、面板与内装协同设计

10.1.3　机电管线、设备设置基本原则

机电管线及设备布置原则如表 10-2 所示。

机电管线及设备布置原则[2] **表 10-2**

序号	具体内容
1	给水排水、燃气、供暖、通风和空气调节系统的管线及设备按现行规范不得直埋于预制构件及预制叠合楼板的现浇层。当条件受限，管线必须暗埋或穿越时，横向布置的管道及设备应结合建筑垫层进行设计，也可在预制构件及墙板内预留孔洞或套管
2	机电竖向管线宜集中敷设，满足维修更换的需要。当竖向管道穿越预制构件或设备暗敷于预制构件时，需在预制构件中预留沟、槽、孔洞或套管。管道竖向集中可采用预制组合管道技术，预制组合管道如图 10-1 所示
3	隐蔽在装饰墙体内的管道，其安装应牢固可靠，管道按部位的装饰结构应该采取方便更换及维修的措施
4	应考虑建筑机电管线与预制建筑体系的关系，宜减少设备机房、管井等管线较多场所的内墙和楼板采用预制构件
5	机电管线支吊架设计安装应满足《建筑机电工程抗震设计规范》GB 50981 中的抗震要求

图 10-1 预制组合管道[2]

目前现行装配式混凝土建筑机电安装体系如表 10-3 所示，这几种体系简要做汇总对比如表 10-4 所示。

机电安装体系分类表 **表 10-3**

体系分类	具体做法
明装体系	机电管线及设备均在墙体、顶板、梁、柱上明露安装的做法
暗装体系	在预制或现浇结构墙体、楼板、梁、柱内，建筑垫层内安装机电管线及设备的做法；在顶棚、架空地板、架空层、轻质隔墙、内衬墙、踢脚、部品中安装机电管线及设备的做法

装配式混凝土建筑机电安装体系对比表[2] **表 10-4**

体系分类	专业	体系特点	适用建筑类型
明装体系	给水排水暖通电气	机电管线及设备均在墙体、顶板、梁、柱上明露安装。管线安装、维护方便，造价低，不影响主体结构，但影响美观	办公、商业、学校、停车楼、体育场馆等公共建筑。厂房、宿舍、保障性住房等对装修要求不高的建筑

续表

<table>
<tr><th>体系分类</th><th colspan="2">专业</th><th>体系特点</th><th>适用建筑类型</th></tr>
<tr><td rowspan="3">暗装体系</td><td rowspan="2">在主体结构和建筑垫层内安装机电管线及设备</td><td>给水排水暖通</td><td>卫生间同层排水管线敷设于结构降板回填层内；水平给水管线敷设于建筑垫层内，有竖向给水管线的预制墙板在其结构保护层内压槽。供暖管线敷设于建筑垫层内。在预制或现浇墙体、楼板、梁内预留管线穿墙、楼板、梁套管或孔洞</td><td rowspan="2">住宅建筑、宿舍、公寓等非住宅类居住建筑</td></tr>
<tr><td>电气</td><td>水平管线：电气线盒预埋于叠合板底板，管线敷设于后浇混凝土叠合层；竖向管线：电气管线及线盒预埋于预制墙板、梁、柱或敷设于现浇结构内</td></tr>
<tr><td>通过与内装协同设计安装机电管线及设备</td><td>给水排水暖通电气</td><td>机电管线及设备布置在顶棚、架空地板、架空层、轻质隔墙、内衬墙、踢脚、部品内，使结构与管线实现分离。这样主体结构更耐久，机电管线维护更新更方便，套内空间更灵活可变，具有较高的适应性，美观，但占用室内空间且造价高</td><td>住宅建筑、宿舍、公寓等非住宅类居住建筑，对装修要求高的公共建筑</td></tr>
</table>

10.1.4 建筑设备管线综合

在进行装配式混凝土建筑内部设备管线设计时，应重视管线综合。相关规范条文如表 10-5 所示。

设备管线设计相关规范条文 **表 10-5**

相关规范	规范条文
《装配式混凝土结构技术规程》JGJ 1—2014	[5.4.3] 设备管线应进行综合设计，减少平面交叉；竖向管线宜集中布置，并应满足维修更换的要求
北京市《装配式剪力墙住宅建筑设计规程》DB11/T 970—2013	[10.1.1] 装配式剪力墙住宅的机电管线应进行综合设计，公共部分和户内部分的管线连接宜采用架空连接的方式，如需暗埋，则应结合结构楼板及建筑垫层进行设计，集中敷设在现浇区域内

措施方法：

（1）居住建筑内的给水总立管、雨水立管、消防立管、采暖、电气和电信干线（管）、公共功能的阀门和电气设备以及用于总体调节和检修的部件，均应统一集中设置在居住建筑公共部位。

（2）公共建筑内竖向管线宜集中布置在独立的管道井内，且布置在现浇楼板处。

（3）当条件受限管线必须暗埋时，应结合叠合楼板现浇层以及建筑垫层进行设计。

（4）当管线综合条件受限管线必须穿越时，预制构件内可预留套管或孔洞，但预留位置不应影响结构安全。

（5）建筑设备及其管线需要与预制构件连接时，宜采用预留埋件的安装方式。

当采用其他安装固定方法时，不得影响构件完整性与结构安全。

（6）建筑部件与设备之间的连接宜采用标准化接口。

10.1.5 预制构件上孔洞、沟槽预留

从安全和经济两方面考虑，预制构件上的孔洞及沟槽的预留应符合以下相关规范的规定如表10-6所示。

预制构件孔洞及沟槽预留的相关规定 **表10-6**

相关规范	规范条文
《装配式混凝土结构技术规程》JGJ 1—2014	[5.4.4] 预制构件中电气接口及吊挂配件的孔洞、沟槽应根据装修和设备要求预留
北京市《装配式剪力墙住宅建筑设计规程》DB11/T 970—2013	[10.1.2] 预制结构构件中宜预埋管线，或预留沟、槽、孔、洞的位置，预留预埋应遵守结构设计模数网格，不应在围护结构安装后凿剔沟、槽、孔、洞
安徽省《装配整体式剪力墙结构技术规程（试行）》DB34/T 1874—2013	[4.6.4] 应在预制墙板中预留空调室内机、热水器等电器的接口及其吊挂配件的孔洞、沟槽，并与预制墙板可靠连接，不应在预制墙板上剔凿孔洞、沟槽。墙板上应预留配电箱、弱电箱等的洞口，或局部采用砌块墙体，并与预制墙板可靠拉结

措施方法：

预制构件上为管线、设备及其吊挂配件预留的孔洞、沟槽宜选择对构件受力影响最小的部位，并应确保受力钢筋不受破坏，当条件受限无法满足上述要求时，土建专业应采取相应的处理措施。设计过程中机电专业应与土建专业密切沟通，防止遗漏，以避免后期对预制构件剔凿沟槽、孔洞。

10.1.6 预制构件埋设物汇总及设计要点

1. 预制构件埋设物汇总

设备管线系统在装配式混凝土构件上的埋设物包括埋设的线管、埋设物及埋件等，一旦设计过程中遗漏，预制构件运到工地现场无法处理，会造成重大损失和工期延误。表10-7给出了预制构件可能需要的埋设物。

预制构件设备管线系统有可能要的埋设物一览表[3] **表10-7**

名称	预留			电气线管	预埋件			预埋物		
	给水排水	电气	空调		给水排水	电气	空调	给水排水	电气	空调
预制叠合楼板构件	孔洞、套管		孔洞、套管		管道吊架固定螺母	桥架母线吊架固定螺母	管道设备吊架固定螺母		线盒、灯盒、探测器底盒	
预制剪力墙构件	孔洞、套管、墙槽	孔洞、套管、墙槽	孔洞、套管	埋设线管防雷引下线	管道设备支架固定螺母	桥架母线支架固定螺母	管道设备支架固定螺母		线盒、开关盒插座盒、模块盒、电箱	

续表

名称	预留			电气线管	预埋件			预埋物		
	给水排水	电气	空调		给水排水	电气	空调	给水排水	电气	空调
叠合梁构件	孔洞、套管	孔洞、套管	孔洞、套管		管道设备支吊架固定螺母	桥架母线支吊架固定螺母	管道设备支吊架固定螺母			
预制柱构件				防雷引下线	管道设备支架固定螺母	桥架母线支架固定螺母	管道设备支架固定螺母		注：一层防雷测试盒，室外距地500mm	
预制阳台构件	孔洞、套管		孔洞、套管	防雷接地引出线	设备支架固定螺母		设备支架固定螺母		灯盒	
预制空调板构件	孔洞、套管		孔洞、套管	防雷接地引出线	设备支架固定螺母		设备支架固定螺母			
预制飘窗构件				防雷接地引出线						

2. 预制构件埋设物设计要点及原则

预制构件埋设物设计要点及原则如表 10-8 所示。

预制构件埋设物设计要点及原则　　表 10-8

名称	设计要点	设计原则
预制叠合楼板	竖向管线穿过楼板的设计有两种方案： 一是采用集中布置，设置管井； 二是采取直接穿过楼板的措施。 两种方案均需要在楼板处加设套管，同时按照规范要求高出地面相应的高度	电气及智能化管线应在预制楼板位置处预埋深型接线盒，埋设线管应减少交叉；管径≤25mm 以下的线管，应敷设不超过 2 层；叠合板内不允许埋设线管
预制梁、墙	1　在横向管线穿过结构梁、墙时需设计预留孔洞或套管，并标明位置、管径大小、定位尺寸、数量等； 2　对横向管线穿过结构梁、墙的误差要求、套管材质、防火隔声的封堵构造等设计； 3　与建筑师、结构师协同设计，避免“撞车”	设备管线接口的埋设位置应避开门窗部位的预制墙、剪力墙构件、梁柱受力较大的部位或节点连接区域，预留接口洞内的次钢筋不能割断。埋设物应避开梁、柱的主要钢筋或其他构件用的埋件，否则采取加固措施；埋设竖向管线应减少交叉或重叠，管径应小于墙厚的 1/2

3. 给水排水、暖通、电气等专业在预制构件上的埋设物

各专业在预制构件上的管线设计如表 10-9 所示。

各专业在预制构件上的管线设计　　表 10-9

名称	给水排水专业	暖通专业	电气专业
预制叠合楼板	自来水给水、中水给水、热水给水、雨水立管、消防立管、排水、雨水管	暖气、燃气、通风管道、烟气管道、空调设备、排气扇	电气干线、网线、电话线、有线电视线、可视门铃线、灯具、线盒、接线盒

续表

名称	给水排水专业	暖通专业	电气专业
预制梁、墙	给水管线	暖气管线、燃气管线、通风管道、空调管线	电源线、电信线、插座、配电箱

10.1.7 施工作业方式

设备管线施工作业的方法相关规定如表 10-10 所示。

设备管线施工作业方法相关规定 **表 10-10**

相关规范	规范条文
《装配式混凝土结构技术规程》JGJ 1—2014	[5.4.1] 室内装修宜减少施工现场的湿作业

措施方法：

给水排水支管、地面辐射供暖盘管以及电气管线可根据具体情况采用不同的安装方式。例如给水支管可以敷设在吊顶内或架空层内；同层排水支管可敷设在架空层内；地面辐射供暖可采用预制沟槽保温板地面辐射供暖系统、预制轻薄供暖板地面辐射供暖系统、架空模块式地面辐射供暖系统；电气管线可以预埋在结构预制构件内等方式来减少施工现场湿作业。

10.2 给水排水系统及管线设计

10.2.1 公共区域给水排水管道设计

公共区域给水排水管道设计相关规定如表 10-11 所示。

公共区域给水排水管道设计相关规范条文 **表 10-11**

相关规范	规范条文
《住宅建筑规范》GB 50368—2005	[8.1.4] 住宅的给水总立管、雨水立管、消防立管、采暖供回水总立管和电气、电信干线(管)，不应布置在套内。公共功能的阀门、电气设备和用于总体调节和检修的部件，应设在共用部位
《住宅设计规范》GB 50096—2011	[8.1.7] 下列设施不应设置在住宅套内，应设置在共用空间内： 1 公共功能的管道，包括给水总立管、消防立管、雨水立管、采暖(空调)供回水总立管和配电和弱电干线(管)等，设置在开敞式阳台的雨水立管除外； 2 公共的管道阀门、电气设备和用于总体调节和检修的部件，户内排水立管检修口除外 3 采暖管沟和电缆沟的检查孔
北京市《装配式剪力墙住宅建筑设计规程》DB11/T 970—2013	[10.3.1] 共用给水、排水立管应设在独立的管道井内，且布置在现浇楼板处。公共功能的控制阀门、检查口和检修部件应设在公共部位。雨水立管、消防管道应布置在公共部品内

续表

相关规范	规范条文
辽宁省《装配整体式建筑设备与电气技术规程》(暂行)DB21/T 1925—2011	[4.1.4] 共用给水、排水立管应设在独立的管道井内(公共建筑可设置在部品内)。公共功能的控制阀门、检查口和检修部件,应设在共用部位

措施方法:

(1) 在共用空间内设置公共管井,将给水总立管、雨水立管、消防管道及公共功能的控制阀门、户表(阀)、检查口等设置在其中,各户表后入户横管可敷设在公共区域顶板下或地面垫层内入户。为住宅各户敞开式阳台服务的各层共用雨水立管可以设在敞开式阳台内,建筑屋面外排雨水立管不宜设在敞开式阳台内。

(2) 对于分区供水的横干管,属于公共管道,应设置在公共部位,不应设置在与其无关的套内。当采用远传水表或IC水表将供水立管设在套内时,为便于维修和管理,供检修用的阀门应设在公共部位的供水横管上,不应设在套内的供水立管顶部。

(3) 应将共用给水、排水立管集中设置在公共部位的管井内,并宜布置在现浇楼板区域。

10.2.2 给水管道设计

给水管道设置部位应满足的规定及措施如表10-12所示。

给水管道设计相关规范条文 **表10-12**

相关规范	规范条文
《建筑给水排水设计规范》GB 50015—2019	[3.6.13] 给水管道暗设时,应符合下列规定: 1 不得直接敷设在建筑物结构层内; 2 干管和立管应敷设在吊顶、管井、管窿内,支管可敷设在吊顶、楼(地)面的垫层内或沿墙敷设在管槽内; 3 敷设在垫层或墙体管槽内的给水支管的外径不宜大于25mm; 4 敷设在垫层或墙体管槽内的给水管管材宜采用塑料、金属与塑料复合管材或耐腐蚀的金属管材; 5 敷设在垫层或墙体管槽内的管材,不得采用可拆卸的连接方式;柔性管材宜采用分水器向各卫生器具配水,中途不得有连接配件,两端接口应明露
上海市《装配整体式混凝土公共建筑设计规程》DGJ 08-2154—2014	[5.6.3] 装配整体式混凝土公共建筑应做好建筑设备管线综合设计,并应符合下列规定: 1 设备管线应减少平面交叉,竖向管线宜集中布置,并应满足维修更换的要求。 2 机电设备管线宜设置在管线架空层或吊顶空间中,各种管线宜同层敷设。 3 当条件受限管线必须暗埋时,宜结合叠合楼板现浇层以及建筑垫层进行设计。 4 当条件受限管线必须穿越时,预制构件内可预留套管或孔洞,但预留的位置不应影响结构安全。 5 建筑部件与设备之间的连接宜采用标准化接口

续表

相关规范	规范条文
北京市《装配式剪力墙住宅建筑设计规程》DB11/T 970—2013	[10.1.1] 装配式剪力墙住宅的机电管线应进行综合设计、公共部分和户内部分的管线连接宜采用架空连接的方式，如需暗埋，则应结合结构楼板及建筑垫层进行设计，集中敷设在现浇区城内。 [10.1.3] 装配式住宅建筑卫生间宜采用同层排水方式；给水、采暖水平管线宜暗敷于本层地面下的垫层中；空调水平管线宜布置在本层顶板吊顶下；电气水平管线宜暗敷于结构楼板叠合层中。也可布置在本层顶板吊顶下

措施方法：

（1）沿墙接至用水器具的给水支管一般均为 $DN15$ 或 $DN20$ 的小管径管，当遇预制构件墙体时，需在墙体近用水器具侧预留竖向管槽，管槽定位及槽宽应考虑结构设计模数并避让钢筋。一般管槽宽 30～40mm、深 15～20mm（开槽方式参考图 10-2、图 10-3、图 10-4），管道外侧表面的砂浆保护层不得小于 10mm；当给水支管无法完全嵌入管槽，管槽尺寸又不能扩大时，需增加墙体装饰面厚度。有的工程在墙内做横向管槽，这种方式易减弱结构强度，应尽可能避免采用这种方式。穿梁管道应在梁内预埋钢套管，套管尺寸一般大于所穿管道 1～2 档，如为保温管道，则预埋套管。

（2）尺寸应考虑管道保温层厚度；敷设于架空层内的管道，应采取可靠的隔声减噪措施；给水管与排水管共设于架空层或回填层时，给水管应敷设在排水管上方。

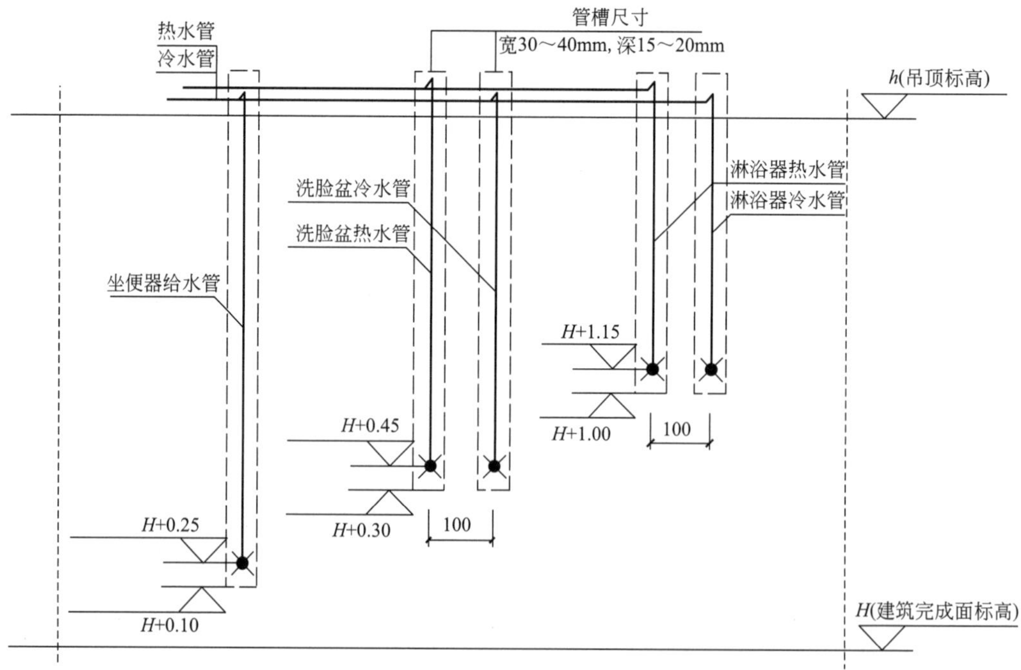

图 10-2　卫生间管槽示例一（给水干管设于吊顶内）

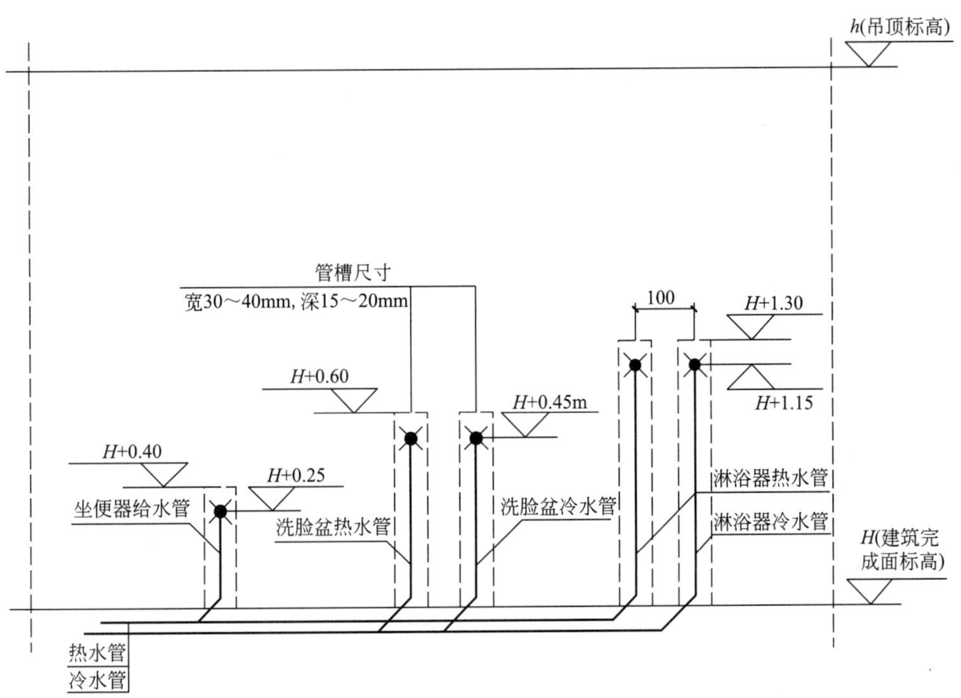

图 10-3　卫生间管槽示例二（给水干管设于建筑垫层内）

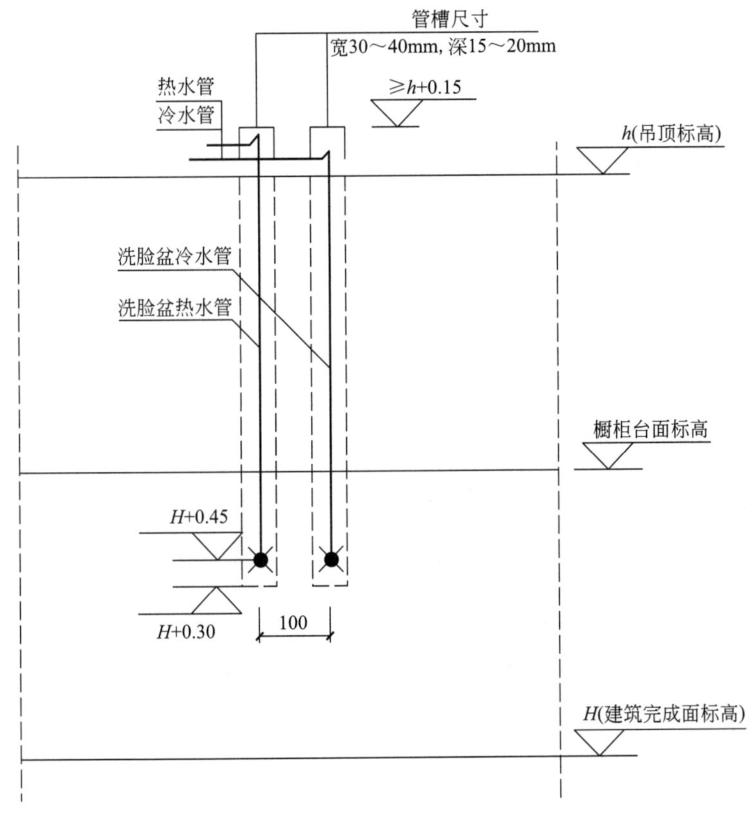

图 10-4　厨房管槽示例（给水干管设于吊顶内）

给水立管与部品水平管道连接方式应满足表 10-13 的规定。

给水立管与部品水平管道连接方式相关规范条文　　表 10-13

相关规范	规范条文
北京市《装配式剪力墙住宅建筑设计规程》DB11/T 970—2013	[10.3.3] 给水系统的给水立管与部品水平管道的接口宜设置内螺纹活接连接

10.2.3 排水管道设计

排水管道设计相关规定如表 10-14 所示。

排水管道设计相关规范条文　　表 10-14

相关规范	规范条文
《住宅设计规范》GB 50096—2011	[8.2.8] 污废水排水横管宜设置在本层套内；当敷设于下一层的套内空间时，其清扫口应设置在本层，并应进行夏季管道外壁结露验算和采取相应的防止结露的措施。污废水排水立管的检查口宜每层设置
《装配式混凝土结构技术规程》JGJ 1—2014	[5.4.5] 建筑宜采用同层排水设计，并应结合房间净高、楼板跨度、设备管线等因素确定降板方案
北京市《装配式剪力墙住宅建筑设计规程》DB11/T 970—2013	[10.3.2] 套内排水管道宜优先采用同层敷设。同层排水的卫生间地坪应有可靠的防渗漏水措施
辽宁省《装配整体式建筑设备与电气技术规程》(暂行)DB21/T 1925—2011	[4.1.5] 住宅套内排水管道应同层敷设，器具排水竖管不得穿越楼板进入另一套内，同层排水的卫生间地坪应有可靠的防渗漏水措施

措施方法：

(1) 同层排水形式分为排水支管暗敷在隔墙内、排水支管敷设在本层结构楼板与最终装饰地面之间（图 10-5）两种式。给水排水专业应向土建专业提供相应区域地坪荷载及降板或抬高建筑面层的高度要求，确保满足卫生间设备及回填（架空）层等的荷载要求，降板或抬高建筑面层的高度应确保排水管管径、坡度满足相关规范要求。

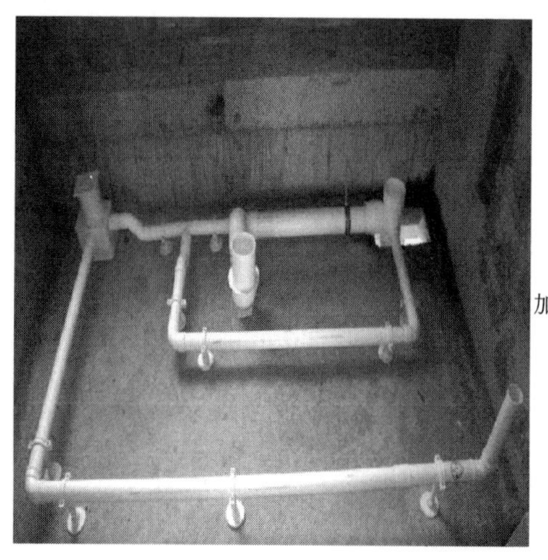

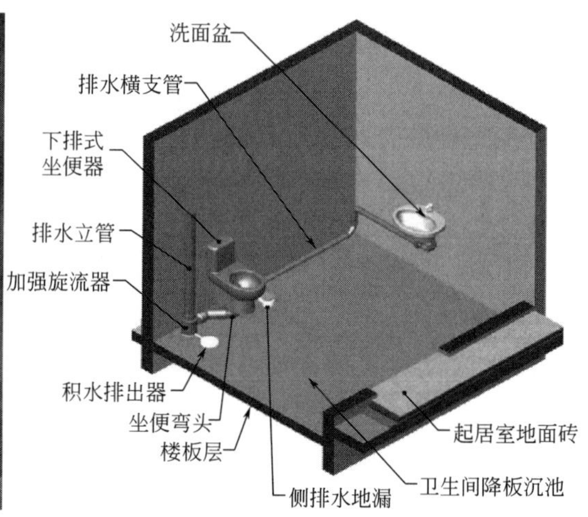

图 10-5　同层排水系统

当同层排水采用排水横支管降板回填或抬高建筑面层的敷设方式：排水管路采用普通排水管材及管配件时，卫生间区域降板或抬高建筑面层的高度不宜小于 300mm，并应满足排水管设置最小坡度要求；排水管路采用特殊排水管配件且部分排水支管暗敷于隔墙内时，卫生间区域降板或抬高建筑面层的高度不宜小于 150mm，并应满足排水管道及管配件安装要求。当同层排水采用整体卫浴横排形式时，降板高度为下沉高度减掉地面装饰层厚度（图 10-6），装饰层厚度由土建相应的地面材料做法确定。

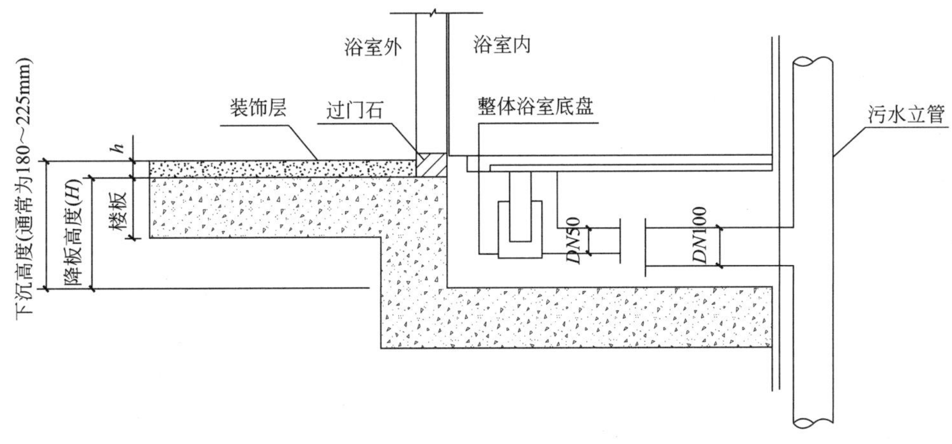

图 10-6　整体浴室（横排）降低高度示意图

（2）为减小降板或抬高建筑面层的高度，应尽可能从卫生间洁具布置上考虑。坐便器宜靠近排水立管，减小排水横管坡度，并尽可能采用排水管暗敷于隔墙内的形式；洗脸盆排水支管可在地面上沿装饰墙暗敷；在洗衣机处的地面上一定高度做专用排水口，并采用洗衣机专用拖盘架高洗衣机，同时推广采用强排式洗衣机，解决洗衣机设地漏排水的问题。淋浴也可采用同样的方法解决必须设地漏排水的问题。随着产业化的要求和建筑技术的提高，应该从建筑设计上引导大众的使用习惯，改变生活方式，做一场卫生间的革命。

（3）同层排水卫生间的楼板面及建筑地坪皆应做好防水工程，防水层做法见图 10-7。

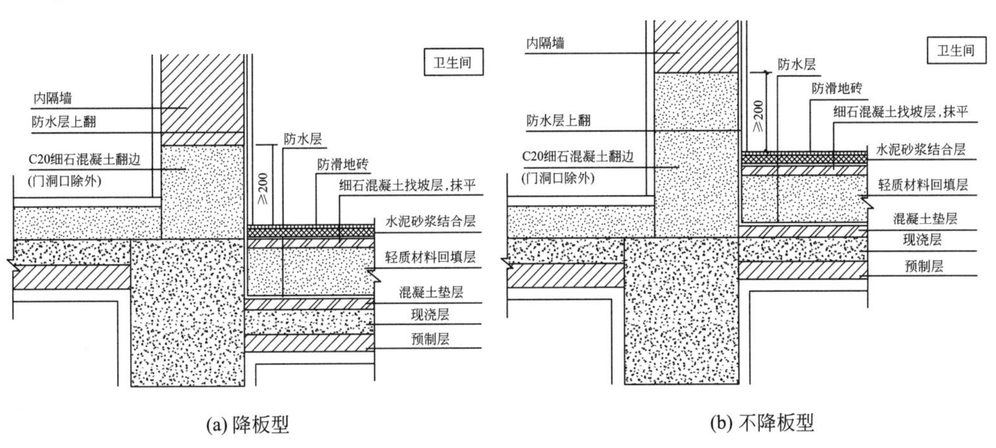

图 10-7　同层排水防水工程示例

10.2.4 整体卫浴、整体厨房的给水排水管道设计

所谓整体厨卫空间（图 10-8），是指提供从顶棚、厨卫家具（整体橱柜、浴室柜）、智能家电（浴室取暖器、换气扇、照明系统、集成灶具）等成套厨卫家居解决方案的产品。其特点在于产品集成、功能集成、风格集成。此类产品对于装配式混凝土建筑，在管线处理方面提供了较好的解决手段。

图 10-8　整体卫生间

整体厨卫给水排水管道设计相关规范条文详见表 10-15。

整体厨卫给排水管道设计相关规范条文　　表 10-15

相关规范	规范条文
北京市《装配式剪力墙住宅建筑设计规程》DB11/T 970—2013	[10.3.5]　整体卫浴、整体厨房的同层排水管道和给水管道，均应在设计预留的安装空间内敷设。同时预留和明示与外部管道接口的位置
辽宁省《装配整体式建筑设备与电气技术规程》（暂行）DB21/T 1925—2011	[7.3.7]　整体装配式卫浴间或公共卫浴间的卫浴给排水部件，其标高、位置及允许偏差项目应执行现行国家标准《建筑给排水及采暖工程施工质量验收规范》GB 50242—2002 的规定

措施方法：

（1）整体卫浴应进行管道井设计，可将风道、排污立管、通气管等设置在管道井内，管井尺寸由设计确定，一般设计为 300mm×800mm。

（2）整体卫浴排水总管接口管径宜为 $DN100$，整体厨房排水管接口管径宜为 $DN75$。

（3）整体卫浴给水总管预留接口宜在整体卫浴顶部贴土建顶板下敷设，当整体卫浴墙板高度为 $H=200$mm 时，需将给水管道安装至卫生间土建内部任一面墙体上，在距整体卫浴安装地面约 2500mm 的高度预留 $DN20$ 阀门，冷热水管各一个，打压确保接头不漏水；整体卫浴内的冷、热水管伸出整体卫浴顶

盖顶部 150mm，待整体卫浴定位后，将整体卫浴给水管与预留给水阀门进行对接，并打压试验。当墙板高度增加时，预留阀门的安装高度相应增加，详见图 10-9。

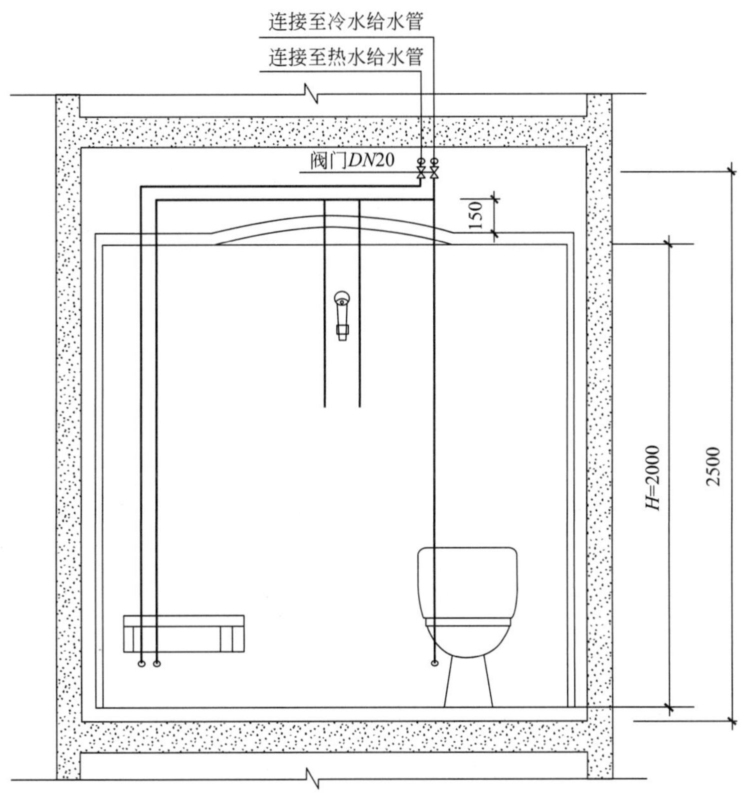

图 10-9　整体卫浴顶部冷热水管预留示例

（4）整体卫浴排水一般分为同层排水和异层排水，详见图 10-10、图 10-11。当

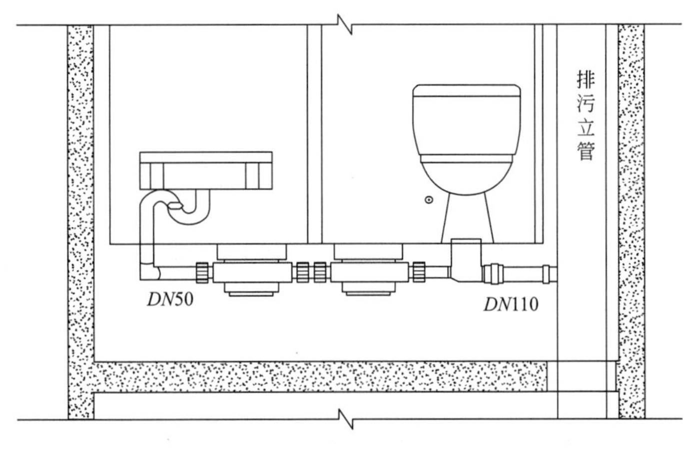

图 10-10　同层排水示例

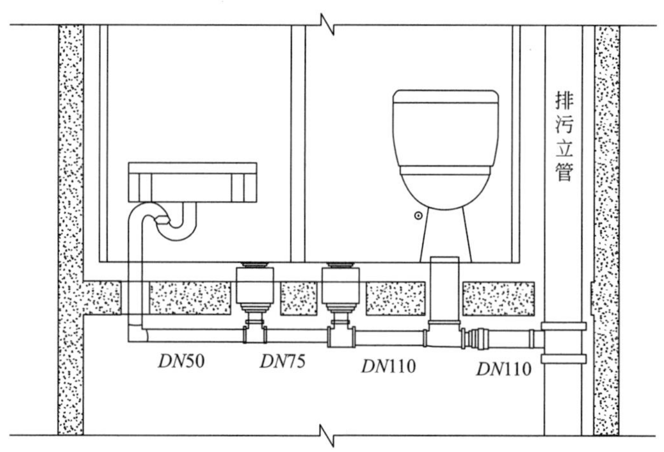

图 10-11　异层排水示例

排水方式为同层排水时，要求立管三通接口下端距离整体卫浴安装楼面 20mm。当排水方式为异层排水时，整体卫浴正投影面管路连接必须待整体卫浴定位后方可进行施工。整体卫浴所有排水器具的排水管件连接汇总为一路 *DN*110 排水管，污废合流，连接至污水立管；若要求污、废分流，整体卫浴可将污、废水分别汇总为 *DN*110 和 *DN*50 的排水管，分别连接至污、废水立管。

10.2.5　预留、预埋

预制构件上孔洞的预留及套管的预埋应满足表 10-16 规定。

预制构件上孔洞预留、预埋规定　　表 10-16

相关规范	规范条文
《建筑给水排水及采暖工程施工质量验收规范》GB 50242—2002	[3.3.13]　管道穿过墙壁和楼板，应设置金属或塑料套管。安装在楼板内的套管，其顶部应高出装饰地面 20mm；安装在卫生间及厨房内的套管，其顶部应高出装饰地面 50mm，底部应与楼板底面相平；安装在墙壁内的套管其两端与饰面相平。穿过楼板的套管与管道之间缝隙应用阻燃密实材料和防水油膏填实，端面光滑。穿墙套管与管道之间缝隙宜用阻燃密实材料填实，且端面应光滑。管道的接口不得设在套管内
上海市《装配整体式混凝土公共建筑设计规程》DGJ 08-2154—2014	[5.6.1]　设备及其管线和预留孔洞（管道井）设计应做到构配件规格化和模数化，符合装配整体式混凝土公共建筑的整体要求。 [5.6.2]　预制构件上预留的孔洞、套管、坑槽应选择在对构件受力影响最小的部位
北京市《装配式剪力墙住宅建筑设计规程》DB11/T 970—2013	[10.3.4]　穿越预制墙体的管道应预留套管；穿越预制楼板的管道应预留洞；穿越预制梁的管道应预留钢套管

措施方法：

（1）阳台地漏、采用非同层排水方式的厨卫排水器具及附件预留孔洞尺寸参见表 10-17。

（2）给水、消防管穿越预制墙、梁、楼板预留普通钢套管尺寸参见表 10-18。

（3）排水管穿越预制梁或墙预留普通钢套管尺寸参见表 10-18 中的 DN_1，排水管穿越预制楼板预留孔洞或预埋套管要求参见表 10-19。

（4）管道穿越预制屋面楼板、预制地下室外墙板等有防水要求的预制结构板体时，应预埋刚性防水套管，具体套管尺寸及做法参见国标图集《防水套管》02S404。

排水器具及附件预留孔洞尺寸表　　表 10-17

排水器具及附件种类	大便器	浴缸、洗脸盆、洗涤盆、小便斗	地漏、清扫口			
所接排水管管径(mm)	*DN*100	*DN*50	*DN*50	*DN*75	*DN*100	*DN*150
预留圆洞 ϕ(mm)	200	100	200	200	250	300

给水、消防管预留普通钢套管尺寸表　　表 10-18

管道公称直径 *DN*(mm)	15	20	25	32	40	50	备注
钢套管公称直径 DN_1(mm)	32	40	50	50	80	80	（适用无保温）
管道公称直径 *DN*(mm)	65	80	100	125	150	200	备注
钢套管公称直径 DN_1(mm)	100	125	150	150	200	250	（适用无保温）

注：保温管道的预留套管尺寸，应根据管道保温后的外径尺寸确定预留套管尺寸。

排水管穿越楼板预留洞尺寸表　　表 10-19

管道公称直径 *DN*(mm)	50	75	100	150	200	备注
圆洞 ϕ(mm)	120	150	180	250	300	—
普通塑料套管 *DN*(mm)	110	125	160	200	250	带止水环或橡胶密封圈

当给水排水设施管线必须布置于预制部分时，就要考虑预留洞口、线槽的尺寸设置，首先应满足管线布置、洁具定位等安装使用的尺寸要求，在此基础上应考虑未来建筑及精装的模数要求，如地砖的模数布置考虑，同时协调结构钢筋布置躲避配筋，对洁具、地漏等的定位进行深化设计，满足建筑立面、内墙装饰面及地面铺装的要求，预留孔洞模数协调如图 10-12 所示。

管道及其预留预埋套管、孔洞的防水、防火、隔声措施应满足表 10-20 的规定。

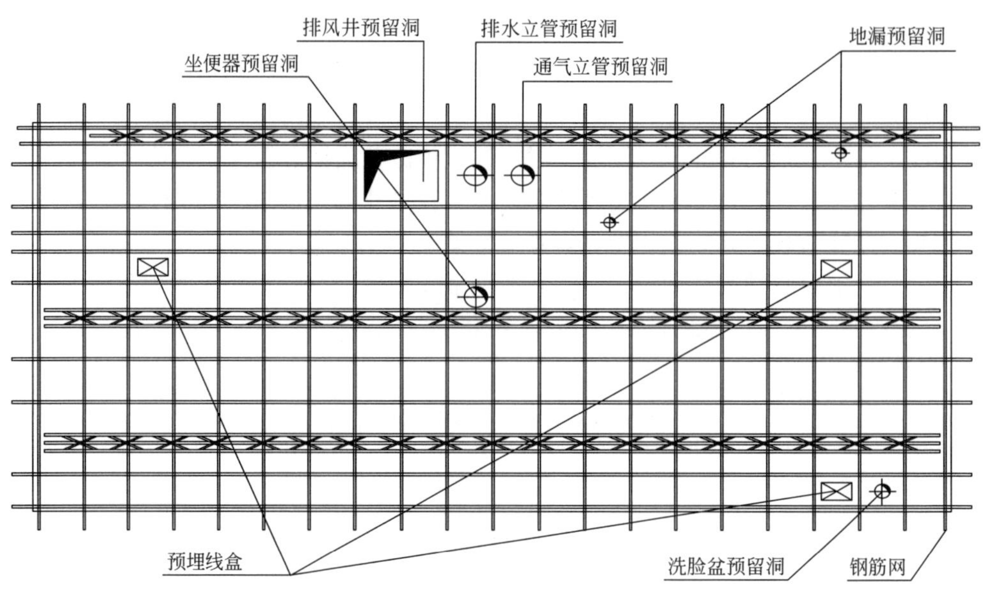

图 10-12 预留孔洞模式协调

管道预留规定 **表 10-20**

相关规范	规范条文
《住宅建筑规范》GB 50368—2005	[7.1.4] 水、暖、电、气管线穿过楼板和墙体时，孔洞周边应采取密封隔声措施。 [7.1.6] 管道井、水泵房、风机房应采取有效的隔声措施，水泵、风机应采取减振措施
《建筑给水排水设计规范》GB 50015—2003(2009 年版)	[4.3.11] 当建筑塑料排水管穿越楼层、防火墙、管道井井壁时，应根据建筑物性质、管径和设置条件以及穿越部位防火等级等要求设置阻火装置
《建筑设计防火规范》GB 50016—2014(2018 版)	[6.1.6] 除本规范第 6.1.5 条规定外的其他管道不宜穿过防火墙，确需穿过时，应采用防火封堵材料将墙与管道之间的空隙紧密填实，穿过防火墙处的管道保温材料，应采用不燃材料；当管道为难燃及可燃材料时，应在防火墙两侧的管道上采取防火措施。 [6.3.5] 防烟、排烟、供暖、通风和空气调节系统中的管道及建筑内的其他管道，在穿越防火隔墙、楼板和防火墙处的孔隙应采用防火封堵材料封堵。 [6.3.6] 建筑内受高温或火焰作用易变形的管道，在贯穿楼板部位和穿越防火隔墙的两侧宜采取阻火措施
《建筑给水排水及采暖工程施工质量验收规范》GB 50242—2002	[3.3.13] 管道穿过墙壁和楼板，应设置金属或塑料套管。安装在楼板内的套管，其顶部应高出装饰地面 20mm；安装在卫生间及厨房内的套管，其顶部应高出装饰地面 50mm，底部应与楼板底面相平；安装在墙壁内的套管其两端与饰面相平。穿过楼板的套管与管道之间缝隙应用阻燃密实材料和防水油膏填实，端面光滑。穿墙套管与管道之间缝隙宜用阻燃密实材料填实，且端面应光滑。管道的接口不得设在套管内

续表

相关规范	规范条文
《装配式混凝土结构技术规程》JGJ 1—2014	[5.4.8] 设备管线穿过楼板的部位，应采取防水、防火、隔声等措施
辽宁省《装配整体式建筑设备与电气技术规程》(暂行)DB21/T 1925—2011	[4.1.7] 管道穿越楼板和墙体时，孔洞周边应采取密封隔声措施。 [4.6.6] 塑料排水管道穿越防火墙时，应在管道穿越墙体处两侧采取防止火灾贯穿的措施
《建筑排水塑料管道工程技术规程》CJJ/T 29—2010	[5.1.17] 高层建筑中的塑料排水管道系统，当管径大于等于110mm时，应根据设计要求在贯穿部位设置阻火圈。阻火圈的安装应符合产品要求，安装时应紧贴楼板底面或墙体，并应采用膨胀螺栓固定

措施方法：

(1) 预留套管、孔洞的缝隙填塞要求：

所有预留套管与管道之间、孔洞与管道之间的缝隙需采用阻燃密实材料填塞。除以上防火、隔声措施要求外，还应注意管道穿过楼板时需采取防水措施。

(2) 管道阻火装置设置要求：

1) 当建筑内采用受高温或火焰作用易收缩变形或烧蚀材质的管道时，立管穿越楼板部位和横管穿越防火隔墙的两侧设置阻火装置的要求如下：高层建筑中的塑料排水管道，当管径大于等于 110mm 时，应在其贯穿部位设置阻火装置；其余管道，宜在贯穿部位采取阻火措施。

2) 阻火装置应采用热膨胀型阻火圈，安装时应紧贴楼板底面或墙体，并应采用膨胀螺栓固定。阻火圈设置部位如下：

① 立管穿越楼板处的下方；

② 管道井内隔层防火封隔时，横管接入立管穿越管道井井壁或管窿围护墙体的贯穿部位外侧。

3) 横管穿越防火分区的隔墙和防火墙的两侧。

预制构件上的预埋件应满足表 10-21 的规定。

预制构件预埋件规定　　表 10-21

相关规范	规范条文
《装配式混凝土结构技术规程》JGJ 1—2014	[5.4.9] 设备管线宜与预制构件上的预埋件可靠连接
北京市《装配式剪力墙住宅建筑设计规程》DB11/T 970—2013	[10.3.8] 成排管道或设备应在预制构件上预埋用于支吊架安装的埋件。 [10.3.9] 太阳能热水系统集热器、储水罐等的安装应考虑与建筑一体化，做好预留预埋

10.2.6 管道支吊架

管道支吊架相关规范条文及采取的具体措施详见表 10-22。

管道支吊架相关规范条文及采取的具体措施　　　　表 10-22

相关规范	规范条文
北京市《装配式剪力墙住宅建筑设计规程》DB11/T 970—2013	[10.3.6]　固定设备、管道及其附件的支吊架安装应牢固可靠，并具有耐久性，支吊架应安装在实体结构上，支架间距应符合相关工艺标准的要求，同一部品内的管道支架应设置在同一高度上。 [10.3.7]　任何设备、管道及器具都不得作为其他管线和器具的支吊架
辽宁省《装配整体式建筑设备与电气技术规程》(暂行)DB21/T 1925—2011	[4.6.3]　敷设管道应有牢固的支、吊架和防晃措施

10.2.7　设计文件编制深度

装配式建筑的给水排水专业初步设计及施工图设计阶段，设计文件编制深度的基本要求分别如表 10-23 及表 10-24 所示。

初步设计阶段设计文件编制深度表　　　　表 10-23

规范	规范条文	具体内容
《建筑工程设计文件编制深度规定》(2016版)	[3.7.2]　设计说明	14　装配式建筑设计： 当项目按装配式建筑要求建设时，说明装配式建筑给排水设计目标，采用的主要装配式建筑技术和措施。(如卫生间排水形式，采用装配式时管材材质及接口方式，预留孔洞、沟槽做法要求，预埋套管、管道安装方式和原则等)
深圳市《装配式混凝土建筑设计文件编制深度标准》	[4.7.1]　设计说明书应包含以下内容	1　工程概况：说明项目采用装配式混凝土技术的建筑单体的分布情况，采用的主要装配式建筑技术和措施； 2　给排水专业的管道、管件及附件等在预制构件中的敷设方式及处理原则； 3　管材材质及接口方式及预制构件中预留空洞、沟槽、预埋管线等布置的设计原则
	[4.7.2]　设计图纸中应表达与预制构件相关内容	
《上海市装配式混凝土建筑工程设计文件编制深度规定》	[3.6.2]　设计说明书	1　设计依据 2)本专业设计所执行的主要法规和所采用的主要标准，采用装配式建筑时本专业须遵守的其他规范与标准。 2　工程概况：说明采用装配式的各建筑单体分布。 3　设计范围。当采用装配式建筑时明确给排水专业的管道、管件及附件布置设置在预制板内或装饰墙面内；及在预制构件中预留孔洞、沟槽，预埋套管、管道布置的设计原则。 6　建筑室内给水排水设计 8)排水系统：卫生间排水形式； 9)采用装配式建筑时管材材质及接口方式；预留孔洞、沟槽做法要求，预埋套管、管道安装方式
	[3.6.3]　设计图纸	2　建筑室内给水排水平面图和系统原理图 1)装配式建筑注明在预制构件中预留孔洞、沟槽，预埋套管、管道的原则

续表

规范	规范条文	具体内容
《天津市装配式混凝土建筑工程设计文件编制深度规定》	［3.6.2］ 设计说明书	1 设计依据 2)装配式混凝土建筑适用的专项法规与标准； 2 工程概况：说明采用装配式的各建筑单体分布及所采用的装配结构体系。 5 建筑室内排水设计 2)管材、接口及敷设方式，装配式建筑中管材材质及接口方式，预留孔洞、沟槽做法要求，预埋套管、管道安装方式。 6 对装配式建筑应明确给排水专业的管道、管件及附件等在预制构件中的敷设方式及处理原则；预制构件中预留孔洞、沟槽，预埋管线等布置的设计原则
	［3.6.3］ 设计图纸	1 建筑室内给水排水平面图和系统原理图。 1)注明装配式建筑在预制构件中预留孔洞、沟槽，预埋套管、管道布置的原则

注：仅列出与装配式相关内容。

施工图设计阶段设计文件编制深度表　　表 10-24

规范	规范条文	具体内容
《建筑工程设计文件编制深度规定》（2016版）	［4.6.15］ 当采用装配式建筑技术设计时，应明确装配式建筑设计给排水专项内容	1 明确装配式建筑给排水设计的原则及依据。 2 对预埋在建筑预制墙及现浇墙内的预留孔洞、沟槽及管线等要有做法标注及详细定位。 3 预埋管、线、孔洞、沟槽间的连接做法。 4 墙内预留给排水设备时的隔声及防水措施；管线穿过预制构件部位采取相应的防水、防火、隔声、保温等措施。 5 与相关专业的技术接口要求
深圳市《装配式混凝土建筑设计文件编制深度标准》	［5.6.1］ 设计说明应包含以下内容	1 工程概况：说明项目采用装配式混凝土技术的建筑单体的分布情况，采用的主要装配式建筑技术和措施。 2 设计依据：与装配式混凝土建筑设计有关的国家及地方规范、标准。 3 装配式混凝土建筑给水排水设计专项说明： 1)明确装配式建筑给排水设计的原则及依据。 2)采用装配式混凝土技术的项目应说明与之相关的设计内容和范围，如安装在预制构件中的设备、管道等的设计范围。 3)卫生间给排水形式。说明卫生间采用异层排水或同层排水形式的给排水管道的敷设方式、坡度、管材等要求；整体卫浴的给排水管道接口预留方式。 4)装配式混凝土建筑对施工工艺和精度的控制要求。如预留孔洞、沟槽、预埋管线等做法要求。 5)描述管道穿过预制构件部位采取的防水、防火、隔声及保温措施。 6)与相关专业的技术接口要求

续表

规范	规范条文	具体内容
深圳市《装配式混凝土建筑设计文件编制深度标准》	[5.6.2] 设计图纸应包含以下内容	1 预制构件中预留的孔洞、沟槽、预埋套管、管道的部位及定位图,标注其定位尺寸、标高、管径或孔径等内容; 2 预埋管、线、孔洞、沟槽间的连接做法; 3 管道接口要求(如整体卫浴管道接口或同层排水管道接口); 4 复杂的安装节点应给出剖面图; 5 墙内预留给排水设备时的隔声及防水措施; 6 管线穿过预制构件部位采取相应的防水、防火、隔声、保温等措施; 7 与相关专业的技术接口要求等
《上海市装配式混凝土建筑工程设计文件编制深度规定》	[4.6.3] 设计总说明	1 设计总说明 1)设计依据简述。 本专业设计所采用的主要标准(包括标准的名称、编号、年号和版本号);采用装配式结构时本专业须遵守的其他法规与标准。 2)工程概况。内容同初步设计;说明采用装配式的各建筑单体分布及预制混凝土构件分布情况。 7)管材、接口、敷设方式及施工要求。 管材材质及接口方式;预留孔洞、沟槽做法要求,预埋套管、管道安装方式。 明确给排水管道、管件及附件等设置在预制构件或装饰墙面内的位置; 明确给排水管道、管件及附件在预制构件中预留孔洞、沟槽,预埋管线等的部位; 明确管道穿过预制构件时应采取的措施、管道接头的要求及施工说明、注意事项。(保证排水管的坡向及坡度等) 8)卫生间排水形式
	[4.6.9] 建筑室内给水排水图纸	1 平面图 9)装配式建筑在预制构件布置图中注明在预制构件中预留孔洞、沟槽,预埋套管、管道的部位;并说明装配式建筑管道接口要求:管道的定位尺寸,标高及管径。 2 系统图 6)装配式建筑注明在预制构件中预埋的管道。 4 详图 装配式建筑预留孔洞、沟槽,预埋套管、管道的标高、定位尺寸、规格等;复杂的安装节点应给出剖面图

续表

规范	规范条文	具体内容
《天津市装配式混凝土建筑工程设计文件编制深度规定》	[4.6.3] 设计总说明	1 设计总说明 1)设计依据简述： c.本专业设计所采用的主要标准(包括标准的名称、编号、年号和版本号)；采用装配式结构时本专业须遵守的其他法规与标准； 2)工程概况。内容同初步设计；说明采用装配式的各建筑单体分布及预制混凝土构件分布情况和采用的装配结构体系； 7)管材、接口、敷设方式及施工要求： a.应给出管材材质及接口方式；预留孔洞、沟槽做法要求，预埋套管、管道安装方式； b.明确给排水管道、管件及附件等设置在预制构件或装饰墙面内的位置； c.明确给排水管道、管件及附件在预制构件中预留孔洞、沟槽，预埋管线等的部位； d.明确管道穿过预制构件时应采取的措施、管道接头的要求及施工说明、注意事项(保证排水管的坡向及坡度等)； 8)卫生间排水形式
	[4.6.4] 建筑室内给水排水图纸	1 平面图 8)装配式建筑在预制构件布置图中注明在预制构件中预留孔洞、沟槽，预埋套管、管道的部位；并说明装配式建筑管道接口要求：管道的定位尺寸，标高及管径。 2 系统图 5)装配式建筑注明在预制构件中预埋的管道。 4 详图。装配式建筑预留孔洞、沟槽，预埋套管及管道等复杂的安装节点应给出详图(如：剖面图等)

注：仅列出与装配式相关内容。

10.3 供暖通风空调系统及管线设计

10.3.1 供暖系统及管线设计

住宅建筑的供暖系统应满足表 10-25 的规定。

住宅建筑的供暖系统规定 **表 10-25**

相关规范	规范条文
北京市《装配式剪力墙住宅建筑设计规程》DB11/T 970—2013	[10.2.1] 室内供暖系统宜优先采用低温热水地面辐射供暖系统，也可采用散热器供暖系统。 [10.2.2] 有外窗的卫生间，当采用整体卫浴或采用同层排水架空地板时，宜采用散热器供暖

续表

相关规范	规范条文
辽宁省《装配整体式建筑设备与电气技术规程》(暂行)DB21/T 1925—2011	[3.2.1] 装配整体式居住建筑室内供暖系统优先采用低温热水地面辐射供暖系统,也可采用散热器供暖系统。 [3.2.3] 装配整体式居住建筑的有外窗卫生间,当采用整体式卫浴或采用同层排水架空地板时,宜采用散热器供暖

住宅建筑中采暖供回水共用总管道及阀门等的设置应满足表 10-26 的规定。

住宅建筑采暖供回水共用总管道及阀门规定　　表 10-26

相关规范	规范条文
《住宅设计规范》GB 50096—2011	[8.1.7] 下列设施不应设置在住宅套内,应设置在共用空间内: 1 公共功能的管道,包括给水总立管、消防立管、雨水立管、采暖(空调)供回水总立管和配电和弱电干线(管)等,设置在开敞式阳台的雨水立管除外; 2 公共的管道阀门、电气设备和用于总体调节和检修的部件,户内排水立管检修口除外; 3 采暖管沟和电缆沟的检查孔
《住宅建筑规范》GB 50368—2005	[8.1.4] 住宅的给水总立管、雨水立管、消防立管、采暖供回水总立管和电气、电信干线(管),不应布置在套内。公共功能的阀门、电气设备和用于总体调节和检修的部件,应设在共用部位
北京市《装配式剪力墙住宅建筑设计规程》DB11/T 970—2013	[10.2.3] 供暖系统的主立管及分户控制阀门等部件应设置在公共部位管道井内;户内供暖管线宜设置为独立环路
辽宁省《装配整体式建筑设备与电气技术规程》(暂行)DB21/T 1925—2011	[3.2.2] 装配整体式居住建筑供暖系统的供、回水主立管和热计量表及分户控制阀门等部件应设置户外公共区域的管道井内;户内供暖系统宜设置独立环路

措施方法:

(1) 在共用空间设置公共管井,将供暖总立管及公共功能的控制阀门、户用热计量表等设置在其中,各户总阀(或户用热计量表)后进入户内的横管可以敷设在共用空间地面垫层内入户。

(2) 对于分区供水的横干管,属于公共管道,也应设置在共用空间,而不应设置在与其无关的套内。

装配式混凝土结构住宅的低温热水地面辐射供暖系统的设置应满足表 10-27 规定。

装配式混凝土结构住宅低温热水地面辐射供暖系统规定　　表 10-27

相关规范	规范条文
北京市《装配式剪力墙住宅建筑设计规程》DB11/T 970—2013	[10.2.11] 分、集水器宜设置在便于维修管理的位置

续表

相关规范	规范条文
《装配式混凝土结构技术规程》JGJ 1—2014	[5.4.1] 室内装修宜减少施工现场的湿作业
辽宁省《装配整体式建筑设备与电气技术规程》(暂行)DB21/T 1925—2011	[3.2.6] 装配整体式居住建筑设计低温热水地面辐射供暖系统时应符合下列规定： 3 地面辐射供暖系统的加热管不应安装在地板架空层下面，应安装在地板架空层上面；地面加热管上面不应设置与该系统无关的其他管道与管线，地面加热管铺设应预留其他管线的检修位置。 4 地面辐射供暖系统的加热管上画不宜设计采用湿式填充料，宜采用干式施工。 [3.2.12] 低温热水地面辐射供暖系统和章鱼式供暖系统的分、集水器宜设置在架空地板上面或其他便于维修管理的位置

措施方法：

(1) 分、集水器一般宜设置在各户入口处，可与入口装修结合，这样可以减少户内埋地管的交叉。目前大量项目要求分、集水器设置在厨房洗涤盆下面，而厨房洗涤盆一般都在比较靠里的外窗区域，地暖总管需要先进入厨房到洗涤盆处再从厨房出来到各房间，管道局部排布很密或交叉较多，不便于施工和维修。

(2) 预制沟槽保温板地面辐射供暖（干式施工）典型地面做法及混凝土或水泥砂浆填充式地面辐射供暖（湿式施工）典型地面做法见图 10-13 和图 10-14。

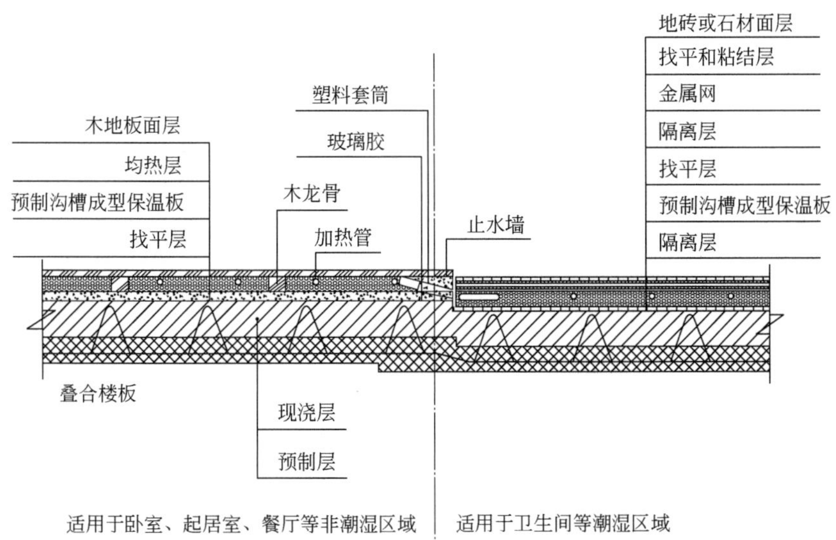

图 10-13 预制沟槽保温板地面辐射供暖（干式施工）典型地面做法

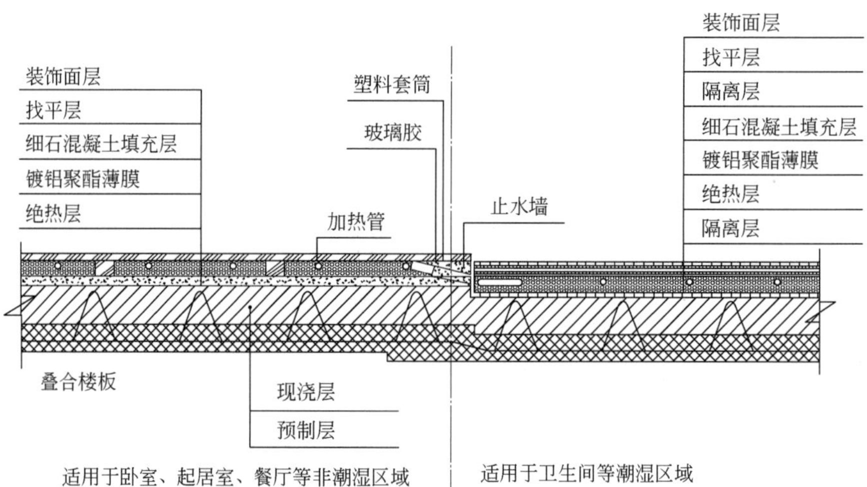

图 10-14 混凝土或水泥砂浆填充式地面辐射供暖（湿式施工）典型地面做法

散热器供暖系统的设置应满足表 10-28 的规定，其种类和特点如表 10-29 所示，布置形式如表 10-30 所示。

散热器供暖系统规定 **表 10-28**

相关规范	规范条文
辽宁省《装配整体式建筑设备与电气技术规程》(暂行)DB21/T 1925—2011	[3.2.7] 装配整体式建筑当采用散热器供暖时应符合下列规定： 1 装配式居住建筑室内供暖系统的制式，户外宜采用双立管系统，户内宜采用单管跨越式系统、双管下供下回同程式系统，也可采用章鱼式供暖系统。当采用单管跨越式系统时，每组散热器应采用低阻力两通或三通调节阀； 2 装配式公共建筑供暖系统的划分和布置应能实现分区热量计量，在保证能分室(区)进行室温调节的前提下，宜采用区域双立管水平跨越式单管系统，系统主立管应设置在统一管井内

散热器的种类和特点 **表 10-29**

种类	特点
钢制散热器	钢制散热器分为钢制柱式散热器、钢制翘片管对流散热器、钢制板型散热器和钢制卫浴散热器等。主要优点是散热效率高、室内舒适、体积小、用水量小、装饰性强、低温供热等，缺点是容易被氧化腐蚀
铝制散热器	铝制散热器分为高压铸铝散热器和铝型材焊接散热器。主要特点是可模块化组合、相比其他散热器轻巧，散热效果最好，优点是使用寿命长、尺寸种类多、耐腐蚀等，缺点是拼装容易泄漏，硬度差表面容易磕碰坏

散热器管道布置形式 **表 10-30**

布置形式	说明
章鱼式	章鱼式是采用专用分集水器，每个散热器通过独立管路与其连接的管路布置形式，其特点是暗敷管道无接口，安装简易，但水力平衡设计要求高。装配式住宅散热器安装建议采用

续表

布置形式	说明
异程式	异程式是供回水管水流方向相反的管路布置形式，其特点是管路简单且节约管材，但水力平衡差，对设计要求高
同程式	同程式是供回水管水流方向相同的管路布置形式，其特点是水力平衡好，但管路较复杂

供暖系统的管道设置应满足表 10-31 的规定。

供暖系统的管道规定 **表 10-31**

相关规范	规范条文
《辐射供暖供冷技术规程》JGJ 142—2012	[3.1.11] 采用地面辐射供暖供冷时，生活给水管、电气系统管线不得与地面加热供冷部件敷设在同一构造层内
辽宁省《装配整体式建筑设备与电气技术规程》(暂行) DB21/T 1925—2011	[3.2.11] 装配整体式居住建筑户内供暖系统的供回水管道应敷设在架空地板内，并且管道应做保温处理。当无架空地板内时，供暖管道应做保温处理后敷设在装配整体式建筑的地板沟槽内

装配式混凝土建筑宜采用干法施工的低温地板辐射供暖系统。

(1) 装配式混凝土建筑在预制墙体上设置散热器供暖时，需与土建密切配合，在预制墙体上准确预埋安装散热器使用的支架、挂件或可连接支架、挂件的预埋件，并且散热器的安装应在墙体的内表面装饰完毕后才能进行，施工难度相对较大、工期长；而采用地面辐射供暖，其安装施工在土建施工完毕后即可进行，不受装饰装修的制约，也减少预埋工作量。此外，地面辐射供暖系统的舒适度好于散热器采暖。基于此考虑，建议优先采用地面辐射供暖系统。

(2) 做装配式混凝土建筑的目的就是要节材、提高效率、降低现场扬尘、保持现场干净。因此需要尽量减少湿作业，宜采用干法施工。预制沟槽保温板地面辐射供暖系统（图 10-15）、预制轻薄供暖板地面辐射供暖系统（图 10-16）为干法施工。

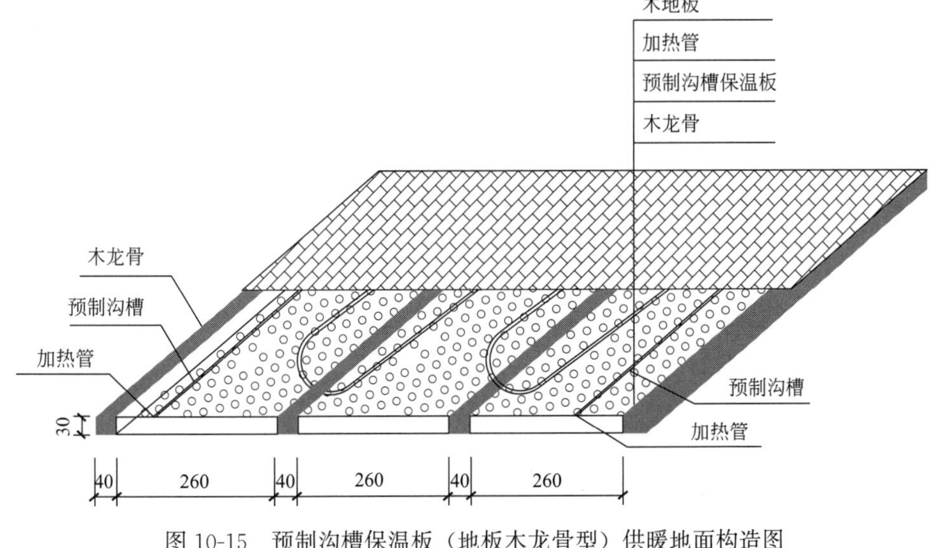

图 10-15 预制沟槽保温板（地板木龙骨型）供暖地面构造图

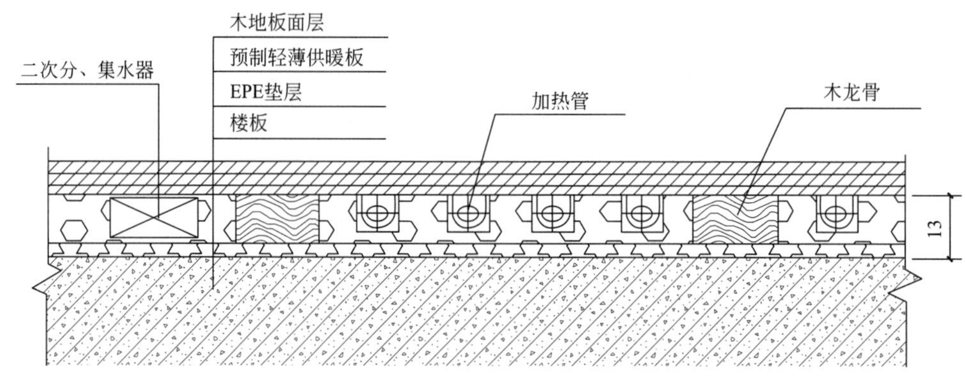

图 10-16　预制轻薄供暖板（地板木面层）地面构造图

10.3.2　通风空调系统及管线设计

居住建筑空调设施的设置应满足表 10-32 的规定。

居住建筑空调设施规定　　**表 10-32**

相关规范	规范条文
《住宅设计规范》 GB 50096—2011	[8.6.1]　位于寒冷(B区)、夏热冬冷和夏热冬暖地区的住宅,当不采用集中空调系统时,主要房间应设置空调设施或预留安装空调设施的位置和条件
辽宁省《装配整体式建筑设备与电气技术规程》(暂行) DB21/T 1925—2011	[3.1.8]　装配整体式居住建筑的卧室、起居室应预留设置空调设施的位置和条件。 [3.3.2]　装配整体式居住建筑的卧室、起居室的外墙应预埋空调器凝水管排除的套管

措施方法：

（1）装配式混凝土结构居住建筑中空调板多采用叠合构件或预制构件。叠合构件的负弯矩钢筋应在相邻叠合板的后浇混凝土中可靠锚固。预制构件应与主体结构可靠连接。如采用空调钢制支架方式安装，应在预制外墙上预留安装支架的孔洞。

（2）采用分体空调的装配式居住建筑的卧室、起居室的预制外墙上应预留空调冷媒管及冷凝水管的孔洞，孔洞位置应考虑模数，躲开钢筋，其高度、位置应根据空调室内机（立式或挂壁式）的形式确定。孔洞直径宜为 $\phi 75$，挂墙安装的孔洞高度宜根据层高及室内机高度确定，一般距地 2200mm，落地安装的孔洞高度距地 150mm。

居住建筑卫生间、厨房通风道的设置应满足表 10-33 的规定。

居住建筑厨卫通风道规定　　**表 10-33**

相关规范	规范条文
《住宅建筑规范》 GB 50368—2005	[8.3.7]　当采用竖向通风道时,应采取防止支管回流和竖井泄漏的措施

续表

相关规范	规范条文
《住宅设计规范》 GB 50096—2011	[8.5.1] 排油烟机的排气管道可通过竖向排气道或外墙排向室外。当通过外墙直接排至室外时，应在室外排气口设置避风、防雨和防止污染墙面的构件
辽宁省《装配整体式建筑设备与电气技术规程》(暂行) DB21/T 1925—2011	[3.3.1] 装配整体式居住建筑的卫生间、厨房通风道宜就近设置防止倒流的主、次风道

措施方法：

(1) 卫生间、厨房的竖向风道基本都采用成品的土建风道，包括变压式风道。当卫生间、厨房采用竖向排风道时，应采用能够防止各层回流的定型产品，可参照相关图集，并应符合国家相关标准。竖向风道断面尺寸应根据层数经计算确定。

(2) 部分利用竖向风道作为厨房排油烟的工程，由于没有按照排油烟的风量和风压要求详细计算，风道断面尺寸严重不足，且目前的定型产品防回流构造不过关，造成串味严重，因此，需要改变设计思路和方法。例如按照各层排油烟的风量风压要求设计厨房竖向风道，并在屋顶设置集中机械排油烟风机，可以较好地解决此问题，但会带来风道占用更多的室内面积、增加少量初投资等问题。

(3) 对于厨房排油烟机的排气管道建议采用竖向排风道。尤其严寒、寒冷地区设置在北向的厨房，如果直接从外墙排放，由于冬季风向及风压作用，容易倒灌。对于其他气候区，设在南向凹槽处的厨房也建议采用竖向风道，因为南向凹槽处空气不易流通，油烟不易扩散，易形成滞留。

(4) 当厨房油烟通过外墙直接排至室外时，应在室外排气口设置避风、防雨和防止污染墙面的构件，并应在预制外墙上预留孔洞。

土建风道的设置应满足表 10-34 的规定。

土建风道规定 **表 10-34**

相关规范	规范条文
辽宁省《装配整体式建筑设备与电气技术规程》(暂行) DB21/T 1925—2011	[3.3.4] 装配整体式建筑的通风、空调系统设计中，当采用土建风道作为通风、空调系统的送风道时，应采取严格的防漏风和绝热措施；当采用土建风道作为新风进风道时，应采取防结露绝热措施。 [3.3.5] 装配整体式建筑的土建风道在各层或分支风管连接处在设计时应预留孔洞或预埋管件

居住建筑风管水管（或冷媒管）穿梁应满足表 10-35 的规定。

居住建筑风管水管（或冷媒管）穿梁规定 **表 10-35**

相关规范	规范条文
重庆市《装配式住宅建筑设备技术规程》 DBJ50/T-186—2014	[3.3.6] 装配式住宅若设置机械通风或户式中央空调系统，宜在结构梁上预留穿越风管、水管(或冷媒管)的孔洞

10.3.3 设备、管道及配件施工安装

暗装管道的施工安装应满足表 10-36 的规定。

暗装管道施工安装规定 **表 10-36**

相关规范	规范条文
北京市《装配式剪力墙住宅建筑设计规程》DB11/T 970—2013	[10.2.9] 隐蔽在装饰墙体内的管道，其安装应牢固可靠，管道安装部位的装饰结构应采取方便更换、维修的措施
辽宁省《装配整体式建筑设备与电气技术规程》(暂行) DB21/T 1925—2011	[6.3.6] 隐蔽在装饰墙体内的管道，其安装应牢固可靠，管道安装部位的装饰结构应采取方便更换、维修的措施

整体卫浴、整体厨房的施工安装应满足表 10-37 的规定。

整体厨卫施工安装规定 **表 10-37**

相关规范	规范条文
北京市《装配式剪力墙住宅建筑设计规程》DB11/T 970—2013	[10.2.8] 整体卫浴、整体厨房内的设备及管道应在部品安装完成后进行水压试验，并预留和明示与外部管道的接口位置
辽宁省《装配整体式建筑设备与电气技术规程》(暂行) DB21/T 1925—2011	[6.3.5] 整体卫浴、整体厨房内的采暖设备及管道应在部品安装完成后进行水压试验，并预留和明示与外部管道的接口位置

散热器及管道的施工安装应满足表 10-38 的规定。

散热器及管道施工安装规定 **表 10-38**

相关规范	规范条文
辽宁省《装配整体式建筑设备与电气技术规程》(暂行) DB21/T 1925—2011	[3.2.10] 采用散热器供暖系统装配整体式建筑，散热器的挂件或可连接挂件的预埋件应预埋在实体墙上
北京市《装配式剪力墙住宅建筑设计规程》DB11/T 970—2013	[10.2.5] 散热器的挂件或可连接挂件的预埋件应预埋在实体结构上

措施方法：

散热器安装应符合下列规定：

(1) 散热器安装应牢固可靠，安装在轻钢龙骨隔墙上时，可采用隐蔽支架固定在实体结构上；

(2) 安装在预制复合墙体上的散热器，其挂件应预埋在实体结构上，散热器的挂件要满足刚度要求；

(3) 当采用预留孔洞安装散热器挂件时，预留孔洞的深度应不小于 120mm。

在《辐射供暖供冷技术规程》JGJ 142—2012、北京市地方标准《地面辐射供

暖技术规范》DB11/806—2011、辽宁省地方标准《装配整体式建筑设备与电气技术规程》（暂行）DB21/T 1925—2011 中对地面辐射供暖系统的施工安装做出了规定。

供暖通风空调设备的施工安装应满足表 10-39 的规定。

供暖通风空调设备施工安装规定　　表 10-39

相关规范	规范条文
辽宁省《装配整体式建筑设备与电气技术规程》(暂行) DB21/T 1925—2011	[6.6.5]　安装在预制构件上的设备，其设备基础和构件应连接牢固，并按设备技术文件的要求预留地脚螺栓孔洞

管道支吊架的设计、安装应满足应满足表 10-40 的规定。

管道支吊架设计、安装规定　　表 10-40

相关规范	规范条文
北京市《装配式剪力墙住宅建筑设计规程》DB11/T 970—2013	[10.3.6]　固定设备、管道及其附件的支吊架安装应牢固可靠，并具有耐久性，支吊架应安装在实体结构上，支架间距应符合相关工艺标准的要求，同一部品内的管道支架应设置在同一高度上。 [10.3.7]　任何设备、管道及器具都不得作为其他管线和器具的支吊架
辽宁省《装配整体式建筑设备与电气技术规程》(暂行) DB21/T 1925—2011	[4.6.3]　敷设管道应有牢固的支、吊架和防晃措施

装配式混凝土居住建筑公共部分供暖管线可采用建筑垫层暗敷，也可采用架空敷设。图 10-17 所示为地板采暖干管垫层暗敷，给水排水管线架空敷设，电气管线地面和楼板现浇层暗敷。

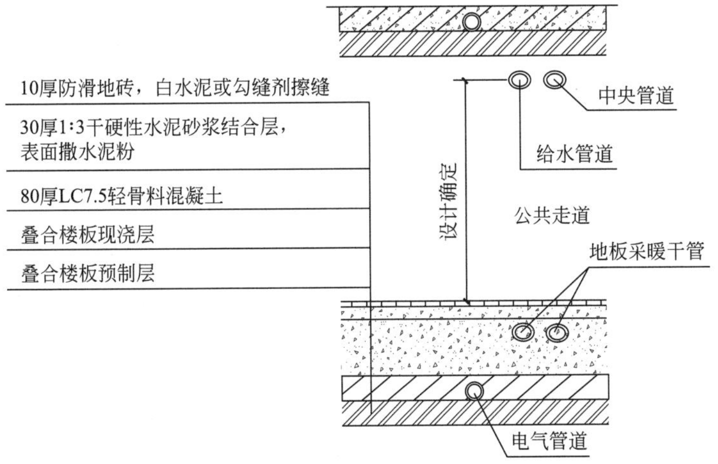

图 10-17　居住建筑公共部分管线安装示意

10.3.4 预留、预埋

建筑中供暖空调管道的预留套管、孔洞应满足表10-41的规定。

供暖空调管道预留套管、孔洞规定 **表10-41**

相关规范	规范条文
《建筑给水排水及采暖工程施工质量验收规范》GB 50242—2002	[3.3.13] 管道穿过墙壁和楼板，应设置金属或塑料套管。安装在楼板内的套管，其顶部应高出装饰地面20mm；安装在卫生间及厨房内的套管，其顶部应高出装饰地面50mm，底部应与楼板底面相平；安装在墙壁内的套管其两端与饰面相平。穿过楼板的套管与管道之间缝隙应用阻燃密实材料和防水油膏填实，端面光滑。穿墙套管与管道之间缝隙宜用阻燃密实材料填实，且端面应光滑。管道的接口不得设在套管内
上海市《装配整体式混凝土公共建筑设计规程》DGJ 08-2154—2014	[5.6.1] 设备及其管线和预留孔洞（管道井）设计应做到构配件规格化和模数化，符合装配整体式混凝土公共建筑的整体要求。 [5.6.2] 预制构件上预留的孔洞、套管、坑槽应选择在对构件受力影响最小的部位
北京市《装配式剪力墙住宅建筑设计规程》DB11/T 970—2013	[10.2.6] 穿越预制体的管道应预留套管；穿越预制楼板的管道应预留洞；穿越预制梁的管道应预留钢套管。 [10.2.7] 立管穿各层楼板的上下对应留洞位置应管中定位，并满足公差不大于3mm
辽宁省《装配整体式建筑设备与电气技术规程》（暂行）DB21/T 1925—2011	[3.2.9] 装配整体式居住建筑设置供暖系统供、回水主立管的专用管道井应预留进户用供暖水管的孔洞或预埋套管。 [6.2.1] 穿越预制墙体的管道应预留套管；穿越预制楼板的管道应预留洞；穿越预制梁的管道应预留钢套管。其套管的规格应比管道大1～2号。 [6.2.2] 预留套管应按设计图纸中管道的定位、标高同时结合装饰、结构专业，绘制预留图，预留预埋应在预制构件厂内完成，并进行质量验收

措施方法：

（1）供暖管、空调水管穿越预制墙、梁、楼板时，需预留的普通钢套管尺寸及做法参见国标图集。

（2）管道穿越预制屋面楼板时，应预埋刚性防水套管，具体套管尺寸及做法参见国标图集。

（3）风管穿过需要封闭的防火、防爆的预制墙体或预制楼板时，应设预埋管或防护套管，其钢板厚度不应小于1.6mm。风管与防护套管之间，应用不燃且对人体无危害的柔性材料封堵，并满足防火规范要求。

（4）预留预埋应遵守结构设计模数网格，不应在围护结构安装后凿剔沟、槽、孔、洞，孔洞需避让钢筋。详见图10-18和图10-19。

（5）埋设在楼板建筑垫层内或沿墙敷设在管槽内的管道，因受垫层厚度或预制墙体钢筋保护层厚度（通常为15mm）限制，一般外径不宜大于25mm。接卫生间内散热器的立支管可沿墙敷设在管槽内，立支管一般为*DN*15或*DN*20的小管径管。当墙体为预制构件墙体时，需在墙体近散热器侧预留竖向管槽，管槽定位及槽宽应考虑结构设计模数并避让钢筋。一般管槽宽30～40mm、深约15mm，管道外侧表面的砂浆保护层不得小于10mm，当支管无法完全嵌入管槽，管槽尺寸又不能扩大时，需增加装饰面厚度。有的工程在墙内做横向管槽，这种方式易减弱结构强度，对于预制墙板也不利于运输，因此应尽可能避免采用这种方式。

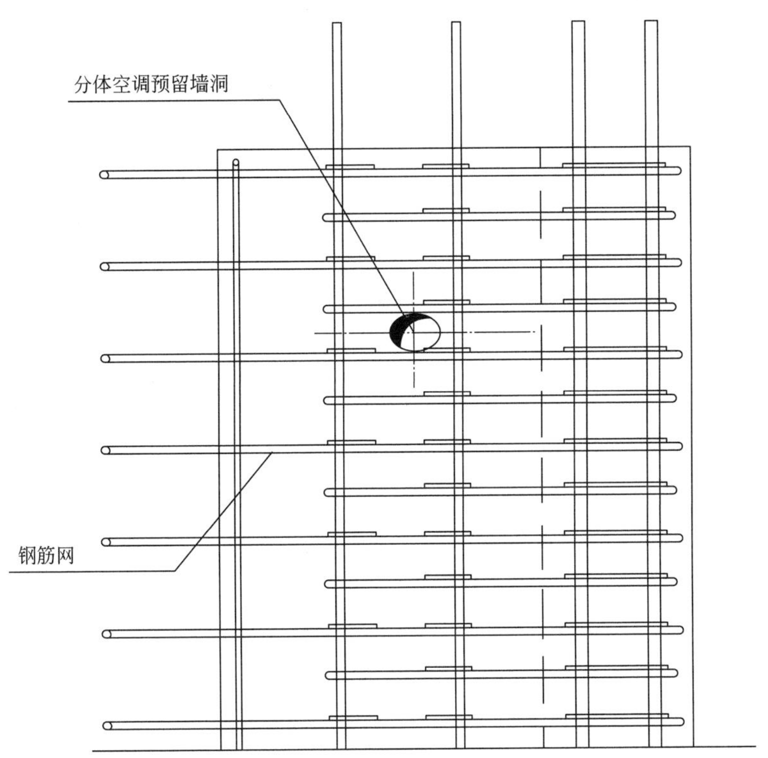

图 10-18　预制结构楼板和预制外墙上的留洞与钢筋的关系

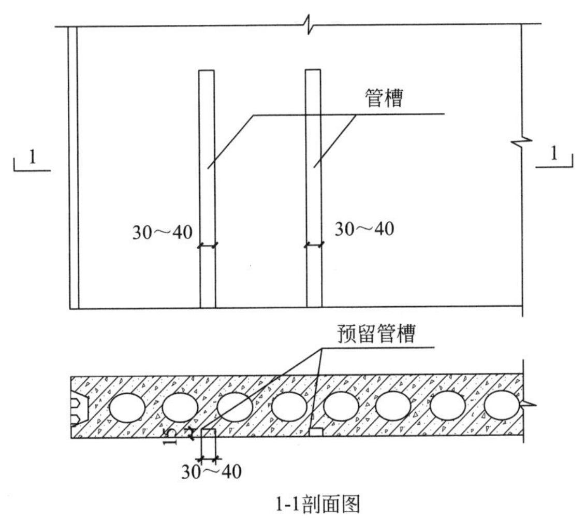

图 10-19　预制结构内墙上的管槽预留

管道及其预留套管、孔洞的防水、防火、隔声措施应满足表 10-42 的规定。

管道及预留套管、孔洞防水、防火、隔声措施 **表 10-42**

相关规范	规范条文
《建筑设计防火规范》GB 50016—2014(2018 版)	[6.1.6] 除本规范第 6.1.5 条规定外的其他管道不宜穿过防火墙，确需穿过时，应采用防火封堵材料将墙与管道之间的空隙紧密填实，穿过防火墙处的管道保温材料，应采用不燃材料；当管道为难燃及可燃材料时，应在防火墙两侧的管道上采取防火措施。 [6.3.5] 防烟、排烟、供暖、通风和空气调节系统中的管道及建筑内的其他管道，在穿越防火隔墙、楼板和防火墙处的孔隙应采用防火封堵材料封堵。 [6.3.6] 建筑内受高温或火焰作用易变形的管道，在贯穿楼板部位和穿越防火隔墙的两侧宜采取阻火措施
《建筑给水排水及采暖工程施工质量验收规范》GB 50242—2002	[3.3.13] 管道穿过墙壁和楼板，应设置金属或塑料套管。安装在楼板内的套管，其顶部应高出装饰地面 20mm；安装在卫生间及厨房内的套管，其顶部应高出装饰地面 50mm，底部应与楼板底面相平；安装在墙壁内的套管其两端与饰面相平。穿过楼板的套管与管道之间缝隙应用阻燃密实材料和防水油膏填实，端面光滑。穿墙套管与管道之间缝隙宜用阻燃密实材料填实，且端面应光滑。管道的接口不得设在套管内
《住宅建筑规范》GB 50368—2005	[7.1.4] 水、暖、电、气管线穿过楼板和墙体时，孔洞周边应采取密封隔声措施。 [7.1.6] 管道井、水泵房、风机房应采取有效的隔声措施，水泵、风机应采取减振措施

措施方法：

预留套管、孔洞的缝隙填塞应满足下列要求：

所有预留的套管与管道之间、孔洞与管道之间的缝隙需采用阻燃密实材料和防水油膏填实。除以上防火、隔声措施要求外，还应注意穿过楼板的套管与管道之间需采取防水措施。

预制构件上的预埋附件应满足应满足表 10-43 的规定。

预埋附件规定 **表 10-43**

相关规范	规范条文
辽宁省《装配整体式建筑设备与电气技术规程》(暂行)DB21/T 1925—2011	[6.6.2] 吊装形式安装的暖通空调设备应在预制构件上预埋用于支吊架安装的埋件。 [6.7.1] 暖通空调设备、管道及其附件的支吊架应固定牢靠，应固定在实体结构上预留预埋的螺栓或钢板上

10.3.5 设计文件编制深度

装配式建筑的供暖通风与空气调节专业初步设计及施工图设计阶段，设计文件编制深度的基本要求分别如表 10-44 及表 10-45 所示。

初步设计阶段设计文件编制深度 **表 10-44**

规范	规范条文	具体内容
《建筑工程设计文件编制深度规定》(2016 版)	[3.8.2] 设计说明	12 装配式建筑设计 当项目按装配式建筑要求建设时,说明装配式建筑设计目标,采用的主要装配式建筑技术和措施。(如采用装配式时,管材材质及接口方式,预留孔洞、沟槽做法要求,预埋套管、管道安装方式和原则等。)
深圳市《装配式混凝土建筑设计文件编制深度标准》	[4.8.1] 设计说明书应包含以下内容	1 工程概况:说明项目采用装配式混凝土技术的建筑单体的分布情况,采用的主要装配式建筑技术和措施; 2 管材材质及接口方式及预制构件中预留孔洞、沟槽做法、预埋套管、管道等安装方式及处理原则
	[4.8.2] 设计图纸应表达与预制构件相关内容	
《上海市装配式混凝土建筑工程设计文件编制深度规定》	[3.7.2] 设计说明书	1 设计依据。 2)采用装配式建筑时本专业须遵守的其他规范与标准。 2 简述工程各单体是否采用装配式建筑。 3 设计范围。说明采用装配式的各建筑单体分布。 12 管材、接口、敷设方式及施工要求:当采用装配式建筑时,管材材质及接口方式:预留孔洞、沟槽做法要求,预埋套管、管道安装方式
	[3.7.4] 设计图纸	6 装配式建筑图纸平面图注明在预制构件(包含预制墙、梁、楼板)中预留孔洞、沟槽,套管、百叶等的定位尺寸、标高及大小,暖通设备的基础(特别是动力设备具有振动特征的部位)不宜采用叠合构件
《天津市装配式混凝土建筑工程设计文件编制深度规定》	[3.7.2] 设计说明书	1 设计依据。 2)采用装配式建筑时本专业须遵守的其他规范与标准。 3 设计范围。说明采用装配式的各建筑单体分布。 12 管材、接口、敷设方式及施工要求:装配式建筑管材材质及接口方式:预留孔洞、沟槽做法要求,预埋套管、管道安装方式

注:仅列出与装配式相关内容。

施工图设计阶段设计文件编制深度 **表 10-45**

规范	规范条文	具体内容
《建筑工程设计文件编制深度规定》(2016 版)	[4.7.11] 当采用装配式建筑技术设计时,应明确装配式建筑设计暖通空调专项内容	1 明确装配式建筑暖通空调设计的原则及依据。 2 对预埋在建筑预制墙及现浇墙内的预留风管、孔洞、沟槽等要有做法标注及详细定位。 3 预埋风管、线、孔洞、沟槽间的连接做法。 4 墙内预留暖通空调设备时的隔声及防水措施;管线穿过预制构件部位采取相应的防水、防火、隔声、保温等措施。 5 与相关专业的技术接口要求

续表

规范	规范条文	具体内容
深圳市《装配式混凝土建筑设计文件编制深度标准》	[5.7.1] 设计说明应包含以下内容	1 工程概况：说明项目采用装配式混凝土技术的建筑单体的分布情况，采用的主要装配式建筑技术和措施。 2 设计依据：与装配式混凝土建筑设计有关的国家及地方规范、标准。 3 装配式混凝土供暖通风与空气调节设计专项说明： 1)明确装配式建筑给供暖通风与空气调节设计的原则及依据。 2)设计范围：采用装配式混凝土技术应说明与之相关的设计内容和范围，如安装在预制构件中的设备、管道等的设计范围。 3)描述管道、管件及附件等设置在预制构件或装饰墙面内的位置、做法要求等。 4)描述管道穿过预制构件部位采取的防水、防火、隔声及保温等措施。 5)与相关专业的技术接口要求等内容
	[5.7.2] 设计图纸应包含以下内容	1 注明预制构件中预留风管、孔洞、沟槽、套管、百叶、预埋件等的详细定位尺寸、标高及大小等； 2 预埋风管、线、孔洞、沟槽间的连接做法； 3 预留暖通空调设备时的隔声及防水措施； 4 管线穿过预制构件部位采取相应的防水、防火、隔声、保温等措施； 5 通风、空调剖面图和详图； 6 与相关专业的技术接口要求等内容
《上海市装配式混凝土建筑工程设计文件编制深度规定》	[4.7.3] 设计说明和施工说明	1 设计说明。 1)说明采用装配式的各建筑单体分布及预制混凝土构件分布情况。 2)采用装配式结构时本专业须遵守的其他法规与标准。 10)管材、接口、敷设方式及施工要求。 管材材质及接口方式：预留孔洞、沟槽做法要求，预埋套管、管道安装方式。设备管线穿过预制构件部位采取的防水、防火、隔声、保温等的措施
	[4.7.5] 平面图	7 装配式建筑注明在预制构件，包含预制墙、梁、楼板中预留孔洞、沟槽，套管、百叶、预埋件等的定位尺寸、标高及大小
	[4.7.8] 通风、空调剖面图和详图	5 在预制构件，包含预制墙、梁、楼板中预留孔洞、预埋件、套管等的定位尺寸、标高及大小
《天津市装配式混凝土建筑工程设计文件编制深度规定》	[4.7.3] 设计说明和施工说明	1 设计说明。 1)说明采用装配式的各建筑单体分布及预制混凝土构件分布情况； 2)本专业在装配式建筑中须遵守的其他法规与标准； 10)管材、接口、敷设方式及施工要求。 a.管材材质及接口方式：预留孔洞、沟槽做法要求，预埋套管、管道安装方式。 b.设备管线穿过预制构件部位采取的防水、防火、隔声、保温等的措施
	[4.7.5] 平面图	7 装配式建筑注明在预制构件，包含预制墙、梁、楼板中预留孔洞、沟槽，套管、百叶、预埋件等的定位尺寸、标高及大小
	[4.7.8] 通风、空调剖面图和详图	5 在预制构件，包含预制墙、梁、楼板中预留孔洞、预埋件、套管等的定位尺寸、标高及大小。明确风管、线、孔洞、沟槽间的连接做法。墙内预留暖通空调设备时的隔声及防水措施，管线穿过预制构件部位采取相应的防水、防火、隔声、保温等措施

注：仅列出与装配式相关内容。

10.4 电气系统及管线设计

10.4.1 总体要求

装配式混凝土结构建筑的电气设计，应做到电气系统安全可靠、节能环保、维修管理方便、设备布置整体美观，应满足表10-46的规定。

电气系统总体要求 **表10-46**

相关规范	规范条文
《民用建筑电气设计规范》JGJ 16—2008	[1.0.1] 为在民用建筑电气设计中贯彻执行国家的技术经济政策，做到安全可靠、经济合理、技术先进、整体美观、维护管理方便，制订本规范
《住宅建筑电气设计规范》JGJ 242—2011	[1.0.1] 为统一住宅建筑电气设计、全面贯彻执行国家的节能环保政策，做到安全可靠、经济合理、技术先进、整体美观、维护管理方便，制定本规范
辽宁省《装配整体式建筑设备与电气技术规程》（暂行）DB21/T 1925—2011	[5.1.1] 装配整体式建筑电气设计，应做到电气系统安全可靠、节能环保、设备布置整体美观

装配式混凝土结构建筑的电气设计应编制设计、制作和施工安装的成套文件，其要求如表10-47所示。

电气设计要求 **表10-47**

相关规范	规范条文
《装配式混凝土结构技术规程》JGJ 1—2014	[3.0.6] 预制构件深化设计的深度应满足建筑、结构和机电设备等各专业以及构件制作、运输、安装等各环节的综合要求
北京市《装配式剪力墙住宅建筑设计规程》DB11/T 970—2013	[3.0.8] 施工图设计文件应完整成套，预制构件的加工图纸应全面准确反映预制构件的规格、类型、加工尺寸、连接形式、预埋设备管线种类与定位尺寸，满足预制构件工厂化生产及机械化安装的需要
上海市《装配整体式混凝土公共建筑设计规程》DGJ 08-2154—2014	[5.5.1] 装配整体式混凝土公共建筑宜开展建筑和室内装修一体化设计，做到建筑、结构、设备、装饰等专业之间的有机衔接

装配式混凝土结构建筑应进行管线综合设计，尽可能减少管线的交叉，其要求如表10-48所示。

管线综合设计 **表10-48**

相关规范	规范条文
《装配式混凝土结构技术规程》JGJ 1—2014	[5.4.3] 设备管线应进行综合设计，减少平面交叉；竖向管线宜集中布置，并应满足维修更换的要求
北京市《装配式剪力墙住宅建筑设计规程》DB11/T 970—2013	[10.1.1] 装配式剪力墙住宅的机电管线应进行综合设计，公共部分和户内部分的管线连接宜采用架空连接的方式，如需暗埋，则应结合结构楼板及建筑垫层进行设计，集中敷设在现浇区城内。 [10.1.4] 户内配电盘与智能家居布线箱位置宜分开设置，并进行室内管线综合设计

续表

相关规范	规范条文
上海市《装配整体式混凝土公共建筑设计规程》DGJ 08-2154—2014	[5.6.3] 装配整体式混凝土公共建筑应做好建筑设备管线综合设计，并应符合下列规定： 1.设备管线应减少平面交叉，竖向管线宜集中布置，并应满足维修更换的要求
辽宁省《装配整体式建筑设备与电气技术规程》(暂行) DB21/T 1925—2011	[5.8.16] 各弱电子系统的管线应与各相关专业做好管道综合，管线宜确定具体位置及路由；应与相关专业配合，按照规范的要求在弱电设备管线穿越楼板或隔墙处采取相应的防水、防火及隔声密封等措施

措施方法：

(1) 设计可采用包含 BIM 技术在内的多种技术手段开展三维管线综合设计，对结构预制构件内的电气设备、管线和预留洞槽等做准确定位，以减少现场返工。

(2) 装配式混凝土结构建筑中，电气竖向管线宜做集中敷设，满足维修更换的需要；电气水平管线宜在架空层或吊顶内敷设，当受条件限制必须做暗敷设时，宜敷设在现浇层或建筑垫层内。例如家居配电箱和家居配线箱电气进出线较多，设计时可将它们设置于不同的位置，从而避免大量管线在叠合楼板内集中交叉。

(3) 电气管线和弱电管线在楼板中敷设时，应做好管线的综合排布，同一地点严禁两根以上电气管路交叉敷设。电气管线宜敷设在叠合楼板的现浇层内，叠合楼板现浇层的厚度通常只有 70mm 左右，综合电气管线的管径、埋深要求、板内钢筋等因素，最多只能满足两根管线的交叉。所以要求暗敷设的电气管线应进行综合排布，避免同一位置存在三根及以上的电气管线交叉敷设的现象发生。

以预制叠合楼板为例，图 10-20 叠合板内预留接线盒做法一和图 10-21 叠合板内预留接线盒做法二，给出了电气接线盒和管线预埋的做法。北方地区设计有地暖

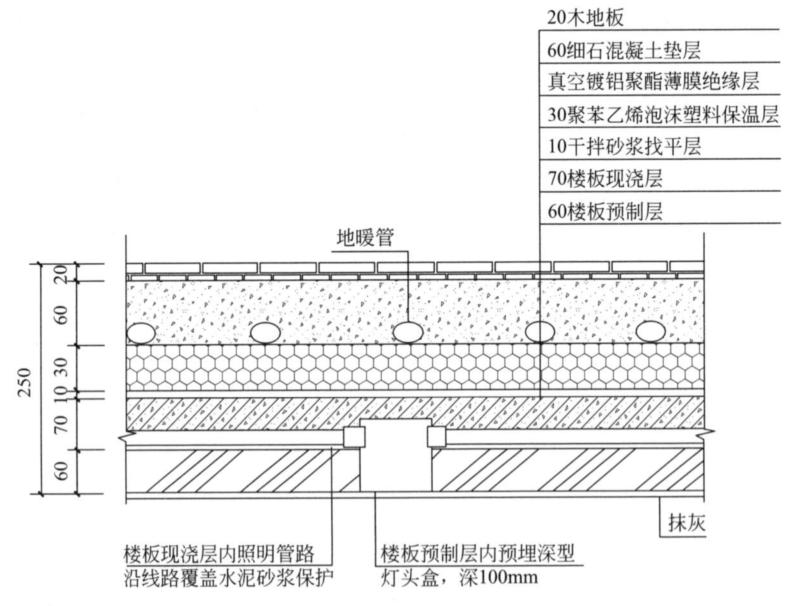

图 10-20 叠合板内预留接线盒做法一

时，电气管线应与地暖管分层敷设，见图 10-20 叠合板内预留接线盒做法一。

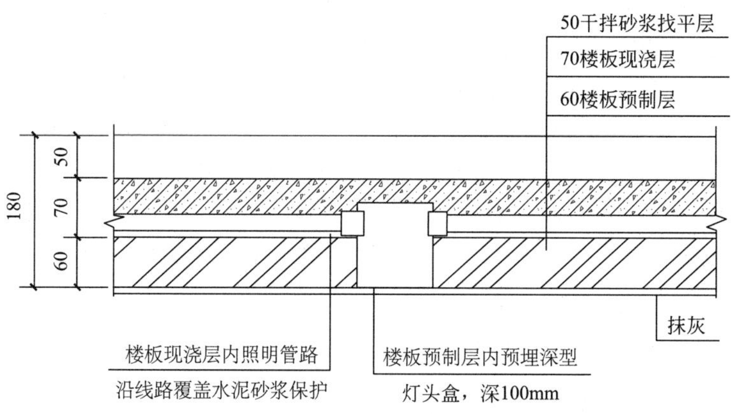

图 10-21　叠合板内预留接线盒做法二

10.4.2　电气设备

在预制构件上设置的家居配电箱、家居配线箱和控制器应做到布置合理，定位准确，其要求如表 10-49 所示。

电气设备布置要求　　**表 10-49**

相关规范	规范条文
《住宅建筑电气设计规范》JGJ 242—2011	[8.4.1]　每套住宅应设置不少于一个家居配电箱，家居配电箱宜暗装在套内走廊、门厅或起居室等便于维修维护处，箱底距地高度不应低于 1.6m。 [11.7.1]　每套住宅应设置家居配线箱。 [11.7.2]　家居配线箱宜暗装在套内走廊、门厅或起居室等的便于维修维护处，箱底距地高度宜为 0.5m。 [11.8.1]　智能化的住宅建筑可选配家居控制器。 [11.8.4]　固定式家居控制器宜暗装在起居室便于维修维护处，箱底距地高度宜为 1.3m～1.5m
北京市《装配式剪力墙住宅建筑设计规程》DB11/T 970—2013	[10.1.4]　户内配电盘与智能家居布线箱位置宜分开设置，并进行室内管线综合设计。 [10.4.1]　分户墙两侧暗装电气设备不应连通设置
上海市《装配整体式混凝土公共建筑设计规程》DGJ 08-2154—2014	[5.6.4]　建筑电气管线与预制构件的关系宜符合下列规定： 2　凡在预制墙体上设置的终端配电箱、开关、插座及其必要的接线盒、连接管等均应由结构专业进行预留预埋，并应采取有效措施，满足隔声及防火要求，不宜在房间围护结构安装后凿剔沟、槽、孔、洞
辽宁省《装配整体式建筑设备与电气技术规程》(暂行) DB21/T 1925—2011	[5.3.4]　分户配电箱应选择暗装箱体，宜安装于进户处实体墙上，底边标高距架空地板或地坪 1.6m，并用工业化内隔墙板封闭。 [5.8.9]　弱电箱、弱电出线终端与强电配电箱及电源插座等宜保持一定距离，且二者边距不宜小于 200mm。 [5.8.10]　除特殊要求外，弱电出线终端的安装高度宜为中心距最终铺设完成后的地面 300mm，并宜与无特殊要求的强电插座的安装高度一致。 [5.8.12]　同类弱电箱及弱电管线的尺寸及敷设位置应规范统一，并与建筑模数、结构部品及构件等相协调

措施方法：

（1）应该按照相关规范，选择安全可靠、便于维修维护的位置来安放电气设备。

（2）当家居配电箱、家居配线箱和控制器安装在预制墙体上时，应根据建筑的结构形式合理选择这些电气设备的安装形式及进出管线的敷设形式。

（3）当设计要求箱体和管线均暗埋在预制构件时，还应在墙板与楼板的连接处预留出足够的操作空间以方便管线连接的施工。为方便和规范构件制作，在预制墙体上预留的箱体和管线应遵照预制墙体的模数，在预制构件上准确和标准化定位，如电源插座和信息插座的间距、插座的安装高度等要求应在设计说明中予以明确。图 10-22

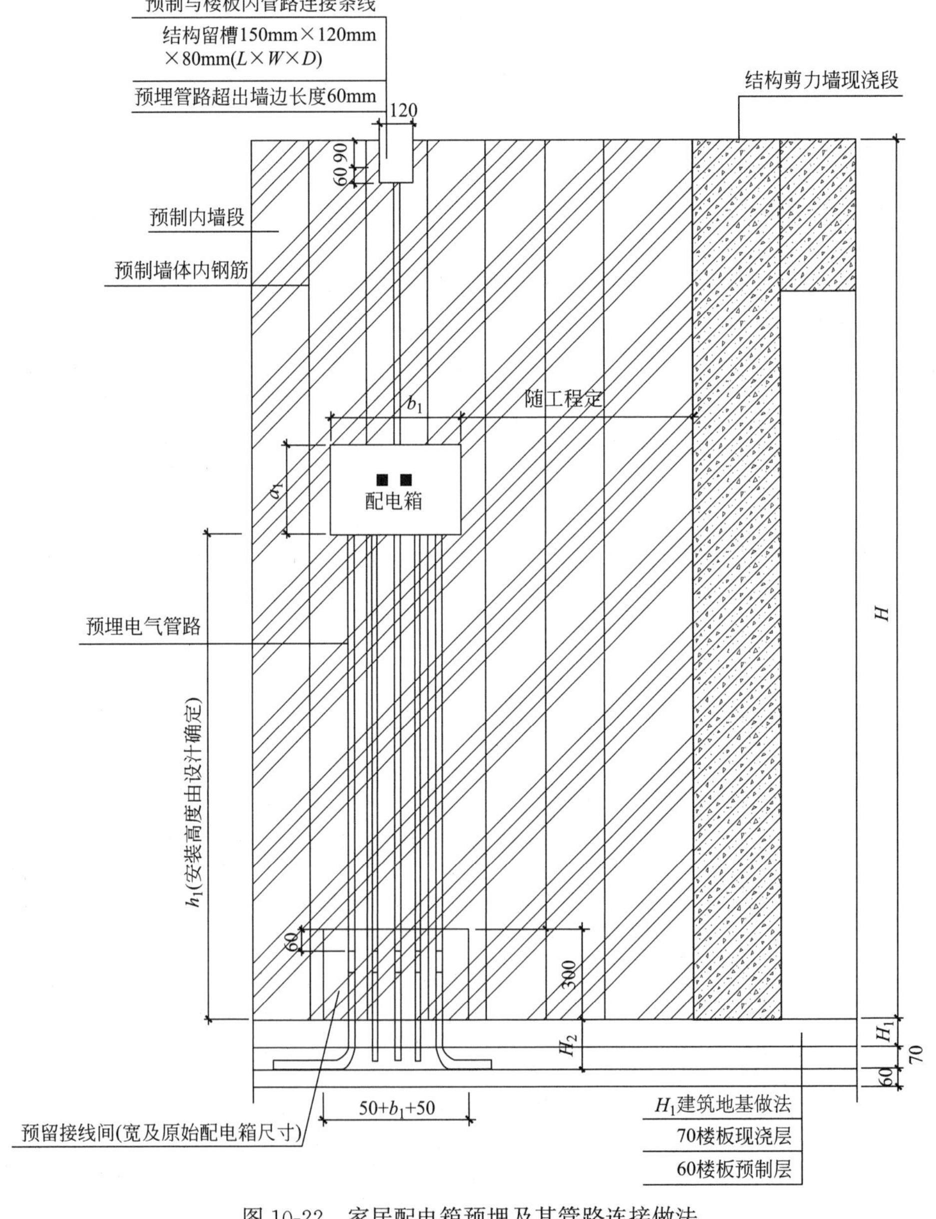

图 10-22　家居配电箱预埋及其管路连接做法

注：家居配电箱安装高度由设计确定（一般为 1.8m）。

家居配电箱预埋及其管路连接做法给出了在装配式混凝土结构建筑的预制墙上安装配电箱和配线箱（暗箱暗管）通常采用的做法。

预留家居配电箱接管洞口高度为 300+h_2（h_2 随工程做法定）。

家居配电箱具体尺寸 a_1、b_1 由设计确定。

在预制构件上设置的照明灯具和插座的数量应满足使用需求，并做到精确定位。灯具和插座的接线盒在预制构件上的预留位置应不影响结构安全，其要求如表 10-50 所示。

照明灯具和插座布置要求　　表 10-50

相关规范	规范条文
《装配式混凝土结构技术规程》JGJ 1—2014	[11.3.1] 在混凝土浇筑前应进行预制构件的隐蔽工程检查，检查项目应包括下列内容： 8 预埋管线、线盒的规格、数量、位置及固定措施
北京市《装配式剪力墙住宅建筑设计规程》DB11/T 970—2013	[10.4.2] 凡在预制墙体上设置的电气开关、插座、弱电插座及其必要的接线盒、连接管等均应由结构专业进行预留预埋。 [10.4.3] 在预制内墙板、外墙板的门窗过梁钢筋锚固区内不应埋设电气接线盒。 [10.4.4] 沿叠合楼板现浇层暗敷的照明管路，应在预制楼板灯位处预埋深型接线盒
上海市《装配整体式混凝土公共建筑设计规程》DGJ 08-2154—2014	[5.6.4] 建筑电气管线与预制构件的关系宜符合下列规定： 2 凡在预制墙体上设置的终端配电箱、开关、插座及其必要的接线盒、连接管等均应由结构专业进行预留预埋，并应采取有效措施，满足隔声及防火要求，不宜在房间围护结构安装后凿剔沟、槽、孔、洞。 4 沿叠合楼板现浇层暗敷的照明管路，应在预制楼板灯位处预埋深型接线盒

措施方法：

（1）建筑内各功能单元照明灯具和插座的数量，应满足各功能单元的使用要求和相关设计规范的要求。

（2）采用全预制楼板时，电气的接线盒和管线应全部预埋在结构预制构件内。采用叠合楼板时，电气的接线盒应预埋在结构预制构件内，电气管线则通常敷设在叠合楼板的现浇层内，这样电气接线盒和管线的连接就只能在叠合楼板的现浇层内实现了，故要求在叠合楼板预制构件中预埋的电气接线盒采用深型接线盒。以阳台为例，图 10-23 全预制阳台板照明线路敷设做法和图 10-24 叠合板内照明线路敷设做法，给出了照明灯具接线盒在全预制楼板和叠合楼板上预留的不同做法。

（3）装配式混凝土结构建筑的墙板，现多采用全预制构件和现浇式一体化成型墙体两种方式。在预留接线盒的位置应遵照构件模数，并满足电气规范和使用要求。电气的管线应预埋在构件内。

（4）装配式混凝土结构建筑的预制内墙板、外墙板门窗过梁钢筋锚固区对结构安全尤为重要，故不应在上述区域内预留接线盒。

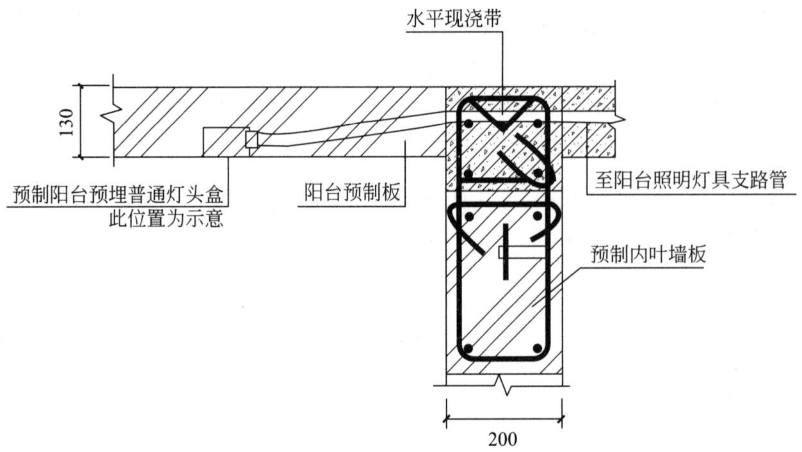

图 10-23　全预制阳台板照明线路敷设做法

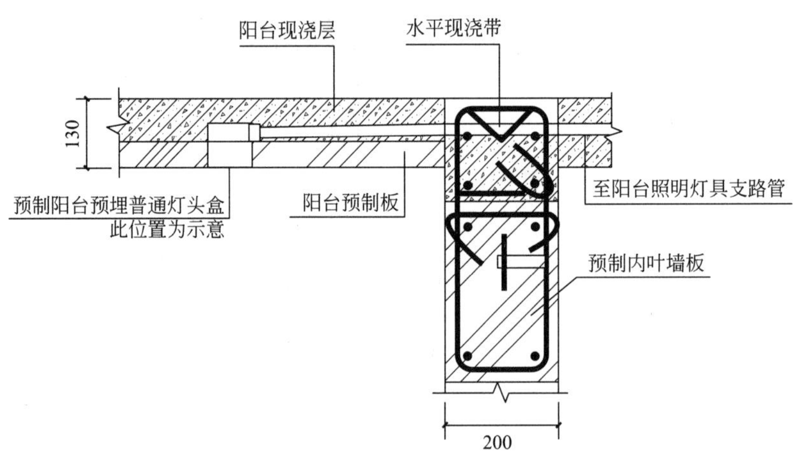

图 10-24　叠合板内照明线路敷设做法

10.4.3　电气管线设计

电气、电信主干线应集中设在共用部位，便于维修维护，其要求如表 10-51 所示。

电气管线布置要求　　　　**表 10-51**

相关规范	规范条文
《住宅建筑规范》GB 50368—2005	[8.1.4]　住宅的给水总立管、雨水立管、消防立管、采暖供回水总立管和电气、电信干线(管)，不应布置在套内。公共功能的阀门、电气设备和用于总体调节和检修的部件，应设在共用部位
《住宅设计规范》GB 50096—2011	[8.1.7]　下列设施不应设置在住宅套内，应设置在共用空间内： 1　公共功能的管道，包括给水总立管、消防立管、雨水立管、采暖(空调)供回水总立管和配电和弱电干线(管)等，设置在开敞式阳台的雨水立管除外； 2　公共的管道阀门、电气设备和用于总体调节和检修的部件，户内排水立管检修口除外； 3　采暖管沟和电缆沟的检查孔

续表

相关规范	规范条文
上海市《装配整体式混凝土公共建筑设计规程》DGJ 08-2154—2014	[5.6.4] 建筑电气管线与预制构件的关系宜符合下列规定： 1 低压配电系统的主干线宜在公共区域的电气竖井内设置；功能单元内终端线路较多时，宜考虑采用桥架或线槽敷设，较少时可考虑统一预埋在预制板内或装饰墙面内，墙板内竖向电气管线布置应保持安全间距，不同功能单元的管线应户界分明
辽宁省《装配整体式建筑设备与电气技术规程》(暂行) DB21/T 1925—2011	[5.4.4] 低压配电系统的主干线宜在公共区城的电气竖井内设置。 [5.8.2] 弱电管线埋设宜与装配式结构主体分离，竖向管线宜集中设置在建筑公共区域的管井内。必须穿越装配式结构主体时，应预留孔洞或保护管

电气管线及其敷设要求如表 10-52 所示。

电气管线及其敷设要求　　表 10-52

相关规范	规范条文
《建筑设计防火规范》GB 50016—2014 (2018 版)	[10.1.10] 消防配电线路应满足火灾时连续供电的需要，其敷设应符合下列规定： 1 明敷时(包括敷设在吊顶内)，应穿金属导管或采用封闭式金属槽盒保护，金属导管或封闭式金属槽盒应采取防火保护措施；当采用阻燃或耐火电缆并敷设在电缆井、沟内时，可不穿金属导管或采用封闭式金属槽盒保护；当采用矿物绝缘类不燃性电缆时，可直接明敷。 2 暗敷时，应穿管并应敷设在不燃性结构内且保护层厚度不应小于 30mm
《建筑电气工程施工质量验收规范》GB 50303—2015	[12.2.1] 导管的弯曲半径应符合下列要求： 1 明配导管的弯曲半径不宜小于管外径的 6 倍，当两个接线盒间只有一个弯曲时，其弯曲半径不宜小于管外径的 4 倍； 2 埋设于混凝土内的导管的弯曲半径不宜小于管外径的 6 倍，当直埋于地下时，其弯曲半径不宜小于管外径的 10 倍； 3 电缆导管的弯曲半径不应小于电缆最小允许弯曲半径，电缆最小允许弯曲半径应符合本规范表 11.1.2 的规定。 [12.2.2] 导管支架安装应符合下列要求： 1 除设计要求外，承力建筑钢结构构件上不得熔焊导管支架，且不得热加工开孔； 2 当导管采用金属吊架固定时，圆钢直径不得小于 8mm，并应设有防晃支架，在距离盒(箱)、分支处或端部 0.3m～0.5m 处应有固定支架； 3 金属支架应进行防腐，位于室外及潮湿场所应按设计要求做处理； 4 导管支应安装牢固、无明显扭曲。 [12.2.3] 除设计要求外，对于暗配的导管，导管表面埋设深度与建筑物、构筑物表面的距离不应小于 15mm。 [12.2.4] 进入配电(控制)柜、台、箱内的导管管口，当箱底无封板时，管口应高出柜、台、箱、盘的基面 50mm～80mm。 [12.2.6] 明配的电气导管应符合下列规定： 1 导管应排列整齐、固定点间距均匀、安装牢固； 2 在距终端、弯头中点或柜、台、箱、盘等边缘 150mm～500mm 范围内应设有固定管卡，中同直线段固定管卡间的最大距离应符合表 12.2.6 的规定； 3 明配管采用的接线或过渡盒(箱)应选用明装盒(箱)。 [12.2.7] 塑料导管敷设应符合下列规定： 1 管口应平整光滑，管与管、管与盒(箱)等器件采用插入法连接时，连接处结合面应涂专用粘合剂，接口应牢固密封；

续表

相关规范	规范条文
《建筑电气工程施工质量验收规范》GB 50303—2015	2　直埋于地下或楼板内的刚性塑料导管，在穿出地面或楼板易受机械损伤的一段应采取保护措施； 3　当设计无要求时，埋设在墙内或混凝土内的塑料导管应采用中型及以上的导管； 4　沿建筑物、构筑物表面和在支架上敷设的刚性塑料导管，应按设计要求装设温度补偿装置。 [12.2.8]　可弯曲金属导管及柔性导管敷设应符合下列规定： 1　刚性导管经柔性导管与电气设备、器具连接时，柔性导管的长度在动力工程中不宜大于0.8m，在照明工程中不宜大于1.2m。 2　可弯曲金属导管或柔性导管与刚性导管或电气设备、器具间的连接应采用专用接头；防液型可弯曲金属导管或柔性导管的连接处应密封良好，防液覆盖层应完整无损。 3　当可弯曲金属导管有可能受重物压力或明显机械撞击时，应采取保护措施。 4　明配的金属、非金属柔性导管固定点间距应均匀，不应大于1m，管卡与设备、器具、弯头中点、管端等边缘的距离应小于0.3m。 5　可弯曲金属导管和金属柔性导管不应做保护导体的接续导体。 [12.2.9]　导管敷设应符合下列规定： 1　导管穿越外墙时应设置防水套管，具应做好防水处理； 2　钢导管或刚性塑料导管跨越建筑物变形缝处应设置补偿装置； 3　除埋设于混凝土内的钢导管内壁应防腐处理，外壁可不防腐处理外，其余场所敷设的钢导管内、外壁均应做防腐处理； 4　导管与热水管、蒸气管平行敷设时，宜敷设在热水管、蒸气管的下面，当有困难时，可敷设在其上面；相互间的最小距离宜符合本规范附录G的规定
《住宅建筑电气设计规范》JGJ 242—2011	[7.2.1]　住宅建筑套内配电线路布线可采用金属导管或塑料导管。暗敷的金属导管管壁厚度不应小于1.5mm，暗敷的塑料导管管壁厚度不应小于2.0mm。 [7.2.2]　潮湿地区的住宅建筑及住宅建筑内的潮湿场所，配电线路布线宜采用管壁厚度不小于2.0mm的塑料导管或金属导管。明敷的金属导管应做防腐、防潮处理。 [7.2.3]　敷设在钢筋混凝土现浇楼板内的线缆保护导管最大外径不应大于楼板厚度的1/3，敷设在垫层的线缆保护导管最大外径不应大于垫层厚度的1/2。线缆保护导管暗敷时，外护层厚度不应小于15mm；消防设备线缆保护导管暗敷时，外护层厚度不应小于30mm
北京市《装配式剪力墙住宅建筑设计规程》DB11/T 970—2013	[7.0.3]　叠合楼板的建筑设备管线布线宜结合楼板的现浇层或建筑垫层统一考虑。 [10.4.2]　凡在预制墙体上设置的电气开关、插座、弱电插座及其必要的接线盒、连接管等均应由结构专业进行预留预埋。 [10.4.6]　暗敷的电气管路宜选用有利于交叉敷设的难燃可挠管材
上海市《装配整体式混凝土公共建筑设计规程》DGJ 08-2154—2014	[5.6.3]　装配整体式混凝土公共建筑应做好建筑设备管线综合设计，并应符合下列规定： 3　当条件受限管线必须暗敷时，宜结合叠合楼板现浇层以及建筑垫层进行设计。 4　当条件受限管线必须穿越时，预制构件内可预留套管或孔洞，但预留的位置不应影响结构安全。 [5.6.4]　建筑电气管线与预制构件的关系宜符合下列规定： 3　消防线路预埋暗敷在预制墙体上时，应采用穿导管保护，并应预埋在不燃烧体的结构内，其保护层厚度不应小于30mm

续表

相关规范	规范条文
辽宁省《装配整体式建筑设备与电气技术规程》(暂行)DB21/T 1925—2011	[5.4.5] 户内的电气线路宜穿可挠金属电气导管或壁厚不小于1.4mm的镀锌钢管,在架空地板下、内隔墙及吊顶内敷设。当户内电气线路采用B1-1级难燃电缆时可不穿管敷设。 [5.4.6] 电气线路不应敷设于装配式实体墙内或楼板内。也不应在两板之间的缝隙内敷设。 [5.8.3] 当室内弱电线路采用B1-1级难燃电缆时,可不穿管敷设;阻燃级别在B1-2级及以下的弱电线缆均应在保护管或线槽内敷设,且线缆敷设中间不应有接头。弱电分支线路宜穿可挠金属电气导管或壁厚不小于1.4m的薄壁镀锌钢管在吊顶、内隔墙及地面架空夹层内敷设。 [5.8.4] 弱电管线在内隔墙中敷设时,宜优先采用带穿线管的工业化内隔墙板。 [5.8.13] 当敷设条件允许时,弱电管线宜在吊顶夹层内及地面架空夹层内敷设

电缆最小允许弯曲半径详见表10-53。

电缆最小允许弯曲半径　　表10-53

电缆型式		电缆外径	多芯电缆	单芯电缆
塑料绝缘电缆	无铠装	—	$15D$	$20D$
	有铠装		$12D$	$15D$
橡皮绝缘电缆			$10D$	
控制电缆	非铠装型、屏蔽型软电缆		$6D$	—
	铠装型、铜屏蔽型		$12D$	
	其他		$10D$	
铝合会导体电力电缆		—	$7D$	
氧化镁绝缘刚性矿物绝缘电缆		＜7	$2D$	
		≥7且＜12	$3D$	
		≥12且＜15	$4D$	
		≥15	$6D$	
其他矿物绝缘电缆		—	$15D$	

注：D为电缆外径。

管卡间的最大距离详见表10-54。

管卡间的最大距离　　表10-54

敷设方式	导管种类	导管直径(mm)			
		15～20	25～32	40～50	65以上
		管卡间的最大距离(m)			
支架或沿墙明敷	壁厚＞2mm刚性铜导管	1.5	2.0	2.5	3.5
	壁厚＜2mm刚性铜导管	1.0	1.5	2.0	—
	刚性塑料导管	1.0	1.5	2.0	2.0

管线的连接和施工要求如表10-55所示。

管线的连接和施工要求 **表 10-55**

相关规范	规范条文
《建筑电气工程施工质量验收规范》GB 50303—2015	[12.1.1] 金属导管应与保护导体可靠连接，并符合下列规定： 1 镀锌钢导管、可弯曲金属导管和金属柔性导管不得熔焊连接； 2 当非镀锌钢导管采用螺纹连接时，连接处的两端应熔焊焊接保护联结导体； 3 镀锌钢导管、可弯曲金属导管和金属柔性导管连接处的两端宜用专用接地卡固定保护联结导体； 4 机械连接的金属导管，管与管、管与盒（箱）体的连接配件应选用配套部件，其连接应符合产品技术文件要求，当连接处的接触电阻值符合现行国家标准《电气安装用导管系统 第1部分：通用要求》GB/T 20041.1 的相关要求时，连接处可不设置保护联结导体，但导管不应作为保护导体的接续导体； 5 金属导管与金属梯架、托盘连接时，镀锌材质的连接端宜用专用接地卡固定保护联结导体，非镀锌材质的接处应熔焊焊接保护联结导体； 6 以专用接地卡固定的保护联结导体应为铜芯软导线，截面面积不应小于 $4mm^2$；以熔焊焊接的保护联结导体宜为圆钢，直径不应小于 6mm，其搭接长度应为圆钢直径的 6 倍。 [12.1.2] 钢导管不得采用对口熔焊连接；镀锌钢导管或壁厚小于或等于 2mm 的钢导管，不得采用套管焊接连接
北京市《装配式剪力墙住宅建筑设计规程》DB11/T 970—2013	[10.4.5] 沿结构叠合楼板、预制墙体预埋的电气灯头盒、接线盒及其管路与现浇相应电气管路连接时，墙面预埋盒下（上）宜预留接线空间，便于施工接管操作
上海市《装配整体式混凝土公共建筑设计规程》DGJ 08-2154—2014	[5.6.4] 建筑电气管线与预制构件的关系宜符合下列规定： 5 沿叠合楼板、预制墙体预埋的电气灯头盒、接线管及其管路与现浇相应电气管路连接时，墙面预埋盒下（上）宜预留接线空间，便于施工接管操作

措施方法：

装配式混凝土结构建筑中沿叠合楼板、预制墙体预埋的电气灯头盒、接线管及其管路与现浇相应电气管路连接时，应在其连接处预留接线足够空间，便于施工接管操作，连接完成后再用混凝土浇筑预留的孔洞。图 10-25 和图 10-26 中，给出了在预制构件上电气管线连接处，预留操作空间的两种常见做法。

插座应布置在钢筋之间，钢筋间距符合结构钢筋模数要求，本图按每个（组）间距 200m 为模数设计。

插座下预留接线槽，接线盒与接线槽之间预埋 1～2 根 ϕ20～ϕ25 管路，预埋宜超出槽边 60mm，用于与水平现敷管路连接。

预制墙体预留插座接线连接口尺寸可根据实际工程定。

对于插座、户内配电（线）箱等，由于管线是由设备向下敷设至本层楼板内的现浇层，与现浇层内的水平管线连接以确保管线之间能够顺利连接，所以通常在预制墙体下方的连接处留有管线连接孔洞，详见图 10-27。

由于向上敷设管线可能需要穿结构梁，因此预制混凝土结构梁应提前在叠合梁中预留管线；以便于预制墙体中的竖向管线连接，详见图 10-28。

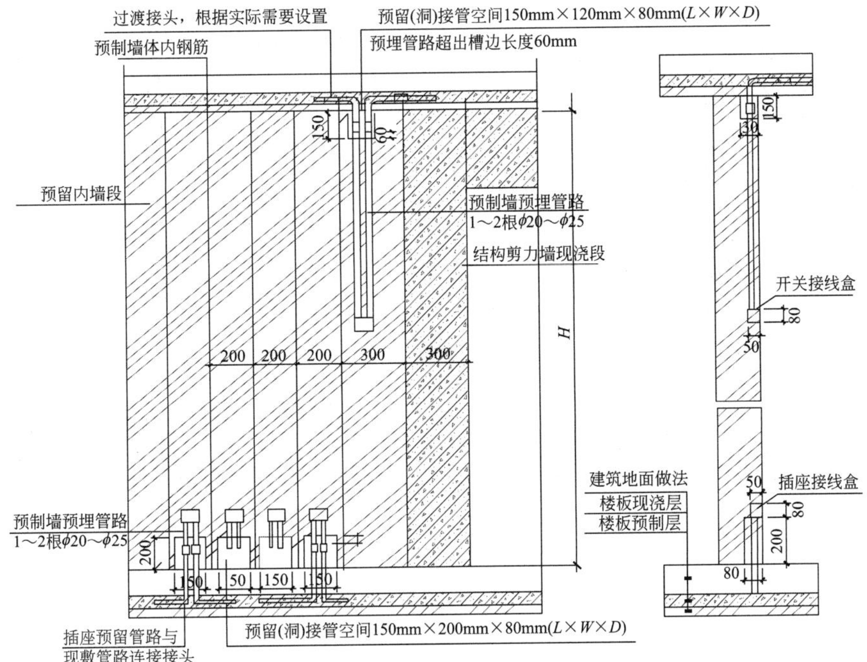

图 10-25　插座、开关预埋接线盒及其管路连接做法一

注：接线盒和管路距预制段边的距离需满足结构专业要求，本图按大于或等于 300mm 设计。

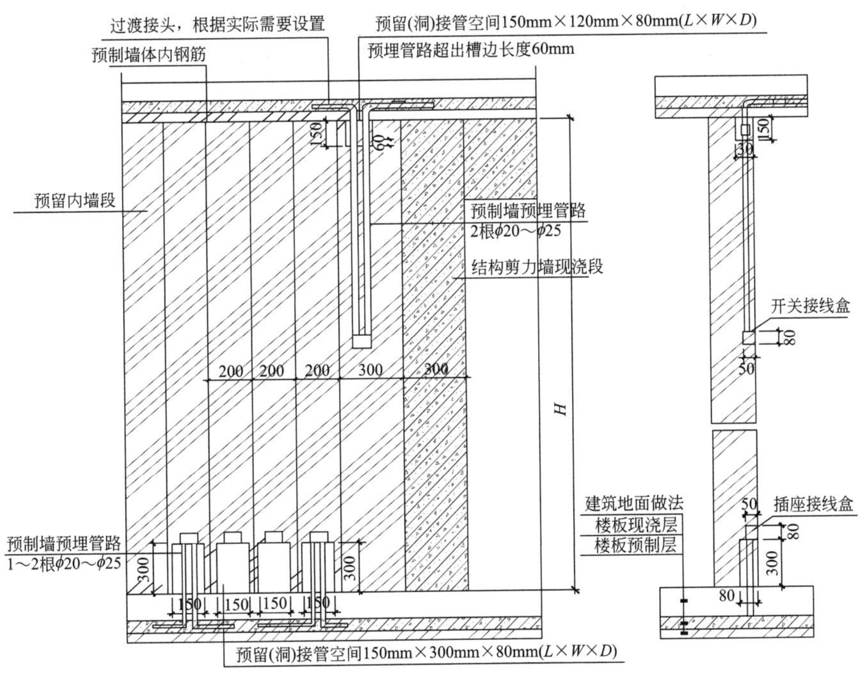

图 10-26　插座、开关预埋接线盒及其管路连接做法二

注：1. 接线盒和管路距预制段边的距离需满足结构专业要求，本图按大于或等于 300mm 设计。

2. 插座应布置在钢筋之间，钢筋间距符合结构钢筋模数要求，本图按每个（组）间距 200mm 为模数设计。

3. 插座下预留接线槽，用于水平管线直接引上至插座接线盒，管路无需再设置过渡接头。

4. 预制墙体预留插座接线连接口尺寸可根据实际工程定。

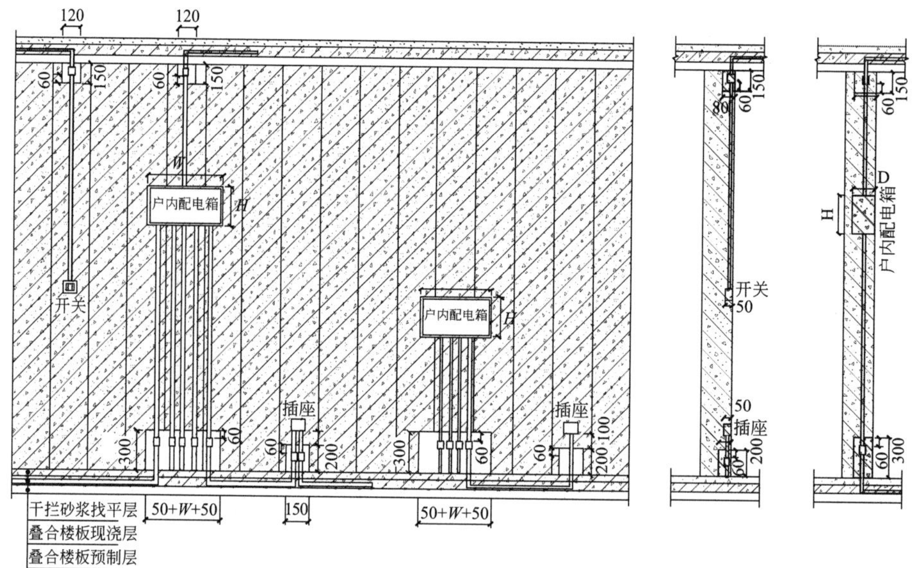

图 10-27　管线连接预留孔洞

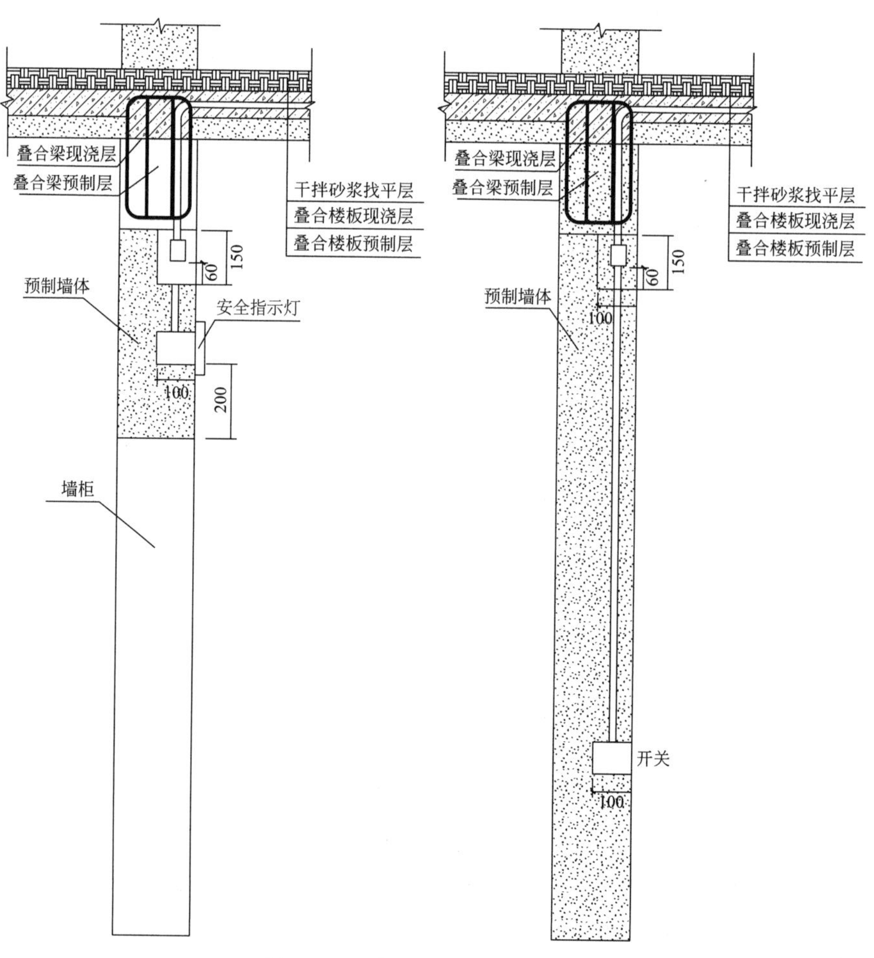

图 10-28　管线穿梁处连接详图

10.4.4 防雷与接地

防雷与接地的相关设计要求如表 10-56 所示。

防雷与接地要求 **表 10-56**

相关规范	规范条文
《建筑物防雷设计规范》 GB 50057—2010	[4.3.5] 利用建筑物的钢筋作为防雷装置时，应符合下列规定： 1 建筑物宜利用钢筋混凝土屋顶、梁、柱、基础内的钢筋作为引下线。 6 构件内有箍筋连接的钢筋或成网状的钢筋，其箍筋与钢筋、钢筋与钢筋应采用土建施工的绑扎法、螺丝、对焊或搭焊连接。单根钢筋、圆钢或外引预埋连接板、线与构件内钢筋应焊接或采用螺栓紧固的卡夹器连接。构件之间必须连接成电气通路
《民用建筑电气设计标准》 GB 51348—2019	[11.7.1] 建筑物防雷装置宜利用建筑物钢结构或结构柱的钢筋作为引下线。 [11.7.3] 除利用混凝土中钢筋作引下线外，引下线应热浸镀锌，焊接处应涂防腐漆。在腐蚀性较强的场所，还应加大截面或采取其他的防腐措施。 [11.7.4] 专设引下线宜沿建筑物外墙明敷设，并应以较短路径接地，建筑艺术要求较高者也可暗敷，但截面应加大一级，圆钢直径不应小于 10mm，扁钢截面面积不应小于 $80mm^2$。 [11.7.6] 采用多根专设引下线时，宜在各引下线距地面 0.3m～1.8m 处设置断接卡。 当利用钢筋混凝土中的钢筋、钢柱作为引下线并同时利用基础钢筋作为接地网时，可不设断接卡。当利用钢筋做引下线时，应在室内外适当地点设置连接板，供测量接地、接人工接地体和等电位联结用。 当仅利用钢筋混凝土中钢筋作引下线并采用埋于土壤中的人工接地体时，应在每根引下线的距地面不低于 0.5m 处设接地体连接板。采用埋于土壤中的人工接地体时，应设断接卡，其上端应与连接板或钢柱焊接。连接板处应有明显标志。 [11.7.7] 在建筑物引下线附近需采取以下防接触电压和跨步电压的措施，以保护人身安全： 1 防接触电压应符合下列规定之一： 1)利用建筑物四周或建筑物内金属构架和结构柱内的钢筋作为自然引下线时，其专用引下线的数量不少于 10 处，且所有自然引下线之间通过防雷接地网互相电气导通； 2)引下线 3m 范围内地表层的电阻率不少于 50kΩ·m，或敷设 5cm 厚沥青层或 15cm 厚砾石层； 3)外露引下线，其距地面 2.7m 以下的导体用耐 1.2/50μs 冲击电压 100kV 的绝缘层隔离，或用至少 3mm 厚的交联聚乙烯层隔离。 2 防跨步电压应符合下列规定之一： 1)利用建筑物四周或建筑物内的金属构架和结构柱内的钢筋作为自然引下线时，其专用引下线的数量不少于 10 处，且所有自然引下线之间通过防雷接地网互相电气导通； 2)引下线 3m 范围内土壤地表层的电阻率不小于 50kΩ·m，或敷设 5cm 厚沥青层或 15cm 厚砾石层； 3)用网状接地装置对地面做均衡电位处理。 [11.7.8] 当建筑物、构筑物钢筋混凝土内的钢筋具有贯通性连接并符合本规范第 11.7.7 条要求时，竖向钢筋可作为引下线；当横向钢筋与引下线有可靠连接时，横向钢筋可作为均压环。 [1.7.9] 装配整体式混凝土公共建筑的防雷设计应符合现行国家标准《建筑物防雷设计规范》GB 50057 和行业标准《民用建筑电气设计规范》JGJ 16 的规定，并应符合下列规定：在易受机械损坏的地方，地面上 1.7m 至地面下 0.3m 的引下线应加保护设施

续表

相关规范	规范条文
上海市《装配整体式混凝土公共建筑设计规程》DGJ 08-2154—2014	[5.6.5] 1 装配整体式混凝土公共建筑的防雷引下线宜利用现浇立柱或剪力墙内的钢筋或采取其他可靠的措施，应避免利用预制竖向受力构件内的钢筋。 2 装配整体式混凝土公共建筑外墙上的栏杆、门窗等较大的金属物需要与防雷装置连接时，相关预制构件内部与连接处的金属件应考虑电气回路的连接或考虑不利用预制构件连接的其他方式
辽宁省《装配整体式建筑设备与电气技术规程》(暂行) DB21/T 1925—2011	[5.6.2] 可利用实体柱内两根主筋做防雷引下线，在两根柱子对接处，柱内套管与柱内钢筋连接处应采用不小于 ϕ16mm 的防雷转接导体跨接。亦可采用 25×4 镀锌扁钢沿实体柱引下与基础钢筋焊接。 [5.6.3] 利用基础钢筋做接地极，引下线与接地装置应可靠焊接。在设有引下线的柱子室外地面上 0.5m 处，设置接地电阻测试盒，测试盒内测试端子与引下线焊接。 [5.8.20] 防雷引下线在主体结构柱等构件内设置时，应预留上下对应、通长联结的主钢筋作引下线，在上、下层对应的结构柱端部(与楼板交接处)的柱内钢套管与柱内钢筋做可靠的电气联结；引下线在主体结构柱等构件外设置时，应在结构楼板上预留孔洞或预埋钢筋、扁钢，并与敷设在各层外墙装饰板隔层内的引下线做可靠的电气联结

1. 接闪器

在防直击雷措施方面，装配式住宅与普通住宅相同，均是在屋顶设置接闪器，利用柱内或剪力墙内钢筋作为防雷引下线，借用建筑物基础内的钢筋作为接地极，其中接闪器以及接地极的做法相同。

2. 引下线

对于钢结构形式的装配式住宅，可以利用钢结构中的钢柱作为防雷引下线；对于混凝土结构的装配式住宅，可以采用预制混凝土结构柱或剪力墙内满足防雷要求的钢筋作为防雷引下线，并确保接闪器、引下线及接地极之间通长、可靠的连接。并在构件接缝处预留施工空间及条件，连接部位应有永久性明显标记。

装配整体式框架结构中，框架柱的纵筋连接宜采用套筒灌浆连接；装配式整体剪力墙结构中，预制剪力墙竖向钢筋的连接可根据不同部位，分别采用套筒灌浆连接、浆锚搭接连接。套筒灌浆连接与浆锚搭接连接做法大同小异，即一侧柱体端部为钢套筒，另一侧柱体端部为钢筋，钢筋插入套筒后注浆，钢筋与套筒之间隔着混凝土砂浆。由于钢筋之间不连续，不能满足电气贯通的要求，因此，若采用实体柱内的钢筋作为防雷引下线，同时连接处采用套筒灌浆连接或浆锚搭接连接，则连接处需采用同等截面面积的钢筋进行跨接，以达到电气贯通的目的，具体做法详见图 10-29。

3. 接地装置

在防侧击雷措施方面，装配式住宅防侧击雷的设计难点在于均压环和外墙上的栏杆、门窗以及太阳能热水器、太阳能面板等较大金属物防雷接地的做法：普通住宅一般采用结构圈梁内满足防雷要求的主筋可靠连接作为均压环；混凝土结构装配式住宅的结构梁一般采用叠合梁，可以利用叠合梁（圈梁）现浇层中满足防雷要求的主筋可靠连接作为均压环；钢结构装配式住宅的圈梁为钢结构且施工时均可靠连接，可以直接利用每层的钢结构圈梁作为均压环。

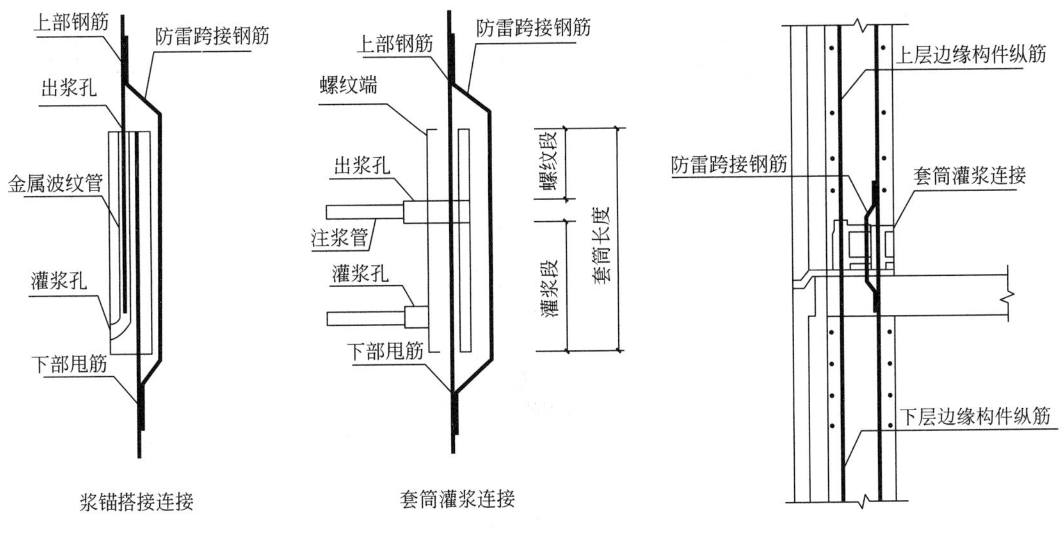

图 10-29　防雷跨接

对于外墙上的栏杆、门窗以及太阳能面板等较大金属物防侧击雷的做法同普通住宅相同，即通过防雷接地预埋件与防雷引下线可靠连接。对于可以直接连接到均压环的金属物，则可以通过防雷接地预埋件与均压环可靠连接；无法直接连接到均压环（一般每 3 层设置一均压环）的楼层，其金属物可以通过叠合梁现浇层内符合防雷接地要求的主筋或单独敷设扁钢与防雷引下线可靠连接，详见图 10-30。钢结构住宅通过预埋件与钢结构圈梁可靠连接即可满足防侧击雷的要求。

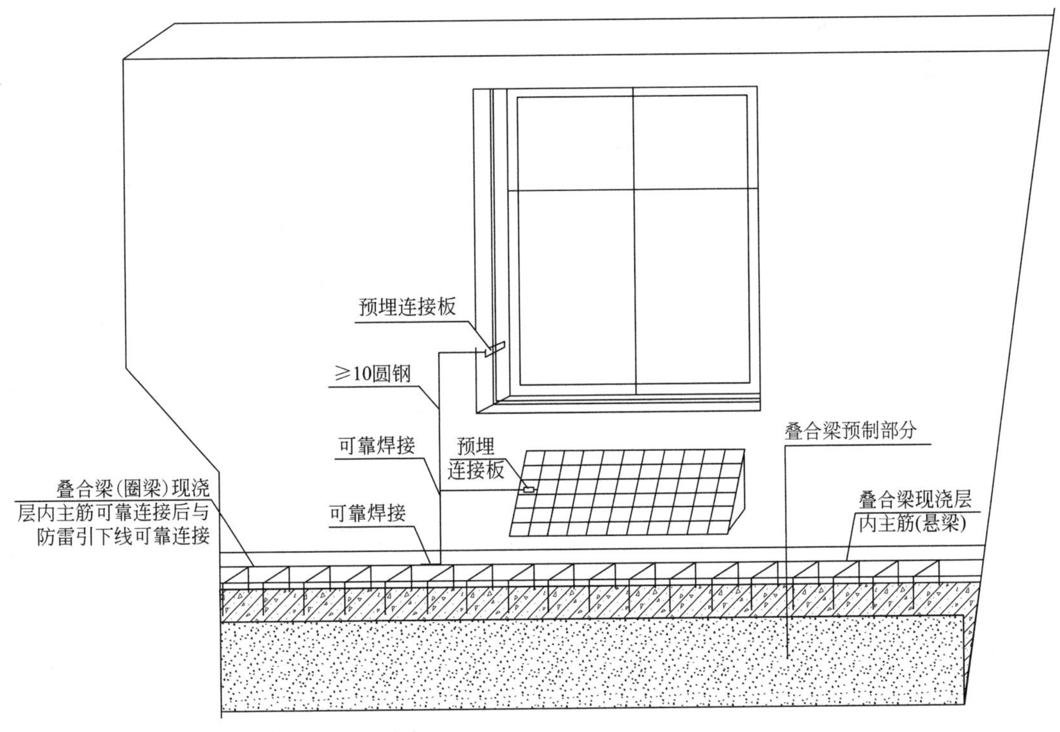

图 10-30　混凝土结构装配式住宅外墙金属物防侧击雷做法

装配式住宅的内部防雷措施及防雷击电磁脉冲与普通住宅的设计方法以及施工方法相同。设置等电位连接的场所，各构件内的钢筋应做可靠的电气连接，并与等电位连接箱联通。

10.4.5 电气防火

电气防火的相关设计要求如表 10-57 所示。

电气防火要求 **表 10-57**

相关规范	规范条文
《建筑设计防火规范》GB 50016—2014(2018 版)	[6.2.9] 第 3 条规定:建筑内的电缆井、管道井应在每层楼板处采用不低于楼板耐火极限的不燃材料或防火封堵材料封堵。 建筑内的电缆井、管道井与房间、走道等相连通的孔隙应采用防火封堵材料封堵
《住宅建筑电气设计规范》JGJ 242—2011	[7.4.5] 电气竖井内竖向穿越楼板和水平穿过井壁的洞口应根据主干线缆所需的最大路由进行预留。楼板处的洞口应采用不低于楼板耐火极限的不燃烧体或防火材料作封堵,井壁的洞口应采用防火材料封堵
《装配式混凝土结构技术规程》JGJ 1—2014	[5.4.7] 隔墙内预留有电气设备时,应采取有效措施满足隔声及防火要求。 [5.4.8] 设备管线穿过楼板的部位,应采取防水、防火、隔声等措施
辽宁省《装配整体式建筑设备与电气技术规程》(暂行) DB21/T 1925—2011	[8.10.2] 电气配管穿墙或穿越防火分区的孔洞应使用防火材料封堵。 [8.10.3] 线槽穿越楼层或横向跨防火区,应加装防火钢套填充防火枕,满足防火设计要求

10.4.6 整体卫浴间

整体卫浴间的设计应满足表 10-58 所示相关要求。

整体卫浴间要求 **表 10-58**

相关规范	规范条文
《住宅整体卫浴间》JG/T 183—2011	[5.2.5] 电器 包括照明灯、换气扇、烘干器及电源插座等均应符合相应的标准。插座接线应符合 GB 50303—2002 中 22.1.2 的要求。除电器设备自带开关外,外设开关不应置于整体卫浴间内。 [5.3.3] 组装整体卫浴间所需的配件按以下两类需要选定: a)主要配件:浴盆、浴盆水嘴、洗面器、洗面器水嘴、坐便器、低水箱、隐蔽式水箱或自闭冲洗阀、照明灯、肥皂盒、手纸盒、毛巾架、换气扇及镜子等; b)选用配件:妇洗器或淋浴间、浴缸扶手、梳妆架、浴帘、衣帽钩、电源插座、烘干器、清洁箱、电话、紧急呼唤器等。 [5.3.8] 电器及线路不应漏电,电源插座宜设置独立回路,所有裸露的金属管线应以导体相互连接并留有对外接的 PE 线的接线端子。 [5.3.10] 组成整体卫浴间的主要构件、配件应符合有关标准、规范的规定
辽宁省《装配整体式建筑设备与电气技术规程》(暂行) DB21/T 1925—2011	[5.8.11] 当套内的整体厨房、整体卫浴等场所有智能化的监控要求时,相应的管线、接口及设备应预留、配置到位

10.4.7 整体厨房

整体厨房的设计应满足下表 10-59 所示相关要求。

整体厨房要求 **表 10-59**

相关规范	规范条文
《住宅整体厨房》 JG/T 184—2011	[7.1] 管线应综合布置，管线与设备的接口设置应互相匹配，并应满足厨房使用功能的要求，在施工图中应明确标注接口定位尺寸，其施工精度误差不应大于 5mm。 [7.2] 管线的布置原则、立管与表具、水平管线、燃气管道、燃气设备和排烟、电气设施、暖气管道、散热器等应符合 GB/T 1128—2008 中第 5 章的要求。 [7.3] 设于厨房的水表和燃气表宜采用远传计量的方式，并应预留远传计量的数据传输接口位置及其电源接口位置，其系统性能应符合《民用建筑远传抄表系统》JG/T 162—2017 中 5.4 的要求
辽宁省《装配整体式建筑设备与电气技术规程》(暂行) DB21/T 1925—2011	[5.8.11] 当套内配置的整体厨房、整体卫浴等场所有智能化的监控要求时，相应的管线、接口及设备应预留、配置到位

10.4.8 构件制作和检验

穿越预制构件的电气管线、槽盒均应预留孔洞，严禁剔凿，其要求如表 10-60 所示。

预制构件电气管线预留孔洞要求 **表 10-60**

相关规范	规范条文
《装配式混凝土结构设计规程》 JGJ 1—2014	[5.4.4] 预制构件中电气接口及吊挂配件的孔洞、沟槽应根据装修和设备要求预留
北京市《装配式剪力墙住宅建筑设计规程》 DB11/T 970—2013	[10.1.2] 预制结构构件中宜预埋管线，或预留沟、槽、孔、洞的位置，预留预埋应遵守结构设计模数网格，不应在围护结构安装后凿剔沟、槽、孔、洞
辽宁省《装配整体式建筑设备与电气技术规程》(暂行) DB21/T 1925—2011	[8.2.1] 预制构件预埋时应按设计要求标高预留过墙孔洞，在加工预制或预制隔板时，预留孔洞应在预制梁或预制板材的上方，吊顶敷设，保护套管应按设计要求选材。 [8.2.2] 预制构件时应注意避雷引下线的预留预埋，在预制柱体下侧应预埋不少于两处规格为 100mm×150mm，厚度应不低于为 8mm 的钢板，钢板与主体内的竖向主体钢筋焊接，其钢板与下侧穿梁钢筋紧密焊接，焊接倍数必须达到要求。 [8.2.3] 预制梁也应预埋规格为 100mm×150mm，厚度 8mm 的钢板，与其水平梁主体钢筋焊接形成整体接地联结

预制构件检验如表 10-61 所示。

电气预埋的隐验要求 **表 10-61**

相关规范	规范条文
《装配式混凝土结构技术规程》JGJ 1—2014	[5.4.9] 设备管线宜与预制构件上的预埋件可靠连接。 [11.3.1] 在混凝土浇筑前应进行预制构件的隐蔽工程检查，检查项目应包括下列内容： 5 灌浆套筒、预留孔洞的规格、数量、位置等； 8 预埋管线、线盒的规格、数量、位置及固定措施

10.4.9 施工隐检及验收

施工隐检及验收的相关要求如表 10-62 所示。

施工隐检及验收 **表 10-62**

相关规范	规范条文
《建筑电气工程施工质量验收规范》GB 50303—2015	[3.3.9] 导管敷设应符合下列规定： 1 配管前，除埋入混凝土中的非镀锌钢导管的外壁外，应确认其他场所的非镀锌钢导管内、外壁均已做防腐处理； 2 埋设导管前，应检查确认室外直埋导管的路径、沟槽深度、宽度及垫层处理等符合设计要求； 3 现浇混凝土板内的配管，应在底层钢筋绑扎完成，上层钢筋未绑扎前进行，且配管完成后应经检查确认后，再绑扎上层钢筋和浇捣混凝土； 4 墙体内配管前，现浇混凝土墙体内的钢筋绑扎及门、窗等位置的放线应已完成； 5 接线盒和导管在隐蔽前，经检查应合格； 6 穿梁、板、柱等部位的明配导管敷设前，应检查其套管、埋件、支架等设置符合要求； 7 吊顶内配管前，吊顶上的灯位及电气器具位置应先进行放样，并应与土建及各专业施工协调配合
《装配式混凝土结构技术规程》JGJ 1—2014	[12.1.2] 第 7 条规定：预留管线、线盒等的规格、数量、位置及固定措施

10.4.10 设计文件编制深度

装配式建筑的建筑电气专业初步设计及施工图设计阶段，设计文件编制深度的基本要求分别如表 10-63 及表 10-64 所示。

初步设计阶段设计文件编制深度 **表 10-63**

规范	规范条文	具体内容
《建筑工程设计文件编制深度规定》(2016 版)	[3.6.2]设计说明书	8 装配式建筑电气设计。 1)装配式建筑电气设计概况； 2)建筑电气设备、管线及附件等在预制构件中的敷设方式及处理原则； 3)电气专业在预制构件中预留空洞、沟槽、预埋管线等布置的设计原则

续表

规范	规范条文	具体内容
深圳市《装配式混凝土建筑设计文件编制深度标准》	[4.6.1] 设计说明书应包含以下内容	1　工程概况：说明项目采用装配式混凝土技术的建筑单体的分布情况，采用的主要装配式建筑技术和措施； 2　明确电气设备、管线及附件等在预制构件中的敷设方式及处理原则； 3　说明预制构件中预留空洞、沟槽、预埋管线等布置的设计原则； 4　防雷设计说明：说明引下线的设置方式及确保有效接地所采用的措施
《上海市装配式混凝土建筑工程设计文件编制深度规定》	[3.5.2] 设计说明书	1　设计依据 1)说明采用装配式的各建筑单体分布。 4)采用装配式建筑时本专业须遵守的其他规范与标准。 2　设计范围 3)明确电气设备、管线等设置在预制构件或装饰墙面内； 4)概述电气专业在预制构件中预留孔洞、沟槽，预埋管线等的原则。 6　防雷 3)当采用装配式建筑时应说明引下线的设置方式及确保有效接地所采取的措施
	[3.5.3] 设计图纸	1　电气总平面图 1)明确显示装配式建筑的范围
《天津市装配式混凝土建筑工程设计文件编制深度规定》	[3.5.2] 设计说明书	1　设计依据 1)说明采用装配式的各建筑单体分布。 4)采用装配式建筑时本专业须遵守的其他规范与标准。 2　设计范围 3)明确电气设备、管线及附件等在预制构件或装饰墙面内的敷设方式及处理原则； 4)概述电气专业在预制构件中预留孔洞、沟槽，预埋管线等的设计原则； 5)机电抗震专项内容； 6)能耗监测专项内容。 7　防雷 3)说明引下线的设置方式及确保有效接地所采取的措施以及建筑物外部金属物件与构件的连接方式
	[3.5.3] 设计图纸	1　电气总平面图。 1)明确显示装配式建筑的范围

注：仅列出与装配式相关内容。

施工图设计阶段设计文件编制深度　　　表 10-64

规范	规范条文	具体内容
《建筑工程设计文件编制深度规定》（2016版）	[4.5.14] 当采用装配式建筑技术设计时，应明确装配式建筑设计电气专项内容	1　明确装配式建筑电气设备的设计原则及依据。 2　对预埋在建筑预制墙及现浇墙内的电气预埋箱、盒、孔洞、沟槽及管线等要有做法标注及详细定位。 3　预埋管、线、盒及预留孔洞、沟槽及电气构件间的连接做法。 4　墙内预留电气设备时的隔声及防火措施；设备管线穿过预制构件部位采取相应的防水、防火、隔声、保温等措施。 5　采用预制结构柱内钢筋作为防雷引下线时，应绘制预制结构柱内防雷引下线间连接大样，标注所采用防雷引下线钢筋、连接件规格以及详细做法

续表

规范	规范条文	具体内容
深圳市《装配式混凝土建筑设计文件编制深度标准》	[5.5.1] 建筑电气设计说明应包含内容	1 工程概况：说明项目采用装配式混凝土技术的建筑单体的分布情况，采用的主要装配式建筑技术和措施。 2 设计依据：与装配式混凝土建筑设计有关的国家及地方规范、标准。 3 装配式混凝土建筑电气设计专项说明： 1)明确装配式混凝土建筑电气设备的设计原则及依据； 2)说明电气设备、管线等设置在预制构件或装饰墙面内的做法； 3)描述电气专业在预制构件中预留孔洞、沟槽，预埋管线的位置及大小；当文字表述不清时，可以用图示方式表达； 4)装配式混凝土建筑对施工工艺和精度的控制要求。如预留孔洞、沟槽做法要求，预埋管线的安装方式等； 5)墙内预留有电气设备时，应采取的隔声及防火措施；设备管线穿过预制构件部位采取的防水、防火、隔声、保温等措施； 6)防雷设计相关说明中表达预制构件防雷设计做法。采用预制结构柱内钢筋作为防雷引下线时，应绘制预制结构柱内防雷引下线间连接大样，标注所采用防雷引下线钢筋、连接件规格以及详细做法
	[5.5.2] 设计图纸应包含内容	1 电气平面图： 1)明确预制构件和非预制构件范围，注明预制构件中预留孔洞、沟槽及预埋管线等的定位； 2)预制构件中预埋的电气设备(箱体、开关、插座、接线盒、沟槽、管线等)应有精准尺寸及定位。 2 电气详图： 1)预留孔洞、沟槽等的标高、定位尺寸等及构件间预埋管线需贯通的连接方式； 2)应绘制预制构件中防雷引下线间连接大样，标注所采用防雷引下线钢筋、连接件规格以及详细做法； 3)复杂的安装节点应给出剖面图及节点详图； 4)管线交叉较多的部位应给出管线综合图； 5)墙内预留电气设备时的隔声及防火措施； 6)设备管线穿过预制构件部位采取相应的防水、防火、隔声、保温等措施
《上海市装配式混凝土建筑工程设计文件编制深度规定》	[4.5.3] 建筑电气设计说明	1 工程概况。说明采用装配式的各建筑单体分布及预制混凝土构件分布情况。 2 设计依据。采用装配式结构时本专业须遵守的其他法规与标准。 4 当采用装配式建筑时需要补充的设计要求 1)明确电气预埋箱、盒及管线等设置在预制构件或装饰墙面内； 2)描述电气专业在预制构件中预留孔洞、沟槽，预埋管线等的部位；当文字表述不清可以图纸形式表示。 3)线敷设方式及施工要求 预留孔洞、沟槽做法要求，预埋管线的安装方式及构件间预埋管线需贯通的连接方式。 4)墙内预留有电气设备时，应采取的隔声及防火措施；设备管线穿过预制构件部位采取的防水、防火、声、保温等措施。 6 防雷及接地保护等其他系统相关内容(亦可附在相应图纸上)；预制构件中防雷装置连接要求相关说明

续表

规范	规范条文	具体内容
《上海市装配式混凝土建筑工程设计文件编制深度规定》	[4.5.12] 当为装配式建筑时需补充的图纸内容	1 电气平面图 1)应在预制构件布置图上注明预制构件中预留孔洞、沟槽及预埋管线等的部位； 2)预制构件中预埋的电气设备(箱体、插座、接线盒等)应定位。 2 电气详图 1)预留孔洞、沟槽等的标高、定位尺寸等及构件间预埋管线需贯通的连接方式； 2)复杂的安装节点应给出剖面图
《天津市装配式混凝土建筑工程设计文件编制深度规定》	[4.5.3] 建筑电气设计说明	1 工程概况。说明采用装配式的各建筑单体分布及预制混凝土构件分布情况。 2 设计依据。采用装配式结构时本专业须遵守的其他法规与标准。 4 采用装配式建筑需要补充的设计要求。 1)明确电气预埋箱、盒及管线等不宜设置在预制构件或装饰墙面内； 2)描述电气专业在预制构件中预留孔洞、沟槽，预埋管线等的部位；当文字表述不清可以图纸形式表示； 3)线敷设方式及施工要求：给出预留孔洞、沟槽做法要求，预埋管线的安装方式及构件间预埋管线需贯通的连接方式； 4)墙内预留有电气设备时，应采取的隔声及防火措施；设备管线穿过预制构件部位采取的防水、防火、声、保温等措施； 5)当大型灯具、桥架、母线、配电设备等安装在预制构件上时，应采用预留预埋件固定； 6)不应在预制构件受力部位和节点连接区域设置孔洞及接线盒，隔墙两侧的电气和智能化设备不应直接连通设置。 6 预制构件中防雷装置连接要求相关说明
	[4.5.12] 当为装配式建筑时需补充的图纸内容	1 电气平面图 1)应在预制构件布置图上注明预制构件中预留孔洞、沟槽及预埋管线等的部位； 2)预制构件中预埋的电气设备(箱体、插座、接线盒等)应定位。 2 电气详图 1)预留孔洞、沟槽等的标高、定位尺寸等及构件间预埋管线需贯通的连接方式； 2)复杂的安装节点应给出剖面图

注：仅列出与装配式相关内容。

10.5 本章小结

本章设备设计参考《装配式建筑系列标准应用实施指南（装配式混凝土结构建筑）》[1] 进行编写，系统阐述了装配式混凝土建筑的给水排水、暖通及电气等机电设备专业设计应符合的国家和地方标准、规范相关条文，并给出了具体措施。同时汇集了国家和深圳、上海等一些先进地市的装配式建筑在初步设计及施工图设计阶段，机电设备专业设计文件编制深度的基本要求，为江苏省装配式建筑机电设备的设计范围及深度提供了参考。

参考文献

[1] 中国建筑标准设计研究院.装配式建筑系列标准应用实施指南（装配式混凝土结构建筑）[M].北京：中国计划出版社，2016.

[2] 中建科技有限公司，等.装配式混凝土建筑设计［M].北京：中国建筑工业出版社，2017.

[3] 张晓娜.装配式混凝土建筑——建筑设计与集成设计200问［M].北京：机械工业出版社，2018.

第 11 章　装配化装修设计

装修是建筑产品直面消费者的用户界面。装修同步于建筑工业化的发展，装配化装修不仅有利于提高建筑品质，解决建筑业用工难问题，而且有利于缓解环境压力，实现去环节、去手艺、去污染、去浪费的新型建造方式。装配化装修作为装修建造方式的技术进步，促进了传统装修产业升级。

本章以居住建筑为重点，对装配化装修的部品系统及集成设计进行介绍。

11.1　一般规定和设计流程

11.1.1　一般规定

装配化装修是以标准化设计、工厂化部品和装配化施工为主要特征，实现工程品质提升和效率提升的新型装修模式。[12-1] 装配化装修设计应包含隔墙系统设计、墙面系统设计、吊顶系统设计、楼地面系统设计、门窗系统设计、集成厨房系统设计、集成卫浴系统设计、集成收纳系统设计、设备与管线系统设计。装配化装修内装部品的标准化设计一般规定详见表 11-1。

装配化装修设计一般规定　　**表 11-1**

类型	一般规定
部品标准化设计	1　部品设计规格应优先选用标准参数，应注重统一的接口位置和便于组合的形状及尺寸，非标部品应适度归尺； 2　部品安装节点应简单可靠，连接方式宜满足部品单元的独立维修、独立拆换。例如采用适应卡扣式连接方式，满足多次无损拆卸的部品部件； 3　部品部件设计应以装修完成面为基准面，采用装修完成面净尺寸标注预制构配件的装配定位； 4　所用材料及构造方式应安全可靠，安装简便、快捷
一体化设计	装配化装修设计应与结构、建筑、机电设备等专业进行同步一体化设计，暂时无法进行一体化设计的，应考虑上述专业进行设计
防火设计	装配化装修设计选用部品的防火性能应符合《建筑内部装修设计防火规范》GB 50222 中所规的防火等级
工厂化生产	部品系统规格、排版应结合部品具体生产规格进行设计，并符合现行《建筑模数协调标准》GB/T 50002 的规定，且应达到指导工厂生产的深度
管理信息化	装配化装修设计宜采用建筑信息模型(BIM)技术进行辅助设计，各部品间进行碰撞检查，并宜出具可以指导部品生产、安装、运维的成果

11.1.2 装配化装修的设计原则

基于装配化装修的特征，设计和部品选型时应坚持干式工法、管线与结构分离、部品集成定制，并遵循模块化设计、一体化设计及可逆安装设计的原则，详见表 11-2。

装配化装修集成设计原则 **表 11-2**

装配化装修	设计原则
干式工法设计	设计楼地面、墙面找平与饰面连接时，选择架空和自适应调平的支撑与连接构造，面层选用干法拼接的地板、墙板、顶板。彻底代替水泥砂浆找平、腻子找平等基层湿作业，也要取代现场刷涂料、贴壁纸、贴瓷砖的面层湿作业
管线与结构分离设计	干式工法也为管线与结构分离提供了可能，将相对寿命较短的设备及管线置于长寿命的结构外部，确保建筑主体结构长寿化和可持续发展。管线优先设置在架空地面、架空墙面、吊顶的空腔内，在不加额外空间的前提下，有利于建筑功能空间的重新划分和设备及管线的维护、改造、更换
部品集成定制设计	选择对于部件等系统性集成程度高的部品，减少装配部品的种类，减少多个工厂、多个部品之间的相容性差的问题，优选成套供应的部品。按照订单对于非标规格部品定制，禁止装配现场二次裁切，定制的非标准部件与标准部件同时编码，同批次加工，避免色差
模块化设计	厨房、卫生间等固定功能区可以通过墙、顶、地与管线集成在一起形成功能模块，通过模块化设计可减少设计工作量，提高设计工作的效率
一体化设计	装修是由不同使用功能的部品或部品的组合，形成一整套系统，继而组成建筑的不同功能区。轻质隔墙是由轻钢龙骨、给水管、电线管、加固板等部件和管线组成，设计时需将部件、管线的路由、距离、位置、连接方式、避让关系等因素集成起来综合考虑，从而达到满足性能指标、使用要求的设计结果在设计时需要考虑部件、管线的路由、距离、位置、连接方式、避让关系等相关信息综合考虑，只有将这面隔墙为一个部品，将相关的因素集成在一起，最终得出满足性能指标、达到使用要求的设计结果
可逆安装设计	可以理解为完全采用物理连接，通过不同形式的固定件将不同部件组合在一起，实现安装与拆卸的互通。例如装配化架空地面系统和集成给水管线系统，在后期维护或更换时，只需更换损坏部件，而不破坏相邻或在之上的其他部件

11.1.3 装配化装修设计流程

装配化装修的设计流程详见表 11-3。

装配化装修设计流程 **表 11-3**

阶段	内容
策划阶段	确定内装技术体系及主要技术
	装配式内装技术应用范围
	确定主要设施设备系统
	确定主要部品部件
建筑配合阶段	根据产品定位及客群优化户型平面，完善功能布局
	根据装修标准配合土建专业确定整体地面标高关系
	统一标准化户内各门洞门垛尺寸
	户内燃气热水器、空调、新风主机等设施设备定位
	强弱电箱、智能化箱体定位

续表

阶段	内容
方案设计阶段	确立设计风格、明确细部设计
	确定交付范围
	完成部品清单及材料封样
施工图设计阶段	完成点位深化设计后提资设备及预件构件深化专业，保证各专业一体化同步出图
	配合土建专业确定结构降板范围、梁上预留孔洞定位
	配合空调、地暖、新风、收纳等厂家完成深化方案，整合设计图纸
	优化设计节点、排版厨卫铺砖

11.2 装配化装修部品系统及集成设计

装配化装修系统集成设计是建立在部品选型基础上，将装配化装修部品与结构、外围护、设备管线等专业同步、模数协调、连贯融合，坚持干式工法、管线与结构分离，坚持部品集成定制的原则，达到功能、空间和接口的协同。本节对装配化隔墙、装配化墙面、装配化架空地面、装配化吊顶、集成门窗、集成卫浴、集成厨房、集成收纳、集成给水、薄法同层排水、集成采暖等部品的组成和集成设计逐一进行解析。

11.2.1 装配化装修部品组成与菜单式设计

1. 部品系统

内装设计涉及了装配化隔墙、装配化墙面、装配化架空地面、装配化吊顶、集成门窗、集成卫浴、集成厨房、集成收纳、集成给水部品、薄法同层排水部品以及集成采暖部品等部品。详见表 11-4。

装配化内装修部品组成 **表 11-4**

序号	集成系统	部品构成
1	装配化隔墙	组合支撑件、连接部件、填充件、预加固部件
2	装配化墙面	自饰面板、连接部件
3	装配化架空地面	组合支撑件、自饰面板、连接部件
4	装配化吊顶	自饰面板、连接部件
5	集成门窗	集成套装门、集成窗套、集成哑口套、门扇五金
6	集成卫浴	防水防潮构造、排风换气构造、地面构造、墙面构造吊顶构造以及陶瓷洁具、电器、功能五金件
7	集成厨房	地面、吊顶、墙面、橱柜、厨房设备、管线及排烟构造、加固构造
8	集成收纳	衣柜、餐边柜、电视柜、阳台柜、书柜、玄关柜、榻榻米
9	集成给水部品	以铝塑复合管快装系统为例：卡压式铝塑复合给水管、分水器、专用水管加固板、水管卡座、水管防结露部件
10	薄法同层排水部品	坐便器后排水（架空地面以上）、薄法空间同层排水（架空地面以下）
11	集成采暖部品	发热块、非发热块、地脚、分集水器

2. 菜单式设计

装配化装修在我国发展经历了四个阶段：1.0 版成品住房设计＋工业化部品部件，即全装修技术体系。2.0 版本是在 1.0 版基础上升级，以楼地面架空体系＋集成厨卫系统方面，提倡干法施工，3.0 版是在 2.0 隔墙系统上更新轻质隔墙＋成品墙板体系。

装配化装修的菜单式设计详见表 11-5。

装配化装修菜单式设计 **表 11-5**

<table>
<tr><th colspan="2">版本</th><th colspan="2">系统</th><th colspan="2">做法</th></tr>
<tr><td rowspan="13">1.0 版</td><td rowspan="13">成品住房设计＋工业化部品部件</td><td rowspan="4">厅房系统</td><td rowspan="2">墙体系统</td><td>墙身材料</td><td>分室墙:ALC 板/轻钢龙骨隔墙</td></tr>
<tr><td>饰面材料</td><td>1　阻燃墙纸；
2　乳胶漆</td></tr>
<tr><td>吊顶系统</td><td colspan="2">1　矿棉板吊顶；
2　轻钢龙骨石膏板吊顶；
3　石膏线条</td></tr>
<tr><td>地面系统</td><td colspan="2">1　防滑地砖；
2　复合木地板；
3　竹木地板</td></tr>
<tr><td rowspan="4">厨卫系统</td><td rowspan="2">墙体系统</td><td>墙身材料</td><td>ALC 板</td></tr>
<tr><td>饰面材料</td><td>瓷砖</td></tr>
<tr><td>吊顶系统</td><td colspan="2">1　塑铝条形扣板吊顶；
2　铝质集成吊顶</td></tr>
<tr><td>地面系统</td><td colspan="2">防滑地砖</td></tr>
<tr><td>内门系统</td><td>门</td><td colspan="2">分室门:成品木质套装门(含门套)</td></tr>
<tr><td>收纳系统</td><td colspan="3">1　玄关收纳柜；2　厨房柜体(上下柜)；3　卫生间台盆柜、镜柜；4　卧室衣帽柜；5　阳台家政柜</td></tr>
<tr><td rowspan="3">部品系统</td><td>洁具</td><td colspan="2">1　坐厕;2　台盆;3　淋浴隔断;4　浴缸</td></tr>
<tr><td>电器</td><td colspan="2">1　灶具；2　油烟机；3　空调；4　冰箱；
5　热水器</td></tr>
<tr><td>五金</td><td colspan="2">1　水槽；2　龙头；3　厨房拉篮；4　毛巾架</td></tr>
<tr><td rowspan="4">2.0 版</td><td rowspan="4">楼地面架空体系＋集成式厨卫</td><td colspan="2">楼地面架空系统</td><td colspan="2">1　自饰面复合地面材料；
2　架空地面模块(可集成干法地暖模块及保温)；
3　调整脚</td></tr>
<tr><td colspan="2" rowspan="3">集成式厨卫系统</td><td colspan="2">1　整体成品防水墙板；
2　集成式吊顶；
3　整体柔性防水底盘</td></tr>
<tr><td colspan="2">1　整体成品防水墙板；
2　集成式吊顶；
3　架空地面</td></tr>
<tr><td colspan="2">整体卫浴:SMC、彩钢板等</td></tr>
<tr><td>3.0 版</td><td>CSI 体系</td><td colspan="2">轻质隔墙系统＋
成品墙板系统</td><td colspan="2">复合墙板
轻钢龙骨骨架管线分离</td></tr>
</table>

11.2.2 隔墙系统

1.部品系统

装配化隔墙指的是户内的分室隔墙，不包含分户隔墙与建筑外墙。其核心在于采用装配化技术快速进行室内空间分隔，在不涉及承重结构的前提下，快速搭建、交付、使用，为自饰面墙板建立支撑载体。装配化隔墙系统主要采用轻质隔墙做法，由工厂生产的具有隔声、防火或防潮等性能且满足空间和功能要求的装配化隔墙集成部品，其内部可以敷设设备及管线。在内装部品体系中。从经济性、稳定性、管线综合等多方面综合考虑，目前隔墙常用的材料有 ALC 条板（详见 4.5.2 节）、轻钢龙骨板。本章重点介绍轻钢龙骨隔墙（图 11-1）。轻钢龙骨隔墙系统主要由组合支撑部件、连接部件、填充部件、预加固部件等构成，详见表 11-6。轻钢龙骨隔墙系统部品特点及应用范围详见表 11-7 及表 11-8。

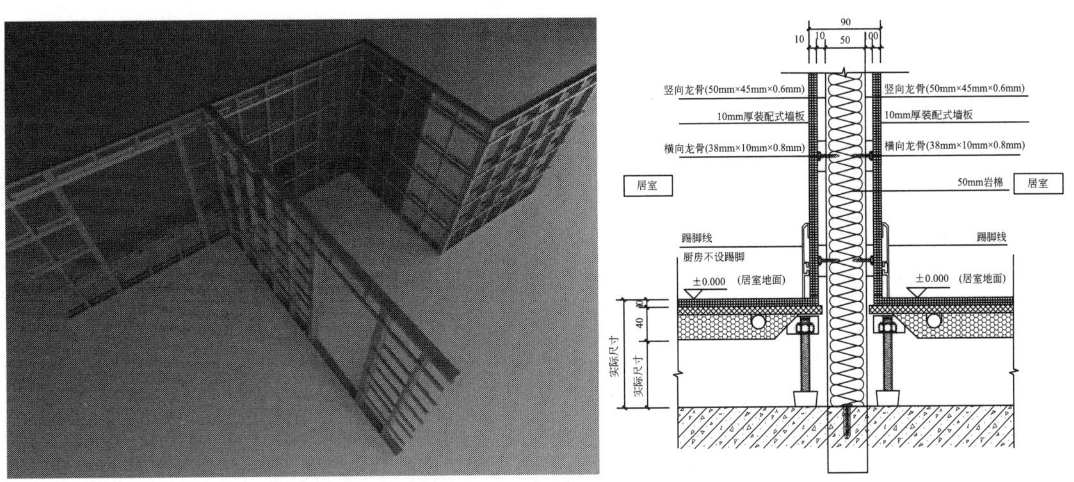

图 11-1 轻钢龙骨隔墙

轻钢龙骨隔墙系统部品构成 **表 11-6**

<table>
<tr><th>序号</th><th colspan="2">内容</th></tr>
<tr><td rowspan="2">1</td><td rowspan="2">组合支撑部件:隔墙由轻钢龙骨支撑,具体由天地轻钢龙骨、竖向轻钢龙骨和横向轻钢龙骨连接做支撑体</td><td>居住建筑主要应用 50 系列轻钢龙骨支撑</td></tr>
<tr><td>办公建筑主要应用 100 系列轻钢龙骨支撑</td></tr>
<tr><td>2</td><td colspan="2">连接部件:轻钢龙骨与墙顶、地面等结构体的连接,通常应用塑料胀塞螺栓;龙骨之间的连接,通常应用磷化自攻螺钉</td></tr>
<tr><td rowspan="2">3</td><td rowspan="2">填充部件:隔墙内填充岩棉板主要起到吸声、降噪作用</td><td>居住建筑主要应用 50 系列重度 80 的岩棉,基本规格为 400mm×1200mm×50mm</td></tr>
<tr><td>办公建筑主要应用 100 系列重度 80 的玻璃棉,基本规格为 400mm×1200mm×100mm</td></tr>
<tr><td>4</td><td colspan="2">预加固部件:对于隔墙上需要吊挂超过 15kg 或者即使不足 15kg 却产生振动的部品时,需要根据部品安装规格预埋加固板,加固板与支撑体牢固结合,一般使用不低于 9mm 带有防火涂层的木质多层板</td></tr>
</table>

轻钢龙骨隔墙系统部品特点 **表 11-7**

序号	内容
1	材质上具有轻质、高强、防火、防锈、耐久的特点，空腔内便于成套管线集成和隔声部品填充
2	施工上具有干式工法、快速装配、易于搬运、灵活布置的特点，可以与混凝土结构、钢结构、木结构融合使用
3	使用上具有省空间(超薄)、隔声可靠、可逆装配、移动重置、易于回收等特点，满足用户改变房间功能分区的重置需要

轻钢龙骨隔墙系统部品应用范围 **表 11-8**

序号	内容
1	隔墙部品具有一定的隔声、保温、防火功能，可用于室内分室隔墙，并确保各功能空间尺寸精确
2	轻钢龙骨部品系统应用范围广，用于居住建筑、办公建筑、酒店公寓、医疗建筑、教育建筑等的室内分室隔墙
3	针对不同特定空间需要具备的防水、防潮、防火、隔声、抗冲撞等要求，需要在隔墙中辅助填充相应增强性能的部品即可

2. 集成设计

装配化隔墙的标准化设计应通过对功能模块的选择性组合和合理化配置，获得不同类型不同规格的布局形式。

隔墙系统设计及要点要求详见表 11-9、表 11-10。

轻钢龙骨隔墙系统设计要求 **表 11-9**

序号	内容
1	隔墙填充材料宜根据墙体耐火极限要求选用岩棉或玻璃棉类等
2	有防水要求的房间隔墙内侧，可采用聚乙烯薄膜防水等防潮措施；遇门洞口时，聚乙烯薄膜应连续敷设至隔墙外侧，距外侧洞口边不低于 100mm；隔墙根部应设挡水措施，高度不小于 250mm
3	隔墙上需要固定或吊挂超过 15kg 物件时，应设置加强板或采取其他可靠的固定措施，并明确固定点位
4	横向龙骨安装于竖向龙骨两侧，每排间距不大于 600mm
5	当隔墙高度大于 3000mm 时，竖向龙骨宽度应不低于 100mm，并应设置穿心龙骨进行固定，隔墙高度不大于 4000mm 时应居中设置一条穿心龙骨；隔墙高度大于 4000mm 时设置间距应不大于 2000mm

轻钢龙骨隔墙系统设计要点 **表 11-10**

序号	内容	
1	分室隔墙可用竖向轻钢龙骨（50mm×45mm×0.6mm）与横向轻钢龙骨（38mm×10mm×0.8mm），常用轻钢龙骨尺寸详见表 11-11	
2	排布轻钢龙骨时，需要考虑的特殊因素为门窗洞口、给水点位、加固板、配电箱、吊柜等	
3	竖向轻钢龙骨	确定水电点位后再进行竖向龙骨的排布，需避开电箱位置
		标准间距不大于 400mm(图 11-2)

续表

序号	内容	
4	横向轻钢龙骨	最上排横向轻钢龙骨中心距离天龙骨上边缘不宜大于150mm，最下排横向轻钢龙骨中心距离地面完成面不宜大于150mm，当卫生间隔墙内侧设置挡水设施时，最下排横向轻钢龙骨应在挡水设施之上，以免破坏防水层
		排布间距不大于600mm（图11-3）
		需避开用水点、加固板、电箱，常用水点位高度详见表11-12，常用电与开关点位高度详见表11-13

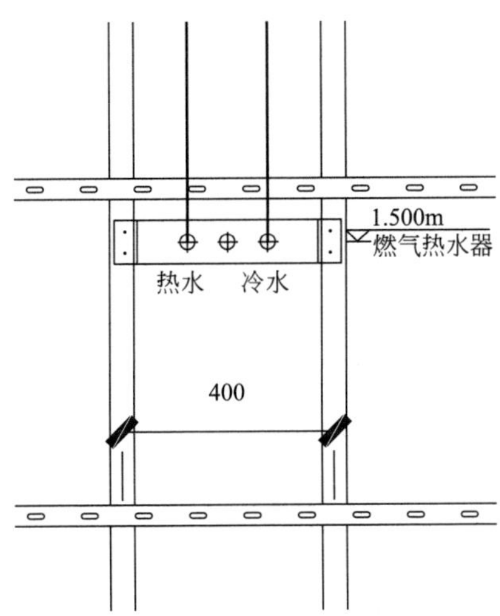

图11-2　竖向龙骨排布图

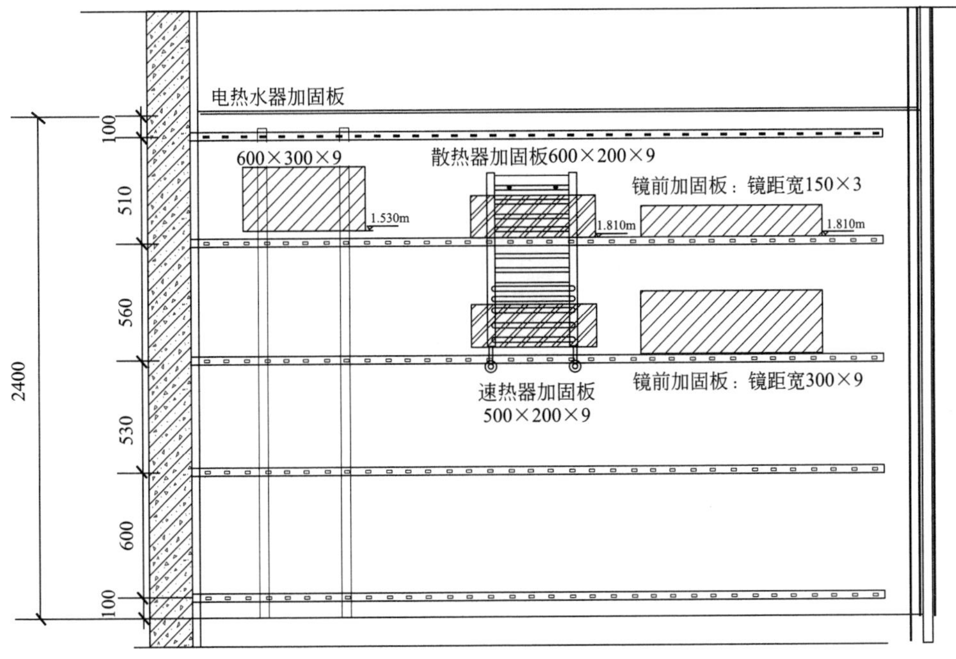

图11-3　横向龙骨面排布图

常用轻钢龙骨尺寸（mm） **表 11-11**

龙骨	横向轻钢龙骨	竖向轻钢龙骨	天地龙骨
规格	30×10×0.8	50×45×0.6	50×35×0.6
	40×20×1	75×45×0.6	75×35×0.6
		100×45×0.6	100×35×0.6

常用水点位高度 **表 11-12**

给水点位(中心距地面完成面)	标高(mm)	给水点位(中心距地面完成面)	标高(mm)
洗菜盆出水口	450	淋浴器出水口	1150
燃气热水器出水口	1500	电热水器出水口	1450
马桶中水出水口	200	洗脸盆:墙出水/台盆出水	950/450
洗衣机出水口中心距地	1150		

常用电与开关点位高度 **表 11-13**

空间区域	常用高度
客厅及卧室	普通插座下沿 300mm
	电视插座、电视面板、网线面板下沿:有电视柜时 300mm,无电视柜时 800mm
	床头开关 800mm
	空调插座 2000mm
	灯开关、温控器、电话 1300mm
卫生间	浴霸开关 1500mm
	智能马桶插座 500mm
	电热水器插座 2000mm
	洗衣机插座 1500mm
	吹风机插座 1500mm
	镜前灯插座 2000mm
厨房	橱柜上方通用插座 1300mm
	冰箱按常规 1500mm,小冰箱 300mm
	电磁炉:内嵌式为 550mm,外置式 1300mm
	正吸/侧吸:电油烟机插座 2000mm
	燃气热水器插座 2000mm
	分集水器面板 550mm
	厨宝 300mm
	净水器 300mm

11.2.3 墙面系统

1. 部品系统

装配化墙面部品（图 11-4）是在既有平整墙面、轻钢龙骨隔墙或者不平整结构墙等墙面基层上，采用干式工法现场组合安装而成的集成化墙面，由自饰面复合墙板和连接部件等构成。其常见的自饰面复合墙板有硅酸钙板、竹丝纤维板、蜂窝铝板等，详见表 11-14。

图 11-4 装配化墙面

墙面系统部品构成 **表 11-14**

序号	内容	
1	自饰面板	自饰面复合墙板可以根据使用空间要求，进行不同的饰面复合技术处理，表达出壁纸、布纹、石纹、木纹、皮纹、砖纹等各种质感和肌理的饰面
		根据客户需要定制深浅颜色、凹凸触感、光泽度
		根据不同空间的防水、防潮、防火、采光、隔声要求，特别是视觉效果以及用户触感体验，可以选择相适应的自饰面墙板
		自饰面复合墙板在工厂整体集成，在装配现场不再进行墙面的批刮腻子、裱糊壁纸或涂刷乳胶漆等湿作业即可完成饰面，复合墙板厚度通常为 10mm，宽度通常为 600mm 或 900mm 的优化尺寸，高度可根据空间定制
		当墙板需要装配在不平整结构墙上或者必须留有管线的墙上时，需要在墙面预装支撑构造，通常用横向轻钢龙骨与钉型塑料调平胀塞在结构墙基层固定。考虑到墙面偏差较大以及调整方正的需要，钉型塑料调平胀塞有 50mm、70mm、100mm、120mm 等系列可以选择
2	连接部件	墙板与墙板之间采用工字形铝型材进行暗连接
		需要体现板缝装饰效果的可配合土字形铝型材做明连接
		在转角处可以分别使用钻石阳角铝型材和组合阴角铝型材进行阳角、阴角的连接，钻石阳角铝型材和组合阴角铝型材的表面，都可以通过复合技术处理成与墙板一致的壁纸或者其他金属色
		所有铝型材都通过十字平头燕尾螺栓固定在平整墙面或轻质隔墙龙骨上

墙面系统部品特点详见表 11-15。

墙面系统部品特点 **表 11-15**

序号	内容
1	自饰面复合墙板在材质上具有大板块、防水、防火、耐久的特点
2	在加工制造上易于进行表面复合技术处理，饰面仿真效果强、拼缝呈现工业构造的美感
3	在施工上完全采用干式工法，装配效率高，不受冬天、雨期的影响
4	在使用上具有可逆装配、防污耐磨、易于打理、易于保养、易于翻新等特点，特别是工厂整体包覆的壁纸、壁布墙板，侧面卷边包覆的工艺可以有效避免使用中的开裂、翘起等现象

2. 集成设计

墙面系统宜将墙面分为基层、面层、后置成品三类构造，形成墙面模块系统，同一墙面铺装的饰面板宜在同一完成面上，墙面铺装的部品之间厚度不一致时，应根据铺装设计对找平层的厚度进行调节，墙面系统的设计要求及要点详见表 11-16、表 11-17。

墙面系统设计要求 **表 11-16**

序号	内容
1	装配化墙面的连接构造应与墙体结合牢固，自饰面复合墙板对于悬挂重物或振动物体时有限制，需要在设计之初预埋加固板
2	装配化墙面的饰面层应在工厂整体集成
3	装配化墙面宜提供小型吊挂物的固定方式
4	当墙体为装配化隔墙时，宜与装配化墙面集成

墙面系统设计要点 **表 11-17**

序号	内容	要点	
1	需用横向轻钢龙骨架空	管线分离	结构墙面距完成面 50mm
		不做管线分离	结构墙面距完成面 30mm
2	标准墙板排布宽度	进行墙板宽度设计时，应尽量从门窗洞口两侧、主题墙两侧、入门的进深处开始，将非标板排布于门扇、家具等后方，且非标板不宜小于 200mm	

其中，自饰面硅酸钙复合墙板性能稳定，使用较为广泛，可以应用于所有建筑的室内空间，并且可以与干式工法的其他工业化部品很好地融合，如玻璃、不锈钢、干挂石材、成品实木等。硅酸钙复合墙板节点图详见图 11-5。

11.2.4 吊顶系统

1. 部品系统

由于用户审美习惯和消费心理因素，尚不能广泛应用 A 级耐火等级、快速安装且没有拼缝的模块化部品，常见的材料为石膏板，在厨卫空间，有各种成熟体系的装配化吊顶（图 11-6）解决方案。目前，对于居室顶面，吊顶系统部品构成及特点详见表 11-18、表 11-19。

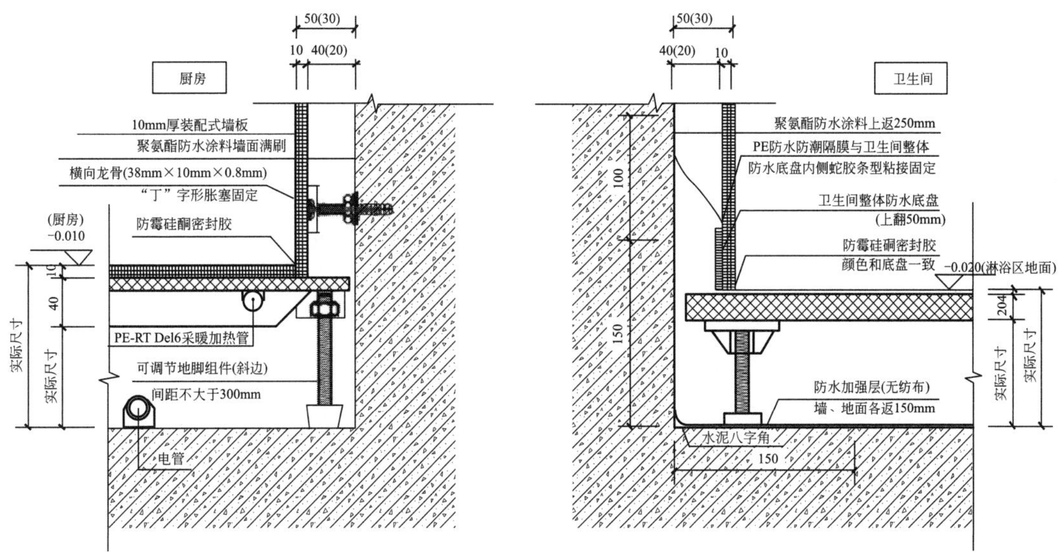

图 11-5　硅酸钙复合墙板节点图

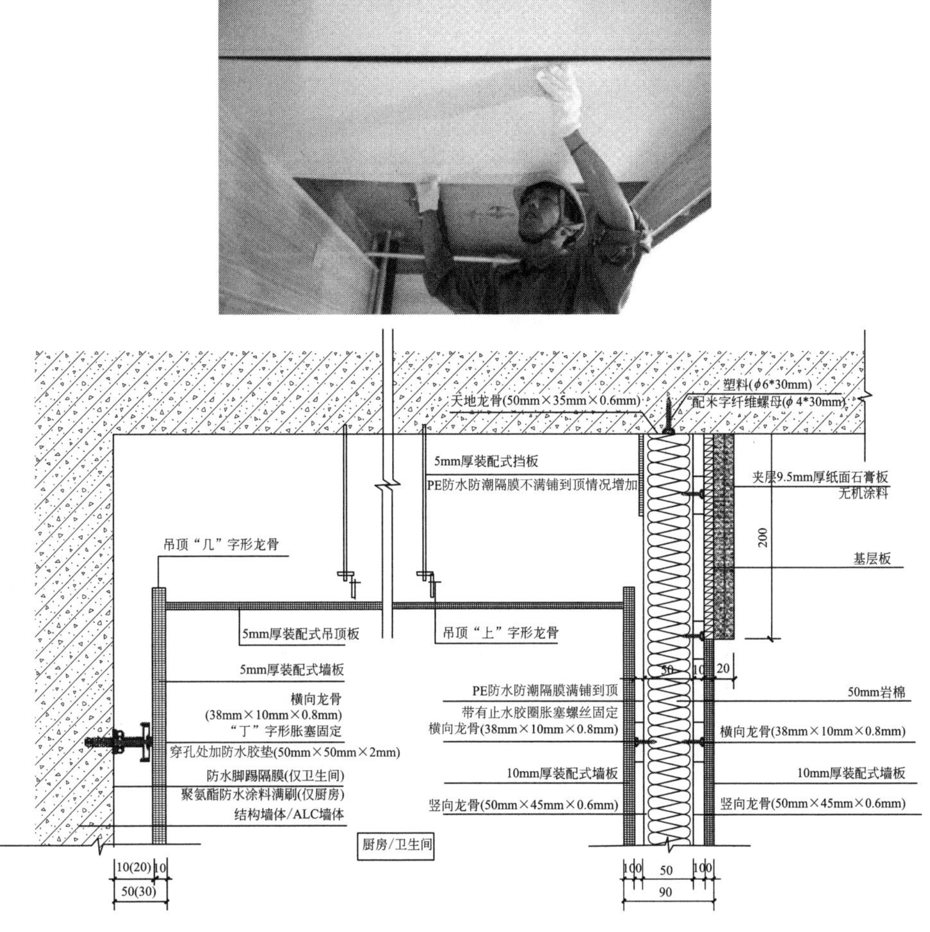

图 11-6　厨卫空间装配化吊顶

吊顶系统部品构成 **表 11-18**

<table>
<tr><th>序号</th><th colspan="2">内容</th></tr>
<tr><td rowspan="3">1</td><td rowspan="3">自饰面板</td><td>自饰面复合顶板可以根据使用要求，进行不同的饰面复合技术处理，表达出壁纸、布纹、石纹、木纹、皮纹、砖纹等各种质感和肌理的饰面</td></tr>
<tr><td>复合顶板厚度通常为 5mm，宽度通常为 600mm，长度可根据空间定制</td></tr>
<tr><td>在顶板上，可根据设备配置需要，预留换气扇、浴霸、排烟管、内嵌式灯具等各种开口</td></tr>
<tr><td rowspan="3">2</td><td rowspan="3">连接部件</td><td>当墙面是复合墙板时，在跨度低于 1800mm 的空间安装复合顶板，可以免去吊杆吊件，通过几字形铝型材搭设在复合墙板上，利用墙板为支撑构造</td></tr>
<tr><td>复合顶板之间沿着长度方向，用上字形铝型材以明龙骨方式浮置搭接</td></tr>
<tr><td>当顶板采用包覆饰面技术时，几字形铝型材和上字形铝型材可以复合相同饰面材质，增强统一感</td></tr>
</table>

吊顶系统部品特点 **表 11-19**

序号	内容
1	自饰面复合顶板在材质上具有密度低、自重轻、防水、防火、耐久的特点
2	在施工上完全免去吊杆吊件，无粉尘，无噪声，快速装配，不用预留检修口
3	在使用上具有快速拆装、易于打理、易于翻新等特点

2. 集成设计

集成吊顶设计宜根据户型和功能设计需求选择模块、吊顶面层模块拼接设计不应出现外露断断面的情况。窗帘箱模块除应满足使用功能外，宜与吊顶收口集成设计并调节误差。吊顶系统设计要求及要点详见表 11-20、表 11-21。

吊顶系统设计要求 **表 11-20**

序号	内容
1	吊顶内宜设置可敷设管线的架空层
2	房间跨度不大于 1800mm 时，宜采用免吊杆的装配化吊顶
3	房间跨度大于 1800mm 时，应采取吊杆或其他加固措施，宜在楼板（梁）内预留预埋所需的孔洞或埋件
4	装配化吊顶宜集成灯具、排风扇等设备设施
5	装配化吊顶应具备检修条件

吊顶系统设计要点 **表 11-21**

<table>
<tr><th>序号</th><th colspan="2">内容</th></tr>
<tr><td>1</td><td colspan="2">吊顶板标准宽度为 600mm；非标板尺寸不小于标准板宽度的 1/3</td></tr>
<tr><td rowspan="3">2</td><td rowspan="3">吊顶板宽度设计时需注意的因素</td><td>尽量在现场少做切割作业，在非标板和包管道、烟道等凹凸处宜单独排布（图 11-7）</td></tr>
<tr><td>侧吸油烟机的排烟管离吊顶板边缘不小于 75mm，开孔位置尽量在吊顶标准板的中间</td></tr>
<tr><td>正吸油烟机排烟管与烟机规格有关，孔边缘尽量大于 75mm（图 11-8）</td></tr>
</table>

续表

序号	内容	
3	吊顶板与复合墙板的位置关系	有吊顶的墙板需高出吊顶高度 20cm；顶与墙板之间需留 5mm 的缝隙（图 11-9）

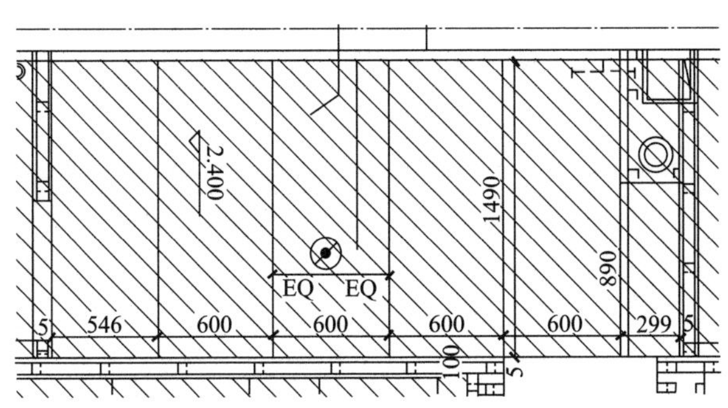

图 11-7　复合吊顶与墙板关系图

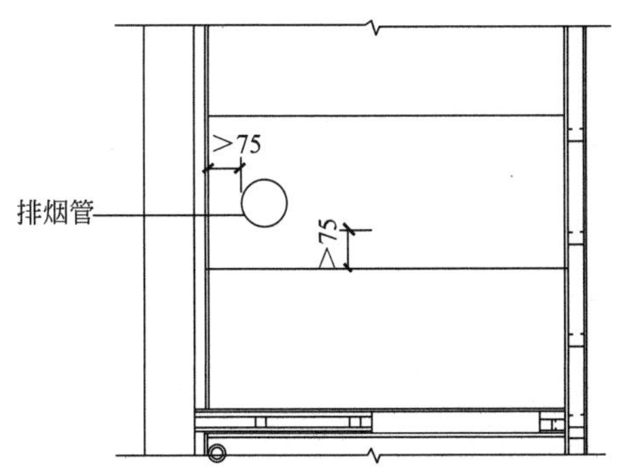

图 11-8　复合吊顶与墙板关系图

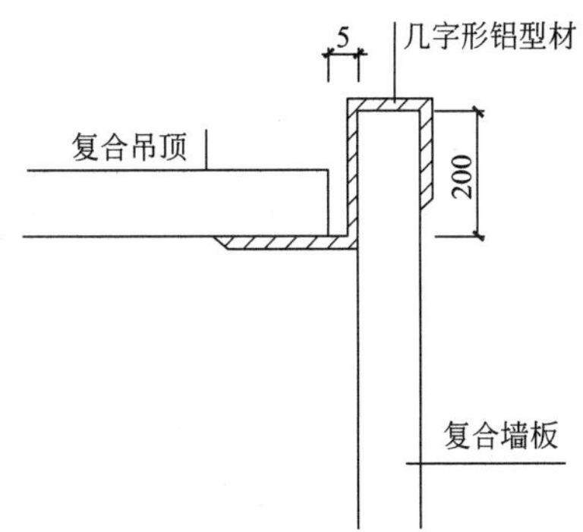

图 11-9　复合吊顶与墙板关系图

11.2.5　楼地面系统

1. 部品系统

装配化装修楼地面处理的目标是在规避抹灰湿作业的前提下，实现地板下部空间的管线敷设、支撑、找平与地面装饰。装配化楼地面构造系统的承载力应满足《建筑结构荷载规范》GB 50009 规定数值的 2 倍，其连接构造应可靠，且应确保不破坏主体结构受力构件，设计图中应注明房间允许使用荷载以及对产品承载能力的要求。放置重物的部位应采取满足重物传力需要的加强措施，并应在设计图纸中对施工提出绘制重物摆放区标识的要求。装配化楼地面应结合节能和隔声需要进行设计，且宜按一体化、标准化、模块化为原则进行产品选型。其中架空模块实现将架空、调平、支撑功能三合一。自饰面复合地板的材质偏中性，性能介于地砖和强化复合地板之间，并兼顾两者优势，地板可免胶安装；装配化架空地面部品主要由架空地面模块、地面调整脚、自饰面复合地板和连接部件构成。型钢架空地面系统部品（图 11-10），其构成详见表 11-22。

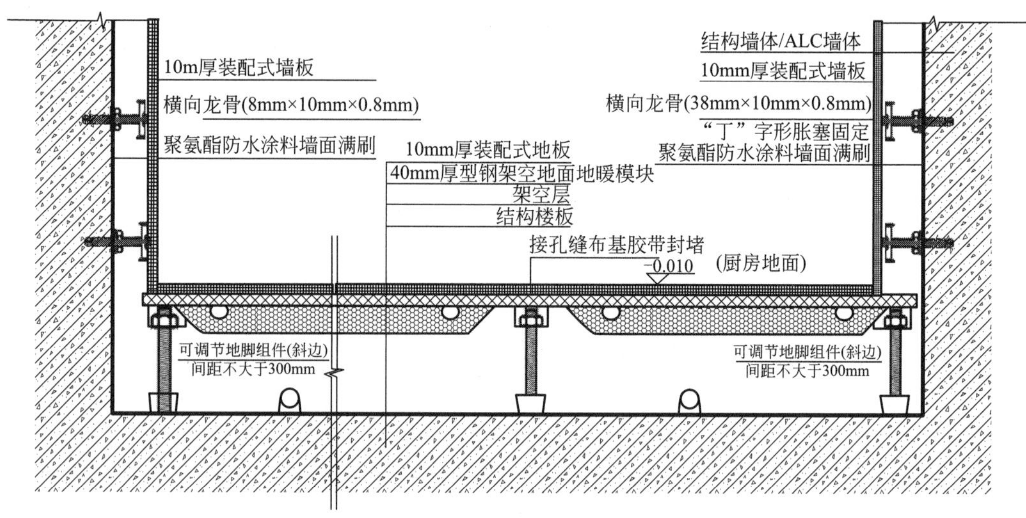

图 11-10　架空地面连接构造图（一）

图 11-10　架空地面连接构造图（二）

楼地面系统部品构成　　　　**表 11-22**

序号	内容	
1	组合支撑部件	架空地面模块以高密度复合地板基层为定制加工的模块，根据空间厚度需要，可以定制高度 20mm、30mm、40mm 系列的模块，标准模块宽度为 300mm 或 400mm，长度可以定制
		点支撑地面调整脚是将模块架空起来，形成管线穿过的空腔
		调整脚根据处于的位置，分为短边调整脚和斜边调整脚，斜边调整脚在模块靠近墙边时使用，调整脚底部配有橡胶垫，起到减振和防侧滑功能
2	自饰面板	自饰面复合地板应用于不同的房间，可以选择石纹、木纹、砖纹、拼花等各种质感和肌理的饰面，也可以根据客户需要定制深浅颜色、凹凸触感、光泽度
		复合地板厚度通常为 10mm，宽度通常为 200mm、400mm、600mm，长度通常为 1200mm、2400mm，也可以根据优化房间尺寸定制

续表

序号	内容	
3	连接部件	模块连接扣件将一个个分散的模块横向连接起来，保持整体稳定
		连接扣件与调整脚使用米字头纤维螺栓连接，地脚螺栓调平对 0～50mm 楼面偏差有强适应性。边角用聚氨酯泡沫填充剂补强加固
		地板之间采用工字形铝型材暗连接；需要做板缝装饰的可配合土字形铝型材做明连接，成为一个整体

楼地面系统部品特点详见表 11-23，架空地面部品可以用于非采暖要求、除卫生间以外的所有室内空间，有利于综合管线从架空层内布置。

楼地面系统部品特点 **表 11-23**

序号	内容
1	装配化架空地面部品在材质上具有承载力大、耐久性好、整体性好的特点
2	在构造上能大幅度减轻楼板荷载、支撑结构牢固且平整度高、易于回收
3	在施工上易于运输、易于调平、可逆装配、快速装配
4	在使用上具有易于翻新、可扩展性等特点
5	架空地面系统地脚支撑的架空层内布置水电线管，集成化程度高
6	自饰面复合地板在材质上具有大板块、防水、防火、耐磨、耐久的特点
7	在加工制造上易于进行表面复合技术处理，饰面仿真效果强，密拼效果超越地砖，可媲美天然石材
8	在施工上完全采用干式工法，装配效率高
9	在使用上具有可逆装配、防污、耐磨、易于打理、易于保养、易于翻新等特点
10	自饰面复合地板表面效果可仿真地砖，但本身材质比瓷砖偏软，应避免锐器划伤

2. 集成设计

楼地面铺装设计应采用模板协调方法，优化铺装排列关系，宜减少非标件的排布，铺装区域（厨卫除外）统一完成面应在同一水平面上，铺装模块之间厚度不一时，应根据铺装设计需要利用找平层的厚度落差进行调节，此外，楼地面板材的排版，应遵循分中对称，交圈原理的原则，门口处宜设置整板。楼地面系统设计要求详见表 11-24。

楼地面系统设计要求 **表 11-24**

序号	内容
1	装配化楼地面承载力应满足使用要求，连接构造应稳定、牢固。放置重物的部位应加强措施
2	装配化楼地面架空层高度应根据管线交叉情况进行计算，并结合管线排布进行综合设计
3	装配化楼地面宜设置架空层检修口

续表

序号	内容
4	对有采暖需求的空间，宜采用干式工法实施的楼地面辐射供暖方式；地面辐射供暖宜与装配化楼地面的连接构造集成
5	有防水要求的楼地面，设置高度不大于15mm的挡水门槛或楼地面高差，门槛及门内外高差应以斜面过渡
6	装配化楼地面应采用平整、耐磨、抗污染、易清洁、耐腐蚀的材料，厨房、卫生间阳台等楼地面材料还应具有防水、防滑等性能

架空模块长度不宜大于2400mm，设计规则详见表11-25、表11-26。

楼地面架空模块设计 **表11-25**

类型	说明	
型钢架空地面模块-20系列	主要用于有同层排水的卫生间地面及除卫生间之外的过门石处	
	热塑复合防水底盘上无饰面层	淋浴区需有下沉，方便淋浴区部位的排水，架空模块需根据下沉区域尺寸单独排布
	非淋浴区域铺设饰面层	热塑复合防水底盘做平，淋浴区下轻薄模块无需单独排布
型钢架空地面模块-30系列	模块内无管线，用于无需采暖的房间	
	满足免除湿作业工种的一种干式找平模块	
型钢复合架空模块-40系列	架空空间净高度为50～100mm，结构面距完成面为100～150mm	

注：模块20、30、40系列细指型钢架空地面的厚度为20mm、30mm、40mm。

架空模块设计规则 **表11-26**

架空模块名称	标准板宽度(m)	最大宽度(mm)	地脚间距(mm)	地脚类型
型钢架空地面模块-20系列	300	350	300	地暖调整脚螺栓
型钢架空地面模块-30系列	400	460	400	塑料调整脚(短柱) 塑料调整脚(斜边)
型钢复合架空模块-40系列	400	460	400	塑料调整脚(短柱) 塑料调整脚(斜边)

11.2.6 集成门窗系统

1. 部品系统

集成门窗部品是集成套装门（图11-11）、集成窗套与垭口等部品的统称。集成套装门是由门扇、门套及集成五金件组成，根据开启方式分为平开门和推拉门，根据采光要求可分为无玻璃门、嵌玻璃门和全玻璃门、集成门窗系统部品构成详见表11-27。

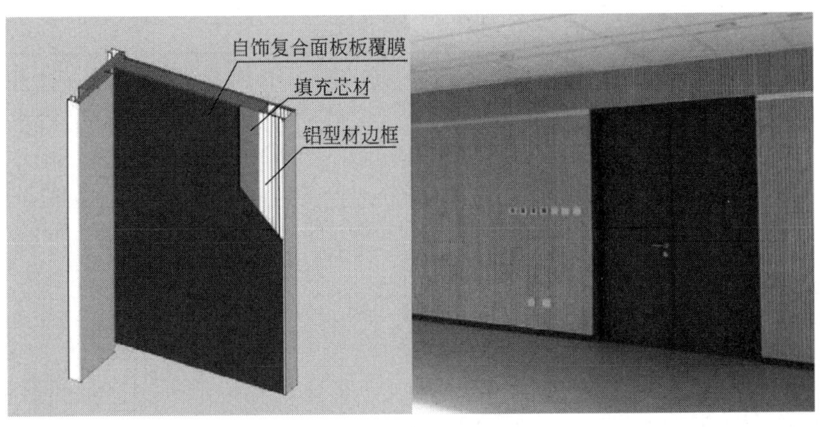

图 11-11　集成门示意

集成门窗系统部品构成　　表 11-27

序号	内容	
1	门扇	门扇以铝合金框架与自饰面复合板集成，工厂化手段预留引孔，预装锁体，减少现场测量开孔带来的不确定性
		基于轻质隔墙空腔的优势，设置在轻质隔墙的推拉门可以采用内藏式，最大限度提升空间效率
		当采用木纹饰面门板时，可以体现凹凸手抓纹的立体效果。门上可以镶嵌石材、玻璃、有机玻璃等点缀性装饰材质。也可以根据空间需要进行平面雕刻、立体雕刻等工艺
		门扇厚度通常为 42mm，宽度通常为 700mm、800mm、900mm，高度通常为 2100mm、2400mm，也可以根据优化房间尺寸定制。当有特殊需求时，可以随隔墙高度安装套装门
2	门套与垭口套	套装门中与门扇匹配的是型钢复合门套与垭口套，该门套采用镀锌钢板成型压制，门套预留注胶孔，便于施工
		门套自带静音条，增强隔声效果；门套底部配置防水靴，从根本上杜绝了地面存水浸湿门套导致的门套膨胀、锈蚀、变色、开裂等传统木门的质量缺陷
		复合门套与垭口套可以根据墙体厚度定制宽度，宽度超过 200mm 的门套内侧增加硅酸钙板增强其整体刚性，门套上集成了合页
3	门上五金	装门的合页已经与门套集成在一起，需要现场安装的五金主要有门锁执手和门顶
4	窗套	由复合窗台和复合窗套共同连接围合成窗套部品
		窗套饰面可以做成木纹或混油效果，四个面通过手指扣相互咬合连接

集成门窗系统部品特点详见表 11-28，集成门窗既可以用于一般居室（内侧门窗称为内门窗），也可以用在对于防火防水要求高的厨房、卫生间，还可以用于隔声要求高的办公室、公寓。

集成门窗系统部品特点 **表 11-28**

序号	内容
1	集成门窗部品不同于传统装修使用的实木复合门窗，其具有超强的防水、防火、防撞、防磕碰特点，耐久性强，这对于在所有权与使用权分离的项目(集体产权的公租房、人才房、安居房)中应用具有天然优势，延长了部品使用期限，降低了业主维护难度
2	材质不受光线和温度变化的影响
3	预先在工厂进行了高度集成，现场门窗装配效率高
4	由铝合金组框硅钙板制成的门扇，具有 A 级不燃、不发霉、没有外力影响下不弯曲变形的优点

2. 集成设计

集成门窗宜选用成套化的内装部品，设计文化应明确所采用门窗的材料品种，规格等指标，集成门窗系统设计要求与设计要点详见表 11-29、表 11-30。

集成门窗系统设计要求 **表 11-29**

序号	内容
1	门窗框安装应符合设计门扇开启方向，用自攻螺钉与门窗洞口竖向龙骨连接固定，每边固定点不得少于两处
2	门窗框与墙体间空隙应采用聚氨酯发泡胶填充，安装门挡条
3	门扇安装应垂直平整，缝隙应符合设计要求
4	推拉门的滑轨应对齐安装并牢固可靠
5	内门窗五金件应安装齐全牢固
6	卫生间门应按设计要求安装防水底脚

集成门窗系统设计要点 **表 11-30**

序号	内容
1	门套厚度应结合墙体厚度协同设计，门套厚度应比墙体厚度宽 1～2mm
2	窗套厚度应以结构窗洞口测量尺寸为依据，窗套宽度应比窗洞口小 5mm，窗台板两侧应大于窗洞口各 20mm；窗台板宽度应突出墙面 10mm
3	一般窗套宽度不宜超过 300mm

11.2.7 集成卫浴系统

1. 部品系统

集成卫浴包含集成式卫浴与整体卫浴。其中集成式卫浴所有部件均在工厂预制完成，采用简单快捷的整体装配方式，集成卫浴部品（图 11-12）是由干式工法的防水防潮构造、排风换气构造、地面构造、墙面构造、吊顶构造以及陶瓷洁具、电器、功用五金件构成的，其中最为突出的是防水防潮构造。集成卫浴系统部品构成详见表 11-31。整体卫浴（图 11-13）是用一体化防水底盘、壁板、顶盖构成的整体框架，并将卫浴洁具、浴室家具、浴屏、浴缸、龙头、花洒、瓷砖配件等都融入一个整体的环境中，整体卫浴间的底盘、墙板、天花板、浴缸、洗面台等大都采用

SMC 复合材料制成，整体卫浴间中的卫浴设施均无死角结构而便于清洁。

图 11-12　集成卫生间

图 11-13　整体卫生间

集成卫浴系统部品构成　　**表 11-31**

<table>
<tr><th>序号</th><th colspan="2">内容</th></tr>
<tr><td rowspan="3">1</td><td rowspan="3">防水防潮构造（装配化防水构造由整体防水构造、防潮构造和止水构造三部分组成）</td><td>集成卫生间墙面四周铺满 PE 防水防潮隔膜，板缝承插工字形铝型材，墙板也具备防水功能，可以三重防水。地面整体防水采用热塑复合防水底盘，底盘自带 50mm 立体反沿，与防潮层、防水墙板形成搭接，底盘颜色和表面凹凸造型可以进行多种选择与设计</td></tr>
<tr><td>防潮构造是在墙板内平铺一层 PE 防水防潮隔膜，以阻止卫浴内水蒸气进入墙体，PE 膜表面形成冷凝水导回到热塑复合防水底盘，协同整体防水防潮构造</td></tr>
<tr><td>止水构造是集成卫浴收边收口位置采用补强防水措施，具体有过门石门槛、止水橡胶垫、防水胶粒</td></tr>
</table>

续表

序号	内容	
2	排风换气构造	在卫浴设置排风扇或带有排风功能的浴霸，将卫浴内的气体强制抽到风道
		卫浴的门下预留 30mm 空隙，保证补充来自于卫浴外部的空气，避免卫浴内空气负压导致地漏水封功能下降
3	地面构造	集成卫浴的地面下部有排水管，保证排水畅通的前提要求是架空空间足够大，在不与居室地面完成面形成高差的目标之内，集成卫浴架空地面要薄且耐久可靠，可采用 20mm 厚的薄型钢架空地面模块
		在不降板的情况下，可在最低架空高度 120mm 实现淋浴、洗衣机、洗脸盆排水管同层排放
		面层可铺贴复合板、地砖、花岗岩等材料

集成卫浴系统部品特点详见表 11-32。集成卫浴整体防水底盘可以根据卫生间的形状、地漏位置、风道缺口、门槛位置进行一次成型定制，不受空间、管线限制。除居住建筑卫浴外，酒店、公寓、办公、学校均适用。

集成卫浴系统部品特点　　表 11-32

序号	内容
1	整体卫浴是一种固化规格、固化部品的卫浴，是集成卫浴的一种特殊形式，而集成卫浴范围更大，除具有整体卫浴所有的特点之外，突出呈现出尺寸、规格、形状、颜色、材质的高度定制化特征
2	因材质真实感强，与用户习惯的瓷砖、大理石、马赛克有同样的质感、光洁度，甚至触感、温感，能够使用户体验良好
3	相比较传统湿作业的卫生间，集成卫浴全干法作业，成倍缩短装修时间，特别突出的是连接构造可靠，能够彻底规避湿作业带来的地面漏水、墙面返潮、瓷砖开裂或脱落等质量通病。与传统装修比较，集成卫浴整体减重超过 67%

2. 集成设计

集成卫浴宜结合收纳内柜、置物架、毛巾杆（环）、浴巾架、手纸架、淋浴隔断（帘）、镜面（箱）和适宜化设施等收纳及配件部品集成设计，所用材料及构造方式应安全可靠，集成卫浴系统设计要求与设计要点详见表 11-33、表 11-34。

集成卫浴系统设计要求　　表 11-33

序号	内容
1	集成卫生间应采用可靠的防水设计，楼地面宜采用整体防水底盘，门口处应有阻止积水外溢的措施
2	集成卫生间宜采用干湿分离式设计
3	集成卫生间应进行补风设计
4	洗浴设备的集成卫生间应做等电位联结

集成卫浴系统设计要点 **表 11-34**

<table>
<tr><th>序号</th><th colspan="2">内容</th></tr>
<tr><td>1</td><td colspan="2">卫生间墙面常用的标准板宽度为 600mm，非标板布于门扇、家具等遮挡位置的后方；从门窗洞口两侧、主题墙两侧、入门的进深及视线正前方处，以标准板从近至远排布</td></tr>
<tr><td>2</td><td colspan="2">卫生间标准地板尺寸为 300m、600mm，当卫生间满铺地板时，宜从门口开始以标准板向内排布，非标准板宜排布到遮挡区域；淋浴区和非淋浴区需设置挡水条（图 11-14）</td></tr>
<tr><td rowspan="3">3</td><td rowspan="3">防水防潮构造</td><td>集成卫生间墙面具有三重防水效果：卫生间墙面四周满铺 PE 防水膜；板缝承插工字形铝型材；自饰复合墙板具备防水功能</td></tr>
<tr><td>卫生间地面防水设施为防水底盘，可定制淋浴区位置，定制整体防水底盘的尺寸（图 11-15）</td></tr>
<tr><td>墙面与地面交接处：PE 防潮膜和整体底盘搭接不小于 40mm</td></tr>
<tr><td>4</td><td>排风构造</td><td>排风道属于公共设施，不允许私自改变和废除。应在房间内设置排风扇，排风扇吸顶安装，确定好排风机的位置和条件。排风设备的气管应接在排风道上，在排风道接口处安装“止回风阀”（即单向风门，风门要符合消防规范要求），可以防止通风道异味发生“倒灌”现象（图 11-16）</td></tr>
</table>

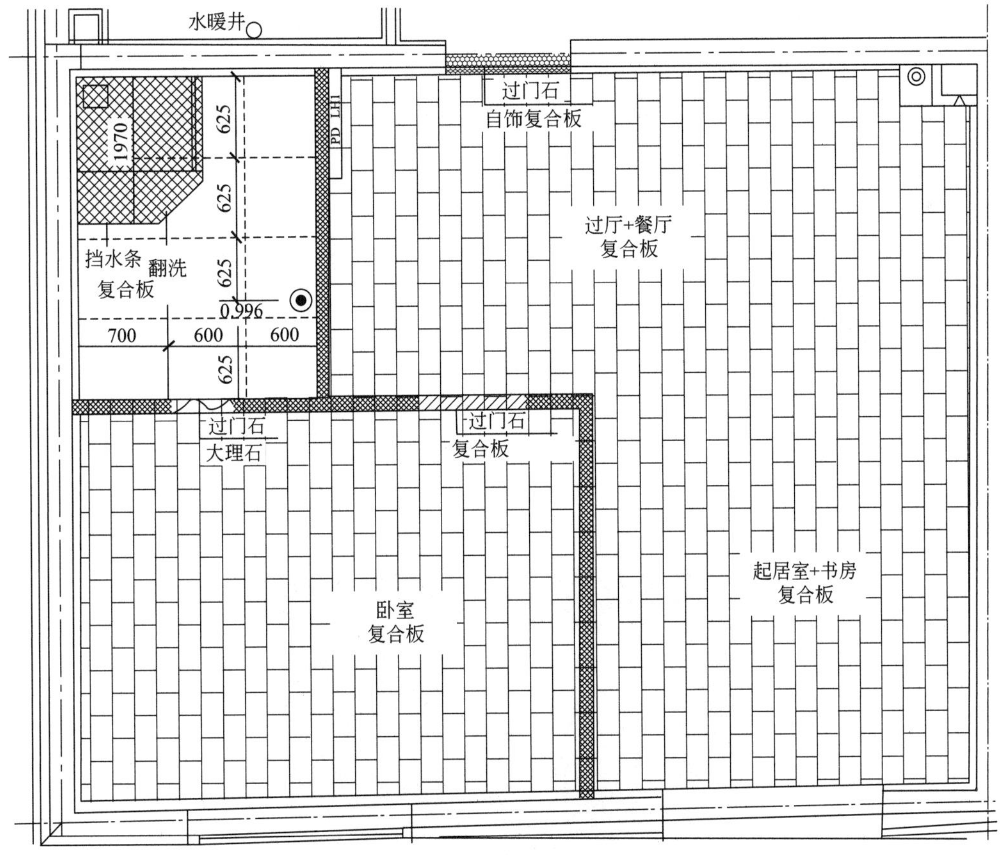

图 11-14　卫生间地面平面图

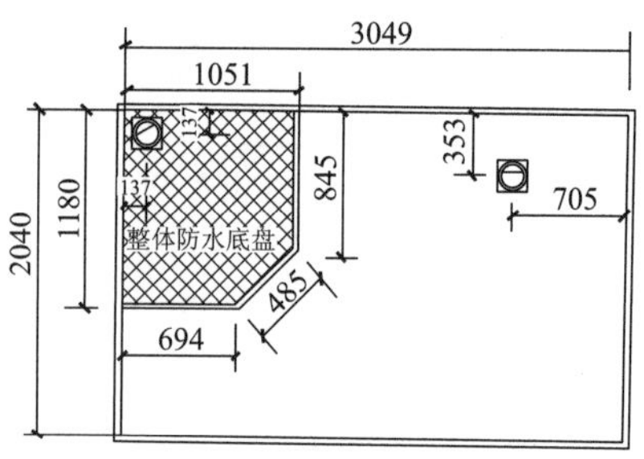

图 11-15　防水底盘平面图

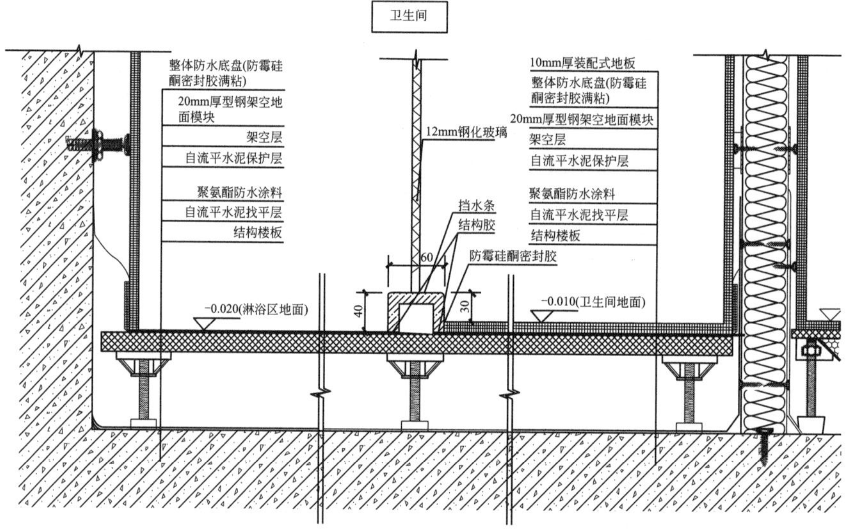

图 11-16　卫生间整体防水底盘详图

11.2.8　集成厨房系统

1. 部品系统

集成厨房部品（图 11-17）是由地面、吊顶、墙面、橱柜、厨房设备及管线等通过设计、集成、工厂生产、干式工法装配而成的厨房，重在强调厨房的集成性和功能性。集成厨房系统部品构成详见表 11-35。

图 11-17　集成厨房

集成厨房系统部品构成 **表 11-35**

<table>
<tr><th>序号</th><th colspan="2">内容</th></tr>
<tr><td rowspan="2">1</td><td rowspan="2">排烟构造</td><td>装配化装修的集成厨房一般不再设置室内排烟道，以避免公共串味出现</td></tr>
<tr><td>采用二次净化油烟直接通过吊顶内铝箔烟道排出室外，为避免倒烟，在外围护墙体上安装不锈钢风帽，配置90%以上净化效率的排油烟机是关键控制点</td></tr>
<tr><td rowspan="2">2</td><td rowspan="2">加固构造</td><td>由于装配化装修的集成墙面有架空层，对于超过15kg的厨房吊柜需要预设加固横向龙骨，龙骨能够与结构墙体或者竖向龙骨支撑体连接</td></tr>
<tr><td>对于排油烟机、热水器等大型电器设备，在结构墙体或者竖向龙骨支撑体上应预埋加固板</td></tr>
</table>

一般而言，集成厨房适用于居住建筑中。长租公寓等小户型多采用开放式厨房，在无燃气设施的条件下，墙板、吊顶易于与周边环境深度融合。集成厨房系统部品特点详见表11-36。

集成厨房系统部品特点 **表 11-36**

序号	内容
1	集成厨房更突出空间节约，表面易于清洁，排烟高效
2	墙面颜色丰富、耐油污、减少接缝易打理
3	柜体一体化设计，实用性强
4	台面采用石英石，适用性强、耐磨
5	排烟管道暗设在吊顶内
6	采用定制的油烟分离油烟机，直排室外，排烟更彻底，无需风道，可节省空间
7	柜体与墙体预埋挂件
8	整体厨房全部采用干法施工，现场装配率100%
9	吊顶实现快速安装，结构牢固、耐久且平整度高、易于回收

2.集成设计

集成厨房设计应充分考虑不同部品及设备的使用年限和权属，应合理规划布局位置、连接方法和装配次序，易损部品宜便于维修和更换。集成厨房系统设计要求与设计要点详见表11-37、表11-38。

集成厨房系统设计要求 **表 11-37**

序号	内容
1	集成厨房橱柜应与墙体可靠连接
2	橱柜宜与装配化墙面集成设计
3	集成厨房的各类水、电、暖等设备管线应设置在架空层内，并设置检修口
4	当采用油烟水平直排系统时，应在室外排气口设置避风、防雨和防止污染墙面的构件

集成厨房系统设计要点 **表 11-38**

序号	内容
1	厨房墙面标准板宽度为 600mm，非标板宽度至少大于标准板宽度的 1/3。设计墙面宽度时，从门窗洞口两侧、主体墙两侧、入门的进深及视线正前方处，从近至远排布。非标板布于门扇、橱柜等有遮挡位置的后方
2	厨房的油烟机宜设在灶台的上部，油烟机采用正吸式或侧吸式，油烟机一般选用离心风机。厨房的排烟管应避免过长的水平设置，排烟管道暗设在吊顶内。在排烟管和风道的接合处设置防火单向阀，防止通风道内或室外发生“倒灌”现象。厨房的排风竖井最好与排烟道紧靠，以加大油烟机的吸力；如无排风竖井时，可直接排出室外，在出口位置安装风口风帽
3	设计橱柜时，需充分考虑吊柜位置及标高，在吊柜悬挂角码位置设置一根横向轻钢龙骨，位置距吊柜上沿往下 70mm。安装墙板后，在预留的龙骨位置安装吊柜挂件，将挂件和吊柜内角码锁定（图 11-18、图 11-19）

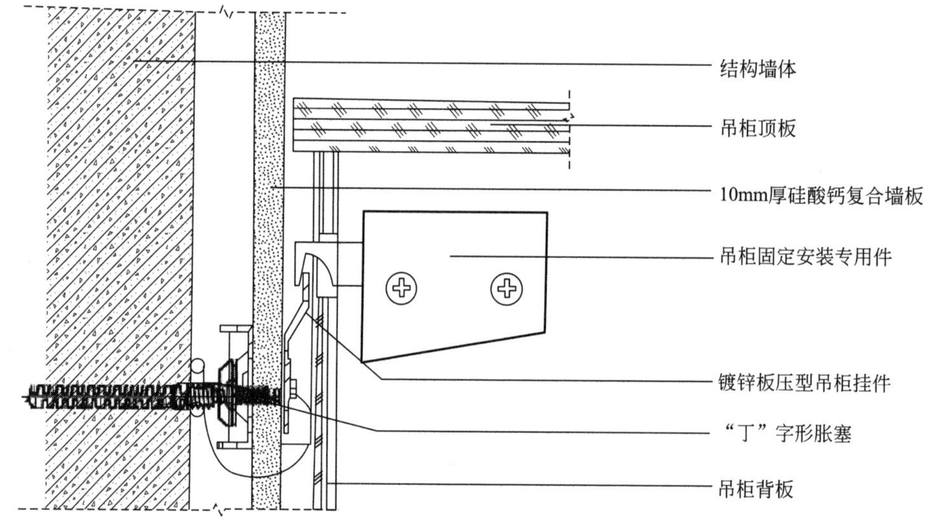

图 11-18 吊柜节点图

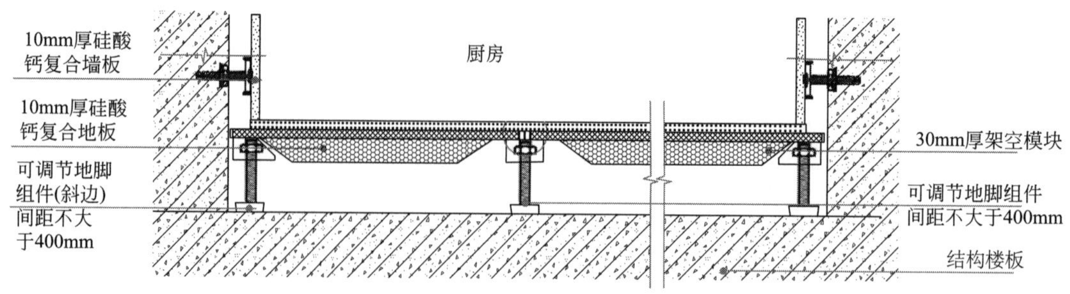

图 11-19 集成厨房地面做法

11.2.9 集成收纳系统

收纳系统是住宅全家居解决方案的重要部分，体现人性化和精细化设计理念，包括了衣柜、餐边柜、电视柜、阳台柜、书柜、玄关柜、榻榻米。

集成收纳系统设计要求与设计要点详见表 11-39、表 11-40、图 11-20。

集成收纳系统设计要求　　表 11-39

序号	内容
1	应综合空间布局、使用需求，充分考虑装饰性、便利性，对物品种类和数量进行设置，其位置、尺度、容积应能满足相应功能需要
2	应采用标准化、模块化、一体化的设计方式
3	应采用标准化内装部品
4	整体收纳所用板材和五金件材料性能应符合现行国家标准的规定

集成收纳系统设计要点　　表 11-40

序号	内容
1	收纳系统宜与建筑隔墙、固定家具、吊顶等结合设置，也可利用家具单独设置。收纳系统应能适应使用功能和空间变化的需要
2	收纳部品优先采用工厂出品的标准化内装部品
3	收纳空间应符合相关设计规范对建筑空间尺寸的要求，非独立的收纳空间面积可含在所在房间的使用面积中，住宅收纳空间的总容积不宜少于室内净空间的 1/20
4	收纳物品的重量不得超过建筑受力构件的设计允许荷载，应在设计图中标明重量限值，并应交付使用前在相关部位标明重量限定标识
5	高度大于 5 倍支撑短边占地跨度的立式收纳部品或悬挂收纳部品应与主体结构可靠连接，并应提供连接措施的受力计算书(选用国家或地方标准图集，且不低于所选标准图力学性能或包含标定储藏物品在内的悬挂重量小于 5kg 时可不提供)，其在距地 1.4m 高处的横向水平荷载标准值不小于 1.0kN/m
6	电气开关箱、接线箱不宜设置于收纳部品内，当与收纳部品设计结合时，收纳部品深度不应大于 300mm，不应放置易燃或可燃物品
7	管道接头部位或检修阀门被收纳部品遮挡或安装于收纳空间内时，应有方便管道检修的措施
8	收纳部品中的玻璃应为安全玻璃，其厚度应根据受力大小和支承跨度经计算确定，同时还应符合《建筑玻璃应用技术规程》JGJ 113 的相关规定
9	有水房间的收纳部品应采取防水、防潮、防腐、防蛀措施

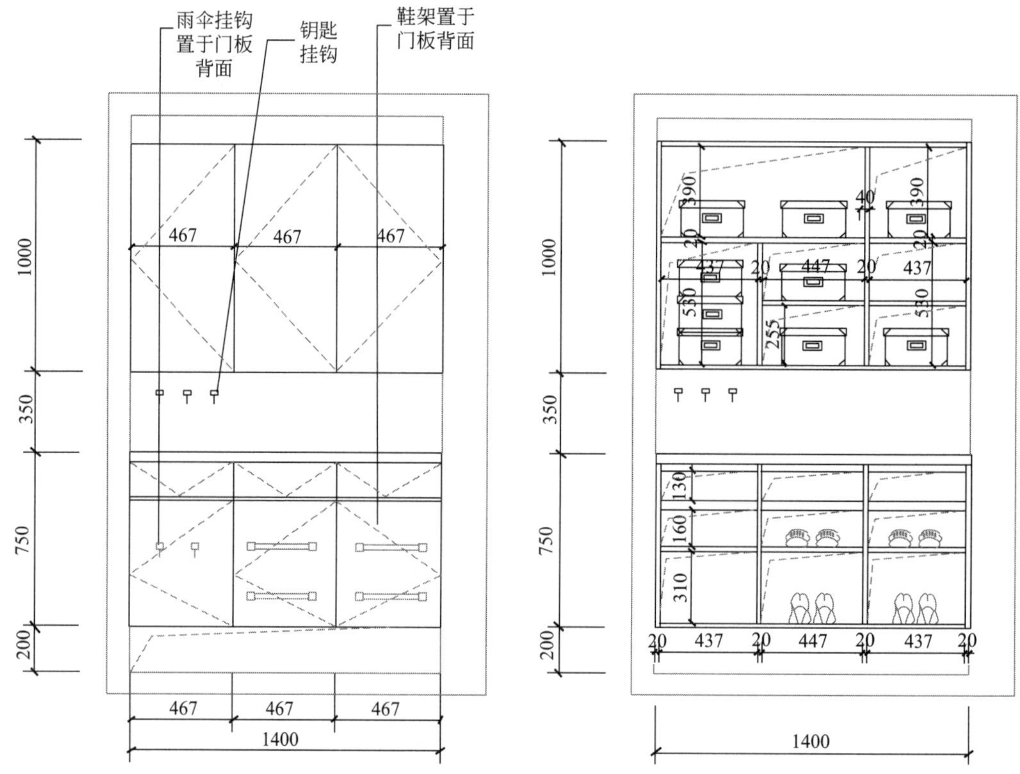

图 11-20　玄关柜立面图及内部展开图

11.2.10　设备与管线系统

1. 部品系统

(1) 集成给水系统

铝塑复合管的快装连接技术部品是装配化装修的集成给水部品一种快装快拆、简易便捷的方式，具体由卡压式铝塑复合给水管、分水器、专用水管加固板、水管卡座、水管防结露部件等构成。集成给水系统（图 11-21）部品构成详见表 11-41、图 11-19。

集成给水系统部品构成　　　　**表 11-41**

序号	内容
1	卡压式铝塑复合给水管是指将定尺的铝塑管在工厂中安装卡压件，水管按照使用功能分为冷水管、热水管、中水管，分别按照白色、红色、绿色进行分色应用
2	水管卡座根据使用部位的不同可分为座卡和扣卡
3	使用橡塑保温管防止水管结露
4	给水管的连接是给水系统的关键技术，要能够承受高温、高压并保证 15 年寿命期内无渗透，尽可能减少连接接头，本系统采用分水器装置并将水管并联
5	为快速定位给水管出水口位置，设置专用水管加固板，根据应用部位细分为水管加固双头平板、水管加固单头平板、水管加固 U 形平板

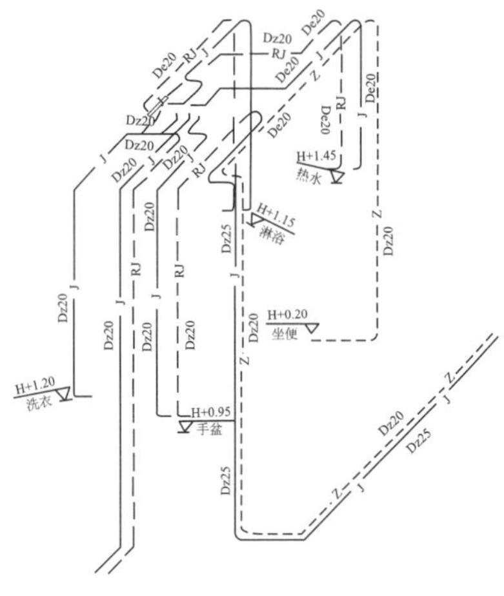

图 11-21　集成给水系统

集成给水系统部品特点详见表 11-42，快装给水系统解决了居住建筑套型室内的冷水、热水、中水供应问题。

集成给水系统部品特点　　　　**表 11-42**

序号	内容
1	分水器与用水点之间整根水管采用定制方式，无接头
2	快装给水系统通过分水器并联支管，出水更均衡
3	水管之间采用快插承压接头，连接可靠，且安装效率高
4	水管分色和唯一标签易于识别

(2) 集成采暖系统

集成采暖（图 11-22）是在基于装配化架空地面基础上的进一步集成，在“装配化架空地面部品”的模块结构中增加采暖管和带有保温隔热的挤塑板，就可以实现地面高散热率的地暖地面，形成成品复合地暖模块。集成采暖系统部品构成及特点详见表 11-43、表 11-44。

图 11-22　集成采暖

集成采暖系统部品构成 **表 11-43**

序号	内容
1	发热块:主要由支撑镀锌钢板架空部件、阻燃聚苯板保温部件、高密度硅钙板保护部件、地暖管部件以及相应的地脚扣件等配套部件组成,发热块定宽为 400mm
2	非发热块:除不含有地暖管部件外,其他部件完全同发热块。非发热块的长度、宽度均可非标。运至现场的非标块,保护板已经固定好
3	地脚:模块专用调整地脚分为平地脚(中间部位用)和斜边地脚(边模块用)两种,并匹配调节螺栓(50mm、70mm、100mm、120mm、150mm 五种规格),每个调节螺栓底部均设置橡胶垫。橡胶垫具有防滑和隔声功能,安装时不能遗失
4	分集水器:按照房间单元,将若干支路的地暖管汇集到一个区域,通过滑紧式连接分集水器与地暖热源水管连接,并匹配相应的控制阀

集成采暖系统部品特点 **表 11-44**

序号	内容
1	安装快捷:地暖模块、PE-RT 采暖管、硅酸钙板平衡板能够做到“三分离”且可快速连接,安装时固定地脚、盘管、盖板、调平一气呵成
2	散热率高:硅酸钙板平衡板导热性达到 85%以上,脚感舒适
3	易于维护:随着使用时间的延长,采暖管内沉积了水垢,可以拆下水管清洗或更换,比其他地暖系统具有快拆快装的优势

2.集成设计

建筑工业化内装工程给水排水设计、配电线路及电器设备的设计应遵循快装快拆安装便捷原则。设备与管线系统设计要求与设计要点详见表 11-45、表 11-46。

设备与管线系统设计要求 **表 11-45**

序号	内容
1	集中管道井宜设置在公共区域,并应设置检修口,尺寸应满足管道检修更换的空间要求
2	设备管线应选用耐腐蚀、使用寿命长、降噪性能好、便于安装及维修的管材、管件,以及连接可靠、密封性能好的管道阀门设备
3	电线接头宜采用快插式接头
4	电气线路及线盒宜敷设在架空层内,面板、线盒及配电箱等宜与内装部品集成设计
5	强、弱电线路敷设时不应与燃气管线交叉设置;当与给排水管线交叉设置时,应满足电气管线在上的原则

设备与管线系统设计要点 **表 11-46**

序号	内容	
1	集成给水部品	给水管道应选用符合国家卫生标准及使用要求的管材
		生活热水应采用热水型分水器及热水型管材、管件;生活冷水应采用冷水型分水器及冷水型管材、管件,两者不得混用。各类型管道应采用不同颜色加以区分,且户内与户外管线颜色应保持一致。生活冷水管宜用蓝色,生活热水管宜用橘红色,中水管宜用绿色

续表

序号	内容	
1	集成给水部品	生活给水的户用水表至分水器、分水器至用水器具之间;中水的户用水表至用水器具之间设计为整段管道,中间不宜设置接口,以避免接口处渗漏
		户用水表至分水器之间的给水管道管径宜为 $DN25$;分水器至用水器具之间给水管道管径宜为 $DN20$;中水管道管径宜为 $DN20$
		与分水器连接的分支接口采用快插式接头,接口连接应满足严密性试验的相关要求。分水器设置在吊顶内,以便于检修
		敷设在架空层内的热水管道应采取相应的保温措施,敷设在架空层内的冷水管道应采取相应的保温防结露措施
		与用水器具连接的内丝弯头应采用专用管件底板,以保证管件间距的标准化
2	薄法同层排水部品	排水立管宜集中布置在公共管井内
		排水方式应采用同层排水;同层排水应进行积水排除设计
		排水管道管件应采用 45°转角管件
		在卫生间以外的洗衣机区域宜设置防水底盘,并采用配套排水接口
3	集成采暖部品	有采暖需求的房间,可在既有的型钢架空模块内集成配置采暖管,实现采暖功能,架空模块下也可走水电管线。设计模块时,一个户型内采暖回路不宜超过五路,尽量保证每个回路之间的长度接近(单路最长不得超过 120m);同一采暖回路中,型钢复合地暖模块的排布需保证采暖管能串联衔接
		从户用计量表至分集水器之间供暖主管道管径宜为 $DN25$;每单独一路加热管道管径宜为 $DN16$
		卫生间供暖宜采用壁挂式散热器,应设计为单独一路,并应设置自力式恒温阀

11.3 本章小结

装配化装修部品应与结构、外围护、设备管线等专业同步、模数协调、连贯融合，坚持干式工法、管线与结构分离，坚持部品集成定制的原则，达到功能、空间和接口的协同。本章分别从隔墙系统、墙面系统、吊顶系统、地面系统、集成门窗系统、集成卫浴系统、集成厨房系统、集成给水系统、集成采暖系统进行了各部品部件的系统阐述，同时给出了具体的部品构成、设计要求和要点供设计人员参考。

参考文献

[1] 中华人民共和国住房和城乡建设部.装配式内装修技术标准（征求意见稿）[S].2019.3.17.

[2] 装配化装修技术设计标准.

[3] 北京市保障性住房建设投资中心，北京和能人居科技有限公司.图解装配化装修设计与施工[M].北京：化学工业出版社，2019.

第12章 项目案例

12.1 南京上坊某保障性住房项目

12.1.1 工程概况

1. 建筑信息

项目整栋建筑总建筑面积10380.59m^2，其中地上建筑面积为9724.61m^2，地下建筑面积为655.98m^2，项目建筑高度为45m。

2. 工业化应用指标

本项目柱、梁、楼板、外墙、阳台、楼梯等均采用预制构件，采用精装修并应用整体卫浴，实现了无外模板、无脚手架、无砌筑、无抹灰的绿色施工目标。项目标准层预制率为65.44%（表12-1）。

装配式建筑技术配置分项表 **表12-1**

阶段	技术配置选项	备注	项目实施情况
标准化设计	标准化模块，多样化设计	标准户型模块，内装可变；核心筒模块；标准化厨卫设计	●
	模数协调		●
工厂化生产/装配式施工	预制外墙	蒸压轻质加气混凝土板材(NALC板)	●
	预制内墙	蒸压轻质加气混凝土板材(NALC板)	●
	预制叠合楼板		●
	预制叠合阳台		●
	预制楼梯		●
	楼面免找平施工		●
	无外架施工		●
一体化装修	整体卫生间		●
	厨房成品橱柜		●
信息化管理	BIM策划及应用		●
绿色建筑	绿色星级标准		绿色三星

3. 预制构件拆分

本项目预制范围：预制柱、预制梁、预制楼板、预制楼梯、预制阳台。

预制构件选取，遵循重复率高和模数协调的原则，在方案阶段，协调考虑预制构件的大小，尽量减少预制构件的种类。例如预制阳台，制作简单复制率高；预制楼板，制作简单且成本增量低；预制梁柱，框架结构易于施工且对提高预制率有较大作用，但应尽量减少构件的尺寸类型；若存在多个单元相同楼梯，楼梯应尽量设计为复制关系，而非镜像关系。

设计阶段考虑到吊装、运输条件和成本，通过比较，构件为 4t 以内时运输、吊装相对顺利，运输、施工（塔吊）的成本也会降低。因此，本项目构件重量尽量控制在 4t 以下。预制楼板宽度以容易运输和生产场地限制考虑，大部分控制在 3m 以内。

12.1.2 结构设计及分析

1. 体系选择及结构布置

本项目采用装配整体式框架钢支撑结构体系。在行业标准《预制预应力混凝土装配式整体式框架结构技术规程》JGJ 224（简称世构体系）的基础上，对预制装配体系进行了创新，采用了全新的装配整体式框架钢支撑体系。该体系的采用提高了结构的整体抗震性能，同时也提高了建筑的预制装配率。

本项目标准层平面图、结构布置示意与实景图如图 12-1～图 12-3 所示。

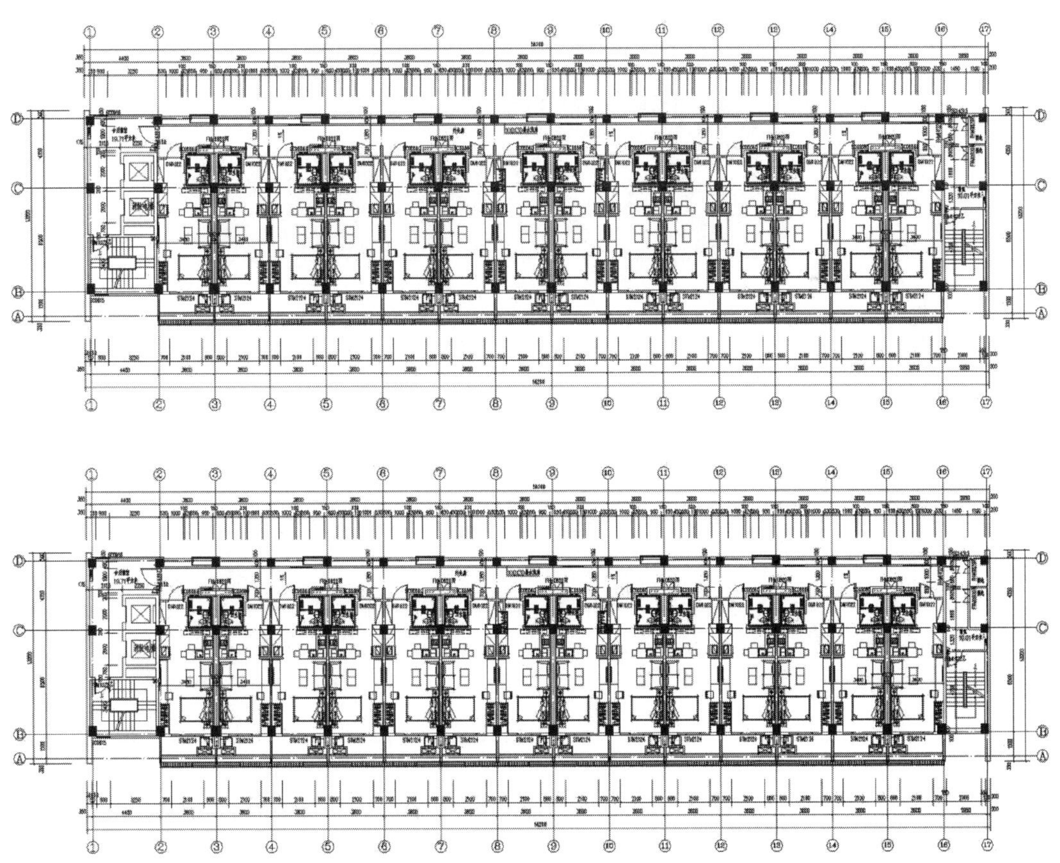

图 12-1 标准层平面图

2. 结构分析及指标控制

本项目抗震设防烈度为 7 度（第一组）0.10g，建筑高度为 45m，达到《预制预

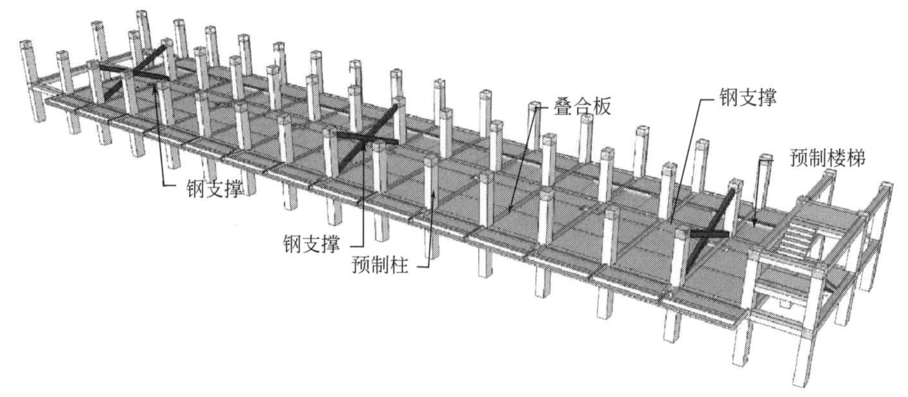

图 12-2　结构布置示意

图 12-3　项目实景

应力混凝土装配整体式框架结构技术规程》JGJ 224 规定的预制框架结构最大高度，结构设计初期阶段通过对框架结构、框架剪力墙结构、框架钢支撑结构三种结构体系进行比较，最终选择框架钢支撑体系，具体计算参数如表 12-2～表 12-4 所示。

振型及周期　　表 12-2

	周期(s)			平动系数($X+Y$)		
振型	框架结构	框架剪力墙	框架钢支撑	框架结构	框架剪力墙	框架钢支撑
1	1.8284	1.5008	1.5770	0.00+1.00	1.00+0.00	1.00+0.00
2	1.5692	1.4685	1.4800	0.65+0.00	0.00+1.00	0.00+0.98
3	1.5427	1.2811	1.3112	0.00+0.25	0.00+0.02	0.00+0.02

地震作用下位移　　表 12-3

	位移			位移比		
方向	框架结构	框架剪力墙	框架钢支撑	框架结构	框架剪力墙	框架钢支撑
X 向	1/1350	1/1256	1/1335	1.06	1.05	1.06
Y 向	1/969	1/1197	1/1267	1.25	1.18	1.18

风荷载作用下位移　　表 12-4

	位移			位移比		
方向	框架结构	框架剪力墙	框架钢支撑	框架结构	框架剪力墙	框架钢支撑
X 向	1/9999	1/9999	1/9999	1.11	1.11	1.12
Y 向	1/2024	1/3289	1/3359	1.15	1.05	1.06

计算结果表明：框架结构第二周期扭转较明显，需要增加结构的抗扭刚度。

框架剪力墙结构及框架钢支撑结构在地震作用下第一、第二基本振型均为纯平动，位移及位移比都满足规范要求，说明增加剪力墙或钢支撑后结构的扭转得到了很好的控制。

在三种体系中框架剪力墙结构的刚度最大，地震力最大，同时根据《预制预应力混凝土装配整体式框架结构技术规程》JGJ 224，框架剪力墙结构中的剪力墙部分必须现浇，不仅增加了现场施工中的湿作业量，同时也增加了工程的施工周期。

经过比较最终选择采用框架钢支撑结构体系，增设钢支撑后，有效提高了结构的抗侧刚度及整体抗震能力，钢支撑代替现浇剪力墙减少了现场湿作业，提高了预制装配率（图 12-4）。

图 12-4　现场钢支撑

12.1.3　主要构件及节点设计

1. 预制混凝土柱

柱截面主要采用 600mm×550mm，600mm×500mm，550mm×550mm，550mm×500mm，柱长度 2880mm，重量为 1.8～2.0t（图 12-5）。

2. 预制混凝土叠合梁

本项目设计中主、次梁均采用预制混凝土叠合梁，梁截面主要采用 300mm×560mm，300mm×310mm，300mm×260mm，其中叠合层厚度 140mm。

图 12-5　单节预制混凝土柱

3.预制预应力混凝土叠合板

本项目楼板采用预制预应力混凝土叠合板，传统的现浇楼板存在现场施工量大、湿作业多、材料浪费多、施工垃圾多、楼板容易出现裂缝等问题。预应力混凝土叠合板采取部分预制、部分现浇的方式，其中的预制板在工厂内预先生产，现场仅需安装，不需模板，施工现场钢筋及混凝土工程量较少，板底不需粉刷，预应力技术使得楼板结构含钢量减少，支撑系统脚手架工程量为现浇板的31%左右，现场钢筋工程量为现浇板的30%左右，现场混凝土浇筑量为现浇板的57%左右。本项目设计中叠合楼板板厚140mm，其中预制板厚60mm，叠合层厚80mm（图12-6）。

图 12-6　预制预应力混凝土叠合板

4.柱间连接

本项目预制柱内采用套筒灌浆连接方式，此连接方式相对于传统预制构件内浆锚搭接连接方式具有连接长度短，构件吊装就位方便的特点。灌浆料为流动性能很好的高强度材料，在压力作用下可以保证灌浆的密实性。

预制柱内套筒钢筋的连接长度为 $8d$，现场预制柱吊装后采用专用的灌浆料压力灌注，灌浆料的 28d 强度需大于 85MPa，24h 竖向膨胀率在 0.05% ～ 0.5%。(图 12-7)。

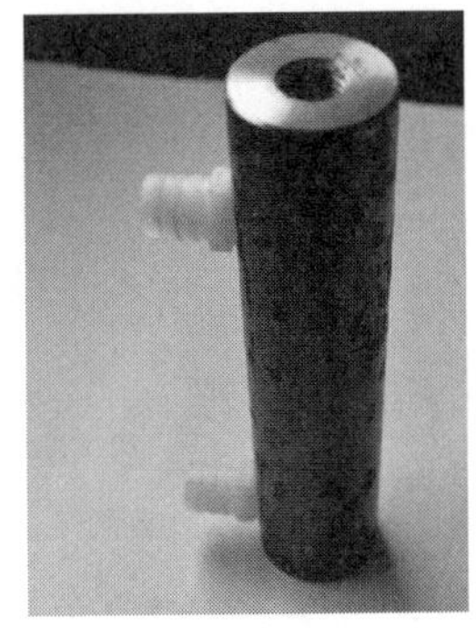

图 12-7　直螺纹灌浆套筒

5. 梁柱节点

本项目预制梁柱节点采用了键槽后浇筑技术。叠合梁在构件厂预制生产时梁端部预制键槽，键槽尺寸：200mm（宽）×210mm（高）×500m（长），键槽壁厚 50mm。键槽钢筋绑扎时，为确保钢筋位置的准确，键槽预留 “U” 形开口箍，待梁柱钢筋绑扎完成，在键槽上安装 “∩” 形开口箍与原预留 “U” 形开口箍双面焊接 $5d$。梁柱支座节点钢筋连接采用端锚技术，解决了钢筋锚固施工困难的问题，同时解决柱与柱接头钢筋连接、绑扎的施工难题（图 12-8）。

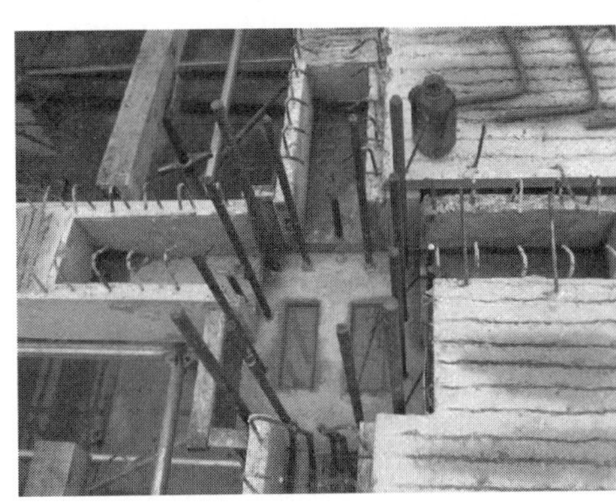

图 12-8　梁柱节点

6. 预应力叠合板非支承边的钢筋拉结

在工程预应力叠合板的非支撑边利用原预制板内的分布筋外伸作为连接钢筋，实现了非支撑边与竖向构件的可靠连接以及单向板非支撑边的相互可靠连接（图 12-9）。

12.1.4　相关构件及节点施工现场图

预制混凝土柱施工，如图 12-10～图 12-15 所示。

图 12-9　叠合板非支承边连接方式

图 12-10　吊具安装

图 12-11　吊具安装

图 12-12　引导筋对位

图 12-13　水平调整、校正

图 12-14　斜支撑固定

图 12-15　摘钩

预制混凝土梁施工

如图 12-16～图 12-19 所示。

图 12-16 预制混凝土梁进场

图 12-17 搭设梁底支撑

图 12-18 拉设安全绳

图 12-19 预制混凝土梁就位与微调定位

预制预应力混凝土板施工

如图 12-20～图 12-23 所示。

图 12-20 预制混凝土板进场

图 12-21 放线（板搁梁边线）

图 12-22 搭设板底支撑

图 12-23 预制混凝土板吊装

图 12-24　预制混凝土板就位

图 12-25　预制混凝土板微调定位

叠合层钢筋混凝土的施工流程为：预制梁板吊装→键槽钢筋的绑扎→梁面筋绑扎→模板支设→键槽混凝土的浇筑→水电管线的铺设→板面筋绑扎→叠合层混凝土的浇筑（图 12-26）。

图 12-26　叠合层混凝土浇筑

预制混凝土柱钢套筒连接灌浆施工的施工流程为：工厂钢筋笼的制作→柱基础面准备→注浆前柱脚封边→灌浆料配置→机具准备→注浆施工（图 12-27～图 12-34）。

图 12-27　工厂钢筋笼制作

图 12-28　检测板制作与安装

图 12-29　基层清理

图 12-30　钢筋表面浮浆清理

图 12-31　预制混凝土柱就位

图 12-32　柱脚封边

图 12-33　灌浆料配制

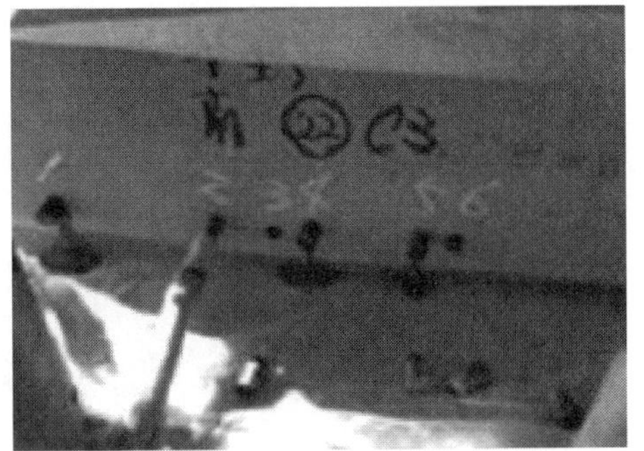

图 12-34　注浆施工

12.1.5　围护及部品件的设计

1. 围护墙体

本项目内外填充墙采用蒸压轻质加气混凝土隔墙板（ALC），板材在工厂生产、现场拼装，取消了现场砌筑和抹灰工序。

ALC 板自重轻，密度为 500kg/m^3，对结构整体刚度影响小。板材强度较高，立方体抗压强度≥4MPa，单点吊挂力≥1200N。能够满足各种使用条件下对板材抗弯、抗裂及节点强度要求，是一种轻质高强围护结构材料。

ALC 板具有好的保温性能 λ=0.13（W/m·K），本工程南北外墙采用 150mm 厚 ALC 自保温板，东西山墙采用外墙板 100mm 厚与 75mm 厚的组合拼装外墙；内分户隔墙采用 150mm 厚的 ALC 板，其余内隔墙采用 100mm 厚的 NALC 板。建筑节能率达到 65%标准（图 12-35～图 12-37）。

图 12-35　ALC 自保温外墙板

图 12-36　ALC 自保温内墙板

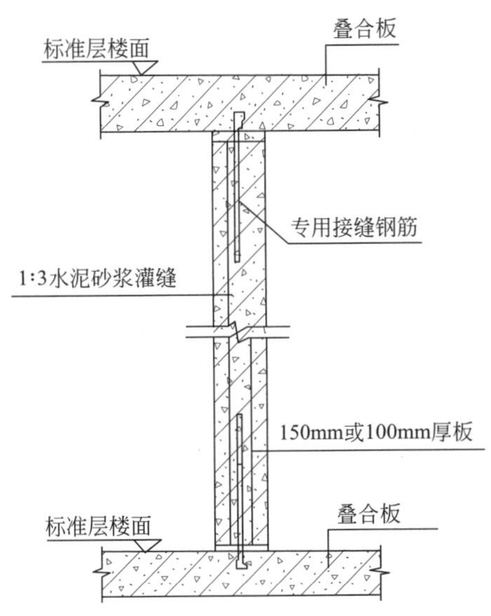

图 12-37　ALC 内墙板连接节点

2. 阳台及楼梯

预制叠合阳台板是预制装配式住宅经常采用的构件。阳台板上部的受力钢筋设在叠合板的现浇层，并伸入主体结构叠合楼板的现浇层锚固，达到承受阳台荷载连接主体结构的功能。一般的预制叠合阳台板大多仅有上层钢筋与主体相连，存在着支座处刚度与结构设计分析有差距、整体性较差、外挑长度大时在竖向地震力作用下有安全隐患等问题。目前部分预制叠合板式阳台是通过采用下部钢筋预留，插入主体结构梁钢筋骨架的方式来解决预制叠合阳台板与主体的连接问题，但预留板下部钢筋在构件的制作、运输、安装、吊装就位等程序上增大了操作难度，施工误差大且机械利用效率低。

本项目在预制叠合阳台板现浇层底部加设了与主体梁的连接钢筋，解决了上述问题（图 12-38）。

本项目 2～15 层楼梯梯段采用预制混凝土梯板，梯板与主体结构间连接节点采用叠合的方式或直接预留钢筋，待梯板吊装就位后再进行节点现浇（图 12-39～图 12-42）。

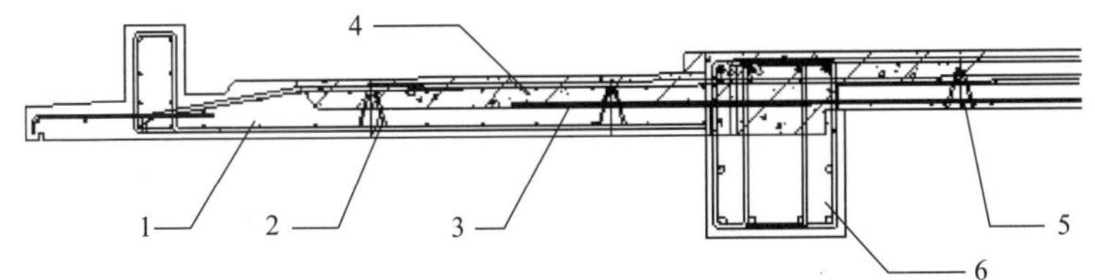

1——预制阳台板；2——阳台板中钢筋桁架；3——阳台板底部附加与主体梁的拉结筋；
4——阳台现浇叠合层；5——预应力板中的桁架筋；6——预制框架梁

图 12-38　本工程预制叠合阳台板板底附加拉筋示意（一）

图 12-38　本工程预制叠合阳台板板底附加拉筋示意（二）

图 12-39　预制混凝土楼梯进场

图 12-40　预制混凝土楼梯吊装

图 12-41　预制混凝土楼梯安装就位

图 12-42　预制混凝土楼梯微调定位

3. 厨房和卫生间

本项目在方案阶段进行装修与土建一体化设计，采用整体式卫生间，厨房采用成品橱柜，最大限度地减少现场湿作业，避免传统卫生间渗漏问题，消除质量通病。

整体卫浴间的底盘、墙板、天花板、洗面台等采用 SMC 复合材料制成，具有材质紧密、表面光洁、隔热保温、防老化及使用寿命长等优良特性。整体卫浴间中的卫浴设施均无死角结构而便于清洁。

本项目安装方便，避免以往毛坯造成的二次装修浪费和垃圾污染。集成式卫生间合理的布局节约了使用空间，同时具有耐用不渗漏，隔热节能，易于清洗的特点（图 12-43、图 12-44）。

图 12-43　成品橱柜

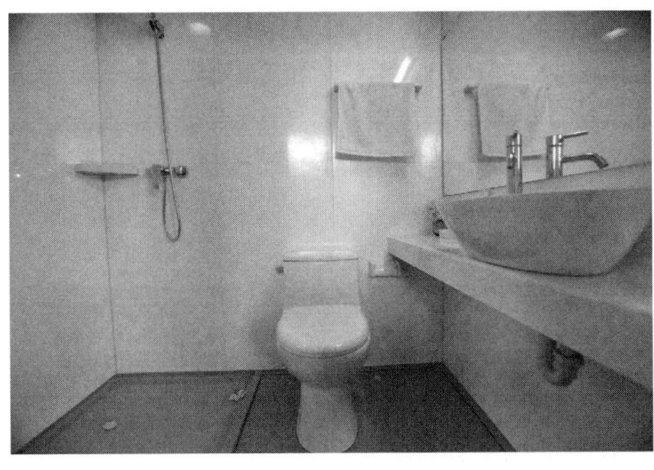

图 12-44　整体式卫生间

12.1.6　工程总结及思考

本项目遵循“少规格、多组合”的设计理念，通过采用标准户型模块单元，将不规则的公共区域布置于建筑两端，实现了建筑的标准化设计。

本项目采用的全装配整体式混凝土框架一钢支撑结构体系是国内在框架住宅中的首次应用，是当时国内全装配结构高度最高、装配式技术集成度最高的住宅建筑。

本项目为成品房交付，装修与建筑一体化设计，通过优化卫生间设计，首次在江苏省保障性住房中采用整体式卫生间及成品橱柜，避免了以往毛坯造成的二次装修浪费和垃圾污染。

本项目通过结构体系创新、装配式技术的整合创新，最大限度地提高建造效率、降低建筑成本，充分发挥装配式建筑的优势，实现了无外脚手架、无现场砌筑、无抹灰的绿色施工工艺。

12.2 南京丁家庄二期保障性住房 A28 地块项目

12.2.1 工程概况

1. 建筑信息

南京丁家庄二期保障性住房 A28 地块项目由六栋工业化装配式高层公租房与三层商业裙房组成，总建筑面积为 93481.71m^2，其中地上建筑面积为 77154.34m^2，地下建筑面积为 16327.37m^2。

2. 工业化应用指标

本项目主体结构东西山墙采用预制夹心保温外墙板，楼面采用钢筋桁架叠合楼板，阳台采用预制阳台，楼梯采用预制混凝土梯段板，预制率达到 25%。

内隔墙采用成品陶粒混凝土轻质墙板，外廊及阳台栏板采用陶粒混凝土轻质墙板，内装部品采用整体卫生间、整体橱柜系统、整体收纳系统、成品套装门、成品木地板、集成吊顶、集成管线及成品栏杆（表 12-5）。

装配式建筑技术配置分项表 **表 12-5**

阶段	技术配置选项	备注	项目实施情况
标准化设计	标准化模块,多样化设计	标准户型模块,内装可变; 核心筒模块;标准化厨卫设计	●
	模数协调		●
工厂化生产/ 装配式施工	预制外墙	东西山墙采用预制夹心保温外墙板	●
	预制内墙	成品陶粒混凝土轻质墙板	●
	预制楼板		●
	预制阳台		●
	预制楼梯		●
	楼面免找平施工		●
	无外架施工		●
一体化装修	整体卫生间		●
	厨房成品橱柜		●
	成品栏杆		●
	成品木地板、踢脚线		●
	成品套装门		●
信息化管理	BIM 策划及应用		●
绿色建筑	绿色星级标准		绿色三星

3. 预制构件拆分

本项目预制范围：PCF 板、预制剪力墙、预制楼板、预制楼梯、预制阳台、预制阳台隔板。

预制构件选取，遵循重复率高和模数协调的原则，在方案阶段，协调考虑预制构件的大小与开洞尺寸，尽量减少预制构件的种类。例如预制阳台板与阳台隔板，制作简单复制率高；预制楼板与 PCF 板，制作简单且成本增量低；预制剪力墙，对提高预制率有较大作用；若存在多个单元相同楼梯，楼梯应尽量设计为复制关系，而非镜像关系。

设计阶段考虑到吊装、运输条件和成本，通过比较，构件为 4t 以内时运输、吊装相对顺利，运输、施工（塔式起重机）的成本也会降低。因此，本项目最重剪力墙构件重量控制为 4.55t。预制墙板的高度以楼层高度为准，宽度以容易运输和生产场地限制考虑，最大未超过 3.5m。预制楼板宽度也以容易运输和生产场地限制考虑，大部分控制在 3m 以内。PCF 板每块重约 1.2t；预制阳台板每块重约 3t；预制阳台隔板每块重 0.4～1.3t。

12.2.2 结构设计及分析

1. 体系选择及结构布置

本项目的标准层平面采用模块化设计方法，由标准模块和核心筒模块组成。方案设计对套型的过厅、餐厅、卧室、厨房、卫生间等多个功能空间进行分析研究，在单个功能空间或多个功能空间组合设计中，用较大的结构空间来满足多个并联度高的功能空间要求，通过设计集成在套型设计中，并满足全生命周期灵活使用的多种可能；对差异性的需求通过不同的空间功能组合与室内装修来满足；从而实现了标准化设计和个性化需求在小户型成本和效率兼顾前提下的适度统一。

本项目均采用一个标准户型，一个标准厨房，一个标准卫生间，进行组合拼接，结合建设单位要求确定套型采用的开间、进深尺寸，建立标准模块，且能满足灵活布置的要求。结构主体采用装配整体式剪力墙结构体系，模块内部局部则采用轻质隔墙进行灵活划分。

本项目标准模块及其组合、标准层结构布置、标准层 BIM 模型、效果图等如图 12-45～图 12-48 所示。

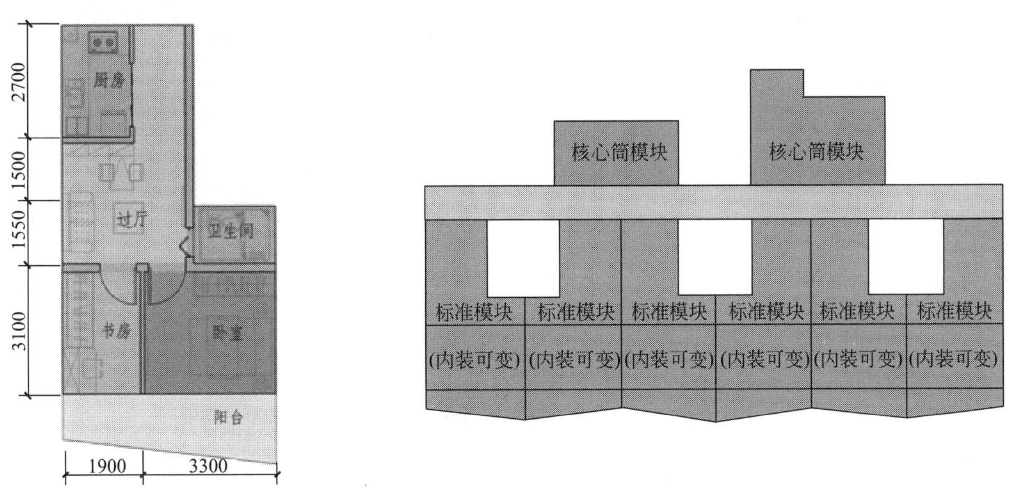

图 12-45 南京丁家庄二期保障性住房 A28 地块项目标准模块与模块组合示意

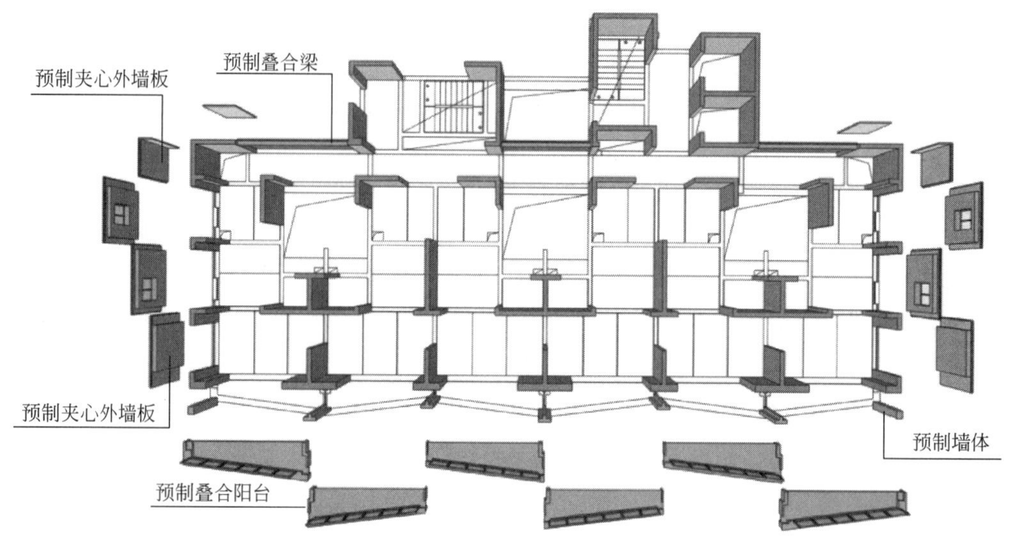

图 12-46　南京丁家庄二期保障性住房 A28 地块项目标准层结构布置示意

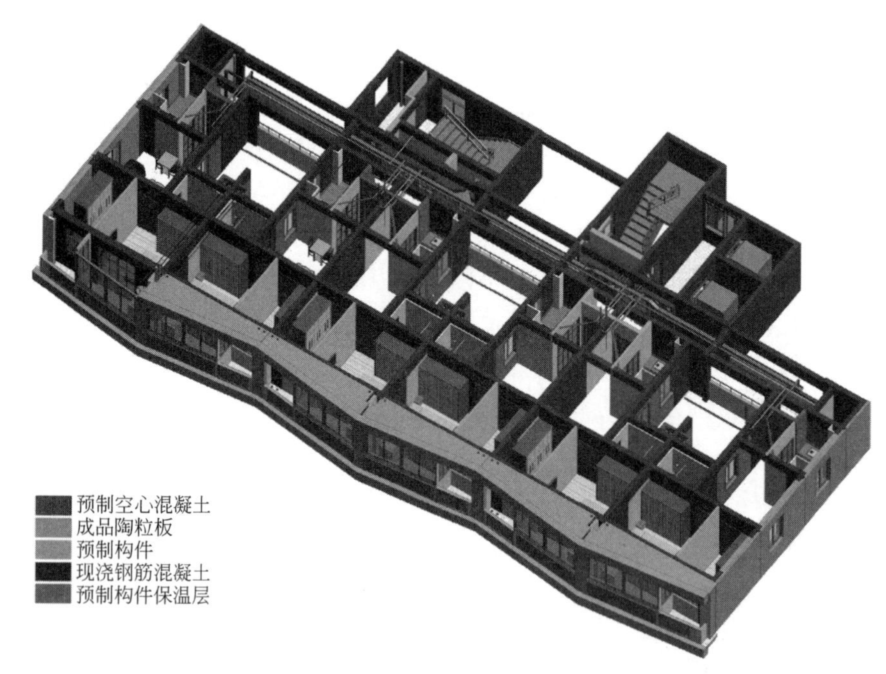

图 12-47　南京丁家庄二期保障性住房 A28 地块项目标准层 BIM 模型

2. 结构分析及指标控制

本项目抗震设防烈度为 7 度（第一组）0.10g，场地土类别为Ⅲ类，基本风压（50 年一遇）为 0.4kN/m^2，选取 01 栋进行介绍，具体计算参数如表 12-6～表 12-9 所示。

图 12-48　南京丁家庄二期保障性住房 A28 地块项目鸟瞰图

振型及周期　　**表 12-6**

振型	周期(s)	转角(°)	平动系数	扭转系数
1	2.5185	92.81	0.99(0.00+0.98)	0.01
2	2.3166	3.17	1.00(1.00+0.00)	0.00
3	1.9072	137.77	0.02(0.01+0.01)	0.98
4	0.7519	172.04	0.99(0.97+0.02)	0.01
5	0.7041	80.97	0.99(0.02+0.96)	0.01
6	0.5761	153.57	0.06(0.04+0.02)	0.94

$T_t/T_1=1.9072/2.5185=0.76<0.9$；$T_t/T_2=1.9072/2.3166=0.82<0.9$；满足规范要求。

结构底部地震剪力、地震倾覆力矩和地震剪力系数　　**表 12-7**

底部地震剪力(kN)		底部地震倾覆力矩(kN·m)		底部地震剪力系数			有效质量系数		
X 方向	Y 方向	X 方向	Y 方向	X 方向	Y 方向	限值	X 方向	Y 方向	限值
4033.7	4142.4	190756	169225	1.78%	1.83%	≥1.6%	98.4%	97.4%	≥90%

地震剪力满足抗震规范第 5-2-5 条。

风荷载作用下位移　　**表 12-8**

风荷载作用下的弹性位移角			地震作用下的弹性位移角			规定水平力下楼层最大位移/楼层平均位移	
X 方向	Y 方向	规范限值	X 方向	Y 方向	规范限值	X 方向	Y 方向
1/3338	1/1547	≤1/1000	1/1700	1/1309	≤1/1000	1.07	1.15

刚重比、嵌固端上下层刚度比 **表 12-9**

刚重比	X 方向	Y 方向	刚度比	X 方向	Y 方向	限值
	4.94	4.40		0.4925	0.4955	≤0.54

12.2.3 主要构件及节点设计

1. 预制混凝土剪力墙

本项目东西山墙剪力墙采用预制混凝土剪力墙（含保温）。预制剪力墙设计按规范《装配式混凝土结构技术规程》JGJ 1—2014 要求设置，上下钢筋的连接采用套筒灌浆连接。

预制剪力墙采用夹心保温体系，即将结构的剪力墙、保温板、混凝土模板预制在一起。在保证了结构安全性的同时，兼顾了建筑的保温节能要求和建筑外立面的装饰效果。进而实现施工过程中无外模板、无外脚手架、无砌筑、无粉刷的绿色施工。建筑内部仅在预制剪力墙拼接处浇筑混凝土，模板用量以及现场模板支撑和钢筋绑扎的工作量大大减少。

本项目采用的预制混凝土剪力墙（含保温）的外叶墙板为 60mm 厚混凝土，中间为 50mm 厚燃烧性能为 B1 级的挤塑聚苯板保温层，内叶墙板为 200mm 厚钢筋混凝土墙体。

预制外墙板在拆分时遵循以下原则：

（1）综合立面表现的需要，应结合结构现浇节点及装饰挂板，合理拆分外墙。

（2）注重经济性，通过模数化、标准化、通用化减少板型，节约造价。

（3）制定编号原则，对每个墙板产品进行编号，每个墙板既有唯一的身份编号又能在编号中体现重复构件的统一性。

（4）预制构件的大小已考虑运输的可能性和现场的吊装能力（图 12-49）。

图 12-49 预制混凝土剪力墙（含保温）

图 12-50 PCF 混凝土外墙板

2. PCF 混凝土外墙板

本项目北侧走廊与核心筒部位采用 PCF 混凝土外墙板。PCF 混凝土外墙板在以往工程中常用于预制叠合剪力墙中，预制叠合剪力墙是一种采用部分预制、部分现浇工艺形成的钢筋混凝土剪力墙。其预制部分称为预制外模板（PCF），在工厂制作养护成型运至施工现场后，和现浇部分整浇。预制外模板（PCF）在施工现场安装就位后可以作为剪力墙外侧模板使用。采用PCF外墙板作为剪力墙的外模板，使得建筑外墙实现无外模板、无外脚手架、无砌筑、无粉刷的绿色施工（图12-52）。

3. 钢筋桁架混凝土叠合板

本项目楼板采用预制非预应力混凝土叠合板技术，传统的现浇楼板存在现场施工量大，湿作业多，材料浪费多，施工垃圾多，楼板容易出现裂缝等问题。混凝土叠合板的脚手架工程量、现场混凝土浇筑量较现浇板均减小，所有施工工序均有明显的工期优势（图12-51）。

图12-51　预制预应力混凝土叠合板

4. 剪力墙连接

本项目预制剪力墙采用套筒灌浆连接方式（图12-52）。

5. PCF混凝土外墙板连接

本项目预制混凝土外墙板的连接节点设计如下：

（1）建筑预制外墙板的水平缝、垂直缝及十字缝等接缝部位、门窗洞口等构配件组装部位的构造设计及材料的选用应满足建筑的物理性能、力学性能、耐久性能及装饰性能的要求。

（2）预制外墙板的各类接缝设计应构造合理、施工方便、坚固耐久，并结合制作及施工条件进行综合考虑。防水材料主要采用发泡芯棒与密封胶。防水构造主要采用结构自防水＋构造防水＋材料防水。建筑外墙的接缝及门窗洞口等防水薄弱部位设计应采用材料防水和构造防水结合做法。

（3）预制外墙板接缝必须进行处理。并根据不同部位接缝特点及当地风雨条件选用构造防水、材料防水或构造防水与材料防水相结合的防排水系统。挑出外墙的阳台、雨篷等构件的周边应在板底设置滴水线。

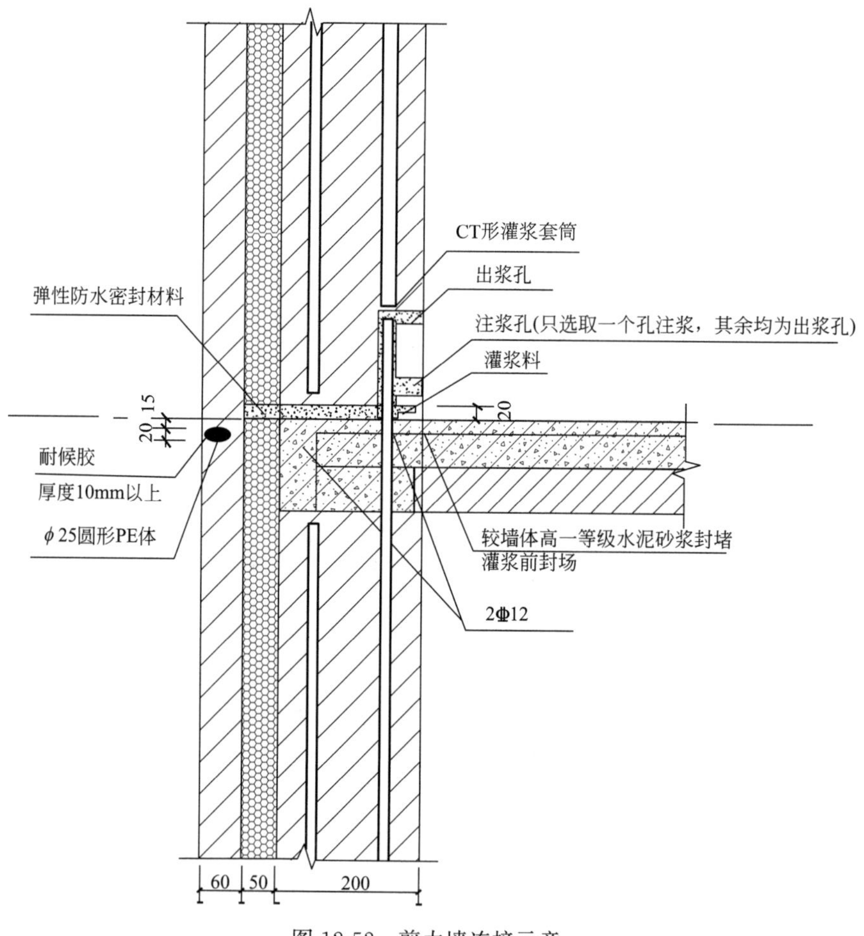

图 12-52　剪力墙连接示意

（4）预制外墙板接缝采用构造防水，水平缝采用高低缝。

（5）预制外墙板接缝采用材料防水时，必须用防水性能可靠的嵌缝材料。板缝宽度不宜大于 20mm，材料防水的嵌缝深度不得小于 20mm。对于普通嵌缝材料，在嵌缝材料外侧应勾水泥砂浆保护层，其厚度不得小于 15mm。对于高档嵌缝材料，其外侧可不做保护层。预制外墙板接缝的材料防水还应符合下列要求：

① 外墙板接缝宽度设计应满足在热胀冷缩及风荷载、地震作用等外界环境的影响下，其尺寸变形不会导致密封胶的破裂或剥离破坏的要求。因此在设计时应考虑接缝的位移，确定接缝宽度，使其满足密封胶最大容许变形率的要求。

② 外墙板接缝宽度不应小于 10mm，一般设计宜控制在 10～35mm 内；接缝胶深度一般在 8～15mm 内。

③ 外墙板接缝所用的密封材料应选用耐候性密封胶，耐候性密封胶与混凝土的相容性、低温柔性、最大伸缩变形量、剪切变形性、防霉性及耐水性等应满足设计要求。

④ 外墙板接缝防水工程应由专业人员进行施工，以保证外墙的防排水质量（图 12-53～图 12-58）。

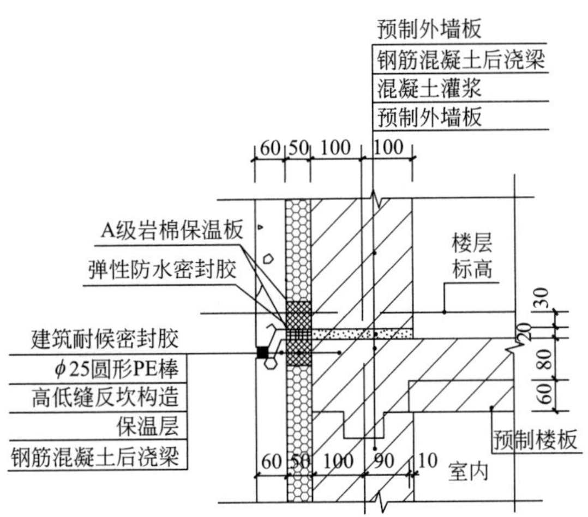

图 12-53　水平缝节点

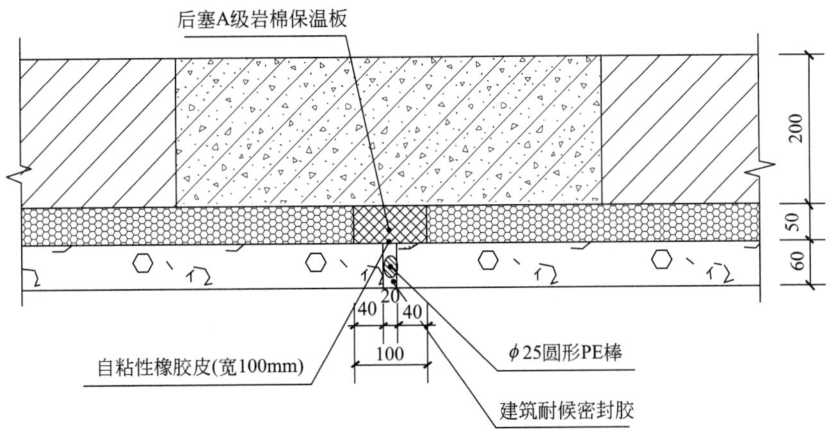

图 12-54　垂直缝节点

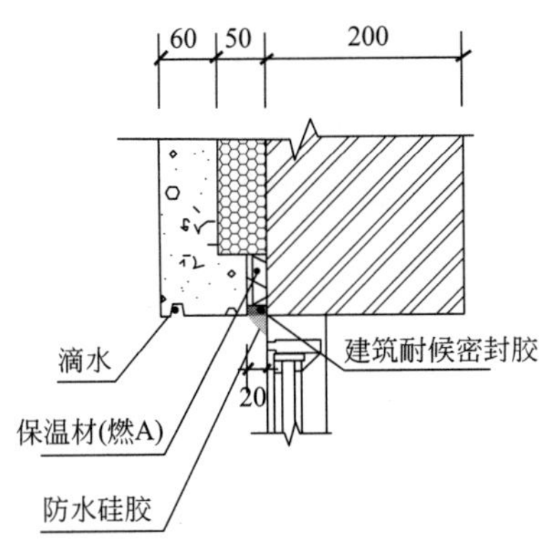

图 12-55　窗上口节点

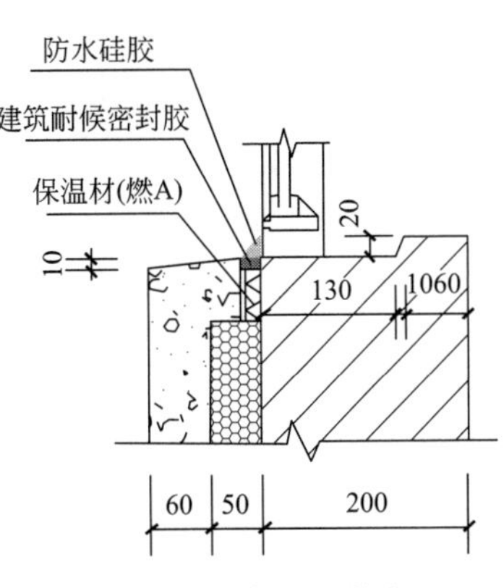

图 12-56　窗下口节点

12.2.4 相关构件及节点施工现场图

如图 12-57～图 12-61 所示。

图 12-57　预制剪力墙进场

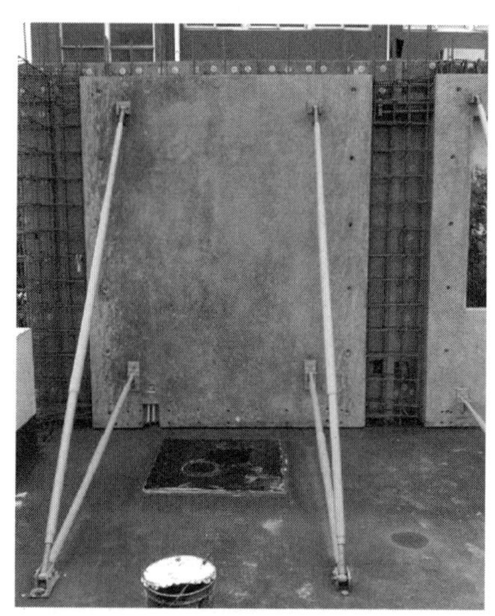

图 12-58　剪力墙就位与支撑架设

图 12-59　现浇暗柱钢筋绑扎

12.2.5 围护及部品件的设计

1. 围护墙体

本项目内填充墙采用成品陶粒混凝土轻质墙板，板材在工厂生产、现场拼装，取消了现场砌筑和抹灰工序。

图 12-60　PCF 板就位与斜撑架设

图 12-61　剪力墙外立面

陶粒混凝土板材自重轻，对结构整体刚度影响小，板材强度较高。能够满足各种使用条件下对板材抗弯、抗裂及节点强度要求，是一种轻质高强度围护结构材料，同时陶粒混凝土墙板还能满足保温、隔热、隔声、防水和防火安全等技术性能及室内装修的要求（图 12-62）。

图 12-62　陶粒混凝土墙板

2. 阳台及楼梯

本项目阳台采用叠合阳台板。阳台板连同周围翻边一同预制，现场连同预制阳台隔板共同拼装成阳台整体。阳台板叠合层厚度为 60mm，叠合层内预埋桁架钢筋用于增强阳台板的强度、刚度，并增强其与现浇层的整体连接性能。施工时，现场仅需绑扎上部钢筋，浇筑上层混凝土，施工快捷（图 12-63、图 12-64）。

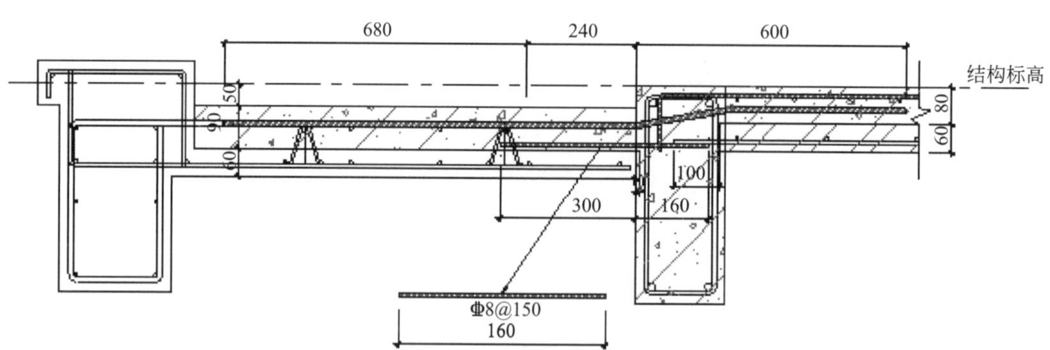

图 12-63　预制叠合阳台板示意图

本项目采用预制混凝土梯段板，梯段内无钢筋伸出，施工安装时，梯段两端直接搁置在楼梯梁挑耳上，一端铰接连接，一端滑动连接。构件制作简单，施工方便，节省工期，大大减少现场的工作量（图 12-65）。

3. 厨房和卫生间

厨房和卫生间是住宅产业化的重要组成部分，本项目全部户型采用一种厨房、

图 12-64　预制叠合阳台板

图 12-65　预制混凝土梯段板

卫生间，遵循模数设计规范，优选适宜的尺寸系列，进行以室内完成面控制的模数协调设计，设计标准化的厨卫模块，满足功能要求并实现厨房卫生间的工厂化生产、现场干法施工。

卫生间模块考虑整体卫生间工厂生产的模数要求，各边预留了 50～100mm 的安装尺寸，保证了工厂生产和现场安装的可能性。

厨房模块考虑了与内部装修工艺有关的模数协调可能性，保证完成面净尺寸便于 300mm×300mm 尺寸的面砖施工及橱柜的板材切割。

12.2.6　工程总结及思考

本工程采用了 5 大核心技术：

1. 标准化模块，多样化设计

该地块住宅采用一个标准户型，一个标准厨房和卫生间，形成符合模数数列的标准化模块，并能在标准户型模块中实现空间的可变，为南京安居保障房建设发展有限公司提供一套系列化应用的装配式建筑体系。采用少构件，多组合，降低成本、提高效率。

2.主体结构装配化

主体结构采用预制装配整体式剪力墙结构体系，东西山墙采用预制夹心保温外墙，楼面采用叠合楼板，阳台采用预制阳台，楼梯采用混凝土梯段板，预制率达到25%。

3.围护结构成品化

内隔墙采用成品陶粒混凝土轻质墙板，外廊及阳台栏板采用陶粒混凝土轻质墙板，实现了现场无砌筑，无外脚手架施工。

4.内装部品工业化

项目采用整体卫生间、成品套装门，整体橱柜系统、整体收纳系统、成品木地板、踢脚线、集成吊顶与集成管线，实现了装配化装修。

5.设计、施工、运营信息化

预制装配式建筑必须进行精细化设计，包括节点设计、连接方法、设备管线空间合理安装等，通过BIM及CATIA技术实现构件预装配，计算机模拟施工，从而指导现场精细化施工，进而实现项目后期管理运营的智能化。

附录 A　装配式混凝土结构抗震审查技术要点（框架、剪力墙）

结构类型	标准	条文号	条文内容	审查要求和说明
框架	《装配式混凝土建筑技术标准》GB/T 51231—2016	5.6.2	叠合梁的箍筋配置应符合下列规定： 1　抗震等级为一、二级的叠合框架梁的梁端箍筋加密区宜采用整体封闭箍筋；当叠合梁受扭时宜采用整体封闭箍筋，且整体封闭箍筋的搭接部分宜设置在预制部分(图 5.6.2a)。 2　当采用组合封闭箍筋(图 5.6.2b)时，开口箍筋上方两端应做成 135°弯钩，对框架梁弯钩平直段长度不应小于 10d(d 为箍筋直径)，次梁弯钩平直段长度不应小于 5d。现场应采用箍筋帽封闭开口箍，箍筋帽宜两端做成 135°弯钩，也可做成一端 135°另一端 90°弯钩，但 135°弯钩和 90°弯钩应沿纵向受力钢筋方向交错设置，框架梁弯钩平直段长度不应小于 10d(d 为箍筋直径)，次梁 135°弯钩平直段长度不应小于 5d，90°弯钩平直段长度不应小于 10d。 3　框架梁箍筋加密区长度内的箍筋肢距：一级抗震等级，不宜大于 200mm 和 20 倍箍筋直径的较大值，且不应大于 300mm；二、三级抗震等级，不宜大于 250mm 和 20 倍箍筋直径的较大值，且不应大于 350mm；四级抗震等级，不宜大于 300mm，且不应大于 400mm	审查设计总说明及图纸
		5.6.3	预制柱的设计应满足现行国家标准《混凝土结构设计规范》GB 50010 的要求，并应符合下列规定： 1　矩形柱截面边长不宜小于 400mm，圆形截面柱直径不宜小于 450mm，且不宜小于同方向梁宽的 1.5 倍。 2　柱纵向受力钢筋在柱底连接时，柱箍筋加密区长度不应小于纵向受力钢筋连接区域长度与 500mm 之和；当采用套筒灌浆连接或浆锚搭接连接等方式时，套筒或搭接段上端第一道箍筋距离套筒或搭接段顶部不应大于 50mm(图 5.6.3-1)。 3　柱纵向受力钢筋直径不宜小于 20mm，纵向受力钢筋的间距不宜大于 200mm 且不应大于 400mm。柱的纵向受力钢筋可集中于四角配置且宜对称布置。柱中可设置纵向辅助钢筋且直径不宜小于 12mm 和箍筋直径；当正截面承载力计算不计入纵向辅助钢筋时，纵向辅助钢筋可不伸入框架节点(图 5.6.3-2)。 4　预制柱箍筋可采用连续复合箍筋	审查图纸

续表

结构类型	标准	条文号	条文内容	审查要求和说明
框架	《装配式混凝土建筑技术标准》GB/T 51231—2016	5.6.4	上、下层相邻预制柱纵向受力钢筋采用挤压套筒连接时(图 5.6.4)，柱底后浇段的箍筋应满足下列要求： 1　套筒上端第一道箍筋距离套筒顶部不应大于 20mm，柱底部第一道箍筋距柱底面不应大于 50mm，箍筋间距不宜大于 75mm； 2　抗震等级为一、二级时，箍筋直径不应小于 10mm；抗震等级为三、四级时，箍筋直径不应小于 8mm	审查图纸
		5.6.5	采用预制柱及叠合梁的装配整体式框架节点，梁纵向受力钢筋应伸入后浇节点区内锚固或连接，并应符合下列规定： 1　框架梁预制部分的腰筋不承受扭矩时，可不伸入梁柱节点核心区。 2　对框架中间层中节点，节点两侧的梁下部纵向受力钢筋宜锚固在后浇节点核心区内(图 5.6.5-1a)，也可采用机械连接或焊接的方式连接(图 5.6.5-1b)；梁的上部纵向受力钢筋应贯穿后浇节点核心区。 3　对框架中间层端节点，当柱截面尺寸不满足梁纵向受力钢筋的直线锚固要求时，宜采用锚固板锚固(图 5.6.5-2)，也可采用 90°弯折锚固。 4　对框架顶层中节点，梁纵向受力钢筋的构造应符合本条第 2 款规定。柱纵向受力钢筋宜采用直线锚固；当梁截面尺寸不满足直线锚固要求时，宜采用锚固板锚固(图 5.6.5-3)。 5　对框架顶层端节点，柱宜伸出屋面并将柱纵向受力钢筋锚固在伸出段内(图 5.6.5-4)，柱纵向受力钢筋宜采用锚固板的锚固方式，此时锚固长度不应小于 $0.6l_{abE}$。伸出段内箍筋直径不应小于 $d/4$(d 为柱纵向受力钢筋的最大直径)，伸出段内箍筋间距不应大于 $5d$(d 为柱纵向受力钢筋的最小直径)且不应大于 100mm；梁纵向受力钢筋应锚固在后浇节点区内，且宜采用锚固板的锚固方式，此时锚固长度不应小于 $0.6l_{abE}$	审查图纸。 说明：采用预制柱及叠合梁的装配整体式框架结构节点，两侧叠合梁底部水平钢筋挤压套筒连接时，应按本规范 5.6.6 条执行
	《装配式混凝土结构技术规程》JGJ 1—2014	7.1.2	装配整体式框架结构中，预制柱的纵向钢筋连接应符合下列规定： 1　当房屋高度不大于 12m 或层数不超过 3 层时，可采用套筒灌浆、浆锚搭接、焊接等连接方式； 2　当房屋高度大于 12m 或层数超过 3 层时，宜采用套筒灌浆连接	审查设计总说明。 条件许可时，也可采用《预制预应力混凝土装配整体式结构技术规程》DGJ32/TJ 199—2016 中第 5.2.2 条规定的型钢支撑连接或预留孔插筋连接等方式

续表

结构类型	标准	条文号	条文内容	审查要求和说明
框架	《装配式混凝土结构技术规程》JGJ 1—2014	7.3.1	装配整体式框架结构中，当采用叠合梁时，框架梁的后浇混凝土叠合层厚度不宜小于150mm(图7.3.1)，次梁的后浇混凝土叠合层厚度不宜小于120mm；当采用凹口截面预制梁时(图7.3.1b)，凹口深度不宜小于50mm，凹口边厚度不宜小于60mm	审查图纸
		7.3.4	主梁与次梁采用后浇段连接时，应符合下列规定： 1 在端部节点处，次梁下部纵向钢筋伸入主梁后浇段内的长度不应小于12d。次梁上部纵向钢筋应在主梁后浇段内锚固。当采用弯折锚固(图7.3.4a)或锚固板时，锚固直段长度不应小于0.6l_{ab}；当钢筋应力不大于钢筋强度设计值的50%时，锚固直段长度不应小于0.35l_{ab}；弯折锚固的弯折后直段长度不应小于12d(d为纵向钢筋直径)。 2 在中间节点处，两侧次梁的下部纵向钢筋伸入主梁后浇段内长度不应小于12d(d为纵向钢筋直径)；次梁上部纵向钢筋应在现浇层内贯通(图7.3.4b)	审查设计总说明及图纸
		7.3.6	采用预制柱及叠合梁的装配整体式框架中，柱底接缝宜设置在楼面标高处(图7.3.6)，并应符合下列规定： 1 后浇节点区混凝土上表面应设置粗糙面； 2 柱纵向受力钢筋应贯穿后浇节点区； 3 柱底接缝厚度宜为20mm，并应采用灌浆料填实	审查设计总说明。 注：预制柱底部应有键槽，且键槽的形式应考虑到灌浆填缝时气体排出的问题，应采取可靠且经过实践检验的施工方法，保证柱底接缝灌浆的密实性
		7.3.7	梁、柱纵向钢筋在后浇节点区内采用直线锚固、弯折锚固或机械锚固的方式时，其锚固长度应符合现行国家标准《混凝土结构设计规范》GB 50010中的有关规定；当梁、柱纵向钢筋采用锚固板时，应符合现行行业标准《钢筋锚固板应用技术规程》JGJ 256中的有关规定	审查设计总说明

续表

结构类型	标准	条文号	条文内容	审查要求和说明
框架	《装配整体式混凝土框架结构技术规程》DGJ32/TJ 219—2017	3.3.1	预制钢筋混凝土矩形截面柱，边长不宜小于 400mm，采用多螺箍筋时柱的边长不宜小于 600mm	审查图纸
		3.3.2	预制梁的截面最小边长不宜小于 200mm	
		3.3.3-2	预制板的截面应满足下列要求： 预制格子梁预制部分截面高度不宜小于 150mm，不宜大于 800mm	
		5.1.1	柱的纵向钢筋配置应符合下列要求： 1 柱的纵向受力钢筋可集中于四角对称配置。 2 梁柱节点内可采用连续复合箍筋。 3 当柱的纵向受力钢筋间距不满足《混凝土结构设计规范》GB 50010 规定的最大间距要求时，可设置辅助纵向钢筋。辅助纵向钢筋的直径不宜小于 10mm 及纵向受力钢筋直径的 1/2。辅助纵向钢筋可不伸入梁柱节点。节点内可同样设置辅助纵向钢筋。 4 柱的钢筋配置尚应符合《建筑抗震设计规范》GB 50011、《混凝土结构设计规范》GB 50010 的有关规定	审查图纸。 说明：辅助纵向钢筋可不伸入梁柱节点。节点内可同样设置辅助纵向钢筋
		5.2.2-3	当预制柱纵向钢筋采用套筒灌浆连接时，预制柱顶、底应与后浇节点区之间设置拼缝（图 5.2.2），并应符合下列规定： 预制柱底面与后浇核心区或现浇层之间应设置接缝，接缝厚度为 15mm，并应采用灌浆料填实	审查图纸
		5.2.3	当底层预制柱与基础连接采用套筒灌浆连接时，应满足下列要求： 1 连接位置宜伸出基础顶面 1 倍柱截面高度。 2 基础内的框架柱插筋下端宜做成直钩，并伸至基础底部钢筋网上，同时应满足锚固长度的要求，宜设置主筋定位架辅助主筋定位。 3 预制柱底应设置键槽，基础伸出部分的顶面应设置粗糙面，凹凸深度不应小于 6mm。 4 柱底接缝厚度为 15mm，并应采用灌浆料填实（图 5.2.3）	

续表

<table>
<tr><th>结构类型</th><th>标准</th><th>条文号</th><th>条文内容</th><th>审查要求和说明</th></tr>
<tr><td rowspan="3">框架</td><td rowspan="2">《装配整体式混凝土框架结构技术规程》DGJ32/TJ 219—2017</td><td>5.2.7</td><td>抗震设防烈度为 6 度、抗震设防烈度为 7 度且建筑高度不超过 60m 的装配整体式混凝土框架-现浇剪力墙结构，预制柱、预制梁与剪力墙的连接应满足下列要求：
1　与剪力墙接触的预制柱表面、预制梁底面应进行粗糙处理或设置键槽。
2　当预制柱作为剪力墙的约束边缘端柱时，可按图 5.2.7-1(a)预留锚固钢筋；预制柱作为剪力墙的构造边缘端柱时，可按图 5.2.7-1(b)～图 5.2.7-1(d)预留锚固钢筋。在预制柱与剪力墙连接处预留不少于两排锚固钢筋，其规格同剪力墙的水平钢筋，构造措施应能传递相应的内力，并符合相应标准的要求。
3　在预制梁底面与剪力墙连接处预留不少于两排锚固钢筋(图 5.2.7-2)，其规格同剪力墙的垂直钢筋，构造措施应能传递相应的内力，并符合相应标准的要求。
4　后浇的剪力墙混凝土应有可靠措施减少混凝土收缩</td><td>审查图纸</td></tr>
<tr><td>6.3.3</td><td>方形截面的多螺箍筋柱的钢筋配置应同时满足下列要求(图 6.3.3)：
1　多螺箍筋由一个大圆螺旋箍筋和四个小圆螺旋箍筋组成，大圆螺旋箍筋设置在截面中央，四个小圆螺旋箍筋设置在四角，小圆螺旋箍与大圆螺旋箍的交汇面积不宜小于小圆螺旋箍面积的 30%。
2　当 $0.25 \leqslant D_2/D_1 \leqslant 0.4$ 时，大、小螺箍交汇区可不设置纵向钢筋。
3　大圆螺旋箍圆形的最大外径与混凝土保护层相切，最小外径不应小于小圆螺旋箍的圆形外径且不应小于 $0.5D_c$，D_c 为方形截面高度扣除箍筋保护层厚度。
4　小圆螺旋箍圆形的外径宜与保护层两边相切，宜取 $\frac{1}{4}D_1 \leqslant D_2 \leqslant \frac{1}{3}D_1$，最小直径不宜小于 120mm，且不应大于 $0.5D_c$。
5　多螺箍筋的直径不应小于 6mm，且不宜大于 25mm</td><td>审查图纸。
说明：多螺箍筋的端部处理及连接应满足 6.3.5 条要求</td></tr>
<tr><td>《预制预应力混凝土装配整体式结构技术规程》DGJ32/TJ 199—2016</td><td>5.1.2</td><td>梁端键槽和键槽内 U 形钢筋平直段的长度应符合表 5.1.2 的规定。
表 5.1.2　梁端键槽和键槽内 U 形钢筋平直段的长度
<table><tr><th>键槽长度 L_j(mm)</th><th>键槽内 U 形钢筋平直段的长度 L_u(mm)</th></tr><tr><td>$0.5l_{lE}+50$ 与 400 的较大值</td><td>$0.5l_{lE}$ 与 350 的较大值</td></tr></table>注：表中 l_l、l_{lE} 为 U 形钢筋搭接长度</td><td>审查设计总说明。
注：
在确定键槽长度时，应考虑生产、施工的方便，一般以 400mm 起，按 450mm、500mm 类推</td></tr>
</table>

续表

结构类型	标准	条文号	条文内容	审查要求和说明
框架	《预制预应力混凝土装配整体式结构技术规程》DGJ32/TJ 199—2016	5.1.3	伸入节点的U形钢筋面积，一级抗震等级不应小于梁上部钢筋面积的0.55倍，二、三级抗震等级不应小于梁上部钢筋面积的0.4倍	审查设计总说明。 注：U形钢筋的安装应均匀布置
		5.2.1	多层框架结构预制柱与基础的连接应符合下列规定： 1 采用杯形基础时，应满足《地基基础设计规范》GB 50007的相关规定。 2 采用预留孔插筋（图5.2.1）时，预制柱与基础的连接应符合下列规定： 1）预留孔长度应大于柱主筋搭接长度； 2）预留孔宜选用封底镀锌波纹管，封底应密实，不应漏浆； 3）管的内径不应小于柱主筋外切圆直径加10mm； 4）灌浆材料宜用无收缩灌浆料，1d龄期的强度不宜低于25MPa，28d龄期的强度不宜低于60MPa	审查审计总说明及图纸
		5.2.2	框架一级、二级及三级抗震等级的底层，预制柱之间的纵向钢筋应采用型钢支撑机械连接、套筒灌浆连接[图5.2.2(a)、(b)]；三级抗震等级的其他部位和四级抗震等级，宜采用型钢支撑机械连接、套筒灌浆连接，也可采用型钢支撑搭接连接、预留孔插筋连接[图5.2.2(c)、(d)]。	审查设计总说明
		5.2.3	柱与梁的连接可采用键槽节点（图5.2.3）。键槽的U形钢筋直径不应小于12mm且不宜大于20mm。键槽内钢绞线弯锚长度不应小于210mm，U形钢筋的锚固长度应满足《混凝土结构设计规范》GB 50010的规定。当预留键槽壁时，壁厚宜取40mm；当不预留键槽壁时，现场施工时应在键槽位置设置模板，安装键槽部位箍筋和U形钢筋后方可浇筑键槽混凝土。U形钢筋在边节点处钢筋水平长度未伸过柱中心时不得向上弯折。当中间层边节点梁上部纵筋、U形钢筋外侧端采用钢筋锚固板[图5.2.3(f)、(i)]时，应符合《钢筋锚固板应用技术规程》JGJ 256的相关规定	审查图纸

续表

结构类型	标准	条文号	条文内容	审查要求和说明
框架	《预制预应力混凝土装配整体式结构技术规程》DGJ32/TJ 199—2016	5.2.7	预制梁的配筋构造应满足下列要求： 1　预制梁底角部应设置普通钢筋，两侧应设置腰筋(图 5.2.7)。 2　预制梁端部应设置保证钢绞线位置的带孔模板；钢绞线的分布宜分散、对称；其混凝土保护层厚度(指钢绞线外边缘至混凝土表面的距离)不应小于 55mm；下部纵向钢绞线水平方向的净间距不应小于 35mm 和钢绞线直径；各层钢绞线之间的净间距不应小于 25mm 和钢绞线直径。 3　梁跨度较小时可不配置预应力筋。 4　当箍筋采用组合封闭箍筋[图 5.2.7(b)]时，开口箍筋上方应设置 135°弯钩，抗震设计时平直段长度不应小于 $10d$(d 为箍筋直径)；箍筋帽末端应设置 135°弯钩，抗震设计时平直段长度不应小于 $10d$。 5　抗震等级为一、二级的叠合框架梁的梁端箍筋加密区宜采用普通封闭箍筋[图 5.2.7(a)]	审查图纸
		6.1.5	采用高强钢丝和钢绞线时，张拉控制应力不宜超过 $0.75f_{ptk}$，不应超过 $0.8f_{ptk}$	审查设计总说明及结构计算书
		6.1.6	预制结构构件采用钢筋套筒灌浆连接时，应在构件生产前进行钢筋套筒灌浆连接接头的抗拉强度试验；每种规格的连接接头试件数量不应少于 3 个	审查设计总说明
剪力墙	《装配式混凝土建筑技术标准》GB/T 51231—2016	5.7.1	除本标准另有规定外，装配整体式剪力墙结构应符合国家现行标准《混凝土结构设计规范》GB 50010、《建筑抗震设计规范》GB 50011、《装配式混凝土结构技术规程》JGJ 1 和《高层建筑混凝土结构技术规程》JGJ 3 的有关规定。双面叠合剪力墙的设计尚应符合本标准附录 A 的规定	审查图纸。 注：按 GB/T 51231—2016 附录 A 审查双面叠合剪力墙设计
		5.7.4	预制剪力墙竖向钢筋采用套筒灌浆连接时，自套筒底部至套筒顶部并向上延伸 300mm 范围内，预制剪力墙的水平分布钢筋应加密(图 5.7.4)，加密区水平分布钢筋的最大间距及最小直径应符合表 5.7.4 的规定，套筒上端第一道水平分布钢筋距离套筒顶部不应大于 50mm	审查设计总说明

续表

结构类型	标准	条文号	条文内容	审查要求和说明
剪力墙	《装配式混凝土建筑技术标准》GB/T 51231—2016	5.7.5	预制剪力墙竖向钢筋采用浆锚搭接连接时，应符合下列规定： 1 墙体底部预留灌浆孔道直线段长度应大于下层预制剪力墙连接钢筋伸入孔道内的长度 30mm，孔道上部应根据灌浆要求设置合理弧度。孔道直径不宜小于 40mm 和 2.5d（d 为伸入孔道的连接钢筋直径）的较大值，孔道之间的水平净间距不宜小于 50mm；孔道外壁至剪力墙外表面的净间距不宜小于 30mm。当采用预埋金属波纹管成孔时，金属波纹管的钢带厚度及波纹高度应符合本标准第 5.2.2 条的规定；当采用其他成孔方式时，应对不同预留成孔工艺、孔道形状、孔道内壁的粗糙度或花纹深度及间距等形成的连接接头进行力学性能以及适用性的试验验证。 2 竖向钢筋连接长度范围内的水平分布钢筋应加密，加密范围自剪力墙底部至预留灌浆孔道顶部(图 5.7.5-1)，且不应小于 300mm。加密区水平分布钢筋的最大间距及最小直径应符合本标准 5.7.4 的规定，最下层水平分布钢筋距离墙身底部不应大于 50mm。剪力墙竖向分布钢筋连接长度范围内未采取有效横向约束措施时，水平分布钢筋加密范围内的拉筋应加密；拉筋沿竖向的间距不宜大于 300mm 且不少于 2 排；拉筋沿水平方向的间距不宜大于竖向分布钢筋间距，直径不应小于 6mm；拉筋应紧靠被连接钢筋，并钩住最外层分布钢筋。 3 边缘构件竖向钢筋连接长度范围内应采取加密水平封闭箍筋的横向约束措施或其他可靠措施。当采用加密水平封闭箍筋约束时，应沿预留孔道直线段全高加密。箍筋沿竖向的间距，一级不应大于 75mm，二、三级不应大于 100mm，四级不应大于 150mm；箍筋沿水平方向的肢距不应大于竖向钢筋间距，且不宜大于 200mm；箍筋直径一、二级不应小于 10mm，三、四级不应小于 8mm，宜采用焊接封闭箍筋(图 5.7.5-2)	审查设计总说明
		5.7.9	上下层预制剪力墙的竖向钢筋连接应符合下列规定： 1 边缘构件的竖向钢筋应逐根连接。 2 预制剪力墙的竖向分布钢筋宜采用双排连接，当采用“梅花形”部分连接时，应符合本标准第 5.7.10 条～第 5.7.12 条的规定。 3 除下列情况外，墙体厚度不大于 200mm 的丙类建筑预制剪力墙的竖向分布钢筋可采用单排连接，采用单排连接时，应符合本标准第 5.7.10 条、第 5.7.12 条的规定，且在计算分析时不应考虑剪力墙平面外刚度及承载力。 1)抗震等级为一级的剪力墙；	审查设计总说明、结构平面布置、墙肢轴压比

续表

结构类型	标准	条文号	条文内容	审查要求和说明
剪力墙	《装配式混凝土建筑技术标准》GB/T 51231—2016	5.7.9	2)轴压比大于 0.3 的抗震等级为二、三、四级的剪力墙； 3)一侧无楼板的剪力墙； 4)一字形剪力墙、一端有翼墙连接但剪力墙非边缘构件区长度大于 3m 的剪力墙以及两端有翼墙连接但剪力墙非边缘构件区长度大于 6m 的剪力墙。 4　抗震等级为一级的剪力墙以及二、三级底部加强部位的剪力墙，剪力墙的边缘构件竖向钢筋宜采用套筒灌浆连接	审查设计总说明、结构平面布置、墙肢轴压比
		5.7.10	当上下层预制剪力墙竖向钢筋采用套筒灌浆连接时，应符合下列规定： 1　当竖向分布钢筋采用“梅花形”部分连接时(图 5.7.10-1)，连接钢筋的配筋率不应小于现行国家标准《建筑抗震设计规范》GB 50011 规定的剪力墙竖向分布钢筋最小配筋率要求，连接钢筋的直径不应小于 12mm，同侧间距不应大于 600mm，且在剪力墙构件承载力设计和分布钢筋配筋率计算中不得计入未连接的分布钢筋；未连接的竖向分布钢筋直径不应小于 6mm。 2　当竖向分布钢筋采用单排连接时(图 5.7.10-2)，应符合本标准第 5.4.2 条的规定；剪力墙两侧竖向分布钢筋与配置于墙体厚度中部的连接钢筋搭接连接，连接钢筋位于内、外侧被连接钢筋的中间；连接钢筋受拉承载力不应小于上下层被连接钢筋受拉承载力较大值的 1.1 倍，间距不宜大于 300mm。下层剪力墙连接钢筋自下层预制墙顶算起的埋置长度不应小于 $1.2l_{aE}+b_w/2$(b_w 为墙体厚度)，上层剪力墙连接钢筋自套筒顶面算起的埋置长度不应小于 l_{aE}，上层连接钢筋顶部至套筒底部的长度尚不应小于 $1.2l_{aE}+b_w/2$，l_{aE} 按连接钢筋直径计算。钢筋连接长度范围内应配置拉筋，同一连接接头内的拉筋配筋面积不应小于连接钢筋的面积；拉筋沿竖向的间距不应大于水平分布钢筋间距，且不宜大于 150mm；拉筋沿水平方向的间距不应大于竖向分布钢筋间距，直径不应小于 6mm；拉筋应紧靠连接钢筋，并钩住最外层分布钢筋	审查图纸
		5.7.11	当上下层预制剪力墙竖向钢筋采用挤压套筒连接时，应符合下列规定： 1　预制剪力墙底后浇段内的水平钢筋直径不应小于 10mm 和预制剪力墙水平分布钢筋直径的较大值，间距不宜大于 100mm；楼板顶面以上第一道水平钢筋距楼板顶面不宜大于 50mm，套筒上端第一道水平钢筋距套筒顶部不宜大于 20mm(图 5.7.11-1)。 2　当竖向分布钢筋采用“梅花形”部分连接时(图 5.7.11-2)，应符合本标准第 5.7.10 条第 1 款的规定	审查图纸

续表

结构类型	标准	条文号	条文内容	审查要求和说明
剪力墙	《装配式混凝土建筑技术标准》GB/T 51231—2016	5.7.12	当上下层预制剪力墙竖向钢筋采用浆锚搭接连接时，应符合下列规定： 1 当竖向钢筋非单排连接时，下层预制剪力墙连接钢筋伸入预留灌浆孔道内的长度不应小于 $1.2l_{aE}$（图 5.7.12-1）。 2 当竖向分布钢筋采用"梅花形"部分连接时（图 5.7.12-2），应符合本标准第 5.7.10 条第 1 款的规定。 3 当竖向分布钢筋采用单排连接时（图 5.7.13-3），竖向分布钢筋应符合本标准第 5.4.2 条的规定；剪力墙两侧竖向分布钢筋与配置于墙体厚度中部的连接钢筋搭接连接，连接钢筋位于内、外侧被连接钢筋的中间；连接钢筋受拉承载力不应小于上下层被连接钢筋受拉承载力较大值的 1.1 倍，间距不宜大于 300mm。连接钢筋自下层剪力墙顶算起的埋置长度不应小于 $1.2l_{aE}+b_w/2$（b_w 为墙体厚度），自上层预制墙体底部伸入预留灌浆孔道内的长度不应小于 $1.2l_{aE}+b_w/2$，l_{aE} 按连接钢筋直径计算。钢筋连接长度范围内应配置拉筋，同一连接接头内的拉筋配筋面积不应小于连接钢筋的面积；拉筋沿竖向的间距不应大于水平分布钢筋间距，且不宜大于 150mm；拉筋沿水平方向的肢距不应大于竖向分布钢筋间距，直径不应小于 6mm；拉筋应紧靠连接钢筋，并钩住最外层分布钢筋	审查图纸
	《装配式混凝土结构技术规程》JGJ 1—2014	8.1.3	抗震设计时，高层装配整体式剪力墙结构不应全部采用短肢剪力墙；抗震设防烈度为 8 度时，不宜采用具有较多短肢剪力墙的剪力墙结构。当采用具有较多短肢剪力墙的剪力墙结构时，应符合下列规定： 1 在规定的水平地震作用下，短肢剪力墙承担的底部倾覆力矩不宜大于结构底部总地震倾覆力矩的 50%； 2 房屋适用高度应比本规程表 6.1.1 规定的装配整体式剪力墙结构的最大适用高度适当降低，抗震设防烈度为 7 度和 8 度时宜分别降低 20m。 注：1 短肢剪力墙是指截面厚度不大于 300mm、各肢截面高度与厚度之比的最大值大于 4 但不大于 8 的剪力墙； 3 具有较多短肢剪力墙的剪力墙结构是指，在规定的水平地震作用下，短肢剪力墙承担的底部倾覆力矩不小于结构底部总地震倾覆力矩的 30%的剪力墙结构	审查结构计算书
		8.1.4	抗震设防烈度为 8 度时，高层装配整体式剪力墙结构中的电梯井筒宜采用现浇混凝土结构	审查设计总说明及图纸

续表

结构类型	标准	条文号	条文内容	审查要求和说明
剪力墙	《装配式混凝土结构技术规程》JGJ 1—2014	8.2.3	预制剪力墙开有边长小于 800mm 的洞口且在结构整体计算中不考虑其影响时，应沿洞口周边配置补强钢筋；补强钢筋的直径不应小于 12mm，截面面积不应小于同方向被洞口截断的钢筋面积；该钢筋自孔洞边角算起伸入墙内的长度，非抗震设计时不应小于 l_a，抗震设计时不应小于 l_{aE}(图 8.2.3)	审查图纸
		8.2.4	当采用套筒灌浆连接时，自套筒底部至套筒顶部并向上延伸 300mm 范围内，预制剪力墙的水平分布筋应加密(图 8.2.4)，加密区水平分布筋的最大间距及最小直径应符合表 8.2.4 的规定，套筒上端第一道水平分布钢筋距离套筒顶部不应大于 50mm	
		8.2.5	端部无边缘构件的预制剪力墙，宜在端部配置 2 根直径不小于 12mm 的竖向构造钢筋；沿该钢筋竖向应配置拉筋，拉筋直径不宜小于 6mm、间距不宜大于 250mm	
		8.3.1	楼层内相邻预制剪力墙之间应采用整体式接缝连接，且应符合下列规定： 1　当接缝位于纵横墙交接处的约束边缘构件区域时，约束边缘构件的阴影区域(图 8.3.1-1)宜全部采用后浇混凝土，并应在后浇段内设置封闭箍筋。 2　当接缝位于纵横墙交接处的构造边缘构件区域时，构造边缘构件宜全部采用后浇混凝土(图 8.3.1-2)；当仅在一面墙上设置后浇段时，后浇段的长度不宜小于 300mm(图 8.3.1-3)。 3　边缘构件内的配筋及构造要求应符合现行国家标准《建筑抗震设计规范》GB 50011 的有关规定；预制剪力墙的水平分布钢筋在后浇段内的锚固、连接应符合现行国家标准《混凝土结构设计规范》GB 50010 的有关规定。 4　非边缘构件位置，相邻预制剪力墙之间应设置后浇段，后浇段的宽度不应小于墙厚且不宜小于 200mm；后浇段内应设置不少于 4 根竖向钢筋，钢筋直径不应小于墙体竖向分布筋直径且不应小于 8mm；两侧墙体的水平分布筋在后浇段内的锚固、连接应符合现行国家标准《混凝土结构设计规范》GB 50010 的有关规定	审查设计总说明及图纸
		8.3.2	屋面以及立面收进的楼层，应在预制剪力墙顶部设置封闭的后浇钢筋混凝土圈梁(图 8.3.2)，并应符合下列规定： 1　圈梁截面宽度不应小于剪力墙的厚度，截面高度不宜小于楼板厚度及 250mm 的较大值；圈梁应与现浇或者叠合楼、屋盖浇筑成整体。 2　圈梁内配置的纵向钢筋不应小于 4ϕ12，且按全截面计算的配筋率不应小于 0.5%和水平分布筋配筋率的较大值，纵向钢筋竖向间距不应大于 200mm；箍筋间距不应大于 200mm，且直径不应小于 8mm	审查设计总说明

续表

结构类型	标准	条文号	条文内容	审查要求和说明
剪力墙	《装配式混凝土结构技术规程》JGJ 1—2014	8.3.3	各层楼面位置，预制剪力墙顶部无后浇圈梁时，应设置连续的水平后浇带(图 8.3.3)；水平后浇带应符合下列规定： 1　水平后浇带宽度应取剪力墙的厚度，高度不应小于楼板厚度；水平后浇带应与现浇或者叠合楼、屋盖浇筑成整体。 2　水平后浇带内应配置不少于 2 根连续纵向钢筋，其直径不宜小于 12mm	审查设计总说明
		8.3.4	预制剪力墙底部接缝宜设置在楼面标高处，并应符合下列规定： 1　接缝高度宜为 20mm； 2　接缝宜采用灌浆料填实； 3　接缝处后浇混凝土上表面应设置粗糙面	
		8.3.5	上下层预制剪力墙的竖向钢筋，当采用套筒灌浆连接和浆锚搭接连接时，应符合下列规定： 1　边缘构件竖向钢筋应逐根连接。 2　预制剪力墙的竖向分布钢筋，当仅部分连接时(图 8.3.5)，被连接的同侧钢筋间距不应大于 600mm，且在剪力墙构件承载力设计和分布钢筋配筋率计算中不得计入不连接的分布钢筋；不连接的竖向分布钢筋直径不应小于 6mm。 3　一级抗震等级剪力墙以及二、三级抗震等级底部加强部位，剪力墙的边缘构件竖向钢筋宜采用套筒灌浆连接	审查设计总说明及图纸
		8.3.12	当预制叠合连梁端部与预制剪力墙在平面内拼接时，接缝构造应符合下列规定： 1　当墙端边缘构件采用后浇混凝土时，连梁纵向钢筋应在后浇段中可靠锚固(图 8.3.12a)或连接(图 8.3.12b)； 2　当预制剪力墙端部上角预留局部后浇节点区时，连梁的纵向钢筋应在局部后浇节点区内可靠锚固(图 8.3.12c)或连接(图 8.3.12d)	审查设计总说明

续表

结构类型	标准	条文号	条文内容	审查要求和说明
剪力墙	《预制预应力混凝土装配整体式结构技术规程》DGJ32/TJ 199—2016	3.3.4	预制剪力墙可采用一字形、L形、T形或U形。预制剪力墙的截面厚度不宜小于200mm且不宜大于300mm	审查图纸。 注：控制预制力墙最小厚度
		5.1.5	预制剪力墙当采用集中约束搭接连接时应符合本规程5.3节的规定。其他构造要求应符合《装配式混凝土结构技术规程》JGJ 1的相关规定	审查设计总说明
		5.3.7-3	屋面以及立面收进的楼层应在剪力墙顶部设置封闭的后浇钢筋混凝土圈梁(图5.3.7)，并应符合下列规定： 纵筋弯折范围应设置直径为8mm的短钢筋(图5.3.7)，短钢筋上端与后浇楼面顶平，下端从剪力墙竖向钢筋起弯点向下延伸200mm	审查图纸
		5.3.8-3	各层楼面位置，当剪力墙顶部无后浇圈梁时，应设置连续的水平后浇带(图5.3.8)。水平后浇带应符合下列规定： 纵筋弯折范围应设置直径为8mm的短钢筋(图5.3.8)，短钢筋上端与后浇楼面顶平，下端从剪力墙竖向钢筋起弯点向下延伸200mm	
		5.3.13	预制剪力墙的竖向分布钢筋当采用集中约束搭接连接时，可采用每预留孔4根钢筋搭接连接，也可采用每预留孔2根钢筋搭接连接(图5.3.13)。每预留孔2根钢筋搭接连接时，预留孔直径不宜小于90mm，螺旋箍筋缠绕直径为预留孔道外径加10mm，螺距为100mm；孔道中心间距不大于720mm，且在剪力墙构件承载力设计和分布钢筋配筋率计算中不得计入不连接的分布钢筋；不连接的竖向分布钢筋直径不应小于6mm	

附录 B　江苏省装配式建筑(混凝土结构)施工图审查导则

B.1　建筑专业审查要点

序号	标准及审查项	条文号	条文内容	审查要求和说明
1	《装配式混凝土结构技术规程》JGJ 1—2014:其他材料	4.3.1	外墙板接缝处的密封材料应符合下列规定: 3　夹心外墙板接缝处填充用保温材料的燃烧性能应满足国家标准《建筑材料及制品燃烧性能分级》GB 8624-2012 中 A 级的要求	审查设计说明及外墙板连接构造大样
2		4.3.2	夹心外墙板中的保温材料,其导热系数不宜大于 0.040W/(m·K),体积比吸水率不宜大于 0.3%,燃烧性能不应低于国家标准《建筑材料及制品燃烧性能分级》GB 8624—2012 中 B2 级的要求	审查设计说明、绿色设计专篇及外墙板构造大样图
3	《装配式混凝土结构技术规程》JGJ 1—2014:一般规定	5.1.4	建筑的体形系数、窗墙面积比、围护结构的热工性能等应符合节能要求	审查设计说明、绿色设计专篇及构造设计,装配式建筑的节能设计应满足现行国家及我省节能设计标准和相关文件规定的要求
4	《装配式混凝土结构技术规程》JGJ 1—2014:立面、外墙设计	5.3.3	预制外墙板的接缝应满足保温、防火、隔声的要求	审查设计说明及外墙板构造大样,外墙板接缝处应有相应的构造措施
5		5.3.4	预制外墙板的接缝及门窗洞口等防水薄弱部位宜采用材料防水和构造防水相结合的做法,并应符合下列规定: 当板缝空腔需设置导水管排水时,板缝内侧应增设气密条密封构造	审查设计说明及外墙板构造大样

续表

序号	标准及审查项	条文号	条文内容	审查要求和说明
6	《装配式混凝土结构技术规程》JGJ 1—2014：预制剪力墙构造	8.2.6	当预制外墙采用夹心墙板时，应满足下列要求： 1　外叶墙板厚度不应小于 50mm，且外叶墙板应与内叶墙板可靠连接； 2　夹心外墙板的夹层厚度不宜大于 120mm	审查设计说明及外墙板构造大样（1 款结构应同时审）
7	《装配式混凝土结构技术规程》JGJ 1—2014：外挂墙板间接缝构造	10.3.7	外挂墙板间接缝的构造应符合下列规定： 1　接缝构造应满足防水、防火、隔声等建筑功能要求； 2　接缝宽度应满足主体结构的层间位移、密封材料的变形能力、施工误差、温差引起变形等要求，且不应小于 15mm	审查设计说明及外挂墙板构造大样，外墙板接缝处应有相应的构造措施，接缝宽度不应小于 15mm
8	《建筑设计防火规范》GB 50016—2014：建筑分类和耐火等级	5.1.9	建筑内预制钢筋混凝土构件的节点外露部位，应采取防火保护措施，且节点的耐火极限不应低于相应构件的耐火极限	审查设计说明和预制构件连接大样，明露钢支承构件部位应有防火保护构造措施
9	《建筑设计防火规范》GB 50016—2014：建筑构件和管道井	6.2.6	建筑幕墙应在每层楼板外沿处采取符合本规范第 6.2.5 条规定的防火措施，幕墙与每层楼板、隔墙处的缝隙应采用防火封堵材料封堵	审查设计说明及外墙板构造大样，当建筑采用外挂墙板时，应有层间防火封堵措施
10	《建筑设计防火规范》GB 50016—2014：建筑保温和外墙装饰	6.7.3	建筑外墙采用保温材料与两侧墙体构成无空腔复合保温结构体时，该结构体的耐火极限应符合本规范的有关规定；当保温材料的燃烧性能为 B_1、B_2 级时，保温材料两侧的墙体应采用不燃材料且厚度均不应小于 50mm	审查设计说明、绿色设计专篇及外墙板构造大样，当采用预制夹心外墙板时，墙板构造应满足本条要求
11	《居住建筑标准化外窗系统应用技术规程》DGJ32/J 157—2013：一般规定	3.1.3	居住建筑中标准化外窗（包括外遮阳一体化窗）系统应用量不应小于外窗面积总量的 60%。同一工程中，非标准化外窗立面、材料、安装方式和性能应与标准化外窗系统一致	审查居住建筑设计说明、绿色设计专篇、门窗表及门窗大样

B.2 结构专业审查要点

B.2.1 基本要求

序号	标准及审查项	条文号	条文内容	审查要求或说明
1	《装配式混凝土结构技术规程》JGJ 1—2014：混凝土、钢筋和钢材	4.1.2	预制构件的混凝土强度等级不宜低于C30；预应力混凝土预制构件的混凝土强度等级不宜低于C40，且不应低于C30；现浇混凝土的强度等级不应低于C25	审查结构设计总说明或装配式结构专项说明。 注：对所列条文，设计应提供文字、表格等说明或绘制相应的大样图；有计算要求的应提供计算书。以下均同
2		4.1.3	钢筋的选用应符合现行国家标准《混凝土结构设计规范》GB 50010的规定。普通钢筋采用套筒灌浆连接和浆锚搭接连接时，钢筋应采用热轧带肋钢筋	
3		4.1.5	预制构件的吊环应采用未经冷加工的HPB300级钢筋制作。吊装用内埋式螺母或吊杆的材料应符合国家现行相关标准的规定	
4	《装配式混凝土结构技术规程》JGJ 1—2014：连接材料	4.2.1	钢筋套筒灌浆连接接头采用的套筒应符合现行行业标准《钢筋连接用灌浆套筒》JG/T 398的规定	
5		4.2.2	钢筋套筒灌浆连接接头采用的灌浆料应符合现行行业标准《钢筋连接用套筒灌浆料》JG/T 408的规定	
6		4.2.3	钢筋浆锚搭接连接接头应采用水泥基灌浆料，灌浆料的性能应满足表4.2.3的要求	
7	《装配式混凝土结构技术规程》JGJ 1—2014：平面设计	5.2.3	剪力墙结构中不宜采用转角窗	应根据单体建筑的结构规则性、所在区域设防烈度、房屋高度等因素，综合判断。8度及以上地区的建筑和特别不规则的结构不应设置转角窗。设置转角窗时，应有可靠措施确保安全，如在该部位采用现浇结构等

续表

序号	标准及审查项	条文号	条文内容	审查要求或说明
8	《装配式混凝土结构技术规程》JGJ 1—2014：结构设计基本规定	6.1.1	装配整体式框架结构、装配整体式剪力墙结构、装配整体式框架-现浇剪力墙结构、装配整体式部分框支剪力墙结构的最大适用高度应满足表 6.1.1 的要求，并应符合下列规定： 1 当结构中竖向构件全部采用现浇且楼盖采用叠合梁板时，房屋的最大适用高度可按现行行业标准《高层建筑混凝土结构技术规程》JGJ 3 中的规定采用。 2 装配整体式剪力墙结构和装配整体式部分框支剪力墙结构，在规定的水平力作用下，当预制剪力墙构件底部承担的总剪力大于该层总剪力的 50%时，其最大适用高度应适当降低；当预制剪力墙构件底部承担的总剪力大于该层总剪力的 80%时，最大适用高度应取表 6.1.1 中括号内的数值	审查设计总说明、结构整体计算书
9		6.1.3	装配整体式结构构件的抗震设计，应根据设防类别、烈度、结构类型和房屋高度采用不同的抗震等级，并应符合相应的计算和构造措施要求。丙类装配整体式结构的抗震等级应按表 6.1.3 确定	
10		6.1.4	乙类装配整体式结构应按本地区抗震设防烈度提高一度的要求加强其抗震措施；当本地区抗震设防烈度为 8 度且抗震等级为一级时，应采取比一级更高的抗震措施；当建筑场地为 Ⅰ 类时，仍可按本地区抗震设防烈度的要求采取抗震构造措施	
11	《装配式混凝土结构技术规程》JGJ 1—2014：结构设计基本规定	6.1.6	装配式结构竖向布置应连续、均匀，应避免抗侧力结构的侧向刚度和承载力沿竖向突变，并应符合现行国家标准《建筑抗震设计规范》GB 50011 的有关规定	审查计算书。 注： 1 特别不规则的建筑不宜采用装配式结构。 2 超限高层建筑工程应报送抗震专项审查
12		6.1.7	抗震设计的高层装配整体式结构，当其房屋高度、规则性、结构类型等超过本规程的规定或者抗震设防标准有特殊要求时，可按现行行业标准《高层建筑混凝土结构技术规程》JGJ 3 的有关规定进行结构抗震性能设计	
13		6.1.8	高层装配整体式结构应符合以下规定： 1 宜设置地下室，地下室宜采用现浇混凝土结构； 2 剪力墙结构底部加强部位的剪力墙宜采用现浇混凝土； 3 框架结构首层柱宜采用现浇混凝土，顶层宜采用现浇混凝土结构	注： 1 8 度区高层建筑应设置地下室； 2 中等及以上液化场地上的高层建筑应设置地下室

续表

序号	标准及审查项	条文号	条文内容	审查要求或说明
14	《装配式混凝土结构技术规程》JGJ 1—2014:结构设计基本规定	6.1.9	带转换层的装配整体式结构应符合下列规定: 1　当采用部分框支剪力墙结构时,底部框支层不宜超过 2 层,且框支层及相邻上一层应采用现浇结构; 2　部分框支剪力墙以外的结构中,转换梁、转换柱宜现浇	审查设计总说明
15		6.1.12	预制构件节点及接缝处后浇混凝土强度等级不应低于预制构件的混凝土强度等级	应作说明
16		6.1.13	预埋件和连接件等外露金属件应按不同环境类别进行封闭或防腐、防锈、防火处理,并应符合耐久性要求	
17	《装配式混凝土结构技术规程》JGJ 1—2014:结构分析	6.3.1	在各种设计状况下,装配整体式结构可采用与现浇混凝土结构相同的方法进行结构分析。当同一层内既有预制又有现浇抗侧力构件时,地震设计状况下宜对现浇抗侧力构件在地震作用下的弯矩和剪力进行适当放大	审查计算书
18	JGJ 1—2014:剪力墙结构设计	8.1.1	抗震设计时,对同一层内既有现浇墙肢也有预制墙肢的装配整体式剪力墙结构,现浇墙肢水平地震作用弯矩、剪力宜乘以不小于 1.1 的增大系数	
19	《装配式混凝土结构技术规程》JGJ 1—2014:结构分析	6.3.4	在结构内力与位移计算时,对现浇楼盖和叠合楼盖,均可假定楼盖在其自身平面内为无限刚性;楼面梁的刚度可计入翼缘作用予以增大;梁刚度增大系数可根据翼缘情况近似取 1.3~2.0	审查计算书。 注:现浇楼面和装配整体式楼面的楼板作为梁的有效翼缘形成T形截面,提高了楼面梁的刚度,结构计算应予以考虑。宜根据叠合板的搁置方式,在两个方向分别选择合适的放大系数

续表

序号	标准及审查项	条文号	条文内容	审查要求或说明
20	《装配式混凝土结构技术规程》JGJ 1—2014：预制构件设计	6.4.1	预制构件的设计应符合下列规定： 1　对持久设计状况，应对构件进行承载力、变形、裂缝控制验算； 2　对地震设计状况，应对预制构件进行承载力验算； 3　对制作、运输和堆放、安装等短暂设计状况下的预制构件验算，应符合现行国家标准《混凝土结构工程施工规范》GB 50666 的有关规定	应有计算书
21		6.4.4	用于固定连接件的预埋件与预埋件吊件、临时支撑用预埋件不宜兼用；当兼用时，应同时满足各种设计工况要求	设计说明应明确是否兼用。兼用时应有计算书
22	《装配式混凝土结构技术规程》JGJ 1—2014：连接设计	6.5.1	装配整体式结构中，接缝的正截面承载力应符合现行国家标准《混凝土结构设计规范》GB 50010 的规定。接缝的受剪承载力应符合下列规定： 1　持久设计状况： $\gamma_0 V_{jd} \leqslant V_u$　(6.5.1-1) 2　地震设计状况： $V_{jdE} \leqslant V_{uE}/\gamma_{RE}$　(6.5.1-2) 在梁、柱端部箍筋加密区及剪力墙底部加强部位，尚应符合下式要求： $\eta_j V_{mua} \leqslant V_{uE}$　(6.5.1-3) 式中：γ_0——结构重要性系数，安全等级为一级时不应小于 1.1，安全等级为二级时不应小于 1.0； V_{jd}——持久设计状况下接缝剪力设计值； V_{jdE}——地震设计状况下接缝剪力设计值； V_u——持久设计状况下梁端、柱端、剪力墙底部接缝承载力设计值； V_{uE}——地震设计状况下梁端、柱端、剪力墙底部接缝承载力设计值； V_{mua}——被连接构件端部按实配钢筋面积计算的斜截面受剪承载力设计值； η_j——接缝受剪承载力增大系数，抗震等级为一、二级取 1.2，抗震等级为三、四级区 1.1	应有计算书

续表

序号	标准及审查项	条文号	条文内容	审查要求或说明
23	《装配式混凝土结构技术规程》JGJ 1—2014：连接设计	6.5.2	装配整体式结构中，节点及拼缝处的纵向钢筋连接宜根据接头受力、施工工艺等要求选用机械连接、套筒灌浆连接、浆锚搭接连接、焊接连接、绑扎搭接连接等连接方式，并应符合国家现行有关标准的规定	审查装配式结构专项说明
24		6.5.3	纵向钢筋采用套筒灌浆连接时，应符合下列规定： 1　接头应满足行业标准《钢筋机械连接技术规程》JGJ 107—2010 中Ⅰ级接头的性能要求，并应符合国家现行有关标准的规定； 2　预制剪力墙中钢筋接头处套筒外侧钢筋的混凝土保护层厚度不应小于 15mm，预制柱中钢筋接头处套筒外侧箍筋的混凝土保护层厚度不应小于 20mm； 3　套筒之间的净距不应小于 25mm	
25		6.5.4	纵向钢筋采用浆锚搭接连接时，对预留孔成孔工艺、孔道形状和长度、构造要求、灌浆料和被连接钢筋，应进行力学性能以及适用性的试验验证。直径大于 20mm 的钢筋不宜采用浆锚搭接连接，直接承受动力荷载构件的纵向钢筋不应采用浆锚搭接连接	
26		6.5.5	预制构件与后浇混凝土、灌浆料、坐浆材料的结合面应设置粗糙面、键槽	应有连接大样
27		6.5.7	应对连接件、焊缝、螺栓或铆钉等紧固件在不同设计状况下的承载力进行验算	应有计算书
28	《预制预应力混凝土装配整体式结构技术规程》DGJ32/TJ 199—2016：一般规定	3.1.1	对预制预应力混凝土装配整体式框架结构、装配整体式框架-剪力墙结构、装配整体式剪力墙结构，适用高度应符合表 3.1.1 的规定。装配整体式剪力墙结构在规定的水平力作用下，当预制剪力墙构件底部承担的总剪力大于该层总剪力的 50%时，其最大适用高度应降低 5m；当预制剪力墙构件底部承担的总剪力大于该层总剪力的 80%时，最大适用高度应降低 10m	审查设计总说明
29		3.1.2	预制预应力混凝土装配整体式结构应根据设防类别、烈度、结构类型和房屋高度采用不同的抗震等级，并应符合相应的计算和构造措施要求。丙类建筑的抗震等级应符合表 3.1.2 的规定	

续表

序号	标准及审查项	条文号	条文内容	审查要求或说明
30	《预制预应力混凝土装配整体式结构技术规程》DGJ32/TJ 199—2016：材料	3.2.2	键槽节点部分应采用比预制构件混凝土强度等级高一级且不低于 C45 的无收缩细石混凝土填实	审查装配式结构专项说明
31		3.2.8	集中约束搭接连接的灌浆材料采用无收缩水泥基灌浆料，1d 龄期的强度不宜低于 25MPa，28d 龄期的强度不应低于 60MPa，其余条件应满足现行国家标准《水泥基灌浆材料应用技术规范》GB/T 50448 中Ⅱ类水泥基灌浆材料的要求	
32		3.2.10	集中约束搭接连接预留孔道采用的金属波纹管应符合现行行业标准《预应力混凝土用金属波纹管》JG 225 的规定	
33	《预制预应力混凝土装配整体式结构技术规程》DGJ32/TJ 199—2016：构件	3.3.1	预制钢筋混凝土柱应采用矩形截面，截面边长不宜小于 400mm。	制作要求中应明确预制梁、柱的最小截面
34		3.3.2	预制梁的截面边长不应小于 200mm。预制梁端部应设键槽，键槽中应放置 U 形钢筋，并应通过后浇混凝土实现下部纵向受力钢筋的搭接	
35	《预制装配整体式剪力墙结构体系技术规程》DGJ32/TJ 125—2011：金属波纹管浆锚管	3.4.1	用于预制墙板主要竖向受力钢筋浆锚连接的金属波纹浆锚管应采用镀锌钢带卷制而成的单波或双波金属波纹管，其尺寸和性能应符合《预应力混凝土用金属螺旋管》JG/T 3013 的规定	审查装配式结构专项说明
36		3.4.2	金属波纹管的波纹高度不应小于 3mm	
37	《预制装配整体式剪力墙结构体系技术规程》DGJ32/TJ 125—2011：一般规定	5.1.3	抗震设防烈度为 6 度和 7 度地区的Ⅰ、Ⅱ类场地，层数不超过 12 层（个别层层高不宜超过 4.8m）的预制装配整体式剪力墙结构，可按照本规程进行结构设计	审查设计总说明
38		5.1.8	预制构件间接连接钢筋不应低于预制构件该部位不连续钢筋强度等级及直径	审查节点大样
39	《预制装配整体式剪力墙结构体系技术规程》DGJ32/TJ 125—2011：结构布置	5.2.4	预制装配整体式剪力墙结构竖向抗侧力构件应通过现浇连接带、竖向主承力钢筋浆锚连接等形成整体	

B.2.2 框架

序号	标准及审查项	条文号	条文内容	审查要求或说明
1	《装配式混凝土结构技术规程》JGJ 1—2014：框架结构设计一般规定	7.1.2	装配整体式框架结构中，预制柱的纵向钢筋连接应符合下列规定： 1　当房屋高度不大于 12m 或层数不超过 3 层时，可采用套筒灌浆、浆锚搭接、焊接等连接方式； 2　当房屋高度大于 12m 或者层数超过 3 层时，宜采用套筒灌浆连接	审查装配式结构专项说明
2		7.1.3	装配整体式框架结构中，预制柱水平连接处不宜出现拉力	设计应在计算书中明确说明有无拉力。 注：试验研究表明，预制柱的水平接缝处，受剪承载力受柱轴力影响较大。当柱受拉时，水平接缝的受剪能力较差，易发生接缝的滑移错动。因此，应通过合理的结构布置，避免柱的水平接缝处出现拉力
3	《装配式混凝土结构技术规程》JGJ 1—2014：框架结构承载力计算	7.2.2	叠合梁端竖向接缝的受剪承载力设计值应按下列公式计算： 1　持久设计状况 $V_u=0.07f_cA_{c1}+0.10f_cA_k+1.65A_{sd}\sqrt{f_cf_y}$　(7.2.2-1) 2　地震设计状况 $V_{uE}=0.04f_cA_{c1}+0.06f_cA_k+1.65A_{sd}\sqrt{f_cf_y}$　(7.2.2-2) 式中：A_{c1}——叠合梁端截面后浇混凝土叠合层截面面积； f_c——预制构件混凝土轴心抗压强度设计值； f_y——垂直穿过结合面钢筋抗拉强度设计值； A_k——各键槽的根部截面面积之和，按后浇键槽根部截面和预制键槽根部截面分别计算，并取二者的较小值； A_{sd}——垂直穿过结合面所有钢筋的面积，包括叠合层内的纵向钢筋	应有计算书

续表

序号	标准及审查项	条文号	条文内容	审查要求或说明
4	《装配式混凝土结构技术规程》JGJ 1—2014：框架结构承载力计算	7.2.3	在地震设计状况下，预制柱底水平接缝的受剪承载力设计值应按下列公式计算： 当预制柱受压时： $V_{uE}=0.8N+1.65A_{sd}\sqrt{f_c f_y}$ (7.2.3-1) 当预制柱受拉时： $V_{uE}=1.65A_{sd}\sqrt{f_c f_y\left[1-\left(\frac{N}{A_{sd}f_y}\right)^2\right]}$ (7.2.3-2) 式中：f_c——预制构件混凝土轴心抗压强度设计值； f_y——垂直穿过结合面钢筋抗拉强度设计值； N——与剪力设计值 V 相应的垂直于结合面的轴向力设计值，取绝对值进行计算； A_{sd}——垂直穿过结合面所有钢筋的面积； V_{uE}——地震设计状况下接缝受剪承载力设计值	应有计算书
5	《装配式混凝土结构技术规程》JGJ 1—2014：框架结构构造设计	7.3.1	装配整体式框架结构中，当采用叠合梁时，框架梁的后浇混凝土叠合层厚度不宜小于150mm，次梁的后浇混凝土叠合层厚度不宜小于120mm；当采用凹口截面预制梁时，凹口深度不宜小于50mm，凹口边厚度不宜小于60mm	审查装配式结构专项说明。 注：当板的总厚度不小于梁的后浇层厚度要求时，可采用矩形截面预制梁；当板的总厚度小于梁的后浇层厚度要求时，为增加梁的后浇层厚度，可采用凹口形截面预制梁
6		7.3.2	叠合梁的箍筋配置应符合下列规定： 1　抗震等级为一、二级的叠合框架梁的梁端箍筋加密区宜采用整体封闭箍筋； 2　采用组合封闭箍筋的形式时，开口箍筋上方应做成135°弯钩；非抗震设计时，弯钩端头平直段长度不应小于5d（d 为箍筋直径）；抗震设计时，平直段长度不应小于10d。现场应采用箍筋帽封闭开口箍，箍筋帽末端应做成135°弯钩；非抗震设计时，弯钩端头平直段长度不应小于5d；抗震设计时，平直段长度不应小于10d	审查装配式结构专项说明。 注： 采用叠合梁时，在施工条件允许的情况下，箍筋宜采用闭口箍筋。当采用闭口箍筋不便安装上部纵筋时，可采用组合封闭箍筋，即开口箍筋加箍筋帽的形式

续表

序号	标准及审查项	条文号	条文内容	审查要求或说明
7	《装配式混凝土结构技术规程》JGJ 1—2014：框架结构构造设计	7.3.3	叠合梁可采用对接连接，并应符合下列规定： 3　后浇段内的箍筋应加密，箍筋间距不应大于 $5d$（d 为纵向钢筋直径），且不应大于 100mm	采用对接连接，应提出制作要求
8		7.3.4	主梁与次梁采用后浇段连接时，应符合下列规定： 1　在端部节点处，次梁下部纵向钢筋伸入主梁后浇段内的长度不应小于 $12d$。次梁上部纵向钢筋应在主梁后浇段内锚固。 当采用弯折锚固或锚固板时，锚固直段长度不应小于 $0.6l_{ab}$；当钢筋应力不大于钢筋强度设计值的 50%时，锚固直段长度不应小于 $0.35l_{ab}$；弯折锚固的弯折后直段长度不应小于 $12d$（d 为纵向钢筋直径）。 2　在中间节点处，两侧次梁的下部纵向钢筋伸入主梁后浇段内长度不应小于 $12d$（d 为纵向钢筋直径）；次梁上部纵向钢筋应在现浇层内贯通	审查装配式结构专项说明
9		7.3.5	预制柱的设计应符合现行国家标准《混凝土结构设计规范》GB 50010 的要求，并应符合下列规定： 1　柱纵向受力钢筋直径不宜小于 20mm 2　矩形柱截面宽度或圆柱直径不宜小于 400mm，且不宜小于同方向梁宽的 1.5 倍； 3　柱纵向受力钢筋在柱底采用套筒灌浆连接时，柱箍筋加密区长度不应小于纵向受力钢筋连接区域长度与 500mm 之和；套筒上端第一道箍筋距离套筒顶部不应大于 50mm	审查装配式结构专项说明
10		7.3.6	采用预制柱及叠合梁的装配整体式框架中，柱底接缝宜设置在楼面标高处，并应符合下列规定： 1　后浇节点区混凝土上表面应设置粗糙面； 2　柱纵向受力钢筋应贯穿后浇节点区； 3　柱底接缝厚度宜为 20mm，并应采用灌浆料填实	审查装配式结构专项说明。 注： 预制柱底部应有键槽，且键槽的形式应考虑到灌浆填缝时气体排出的问题，应采取可靠且经过实践检验的施工方法，保证柱底接缝灌浆的密实性

续表

<table>
<tr><th>序号</th><th>标准及审查项</th><th>条文号</th><th>条文内容</th><th>审查要求或说明</th></tr>
<tr><td>11</td><td rowspan="2">《装配式混凝土结构技术规程》JGJ 1—2014：框架结构构造设计</td><td>7.3.7</td><td>梁、柱纵向钢筋在后浇节点区内采用直线锚固、弯折锚固或机械锚固的方式时，其锚固长度应符合现行国家标准《混凝土结构设计规范》GB 50010 中的有关规定；当梁、柱纵向钢筋采用锚固板时，应符合现行行业标准《钢筋锚固板应用技术规程》JGJ 256 中的有关规定</td><td rowspan="2">审查装配式结构专项说明</td></tr>
<tr><td>12</td><td>7.3.8</td><td>采用预制柱及叠合梁的装配整体式框架节点，梁纵向受力钢筋应伸入后浇节点区内锚固或连接，并应符合下列规定：
1　对框架中间层中节点，节点两侧的梁下部纵向受力钢筋宜锚固在后浇节点区内，也可采用机械连接或焊接方式的直接连接；梁的上部纵向受力钢筋应贯穿后浇节点区。
2　对框架中间层端节点，当柱截面尺寸不满足梁纵向受力钢筋的直线锚固要求时，宜采用锚固板锚固，也可采用 90°弯折锚固。
3　对框架顶层中节点，梁纵向受力钢筋的构造应符合本条第 1 款的规定。柱纵向受力钢筋宜采用直线锚固；当梁截面尺寸不满足直线锚固要求时，宜采用锚固板锚固。
4　对框架顶层端节点，梁下部纵向受力钢筋应锚固在后浇节点区内，且宜采用锚固板的锚固方式；梁、柱其他纵向受力钢筋的锚固应符合下列规定：
1)柱宜伸出屋面并将柱纵向受力钢筋锚固在伸出段内，伸出段长度不宜小于 500mm，伸出段内箍筋间距不应大于 5d(d 为柱纵向受力钢筋直径)，且不应大于 100mm；柱纵向钢筋宜采用锚固板锚固，锚固长度不应小于 40d；梁上部纵向受力钢筋宜采用锚固板锚固；
2)柱外侧纵向受力钢筋也可与梁上部纵向受力钢筋在后浇节点区搭接，其构造要求应符合现行国家标准《混凝土结构设计规范》GB 50010 中的规定；柱内侧纵向受力钢筋宜采用锚固板锚固</td></tr>
<tr><td>13</td><td rowspan="2">《预制预应力混凝土装配整体式结构技术规程》DGJ32/TJ 199—2016：一般规定</td><td>5.1.2</td><td>梁端键槽和键槽内 U 形钢筋平直段的长度应符合表 5.1.2 的规定。
表 5.1.2　梁端键槽和键槽内 U 形钢筋平直段的长度
<table><tr><th>键槽长度 L_j(mm)</th><th>键槽内 U 形钢筋平直段的长度 L_U(mm)</th></tr><tr><td>0.5l_{lE}+50 与 400 的较大值</td><td>0.5l_{lE} 与 350 的较大值</td></tr></table>注：表中 l_l、l_{lE} 为 U 形钢筋搭接长度</td><td>审查装配式结构专项说明。
注：在确定键槽长度时，应考虑生产、施工的方便，一般从 400mm 起，按 450mm、500mm 类推</td></tr>
<tr><td>14</td><td>5.1.3</td><td>伸入节点的 U 形钢筋面积，一级抗震等级不应小于梁上部钢筋面积的 0.55 倍，二、三级抗震等级不应小于梁上部钢筋面积的 0.4 倍</td><td>应有专项说明。
注：U 形钢筋应均匀布置</td></tr>
</table>

续表

序号	标准及审查项	条文号	条文内容	审查要求或说明
15	《预制预应力混凝土装配整体式结构技术规程》DGJ32/TJ 199—2016：预制梁、板、柱的连接构造	5.2.3	柱与梁的连接可采用键槽节点。键槽节点的U形钢筋直径不应小于12mm、不宜大于20mm。键槽内钢绞线弯锚长度不应小于210mm，U形钢筋的锚固长度应满足现行国家标准《混凝土结构设计规范》GB 50010的规定	审查装配式结构专项说明。 注： 1 当预留键槽壁时，壁厚宜取40mm；当不预留键槽壁时，现场施工时应在键槽位置设置模板，安装键槽部位箍筋和U形钢筋后方可浇筑键槽混凝土。 2 U形钢筋在边节点处钢筋水平长度未伸过柱中心时不得向上弯折
16		5.2.7	预制梁底角部应设置普通钢筋，两侧应设置腰筋。预制梁端部应设置保证钢绞线的位置的带孔模板；钢绞线的分布宜分散、对称；其混凝土保护层厚度（指钢绞线外边缘至混凝土表面的距离）不应小于55mm；下部纵向钢绞线水平方向的净间距不应小于35mm和钢绞线直径；各层钢绞线之间的净间距不应小于25mm和钢绞线直径	审查装配式结构专项说明。 注：梁跨度较小时可不配置预应力筋。
17	《预制预应力混凝土装配整体式结构技术规程》DGJ32/TJ 199—2016：构件生产	6.1.5	采用高强钢丝和钢绞线时，张拉控制力不宜超过0.75f_{ptk}，不应超过0.80f_{ptk}	应有专项说明

B.2.3 剪力墙

序号	标准及审查项	条文号	条文内容	审查要求或说明
1	《装配式混凝土结构技术规程》JGJ 1—2014：剪力墙结构设计，一般规定	8.1.2	装配整体式剪力墙结构的布置应满足下列要求： 应沿两个方向布置剪力墙	审查计算书。 当两个方向墙体布置差别较大时，需采用可判断单向少墙体系的软件进行计算和设计，按多个模型包络设计
2		8.1.3	抗震设计时，高层装配整体式剪力墙结构不应全部采用短肢剪力墙；抗震设防烈度为8度时，不宜采用具有较多短肢剪力墙的剪力墙结构	审查计算书
3	《装配式混凝土结构技术规程》JGJ 1—2014：预制剪力墙构造	8.2.4	当采用套筒灌浆连接时，自套筒底部至套筒顶部并向上延伸300mm范围内，预制剪力墙的水平分布筋应加密(图8.2.4)，加密区水平分布筋的最大间距及最小直径应符合表8.2.4的规定，套筒上端第一道水平分布钢筋距离套筒顶部不应大于50mm	审查装配式结构专项说明
4	《装配式混凝土结构技术规程》JGJ 1—2014：剪力墙结构连接设计	8.3.1	楼层内相邻预制剪力墙之间应采用整体式接缝连接，且应符合下列要求： 1　当接缝位于纵横墙交接处的约束边缘构件区域时，约束边缘构件的阴影区域(图8.3.1-1)宜全部采用后浇混凝土，并应在后浇段内设置封闭箍筋。 2　当接缝位于纵横墙交接处的构造边缘构件区域时，构造边缘构件宜全部采用后浇混凝土(图8.3.1-2)；当仅在一面墙上设置后浇带时，后浇带的长度不宜小于300mm(图8.3.1-3)。 3　边缘构件内的配筋及构造要求应符合现行国家标准《建筑抗震设计规范》GB 50011的有关规定；预制剪力墙的水平分布筋在后浇段内的锚固、连接应符合现行国家标准《混凝土结构设计规范》GB 50010的有关规定。 4　非边缘构件位置，相邻预制剪力墙之间应设置后浇段，后浇段的宽度不应小于墙厚且不宜小于200mm；后浇段内应设置不少于4根竖向钢筋，钢筋直径不应小于墙体竖向分布筋直径且不应小于8mm；两侧墙体的水平分布筋在后浇段内的锚固、连接应符合现行国家标准《混凝土结构设计规范》GB 50010的有关规定	

续表

序号	标准及审查项	条文号	条文内容	审查要求或说明
5	《装配式混凝土结构技术规程》JGJ 1—2014：剪力墙结构连接设计	8.3.2	屋面以及立面收进的楼层，应在预制剪力墙顶部设置封闭的后浇钢筋混凝土圈梁（图 8.3.2），并应符合下列规定： 1　圈梁截面宽度不应小于剪力墙的厚度，截面高度不宜小于楼板厚度及 250mm 的较大值；圈梁应与现浇或者叠合楼、屋盖浇筑成整体	审查装配式结构专项说明
6		8.3.3	各层楼面位置，预制剪力墙顶部无后浇圈梁时，应设置连续的水平后浇带（图 8.3.3）	
7		8.3.4	预制剪力墙底部接缝宜设置在楼面标高处，并应符合下列规定： 3　接缝处后浇混凝土上表面应设置粗糙面	
8		8.3.5	上下层预制剪力墙的竖向钢筋，当采用套筒灌浆连接和浆锚搭接连接时，应符合下列规定： 1　边缘构件竖向钢筋应逐根连接。 2　预制剪力墙的竖向分布钢筋，当仅部分连接时（图 8.3.5），被连接的同侧钢筋间距不应大于 600mm，且在剪力墙构件承载力设计和分布钢筋配筋率计算中不得计入不连接的分布钢筋； 3　一级抗震等级剪力墙以及二、三级抗震等级底部加强部位，剪力墙的边缘构件竖向钢筋宜采用套筒灌浆连接	
9		8.3.7	在地震设计状况下，剪力墙水平接缝的受剪承载力设计值应按下式计算： $$V_{uE}=0.6f_yA_{sd}+0.8N \quad (8.3.7)$$ 式中：f_y——垂直穿过结合面的钢筋抗拉强度设计值； N——与剪力设计值 V 相应的垂直于结合面的轴向力设计值，压力时取正，拉力时取负； A_{sd}——垂直穿过结合面的抗剪钢筋面积	应有计算书
10		8.3.12	当预制叠合连梁端部与预制剪力墙在平面内拼接时，接缝构造应符合下列规定： 1　当墙端边缘构件采用后浇混凝土时，连梁纵向钢筋应在后浇段中可靠锚固（图 8.3.12a）或连接（图 8.3.12b）； 2　当预制剪力墙端部上角预留局部后浇节点区时，连梁的纵向钢筋应在局部后浇节点区内可靠锚固（图 8.3.12c）或连接（图 8.3.12d）	审查装配式结构专项说明
11	《预制预应力混凝土装配整体式结构技术规程》DGJ32/TJ 199—2016：材料	3.2.8	集中约束搭接连接的灌浆材料采用无收缩水泥基灌浆料，1d 龄期的强度不宜低于 25MPa，28d 龄期的强度不应低于 60MPa，其余条件应满足现行国家标准《水泥基灌浆材料应用技术规范》GB/T 50448 中Ⅱ类水泥基灌浆材料的要求	
12		3.2.10	集中约束搭接连接预留孔道采用的金属波纹管应符合现行行业标准《预应力混凝土用金属波纹管》JG 225 的规定	

续表

序号	标准及审查项	条文号	条文内容	审查要求或说明
13	《预制预应力混凝土装配整体式结构技术规程》DGJ32/TJ 199—2016：构件	3.3.4	预制剪力墙的截面厚度不宜小于 200mm，不宜大于 300mm	控制预制剪力墙最小厚度
14	《预制预应力混凝土装配整体式结构技术规程》DGJ32/TJ 199—2016：构件设计	4.2.5	装配整体式剪力墙底部加强部位，地震设计状况下接缝斜截面受剪承载力计算时，按实配钢筋面积计算斜截面受剪承载力设计值并乘以增大系数，抗震等级为一、二级取 1.2，抗震等级为三、四级可取 1.1	应有计算书
15		4.2.6	在地震设计状况下，剪力墙水平接缝的受剪承载力设计值应按下式计算： $$V_{uE}=0.6f_yA_{sd}+0.8N \quad (4.2.6)$$ 式中：f_y——垂直穿过结合面的钢筋抗拉强度设计值； N——与剪力设计值 V 相应的垂直于结合面的轴向力设计值，压力时取正，拉力时取负； A_{sd}——垂直穿过结合面的抗剪钢筋面积	
16	《预制预应力混凝土装配整体式结构技术规程》DGJ32/TJ 199—2016：构造要求	5.1.5	预制剪力墙当采用集中约束搭接连接时应符合本规程 5.3 节的规定。其他构造要求应符合现行行业标准《装配式混凝土结构技术规程》JGJ 1 的相关规定	审查装配式结构专项说明
17	《预制装配式剪力墙结构体系技术规程》DGJ32/TJ 125—2011：结构计算分析	6.1.5	预制装配整体式剪力墙结构内力和变形计算时，应考虑预制填充墙对结构固有周期的影响	审查计算书

续表

序号	标准及审查项	条文号	条文内容	审查要求或说明
18	《预制装配式剪力墙结构体系技术规程》DGJ32/TJ 125—2011：结构构造，一般规定	8.1.3	为保证预制装配结构的整体性，预制墙板构件间的水平向连接宜设置一定宽度的混凝土现浇连接带，具体宽度可根据不小于水平钢筋抗震锚固长度要求确定；预制构件间的竖向连接可通过钢筋浆锚实现连接，宜采用剪力墙板约束构件内局部现浇形式加强	审查装配式结构专项说明
19		8.1.4	现浇连接带与预制构件的接触面应凿毛处理或留设间接凹槽处理	
20	《预制装配式剪力墙结构体系技术规程》DGJ32/TJ 125—2011：预制墙板间拼装连接节点构造	8.2.6	当预制墙板间的现浇连接带设置在剪力墙的边缘构件处时，其现浇连接带应与边缘构件构造规定相同，应按规定设置箍筋，并与预制剪力墙之间形成可靠连接	

B.2.4 其他

序号	标准及审查项	条文号	条文内容	审查要求或说明
1	《装配式混凝土结构技术规程》JGJ 1—2014：预制构件设计	6.4.3	预制板式楼梯的梯段板底应配置通长的纵向钢筋。板面宜配置通长的纵向钢筋；当楼梯两端均不能滑动时，板面应配置通长的纵向钢筋	楼梯构件计算模型应与图中构造相符，并满足制作、运输、吊装等工况的受力要求（应有计算书）。设计亦可选用符合要求的标准图集
2	《装配式混凝土结构技术规程》JGJ 1—2014：连接设计	6.5.8	预制楼梯与支承构件之间宜采用简支连接。采用简支连接时，应符合下列规定： 1 预制楼梯宜一端设置固定铰，另一端设置滑动铰，其转动及滑动变形能力应满足结构层间位移的要求，且预制楼梯端部在支承构件上的最小搁置长度应符合表 6.5.8 的规定； 2 预制楼梯设置滑动铰的端部应采取防止滑落的构造措施	

续表

序号	标准及审查项	条文号	条文内容	审查要求或说明
3	《装配式混凝土结构技术规程》JGJ 1—2014：楼盖设计	6.6.2	叠合板应按现行国家标准《混凝土结构设计规范》GB 50010 进行设计，并应符合下列规定： 1　叠合板的预制板厚度不宜小于 60mm，后浇混凝土叠合板厚度不应小于 60mm； 2　当叠合板的预制板采用空心板时，板端空腔应封堵	审查装配式结构专项说明
4		6.6.4	叠合板支座处的纵向钢筋应符合下列规定： 1　板端支座处，预制板内的纵向受力钢筋宜从板端伸出并锚入支承梁或墙的后浇混凝土中，锚固长度不应小于 $5d$，(d 为附加钢筋直径)且宜伸过支座中心线(图 6.6.4a)； 2　单向叠合板的板侧支座处，当预制板内的板底分布钢筋伸入支承梁或墙的后浇混凝土中时，应符合本条第 1 款的要求；当板底分布钢筋不伸入支座时，宜在紧邻预制板的后浇混凝土叠合层中设置附加钢筋，附加钢筋截面面积不宜小于预制板内的同向分布钢筋面积，间距不宜大于 600mm，在后浇混凝土叠合层内锚固长度不应小于 $15d$，在支座内锚固长度不应小于 $15d$，且宜伸过支座中心线(图 6.6.4b)	应有专项说明
5		6.6.5	单向叠合板板侧的分离式接缝宜配置附加钢筋(图 6.6.5)，并应符合下列规定： 1　接缝处紧邻预制板顶面宜设置垂直于板缝的附加钢筋，附加钢筋伸入两侧后浇混凝土叠合层的锚固长度不应小于 $15d$(d 为附加钢筋直径)； 2　附加钢筋截面面积不宜小于预制板中该方向钢筋面积，钢筋直径不宜小于 6mm、间距不宜大于 250mm	
6		6.6.6	双向叠合板板侧的整体式接缝宜设置在叠合板的次要受力方向上且宜避开最大弯矩截面。接缝可采用后浇带形式，并应符合下列规定： 2　后浇带两侧板底纵向受力钢筋可在后浇带中焊接、搭接连接、弯折锚固； 3　当后浇带两侧板底纵向受力钢筋在后浇带中弯折锚固时(图 6.6.6)，应符合下列规定： 1)叠合板厚度不应小于 $10d$，且不应小于 120mm(d 为弯折钢筋的较大值)； 2)接缝处预制板侧伸出的纵向受力钢筋应在后浇混凝土叠合层内锚固，且锚固长度不应小于 l_a；两侧钢筋在接缝处重叠的长度不应小于 $10d$，钢筋弯折角度不应大于 30°，弯折处沿接缝方向应配置不少于 2 根通长构造钢筋，且直径不应小于该方向预制板内钢筋直径	

续表

序号	标准及审查项	条文号	条文内容	审查要求或说明
7	《装配式混凝土结构技术规程》JGJ 1—2014：楼盖设计	6.6.7	桁架钢筋混凝土叠合板应满足下列要求： 1　桁架钢筋应沿主要受力方向布置； 2　桁架钢筋距板边不应大于 300mm，间距不宜大于 600mm； 3　桁架钢筋弦杆钢筋直径不应小于 8mm，腹杆钢筋直径不应小于 4mm； 4　桁架钢筋弦杆混凝土保护层厚度不应小于 15mm	应有专项说明
8		6.6.8	当未设置桁架钢筋时，在下列情况下，叠合板的预制板与后浇混凝土叠合层之间应设置抗剪构造钢筋： 1　单向叠合板跨度大于 4.0m 时，距支座 1/4 跨范围内； 2　双向叠合板短向跨度大于 4.0m 时，距四边支座 1/4 短跨范围内； 3　悬挑叠合板； 4　悬挑板的上部纵向受力钢筋在相邻叠合板上后浇混凝土锚固范围内	
9		6.6.10	阳台板、空调板宜采用叠合构件或预制构件。预制构件应与主体结构可靠连接；叠合构件的负弯矩钢筋应在相邻叠合板的后浇混凝土中可靠锚固，叠合构件中预制板底钢筋的锚固应符合下列规定： 1　当板底为构造配筋时，其钢筋锚固应符合本规程第 6.6.4 条第 1 款的规定； 2　当板底为计算要求配筋时，钢筋应满足受拉钢筋的锚固要求	审查阳台节点连接构造
10	《装配式混凝土结构技术规程》JGJ 1—2014：预制剪力墙构造	8.2.6	当预制外墙采用夹心墙板时，应满足下列要求： 1　外叶墙板厚度不应小于 50mm，且外叶墙板应与内叶墙板可靠连接； 2　夹心外墙板的夹层厚度不宜大于 120mm； 3　当作为承重墙时，内叶墙板应按剪力墙进行设计	相关尺寸应满足要求
11	《装配式混凝土结构技术规程》JGJ 1—2014：连接材料	4.2.7	夹心外墙板中内外叶墙板的拉结件应符合下列规定： 金属及非金属材料拉结件均应具有规定的承载力、变形和耐久性能，并应经过试验验证	应有计算书和对拉结件的要求

续表

序号	标准及审查项	条文号	条文内容	审查要求或说明
12	《装配式混凝土结构技术规程》JGJ 1—2014：外墙挂板设计，一般规定	10.1.1	外挂墙板应采用合理的连接节点并与主体结构可靠连接。有抗震设防要求时，外挂墙板及其与主体结构的连接节点，应进行抗震设计	应有计算书及节点构造
13		10.1.5	外挂墙板与主体结构宜采用柔性连接，连接节点应具有足够的承载力和适应主体结构变形的能力，并应采取可靠的防腐、防锈和防火措施	
14	《装配式混凝土结构技术规程》JGJ 1—2014：外墙挂板和连接设计	10.3.2	外挂墙板宜采用双层、双向配筋，竖向和水平钢筋的配筋率均不应小于 0.15%，且钢筋直径不宜小于 5mm，间距不宜大于 200mm	预制构件构造应符合要求
15				
16		10.3.3	门窗洞口周边、角部应配置加强钢筋	应有专项说明
17		10.3.4	外挂墙板最外层钢筋的混凝土保护层厚度除有专门要求外，应符合下列规定： 1　对石材或面砖饰面，不应小于 15mm； 2　对清水混凝土，不应小于 20mm； 3　对露骨料装饰面，应从最凹处混凝土表面计起，且不应小于 20mm	
18		10.3.7	外挂墙板间接缝的构造应符合下列规定： 2　接缝宽度应满足主体结构的层间位移、密封材料的变形能力、施工误差、温度引起变形等要求，且不应小于 15mm	
19	《预制预应力混凝土装配整体式结构技术规程》DGJ32/TJ 199—2016：预制梁、板、柱的连接构造	5.2.5	预制板之间连接时，应在预制板相邻处板面铺钢筋网片（图 5.2.5），网片钢筋直径不宜小于 5mm，强度等级不应小于 HPB300，短向钢筋的长度不宜小于 600mm，间距不宜大于 200mm；网片长向可采用三根钢筋，钢筋长度可比预制板短 200mm	
20	《装配式混凝土结构技术规程》JGJ 1—2014：构件制作和运输，一般规定	11.1.4	预制结构构件采用钢筋套筒灌浆连接时，应在构件生产前进行钢筋套筒灌浆连接接头的抗拉强度试验，每种规格的连接接头试件数量不应少于 3 个	审查装配式结构专项说明

附录C 图表索引

C.1 表索引

章节	序号	名称	页码
第1章	1	表1-1 江苏省主要装配式混凝土结构技术	3
	2	表1-2 各类装配整体式混凝土建筑结构的特点及适用建筑类型	4
	3	表1-3 预制预应力混凝土装配整体式框架结构体系应用优势	4
	4	表1-4 装配整体式混凝土结构的主要预制构件、部品部件	4
	5	表1-5 建筑集成设计要求	7
	6	表1-6 一体化设计设计要求	8
	7	表1-7 标准化设计要求	8
	8	表1-8 装配式建筑设计前置协同因素	9
	9	表1-9 各阶段协同要点	11
	10	表1-10 预制构件深化图设计文件内容	13
	11	表1-11 预制构件深化设计说明	14
	12	表1-12 预制构件深化设计深度要求	15
第2章	13	表2-1 项目策划的关注点	19
	14	表2-2 设计单位关注内容	19
	15	表2-3 预制装配率计算权重系数	22
	16	表2-4 Z_1 项计算规则	22
	17	表2-5 Z_2 项计算规则	23
	18	表2-6 Z_3 项计算规则	23
	19	表2-7 技术配置表	24
	20	表2-8 预制装配率计算表	25
	21	表2-9 技术配置表	28
	22	表2-10 预制装配率计算表	31
	23	表2-11 “三板”应用比例计算方法	31
	24	表2-12 装配式建筑评分表	32
	25	表2-13 装配率各子项计算方法	32
	26	表2-14 常见技术体系	33
	27	表2-15 运输关注点	35

续表

章节	序号	名称	页码
第 2 章	28	表 2-16　运输方案表	35
	29	表 2-17　平板车参数	35
	30	表 2-18　塔吊关注点	35
	31	表 2-19　构件堆场与堆放关注点	36
	32	表 2-20　外防护体系比选	37
	33	表 2-21　模板支撑体系比选	38
	34	表 2-22　楼板支撑体系比选	39
	35	表 2-23　预制装配率中各技术配置项对比	40
	36	表 2-24　低、中、高预制装配率对应的技术配置表	40
	37	表 2-25　部品部件增量成本测算明细	41
	38	表 2-26　“三板”中各预制构件类型对比	41
	39	表 2-27　“三板”比例 60%时增量成本测算	41
	40	表 2-28　部品部件增量成本测算明细	42
	41	表 2-29　施工现场措施费测算明细	42
	42	表 2-30　不同评价等级对应的技术配置方案	43
	43	表 2-31　增量成本测算一	44
	44	表 2-32　部品部件增量成本测算一	44
	45	表 2-33　施工现场措施费测算明细	44
	46	表 2-34　增量成本测算二	44
	47	表 2-35　部品部件增量成本测算二	45
第 3 章	48	表 3-1　混凝土强度标准值和设计值(N/mm^2)[1]	46
	49	表 3-2　混凝土的弹性模量($\times 10^4 N/mm^2$)[1]	46
	50	表 3-3　预制构件混凝土强度等级要求[2,3]	47
	51	表 3-4　预制预应力混凝土装配整体式框架结构的混凝土强度等级要求[3]	47
	52	表 3-5　相关连接材料的主要性能要求	47
	53	表 3-6　普通钢筋高强钢筋强度标准值和设计值(N/mm^2)[1,4]	48
	54	表 3-7　预应力筋强度标准值和设计值(N/mm^2)[1]	48
	55	表 3-8　钢筋的弹性模量($\times 10^5 N/mm^2$)[1]	49
	56	表 3-9　钢材的设计用强度指标(N/mm^2)[5,6]	49
	57	表 3-10　灌浆套筒的分类[7]	51
	58	表 3-11　球墨铸铁灌浆套筒的材料性能[7]	51
	59	表 3-12　机械加工灌浆套筒常用钢材材料性能[7]	51
	60	表 3-13　灌浆套筒计入负公差后的最小壁厚[7]	52
	61	表 3-14　灌浆套筒尺寸偏差[7]	52
	62	表 3-15　灌浆套筒基本规定[7]	53
	63	表 3-16　灌浆套筒封闭环剪力槽[7]	54

续表

章节	序号	名称	页码
第 3 章	64	表 3-17 灌浆套筒最小内径与被连接钢筋公称直径的差值[7]	54
	65	表 3-18 灌浆套筒螺纹副旋紧力矩值[7]	54
	66	表 3-19 常温型套筒灌浆料的性能指标[8]	55
	67	表 3-20 低温型套筒灌浆料的性能指标[8]	55
	68	表 3-21 套筒灌浆连接接头的主要性能要求[7,9]	56
	69	表 3-22 钢筋套筒灌浆连接接头的变形性能[7]	56
	70	表 3-23 思达建茂(JM)标准半灌浆套筒主要技术参数[10]	57
	71	表 3-24 思达建茂(JM)异径钢筋半灌浆套筒主要技术参数[10]	58
	72	表 3-25 思达建茂(JM)全灌浆套筒主要技术参数[10]	58
	73	表 3-26 利物宝全灌浆套筒主要技术参数[11]	60
	74	表 3-27 利物宝梁用整体式全灌浆套筒主要技术参数[11]	61
	75	表 3-28 利物宝梁用分体式全灌浆套筒主要技术参数[11]	61
	76	表 3-29 现代营造半灌浆套筒主要技术参数[12]	63
	77	表 3-30 现代营造全灌浆套筒主要技术参数[12]	64
	78	表 3-31 圆管规格与钢带厚度对应关系表[14]	65
	79	表 3-32 金属波纹圆管尺寸允许偏差[14]	66
	80	表 3-33 金属波纹管抗局部横向荷载性能和抗均布荷载性能[14]	66
	81	表 3-34 钢筋浆锚搭接连接接头用灌浆料性能要求[2]	67
	82	表 3-35 钢筋机械连接套筒分类及示意图[15]	68
	83	表 3-36 钢筋机械连接套筒材料及性能要求[15]	69
	84	表 3-37 挤压套筒原材料的力学性能[15]	69
	85	表 3-38 圆柱形直螺纹套筒的尺寸允许偏差[15]	70
	86	表 3-39 锥螺纹套筒的尺寸允许偏差[15]	70
	87	表 3-40 标准型挤压套筒尺寸允许偏差[15]	70
	88	表 3-41 钢筋机械连接接头极限抗拉强度[16]	70
	89	表 3-42 钢筋机械连接接头变形性能[16]	71
	90	表 3-43 不锈钢连接件材料力学性能指标[17]	72
	91	表 3-44 FRP 连接件的主要类型[18]	72
	92	表 3-45 FRP 连接件的组成材料及要求[18]	73
	93	表 3-46 连接件的横截面尺寸允许偏差	73
	94	表 3-47 连接件的加工尺寸允许偏差	73
	95	表 3-48 FRP 连接件的力学性能和耐久性能[18]	74
	96	表 3-49 哈芬 SP 夹芯墙板主要拉结件类型	75
	97	表 3-50 哈芬拉结件适用的预制夹芯墙板材料要求	77
	98	表 3-51 哈芬限位拉结件的主要类型	77
	99	表 3-52 哈芬限位拉结件的可用拉结高度 H(mm)	78

续表

章节	序号	名称	页码
第3章	100	表3-53　哈芬支承拉结件的主要类型[19]	79
	101	表3-54　哈芬筒形支承拉结件MVA的直径D(mm)	79
	102	表3-55　哈芬筒形支承拉结件MVA的高度H(mm)	79
	103	表3-56　哈芬筒形支承拉结件MVA的最小锚固深度a和混凝土保护层最小厚度c_{nom}(mm)	80
	104	表3-57　哈芬筒形支承拉结件MVA的附加钢筋(mm)	80
	105	表3-58　哈芬片状支承拉结件FA的长度L(mm)	81
	106	表3-59　哈芬片状支承拉结件FA的高度H(mm)	82
	107	表3-60　哈芬片状支承拉结件FA的最小锚固深度a和混凝土保护层最小厚度c_{nom}(mm)	82
	108	表3-61　哈芬片状支承拉结件FA的附加钢筋(mm)	82
	109	表3-62　哈芬夹形支承拉结件SPA的高度H和长度L(mm)	83
	110	表3-63　哈芬夹形支承拉结件SPA的最小锚固深度a和高度H(mm)	84
	111	表3-64　哈芬夹形支承拉结件SPA的附加钢筋(mm)	84
	112	表3-65　芬兰佩克常用连接件的主要类型[20]	85
	113	表3-66　芬兰佩克斜对角连接件的参数	86
	114	表3-67　芬兰佩克PPA过梁连接件的参数	87
	115	表3-68　芬兰佩克PPI、PDQ针式连接件的参数	88
	116	表3-69　建筑常用预埋吊件的主要类型	89
	117	表3-70　建筑常用保温材料材料性能、热工性能、燃烧性能指标汇总	91
	118	表3-71　无机保温材料与有机保温材料的主要性能比较	92
	119	表3-72　建筑常用复合保温材料	92
	120	表3-73　复合材料保温板性能指标[22]	93
	121	表3-74　保温装饰板性能指标[23]	93
	122	表3-75　聚硫建筑密封胶的物理力学性能[25]	95
	123	表3-76　聚氨酯密封胶的主要特点[24]	95
	124	表3-77　聚氨酯防水密封胶的主要类型[24]	96
	125	表3-78　聚氨酯建筑密封胶的物理力学性能[26]	96
	126	表3-79　硅酮建筑密封胶(SR胶)的理化性能[27]	97
	127	表3-80　改性硅酮建筑密封胶(MS胶)的理化性能[27]	97
	128	表3-81　密封胶级别[27]	99
	129	表3-82　止水带的物理性能[30]	100
	130	表3-83　水泥基渗透结晶型防水涂料的物理力学性能[31]	100
	131	表3-84　水泥基渗透结晶型防水剂的物理力学性能[31]	101
	132	表3-85　常用脱模剂种类及基本要求[32,33]	103
	133	表3-86　脱模剂匀质性指标[33]	104
	134	表3-87　脱模剂施工性能指标[33]	104

续表

章节	序号	名称	页码
第 4 章	135	表 4-1 建筑模数化设计适用范围	106
	136	表 4-2 建筑模数数列表	107
	137	表 4-3 部品模数数列表	108
	138	表 4-4 卫生间主要功能模块及概念图形	113
	139	表 4-5 保障房卫生间主要模块的组织模式	113
	140	表 4-6 保障房卫生间单体功能模块尺寸标准(mm)	115
	141	表 4-7 集成卫生间平面优先净尺寸(mm×mm)	116
	142	表 4-8 厨房各主要功能模块标准尺寸系列(mm)	117
	143	表 4-9 厨房橱柜标准规格(mm)	118
	144	表 4-10 保障房厨房标准化组合模式参考图例(mm)	119
	145	表 4-11 集成式厨房平面优先净尺寸(mm×mm)	123
	146	表 4-12 门厅平面优先净尺寸(mm)	124
	147	表 4-13 起居室(厅)平面优先净尺寸(mm)	124
	148	表 4-14 餐厅平面优先净尺寸(mm)	124
	149	表 4-15 卧室平面优先净尺寸(mm)	124
	150	表 4-16 阳台平面优先净尺寸(mm)	124
	151	表 4-17 独立式收纳空间平面优先净尺寸(mm×mm)	124
	152	表 4-18 入墙式收纳空间平面优先净尺寸(mm)	124
	153	表 4-19 保障房适用标准化户型参考图例	125
	154	表 4-20 双跑楼梯间开间、进深及楼梯梯段宽度优先尺寸(mm)	127
	155	表 4-21 单跑剪刀楼梯间开间、进深及楼梯梯段宽度优先尺寸(mm)	128
	156	表 4-22 单跑楼梯间开间、进深、楼梯梯段、楼梯水平段优先尺寸(mm)	128
	157	表 4-23 电梯井道开间、进深优先尺寸(mm)	128
	158	表 4-24 前期方案主要的标准化设计内容	130
	159	表 4-25 总平面设计要点	130
	160	表 4-26 建筑平面设计要点	131
	161	表 4-27 建筑立面设计要点	133
	162	表 4-28 影响装配式建筑层高的因素	136
	163	表 4-29 住宅工业化内装部品体系列表	138
	164	表 4-30 防水类型	140
	165	表 4-31 装配式女儿墙分类	144
	166	表 4-32 屋面防水注意事项	145
	167	表 4-33 《装配式混凝土建筑技术标准》GB/T 51231 规定	145
	168	表 4-34 门洞口常用净尺寸(mm)和净面积(m^2)系列表	147
	169	表 4-35 窗洞口常用净尺寸(mm)和净面积(m^2)系列表	147

续表

章节	序号	名称	页码
第 4 章	170	表 4-36　幕墙设计分类	147
	171	表 4-37　夹心保温系统墙身的热工性能指标	149
	172	表 4-38　内保温系统墙身的热工性能指标	149
	173	表 4-39　外保温系统墙身的热工性能指标	150
	174	表 4-40　居住建筑标准化外窗系统洞口尺寸	151
	175	表 4-41　单窗开启形式	151
	176	表 4-42　组合窗开启形式	151
	177	表 4-43　标准化外窗和遮阳一体化外窗热工性能表	152
	178	表 4-44　主要部品部件分类	154
	179	表 4-45　墙板分类及特点	154
	180	表 4-46　集成式厨房的优选尺寸(mm)	159
	181	表 4-47　集成式厨房设计和选用	159
	182	表 4-48　集成式卫生间设计规定	159
	183	表 4-49　集成式卫生间的优选尺寸(mm)	159
	184	表 4-50　集成式卫生间设计和选用	160
	185	表 4-51　外挂板装饰面层分类	160
第 5 章	186	表 5-1　结构设计的主要内容	162
	187	表 5-2　关于采用现浇混凝土部位的规定	162
	188	表 5-3　装配整体式混凝土结构房屋的最大适用高度(m)	163
	189	表 5-4　装配式混凝土结构与现浇结构房屋的最大适用高度区别	163
	190	表 5-5　装配整体式混凝土结构与现浇混凝土结构最大适用高度的比较(m)	164
	191	表 5-6　《装配式混凝土建筑技术标准》GB/T 51231 与地方标准关于适用高度的比较(m)	165
	192	表 5-7　《装配式混凝土建筑技术标准》GB/T 51231 与地方标准关于双面叠合剪力墙结构适用高度的比较(m)	166
	193	表 5-8　建筑高度分界	166
	194	表 5-9　装配整体式混凝土结构的最大高宽比	169
	195	表 5-10　装配式混凝土结构与现浇结构高宽比的区别	169
	196	表 5-11　装配整体式混凝土结构与现浇混凝土结构的最大高宽比较	169
	197	表 5-12　《装配式混凝土结构技术规程》JGJ 1 与地方标准关于高层装配整体式混凝土结构最大高宽比的比较	170
	198	表 5-13　《装配式混凝土结构技术规程》JGJ 1 与地方标准关于双面叠合剪力墙结构最大高宽比的比较	170
	199	表 5-14　抗震设防范围	171
	200	表 5-15　不同抗震设防类别建筑的抗震设防标准	171
	201	表 5-16　确定结构抗震措施时的设防标准	171

续表

章节	序号	名称	页码
第5章	202	表 5-17　装配整体式混凝土结构的抗震等级	172
	203	表 5-18　丙类叠合剪力墙结构抗震等级	173
	204	表 5-19　构件及节点的承载力抗震调整系数	173
	205	表 5-20　弹性层间位移角限值	174
	206	表 5-21　弹塑性层间位移角限值	174
	207	表 5-22　平面尺寸及凸出部位比例限值	175
	208	表 5-23　角部重叠和细腰形平面尺寸比例限值	175
	209	表 5-24　平面布置不规则的主要措施	175
	210	表 5-25　竖向布置不规则的主要措施	176
	211	表 5-26　同时具有下列三项及以上不规则的高层建筑工程	176
	212	表 5-27　具有一项及以上特别不规则的高层建筑工程	177
	213	表 5-28　荷载分项系数取值表	178
	214	表 5-29　针对温度作用效应采取的措施	178
	215	表 5-30　不同设计阶段设计方法表达及注意事项	179
	216	表 5-31　装配整体式结构分析方法及特点比较	179
	217	表 5-32　周期折减系数取值	180
	218	表 5-33　楼面梁刚度增大系数	180
	219	表 5-34　装配整体式结构设计软件对比	185
	220	表 5-35　接缝受剪承载力计算规定	186
	221	表 5-36　梁端、柱端加密区及剪力墙底部加强区接缝受剪承载力增大系数 η_j 取值的比较	187
	222	表 5-37　节点核心区受剪承载力验算要求强节点系数取值对比	187
	223	表 5-38　叠合梁端竖向接缝受剪承载力设计值计算公式	188
	224	表 5-39　预制柱底水平接缝受剪承载力设计值计算	189
	225	表 5-40　预制剪力墙水平拼缝受剪承载力	190
	226	表 5-41　套筒灌浆连接基本规定	191
	227	表 5-42　套筒灌浆连接设计构造要求	192
	228	表 5-43　剪力墙竖向钢筋灌浆套筒连接构造要求	192
	229	表 5-44　预制剪力墙板竖向钢筋采用浆锚搭接时的构造要求	193
	230	表 5-45　约束浆锚搭接连接计算参数取值	194
	231	表 5-46　约束螺旋箍筋最小配筋	194
	232	表 5-47　连接钢筋直径与波纹管直径的关系(mm)	195
	233	表 5-48　预制构件布置原则	195
	234	表 5-49　预制构件布置的内容	196
	235	表 5-50　影响叠合楼板布置的因素	196

续表

章节	序号	名称	页码
第5章	236	表5-51　叠合楼板布置规则	196
	237	表5-52　叠合楼板布置分类	197
	238	表5-53　预制梁柱连接方式	197
	239	表5-54　预制梁柱布置规则	201
	240	表5-55　预制剪力墙常用连接方式	201
	241	表5-56　预制剪力墙布置要求	202
	242	表5-57　预制楼梯布置方法	203
	243	表5-58　预制构件脱模时混凝土立方体抗压强度要求	204
	244	表5-59　脱模吸附系数表	204
	245	表5-60　预制构件验算时动力系数取值	206
	246	表5-61　预制构件吊装阶段构件验算	207
	247	表5-62　预制构件堆放、运输设计要求	207
	248	表5-63　预埋件及临时支撑的施工安全系数	208
	249	表5-64　叠合梁、板临时支撑构造要求	210
	250	表5-65　埋件承载力容许值(未考虑安全系数)	221
	251	表5-66　埋件承载力选用表(吊装工况,混凝土100%强度)	222
	252	表5-67　埋件承载力选用表(脱模工况,混凝土75%强度)	222
	253	表5-68　预埋件构造要求	223
	254	表5-69　锚筋面积计算	224
	255	表5-70　锚板厚度及锚筋至锚板边距离要求	226
	256	表5-71　锚筋配置要求	226
	257	表5-72　锚筋及抗剪钢板焊接要求	226
	258	表5-73　预制构件混凝土保护层的最小厚度 c(mm)	229
	259	表5-74　钢筋的锚固长度计算公式	230
	260	表5-75　锚固钢筋的外形系数 α	231
	261	表5-76　锚固长度修正系数 ξ_a	231
	262	表5-77　钢筋弯钩锚固的形式和技术要求	231
	263	表5-78　钢筋弯钩的弯钩内径 D	231
	264	表5-79　钢筋弯折的弯弧内径 D	232
	265	表5-80　钢筋机械锚固的形式和技术要求	232
	266	表5-81　锚固板分类	233
	267	表5-82　常用钢筋锚固板尺寸选用表	233
	268	表5-83　使用锚固板时的钢筋牌号与对应混凝土强度等级	234
	269	表5-84　使用部分锚固板时钢筋净间距及混凝土保护层厚度的要求	235
	270	表5-85　钢筋锚固板锚固长度	235
	271	表5-86　普通受拉钢筋基本锚固长度 l_{ab}、锚固长度 l_a	237

续表

章节	序号	名称	页码
第 5 章	272	表 5-87　普通受拉钢筋抗震锚固长度 l_{aE}	238
	273	表 5-88　锚筋基本锚固长度 l_{ab}	239
	274	表 5-89　框架梁纵向钢筋 90°弯折锚固时满足水平投影长度的适用边柱截面尺寸	240
	275	表 5-90　楼面梁纵向钢筋 90°弯折锚固时满足水平投影长度的适用墙厚（HRB400）	241
	276	表 5-91　钢筋的搭接长度计算公式	242
	277	表 5-92　纵向受拉钢筋搭接长度修正系数	242
	278	表 5-93　非抗震及四级抗震等级结构受拉钢筋绑扎搭接最小长度 l_1	243
	279	表 5-94　一、二级抗震等级结构受拉钢筋绑扎搭接长度 l_{aE}	243
	280	表 5-95　三级抗震等级结构受拉钢筋绑扎搭接长度 l_{lE}	243
第 6 章	281	表 6-1　预制楼盖厚度模数和优选尺寸	246
	282	表 6-2　叠合板的厚度规定	246
	283	表 6-3　结合面的构造规定	247
	284	表 6-4　预制板倒角示意图	247
	285	表 6-5　钢筋间距优选尺寸	247
	286	表 6-6　板底钢筋不伸入板端支座的构造要求	249
	287	表 6-7　板端正截面受弯承载力计算要求	250
	288	表 6-8　板缝类型	250
	289	表 6-9　密拼式整体接缝的构造要求	252
	290	表 6-10　密拼式分离接缝的构造要求	253
	291	表 6-11　钢筋桁架的尺寸规定	254
	292	表 6-12　钢筋桁架的布置要求	254
	293	表 6-13　钢筋桁架兼做吊点的要求	255
	294	表 6-14　吊点承载力标准值	255
	295	表 6-15　双向预制板优选尺寸	255
	296	表 6-16　单向预制板优选尺寸	255
	297	表 6-17　设置抗剪构造钢筋的要求	256
	298	表 6-18　叠合板安装阶段验算条件	258
	299	表 6-19　桁架钢筋混凝土叠合板规格尺寸表	259
	300	表 6-20　设计参数	260
	301	表 6-21　荷载计算	260
	302	表 6-22　预制钢筋混凝土底板荷载组合表	260
	303	表 6-23　弯矩系数表	261
	304	表 6-24　使用阶段组合内力弯矩值 M	261
	305	表 6-25　截面配筋	261

续表

章节	序号	名称	页码
第 6 章	306	表 6-26　使用阶段裂缝宽度验算	261
	307	表 6-27　使用阶段挠度验算	262
	308	表 6-28　桁架钢筋混凝土叠合板预制底板配筋表	264
	309	表 6-29　支座处最小支承长度 a_{min}(mm)	272
第 7 章	310	表 7-1　装配整体式框架结构设计一般规定	276
	311	表 7-2　构件纵筋连接形式的相关规定	277
	312	表 7-3　接缝受剪承载力要求	278
	313	表 7-4　预制梁端部预制键槽设置建议值	280
	314	表 7-5　持久设计工况下预制梁端部截面抗剪承载力最大值(全截面纵筋配筋率 0.6%)	280
	315	表 7-6　持久设计工况下预制梁端部截面抗剪承载力最大值(全截面纵向配筋率 0.9%)	281
	316	表 7-7　持久设计工况下预制梁端部截面抗剪承载力最大值(全截面纵向配筋率 1.2%)	281
	317	表 7-8　持久设计工况下预制梁端部截面抗剪承载力最大值(全截面纵向配筋率 1.5%)	282
	318	表 7-9　持久设计工况下预制梁端部截面抗剪承载力最大值(全截面纵向配筋率 1.8%)	282
	319	表 7-10　持久设计工况下预制梁端部截面抗剪承载力最大值(全截面纵向配筋率 2.1%)	283
	320	表 7-11　地震设计工况下预制梁端部截面抗剪承载力最大值(全截面纵向配筋率 0.6%)	283
	321	表 7-12　地震设计工况下预制梁端部截面抗剪承载力最大值(全截面纵向配筋率 0.9%)	284
	322	表 7-13　地震设计工况下预制梁端部截面抗剪承载力最大值(全截面纵向配筋率 1.2%)	284
	323	表 7-14　地震设计工况下预制梁端部截面抗剪承载力最大值(全截面纵向配筋率 1.5%)	285
	324	表 7-15　地震设计工况下预制梁端部截面抗剪承载力最大值(全截面纵向配筋率 1.8%)	285
	325	表 7-16　地震设计工况下预制梁端部截面抗剪承载力最大值(全截面纵向配筋率 2.1%)	286
	326	表 7-17　梁纵筋最小间距规定	286
	327	表 7-18　不伸入支座的梁下部纵筋构造规定	287
	328	表 7-19　叠合梁截面及箍筋基本构造要求	287
	329	表 7-20　叠合梁对接连接构造要求	289

续表

章节	序号	名称	页码
第 7 章	330	表 7-21　预制柱基本构造要求	290
	331	表 7-22　预制柱底部构造要求	290
	332	表 7-23　节点连接构造设计及纵筋锚固构造要求	292
	333	表 7-24　柱-柱连接节点构造设计	294
	334	表 7-25　梁-柱连接节点构造要求	295
	335	表 7-26　梁-梁连接节点(刚接)构造要求	298
	336	表 7-27　钢企口连接构造要求	299
	337	表 7-28　预制预应力混凝土装配整体式框架结构设计一般规定	300
	338	表 7-29　预应力混凝土叠合梁截面及配筋的基本构造要求	301
	339	表 7-30　次梁端部配筋计算	302
	340	表 7-31　次梁端部构造要求	303
	341	表 7-32　一次成型预制柱基本构造要求	304
	342	表 7-33　纵筋锚固构造要求	304
	343	表 7-34　预留孔插筋法的构造要求	305
	344	表 7-35　柱-柱连接节点构造要求	305
	345	表 7-36　带壁键槽节点构造要求	306
	346	表 7-37　无壁键槽节点构造要求	307
	347	表 7-38　梁端键槽和键槽内 U 形钢筋的构造要求	308
	348	表 7-39　梁-梁连接节点构造要求	309
	349	表 7-40　框架-支撑结构布置原则	310
	350	表 7-41　框架-支撑结构抗震设计要求	311
	351	表 7-42　框架-屈曲约束支撑结构的优势	311
	352	表 7-43　框架-传统支撑结构与框架-屈曲约束支撑结构对比	311
	353	表 7-44　框架-屈曲约束支撑结构分析流程	312
	354	表 7-45　框架-支撑结构体系设计相关规范要求	313
	355	表 7-46　屈曲约束支撑类型	313
	356	表 7-47　屈曲约束支撑芯板屈服段钢材性能指标	314
	357	表 7-48　屈服约束支撑设计特点	314
	358	表 7-49　屈曲约束支撑常用规格	316
	359	表 7-50　地震设计相关参数	317
	360	表 7-51　屈曲约束支撑相关参数	317
	361	表 7-52　结构周期	318
	362	表 7-53　中震结构等效阻尼比	320
	363	表 7-54　大震结构等效阻尼比	320

续表

章节	序号	名称	页码
第 8 章	364	表 8-1 装配整体式剪力墙结构设计的一般规定	322
	365	表 8-2 预制剪力墙及预制连梁开洞的构造要求	324
	366	表 8-3 端部无边缘构件的预制剪力墙的构造要求	324
	367	表 8-4 预制剪力墙结合面设置粗糙面和键槽的构造要求	325
	368	表 8-5 预制剪力墙套筒灌浆连接部位的构造要求	326
	369	表 8-6 加密区水平分布钢筋的要求	326
	370	表 8-7 预制剪力墙浆锚搭接连接部位的构造要求	326
	371	表 8-8 边缘构件浆锚搭接连箍筋加密区的构造要求	327
	372	表 8-9 挤压套筒连接预制剪力墙的构造要求	327
	373	表 8-10 预制夹心剪力墙板基本组成构造	328
	374	表 8-11 预制夹心剪力墙板设计构造的基本要求	325
	375	表 8-12 预制夹心剪力墙内、外叶墙板连接件的设计要求	329
	376	表 8-13 采用 FRP 连接件的预制夹心剪力墙板的构造要求	330
	377	表 8-14 预制剪力墙竖向接缝设计的一般规定	330
	378	表 8-15 预制剪力墙竖向接缝水平钢筋连接设计的基本要求	331
	379	表 8-16 预制剪力墙顶部后浇圈梁和水平后浇带的构造要求	336
	380	表 8-17 预制剪力墙底部接缝的构造要求	336
	382	表 8-18 预制剪力墙水平接缝竖向钢筋连接设计的基本要求	337
	382	表 8-19 预制剪力墙竖向钢筋套筒灌浆连接的构造要求	338
	383	表 8-20 预制剪力墙竖向钢筋浆锚搭接连接的构造要求	339
	384	表 8-21 预制剪力墙竖向钢筋挤压套筒连接的构造要求	340
	385	表 8-22 预制连梁与预制剪力墙连接的设计与构造要求	343
	386	表 8-23 后浇连梁与预制剪力墙连接的构造要求	344
	387	表 8-24 双面叠合剪力墙的两种形式	345
	388	表 8-25 叠合剪力墙结构布置要求	345
	389	表 8-26 高层叠合剪力墙墙肢轴压比限值	345
	390	表 8-27 叠合剪力墙结构高度调整条件	346
	391	表 8-28 叠合剪力墙结构对混凝土材料的要求	346
	392	表 8-29 与叠合剪力墙结构分析相关的调整系数	347
	393	表 8-30 叠合剪力墙的计算条件	347
	394	表 8-31 叠合剪力墙连接设计原则	348
	395	表 8-32 双面叠合剪力墙的构造要求	350
	396	表 8-33 非边缘构件与墙身的连接构造	352
	397	表 8-34 叠合剪力墙水平接缝构造要求	353
	398	表 8-35 带桁架筋的叠合剪力墙钢筋桁架构造要求	354

续表

章节	序号	名称	页码
第 9 章	399	表 9-1　预制混凝土外挂墙板与主体结构连接方式	362
	400	表 9-2　外挂墙板立面划分原则	362
	401	表 9-3　预制混凝土外挂墙板板型选用	362
	402	表 9-4　预制混凝土外挂墙板运动模式选择原则	363
	403	表 9-5　不同连接方式外挂墙板与主体结构的相对变形	365
	404	表 9-6　预制混凝土外挂墙板与混凝土主体构件的连接方式(平移式)	365
	405	表 9-7　预制混凝土外挂墙板与混凝土主体构件的连接方式(旋转式)	366
	406	表 9-8　预制混凝土外挂墙板与混凝土主体构件的连接方式(固定式)	368
	407	表 9-9　旋转式预制混凝土外挂墙板节点受力分析	372
	408	表 9-10　平移式预制混凝土外挂墙板节点受力分析	374
	409	表 9-11　四点支承无洞口外挂墙板的弯矩系数 M_i 及挠度系数 f	377
	410	表 9-12　四点支承开洞外挂墙板弯矩设计值	378
	411	表 9-13　施工荷载验算工况	379
	412	表 9-14　不同工况下板缝宽度计算	379
	413	表 9-15　板缝变形量组合工况	379
	414	表 9-16　板缝变形量计算	380
	415	表 9-17　预制装配结构外墙接缝密封材料及辅助材料的主要性能指标	382
	416	表 9-18　防水措施	382
	417	表 9-19　两道防水构造	383
	418	表 9-20　预制飘窗分类	389
	419	表 9-21　节点设计要点对比表	391
	420	表 9-22　安装节点注意要点	392
	421	表 9-23　常用预制楼梯类型	397
	422	表 9-24　连接节点设计考虑因素	398
	423	表 9-25　最小搁置长度	399
第 10 章	424	表 10-1　设备设计的主要内容	415
	425	表 10-2　机电管线及设备布置原则	416
	426	表 10-3　机电安装体系分类表	416
	427	表 10-4　装配式混凝土建筑机电安装体系对比表	416
	428	表 10-5　设备管线设计相关规范条文	417
	429	表 10-6　预制构件孔洞及沟槽预留的相关规定	418
	430	表 10-7　预制构件设备管线系统有可能要的埋设物一览表	418
	431	表 10-8　预制构件埋设物设计要点及原则	419
	432	表 10-9　各专业在预制构件上的管线设计	419
	433	表 10-10　设备管线施工作业方法相关规定	420
	434	表 10-11　公共区域给水排水管道设计相关规范条文	420

续表

章节	序号	名称	页码
第 10 章	435	表 10-12　给水管道设计相关规范条文	421
	436	表 10-13　给水立管与部品水平管道连接方式相关规范条文	424
	437	表 10-14　排水管道设计相关规范条文	424
	438	表 10-15　整体厨卫给排水管道设计相关规范条文	426
	439	表 10-16　预制构件上孔洞预留、预埋规定	428
	440	表 10-17　排水器具及附件预留孔洞尺寸表	429
	441	表 10-18　给水、消防管预留普通钢套管尺寸表	429
	442	表 10-19　排水管穿越楼板预留洞尺寸表	429
	443	表 10-20　管道预留规定	430
	444	表 10-21　预制构件预埋件规定	431
	445	表 10-22　管道支吊架相关规范条文及采取的具体措施	432
	446	表 10-23　初步设计阶段设计文件编制深度表	432
	447	表 10-24　施工图设计阶段设计文件编制深度表	433
	448	表 10-25　住宅建筑的暖系统规定	435
	449	表 10-26　住宅建筑采暖供回水共用总管道及阀门规定	436
	450	表 10-27　装配式混凝土结构住宅低温热水地面辐射供暖系统规定	436
	451	表 10-28　散热器供暖系统规定	438
	452	表 10-29　散热器的种类和特点	438
	453	表 10-30　散热器管道布置形式	438
	454	表 10-31　供暖系统的管道规定	439
	455	表 10-32　居住建筑空调设施规定	440
	456	表 10-33　居住建筑厨卫通风道规定	440
	457	表 10-34　土建风道规定	441
	458	表 10-35　居住建筑风管水管(或冷媒管)穿梁规定	441
	459	表 10-36　暗装管道施工安装规定	442
	460	表 10-37　整体厨卫施工安装规定	442
	461	表 10-38　散热器及管道施工安装规定	442
	462	表 10-39　供暖通风空调设备施工安装规定	443
	463	表 10-40　管道支吊架设计、安装规定	443
	464	表 10-41　供暖空调管道预留套管、孔洞规定	444
	465	表 10-42　管道及预留套管、孔洞防水、防火、隔声措施	446
	466	表 10-43　预埋附件规定	446
	467	表 10-44　初步设计阶段设计文件编制深度	447
	468	表 10-45　施工图设计阶段设计文件编制深度	447
	469	表 10-46　电气系统总体要求	449
	470	表 10-47　电气设计要求	449

续表

章节	序号	名称	页码
第 10 章	471	表 10-48　管线综合设计	449
	472	表 10-49　电气设备布置要求	451
	473	表 10-50　照明灯具和插座布置要求	453
	474	表 10-51　电气管线布置要求	454
	475	表 10-52　电气管线及其敷设要求	455
	476	表 10-53　电缆最小允许弯曲半径	457
	477	表 10-54　管卡间的最大距离	457
	478	表 10-55　管线的连接和施工要求	458
	479	表 10-56　防雷与接地要求	461
	480	表 10-57　电气防火要求	464
	481	表 10-58　整体卫浴间要求	464
	482	表 10-59　整体厨房要求	465
	483	表 10-60　预制构件电气管线预留孔洞要求	465
	484	表 10-61　电气预埋的隐验要求	466
	485	表 10-62　施工隐检及验收	466
	486	表 10-63　初步设计阶段设计文件编制深度	466
	487	表 10-64　施工图设计阶段设计文件编制深度	467
第 11 章	488	表 11-1　装配化装修设计一般规定	471
	489	表 11-2　装配化装修集成设计原则	472
	490	表 11-3　装配化装修设计流程	472
	491	表 11-4　装配化内装修部品组成	473
	492	表 11-5　装配化装修菜单式设计	474
	493	表 11-6　轻钢龙骨隔墙系统部品构成	475
	494	表 11-7　轻钢龙骨隔墙系统部品特点	476
	495	表 11-8　轻钢龙骨隔墙系统部品应用范围	476
	496	表 11-9　轻钢龙骨隔墙系统设计要求	476
	497	表 11-10　轻钢龙骨隔墙系统设计要点	476
	498	表 11-11　常用轻钢龙骨尺寸(mm)	478
	499	表 11-12　常用水点位高度	478
	500	表 11-13　常用电与开关点位高度	478
	501	表 11-14　墙面系统部品构成	479
	502	表 11-15　墙面系统部品特点	480
	503	表 11-16　墙面系统设计要求	480
	504	表 11-17　墙面系统设计要点	480
	505	表 11-18　吊顶系统部品构成	482
	506	表 11-19　吊顶系统部品特点	482

续表

章节	序号	名称	页码
第 11 章	507	表 11-20　吊顶系统设计要求	482
	508	表 11-21　吊顶系统设计要点	482
	509	表 11-22　楼地面系统部品构成	484
	510	表 11-23　楼地面系统部品特点	485
	511	表 11-24　楼地面系统设计要求	485
	512	表 11-25　楼地面架空模块设计	486
	513	表 11-26　架空模块设计规则	486
	514	表 11-27　集成门窗系统部品构成	487
	515	表 11-28　集成门窗系统部品特点	488
	516	表 11-29　集成门窗系统设计要求	488
	517	表 11-30　集成门窗系统设计要点	488
	518	表 11-31　集成卫浴系统部品构成	489
	519	表 11-32　集成卫浴系统部品特点	490
	520	表 11-33　集成卫浴系统设计要求	490
	521	表 11-34　集成卫浴系统设计要点	491
	522	表 11-35　集成厨房系统部品构成	493
	523	表 11-36　集成厨房系统部品特点	493
	524	表 11-37　集成厨房系统设计要求	493
	525	表 11-38　集成厨房系统设计要点	494
	526	表 11-39　集成收纳系统设计要求	495
	527	表 11-40　集成收纳系统设计要点	495
	528	表 11-41　集成给水系统部品构成	496
	529	表 11-42　集成给水系统部品特点	497
	530	表 11-43　集成采暖系统部品构成	498
	531	表 11-44　集成采暖系统部品特点	498
	532	表 11-45　设备与管线系统设计要求	498
	533	表 11-46　设备与管线系统设计要点	498
第 12 章	534	表 12-1　装配式建筑技术配置分项表	500
	535	表 12-2　振型及周期	502
	536	表 12-3　地震作用下位移	502
	537	表 12-4　风荷载作用下位移	503
	538	表 12-5　装配式建筑技术配置分项表	514
	539	表 12-6　振型及周期	517
	540	表 12-7　结构底部地震剪力、地震倾覆力矩和地震剪力系数	517
	541	表 12-8　风荷载作用下位移	517
	542	表 12-9　刚重比、嵌固端上下层刚度比	518

C.2 图索引

章节	序号	名称	页码
第1章	1	图1-1　火神山医院施工进度	2
	2	图1-2　装配整体式混凝土建筑结构体系分类	3
	3	图1-3　现浇混凝土建筑的建设流程图	8
	4	图1-4　装配式混凝土建筑建设流程图	9
	5	图1-5　技术协同贯穿装配式设计流程(EPC项目)	10
	6	图1-6　建筑专业协同设计技术要点	11
	7	图1-7　装配式建筑结构专业全过程服务流程	12
	8	图1-8　结构设计阶段流程图	13
第2章	9	图2-1　项目策划要点	18
	10	图2-2　标准化、模块化设计体系	20
	11	图2-3　户型模块的多样化设计	21
	12	图2-4　多样化组合平面模块示意	21
	13	图2-5　多样化组合立面风格模块	22
	14	图2-6　项目总平面图	24
	15	图2-7　标准层建筑平面图	26
	16	图2-8　预制构件平面布置图	27
	17	图2-9　项目总平面图	28
	18	图2-10　标准层建筑平面图	29
	19	图2-11　预制构件平面布置图	30
第3章	20	图3-1　灌浆套筒示意图	53
	21	图3-2　思达建茂(JM)灌浆套筒示意图	57
	22	图3-3　利物宝全灌浆套筒示意图	59
	23	图3-4　利物宝梁用整体式全灌浆套筒示意图	59
	24	图3-5　利物宝梁用分体式全灌浆套筒示意图	59
	25	图3-6　现代营造半灌浆套筒示意图	62
	26	图3-7　现代营造12～20mm全灌浆套筒示意图	62
	27	图3-8　现代营造22～40mm全灌浆套筒示意图	62
	28	图3-9　钢筋浆锚搭接连接构造示意图	65
	29	图3-10　采用改进型钢筋浆锚搭接连接构造示意图	65
	30	图3-11　钢筋套筒螺纹连接示意图	67
	31	图3-12　钢筋套筒挤压连接示意图	67
	32	图3-13　预制保温墙体构造示意图	71
	33	图3-14　FRP连接件示例构造示意图	72

续表

章节	序号	名称	页码
第 3 章	34	图 3-15　哈芬 SP 夹芯墙板拉结件支承系统示意图	75
	35	图 3-16　哈芬筒形支承拉结件 MVA 连接示意图	80
	36	图 3-17　哈芬片状支承拉结件 FA 连接示意图	83
	37	图 3-18　哈芬夹芯板夹形支承拉结件 SPA 连接示意图	84
	38	图 3-19　改性硅酮(MS)胶的性能特点	99
第 4 章	39	图 4-1　教室标准单元的模块化设计	111
	40	图 4-2　住宅标准套型的模块化设计	111
	41	图 4-3　住宅建筑楼栋的模块化设计	112
	42	图 4-4　南京江北桥林共有产权房 G26 项目交通体模块设计	129
	43	图 4-5　南京江北桥林共有产权房 G26 项目管井模块精细化设计	129
	44	图 4-6　南京江北桥林共有产权房 G26 项目楼层平面组合设计	129
	45	图 4-7　装配式建筑 CSI 内装体系的层高设计比较	137
	46	图 4-8　内装部品部件标准化库	139
	47	图 4-9　预制构件的标准化库	139
	48	图 4-10　外围护系统的组成	140
	49	图 4-11　预制外墙板分类	140
	50	图 4-12　外墙挂板水平缝纵剖面构造	141
	51	图 4-13　外墙挂板垂直缝横剖面构造	141
	52	图 4-14　外墙挂板阳角处构造	142
	53	图 4-15　外墙挂板阴角处构造	142
	54	图 4-16　导水管示意图	143
	55	图 4-17　变形缝处外墙板交接构造	143
	56	图 4-18　女儿墙墙身剖面	144
	57	图 4-19　外窗与无保温墙板一体化节点	145
	58	图 4-20　外窗与夹心保温墙板一体化节点	146
	59	图 4-21　外窗后安装窗框位置在保温层处安装节点	146
	60	图 4-22　建筑幕墙常规施工工艺	148
	61	图 4-23　单元式玻璃幕墙节点及效果小样	148
	62	图 4-24　墙身保温构造	149
	63	图 4-25　陶粒混凝土墙板示意图	155
	64	图 4-26　陶粒混凝土墙板丁字型连接构造图	155
	65	图 4-27　ALC 墙板示意图	155
	66	图 4-28　ALC 板墙体与主体连接构造图	156
	67	图 4-29　轻钢龙骨石膏板示意图	157
	68	图 4-30　日本最高 PC 住宅分户墙剖面图	157
	69	图 4-31　装配式栏杆、扶手实景图	158
	70	图 4-32　排气道平面布置	158
	71	图 4-33　住宅厨房烟道实物	158

续表

章节	序号	名称	页码
第 5 章	72	图 5-1　建筑平面示例	174
	73	图 5-2　角部重叠和细腰形平面示意	175
	74	图 5-3　设计参数输入(PKPM)——现浇部分地震内力放大系数	181
	75	图 5-4　设计参数输入(YJK)——装配整体式结构现浇部分地震内力放大系数	181
	76	图 5-5　PKPM-PC 装配式软件应用流程	182
	77	图 5-6　YJK 装配式软件应用流程	183
	78	图 5-7　设计参数输入(PKPM)——装配整体式结构体系输入	183
	79	图 5-8　软件(PKPM)预制构件脱模、吊装验算界面	184
	80	图 5-9　软件(PKPM)计算预制构件脱模、吊装验算结果界面	184
	81	图 5-10　共享库设置与管理	185
	82	图 5-11　叠合梁端受剪承载力计算参数示意图	188
	83	图 5-12　约束浆锚钢筋搭接连接构造示意	194
	84	图 5-13　预制墙板吊点示意	204
	85	图 5-14　等截面柱吊点布置示意图	206
	86	图 5-15　构件吊装时的加强措施示意	206
	87	图 5-16　定型独立钢支柱示意	209
	88	图 5-17　工具式支架示意	208
	89	图 5-18　竖向预制构件与楼面临时固定	211
	90	图 5-19　计算用墙板信息图	212
	91	图 5-20　墙板脱模验算计算简图	212
	92	图 5-21　埋件影响面积计算简图	214
	93	图 5-22　预制墙板翻转阶段计算简图	214
	94	图 5-23　墙板安装阶段计算简图	215
	95	图 5-24　单跨四点支撑楼板计算示意图	216
	96	图 5-25　钢筋桁架叠合板平面图	217
	97	图 5-26　钢筋桁架叠合板计算示意图	217
	98	图 5-27　钢筋桁架叠合板斜筋失稳剪力计算参数图示	219
	99	图 5-28　预制阳台吊点布置示意图	220
	100	图 5-29　200mm 宽度范围内拉锥体破坏影响面积示意图	220
	101	图 5-30　预制阳台板吊装示意	222
	102	图 5-31　锚筋配置要求示意图	225
	103	图 5-32　锚筋及抗剪钢板配置要求示意图	225
	104	图 5-33　角钢锚筋配置要求示意图	225
	105	图 5-34　受拉构件预埋件增强锚固措施构造示意图	227
	106	图 5-35　受弯构件预埋件增强锚固措施构造示意图	227
	107	图 5-36　受弯预埋件附加吊筋构造示意图	227

续表

章节	序号	名称	页码
第 5 章	108	图 5-37　直锚筋压弯剪预埋件	228
	109	图 5-38　预制构件的混凝土保护层厚度	229
	110	图 5-39　钢筋机械连接接头处的混凝土保护层厚度	229
	111	图 5-40　钢筋套筒灌浆连接接头处的混凝土保护层厚度	230
	112	图 5-41　钢筋弯钩锚固的形式和技术要求表	232
	113	图 5-42　钢筋锚固板示意图	233
	114	图 5-43　锚固板穿孔塞焊尺寸图	234
	115	图 5-44　使用部分锚固板时锚固区钢筋的净间距及保护层厚度要求	234
	116	图 5-45　钢筋锚固板在边缘构件中的锚固示意图	235
	117	图 5-46　简支深梁下部纵向受拉钢筋锚固示意图	236
	118	图 5-47　钢筋锚固板在框架节点的锚固示意图	236
	119	图 5-48　同一连接区段内纵向受拉钢筋的绑扎搭接接头	242
	120	图 5-49　纵向受力钢筋搭接区箍筋构造示意图	242
第 6 章	121	图 6-1　板端支座构造示意图	248
	122	图 6-2　无外伸纵筋的板端支座构造示意	248
	123	图 6-3　单向板板侧支座构造示意	250
	124	图 6-4　双向叠合板后浇带接缝构造示意	251
	125	图 6-5　后浇带接缝现场施工图	251
	126	图 6-6　钢筋桁架平行于接缝的构造示意	252
	127	图 6-7　钢筋桁架的几何参数	252
	128	图 6-8　密拼式分离接缝构造示意	253
	129	图 6-9　钢筋桁架示意	254
	130	图 6-10　钢筋桁架埋深示意	254
	131	图 6-11　吊点处附加钢筋示意	255
	132	图 6-12　叠合板置抗剪构造钢筋示意	256
	133	图 6-13　叠合板开孔钢筋构造	257
	134	图 6-14　桁架钢筋叠合板模板与配筋大样图	257
	135	图 6-15　钢筋桁架对应 60mm 预制底板＋90mm 叠合现浇层	262
	136	图 6-16　脱模阶段计算简图	263
	137	图 6-17　吊装阶段计算简图	263
	138	图 6-18　预应力混凝土实心板支座节点	270
	139	图 6-19　预应力混凝土实心板模板图	270
	140	图 6-20　预应力混凝土空心板板端支座构造示意图	271
	141	图 6-21　预应力混凝土空心板板侧构造示意图	272
	142	图 6-22　板端支座连接构造	273
	143	图 6-23　板侧支座连接构造	274

续表

章节	序号	名称	页码
第 6 章	144	图 6-24　预制双 T 板板缝节点图	274
	145	图 6-25　预制双 T 板模板图	274
	146	图 6-26　预制双 T 板配筋图	275
第 7 章	147	图 7-1　叠合梁端受剪承载力计算参数示意	279
	148	图 7-2　叠合梁深化示意	289
	149	图 7-3　预制柱深化示意	291
	150	图 7-4　框架-屈曲约束支撑结构设计流程	312
	151	图 7-5　屈曲约束支撑截面类型	314
	152	图 7-6　一字型屈曲约束支撑构造	315
	153	图 7-7　屈曲约束支撑布置	315
	154	图 7-8　结构平面布置图	316
	155	图 7-9　屈曲约束支撑布置位置立面视图	317
	156	图 7-10　楼层剪力对比	318
	157	图 7-11　层间位移角	319
	158	图 7-12　框架承担楼层剪力比例	319
	159	图 7-13　地震波时程曲线	319
	160	图 7-14　大震结构层间位移角	320
第 8 章	161	图 8-1　预制墙板截面类型	323
	162	图 8-2　预制墙板尺寸要求	323
	163	图 8-3　预制剪力墙侧面键槽构造示意	325
	164	图 8-4　预制夹心保温剪力墙板接缝构造示意图	329
	165	图 8-5　预制剪力墙竖向接缝的钢筋连接典型构造示意(约束边缘构件)	332
	166	图 8-6　预制剪力墙竖向接缝的钢筋连接典型构造示意(构造边缘构件)	333
	167	图 8-7　预制剪力墙竖向接缝的钢筋连接典型构造示意(部分后浇构造边缘构件)	334
	168	图 8-8　预制剪力墙竖向接缝的钢筋连接典型构造示意(非边缘构件)	335
	169	图 8-9　墙体构件施工图	337
	170	图 8-10　预制剪力墙水平接缝竖向钢筋套筒灌浆连接典型节点构造示意	341
	171	图 8-11　预制剪力墙叠合连梁构造示意	342
	172	图 8-12　预制剪力墙洞口下墙与叠合连梁的关系示意	342
	173	图 8-13　同一平面内预制连梁与预制剪力墙连接构造示意	343
	174	图 8-14　截面尺寸	348
	175	图 8-15　预制叠合连梁示意图	350
	176	图 8-16　约束边缘构件	351
	177	图 8-17　构造边缘构件	352
	178	图 8-18　水平连接钢筋搭接构造	352

续表

章节	序号	名称	页码
第 8 章	179	图 8-19　底部加强部位竖向连接钢筋搭接构造	353
	180	图 8-20　竖向连接钢筋搭接构造	354
	181	图 8-21　双面叠合剪力墙中桁架筋桁架的预制布置要求	355
	182	图 8-22　预制混凝土墙板洞口补强钢筋	355
	183	图 8-23　地下室叠合剪力墙外墙构造示意	355
	184	图 8-24　夹心保温叠合剪力墙的约束边缘构件(一)	356
	185	图 8-25　夹心保温叠合剪力墙的约束边缘构件(二)	357
	186	图 8-26　现浇屋面板与叠合剪力墙相连支座构造示意	358
	187	图 8-27　双面叠合剪力墙板端支座构造示意	358
	188	图 8-28　双面叠合剪力墙中间支座构造示意	359
	189	图 8-29　夹心保温叠合剪力墙板端支座构造示意	359
第 9 章	190	图 9-1　济南万科金域国际项目	361
	191	图 9-2　北京市政府办公楼项目	361
	192	图 9-3　预制混凝土外挂墙板模板图(无洞口墙板)	369
	193	图 9-4　预制混凝土外挂墙板配筋图(无洞口墙板)	370
	194	图 9-5　预制混凝土外挂墙板模板图(有洞口墙板)	370
	195	图 9-6　预制混凝土外挂墙板配筋图(有洞口墙板)	371
	196	图 9-7　有洞口墙板计算示意图	378
	197	图 9-8　排水做法	384
	198	图 9-9　预制混凝土外挂墙板构造	385
	199	图 9-10　预制混凝土外挂墙板连接节点构造	385
	200	图 9-11　脱模预埋件	387
	201	图 9-12　吊装预埋件	388
	202	图 9-13　组装式预制飘窗	389
	203	图 9-14　整体式预制飘窗	389
	204	图 9-15　整体式预制飘窗示意图	389
	205	图 9-16　预制飘窗水平缝详图	390
	206	图 9-17　组装式飘窗水平缝连接节点	391
	207	图 9-18　整体式飘窗水平缝连接节点	391
	208	图 9-19　预制飘窗安装	393
	209	图 9-20　预制飘窗三维模型图	394
	210	图 9-21　预制飘窗模板图一	394
	211	图 9-22　预制飘窗模板图二	395
	212	图 9-23　预制飘窗配筋图	396
	213	图 9-24　双跑楼梯与剪刀楼梯示意图	397
	214	图 9-25　双跑楼梯与剪刀楼梯三维图	398

续表

章节	序号	名称	页码
第 9 章	215	图 9-26　预制楼梯节点详图	398
	216	图 9-27　ST-28-25 安装图	400
	217	图 9-28　ST-28-25 模板图	401
	218	图 9-29　ST-28-25 配筋图	403
	219	图 9-30　叠合板式阳台(《预制钢筋混凝土阳台板、空调板及女儿墙》15G368-1)	404
	220	图 9-31　全预制板式阳台(《预制钢筋混凝土阳台板、空调板及女儿墙》15G368-1)	404
	221	图 9-32　全预制梁式阳台(《预制钢筋混凝土阳台板、空调板及女儿墙》15G368-1)	404
	222	图 9-33　阳台计算简图	405
	223	图 9-34　叠合式阳台板连接节点(《预制钢筋混凝土阳台板、空调板及女儿墙》15G368-1)	406
	224	图 9-35　全预制板式阳台板连接节点(《预制钢筋混凝土阳台板、空调板及女儿墙》15G368-1)	407
	225	图 9-36　全预制梁式阳台板连接节点(《预制钢筋混凝土阳台板、空调板及女儿墙》15G368-1)	408
	226	图 9-37　叠合板端支座构造示意(《装配式混凝土结构技术规程》JGJ 1)	409
	227	图 9-38　叠合式阳台板大样示例	410
	228	图 9-39　全预制板式阳台板大样示例	411
	229	图 9-40　全预制梁式阳台板大样示例	412
	230	图 9-41　空调板与现浇梁连接构造	413
	231	图 9-42　空调板与现浇墙体连接构造	414
	232	图 9-43　空调板与预制梁连接构造	414
	233	图 9-44　空调板与水平预制结构连接构造	414
第 10 章	234	图 10-1　预制组合管道	416
	235	图 10-2　卫生间管槽示例一(给水干管设于吊顶内)	422
	236	图 10-3　卫生间管槽示例二(给水干管设于建筑垫层内)	423
	237	图 10-4　厨房管槽示例(给水干管设于吊顶内)	423
	238	图 10-5　同层排水系统	424
	239	图 10-6　整体浴室(横排)降低高度示意图	425
	240	图 10-7　同层排水防水工程示例	425
	241	图 10-8　整体卫生间	426
	242	图 10-9　整体卫浴顶部冷热水管预留示例	427
	243	图 10-10　同层排水示例	427
	244	图 10-11　异层排水示例	428
	245	图 10-12　预留孔洞模式协调	430

续表

章节	序号	名称	页码
第 10 章	246	图 10-13　预制沟槽保温板地面辐射供暖(干式施工)典型地面做法	437
	247	图 10-14　混凝土或水泥砂浆填充式地面辐射供暖(湿式施工)典型地面做法	438
	248	图 10-15　预制沟槽保温板(地板木龙骨型)供暖地面构造图	439
	249	图 10-16　预制轻薄供暖板(地板木面层)地面构造图	440
	250	图 10-17　居住建筑公共部分管线安装示意	443
	251	图 10-18　预制结构楼板和预制外墙上的留洞与钢筋的关系	445
	252	图 10-19　预制结构内墙上的管槽预留	445
	253	图 10-20　叠合板内预留接线盒做法一	450
	254	图 10-21　叠合板内预留接线盒做法二	451
	255	图 10-22　家居配电箱预埋及其管路连接做法	452
	256	图 10-23　全预制阳台板照明线路敷设做法	454
	257	图 10-24　叠合板内照明线路敷设做法	454
	258	图 10-25　插座、开关预埋接线盒及其管路连接做法一	459
	259	图 10-26　插座、开关预埋接线盒及其管路连接做法二	459
	260	图 10-27　管线连接预留孔洞	460
	261	图 10-28　管线穿梁处连接详图	460
	262	图 10-29　防雷跨接	463
	263	图 10-30　混凝土结构装配式住宅外墙金属物防侧击雷做法	463
第 11 章	264	图 11-1　轻钢龙骨隔墙	475
	265	图 11-2　竖向龙骨排布图	477
	266	图 11-3　横向龙骨面排布图	477
	267	图 11-4　装配化墙面	479
	268	图 11-5　硅酸钙复合墙板节点图	481
	269	图 11-6　装配化吊顶	481
	270	图 11-7　复合吊顶与墙板关系图	483
	271	图 11-8　复合吊顶与墙板关系图	483
	272	图 11-9　复合吊顶与墙板关系图	483
	273	图 11-10　架空地面	484
	274	图 11-11　集成门示意	487
	275	图 11-12　集成卫生间	489
	276	图 11-13　卫生间地面平面图	491
	277	图 11-14　防水底盘平面图	492
	278	图 11-15　卫生间整体防水底盘详图	492
	279	图 11-16　集成厨房	493
	280	图 11-17　吊柜节点图	494

续表

章节	序号	名称	页码
第 11 章	281	图 11-18　集成厨房地面做法	494
	282	图 11-19　玄关柜立面图及内部展开图	496
	283	图 11-20　集成给水系统	497
	284	图 11-21　集成采暖	497
第 12 章	285	图 12-1　南京上坊保障性住房 6-05 栋标准层平面图	501
	286	图 12-2　南京上坊保障性住房 6-05 栋结构布置示意	502
	287	图 12-3　南京上坊保障性住房 6-05 栋实景	502
	288	图 12-4　现场钢支撑	503
	289	图 12-5　单节预制混凝土柱	504
	290	图 12-6　预制预应力混凝土叠合板	504
	291	图 12-7　直螺纹灌浆套筒	505
	292	图 12-8　梁柱节点	505
	293	图 12-9　叠合板非支承边连接方式	506
	294	图 12-10　吊具安装	506
	295	图 12-11　吊具安装	506
	296	图 12-12　引导筋对位	506
	297	图 12-13　水平调整、校正	506
	298	图 12-14　斜支撑固定	506
	299	图 12-15　摘钩	506
	300	图 12-16　预制混凝土梁进场	507
	301	图 12-17　搭设梁底支撑	507
	302	图 12-18　拉设安全绳	507
	303	图 12-19　预制混凝土梁就位与微调定位	507
	304	图 12-20　预制混凝土板进场	507
	305	图 12-21　放线(板搁梁边线)	507
	306	图 12-22　搭设板底支撑	507
	307	图 12-23　预制混凝土板吊装	507
	308	图 12-24　预制混凝土板就位	508
	309	图 12-25　预制混凝土板微调定位	508
	310	图 12-26　叠合层混凝土浇筑	508
	311	图 12-27　工厂钢筋笼制作	508
	312	图 12-28　检测板制作与安装	508
	313	图 12-29　基层清理	509
	314	图 12-30　钢筋表面浮浆清理	509
	315	图 12-31　预制混凝土柱就位	509
	316	图 12-32　柱脚封边	509

续表

章节	序号	名称	页码
第 12 章	317	图 12-33　灌浆料配制	509
	318	图 12-34　注浆施工	509
	319	图 12-35　ALC 自保温外墙板	510
	320	图 12-36　ALC 自保温内墙板	510
	321	图 12-37　ALC 内墙板连接节点	511
	322	图 12-38　本工程预制叠合阳台板板底附加拉筋示意	511
	323	图 12-39　预制混凝土楼梯进场	512
	324	图 12-40　预制混凝土楼梯吊装	512
	325	图 12-41　预制混凝土楼梯安装就位	512
	326	图 12-42　预制混凝土楼梯微调定位	512
	327	图 12-43　成品橱柜	513
	328	图 12-44　整体式卫生间	513
	329	图 12-45　南京丁家庄二期保障性住房 A28 地块项目标准模块与模块组合示意	515
	330	图 12-46　南京丁家庄二期保障性住房 A28 地块项目标准层结构布置示意	516
	331	图 12-47　南京丁家庄二期保障性住房 A28 地块项目标准层 BIM 模型	516
	332	图 12-48　南京丁家庄二期保障性住房 A28 地块项目鸟瞰图	517
	333	图 12-49　预制混凝土剪力墙(含保温)	518
	334	图 12-50　PCF 混凝土外墙板	518
	335	图 12-51　预制预应力混凝土叠合板	519
	336	图 12-52　剪力墙连接示意	520
	337	图 12-53　水平缝节点	521
	338	图 12-54　垂直缝节点	521
	339	图 12-55　窗上口节点	521
	340	图 12-56　窗下口节点	521
	341	图 12-57　预制剪力墙进场	522
	342	图 12-58　剪力墙就位与支撑架设	522
	343	图 12-59　现浇暗柱钢筋绑扎	522
	344	图 12-60　PCF 板就位与斜撑架设	523
	345	图 12-61　剪力墙外立面	523
	346	图 12-62　陶粒混凝土墙板	524
	347	图 12-63　预制叠合阳台板示意图	524
	348	图 12-64　预制叠合阳台板	525
	349	图 12-65　预制混凝土梯段板	525

附录D　参考标准、规范

国家标准　　表1

序号	类别	规范
1	建筑、结构类	《装配式混凝土建筑技术标准》GB/T 51231—2016
2		《装配式建筑评价标准》GB/T 51129—2017
3		《叠合板用预应力混凝土底板》GB/T 16727—2007
4		《民用建筑设计统一标准》GB 50352—2019
5		《住宅设计规范》GB 50096—2011
6		《屋面工程技术规范》GB 50345—2012
7		《建筑结构可靠性设计统一标准》GB 50068—2018
8		《混凝土结构设计规范》GB 50010—2010
9		《建筑抗震设计规范》GB 50011—2010(2016版)
10		《建筑结构荷载规范》GB 50009—2012
11		《钢结构设计标准》GB 50017—2017
12		《混凝土结构工程施工规范》GB 50666—2011
13	材料类	《低合金高强度结构钢》GB/T 1591—2018
14		《钢筋混凝土用余热处理钢筋》GB 13014—2013
15		《钢筋混凝土用钢　第2部分:热轧带肋钢筋》GB 1499.2—2018
16		《优质碳素结构钢》GB/T 699—2015
17		《球墨铸铁件》GB/T 1348—2009
18		《硅酮和改性硅酮建筑密封胶》GB/T 14683—2017
19		《高分子防水材料　第2部分:止水带》GB 18173.2—2014
20		《水泥基渗透结晶型防水材料》GB 18445—2012
21	其他	《建筑给水排水及采暖工程施工质量验收规范》GB 50242—2002
22		《建筑设计防火规范》GB 50016—2014
23		《建筑电气工程施工质量验收规范》GB 50303—2015
24		《建筑物防雷设计规范》GB 50057—2010
25		《地下工程防水技术规范》GB 50108—2008
26		《建筑机电工程抗震设计规范》GB 50981—2014
27		《建筑给水排水设计标准》GB 50015—2019

行业标准　　表 2

序号	类别	规范
1	建筑、结构类	《装配式混凝土结构技术规程》JGJ 1—2014
2		《高层建筑混凝土结构技术规程》JGJ 3—2010
3		《预制预应力混凝土装配整体式框架结构技术规程》JGJ 224—2010
4		《预制带肋底板混凝土叠合楼板技术规程》JGJ/T 258—2011
5		《住宅整体卫浴间》JG/T 183—2011
6		《住宅整体厨房》JG/T 184—2011
7	材料类	《高强混凝土应用技术规程》JGJ/T 281—2012
8		《钢筋套筒灌浆连接应用技术规程》JGJ 355—2015
9		《钢筋连接用灌浆套筒》JG/T 398—2019
10		《钢筋连接用套筒灌浆料》JG/T 408—2019
11		《预应力混凝土用金属波纹管》JG 225—2020
12		《钢筋机械连接用套筒》JG/T 163—2013
13		《钢筋机械连接技术规程》JGJ 107—2016
14		《预制保温墙体用纤维增强塑料连接件》JG/T 561—2019
15		《建筑用发泡陶瓷保温板》JG/T 511—2017
16		《外墙外保温工程技术标准》JGJ 144—2019
17		《酚醛泡沫板薄抹灰外墙外保温系统材料》JG/T 515—2017
18		《聚硫建筑密封胶》JC/T 483—2006
19		《聚氨酯建筑密封胶》JC/T 482—2003
20		《混凝土接缝用建筑密封胶》JC/T 881—2017
21		《混凝土制品用脱模剂》JC/T 949—2005
22	其他	《预制混凝土外挂墙板应用技术标准》JGJ/T 458—2018
23		《住宅建筑电气设计规范》JGJ 242—2011
24		《民用建筑电气设计标准》GB 51348—2019
25		《自密实混凝土应用技术规程》JGJ/T 283
26		《钢筋焊接网混凝土结构技术规程》JGJ 114
27		《辐射供暖供冷技术规程》JGJ 142—2012

地方标准 **表 3**

序号	类别	规范
1	建筑、结构类	江苏省《装配整体式混凝土框架结构技术规程》DGJ32/TJ 219—2017
2		辽宁省《装配整体式剪力墙结构设计规程》DB21/T 2000—2012
3		北京市《装配式剪力墙结构设计规程》DB11/ 1003—2013
4		江苏省《装配整体式混凝土剪力墙结构技术规程》DGJ32/TJ 125—2016
5		江苏省《预制预应力混凝土装配整体式结构技术规程》DGJ32/TJ 199—2016
6		上海市《装配整体式混凝土公共建筑设计规程》DGJ 08-2154—2014
7		北京市《装配式剪力墙住宅建筑设计规程》DB11/T 970—2013
8		重庆市《装配式住宅建筑设备技术规程》DBJ50/T-186—2014
9		辽宁省《装配式混凝土结构设计规程》DB21/T 2572—2019
10		广东省《装配式混凝土建筑结构技术规程》DBJ 15-107—2016
11		山东省《预制双面叠合混凝土剪力墙结构技术规程》DB37/T 5133—2019
12		浙江省《叠合板式混凝土剪力墙结构技术规程》DB 33/T 1120—2016
13		湖南省《装配整体式混凝土叠合剪力墙结构技术规程》DBJ 43/T 342—2019
14		湖北省《装配整体式混凝土叠合剪力墙结构技术规程》DB42/T 1483—2018
15		上海市《装配整体式叠合剪力墙结构技术规程》DG/TJ 08-2266—2018
16		上海市《装配整体式混凝土公共建筑设计规程》DG/TJ08-2154—2014
17		辽宁省《装配整体式剪力墙结构设计规程》DB21/T 2000—2012
18		上海市《装配整体式混凝土住宅体系设计规程》DGTJ 08-2071—2010
19		山东省《预制双面叠合混凝土剪力墙结构技术规程》DB37/T 5133—2019
20		湖南省《湖南省装配整体式混凝土叠合剪力墙结构技术规程》DBJ43/T 342—2019
21	材料类	江苏省《热处理带肋高强钢筋混凝土结构技术规程》DGJ32/TJ 202—2016
22		江苏省《复合发泡水泥板外墙外保温系统应用技术规程》DGJ32/TJ 174—2014
23		江苏省《保温装饰板外墙外保温系统技术规程》DGJ32/TJ 86—2013
24		上海市《热轧带肋高强钢筋应用技术规程》DG/TJ 08-2236—2017

附录E　江苏省各地主要补助政策

地区	文件	主要要求	资金补贴政策
江苏省	省住房城乡建设厅省发展改革委省经信委省环保厅省质监局关于在新建建筑中加快推广应用预制内外墙板预制楼梯板预制楼板的通知(苏建科〔2017〕43号)	应用项目实施范围：单体建筑面积2万m^2以上的新建医院、宾馆、办公建筑，以及5000m^2以上的新建学校建筑；新建商品住宅、公寓、保障性住房；单体建筑面积1万m^2以上的标准厂房。 应用项目工程要求：对于混凝土结构建筑，应采用内隔墙板、预制楼梯板、预制叠合楼板，鼓励采用预制外墙板；对于钢结构建筑，应采用内隔墙板、预制外墙板；外墙优先采用预制夹心保温墙板等自保温墙板；单体建筑中强制应用的“三板”总比例不得低于60%。鼓励住宅工程在满足上述要求的基础上，积极采用预制阳台、预制遮阳板、预制空调板等预制部品(构件)，提高单体建筑的预制装配率	新建建筑外墙采用预制夹心保温墙板的，其保温层及外叶墙板的水平截面积，可不计入项目的容积率核算； 新建建筑采用经认定的“三板”的，征收的新型墙体材料专项基金全额返还； 对于“三板”应用项目，根据其单体建筑的预制装配率核定扬尘排污费削减系数
南京市	南京市关于进一步明确装配式建筑指标控制及奖励政策执行等相关事项的通知(宁建筑产业办〔2019〕89号)	《实施意见》第四条“住宅建筑应100%实行成品住房交付”修改为“住宅建筑应100%实行全装修成品房交付”。 《实施意见》第四条应当采用装配式建筑技术的建设项目“同一地块内必须100%采用”“住宅建筑应100%实行全装修成品房交付”可不包括单体建筑面积不超过5000m^2的配套建筑。配套建筑是指建设项目中独立设置的构筑物、垃圾房、配套设备用房、门卫房、售楼处、活动中心等	1　对土地划拨批准文件或出让合同中未明确装配式建筑相关指标要求，建设单位主动采用装配式建筑，且满足住宅建筑单体预制装配率不低于50%、公共建筑单体预制装配率不低于40%控制指标的，给予不超过相对应地面以上规划总建筑面积2%的奖励，奖励面积部分免收土地出让金，且不计入容积率； 对土地划拨批准文件或出让合同中已明确装配式建筑相关指标要求的，不享受上述奖励政策。 2　不论土地划拨批准文件或出让合同中是否明确装配式建筑相关指标要求，项目采用装配式建筑达到预制装配率控制指标要求且使用预制外墙的(注：建筑单体预制装配率计算中不包括预制外墙部分)，其使用预制外墙体的水平截面积可不计入容积率核算的建筑面积，但其不计入容积率的建筑面积不超过相对应地面以上规划总建筑面积的2%。

续表

地区	文件	主要要求	资金补贴政策
南京市	南京市关于进一步明确装配式建筑指标控制及奖励政策执行等相关事项的通知(宁建筑产业办〔2019〕89 号)	《实施意见》第四条“住宅建筑应 100%实行成品住房交付”修改为“住宅建筑应 100%实行全装修成品房交付”。 《实施意见》第四条应当采用装配式建筑技术的建设项目“同一地块内必须 100%采用”“住宅建筑应 100%实行全装修成品房交付”可不包括单体建筑面积不超过 5000m^2 的配套建筑。配套建筑是指建设项目中独立设置的构筑物、垃圾房、配套设备用房、门卫房、售楼处、活动中心等	3 经批准获得面积奖励的项目，建设单位应将奖励面积纳入总建筑面积进行统筹设计，报规划审批时应在建设工程设计方案中标注，同时设计方案应满足《工程建设项目规划条件》要求及相关部门规定
	市政府办公厅印发南京市关于进一步推进装配式建筑发展实施意见的通知(宁政办发〔2017〕143 号)	重点推进区域内所有新建住宅建筑项目和单体建筑面积超过 5000m^2 的公共建筑项目应采用装配式建筑。 积极推进区域内新建总建筑面积 5 万 m^2 以上的住宅建筑项目，总建筑面积 3 万 m^2 以上或单体建筑面积 2 万 m^2 以上的公共建筑项目应采用装配式建筑。 同一地块内必须 100%采用；住宅建筑单体预制装配率应不低于 50%，公共建筑单体预制装配率应不低于 40%；住宅建筑(三层及以下的低层住宅除外)应 100%实行成品住房交付	对采用装配式建筑达到控制指标要求项目或建筑单体，给予不超过相对应地面以上规划总建筑面积 2%的奖励，奖励面积部分免收土地出让金。 使用预制外墙体的水平截面积可不计入容积率核算的建筑面积，但其不计入容积率的建筑面积应不超过相对应地面以上规划总建筑面积的 2%。 建筑单体预制装配率不低于 50%且成品住房交付的采用装配式建筑的商品房项目，可在其基础施工完成、装 配预制部品部件进场并开始安装时提前办理《商品房预售许可证》，预制部品部件投资计入工程建设总投资额，纳入进度衡量。土地出让合同另有约定的除外
苏州市	市政府办公室印发关于推进装配式建筑发展加强建设监管的实施细则(试行)的通知(苏府办〔2017〕230 号)	采用装配整体式混凝土结构体系的居住建筑以及商业、医院、学校、办公等公共建筑，其整栋建筑中主体结构和护结构预制构件的预制装配率 2018 年年底之前应不低于 20%，2019 年应不低于 30%，且外墙宜采用预制墙体或叠合墙体，鼓励采用预制夹心保温墙体。新建普通商品住房应实施全装修，居住建筑倡导实施全装修	土地出让时未明确，建设单位主动采用装配式建筑技术且预制装配率大于 40%的项目，或者划拨土地的项目采用装配式建筑技术且预制装配率大于 40%的，建设单位可在申领《规划方案技术审查意见书》时，向规划部门提出外墙预制部分建筑面积不计入容积率计算的书面申请，并在申领《建设工程规划许可证》时提交由建设单位、设计单位共同出具的承诺书。规划部门在核定计容面积时，应按规定扣除不计入的预制外墙部分建筑面积，且不计入部分的建筑面积不得超过规划计容面积的 3%。 对按省、市规定应用预制“三板”的装配式建筑项目，外墙采用预制夹心保温墙板的，规划部门在核定计容面积时，按规定扣除其夹心保温层及外叶墙板的水平截面积，可不计入容积率核算(申请流程同上)。 根据企业申请，环保部门按规定相应增加装配式建筑施工阶段扬尘排污费缴纳达标削减系数

续表

地区	文件	主要要求	资金补贴政策
苏州市	市政府印发关于加快推进建筑产业现代化发展的实施意见的通知(苏府办〔2016〕123号)	普及应用期(2021～2025年)。建筑产业现代化施工成为主要建造方式,力争全市建筑产业现代化施工的建筑面积占同期新开工建筑面积的比例、新建建筑预制装配化率均达到50%以上,装饰装修装配化率达到60%以上,新建成品住房比例达到50%以上。与2015年全市平均水平相比,工程建设总体施工周期缩短1/3以上,施工机械装备率、劳动生产率、对全社会降低施工扬尘贡献率分别提高1倍	优先推荐拥有成套装配式建筑技术体系和自主知识产权的优势企业申报高新技术企业,由市科技、财政、税务等部门依法依规给予其高新技术产业政策及相关税收优惠政策。市海关、税务等部门按规定落实引进技术设备免征关税、重大技术装备进口关键原材料和零部件免征进口关税及进口环节增值税、企业购置机器设备抵扣增值税、固定资产加速折旧、研发费用加计扣除、技术转让免征或减半征收所得税等优惠政策。积极研究建筑产业营改增税收优惠政策。房地产开发企业开发成品住房发生的实际装修成本按规定在税前扣除。对使用预制装配式技术的建设项目,预制装配式墙体经认定视同新型墙体材料,由市经信部门按规定返还新型墙体材料专项基金和散装水泥专项资金。对预制装配化率达到30%以上的建设项目,市环保部门相应增加其结构和装修阶段扬尘排污费缴纳达标削减系数。省级建筑产业现代化示范项目可参照省"百项千亿"重点技改工程项目政策,免征相关建设类行政事业性收费和政府性基金。省级建筑产业现代化示范基地享受省新型工业化示范园区相关政策
无锡市	市政府关于加快推进建筑产业现代化促进建筑产业转型升级的实施意见 (锡政发〔2016〕212号)	建城区范围内新开发建设土地均应建设装配式建筑项目,建筑装配率、成品住房比例均不低于30%;其他地区开发建设土地应逐年提高建设装配式建筑项目数量、建筑装配率和成品住房比例。 其他同省里要求	建设项目明确采用装配式建筑技术建设的,在办理规划审批时,其墙体预制部分建筑面积(不超过装配式建筑单体建筑面积的3%)可不计入地块的容积率核算
	市政府关于加快推进建筑产业现代化促进建筑产业转型升级的实施意见(试行)(宜政发〔2017〕12号)	从2017年1月1日起,以国有资金投资为主的大中型建筑,建设规模大于10万m^2的居住小区项目,工艺流程复杂的设备管线安装工程和建筑改造工程均应采用建筑信息模型(BIM)等信息化技术进行设计、建造与运营维护管理。优先采用装配式建造技术等建筑产业现代化方式建设,积极推进装配式楼板、装配式楼梯和装配式墙板等部品部件产业化,稳步提高预制装配水平;鼓励住宅开发建设采用装配式建筑,逐步推进成品化住宅建设。 从2017年起,拆迁安置房、保障性住房、政府投资大中型建筑等项目,应当在立项文件中明确项目的装配式建筑的装配率,并逐年扩大应用比例	建设项目明确采用装配式建筑技术建设的,在办理规划审批时,其墙体预制部分建筑面积(不超过装配式建筑单体建筑面积的3%)可不计入地块的容积率核算

续表

地区	文件	主要要求	资金补贴政策
扬州市	市政府关于促进和扶持我市建筑业发展的实施意见(扬府发〔2016〕28号)	2016年,全市建筑产业现代化项目面积不低于5万m^2,并按20%的速度逐年递增,到2020年建筑产业现代化项目面积累计达40万m^2以上	对市辖区内预制装配率达20%以上的建筑产业化单体项目,该项目所缴城市基础设施建设配套费的一半,由负责征收该项费用的各级政府(管委会)奖励给建设单位;预制装配率达到40%以上的,全额奖励。 对省级、市级建筑产业化示范基地或建筑产业化示范项目,市政府给予一定的资金补助。对每个示范基地给予50万元的财政资金补助,对示范项目给予建设单位20元/m^2的专项资金补助,单个项目最高不超过100万元
扬州市	市政府关于进一步推广装配式建筑的实施意见(扬府发〔2016〕139号)	2018年的目标是,市区新开工建设装配式建筑项目总面积达到200万m^2以上,高邮市、仪征市、宝应县分别达到20万m^2以上;全市装配式建筑占新建建筑面积的比例达到20%以上、住宅建筑成品住房比例达到30%以上。到2020年,全市装配式建筑占新建建筑面积的比例达到30%以上、住宅建筑成品住房比例达到50%以上。 装配式建筑全面推广使用预制内外墙板、预制楼梯板、预制楼板等成熟技术。装配式建筑建设项目的具体控制指标包括:同一地块内必须100%采用;公共建筑单体、住宅建筑单体预制装配率应不低于50%;商品住宅建筑(三层及以下的低层住宅除外)应以成品住房交付的比例不得低于40%,保障性住房必须100%以成品住房供应	对采用装配式建筑达到左侧要求的项目或建筑单体,规划部门在核定计容面积时,给予不超过项目相对地面以上规划总建筑面积2%的计容面积奖励。新建建筑外墙采用预制夹心保温板的,其保温层及外叶墙板的水平截面积,可不计入项目的容积率核算。以上两条奖励政策可同时享受
南通市	市政府办公室关于印发加快推进建筑产业现代化促进建筑业转型升级的实施意见的通知(通政发〔2015〕39号)	对保障性住房、政府投资的公共建筑项目以及国有资本开发的工程项目,率先采用装配式建筑技术和全装修成品住房进行建设。加快推进政务中心停车楼等一批预制装配结构(智能建筑)示范工程建设。到2017年,在新开工的公共建筑项目中,采用装配式建筑技术和全装修成品住房的比例达到30%;到2020年,提升至50%。2017年以后,市区快速路环线以内区域新开工建设项目采用建筑产业现代化方式施工的比例不低于30%	在市区范围内(崇川区、港闸区、开发区),对采用预制装配式现代化施工的建设项目,给予建设单位40元/m^2的生态建设专项资金补贴,具体补贴办法另行制定。 房地产开发企业开发成品住房发生的实际全装修成本按规定在税前扣除。在市区范围内(崇川区、港闸区、开发区)购买全装修商品住宅的购房,住房公积金贷款首付比例按政策允许范围内最低首付比例执行,并给予购房者房款总额0.5%的补贴。

续表

地区	文件	主要要求	资金补贴政策
南通市	市政府办公室关于印发加快推进建筑产业现代化促进建筑业转型升级的实施意见的通知(通政发〔2015〕39 号)	对保障性住房、政府投资的公共建筑项目以及国有资本开发的工程项目,率先采用装配式建筑技术和全装修成品住房进行建设。加快推进政务中心停车楼等一批预制装配结构(智能建筑)示范工程建设。到 2017 年,在新开工的公共建筑项目中,采用装配式建筑技术和全装修成品住房的比例达到 30%;到 2020 年,提升至 50%。2017 年以后,市区快速路环线以内区域新开工建设项目采用建筑产业现代化方式施工的比例不低于 30%	采用装配式建筑技术建设的房地产项目办理规划审批时,其外墙预制部分建筑面积(不超过装配式建筑单体地上规划建筑面积之和的 3%)可不计入成交地块的容积率计算。对采用建筑产业现代化方式建造的商品房项目,在办理《商品房预售许可证》时,允许将装配式预制构件投资计入工程建设总投资额,纳入进度衡量
	市政府关于加快建筑业转型发展的实施意见(通政发〔2017〕44 号)	到 2020 年,全市装配式建筑面积占同期新开工建筑面积的比例提高到 35%以上,预制装配率达到 50%,成品住房全装修率达到 50%。 到 2020 年末,甲级勘察设计单位、特级和一级施工总承包企业基本能掌握和应用 BIM 技术,在二星以上绿色建筑和建筑产业现代化示范项目中,集成应用 BIM 的项目比率达到 90%	对新建的产业化基地及采用装配式施工的建设项目,在生态建设专项资金中予以相应补贴。采用装配式建筑技术建设的房地产开发项目办理规划审批时,其外墙预制部分建筑面积(不超过装配式建筑单体地上规划建筑面积之和的 3%)可不计入成交地块的容积率计算
	中共海门市委海门市人民政府关于促进建筑业转型升级加快推进建筑产业现代化的若干意见(试行)(海委发〔2017〕5 号)	我市国有资金新建的公共建筑采用装配式建筑技术的比例不低于 50%,且建筑装配率应达到 50%以上。 自 2017 年 1 月起开始执行	列入建筑产业现代化示范项目,并采用 BIM 等建筑信息模型技术的项目按设计、施工、运营、维护的深度奖励 10～30 元/m^2,最高限额 100 万元
泰州市	泰州市人民政府关于加快推进建筑产业现代化发展的实施意见(泰政发〔2015〕63 号)	到 2017 年年底,政府投资的新建建筑全部实施全装修,全市新建住宅中装修比例达到 30%。 对以划拨方式供地、集中建设的新建保障性安居工程项目,到 2017 年底,采用装配式建筑技术的比例达到 30%,到 2020 年底达到 50%。在 2017 年年底前开工的政府投资的总建筑面积 2 万 m^2 以上的新建(扩建)学校(含校舍)、医院、养老建筑、总建筑面积 5 万 m^2 以上的新建保障性安居工程项目,总建筑面积 10 万 m^2 以上的新建商品住宅项目和总建筑面积 3 万 m^2 以上或单体建筑面积 2 万 m^2 以上的新建商业、办公等公共建筑项目应全部采用装配式建筑。在装配式建筑技术应用条件成熟的前提下,到 2025 年底,全市所有以划拨方式供地的民生和社会事业项目,全面应用装配式建筑技术。以招拍挂方式供地的建设项目,市规划局在建设项目的规划条件、市国土局在土地出让合同中明确项目中的预制装配率、成品住房比例	市政府每年设立 1500 万元专项基金支持建筑产业现代化发展。 对企业主编国家或行业标准按照《泰州市关于加快推进建筑业发展意见的通知》(泰政规〔2012〕21 号)文件规定给予奖励。对建筑产业现代化技能人才实训园区,优先推荐申报省级重点产业专项公共实训基地,符合条件的争取享受省级财政补贴。对 2017 年底前签订土地出让合同,出让条件没有要求采用装配式建筑技术的,开发商主动安装配式施工,且装配率达到 40%及以上的,每平方米补贴 50 元,单个项目最高补贴不超过 300 万元。 在符合相关法律法规和规范标准的前提下,对实施预制装配式建筑的项目研究制定容积率奖励政策,具体奖励事项在地块规划条件中予以明确。建设项目的规划条件和土地出让合同未明确但开发建设单位主动采用装配式建筑技术建设的房地产项目,在办理项目竣工验收时,其外墙预制部分建筑面积(不超过规划总建筑面积的 3%)可不计入成交地块的容积率核算

续表

地区	文件	主要要求	资金补贴政策
徐州市	徐州市政府关于印发徐州市加快推进建筑产业现代化、促进建筑产业转型升级的实施意见的通知（徐政发〔2016〕45号）	2017年，全市采用建筑产业现代化施工的建筑面积占同期新开工面积的比例不小于10%（建筑装配化率达20%以上），建设用地规划条件中明确采用建筑产业现代化施工的建筑面积比例不小于15%（建筑装配化率不低于开工当年对装配化率的要求）、新建成品住房比例不小于15%	在符合相关法律法规和规范标准的前提下，对实施预制装配式建筑的项目研究制定容积率奖励政策，具体奖励事项在地块规划条件中予以明确。土地出让时未明确但开发建设单位主动采用装配式建筑技术建设的房地产项目，在办理规划审批时，其外墙预制部分建筑面积（不超过规划总建筑面积的3%）可不计入成交地块的容积率核算
	徐州市政府办公室关于加快推进建筑产业现代化促进建筑产业转型升级的补充通知（徐政办发〔2017〕100号）	2017年起，除5000m^{2}以下公建或居住项目，2000m^{2}以下工业厂房、配套办公、研发项目建筑的构筑物、配套附属设施，以及其他技术条件特殊不适宜实施装配式的项目外，以下三个区域内新开发建设土地及新建项目均应采用装配式施工方式进行建设，单体预制装配率不低于50%，其中Z_1计算项不低于20%，且今后每年以不低于5%的比例增加。新开发商品房项目必须为成品住宅 其他区域新出让土地装配式建筑面积占总建筑面积的比例不低于30%，且每宗地块不低于5万m^2，装配式建筑单体预制装配率不低于50%，其中Z_1计算项不低于20%，成品住房面积占总开发面积的比例不低于30%，且今后每年以不低于5%的比例增加	有城市基础设施配套费奖补
宿迁市	市政府办公室关于支持装配式混凝土构件推广使用的意见（试行）（宿政办发〔2014〕199号）	规划管理部门应在市区保障性住房项目用地规划条件中规定20%的装配式建筑的配建比例；市区保障性住房的楼梯、阳台、空调板等应100%使用装配式混凝土构件。施工图审查部门应按照规划条件要求对施工图进行审查	对使用经省墙改办认定的装配式墙体材料达60%以上的建设单位按使用比例返还新型墙体材料专项基金。 对验收合格的装配式建筑项目，给予建设单位25元/m^{2}的资金补贴，单个项目最高不超过200万元。补贴资金由建设项目所在地的同级财政（受益财政）承担
	市政府印发关于加快推进建筑产业现代化促进建筑产业转型升级的意见（宿政发〔2015〕89号）	到2016年，各县区（开发区、新区、园区）政府（管委会）建成装配式建筑应不少于15万m^2，建成成品住宅比例不少于40%，并逐年提高面积和比例。规划部门结合当年建设用地供应计划和建筑产业现代化面积落实比例要求，会同住房城乡建设部门编制建筑产业现代化年度实施计划	对验收合格的装配式建筑项目，给予建设单位25元/m^{2}的资金补贴，单个项目最高不超过200万元；补贴资金由建设项目所在地的同级财政（受益财政）承担

续表

地区	文件	主要要求	资金补贴政策
盐城市	盐城市建筑业发展和建筑产业现代化引导资金使用管理办法(盐财规〔2016〕7 号)	发展目标同省里文件	对采用建筑产业现代化方式的项目业主单位,由当地政府按照建筑产业现代化建筑面积给予 50 元/m^2 的奖励(暂定三年),但最高奖励不超过 100 万元
淮安市	淮安市政府印发关于加快推进建筑产业现代化的若干政策(试行)的通知(淮政发〔2016〕146 号)	对以招拍挂方式供地的建设项目,要结合建筑产业现代化目标要求,将预制装配率、全装修成品住房率等指标要求纳入地块规划设计要点。对以划拨方式供地的保障性住房、政府投资的公共建筑项目,应明确项目的预制装配率和成品住房比例。对明确为建筑产业现代化建设的生产项目,并列入市年度重大项目投资建设计划的,优先安排用地指标	对 2017 年底前签订的土地出让合同,出让条件中没有提出但开发建设单位主动采用装配式施工,且预制装配率达到 35%及以上的,属地财政可给予一定资金补助支持。 在符合相关法律法规和规范标准前提下,对实施预制装配式建筑的项目制定容积率奖励政策,具体奖励在地块规划条件中予以明确。房地产开发项目在土地出让时未明确但开发建设单位主动采用装配式建筑技术建设的,在办理规划审批时,其外墙预制部分建筑面积(不超过装配式建筑各单体地上规划建筑面积之和的 3%)可不计入成交地块的容积率